Edition Suhrkamp Leipzig

W0248279

Die Texte Walter Benjamins (1892-1940), die hier in einem Lesebuch vorgelegt werden, wollen auf einen poetisch denkenden Philosophen und einen philosophisch schreibenden Poeten verweisen. Benjamin war alles andere als ein trockener Theoretiker. Von seiner Sprache geht eine nicht nachlassende Faszination aus, wie auch die Themen, die er aufgriff, nichts an Aktualität verloren haben. Doch die kaum noch überschaubare wissenschaftliche Rezeption droht das Werk selbst zu verstellen.
Das Benjamin-Lesebuch versteht sich als eine Einladung zum Lesen seiner Schriften. Hier wurden Benjamins Arbeiten nach thematischen Gesichtspunkten (Person, Sprache, Vexierbilder, Kritik, Medien, Metropolen, Utopie) ausgewählt und zusammengestellt, um die Vielfalt der von ihm behandelten Themen zu veranschaulichen. Zugleich soll deutlich gemacht werden, wie sich Benjamins Denken immer wieder um zentrale Einsichten bewegte. Zusammenhänge eröffnen sich, indem größere literatur- und kunsttheoretische Arbeiten neben kleineren Denkbildern stehen, veröffentlichte und zu Benjamins Lebzeiten unpublizierte Bücher finden sich neben Rundfunkarbeiten und Kritiken. Der Band vereint wichtige Arbeiten Benjamins (die frühen Sprachaufsätze, *Einbahnstraße*, *Berliner Kindheit um neunzehnhundert*, *Über den Begriff der Geschichte*) und will doch dem mit seinem Werk weniger vertrauten Leser auch eher unbekannte Texte vorstellen.
Michael Opitz ist wissenschaftlicher Assistent an der Humboldt-Universität in Berlin.

Walter Benjamin
Ein Lesebuch

Herausgegeben von
Michael Opitz

Suhrkamp

edition suhrkamp 1838
Neue Folge Band 838
Erste Auflage 1996
© Suhrkamp Verlag Frankfurt am Main 1996
Alle Rechte vorbehalten, insbesondere das der Übersetzung,
des öffentlichen Vortrags
sowie der Übertragung durch Rundfunk und Fernsehen,
auch einzelner Teile.
Druck: Nomos Verlagsgesellschaft, Baden-Baden
Umschlagentwurf: Willy Fleckhaus
Printed in Germany

1 2 3 4 5 6 - 01 00 99 98 97 96

Inhalt

Person

Sprache

Vexierbilder

Kritik

Medien

Metropolen

Utopie

Das Erscheinungsjahr wird bei Arbeiten, die zu Benjamins Lebzeiten erschienen, kursiv in Klammer gesetzt und mit einem Stern gekennzeichnet. Bei nicht publizierten Arbeiten wird das Jahr oder der ungefähre Zeitraum des Entstehens angegeben.

Person

Curriculum Vitae Dr. Walter Benjamin

Ich bin am 15. Juli 1892 als Sohn des Kaufmanns Emil Benjamin in Berlin geboren. Meinen Unterricht erhielt ich auf einem humanistischen Gymnasium, das ich im Jahre 1912 mit dem Abschlußexamen verließ. Ich studierte an den Universitäten Freiburg i. B., München, Berlin Philosophie, daneben deutsche Literatur und Psychologie. Das Jahr 1917 führte mich in die Schweiz, wo ich meine Studien an der Universität Bern fortsetzte.

Entscheidende Anregungen kamen mir in meiner Studienzeit von einer Reihe von Schriften, die zum Teil meinem engeren Studiengebiet fern lagen. Ich nenne Alois Riegls »Spätrömische Kunstindustrie«, Rudolf Borchardts »Villa«, Ernst Petzolds Analyse von Hölderlins »Brod und Wein«. Einen nachhaltigen Eindruck hinterließen mir die Vorlesungen des Münchener Philosophen Moritz Geiger sowie des Berliner Privatdozenten für finnisch-ugrische Sprachen, Ernst Lewy. Die Übungen, die der letztere über Humboldts Schrift »Über den Sprachbau der Völker« abhielt sowie die Gedanken, die er in seiner Schrift »Zur Sprache des alten Goethe« entwickelte, erweckten meine sprachphilosophischen Interessen. Im Jahre 1919 bestand ich an der Universität Bern mit dem Prädikat summa cum laude meine Doktorprüfung. Meine Dissertation ist als Buch unter dem Titel »Der Begriff der Kunstkritik in der deutschen Romantik« (Bern 1920) erschienen.

Nach meiner Rückkehr nach Deutschland erschien als erste Buchpublikation daselbst eine Übertragung der »Tableaux Parisiens« von Baudelaire (Heidelberg 1923). Das Buch enthält eine Vorrede über »Die Aufgabe des Übersetzers«, die den ersten Niederschlag meiner sprachtheoretischen Reflexionen darstellte. Von vornherein ist das Interesse für die Philosophie der Sprache neben dem Kunsttheoretischen vorherrschend bei mir gewesen. Es veranlaßte mich während meiner Studienzeit an der Universität München der Mexikanistik mich zuzuwenden – ein Entschluß, dem ich die Bekanntschaft mit Rilke verdanke, der 1915 ebenfalls die mexikanische Sprache studierte. Das sprachphilosophische Interesse hatte auch an meinem zunehmenden Interesse für das französische Schrifttum Anteil. Hier fesselte mich zunächst die Theorie der Sprache wie sie aus den Werken von Stéphane Mallarmé hervorgeht.

In den ersten Jahren nach dem Friedensschluß war meine Beschäftigung mit der deutschen Literatur noch vorwaltend. Als erste der einschlägigen Arbeiten erschien mein Essay »Goethes Wahlverwandtschaften« (München 1924/25). Diese Arbeit trug mir die Freundschaft von Hugo von Hofmannsthal ein, der sie in seinen »Neuen Deutschen Beiträgen« publizierte. Hofmannsthal hat seinen lebhaftesten Anteil auch meinem nächsten Werk geschenkt, dem »Ursprung des deutschen Trauerspiels« (Berlin 1928). Dieses Buch unternahm, eine neue Anschauung vom deutschen Drama des siebzehnten Jahrhunderts zu geben. Es macht sich zur Aufgabe, dessen Form als »Trauerspiel« gegen die Tragödie abzuheben und bemüht sich, die Verwandtschaft aufzuzeigen, die zwischen der literarischen Form des Trauerspiels und der Kunstform der Allegorie besteht.
Im Jahre 1927 trat ein deutscher Verlag mit dem Antrag an mich heran, das große Romanwerk von Marcel Proust zu übersetzen. Ich hatte die ersten Bände dieses Werkes im Jahre 1919 in der Schweiz mit leidenschaftlichem Interesse gelesen und ich nahm diesen Antrag an. Die Arbeit gab den Anstoß zu mehrfachem ausgedehnten Aufenthalt in Frankreich. Mein erster Aufenthalt in Paris fällt in das Jahr 1913; ich war 1923 dorthin zurückgekehrt; von 1927 bis 1933 verging kein Jahr, während dessen ich nicht mehrere Monate in Paris verbracht hätte. Im Laufe der Zeit trat ich zu einer Anzahl der führenden französischen Schriftsteller in Beziehung; so zu André Gide, Jules Romains, Pierre Jean Jouve, Julien Green, Jean Cassou, Marcel Jouhandeau, Louis Aragon. In Paris stieß ich auf die Spuren Rilkes und gewann Fühlung mit dem Kreis um Maurice Betz, seinen Übersetzer. Gleichzeitig unternahm ich es, das deutsche Publikum durch regelmäßige Berichte, die in der »Frankfurter Zeitung« und in der »Literarischen Welt« erschienen sind, über das französische Geistesleben zu unterrichten. Von meiner Übersetzung Prousts konnten vor dem Machtantritt Hitlers drei Bände erscheinen (Berlin 1927 und München 1930).
Die Epoche zwischen zwei Kriegen zerfällt für mich naturgemäß in die beiden Perioden vor und nach 1933. Während der ersten Periode lernte ich auf längeren Reisen Italien, die skandinavischen Länder, Rußland und Spanien kennen. Der Arbeitsertrag dieser Periode liegt, abgesehen von den erwähnten Schriften in einer Reihe von Charakteristiken der Werke bedeutender Dichter und Schriftsteller

unserer Zeit vor. Hierher gehören umfangreiche Studien über Karl Kraus, Franz Kafka, Bertolt Brecht sowie über Marcel Proust, Julien Green und die Surrealisten. Der gleichen Periode gehört ein aphoristischer Sammelband »Einbahnstraße« (Berlin 1928) an. Nebenher beschäftigten mich bibliographische Arbeiten. Im Auftrage verfaßte ich eine vollständige Bibliographie des Schrifttums von und über G. Chr. Lichtenberg, die nicht mehr im Druck erschienen ist.

Ich verließ Deutschland im März 1933. Seither sind meine größeren Studien sämtlich in der Zeitschrift des »Institute for Social Research« erschienen. Mein Aufsatz »Probleme der Sprachsoziologie« (»Zeitschrift für Sozialforschung«, Jg. 1935) gibt einen kritischen Überblick über den gegenwärtigen Stand der sprachphilosophischen Theorien. Der Essay »Carl Gustav Jochmann« (a.a.O., Jg. 1939) stellt einen Nachklang meiner Untersuchungen zur Geschichte der deutschen Literatur dar. (In den gleichen Zusammenhang gehört eine Sammlung deutscher Briefe aus dem neunzehnten Jahrhundert, die ich 1937 in Luzern publiziert habe.) Einen Niederschlag von Studien zur neuen französischen Literatur gibt meine Arbeit »Zum gegenwärtigen gesellschaftlichen Standort des französischen Schriftstellers« (a. a. O., Jg. 1934). Die Arbeiten über »Eduard Fuchs, den Sammler und den Historiker« (a. a. O., Jg. 1937) sowie über »Das Kunstwerk im Zeitalter seiner technischen Reproduzierbarkeit« (a. a. O., Jg. 1936) stellen Beiträge zur Soziologie der bildenden Kunst dar. Die letztgenannte Arbeit sucht bestimmte Kunstformen, insbesondere den Film, aus dem Funktionswechsel zu verstehen, dem die Kunst insgesamt im Zuge der gesellschaftlichen Entwicklung unterworfen ist. (Einer analogen Problemstellung auf literarischem Gebiet geht mein Aufsatz »Der Erzähler« nach, der 1936 in einer schweizer Zeitschrift erschienen ist.) Meine letzte Arbeit »Über einige Motive bei Baudelaire« (a. a. O., Jg. 1939) ist ein Bruchstück aus einer Folge von Untersuchungen, die sich die Aufgabe stellen, die Dichtung des neunzehnten Jahrhunderts zum Medium seiner kritischen Erkenntnis zu machen.

Sprache

Ausgraben und Erinnern

Die Sprache hat es unmißverständlich bedeutet, daß das Gedächtnis nicht ein Instrument für die Erkundung des Vergangnen ist, vielmehr das Medium. Es ist das Medium des Erlebten wie das Erdreich das Medium ist, in dem die alten Städte verschüttet liegen. Wer sich der eignen verschütteten Vergangenheit zu nähern trachtet, muß sich verhalten wie ein Mann, der gräbt. Vor allem darf er sich nicht scheuen, immer wieder auf einen und denselben Sachverhalt zurückzukommen – ihn auszustreuen wie man Erde ausstreut, ihn umzuwühlen, wie man Erdreich umwühlt. Denn »Sachverhalte« sind nicht mehr als Schichten, die erst der sorgsamsten Durchforschung das ausliefern, um dessentwillen sich die Grabung lohnt. Die Bilder nämlich, welche, losgebrochen aus allen früheren Zusammenhängen, als Kostbarkeiten in den nüchternen Gemächern unserer späten Einsicht – wie Torsi in der Galerie des Sammlers – stehen. Und gewiß ist's nützlich, bei Grabungen nach Plänen vorzugehen. Doch ebenso ist unerläßlich der behutsame, tastende Spatenstich in's dunkle Erdreich. Und der betrügt sich selber um das Beste, der nur das Inventar der Funde macht und nicht im heutigen Boden Ort und Stelle bezeichnen kann, an denen er das Alte aufbewahrt. So müssen wahrhafte Erinnerungen viel weniger berichtend verfahren als genau den Ort bezeichnen, an dem der Forscher ihrer habhaft wurde. Im strengsten Sinne episch und rhapsodisch muß daher wirkliche Erinnerung ein Bild zugleich von dem der sich erinnert geben, wie ein guter archäologischer Bericht nicht nur die Schichten angeben muß, aus denen seine Fundobjekte stammen, sondern jene andern vor allem, welche vorher zu durchstoßen waren.

San Gimignano

Dem Andenken an Hugo von Hofmannsthal

Worte zu dem zu finden, was man vor Augen hat – wie schwer kann das sein. Wenn sie dann aber kommen, stoßen sie mit kleinen Hämmern gegen das Wirkliche, bis sie das Bild aus ihm wie aus einer kupfernen Platte getrieben haben. »Abends versammeln sich die Frauen am Brunnen vorm Stadttor, um in großen Krügen Wasser zu holen« – erst als ich diese Worte gefunden hatte, trat aus dem allzublendenden Erlebten mit harten Beulen und mit tiefen Schatten das Bild. Was hatte ich vorher von den weißflammenden Weiden gewußt, die am Nachmittage mit ihren Flämmchen vor dem Stadtwalle wachen? Wie enge mußten sich vordem die dreizehn Türme behelfen, und wie besonnen nahmen sie von nun ab jeder seinen Platz ein, und zwischen ihnen war es noch sehr geräumig.

Kommt man von fern, so ist die Stadt plötzlich so unhörbar wie durch eine Tür in die Landschaft getreten. Sie sieht nicht danach aus, als solle man ihr je näherkommen. Ist es aber gelungen, so fällt man in ihren Schoß und kann vor Grillengesumm und Kinderschreien nicht zu sich finden.

Wie sich im Lauf von vielen Jahrhunderten ihr Gemäuer immer dichter zusammenzog; kaum ein Haus ohne die Spuren großgerundeter Bogen über der schmalen Pforte. Die Öffnungen, aus denen jetzt schmutzige Leinentücher zum Schutze gegen Insekten wehen, waren bronzene Tore. Reste der alten Steinornamentik ließ man gottverloren im Mauerwerk stecken, das ein heraldisches Aussehen davon bekam. Ist man durch die Porta San Giovanni getreten, so fühlt man sich in einem Hofe, nicht auf der Straße. Selbst die Plätze sind Höfe, und man scheint sich auf allen geborgen. Was so oft in der südlichen Stadt begegnet, wird doch nirgends spürbar wie hier: daß ihr Mensch, was er zum Leben braucht, sich erst mühsam vergegenwärtigen muß, so sehr macht die Linie dieser Bogen und Zinnen, der Schatten und der Flug der Tauben und Krähen ihn das Bedürfnis vergessen. Ihm wird schwer, sich dieser übertriebenen Gegenwart zu entringen, des Morgens den Abend und in der Nacht den Tag vor sich zu haben.

Überall wo man stehen kann, kann man auch sitzen. Nicht Kinder allein, sondern alle Frauen haben ihren Platz auf der Schwelle, ganz körpernah am Grund und Boden, seinen Sitten und vielleicht seinen Göttern. Der Stuhl vor der Haustür ist schon Wahrzeichen städtischer Neuerungen. Von den krassen Sitzgelegenheiten der Cafés vollends machen einzig und allein die Männer Gebrauch.

So habe ich nie vorher Sonnen- und Mondaufgang in meinem Fenster gehabt. Wenn ich nachts oder nachmittags auf dem Bett liege, gibt's nur Himmel. Ich beginne, gewohnheitsmäßig kurz vor Sonnenaufgang zu erwachen. Dann erwarte ich, wie die Sonne hinterm Gebirge emporkommt. Da gibt es diesen ersten flüchtigen Augenblick, in dem sie nicht größer ist als ein Stein, ein glühendes Steinchen auf dem Gebirgskamm. Was Goethe vom Monde sagte: »Glänzt dein Rand herauf als Stern« – hat noch niemand von der Sonne begriffen. Ihrer aber ist nicht Stern sondern Stein. Die Früheren müssen die Kunst besessen haben, diesen Stein als Talisman bei sich zu bergen und damit die Stunden zum Glück zu wenden.

Ich schaue von der Mauer der Stadt. Das Land brüstet sich nicht mit Bauten und Siedlungen. Es ist viel da, aber beschirmt und beschattet. Die Höfe, an denen nichts als die Notdurft gebaut hat, sind nicht nur in der Zeichnung, sondern in jedem Ton von Ziegel und Fensterglas so vornehm wie kein Herrenhaus in der Parktiefe. Die Mauer aber, an die ich lehne, teilt das Geheimnis des Ölbaums, dessen Krone als harter brüchiger Kranz sich mit tausend Breschen dem Himmel öffnet.

Der Baum und die Sprache

Ich stieg eine Böschung hinan und legte mich unter einen Baum. Der Baum war eine Pappel oder eine Erle. Warum ich seine Gattung nicht behalten habe? Weil, während ich ins Laubwerk sah und seiner Bewegung folgte, mit einmal in mir die Sprache dergestalt von ihm ergriffen wurde, daß sie augenblicklich die uralte Vermählung mit dem Baum in meinem Beisein noch einmal vollzog. Die Äste und mit ihnen auch der Wipfel wogen sich erwägend oder bogen sich ablehnend; die Zweige zeigten sich zuneigend oder hochfahrend; das Laub sträubte sich gegen eine rauhen Luftzug, erschauerte vor ihm oder kam ihm entgegen; der Stamm verfügte über seinen guten Grund, auf dem er fußte; und ein Blatt warf seinen Schatten auf das andre. Ein leiser Wind spielte zur Hochzeit auf und trug alsbald die schnell entsprossenen Kinder dieses Betts als Bilderrede unter alle Welt.

Metaphysik der Jugend

Das Gespräch

> Wo bist du, Jugendliches! das immer mich
> Zur Stunde weckt des Morgens, wo bist du, Licht?
> *Hölderlin*

I

Täglich nutzen wir ungemessene Kräfte wie die Schlafenden. Was wir tun und denken ist erfüllt vom Sein der Väter und Ahnen. Eine unbegriffene Symbolik verknechtet uns ohne Feierlichkeit. – Manchmal erinnern wir uns erwachend eines Traumes. So erleuchten selten Hellsichten die Trümmerhaufen unserer Kraft, an denen die Zeit vorüberflog. Wir waren Geist gewohnt wie den Herzschlag, durch den wir Lasten heben und verdauen.

Jedes Gespräches Inhalt ist Erkenntnis der Vergangenheit als unserer Jugend und Grauen vor den geistigen Massen der Trümmerfelder. Wir sahen noch niemals die Stätte des lautlosen Kampfes, der das Ich gegen die Väter setzte. Nun erblicken wir, was wir ohne Wissen zerschlugen und hoben. Das Gespräch klagt um versäumte Größe.

II

Das Gespräch strebt zum Schweigen und der Hörende ist eher der Schweigende. Sinn empfängt der Sprechende von ihm, der Schweigende ist die ungefaßte Quelle des Sinns. Das Gespräch hebt Worte zu ihm als die Fassenden, die Krüge. Der Sprechende senkt die Erinnerung seiner Kraft in Worte und sucht Formen, in denen der Hörende sich offenbart. Denn der Sprechende spricht um sich bekehren zu lassen. Er versteht den Hörenden trotz seiner eigenen Worte: daß einer ihm gegenüber ist, dessen Züge unauslöschlich ernst und gut sind, während der Sprechende die Sprache lästert.

Aber mag er auch eine leere Vergangenheit orgiastisch beleben,

der Hörende versteht nicht Worte sondern das Schweigen des Gegenwärtigen. Denn der Sprechende ist trotz der Seelenflucht und Wortleerheit gegenwärtig, sein Gesicht ist dem Hörenden offen und die Bemühungen der Lippen sind sichtbar. Der Hörende hält die wahre Sprache in Bereitschaft, in ihn gehen die Worte ein und er zugleich sieht den Sprecher.
Wer spricht geht in den Lauschenden ein. Das Schweigen gebiert sich also selber aus dem Gespräche. Jeder Große hat nur ein Gespräch, an dessen Rande wartet die schweigende Größe. Im Schweigen wurde die Kraft neu: der Hörende führte das Gespräch zum Rande der Sprache und der Sprechende erschuf das Schweigen einer neuen Sprache, er, ihr erster Lauscher.

III

Schweigen ist die innere Grenze des Gespräches. Niemals gerät der Unproduktive an die Grenze, er hält seine Gespräche für Monologe. Aus dem Gespräch tritt er in das Tagebuch oder in das Café.
In den gepolsterten Räumen schwieg es schon lange. Hier darf er lärmen. Er tritt unter die Huren und die Kellner wie der Prediger unter die Andächtigen – er, der Konvertit seines letzten Gespräches. Nun ist er zweier Sprachen kundig, der Frage und Antwort. (Ein Fragender ist einer, der sein Leben lang an die Sprache nicht dachte, und nun will er es ihr recht machen. Ein Fragender ist leutselig gegen Götter.) Der Unproduktive fragt – hinein in das Schweigen, unter die Tätigen, Denker und Frauen – nach der Offenbarung. *Er* ist am Ende erhoben, *er* blieb ungebeugt. Seine Wortfülle flieht ihn, er lauscht verzückt seiner Stimme; er vernimmt weder Worte noch Schweigen.
Aber er rettet sich in die Erotik. Sein Blick entjungfert. Sich selber will er sehen und hören und also will er des Sehenden und Hörenden mächtig werden. Daher verspricht er sich selbst und seine Größe, er flüchtet sprechend. Aber immer sinkt er vernichtet vor der Menschheit im andern nieder; immer bleibt er unverständlich. Und suchend gleitet der Blick der Schweigenden durch ihn hin zu dem, der schweigend kommen wird. –

Größe ist das ewige Schweigen nach dem Gespräch. Es heißt den Rhythmus eigener Worte im Leeren vernehmen. Das Genie hat seine Erinnerung völlig verflucht in der Gestaltung. Es ist gedächtnisarm und ratlos. Seine Vergangenheit wurde schon Schicksal und ist nimmer zu gegenwärtigen. Im Genie spricht Gott und lauscht dem Widerspruch der Sprache.

Dem Schwätzer scheint das Genie die Ausflucht vor Größe. Kunst ist das beste Mittel gegen Unsal. Das Gespräch des Genius ist aber Gebet. Im Sprechen fallen die Worte von ihm nieder wie Mäntel. Die Worte des Genius machen nackt, und sind Hüllen, in die der Lauschende sich gekleidet fühlt. Wer lauscht ist die Vergangenheit des großen Sprechers, sein Gegenstand und seine tote Kraft. Der sprechende Genius ist stiller als der Lauschende, wie der Betende stiller ist als Gott.

IV

Immer bleibt der Sprechende von der Gegenwart besessen. Also ist er verflucht: nie das Vergangene zu sagen das er doch meint. Und was er sagt, hat schon lange die stumme Frage der Schweigenden in sich befaßt, und ihr Blick fragt ihn, wann er endet. Er soll sich der Hörenden vertrauen, damit sie seine Lästerung bei der Hand nimmt und sie bis an den Abgrund führt, in dem die Seele des Sprechenden liegt, seine Vergangenheit, das tote Feld, zu dem er hinirrt. Da wartet aber die Dirne schon lange. Denn jede Frau hat die Vergangenheit und jedenfalls keine Gegenwart. Darum behütet sie den Sinn vor dem Verstehen, sie wehrt dem Mißbrauch der Worte und läßt sich nicht mißbrauchen.

Den Schatz der Alltäglichkeit hütet sie, aber auch die Allnächtlichkeit, das höchste Gut. Darum ist die Dirne die Hörende. Sie rettet das Gespräch vor Kleinheit, auf sie hat Größe keinen Anspruch, denn Größe endet vor ihr. Jede Mannheit ist schon vor ihr vergangen, nun verfließt der Wortstrom in ihre Nächte. Die ewig gewesene Gegenwart wird wieder werden. Des Schweigens anderes Gespräch ist Wollust.

V

DAS GENIE Ich komme zu dir, um bei dir auszuruhen.

DIE DIRNE So setze dich.

DAS GENIE Ich will mich zu dir setzen – eben habe ich dich berührt, und mir ist, als hätte ich schon Jahre geruht.

DIE DIRNE Du machst mich unruhig. Wenn ich neben dir läge, könnte ich nicht schlafen.

DAS GENIE Jede Nacht sind Menschen bei dir im Zimmer. Mir ist, als hätte ich sie alle empfangen und sie hätten mich freudlos angesehen und wären gegangen.

DIE DIRNE Gib mir deine Hand – an deiner schlafenden Hand fühle ich, daß du all deine Gedichte jetzt vergaßest.

DAS GENIE Ich denke nur an meine Mutter. Darf ich dir von ihr erzählen? Sie hat mich geboren. Sie hat geboren wie du: hundert tote Gedichte. Sie hat ihre Kinder nicht gekannt, wie du. Ihre Kinder haben mit fremden Menschen gehurt.

DIE DIRNE Wie die meinen.

DAS GENIE Meine Mutter hat mich immer angesehen, mich gefragt, mir geschrieben. Ich habe an ihr alle Menschen verlernt. Alle wurden mir Mutter. Alle Frauen hatten mich geboren, kein Mann hatte mich gezeugt.

DIE DIRNE So klagen alle, die bei mir schlafen. Wenn sie mit mir in ihr Leben blicken, scheint es ihnen wie dicke Asche bis zum Halse emporzustehen. Niemand hat sie gezeugt und zu mir kommen sie, um nicht zu zeugen.

DAS GENIE Alle Frauen, zu denen ich komme, sind wie du. Sie haben mich tot geboren und wollen von mir Totes empfangen.

DIE DIRNE Aber ich bin die Todesmutigste. (Sie gehen schlafen.)

VI

Die Frau hütet die Gespräche. Sie empfängt das Schweigen und die Dirne empfängt den Schöpfer des Gewesenen. Aber niemand wacht über die Klage wenn Männer sprechen. Ihr Gespräch wird Verzweiflung, es erschallt im tauben Raum, und lästernd greift es in die Größe. Zwei Männer sind bei einander immer Aufrührer, am Ende greifen sie zu Feuer und Beil. Sie vernichten die Frau durch die Zote, das Paradoxon notzüchtigt die Größe. Die Worte gleicher Geschlechter vereinigen sich und peitschen sich auf durch ihre heimliche Zuneigung, ein seelenloser Doppelsinn steht auf, schlecht verhüllt durch die grausame Dialektik. Lachend steht die Offenbarung vor ihnen und zwingt sie zum Schweigen. Die Zote siegt, die Welt war aus Worten gezimmert.

Nun müssen sie aufstehen und ihre Bücher erschlagen und sich ein Weib rauben, sonst werden sie heimlich ihre Seelen erwürgen.

VII

Wie sprachen Sappho und ihre Freundinnen? Wie kam es, daß Frauen sprachen? Denn die Sprache entseelt sie. Die Frauen empfangen keine Laute von ihr und keine Erlösung. Die Worte wehen über die Frauen hin, die beieinander sind, aber das Wehen ist plump und tonlos, sie werden geschwätzig. Ihr Schweigen thront aber über ihrem Reden. Die Sprache trägt die Seele der Frauen nicht, denn sie vertrauten ihr nichts; ihr Vergangnes ist nie beschlossen. Die Worte fingern an ihnen herum, und irgend eine Fertigkeit antwortet ihnen geschwind. Aber nur im Sprechenden erscheint ihnen die Sprache, der gequält die Leiber der Worte preßt, in die er das Schweigen der Geliebten abbildete. Worte sind stumm. Die Sprache der Frauen blieb ungeschaffen. Sprechende Frauen sind von einer wahnwitzigen Sprache besessen.

VIII

Wie sprachen Sappho und ihre Freundinnen? – Die Sprache ist verschleiert wie das Vergangene, zukünftig wie das Schweigen. Der Sprechende führt in ihr die Vergangenheit herauf, verschleiert von Sprache empfängt er sein Weiblich-Gewesenes im Gespräch. – Aber die Frauen schweigen. Wohin sie lauschen, sind die Worte ungesprochen. Sie nähern ihre Körper und liebkosen einander. Ihr Gespräch befreite sich vom Gegenstande und der Sprache. Dennoch hat es einen Bezirk erschritten. Denn erst unter ihnen und da sie bei einander sind, ist das Gespräch selbst vergangen und zur Ruhe gekommen. Nun erreichte es endlich

sich selber: Größe wurde es unter ihrem Blick, wie das Leben Größe war vor dem vergeblichen Gespräche. Die schweigenden Frauen sind die Sprecher des Gesprochenen. Sie treten aus dem Kreise, sie allein sehen die Vollendung seiner Rundung.
Sie alle bei einander klagen nicht, sie schauen bewundernd. Die Liebe ihrer Leiber ist ohne Zeugung, aber ihre Liebe ist schön anzusehen. Und sie wagen den Anblick an einander. Er macht eratmen, während die Worte im Raum verhallen. Das Schweigen und die Wollust – ewig geschieden im Gespräch – sind eins geworden. Schweigen der Gespräche war zukünftige Wollust, Wollust war vergangenes Schweigen. Unter den Frauen aber geschah der Anblick der Gespräche von der Grenze schweigender Wollust. Da erstand erleuchtend die Jugend der dunklen Gespräche. Es erstrahlte das Wesen.

Über Sprache überhaupt und über die Sprache des Menschen

Jede Äußerung menschlichen Geisteslebens kann als eine Art der Sprache aufgefaßt werden, und diese Auffassung erschließt nach Art einer wahrhaften Methode überall neue Fragestellungen. Man kann von einer Sprache der Musik und der Plastik reden, von einer Sprache der Justiz, die nichts mit denjenigen, in denen deutsche oder englische Rechtssprüche abgefaßt sind, unmittelbar zu tun hat, von einer Sprache der Technik, die nicht die Fachsprache der Techniker ist. Sprache bedeutet in solchem Zusammenhang das auf Mitteilung geistiger Inhalte gerichtete Prinzip in den betreffenden Gegenständen: in Technik, Kunst, Justiz oder Religion. Mit einem Wort: jede Mitteilung geistiger Inhalte ist Sprache, wobei die Mitteilung durch das Wort nur ein besonderer Fall, der der menschlichen, und der ihr zugrunde liegenden oder auf ihr fundierten (Justiz, Poesie), ist. Das Dasein der Sprache erstreckt sich aber nicht nur über alle Gebiete menschlicher Geistesäußerung, der in irgendeinem Sinn immer Sprache innewohnt, sondern es erstreckt sich auf schlechthin alles. Es gibt kein Geschehen oder Ding weder in der belebten noch in der unbelebten Natur, das nicht in gewisser Weise an der Sprache teilhätte, denn es ist jedem wesentlich, seinen geistigen Inhalt mitzuteilen. Eine Metapher aber ist das Wort »Sprache« in solchem Gebrauche durchaus nicht. Denn es ist eine volle inhaltliche Erkenntnis, daß wir uns nichts vorstellen können, das sein geistiges Wesen nicht im Ausdruck mitteilt; der größere oder geringere Bewußtseinsgrad, mit dem solche Mitteilung scheinbar (oder wirklich) verbunden ist, kann daran nichts ändern, daß wir uns völlige Abwesenheit der Sprache in nichts vorstellen können. Ein Dasein, welches ganz ohne Beziehung zur Sprache wäre, ist eine Idee; aber diese Idee läßt sich auch im Bezirk der Ideen, deren Umkreis diejenige Gottes bezeichnet, nicht fruchtbar machen.

Nur soviel ist richtig, daß in dieser Terminologie jeder Ausdruck, sofern er eine Mitteilung geistiger Inhalte ist, der Sprache beigezählt wird. Und allerdings ist der Ausdruck seinem ganzen und innersten Wesen nach nur als *Sprache* zu verstehen; andererseits muß man, um ein sprachliches Wesen zu verstehen, immer fragen, für welches geistige Wesen es denn der unmittelbare Ausdruck sei. Das heißt: die deutsche Sprache z. B. ist keineswegs der Ausdruck für alles, was wir *durch* sie – vermeintlich – ausdrücken können, sondern sie ist der unmittelbare Ausdruck dessen, was *sich* in ihr mitteilt. Dieses »Sich« ist ein geistiges Wesen. Damit ist es zunächst selbstverständlich, daß das geistige Wesen, das sich in der Sprache mitteilt, nicht die Sprache selbst, sondern etwas von ihr zu Unterscheidendes ist. Die Ansicht, daß das geistige Wesen eines Dinges eben in seiner Sprache besteht – diese Ansicht als Hypothesis verstanden, ist der große Abgrund, dem alle Sprachtheorie zu verfallen droht[1], und über, gerade über ihm sich schwebend zu erhalten ist ihre Aufgabe. Die Unterscheidung zwischen dem geistigen Wesen und dem sprachlichen, in dem es mitteilt, ist die ursprünglichste in einer sprachtheoretischen Untersuchung, und es scheint dieser Unterschied so unzweifelhaft zu sein, daß vielmehr die oft behauptete Identität zwischen dem geistigen und sprachlichen Wesen eine tiefe und unbegreifliche Paradoxie bildet, deren Ausdruck man in dem Doppelsinn des Wortes Λόγος gefunden hat. Dennoch hat diese Paradoxie als Lösung ihre Stelle im Zentrum der Sprachtheorie, bleibt aber Paradoxie und da unlösbar, wo sie am Anfang steht.

Was teilt die Sprache mit? Sie teilt das ihr entsprechende geistige Wesen mit. Es ist fundamental zu wissen, daß dieses geistige Wesen sich *in* der Sprache mitteilt und nicht *durch* die Sprache. Es gibt also keinen Sprecher der Sprachen, wenn man damit den meint, der *durch* diese Sprachen sich mitteilt. Das geistige Wesen teilt sich in einer Sprache und nicht durch eine Sprache mit – das heißt: es ist nicht von außen gleich dem sprachlichen Wesen. Das geistige Wesen ist mit dem sprachlichen identisch, nur *sofern* es mitteil*bar* ist. Was an einem geistigen Wesen mitteilbar ist, das ist sein sprachliches Wesen. Die Sprache teilt also das jeweilige sprachliche Wesen der Dinge mit, ihr geistiges aber nur, sofern es unmittelbar im sprachlichen beschlossen liegt, sofern es mitteil*bar* ist.

1 Oder ist es vielmehr die Versuchung, die Hypothesis an den Anfang zu setzen, die den Abgrund allen Philosophierens macht?

Die Sprache teilt das sprachliche Wesen der Dinge mit. Dessen klarste Erscheinung ist aber die Sprache selbst. Die Antwort auf die Frage: *was* teilt die Sprache mit? lautet also: *Jede Sprache teilt sich selbst mit.* Die Sprache dieser Lampe z. B. teilt nicht die Lampe mit (denn das geistige Wesen der Lampe, sofern es *mitteilbar* ist, ist durchaus nicht die Lampe selbst), sondern: die Sprach-Lampe, die Lampe in der Mitteilung, die Lampe im Ausdruck. Denn in der Sprache verhält es sich so: *Das sprachliche Wesen der Dinge ist ihre Sprache.* Das Verständnis der Sprachtheorie hängt davon ab, diesen Satz zu einer Klarheit zu bringen, die auch jeden Schein einer Tautologie in ihm vernichtet. Dieser Satz ist untautologisch, denn er bedeutet: das, was an einem geistigen Wesen mitteilbar ist, *ist* seine Sprache. Auf diesem »ist« (gleich »ist unmittelbar«) beruht alles. – Nicht, was an einem geistigen Wesen mitteilbar ist, *erscheint* am klarsten in seiner Sprache, wie noch eben im Übergange gesagt wurde, sondern dieses Mitteil*bare* ist unmittelbar die Sprache selbst. Oder: die Sprache eines geistigen Wesens ist unmittelbar dasjenige, was an ihm mitteilbar ist. Was *an* einem geistigen Wesen mitteilbar ist, *in* dem teilt es sich mit; das heißt: jede Sprache teilt sich selbst mit. Oder genauer: jede Sprache teilt sich *in* sich selbst mit, sie ist im reinsten Sinne das »Medium« der Mitteilung. Das Mediale, das ist die *Unmittel*barkeit aller geistigen Mitteilung, ist das Grundproblem der Sprachtheorie, und wenn man diese Unmittelbarkeit magisch nennen will, so ist das Urproblem der Sprache ihre Magie. Zugleich deutet das Wort von der Magie der Sprache auf ein anderes: auf ihre Unendlichkeit. Sie ist durch die Unmittelbarkeit bedingt. Denn gerade, weil *durch* die Sprache sich nichts mitteilt, kann, was *in* der Sprache sich mitteilt, nicht von außen beschränkt oder gemessen werden, und darum wohnt jeder Sprache ihre inkommensurable einziggeartete Unendlichkeit inne. Ihr sprachliches Wesen, nicht ihre verbalen Inhalte bezeichnen ihre Grenze.

Das sprachliche Wesen der Dinge ist ihre Sprache; dieser Satz auf den Menschen angewandt besagt: Das sprachliche Wesen des Menschen ist seine Sprache. Das heißt: Der Mensch teilt sein eignes geistiges Wesen *in* seiner Sprache mit. Die Sprache des Menschen spricht aber in Worten. Der Mensch teilt also sein eignes geistiges Wesen (sofern es mitteilbar ist) mit, indem er alle anderen Dinge *benennt.* Kennen wir aber noch andere Sprachen, welche die Dinge benennen? Man wende nicht ein, wir kennten keine Sprache außer der des Menschen, das ist unwahr. Nur keine *benennende* Sprache kennen wir außer der menschlichen; mit einer Identifizierung von benennender Sprache mit Sprache überhaupt beraubt sich die Sprachtheorie der tiefsten Einsichten. – *Das sprachliche Wesen des Menschen ist also, daß er die Dinge benennt.*

Wozu benennt? Wem teilt der Mensch sich mit? – Aber ist diese Frage beim Menschen eine andere als bei anderen Mitteilungen (Sprachen)? Wem teilt die Lampe sich mit? Das Gebirge? Der Fuchs? – Hier aber lautet die Antwort: dem Menschen. Das ist kein Anthropomorphismus. Die Wahrheit dieser Antwort erweist sich in der Erkenntnis und vielleicht auch in der Kunst. Zudem: wenn Lampe und Gebirge und der Fuchs sich dem Menschen nicht mitteilen würden, wie sollte er sie dann benennen? Aber er benennt sie; *er* teilt sich mit, indem er *sie* benennt. Wem teilt er sich mit?

Ehe diese Frage zu beantworten ist, gilt es noch einmal zu prüfen: Wie teilt der Mensch sich mit? Es ist ein tiefer Unterschied zu machen, eine Alternative zu stellen, vor der mit Sicherheit die wesentlich falsche Meinung von der Sprache sich verrät. Teilt der Mensch sein geistiges Wesen *durch* die Namen mit, die er den Dingen gibt? Oder *in* ihnen? In der Paradoxie dieser Fragestellung liegt ihre Beantwortung. Wer da glaubt, der Mensch teile sein geistiges Wesen *durch* die Namen mit, der kann wiederum nicht annehmen, daß es sein geistiges Wesen sei, das er mitteile, – denn das geschieht nicht durch Namen von Dingen, also durch Worte, durch die er ein Ding bezeichnet. Und er kann wiederum nur annehmen, er teile eine Sache anderen Menschen mit, denn das geschieht durch das Wort, durch das ich ein Ding bezeichne. Diese Ansicht ist die bürgerliche Auffassung der Sprache, deren Unhaltbarkeit und Leere sich mit steigender Deutlichkeit im folgenden ergeben soll. Sie besagt: Das Mittel der Mitteilung ist das Wort, ihr Gegenstand die Sache, ihr Adressat ein Mensch. Dagegen kennt die andere kein Mittel, keinen Gegenstand und keinen Adressaten der Mitteilung. Sie besagt: *im Namen teilt das geistige Wesen des Menschen sich Gott mit.*

Der Name hat im Bereich der Sprache einzig diesen Sinn und diese unvergleichlich hohe Bedeutung: daß er das innerste Wesen der Sprache selbst ist. Der Name ist dasjenige, *durch* das sich nichts mehr, und *in* dem die Sprache selbst und absolut sich mitteilt. Im Namen ist das geistige Wesen, das sich mitteilt, *die* Sprache. Wo das geistige Wesen in seiner Mitteilung die Sprache selbst in ihrer absoluten Ganzheit ist, da allein gibt es den Namen, und da gibt es den Namen allein. Der Name als Erbteil der Menschensprache verbürgt also, *daß die Sprache schlechthin* das geistige Wesen des Menschen ist; und nur darum ist das geistige Wesen des Menschen allein unter allen Geisteswesen restlos mitteilbar. Das begründet den Unterschied der Menschensprache von der Sprache der Dinge. Weil das geistige Wesen des Menschen aber die Sprache selbst ist, darum kann er sich nicht durch sie, sondern nur in ihr mitteilen. Der Inbegriff dieser intensiven Totalität der Sprache als des geistigen Wesens des Menschen ist der Name. Der Mensch ist der Nennende, daran erkennen wir, daß aus ihm die reine Sprache spricht. Alle Natur, sofern sie sich mitteilt, teilt sich in der Sprache mit, also letzten Endes im Menschen. Darum ist er der Herr der Natur und kann die Dinge benennen. Nur durch das sprachliche Wesen der Dinge gelangt er aus sich selbst zu deren Erkenntnis – im Namen. Gottes Schöpfung vollendet sich, indem die Dinge ihren Namen vom Menschen erhalten, aus dem im Namen die Sprache allein spricht. Man kann den Namen als die Sprache der Sprache bezeichnen (wenn der Genetiv nicht das Verhältnis des Mittels, sondern des Mediums bezeichnet) und in diesem Sinne ist allerdings, weil er im Namen spricht, der Mensch der Sprecher der Sprache, eben darum auch ihr einziger. In der Bezeichnung des Menschen als des Sprechenden (das ist aber z. B. nach der Bibel offenbar der Namen-Gebende: »wie der Mensch allerlei lebendige Tiere nennen würde, so sollten sie *heißen*«) schließen viele Sprachen diese metaphysische Erkenntnis ein.

Der Name ist aber nicht allein der letzte Ausruf, er ist auch der eigentliche Anruf der Sprache. Damit erscheint im Namen das Wesensgesetz der Sprache, nach dem sich selbst aussprechen und alles andere ansprechen dasselbe ist. Die Sprache – und in ihr ein geistiges Wesen – spricht sich nur da rein aus, wo sie im Namen spricht, das heißt: in der universellen Benennung. So gipfeln im Namen die intensive Totalität der Sprache als des absolut mitteilbaren geistigen Wesens und die extensive Totalität der Sprache als des universell mitteilenden (benennenden) Wesens. Die Sprache ist ihrem mitteilenden Wesen, ihrer Universalität nach, da unvollkommen, wo das geistige Wesen, das aus ihr spricht, nicht in seiner ganzen Struktur sprachliches, das heißt mitteilbares ist. *Der Mensch allein hat die nach Universalität und Intensität vollkommene Sprache.*

Angesichts dieser Erkenntnis ist nun ohne Gefahr der Verwirrung eine Frage möglich, die zwar von höchster metaphysischer Wichtigkeit ist, aber an dieser Stelle in aller Klarheit zunächst als eine terminologische vorgebracht werden kann. Ob nämlich das geistige Wesen – nicht nur des Menschen (denn das ist notwendig) – sondern auch der Dinge und somit geistiges Wesen überhaupt in sprachtheoretischer Hinsicht als sprachliches zu bezeichnen ist. Wenn das geistige Wesen mit dem sprachlichen identisch ist, so ist das Ding seinem geistigen Wesen nach Medium der Mitteilung, und was sich in ihm mitteilt, ist – gemäß dem medialen Verhältnis – eben dies Medium (die Sprache) selbst. Sprache ist dann das geistige Wesen der Dinge. Es wird das geistige Wesen also von vornherein als mitteilbar gesetzt, oder vielmehr gerade *in* die Mitteilbarkeit gesetzt, und die Thesis: das sprachliche Wesen der Dinge ist mit ihrem geistigen, sofern letzteres mitteilbar ist, identisch, wird in ihrem »sofern« zu einer Tautologie. *Einen Inhalt der Sprache gibt es nicht; als Mitteilung teilt die Sprache ein geistiges Wesen, d. i. eine Mitteilbarkeit schlechthin mit.* Die Unterschiede der Sprachen sind solche von Medien, die sich gleichsam nach ihrer Dichte, also graduell, unterscheiden; und das in der zwiefachen Hinsicht nach der Dichte des Mitteilenden (Benennenden) und des Mitteilbaren (Namen) in der Mitteilung. Diese beiden Sphären, die rein geschieden und doch vereinigt nur in der Namensprache des Menschen, entsprechen sich natürlich ständig.

Für die Metaphysik der Sprache ergibt die Gleichsetzung des geistigen mit dem sprachlichen Wesen, welches nur graduelle Unterschiede kennt, eine Abstufung allen geistigen Seins in Gradstufen. Diese Abstufung, die im Inneren des geistigen Wesens selbst stattfindet, läßt sich unter keine obere Kategorie mehr fassen, sie führt daher auf die Abstufung aller geistigen

übertragenen und der sinnlichen Bedeutung: Die Sprachen der Dinge sind unvollkommen, und sie sind stumm. Den Dingen ist das reine sprachliche Formprinzip – der Laut – versagt. Sie können sich nur durch eine mehr oder minder stoffliche Gemeinschaft einander mitteilen. Diese Gemeinschaft ist unmittelbar und unendlich wie die jeder sprachlichen Mitteilung; sie ist magisch (denn es gibt auch Magie der Materie). Das Unvergleichliche der menschlichen Sprache ist, daß ihre magische Gemeinschaft mit den Dingen immateriell und rein geistig ist, und dafür ist der Laut das Symbol. Dieses symbolische Faktum spricht die Bibel aus, indem sie sagt, daß Gott dem Menschen den Odem einblies: das ist zugleich Leben und Geist und Sprache. –
Wenn im folgenden das Wesen der Sprache auf Grund der ersten Genesiskapitel betrachtet wird, so soll damit weder Bibelinterpretation als Zweck verfolgt noch auch die Bibel an dieser Stelle objektiv als offenbarte Wahrheit dem Nachdenken zugrunde gelegt werden, sondern das, was aus dem Bibeltext in Ansehung der Natur der Sprache selbst sich ergibt, soll aufgefunden werden; und die Bibel ist *zunächst* in dieser Absicht nur darum unersetzlich, weil diese Ausführungen im Prinzipiellen ihr darin folgen, daß in ihnen die Sprache als eine letzte, nur in ihrer Entfaltung zu betrachtende, unerklärliche und mystische Wirklichkeit vorausgesetzt wird. Die Bibel, indem sie sich selbst als Offenbarung betrachtet, muß notwendig die sprachlichen Grundtatsachen entwickeln. – Die zweite Fassung der Schöpfungsgeschichte, die vom Einblasen des Odems erzählt, berichtet zugleich, der Mensch sei aus Erde gemacht worden. Dies ist in der ganzen Schöpfungsgeschichte die einzige Stelle, an der von einem Material des Schöpfers die Rede ist, in welchem dieser seinen Willen, der sonst doch wohl unmittelbar schaffend gedacht ist, ausdrückt. Es ist in dieser zweiten Schöpfungsgeschichte die Erschaffung des Menschen nicht durch das Wort geschehen: Gott sprach – und es geschah –, sondern diesem nicht aus dem Worte geschaffenen Menschen wird nun die *Gabe* der Sprache beigelegt, und er wird über die Natur erhoben.
Diese eigentümliche Revolution des Schöpfungsaktes, wo er sich auf den Menschen richtet, ist aber nicht minder deutlich in der ersten Schöpfungsgeschichte niedergelegt, und in einem ganz anderen Zusammenhange verbürgt er mit gleicher Bestimmtheit

wie sprachlichen Wesen nach Existenzgraden oder nach graden, wie sie bezüglich der geistigen schon die Scholasti wohnt war. Die Gleichsetzung des geistigen mit dem sprachli Wesen ist aber in sprachtheoretischer Hinsicht von so gro metaphysischer Tragweite, weil sie auf denjenigen Begriff h führt, der sich immer wieder wie von selbst im Zentrum d Sprachphilosophie erhoben hat und ihre innigste Verbindun mit der Religionsphilosophie ausgemacht hat. Das ist der Begriff der Offenbarung. – Innerhalb aller sprachlichen Gestaltung waltet der Widerstreit des Ausgesprochenen und Aussprechlichen mit dem Unaussprechlichen und Unausgesprochenen. In der Betrachtung dieses Widerstreites sieht man in der Perspektive des Unaussprechlichen zugleich das letzte geistige Wesen. Nun ist es klar, daß in der Gleichsetzung des geistigen mit dem sprachlichen Wesen dieses Verhältnis der umgekehrten Proportionalität zwischen beiden bestritten wird. Denn hier lautet die Thesis: je tiefer, d. h. je existenter und wirklicher der Geist, desto aussprechlicher und ausgesprochener, wie es denn eben im Sinne dieser Gleichsetzung liegt, die Beziehung zwischen Geist und Sprache zur schlechthin eindeutigen zu machen, so daß der sprachlich existenteste, d. h. fixierteste Ausdruck, das sprachlich Prägnanteste und Unverrückbarste, mit einem Wort: das Ausgesprochenste zugleich das reine Geistige ist. Genau das meint aber der Begriff der Offenbarung, wenn er die Unantastbarkeit des Wortes für die einzige und hinreichende Bedingung und Kennzeichnung der Göttlichkeit des geistigen Wesens, das sich in ihm ausspricht, nimmt. Das höchste Geistesgebiet der Religion ist (im Begriff der Offenbarung) zugleich das einzige, welches das Unaussprechliche nicht kennt. Denn es wird angesprochen im Namen und spricht sich aus als Offenbarung. Hierin aber kündigt sich an, daß allein das höchste geistige Wesen, wie es in der Religion erscheint, rein auf dem Menschen und der Sprache in ihm beruht, während alle Kunst, die Poesie nicht ausgenommen, nicht auf dem allerletzten Inbegriff des Sprachgeistes, sondern auf dinglichem Sprachgeist, wenn auch in seiner vollendeten Schönheit, beruht. »*Sprache*, *die Mutter* der Vernunft und *Offenbarung*, ihr A und Ω«, sagt Hamann.

Die Sprache selbst ist in den Dingen selbst nicht vollkommen ausgesprochen. Dieser Satz hat einen doppelten Sinn nach der den besonderen Zusammenhang zwischen Mensch und Sprache aus dem Akte der Schöpfung heraus. Die mannigfache Rhythmik der Schöpfungsakte des ersten Kapitels läßt doch eine Art Grundform zu, von der allein der den Menschen erschaffende Akt bedeutsam abweicht. Zwar handelt es sich hier nirgends weder bei Mensch noch Natur um eine ausdrückliche Beziehung auf das Material, aus dem sie geschaffen wurden; und ob jeweils in den Worten: »er machte« an ein Schaffen aus Materie etwa gedacht ist, muß hier dahingestellt bleiben. Aber die Rhythmik, nach der sich die Schöpfung der Natur (nach Genesis 1) vollzieht, ist: Es werde – Er machte (schuf) – Er nannte. – In einzelnen Schöpfungsakten (1,3; 1,14) tritt allein das »Es werde« auf. In diesem »Es werde« und in dem »Er nannte« am Anfang und Ende der Akte erscheint jedesmal die tiefe deutliche Beziehung des Schöpfungsaktes auf die Sprache. Mit der schaffenden Allmacht der Sprache setzt er ein, und am Schluß einverleibt sich gleichsam die Sprache das Geschaffene, sie benennt es. Sie ist also das Schaffende, und das Vollendende, sie ist Wort und Name. In Gott ist der Name schöpferisch, weil er Wort ist, und Gottes Wort ist erkennend, weil es Name ist. »Und er sah, daß es gut war«, das ist: er hatte es erkannt durch den Namen. Das absolute Verhältnis des Namens zur Erkenntnis besteht allein in Gott, nur dort ist der Name, weil er im innersten mit dem schaffenden Wort identisch ist, das reine Medium der Erkenntnis. Das heißt: Gott machte die Dinge in ihren Namen erkennbar. Der Mensch aber benennt sie maßen der Erkenntnis.

In der Schöpfung des Menschen ist die dreifache Rhythmik der Naturschöpfung einer ganz anderen Ordnung gewichen. In ihr hat also die Sprache eine andere Bedeutung; die Dreiheit des Aktes ist auch hier erhalten, aber um so mächtiger bekundet sich eben im Parallelismus der Abstand: in dem dreifachen: »Er schuf« des Verses 1,27. Gott hat den Menschen nicht aus dem Wort geschaffen, und er hat ihn nicht benannt. Er wollte ihn nicht der Sprache unterstellen, sondern im Menschen entließ Gott die Sprache, die *ihm* als Medium der Schöpfung gedient hatte, frei aus sich. Gott ruhte, als er im Menschen sein Schöpferisches sich selbst überließ. Dieses Schöpferische, seiner göttlichen Aktualität entledigt, wurde Erkenntnis. Der Mensch ist der Erkennende derselben Sprache, in der Gott Schöpfer ist. Gott schuf ihn sich zum Bilde, er schuf den Erkennenden zum Bilde des Schaffenden. Daher bedarf der Satz: Das geistige Wesen des Menschen ist die Sprache, der Erklärung. Sein geistiges Wesen ist die Sprache, in der geschaffen wurde. Im Wort wurde geschaffen, und Gottes sprachliches Wesen ist das Wort. Alle menschliche Sprache ist nur Reflex des Wortes im Namen. Der Name erreicht so wenig das Wort wie die Erkenntnis die Schaffung. Die Unendlichkeit aller menschlichen Sprache bleibt immer eingeschränkten und analytischen Wesens im Vergleich mit der absoluten uneingeschränkten und schaffenden Unendlichkeit des Gotteswortes.

Das tiefste Abbild dieses göttlichen Wortes und der Punkt, an dem die Menschensprache den innigsten Anteil an der göttlichen Unendlichkeit des bloßen Wortes erlangt, der Punkt, an dem sie nicht endliches Wort und Erkenntnis nicht werden kann: das ist der menschliche Namen. Die Theorie des Eigennamens ist die Theorie von der Grenze der endlichen gegen die unendliche Sprache. Von allen Wesen ist der Mensch das einzige, das seinesgleichen selbst benennt, wie es denn das einzige ist, das Gott nicht benannt hat. Vielleicht ist es kühn, aber kaum unmöglich, den Vers 2,20 in seinem zweiten Teile in diesem Zusammenhang zu nennen: daß der Mensch alle Wesen benannte, »*aber* für den Menschen ward keine Gehilfin gefunden, die um ihn wäre«. Wie denn auch Adam sein Weib, alsobald er es bekommen hat, benennt. (Männin im zweiten Kapitel, Heva im dritten.) Mit der Gebung des Namens weihen die Eltern ihre Kinder Gott; dem Namen, den sie hier geben, entspricht – metaphysisch, nicht etymologisch verstanden – keine Erkenntnis, wie sie die Kinder ja auch neugeboren benennen. Es sollte im strengen Geist auch kein Mensch dem Namen (nach seiner etymologischen Bedeutung) entsprechen, denn der Eigenname ist Wort Gottes in menschlichen Lauten. Mit ihm wird jedem Menschen seine Erschaffung durch Gott verbürgt, und in diesem Sinne ist er selbst schaffend, wie die mythologische Weisheit es in der Anschauung ausspricht (die sich wohl nicht selten findet), daß sein Name des Menschen Schicksal sei. Der Eigenname ist die Gemeinschaft des Menschen mit dem *schöpferischen* Wort Gottes. (Es ist dies nicht die einzige, und der Mensch kennt noch eine andere Sprachgemeinschaft mit Gottes Wort.) Durch das

Wort ist der Mensch mit der Sprache der Dinge verbunden. Das menschliche Wort ist der Name der Dinge. Damit kann die Vorstellung nicht mehr aufkommen, die der bürgerlichen Ansicht der Sprache entspricht, daß das Wort zur Sache sich zufällig verhalte, daß es ein durch irgendwelche Konvention gesetztes Zeichen der Dinge (oder ihrer Erkenntnis) sei. Die Sprache gibt niemals *bloße* Zeichen. Mißverständlich ist aber auch die Ablehnung der bürgerlichen durch die mystische Sprachtheorie. Nach ihr nämlich ist das Wort schlechthin das Wesen der Sache. Das ist unrichtig, weil die Sache an sich kein Wort hat, geschaffen ist sie aus Gottes Wort und erkannt in ihrem Namen nach dem Menschenwort. Diese Erkenntnis der Sache ist aber nicht spontane Schöpfung, sie geschieht nicht aus der Sprache absolut uneingeschränkt und unendlich wie diese; sondern es beruht der Name, den der Mensch der Sache gibt, darauf, wie sie ihm sich mitteilt. Im Namen ist das Wort Gottes nicht schaffend geblieben, es ist an einem Teil empfangend, wenn auch sprachempfangend, geworden. Auf die Sprache der Dinge selbst, aus denen wiederum lautlos und in der stummen Magie der Natur das Wort Gottes hervorstrahlt, ist diese Empfängnis gerichtet.

Für Empfängnis und Spontaneität zugleich, wie sie sich in dieser Einzigartigkeit der Bindung nur im sprachlichen Bereich finden, hat aber die Sprache ihr eigenes Wort, und dieses Wort gilt auch von jener Empfängnis des Namenlosen im Namen. Es ist die Übersetzung der Sprache der Dinge in die des Menschen. Es ist notwendig, den Begriff der Übersetzung in der tiefsten Schicht der Sprachtheorie zu begründen, denn er ist viel zu weittragend und gewaltig, um in irgendeiner Hinsicht nachträglich, wie bisweilen gemeint wird, abgehandelt werden zu können. Seine volle Bedeutung gewinnt er in der Einsicht, daß jede höhere Sprache (mit Ausnahme des Wortes Gottes) als Übersetzung aller anderen betrachtet werden kann. Mit dem erwähnten Verhältnis der Sprachen als dem von Medien verschiedener Dichte ist die Übersetzbarkeit der Sprachen ineinander gegeben. Die Übersetzung ist die Überführung der einen Sprache in die andere durch ein Kontinuum von Verwandlungen. Kontinua der Verwandlung, nicht abstrakte Gleichheits- und Ähnlichkeitsbezirke durchmißt die Übersetzung.

Die Übersetzung der Sprache der Dinge in die des Menschen ist nicht nur Übersetzung des Stummen in das Lauthafte, sie ist die Übersetzung des Namenlosen in den Namen. Das ist also die Übersetzung einer unvollkommenen Sprache in eine vollkommenere, sie kann nicht anders als etwas dazu tun, nämlich die Erkenntnis. Die Objektivität dieser Übersetzung ist aber in Gott verbürgt. Denn Gott hat die Dinge geschaffen, das schaffende Wort in ihnen ist der Keim des erkennenden Namens, wie Gott auch am Ende jedes Ding benannte, nachdem es geschaffen war. Aber offenbar ist diese Benennung nur der Ausdruck der Identität des schaffenden Wortes und des erkennenden Namens in Gott, nicht die vorhergenommene Lösung jener Aufgabe, die Gott ausdrücklich dem Menschen selbst zuschreibt: nämlich die Dinge zu benennen. Indem er die stumme namenlose Sprache der Dinge empfängt und sie in den Namen in Lauten überträgt, löst der Mensch diese Aufgabe. Unlösbar wäre sie, wäre nicht die Namensprache des Menschen und die namenlose der Dinge in Gott verwandt, entlassen aus demselben schaffenden Wort, das in den Dingen Mitteilung der Materie in magischer Gemeinschaft, im Menschen Sprache des Erkennens und Namens in seligem Geiste geworden wäre. Hamann sagt: »Alles, was der Mensch am Anfange hörte, mit Augen sah ... und seine Hände betasteten, war ... lebendiges Wort; denn Gott war das Wort. Mit diesem Worte im Mund und im Herzen war der Ursprung der Sprache so natürlich, so nahe und leicht, wie ein Kinderspiel ...«. Der Maler Müller in seiner Dichtung »Adams erstes Erwachen und erste selige Nächte« läßt Gott mit diesen Worten den Menschen zur Namengebung aufrufen: »Mann von Erde, tritt nahe, am Anschauen werde vollkommner, vollkommner werde durchs Wort!« In dieser Verbindung von Anschauung und Benennung ist innerlich die mitteilende Stummheit der Dinge (der Tiere) auf die Wortsprache des Menschen zu gemeint, die sie im Namen aufnimmt. In demselben Kapitel der Dichtung spricht aus dem Dichter die Erkenntnis, daß nur das Wort, aus dem die Dinge geschaffen sind, ihre Benennung dem Menschen erlaubt, indem es sich in den mannigfachen Sprachen der Tiere, wenn auch stumm, mitteilt in dem Bild: Gott gibt den Tieren der Reihe nach ein Zeichen, auf das hin sie vor den Menschen zur Benennung treten. Auf eine fast sublime Weise ist so die Sprachgemeinschaft der stummen Schöpfung mit Gott im Bilde des Zeichens gegeben.

Wie das stumme Wort im Dasein der Dinge so unendlich weit unter dem benennenden Wort in der Erkenntnis des Menschen zurückbleibt, wie wiederum dieses wohl unter dem schaffenden Wort Gottes, so ist der Grund für die Vielheit menschlicher Sprachen gegeben. Die Sprache der Dinge kann in *die* Sprache der Erkenntnis und des Namens nur in der Übersetzung eingehen – soviel Übersetzungen, soviel Sprachen, sobald nämlich der Mensch einmal aus dem paradiesischen Zustand, der nur eine Sprache kannte, gefallen ist. (Nach der Bibel stellt diese Folge der Austreibung aus dem Paradiese allerdings erst später sich ein.) Die paradiesische Sprache des Menschen muß die vollkommen erkennende gewesen sein; während später noch einmal alle Erkenntnis in der Mannigfaltigkeit der Sprache sich unendlich differenziert, auf einer niederen Stufe als Schöpfung im Namen überhaupt sich differenzieren mußte. Daß nämlich die Sprache des Paradieses vollkommen erkennend gewesen sei, vermag auch das Dasein des Baumes der Erkenntnis nicht zu verhehlen. Seine Äpfel sollten die Erkenntnis verleihen, was gut und böse sei. Gott aber hatte schon am siebenten Tage mit den Worten der Schöpfung erkannt. Und siehe, es war sehr gut. Die Erkenntnis, zu der die Schlange verführt, das Wissen, was gut sei und böse, ist namenlos. Es ist im tiefsten Sinne nichtig, und dieses Wissen eben selbst das einzige Böse, das der paradiesische Zustand kennt. Das Wissen um gut und böse verläßt den Namen, es ist eine Erkenntnis von außen, die unschöpferische Nachahmung des schaffenden Wortes. Der Name tritt aus sich selbst in dieser Erkenntnis heraus: Der Sündenfall ist die Geburtsstunde des *menschlichen Wortes*, in dem der Name nicht mehr unverletzt lebte, das aus der Namensprache, der erkennenden, man darf sagen: der immanenten eigenen Magie heraustrat, um ausdrücklich, von außen gleichsam, magisch zu werden. Das Wort soll *etwas* mitteilen (außer sich selbst). Das ist wirklich der Sündenfall des Sprachgeistes. Das Wort als äußerlich mitteilendes, gleichsam eine Parodie des ausdrücklich mittelbaren Wortes auf das ausdrücklich unmittelbare, das schaffende Gotteswort, und der Verfall des seligen Sprachgeistes, des adamitischen, der zwischen ihnen steht. Es besteht nämlich in der Tat zwischen dem Worte, welches nach der Verheißung der Schlange das Gute und Böse erkennt, und zwischen dem äußerlich mitteilenden Worte im Grunde Identität. Die Erkenntnis der Dinge beruht im Namen, die des Guten und Bösen ist aber in dem tiefen Sinne, in dem Kierkegaard dieses Wort faßt, »Geschwätz« und kennt nur eine Reinigung und Erhöhung, unter die denn auch der geschwätzige Mensch, der Sündige, gestellt wurde: das Gericht. Dem richtenden Wort ist allerdings die Erkenntnis von gut und böse unmittelbar. Seine Magie ist eine andere als die des Namens, aber gleich sehr Magie. Dieses richtende Wort verstößt die ersten Menschen aus dem Paradies; sie selbst haben es exzitiert, zufolge einem ewigen Gesetz, nach welchem dieses richtende Wort die Erweckung seiner selbst als die einzige, tiefste Schuld bestraft – und erwartet. Im Sündenfall, da die ewige Reinheit des Namens angetastet wurde, erhob sich die strengere Reinheit des richtenden Wortes, des Urteils. Für den Wesenszusammenhang der Sprache hat der Sündenfall eine dreifache Bedeutung (ohne seine sonstige hier zu erwähnen). Indem der Mensch aus der reinen Sprache des Namens heraustritt, macht er die Sprache zum Mittel (nämlich einer ihm unangemessenen Erkenntnis), damit auch an einem Teile jedenfalls zum *bloßen* Zeichen; und das hat später die Mehrheit der Sprachen zur Folge. Die zweite Bedeutung ist, daß nun aus dem Sündenfall als die Restitution der in ihm verletzten Unmittelbarkeit des Namens eine neue, die Magie des Urteils, sich erhebt, die nicht mehr selig in sich selbst ruht. Die dritte Bedeutung, deren Vermutung sich vielleicht wagen läßt, wäre, daß auch der Ursprung der Abstraktion als eines Vermögens des Sprachgeistes im Sündenfall zu suchen sei. Gut und böse nämlich stehen als unbenennbar, als namenlos außerhalb der Namensprache, die der Mensch eben im Abgrund dieser Fragestellung verläßt. Der Name bietet nun aber im Hinblick auf die bestehende Sprache nur den Grund, in dem ihre konkreten Elemente wurzeln. Die abstrakten Sprachelemente aber – so darf vielleicht vermutet werden – wurzeln im richtenden Worte, im Urteil. Die Unmittelbarkeit (das ist aber die sprachliche Wurzel) der Mitteilbarkeit der Abstraktion ist im richterlichen Urteil gelegen. Diese Unmittelbarkeit in der Mitteilung der Abstraktion stellte sich richtend ein, als im Sündenfall der Mensch die Unmittelbarkeit in der Mitteilung des Konkreten, den Namen, verließ und in den Abgrund der Mittelbarkeit aller Mitteilung, des Wortes als Mittel, des eitlen Wortes verfiel, in den Abgrund des Geschwätzes. Denn – noch einmal soll das gesagt werden – Geschwätz war die Frage nach dem Gut und Böse in der Welt nach der Schöpfung. Der Baum der Erkenntnis stand nicht wegen der Aufschlüsse über Gut und Böse, die er zu geben vermocht hätte, im Garten Gottes, sondern als Wahrzeichen des Gerichts über den Fragenden. Diese ungeheure Ironie ist das Kennzeichen des mythischen Ursprungs des Rechtes.

Nach dem Sündenfall, der in der Mittelbarmachung der Sprache den Grund zu ihrer Vielheit gelegt hatte, konnte es bis zur Sprachverwirrung nur noch ein Schritt sein. Da die Menschen die Reinheit des Namens verletzt hatten, brauchte nur noch die Abkehr von jenem Anschauen der Dinge, in dem deren Sprache dem Menschen eingeht, sich zu vollziehen, um die gemeinsame Grundlage des schon erschütterten Sprachgeistes den Menschen zu rauben. *Zeichen* müssen sich verwirren, wo sich die Dinge verwickeln. Zur Verknechtung der Sprache im Geschwätz tritt die Verknechtung der Dinge in der Narretei fast als deren unausbleibliche Folge. In dieser Abkehr von den Dingen, die die Verknechtung war, entstand der Plan des Turmbaus und die Sprachverwirrung mit ihm.

Das Leben des Menschen im reinen Sprachgeist war selig. Die Natur aber ist stumm. Es ist zwar im zweiten Kapitel der Genesis deutlich zu fühlen, wie diese vom Menschen benannte Stummheit selbst Seligkeit nur niederen Grades geworden ist. Der Maler Müller läßt Adam von den Tieren, die ihn verlassen, nachdem er sie benannt hat, sagen: »und sah an den Adel, wie sie von mir wegsprangen, darum daß ihnen der Mann einen Namen gab.« Nach dem Sündenfall aber ändert sich mit Gottes Wort, das den Acker verflucht, das Ansehen der Natur im tiefsten. Nun beginnt ihre andere Stummheit, die wir mit der tiefen Traurigkeit der Natur meinen. Es ist eine metaphysische Wahrheit, daß alle Natur zu klagen begönne, wenn Sprache ihr verliehen würde. (Wobei »Sprache verleihen« allerdings mehr ist als »machen, daß sie sprechen kann«.) Dieser Satz hat einen doppelten Sinn. Er bedeutet zuerst: sie würde über die Sprache selbst klagen. Sprachlosigkeit: das ist das große Leid der Natur (und um ihrer Erlösung willen ist Leben und Sprache des *Menschen* in der Natur, nicht allein, wie man vermutet, des Dichters). Zweitens sagt dieser Satz: sie würde klagen. Die Klage ist aber der undifferenzierteste, ohnmächtige Ausdruck der Sprache, sie enthält fast nur den sinnlichen Hauch; und wo auch nur Pflanzen rauschen, klingt immer eine Klage mit. Weil sie stumm ist, trauert die Natur. Doch noch tiefer führt in das Wesen der Natur die Umkehrung dieses Satzes ein: die Traurigkeit der Natur macht sie verstummen. Es ist in aller Trauer der tiefste Hang zur Sprachlosigkeit, und das ist unendlich viel mehr als Unfähigkeit oder Unlust zur Mitteilung. Das Traurige fühlt sich so durch und durch erkannt vom Unerkennbaren. Benannt zu sein – selbst wenn der Nennende ein Göttergleicher und Seliger ist – bleibt vielleicht immer eine Ahnung von Trauer. Wieviel mehr aber benannt zu sein, nicht aus der einen seligen Paradiesessprache der Namen, sondern aus den hunderten Menschensprachen, in denen der Namen schon welkte, und die dennoch nach Gottes Spruch die Dinge erkennen. Die Dinge haben keine Eigennamen außer in Gott. Denn Gott rief im schaffenden Wort freilich bei ihren Eigennamen sie hervor. In der Sprache der Menschen aber sind sie überbenannt. Im Verhältnis der Menschensprachen zu der der Dinge liegt etwas, was man als »Überbenennung« annähernd bezeichnen kann: Überbenennung als tiefster sprachlicher Grund aller Traurigkeit und (vom Ding aus betrachtet) allen Verstummens. Die Überbenennung als sprachliches Wesen des Traurigen deutet auf ein anderes merkwürdiges Verhältnis der Sprache: auf die Überbestimmtheit, die im tragischen Verhältnis zwischen den Sprachen der sprechenden Menschen waltet.

Es gibt eine Sprache der Plastik, der Malerei, der Poesie. So wie die Sprache der Poesie in der Namensprache des Menschen, wenn nicht allein, so doch jedenfalls mit fundiert ist, ebenso ist es sehr wohl denkbar, daß die Sprache der Plastik oder Malerei etwa in gewissen Arten von Dingsprachen fundiert sei, daß in ihnen eine Übersetzung der Sprache der Dinge in eine unendlich viel höhere Sprache, aber doch vielleicht derselben Sphäre, vorliegt. Es handelt sich hier um namenlose, unakustische Sprachen, um Sprachen aus dem Material; dabei ist an die materiale Gemeinsamkeit der Dinge in ihrer Mitteilung zu denken.

Übrigens ist die Mitteilung der Dinge gewiß von einer solchen Art von Gemeinschaftlichkeit, daß sie die Welt überhaupt als ein ungeschiedenes Ganzes befaßt.
Für die Erkenntnis der Kunstformen gilt der Versuch, sie alle als Sprachen aufzufassen und ihren Zusammenhang mit Natursprachen zu suchen. Ein Beispiel, das naheliegt, weil es der akustischen Sphäre angehört, ist die Verwandtschaft des Gesanges mit der Sprache der Vögel. Andererseits ist gewiß, daß die Sprache der Kunst sich nur in tiefster Beziehung zur Lehre von den Zeichen verstehen läßt. Ohne diese bleibt überhaupt jede Sprachphilosophie gänzlich fragmentarisch, weil die Beziehung zwischen Sprache und Zeichen (wofür die zwischen Menschensprache und Schrift nur ein ganz besonderes Beispiel bildet) ursprünglich und fundamental ist.
Dies gibt Gelegenheit, einen anderen Gegensatz zu bezeichnen, der das gesamte Gebiet der Sprache durchwaltet und wichtige Beziehungen zu dem erwähnten von Sprache in engerem Sinne und Zeichen hat, die doch durchaus nicht ohne weiteres mit diesem zusammenfällt. Es ist nämlich Sprache in jedem Falle nicht allein Mitteilung des Mitteilbaren, sondern zugleich Symbol des Nicht-Mitteilbaren. Diese symbolische Seite der Sprache hängt mit ihrer Beziehung zum Zeichen zusammen, aber erstreckt sich zum Beispiel in gewisser Beziehung auch über Name und Urteil. Diese haben nicht allein eine mitteilende, sondern höchstwahrscheinlich auch eine mit ihr eng verbundene symbolische Funktion, auf die hier ausdrücklich wenigstens nicht hingewiesen wurde.
Demnach bleibt nach diesen Erwägungen ein gereinigter Begriff von Sprache zurück, wenn der auch noch unvollkommen sein mag. Die Sprache eines Wesens ist das Medium, in dem sich sein geistiges Wesen mitteilt. Der ununterbrochene Strom dieser Mitteilung fließt durch die ganze Natur vom niedersten Existierenden bis zum Menschen und vom Menschen zu Gott. Der Mensch teilt sich Gott durch den Namen mit, den er der Natur und seinesgleichen (im Eigennamen) gibt, und der Natur gibt er den Namen nach der Mitteilung, die er von ihr empfängt, denn auch die ganze Natur ist von einer namenlosen stummen Sprache durchzogen, dem Residuum des schaffenden Gotteswortes, welches im Menschen als erkennender Name und über dem Menschen als richtendes Urteil schwebend sich erhalten hat. Die Sprache

der Natur ist einer geheimen Losung zu vergleichen, die jeder Posten dem nächsten in seiner eigenen Sprache weitergibt, der Inhalt der Losung aber ist die Sprache des Postens selbst. Alle höhere Sprache ist Übersetzung der niederen, bis in der letzten Klarheit sich das Wort Gottes entfaltet, das die Einheit dieser Sprachbewegung ist.

Die Aufgabe des Übersetzers

Nirgends erweist sich einem Kunstwerk oder einer Kunstform gegenüber die Rücksicht auf den Aufnehmenden für deren Erkenntnis fruchtbar. Nicht genug, daß jede Beziehung auf ein bestimmtes Publikum oder dessen Repräsentanten vom Wege abführt, ist sogar der Begriff eines ›idealen‹ Aufnehmenden in allen kunsttheoretischen Erörterungen vom Übel, weil diese lediglich gehalten sind, Dasein und Wesen des Menschen überhaupt vorauszusetzen. So setzt auch die Kunst selbst dessen leibliches und geistiges Wesen voraus – seine Aufmerksamkeit aber in keinem ihrer Werke. Denn kein Gedicht gilt dem Leser, kein Bild dem Beschauer, keine Symphonie der Hörerschaft.

Gilt eine Übersetzung den Lesern, die das Original nicht verstehen? Das scheint hinreichend den Rangunterschied im Bereiche der Kunst zwischen beiden zu erklären. Überdies scheint es der einzig mögliche Grund, ›Dasselbe‹ wiederholt zu sagen. Was ›sagt‹ denn eine Dichtung? Was teilt sie mit? Sehr wenig dem, der sie versteht. Ihr Wesentliches ist nicht Mitteilung, nicht Aussage. Dennoch könnte diejenige Übersetzung, welche vermitteln will, nichts vermitteln als die Mitteilung – also Unwesentliches. Das ist denn auch ein Erkennungszeichen der schlechten Übersetzungen. Was aber außer der Mitteilung in einer Dichtung steht – und auch der schlechte Übersetzer gibt zu, daß es das Wesentliche ist – gilt es nicht allgemein als das Unfaßbare, Geheimnisvolle, ›Dichterische‹? Das der Übersetzer nur wiedergeben kann, indem er – auch dichtet? Daher rührt in der Tat ein zweites Merkmal der schlechten Übersetzung, welche man demnach als eine ungenaue Übermittlung eines unwesentlichen Inhalts definieren darf. Dabei bleibt es, solange die Übersetzung sich anheischig macht, dem Leser zu dienen. Wäre sie aber für den Leser bestimmt, so müßte es auch das Original sein. Besteht das Original nicht um dessentwillen, wie ließe sich dann die Übersetzung aus dieser Beziehung verstehen?

Übersetzung ist eine Form. Sie als solche zu erfassen, gilt es zurückzugehen auf das Original. Denn in ihm liegt deren Gesetz als in dessen Übersetzbarkeit beschlossen. Die Frage nach der Übersetzbarkeit eines Werkes ist doppelsinnig. Sie kann bedeuten: ob es unter der Gesamtheit seiner Leser je seinen zulänglichen

Übersetzer finden werde? oder, und eigentlicher: ob es seinem Wesen nach Übersetzung zulasse und demnach – der Bedeutung dieser Form gemäß – auch verlange. Grundsätzlich ist die erste Frage nur problematisch, die zweite apodiktisch zu entscheiden. Nur das oberflächliche Denken wird, indem es den selbständigen Sinn der letzten leugnet, beide für gleichbedeutend erklären. Ihm gegenüber ist darauf hinzuweisen, daß gewisse Relationsbegriffe ihren guten, ja vielleicht besten Sinn behalten, wenn sie nicht von vorne herein ausschließlich auf den Menschen bezogen werden. So dürfte von einem unvergeßlichen Leben oder Augenblick gesprochen werden, auch wenn alle Menschen sie vergessen hätten. Wenn nämlich deren Wesen es forderte, nicht vergessen zu werden, so würde jenes Prädikat nichts Falsches, sondern nur eine Forderung, der Menschen nicht entsprechen, und zugleich auch wohl den Verweis auf einen Bereich enthalten, in dem ihr entsprochen wäre: auf ein Gedenken Gottes. Entsprechend bliebe die Übersetzbarkeit sprachlicher Gebilde auch dann zu erwägen, wenn diese für die Menschen unübersetzbar wären. Und sollten sie das bei einem strengen Begriff von Übersetzung nicht wirklich bis zu einem gewissen Grade sein? – In solcher Loslösung ist die Frage zu stellen, ob Übersetzung bestimmter Sprachgebilde zu fordern sei. Denn es gilt der Satz: Wenn Übersetzung eine Form ist, so muß Übersetzbarkeit gewissen Werken wesentlich sein.

Übersetzbarkeit eignet gewissen Werken wesentlich – das heißt nicht, ihre Übersetzung ist wesentlich für sie selbst, sondern will besagen, daß eine bestimmte Bedeutung, die den Originalen innewohnt, sich in ihrer Übersetzbarkeit äußere. Daß eine Übersetzung niemals, so gut sie auch sei, etwas für das Original zu bedeuten vermag, leuchtet ein. Dennoch steht sie mit diesem kraft seiner Übersetzbarkeit im nächsten Zusammenhang. Ja, dieser Zusammenhang ist um so inniger, als er für das Original selbst nichts mehr bedeutet. Er darf ein natürlicher genannt werden und zwar genauer ein Zusammenhang des Lebens. So wie die Äußerungen des Lebens innigst mit dem Lebendigen zusammenhängen, ohne ihm etwas zu bedeuten, geht die Übersetzung aus dem Original hervor. Zwar nicht aus seinem Leben so sehr denn aus seinem ›Überleben‹. Ist doch die Übersetzung später als das Original und bezeichnet sie doch bei den bedeutenden Werken, die da ihre erwählten Übersetzer niemals im Zeitalter ihrer Entstehung finden, das Stadium ihres Fortlebens. In völlig unmetaphorischer Sachlichkeit ist der Gedanke vom Leben und Fortleben der Kunstwerke zu erfassen. Daß man nicht der organischen Leiblichkeit allein Leben zusprechen dürfe, ist selbst in Zeiten des befangensten Denkens vermutet worden. Aber nicht darum kann es sich handeln, unter dem schwachen Szepter der Seele dessen Herrschaft auszudehnen, wie es Fechner versuchte; geschweige daß Leben aus den noch weniger maßgeblichen Momenten des Animalischen definiert werden könnte, wie aus Empfindung, die es nur gelegentlich kennzeichnen kann. Vielmehr nur wenn allem demjenigen, wovon es Geschichte gibt und was nicht allein ihr Schauplatz ist, Leben zuerkannt wird, kommt dessen Begriff zu seinem Recht. Denn von der Geschichte, nicht von der Natur aus, geschweige von so schwankender wie Empfindung und Seele, ist zuletzt der Umkreis des Lebens zu bestimmen. Daher entsteht dem Philosophen die Aufgabe, alles natürliche Leben aus dem umfassenderen der Geschichte zu verstehen. Und ist nicht wenigstens das Fortleben der Werke unvergleichlich viel leichter zu erkennen als dasjenige der Geschöpfe? Die Geschichte der großen Kunstwerke kennt ihre Deszendenz aus den Quellen, ihre Gestaltung im Zeitalter des Künstlers und die Periode ihres grundsätzlich ewigen Fortlebens bei den nachfolgenden Generationen. Dieses letzte heißt, wo es zutage tritt, Ruhm. Übersetzungen, die mehr als Vermittlungen sind, entstehen, wenn im Fortleben ein Werk das Zeitalter seines Ruhmes erreicht hat. Sie dienen daher nicht sowohl diesem, wie schlechte Übersetzer es für ihre Arbeit zu beanspruchen pflegen, als daß sie ihm ihr Dasein verdanken. In ihnen erreicht das Leben des Originals seine stets erneute späteste und umfassendste Entfaltung.

Diese Entfaltung ist als die eines eigentümlichen und hohen Lebens durch eine eigentümliche und hohe Zweckmäßigkeit bestimmt. Leben und Zweckmäßigkeit – ihr scheinbar handgreiflicher und doch fast der Erkenntnis sich entziehender Zusammenhang erschließt sich nur, wo jener Zweck, auf den alle einzelnen Zweckmäßigkeiten des Lebens hinwirken, nicht wiederum in dessen eigener Sphäre, sondern in einer höheren gesucht wird. Alle zweckmäßigen Lebenserscheinungen wie ihre Zweckmäßigkeit überhaupt sind letzten Endes zweckmäßig nicht für das Leben, sondern für den Ausdruck seines Wesens, für die Darstellung

seiner Bedeutung. So ist die Übersetzung zuletzt zweckmäßig für den Ausdruck des innersten Verhältnisses der Sprachen zueinander. Sie kann dieses verborgene Verhältnis selbst unmöglich offenbaren, unmöglich herstellen; aber darstellen, indem sie es keimhaft oder intensiv verwirklicht, kann sie es. Und zwar ist diese Darstellung eines Bedeuteten durch den Versuch, den Keim seiner Herstellung ein ganz eigentümlicher Darstellungsmodus, wie er im Bereich des nicht sprachlichen Lebens kaum angetroffen werden mag. Denn dieses kennt in Analogien und Zeichen andere Typen der Hindeutung, als die intensive, d. h. vorgreifende, andeutende Verwirklichung. – Jenes gedachte, innerste Verhältnis der Sprachen ist aber das einer eigentümlichen Konvergenz. Es besteht darin, daß die Sprachen einander nicht fremd, sondern a priori und von allen historischen Beziehungen abgesehen einander in dem verwandt sind, was sie sagen wollen.
Mit diesem Erklärungsversuch scheint allerdings die Betrachtung auf vergeblichen Umwegen wieder in die herkömmliche Theorie der Übersetzung einzumünden. Wenn in den Übersetzungen die Verwandtschaft der Sprachen sich zu bewähren hat, wie könnte sie das anders als indem jene Form und Sinn des Originals möglichst genau übermitteln? Über den Begriff dieser Genauigkeit wüßte sich jene Theorie freilich nicht zu fassen, könnte also zuletzt doch keine Rechenschaft von dem geben, was an Übersetzungen wesentlich ist. In Wahrheit aber bezeugt sich die Verwandtschaft der Sprachen in einer Übersetzung weit tiefer und bestimmter als in der oberflächlichen und undefinierbaren Ähnlichkeit zweier Dichtungen. Um das echte Verhältnis zwischen Original und Übersetzung zu erfassen, ist eine Erwägung anzustellen, deren Absicht durchaus den Gedankengängen analog ist, in denen die Erkenntniskritik die Unmöglichkeit einer Abbildtheorie zu erweisen hat. Wird dort gezeigt, daß es in der Erkenntnis keine Objektivität und sogar nicht einmal den Anspruch darauf geben könnte, wenn sie in Abbildern des Wirklichen bestünde, so ist hier erweisbar, daß keine Übersetzung möglich wäre, wenn sie Ähnlichkeit mit dem Original ihrem letzten Wesen nach anstreben würde. Denn in seinem Fortleben, das so nicht heißen dürfte, wenn es nicht Wandlung und Erneuerung des Lebendigen wäre, ändert sich das Original. Es gibt eine Nachreife auch der festgelegten Worte. Was zur Zeit eines Autors Tendenz seiner dichterischen Sprache ge-

wesen sein mag, kann später erledigt sein, immanente Tendenzen vermögen neu aus dem Geformten sich zu erheben. Was damals jung, kann später abgebraucht, was damals gebräuchlich, später archaisch klingen. Das Wesentliche solcher Wandlungen wie auch der ebenso ständigen des Sinnes in der Subjektivität der Nachgeborenen statt im eigensten Leben der Sprache und ihrer Werke zu suchen, hieße – zugestanden selbst den krudesten Psychologismus – Grund und Wesen einer Sache verwechseln, strenger gesagt aber, einen der gewaltigsten und fruchtbarsten historischen Prozesse aus Unkraft des Denkens leugnen. Und wollte man auch des Autors letzten Federstrich zum Gnadenstoß des Werkes machen, es würde jene tote Theorie der Übersetzung doch nicht retten. Denn wie Ton und Bedeutung der großen Dichtungen mit den Jahrhunderten sich völlig wandeln, so wandelt sich auch die Muttersprache des Übersetzers. Ja, während das Dichterwort in der seinigen überdauert, ist auch die größte Übersetzung bestimmt in das Wachstum ihrer Sprache ein-, in der erneuten unterzugehen. So weit ist sie entfernt, von zwei erstorbenen Sprachen die taube Gleichung zu sein, daß gerade unter allen Formen ihr als Eigenstes es zufällt, auf jene Nachreife des fremden Wortes, auf die Wehen des eigenen zu merken.

Wenn in der Übersetzung die Verwandtschaft der Sprachen sich bekundet, so geschieht es anders als durch die vage Ähnlichkeit von Nachbildung und Original. Wie es denn überhaupt einleuchtet, daß Ähnlichkeit nicht notwendig bei Verwandtschaft sich einfinden muß. Und auch insofern ist der Begriff der letzten in diesem Zusammenhang mit seinem engern Gebrauch einstimmig, als er durch Gleichheit der Abstammung in beiden Fällen nicht ausreichend definiert werden kann, wiewohl freilich für die Bestimmung jenes engern Gebrauchs der Abstammungsbegriff unentbehrlich bleiben wird. – Worin kann die Verwandtschaft zweier Sprachen, abgesehen von einer historischen, gesucht werden? In der Ähnlichkeit von Dichtungen jedenfalls ebensowenig wie in derjenigen ihrer Worte. Vielmehr beruht alle überhistorische Verwandtschaft der Sprachen darin, daß in ihrer jeder als ganzer jeweils eines und zwar dasselbe gemeint ist, das dennoch keiner einzelnen von ihnen, sondern nur der Allheit ihrer einander ergänzenden Intentionen erreichbar ist: die reine Sprache. Während nämlich alle einzelnen Elemente, die Wörter, Sätze, Zusammenhänge von fremden Sprachen sich ausschließen, ergänzen diese Sprachen sich in ihren Intentionen selbst. Dieses Gesetz, eines der grundlegenden der Sprachphilosophie, genau zu fassen, ist in der Intention vom Gemeinten die Art des Meinens zu unterscheiden. In »Brot« und »pain« ist das Gemeinte zwar dasselbe, die Art, es zu meinen, dagegen nicht. In der Art des Meinens nämlich liegt es, daß beide Worte dem Deutschen und Franzosen je etwas Verschiedenes bedeuten, daß sie für beide nicht vertauschbar sind, ja sich letzten Endes auszuschließen streben; am Gemeinten aber, daß sie, absolut genommen, das Selbe und Identische bedeuten. Während dergestalt die Art des Meinens in diesen beiden Wörtern einander widerstrebt, ergänzt sie sich in den beiden Sprachen, denen sie entstammen. Und zwar ergänzt sich in ihnen die Art des Meinens zum Gemeinten. Bei den einzelnen, den unergänzten Sprachen nämlich ist ihr Gemeintes niemals in relativer Selbständigkeit anzutreffen, wie bei den einzelnen Wörtern oder Sätzen, sondern vielmehr in stetem Wandel begriffen, bis es aus der Harmonie all jener Arten des Meinens als die reine Sprache herauszutreten vermag. So lange bleibt es in den Sprachen verborgen. Wenn aber diese derart bis ans messianische Ende ihrer Geschichte wachsen, so ist es die Übersetzung, welche am ewigen Fortleben der Werke und am unendlichen Aufleben der Sprachen sich entzündet, immer von neuem die Probe auf jenes heilige Wachstum der Sprachen zu machen: wie weit ihr Verborgenes von der Offenbarung entfernt sei, wie gegenwärtig es im Wissen um diese Entfernung werden mag.

Damit ist allerdings zugestanden, daß alle Übersetzung nur eine irgendwie vorläufige Art ist, sich mit der Fremdheit der Sprachen auseinanderzusetzen. Eine andere als zeitliche und vorläufige Lösung dieser Fremdheit, eine augenblickliche und endgültige, bleibt den Menschen versagt oder ist jedenfalls unmittelbar nicht anzustreben. Mittelbar aber ist es das Wachstum der Religionen, welches in den Sprachen den verhüllten Samen einer höhern reift. Übersetzung also, wiewohl sie auf Dauer ihrer Gebilde nicht Anspruch erheben kann und hierin unähnlich der Kunst, verleugnet nicht ihre Richtung auf ein letztes, endgültiges und entscheidendes Stadium aller Sprachfügung. In ihr wächst das Original in einen gleichsam höheren und reineren Luftkreis der Sprache hinauf, in welchem es freilich nicht auf die Dauer zu leben vermag, wie es ihn auch bei weitem nicht in allen Teilen seiner Gestalt erreicht, auf den es aber dennoch in einer wunderbar eindringlichen Weise wenigstens hindeutet als auf den vorbestimmten, versagten Versöhnungs- und Erfüllungsbereich der Sprachen. Den erreicht es nicht mit Stumpf und Stiel, aber in ihm steht dasjenige, was an einer Übersetzung mehr ist als Mitteilung. Genauer läßt sich dieser wesenhafte Kern als dasjenige bestimmen, was an ihr selbst nicht wiederum übersetzbar ist. Mag man nämlich an Mitteilung aus ihr entnehmen, soviel man kann und dies übersetzen, so bleibt dennoch dasjenige unberührbar zurück, worauf die Arbeit des wahren Übersetzers sich richtete. Es ist nicht übertragbar wie das Dichterwort des Originals, weil das Verhältnis des Gehalts zur Sprache völlig verschieden ist in Original und Übersetzung. Bilden nämlich diese im ersten eine gewisse Einheit wie Frucht und Schale, so umgibt die Sprache der Übersetzung ihren Gehalt wie ein Königsmantel in weiten Falten. Denn sie bedeutet eine höhere Sprache als sie ist und bleibt dadurch ihrem eigenen Gehalt gegenüber unangemessen, gewaltig und fremd. Diese Gebrochenheit verhindert jede Übertragung, wie sie sie zugleich erübrigt. Denn jede Übersetzung eines Werkes aus einem bestimmten Zeitpunkt der Sprachgeschichte repräsentiert hinsichtlich einer bestimmten Seite seines Gehaltes diejenigen in allen übrigen Sprachen. Übersetzung verpflanzt also das Original in einen wenigstens insofern – ironisch – endgültigeren Sprachbereich, als es aus diesem durch keinerlei Übertragung mehr zu versetzen ist, sondern in ihn nur immer von neuem und an andern Teilen erhoben zu werden vermag. Nicht umsonst mag hier das Wort ›ironisch‹ an Gedankengänge der Romantiker erinnern. Diese haben vor andern Einsicht in das Leben der Werke besessen, von welchem die Übersetzung eine höchste Bezeugung ist. Freilich haben sie diese als solche kaum erkannt, vielmehr ihre ganze Aufmerksamkeit der Kritik zugewendet, die ebenfalls ein wenn auch geringeres Moment im Fortleben der Werke darstellt. Doch wenn auch ihre Theorie auf Übersetzung kaum sich richten mochte, so ging doch ihr großes Übersetzungswerk selbst mit einem Gefühl von dem Wesen und der Würde dieser Form zusammen. Dieses Gefühl – darauf deutet alles hin – braucht nicht notwendig im Dichter am stärksten zu sein; ja es hat in ihm als Dichter vielleicht am wenigsten Raum. Nicht einmal die Geschichte legt das konventionelle Vorurteil

nahe, demzufolge die bedeutenden Übersetzer Dichter und unbedeutende Dichter geringe Übersetzer wären. Eine Reihe der größeren wie Luther, Voß, Schlegel sind als Übersetzer ungleich bedeutender denn als Dichter, andere unter den größten, wie Hölderlin und George, nach dem ganzen Umfang ihres Schaffens unter dem Begriff des Dichters allein nicht zu fassen. Zumal nicht als Übersetzer. Wie nämlich die Übersetzung eine eigene Form ist, so läßt sich auch die Aufgabe des Übersetzers als eine eigene fassen und genau von der des Dichters unterscheiden.
Sie besteht darin, diejenige Intention auf die Sprache, in die übersetzt wird, zu finden, von der aus in ihr das Echo des Originals erweckt wird. Hierin liegt ein vom Dichtwerk durchaus unterscheidender Zug der Übersetzung, weil dessen Intention niemals auf die Sprache als solche, ihre Totalität, geht, sondern allein unmittelbar auf bestimmte sprachliche Gehaltszusammenhänge. Die Übersetzung aber sieht sich nicht wie die Dichtung gleichsam im innern Bergwald der Sprache selbst, sondern außerhalb desselben, ihm gegenüber und ohne ihn zu betreten ruft sie das Original hinein, an demjenigen einzigen Orte hinein, wo jeweils das Echo in der eigenen den Widerhall eines Werkes der fremden Sprache zu geben vermag. Ihre Intention geht nicht allein auf etwas anderes als die der Dichtung, nämlich auf eine Sprache im ganzen von einem einzelnen Kunstwerk in einer fremden aus, sondern sie ist auch selbst eine andere: die des Dichters ist naive, erste, anschauliche, die des Übersetzers abgeleitete, letzte, ideenhafte Intention. Denn das große Motiv einer Integration der vielen Sprachen zur einen wahren erfüllt seine Arbeit. Dies ist aber jene, in welcher zwar die einzelnen Sätze, Dichtungen, Urteile sich nie verständigen – wie sie denn auch auf Übersetzung angewiesen bleiben –, in welcher jedoch die Sprachen selbst miteinander, ergänzt und versöhnt in der Art ihres Meinens, übereinkommen. Wenn anders es aber eine Sprache der Wahrheit gibt, in welcher die letzten Geheimnisse, um die alles Denken sich müht, spannungslos und selbst schweigend aufbewahrt sind, so ist diese Sprache der Wahrheit – die wahre Sprache. Und eben diese, in deren Ahnung und Beschreibung die einzige Vollkommenheit liegt, welche der Philosoph sich erhoffen kann, sie ist intensiv in den Übersetzungen verborgen. Es gibt keine Muse der Philosophie, es gibt auch keine Muse der Übersetzung. Banausisch aber, wie sentimentale Arti-

sten sie wissen wollen, sind sie nicht. Denn es gibt ein philosophisches Ingenium, dessen eigenstes die Sehnsucht nach jener Sprache ist, welche in der Übersetzung sich bekundet. »Les langues imparfaites en cela que plusieurs, manque la suprême: penser étant écrire sans accessoires, ni chuchotement mais tacite encore l'immortelle parole, la diversité, sur terre, des idiomes empêche personne de proférer les mots qui, sinon se trouveraient, par une frappe unique, elle-même matériellement la vérité.« Wenn, was in diesen Worten Mallarmé gedenkt, dem Philosophen streng ermeßbar ist, so steht mit ihren Keimen solcher Sprache die Übersetzung mitten zwischen Dichtung und der Lehre. Ihr Werk steht an Ausprägung diesen nach, doch es prägt sich nicht weniger tief ein in die Geschichte.

Erscheint die Aufgabe des Übersetzers in solchem Licht, so drohen die Wege ihrer Lösung sich um so undurchdringlicher zu verfinstern. Ja, diese Aufgabe: in der Übersetzung den Samen reiner Sprache zur Reife zu bringen, scheint niemals lösbar, in keiner Lösung bestimmbar. Denn wird einer solchen nicht der Boden entzogen, wenn die Wiedergabe des Sinnes aufhört, maßgebend zu sein? Und nichts anderes ist ja – negativ gewendet – die Meinung alles Vorstehenden. Treue und Freiheit – Freiheit der sinngemäßen Wiedergabe und in ihrem Dienst Treue gegen das Wort – sind die althergebrachten Begriffe in jeder Diskussion von Übersetzungen. Einer Theorie, die anderes in der Übersetzung sucht als Sinnwiedergabe, scheinen sie nicht mehr dienen zu können. Zwar sieht ihre herkömmliche Verwendung diese Begriffe stets in einem unauflöslichen Zwiespalt. Denn was kann gerade die Treue für die Wiedergabe des Sinnes eigentlich leisten? Treue in der Übersetzung des einzelnen Wortes kann fast nie den Sinn voll wiedergeben, den es im Original hat. Denn dieser erschöpft sich nach seiner dichterischen Bedeutung fürs Original nicht in dem Gemeinten, sondern gewinnt diese gerade dadurch, wie das Gemeinte an die Art des Meinens in dem bestimmten Worte gebunden ist. Man pflegt dies in der Formel auszudrücken, daß die Worte einen Gefühlston mit sich führen. Gar die Wörtlichkeit hinsichtlich der Syntax wirft jede Sinneswiedergabe vollends über den Haufen und droht geradenwegs ins Unverständliche zu führen. Dem neunzehnten Jahrhundert standen Hölderlins Sophokles-Übersetzungen als monströse Beispiele solcher Wörtlichkeit vor Augen.

Wie sehr endlich Treue in der Wiedergabe der Form die des Sinnes erschwert, versteht sich von selbst. Demgemäß ist die Forderung der Wörtlichkeit unableitbar aus dem Interesse der Erhaltung des Sinnes. Dieser dient weit mehr – freilich der Dichtung und Sprache weit weniger – die zuchtlose Freiheit schlechter Übersetzer. Notwendigerweise muß also jene Forderung, deren Recht auf der Hand, deren Grund sehr verborgen liegt, aus triftigeren Zusammenhängen verstanden werden. Wie nämlich Scherben eines Gefäßes, um sich zusammenfügen zu lassen, in den kleinsten Einzelheiten einander zu folgen, doch nicht so zu gleichen haben, so muß, anstatt dem Sinn des Originals sich ähnlich zu machen, die Übersetzung liebend vielmehr und bis ins Einzelne hinein dessen Art des Meinens in der eigenen Sprache sich anbilden, um so beide wie Scherben als Bruchstück eines Gefäßes, als Bruchstück einer größeren Sprache erkennbar zu machen. Eben darum muß sie von der Absicht, etwas mitzuteilen, vom Sinn in sehr hohem Maße absehen und das Original ist ihr in diesem nur insofern wesentlich, als es der Mühe und Ordnung des Mitzuteilenden den Übersetzer und sein Werk schon enthoben hat. Auch im Bereiche der Übersetzung gilt: ἐν ἀρχῇ ἦν ὁ λόγος, im Anfang war das Wort. Dagegen kann, ja muß dem Sinn gegenüber ihre Sprache sich gehen lassen, um nicht dessen intentio als Wiedergabe, sondern als Harmonie, als Ergänzung zur Sprache, in der diese sich mitteilt, ihre eigene Art der intentio ertönen zu lassen. Es ist daher, vor allem im Zeitalter ihrer Entstehung, das höchste Lob einer Übersetzung nicht, sich wie ein Original ihrer Sprache zu lesen. Vielmehr ist eben das die Bedeutung der Treue, welche durch Wörtlichkeit verbürgt wird, daß die große Sehnsucht nach Sprachergänzung aus dem Werke spreche. Die wahre Übersetzung ist durchscheinend, sie verdeckt nicht das Original, steht ihm nicht im Licht, sondern läßt die reine Sprache, wie verstärkt durch ihr eigenes Medium, nur um so voller aufs Original fallen. Das vermag vor allem Wörtlichkeit in der Übertragung der Syntax und gerade sie erweist das Wort, nicht den Satz als das Urelement des Übersetzers. Denn der Satz ist die Mauer vor der Sprache des Originals, Wörtlichkeit die Arkade.

Wenn Treue und Freiheit der Übersetzung seit jeher als widerstrebende Tendenzen betrachtet wurden, so scheint auch diese tiefere Deutung der einen beide nicht zu versöhnen, sondern im

Gegenteil alles Recht der andern abzusprechen. Denn worauf bezieht Freiheit sich, wenn nicht auf die Wiedergabe des Sinnes, die aufhören soll, gesetzgebend zu heißen? Allein wenn der Sinn eines Sprachgebildes identisch gesetzt werden darf mit dem seiner Mitteilung, so bleibt ihm ganz nah und doch unendlich fern, unter ihm verborgen oder deutlicher, durch ihn gebrochen oder machtvoller über alle Mitteilung hinaus ein Letztes, Entscheidendes. Es bleibt in aller Sprache und ihren Gebilden außer dem Mitteilbaren ein Nicht-Mitteilbares, ein, je nach dem Zusammenhang, in dem es angetroffen wird, Symbolisierendes oder Symbolisiertes. Symbolisierendes nur, in den endlichen Gebilden der Sprachen; Symbolisiertes aber im Werden der Sprachen selbst. Und was im Werden der Sprachen sich darzustellen, ja herzustellen sucht, das ist jener Kern der reinen Sprache selbst. Wenn aber dieser, ob verborgen und fragmentarisch, dennoch gegenwärtig im Leben als das Symbolisierte selbst ist, so wohnt er nur symbolisierend in den Gebilden. Ist jene letzte Wesenheit, die da die reine Sprache selbst ist, in den Sprachen nur an Sprachliches und dessen Wandlungen gebunden, so ist sie in den Gebilden behaftet mit dem schweren und fremden Sinn. Von diesem sie zu entbinden, das Symbolisierende zum Symbolisierten selbst zu machen, die reine Sprache gestaltet der Sprachbewegung zurückzugewinnen, ist das gewaltige und einzige Vermögen der Übersetzung. In dieser reinen Sprache, die nichts mehr meint und nichts mehr ausdrückt, sondern als ausdrucksloses und schöpferisches Wort das in allen Sprachen Gemeinte ist, trifft endlich alle Mitteilung, aller Sinn und alle Intention auf eine Schicht, in der sie zu erlöschen bestimmt sind. Und eben aus ihr bestätigt sich die Freiheit der Übersetzung zu einem neuen und höhern Rechte. Nicht aus dem Sinn der Mitteilung, von welchem zu emanzipieren gerade die Aufgabe der Treue ist, hat sie ihren Bestand. Freiheit vielmehr bewährt sich um der reinen Sprache willen an der eigenen. Jene reine Sprache, die in fremde gebannt ist, in der eigenen zu erlösen, die im Werk gefangene in der Umdichtung zu befreien, ist die Aufgabe des Übersetzers. Um ihretwillen bricht er morsche Schranken der eigenen Sprache: Luther, Voß, Hölderlin, George haben die Grenzen des Deutschen erweitert. – Was hiernach für das Verhältnis von Übersetzung und Original an Bedeutung dem Sinn verbleibt, läßt sich in einem Vergleich fassen. Wie die Tangente den Kreis flüchtig und nur in einem Punkte berührt und wie ihr wohl diese Berührung, nicht aber der Punkt, das Gesetz vorschreibt, nach dem sie weiter ins Unendliche ihre gerade Bahn zieht, so berührt die Übersetzung flüchtig und nur in dem unendlich kleinen Punkte des Sinnes das Original, um nach dem Gesetze der Treue in der Freiheit der Sprachbewegung ihre eigenste Bahn zu verfolgen. Die wahre Bedeutung dieser Freiheit hat, ohne sie doch zu nennen noch zu begründen, Rudolf Pannwitz in Ausführungen gekennzeichnet, die sich in der »krisis der europäischen kultur« finden und die neben Goethes Sätzen in den Noten zum »Divan« leicht das Beste sein dürften, was in Deutschland zur Theorie der Übersetzung veröffentlicht wurde. Dort heißt es: »unsre übertragungen auch die besten gehn von einem falschen grundsatz aus sie wollen das indische griechische englische verdeutschen anstatt das deutsche zu verindischen vergriechischen verenglischen. sie haben eine viel bedeutendere ehrfurcht vor den eigenen sprachgebräuchen als vor dem geiste des fremden werks ... der grundsätzliche irrtum des übertragenden ist dass er den zufälligen stand der eignen sprache festhält anstatt sie durch die fremde sprache gewaltig bewegen zu lassen. er muss zumal wenn er aus einer sehr fernen sprache überträgt auf die letzten elemente der sprache selbst wo wort bild ton in eins geht zurück dringen er muss seine sprache durch die fremde erweitern und vertiefen man hat keinen begriff in welchem masze das möglich ist bis zu welchem grade jede sprache sich verwandeln kann sprache von sprache fast nur wie mundart von mundart sich unterscheidet dieses aber nicht wenn man sie allzu leicht sondern gerade wenn man sie schwer genug nimmt.«

Wie weit eine Übersetzung dem Wesen dieser Form zu entsprechen vermag, wird objektiv durch die Übersetzbarkeit des Originals bestimmt. Je weniger Wert und Würde seine Sprache hat, je mehr es Mitteilung ist, desto weniger ist für die Übersetzung dabei zu gewinnen, bis das völlige Übergewicht jenes Sinnes, weit entfernt, der Hebel einer formvollen Übersetzung zu sein, diese vereitelt. Je höher ein Werk geartet ist, desto mehr bleibt es selbst in flüchtigster Berührung seines Sinnes noch übersetzbar. Dies gilt selbstverständlich nur von Originalen. Übersetzungen dagegen erweisen sich unübersetzbar nicht wegen der Schwere, sondern wegen der allzu großen Flüchtigkeit, mit welcher der Sinn an ihnen haftet. Hierfür wie in jeder andern wesentlichen Hinsicht stellen sich Hölderlins Übertragungen, besonders die der beiden Sophokleischen Tragödien, bestätigend dar. In ihnen ist die Harmonie der Sprachen so tief, daß der Sinn nur noch wie eine Äolsharfe vom Winde von der Sprache berührt wird. Hölderlins Übersetzungen sind Urbilder ihrer Form; sie verhalten sich auch zu den vollkommensten Übertragungen ihrer Texte als das Urbild zum Vorbild, wie es der Vergleich der Hölderlinschen und Borchardtschen Übersetzung der dritten pythischen Ode von Pindar zeigt. Eben darum wohnt in ihnen vor andern die ungeheure und ursprüngliche Gefahr aller Übersetzung: daß die Tore einer so erweiterten und durchwalteten Sprache zufallen und den Übersetzer ins Schweigen schließen. Die Sophokles-Übersetzungen waren Hölderlins letztes Werk. In ihnen stürzt der Sinn von Abgrund zu Abgrund, bis er droht in bodenlosen Sprachtiefen sich zu verlieren. Aber es gibt ein Halten. Es gewährt es jedoch kein Text außer dem heiligen, in dem der Sinn aufgehört hat, die Wasserscheide für die strömende Sprache und die strömende Offenbarung zu sein. Wo der Text unmittelbar, ohne vermittelnden Sinn, in seiner Wörtlichkeit der wahren Sprache, der Wahrheit oder der Lehre angehört, ist er übersetzbar schlechthin. Nicht mehr freilich um seinet-, sondern allein um der Sprachen willen. Ihm gegenüber ist so grenzenloses Vertrauen von der Übersetzung gefordert, daß spannungslos wie in jenem Sprache und Offenbarung so in dieser Wörtlichkeit und Freiheit in Gestalt der Interlinearversion sich vereinigen müssen. Denn in irgendeinem Grade enthalten alle großen Schriften, im höchsten aber die heiligen, zwischen den Zeilen ihre virtuelle Übersetzung. Die Interlinearversion des heiligen Textes ist das Urbild oder Ideal aller Übersetzung.

Lehre vom Ähnlichen

Die Einsicht in die Bereiche des »Ähnlichen« ist von grundlegender Bedeutung für die Erhellung großer Bezirke des okkulten Wissens. Zu gewinnen ist aber solche Einsicht weniger im Aufweis angetroffener Ähnlichkeiten als durch die Wiedergabe von Prozessen, die solche Ähnlichkeit erzeugen. Die Natur erzeugt Ähnlichkeiten; man braucht nur an die Mimikry zu denken. Die allerhöchste Fähigkeit im Produzieren von Ähnlichkeiten aber hat der Mensch. Ja, vielleicht gibt es keine seiner höheren Funktionen, die nicht entscheidend durch mimetisches Vermögen mitbestimmt ist. Dieses Vermögen aber hat eine Geschichte, und zwar im phylogenetischen so gut wie im ontogenetischen Sinne. Was letzteres angeht, so ist das Spiel in vielem seine Schule. Zunächst einmal sind Kinderspiele überall durchzogen von mimetischen Verhaltungsweisen, und ihr Bereich ist keineswegs auf das beschränkt, was wohl ein Mensch vom andern nachmacht. Das Kind spielt nicht nur Kaufmann oder Lehrer sondern auch Windmühle und Eisenbahn. Die Frage aber, auf die es ankommt, ist nun die: was diese Schulung des mimetischen Verhaltens ihm eigentlich für einen Nutzen bringt?

Die Antwort setzt die deutliche Besinnung auf die phylogenetische Bedeutung des mimetischen Verhaltens voraus. Um diese zu ermessen, ist es nicht genug, an das zu denken, was etwa heutzutage wir in dem Begriff von Ähnlichkeit erfassen. Bekanntlich war der Lebenskreis, der ehemals von dem Gesetz der Ähnlichkeit durchwaltet schien, viel größer. Es war der Mikro- und der Makrokosmos – um nur eine Fassung von vielen, die die Ähnlichkeitserfahrung derart im Laufe der Geschichte fand, zu nennen. Noch für die Heutigen läßt sich behaupten: die Fälle, in denen sie im Alltag Ähnlichkeiten bewußt wahrnehmen, sind ein winziger Ausschnitt aus jenen zahllosen, da Ähnlichkeit sie unbewußt bestimmt. Die mit Bewußtsein wahrgenommenen Ähnlichkeiten – z. B. in Gesichtern – sind verglichen mit den unzählig vielen unbewußt oder auch garnicht wahrgenommenen Ähnlichkeiten wie der gewaltige unterseeische Block des Eisbergs im Vergleich zur kleinen Spitze, welche man aus dem Wasser ragen sieht.

Diese natürlichen Korrespondenzen aber erhalten die entscheidende Bedeutung erst im Licht der Überlegung, daß sie alle, grundsätzlich, Stimulantien und Erwecker jenes mimetischen Vermögens sind, welches im Menschen ihnen Antwort gibt. Dabei ist zu bedenken, daß weder die mimetischen Kräfte noch die mimetischen Objekte, ihre Gegenstände, im Zeitlauf unveränderlich die gleichen blieben; daß im Laufe der Jahrhunderte die mimetische Kraft, und damit später die mimetische Auffassungsgabe gleichfalls, aus gewissen Feldern, vielleicht um sich in andere zu ergießen, geschwunden ist. Vielleicht ist die Vermutung nicht zu kühn, daß sich im ganzen eine einheitliche Richtung in der historischen Entwicklung dieses mimetischen Vermögens erkennen läßt.
Die Richtung könnte, auf den ersten Blick, nur in der wachsenden Hinfälligkeit dieses mimetischen Vermögens liegen. Denn offenbar scheint doch die Merkwelt des modernen Menschen sehr viel weniger von jenen magischen Korrespondenzen zu enthalten als die der alten Völker oder auch der Primitiven. Die Frage ist nur die: ob es sich um ein Absterben des mimetischen Vermögens oder aber vielleicht um eine mit ihm stattgehabte Verwandlung handelt. In welcher Richtung eine solche jedoch liegen könnte, darüber läßt sich, wenn auch indirekt, einiges der Astrologie entnehmen. Wir müssen nämlich als Erforscher der alten Überlieferungen damit rechnen, daß sinnfällige Gestaltung, mimetischer Objektcharakter bestanden habe, wo wir ihn heute nicht einmal zu ahnen fähig sind. Zum Beispiel in den Konstellationen der Sterne.
Das zu erfassen, wird man vor allem einmal das Horoskop als eine originäre Ganzheit, die in der astrologischen Deutung nur analysiert wird, begreifen müssen. (Der Gestirnstand stellt eine charakteristische Einheit dar und erst an ihrem Wirken im Gestirnstand werden die Charaktere der einzelnen Planeten erkannt.) Man muß, grundsätzlich, damit rechnen, daß Vorgänge am Himmel von früher Lebenden, und zwar sowohl durch Kollektiva als durch Einzelne, nachahmbar waren: ja, daß diese Nachahmbarkeit die Anweisung enthielt, eine vorhandene Ähnlichkeit zu handhaben. In dieser Nachahmbarkeit durch den Menschen, bezw. dem mimetischen Vermögen, das dieser hat, muß man wohl bis auf weiteres die einzige Instanz erblicken,

welche der Astrologie ihren Erfahrungscharakter gegeben hat. Wenn aber wirklich das mimetische Genie eine lebensbestimmende Kraft der Alten gewesen ist, dann ist es kaum anders möglich, als den Vollbesitz dieser Gabe, insbesondere die vollendete Anbildung an die kosmische Seinsgestalt, dem Neugeborenen beizulegen.

Der Augenblick der Geburt, der hier entscheiden soll, ist aber ein Nu. Das lenkt den Blick auf eine andere Eigentümlichkeit im Bereiche der Ähnlichkeit. Ihre Wahrnehmung ist in jedem Fall an ein Aufblitzen gebunden. Sie huscht vorbei, ist vielleicht wiederzugewinnen, aber kann nicht eigentlich wie andere Wahrnehmungen festgehalten werden. Sie bietet sich dem Auge ebenso flüchtig, vorübergehend wie eine Gestirnkonstellation. Die Wahrnehmung von Ähnlichkeiten also scheint an ein Zeitmoment gebunden. Es ist wie das Dazukommen des Dritten, des Astrologen zu der Konjunktion von zwei Gestirnen, die im Augenblick erfaßt sein will. Im andern Fall kommt der Astronom trotz aller Schärfe seiner Beobachtungswerkzeuge hier um seinen Lohn.

Der Hinweis auf Astrologie mag schon genügen, den Begriff von einer unsinnlichen Ähnlichkeit verständlich zu machen. Es ist, wie sich von selbst versteht, ein relativer: er besagt, daß wir in unserer Wahrnehmung dasjenige nicht mehr besitzen, was es einmal möglich machte, von einer Ähnlichkeit zu sprechen, die bestehe zwischen einer Sternkonstellation und einem Menschen. Jedoch auch wir besitzen einen Kanon, nach dem die Unklarheit, die dem Begriff von unsinnlicher Ähnlichkeit anhaftet, sich einer Klärung näher bringen läßt. Und dieser Kanon ist die Sprache.

Schon von jeher hat man einem mimetischen Vermögen einigen Einfluß auf die Sprache zugebilligt. Jedoch geschah das ohne Grundsatz und ganz ohne daß dabei ernstlich an eine Bedeutung, geschweige denn Geschichte des mimetischen Vermögens wäre gedacht worden. Vor allem aber blieben solche Überlegungen aufs engste an den geläufigen (sinnlichen) Bereich der Ähnlichkeit gebunden. Immerhin hat man nachahmendem Verhalten in der Sprachentstehung als onomatopoetischem Element seinen Platz zugestanden. Wenn nun aber die Sprache, wie es für Einsichtige auf der Hand liegt, nicht ein verabredetes System von Zeichen ist, so wird man ja in dem Versuch sich ihr zu nähern immer wieder auf Gedanken zurückgreifen müssen, wie sie in ihrer rohesten, primitivsten Form in der onomatopoetischen Erklärungsart vorliegen. Die Frage ist: kann diese ausgebildet und schärferer Einsicht angepaßt werden?

Mit andern Worten: läßt ein Sinn dem Satze sich unterlegen, welchen Leonhard in seiner aufschlußreichen Schrift »Das Wort« behauptet: »Jedes Wort ist – und die ganze Sprache ist – onomatopoetisch.« Der Schlüssel, welcher diese These eigentlich erst völlig transparent macht, liegt in dem Begriff einer unsinnlichen Ähnlichkeit versteckt. Ordnet man Wörter der verschiedenen Sprachen, die ein gleiches bedeuten, um jenes Bedeutete als ihren Mittelpunkt, so wäre zu erforschen, wie sie alle – die miteinander oft nicht die geringste Ähnlichkeit besitzen – ähnlich jenem Bedeuteten in ihrer Mitte sind. Eine solche Auffassung ist natürlich mystischen oder theologischen Sprachtheorien engstens verwandt, ohne darum jedoch empirischer Philologie fremd zu sein. Nun ist es aber bekannt, daß die mystischen Sprachlehren sich nicht damit begnügen, das gesprochene Wort in ihren Überlegungsraum hineinzuziehen. Sie haben es durchaus im gleichen Sinne auch mit der Schrift zu tun. Und da ist es beachtenswert, daß diese, vielleicht noch besser als gewisse Lautzusammenstellungen der Sprache, im Verhältnis des Schriftbildes von Wörtern oder Lettern zu dem Bedeuteten bezw. dem Namengebenden das Wesen der unsinnlichen Ähnlichkeit erklären. So hat der Buchstabe Beth den Namen von einem Haus. Es ist somit die unsinnliche Ähnlichkeit, die die Verspannung nicht zwischen dem Gesprochnen und Gemeinten sondern auch zwischen dem Geschriebnen und Gemeinten und gleichfalls zwischen dem Gesprochnen und Geschriebnen stiftet. Und jedesmal auf eine völlig neue, originäre, unableitbare Weise.

Die wichtigste von diesen Verspannungen dürfte jedoch die letzte, die zwischen dem Geschriebnen und Gesprochnen sein. Denn eben die hier waltende Ähnlichkeit ist die vergleichsweise unsinnlichste. Sie ist auch die am spätesten erreichte. Und der Versuch, ihr eigentliches Wesen sich zu vergegenwärtigen, kann kaum ohne den Blick in die Geschichte ihres Zustandekommens unternommen werden, so undurchdringlich auch das Dunkel ist, das heut noch darüber gebreitet ist. Die neueste Graphologie hat gelehrt, in den Handschriften Bilder, oder eigentlich Vexierbilder zu erkennen, die das Unbewußte des Schreibers darinnen versteckt. Es ist anzunehmen, daß das mimetische Vermögen, welches dergestalt in der Aktivität des Schreibenden zum Ausdruck kommt, in sehr entrückten Zeiten, als die Schrift entstand, von größter Bedeutung für das Schreiben gewesen ist. Die Schrift ist so, neben der Sprache, ein Archiv unsinnlicher Ähnlichkeiten, unsinnlicher Korrespondenzen geworden.

Diese, wenn man so will, magische Seite der Sprache wie der Schrift läuft aber nicht beziehungslos neben der andern, der semiotischen, einher. Alles Mimetische der Sprache ist vielmehr eine fundierte Intention, die überhaupt nur an etwas Fremdem, eben dem Semiotischen, Mitteilenden der Sprache als ihrem Fundus in Erscheinung treten kann. So ist der buchstäbliche Text der Schrift der Fundus, in dem einzig und allein sich das Vexierbild formen kann. So ist der Sinnzusammenhang, der in den Lauten des Satzes steckt, der Fundus, aus dem erst blitzartig Ähnliches mit einem Nu aus einem Klang zum Vorschein kommen kann. Da aber diese unsinnliche Ähnlichkeit in alles Lesen hineinwirkt, so eröffnet sich in dieser tiefen Schicht der Zugang zu dem merkwürdigen Doppelsinn des Wortes Lesen als seiner profanen und auch magischen Bedeutung. Der Schüler liest das Abcbuch und der Astrolog die Zukunft in den Sternen. Im ersten Satze tritt das Lesen nicht in seine beiden Komponenten auseinander. Dagegen wohl im zweiten, der den Vorgang nach seinen beiden Schichten deutlich macht: der Astrolog liest den Gestirnstand von den Sternen am Himmel ab; er liest zugleich aus ihm die Zukunft oder das Geschick heraus.

Wenn nun dieses Herauslesen aus Sternen, Eingeweiden, Zufällen in der Urzeit der Menschheit das Lesen schlechthin war, wenn es weiterhin Vermittlungsglieder zu einem neuen Lesen, wie die Runen es gewesen sind, gegeben hat, so liegt die Annahme sehr nahe, jene mimetische Begabung, welche früher das Fundament der Hellsicht gewesen ist, sei in jahrtausendlangem Gange der Entwicklung ganz allmählich in Sprache und Schrift hineingewandert und habe sich in ihnen das vollkommenste Archiv unsinnlicher Ähnlichkeit geschaffen. Dergestalt wäre die Sprache die höchste Verwendung des mimetischen Vermögens: ein Medium, in das ohne Rest die frühern Merkfähigkeiten für das Ähnliche so eingegangen seien, daß nun sie das Medium darstellt, in dem sich die Dinge nicht mehr direkt wie früher in dem Geist des Sehers oder Priesters sondern in ihren Essenzen, flüchtigsten und feinsten Substanzen, ja Aromen begegnen und zu einander in Beziehung treten. Mit andern Worten: Schrift und Sprache sind es, an die die Hellsicht ihre alten Kräfte im Laufe der Geschichte abgetreten hat.

Das Tempo aber, jene Schnelligkeit im Lesen oder Schreiben, welche von diesem Vorgang sich kaum trennen läßt, wäre dann gleichsam das Bemühen, die Gabe, den Geist an jenem Zeitmaß teilnehmen zu lassen, in welchem Ähnlichkeiten, flüchtig und um sogleich wieder zu versinken, aus dem Fluß der Dinge hervorblitzen. So teilt noch das profane Lesen – will es nicht schlechterdings um das Verstehen kommen – mit jedem magischen dies: daß es einem notwendigen Tempo oder vielmehr einem kritischen Augenblicke untersteht, welchen der Lesende um keinen Preis vergessen darf, will er nicht leer ausgehen.

Zusatz

Die Gabe, Ähnlichkeit zu sehn, die wir besitzen, ist nichts als nur ein schwaches Rudiment des ehemals gewaltigen Zwanges, ähnlich zu werden und sich zu verhalten. Und das verschollene Vermögen, ähnlich zu werden, reichte weit hinaus über die schmale Merkwelt, in der wir noch Ähnlichkeit zu sehen imstande sind. Was der Gestirnstand vor Jahrtausenden im Augenblicke des Geborenwerdens in einem Menschendasein wirkte, wob sich auf Grund der Ähnlichkeit hinein.

Über das mimetische Vermögen

Die Natur erzeugt Ähnlichkeiten. Man braucht nur an die Mimikry zu denken. Die höchste Fähigkeit im Produzieren von Ähnlichkeiten aber hat der Mensch. Die Gabe, Ähnlichkeit zu sehen, die er besitzt, ist nichts als ein Rudiment des ehemals gewaltigen Zwanges, ähnlich zu werden und sich zu verhalten. Vielleicht besitzt er keine höhere Funktion, die nicht entscheidend durch mimetisches Vermögen mitbedingt ist.

Dieses Vermögen hat aber eine Geschichte, und zwar im phylogenetischen so gut wie im ontogenetischen Sinne. Was letzteren angeht, ist das Spiel in vielem seine Schule. Das Kinderspiel ist überall durchzogen von mimetischen Verhaltungsweisen; und ihr Bereich ist keineswegs auf das beschränkt, was wohl ein Mensch dem anderen nachmacht. Das Kind spielt nicht nur Kaufmann oder Lehrer sondern auch Windmühle und Eisenbahn. Was bringt ihm diese Schulung des mimetischen Vermögens eigentlich für einen Nutzen?

Die Antwort setzt die Einsicht in die phylogenetische Bedeutung des mimetischen Vermögens voraus. Dabei ist es nun nicht genug, an das zu denken, was wir heutzutage in dem Begriff der Ähnlichkeit erfassen. Bekanntlich war der Lebenskreis, der ehemals von dem Gesetz der Ähnlichkeit durchwaltet schien, umfassend; im Mikrokosmos wie im Makrokosmos regierte sie. Jene natürlichen Korrespondenzen aber erhalten erst ihr eigentliches Gewicht mit der Erkenntnis, daß sie samt und sonders Stimulantien und Erwecker des mimetischen Vermögens sind, welches im Menschen ihnen Antwort gibt. Dabei ist zu bedenken, daß weder die mimetischen Kräfte, noch die mimetischen Objekte, oder Gegenstände, im Laufe der Jahrtausende die gleichen blieben. Vielmehr ist anzunehmen, daß die Gabe, Ähnlichkeiten hervorzubringen – zum Beispiel in den Tänzen, deren älteste Funktion das ist – und daher auch die Gabe, solche zu erkennen, sich im Wandel der Geschichte verändert hat.

Die Richtung dieser Änderung scheint durch die wachsende Hinfälligkeit des mimetischen Vermögens bestimmt zu sein. Denn offenbar enthält die Merkwelt des modernen Menschen von jenen magischen Korrespondenzen und Analogien, welche den alten Völkern geläufig waren, nur noch geringe Rückstände. Die Frage ist, ob es sich dabei um den Verfall dieses Vermögens oder aber um dessen Transformierung handelt. In welcher Richtung eine solche aber liegen könnte, darüber läßt sich, wenn auch indirekt, einiges der Astrologie entnehmen.

Man muß grundsätzlich damit rechnen, daß in einer entlegeneren Vergangenheit zu den Vorgängen, die als nachahmbar betrachtet wurden, auch die am Himmel zählten. Im Tanz, in anderen kultischen Veranstaltungen, konnte so eine Nachahmung erzeugt, so eine Ähnlichkeit gehandhabt werden. Wenn aber wirklich das mimetische Genie eine lebensbestimmende Kraft der Alten gewesen ist, dann ist es nicht schwer vorzustellen, daß im Vollbesitz dieser Gabe, insbesondere in vollendeter Anbildung an die kosmische Seinsgestalt, das Neugeborene gedacht wurde.

Der Hinweis auf den astrologischen Bereich mag einen ersten Anhaltspunkt für das gewähren, was unter dem Begriff einer unsinnlichen Ähnlichkeit zu verstehen ist. In unserem Dasein findet sich zwar nicht mehr, was einmal möglich machte, von einer solchen Ähnlichkeit zu sprechen, vor allem: sie hervorzurufen. Jedoch auch wir besitzen einen Kanon, nach dem das, was unsinnliche Ähnlichkeit bedeutet, sich einer Klärung näherführen läßt. Und dieser Kanon ist die Sprache.

Von jeher hat man dem mimetischen Vermögen einigen Einfluß auf die Sprache zugebilligt. Jedoch geschah das ohne Grundsatz: ohne daß dabei an eine fernere Bedeutung, geschweige denn Geschichte des mimetischen Vermögens wäre gedacht worden. Vor allem aber blieben solche Überlegungen aufs engste an den geläufigen, sinnlichen Bereich der Ähnlichkeit gebunden. Immerhin hat man nachahmendem Verhalten bei der Sprachentstehung unterm Namen des Onomatopoetischen einen Platz gegeben. Wenn nun die Sprache, wie es auf der Hand liegt, nicht ein verabredetes System von Zeichen ist, so wird man immer wieder auf Gedanken zurückgreifen müssen, wie sie in ihrer primitivsten Form als onomatopoetische Erklärungsweise auftreten. Die Frage ist: kann diese ausgebildet und einer besseren Einsicht angeglichen werden?

»Jedes Wort ist – und die ganze Sprache«, so hat man wohl behauptet, »ist – onomatopoetisch.« Schwer, auch nur das

Programm zu präzisieren, welches in diesem Satze liegen könnte. Indessen bietet der Begriff der unsinnlichen Ähnlichkeit gewisse Handhaben. Ordnet man nämlich Wörter der verschiedenen Sprachen, die ein Gleiches bedeuten, um jenes Bedeutete als ihren Mittelpunkt, so wäre zu erforschen, wie sie alle – die miteinander oft nicht die geringste Ähnlichkeit besitzen mögen – ähnlich jenem Bedeuteten in ihrer Mitte sind. Jedoch ist diese Art von Ähnlichkeit nicht nur an den Verhältnissen der Wörter für Gleiches in den verschiedenen Sprachen zu erläutern. Wie sich denn überhaupt die Überlegung nicht aufs gesprochene Wort beschränken kann. Sie hat es vielmehr ganz genau so sehr mit dem geschriebenen zu tun. Und da ist es beachtenswert, daß dieses – in manchen Fällen vielleicht prägnanter als das gesprochene – durch das Verhältnis seines Schriftbildes zu dem Bedeuteten das Wesen der unsinnlichen Ähnlichkeit erhellt. Kurz, es ist unsinnliche Ähnlichkeit, die die Verspannungen nicht nur zwischen dem Gesprochenen und Gemeinten sondern auch zwischen dem Geschriebenen und Gemeinten und gleichfalls zwischen dem Gesprochenen und Geschriebenen stiftet.

Die Graphologie hat gelehrt, in den Handschriften Bilder zu erkennen, die das Unbewußte des Schreibers darinnen versteckt. Es ist anzunehmen, daß der mimetische Vorgang, welcher dergestalt in der Aktivität des Schreibenden zum Ausdruck kommt, in sehr entrückten Zeiten als die Schrift entstand, von größter Bedeutung für das Schreiben gewesen ist. Die Schrift ist so, neben der Sprache, ein Archiv unsinnlicher Ähnlichkeiten, unsinnlicher Korrespondenzen geworden.

Diese Seite der Sprache wie der Schrift läuft aber nicht beziehungslos neben der anderen, der semiotischen einher. Alles Mimetische der Sprache kann vielmehr, der Flamme ähnlich, nur an einer Art von Träger in Erscheinung treten. Dieser Träger ist das Semiotische. So ist der Sinnzusammenhang der Wörter oder Sätze der Träger, an dem erst, blitzartig, die Ähnlichkeit in Erscheinung tritt. Denn ihre Erzeugung durch den Menschen ist – ebenso wie ihre Wahrnehmung durch ihn – in vielen und zumal den wichtigen Fällen an ein Aufblitzen gebunden. Sie huscht vorbei. Nicht unwahrscheinlich, daß die Schnelligkeit des Schreibens und des Lesens die Verschmelzung des Semiotischen und des Mimetischen im Sprachbereiche steigert.

»Was nie geschrieben wurde, lesen.« Dies Lesen ist das älteste: das Lesen vor aller Sprache, aus den Eingeweiden, den Sternen oder Tänzen. Später kamen Vermittlungsglieder eines neuen Lesens, Runen und Hieroglyphen in Gebrauch. Die Annahme liegt nahe, daß dies die Stationen wurden, über welche jene mimetische Begabung, die einst das Fundament der okkulten Praxis gewesen ist, in Schrift und Sprache ihren Eingang fand. Dergestalt wäre die Sprache die höchste Stufe des mimetischen Verhaltens und das vollkommenste Archiv der unsinnlichen Ähnlichkeit: ein Medium, in welches ohne Rest die früheren Kräfte mimetischer Hervorbringung und Auffassung hineingewandert sind, bis sie so weit gelangten, die der Magie zu liquidieren.

Staatsmonopol für Pornographie

Wahrscheinlich hat Spanien die schönsten Zeitungskioske der Erde. Wer die Straßen von Barcelona entlangschlendert, ist von diesen windigen, buntscheckigen Gerüsten flankiert, Tanzmasken, unter denen die junge Göttin der Information ihren provozierenden Bauchtanz ausführt. Aus dieser Maske hat vor einigen Wochen das Direktorium den strahlenden Stirnreif herausgebrochen. Es untersagte den Vertrieb der fünf oder sechs deutlichen Kollektionen, welche die Liebe ohne . . . – – –, die weitverbreitete Morseschrift, die in der schönen Literatur ihrer Darstellung dient, behandelt haben. Bekanntlich wird diese Emanzipation von der Morseschrift in der Übermittelung geschlechtlicher Vorgänge mit dem Namen »Pornographie« belegt. Wie dem nun sei: die zartgetönten spanischen Heftchen unterschieden sich nicht von Büchern wie unsere »Memoiren einer Modistin«, »Boudoir und Reitbahn«, »Ihre ältere Freundin«. Lehrreich an ihnen war etwas anderes: im Register ihrer Verfasser fanden sich angesehene Autoren, ja sogar Dichter von dem Range eines Gómez de la Serna. Unstreitig Stoff genug zu einer Glosse, die in den lauteren Flammen sittlicher Entrüstung ihren Gegenstand reinlich verzehren würde. Statt aber dergestalt mit ihm zu verfahren, wollen wir ihn ein Weilchen betrachten.

In einem sind pornographische Bücher wie alle andern: darin nämlich, daß sie auf Schrift und Sprache gegründet sind. Hätte die Sprache in ihrem Wortschatz nicht Stücke, die von Haus aus obszön angelegt und gemeint sind, das pornographische Schrifttum wäre seiner besten Mittel beraubt. Woher kommen nun solche Wörter?

Die Sprache, in den verschiedenen Stadien ihres geschichtlichen Daseins, ist ein einziges großes Experiment, das in so vielen Laboratorien veranstaltet wird als die Erdkugel Völker trägt. Dabei geht es überall um die Einheit der schnellen, unzweideutigen Mitteilung mit befreiendem, suggestivem Ausdruck. (Was ein Volk der Mühe wert hält zu sagen, richtet sich danach, welche Chancen des Ausdrucks, welche Arten der Mitteilung es überhaupt absieht.) Für dieses gewaltige Experimentalunternehmen stellt große Poesie gewissermaßen ein Formelbuch, das volkhafte Sprachgut aber die

Materialien. Beständig wechselt die Versuchsanordnung, und immer wieder ist die ganze Masse von neuem ins rechte Verhältnis zu bringen. Nebenprodukte aller Art sind dabei unvermeidlich. Zu ihnen zählt, was außerhalb der gewohnten, sei es gesprochenen, sei es geschriebenen Sprache, an Prägungen, an Redewendungen im Umlauf ist: Kose- und Firmennamen, Schimpfwort und Schwurwort, Andachtsformeln und Obszönitäten. Das alles ist entweder überschießend im Ausdruck, ausdruckslos, heilig, Ferment der kultischen Sprache oder überdeutlich im Mitteilen, schamlos, verworfen. Abfallprodukte eines alltäglich geübten Verfahrens, gewinnen diese selben Elemente freilich einen entscheidenden Wert in anderen: im wissenschaftlichen vor allem, welches in diesen befremdenden Sprachfragmenten Splitter vom Urgranit des sprachlichen Massivs erkennt. Man weiß, wie genau sich diese Extreme in ihrer polaren Spannung entsprechen. Und es wäre eine der interessantesten Studien über die Rolle des skatologischen Witzes in der Klostersprache des Mittelalters zu machen.

Wenn nun, so wendet man ein, die Produktion solcher Worte derart im Wesen der Sprache begründet ist, daß alle Worte, welche geil im Übermaße mitteilender Energie sich gefallen, schon an die Grenze des Obszönen rühren, sind sie vom Schrifttum um so unbedingter fernzuhalten.

Im Gegenteil: die Gesellschaft hat diese natürlichen – um nicht zu sagen profanen – Prozesse im Sprachleben als Naturkräfte sich nutzbar zu machen, und wie der Niagara Kraftwerke speist, so diesen Sturz und Abfall der Sprache ins Zotige und Gemeine als gewaltige Energiequelle zu benutzen, den Dynamo des schöpferischen Aktus damit zu treiben. Wovon die Dichter eigentlich leben sollen, ist eine ebenso alte wie beschämende Frage, der man seit jeher nur mit Verlegenheiten hat antworten können. Ob man ihm selber oder ob man dem Staat die Sorge dafür anheimstellt: in beiden Fällen kommt es auf sein Verhungern hinaus.

Daher verlangen wir: Staatsmonopol für alle Pornographie. Sozialisierung dieser beträchtlichen Stromkraft. Der Staat verwalte dieses Monopol nach Maßgabe der Bestimmung, die diese literarische Gattung zum ausschließlichen Reservat einer Elite bedeutender Dichter macht. Der Literat erwirbt statt einer Sinekure die Erlaubnis, einen so und so großen Prozentsatz des statistisch ermittelten Bedarfs an Pornographie den zuständigen Stellen zu liefern. Weder im Interesse des Publikums noch des Staates liegt es, den Preis dieser Ware allzu niedrig zu halten. Der Dichter produziert für einen fixierten, nachgewiesenen Bedarf gegen Barzahlung, die ihn vor den ganz unberechenbaren Konjunkturen, die sein wahres Schaffen betreffen, sichert. Sein Unternehmen wird weit sauberer sein als stünde er von nahe oder fern, bewußt oder unbewußt, einer Partei, einer Interessentengruppe zu Diensten. Er wird als Sachkenner dem Amateur überlegen sein und dem unleidlichen Dilettantismus entgegentreten, der auf diesem Gebiete herrscht. Auch wird er, je länger je weniger, seine Arbeit verachten. Er ist nicht Kanalräumer sondern Rohrleger in einem neuen komfortablen Babel.

Brezel, Feder, Pause, Klage, Firlefanz

Dergleichen Wörter, ohne Bindung und Zusammenhang, sind Ausgangspunkte eines Spieles, das im Biedermeier hoch im Ansehen stand. Aufgabe eines jeden war, sie derart in einen bündigen Zusammenhang zu bringen, daß ihre Reihenfolge nicht verändert wurde. Je kürzer dieser war, je weniger vermittelnde Momente er enthielt, desto beachtenswerter war die Lösung. Zumal bei Kindern fördert dieses Spiel die schönsten Funde. Ihnen nämlich sind Wörter noch wie Höhlen, zwischen denen sie seltsame Verbindungswege kennen. Doch nun vergegenwärtige man sich die Umkehrung des Spieles, sehe einen gegebenen Satz so an, als wäre er nach dessen Regel konstruiert. Mit einem Schlage müßte er ein fremdes, erregendes Gesicht für uns gewinnen. Ein Teil von solcher Sicht liegt aber wirklich in jedem Akt des Lesens eingeschlossen. Nicht nur das Volk liest so Romane – nämlich der Namen oder Formeln wegen, die ihm aus dem Text entgegenspringen; auch der Gebildete liegt lesend auf der Lauer nach Wendungen und Worten, und der Sinn ist nur der Hintergrund, auf dem der Schatten ruht, den sie wie Reliefffiguren werfen. Greifbar wird das zumal an solchen Texten, die man die heiligen nennt. Der Kommentar, der ihnen dient, greift Wörter aus solchem Text heraus, als wären sie nach den Regeln jenes Spieles ihm gesetzt und zur Bewältigung aufgegeben worden. Und wirklich haben Sätze, die ein Kind im Spiele aus den Wörtern schlägt, mit denen heiliger Texte mehr Verwandtschaft als mit der Umgangssprache der Erwachsenen. Davon ein Beispiel, welches die Verbindung der vorgenannten Wörter durch ein Kind (in seinem zwölften Lebensjahre) gibt: »Die Zeit schwingt sich wie eine Brezel durch die Natur. Die Feder malt die Landschaft, und entsteht eine Pause, so wird sie mit Regen ausgefüllt. Man hört keine Klage, denn es gibt keinen Firlefanz.«

Vexierbilder

Einbahnstraße

Tankstelle

Die Konstruktion des Lebens liegt im Augenblick weit mehr in der Gewalt von Fakten als von Überzeugungen. Und zwar von solchen Fakten, wie sie zur Grundlage von Überzeugungen fast nie noch und nirgend geworden sind. Unter diesen Umständen kann wahre literarische Aktivität nicht beanspruchen, in literarischem Rahmen sich abzuspielen – vielmehr ist das der übliche Ausdruck ihrer Unfruchtbarkeit. Die bedeutende literarische Wirksamkeit kann nur in strengem Wechsel von Tun und Schreiben zustande kommen; sie muß die unscheinbaren Formen, die ihrem Einfluß in tätigen Gemeinschaften besser entsprechen als die anspruchsvolle universale Geste des Buches in Flugblättern, Broschüren, Zeitschriftartikeln und Plakaten ausbilden. Nur diese prompte Sprache zeigt sich dem Augenblick wirkend gewachsen. Meinungen sind für den Riesenapparat des gesellschaftlichen Lebens, was Öl für Maschinen; man stellt sich nicht vor eine Turbine und übergießt sie mit Maschinenöl. Man spritzt ein wenig davon in verborgene Nieten und Fugen, die man kennen muß.

Frühstücksstube

Eine Volksüberlieferung warnt, Träume am Morgen nüchtern zu erzählen. Der Erwachte verbleibt in diesem Zustand in der Tat noch im Bannkreis des Traumes. Die Waschung nämlich ruft nur die Oberfläche des Leibes und seine sichtbaren motorischen Funktionen ins Licht hinein, wogegen in den tieferen Schichten auch während der morgendlichen Reinigung die graue Traumdämmerung verharrt, ja in der Einsamkeit der ersten wachen Stunde sich festsetzt. Wer die Berührung mit dem Tage, sei es aus Menschenfurcht, sei es um innerer Sammlung willen, scheut, der will nicht essen und verschmäht das Frühstück. Derart vermeidet er den

Bruch zwischen Nacht- und Tagwelt. Eine Behutsamkeit, die nur durch die Verbrennung des Traumes in konzentrierte Morgenarbeit, wenn nicht im Gebet, sich rechtfertigt, anders aber zu einer Vermengung der Lebensrhythmen führt. In dieser Verfassung ist der Bericht über Träume verhängnisvoll, weil der Mensch, zur Hälfte der Traumwelt noch verschworen, in seinen Worten sie verrät und ihre Rache gewärtigen muß. Neuzeitlicher gesprochen: er verrät sich selbst. Dem Schutz der träumenden Naivität ist er entwachsen und gibt, indem er seine Traumgesichte ohne Überlegenheit berührt, sich preis. Denn nur vom anderen Ufer, von dem hellen Tage aus, darf Traum aus überlegener Erinnerung angesprochen werden. Dieses Jenseits vom Traum ist nur in einer Reinigung erreichbar, die dem Waschen analog, jedoch gänzlich von ihm verschieden ist. Sie geht durch den Magen. Der Nüchterne spricht von Traum, als spräche er aus dem Schlaf.

Nr. 113

Die Stunden, welche die Gestalt enthalten,
Sind in dem Haus des Traumes abgelaufen.

Souterrain

Wir haben längst das Ritual vergessen, unter dem das Haus unseres Lebens aufgeführt wurde. Wenn es aber gestürmt werden soll und die feindlichen Bomben schon einschlagen, welch ausgemergelte, verschrobene Altertümer legen sie da in den Fundamenten nicht bloß. Was ward nicht alles unter Zauberformeln eingesenkt und aufgeopfert, welch schauerliches Raritätenkabinett da unten, wo dem Alltäglichsten die tiefsten Schächte vorbehalten sind. In einer Nacht der Verzweiflung sah ich im Traum mich mit dem ersten Kameraden meiner Schulzeit, den ich schon seit Jahrzehnten nicht mehr kenne und je in dieser Frist auch kaum erinnerte, Freundschaft und Brüderschaft stürmisch erneuern. Im Erwachen aber wurde mir klar: was die Verzweiflung wie ein

Sprengschuß an den Tag gelegt, war der Kadaver dieses Menschen, der da eingemauert war und machen sollte: wer hier einmal wohnt, der soll in nichts ihm gleichen.

Vestibül

Besuch im Goethehaus. Ich kann mich nicht entsinnen, Zimmer im Traume gesehen zu haben. Es war eine Flucht getünchter Korridore wie in einer Schule. Zwei ältere englische Besucherinnen und ein Kustos sind die Traumstatisten. Der Kustos fordert uns zur Eintragung ins Fremdenbuch auf, das am äußersten Ende eines Ganges auf einem Fensterpult geöffnet lag. Wie ich hinzutrete, finde ich beim Blättern meinen Namen schon mit großer ungefüger Kinderschrift verzeichnet.

Speisesaal

In einem Traume sah ich mich in Goethes Arbeitszimmer. Es hatte keine Ähnlichkeit mit dem zu Weimar. Vor allem war es sehr klein und hatte nur ein Fenster. An die ihm gegenüberliegende Wand stieß der Schreibtisch mit seiner Schmalseite. Davor saß schreibend der Dichter im höchsten Alter. Ich hielt mich seitwärts, als er sich unterbrach und eine kleine Vase, ein antikes Gefäß, mir zum Geschenk gab. Ich drehte es in den Händen. Eine ungeheure Hitze herrschte im Zimmer. Goethe erhob sich und trat mit mir in den Nebenraum, wo eine lange Tafel für meine Verwandtschaft gedeckt war. Sie schien aber für weit mehr Personen berechnet, als diese zählte. Es war wohl für die Ahnen mitgedeckt. Am rechten Ende nahm ich neben Goethe Platz. Als das Mahl vorüber war, erhob er sich mühsam und mit einer Geberde erbat ich Verlaub, ihn zu stützen. Als ich seinen Ellenbogen berührte, begann ich vor Ergriffenheit zu weinen.

FÜR MÄNNER

Überzeugen ist unfruchtbar.

Normaluhr

Den Großen wiegen die vollendeten Werke leichter als jene Fragmente, an denen die Arbeit sich durch ihr Leben zieht. Denn nur der Schwächere, der Zerstreutere hat seine unvergleichliche Freude am Abschließen und fühlt damit seinem Leben sich wieder geschenkt. Dem Genius fällt jedwede Zäsur, fallen die schweren Schicksalsschläge wie der sanfte Schlaf in den Fleiß seiner Werkstatt selber. Und deren Bannkreis zieht er im Fragment. »Genie ist Fleiß.«

Kehre zurück! Alles vergeben!

Wie einer, der am Reck die Riesenwelle schlägt, so schlägt man selber als Junge das Glücksrad, aus dem dann früher oder später das große Los fällt. Denn einzig, was wir schon mit fünfzehn wußten oder übten, macht eines Tages unsere Attrativa aus. Und darum läßt sich eines nie wieder gut machen: versäumt zu haben, seinen Eltern fortzulaufen. Aus achtundvierzig Stunden Preisgegebenheit in diesen Jahren schießt wie in einer Lauge der Kristall des Lebensglücks zusammen.

Hochherrschaftlich möblierte Zehnzimmerwohnung

Vom Möbelstil der zweiten Hälfte des neunzehnten Jahrhunderts gibt die einzig zulängliche Darstellung und Analysis zugleich eine gewisse Art von Kriminalromanen, in deren dynamischem Zentrum der Schrecken der Wohnung steht. Die Anordnung der Möbel ist zugleich der Lageplan der tödlichen Fallen und die Zimmerflucht schreibt dem Opfer die Fluchtbahn vor. Daß gerade diese Art des Kriminalromans mit Poe beginnt – zu einer Zeit also, als solche Behausungen noch kaum existierten –, besagt nichts dagegen. Denn ohne Ausnahme kombinieren die großen Dichter in einer Welt, die nach ihnen kommt, wie die Pariser Straßen von Baudelaires Gedichten erst nach neunzehnhundert und auch die Menschen Dostojewskis nicht früher da waren. Das bürgerliche Interieur der sechziger bis neunziger Jahre mit seinen riesigen, von Schnitzereien überquollenen Büfetts, den sonnenlosen Ecken, wo die Palme steht, dem Erker, den die Balustrade verschanzt und den langen Korridoren mit der singenden Gasflamme wird adäquat allein der Leiche zur Behausung. »Auf diesem Sofa kann die Tante nur ermordet werden.« Die seelenlose Üppigkeit des Mobiliars wird wahrhafter Komfort erst vor dem Leichnam. Viel interessanter als der landschaftliche Orient in den Kriminalromanen ist jener üppige Orient in ihren Interieurs: der Perserteppich und die Ottomane, die Ampel und der edle kaukasische Dolch. Hinter den schweren gerafften Kelims feiert der Hausherr seine Orgien mit den Wertpapieren, kann sich als morgenländischer Kaufherr, als fauler Pascha im Khanat des faulen Zaubers fühlen, bis jener Dolch im silbernen Gehänge überm Divan eines schönen Nachmittags seiner Siesta und ihm selber ein Ende macht. Dieser Charakter der bürgerlichen Wohnung, die nach dem namenlosen Mörder zittert, wie eine geile Greisin nach dem Galan, ist von einigen Autoren durchdrungen worden, die als »Kriminalschriftsteller« – vielleicht auch, weil in ihren Schriften sich ein Stück des bürgerlichen Pandämoniums ausprägt – um ihre gerechten Ehren gekommen sind. Conan Doyle hat, was hier getroffen werden soll, in einzelnen seiner Schriften, in einer großen Produktion hat die Schriftstellerin A. K. Green es herausgestellt und mit dem »Phantom der Oper«, einem der großen Romane über das neunzehnte Jahrhundert, Gaston Leroux dieser Gattung zur Apotheose verholfen.

Chinawaren

In diesen Tagen darf sich niemand auf das versteifen, was er »kann«. In der Improvisation liegt die Stärke. Alle entscheidenden Schläge werden mit der linken Hand geführt werden.

Ein Tor befindet sich am Anfang eines langen Weges, der bergab zu dem Hause von . . . leitet, die ich allabendlich besuchte. Als sie ausgezogen war, lag die Öffnung des Torbogens von nun an wie eine Ohrmuschel vor mir, die das Gehör verloren hat.

Ein Kind, im Nachthemd, ist nicht zu bewegen, einen eintretenden Besuch zu begrüßen. Die Anwesenden, vom höheren sittlichen Standpunkt aus, reden ihm, um seine Prüderie zu bezwingen, vergeblich zu. Wenige Minuten später zeigt es sich, diesmal splitternackt, dem Besucher. Es hatte sich inzwischen gewaschen.

Die Kraft der Landstraße ist eine andere, ob einer sie geht oder im Aeroplan drüber hinfliegt. So ist auch die Kraft eines Textes eine andere, ob einer ihn liest oder abschreibt. Wer fliegt, sieht nur, wie sich die Straße durch die Landschaft schiebt, ihm rollt sie nach den gleichen Gesetzen ab wie das Terrain, das herum liegt. Nur wer die Straße geht, erfährt von ihrer Herrschaft und wie aus eben jenem Gelände, das für den Flieger nur die aufgerollte Ebene ist, sie Fernen, Belvederes, Lichtungen, Prospekte mit jeder ihrer Wendungen so herauskommandiert, wie der Ruf des Befehlshabers Soldaten aus einer Front. So kommandiert allein der abgeschriebene Text die Seele dessen, der mit ihm beschäftigt ist, während der bloße Leser die neuen Ansichten seines Innern nie kennen lernt, wie der Text, jene Straße durch den immer wieder sich verdichtenden inneren Urwald, sie bahnt: weil der Leser der Bewegung seines Ich im freien Luftbereich der Träumerei gehorcht, der Abschreiber aber sie kommandieren läßt. Das chinesische Bücherkopieren war daher die unvergleichliche Bürgschaft literarischer Kultur und die Abschrift ein Schlüssel zu Chinas Rätseln.

Handschuhe

Beim Ekel vor Tieren ist die beherrschende Empfindung die Angst, in der Berührung von ihnen erkannt zu werden. Was sich tief im Menschen entsetzt, ist das dunkle Bewußtsein, in ihm sei etwas am Leben, was dem ekelerregenden Tiere so wenig fremd sei, daß es von ihm erkannt werden könne. – Aller Ekel ist ursprünglich Ekel vor dem Berühren. Über dieses Gefühl setzt sogar die Bemeisterung sich nur mit sprunghafter, überschießender Geberde hinweg: das Ekelhafte wird sie heftig umschlingen, verspeisen, während die Zone der feinsten epidermalen Berührung tabu bleibt. Nur so ist dem Paradox der moralischen Forderung zu genügen, welche gleichzeitig Überwindung und subtilste Ausbildung des Ekelgefühls vom Menschen verlangt. Verleugnen darf er die bestialische Verwandtschaft mit der Kreatur nicht, auf deren Anruf sein Ekel erwidert: er muß sich zu ihrem Herrn machen.

Mexikanische Botschaft

> Je ne passe jamais devant un fétiche de bois, un Bouddha doré, une idole mexicaine sans me dire: C'est peut-être le vrai dieu.
>
> *Charles Baudelaire*

Mir träumte, als Mitglied einer forschenden Expedition in Mexiko zu sein. Nachdem wir einen hohen Urwald durchmessen hatten, gerieten wir auf ein oberirdisches Höhlensystem im Gebirge, wo aus der Zeit der ersten Missionare ein Orden sich bis jetzt gehalten hatte, dessen Brüder unter den Einheimischen das Bekehrungswerk fortsetzten. In einer unermeßlichen und gotisch spitz geschlossenen Mittelgrotte fand Gottesdienst nach dem ältesten Ritus statt. Wir traten hinzu und bekamen sein Hauptstück zu sehen: gegen ein hölzernes Brustbild Gottvaters, das irgendwo an einer Höhlenwand in großer Höhe angebracht sich zeigte, wurde von einem Priester ein mexikanischer Fetisch erhoben. Da bewegte das Gotteshaupt dreimal verneinend sich von rechts nach links.

Diese Anpflanzungen sind dem Schutze des Publikums empfohlen

Was wird »gelöst«? Bleiben nicht alle Fragen des gelebten Lebens zurück wie ein Baumschlag, der uns die Aussicht verwehrte? Daran, ihn auszuroden, ihn auch nur zu lichten, denken wir kaum. Wir schreiten weiter, lassen ihn hinter uns und aus der Ferne ist er zwar übersehbar, aber undeutlich, schattenhaft und desto rätselhafter verschlungen.

Kommentar und Übersetzung verhalten sich zum Text wie Stil und Mimesis zur Natur: dasselbe Phänomen unter verschiedenen Betrachtungsweisen. Am Baum des heiligen Textes sind beide nur die ewig rauschenden Blätter, am Baume des profanen die rechtzeitig fallenden Früchte.

Wer liebt, der hängt nicht nur an »Fehlern« der Geliebten, nicht nur an Ticks und Schwächen einer Frau, ihn binden Runzeln im Gesicht und Leberflecken, vernutzte Kleider und ein schiefer Gang viel dauernder und unerbittlicher als alle Schönheit. Man hat das längst erfahren. Und warum? Wenn eine Lehre wahr ist, welche sagt, daß die Empfindung nicht im Kopfe nistet, daß wir ein Fenster, eine Wolke, einen Baum nicht im Gehirn, vielmehr an jenem Ort, wo wir sie sehen, empfinden, so sind wir auch im Blick auf die Geliebte außer uns. Hier aber qualvoll angespannt und hingerissen. Geblendet flattert die Empfindung wie ein Schwarm von Vögeln in dem Glanz der Frau. Und wie Vögel Schutz in den laubigen Verstecken des Baumes suchen, so flüchten die Empfindungen in die schattigen Runzeln, die anmutlosen Gesten und unscheinbaren Makel des geliebten Leibs, wo sie gesichert im Versteck sich ducken. Und kein Vorübergehender errät, daß gerade hier, im Mangelhaften, Tadelnswerten die pfeilgeschwinde Liebesregung des Verehrers nistet.

Baustelle

Pedantisch über Herstellung von Gegenständen – Anschauungsmitteln, Spielzeug oder Büchern – die sich für Kinder eignen sollen, zu grübeln, ist töricht. Seit der Aufklärung ist das eine der muffigsten Spekulationen der Pädagogen. Ihre Vergaffung in Psychologie hindert sie zu erkennen, daß die Erde voll von den unvergleichlichsten Gegenständen kindlicher Aufmerksamkeit und Übung ist. Von den bestimmtesten. Kinder nämlich sind auf besondere Weise geneigt, jedwede Arbeitsstätte aufzusuchen, wo sichtbar die Betätigung an Dingen vor sich geht. Sie fühlen sich unwiderstehlich vom Abfall angezogen, der beim Bauen, bei Garten- oder Hausarbeit, beim Schneidern oder Tischlern entsteht. In Abfallprodukten erkennen sie das Gesicht, das die Dingwelt gerade ihnen, ihnen allein, zukehrt. In ihnen bilden sie die Werke der Erwachsenen weniger nach, als daß sie Stoffe sehr verschiedener Art durch das, was sie im Spiel daraus verfertigen, in eine neue, sprunghafte Beziehung zueinander setzen. Kinder bilden sich damit ihre Dingwelt, eine kleine in der großen, selbst. Die Normen dieser kleinen Dingwelt müßte man im Auge haben, wenn man vorsätzlich für die Kinder schaffen will und es nicht vorzieht, eigene Tätigkeit mit alledem, was an ihr Requisit und Instrument ist, allein den Weg zu ihnen sich finden zu lassen.

Ministerium des Innern

Je feindlicher ein Mensch zum Überkommenen steht, desto unerbittlicher wird er sein privates Leben den Normen unterordnen, die er zu Gesetzgebern eines kommenden gesellschaftlichen Zustands erheben will. Es ist, als legten sie ihm die Verpflichtung auf, sie, die noch nirgendwo verwirklicht sind, zum mindesten in seinem eigenen Lebenskreise vorzubilden. Der Mann jedoch, der sich in Einklang mit den ältesten Überlieferungen seines Standes oder seines Volkes weiß, stellt gelegentlich sein Privatleben ostentativ in Gegensatz zu den Maximen, die er im öffentlichen Leben unnachsichtlich vertritt und würdigt ohne leiseste Beklemmung des Gewissens sein eigenes Verhalten insgeheim als bündigsten Beweis unerschütterlicher Autorität der von ihm affichierten Grundsätze. So unterscheiden sich die Typen des anarcho-sozialistischen und des konservativen Politikers.

Flagge – –

Wie der Abschiednehmende leichter geliebt wird! Weil die Flamme für den Sichentfernenden reiner brennt, genährt von dem flüchtigen Streifen Zeug, der vom Schiff oder Fenster des Zuges herüberwinkt. Entfernung dringt wie Farbstoff in den Verschwindenden und durchtränkt ihn mit sanfter Glut.

– – auf Halbmast

Stirbt ein sehr nahestehender Mensch uns dahin, so ist in den Entwicklungen der nächsten Monate etwas, wovon wir zu bemerken glauben, daß – so gern wir es mit ihm geteilt hätten – nur durch sein Fernsein es sich entfalten konnte. Wir grüßen ihn zuletzt in einer Sprache, die er schon nicht mehr versteht.

Kaiserpanorama

Reise durch die deutsche Inflation

I. In dem Schatze jener Redewendungen, mit welchen die aus Dummheit und Feigheit zusammengeschweißte Lebensart des deutschen Bürgers sich alltäglich verrät, ist die von der bevorstehenden Katastrophe – indem es ja »nicht mehr so weitergehen« könne – besonders denkwürdig. Die hilflose Fixierung an die Sicherheits- und Besitzvorstellungen der vergangenen Jahrzehnte verhindert den Durchschnittsmenschen, die höchst bemerkenswerten Stabilitäten ganz neuer Art, welche der gegenwärtigen Situation zugrunde liegen, zu apperzipieren. Da die relative Stabilisierung der Vorkriegsjahre ihn begünstigte, glaubt er, jeden Zustand, der ihn depossediert, für unstabil ansehen zu müssen. Aber stabile Verhältnisse brauchen nie und nimmer angenehme Verhältnisse zu sein und schon vor dem Kriege gab es Schichten, für welche die stabilisierten Verhältnisse das stabilisierte Elend waren. Verfall ist um nichts weniger stabil, um nichts wunderbarer als Aufstieg. Nur eine Rechnung, die im Untergange die einzige ratio des gegenwärtigen Zustandes zu finden sich eingesteht, käme von dem erschlaffenden Staunen über das alltäglich sich Wiederholende dazu, die Erscheinungen des Verfalls als das schlechthin Stabile und einzig das Rettende als ein fast ans Wunderbare und Unbegreifliche grenzendes Außerordentliches zu gewärtigen. Die Volksgemeinschaften Mitteleuropas leben wie Einwohner einer rings umzingelten Stadt, denen Lebensmittel und Pulver ausgehen und für die Rettung menschlichem Ermessen nach kaum zu erwarten. Ein Fall, in dem Übergabe, vielleicht auf Gnade oder Ungnade, aufs ernsthafteste erwogen werden müßte. Aber die stumme, unsichtbare Macht, welcher Mitteleuropa sich gegenüber fühlt, verhandelt nicht. So bleibt nichts, als in der immerwährenden Erwartung des letzten Sturmangriffs auf nichts, als das Außerordentliche, das allein noch retten kann, die Blicke zu richten. Dieser geforderte Zustand angespanntester klagloser Aufmerksamkeit aber könnte, da wir in einem geheimnisvollen Kontakt mit den uns belagernden Gewalten stehen, das Wunder wirklich herbeiführen. Dahingegen wird die Erwartung, daß es nicht mehr so weitergehen könne, eines Tages sich darüber belehrt finden, daß es für das Leiden des einzelnen wie der Gemeinschaften nur eine Grenze, über die hinaus es nicht mehr weiter geht, gibt: die Vernichtung.

II. Eine sonderbare Paradoxie: die Leute haben nur das engherzigste Privatinteresse im Sinne, wenn sie handeln, zugleich aber werden sie in ihrem Verhalten mehr als jemals bestimmt durch die Instinkte der Masse. Und mehr als jemals sind die Masseninstinkte irr und dem Leben fremd geworden. Wo der dunkle Trieb des Tieres – wie zahllose Anekdoten erzählen – aus der nahenden Gefahr, die noch unsichtbar scheint, den Ausgang findet, da verfällt diese Gesellschaft, deren jeder sein eigenes niederes Wohl allein im Auge hat, mit tierischer Dumpfheit aber ohne das dumpfe Wissen der Tiere, als eine blinde Masse jeder, auch der nächstliegenden Gefahr und die Verschiedenheit individueller Ziele wird belanglos vor der Identität der bestimmenden Kräfte. Wieder und wieder hat es sich gezeigt, daß ihr Hangen am gewohnten, nun längst schon verlorenen Leben so starr ist, daß es die eigentlich menschliche Anwendung des Intellekts, Voraussicht, selbst in der drastischen Gefahr vereitelt. So daß in ihr das Bild der Dummheit sich vollendet: Unsicherheit, ja Perversion der lebenswichtigen Instinkte und Ohnmacht, ja Verfall des Intellekts. Dieses ist die Verfassung der Gesamtheit deutscher Bürger.

III. Alle näheren menschlichen Beziehungen werden von einer fast unerträglichen durchdringenden Klarheit getroffen, in der sie kaum standzuhalten vermögen. Denn indem einerseits das Geld auf verheerende Weise im Mittelpunkt aller Lebensinteressen steht, andererseits gerade dieses die Schranke ist, vor der fast alle menschliche Beziehung versagt, so verschwindet wie im Natürlichen so im Sittlichen mehr und mehr das unreflektierte Vertrauen, Ruhe und Gesundheit.

IV. Nicht umsonst pflegt man vom »nackten« Elend zu sprechen. Was in seiner Schaustellung, welche Sitte zu werden begann unter dem Gesetz der Not und doch ein Tausendstel nur vom Verborgenen sichtbar macht, das Unheilvollste ist, das ist nicht das Mitleid oder das gleich furchtbare Bewußtsein eigener Unberührtheit, das im Betrachter geweckt wird, sondern dessen Scham. Unmöglich, in einer deutschen Großstadt zu leben, in welcher der Hunger die Elendsten zwingt, von den Scheinen zu leben, mit denen die Vorübergehenden eine Blöße zu decken suchen, die sie verwundet.

V. »Armut schändet nicht.« Ganz wohl. Doch sie schänden den Armen. Sie tun's und sie trösten ihn mit dem Sprüchlein. Es ist von denen, die man einst konnte gelten lassen, deren Verfalltag nun längst gekommen. Nicht anders wie jenes brutale »Wer nicht arbeitet, der soll auch nicht essen«. Als es Arbeit gab, die ihren Mann nährte, gab es auch Armut, die ihn nicht schändete, wenn sie aus Mißwachs und anderem Geschick ihn traf. Wohl aber schändet dies Darben, in das Millionen hineingeboren, Hunderttausende verstrickt werden, die verarmen. Schmutz und Elend wachsen wie Mauern als Werk von unsichtbaren Händen um sie hoch. Und wie der einzelne viel ertragen kann für sich, gerechte Scham aber fühlt, wenn sein Weib es ihn tragen sieht und selber duldet, so darf der einzelne viel dulden, solang er allein, und alles, solang er's verbirgt. Aber nie darf einer seinen Frieden mit Armut schließen, wenn sie wie ein riesiger Schatten über sein Volk und sein Haus fällt. Dann soll er seine Sinne wachhalten für jede Demütigung, die ihnen zuteil wird und so lange sie in Zucht nehmen, bis sein Leiden nicht mehr die abschüssige Straße des Grams, sondern den aufsteigenden Pfad der Revolte gebahnt hat. Aber hier ist nichts zu hoffen, solange jedes furchtbarste, jedes dunkelste Schicksal täglich, ja stündlich diskutiert durch die Presse, in allen Scheinursachen und Scheinfolgen dargelegt, niemandem zur Erkenntnis der dunklen Gewalten verhilft, denen sein Leben hörig geworden ist.

VI. Dem Ausländer, welcher die Gestaltung des deutschen Lebens obenhin verfolgt, der gar das Land kurze Zeit bereist hat, erscheinen seine Bewohner nicht minder fremdartig als ein exotischer Volksschlag. Ein geistreicher Franzose hat gesagt: »In den seltensten Fällen wird sich ein Deutscher über sich selbst klar sein. Wird er sich einmal klar sein, so wird er es nicht sagen. Wird er es sagen, so wird er sich nicht verständlich machen.« Diese trostlose Distanz hat der Krieg nicht etwa nur durch die wirklichen und legendären Schandtaten, die man von Deutschen berichtete, erweitert. Was vielmehr die groteske Isolierung Deutschlands in den Augen anderer Europäer erst vollendet, was in ihnen im Grunde die Einstellung schafft, sie hätten es mit Hottentotten in den Deutschen zu tun (wie man dies sehr richtig genannt hat), das ist die Außenstehenden ganz unbegreifliche und den Gefangenen völlig unbewußte Gewalt, mit welcher die Lebensumstände, das Elend und die Dummheit auf diesem Schauplatz die Menschen den Gemeinschaftskräften untertan machen, wie nur das Leben irgendeines Primitiven von den Clangesetzlichkeiten bestimmt wird. Das europäischste aller Güter, jene mehr oder minder deutliche Ironie, mit der das Leben des einzelnen disparat dem Dasein jeder Gemeinschaft zu verlaufen beansprucht, in die er verschlagen ist, ist den Deutschen gänzlich abhanden gekommen.

VII. Die Freiheit des Gespräches geht verloren. Wenn früher unter Menschen im Gespräch Eingehen auf den Partner sich von selbst verstand, wird es nun durch die Frage nach dem Preise seiner Schuhe oder seines Regenschirmes ersetzt. Unabwendbar drängt sich in jede gesellige Unterhaltung das Thema der Lebensverhältnisse, des Geldes. Dabei geht es nicht sowohl um Sorgen und Leiden der einzelnen, in welchen sie vielleicht einander zu helfen vermöchten, als um die Betrachtung des Ganzen. Es ist, als sei man in einem Theater gefangen und müsse dem Stück auf der Bühne folgen, ob man wolle oder nicht, müsse es immer wieder, ob man wolle oder nicht, zum Gegenstand des Denkens und Sprechens machen.

VIII. Wer sich der Wahrnehmung des Verfalls nicht entzieht, der wird unverweilt dazu übergehen, eine besondere Rechtfertigung für sein Verweilen, seine Tätigkeit und seine Beteiligung an diesem Chaos in Anspruch zu nehmen. So viele Einsichten ins allgemeine Versagen, so viele Ausnahmen für den eigenen Wirkungskreis, Wohnort und Augenblick. Der blinde Wille, von der persönlichen Existenz eher das Prestige zu retten, als durch die souveräne Abschätzung ihrer Ohnmacht und ihrer Verstricktheit wenigstens vom Hintergrunde der allgemeinen Verblendung sie zu lösen, setzt sich fast überall durch. Darum ist die Luft so voll von Lebenstheorien und Weltanschauungen, und darum wirken sie hierzulande so anmaßend, weil sie am Ende fast stets der Sanktion irgendeiner ganz nichtssagenden Privatsituation gelten. Eben darum ist sie auch so voll von Trugbildern, Luftspiegelungen einer trotz allem über Nacht blühend hereinbrechenden kulturellen Zukunft, weil jeder auf die optischen Täuschungen seines isolierten Standpunktes sich verpflichtet.

IX. Die Menschen, die im Umkreise dieses Landes eingepfercht sind, haben den Blick für den Kontur der menschlichen Person verloren. Jeder Freie erscheint vor ihnen als Sonderling. Man stelle sich die Bergketten der Hochalpen vor, jedoch nicht gegen den Himmel abgesetzt, sondern gegen die Falten eines dunklen Tuches. Nur undeutlich würden die gewaltigen Formen sich abzeichnen. Ganz so hat ein schwerer Vorhang Deutschlands Himmel verhängt und wir sehen die Profilierung selbst der größten Menschen nicht mehr.

X. Aus den Dingen schwindet die Wärme. Die Gegenstände des täglichen Gebrauchs stoßen den Menschen sacht aber beharrlich von sich ab. In summa hat er tagtäglich mit der Überwindung der geheimen Widerstände – und nicht etwa nur der offenen –, die sie ihm entgegensetzen, eine ungeheure Arbeit zu leisten. Ihre Kälte muß er mit der eigenen Wärme ausgleichen, um nicht an ihnen zu erstarren und ihre Stacheln mit unendlicher Geschicklichkeit anfassen, um nicht an ihnen zu verbluten. Von seinen Nebenmenschen erwarte er keine Hilfe. Schaffner, Beamte, Handwerker und Verkäufer – sie alle fühlen sich als Vertreter einer aufsässigen Materie, deren Gefährlichkeit sie durch die eigene Roheit ins Licht zu setzen bestrebt sind. Und der Entartung der Dinge, mit welcher sie, dem menschlichen Verfalle folgend, ihn züchtigen, ist selbst das Land verschworen. Es zehrt am Menschen wie die Dinge, und der ewig ausbleibende deutsche Frühling ist nur eine unter zahllosen verwandten Erscheinungen der sich zersetzenden deutschen Natur. In ihr lebt man, als sei der Druck der Luftsäule, dessen Gewicht jeder trägt, wider alles Gesetz in diesen Landstrichen plötzlich fühlbar geworden.

XI. Der Entfaltung jeder menschlichen Bewegung, mag sie geistigen oder selbst natürlichen Impulsen entspringen, ist der maßlose Widerstand der Umwelt angesagt. Wohnungsnot und Verkehrsteuerung sind am Werke, das elementare Sinnbild europäischer Freiheit, das in gewissen Formen selbst dem Mittelalter gegeben war, die Freizügigkeit, vollkommen zu vernichten. Und wenn der mittelalterliche Zwang den Menschen an natürliche Verbände fesselte, so ist er nun in unnatürliche Gemeinsamkeit verkettet. Weniges wird die verhängnisvolle Gewalt des umsichgreifenden Wandertriebes so stärken, wie die Abschnürung der Freizügigkeit, und niemals hat die Bewegungsfreiheit zum Reichtum der Bewegungsmittel in einem größeren Mißverhältnis gestanden.

XII. Wie alle Dinge in einem unaufhaltsamen Prozeß der Vermischung und Verunreinigung um ihren Wesensausdruck kommen und sich Zweideutiges an die Stelle des Eigentlichen setzt, so auch die Stadt. Große Städte, deren unvergleichlich beruhigende und bestätigende Macht den Schaffenden in einen Burgfrieden schließt und mit dem Anblick des Horizonts auch das Bewußtsein der immer wachenden Elementarkräfte von ihm zu nehmen vermag, zeigen sich allerorten durchbrochen vom eindringenden Land. Nicht von der Landschaft, sondern von dem, was die freie Natur Bitterstes hat, vom Ackerboden, von Chausseen, vom Nachthimmel, den keine rot vibrierende Schicht mehr verhüllt. Die Unsicherheit selbst der belebten Gegenden versetzt den Städter vollends in jene undurchsichtige und im höchsten Grade grauenvolle Situation, in der er unter den Unbilden des vereinsamten Flachlandes die Ausgeburten der städtischen Architektonik in sich aufnehmen muß.

XIII. Eine edle Indifferenz gegen die Sphären des Reichtums und der Armut ist den Dingen, die hergestellt werden, völlig abhanden gekommen. Ein jedes stempelt seinen Besitzer ab, der nur die Wahl hat, als armer Schlucker oder Schieber zu erscheinen. Denn während selbst der wahre Luxus von der Art ist, daß Geist und Geselligkeit ihn zu durchdringen und in Vergessenheit zu bringen vermögen, trägt, was hier von Luxuswaren sich breit macht, eine so schamlose Massivität zur Schau, daß jede geistige Ausstrahlung daran zerbricht.

XIV. Aus den ältesten Gebräuchen der Völker scheint es wie eine Warnung an uns zu ergehen, im Entgegennehmen dessen, was wir von der Natur so reich empfangen, uns vor der Geste der Habgier zu hüten. Denn wir vermögen nichts der Muttererde aus Eigenem zu schenken. Daher gebührt es sich, Ehrfurcht im Nehmen zu zeigen, indem von allem, was wir je und je empfangen, wir einen Teil an sie zurückerstatten, noch ehe wir des Unseren uns bemächtigen. Diese Ehrfurcht spricht aus dem alten Brauch der libatio. Ja vielleicht ist es diese uralte sittliche Erfahrung, welche selbst in dem Verbot, die vergessenen Ähren einzusammeln und abgefallene Trauben aufzulesen, sich verwandelt erhielt, indem diese der Erde oder den segenspendenden Ahnen zugute kommen. Nach athenischem Brauch war das Auflesen der Brosamen bei der Mahlzeit untersagt, weil sie den Heroen gehören. – Ist einmal die Gesellschaft unter Not und Gier soweit entartet, daß sie die Gaben der Natur nur noch raubend empfangen kann, daß sie die Früchte, um sie günstig auf den Markt zu bringen, unreif abreißt und jede Schüssel, um nur satt zu werden, leeren muß, so wird ihre Erde verarmen und das Land schlechte Ernten bringen.

Tiefbau-Arbeiten

Im Traum sah ich ein ödes Gelände. Das war der Marktplatz von Weimar. Dort wurden Ausgrabungen veranstaltet. Auch ich scharrte ein bißchen im Sande. Da kam die Spitze eines Kirchturms hervor. Hoch erfreut dachte ich mir: ein mexikanisches Heiligtum aus der Zeit des Präanimismus, dem Anaquivitzli. Ich erwachte mit Lachen. (Ana = ἀνά; vi = vie; witz = mexikanische Kirche [!])

Coiffeur für penible Damen

Dreitausend Damen und Herren vom Kurfürstendamm sind eines Morgens wortlos aus den Betten zu verhaften und vierundzwanzig Stunden festzusetzen. Um Mitternacht verteilt man in den Zellen einen Fragebogen über die Todesstrafe, ersucht auch dessen Unterzeichner, anzugeben, welche Hinrichtungsart sie persönlich im gegebenen Falle zu wählen dächten. Dies Schriftstück hätten in Klausur »nach bestem Wissen« die auszufüllen, die bisher nur ungefragt sich »nach bestem Gewissen« zu äußern pflegten. Noch vor der ersten Frühe, die von alters heilig, hierzulande aber dem Henker geweiht ist, wäre die Frage der Todesstrafe geklärt.

Achtung Stufen!

Arbeit an einer guten Prosa hat drei Stufen: eine musikalische, auf der sie komponiert, eine architektonische, auf der sie gebaut, endlich eine textile, auf der sie gewoben wird.

Vereidigter Bücherrevisor

Die Zeit steht, wie in Kontrapost zur Renaissance schlechthin, so insbesondere im Gegensatz zur Situation, in der die Buchdruckerkunst erfunden wurde. Mag es nämlich ein Zufall sein oder nicht, ihr Erscheinen in Deutschland fällt in die Zeit, da das Buch im eminenten Sinne des Wortes, das Buch der Bücher durch Luthers Bibelübersetzung Volksgut wurde. Nun deutet alles darauf hin, daß das Buch in dieser überkommenen Gestalt seinem Ende entgegengeht. Mallarmé, wie er mitten in der kristallinischen Konstruktion seines gewiß traditionalistischen Schrifttums das Wahrbild des Kommenden sah, hat zum ersten Male im »Coup de dés« die graphischen Spannungen der Reklame ins Schriftbild verarbeitet. Was danach von Dadaïsten an Schriftversuchen unternommen wurde, ging zwar nicht vom Konstruktiven, sondern den exakt reagierenden Nerven der Literaten aus und war darum weit weniger bestandhaft als Mallarmés Versuch, der aus dem Innern seines Stils erwuchs. Aber es läßt eben dadurch die Aktualität dessen erkennen, was monadisch, in seiner verschlossensten Kammer, Mallarmé in prästabilierter Harmonie mit allem dem entscheidenden Geschehen dieser Tage in Wirtschaft, Technik, öffentlichem Leben auffand. Die Schrift, die im gedruckten Buche ein Asyl gefunden hatte, wo sie ihr autonomes Dasein führte, wird unerbittlich von Reklamen auf die Straße hinausgezerrt und den brutalen Heteronomien des wirtschaftlichen Chaos unterstellt. Das ist der strenge Schulgang ihrer neuen Form. Wenn vor Jahrhunderten sie allmählich sich niederzulegen begann, von der aufrechten Inschrift zur schräg auf Pulten ruhenden Handschrift ward, um endlich sich im Buchdruck zu betten, beginnt sie nun ebenso langsam sich wieder vom Boden zu heben. Bereits die Zeitung wird mehr in der Senkrechten als in der Horizontale gelesen, Film und Reklame drängen die Schrift vollends in die diktatorische Vertikale. Und ehe der Zeitgenosse dazu kommt, ein Buch aufzuschlagen, ist über seine Augen ein so dichtes Gestöber von wandelbaren, farbigen, streitenden Lettern niedergegangen, daß die Chancen seines Eindringens in die archaische Stille des Buches gering geworden sind. Heuschreckenschwärme von Schrift, die heute schon die Sonne des vermeinten Geistes den Großstädtern verfinstern, werden dichter mit jedem folgenden Jahre werden. Andere Erfordernisse des Geschäftslebens führen weiter. Die Kartothek bringt die Eroberung der dreidimensionalen Schrift, also einen überraschenden Kontrapunkt zur Dreidimensionalität der Schrift in ihrem Ursprung als Rune oder Knotenschrift. (Und heute schon ist das Buch, wie die aktuelle wissenschaftliche Produktionsweise lehrt, eine veraltete Vermittlung zwischen zwei verschiedenen Kartothekssystemen. Denn alles Wesentliche findet sich im Zettelkasten des Forschers, der's verfaßte, und der Gelehrte, der darin studiert, assimiliert es seiner eigenen Kartothek.) Aber es ist ganz außer Zweifel, daß die Entwicklung der Schrift nicht ins Unabsehbare an die Machtansprüche eines chaotischen Betriebes in Wissenschaft und Wirtschaft gebunden bleibt, vielmehr der Augenblick kommt, da Quantität in Qualität umschlägt und die Schrift, die immer tiefer in das graphische Bereich ihrer neuen exzentrischen Bildlichkeit vorstößt, mit einem Male ihrer adäquaten Sachgehalte habhaft wird. An dieser Bilderschrift werden Poeten, die dann wie in Urzeiten vorerst und vor allem Schriftkundige sein werden, nur mitarbeiten können, wenn sie sich die Gebiete erschließen, in denen (ohne viel Aufhebens von sich zu machen) deren Konstruktion sich vollzieht: die des statistischen und technischen Diagramms. Mit der Begründung einer internationalen Wandelschrift werden sie ihre Autorität im Leben der Völker erneuern und eine Rolle vorfinden, im Vergleich zu der alle Aspirationen auf Erneuerung der Rhetorik sich als altfränkische Träumereien erweisen werden.

Lehrmittel

Prinzipien der Wälzer oder Die Kunst, dicke Bücher zu machen

I. Die ganze Ausführung muß von der dauernden wortreichen Darlegung der Disposition durchwachsen sein.

II. Termini für Begriffe sind einzuführen, die außer bei dieser Definition selbst im ganzen Buch nicht mehr vorkommen.

III. Die im Text mühselig gewonnenen begrifflichen Distinktionen sind in den Anmerkungen zu den betreffenden Stellen wieder zu verwischen.

IV. Für Begriffe, über die nur in ihrer allgemeinen Bedeutung gehandelt wird, sind Beispiele zu geben: wo etwa von Maschinen die Rede ist, sind alle Arten derselben aufzuzählen.

V. Alles, was a priori von einem Objekt feststeht, ist durch eine Fülle von Beispielen zu erhärten.

VI. Zusammenhänge, die graphisch darstellbar sind, müssen in Worten ausgeführt werden. Statt etwa einen Stamm-

baum zu zeichnen, sind alle Verwandtschaftsverhältnisse abzuschildern und zu beschreiben.
VII. Von mehreren Gegnern, denen dieselbe Argumentation gemeinsam ist, ist jeder einzeln zu widerlegen.

Das Durchschnittswerk des heutigen Gelehrten will wie ein Katalog gelesen sein. Wann aber wird man soweit sein, Bücher wie Kataloge zu schreiben? Ist das schlechte Innere dergestalt in das Äußere gedrungen, so entsteht ein vortreffliches Schriftwerk, in dem der Wert der Meinungen beziffert ist, ohne daß sie deswegen feilgeboten würden.

Die Schreibmaschine wird dem Federhalter die Hand des Literaten erst dann entfremden, wenn die Genauigkeit typographischer Formungen unmittelbar in die Konzeption seiner Bücher eingeht. Vermutlich wird man dann neue Systeme mit variablerer Schriftgestaltung benötigen. Sie werden die Innervation der befehlenden Finger an die Stelle der geläufigen Hand setzen.

Eine Periode, die, metrisch konzipiert, nachträglich an einer einzigen Stelle im Rhythmus gestört wird, macht den schönsten Prosasatz, der sich denken läßt. So fällt durch eine kleine Bresche in der Mauer ein Lichtstrahl in die Stube des Alchimisten und läßt Kristalle, Kugeln und Triangel aufblitzen.

Deutsche trinkt deutsches Bier!

Der Pöbel ist von dem frenetischen Haß gegen das geistige Leben besessen, der die Gewähr für dessen Vernichtung in der Abzählung der Leiber erkannt hat. Wo man's ihnen irgend verstattet, stellen sie sich in Reih und Glied, ins Trommelfeuer und zur Warenhausse drängen sie marschmäßig. Keiner sieht weiter als in den Rücken des Vordermanns und jeder ist stolz, dergestalt vorbildlich für den Folgenden zu heißen. Das haben im Felde die Männer seit Jahrhunderten herausgehabt, aber den Parademarsch des Elends, das Anstellen, haben die Weiber erfunden.

Ankleben verboten!

Die Technik des Schriftstellers in dreizehn Thesen

I. Wer an die Niederschrift eines größeren Werks zu gehen beabsichtigt, lasse sich's wohl sein und gewähre sich nach erledigtem Pensum alles, was die Fortführung nicht beeinträchtigt.

II. Sprich vom Geleisteten, wenn du willst, jedoch lies während des Verlaufes der Arbeit nicht daraus vor. Jede Genugtuung, die du dir hierdurch verschaffst, hemmt dein Tempo. Bei der Befolgung dieses Regimes wird der zunehmende Wunsch nach Mitteilung zuletzt ein Motor der Vollendung.

III. In den Arbeitsumständen suche dem Mittelmaß des Alltags zu entgehen. Halbe Ruhe, von schalen Geräuschen begleitet, entwürdigt. Dagegen vermag die Begleitung einer Etude oder von Stimmengewirr der Arbeit ebenso bedeutsam zu werden, wie die vernehmliche Stille der Nacht. Schärft diese das innere Ohr, so wird jene zum Prüfstein einer Diktion, deren Fülle selbst die exzentrischen Geräusche in sich begräbt.

IV. Meide beliebiges Handwerkszeug. Pedantisches Beharren bei gewissen Papieren, Federn, Tinten ist von Nutzen. Nicht Luxus, aber Fülle dieser Utensilien ist unerläßlich.

V. Laß dir keinen Gedanken inkognito passieren und führe dein Notizheft so streng wie die Behörde das Fremdenregister.

VI. Mache deine Feder spröde gegen die Eingebung, und sie wird mit der Kraft des Magneten sie an sich ziehen. Je besonnener du mit der Niederschrift eines Einfalls verziehst, desto reifer entfaltet wird er sich dir ausliefern. Die Rede erobert den Gedanken, aber die Schrift beherrscht ihn.

VII. Höre niemals mit Schreiben auf, weil dir nichts mehr einfällt. Es ist ein Gebot der literarischen Ehre, nur dann abzubrechen, wenn ein Termin (eine Mahlzeit, eine Verabredung) einzuhalten oder das Werk beendet ist.

VIII. Das Aussetzen der Eingebung fülle aus mit der saube-

ren Abschrift des Geleisteten. Die Intuition wird darüber erwachen.
IX. Nulla dies sine linea – wohl aber Wochen.
X. Betrachte niemals ein Werk als vollkommen, über dem du nicht einmal vom Abend bis zum hellen Tage gesessen hast.
XI. Den Abschluß des Werkes schreibe nicht im gewohnten Arbeitsraume nieder. Du würdest den Mut dazu in ihm nicht finden.
XII. Stufen der Abfassung: Gedanke – Stil – Schrift. Es ist der Sinn der Reinschrift, daß in ihrer Fixierung die Aufmerksamkeit nur mehr der Kalligraphie gilt. Der Gedanke tötet die Eingebung, der Stil fesselt den Gedanken, die Schrift entlohnt den Stil.
XIII. Das Werk ist die Totenmaske der Konzeption.

Dreizehn Thesen wider Snobisten

(Snob im Privatkontor der Kunstkritik. Links eine Kinderzeichnung, rechts ein Fetisch. Snob: »Da kann der ganze Picasso einpacken.«)

I.	Der Künstler macht ein Werk.	Der Primitive äußert sich in Dokumenten.
II.	Das Kunstwerk ist nur nebenbei ein Dokument.	Kein Dokument ist als ein solches Kunstwerk.
III.	Das Kunstwerk ist ein Meisterstück.	Das Dokument dient als Lehrstück.
IV.	Am Kunstwerk lernen Künstler das Metier.	Vor Dokumenten wird ein Publikum erzogen.
V.	Kunstwerke stehen eins dem andern fern durch Vollendung.	Im Stofflichen kommunizieren alle Dokumente.
VI.	Inhalt und Form sind im Kunstwerk eins: Gehalt.	In Dokumenten herrscht durchaus der Stoff.
VII.	Gehalt ist das Erprobte.	Stoff ist das Geträumte.
VIII.	Im Kunstwerk ist der	Je tiefer man sich in ein

	Stoff ein Ballast, den die Betrachtung abwirft.	Dokument verliert, desto dichter: Stoff.
IX.	Im Kunstwerk ist das Formgesetz zentral.	Ins Dokument sind Formen nur versprengt.
X.	Das Kunstwerk ist synthetisch: Kraftzentrale.	Die Fruchtbarkeit des Dokuments will: Analyse.
XI.	Im wiederholten Anblick steigert sich ein Kunstwerk.	Ein Dokument bewältigt nur durch Überraschung.
XII.	Die Männlichkeit der Werke ist im Angriff.	Dem Dokument ist seine Unschuld eine Deckung.
XIII.	Der Künstler geht auf die Eroberung von Gehalten.	Der primitive Mensch verschanzt sich hinter Stoffen.

Die Technik des Kritikers in dreizehn Thesen

I. Der Kritiker ist Stratege im Literaturkampf.

II. Wer nicht Partei ergreifen kann, der hat zu schweigen.

III. Der Kritiker hat mit dem Deuter von vergangenen Kunstepochen nichts zu tun.

IV. Kritik muß in der Sprache der Artisten reden. Denn die Begriffe des cénacle sind Parolen. Und nur in den Parolen tönt das Kampfgeschrei.

V. Immer muß ›Sachlichkeit‹ dem Parteigeist geopfert werden, wenn die Sache es wert ist, um welche der Kampf geht.

VI. Kritik ist eine moralische Sache. Wenn Goethe Hölderlin und Kleist, Beethoven und Jean Paul verkannte, so trifft das nicht sein Kunstverständnis, sondern seine Moral.

VII. Für den Kritiker sind seine Kollegen die höhere Instanz. Nicht das Publikum. Erst recht nicht die Nachwelt.

VIII. Die Nachwelt vergißt oder rühmt. Nur der Kritiker richtet im Angesicht des Autors.

IX. Polemik heißt, ein Buch in wenigen seiner Sätze vernichten. Je weniger man es studierte, desto besser. Nur wer vernichten kann, kann kritisieren.

X. Echte Polemik nimmt ein Buch sich so liebevoll vor, wie ein Kannibale sich einen Säugling zurüstet.

XI. Kunstbegeisterung ist dem Kritiker fremd. Das Kunstwerk ist in seiner Hand die blanke Waffe in dem Kampfe der Geister.
XII. Die Kunst des Kritikers in nuce: Schlagworte prägen, ohne die Ideen zu verraten. Schlagworte einer unzulänglichen Kritik verschachern den Gedanken an die Mode.
XIII. Das Publikum muß stets Unrecht erhalten und sich doch immer durch den Kritiker vertreten fühlen.

Nr. 13

> Treize – j'eus un plaisir cruel de m'arrêter sur ce nombre.
>
> *Marcel Proust*

> Le reploiement vierge du livre, encore, prête à un sacrifice dont saigna la tranche rouge des anciens tomes; l'introduction d'une arme, ou coupe-papier, pour établir la prise de possession.
>
> *Stéphane Mallarmé*

I. Bücher und Dirnen kann man ins Bett nehmen.
II. Bücher und Dirnen verschränken die Zeit. Sie beherrschen die Nacht wie den Tag und den Tag wie die Nacht.
III. Büchern und Dirnen sieht es keiner an, daß die Minuten ihnen kostbar sind. Läßt man sich aber näher mit ihnen ein, so merkt man erst, wie eilig sie es haben. Sie zählen mit, indem wir uns in sie vertiefen.
IV. Bücher und Dirnen haben seit jeher eine unglückliche Liebe zueinander.
V. Bücher und Dirnen – sie haben jedes ihre Sorte Männer, die von ihnen leben und sie drangsalieren. Bücher die Kritiker.
VI. Bücher und Dirnen in öffentlichen Häusern – für Studenten.
VII. Bücher und Dirnen – selten sieht einer ihr Ende, der sie besaß. Sie pflegen zu verschwinden, bevor sie vergehen.
VIII. Bücher und Dirnen erzählen so gern und so verlogen, wie sie es geworden sind. In Wahrheit merken sie's oft selber nicht. Da geht man jahrelang ›aus Liebe‹ allem nach und

eines Tages steht als wohlbeleibtes Korpus auf dem Strich, was ›studienhalber‹ immer nur darüber schwebte.

IX. Bücher und Dirnen lieben es, den Rücken zu wenden, wenn sie sich ausstellen.

X. Bücher und Dirnen machen viel junge.

XI. Bücher und Dirnen – »Alte Betschwester – junge Hure«. Wieviele Bücher waren nicht verrufen, aus denen heut die Jugend lernen soll!

XII. Bücher und Dirnen tragen ihren Zank vor die Leute.

XIII. Bücher und Dirnen – Fußnoten sind bei den einen, was bei den andern Geldscheine im Strumpf.

Waffen und Munition

Ich war in Riga, um eine Freundin zu besuchen, angekommen. Ihr Haus, die Stadt, die Sprache waren mir unbekannt. Kein Mensch erwartete mich, es kannte mich niemand. Ich ging zwei Stunden einsam durch die Straßen. So habe ich sie nie wiedergesehen. Aus jedem Haustor schlug eine Stichflamme, jeder Eckstein stob Funken und jede Tram kam wie die Feuerwehr dahergefahren. Sie konnte ja aus dem Tore treten, um die Ecke biegen und in der Tram sitzen. Von beiden aber mußte ich, um jeden Preis, der erste werden, der den andern sieht. Denn hätte sie die Lunte ihres Blicks an mich gelegt – ich hätte wie ein Munitionslager auffliegen müssen.

Erste Hilfe

Ein höchst verworrenes Quartier, ein Straßennetz, das jahrelang von mir gemieden wurde, ward mir mit einem Schlage übersichtlich, als eines Tages ein geliebter Mensch dort einzog. Es war, als sei in seinem Fenster ein Scheinwerfer aufgestellt und zerlege die Gegend mit Lichtbüscheln.

Innenarchitektur

Der Traktat ist eine arabische Form. Sein Äußeres ist unabgesetzt und unauffällig, der Fassade arabischer Bauten entsprechend, deren Gliederung erst im Hofe anhebt. So ist auch die gegliederte Struktur des Traktats von außen nicht wahrnehmbar, sondern eröffnet sich nur von innen. Wenn Kapitel ihn bilden, so sind sie nicht verbal überschrieben, sondern ziffernmäßig bezeichnet. Die Fläche seiner Deliberationen ist nicht malerisch belebt, vielmehr mit den Netzen des Ornaments, das sich bruchlos fortschlingt, bedeckt. In der ornamentalen Dichtigkeit dieser Darstellung entfällt der Unterschied von thematischen und exkursiven Ausführungen.

Papier- und Schreibwaren

Pharus-Plan. Ich kenne eine, die geistesabwesend ist. Wo mir die Namen meiner Lieferanten, der Aufbewahrungsort von Dokumenten, Adressen meiner Freunde und Bekannten, die Stunde eines Rendezvous geläufig sind, da haben ihr politische Begriffe, Schlagworte der Partei, Bekenntnisformeln und Befehle sich festgesetzt. Sie lebt in einer Stadt der Parolen und wohnt in einem Quartier verschworener und verbrüderter Vokabeln, wo jedes Gäßchen Farbe bekennt und jedes Wort ein Feldgeschrei zum Echo hat.

Wunschbogen. »Tut ein Schilf sich doch hervor – Welten zu versüßen – Möge meinem Schreiberohr – Liebliches entfließen!« – das folgt der »Seligen Sehnsucht« wie eine Perle, die der geöffneten Muschelschale entrollt ist.

Taschenkalender. Für den nordischen Menschen ist weniges so bezeichnend als dies, daß, wenn er liebt, er vor allem einmal und um jeden Preis mit sich selber allein sein muß, sein Gefühl vorerst selbst betrachten, genießen muß, ehe er zu der Frau geht und es erklärt.

Briefbeschwerer. Place de la Concorde: Obelisk. Was vor viertausend Jahren darein ist gegraben worden, steht heut im Mittelpunkt des größten aller Plätze. Wäre das ihm geweissagt worden – welcher Triumph für den Pharao! Das erste abendländische Kulturreich wird einmal in seiner Mitte den Gedenkstein seiner Herrschaft tragen. Wie sieht in Wahrheit diese Glorie aus? Nicht einer von Zehntausenden, die hier vorübergehen, hält inne; nicht einer von Zehntausenden, die innehalten, kann die Aufschrift lesen. So löst ein jeder Ruhm Versprochenes ein, und kein Orakel gleicht ihm an Verschlagenheit. Denn der Unsterbliche steht da wie dieser Obelisk: er regelt einen geistigen Verkehr, der ihn umtost, und keinem ist die Inschrift, die darein gegraben ist, von Nutzen.

Galanteriewaren

Unvergleichliche Sprache des Totenkopfes: völlige Ausdruckslosigkeit – das Schwarz seiner Augenhöhlen – vereint er mit wildestem Ausdruck – den grinsenden Zahnreihen.

Einer, der sich verlassen glaubt, liest und es schmerzt ihn, daß die Seite, die er umschlagen will, schon aufgeschnitten ist, daß nicht einmal sie mehr ihn braucht.

Gaben müssen den Beschenkten so tief betreffen, daß er erschrickt.

Als ein geschätzter, kultivierter und eleganter Freund mir sein neues Buch übersandte, überraschte ich mich dabei, wie ich, im Begriff es zu öffnen, meine Krawatte zurecht rückte.

Wer die Umgangsformen beachtet, aber die Lüge verwirft, gleicht einem, der sich zwar modisch kleidet, aber kein Hemd auf dem Leibe trägt.

Wenn der Zigarettenrauch in der Spitze und die Tinte im

Füllhalter gleich leichten Zug hätten, dann wäre ich im Arkadien meiner Schriftstellerei.

Glücklich sein heißt ohne Schrecken seiner selbst innewerden können.

Vergrösserungen

Lesendes Kind. Aus der Schülerbibliothek bekommt man ein Buch. In den unteren Klassen wird ausgeteilt. Nur hin und wieder wagt man einen Wunsch. Oft sieht man neidisch ersehnte Bücher in andere Hände gelangen. Endlich bekam man das seine. Für eine Woche war man gänzlich dem Treiben des Textes anheimgegeben, das mild und heimlich, dicht und unablässig, wie Schneeflocken einen umfing. Dahinein trat man mit grenzenlosem Vertrauen. Stille des Buches, die weiter und weiter lockte! Dessen Inhalt war gar nicht so wichtig. Denn die Lektüre fiel noch in die Zeit, da man selber Geschichten im Bett sich ausdachte. Ihren halbverwehten Wegen spürt das Kind nach. Beim Lesen hält es sich die Ohren zu; sein Buch liegt auf dem viel zu hohen Tisch und eine Hand liegt immer auf dem Blatt. Ihm sind die Abenteuer des Helden noch im Wirbel der Lettern zu lesen wie Figur und Botschaft im Treiben der Flocken. Sein Atem steht in der Luft der Geschehnisse und alle Figuren hauchen es an. Es ist viel näher unter die Gestalten gemischt als der Erwachsene. Es ist unsäglich betroffen von dem Geschehen und den gewechselten Worten und wenn es aufsteht, ist es über und über beschneit vom Gelesenen.

Zu spät gekommenes Kind. Die Uhr im Schulhof sieht beschädigt aus durch seine Schuld. Sie steht auf »Zu spät«. Und in den Flur dringt aus den Klassentüren, wo es vorbeistreicht, Murmeln von geheimer Beratung. Lehrer und Schüler dahinter sind Freund. Oder es schweigt alles still, als erwartete man einen. Unhörbar legt es die Hand an die Klinke. Die Sonne tränkt den Flecken, wo es steht. Da schändet es den grünen Tag und öffnet. Es hört die Lehrerstimme wie ein Mühlrad klappern; es steht vor dem Mahlwerk. Die klappernde Stimme behält ihren Takt, aber die Knechte werfen nun alles ab und auf das neue; zehn, zwanzig schwere Säcke fliegen ihm zu, die muß es zur Bank tragen. An seinem Mäntelchen ist jeder Faden weiß bestaubt. Wie eine arme Seele um Mitternacht macht es bei jedem Schritt Getöse, und keiner sieht es. Sitzt es dann auf dem Platz, so schafft es leise mit bis Glockenschlag. Aber es ist kein Segen dabei.

Naschendes Kind. Im Spalt des kaum geöffneten Speiseschranks dringt seine Hand wie ein Liebender durch die Nacht vor. Ist sie dann in der Finsternis zu Hause, so tastet sie nach Zucker oder Mandeln, nach Sultaninen oder Eingemachtem. Und wie der Liebhaber, ehe er's küßt, sein Mädchen umarmt, so hat der Tastsinn mit ihnen ein Stelldichein, ehe der Mund ihre Süßigkeit kostet. Wie gibt der Honig, geben Haufen von Korinthen, gibt sogar Reis sich schmeichelnd in die Hand. Wie leidenschaftlich dies Begegnen beider, die endlich nun dem Löffel entronnen sind. Dankbar und wild, wie eine, die man aus dem Elternhause sich geraubt hat, gibt hier die Erdbeermarmelade ohne Semmel und gleichsam unter Gottes freiem Himmel sich zu schmecken, und selbst die Butter erwidert mit Zärtlichkeit die Kühnheit eines Werbers, der in ihre Mägdekammer vorstieß. Die Hand, der jugendliche Don Juan, ist bald in alle Zellen und Gelasse eingedrungen, hinter sich rinnende Schichten und strömende Mengen: Jungfräulichkeit, die ohne Klagen sich erneuert.

Karussellfahrendes Kind. Das Brett mit den dienstbaren Tieren rollt dicht überm Boden. Es hat die Höhe, in der man am besten zu fliegen träumt. Musik setzt ein, und ruckweis rollt das Kind von seiner Mutter fort. Erst hat es Angst, die Mutter zu verlassen. Dann aber merkt es, wie es selber treu ist. Es thront als treuer Herrscher über einer Welt, die ihm gehört. In der Tangente bilden Bäume und Eingeborene Spalier. Da taucht, in einem Orient, wiederum die Mutter auf. Danach tritt aus dem Urwald ein Wipfel, wie ihn das Kind schon vor Jahrtausenden, wie es ihn eben erst im Karussell gesehen hat. Sein Tier ist ihm zugetan: Wie ein stummer Arion fährt es auf seinem stummen Fisch dahin, ein hölzerner Stier-Zeus entführt es als makellose Europa. Längst ist die ewige Wiederkehr aller Dinge Kinderweisheit geworden und das Leben ein uralter Rausch der Herrschaft, mit dem dröhnenden Orchestrion in der Mitte als Kronschatz. Spielt es langsamer, fängt der Raum an zu stottern und die Bäume beginnen sich zu besinnen. Das Karussell wird unsicherer Grund. Und die Mutter taucht auf, der vielfach gerammte Pfahl, um welchen das landende Kind das Tau seiner Blicke wickelt.

Unordentliches Kind. Jeder Stein, den es findet, jede gepflückte Blume und jeder gefangene Schmetterling ist ihm schon Anfang einer Sammlung, und alles, was es überhaupt besitzt, macht ihm eine einzige Sammlung aus. An ihm zeigt diese Leidenschaft ihr wahres Gesicht, den strengen indianischen Blick, der in den Antiquaren, Forschern, Büchernarren nur noch getrübt und manisch weiterbrennt. Kaum tritt es ins Leben, so ist es Jäger. Es jagt die Geister, deren Spur es in den Dingen wittert; zwischen Geistern und Dingen verstreichen ihm Jahre, in denen sein Gesichtsfeld frei von Menschen bleibt. Es geht ihm wie in Träumen: es kennt nichts Bleibendes; alles geschieht ihm, meint es, begegnet ihm, stößt ihm zu. Seine Nomadenjahre sind Stunden im Traumwald. Dorther schleppt es die Beute heim, um sie zu reinigen, zu festigen, zu entzaubern. Seine Schubladen müssen Zeughaus und Zoo, Kriminalmuseum und Krypta werden. ›Aufräumen‹ hieße einen Bau vernichten voll stachliger Kastanien, die Morgensterne, Stanniolpapiere, die ein Silberhort, Bauklötze, die Särge, Kakteen, die Totembäume und Kupferpfennige, die Schilde sind. Am Wäscheschrank der Mutter, an der Bücherei des Vaters, da hilft das Kind schon längst, wenn es im eigenen Revier noch immer der unstete, streitbare Gast ist.

Versteckte Kind. Es kennt in der Wohnung schon alle Verstecke und kehrt darein wie in ein Haus zurück, wo man sicher ist, alles beim alten zu finden. Ihm klopft das Herz, es hält seinen Atem an. Hier ist es in die Stoffwelt eingeschlossen. Sie wird ihm ungeheuer deutlich, kommt ihm sprachlos nah. So wird erst einer, den man aufhängt, inne, was Strick und Holz sind. Das Kind, das hinter der Portiere steht, wird selbst zu etwas Wehendem und Weißem, zum Gespenst. Der Eßtisch, unter den es sich gekauert hat, läßt es zum hölzernen Idol des Tempels werden, wo die geschnitzten Beine die vier Säulen sind. Und hinter einer Türe ist es selber Tür, ist mit ihr angetan als schwerer Maske und wird als Zauberpriester alle behexen, die ahnungslos eintreten. Um keinen Preis darf es gefunden werden. Wenn es Gesichter schneidet, sagt man ihm, braucht nur die Uhr zu schlagen und es muß so bleiben. Was Wahres daran ist, das weiß es im Versteck. Wer es entdeckt, kann es als Götzen unterm Tisch erstarren machen, für immer als Gespenst in die Gardine es verweben, auf Lebenszeit es in die schwere Tür bannen. Es läßt darum mit einem lauten Schrei den Dämon, der es so verwandelte, damit man es nicht findet, ausfahren, wenn es der Suchende faßt – ja, wartet diesen Augenblick nicht ab, greift ihm mit einem Schrei der Selbstbefreiung vor. Darum wird es den Kampf mit dem Dämon nicht müde. Die Wohnung ist dabei das Arsenal der Masken. Doch einmal jährlich liegen an geheimnisvollen Stellen, in ihren leeren Augenhöhlen, ihrem starren Mund, Geschenke. Die magische Erfahrung wird Wissenschaft. Das Kind entzaubert als ihr Ingenieur die düstere Elternwohnung und sucht Ostereier.

Antiquitäten

Medaillon. An allem, was mit Grund schön genannt wird, wirkt paradox, daß es erscheint.

Gebetmühle. Lebendig nährt den Willen nur das vorgestellte Bild. Am bloßen Wort dagegen kann er sich zu höchst entzünden, um dann brandig fortzuschwelen. Kein heiler Wille ohne die genaue bildliche Vorstellung. Keine Vorstellung ohne Innervation. Nun ist der Atem deren allerfeinste Regulierung. Der Laut der Formeln ist ein Kanon dieser Atmung. Daher die Praxis der über den heiligen Silben atmend meditierenden Yoga. Daher ihre Allmacht.

ANTIKER LÖFFEL. Eins ist den größten Epikern vorbehalten: ihre Helden füttern zu können.

ALTE LANDKARTE. In einer Liebe suchen die meisten ewige Heimat. Andere, sehr wenige aber das ewige Reisen. Diese letzten sind Melancholiker, die da Berührung mit der Muttererde zu scheuen haben. Wer die Schwermut der Heimat von ihnen fern hielte, den suchen sie. Dem halten sie Treue. Die mittelalterlichen Komplexionenbücher wissen um die Sehnsucht dieses Menschenschlages nach weiten Reisen.

FÄCHER. Man wird folgende Erfahrung gemacht haben: liebt man jemanden, ist man sogar nur intensiv mit ihm beschäftigt, so findet man beinah in jedem Buche sein Porträt. Ja er erscheint als Spieler und als Gegenspieler. In den Erzählungen, Romanen und Novellen begegnet er in immer neuen Verwandlungen. Und hieraus folgt: das Vermögen der Phantasie ist die Gabe, im unendlich Kleinen zu interpolieren, jeder Intensität als Extensivem ihre neue gedrängte Fülle zu erfinden, kurz, jedes Bild zu nehmen, als sei es das des zusammengelegten Fächers, das erst in der Entfaltung Atem holt und mit der neuen Breite die Züge des geliebten Menschen in seinem Innern aufführt.

RELIEF. Man ist zusammen mit der Frau, die man liebt, man spricht mit ihr. Dann, Wochen oder Monate später, wenn man von ihr getrennt ist, kommt einem wieder, wovon damals die Rede war. Und nun liegt das Motiv banal, grell, untief da, und man erkennt: nur sie, die sich aus Liebe tief darüber neigte, hat es vor uns beschattet und geschützt, daß wie ein Relief in allen Falten und in allen Winkeln der Gedanke lebte. Sind wir allein, wie jetzt, so liegt er flach, trost-, schattenlos im Lichte unserer Erkenntnis.

Torso. Nur wer die eigene Vergangenheit als Ausgeburt des Zwanges und der Not zu betrachten wüßte, der wäre fähig, sie in jeder Gegenwart aufs höchste für sich wert zu machen. Denn was einer lebte, ist bestenfalls der schönen Figur vergleichbar, der auf Transporten alle Glieder abgeschlagen wurden, und die nun nichts als den kostbaren Block abgibt, aus dem er das Bild seiner Zukunft zu hauen hat.

Uhren und Goldwaren

Wer den Sonnenaufgang wachend, bekleidet, auf einer Wanderung etwa, vor sich sieht, behält tagsüber vor allen anderen die Souveränität eines unsichtbar Gekrönten und wem er unter der Arbeit hereinbrach, dem ist um Mittag, als hätte er sich die Krone selbst aufgesetzt.

Als Lebensuhr, auf der die Sekunden nur so dahineilen, hängt über den Romanfiguren die Seitenzahl. Welcher Leser hätte nicht schon einmal flüchtig, geängstigt zu ihr aufgeblickt?

Ich träumte, mit Roethe gehe ich – neugebackener Privatdozent – in kollegialer Unterhaltung durch die weiten Räume eines Museums, dessen Vorsteher er ist. Während er in einem Nebenraum mit einem Angestellten sich unterhält, trete ich vor eine Vitrine. In ihr steht neben anderen, wohl kleineren Gegenständen, die verstreut sind, die metallische oder emaillierte, trübe das Licht spiegelnde, fast lebensgroße Büste einer Frau, nicht unähnlich der sogenannten Leonardoschen Flora im Berliner Museum. Der Mund dieses Goldhaupts ist geöffnet und über die Zähne des Unterkiefers sind Schmucksachen, die zum Teil aus dem Munde heraushängen, in wohlgemessenen Abständen gebreitet. Mir war nicht zweifelhaft, daß das eine Uhr sei. – (Motive des Traums: Der Scham-Roethe; Morgenstunde hat Gold im Munde; »La tête, avec l'amas de sa crinière sombre / Et de ses bijoux précieux, / Sur la table de nuit, comme une renoncule, / Repose«. Baudelaire.)

Bogenlampe

Einen Menschen kennt einzig nur der, welcher ohne Hoffnung ihn liebt.

Loggia

Geranie. Zwei Menschen, die sich lieben, hängen über alles an ihren Namen.

Karthäusernelke. Dem Liebenden erscheint der geliebte Mensch immer einsam.

Asphodelos. Wer geliebt wird, hinter dem schließt der Abgrund des Geschlechts sich wie der der Familie.

Kakteenblüte. Der wahre Liebende freut sich, wenn der geliebte Mensch streitend im Unrecht ist.

Vergissmeinnicht. Erinnerung sieht den geliebten Menschen stets verkleinert.

Blattpflanze. Tritt ein Hindernis vor die Vereinigung, so ist alsbald die Phantasie eines wunschlosen Beisammenseins im Alter zur Stelle.

Fundbüro

Verlorene Gegenstände. Was den allerersten Anblick eines Dorfs, einer Stadt in der Landschaft so unvergleichlich und so unwiederbringlich macht, ist, daß in ihm die Ferne in der strengsten Bindung an die Nähe mitschwingt. Noch hat Gewohnheit ihr Werk nicht getan. Beginnen wir erst einmal uns zurechtzufinden, so ist die Landschaft mit einem Schlage verschwunden wie die Fassade eines Hauses wenn wir es betreten. Noch hat diese kein Übergewicht durch die stete, zur Gewohnheit gewordene Durchforschung erhalten. Haben wir einmal begonnen, im Ort uns zurechtzufinden, so kann jenes früheste Bild sich nie wieder herstellen.

Gefundene Gegenstände. Die blaue Ferne, die da keiner Nähe weicht und wiederum beim Näherkommen nicht zergeht, die nicht breitspurig und langatmig beim Herantreten daliegt, sondern nur verschlossener und drohender einem sich aufbaut, ist die gemalte Ferne der Kulisse. Das gibt den Bühnenbildern ihren unvergleichlichen Charakter.

Halteplatz für nicht mehr als 3 Droschken

Ich stand an einer Stelle zehn Minuten und wartete auf einen Omnibus. »L'Intran . . . Paris-Soir . . . La Liberté« rief hinter mir ununterbrochen mit unverändertem Tonfall eine Zeitungsfrau. »L'Intran . . . Paris-Soir . . . La Liberté« — eine Zuchthauszelle von dreieckigem Grundriß. Ich sah vor mir, wie leer es in den Winkeln aussah.

Ich sah im Traum »ein verrufenes Haus«. »Ein Hotel, in dem ein Tier verwöhnt ist. Es trinken fast alle nur verwöhntes Tierwasser.« Ich träumte in diesen Worten und fuhr sofort wieder auf. Vor übergroßer Ermüdung hatte ich im erhellten Zimmer mich in Kleidern aufs Bett geworfen und war sogleich, für einige Sekunden, eingeschlafen.

Es gibt in Mietskasernen eine Musik von so todestrauriger Ausgelassenheit, daß man nicht glauben will, sie sei für den, der spielt: es ist Musik für die möblierten Zimmer, wo einer sonntags in Gedanken sitzt, die bald mit diesen Noten sich garnieren wie eine Schüssel überreifes Obst mit welken Blättern.

Kriegerdenkmal

Karl Kraus. Nichts trostloser als seine Adepten, nichts gottverlassener als seine Gegner. Kein Name, der geziemender durch Schweigen geehrt würde. In einer uralten Rüstung, ingrimmig grinsend, ein chinesisches Idol, in beiden Händen die gezückten Schwerter schwingend, tanzt er den Kriegstanz vor dem Grabgewölbe der deutschen Sprache. Er, der »nur einer von den Epigonen, die in dem alten Haus der Sprache wohnen«, ist zum Beschließer ihrer Gruft geworden. In Tag- und Nachtwachen harrt er aus. Kein Posten ist je treuer gehalten worden und keiner je war verlorener. Hier steht, der aus dem Tränenmeere seiner Mitwelt schöpft wie eine Danaïde, und dem der Fels, der seine Feinde begraben soll, aus den Händen rollt wie dem Sisyphos. Was hilfloser als seine Konversion? Was ohnmächtiger als seine Humanität? Was hoffnungsloser als sein Kampf mit der Presse? Was weiß er von den wahrhaft ihm verbündeten Gewalten? Doch welches Sehertum der neuen Magier läßt sich vergleichen mit dem Lauschen dieses Zauberpriesters, dem eine abgeschiedene Sprache selbst die Worte eingibt? Wer hat je einen Geist beschworen wie Kraus in den »Verlassenen«, als ob sie vordem nie gedichtet worden wäre, die »Selige Sehnsucht«? So hilflos wie nur Geisterstimmen sich hören lassen, sagt das Raunen aus einer chthonischen Tiefe der Sprache ihm wahr. Jedweder Laut ist unvergleichlich echt, aber sie alle lassen ratlos wie Geisterrede. Blind wie die Manen ruft die Sprache ihn zur Rache auf, borniert wie Geister, die nur die Blutstimme kennen, denen gleich ist, was sie im Reiche der Lebenden anstiften. Aber er kann nicht irren. Unfehlbar sind ihre Mandate. Wer ihm in den Arm läuft, ist schon gerichtet: sein Name selber wird in diesem Mund zum Urteil. Wenn er ihn aufreißt, schlägt die farblose Flamme des Witzes ihm über die Lippen. Und keiner, der die Wege des Lebens geht, stieße auf ihn. Auf einem archaischen Felde der Ehre, einer riesigen Walstatt blutiger Arbeit rast er vor einem verlassenen Grabmonument. Die Ehren seines Todes werden unermeßlich, die letzten sein, die vergeben werden.

Feuermelder

Die Vorstellung vom Klassenkampf kann irreführen. Es handelt sich in ihm nicht um eine Kraftprobe, in der die Frage: wer siegt, wer unterliegt? entschieden würde, nicht um ein Ringen, nach dessen Ausgang es dem Sieger gut, dem Unterlegenen aber schlecht gehen wird. So denken, heißt die Fakten romantisch vertuschen. Denn mag die Bourgeoisie im Kampfe siegen oder unterliegen, sie bleibt zum Untergange durch die inneren Widersprüche, die ihr im Laufe der Entwicklung tödlich werden, verurteilt. Die Frage ist nur, ob sie an sich selber oder durch das Proletariat zugrunde geht. Bestand oder das Ende einer dreitausendjährigen Kulturentwicklung werden durch die Antwort darauf entschieden. Geschichte weiß nichts von der schlechten Unendlichkeit im Bilde der beiden ewig ringenden Kämpfer. Nur in Terminen rechnet der wahre Politiker. Und ist die Abschaffung der Bourgeoisie nicht bis zu einem fast berechenbaren Augenblick der wirtschaftlichen und technischen Entwicklung vollzogen (Inflation und Gaskrieg signalisieren ihn), so ist alles verloren. Bevor der Funke an das Dynamit kommt, muß die brennende Zündschnur durchschnitten werden. Eingriff, Gefahr und Tempo des Politikers sind technisch – nicht ritterlich.

Reiseandenken

Atrani. Die sacht ansteigende geschweifte Barocktreppe zur Kirche. Das Gitter hinter der Kirche. Die Litaneien der alten Frauen beim Ave Maria: Einschulung in die erste Sterbeklasse. Wenn man sich umwendet, grenzt dann die Kirche wie Gott selber ans Meer. Allmorgendlich bricht die christliche Ära den Fels an, aber zwischen den Mauern darunter zerfällt immer wieder die Nacht in die vier alten römischen Viertel. Gassen wie Luftschächte. Auf dem Marktplatz ein Brunnen. Am Spätnachmittag Weiber herum. Dann einsam: archaisches Plätschern.

Marine. Die Schönheit großer Segelschiffe ist einziger Art. Denn sie sind nicht allein in ihrem Umriß durch Jahrhunderte unverändert geblieben, sondern erscheinen in der unwandelbarsten Landschaft: auf der See gegen den Horizont abgehoben.

Versailles Fassade. Es ist, als habe man dies Schloß vergessen, wo man es vor so und soviel hundert Jahren Par Ordre Du Roi nur auf zwei Stunden als das Versatzstück einer Féerie hingestellt hat. Von seinem Glanz behält es nichts für sich, es gibt ihn ungeteilt an jene königliche Lage, die mit ihm abschließt. Vor diesem Hintergrund wird sie zur Bühne, auf der die absolute Monarchie als allegorisches Ballett tragiert ward. Doch heute ist es nur die Wand, deren Schatten man aufsucht, um den Fernblick ins Blau zu genießen, das Le Nôtre erschuf.

Heidelberger Schloss. Ruinen, deren Trümmer gegen den Himmel ragen, erscheinen bisweilen doppelt schön an klaren Tagen, wenn der Blick in ihren Fenstern oder zu Häupten den vorüberziehenden Wolken begegnet. Die Zerstörung bekräftigt durch das vergängliche Schauspiel, das sie am Himmel eröffnet, die Ewigkeit dieser Trümmer.

Sevilla Alcazar. Eine Architektur, die dem ersten Zuge der Phantasie folgt. Sie ist durch praktische Bedenken ungebrochen. Nur Träume und Feste, deren Erfüllung, sind in den hohen Gemächern vorgesehen. Darinnen werden Tanz und Schweigen Leitmotiv, weil alle menschliche Bewegung vom stillen Getümmel des Ornamentes eingesogen wird.

Marseille Kathedrale. Auf dem menschenleersten, sonnigsten Platz steht die Kathedrale. Hier ist es ausgestorben, trotzdem im Süden, zu ihren Füßen, La Joliette, der Hafen, im Norden ein Proletarierviertel dicht anstößt. Als Umschlagplatz für ungreifbare, undurchschaubare Ware steht da das öde Bauwerk zwischen Mole und Speicher. An vierzig Jahre hat man darangesetzt. Doch als dann 1893 alles fertig war, da hatten Ort und Zeit an diesem Monument sich gegen Architekten und Bauherrn siegreich verschworen und aus den reichen Mitteln des Klerus war ein Riesenbahnhof entstanden, der niemals dem Verkehr konnte übergeben werden. An der Fassade sind die Wartesäle im Innern kenntlich, wo Reisende I.–IV. Klasse (doch vor Gott sind sie alle gleich), eingeklemmt wie zwischen Koffer in ihre geistige Habe, sitzen und in Gesangbüchern lesen, die mit ihren Konkordanzen und Korrespondenzen den internationalen Kursbüchern sehr ähnlich sehen. Auszüge aus der Eisenbahnverkehrsordnung hängen als Hirtenbriefe an den Wänden, Tarife für den Ablaß auf die Sonderfahrten im Luxuszug des Satan werden eingesehen und Kabinette, wo der Weitgereiste diskret sich reinwaschen kann, als Beichtstühle in Bereitschaft gehalten. Das ist der Religionsbahnhof zu Marseille. Schlafwagenzüge in die Ewigkeit werden zur Messezeit hier abgefertigt.

Freiburger Münster. Mit dem eigensten Heimatgefühl einer Stadt verbindet sich für ihren Bewohner – ja vielleicht noch für den verweilenden Reisenden in der Erinnerung – der Ton und der Abstand, mit dem der Schlag ihrer Turmuhren anhebt.

Moskau Basilius-Kathedrale. Was die byzantinische Madonna im Arm hat ist nur eine hölzerne Puppe in Lebensgröße. Ihr Schmerzensausdruck vor einem Christus, dessen Kindsein nur angedeutet, nur vertreten bleibt, ist intensiver, als sie je mit einem lebenswahren Knabenbilde ihn zur Schau tragen könnte.

Boscotrecase. Vornehmheit der Pinienwälder: ihr Dach ist ohne Verflechtungen gebildet.

Neapel Museo Nazionale. Archaische Statuen tragen im Lächeln das Bewußtsein ihres Leibes dem Betrachter entgegen wie ein Kind die frisch gepflückten Blumen ungebunden und zerstreut uns entgegenhebt, während die spätere Kunst strenger die Mienen schürzt, gleich dem Erwachsenen, der mit schneidenden Gräsern den dauernden Strauß flicht.

Florenz Baptisterium. Auf dem Portal die »Spes« Andrea Pisanos. Sie sitzt und hilflos erhebt sie die Arme nach einer Frucht, die ihr unerreichbar bleibt. Dennoch ist sie geflügelt. Nichts ist wahrer.

Himmel. Im Traume trat ich aus einem Hause und erblickte den Nachthimmel. Ein wildes Glänzen ging von ihm aus. Denn, ausgestirnt wie er war, standen die Bilder, nach denen man Sterne zusammenfügt, in sinnlicher Gegenwart da. Ein Löwe, eine Jungfrau, eine Waage und viele andere starrten, als dichte Sternhaufen, auf die Erde herunter. Kein Mond war zu sehen.

Optiker

Im Sommer fallen die dicken Leute auf, im Winter die dünnen.

Im Frühling gewahrt man bei hellem Sonnenwetter das junge Laub, im kalten Regen die noch unbelaubten Äste.

Wie ein gastlicher Abend verlaufen ist, das sieht an der Stellung der Teller und Tassen, der Becher und Speisen, wer zurückblieb, auf einen Blick.

Grundsatz der Werbung: sich siebenfach machen; siebenfach sich um die stellen, die man begehrt.

Der Blick ist die Neige des Menschen.

Spielwaren

Modellierbilderbogen. Buden haben wie große schwankende Kähne zu beiden Seiten die steinerne Mole angelaufen, auf der die Leute sich schieben. Es gibt Segler, die Masten aufragen lassen, an denen die Wimpel herunterhängen, Dampfer, aus deren Schornsteinen Rauch steigt, Lastkähne, die ihre Ladung lange verstaut halten. Darunter sind Schiffe, in deren Bauch man verschwindet; nur Männer dürfen hinunter, aber man sieht durch Luken hindurch Frauenarme, Schleier und Pfauenfedern. Anderswo stehen Fremdlinge auf dem Verdeck und scheinen mit exzentrischer Musik das Publikum abschrecken zu wollen. Aber wie gleichgültig wird es nicht empfangen. Man steigt zögernd hinauf, mit breitem, wiegendem Gange wie über Schiffstreppen, und bleibt, solange man oben ist, gewärtig, daß sich das Ganze vom Ufer ablöst. Die schweigsam und benommen dann wieder auftauchen, haben auf roten Skalen, wo gefärbter Weingeist auf- und absteigt, die eigene Ehe werden und vergehen sehen; der gelbe Mann, der unten anfing zu werben, verließ am oberen Ende dieses Maßstabs die blaue Frau. In Spiegel haben sie geblickt, wo ihnen wässerig der Boden unter den Füßen fortschwamm und sind über rollende Treppen ins Freie gestolpert. Unruhe bringt die Flotte übers Quartier: Frauen und Mädchen da drinnen sind frech aufgelegt und alles Eßbare wurde im Schlaraffenland selber verladen. Man ist so gänzlich durch das Weltmeer abgeschnitten, daß alles wie zum ersten- und zum letztenmal zugleich hier angetroffen wird. Seelöwen, Zwerge und Hunde sind wie in einer Arche aufbewahrt. Sogar die Eisenbahn ist ein für allemal hier eingebracht und fährt auf ihrem Kreislauf immer wieder durch einen Tunnel. Für einige Tage ist das Quartier zur Hafenstadt einer Südseeinsel geworden und die Bewohner Wilde, welche in Begier und Staunen vor dem vergehen, was Europa ihnen vor die Füße wirft.

Schiessscheiben. Schießbudenlandschaften müßten, in einem Korpus gesammelt, beschrieben werden. Da war eine Eiswüste, von der an vielen Stellen weiße Tonpfeifenköpfe, die Zielpunkte, strahlenförmig gebündelt, sich abhoben. Hinten, vor einem unartikulierten Streifen Waldes, waren zwei Förster aufgemalt, ganz vorn, gleichsam Versatzstücke, zwei Sirenen mit provozierenden Brüsten in Ölfarbe. Anderswo sträuben sich Pfeifen im Haar von Frauen, die selten mit Röcken gemalt sind, meist in Trikots. Oder sie gehen aus einem Fächer hervor, den sie in der Hand entfalten. Bewegliche Pfeifen drehen sich langsam im hinteren Grunde der »Tirs aux Pigeons«. Andere Buden präsentieren Theater, in denen der Beschauer mit der Flinte Regie führt. Trifft er ins Schwarze, dann fängt die Vorstellung an. So waren einmal sechsunddreißig Kästen und überm Bühnenrahmen stand bei jedem, was man dahinter zu erwarten hatte: »Jeanne d'Arc en prison«, »L'hospitalité«, »Les rues de Paris«. Aus einer anderen Bude: »Exécution capitale«. Vor dem verschlossenen Tore eine Guillotine, ein Richter im schwarzen Talar und ein Geistlicher, welcher das Kreuz hält. Trifft der Schuß, geht das Tor auf, ein Holzbrett schiebt sich vor, auf dem der Delinquent zwischen zwei Schergen steht. Er legt sich automatisch unters Fallbeil und der Kopf wird ihm abgehauen. Dieselbe: »Les délices du mariage«. Ein kümmerliches Interieur eröffnet sich. Den Vater sieht man mitten in der Stube, er hält ein Kind auf den Knien, mit seiner freien Hand schaukelt er die Wiege, in welcher noch eines liegt. »L'enfer« – wenn ihre Pforten auseinandergehen, erblickt man einen Teufel, welcher eine arme Seele quält. Daneben drängt ein anderer einen Pfaffen auf den Kessel zu, in welchem die Verdammten schmoren müssen. »Le bagne« – ein Tor, davor ein Gefängniswärter. Wenn man getroffen hat, zieht er an einer Glocke. Es klingelt, das Tor geht auf. Man sieht zwei Sträflinge an einem großen Rade hantieren; sie scheinen es drehen zu müssen. Wieder eine andere Konstellation: ein Geiger mit seinem Tanzbär. Man schießt hinein und der Fiedelbogen bewegt sich. Der Bär schlägt mit einer Tatze die Pauke und hebt ein Bein. Man muß an das Märchen vom tapferen Schneiderlein denken, könnte auch Dornröschen mit einem Schusse wieder erweckt, Schneewittchen durch einen Schuß von dem Apfel befreit, Rotkäppchen in einem Schuß sich aufgelöst denken. Der Schuß schlägt märchenhaft, mit jener heilsamen Gewalt ins Dasein der Puppen ein, die den Ungetümen das Haupt vom Rumpfe haut und als Prinzessinnen sie entlarvt. So wie bei jenem großen aufschriftlosen Tor: wenn man gut gezielt hat, öffnet es sich und vor roten Plüschvorhängen steht ein Mohr, der sich leicht zu verneigen scheint. Er trägt vor sich her eine goldene Schüssel. Darauf liegen drei Früchte. Es öffnet die erste sich, und eine winzige Person steht drin und verbeugt sich. In der zweiten drehen sich tanzend zwei ebenso winzige Puppen. (Die dritte tat sich nicht auf.) Darunter, vor dem Tisch, auf dem die sonstige Szenerie sich aufbaut, ein kleiner Reiter aus Holz mit der Überschrift: »Route minée«. Trifft man ins Schwarze, so knallt es, und der Reiter mit seinem Pferd überschlägt sich, bleibt aber, wohlverstanden, auf ihm sitzen.

Stereoskop. Riga. Der tägliche Markt, die gedrängte Stadt aus niedrigen Holzbuden zieht auf der Mole, einem breiten, schmutzigen Steinwall ohne Speichergebäude sich am Wasser der Düna entlang. Kleine Dampfer, die oft kaum mit dem Schornstein über die Kaimauer reichen, haben die schwärzliche Zwergenstadt angelaufen. (Die größeren Schiffe liegen dünaabwärts.) Schmutzige Bretter sind der tonige Grund, auf dem, in der kalten Luft leuchtend, einige wenige Farben zergehen. An manchen Ecken stehen hier das ganze Jahr neben Fisch-, Fleisch-, Stiefel- und Kleiderbaracken Kleinbürgerweiber mit den bunten Papierruten, die nach Westen nur um die Weihnachtszeit vordringen. Von der geliebtesten Stimme gescholten werden – so sind diese Ruten. Für wenige Santimes vielfarbige Strafbüschel. Am Ende der Mole liegt in hölzernen Schranken nur dreißig Schritt vom Wasser entfernt mit seinen rotweißen Bergen der Äpfelmarkt. Die feilgebotenen Äpfel stecken im Stroh und die verkauften ohne Stroh in den Körben der Hausfrauen. Eine dunkelrote Kirche erhebt sich dahinter, die in der frischen Novemberluft gegen die Backen der Äpfel nicht aufkommt. – Mehrere Läden für Schifferbedarf in kleinen Häuschen unweit der Mole. Taue sind aufgemalt. Überall sieht man die Ware abgemalt auf Schildern oder auf die Hauswand gepinselt. Ein Geschäft in der Stadt hat auf der unverputzten Ziegelwand Koffer und Riemen überlebensgroß. Ein niedriges Eckhaus mit einem Laden für Korsetts und Damenhüte ist mit geputzten Damengesichtern und strengen Miedern auf ockergelbem Grunde bemalt. Im Winkel davor steht eine Laterne, die auf den Glasscheiben Ähnliches darstellt. Das Ganze ist wie die Fassade eines Phantasiebordells. Ein anderes Haus, ebenfalls unweit des Hafens, hat Zuckersäcke und Kohlen grau und schwarz plastisch auf grauer Hauswand. Schuhe irgendwo anders regnen aus Füllhörnern nieder. Eisenwaren sind bis ins einzelne, Hämmer, Zahnräder, Zangen und kleinste Schräubchen auf ein Schild gemalt, das wie eine Vorlage aus veralteten Kindermalbüchern aussieht. Mit solchen Bildern ist die Stadt durchsetzt: gestellt wie aus Schubladen. Dazwischen aber ragen viel hohe festungsartige, todtraurige Gebäude heraus, die alle Schrecken des Zarismus wachrufen.

Unverkäuflich. Mechanisches Kabinett auf dem Jahrmarkt zu Lucca. In einem langgestreckten symmetrisch geteilten Zelt ist die Ausstellung untergebracht. Einige Stufen führen herauf. Das Aushängeschild vertritt ein Tisch mit einigen unbeweglichen Puppen. Durch die rechte Öffnung betritt man das Zelt, durch die linke verläßt man es wieder. Im hellen Innenraume ziehen zwei Tische sich in die Tiefe. Sie stoßen an der inneren Längskante zusammen, sodaß nur ein schmaler Raum für den Umgang bleibt. Beide Tische sind niedrig und glasgedeckt. Auf ihnen stehen die Puppen (zwanzig bis fünfundzwanzig Zentimeter hoch im Durchschnitt), während in ihrem unteren verdeckten Teile das Uhrwerk, das die Puppen treibt, vernehmbar tickt. Ein kleiner Tritt für Kinder läuft an den Kanten der Tische entlang. An den Wänden sind Zerrspiegel. – Dem Eingang zunächst sieht man Fürstlichkeiten. Jede macht irgendeine Bewegung: die einen mit dem rechten oder linken Arm eine weitausholende einladende Geste, die anderen eine Schwenkung der gläsernen Blicke; manche rollen die Augen und rühren die Arme zu gleicher Zeit. Franz Joseph, Pio IX., thronend und flankiert von zwei Kardinälen, die Königin Elena von Italien, die Sultanin, Wilhelm I. zu Pferde, Napoleon III. klein und kleiner noch Vittorio Emanuele als

Kronprinz stehen da. Biblische Figurinen folgen, darauf die Passion. Herodes befiehlt mit sehr mannigfachen Bewegungen des Hauptes den Kindermord. Er öffnet weit den Mund und nickt dazu, streckt den Arm aus und läßt ihn wieder fallen. Zwei Henker stehen vor ihm: der eine leerlaufend mit schneidendem Schwert, ein enthauptetes Kind unterm Arm, der andere, im Begriffe zuzustechen, steht, bis aufs Augenrollen, unbeweglich. Und zwei Mütter dabei: die eine unaufhörlich sacht ihren Kopf schüttelnd wie eine Schwermütige, die andere langsam, flehend die Arme hebend. – Die Nagelung ans Kreuz. Dieses liegt am Boden. Die Schergen schlagen den Nagel ein. Christus nickt. – Christus gekreuzigt, von dem Essigschwamm getränkt, den ihm ein Kriegsknecht langsam, ruckweis reicht und augenblicklich wieder entzieht. Der Heiland hebt dabei ganz wenig das Kinn. Von hinten beugt ein Engel mit dem Kelch für Blut sich übers Kreuz, führt ihn vor und zieht ihn dann, als wäre er gefüllt, zurück. – Der andere Tisch zeigt genrehafte Bilder. Gargantua mit Knödeln. Vor einem Teller schaufelt er mit beiden Händen sie in den Mund, indem er abwechselnd den rechten und den linken Arm hebt. Beide Hände halten je eine Gabel, an der ein Kloß steckt. – Ein spinnendes Alpenfräulein. – Zwei Affen, die Geige spielen. – Ein Zauberer hat zwei tonnenartige Behälter vor sich. Der rechte öffnet sich und daraus taucht mit ihrem Oberkörper eine Dame. Sodann versinkt sie. Es öffnet sich der linke: daraus hebt zu halber Höhe sich ein Männerleib. Von neuem öffnet sich der rechte Behälter und nun steigt da der Schädel eines Bocks mit dem Gesicht der Dame zwischen den Hörnern hervor. Danach hebt es sich links: ein Affe stellt sich statt des Mannes dar. Sodann geht alles wieder von vorne an. – Ein anderer Zauberer: er hat vor sich einen Tisch und hält je einen umgekehrten Becher in der rechten und linken Hand. Darunter erscheinen, wie er abwechselnd den einen oder den anderen hebt, bald ein Brot oder ein Apfel, eine Blume oder ein Würfel. – Der Zauberbrunnen: kopfschüttelnd steht ein Bauernknabe vor einem Ziehbrunnen. Ein Mädchen zieht und der unabgesetzte dicke Strahl aus Glas rinnt aus der Brunnenöffnung. – Die verzauberten

Liebenden: ein goldenes Gebüsch oder eine goldene Flamme tut in zwei Flügeln sich auf. Darin werden zwei Puppen sichtbar. Sie wenden die Köpfe einander zu und dann wieder ab, als sähen sie mit fassungslosem Staunen sich an. – Unter allen Figuren ein kleines Papier mit der Aufschrift. Das Ganze aus dem Jahre 1862.

Poliklinik

Der Autor legt den Gedanken auf den Marmortisch des Cafés. Lange Betrachtung: denn er benutzt die Zeit, da noch das Glas – die Linse, unter der er den Patienten vornimmt – nicht vor ihm steht. Dann packt er sein Besteck allmählich aus: Füllfederhalter, Bleistift und Pfeife. Die Menge der Gäste macht, amphitheatralisch angeordnet, sein klinisches Publikum. Kaffee, vorsorglich eingefüllt und ebenso genossen, setzt den Gedanken unter Chloroform. Worauf der sinnt, hat mit der Sache selbst nicht mehr zu tun, als der Traum des Narkotisierten mit dem chirurgischen Eingriff. In den behutsamen Lineamenten der Handschrift wird zugeschnitten, der Operateur verlagert im Innern Akzente, brennt die Wucherungen der Worte heraus und schiebt als silberne Rippe ein Fremdwort ein. Endlich näht ihm mit feinen Stichen Interpunktion das Ganze zusammen und er entlohnt den Kellner, seinen Assistenten, in bar.

Diese Flächen sind zu vermieten

Narren, die den Verfall der Kritik beklagen. Denn deren Stunde ist längst abgelaufen. Kritik ist eine Sache des rechten Abstands. Sie ist in einer Welt zu Hause, wo es auf Perspektiven und Prospekte ankommt und einen Standpunkt einzunehmen noch möglich war. Die Dinge sind indessen viel zu brennend der menschlichen Gesellschaft auf den Leib gerückt. Die ›Unbefangenheit‹, der ›freie Blick‹ sind Lüge, wenn nicht der ganz naive Ausdruck planer Unzuständigkeit geworden. Der heute wesenhafteste, der merkantile Blick ins Herz der Dinge heißt Reklame. Sie reißt den freien Spielraum der Betrachtung nieder und rückt die Dinge so gefährlich nah uns vor die Stirn, wie aus dem Kinorahmen ein Auto, riesig anwachsend, auf uns zu zittert. Und wie das Kino Möbel und Fassaden nicht in vollendeten Figuren einer kritischen Betrachtung vorführt, sondern allein ihre sture, sprunghafte Nähe sensationell ist, so kurbelt echte Reklame die Dinge heran und hat ein Tempo, das dem guten Film entspricht. Damit ist denn ›Sachlichkeit‹ endlich verabschiedet, und vor den Riesenbildern an den Häuserwänden, wo »Chlorodont« und »Sleipnir« für Giganten handlich liegen, wird die gesundete Sentimentalität amerikanisch frei, wie Menschen, welche nichts mehr rührt und anrührt, im Kino wieder das Weinen lernen. Für den Mann von der Straße aber ist es das Geld, das dergestalt die Dinge ihm nahe rückt, den schlüssigen Kontakt mit ihnen herstellt. Und der bezahlte Rezensent, der im Kunstsalon des Händlers mit Bildern manipuliert, weiß, wenn nicht Besseres so Wichtigeres von ihnen, als der Kunstfreund, der sie im Schaufenster sieht. Die Wärme des Sujets entbindet sich ihm und stimmt ihn gefühlvoll. – Was macht zuletzt Reklame der Kritik so überlegen? Nicht was die rote elektrische Laufschrift sagt – die Feuerlache, die auf dem Asphalt sie spiegelt.

Bürobedarf

Das Chefzimmer starrt von Waffen. Was als Komfort den Eintretenden besticht, das ist in Wahrheit ein cachiertes Arsenal. Ein Telephon auf dem Schreibtisch schlägt alle Augenblicke an. Es fällt einem an der wichtigsten Stelle ins Wort und gibt dem Gegenüber Zeit, sich seine Antwort zurechtzulegen. Indessen zeigen Brocken vom Gespräch, wieviele Angelegenheiten hier verhandelt werden, die wichtiger sind als die, die an der Reihe ist. Man sagt sich das und langsam fängt man an, von seinem eigenen Standpunkte abzurutschen. Man beginnt sich zu fragen, von wem da die Rede ist, vernimmt mit Schrecken, daß der Unterredner morgen nach Brasilien fährt und ist bald mit der Firma derart solidarisch, daß die Migräne, über die er sich am Telephon beklagt, als bedauerliche Betriebsstörung (statt als Chance) verzeichnet wird. Gerufen oder ungerufen tritt die Sekretärin ein. Sie ist sehr hübsch. Und ist ihr Brotherr gegen ihre Reize, sei's gefeit, sei's als Bewunderer längst mit ihr im Reinen, so wird der Neuling mehr als einmal nach ihr sehen, und sie versteht es, ihrem Chef zu Dank zu handeln. Sein Personal ist in Bewegung, Kartotheken aufzutischen, in denen der Gastfreund in den verschiedensten Zusammenhängen sich rubriziert weiß. Er beginnt zu ermüden. Der andere aber, der das Licht im Rücken hat, liest aus den Zügen des blendend bestrahlten Gesichts mit Befriedigung das ab. Auch der Sessel tut seine Wirkung; man sitzt darin so tief zurückgelehnt wie beim Dentisten und nimmt das peinliche Verfahren dann zuletzt noch für den ordnungsmäßigen Verlauf der Dinge. Eine Liquidation folgt früher oder später auch dieser Behandlung.

Stückgut: Spedition und Verpackung

Ich fuhr früh morgens mit dem Auto durch Marseille zur Bahn, und wie mir unterwegs bekannte Stellen, dann neue, unbekannte oder andere, die ich nur ungenau erinnern konnte, aufstießen, wurde die Stadt ein Buch in meinen Händen, in das ich schnell noch ein paar Blicke warf, bevor es in der Kiste auf dem Speicher mir auf wer weiß wie lange aus den Augen kommen sollte.

Wegen Umbau geschlossen!

Im Traum nahm ich mir mit einem Gewehr das Leben. Als der Schuß fiel, erwachte ich nicht, sondern sah mich eine Weile als Leiche liegen. Dann erst wachte ich auf.

»Augias« Automatisches Restaurant

Dies ist der stärkste Einwand gegen die Lebeweise des Hagestolz: er nimmt einsam sein Essen. Einsam zu speisen macht leicht hart und roh. Wer es gewohnt ist, muß spartanisch leben, um nicht zu verkommen. Einsiedler haben, sei's nur darum, sich frugal beköstigt. Denn dem Essen wird nur in der Gemeinschaft sein Recht; es will geteilt und ausgeteilt sein, wenn es anschlagen soll. Gleichviel wem: früher bereicherte ein Bettler am Tisch jede Mahlzeit. Aufs Teilen und aufs Geben kommt alles an, nichts auf soziables Gespräch in der Runde. Erstaunlich ist aber wiederum, daß Geselligkeit kritisch wird ohne Speisen. Bewirtung nivelliert und verbindet. Der Graf von Saint-Germain blieb nüchtern vor vollen Tafeln und schon auf diese Weise Herrscher im Gespräch. Wo aber jeder einzelne leer ausgeht, da kommen die Rivalitäten mit ihrem Streit.

Briefmarken-Handlung

Wer Stapel alter Briefschaften durchsieht, dem sagt oft eine Marke, die längst außer Kurs ist, auf einem brüchigen Umschlag mehr als Dutzende von durchlesenen Seiten. Manchmal begegnet man ihnen auf Ansichtskarten und weiß dann nicht, soll man sie ablösen oder soll man die Karte bewahren wie sie nun einmal ist, wie das Blatt eines alten Meisters, das auf der vorderen und der hinteren Seite zwei verschiedene gleich wertvolle Zeichnungen hat? Es gibt auch, in den Glaskästen von Cafés, Briefe, die etwas auf dem Kerbholz haben und vor aller Augen am Pranger stehen. Oder hat man sie deportiert und müssen sie in diesem Kasten Jahr und Tag auf einem gläsernen Salas y Gomez schmachten? Briefe, die lange uneröffnet blieben, bekommen etwas Brutales; sie sind Enterbte, die hämisch im stillen Rache für lange Leidenstage schmieden. Viele von ihnen stellen später in den Fenstern der Briefmarkenhändler die über und über von Stempeln gebrandmarkten Ganzsachen dar.

Man weiß, es gibt Sammler, die sich nur mit gestempelten Marken befassen und viel fehlt nicht, so wollte man glauben, sie sind die einzigen, die ins Geheimnis eingedrungen sind. Sie halten sich an den okkulten Teil der Marke; an den Stempel. Denn der Stempel ist deren Nachtseite. Es gibt feierliche, die um das Haupt der Queen Victoria einen Heiligenschein und prophetische, die eine Märtyrerkrone um Humbert legen. Aber keine sadistische Phantasie reicht an die schwarze Prozedur heran, die mit Striemen die Gesichter bedeckt und durch das Erdreich ganzer Kontinente Spalten reißt wie ein Erdbeben. Und die perverse Freude am Kontrast dieses geschändeten Markenkörpers mit seinem weißen, spitzengarnierten Tüllkleid: der Zahnung. Wer Stempeln nachgeht, muß als Detektiv Signalements der verrufensten Postanstalten, als Archäologe die Kunst, den Torso fremdester Ortsnamen zu bestimmen, als Kabbalist das Inventar der Daten für ein ganzes Jahrhundert besitzen.

Briefmarken starren von Zifferchen, winzigen Buchstaben, Blättchen und Äuglein. Sie sind graphische Zellengewebe. Das alles wimmelt durcheinander und lebt, wie niedere Tiere, selbst zerstückelt fort. Darum macht man aus Briefmarkenteilchen, die man zusammenklebt, so wirksame Bilder. Aber auf ihnen hat Leben immer den Einschlag von Verwesung zum Zeichen, daß es aus Abgestorbenem sich zusammensetzt. Ihre Porträts und obszönen Gruppen stekken voller Gebeine und Würmerhaufen.

Bricht in der Farbenfolge der langen Sätze sich vielleicht das Licht einer fremden Sonne? Wurden in den Postministerien des Kirchenstaats oder von Ecuador Strahlen aufgefangen, die wir andern nicht kennen? Und warum zeigt man uns nicht die Marken der besseren Planeten? Die tausend Stufen von Feuerrot, die auf der Venus in Umlauf sind und die vier großen grauen Werte vom Mars und die zifferlosen Saturnmarken?

Länder und Meere sind auf Marken nur die Provinzen, Könige nur die Söldner der Ziffern, die nach Gefallen ihre

Farbe über sie ausgießen. Briefmarkenalben sind magische Nachschlagewerke, die Zahlen der Monarchen und Paläste, der Tiere und Allegorien und Staaten sind in ihnen niedergelegt. Der Postverkehr beruht auf deren Harmonie wie auf den Harmonien der himmlischen Zahlen der Verkehr der Planeten beruht.

Alte Groschenmarken, die im Oval nur ein oder zwei große Ziffern zeigen. Sie sehen aus wie jene ersten Photos, aus denen in den schwarz lackierten Rahmen Verwandte, die wir niemals kannten, auf uns herabsehen: Verzifferte Großtanten oder Voreltern. Auch Thurn und Taxis hat die großen Ziffern auf den Marken; da sind sie wie verhexte Taxameternummern. Man würde sich nicht wundern, wenn eines Abends das Licht einer Kerze dahinter durchscheint. Dann aber gibt es kleine Marken ohne Zahnung, ohne Angabe einer Währung und eines Landes. Im dichten Spinnennetz tragen sie nur eine Nummer. Das sind vielleicht die wahren Schicksalslose.

Schriftzüge auf den türkischen Piastermarken sind wie die schräg gestellte, allzuflotte, allzublitzende Busennadel auf der Krawatte eines gerissenen, halb nur europäisierten Kaufmanns aus Konstantinopel. Sie sind vom Schlage der postalischen Parvenus, der großen, schlechtgezähnten, schreienden Formate von Nicaragua oder Kolumbien, die sich zu Banknoten herausstaffieren.

Nachportomarken sind die Spirits unter den Briefmarken. Sie ändern sich nicht. Der Wechsel der Monarchen und Regierungsformen geht spurlos wie an Geistern an ihnen vorüber.

Das Kind sieht nach dem fernen Liberia durch ein verkehrt gehaltenes Opernglas: da liegt es hinter seinem Streifchen Meer mit seinen Palmen genau wie es Briefmarken zeigen. Mit Vasco da Gama segelt es um ein Dreieck, das gleichschenklig ist wie die Hoffnung und dessen Farben mit dem Wetter sich ändern. Reiseprospekt vom Kap der Guten

Hoffnung. Wenn es den Schwan auf australischen Marken sieht, dann ist das, auch auf den blauen, grünen und braunen Werten, der schwarze Schwan, der nur in Australien vorkommt und hier auf den Gewässern eines Teiches als auf dem stillsten Ozean dahinzieht.

Marken sind die Visitenkarten, die die großen Staaten in der Kinderstube abgeben.

Als Gulliver bereist das Kind Land und Volk seiner Briefmarken. Erdkunde und Geschichte der Liliputaner, die ganze Wissenschaft des kleinen Volks mit allen ihren Zahlen und Namen wird ihm im Schlafe eingegeben. Es nimmt an ihren Geschäften teil, wohnt ihren purpurnen Volksversammlungen bei, sieht dem Stapellauf ihrer Schiffchen zu und feiert mit ihren gekrönten Häuptern, die hinter Hekken thronen, Jubiläen.

Es gibt bekanntlich eine Briefmarkensprache, die sich zur Blumensprache verhält wie das Morsealphabet zu dem geschriebenen. Wie lange aber wird der Blumenflor zwischen den Telegraphenstangen noch leben? Sind nicht die großen künstlerischen Marken der Nachkriegszeit mit ihren vollen Farben schon die herbstlichen Astern und Dahlien dieser Flora? Stephan, ein Deutscher, und nicht zufällig ein Zeitgenosse Jean Pauls, hat in der sommerlichen Mitte des neunzehnten Jahrhunderts diese Saat gepflanzt. Sie wird das zwanzigste nicht überleben.

Si parla italiano

Ich saß nachts mit heftigen Schmerzen auf einer Bank. Mir gegenüber auf einer zweiten nahmen zwei Mädchen Platz. Sie schienen sich vertraut besprechen zu wollen und begannen zu flüstern. Niemand außer mir war in der Nähe, und ich hätte ihr Italienisch nicht verstanden, so laut es sein mochte. Nun konnte ich bei diesem unmotivierten Flüstern in einer mir unzugänglichen Sprache mich des Gefühls nicht erwehren, es lege sich um die schmerzende Stelle ein kühler Verband.

Technische Nothilfe

Es gibt nichts Ärmeres als eine Wahrheit, ausgedrückt wie sie gedacht ward. In solchem Fall ist ihre Niederschrift noch nicht einmal eine schlechte Photographie. Auch weigert sich die Wahrheit (wie ein Kind, wie eine Frau, die uns nicht liebt) vorm Objektiv der Schrift, wenn wir uns unters schwarze Tuch gekauert haben, still und recht freundlich zu blicken. Jäh, wie mit einem Schlage will sie aus der Selbstversunkenheit gescheucht und sei es von Krawall, sei's von Musik, sei es von Hilferufen aufgeschreckt sein. Wer wollte die Alarmsignale zählen, mit denen das Innere des wahren Schriftstellers ausgestattet ist? Und ›Schreiben‹ heißt nichts anderes als sie in Funktion setzen. Dann fährt die süße Odaliske auf, reißt das Erste Beste an sich, was im Tohuwabohu ihres Boudoirs, unseres Gehirnkastens, ihr in die Hände fällt, nimmt's um und flüchtet so, unkenntlich fast, vor uns zu den Leuten. Wie wohl beschaffen muß sie aber sein und wie gesund gebaut, um so, verstellt, gehetzt, doch siegreich, liebenswürdig, unter sie zu treten.

Kurzwaren

Zitate in meiner Arbeit sind wie Räuber am Weg, die bewaffnet hervorbrechen und dem Müßiggänger die Überzeugung abnehmen.

Die Tötung des Verbrechers kann sittlich sein – niemals ihre Legitimierung.

Der Ernährer aller Menschen ist Gott und der Staat ihr Unterernährer.

Der Ausdruck der Leute, die sich in Gemäldegalerien bewegen, zeigt eine schlecht verhehlte Enttäuschung darüber, daß dort nur Bilder hängen.

Steuerberatung

Kein Zweifel: es besteht ein geheimer Zusammenhang zwischen dem Maß der Güter und dem Maß des Lebens, will sagen, zwischen Geld und Zeit. Je nichtiger die Zeit eines Lebens erfüllt ist, desto brüchiger, vielgestaltiger, disparater sind seine Augenblicke, während die große Periode das Dasein des überlegenen Menschen bezeichnet. Sehr richtig schlägt Lichtenberg vor, vom Verkleinern der Zeit zu reden statt vom Verkürzen und derselbe bemerkt: »Ein paar Dutzend Millionen Minuten machen ein Leben von fünfundvierzig Jahren und etwas darüber.« Wo ein Geld im Gebrauch ist, von dem ein Dutzend Millionen Einheiten nichts bedeutet, da wird das Leben nach Sekunden statt nach Jahren gezählt werden müssen, um als Summe respektabel zu erscheinen. Und demgemäß wird es verzettelt werden wie ein Bündel Banknoten: Österreich kann sich die Kronenrechnung nicht abgewöhnen.

Geld gehört mit Regen zusammen. Das Wetter selbst ist ein Index vom Zustande dieser Welt. Seligkeit ist wolkenlos, kennt kein Wetter. Es kommt auch ein wolkenloses Reich der vollkommenen Güter, auf die kein Geld fällt.

Es wäre eine beschreibende Analysis der Banknoten zu liefern. Ein Buch, dessen grenzenlose Kraft der Satire ihresgleichen nur in der Kraft seiner Sachlichkeit hätte. Denn nirgends mehr als in diesen Dokumenten gebärdet der Kapitalismus sich naiv in seinem heiligen Ernst. Was hier an unschuldigen Kleinen um Ziffern spielt, als Göttinnen Gesetzestafeln hält und an gereiften Helden vor Münzeinheiten sein Schwert in die Scheide steckt, das ist eine Welt für sich: Fassadenarchitektur der Hölle. – Wenn Lichtenberg das Papiergeld verbreitet gefunden hätte, wäre der Plan dieses Werkes ihm nicht entgangen.

Rechtsschutz für Unbemittelte

Verleger: Meine Erwartungen sind aufs schwerste enttäuscht worden. Ihre Sachen haben gar keine Wirkung beim Publikum; sie ziehen nicht im geringsten. Und ich habe an Ausstattung nicht gespart. Ich habe mich für Reklamen verausgabt. – Sie wissen, wie ich nach wie vor Sie schätze. Sie werden es mir aber nicht verdenken können, wenn nun auch mein kaufmännisches Gewissen sich regt. Wenn irgendeiner, tue ich für die Autoren, was ich kann. Aber schließlich habe ich auch für Frau und Kinder zu sorgen. Ich will natürlich nicht sagen, daß ich die Verluste der letzten Jahre Ihnen nachtrage. Aber das bittere Gefühl einer Enttäuschung wird bleiben. Zurzeit kann ich Sie leider absolut nicht weiter unterstützen.

Autor: Mein Herr! Warum sind Sie Verleger geworden? Das werden wir umgehend heraushaben. Vorher gestatten Sie mir aber eins: Ich figuriere in Ihrem Archiv als Nr. 27. Sie haben fünf meiner Bücher verlegt; das heißt, Sie haben fünfmal auf 27 gesetzt. Ich bedaure, daß 27 nicht rauskam. Übrigens haben Sie mich nur cheval gesetzt. Nur weil ich neben Ihrer Glückszahl 28 liege. – Warum Sie Verleger geworden sind, das wissen Sie nun. Sie hätten ebensogut einen honetten Lebensberuf ergreifen können wie Ihr Herr Vater. Aber immer in den Tag hinein – so ist die Jugend. Frönen Sie weiter Ihren Gewohnheiten. Aber vermeiden Sie es, als ehrlichen Kaufmann sich auszugeben. Setzen Sie keine Unschuldsmiene auf, wenn Sie alles verjeut haben; erzählen Sie nichts von Ihrem achtstündigen Arbeitstag und von der Nacht, in der Sie auch kaum noch zur Ruhe kommen. »Vor allem eins, mein Kind, sei treu und wahr!« Und machen Sie Ihren Nummern keine Szene! Sonst wird man Sie rausschmeißen!

Nachtglocke zum Arzt

Die sexuelle Erfüllung entbindet den Mann von seinem Geheimnis, das in Sexualität nicht besteht, in ihrer Erfüllung aber, und vielleicht in ihr allein, durchschnitten – nicht gelöst – wird. Es ist der Fessel zu vergleichen, die ihn an das Leben bindet. Die Frau durchschneidet sie, der Mann wird frei zum Tode, weil sein Leben das Geheimnis verloren hat. Damit gelangt er zur Neugeburt, und wie die Geliebte ihn vom Banne der Mutter befreit, so löst die Frau buchstäblicher von der Mutter Erde ihn, die Hebamme, welche jene Nabelschnur durchschneidet, die aus Naturgeheimnis geflochten ist.

Madame Ariane zweiter Hof links

Wer weise Frauen nach der Zukunft fragt, gibt ohne es zu wissen, eine innere Kunde vom Kommenden preis, die tausendmal präziser ist als alles, was er dort zu hören bekommt. Ihn leitet mehr die Trägheit als die Neugier und nichts sieht weniger dem ergebenen Stumpfsinn ähnlich, mit dem er der Enthüllung seines Schicksals beiwohnt, als der gefährliche, hurtige Handgriff, mit dem der Mutige die Zukunft stellt. Denn Geistesgegenwart ist ihr Extrakt; genau zu merken, was in der Sekunde sich vollzieht, entscheidender als Fernstes vorherzuwissen. Vorzeichen, Ahnungen, Signale gehen ja Tag und Nacht durch unsern Organismus wie Wellenstöße. Sie deuten oder sie nutzen, das ist die Frage. Beides aber ist unvereinbar. Feigheit und Trägheit raten das eine, Nüchternheit und Freiheit das andere. Denn ehe solche Prophezeiung oder Warnung ein Mittelbares, Wort oder Bild, ward, ist ihre beste Kraft schon abgestorben, die Kraft, mit der sie uns im Zentrum trifft und zwingt, kaum wissen wir es, wie, nach ihr zu handeln. Versäumen wir's, dann, und nur dann, entziffert sie sich. Wir lesen sie. Aber nun ist es zu spät. Daher, wenn unversehens Feuer ausbricht oder aus heiterm Himmel eine Todesnachricht kommt, im ersten stummen Schrecken ein Schuldgefühl, der gestaltlose Vorwurf: Hast du im Grunde nicht darum gewußt? Klang nicht, als du zum letzten Male von dem Toten sprachst, sein Name in deinem Munde schon anders? Winkt dir nicht aus den Flammen Gestern-Abend, dessen Sprache du jetzt erst verstehst? Und ging ein Gegenstand, der dir lieb war, verloren, war dann nicht Stunden, Tage vorher schon ein Hof, Spott oder Trauer, um ihn, der es verriet? Wie ultraviolette Strahlen zeigt Erinnerung im Buch des Lebens jedem eine Schrift, die unsichtbar, als Prophetie, den Text glossierte. Aber nicht ungestraft vertauscht man die Intentionen, liefert das ungelebte Leben an Karten, Spirits, Sterne aus, die es in einem Nu verleben und vernutzen, um es geschändet uns zurückzustellen; betrügt nicht ungestraft den Leib um seine Macht, mit den Geschicken sich auf seinem eigenen Grund zu messen und zu siegen. Der Augenblick ist das kaudinische Joch, unter dem sich das Schicksal ihm beugt. Die Zukunftsdrohung ins erfüllte Jetzt zu wandeln, dies einzig wünschenswerte telepathische Wunder ist Werk leibhafter Geistesgegenwart. Urzeiten, da ein solches Verhalten in den alltäglichen Haushalt des Menschen gehörte, gaben im nackten Leibe ihm das verläßlichste Instrument der Divination. Noch die Antike kannte die wahre Praxis, und Scipio, der Karthagos Boden strauchelnd betritt, ruft, weit im Sturze die Arme breitend, die Siegeslosung: Teneo te, Terra Africana! Was Schreckenszeichen, Unglücksbild hat werden wollen, bindet er leibhaft an die Sekunde und macht sich selber zum Faktotum seines Leibes. Eben darin haben von jeher die alten asketischen Übungen des Fastens, der Keuschheit, des Wachens ihre höchsten Triumphe gefeiert. Der Tag liegt jeden Morgen wie ein frisches Hemd auf unserm Bett; dies unvergleichlich feine, unvergleichlich dichte Gewebe reinlicher Weissagung sitzt uns wie angegossen. Das Glück der nächsten vierundzwanzig Stunden hängt daran, daß wir es im Erwachen aufzugreifen wissen.

Masken-Garderobe

Wer eine Todesnachricht überbringt, erscheint sich sehr wichtig. Sein Gefühl macht ihn – selbst wider allen Verstand – zum Botschafter aus dem Reiche der Toten. Denn die Gemeinschaft aller Toten ist so riesig, daß sogar der, der nur vom Tod berichtet, sie verspürt. ›Ad plures ire‹ hieß bei den Lateinern sterben.

In Bellinzona bemerkte ich drei Geistliche in der Wartehalle des Bahnhofs. Sie saßen auf einer Bank schräg gegenüber von meinem Platz. Ich beobachtete hingegeben die Geste dessen, der in der Mitte saß und durch ein rotes Käppchen vor seinen Brüdern ausgezeichnet war. Er spricht zu ihnen, indem er die Hände über dem Schoß gefaltet hält und nur ab und zu die eine oder die andere ganz wenig hebt und bewegt. Ich denke: Die rechte Hand muß immer wissen, was die Linke tut.

Wer kam nicht schon einmal aus der Métro ins Freie und war betroffen, oben in das volle Sonnenlicht zu treten. Und dennoch schien die Sonne vor ein paar Minuten, als er hinunterstieg, genau so hell. So schnell hat er das Wetter auf der Oberwelt vergessen. So schnell wird wiederum sie selber ihn vergessen. Denn wer kann mehr von seinem Dasein sagen, als daß er zwei, drei andern durch ihr Leben so zärtlich und so nah wie das Wetter gezogen ist.

Immer wieder, bei Shakespeare, bei Calderon füllen Kämpfe den letzten Akt und Könige, Prinzen, Knappen und Gefolge ›treten fliehend auf‹. Der Augenblick, da sie Zuschauern sichtbar werden, läßt sie einhalten. Der Flucht der dramatischen Personen gebietet die Szene halt. Ihr Eintritt in den Blickraum Unbeteiligter und wahrhaft Überlegener läßt die Preisgegebenen aufatmen und umfängt sie mit neuer Luft. Daher hat die Bühnenerscheinung der ›fliehend‹ Auftretenden ihre verborgene Bedeutung. In das Lesen dieser Formel spielt die Erwartung von einem Orte, einem Licht oder Rampenlicht herein, in welchem auch unsere Flucht durch das Leben vor betrachtenden Fremdlingen geborgen wäre.

Wettannahme

Das bürgerliche Dasein ist das Regime der Privatangelegenheiten. Je wichtiger und folgenreicher eine Verhaltungsart ist, desto mehr enthebt es sie der Kontrolle. Politisches Bekenntnis, Finanzlage, Religion – das alles will sich verkriechen, und die Familie ist der morsche, finstere Bau, in dessen Verschlägen und Winkeln die schäbigsten Instinkte sich festgesetzt haben. Das Philisterium proklamiert restlose Privatisierung des Liebeslebens. So ist ihm Werbung zu einem stummen, verbissenen Vorgang unter vier Augen geworden, und diese durch und durch private, aller Verantwortung entbundene Werbung ist das eigentlich Neue am »Flirt«. Dagegen sind der proletarische und der feudale Typ sich darin gleich, daß in der Werbung sie viel weniger die Frau als ihre Konkurrenten überwinden. Das aber heißt die Frau viel tiefer respektieren als in ihrer ›Freiheit‹, heißt ihr zu Willen sein, ohne sie zu befragen. Feudal und proletarisch ist die Verlegung der erotischen Akzente ins Öffentliche. Mit einer Frau bei der und der Gelegenheit sich zeigen, kann mehr bedeuten, als mit ihr zu schlafen. So liegt auch bei der Ehe der Wert nicht in der unfruchtbaren ›Harmonie‹ der Gatten: als exzentrische Auswirkung ihrer Kämpfe und Konkurrenzen tritt, wie das Kind, so auch die geistige Gewalt der Ehe zutage.

Stehbierhalle

Matrosen kommen selten an Land; der Dienst auf hoher See ist Sonntagsurlaub verglichen mit der Arbeit in Häfen, wo oft bei Tag und Nacht muß ein- und ausgeladen werden. Wenn dann der Landurlaub für einen Trupp auf ein paar Stunden kommt, ist es schon dunkel. Im besten Falle steht die Kathedrale als finsteres Massiv am Weg zur Wirtschaft. Das Bierhaus ist der Schlüssel jeder Stadt; zu wissen, wo es deutsches Bier zu trinken gibt, Länder- und Völkerkunde genug. Die deutsche Seemannskneipe rollt den nächtlichen Stadtplan auf: von dort bis zum Bordell, bis in die anderen

Kneipen durchzufinden ist nicht schwer. Ihr Name kreuzt seit Tagen in den Tischgesprächen. Denn wenn man einen Hafen verlassen hat, hißt einer nach dem anderen wie kleine Wimpel Spitznamen von Lokalen und von Tanzböden, von schönen Weibern und von Nationalgerichten aus dem nächsten. Aber wer weiß, ob man diesmal an Land kommt. Drum sind schon, wenn das Schiff kaum eben deklariert und angelaufen hat, Händler mit Andenken an Bord gekommen: Ketten und Ansichtskarten, Ölbilder, Messer und Marmorfigürchen. Die Stadt wird nicht besichtigt sondern eingekauft. Im Koffer des Matrosen liegt der Ledergurt aus Hongkong neben dem Panorama von Palermo und einem Mädchenphoto aus Stettin. Genau so ist ihr wirkliches Zuhause. Sie wissen nichts von einer Nebelferne, in der dem Bürger fremde Welten liegen. Was sich in jeder Stadt am ersten durchsetzt, ist der Dienst an Bord und dann das deutsche Bier, die englische Rasierseife und der holländische Tabak. Bis in die Knochen ist die internationale Norm der Industrie für sie präsent, sie sind nicht dupe der Palmen und Eisberge. Der Seemann hat die Nähe ›gefressen‹, und zu ihm reden nur exakteste Nuancen. Er kann die Länder besser nach der Zubereitung ihrer Fische als nach dem Hausbau und Dekor der Landschaft unterscheiden. Er ist dermaßen im Detail zu Hause, daß ihm im Ozean die Routen, wo er andere Schiffe schneidet (und mit Sirenengeheul die seiner eigenen Firma begrüßt), lärmende Fahrstraßen werden, auf denen man ausweichen muß. Er wohnt auf offenem Meer in einer Stadt, wo auf der marseillaiser Cannebière eine Kneipe aus Port Said schräg gegenüber einem hamburger Freudenhaus und das napoletanische Castel dell'Ovo auf der Plaza Cataluña Barcelonas sich befindet. Bei Offizieren hat die Heimatstadt noch den Primat. Dem Leichtmatrosen aber, oder dem Heizer, den Leuten, deren transportierte Arbeitskraft im Schiffsrumpf Fühlung mit der Ware hält, sind die verschränkten Häfen nicht einmal mehr Heimat sondern Wiege. Und wenn man ihnen zuhört, wird man inne, welche Verlogenheit im Reisen steckt.

Betteln und Hausieren verboten!

Den Bettler ehrten alle Religionen hoch. Denn er belegt, daß Geist und Grundsatz, Konsequenzen und Prinzip in einer so nüchternen und banalen als heiligen und lebenspendenden Sache, wie das Almosengeben es war, schmählich versagen.

Man führt Klage über die Bettler im Süden und man vergißt, daß ihr Beharren vor unserer Nase so gerechtfertigt ist, wie die Obstination des Gelehrten vor schwierigen Texten. Kein Schatten des Zögerns, kein leisestes Wollen oder Erwägen, das sie in unseren Mienen nicht ausspürten. Die Telepathie des Kutschers, der uns mit seinem Ruf erst deutlich macht, daß wir nicht abgeneigt zu fahren sind, des Krämers, der aus seinem Plunder die einzige Kette oder Kamee, die uns reizen könnte, heraushebt, sind vom gleichen Schlage.

Zum Planetarium

Wenn man, wie einst Hillel die jüdische Lehre, die Lehre der Antike in aller Kürze, auf einem Beine fußend, auszusprechen hätte, der Satz müßte lauten: »Denen allein wird die Erde gehören, die aus den Kräften des Kosmos leben.« Nichts unterscheidet den antiken so vom neueren Menschen, als seine Hingegebenheit an eine kosmische Erfahrung, die der spätere kaum kennt. Ihr Versinken kündigt schon in der Blüte der Astronomie zu Beginn der Neuzeit sich an. Kepler, Kopernikus, Tycho de Brahe waren gewiß nicht von wissenschaftlichen Impulsen allein getrieben. Aber dennoch liegt im ausschließlichen Betonen einer optischen Verbundenheit mit dem Weltall, zu dem die Astronomie sehr bald geführt hat, ein Vorzeichen dessen, was kommen mußte. Antiker Umgang mit dem Kosmos vollzog sich anders: im Rausche. Ist doch Rausch die Erfahrung, in welcher wir allein des Allernächsten und des Allerfernsten, und nie des einen ohne des andern, uns versichern. Das will aber sagen, daß rauschhaft mit dem Kosmos der

Mensch nur in der Gemeinschaft kommunizieren kann. Es ist die drohende Verirrung der Neueren, diese Erfahrung für belanglos, für abwendbar zu halten und sie dem Einzelnen als Schwärmerei in schönen Sternennächten anheimzustellen. Nein, sie wird je und je von neuem fällig, und dann entgehen Völker und Geschlechter ihr so wenig, wie es am letzten Krieg aufs fürchterlichste sich bekundet hat, der ein Versuch zu neuer, nie erhörter Vermählung mit den kosmischen Gewalten war. Menschenmassen, Gase, elektrische Kräfte wurden ins freie Feld geworfen, Hochfrequenzströme durchfuhren die Landschaft, neue Gestirne gingen am Himmel auf, Luftraum und Meerestiefen brausten von Propellern, und allenthalben grub man Opferschächte in die Muttererde. Dies große Werben um den Kosmos vollzog zum ersten Male sich in planetarischem Maßstab, nämlich im Geiste der Technik. Weil aber die Profitgier der herrschenden Klasse an ihr ihren Willen zu büßen gedachte, hat die Technik die Menschheit verraten und das Brautlager in ein Blutmeer verwandelt. Naturbeherrschung, so lehren die Imperialisten, ist Sinn aller Technik. Wer möchte aber einem Prügelmeister trauen, der Beherrschung der Kinder durch die Erwachsenen für den Sinn der Erziehung erklären würde? Ist nicht Erziehung vor allem die unerläßliche Ordnung des Verhältnisses zwischen den Generationen und also, wenn man von Beherrschung reden will, Beherrschung der Generationsverhältnisse und nicht der Kinder? Und so auch Technik nicht Naturbeherrschung: Beherrschung vom Verhältnis von Natur und Menschheit. Menschen als Spezies stehen zwar seit Jahrzehntausenden am Ende ihrer Entwicklung; Menschheit als Spezies aber steht an deren Anfang. Ihr organisiert in der Technik sich eine Physis, in welcher ihr Kontakt mit dem Kosmos sich neu und anders bildet als in Völkern und Familien. Genug, an die Erfahrung von Geschwindigkeiten zu erinnern, kraft deren nun die Menschheit zu unabsehbaren Fahrten ins Innere der Zeit sich rüstet, um dort auf Rhythmen zu stoßen, an denen Kranke wie vordem auf hohen Gebirgen oder an südlichen Meeren sich kräftigen werden. Die Lunaparks sind eine Vorform von Sanatorien. Der Schauer echter kosmischer Erfahrung ist nicht an jenes winzige Naturfragment gebunden, das wir »Natur« zu nennen gewohnt sind. In den Vernichtungsnächten des letzten Krieges erschütterte den Gliederbau der Menschheit ein Gefühl, das dem Glück der Epileptiker gleichsah. Und die Revolten, die ihm folgten, waren der erste Versuch, den neuen Leib in ihre Gewalt zu bringen. Die Macht des Proletariats ist der Gradmesser seiner Gesundung. Ergreift ihn dessen Disziplin nicht bis ins Mark, so wird kein pazifistisches Raisonnement ihn retten. Den Taumel der Vernichtung überwindet Lebendiges nur im Rausche der Zeugung.

Frische Feigen

Der hat noch niemals eine Speise erfahren, nie eine Speise durchgemacht, der immer Maß mit ihr hielt. So lernt man allenfalls den Genuß an ihr, nie aber die Gier nach ihr kennen, den Abweg von der ebenen Straße des Appetits, der in den Urwald des Fraßes führt. Im Fraße nämlich kommen die beiden zusammen: die Maßlosigkeit des Verlangens und die Gleichförmigkeit dessen, woran es sich stillt. Fressen, das meint vor allem: Eines, mit Stumpf und Stiel. Kein Zweifel, daß es tiefer ins Vertilgte hineinlangt als der Genuß. So wenn man in die Mortadella hineinbeißt wie in ein Brot, in die Melone sich hineinwühlt wie in ein Kissen, Kaviar aus knisterndem Papier schleckt und über einer Kugel von Edamer Käse alles, was sonst auf Erden eßbar ist, einfach vergißt. – Wie ich das zum ersten Male erfuhr? Es war vor einer der schwersten Entscheidungen. Ein Brief war einzuwerfen oder zu zerreißen. Seit zwei Tagen trug ich ihn bei mir, seit einigen Stunden aber, ohne daran zu denken. Denn mit der lärmenden Kleinbahn war ich durch die sonnenzerfressene Landschaft nach Secondigliano hinaufgefahren. Feierlich lag das Dorf in der Alltagsstille. Einzige Spur vom verrauschten Sonntag die Stangen, an denen leuchtende Räder geschwungen, Raketenkreuze sich entzündet hatten. Nun standen sie nackt da. Einige trugen auf halber Höhe ein Schild mit der Figur eines Heiligen aus Neapel oder der eines Tiers. Weiber saßen in den geöffneten Scheuern und klaubten Mais. Ich schlenderte betäubt meines Weges, da sah ich im Schatten einen Karren mit Feigen stehen. Es war Müßiggang, daß ich drauf zuging, Verschwendung, daß ich für wenige Soldi mir ein halbes Pfund geben ließ. Die Frau wog reichlich. Als aber die schwarzen, blauen, hellgrünen, violetten und braunen Früchte auf der Schale der Handwaage lagen, zeigte es sich, daß sie kein Papier zum Einschlagen hatte. Die Hausfrauen von Secondigliano bringen ihre Gefäße mit und auf Globetrotter war sie nicht eingerichtet. Ich aber schämte mich, die Früchte im Stich zu lassen. Und so ging ich, Feigen in den Hosentaschen und im Jackett, Feigen in beiden vor mich hingestreckten Händen, Feigen im Munde, von dannen. Ich konnte jetzt mit Essen nicht aufhören, mußte versuchen, so schnell wie möglich der Masse von drallen Früchten, die mich befallen hatten, mich zu erwehren. Aber das war kein Essen mehr, eher ein Bad, so drang das harzige Aroma durch meine Sachen, so haftete es an meinen Händen, so schwängerte es die Luft, durch die ich meine Last vor mich hintrug. Und dann kam die Paßhöhe des Geschmacks, auf der, wenn Überdruß und Ekel, die letzten Kehren, bezwungen sind, der Ausblick in eine ungeahnte Gaumenlandschaft sich öffnet: eine fade, schwellenlose, grünliche Flut der Gier, die von nichts mehr weiß als vom strähnigen, faserigen Wogen des offenen Fruchtfleisches, die restlose Verwandlung von Genuß in Gewohnheit, von Gewohnheit in Laster. Haß gegen diese Feigen stieg in mir auf, ich hatte es eilig aufzuräumen, frei zu werden, all dies Strotzende, Platzende von mir abzutun, ich aß, um es zu vernichten. Der Biß hatte seinen ältesten Willen wiedergefunden. Als ich die letzte Feige vom Grund meiner Tasche losriß, klebte an ihr der Brief. Sein Schicksal war besiegelt, auch er mußte der großen Reinigung zum Opfer fallen; ich nahm ihn und zerriß ihn in tausend Stücke.

In der Sonne

Siebzehn Arten von Feigen gibt es, wie es heißt, auf der Insel. Ihre Namen – sagt sich der Mann, der in der Sonne seinen Weg macht – müßte man kennen. Ja man müßte die Gräser und die Tiere nicht allein gesehen haben, die der Insel Gesicht, Laut und Geruch geben, die Schichtungen des Gebirges und die Arten des Bodens, der vom staubigen Gelb bis zum violetten Braun geht, mit den breiten Zinnoberflächen dazwischen – sondern vor allem ihren Namen müßte man wissen. Ist nicht jeder Erdstrich Gesetz einer nie wiederkehrenden Begegnung von Gewächsen und Tieren und also jede Ortsbezeichnung eine Chiffre, hinter welcher Flora und Fauna ein erstes und ein letztes Mal aufeinandertreffen? Aber der Bauer hat ja den Schlüssel der Chiffreschrift. Er kennt die Namen. Dennoch ist es ihm nicht gegeben, über seinen Sitz etwas auszusagen. Sollten die Namen ihn wortkarg machen? Dann fällt die Fülle des Worts nur dem zu, der das Wissen ohne die Namen hat, die Fülle des Schweigens aber dem, der nichts hat als sie?

Gewiß stammt der, der so im Gehen vor sich hin sinnt, nicht von hier, und kamen ihm daheim Gedanken unter freiem Himmel, so war es Nacht. Nur mit Befremden ruft er sich ins Gedächtnis, daß ganze Völker – Juden, Inder, Mauren – ihr Lehrgebäude unter einer Sonne sich errichtet haben, die ihm das Denken zu wehren scheint. Diese Sonne steht sengend in seinem Rücken. Harz und Thymian schwängern die Luft, in der er, atemholend, zu ersticken glaubt. Eine Hummel schlägt an sein Ohr. Noch hat er ihre Nähe kaum erfaßt, da hat der Strudel der Stille sie schon wieder fortgezogen. Die achtlos preisgegebene Botschaft vieler Sommer – zum erstenmal stand sein Ohr ihr offen, und da brach sie ab. Der fast verwischte Pfad wird breiter; Spuren führen auf einen Meiler. Dahinter duckt im Dunst sich das Gebirge, nach dem die Blicke des Steigenden Ausschau hielten.

Auf seiner Wange wird etwas Kaltes spürbar. Er hält es für eine Fliege und schlägt danach. Aber es ist nur der erste Schweißtropfen. Bald kommt der Durst. Er kommt nicht aus dem Gaumen, sondern aus dem Bauch. Von dort verbreitet er sich überall, den Leib, so groß er ist, in dem Vermögen unterweisend, den kümmerlichsten Hauch aus allen Poren einzusaugen und zu trinken. Das Hemd ist längst von seiner Schulter abgeglitten, und wenn er, um sie vor dem Sonnenbrand zu schützen, es an sich zieht, ist ihm, als ob er einen nassen Umhang handhabt. In eine Senkung werfen Mandelbäume ihren Schatten dem Stamm zu Füßen. Mandeln sind der Reichtum des Landes. Keine Frucht erhält der Bauer besser bezahlt. Um diese Zeit ist es die einzig reife und angenehm im Schreiten, nach den Zweigen auszugreifen. Die Hand trennt sich nur schwer auch von entkernten Schalen. Sie führt sie eine Zeitlang mit, läßt sie in einer Strömung treiben, die sie selbst dahin reißt. Reif sind die Kerne, doch nicht ganz; der Saft in ihnen ist frischer als nachher, wenn ihre Haut braun und nicht mehr zu lockern ist. Jetzt hat sie noch die Farbe des Elfenbeins, wie die Ziegenkäse und Frauenmieder. Elfenbeinern ist ihr Geschmack. Wer sie zwischen den Zähnen hat, hört ungerührt im Laub der Feigenbäume Quellen rauschen. Die Feigen aber stecken, grün und hart, kaum sichtbar, in den Blattachseln. Der Augenblick ist gekommen, da nur die Bäume zu leben scheinen. In den Pinien klirren Zikaden; ihr Lärm klingt aus den staubigen Feldern wider. Die liegen nun abgeerntet mit dem plumpen Ausdruck derer, die alles weggegeben haben. Ihre letzte Habe, der Schatten, schrumpft, eingesammelt, am Fuße der hohen Mieten. Denn es ist die Stunde der Sammlung.

Die Wälder selber liegen um die Kuppen, als hätte die Harke des Sommers sie eingebracht. Nur Weiden stehen vereinzelt in den Stoppeln, und ihr Laub glänzt schwarz und weißlich wie Tulasilber. Keins ist bewimpelter und dennoch spröder, reicher an Winken, die kaum mehr vernommen werden. Dennoch trifft ihrer einer den Vorübergehenden. Der Tag, da er mit einem Baum gefühlt hat, kommt ihm in den Sinn. Damals bedurfte es nur derer, die er liebte – sie stand, um ihn recht unbekümmert, auf dem Rasen – und seiner Trauer oder seiner Müdigkeit. Da lehnte er den Rücken gegen einen Stamm, und nun nahm der sein Fühlen in die Lehre. Er lernte mit ihm, wenn er zu schwanken anfing, Luft zu schöpfen und auszuatmen, wenn der Stamm zurückschwang. Freilich war das nur der gepflegte von einem Zierbaum und unausdenkbar das Leben dessen, der von diesem rissigen lernen könnte, der, weitgespalten, dreifach überm Boden auslädt und eine unerforschte Welt begründet, die in drei Himmelsrichtungen sich aufteilt. Kein Pfad erschließt sie. Doch während er unschlüssig einem folgt, der jeden Augenblick ihn zu verraten droht, bald Miene macht als Feldweg auszulaufen, bald vor einem Dornverhau abzubrechen, hat er als Mann sich wieder in der Hand, wenn sich die Quadern zu Terrassen stufen und Wagenspuren, darin eingedrückt, auf eine Hofstatt in der Nähe deuten. Kein Laut macht die Nachbarschaft solcher Siedlungen kenntlich. In ihrem Umkreis scheint die Mittagsstille verdoppelt. Aber nun lichten sich die Felder, treten, um einer zweiten, einer dritten Bahn die Gegend freizugeben, auseinander, und während längst die Mauern und die Tennen sich hinter Kuppen Landes oder Laubes verborgen haben, eröffnet in der Verlassenheit der Äcker sich der Kreuzweg, welcher die Mitte stiftet. Nicht Chausseen und Poststraßen sind es, die sie heraufführen, aber auch nicht Schneisen und Wildpfade, sondern da ist ihr Ort, wo im offnen Land sich die Wege begegnen, auf denen seit Jahrhunderten Bauern und ihre Frauen, Kinder und Herden von Feld zu Feld, von Haus zu Haus, von Weideplatz zu Weideplatz sind unterwegs gewesen und selten so, daß sie am gleichen Tag nicht wieder unter ihrem Dach geschlafen hatten. Der Boden hier klingt hohl, der Laut, mit welchem er dem Tritt erwidert, tut dem wohl, der unterwegs ist. Mit diesem Klange legt ihm die Einsamkeit das Land zu Füßen. Wenn er an Stellen, die ihm gut sind, kommt, weiß er, sie ist es, welche sie ihm angewiesen hat; sie hat ihm diesen Stein zum Sitz, diese Mulde zum Nest für seine Glieder angewiesen. Aber er ist schon zu müde, um inne zu halten, und während er die Gewalt über seine Füße verliert, die ihn viel zu schnell tragen, gewahrt er, wie sich seine Phantasie von ihm gelöst hat und, gegen jenen breiten Hang gelehnt, der in der Ferne seinen Weg begleitet, nach eignem Sinn auf ihm zu schalten anfängt. Verrückt sie Felsen und Kuppen? Oder berührt sie sie nur wie mit einem Anhauch? Läßt sie keinen Stein auf dem andern oder alles beim alten?

Es gibt bei den Chassidim einen Spruch von der kommenden Welt, der besagt: es wird dort alles eingerichtet sein wie bei uns. Wie unsre Stube jetzt ist, so wird sie auch in der kommenden Welt sein; wo unser Kind jetzt schläft, da wird es auch in der kommenden Welt schlafen. Was wir in dieser Welt am Leibe tragen, das werden wir auch in der kommenden Welt anhaben. Alles

wird sein wie hier – nur ein klein wenig anders. So hält es die Phantasie. Es ist nur ein Schleier, den sie über die Ferne zieht. Alles mag da stehen wie es stand, aber der Schleier wallt, und unmerklich verschiebt sich's darunter.
Es ist ein Wechseln und Vertauschen; nichts bleibt und nichts verschwindet. Aus diesem Weben aber lösen mit einmal sich Namen, wortlos treten sie in den Schreitenden ein, und während seine Lippen sie formen, erkennt er sie. Sie tauchen auf, und was bedarf es länger dieser Landschaft? Auf jeder namenlosen Ferne drüben ziehen sie vorüber, ohne eine Spur zu hinterlassen. Namen der Inseln, die dem ersten Anblick wie Marmorgruppen aus dem Meer sich hoben, der Schroffen, die den Horizont schartig machten, der Sterne, die im Boot ihn überraschten, wenn sie im frühen Dunkel auf Posten treten. Das Schwirren der Zikaden ist verstummt, der Durst vergangen, der Tag verpraßt. Von unten aus der Tiefe schlägt es an. Ein Hundebellen, ein Steinfall oder ein ferner Zuruf? Während der Lauschende es noch zu sondern trachtet, sammelt sich Ton für Ton in seinem Innern die Glockentraube. Nun reift und schwillt sie in seinem Blut. Lilien blühen im Winkel der Kaktushecke. In der Ferne zieht auf den Feldern zwischen Oliven- und Mandelbäumen ein Wagen vorüber, aber geräuschlos, und wenn die Räder hinterm Laub verschwinden, so scheinen überlebensgroße Frauen, mit dem Gesicht ihm zugewandt, reglos durch das reglose Land zu wallen.

Der enthüllte Osterhase
oder
Kleine Versteck-Lehre

Verstecken heißt: Spuren hinterlassen. Aber unsichtbare. Es ist die Kunst der leichten Hand. Rastelli konnte Sachen in der Luft verstecken.
Je luftiger ein Versteck, desto geistreicher. Je freier es dem Blick nach allen Seiten preisgegeben, desto besser.
Also beileibe nichts in Schubladen, Schränke, unter die Betten oder ins Klavier stecken.
Fairneß am Ostermorgen: Alles so zu verstecken, daß es entdeckt werden kann, ohne daß irgendein Gegenstand vom Fleck bewegt werden muß.
Es braucht darum nicht frei zu liegen: eine Falte in der Tischdecke, ein Bausch im Vorhang kann schon den Ort verraten, an dem man zu suchen hat.
Sie kennen Poes Geschichte vom »Entwendeten Brief«? Dann erinnern Sie sich sicher der Frage: »Haben Sie nicht bemerkt, daß alle Menschen, wenn sie einen Brief verstecken, ihn, wenn auch nicht gerade in ein ausgehöhltes Stuhlbein, so doch wenigstens in irgend einem verborgenen Loch oder Winkel unterbringen?« Herr Dupin, Poes Detektiv, weiß das. Und darum findet er den Brief da, wo sein sehr gerissener Gegenspieler ihn aufbewahrt: nämlich im Kartenhalter an der Wand, vor aller Leute Augen.
Nicht in der »guten Stube« suchen lassen. Ostereier gehören ins Wohnzimmer, und je unaufgeräumter es ist, desto besser.
Im achtzehnten Jahrhundert hat man gelehrte Abhandlungen über die seltsamsten Dinge geschrieben: über Findelkinder und Spukhäuser, über die Arten des Selbstmordes und die Bauchrednerei. Ich könnte mir eine übers Eierverstecken ausdenken, die es an Gelehrsamkeit mit den genannten aufnehmen könnte.
Sie würde zerfallen in drei Hauptstücke oder Kapitel. Darinnen würde der Leser bekanntgemacht mit den drei Urprinzipien oder Anfangsgründen aller Verstecke-Kunst.
Ad eins: Das Prinzipium der Klammer. Das wäre die Anweisung zur Ausnutzung von Fugen und Spalten. Der Unterricht in der Kunst, Eier in der Schwebe zu halten zwischen Riegeln und Klin-

ken, zwischen Bild und Wand, zwischen Tür und Angel, in der Öffnung eines Schlüssels so gut wie zwischen den Röhren einer Zentralheizung.
Ad zwei: Das Prinzipium der Füllung. In diesem Kapitel würde man lernen, Eier als Pfropfen auf den Flaschenhals, als Lichter auf den Kerzenhalter, als Staubgefäß in einen Blumenkelch, als Birne in eine elektrische Lampe zu praktizieren.
Ad drei: Das Prinzipium der Höhe und Tiefe. Bekanntlich fassen die Leute zuerst ins Auge, was ihnen in Blickhöhe gegenüber ist; dann schauen sie nach oben, erst ganz zuletzt kümmern sie sich um das, was zu ihren Füßen liegt. Kleine Eier kann man auf Bildleisten balancieren lassen, größere auf dem Kronleuchter, wenn man ihn noch nicht abgeschafft hat. Aber was hat das alles zu sagen im Vergleich mit der Fülle von abgefeimten Asylen, die wir fünf oder zehn Zentimeter überm Fußboden zur Verfügung haben. Da kommt in Gestalt von Tischfüßen, Sockeln, Teppichfransen, Papierkörben, Klavierpedalen das Gras, in das der echte Osterhase allein seine Eier legt, sozusagen in der Großstadtwohnung zu Ehren.
Und da wir einmal bei der Großstadt sind, soll auch ein Trostwort für die noch dastehen, die zwischen spiegelglatten Wänden in stählernen Möbeln hausen und ihr Dasein, ganz ohne Rücksicht auf den Festkalender, rationalisiert haben. Die mögen sich ihr Grammophon oder ihre Schreibmaschine nur einmal aufmerksam angucken, dann werden sie sehen, daß sie auf kleinstem Raum an ihnen soviel Löcher und Verstecke haben als bewohnten sie eine Siebenzimmerwohnung im Makartstil.
Und nun wäre es gut, diese gewitzte Liste den Kleinen nicht vor Ostermontag in die Hände fallen zu lassen.

Kritik

Der Sürrealismus
Die letzte Momentaufnahme der europäischen Intelligenz

Geistige Strömungen können ein Gefälle erreichen, scharf genug, daß der Kritiker seine Kraftstation an ihnen errichten kann. Solches Gefälle schafft für den Sürrealismus der Niveauunterschied Frankreich-Deutschland. Was da im Jahre 1919 in Frankreich im Kreise einiger Literaten – wir nennen gleich hier die wichtigsten Namen: André Breton, Louis Aragon, Philippe Soupault, Robert Desnos, Paul Eluard – entsprungen ist, mag ein dünnes Bächlein gewesen sein, gespeist von der feuchten Langeweile des Nachkriegs-Europa und den letzten Rinnsalen der französischen Dekadenz. Die Neunmalweisen, die noch heute nicht über die »authentischen Ursprünge« der Bewegung hinauskommen, und auch noch heute nichts davon zu sagen wissen, als daß hier wieder einmal eine Clique von Literaten die ehrwürdige Öffentlichkeit mystifiziere, sind ein wenig wie eine Expertenversammlung, die an einer Quelle nach reichlicher Überlegung zur Überzeugung kommt, der kleine Bach da werde niemals Turbinen treiben.

Der deutsche Betrachter steht nicht an der Quelle. Das ist seine Chance. Er steht im Tal. Er kann die Energien der Bewegung abschätzen. Für ihn, der als Deutscher längst mit der Krisis der Intelligenz, genauer gesagt, des humanistischen Freiheitsbegriffs vertraut ist, der weiß, welch frenetischer Wille in ihr erwacht ist, aus dem Stadium der ewigen Diskussionen heraus und um jeden Preis zur Entscheidung zu kommen, der ihre äußerst exponierte Stellung zwischen anarchistischer Fronde und revolutionärer Disziplin am eignen Leib hat erfahren müssen, für den gibt es keine Entschuldigung, wenn er auf oberflächlichsten Augenschein die Bewegung für eine »künstlerische«, »poetische« halten sollte. Wenn sie dies im Anfang gewesen ist, so hat doch eben im Anfang Breton schon erklärt, mit einer Praxis brechen zu wollen, die dem Publikum die literarischen Niederschläge einer bestimmten Existenzform vorlegt und diese Existenzform selber vorenthält. Kürzer und dialektischer gefaßt aber heißt

das: Hier wurde der Bereich der Dichtung von innen gesprengt, indem ein Kreis von engverbundenen Menschen »Dichterisches Leben« bis an die äußersten Grenzen des Möglichen trieb. Und man kann es ihnen aufs Wort glauben, wenn sie behaupten, Rimbauds »Saison en Enfer« habe keine Geheimnisse für sie mehr gehabt. Denn dieses Buch ist in der Tat die erste Urkunde einer solchen Bewegung. (Aus neueren Zeiten. Von älteren Vorgängern wird noch gesprochen werden.) Kann man, worum es hier geht, endgültiger und schneidender vorbringen als Rimbaud es in seinem Handexemplar des genannten Buches getan hat? Da schreibt er, wo es heißt: »auf der Seide der Meere und der arktischen Blumen«, späterhin an den Rand: »Gibt's nicht« (»Elles n'existent pas«).
In wie unscheinbare, abseitige Substanz der dialektische Kern, der sich im Sürrealismus entfaltet hat, ursprünglich eingebettet lag, hat, zu einer Zeit, da die Entwicklung sich noch nicht absehen ließ, 1924, Aragon in seiner »Vague de Rêves« gezeigt. Heute läßt sie sich absehen. Denn es ist kein Zweifel, daß das heroische Stadium, von dem dort Aragon den Heldenkatalog uns hinterlassen hat, beendet ist. Es gibt in solchen Bewegungen immer einen Augenblick, da die ursprüngliche Spannung des Geheimbundes im sachlichen, profanen Kampf um Macht und Herrschaft explodieren oder als öffentliche Manifestation zerfallen und sich transformieren muß. In dieser Transformationsphase steht augenblicklich der Sürrealismus. Damals aber, als er in Gestalt einer inspirierenden Traumwelle über seine Stifter hereinbrach, schien er das Integralste, Abschließendste, Absoluteste. Alles, womit er in Berührung kam, integrierte sich. Das Leben schien nur lebenswert, wo die Schwelle, die zwischen Wachen und Schlaf ist, in jedem ausgetreten war, wie von Tritten massenhafter hin und wider flutender Bilder, die Sprache nur sie selbst, wo Laut und Bild und Bild und Laut mit automatischer Exaktheit derart glücklich ineinandergriffen, daß für den Groschen »Sinn« kein Spalt mehr übrigblieb. Bild und Sprache haben den Vortritt. Saint-Pol-Roux befestigt, wenn er gegen Morgen sich zum Schlafe niederlegt, an seiner Tür ein Schild: Le poète travaille. Breton notiert: »Still. Ich will, wo keiner noch hindurchgegangen ist, hindurchgehen, still! – Nach Ihnen, liebste Sprache.« Die hat den Vortritt.

Nicht nur vor dem Sinn. Auch vor dem Ich. Im Weltgefüge lockert der Traum die Individualität wie einen hohlen Zahn. Diese Lockerung des Ich durch den Rausch ist eben zugleich die fruchtbare, lebendige Erfahrung, die diese Menschen aus dem Bannkreis des Rausches heraustreten ließ. Es ist hier nicht der Ort, die sürrealistische Erfahrung in ihrer ganzen Bestimmtheit zu umreißen. Wer aber erkannt hat, daß es in den Schriften dieses Kreises sich nicht um Literatur, sondern um anderes: Manifestation, Parole, Dokument, Bluff, Fälschung wenn man will, nur eben nicht um Literatur handelt, weiß damit auch, daß hier buchstäblich von Erfahrungen, nicht von Theorien, noch weniger von Phantasmen die Rede ist. Und diese Erfahrungen beschränken sich durchaus nicht auf den Traum, auf Stunden des Haschischessens oder des Opiumrauchens. Es ist ja ein so großer Irrtum, zu meinen, von »sürrealistischen Erfahrungen« kennten wir nur die religiösen Ekstasen oder die Ekstasen der Drogen. Opium fürs Volk hat Lenin die Religion genannt und damit diese beiden Dinge näher zusammengerückt, als es den Sürrealisten lieb sein dürfte. Es wird noch von dem bitteren, leidenschaftlichen Aufstand gegen den Katholizismus die Rede sein, als in welchem Rimbaud, Lautréamont, Apollinaire den Sürrealismus zur Welt brachten. Die wahre, schöpferische Überwindung religiöser Erleuchtung aber liegt nun wahrhaftig nicht bei den Rauschgiften. Sie liegt in einer *profanen Erleuchtung*, einer materialistischen, anthropologischen Inspiration, zu der Haschisch, Opium und was immer sonst die Vorschule abgeben können. (Aber eine gefährliche. Und die der Religionen ist strenger.) Diese profane Erleuchtung hat den Sürrealismus nicht immer auf ihrer, seiner Höhe gefunden, und gerade die Schriften, die sie am kräftigsten bekunden, Aragons unvergleichlicher »Paysan de Paris« und Bretons »Nadja« zeigen da sehr störende Ausfallserscheinungen. So findet sich in der »Nadja« eine ausgezeichnete Stelle über die »hinreißenden Pariser Plünderungstage im Zeichen Saccos und Vanzettis«, und Breton schließt daran die Versicherung, der Boulevard Bonne-Nouvelle habe an diesen Tagen das strategische Versprechen der Revolte eingelöst, das sein Name schon immer gegeben habe. Es kommt aber auch Mme Sacco vor, und das ist nicht die Frau von Fullers Opfer, sondern eine voyante, eine Hellseherin, die

3 Rue des Usines wohnt und Paul Eluard zu erzählen weiß, daß ihm von Nadja nichts Gutes bevorstehe. Nun gestehen wir dem halsbrecherischen Wege des Sürrealismus, der über Dächer, Blitzableiter, Regenrinnen, Veranden, Wetterfahnen, Stukkaturen geht – dem Fassadenkletterer müssen alle Ornamente zum Besten dienen –, wir gestehen ihm zu, daß er auch ins feuchte Hinterzimmer des Spiritismus hineinlange. Aber nicht gern hören wir ihn behutsam gegen die Scheiben klopfen, um wegen seiner Zukunft nachzufragen. Wer möchte nicht diese Adoptivkinder der Revolution aufs genaueste von allem geschieden wissen, was in den Konventikeln von abgetakelten Stiftsdamen, pensionierten Majoren, emigrierten Schiebern sich abspielt?

Im übrigen ist Bretons Buch wohl geschaffen, einige Grundzüge dieser »profanen Erleuchtung« daran zu erläutern. Er nennt »Nadja« ein »livre à porte battante«, ein »Buch, wo die Tür klappt«. (In Moskau wohnte ich in einem Hotel, in dem fast alle Zimmer von tibetanischen Lamas belegt waren, die zu einem Kongreß der gesamten buddhistischen Kirchen nach Moskau gekommen waren. Es fiel mir auf, wieviele Türen in den Gängen des Hauses stets angelehnt standen. Was erst ein Zufall schien, wurde mir unheimlich. Ich erfuhr: in solchen Zimmern wohnten Angehörige einer Sekte, die gelobt hatten, nie in geschlossenen Räumen sich aufzuhalten. Den Chock, den ich damals erfuhr, muß der Leser von »Nadja« verspüren.) Im Glashaus zu leben ist eine revolutionäre Tugend par excellence. Auch das ist ein Rausch, ist ein moralischer Exhibitionismus, den wir sehr nötig haben. Die Diskretion in Sachen eigener Existenz ist aus einer aristokratischen Tugend mehr und mehr zu einer Angelegenheit arrivierter Kleinbürger geworden. »Nadja« hat die wahre, schöpferische Synthese zwischen Kunstroman und Schlüsselroman gefunden.

Man braucht übrigens – und auch darauf führt »Nadja« – nur mit der Liebe Ernst zu machen, um auch in ihr eine »profane Erleuchtung« zu erkennen. »Ich habe«, erzählt der Verfasser, »mich gerade damals (d. h. zur Zeit des Umgangs mit Nadja) viel mit der Epoche Ludwigs VII. beschäftigt, weil es die Zeit der ›Liebeshöfe‹ war, und ich suchte mir mit großer Intensität zu vergegenwärtigen, wie man damals das Leben angesehen hat.« Über die provençalische Minne wissen wir nun von einem neuen Autor einiges Genauere, das überraschend nah an die sürrealistische Konzeption der Liebe heranführt. »Alle Dichter des Neuen Stils besitzen« – so heißt es in Erich Auerbachs ausgezeichnetem »Dante als Dichter der irdischen Welt« – »eine mystische Geliebte, ihnen allen geschehen ungefähr die gleichen sehr sonderbaren Liebesabenteuer, ihnen allen schenkt oder versagt Amore Gaben, die mehr einer Erleuchtung als einem sinnlichen Genuß gleichen, sie alle sind einer Art geheimer Verbindung angehörig, die ihr inneres und vielleicht auch ihr äußeres Leben bestimmt.« Es ist ja eigentümlich mit der Dialektik des Rausches bestellt. Ist nicht vielleicht jede Ekstase in *einer* Welt beschämende Nüchternheit in der komplementären? Worauf sonst will Minne – und sie, nicht Liebe, bindet Breton an das telepathische Mädchen – hinaus, als daß Keuschheit auch eine Entrücktheit ist? In eine Welt, die nicht nur an Herz-Jesu-Grüfte oder Marien-Altäre grenzt, sondern auch an den Morgen vor einer Schlacht oder nach einem Siege.

Die Dame ist in der esoterischen Liebe das Unwesentlichste. So auch bei Breton. Er ist mehr den Dingen nahe, denen Nadja nahe ist, als ihr selber. Welches sind nun die Dinge, denen sie nahe ist? Deren Kanon ist für den Sürrealismus so aufschlußreich wie nur möglich. Wo beginnen? Er hat sich einer erstaunlichen Entdeckung zu rühmen. Er zuerst stieß auf die revolutionären Energien, die im »Veralteten« erscheinen, in den ersten Eisenkonstruktionen, den ersten Fabrikgebäuden, den frühesten Photos, den Gegenständen, die anfangen auszusterben, den Salonflügeln, den Kleidern von vor fünf Jahren, den mondänen Versammlungslokalen, wenn die vogue beginnt sich von ihnen zurückzuziehen. Wie diese Dinge zur Revolution stehen – niemand kann einen genaueren Begriff davon haben, als diese Autoren. Wie das Elend, nicht nur das soziale sondern genauso das architektonische, das Elend des Interieurs, die versklavten und versklavenden Dinge in revolutionären Nihilismus umschlagen, das hat vor diesen Sehern und Zeichendeutern noch niemand gewahrt. Um von Aragons »Passage de l'Opéra« zu schweigen: Breton und Nadja sind das Liebespaar, das alles, was wir auf traurigen Eisenbahnfahrten (die Eisenbahnen beginnen zu altern), an gottverlassenen Sonntagnachmittagen in den

Proletariervierteln der großen Städte, im ersten Blick durchs regennasse Fenster einer neuen Wohnung erfuhren, in revolutionärer Erfahrung, wenn nicht Handlung, einlösen. Sie bringen die gewaltigen Kräfte der »Stimmung« zur Explosion, die in diesen Dingen verborgen sind. Was glauben Sie wohl, wie sich ein Leben gestalten würde, das in einem entscheidenden Augenblick sich gerade durch den letzten beliebtesten Gassenhauer bestimmen ließe?

Der Trick, der diese Dingwelt bewältigt – es ist anständiger hier von einem Trick als von einer Methode zu reden – besteht in der Auswechslung des historischen Blicks aufs Gewesene gegen den politischen. »Tut Euch auf, Gräber, Ihr, Tote der Pinakotheken, Leichname hinter spanischen Wänden, in Palästen, Schlössern und Klöstern, hier steht der fabelhafte Schlüsselbewahrer, der einen Bund mit Schlüsseln aller Zeiten in Händen hält, der weiß, wie man auf die verschlagensten Schlösser zu drücken hat und der Euch einlädt, mitten hinein in die Welt von heute zu treten, Euch unter die Lastträger, die Mechaniker zu mischen, die das Geld adelt, Euch häuslich in ihren Automobilen niederzulassen, die schön sind wie Rüstungen aus der Ritterzeit, in den internationalen Schlafwagen Platz zu nehmen und Euch mit all den Leuten zusammenzuschweißen, die heut noch stolz auf ihre Vorrechte sind. Aber die Zivilisation wird kurzen Prozeß mit ihnen machen.« Diese Rede hat sein Freund Henri Hertz Apollinaire in den Mund gelegt. Von Apollinaire geht diese Technik aus. Er hat sie in seinem Novellenband »L'Hérésiarque« mit machiavellistischer Berechnung verwendet, um den Katholizismus (an dem er innerlich hing) in die Luft gehen zu lassen.

Im Mittelpunkt dieser Dingwelt steht das Geträumteste ihrer Objekte, die Stadt Paris selbst. Aber erst die Revolte treibt ihr sürrealistisches Gesicht restlos heraus. (Menschenleere Straßen, in denen Pfiffe und Schüsse die Entscheidung diktieren.) Und kein Gesicht ist in dem Grade sürrealistisch wie das wahre Gesicht einer Stadt. Kein Bild von Chirico oder Max Ernst kann mit den scharfen Aufrissen ihrer inneren Forts sich messen, die erst erobert und besetzt sein müssen, um ihr Geschick und in ihrem Geschick, im Geschick ihrer Massen, das eigene zu meistern. Nadja ist ein Exponent dieser Massen und dessen, was sie revolutionär inspiriert: »La grande inconscience vive et sonore qui m'inspire mes seuls actes probants dans le sens où toujours je veux prouver, qu'elle dispose à tout jamais de tout ce qui est à moi.« Hier also findet man das Verzeichnis dieser Befestigungen, angefangen von jener Place Maubert, wo wie nirgends sonst der Schmutz seine ganze symbolische Gewalt sich bewahrt hat, bis zu jenem »Théâtre Moderne«, das ich untröstlich bin, nicht mehr gekannt zu haben. Aber in Bretons Schilderung der Bar im Obergeschoß – »ganz dunkel ist's, tunnelartige Lauben, durch die man nicht durchfindet – ein Salon auf dem Grund eines Sees« – ist etwas, was mir jenen unverstandensten Raum des alten Prinzeß-Cafés in Erinnerung bringt. Es war das Hinterzimmer im ersten Stock mit seinen Paaren im blauen Lichte. Wir nannten es »die Anatomie«; es war das letzte Lokal für die Liebe. An solchen Stellen greift bei Breton auf sehr merkwürdige Weise die Photographie ein. Sie macht die Straßen, Tore, Plätze der Stadt zu Illustrationen eines Kolportageromans, zapft diesen jahrhundertealten Architekturen ihre banale Evidenz ab, um sie mit allerursprünglichster Intensität dem dargestellten Geschehen zuzuwenden, auf das genau wie in alten Dienstmädchenbüchern wortgetreue Zitate mit Seitenzahlen verweisen. Und all die Orte von Paris, die hier auftauchen, sind Stellen, an denen das, was zwischen diesen Menschen ist, sich wie eine Drehtür bewegt.

Auch das Paris der Sürrealisten ist eine »kleine Welt«. Das heißt in der großen, im Kosmos, sieht es nicht anders aus. Auch dort gibt es carrefours, an denen geisterhafte Signale aus dem Verkehr aufblitzen, unerdenkliche Analogien und Verschränkungen von Geschehnissen an der Tagesordnung sind. Es ist der Raum, von dem die Lyrik des Sürrealismus Bericht gibt. Und das ist anzumerken, wäre es auch nur, um dem obligaten Mißverständnis des »l'art pour l'art« zu begegnen. Denn das l'art pour l'art ist ja fast niemals buchstäblich zu nehmen gewesen, fast immer eine Flagge, unter der ein Gut segelt, das man nicht deklarieren kann, weil der Name noch fehlt. Es wäre der Augenblick, an ein Werk zu gehen, das wie kein anderes die Krisis der Künste, von der wir Zeuge sind, erhellen würde: eine Geschichte der esoterischen Dichtung. Auch ist es keineswegs Zufall, daß sie noch fehlt. Denn sie zu schreiben, wie sie geschrieben zu werden verlangt – also nicht als Sammelwerk, zu dem die einzelnen »Fachleute«, ein jeder auf seinem Gebiet »das Wissenswerteste beisteuern« –, sondern als fundierte Schrift eines einzelnen, der aus innerer Nötigung heraus weniger die Entwicklungsgeschichte als ein immer wieder erneutes ursprüngliches Aufleben der esoterischen Dichtung darstellte – so geschrieben wäre sie eine jener gelehrten Bekenntnisschriften, die in jedem Jahrhundert zu zählen sind. Auf ihrem letzten Blatte müßte man das Röntgenbild des Sürrealismus finden. Breton deutet in der »Introduction au Discours sur le peu de Réalité« an, wie der philosophische Realismus des Mittelalters der poetischen Erfahrung zugrunde liegt. Dieser Realismus aber – der Glaube also an eine wirkliche Sonderexistenz der Begriffe, sei es außerhalb der Dinge, sei es innerhalb ihrer – hat immer sehr schnell den Übergang aus dem logischen Begriffsreich ins magische Wortreich gefunden. Und magische Wortexperimente, nicht artistische Spielereien sind die passionierten phonetischen und graphischen Verwandlungsspiele, die nun schon fünfzehn Jahre sich durch die gesamte Literatur der Avantgarde ziehen, sie möge Futurismus, Dadaismus oder Sürrealismus heißen. Wie hier Parole, Zauberformel und Begriff durcheinandergehen, das zeigen die folgenden Worte Apollinaires aus seinem letzten Manifest: »L'Esprit nouveau et les Poètes.« Da sagt er, 1918: »Für die Geschwindigkeit und die Einfachheit, mit der wir alle uns daran gewöhnt haben, durch ein einziges Wort so komplexe Wesenheiten wie eine Menge, ein Volk, wie das Universum zu bezeichnen, gibt es nicht modernes Entsprechendes in der Dichtung. Die heutigen Dichter aber füllen diese Lücke aus; ihre synthetischen Dichtungen schaffen neue Wesen, deren plastische Erscheinung ebenso komplex ist wie die der Worte für Kollektiva.« Wenn nun freilich Apollinaire und Breton in gleicher Richtung noch energischer vorstoßen, und den Anschluß des Sürrealismus an die Umwelt mit der Erklärung vollziehen: »Die Eroberungen der Wissenschaft beruhen viel mehr auf einem sürrealistischen als auf einem logischen Denken«, wenn sie mit andern Worten die Mystifikation, deren Gipfel Breton in der Poesie sieht (das läßt sich verteidigen), zur Grundlage auch wissenschaftlicher und technischer Entwicklung machen, so ist solche Integration zu stürmisch. Es ist sehr lehrreich, den überstürzten Anschluß dieser Bewegung an das unverstandene Maschinenwunder – Apollinaire: »Die alten Fabeln sind zum großen Teil realisiert, nun ist es an den Dichtern, neue zu erdenken, die die Erfinder ihrerseits dann wieder verwirklichen mögen« –, diese schwülen Phantasien mit den gut ventilierten Utopien eines Scheerbart zu vergleichen.

»Der Gedanke an alle menschliche Aktivität macht mich lachen«, diese Äußerung von Aragon bezeichnet recht deutlich, welchen Weg der Sürrealismus von seinen Ursprüngen bis zu seiner Politisierung zu machen hatte. Mit Recht hat Pierre Naville, der dieser Gruppe ursprünglich angehörte, in seiner ausgezeichneten Schrift »La Révolution et les Intellectuels« diese Entwicklung dialektisch genannt. Bei dieser Umwandlung einer extrem kontemplativen Haltung in die revolutionäre Opposition spielt die Feindschaft der Bourgeoisie gegen jedwede Bekundung radikaler geistiger Freiheit eine Hauptrolle. Diese Feindschaft drängte den Sürrealismus nach links. Politische Ereignisse, vor allem der Marokkokrieg, beschleunigten diese Entwicklung. Mit dem Manifest »Die Intellektuellen gegen den Marokkokrieg«, das in der »Humanité« erschien, war eine grundsätzlich andere Plattform gewonnen, als etwa der berühmte Skandal bei dem Bankett Saint-Pol-Roux sie bezeichnet. Damals, kurz nach dem Kriege, als die Sürrealisten, die die Feier eines von ihnen verehrten Dichters durch die Anwesenheit nationalistischer Elemente kompromittiert fanden, in den Ruf »Es lebe Deutschland« ausbrachen, blieben sie in den Grenzen des Skandals, gegen den die Bourgeoisie bekanntlich ebenso dickfellig wie empfindlich gegen jede Aktion ist. Merkwürdig die Übereinstimmung, in der unter dem Einfluß solcher politischen Witterungen Apollinaire und Aragon die Zukunft des Dichters gesehen haben. Die Kapitel »Verfolgung« und »Mord« des »Poète assassiné« bei Apollinaire enthalten die berühmte Schilderung eines Dichter-Pogroms. Die Verlagshäuser werden gestürmt, die Gedichtbücher ins Feuer geworfen, die Dichter erschlagen. Und die gleichen Szenen spielen zu gleicher Zeit auf der ganzen Erde sich ab. Bei Aragon ruft in der Vorahnung solcher Greuel die »Imagination« ihre Mannschaft zu einem letzten Kreuzzuge auf.

Man muß, um solche Prophetien zu verstehen und die Linie, die vom Sürrealismus erreicht wurde, strategisch zu ermessen, sich danach umsehen, welche Denkart in der sogenannten wohlge-

sinnten linksbürgerlichen Intelligenz verbreitet ist. Sie bekundet sich deutlich genug in der gegenwärtigen Rußland-Orientierung dieser Kreise. Wir reden hier natürlich nicht von Béraud, der der Lüge über Rußland die Bahn gebrochen hat, oder von Fabre-Luce, der ihm auf diesem gebahnten Wege als braver Esel, bepackt mit allen bürgerlichen Ressentiments, nachtrottet. Aber wie problematisch ist selbst das typische Vermittlerbuch Duhamels. Wie schwer erträglich die forciert aufrechte, forciert beherzte und herzliche Sprache des protestantischen Theologen, die es durchzieht. Wie verbraucht die von Verlegenheit und Sprachunkenntnis diktierte Methode, die Dinge in irgendeine symbolische Beleuchtung zu rücken. Wie verräterisch sein Resümee: »Die wahre, tiefere Revolution, die, welche in gewissem Sinne die Substanz der slawischen Seele selbst wandeln könnte, ist noch nicht erfolgt.« Es ist das Typische dieser linken französischen Intelligenz – genau wie der entsprechenden russischen auch –, daß ihre positive Funktion ganz und gar aus einem Gefühl der Verpflichtung, nicht gegen die Revolution, sondern gegen die überkommene Kultur hervorgeht. Ihre kollektive Leistung, soweit sie positiv ist, nähert sich der von Konservatoren. Politisch und wirtschaftlich aber wird man bei ihnen mit der Gefahr der Sabotage immer rechnen müssen.
Das Charakteristische dieser ganzen linksbürgerlichen Position ist ihre unheilbare Verkupplung von idealistischer Moral mit politischer Praxis. Nur im Kontrast gegen die hilflosen Kompromisse der »Gesinnung« sind gewisse Kernstücke des Sürrealismus, ja der sürrealistischen Tradition, zu verstehen. Viel ist für dies Verständnis noch nicht geschehen. Zu verführerisch war es, den Satanismus eines Rimbaud und Lautréamont als Pendant zum l'art pour l'art in einem Inventar des Snobismus zu fassen. Entschließt man sich aber, diese romantische Attrappe zu öffnen, so findet man darin etwas Brauchbares. Man findet den Kult des Bösen als einen wie auch immer romantischen Desinfektions- und Isolierungsapparat der Politik gegen jeden moralisierenden Dilettantismus. In dieser Überzeugung wird man, stößt man bei Breton auf das Szenar von einem Schauerstück, in dessen Mittelpunkt eine Kinderschändung steht, vielleicht um ein paar Jahrzehnte zurückgreifen. Es haben in den Jahren 1865 bis 1875 einige große Anarchisten, ohne voneinander zu

wissen, an ihren Höllenmaschinen gearbeitet. Und das Erstaunliche ist: sie haben unabhängig voneinander deren Uhr genau auf die gleiche Stunde gestellt, und vierzig Jahre später explodierten in Westeuropa die Schriften Dostojewskis, Rimbauds und Lautréamonts zu gleicher Zeit. Man könnte, um genauer zu sein, aus dem Gesamtwerk Dostojewskis die eine Stelle herausgreifen, die wirklich erst um 1915 veröffentlicht wurde: »Stavrogins Beichte« aus den »Dämonen«. Dieses Kapitel, das sich aufs engste mit dem dritten Gesang der »Chants de Maldoror« berührt, enthält eine Rechtfertigung des Bösen, die gewisse Motive des Sürrealismus gewaltiger ausprägt als es irgendeinem seiner heutigen Wortführer gelungen ist. Denn Stavrogin ist ein Sürrealist avant la lettre. Es hat keiner so wie er begriffen, wie ahnungslos die Meinung der Spießer ist, das Gute sei zwar bei aller männlichen Tugend dessen, der es übt, von Gott inspiriert; das Böse aber, das stamme ganz aus unserer Spontaneität, darin seien wir selbständig und ganz und gar auf uns gestellte Wesen. Keiner hat wie er auch in dem gemeinsten Tun und gerade in ihm die Inspiration gesehen. Er hat noch die Niedertracht als etwas so im Weltlauf, doch auch in uns selber Präformiertes, uns Nahgelegtes, wenn nicht Aufgegebenes erkannt, wie der idealistische Bourgeois die Tugend. Dostojewskis Gott hat nicht nur Himmel und Erde und Mensch und Tier geschaffen, sondern auch die Gemeinheit, die Rache, die Grausamkeit. Und auch hier ließ er sich nicht vom Teufel ins Handwerk pfuschen. Darum sind sie alle bei ihm ganz ursprünglich, vielleicht nicht »herrlich«, aber ewig neu »wie am ersten Tag«, und himmelweit entfernt von den Klischees, unter denen dem Philister die Sünde erscheint.

Wie groß die Spannung ist, die die erwähnten Dichter zu ihrer erstaunlichen Fernwirkung befähigt, belegt auf geradezu skurrile Art der Brief, den Isidore Ducasse am 23. Oktober 1869 an seinen Verleger richtet, um ihm sein Dichten plausibel zu machen. Da stellt er sich in eine Reihe mit Mickiewicz, Milton, Southey, Alfred de Musset, Baudelaire und sagt: »Natürlich habe ich den Ton etwas voller genommen, um etwas Neues in diese Literatur einzuführen, die doch die Verzweiflung nur singt, um den Leser niederzudrücken und auf daß er dann das Gute als Heilmittel desto stärker ersehne. So singt man also schließlich doch immer nur das Gute, nur die Methode ist philosophischer und weniger naiv als die der alten Schule, von der nur Victor Hugo und einige andere sich noch am Leben befinden.« Steht aber Lautréamonts erratisches Buch überhaupt in irgendeinem Zusammenhang, läßt es sich vielmehr in einen stellen, so ist es der der Insurrektion. Es war darum ein sehr begreiflicher und an sich nicht einsichtsloser Versuch, den Soupault 1927 in seiner Ausgabe der sämtlichen Werke machte, Isidore Ducasse eine politische Vita zu schreiben. Leider gibt es keine Dokumente für sie, und daß Soupault welche heranzog, beruhte auf einer Verwechslung. Dagegen ist erfreulicherweise ein entsprechender Versuch bei Rimbaud geglückt, und es ist das Verdienst von Marcel Coulon, sein wahres Bild gegen die katholische Usurpation durch Claudel und Berrichon verteidigt zu haben. Rimbaud ist Katholik, jawohl, aber er ist es, seiner Selbstdarstellung nach, an seinem elendesten Teil, den er nicht müde wird zu denunzieren, seinem und jedem Haß, seiner und jeglicher Verachtung auszuliefern: dem Teil, der ihn zu dem Bekenntnis zwingt, die Revolte nicht zu verstehen. Aber das ist das Bekenntnis eines Kommunarden, der sich selbst nicht genug tun konnte, und als er der Dichtung den Rücken kehrte, der Religion schon längst in seiner frühesten Dichtung den Abschied gegeben hatte. »Haß, dir habe ich meinen Schatz anvertraut«, schreibt er in der »Saison en Enfer«. Auch an diesem Wort könnte eine Poetik des Sürrealismus sich hochranken und die würde sogar ihre Wurzeln tiefer als jene Theorie der »surprise«, des überraschten Dichtens, die von Apollinaire stammt, bis in die Tiefe Poescher Gedanken hinabsenken.

Seit Bakunin hat es in Europa keinen radikalen Begriff von Freiheit mehr gegeben. Die Sürrealisten haben ihn. Sie sind die ersten, das liberale moralisch-humanistisch verkalkte Freiheitsideal zu erledigen, weil ihnen feststeht, daß »die Freiheit, die auf dieser Erde nur mit tausend härtesten Opfern erkauft werden kann, uneingeschränkt, in ihrer Fülle und ohne jegliche pragmatische Berechnung will genossen werden, solange sie dauert«. Und das beweist ihnen, »daß der Befreiungskampf der Menschheit in seiner schlichtesten revolutionären Gestalt (die doch, und gerade, die Befreiung in jeder Hinsicht ist), die einzige Sache bleibt, der zu dienen sich lohnt«. Aber gelingt es ihnen, diese Erfahrung von Freiheit mit der anderen revolutionären Erfahrung zu verschweißen, die wir doch anerkennen müssen, weil wir sie hatten: mit dem Konstruktiven, Diktatorischen der Revolution? Kurz – die Revolte an die Revolution zu binden? Wie haben wir ein Dasein, das ganz und gar auf den Boulevard Bonne-Nouvelle sich ausrichtet, in Räumen von Le Corbusier und Oud uns vorzustellen?

Die Kräfte des Rausches für die Revolution zu gewinnen, darum kreist der Sürrealismus in allen Büchern und Unternehmen. Das darf er seine eigenste Aufgabe nennen. Für die ist's nicht damit getan, daß, wie wir wissen, eine rauschhafte Komponente in jedem revolutionären Akt lebendig ist. Sie ist identisch mit der anarchischen. Den Akzent aber ausschließlich auf diese setzen, das hieße die methodische und disziplinäre Vorbereitung der Revolution völlig zugunsten einer zwischen Übung und Vorfeier schwankenden Praxis hintansetzen. Hinzu kommt eine allzu kurz gefaßte, undialektische Anschauung vom Wesen des Rausches. Die Ästhetik des peintre, des poète »en état de surprise«, der Kunst als Reaktion des Überraschten ist in einigen sehr verhängnisvollen romantischen Vorurteilen befangen. Jede ernsthafte Ergründung der okkulten, sürrealistischen, phantasmagorischen Gaben und Phänomene hat eine dialektische Verschränkung zur Voraussetzung, die ein romantischer Kopf sich niemals aneignen wird. Es bringt uns nämlich nicht weiter, die rätselhafte Seite am Rätselhaften pathetisch oder fanatisch zu unterstreichen; vielmehr durchdringen wir das Geheimnis nur in dem Grade, als wir es im Alltäglichen wiederfinden, kraft einer dialektischen Optik, die das Alltägliche als undurchdringlich, das Undurchdringliche als alltäglich erkennt. Die passionierteste Untersuchung telepathischer Phänomene zum Beispiel wird einen über das Lesen (das ein eminent telepathischer Vorgang ist) nicht halb soviel lehren, wie die profane Erleuchtung des Lesens über die telepathischen Phänomene. Oder: die passionierteste Untersuchung des Haschischrausches wird einen über das Denken (das ein eminentes Narkotikum ist) nicht halb soviel lehren, wie die profane Erleuchtung des Denkens über den Haschischrausch. Der Leser, der Denkende, der Wartende, der Flaneur sind ebensowohl Typen des Erleuchteten wie der Opiumesser, der Träumer, der Berauschte. Und sind profanere.

Ganz zu schweigen von jener fürchterlichsten Droge – uns selber –, die wir in der Einsamkeit zu uns nehmen.
»Die Kräfte des Rausches für die Revolution zu gewinnen« – mit andern Worten: Dichterische Politik? »Nous en avons soupé. Alles lieber als das!« Nun – es wird Sie um so mehr interessieren, wie sehr ein Exkurs in die Dichtung die Dinge klärt. Denn: was ist das Programm der bürgerlichen Parteien? Ein schlechtes Frühlingsgedicht. Mit Vergleichen bis zum Platzen gefüllt. Der Sozialist sieht jene »schönere Zukunft unserer Kinder und Enkel« darin, daß alle handeln, »als wären sie Engel« und jeder so viel hat, »als wäre er reich« und jeder so lebt, »als wäre er frei«. Von Engeln, Reichtum, Freiheit keine Spur. Alles nur Bilder. Und der Bilderschatz dieser sozialdemokratischen Vereinsdichter? Ihre »Gradus ad parnassum«? Der Optimismus. Da spürt man denn doch andere Luft in der Schrift von Naville, die die »Organisierung des Pessimismus« zur Forderung des Tages macht. Im Namen seiner literarischen Freunde stellt er ein Ultimatum, an dem unfehlbar dieser gewissenlose, dieser dilettantische Optimismus Farbe bekennen muß: Wo liegen die Voraussetzungen der Revolution? In der Änderung der Gesinnung oder der äußeren Verhältnisse? Das ist die Kardinalfrage, die das Verhältnis von Politik und Moral bestimmt und die keine Vertuschung zuläßt. Der Sürrealismus ist ihrer kommunistischen Beantwortung immer näher gekommen. Und das bedeutet: Pessimismus auf der ganzen Linie. Jawohl und durchaus. Mißtrauen in das Geschick der Literatur, Mißtrauen in das Geschick der Freiheit, Mißtrauen in das Geschick der europäischen Menschheit, vor allem aber Mißtrauen, Mißtrauen und Mißtrauen in alle Verständigung: zwischen den Klassen, zwischen den Völkern, zwischen den Einzelnen. Und unbegrenztes Vertrauen allein in I. G. Farben und die friedliche Vervollkommnung der Luftwaffe. Aber was nun, was dann?
Hier tritt die Einsicht in ihr Recht, die im »Traité du Style«, Aragons letztem Buche, die Unterscheidung von Vergleich und Bild verlangt. Eine glückliche Einsicht in Stilfragen, die erweitert sein will. Erweiterung: nirgends treffen diese beiden – Vergleich und Bild – so drastisch und so unversöhnlich wie in der Politik aufeinander. Den Pessimismus organisieren heißt nämlich nichts anderes als die moralische Metapher aus der Politik

herausbefördern und im Raum des politischen Handelns den hundertprozentigen Bildraum entdecken. Dieser Bildraum aber ist kontemplativ überhaupt nicht mehr auszumessen. Wenn es die doppelte Aufgabe der revolutionären Intelligenz ist, die intellektuelle Vorherrschaft der Bourgeoisie zu stürzen und den Kontakt mit den proletarischen Massen zu gewinnen, so hat sie vor dem zweiten Teil dieser Aufgabe fast völlig versagt, weil er nicht mehr kontemplativ zu bewältigen ist. Und doch hat das die wenigsten gehindert, sie immer wieder so zu stellen, als wäre sie es, und nach proletarischen Dichtern, Denkern und Künstlern zu rufen. Dagegen mußte schon Trotzki – in »Literatur und Revolution« – darauf verweisen, daß sie nur aus einer siegreichen Revolution hervorgehen werden. In Wahrheit handelt es sich viel weniger darum, den Künstler bürgerlicher Abkunft zum Meister der »Proletarischen Kunst« zu machen, als ihn, und sei es auf Kosten seines künstlerischen Wirkens, an wichtigen Orten dieses Bildraums in Funktion zu setzen. Ja, sollte nicht vielleicht die Unterbrechung seiner »Künstlerlaufbahn« ein wesentlicher Teil dieser Funktion sein?
Desto besser werden die Witze, die er erzählt. Und desto besser erzählt er sie. Denn auch im Witz, in der Beschimpfung, im Mißverständnis, überall, wo ein Handeln selber das Bild aus sich herausstellt und ist, in sich hineinreißt und frißt, wo die Nähe sich selbst aus den Augen sieht, tut dieser gesuchte Bildraum sich auf, die Welt allseitiger und integraler Aktualität, in der die »gute Stube« ausfällt, der Raum mit einem Wort, in welchem der politische Materialismus und die physische Kreatur den inneren Menschen, die Psyche, das Individuum oder was sonst wir ihnen vorwerfen wollen, nach dialektischer Gerechtigkeit, so daß kein Glied ihm unzerrissen bleibt, miteinander teilen. Dennoch aber – ja gerade nach solch dialektischer Vernichtung – wird dieser Raum noch Bildraum, und konkreter: Leibraum sein. Denn es hilft nichts, das Eingeständnis ist fällig: Der metaphysische Materialismus Vogtscher und Bucharinscher Observanz läßt sich in den anthropologischen Materialismus, wie die Erfahrung der Sürrealisten und früher eines Hebel, Georg Büchner, Nietzsche, Rimbaud ihn belegt, nicht bruchlos überführen. Es bleibt ein Rest. Auch das Kollektivum ist leibhaft. Und die Physis, die sich in der Technik ihm organisiert,

ist nach ihrer ganzen politischen und sachlichen Wirklichkeit nur in jenem Bildraume zu erzeugen, in welchem die profane Erleuchtung uns heimisch macht. Erst wenn in ihr sich Leib und Bildraum so tief durchdringen, daß alle revolutionäre Spannung leibliche kollektive Innervation, alle leiblichen Innervationen des Kollektivs revolutionäre Entladung werden, hat die Wirklichkeit so sehr sich selbst übertroffen, wie das kommunistische Manifest es fordert. Für den Augenblick sind die Sürrealisten die einzigen, die seine heutige Order begriffen haben. Sie geben, Mann für Mann, ihr Mienenspiel in Tausch gegen das Zifferblatt eines Weckers, der jede Minute sechzig Sekunden lang anschlägt.

Zum Bilde Prousts

I.

Die dreizehn Bände von Marcel Prousts »A la Recherche du Temps perdu« sind das Ergebnis einer unkonstruierbaren Synthesis, in der die Versenkung des Mystikers, die Kunst des Prosaisten, die Verve des Satirikers, das Wissen des Gelehrten und die Befangenheit des Monomanen zu einem autobiographischen Werke zusammentreten. Mit Recht hat man gesagt, daß alle großen Werke der Literatur eine Gattung gründen oder sie auflösen, mit einem Worte, Sonderfälle sind. Unter ihnen ist aber dieser einer von den unfaßlichsten. Vom Aufbau angefangen, welcher Dichtung, Memoirenwerk, Kommentar in *einem* darstellt, bis zu der Syntax uferloser Sätze (dem Nil der Sprache, welcher hier befruchtend in die Breiten der Wahrheit hinübertritt) ist alles außerhalb der Norm. Daß dieser große Einzelfall der Dichtung gleichzeitig ihre größte Leistung in den letzten Jahrzehnten darstellt, das ist die erste, aufschlußreiche Erkenntnis, die an den Betrachter herantritt. Und ungesund im höchsten Grade die Bedingungen, die ihm zugrunde lagen. Ein ausgefallenes Leiden, ungemeiner Reichtum und eine anormale Veranlagung. Nicht alles an diesem Leben ist musterhaft, exemplarisch aber ist alles. Es weist der überragenden schriftstellerischen Leistung dieser Tage ihren Ort im Herzen der Unmöglichkeit, im Zentrum und freilich zugleich im Indifferenzpunkt aller Gefahren an und kennzeichnet diese große Realisierung des »Lebenswerks« als eine letzte auf lange. Prousts Bild ist der höchste physiognomische Ausdruck, den die unaufhaltsam wachsende Diskrepanz von Poesie und Leben gewinnen konnte. Das ist die Moral, die den Versuch rechtfertigt, es heraufzurufen.

Man weiß, daß Proust nicht ein Leben wie es gewesen ist in seinem Werke beschrieben hat, sondern ein Leben, so wie der, der's erlebt hat, dieses Leben erinnert. Und doch ist auch das noch unscharf und bei weitem zu grob gesagt. Denn hier spielt für den erinnernden Autor die Hauptrolle gar nicht, was er erlebt hat, sondern das Weben seiner Erinnerung, die Penelopearbeit des Eingedenkens. Oder sollte man nicht besser von einem Penelopewerk des Vergessens reden? Steht nicht das ungewollte Eingedenken, Prousts mémoire involontaire dem Vergessen viel näher als dem, was meist Erinnerung genannt wird? Und ist dies Werk spontanen Eingedenkens, in dem Erinnerung der Einschlag und Vergessen der Zettel ist, nicht vielmehr ein Gegenstück zum Werk der Penelope als sein Ebenbild? Denn hier löst der Tag auf, was die Nacht wirkte. An jedem Morgen halten wir, erwacht, meist schwach und lose, nur an ein paar Fransen den Teppich des gelebten Daseins, wie Vergessen ihn in uns gewoben hat, in Händen. Aber jeder Tag löst mit dem zweckgebundenen Handeln und, noch mehr, mit zweckverhaftetem Erinnern das Geflecht, die Ornamente des Vergessens auf. Darum hat Proust am Ende seine Tage zur Nacht gemacht, um im verdunkelten Zimmer bei künstlichem Lichte all seine Stunden ungestört dem Werk zu widmen, von den verschlungenen Arabesken sich keine entgehen zu lassen.

Wenn die Römer einen Text das Gewebte nennen, so ist es kaum einer mehr und dichter als Marcel Prousts. Nichts war ihm dicht und dauerhaft genug. Sein Verleger Gallimard hat erzählt, wie Prousts Gepflogenheiten beim Korrekturlesen die Verzweiflung der Setzer machten. Die Fahnen kamen immer randvoll beschrieben zurück. Aber kein einziger Druckfehler war ausgemerzt worden; aller verfügbare Raum war mit neuem Texte erfüllt. So wirkte die Gesetzlichkeit des Erinnerns noch im Umfang des Werks sich aus. Denn ein erlebtes Ereignis ist endlich, zumindest in der einen Sphäre des Erlebens beschlossen, ein erinnertes schrankenlos, weil nur Schlüssel zu allem was vor ihm und zu allem was nach ihm kam. Und noch in anderem Sinne ist es die Erinnerung, die hier die strenge Webevorschrift gibt. Einheit des Textes nämlich ist allein der actus purus des Erinnerns selber. Nicht die Person des Autors, geschweige die Handlung. Ja man kann sagen, deren Intermittenzen sind nur die Kehrseite vom Kontinuum des Erinnerns, das rückwärtige Muster des Teppichs. So wollte es Proust, so hat man ihn zu verstehen, wenn er sagte, er sähe am liebsten sein ganzes Werk zweispaltig in einem Bande und ohne jeden Absatz gedruckt.

Was suchte er so frenetisch? Was lag diesen unendlichen Mühen zugrunde? Dürfen wir sagen, daß alle Leben, Werke, Taten, welche zählen, nie andres waren, als die unbeirrte Entfaltung der banalsten und flüchtigsten, sentimentalsten und schwächsten Stunde im Dasein dessen, dem sie zugehören? Und als Proust an einer berühmten Stelle diese seine eigenste Stunde geschildert hat, tat er's so, daß jeder sie im eigenen Dasein wiederfindet. Nur wenig fehlt, und wir dürften sie eine alltägliche nennen. Sie kommt mit der Nacht, einem verlorenen Gezwitscher oder dem Atemzug an der Brüstung des offenen Fensters. Und es ist nicht abzusehen, was für Begegnungen uns bestimmt wären, wenn wir weniger willfährig wären, zu schlafen. Proust willfahrte dem Schlafe nicht. Und dennoch, eben darum vielmehr, konnte Jean Cocteau in einem schönen Essay von dem Tonfall seiner Stimme sagen, daß sie den Gesetzen von Nacht und Honig gehorsam war. Indem er unter ihre Herrschaft trat, besiegte er die hoffnungslose Trauer in seinem Innern (das was er einmal »l'imperfection incurable dans l'essence même du présent« genannt hat), und baute aus den Waben der Erinnerung dem Bienenschwarm der Gedanken sein Haus. Cocteau hat gesehen, was jeden Leser Prousts im höchsten Grade beschäftigen sollte: er sah das blinde, unsinnige und besessene Glücksverlangen in diesem Menschen. Es leuchtete aus seinen Blicken. Die waren nicht glücklich. Aber in ihnen saß das Glück wie *im* Spiel oder *in* der Liebe. Es ist auch nicht schwer zu sagen, warum dieser herzstockende, sprengende Glückswille, der Prousts Dichten durchdringt, seinen Lesern so selten eingeht. Proust selbst hat es ihnen an vielen Stellen erleichtert, auch dieses œuvre unter der altbewährten, bequemen Perspektive der Entsagung, des Heroismus, der Askese zu betrachten. Nichts leuchtet ja den Musterschülern des Lebens so ein, als eine große Leistung sei die Frucht von nichts als Mühen, Jammer und Enttäuschung. Denn daß am Schönen auch das Glück noch Anteil haben könnte, das wäre zuviel des Guten, darüber würde ihr Ressentiment sich niemals trösten.

Es gibt nun aber einen zwiefachen Glückswillen, eine Dialektik des Glücks. Eine hymnische und eine elegische Glücksgestalt. Die eine: das Unerhörte, das Niedagewesene, der Gipfel der Seligkeit. Die andere: das ewige Nocheinmal, die ewige Restauration des ursprünglichen, ersten Glücks. Diese elegische Glücksidee, die man auch die eleatische nennen könnte, ist es, die für Proust das Dasein in einen Bannwald der Erinnerung verwandelt. Ihr hat er nicht allein im Leben Freunde und Gesellschaft, sondern im Werke Handlung, Einheit der Person, Fluß der Erzählung, Spiel der Phantasie geopfert. Es war nicht der Schlechteste seiner Leser – Max Unold – der an die dergestalt bedingte »Langeweile« seiner Schriften anschloß, um sie mit »Schaffner-Geschichten« zu vergleichen, und der die Formel fand: »Er hat es fertiggebracht, die Schaffner-Geschichte interessant zu machen. Er sagt: Denken Sie sich, Herr Leser, gestern tunk ich einen Biskuit in meinen Tee, da fällt mir ein, daß ich als Kind auf dem Land war – dafür verwendet er 80 Seiten, und das ist so hinreißend, daß man nicht mehr der Zuhörende, sondern der Wachträumende selbst zu sein glaubt.« In solchen Schaffner-Geschichten – »alle gewöhnlichen Träume werden, sobald man sie erzählt, Schaffner-Geschichten« – hat Unold die Brücke zum Traum gefunden. An ihn muß jede synthetische Interpretation von Proust anschließen. Unscheinbare Pforten genug führen hinein. Da ist Prousts frenetisches Studium, sein passionierter Kultus der Ähnlichkeit. Nicht da, wo er sie in den Werken, Physiognomien oder Redeweisen, immer bestürzend, unvermutet aufdeckt, läßt sie die wahren Zeichen ihrer Herrschaft erkennen. Die Ähnlichkeit des Einen mit dem Andern, mit der wir rechnen, die im Wachen uns beschäftigt, umspielt nur die tiefere der Traumwelt, in der, was vorgeht, nie identisch, sondern ähnlich: sich selber undurchschaubar ähnlich, auftaucht. Kinder kennen ein Wahrzeichen dieser Welt, den Strumpf, der die Struktur der Traumwelt hat, wenn er im Wäschekasten, eingerollt, »Tasche« und »Mitgebrachtes« zugleich ist. Und wie sie selbst sich nicht ersättigen können, dies beides: Tasche und was drin liegt, mit *einem* Griff in etwas Drittes zu verwandeln: in den Strumpf, so war Proust unersättlich, die Attrappe, das Ich, mit einem Griffe zu entleeren, um immer wieder jenes Dritte: das Bild, das seine Neugier, nein, sein Heimweh stillte, einzubringen. Zerfetzt von Heimweh lag er auf dem Bett, Heimweh nach der im Stand der Ähnlichkeit entstellten Welt, in der das wahre sürrealistische Gesicht des Daseins zum Durchbruch kommt. Ihr gehört an, was bei Proust geschieht, und wie behutsam und vornehm es auftaucht. Nämlich nie isoliert pathetisch und visionär, sondern angekündigt und vielfach gestützt eine gebrechliche kostbare Wirklichkeit tragend: das Bild. Es löst sich aus dem Gefüge der Proustschen Sätze wie unter Françoisens Händen in Balbec der Sommertag, alt, unvordenklich, mumienhaft aus den Tüllgardinen.

II.

Das Wichtigste, was einer zu sagen hat, proklamiert er nicht immer laut. Und auch im stillen vertraut er es nicht immer dem Vertrautesten, Nächsten, nicht immer dem, der am ergebensten sich in Bereitschaft hielt, sein Geständnis entgegenzunehmen. Wenn nun nicht Personen allein, sondern auch Zeitalter solche keusche, nämlich solch durchtriebene und frivole Art haben, ihr Eigenstes einem Beliebigen mitzuteilen, so ist es für das neunzehnte Jahrhundert nicht Zola oder Anatole France, sondern der junge Proust, der unbeträchtliche Snob, der verspielte Salonlöwe, der von dem gealterten Zeitlauf (wie von einem anderen, gleich sterbensmatten Swann) die erstaunlichsten Konfidenzen im Fluge auffing. Erst Proust hat das neunzehnte Jahrhundert memoirenfähig gemacht. Was vor ihm ein spannungsloser Zeitraum war, ist zum Kraftfeld geworden, in dem die mannigfachsten Ströme von späteren Autoren erweckt wurden. Es ist auch gar kein Zufall, daß das interessanteste Werk dieser Art von einer Verfasserin stammt, die Proust persönlich als Bewunderin und Freundin nahegestanden hat. Bereits der Titel, unter dem die Fürstin Clermont-Tonnerre den ersten Band ihres Memoirenwerks vorstellt – »Au Temps des Equipages« – wäre vor Proust kaum denkbar gewesen. Im übrigen ist es das Echo, das dem vieldeutigen, liebevollen und herausfordernden Zuruf des Dichters aus dem Faubourg Saint-Germain leise zurücktönt. Dazu ist diese (melodische) Darstellung voll von direkten oder indirekten Beziehungen auf Proust in ihrer Haltung wie in ihren Figuren, unter denen er selber und manche seiner liebsten Studienobjekte aus dem Ritz sind. Damit sind wir freilich, das läßt sich nicht abstreiten, in einem sehr feudalen Milieu und mit Erscheinungen wie Robert de Montesquiou, den die Fürstin

Clermont-Tonnerre meisterhaft darstellt, in einem sehr speziellen dazu. Aber das sind wir bei Proust auch; und es fehlt auch bei ihm bekanntlich das Gegenstück zu einem Montesquiou nicht. Das alles verlohnte die Diskussion nicht – zumal die Frage der Modelle zweiten Ranges und für Deutschland belanglos ist – liebte nicht die deutsche Kritik so sehr, sich's bequem zu machen. Und vor allem: sie konnte die Gelegenheit nicht vorbeigehen lassen, sich mit dem Mob der Leihbüchereien zu enkanaillieren. Ihren Routiniers lag also nichts näher, als vom snobistischen Milieu des Werkes auf den Verfasser zu schließen und Prousts Werk als interne französische Angelegenheit, als Unterhaltungsbeilage zum Gotha zu kennzeichnen. Nun liegt es auf der Hand: die Probleme der proustischen Menschen entstammen einer saturierten Gesellschaft. Aber da ist nicht eins, das mit denen des Verfassers sich deckt. Diese sind subversiv. Müßte man sie auf eine Formel bringen, so wäre sein Anliegen, den ganzen Aufbau der höheren Gesellschaft in Gestalt einer Physiologie des Geschwätzes zu konstruieren. Es gibt im Schatze ihrer Vorurteile und Maximen keine, die seine gefährliche Komik nicht annihiliert. Auf diese als erster hingewiesen zu haben ist nicht das geringste der bedeutenden Verdienste, die Léon Pierre-Quint als der erste Interpret Prousts sich erworben hat. »Wenn von humoristischen Werken die Rede ist«, schreibt Quint, »denkt man gewöhnlich an kurze, lustige Bücher in illustrierten Umschlägen. Man vergißt Don Quichote, Pantagruel und Gil Blas, enggedruckte, unförmige Wälzer.« Die subversive Seite des Proustschen Werks erscheint in diesem Zusammenhange am bündigsten. Und hier ist weniger Humor als Komik das eigentliche Zentrum seiner Kraft; er hebt die Welt nicht im Gelächter auf, sondern schleudert sie im Gelächter nieder. Auf die Gefahr, daß sie in Scherben geht, vor denen er nur selber in Tränen ausbricht. Und sie gehen in Scherben: die Einheit der Familie und der Persönlichkeit, der Sexualmoral und der Standesehre. Die Prätentionen der Bourgeoisie zerschellen im Gelächter. Ihre Rückflucht, ihre Reassimilation durch den Adel ist das soziologische Thema des Werkes.

Proust wurde des Trainings nicht müde, den der Umgang in den feudalen Kreisen erforderte. Ausdauernd und ohne sich viel Zwang tun zu müssen, schmeidigte er seine Natur, um sie so undurchdringlich und findig, devot und schwierig zu machen, wie er um seiner Aufgabe willen es werden mußte. Später wurde die Mystifikation, die Umständlichkeit ihm dermaßen zur Natur, daß seine Briefe manchmal ganze Systeme von Parenthesen – und nicht nur grammatischen – sind. Briefe, die trotz ihrer unendlich geistvollen, wendigen Abfassung bisweilen jenes legendäre Schema in Erinnerung rufen: »Verehrte gnädige Frau, ich merke eben, daß ich gestern meinen Stock bei Ihnen vergaß, und bitte Sie, dem Überbringer dieses Schreibens ihn auszuhändigen. P. S. Verzeihen Sie bitte die Störung, ich habe ihn soeben gefunden.« Wie erfinderisch ist er in Schwierigkeiten. Spät in der Nacht erscheint er bei der Fürstin Clermont-Tonnerre, um sein Bleiben an die Bedingung zu knüpfen, daß ihm die Medizin von Hause geholt werde. Und nun schickt er den Kammerdiener, gibt ihm eine lange Beschreibung der Gegend, des Hauses. Zuletzt: »Sie können es nicht verfehlen. Das einzige Fenster auf dem Boulevard Haussmann, in dem noch Licht brennt.« Nur nicht die Nummer. Man versuche, in einer fremden Stadt die Adresse eines Bordells zu erfahren, und hat man dann die langatmigste Auskunft bekommen – nur alles andere als Straße und Hausnummer –, so wird man verstehen, was hier gemeint ist (und wie es mit Prousts Liebe zum Zeremonial, seiner Verehrung für Saint-Simon und nicht zuletzt seinem intransigenten Franzosentume zusammenhängt). Ist nicht die Quintessenz der Erfahrung: erfahren, wie höchst schwierig Vieles zu erfahren ist, das doch anscheinend sich in wenig Worten sagen ließe. Nur daß solche Worte einem kasten- und standesmäßig festgelegten Rotwelsch angehören und für Außenseiter nicht zu verstehen sind. Kein Wunder, daß die Geheimsprache der Salons Proust passionierte. Als er später an die gnadenlose Schilderung des petit clan, der Courvoisier, des »esprit d'Oriane« herantrat, hatte er selber im Umgang mit den Bibesco die Improvisationen einer Schlüsselsprache kennengelernt, in die auch wir inzwischen eingeführt worden sind.

Proust hat in den Jahren seines Salonlebens nicht nur das Laster der Schmeichelei in einem eminenten – man möchte sagen: theologischen – Grade ausgebildet, auch das der Neugier. Auf seinen Lippen war ein Abglanz des Lächelns, das in der Leibung mancher von den Kathedralen, die er so liebte, wie ein

Lauffeuer über die Lippen der törichten Jungfraun huscht. Es ist das Lächeln der Neugier. Hat Neugier ihn im Grunde zu solch großem Parodisten gemacht? Wir wüßten dann zugleich, was wir vom Worte »Parodist« an dieser Stelle zu halten hätten. Nicht viel. Denn wenn es auch seiner abgründigen Malice gerecht wird, so geht es doch am Bittren, Wilden und Verbissenen der großartigen Reportagen vorbei, die er im Stile Balzacs, Flauberts, Sainte-Beuves, Henri de Régniers, der Goncourts, Michelets, Renans und schließlich seines Lieblings Saint-Simon verfaßt und in dem Bande »Pastiches et Mélanges« gesammelt hat. Es ist die Mimikry des Neugierigen, die der geniale Trick dieser Folge, zugleich aber ein Moment seines ganzen Schaffens gewesen ist, in welchem die Passion für das Vegetabilische nicht ernst genug genommen werden kann. Ortega y Gasset hat als erster die Aufmerksamkeit auf das vegetative Dasein der proustschen Figuren gelenkt, die in einer so nachhaltigen Weise an ihren sozialen Fundort gebunden, vom Stande der feudalen Gnadensonne bestimmt, vom Winde, der von Guermantes oder Méséglise weht, bewegt und undurchdringlich in dem Dickicht ihres Schicksals miteinander verschlungen werden. Diesem Lebenskreise entstammt, als Verfahren des Dichters, die Mimikry. Seine genauesten, evidentesten Erkenntnisse sitzen auf ihren Gegenständen wie auf Blättern, Blüten und Ästen Insekten, die nichts von ihrem Dasein verraten, bis ein Sprung, ein Flügelschlag, ein Satz dem erschreckten Betrachter zeigen, daß hier ein unberechenbares eigenes Leben unscheinbar sich in eine fremde Welt geschlichen hatte. »Die Metapher, so unerwartet sie ist«, sagt Pierre-Quint, »bildet sich eng an den Gedanken an.«

Den wahren Leser Prousts durchschüttern immerwährend kleine Schrecken. Im übrigen findet er in der Metaphorik den Niederschlag der gleichen Mimikry, die ihn als Kampf ums Dasein dieses Geistes im Laubdach der Gesellschaft frappieren mußte. Es ist ein Wort davon zu sagen, wie innig und befruchtend diese beiden Laster, die Neugier und die Schmeichelei, einander durchdrungen haben. Eine auschlußreiche Stelle bei der Fürstin Clermont-Tonnerre heißt: »Und zum Schluß können wir nicht verschweigen: Proust berauschte sich am Studium des Dienstpersonals. War es, weil hier ein Element, dem er sonst nirgend begegnete, seinen Spürsinn reizte, oder neidete er es ihnen, daß sie die intimen Details von den Dingen, die sein Interesse erregten, besser beobachten konnten? Wie dem nun sei – das Dienstpersonal in seinen verschiedenen Figuren und Typen war seine Leidenschaft.« In den fremdartigen Abschattungen eines Jupien, eines Monsieur Aimé, einer Céleste Albaret zieht deren Reihe von der Gestalt einer Françoise, die mit den derben, spitzigen Zügen der heiligen Martha leibhaftig einem Stundenbuch entstiegen scheint, sich bis zu jenen grooms und chasseurs, denen nicht Arbeit sondern Müßiggang bezahlt wird. Und vielleicht nimmt die Repräsentation das Interesse dieses Kenners der Zeremonien nirgends gespannter als in diesen niedersten Graden in Anspruch. Wer will ermessen, wieviel Bedientenneugier in Prousts Schmeichelei, wieviel Bedientenschmeichelei in seine Neugier einging, und wo diese durchtriebene Kopie der Bedientenrolle auf den Höhen des sozialen Lebens ihre Grenzen hatte? Er gab sie, und er konnte nicht anders. Denn wie er selber einmal verrät: »voir« und »désirer imiter« waren ihm ein und dasselbe. Diese Haltung hat, souverän und subaltern wie sie war, Maurice Barrès in einem der profiliertesten Worte, die je auf Proust geprägt worden sind, festgehalten: »Un poète persan dans une loge concierge.«

Es war in Prousts Neugier ein detektivischer Einschlag. Die oberen Zehntausend waren ihm ein Verbrecherclan, eine Verschwörerbande, mit der sich keine andere vergleichen kann: die Kamorra der Konsumenten. Sie schließt aus ihrer Welt alles aus, was Anteil an der Produktion hat, verlangt zumindest, daß sich dieser Anteil graziös und schamhaft hinter einem Gestus birgt, wie die vollendeten Professionals der Konsumtion ihn zur Schau tragen. Prousts Analyse des Snobismus, die weit wichtiger ist als seine Apotheose der Kunst, stellt in seiner Gesellschaftskritik den Höhepunkt dar. Denn nichts anderes ist die Haltung des Snob als die konsequente, organisierte, gestählte Betrachtung des Daseins vom chemisch-reinen Konsumentenstandpunkt. Und weil aus dieser satanischen Feerie die entfernteste so gut wie die primitivste Erinnerung an die Produktivkräfte der Natur verbannt werden sollte, darum war ihm selbst in der Liebe die invertierte Bindung brauchbarer als die normale. Der reine Konsument aber ist der reine Ausbeuter. Er ist es logisch und theoretisch, er ist es bei Proust in der ganzen Konkretheit seines aktuellen historischen Daseins. Konkret weil undurchschaubar und nicht zu stellen. Proust schildert eine Klasse, die in allen Teilen auf Tarnung ihrer materiellen Basis verpflichtet und eben darum einem Feudalismus angebildet ist, der, ohne wirtschaftliche Bedeutung in sich, als Maske der Großbourgeoisie um so verwendbarer ist. Dieser illusionslose, gnadenlose Entzauberer des Ich, der Liebe, der Moral, als welchen Proust sich zu sehen liebte, macht seine ganze grenzenlose Kunst zum Schleier dieses einen und lebenswichtigsten Mysteriums seiner Klasse: des wirtschaftlichen. Nicht als ob er ihr damit zu Diensten wäre. Er ist ihr nur voraus. Was sie lebt, beginnt bei ihm schon verständlich zu werden. Doch vieles von der Größe dieses Werkes wird unerschlossen oder unentdeckt verbleiben, bis diese Klasse ihre schärfsten Züge im Endkampf zu erkennen gegeben hat.

III.

Im vorigen Jahrhundert gab es in Grenoble – ich weiß nicht, ob heute noch – ein Wirtshaus »Au Temps perdu«. Auch bei Proust sind wir Gäste, die unterm schwankenden Schild eine Schwelle betreten, hinter der uns die Ewigkeit und der Rausch erwarten. Mit Recht hat Fernandez ein thème de l'éternité bei Proust vom thème du temps unterschieden. Aber durchaus ist diese Ewigkeit keine platonische, keine utopische: sie ist rauschhaft. Wenn also »die Zeit für Jeden, der sich in ihren Verlauf vertieft, eine neue und bisher unbekannte Art der Ewigkeit enthüllt«, so nähert sich doch der Einzelne damit durchaus nicht »den höheren Gefilden, die ein Plato oder Spinoza mit einem Flügelschlage erreichten«. Nein – denn es gibt zwar bei Proust Rudimente eines überdauernden Idealismus. Aber nicht sie sind es, die die Bedeutung dieses Werks bedingen. Die Ewigkeit, in welche Proust Aspekte eröffnet, ist die verschränkte, nicht die grenzenlose Zeit. Sein wahrer Anteil gilt dem Zeitverlauf in seiner realsten, das ist aber verschränkten Gestalt, der nirgends unverstellter herrscht als im Erinnern, innen, und im Altern, außen. Das Widerspiel von Altern und Erinnern verfolgen, heißt in das Herz der proustschen Welt, ins Universum der Verschränkung dringen. Es ist die Welt im Stand der Ähnlichkeit und in ihr herrschen die »Korrespondenzen«, die zuerst die Romantik und die am innigsten Baudelaire erfaßte, die aber Proust (als Einziger) vermochte, in unserem gelebten Leben zum Vorschein zu bringen. Das ist das Werk der mémoire involontaire, der verjüngenden Kraft, die dem unerbittlichen Altern gewachsen ist. Wo das Gewesene im taufrischen »Nu« sich spiegelt, rafft ein schmerzlicher Chock der Verjüngung es noch einmal so unaufhaltsam zusammen, wie die Richtung von Guermantes mit der Richtung von Swann für Proust sich verschränkte, da er (im dreizehnten Bande) ein letztes Mal die Gegend von Combray durchstreift und die Verschlingung der Wege entdeckt. Im Nu springt die Landschaft um wie ein Wind. »Ah! que le monde est grand à la clarté des lampes! | Aux yeux du souvenir que le monde est petit!« Proust hat das Ungeheure fertiggebracht, im Nu die ganze Welt um ein ganzes Menschenleben altern zu lassen. Aber eben diese Konzentration, in der, was sonst nur welkt und dämmert, blitzhaft sich verzehrt, heißt Verjüngung. »A la Recherche du Temps perdu« ist der unausgesetzte Versuch, ein ganzes Leben mit der höchsten Geistesgegenwart zu laden. Nicht Reflexion – Vergegenwärtigung ist Prousts Verfahren. Er ist ja von der Wahrheit durchdrungen, daß wir alle keine Zeit haben, die wahren Dramen des Daseins zu leben, das uns bestimmt ist. Das macht uns altern. Nichts andres. Die Runzeln und Falten im Gesicht, sie sind die Eintragungen der großen Leidenschaften, der Laster, der Erkenntnisse, die bei uns vorsprachen – doch wir, die Herrschaft, waren nicht zu Hause.

Schwerlich gab es seit den geistlichen Übungen des Loyola im abendländischen Schrifttum einen radikaleren Versuch zur Selbstversenkung. Auch diese hat in ihrer Mitte eine Einsamkeit, die mit der Kraft des Maelstroms die Welt in ihren Strudel hinabreißt. Und das überlaute und über alle Begriffe hohle Geschwätz, das uns aus Prousts Romanen entgegenbraust, ist das Dröhnen, mit welchem die Gesellschaft in den Abgrund dieser Einsamkeit hinabstürzt. Prousts Invektiven gegen die Freundschaft haben hier ihren Ort. Die Stille auf dem Grunde dieses Trichters – seine Augen sind die stillsten und saugendsten – wollte gewahrt sein. Was in so vielen Anekdoten irritierend und kapriziös in Erscheinung tritt, ist die Verbindung einer beispiellosen Intensität des Gesprächs mit einer nicht zu überbietenden Ferne vom Partner. Nie gab es einen, der so wie er die Dinge uns zeigen konnte. Sein weisender Finger ist ohnegleichen. Aber es gibt eine andere Geste im freundschaftlichen Miteinander, im Gespräch: die Berührung. Diese Geste ist keinem fremder als Proust. Er kann auch seinen Leser nicht anrühren, könnte es um nichts in der Welt. Wollte man die Dichtung um diese Pole – die weisende und die berührende – anordnen, so wäre die Mitte der einen das Werk von Proust, der anderen Péguys. Es ist im Grunde dies, was Fernandez ausgezeichnet begriffen hat: »Die Tiefe oder besser die Eindringlichkeit ist immer auf seiner Seite, nie auf seiten des Partners.« Mit einem Einschlag von Zynismus und virtuos kommt das in seiner Literarkritik zum Vorschein. Ihr bedeutendstes Dokument ein Essay, auf der großen Höhe des Ruhms und der niedern des Totenbettes entstanden: »A Propos de Baudelaire«. Jesuitisch im Einverständnis mit seinen eignen Leiden, maßlos in der Schwatzhaftigkeit des Ruhenden, erschreckend in der Indifferenz des Todgeweihten, der hier noch einmal sprechen will und gleichviel wovon. Was ihn hier dem Tode gegenüber inspirierte, bestimmt ihn auch im Umgang mit den Zeitgenossen: ein so stoßhafter, harter Wechsel von Sarkasmus und Zärtlichkeit, Zärtlichkeit und Sarkasmus, daß sein Gegenstand darunter erschöpft zusammenzubrechen droht.

Das Aufreizende, Unstete des Mannes betrifft ja noch den Leser der Werke. Genug, an die unabsehbare Kette der »soit que« zu denken, die eine Handlung auf erschöpfende, deprimierende Art im Lichte der unzähligen Motive zeigen, die ihr zugrunde gelegen haben können. Und doch, in dieser parataktischen Abflucht kommt zum Vorschein, wo Schwäche und Genie bei Proust nur noch eins sind: die intellektuelle Entsagung, die erprobte Skepsis, die er den Dingen entgegenbrachte. Nach den süffisanten romantischen Innerlichkeiten kam er und war, wie Jacques Rivière es ausdrückt, entschlossen, den »Sirènes intérieures« nicht den mindesten Glauben zu schenken. »Proust tritt an das Erleben ohne das leiseste metaphysische Interesse, ohne den leisesten konstruktivistischen Hang, ohne die leiseste Neigung zum Trösten heran.« Nichts ist wahrer. Und so ist denn auch die Grundfigur dieses Werkes, von der

Proust nicht müde wurde, das Planvolle zu behaupten, nichts weniger als konstruiert. Planvoll aber, das ist sie wie der Verlauf unserer Handlinien oder die Anordnung der Staubgefäße im Kelch. Proust, dieses greise Kind, hat, tief ermüdet, sich an den Busen der Natur zurückfallen lassen, nicht, um an ihm zu saugen, sondern um bei ihrem Herzschlag zu träumen. So schwach muß man ihn sehen und begreift, mit welchem Glück Jacques Rivière ihn aus der Schwäche verstehen und sagen konnte: »Marcel Proust ist an derselben Unerfahrenheit gestorben, die ihm erlaubt hat, sein Werk zu schreiben. Er ist gestorben aus Weltfremdheit und weil er seine Lebensbedingungen, die für ihn vernichtend geworden waren, nicht zu ändern verstand. Er ist gestorben, weil er nicht wußte, wie man Feuer macht, wie man ein Fenster öffnet.« Und, freilich, an seinem nervösen Asthma.

Die Ärzte haben diesem Leiden machtlos gegenübergestanden. Nicht so der Dichter, der es sehr planvoll in seinen Dienst gestellt hat. Er war – um mit dem Äußerlichsten zu beginnen – ein vollendeter Regisseur seiner Krankheit. Monatelang verbindet er mit vernichtender Ironie das Bild eines Verehrers, der ihm Blumen gesandt hatte, mit deren ihm unerträglichen Duft. Und mit den Tempi und Gezeiten seines Leidens alarmiert er Freunde, die den Augenblick fürchteten und ersehnten, da der Dichter plötzlich, lange nach Mitternacht, im Salon erschien – brisé de fatigue und nur auf fünf Minuten, wie er verkündete, – um dann bis in den grauenden Morgen zu bleiben, zu müde, um sich zu erheben, zu müde, um auch nur seine Rede zu unterbrechen. Selbst der Briefschreiber findet kein Ende, diesem Leiden die entlegensten Effekte abzugewinnen. »Das Rasseln meiner Atemzüge übertönt das meiner Feder und eines Bades, das man im Stockwerk unter mir einläßt.« Aber es ist nicht das allein. Auch nicht, daß ihn die Krankheit dem mondänen Dasein entriß. Dieses Asthma ist in seine Kunst eingegangen, wenn nicht seine Kunst es geschaffen hat. Seine Syntax bildet rhythmisch auf Schritt und Tritt diese seine Erstickungsangst nach. Und seine ironische, philosophische, didaktische Reflexion ist allemal das Aufatmen, mit welchem der Alpdruck der Erinnerungen ihm vom Herzen fällt. In größerem Maßstab ist aber der Tod, den er unablässig, und am meisten wenn er schrieb, gegenwärtig hatte, die drohende, erstickende Krise. So stand er Proust gegenüber und lange, bevor sein Leiden kritische Formen annahm. Dennoch nicht als hypochondrische Grille, sondern als »réalité nouvelle«, jene neue Wirklichkeit, von der der Reflex auf Dingen und auf Menschen die Züge des Alterns sind. Physiologische Stilkunde würde ins Innerste dieses Schaffens führen. So wird niemand, der die besondere Zähigkeit kennt, mit der Erinnerungen im Geruchssinn (keineswegs Gerüche in der Erinnerung!) bewahrt werden, Prousts Empfindlichkeit gegenüber Gerüchen für Zufall erklären können. Gewiß treten die meisten Erinnerungen, nach denen wir forschen, als Gesichtsbilder vor uns hin. Und auch die freisteigenden Gebilde der mémoire involontaire sind noch zum guten Teil isolierte, nur rätselhaft präsente Gesichtsbilder. Eben darum aber hat man, um dem innersten Schwingen in dieser Dichtung sich wissend anheimzugeben, in eine besondere und tiefste Schicht dieses unwillkürlichen Eingedenkens sich zu versetzen, in welcher die Momente der Erinnerung nicht mehr einzeln, als Bilder, sondern bildlos und ungeformt, unbestimmt und gewichtig von einem Ganzen so uns Kunde geben wie dem Fischer die Schwere des Netzes von seinem Fang. Der Geruch, das ist der Gewichtssinn dessen, der im Meere der temps perdu seine Netze auswirft. Und seine Sätze sind das ganze Muskelspiel des intelligiblen Leibes, enthalten die ganze, die unsägliche Anstrengung, diesen Fang zu heben.

Im übrigen: wie innig die Symbiose dieses bestimmten Schaffens und dieses bestimmten Leidens gewesen ist, erweist am deutlichsten, daß nie bei Proust jenes heroische Dennoch zum Durchbruch kommt, mit dem sonst schöpferische Menschen sich gegen ihr Leiden erheben. Und daher darf man, von der andern Seite, sagen: eine so tiefe Komplizität mit Weltlauf und Dasein, wie die von Proust es gewesen ist, hätte unfehlbar in ein gemeines und träges Genügen auf jeder anderen Basis als so tiefen, unausgesetzten Leidens führen müssen. So aber war dies Leiden bestimmt, von einem wunsch- und reuelosen furor seine Stelle in dem großen Werkprozesse sich weisen zu lassen. Zum zweitenmal erhob sich ein Gerüst wie Michelangelos, auf dem der Künstler, das Haupt im Nacken, an die Decke der Sixtina die Schöpfung malte: das Krankenbett, auf welchem Marcel Proust die ungezählten Blätter, die er in der Luft mit seiner Handschrift bedeckte, der Schöpfung seines Mikrokosmos gewidmet hat.

Aus einer kleinen Rede über Proust, an meinem vierzigsten Geburtstag gehalten

Zur Kenntnis der mémoire involontaire: ihre Bilder kommen nicht allein ungerufen, es handelt sich vielmehr in ihr um Bilder, die wir nie sahen, ehe wir uns ihrer erinnerten. Am deutlichsten ist das bei jenen Bildern, auf welchen wir – genau wie in manchen Träumen – selber zu sehen sind. Wir stehen vor uns, wie wir wohl in Urvergangenheit einst irgendwo, doch nie vor unserm Blick, gestanden haben. Und gerade die wichtigsten – die in der Dunkelkammer des gelebten Augenblicks entwickelten – Bilder sind es, welche wir zu sehen bekommen. Man könnte sagen, daß unsern tiefsten Augenblicken gleich jenen Päckchenzigaretten – ein kleines Bildchen, ein Photo unsrer selbst – ist mitgegeben worden. Und jenes »ganze Leben« das, wie wir oft hören, an Sterbenden oder an Menschen, die in der Gefahr zu sterben schweben, vorüberzieht, setzt sich genau aus diesen kleinen Bildchen zusammen. Sie stellen einen schnellen Ablauf dar wie jene Hefte, die Vorläufer des Kinematographen, auf denen wir als Kinder einen Boxer, einen Schwimmer oder Tennisspieler bei seinen Künsten bewundern konnten.

Prousts Hedonismus ist nicht ohne die Idee der Stellvertretung zu verstehen. Proust selbst erscheint sich als der Stellvertreter der Armen und Enterbten im Genuß. Er ist durchaus von der Verpflichtung durchdrungen – dies ist ein zweites – nicht nur den Genuß für alle sondern den Genuß an jeder Stelle und an allem, dem er vindiziert wird, wirklich zu erleben. Der unbedingte Vorsatz, den Genuß zu retten, zu rechtfertigen, ihn wirklich da zu finden, wo er gemeinhin nur geheuchelt wird, ist eine Leidenschaft von Proust, die sehr viel tiefer geht oder [ein Wort nicht entziffert] ist, als seine desillusionistischen Analysen. Daher auch seine besondere Fixierung an den Snobismus, in dem er das erfassen will, was an echtem Genuß in ihm liegt – einen Schatz, den zu heben ihm freilich die Angehörigen der Gesellschaft am wenigsten fähig scheinen.

Ankündigung der Zeitschrift: Angelus Novus

Die Zeitschrift, deren Plan hiermit vorliegt, hofft, indem sie Rechenschaft von ihrer Form sucht, Vertrauen zu ihrem Inhalt mitzuteilen. Diese Form entspringt der Besinnung auf das Wesen einer Zeitschrift und mag ein Programm nicht sowohl entbehrlich machen, denn als Anreiz trügerischer Produktivität vermeiden. Nur für zielbewußtes Wirken Einzelner oder Verbundener gelten Programme; eine Zeitschrift, welche als Lebensäußerung einer bestimmten Geistesart immer sehr viel unberechenbarer und unbewußter, aber auch sehr viel zukunftsvoller und entfaltungsreicher ist als jede Willensäußerung, verstünde, in welchen Sätzen immer sich erkennend, schlecht sich selbst. Soweit also Besinnung von ihr gefordert werden kann – und sie kann es im rechten Sinne unbegrenzt – hat sie sich weniger auf ihre Gedanken und Gesinnungen als auf ihre Grundlagen und Gesetze zu beziehen; wie ja auch vom Menschen keineswegs das Bewußtsein seiner innersten Tendenzen, wohl aber das seiner Bestimmung ständig erwartet werden darf.

Die wahre Bestimmung einer Zeitschrift ist, den Geist ihrer Epoche zu bekunden. Dessen Aktualität gilt ihr mehr als selber seine Einheit oder Klarheit und damit wäre sie – gleich der Zeitung – zur Wesenlosigkeit verurteilt, wenn nicht in ihr ein Leben sich gestaltete, mächtig genug, auch das Fragwürdige, weil es von ihr bejaht wird, noch zu retten. In der Tat: eine Zeitschrift, deren Aktualität ohne historischen Anspruch ist, besteht zu Unrecht. Daß es diesen mit so unvergleichlichem Nachdruck erheben durfte, macht die Vorbildlichkeit des romantischen »Athenäums«. Und zugleich wäre dieses – wenn es not täte – ein Beispiel, wie für die wahre Aktualität der Maßstab ganz und gar nicht beim Publikum ruht. Jede Zeitschrift hätte wie diese, unerbittlich im Denken, unbeirrbar im Sagen und unter gänzlicher Nichtachtung des Publikums, wenn es sein muß, sich an dasjenige zu halten, was als wahrhaft Aktuelles unter der unfruchtbaren Oberfläche jenes Neuen oder Neuesten sich gestaltet, dessen Ausbeutung sie den Zeitungen überlassen soll.

Auch blieb für jede Zeitschrift, die sich so versteht, die Kritik der Hüter der Schwelle. Hatte sie aber in ihrer Frühzeit es mit banaler Niedertracht allein zu tun, so sieht sie nun, da unter den Produkten nicht mehr das Rückständige und Fade, unter den Produzierenden nicht mehr Stümperei und Einfalt das Feld behaupten, überall die talentvolle Fälschung sich gegenüber. Da zudem seit fast hundert Jahren jedes ungewaschene Feuilleton für Kritik sich in Deutschland ausgeben darf, so ist, dem kritischen Wort seine Gewalt zurückzugewinnen, doppelt geboten. Diktum und Verdikt sind zu erneuern. Nur der Terror wird jener Nachäffung großen malerischen Schaffens Herr werden, die den literarischen Expressionismus ausmacht. Ist in solcher annihilierender Kritik die Darstellung großer Zusammenhänge geboten, – denn wie wollte sie anders zu Rande kommen? – so ist es Sache der positiven Kritik mehr als bisher, mehr auch als es den Romantikern gelang, die Beschränkung auf das einzelne Kunstwerk zu üben. Denn die große Kritik hat nicht, wie man wohl meint, durch geschichtliche Darstellung zu unterrichten oder durch Vergleiche zu bilden, sondern durch Versenkung zu erkennen. Sie hat von der Wahrheit der Werke jene Rechenschaft zu geben, welche die Kunst nicht weniger fordert als die Philosophie. Mit der Bedeutung solcher Kritik verträgt es sich nicht, am Ende des Heftes einige Spalten, wie für ein pflichtmäßig zu füllendes Schema, ihr vorzubehalten. Die Zeitschrift wird keinen »kritischen Teil« haben und durch keinerlei typographische Behelfe ihren kritischen Beiträgen das Kainszeichen aufdrükken.

Gerade weil sie ebensosehr der Dichtung wie der Philosophie und Kritik sich zu widmen gedenkt, darf die letzte von dem nichts verschweigen, was ihr über die erste zu sagen obliegt. Täuscht nicht alles, so hat eine gefährliche, in jedem Sinne entscheidende Zeit für die deutsche Dichtung seit der Jahrhundertwende begonnen. Das Huttensche Wort vom Zeitalter und von der Lust, es zu leben, dessen Ton obligat schien in den Programmen von Zeitschriften, will sich ebenso wenig von der Dichtkunst wie von andern Dingen des heutigen Deutschland aussprechen lassen. Seitdem Georges Wirken in seiner letzten Bereicherung deutschen Sprachgutes historisch zu werden beginnt, scheint ein neuer Thesaurus deutscher Dichtersprache das

Erstlingswerk jedes jüngern Autors zu bilden. Und so wenig von einer Schule erwartet werden darf, deren nachhaltigste Wirkung bald darin gesehen werden wird, aufdringlich eines großen Meisters Grenzen dargetan zu haben, so wenig läßt die offenkundige Mechanik allerneuester Produktion Zutrauen zu der Sprache ihrer Dichter fassen. Entschiedener als zur Zeit Klopstocks – von dem manche Gedichte lauten, als seien es die heute gesuchten – restloser als seit Jahrhunderten fällt die Krisis der deutschen Dichtung zusammen mit der Entscheidung über die deutsche Sprache selbst, in deren Erwägung weder Kenntnis, Bildung noch Geschmack bestimmen, ja deren Ergründung in gewissem Sinn möglich erst nach gewagtem Spruch wird. Ist demnach die Grenze erreicht, über die hinaus eine vorläufige Rechenschaft hierin sich nicht erstrecken kann, so erübrigt die Feststellung, daß alles, was die Zeitschrift an poetischer und prosaischer Dichtung bringen wird, des Gesagten eingedenk erscheint und daß insbesondere schon die Dichtungen des ersten Heftes als Entscheidungen im gedachten Sinne verstanden sein wollen. Neben diesen werden später solche anderer Autoren sich finden, welche ihren Platz im Schatten, ja im Schutz der ersten suchend, frei jedoch von der schemenhaften Gewaltsamkeit unserer gefeierten Hymniker, ein Feuer, das sie selbst nicht entfacht haben, zu hüten suchen.

Von neuem ruft die Lage des deutschen Schrifttums eine Form hervor, welche seit jeher heilsam seine großen Krisen begleitete: die Übersetzung. Freilich wollen die Übersetzungen der Zeitschrift nicht sowohl als Vermittlung von Vorbildern verstanden werden, wie dies früher Brauch war, denn als unersetzlicher und strenger Schulgang werdender Sprache selbst. Wo nämlich dieser noch der eigene Inhalt nicht gegenwärtig ist, an dem sie sich aufbaut, bietet der ihrer würdige verwandte anderer zugleich mit der Aufgabe sich dar, um seinetwillen abgestorbenes Sprachgut aufzugeben und das frische zu entfalten. Diesen formalen Wert der wahren Übersetzung deutlicher zu machen, wird jeder Arbeit, welche nach solcher Erwägung zuvörderst beurteilt sein will, das Original zur Seite gestellt werden. Im übrigen wird auch hiervon das erste Heft ausführlicher Rechenschaft geben.

Die sachliche Universalität, welche im Plan dieser Zeitschrift liegt, wird sie nicht mit einer stofflichen verwechseln. Und da sie einerseits sich gegenwärtig hält, daß die philosophische Behandlung jedem wissenschaftlichen oder praktischen Gegenstand, einem mathematischen Gedankengang so gut wie einem politischen, universale Bedeutung verleiht, wird sie anderseits nicht vergessen, daß auch ihre nächsten literarischen oder philosophischen Gegenstände nur um eben dieser Behandlungsweise und unter deren Bedingung ihr willkommen sind. Diese philosophische Universalität ist die Form, in deren Auslegung am genauesten die Zeitschrift Sinn für wahre Aktualität wird erweisen können. Ihr muß die universale Geltung geistiger Lebensäußerungen an die Frage gebunden sein, ob sie auf einen Ort in werdenden religiösen Ordnungen Anspruch zu erheben vermögen. Nicht als ob solche Ordnungen absehbar wären. Wohl aber ist absehbar, daß nicht ohne sie zum Vorschein kommen wird, was in diesen Tagen als den ersten eines Zeitalters nach Leben ringt. Eben darum aber scheint es an der Zeit, weniger denen ein Ohr zu leihen, die das arcanum selbst gefunden zu haben meinen, als denen, welche am sachlichsten, am ungerührtesten und unaufdringlichsten Drangsal und Not aussprechen und sei's auch nur, weil eine Zeitschrift nicht für die Größten der Ort ist. Weniger noch darf sie für die Kleinsten es sein, vorbehalten also denjenigen, die nicht allein in ihrem Suchen der Seele, sondern zugleich in ihrem Denken den Dingen es abmerken, daß sie nur im Bekenntnis sich erneuern werden. Dieses aber soll nicht erschlichen werden: spiritualistischem Okkultismus, politischem Obskurantismus, katholischem Expressionismus wird man nur als Gegenstand schonungsloser Kritik in diesen Blättern begegnen. Wenn sie demnach auf die bequeme Dunkelheit der Esoterik verzichten, dürfen sie darum doch nicht größere Anmut und Zugänglichkeit für ihre Darlegungen versprechen. Diese werden vielmehr nur um soviel härter und nüchterner sich geben müssen. Goldene Früchte in silbernen Schalen wird man nicht erwarten. Statt dessen wird Rationalität bis ans Ende erstrebt werden und weil gerade von der Religion hier nur freie Geister handeln sollen, darf in diesem Sinne aus dem Umkreis ihrer Sprache, ja des Abendlandes hinaus die Zeitschrift auf die übrigen Religionen sich richten. Grundsätzlich hält sie allein für die Dichtungen sich an die deutsche Rede gebunden.

Selbstverständlich verbürgt nichts den vollen Ausdruck der erstrebten Universalität. Denn wie die äußere Form der Zeitschrift jede unmittelbare Manifestation bildender Kunst von ihr ausschließt, ebenso – und weniger offensichtlich – hält sie ihrem Wesen nach Abstand vom Wissenschaftlichen, weil in dessen Erscheinungen weit mehr als in der Kunst und Philosophie Aktuelles und Wesentliches fast immer auseinander zu fallen scheinen. Damit bildet die Wissenschaft in der Reihe der Gegenstände einer Zeitschrift den Übergang zu denen des praktischen Lebens, in welchen nur der seltensten philosophischen Konzentration das wahrhaft Aktuelle hinter seinem Anschein sich zeigt.

Wenig wollen doch diese Einschränkungen gegenüber der einen unvermeidlichen besagen, die beim Herausgeber liegt. Darüber seien noch einige Worte erlaubt, die es auszusprechen haben, inwiefern dieser sich der Schranken seines Blickfelds bewußt ist und zu ihnen bekennt. Er erhebt in der Tat nicht den Anspruch, von hoher Warte aus den geistigen Horizont seiner Tage zu beherrschen. Und wenn er im Bilde fortfahren darf, so wird er das eines Mannes vorziehen, der des Abends nach getaner Arbeit und ehe er an sein Werk geht des Morgens, vor die Schwelle tretend, den gewohnten Horizont mit den Augen eher umfaßt als absucht, um, was in dieser Landschaft Neues ihn begrüßte, festzuhalten. Als seine eigene Arbeit sieht der Herausgeber die philosophische an und jenes Gleichnis sucht es auszusprechen, daß nichts schlechthin Fremdes in den folgenden Blättern als unmaßgebliche Anregung dem Leser begegnen soll, daß dem, was in ihnen sich findet, in irgendeinem Sinne der Herausgeber sich verwandt fühlen wird. Noch nachdrücklicher aber sei es jenem Bilde entnommen, daß Art und Grad dieser Verwandtschaft zu ermessen nicht beim Publikum liegt und daß nichts in deren Gefühl ist, was die Mitarbeiter jenseits ihres eigenen Willens und Bewußtseins einander verbinden könnte. Denn wie von dieser Zeitschrift jedwede Buhlerei um die Gunst des Publikums fernbleiben soll, so die ebenso unaufrichtige der Mitarbeiter um die gegenseitige Verständigung, Begünstigung, Gemeinschaft. Nichts scheint dem Herausgeber wichtiger zu sein, als daß hierin, in der Abwesenheit jeden Scheins, die Zeitschrift ausspricht was ist, nämlich daß der reinste Wille, das geduldigste Bestreben unter den so Gesinnten keine Einheit, geschweige denn Gemeinschaft zu stiften vermögen, daß also die Zeitschrift in der wechselseitigen Fremdheit ihrer Beiträge es bekunde, wie unaussprechlich in diesen Tagen jede Gemeinsamkeit – auf welche denn ihr Ort zuletzt doch deute – und wie sehr auf Probe diese Verbindung gestellt bleibt, deren Ausweis am Ende beim Herausgeber liegt.

Hiermit ist das Ephemere dieser Zeitschrift berührt, das sie sich von Beginn an bewußt hält. Denn es ist der gerechte Preis, den ihr Werben um die wahre Aktualität so fordert. Werden doch sogar nach einer talmudischen Legende die Engel – neue jeden Augenblick in unzähligen Scharen – geschaffen, um, nachdem sie vor Gott ihren Hymnus gesungen, aufzuhören und in Nichts zu vergehen. Daß der Zeitschrift solche Aktualität zufalle, die allein wahr ist, möge ihr Name bedeuten.

Theorien des deutschen Faschismus

Zu der Sammelschrift »Krieg und Krieger«. Herausgegeben von Ernst Jünger[1]

Léon Daudet, Sohn von Alphonse, selbst ein bedeutender Schriftsteller, Leader der royalistischen Partei Frankreichs, hat in seiner Action Française einmal einen Bericht über den Salon de l'Automobile gegeben, der, wenn auch vielleicht nicht mit diesen Worten, in die Gleichung auslief »L'automobile c'est la guerre«. Was dieser überraschenden Ideenverbindung zugrunde lag, war der Gedanke an eine Steigerung der technischen Behelfe, der Tempi, der Kraftquellen usw., die in unserem Privatleben keine restlos vollendete, adäquate Ausnutzung finden und dennoch drängen, sich zu rechtfertigen. Sie rechtfertigen sich, indem sie auf harmonisches Zusammenspiel verzichten, im Kriege, der mit seinen Zerstörungen den Beweis dafür antritt, daß die soziale Wirklichkeit nicht reif war, die Technik sich zum Organ zu machen, daß die Technik nicht stark genug war, die gesellschaftlichen Elementarkräfte zu bewältigen. Ohne im mindesten der Bedeutung der wirtschaftlichen Kriegsursachen zu nahe zu treten, darf man behaupten: der imperialistische Krieg ist gerade in seinem Härtesten, seinem Verhängnisvollsten mitbestimmt durch die klaffende Diskrepanz zwischen den riesenhaften Mitteln der Technik auf der einen, ihrer winzigen moralischen Erhellung auf der anderen Seite. In der Tat, ihrer wirtschaftlichen Natur nach kann die bürgerliche Gesellschaft nicht anders, als alles Technische so sehr wie möglich vom sogenannten Geistigen abdichten, nicht anders, als den technischen Gedanken vom Mitbestimmungsrecht an der sozialen Ordnung so entschieden wie möglich ausschließen. Jeder kommende Krieg ist zugleich ein Sklavenaufstand der Technik. Daß aus diesen und verwandten Befunden alle den Krieg betreffenden Fragen ihre heutige Prägung erhalten, daß sie Fragen des imperialistischen Krieges sind, meint man den Verfassern der vorliegenden Schrift um so weniger ins Gedächtnis rufen zu müssen, als sie Soldaten des Weltkriegs gewesen sind und, was immer man ihnen auch sonst mag bestreiten müssen, unstreitig von der Erfahrung des

1 Krieg und Krieger. Hrsg. von Ernst Jünger. Berlin: Junker und Dünnhaupt Verlag 1930. 204 S.

Weltkriegs ausgehen. Man erstaunt also sehr, schon auf der ersten Seite die Behauptung zu finden, daß es »eine nebensächliche Rolle spielt, in welchem Jahrhundert, für welche Ideen und mit welchen Waffen gefochten wird«. Und das Erstaunlichste, daß Ernst Jünger mit dieser Behauptung sich einen Grundsatz des Pazifismus zu eigen macht, unter allen den anfechtbarsten und den abstraktesten. Allerdings nicht sowohl doktrinäre Schablone, als ein eingewurzelter und, an allen Maßstäben männlichen Denkens gemessen, recht eigentlich lasterhafter Mystizismus, steht bei ihm und seinen Freunden dahinter. Aber sein Mystizismus des Krieges und das klischierte Friedensideal des Pazifismus, sie haben einander nichts vorzuwerfen. Vielmehr hat für den Augenblick selbst der schwindsüchtigste Pazifismus vor seinem epileptisch schäumenden Bruder eins voraus, nämlich gewisse Anhaltspunkte am Wirklichen, nicht zuletzt einige Begriffe vom nächsten Krieg.
Gern und mit Nachdruck sprechen die Verfasser vom »ersten Weltkrieg«. Wie wenig es aber ihrer Erfahrung gelungen ist, seiner Realitäten sich zu bemächtigen, von denen sie mit den befremdlichsten Steigerungen als von dem »Welthaft-Wirklichen« zu reden pflegen, beweist die Stumpfheit, mit der sie den Begriff kommender Kriege fixieren, ohne Vorstellungen mit ihm zu verbinden. Beinahe könnten diese Wegbereiter der Wehrmacht einen auf den Gedanken bringen, die Uniform sei ihnen ein höchstes, mit allen Fibern ihres Herzens ersehntes Ziel, gegen welches die Umstände, unter denen sie später zur Geltung kommt, sehr zurücktreten. Verständlicher wird diese Haltung, wenn man sich klar macht, wie sehr die hier vertretene Ideologie des Krieges, gemessen am Stande der europäischen Rüstungen, jetzt schon veraltet ist. Die Verfasser haben sich an keiner Stelle gesagt, daß die Materialschlacht, in der einige von ihnen die höchste Offenbarung des Daseins erblicken, die kümmerlichen Embleme des Heroismus, die hier und dort den Weltkrieg überdauerten, außer Kurs setzt. Der Gaskampf, für den die Mitarbeiter dieses Buches auffallend wenig Interesse haben, verspricht dem Zukunftskrieg ein Gesicht zu geben, das die soldatischen Kategorien endgültig zugunsten der sportlichen verabschiedet, den Aktionen alles Militärische nimmt und sie sämtlich unter das Gesicht des Rekords stellt. Denn seine schärf-

ste strategische Eigenart besteht darin, bloßer und radikalster Angriffskrieg zu sein. Gegen Gasangriffe aus der Luft gibt es bekanntlich keine zulängliche Gegenwehr. Selbst die privaten Schutzmaßregeln, die Gasmasken, versagen bei Senfgas und Levisit. Ab und zu erfährt man »Beruhigendes«, wie die Erfindung eines empfindlichen Fernhörers, der das Surren der Propeller auf große Entfernungen hin registriert. Und einige Monate später dann die Erfindung eines lautlosen Flugzeugs. Der Gaskrieg wird auf Vernichtungsrekorden beruhen und mit einem ins Absurde gesteigerten Hasardieren verbunden sein. Ob sein Ausbruch innerhalb der völkerrechtlichen Normen – nach vorhergehender Kriegserklärung – erfolgt, ist fraglich; sein Ende wird mit dergleichen Schranken nicht mehr zu rechnen haben. Mit der Unterscheidung zwischen ziviler und kampftätiger Bevölkerung, welche der Gaskrieg bekanntlich aufhebt, fällt die wichtigste Basis des Völkerrechts. Daß und wie die Desorganisation, die der imperialistische Krieg mit sich führt, ihn unabschließbar zu machen droht, hat schon der letzte gezeigt.

Es ist mehr als ein Kuriosum, es ist ein Symptom, daß eine Schrift von 1930, die es mit »Krieg und Kriegern« zu tun hat, an all dem vorbeigeht. Symptom derselben knabenhaften Verschwärmtheit, die in einen Kultus, eine Apotheose des Krieges mündet, als deren Verkünder hier vor allem von Schramm und Günther auftreten. Diese neue Kriegstheorie, der ihre Herkunft aus der rabiatesten Dekadenz an der Stirne geschrieben steht, ist nichts anderes als eine hemmungslose Übertragung der Thesen des L'Art pour l'Art auf den Krieg. Wenn aber diese Lehre schon auf ihrem ursprünglichen Boden die Neigung hat, im Munde mittelmäßiger Adepten ein Gespött zu werden, so sind ihre Perspektiven in dieser neuen Phase beschämend. Wer möchte sich einen Kämpfer der Marneschlacht oder einen von denen, die vor Verdun lagen, als Leser von Sätzen, wie sie hier folgen, vorstellen: »Wir haben den Krieg nach sehr unreinen Prinzipien geführt.« »Wirklich gekämpft, von Mann zu Mann und von Truppe zu Truppe, wurde immer seltener mehr.« »Selbstverständlich haben die Frontoffiziere den Krieg oft recht stillos gemacht.« »Denn durch die Einbeziehung der Massen, des schlechteren Blutes, der praktischen, bürgerlichen Gesinnung, kurz des gemeinen Mannes, vor allem in Offizierskorps und Unteroffizierkorps, sind mehr und mehr die ewig aristokratischen Elemente des soldatischen Handwerks vernichtet worden.« Falschere Töne kann man nicht anschlagen, ungeschicktere Gedanken nicht zu Papier bringen, taktlosere Worte nicht aussprechen. Daß es aber gerade hier den Verfassern so gänzlich mißglücken mußte, darin ist – all ihren Reden vom Ewigen, Urtümlichen zum Trotz – die unvornehme, ganz und gar journalistische Hast schuld, mit der sie des Aktuellen sich zu bemächtigen suchen, ohne Gewesenes erfaßt zu haben. Kultische Elemente des Krieges – ja, es hat sie gegeben. Theokratisch verfaßte Gemeinschaften kannten sie. Und so hirnverbrannt es wäre, diese versunkenen Elemente am Zipfel des Krieges wieder heraufziehen zu wollen, so peinlich mag es für diese Krieger auf der Ideenflucht sein, zu erfahren, wieweit in der von ihnen verfehlten Richtung ein jüdischer Philosoph, Erich Unger, gegangen ist, wieweit die Feststellungen, die bei ihm an Hand konkreter Daten aus der jüdischen Geschichte, gewiß zum Teil mit problematischem Recht, gemacht sind, die hier beschworenen blutigen Schemen in nichts sich verflüchtigen lassen. Aber etwas ins klare zu stellen, die Dinge wirklich beim Namen zu nennen, dazu reicht es bei den Verfassern nicht aus. Der Krieg »entzieht sich jener Ökonomie, welche der Verstand übt; in seiner Vernunft ist etwas Unmenschliches, Maßloses, Gigantisches, etwas, was an einen vulkanischen Prozeß, eine elementare Eruption erinnert ..., eine ungeheure Woge des Lebens, durch eine schmerzhaft tiefe, zwingende, einheitliche Kraft gerichtet, geführt auf Schlachtfelder, die heute schon mythisch werden, verbraucht für Aufgaben, die den Bezirk des gegenwärtig Faßlichen weithin überschreiten.« So redselig ist ein Freier, der schlecht umarmt. In der Tat umarmen sie den Gedanken schlecht. Man muß ihn zu wiederholten Malen ihnen zuführen und das tun wir hiermit.

Dies ist er: Der Krieg – der »ewige« Krieg, von dem hier soviel gesprochen wird, so gut wie der letzte – sei der höchste Ausdruck der deutschen Nation. Daß sich hinter dem ewigen Kriege der Gedanke des kultischen, hinter dem letzten der des technischen verbirgt, und wie wenig es den Verfassern gelungen ist, deren Verhältnis zueinander ins reine zu bringen, wird deutlich geworden sein. Aber mit diesem letzten Krieg hat es noch eine besondere Bewandtnis. Er ist nicht nur der Krieg der Materialschlachten, sondern auch der verlorene. Damit freilich in ganz besonderem Sinne der deutsche. Den Krieg aus ihrem Innersten heraus geführt zu haben, könnten auch andere Völker von sich behaupten. Ihn aus dem Innersten verloren zu haben, nicht. Das Besondere an der gegenwärtigen letzten Phase jener Auseinandersetzung mit dem verlorenen Krieg, die Deutschland seit 1919 so schwer erschüttert, ist nun, daß gerade sein Verlust für die Deutschheit in Anspruch genommen wird. Die letzte Phase, so darf man sagen, weil diese Versuche, den Verlust des Krieges zu bewältigen, eine deutliche Gliederung zeigen. Sie begannen mit dem Unternehmen, die Niederlage durch ein hysterisch ins Allmenschliche gesteigertes Schuldbekenntnis in einen inneren Sieg zu pervertieren. Diese Politik, die dem untergehenden Abendlande ihre Manifeste mit auf den Weg gab, war die getreue Widerspiegelung der deutschen »Revolution« durch die expressionistische Avantgarde. Dann kam der Versuch, den verlorenen Krieg zu vergessen. Das Bürgertum legte sich schnaufend aufs andere Ohr, und welches Kissen war da weicher als der Roman? Die Schrecken der erlebten Jahre wurden zur Daunenfülle, in der jede Schlafmütze ihren Abdruck leicht hinterlassen konnte. Was nun das letzte Unternehmen, mit dem wir es hier zu tun haben, von den früheren abhebt, das ist die Neigung, den Verlust des Krieges ernster zu nehmen als diesen Krieg selbst. – Was heißt, einen Krieg gewinnen oder verlieren? Wie auffallend in beiden Worten der Doppelsinn. Der erste, manifeste meint gewiß den Ausgang, der zweite aber, der den eigentümlichen Hohlraum, Resonanzboden in ihnen schafft, meint ihn ganz, spricht aus, wie sein Ausgang für uns seinen Bestand für uns ändert. Er sagt: der Sieger behält den Krieg, dem Geschlagenen kommt er abhanden; er sagt: der Sieger schlägt ihn zum Seinigen, macht ihn zu seiner Habe, der Geschlagene besitzt ihn nicht mehr, muß ohne ihn leben. Und nicht nur den Krieg so schlechthin und im allgemeinen, sondern jeden geringsten seiner Wechselfälle, jeden subtilsten seiner Schachzüge, jede entlegenste seiner Aktionen. Einen Krieg gewinnen oder verlieren, das greift, wenn wir der Sprache folgen, so tief in das Gefüge unseres Daseins ein, daß wir damit auf Lebenszeit an Malen, Bildern, Funden reicher oder ärmer geworden sind. Und da wir einen der größten der Weltgeschichte, einen Krieg verloren, in dem die ganze stoffliche und geistige Substanz des Volks gebunden war, so mag man ermessen, was dieser Verlust bedeutet.

Gewiß kann man denen um Jünger nicht vorwerfen, sie hätten es nicht ermessen. Wie traten sie aber dem Ungeheuren entgegen? Sie haben nicht aufgehört, sich zu schlagen. Sie haben den Kultus des Krieges noch zelebriert, wo kein wirklicher Feind mehr stand. Sie waren den Gelüsten des Bürgertums, das den Untergang des Abendlandes herbeisehnte wie ein Schüler an die Stelle einer falsch gerechneten Aufgabe einen Klecks, gefügig, Untergang verbreitend, Untergang predigend, wohin sie kamen. Das Verlorene auch nur einen Augenblick sich gegenwärtig – anstatt verbissen es fest – halten zu wollen, war ihnen nicht gegeben. Sie haben immer zuerst und immer am bittersten gegen die Besinnung gestanden. Sie haben die große Chance des Besiegten, die russische, den Kampf in eine andere Sphäre zu verlegen, versäumt, bis der Augenblick verpaßt war und in Europa die Völker wieder zu Partnern von Handelsverträgen gesunken waren. »Der Krieg wird *verwaltet*, nicht mehr *geführt*«, meldet beschwerdeführend einer der Verfasser. Das sollte durch den deutschen Nachkrieg korrigiert werden. Dieser Nachkrieg war im gleichen Maße Protest gegen den ihm vorangegangenen wie gegen das Zivil, dessen Siegel man auf jenem erblickte. Vor allem sollte das verhaßte rationale Element dem Kriege genommen werden. Und gewiß, diese Mannschaft badete in den Dämpfen, die dem Rachen des Fenriswolfes entstiegen. Aber sie konnten den Vergleich mit den Gasen der Gelbkreuzgranaten nicht aufnehmen. Vor dem Hintergrund des Kommißdienstes in Militär-, der ausgepowerten Familien in Mietkasernen bekam dieser urgermanische Schicksalszauber einen fauligen Schimmer. Und ohne ihn materialistisch zu analysieren, konnte auch damals das unverdorbene Gefühl eines freien, wissenden, wahrhaft dialektischen Geistes, wie jener Florens Christian Rang es war, dessen Lebenslauf mehr Deutschheit ausprägt als ganze Heerhaufen dieser Verzweifelten, sich mit bleibenden Sätzen ihnen entgegenstellen. »Die Dämonie des Schicksal-Glaubens, daß Menschen-Tugend umsonst ist, – die finstere Nacht eines Trotzes, der den Sieg der Lichtmächte im Götterweltbrand zerlodert, ... die scheinbare Willens-Herrlichkeit dieses Schlachtentod-Glaubens, der das Leben nicht achtend hinwirft für die Idee, – diese wolkenschwangere Nacht, die uns schon Jahrtausende überlagert und statt Sterne nur Blitze zu Wegkündern gibt, betäubende, verwirrende, nach denen Nacht nur um so dunkler uns stickt: diese grauenvolle Weltansicht des Welt-Tods statt Welt-Lebens, die sich in der deutschen Idealismus-Philosophie das Grauen mit dem Gedanken erleichtert, daß hinter den Wolken ja Sternhimmel sei, – diese deutsche Geistes-Grundrichtung ist zu tiefst willenlos, meint nicht, was sie sagt, ist ein Verkriechen, eine Feigheit, ein Nichtwissenwollen, Nichtleben- aber auch nicht Sterbenwollen ... Denn das ist die deutsche Halbstellung zum Leben: jawohl: es wegwerfen zu können, wenn es nichts kostet, in einem Augenblick des Rauschs, die Hinterbliebenen versorgt, und dies kurzlebige Opfer mit ewiger Gloriole umstrahlt.« Wenn es aber dann im gleichen Zusammenhange heißt: »Zweihundert sterbensbereite Offiziere hätten genügt, in Berlin die Revolution niederzuwerfen – entsprechend an allen Orten –, aber es fand sich nicht einer. Eigentlich hätten ja wohl viele gerne gerettet, aber uneigentlich, das ist wirklich, wollte keiner so sehr, daß er den Anfang machte, sich zum Führer aufwarf, oder als einzelner vorging. Lieber ließen sie sich auf der Straße die Achselstücke abreißen« –, wenn so zu lesen steht, wird denen um Jünger die Sprache vielleicht verwandt klingen. Soviel ist sicher, wer das geschrieben hat, der kennt aus eigenster Erfahrung Haltung und Überlieferung derer, die sich hier zusammengefunden haben. Und vielleicht teilte er solange ihre Feindschaft gegen den Materialismus, bis sie sich die Sprache der Materialschlacht schuf.

Wenn zu Anfang des Krieges der Idealismus von staats- und regierungswegen geliefert wurde, so war die Truppe je länger je mehr auf Requisition angewiesen. Immer finsterer, tödlicher, stahlgrauer wurde ihr Heroismus, immer entlegener und nebelhafter die Sphäre, aus denen noch Glorie und Ideal winkten, immer starrer die Haltung derer, die sich weniger als Truppen des Weltkriegs, denn als Vollstrecker des Nachkriegs fühlten. »Haltung« – in all ihren Reden das dritte Wort. Wer würde leugnen, daß die soldatische eine ist. Sprache aber ist der Prüfstein für eine jede und ganz und gar nicht nur, wie man gern annimmt, für die des Schreibenden. Bei denen, die sich hier verschworen haben, besteht sie die Probe nicht. Mag Jünger es den adligen Dilettanten des siebzehnten Jahrhunderts nachsprechen, die deutsche Sprache sei eine Ursprache – wie das gemeint ist, verrät der Zusatz, als solche flöße sie der Zivilisation, der Welt der Gesittung, ein unüberwindliches Mißtrauen ein. Wie aber kann deren Mißtrauen sich mit dem seiner Landsleute messen, wenn man ihnen den Krieg als einen ›mächtigen Revisor‹ vorstellt, der der Zeit ihren ›Puls fühlt‹, ihnen verwehrt, einen ›geprüften Schluß‹ ›auszuräumen‹, ihnen zumutet, ihren Blick für »Ruinen« »hinter dem leuchtenden Firnis« zu schärfen. Aber beschämender als solche Verstöße ist in diesen so zyklopisch gemeinten Gedankenbauten eine Glätte der Fügung, die jeden Leitartikel zieren würde, und peinlicher als die Glätte der Fügung ist die Mittelmäßigkeit der Substanz. »Die Gefallenen«, erzählt man uns, »gingen, indem sie fielen, aus einer unvollkommenen Wirklichkeit in eine vollkommene Wirklichkeit, aus dem Deutschland der zeitlichen Erscheinung in das ewige Deutschland ein.« Das der zeitlichen Erscheinung ist ja notorisch, um das ewige stünde es aber schlecht, wären wir für sein Bild auf das Zeugnis derer, die es so zungenfertig ablegen, angewiesen. Wie billig haben sie das ›feste Gefühl der Unsterblichkeit‹, die Gewißheit, man habe »die Scheußlichkeiten des letzten Krieges ins Fürchterliche gesteigert«, die Symbolik des ›nach innen siedenden Bluts‹ erstanden. Sie haben, bestenfalls, den Krieg geschlagen, den sie hier feiern. Wir werden aber einen nicht gelten lassen, der vom Kriege spricht und nichts kennt als Krieg. Wir werden, radikal auf unsere Weise, fragen: Wo kommt ihr her? Und was wißt ihr vom Frieden? Seid ihr in einem Kinde, einem Baum, einem Tier je auf den Frieden so gestoßen wie im Felde auf einen Vorposten? Und, ohne ihre Antwort abzuwarten: Nein! Nicht, daß ihr dann nicht fähig wärt, den Krieg zu feiern, leidenschaftlicher sogar, als ihr tut. Aber ihn zu feiern *wie* ihr es tut, wäret ihr nicht fähig. Wie hätte Fortinbras für den Krieg gezeugt? Man kann aus Shakespeares Technik darauf schließen. Wie er die Liebe Romeos zu Julien dadurch im Feuerglanze ihrer Leidenschaft enthüllt, daß er den Romeo von vornherein verliebt, verliebt in Rosalinde, darstellt, so hätte Fortinbras mit einem Lob des Friedens, einem so betörend, schmelzend süßen eingesetzt, daß dann, wenn er am Ende seine Stimme für den Krieg erhebt, sich jeder schaudernd eingestehen müßte: Was sind das für gewaltige, namenlose Kräfte, die diesen von dem Glück des Friedens ganz Erfüllten mit Leib und Seele sich dem Kriege angeloben lassen? – Hier nichts davon. Freibeuter von Fach haben das Wort. Ihr Horizont ist flammend, aber sehr eng.

Was sehen sie in seinen Flammen? Sie sehen – hier können wir uns F. G. Jünger anvertrauen – eine Wandlung. »Es gehen Linien seelischer Entscheidung quer durch den Krieg; der Wandlung des Kampfes entspricht die Wandlung der Kämpfenden. Sie wird sichtbar, wenn man die geschwungenen, schwerelosen, begeisterten Gesichter der Soldaten des August 1914 mit den tödlich ermatteten, hageren, unerbittlich gespannten Gesichtern der Materialschlachtkämpfer des Jahres 1918 vergleicht. Hinter dem Bogen dieses Kampfes, der, steiler und steiler gespannt, endlich zerspringt, erscheint unvergeßlich ihr Gesicht, geformt und bewegt von einer gewaltigen, geistigen Erschütterung, Station um Station eines Leidensweges, Schlacht um Schlacht, deren jede das hieroglyphische Zeichen einer angestrengt fortarbeitenden Vernichtungsarbeit ist. Hier erscheint jener soldatische Typus, den die hart, nüchtern, blutig und pausenlos abrollenden Materialschlachten durchbildeten. Ihn kennzeichnet die nervige Härte des geborenen Kämpfers, ihn der Ausdruck der einsameren Verantwortung, der seelischen Verlassenheit. In diesem Ringen, das in einer immer tieferen Schicht sich fortsetzte, bewährte sich sein Rang. Der Weg, den er ging, war schmal und gefährlich, aber es war ein Weg, der in die Zukunft führt.« Wo immer man in diesen Blättern auf genaue Formulierungen, echte Akzente, stichhaltige Begründungen stößt, ist es die Wirklichkeit, die hier getroffen, die von Ernst Jünger als total mobilgemachte angesprochen, von Ernst von Salomon als die Landschaft der Front gefaßt ist. Ein liberaler Publizist, der vor kurzem diesem neuen Nationalismus unter dem Stichwort »Heroismus aus langer Weile« beizukommen suchte, hat, das sieht man hier, etwas zu kurz gegriffen. Jener Soldatentypus ist Wirklichkeit, ist ein überlebender Zeuge des Weltkriegs und es war eigentlich die Landschaft der Front, seine wahre Heimat, die im Nachkrieg verteidigt wurde. Diese Landschaft zwingt zum Verweilen.

Man soll es mit aller Bitternis aussprechen: Im Angesichte der total mobil gemachten Landschaft hat das deutsche Naturgefühl einen ungeahnten Aufschwung genommen. Die Friedensgenien, die sie so sinnlich besiedeln, sind evakuiert worden und so weit man über den Grabenrand blicken konnte, war alles Umliegende zum Gelände des deutschen Idealismus selbst geworden, jeder Granattrichter ein Problem, jeder Drahtverhau eine Antinomie, jeder Stachel eine Definition, jede Explosion eine Setzung, und der Himmel darüber bei Tag die kosmische Innenseite des Stahlhelms, bei Nacht das sittliche Gesetz über dir. Mit Feuerbändern und Laufgräben hat die Technik die heroischen Züge im Antlitz des deutschen Idealismus nachziehen wollen. Sie hat geirrt. Denn was sie für die heroischen hielt, das waren die hippokratischen, die Züge des Todes. So prägte sie, tief durchdrungen von ihrer eigenen Verworfenheit, das apokalyptische Antlitz der Natur, brachte sie zum Verstummen und war doch die Kraft, die ihr die Sprache hätte geben können. Der Krieg in der metaphysischen Abstraktion, in der der neue Nationalismus sich zu ihm bekennt, ist nichts anderes als der Versuch, das Geheimnis einer idealistisch verstandenen Natur in der Technik mystisch und unmittelbar zu lösen, statt auf dem Umweg über die Einrichtung menschlicher Dinge es zu nutzen und zu erhellen. »Schicksal« und »Heros« stehen wie Gog und Magog in diesen Köpfen, ihre Opfer sind nicht allein Menschen- sondern auch Gedankenkinder. Alles Nüchterne, Unbescholtene, Naive, was über die Verbesserung des Zusammenlebens der Menschen erdacht wird, wandert in den abgenutzten Schlund dieser Maulgötzen, die mit dem Rülpsen der 42-cm-Mörser darauf erwidern. Manchmal kommt die Verspannung des Heroentums mit der Materialschlacht die Verfasser ein wenig hart an. Aber durchaus nicht alle und nichts ist kompromittierender als die weinerlichen Exkurse, mit denen hier die Enttäuschung über die »Form des Krieges«, den »sinnlos mechanischen Materialkrieg« laut wird, dessen die Edlen »offenbar müde geworden« waren. Wo aber einzelne es versuchen, den Dingen ins Auge zu sehen, wird am deutlichsten, wie sehr für sie der Begriff des Heroischen unter der Hand sich verwandelt hat, wie sehr die Tugenden der

Härte, der Verschlossenheit, der Unerbittlichkeit, die sie feiern, in Wahrheit weniger solche des Soldaten als des bewährten Klassenkämpfers sind. Was sich hier unter der Maske erst des Freiwilligen im Weltkrieg, dann des Söldners im Nachkrieg, heranbildete, ist in Wahrheit der zuverlässige faschistische Klassenkrieger, und was die Verfasser unter Nation verstehen, eine auf diesen Stand gestützte Herrscherklasse, die niemanden und am wenigsten sich selber Rechenschaft schuldend, auf steiler Höhe thronend, die Sphinxzüge des Produzenten trägt, der sehr bald der einzige Konsument seiner Waren zu sein verspricht. Mit diesem Sphinxantlitz steht die Nation der Faschisten als neues ökonomisches Naturgeheimnis neben dem alten, das in ihrer Technik weit entfernt sich zu lichten seine drohendsten Züge herauskehrt. Im Parallelogramm der Kräfte, welches beide – Natur, Nation – hier bilden, ist die Diagonale der Krieg.

Es ist verständlich, daß für den besten und durchdachtesten unter den Aufsätzen dieses Bandes die Frage der »Bändigung des Krieges durch den Staat« entsteht. Denn der Staat spielt in dieser mystischen Kriegstheorie von Haus aus nicht die geringste Rolle. Man wird die Bändigerrolle keinen Augenblick im pazifistischen Sinne verstehen. Es wird hier viel mehr vom Staate gefordert, den magischen Kräften, die er in Kriegsläuften für sich mobilisieren muß, bereits in seinem Bau und seiner Haltung sich anzupassen und würdig zu zeigen. Es werde ihm andernfalls nicht gelingen, den Krieg seinen Zwecken tauglich zu machen. Das Versagen der Staatsmacht angesichts des Krieges steht für die, die sich hier zusammengefunden haben, am Anfang ihres selbständigen Denkens. Die Formationen, die bei Kriegsende zwitterhaft zwischen ordensartigen Kameradschaften und regulären Vertretungen der Staatsmacht standen, konsolidierten sich baldigst als unabhängige staatslose Landsknechtshaufen, und die Finanzkapitäne der Inflation, denen der Staat als Garant ihres Besitzes fraglich zu werden begann, haben das Angebot solcher Haufen, die durch Vermittlung privater Stellen oder der Reichswehr jederzeit greifbar wie Reis oder Kohlrüben anrollen konnten, zu schätzen gewußt. Noch die vorliegende Schrift ähnelt dem ideologisch phrasierten Werbeprospekt eines neuen Typus von Söldnern oder besser von Kondottieren. Freimütig erklärt einer unter ihren Verfassern: »Der tapfere Soldat des

Dreißigjährigen Krieges verkaufte sich ... mit Leib und Leben, und das ist immer noch edler, als wenn man nur Gesinnung und Talent verkauft.« Wenn er dann freilich fortfährt, der Landsknecht des deutschen Nachkriegs habe sich nicht verkauft, sondern sich verschenkt, so ist das nach Maßgabe der Bemerkung des gleichen Autors über den vergleichsweise hohen Sold dieser Trupps zu verstehen. Ein Sold, der das Haupt dieser neuen Krieger ebenso hart wie die technischen Notwendigkeiten des Handwerks prägte: Kriegsingenieure der Herrscherklasse, bilden sie das Pendant der leitenden Angestellten im Cut. Weiß Gott, daß ihre Führergeste ernst zu nehmen, ihre Drohung nicht lächerlich ist. Im Führer eines einzigen Flugzeugs mit Gasbomben vereinigen sich alle Machtvollkommenheiten, dem Bürger Licht und Luft und Leben abzuschneiden, die im Frieden unter tausend Bürovorsteher verteilt sind. Der schlichte Bombenwerfer, der in der Einsamkeit der Höhe, allein mit sich und seinem Gott, für seinen schwer erkrankten Seniorchef, den Staat, Prokura hat, und wo er seine Unterschrift hinsetzt, da wächst kein Gras mehr – das ist der »imperiale« Führer, der den Verfassern vorschwebt.
Nicht ehe Deutschland das medusische Gefüge der Züge, die ihm hier entgegentreten, gesprengt hat, kann es eine Zukunft erhoffen. Gesprengt – besser vielleicht gelockert. Das soll nicht heißen, mit gütigem Zuspruch oder mit Liebe, die hier nicht am Ort sind; es soll auch nicht der Argumentation, dem überredungsgeilen Debattieren den Weg bereiten. Wohl aber hat man alles Licht, das Sprache und Vernunft noch immer geben, auf jenes »Urerlebnis« zu richten, aus dessen tauber Finsternis diese Mystik des Weltentods mit ihren tausend unansehnlichen Begriffsfüßchen hervorkrabbelt. Der Krieg, der sich in diesem Licht enthüllt, ist der »ewige«, zu welchem diese neuen Deutschen beten, sowenig wie der »letzte«, von welchem die Pazifisten schwärmen. Er ist in Wirklichkeit nur dies: Die eine, fürchterliche, letzte Chance, die Unfähigkeit der Völker zu korrigieren, ihre Verhältnisse untereinander demjenigen entsprechend zu ordnen, das sie durch ihre Technik zur Natur besitzen. Mißglückt die Korrektur, so werden zwar Millionen Menschenkörper von Gas und Eisen zerstückt und zerfressen werden – sie werden es unumgänglich – aber selbst die Habi-

tués chthonischer Schreckensmächte, die ihren Klages im Tornister führen, werden nicht ein Zehntel von dem erfahren, was die Natur ihren weniger neugierigen, nüchterneren Kindern verspricht, die an der Technik nicht einen Fetisch des Untergangs, sondern einen Schlüssel zum Glück besitzen. Von dieser ihrer Nüchternheit werden sie den Beweis im Augenblick geben, da sie sich weigern werden, den nächsten Krieg als einen magischen Einschnitt anzuerkennen, vielmehr in ihm das Bild des Alltags entdecken und mit eben dieser Entdeckung seine Verwandlung in den Bürgerkrieg vollziehen werden in Ausführung des marxistischen Tricks, der allein diesem finsteren Runenzauber gewachsen ist.

Krisis des Romans

Zu Döblins »Berlin Alexanderplatz«[1]

Das Dasein ist im Sinne der Epik ein Meer. Es gibt nichts Epischeres als das Meer. Man kann sich natürlich zum Meer sehr verschieden verhalten. Zum Beispiel an den Strand legen, der Brandung zuhören und die Muscheln, die sie anspült, sammeln. Das tut der Epiker. Man kann das Meer auch befahren. Zu vielen Zwecken und zwecklos. Man kann eine Meerfahrt machen und dann dort draußen, ringsum kein Landstrich, Meer und Himmel, kreuzen. Das tut der Romancier. Er ist der wirklich Einsame, Stumme. Der epische Mensch ruht nur aus. Im Epos ruht das Volk nach dem Tagwerk; lauscht, träumt und sammelt. Der Romancier hat sich abgeschieden vom Volk und von dem, was es treibt. Die Geburtskammer des Romans ist das Individuum in seiner Einsamkeit, das sich über seine wichtigsten Anliegen nicht mehr exemplarisch aussprechen kann, selbst unberaten ist und keinem Rat geben kann. Einen Roman schreiben heißt, in der Darstellung des menschlichen Daseins das Inkommensurable auf die Spitze treiben. Was den Roman vom eigentlichen Epos trennt, fühlt jeder, der an die homerischen Werke oder an das dantesche denkt. Das mündlich Tradierbare, das Gut der Epik, ist von anderer Beschaffenheit als das, was den Bestand des Romans ausmacht. Es hebt den Roman gegen alle übrigen Formen der Prosa – Märchen, Sage, Sprichwort, Schwank – ab, daß er aus mündlicher Tradition weder kommt noch in sie eingeht. Vor allem aber gegen das Erzählen, das in der Prosa das epische Wesen am reinsten darstellt. Ja, nichts trägt so sehr zum gefährlichen Verstummen des inneren Menschen bei, nichts tötet den Geist des Erzählens so gründlich ab wie die unverschämte Ausdehnung, die in unser aller Existenz das Romanlesen annimmt. Es ist daher die Stimme des geborenen Erzählers, die sich gegen den Romancier so vernehmen läßt: »Ich will auch nicht davon sprechen, daß ich die Befreiung des epischen Werks vom Buch für ... nützlich halte, nützlich

1 Alfred Döblin, Berlin Alexanderplatz. Die Geschichte vom Franz Biberkopf. Berlin: S. Fischer Verlag 1929. 530 S.

insbesondere in Hinsicht auf die Sprache. Das Buch ist der Tod der wirklichen Sprachen. Dem Epiker, der nur schreibt, entgehen die wichtigsten formbildenden Kräfte der Sprache.« So hätte Flaubert nicht gesprochen. Diese These ist Döblins. Er hat darüber im ersten Jahrbuche der Sektion für Dichtung an der Preußischen Akademie der Künste eine sehr umfassende Rechenschaft abgelegt, und sein »Bau des epischen Werks« ist ein meisterhafter und dokumentarischer Beitrag zu jener Krise des Romans, die mit der Restitution des Epischen einsetzt, der wir allerorten und bis ins Drama begegnen. Wer diesen Döblinschen Vortrag durchdenkt, braucht sich gar nicht mehr bei den äußeren Anzeichen dieser Krisis, dieses Erstarkens des Radikal-Epischen aufzuhalten. Die Sturmflut biographischer, historischer Romane verliert für ihn alles Erstaunliche. Der Theoretiker Döblin, weit entfernt, mit dieser Krisis sich abzufinden, eilt ihr voraus und macht ihre Sache zu seiner eigenen. Sein letztes Buch zeigt, daß Theorie und Praxis seines Schaffens sich decken.
Es ist aber nichts aufschlußreicher als diese Döblinsche Haltung mit der gleich souveränen, gleich beherzt in praxi durchgeführten, gleich exakten und doch in allem gegensätzlichen zu vergleichen, die André Gide in seinem »Tagebuch der Falschmünzer« kürzlich an den Tag gelegt hat. Im Widerspiel dieser kritischen Intelligenzen kommt die heutige Situation der Epik am schärfsten zum Ausdruck. Gide entwickelt in diesem autobiographischen Kommentar seines letzten Romans die Lehre vom »roman pur«. Dort hat er's mit erdenklichster Subtilität darauf angelegt, alle schlichte, geradlinig aneinanderreihende Erzählung (alle epischen Größen ersten Grades) zugunsten sinnreicher, rein romanhafter (und das heißt hier zugleich auch romantischer) Verfahrungsweisen beiseite zu setzen. Die Stellung der Personen zu dem, was vorgeht, die Stellung des Dichters zu ihnen und seiner Technik, all das soll Bestandteil seines Romans selbst werden. Kurz, dieser »roman pur« ist eigentlich reines Innen, kennt kein Außen, und somit äußerster Gegenpol zur reinen epischen Haltung, die das Erzählen ist. Gides Ideal des Romans ist – so läßt er sich im strengen Gegensatz zu Döblin darstellen – der reine Schreibroman. Er hält die Flaubertschen Positionen vielleicht zum letzten Male aufrecht. Und es kann nicht Wunder nehmen, in Döblins Vortrag auch auf diese

Leistung die denkbar schärfste Entgegnung zu finden. »Sie werden die Hände über dem Kopf zusammenschlagen, wenn ich den Autoren rate, in der epischen Arbeit entschlossen lyrisch, dramatisch, ja reflexiv zu sein. Aber ich beharre dabei.«
Wie unerschrocken er's tut, dafür ist die Ratlosigkeit mancher Leser vor diesem neuen Buche ein Zeichen. Nun ist es wahr, daß selten auf solche Weise erzählt wurde, so hohe Wellen von Ereignis und Reflex haben selten die Gemütlichkeit des Lesers in Frage gestellt, so hat die Gischt der wirklichen gesprochenen Sprache ihn noch nie bis auf die Knochen durchnäßt. Aber es wäre nicht nötig gewesen, darum mit Kunstausdrücken zu operieren, vom »dialogue intérieur« zu reden oder auf Joyce zu verweisen. In Wirklichkeit handelt es sich um etwas ganz anderes. Stilprinzip dieses Buches ist die Montage. Kleinbürgerliche Drucksachen, Skandalgeschichten, Unglücksfälle, Sensationen von 28, Volkslieder, Inserate schneien in diesen Text. Die Montage sprengt den »Roman«, sprengt ihn im Aufbau wie auch stilistisch, und eröffnet neue, sehr epische Möglichkeiten. Im Formalen vor allem. Das Material der Montage ist ja durchaus kein beliebiges. Echte Montage beruht auf dem Dokument. Der Dadaismus hat sich in seinem fanatischen Kampf gegen das Kunstwerk durch sie das tägliche Leben zum Bundesgenossen gemacht. Er hat zuerst, wenn auch unsicher, die Alleinherrschaft des Authentischen proklamiert. Der Film in seinen besten Augenblicken machte Miene, uns an sie zu gewöhnen. Hier ist sie zum ersten Male für die Epik nutzbar geworden. Die Bibelverse, Statistiken, Schlagertexte sind es, kraft deren Döblin dem epischen Vorgang Autorität verleiht. Sie entsprechen den formelhaften Versen der alten Epik.
So dicht ist diese Montierung, daß der Autor schwer darunter zu Wort kommt. Die moritatenähnlichen Kapitelansagen hat er sich vorbehalten; im übrigen ist's ihm nicht eilig, sich vernehmen zu lassen. (Aber er wird sein Wort noch anbringen.) Erstaunlich, wie lange er seinen Figuren folgt, ehe er's riskiert, sie zur Rede zu stellen. Sacht, wie der Epiker es soll, geht er an die Dinge heran. Was geschieht, auch das Plötzlichste, scheint von langer Hand vorbereitet. In dieser Haltung aber inspiriert ihn der berlinische Sprachgeist selbst. Sacht ist das Zeitmaß seiner Bewegung. Denn der Berliner spricht als Kenner und mit Liebe

zu dem, wie er's sagt. Er kostet es aus. Wenn er schimpft, spottet und droht, will er dazu sich Zeit nehmen, genau wie zum Frühstück. Glaßbrenner pointierte das Berlinische dramatisch. Hier ist es nun in seiner epischen Tiefe ermessen; Franz Biberkopfs Lebensschiffchen hat schwer geladen und braucht doch nirgends auf Grund zu stoßen. Das Buch ist ein Monument des Berlinischen, weil der Erzähler keinen Wert darauf legte, heimatkünstlerisch, werbend zur Stadt zu stehen. Er spricht aus ihr. Berlin ist sein Megaphon. Sein Dialekt ist eine von den Kräften, die sich gegen die Verschlossenheit des alten Romans kehren. Denn verschlossen ist dieses Buch nicht. Es hat seine Moral, die sogar den Berliner was angeht. (Tiecks »Abraham Tonelli« hat die Berliner Schnauze schon so entfesselt, aber noch niemand hatte sich sie zu kurieren getraut.)
Es ist lohnend, der Kur an Franz Biberkopf nachzugehen. Was geschieht ihm? – Aber zunächst: Warum heißt es: »Berlin Alexanderplatz«, und »Die Geschichte vom Franz Biberkopf« nur darunter? Was ist der Alexanderplatz in Berlin? Das ist die Stelle, wo seit zwei Jahren die gewaltsamsten Veränderungen vorgehen, Bagger und Rammen ununterbrochen in Tätigkeit sind, der Boden von ihren Stößen, von den Kolonnen der Autobusse und U-Bahnen zittert, tiefer als sonstwo die Eingeweide der Großstadt, die Hinterhöfe um den Georgenkirchplatz sich aufgetan, und stiller als anderswo in den unberührten Labyrinthen um die Marsiliusstraße (wo die Sekretäre der Fremdenpolizei in eine Mietskaserne gepfercht sind), um die Kaiserstraße (in der die Huren abends ihren alten Trott machen), sich Gegenden aus den neunziger Jahren gehalten haben. Kein Industrieviertel; Handel vor allem; Kleinbürgertum. Und dann sein soziologisches Negativ: die Ganoven, die von den Arbeitslosen ihren Zuzug bekommen. Einer von denen ist Biberkopf. Als Arbeitsloser verläßt er das Zuchthaus Tegel, bleibt eine Weile anständig, eröffnet einen Handel an ein paar Straßenecken, fällt ab und wird Mitglied der Pumsbande. Eintausend Meter, länger ist der Radius nicht, der den Bannkreis dieser Existenz um den Platz schlägt. Der Alexanderplatz regiert sein Dasein. Ein grausamer Regent, wenn man will. Ein unumschränkter. Denn der Leser vergißt alles neben und außer ihm, lernt seine Existenz in diesem Raum fühlen und wie wenig man von ihm

wußte. Es ist ja alles anders, als der Leser, der dieses Werk dem Mahagonispind entnimmt, sich's vorstellt. Es schmeckt so gar nicht nach »sozialem Roman«. Keiner übernachtet hier in der Palme. Die haben immer ein Zimmer. Man trifft sie auch nie auf der Zimmersuche. Selbst der Erste scheint um den Alexanderplatz herum seine Schrecken verloren zu haben. Elend sind diese Leute schon. Immerhin sind sie elend in ihren Zimmern. Was ist das? Wie kommt das eigentlich?

Zweierlei ist das. Etwas Großes und etwas Beschränkendes. Etwas Großes: Denn das Elend ist in der Tat nicht, wie der kleine Moritz sich's vorstellt. Das wirkliche wenigstens, im Gegensatz zum gefürchteten. Nicht die Menschen allein, sondern auch Not und Jammer müssen sich nach der Decke strecken, müssen sehen, wie sie sich durchschlagen. Auch ihre Agenten, Liebe und Alkohol, werden manchmal aufsässig. Und es gibt nichts so Schlimmes, daß sich nicht eine Weile damit leben ließe. In diesem Buch kehrt das Elend seine joviale Seite heraus. Es läßt sich mit den Menschen am gleichen Tisch nieder, aber das Gespräch bricht darum nicht ab, man setzt sich zurecht und läßt es sich weiter schmecken. Das ist eine Wahrheit, von der der neue Hintertreppennaturalismus nichts wissen will. Darum mußte ein großer Erzähler kommen, um ihr wieder einmal zu ihrem Recht zu verhelfen. Von Lenin sagt man, er habe nur eins fanatischer gehaßt als das Elend selber: Mit ihm paktieren. Das ist nun in der Tat etwas Bürgerliches; nicht nur in den kleinen mesquinen Formen der Schlamperei, sondern auch in den großen der Weisheit. In diesem Sinn ist Döblins Geschichte bürgerlich, und zwar viel beschränkender als nach Tendenz und Absicht, nämlich nach Abkunft. Was hier bestrickend und mit unverminderter Kraft von neuem auftaucht, das ist der große Zauber von Charles Dickens, bei dem Bürger und Verbrecher so herrlich aufeinander eingespielt sind, weil sie ihre Interessen (entgegengesetzte freilich) in einer und derselben Welt haben. Die Welt dieser Ganoven ist der Bürgerwelt homogen; Franz Biberkopfs Weg zum Zuhälter bis zum Kleinbürger beschreibt nur eine heroische Metamorphose des bürgerlichen Bewußtseins.

Der Roman, könnte einer auf die Theorie des »roman pur« antworten, ist wie das Meer. Er hat keine andere Reinheit als Salz. Was ist nun das Salz dieses Buches? Es ist aber mit dem epischen Salze wie mit dem mineralischen: Es macht die Dinge dauerhaft, mit denen es sich verbindet. Und Dauer ist in ganz anderer Weise als für die übrigen Werke der Dichtung ein Kriterium des Epischen. Dauer, nämlich nicht in der Zeit, sondern im Leser. Der wahre Leser liest Epik, um zu »behalten«. Und ganz bestimmt behält er zweierlei aus diesem Buch: Die Geschichte mit dem Arm und die Sache mit Mieze. Wie der Franz Biberkopf dazu kommt, daß man ihn unters Auto wirft, so daß er den Arm verliert? und daß man ihm die Freundin ausspannt und umbringt? Das steht schon auf der zweiten Buchseite. »Weil er vom Leben mehr verlangt als das Butterbrot.« In diesem Fall nicht fettes Essen, Geld oder Weiber, sondern etwas viel Schlimmeres. Wonach es seine große Schnauze gelüstet, das ist gestaltloser. Hunger nach Schicksal verzehrt ihn, das ist es. Dieser Mann muß den Teufel al fresco immer von neuem an die Wand malen; es ist kein Wunder, wenn der immer von neuem kommt und ihn holen will. Wie dieser Schicksalshunger gestillt, fürs Leben gestillt wird und der Zufriedenheit mit dem Butterbrot Platz macht, wie der Ganove zum Weisen wird, das ist der Hergang der Sache. Zum Schluß wird Franz Biberkopf schicksallos, »helle«, wie die Berliner sagen. Döblin hat dies Mannbarwerden an seinem Franz mit einem großen Kunstgriff unvergeßlich gemacht. Wie die Juden bei der Barmizwoh dem Kind seinen zweiten Namen bekanntgeben, der bis dahin geheim blieb, so gibt Döblin dem Biberkopf einen zweiten Vornamen. Er heißt von nun an Franz Karl. Gleichzeitig ist aber mit diesem Franz Karl, der zweiter Portier in einer Fabrik wird, etwas ganz Sonderbares geschehen. Und daß Döblin, obwohl er seinem Helden doch so genau auf die Finger sieht, dies nicht entgangen wäre, wollen wir nicht beschwören. An dieser Stelle nämlich hat Franz Biberkopf aufgehört, exemplarisch zu sein, und ist lebendig in den Himmel der Romanfiguren entrückt worden. Hoffnung und Erinnerung werden ihn in diesem Himmel, der kleinen Portierloge, über sein Gescheitersein trösten. Wir aber sehen ihm in seine Loge nicht nach. Denn das ist ja das Gesetz der Romanform: kaum hat der Held sich selber geholfen, so hilft uns sein Dasein nicht länger. Und wenn diese Wahrheit am großartigsten und am unerbittlichsten in der »Education sentimentale« an den Tag tritt, so ist die Geschichte dieses Franz Biberkopf die »Education sentimentale« des Ganoven. Die äußerste, schwindelnde, letzte, vorgeschobenste Stufe des alten bürgerlichen Bildungsromans.

Bert Brecht

Es ist immer eine Unaufrichtigkeit, wenn man über lebende Dichter unparteiisch, abgeklärt, objektiv zu reden vorgibt. Und zwar nicht nur und vielleicht weniger eine persönliche Unaufrichtigkeit – obwohl keiner verhindern kann, daß ihn das Fluidum um einen Zeitgenossen in tausend Formen berührt, von denen kaum eine seiner bewußten Kontrolle zugänglich ist –, sondern vor allem eine wissenschaftliche. Das will nun aber nicht heißen, man habe sich in solcher Darstellung ganz und gar gehenzulassen und sein Glück in einer vagen Folge von Assoziationen, Anekdoten, Analogien zu suchen. Im Gegenteil, wenn sich die literarhistorische Form solcher Darstellung versagt, so ist die ihr gemäße die kritische. Und sie ist als Form um so strenger, je mehr sie sich von billiger Vornehmheit fernhält, je resoluter sie auf die gerade aktuellen Aspekte eines Werkes sich einläßt. Es wäre zum Beispiel im Falle Brecht töricht, die immanenten Gefahren seines Schaffens, die Frage seiner politischen Haltung oder sogar die Plagiatsaffären stillschweigend zu übergehen. Damit brächte man sich um den Zugang zu seinem Schaffen. Vielmehr ist, diese Dinge aufzurollen, dazu einen Begriff von seinen theoretischen Überzeugungen, seiner Gesprächsführung, sogar seiner äußeren Erscheinung zu geben, wichtiger, als der zeitlichen Folge entsprechend seine Werke nach Inhalt, Form und Wirkung abzuhaspeln. Darum machen wir uns auch kein Gewissen daraus, mit seinem letzten Buche hier den Anfang zu machen, für einen Literarhistoriker gewiß ein Kunstfehler, für den Kritiker aber um so rechtmäßiger, als dieses letzte Werk – es heißt »Versuche« und ist im Verlage Kiepenheuer, Berlin, erschienen – zu Brechts sprödesten zählt und uns nötigt, die ganze Erscheinung mit einem Male entschieden und frontal ins Auge zu fassen.

Wollte man den Verfasser der »Versuche« so schroff, wie er von seinen Helden es verlangt, sich zu sich selber bekennen lassen, so würde man von ihm zu hören bekommen: »Ich lehne es ab, mein Talent ›frei‹ zu verwerten, ich verwerte es als Erzieher, Politiker, Organisator. Es gibt keinen Vorwurf gegen mein literarisches Auftreten – Plagiator, Störenfried, Saboteur

–, den ich nicht für mein unliterarisches, anonymes, aber planvolles Wirken als einen Ehrennamen beanspruchen würde.« Wie dem nun sein mag, gewiß ist, daß Brecht unter denen, welche in Deutschland schreiben, zu der ganz kleinen Minderzahl gehört, die sich fragt, wo sie ihre Begabung ansetzen muß, sie nur da ansetzt, wo sie von der Notwendigkeit, dies zu tun, überzeugt ist, und bei jeder Gelegenheit, die diesem Prüfstein nicht standhält, schlappmacht. »Versuche« sind dergleichen Einsatzstellen von Brechts Begabung. Das Neue daran ist, daß diese Stellen in ihrer ganzen Wichtigkeit hervortreten, der Dichter um ihretwillen sich von seinem »Werke« beurlaubt und, wie ein Ingenieur in der Wüste mit Petroleumbohrungen anfängt, in der Wüste der Gegenwart an genau berechneten Punkten seine Tätigkeit aufnimmt. Solche Stellen sind hier das Theater, die Anekdote, das Radio – andere wollen später in Angriff genommen werden. »Die Publikation der ›Versuche‹«, beginnt der Verfasser, »erfolgt zu einem Zeitpunkt, wo gewisse Arbeiten nicht mehr so sehr individuelle Erlebnisse sein (Werkcharakter haben) sollen, sondern mehr auf die Benutzung (Umgestaltung) bestimmter Institute und Institutionen gerichtet sind.« Nicht Erneuerung wird proklamiert; Neuerungen sind geplant. Die Dichtung erwartet hier nichts mehr von einem Gefühl des Autors, das nicht im Willen, diese Welt zu ändern, sich mit der Nüchternheit verbündet hat. Sie weiß, die einzige Chance, die ihr blieb, ist: Nebenprodukt in einem sehr verzweigten Prozeß zur Änderung der Welt zu werden. Das ist sie hier. Und dazu ein unschätzbares. Hauptprodukt aber ist: eine neue Haltung. Lichtenberg sagt: »Nicht wovon einer überzeugt ist, ist wichtig. Wichtig ist, was seine Überzeugungen aus ihm machen.« Dieses Was heißt bei Brecht: Haltung. Sie ist neu, und das Neuste an ihr, daß sie erlernbar ist. »Der zweite Versuch ›Geschichten vom Herrn Keuner‹«, sagt der Verfasser, »stellen einen Versuch dar, Gesten zitierbar zu machen.« Aber zitierbar ist nicht nur Herrn Keuners Haltung, genauso ist es, durch Übung, die der Schüler im »Flug der Lindberghs«, und die des Egoisten Fatzer ist es auch, und wiederum: was an ihnen zitierbar ist, das ist nicht nur die Haltung, genauso sind es die Worte, die sie begleiten. Auch diese Worte wollen geübt, das heißt erst gemerkt, später verstanden sein. Ihre pädagogische Wirkung haben sie zuerst, ihre politische dann und ihre poetische ganz zuletzt.

Mit diesem Wenigen haben Sie vielleicht in beinahe allzu dichter Folge alle wichtigen Motive in Brechts Arbeit beisammen, und nach diesem Anlauf haben wir wohl das Recht, etwas auszuruhen. Auszuruhen, das soll hier heißen, in der Menge seiner Figuren überhaupt Umschau zu halten und diese und jene herauszugreifen, in denen des Autors Absichten am besten zum Vorschein kommen. An erster Stelle möchte ich da den besagten Herrn Keuner nennen, der erst im letzten Werk von Brecht sich hervorwagt. Woher der Name, kann auf sich beruhen. Nehmen wir einmal mit Lion Feuchtwanger, einem ehemaligen Mitarbeiter von Brecht, an, es stecke darin die griechische Wurzel κοινός – das Allgemeine, alle Betreffende, allen Gehörende. In der Tat ist Herr Keuner der alle Betreffende, allen Gehörende, nämlich der Führer. Er ist es nur ganz anders, als man sich einen Führer gewöhnlich vorstellt; beileibe kein Rhetor, kein Demagog, kein Effekthascher oder Kraftmensch. Seine Hauptbeschäftigung liegt meilenweit fort von dem, was man sich heute unter einem Führer vorstellt. Herr Keuner ist nämlich der Denkende. Ich erinnere mich, wie Brecht eines Tages Keuners Erscheinen, wenn er je auf die Szene käme, ausmalte. Auf einer Bahre würde man ihn heranbringen, denn der Denkende inkommodiert sich nicht; und dann würde er den Vorgängen auf der Bühne schweigend folgen oder auch nicht folgen. Denn das ist gerade für so viele Zustände heute bezeichnend, daß der Denkende ihnen gar nicht folgen kann. Seinem ganzen Gebaren nach wird man diesen Denkenden niemals mit dem Weisen der Griechen, dem strengen Stoiker oder dem Lebenskünstler aus der Schule Epikurs verwechseln können, eher schon mit Paul Valérys Figur eines reinen Denkmenschen ohne Affekte, dem Monsieur Teste. Beide haben chinesische Züge. Beide sind unendlich verschlagen, unendlich verschwiegen, unendlich höflich, unendlich alt, unendlich anpassungsfähig. Herr Keuner aber dadurch ganz und gar von seinem französischen Kollegen unterschieden, daß er ein Ziel hat, das er keinen Augenblick lang aus dem Auge verliert. Dieses Ziel ist der neue Staat. Ein Staat, der philosophisch und literarisch so tief fundiert ist, wie man es von dem des Konfuzius weiß. Um nun aber vom Chinesischen abzustoßen, wollen wir sagen, daß man bei Herrn Keuner auch jesuitische Züge entdecken kann. Das ist alles andere als Zufall.

Je genauer man nämlich die Typen, die Brecht geschaffen hat, auseinandernimmt – wir werden das nach Herrn Keuner noch mit zwei andern tun –, desto mehr zeigt sich, wie sie bei aller Kraft und Lebendigkeit politische Modelle, um mit dem Mediziner zu reden, Phantome darstellen. Es ist ihnen allen gemeinsam, vernünftige politische Aktionen zu bewirken, die nicht aus Menschenfreundlichkeit, Nächstenliebe, Idealismus, Edelmut oder ähnlichem, sondern nur aus der jeweiligen Haltung hervorgehen. Diese Haltung kann von Hause aus fragwürdig, unsympathisch, eigennützig sein: wenn nur der Mann, an dem sie auftritt, sich nichts vormacht, wenn er sich nur nahe an die Realität hält, so kommt schon aus ihr selber die Korrektur. Nicht die ethische: der Mann wird nicht besser; aber die soziale: sein Verhalten macht ihn verwendbar, oder, wie es ein andermal bei Brecht heißt:

> Alle Laster sind zu etwas gut
> Nur der Mann nicht, sagt er, der sie tut.

Herrn Keuners Laster ist, kalt und unbestechlich zu denken. Wozu das gut ist? Es ist gut, die Leute dahin zu bringen, sich klarzuwerden, mit welchen Voraussetzungen sie an die sogenannten Führer, die Denker oder Politiker, an deren Bücher oder deren Reden herantreten, um sodann jene Voraussetzung der Leute so gründlich wie nur möglich in Frage zu stellen. Es ist eigentlich ein ganzes Bündel von Voraussetzungen, das auseinanderfällt, wenn man die Schnur, die es umfaßt, nur einmal gelockert hat. Die Schnur der festen Meinung: irgendwo wird ganz sicher gedacht, und darauf können wir uns verlassen. Persönlichkeiten, die dementsprechende Posten haben und dafür bezahlt werden, denken für alle andern, sind mit den einschlägigen Verfahren vertraut und ununterbrochen beschäftigt, die Zweifel und die Unklarheiten, die verbleiben, aus dem Weg zu räumen. Wollte man das leugnen, könnte man gar beweisen, dem ist nicht so, dann würde sich des Publikums doch eine gewisse Unruhe bemächtigen. Es käme nämlich in Verlegenheit, selber denken zu müssen. Nun konzentriert sich Herrn Keuners Interesse darauf, zu zeigen: der Reichtum von Problemen und Theorien, Thesen und Weltanschauungen ist fiktiv. Und daß sie sich gegenseitig aufheben, ist weder Zufall noch im Denken selbst begründet, sondern in den Interessen der Leute, die die

Denker auf ihre Posten gestellt haben. – Entspricht denn aber, wird das Publikum nun fragen, das Denken bestimmten Interessen? Ist denn das Denken nicht interesselos? – Eine gewisse Unruhe wird sich seiner bemächtigen. Wenn im Sinne gewisser Interessen gedacht wird, wer garantiert ihm, daß es die seinigen sind? Und da hat es die Schnur aufgeknotet, das Bündel seiner Voraussetzungen fällt auseinander, um sich in lauter Fragwürdigkeiten zu verwandeln. Lohnt es sich zu denken? Soll es nützen? Was nützt es in Wirklichkeit? Wem? – Lauter grobe Fragen, gewiß. Wir aber, sagt Herr Keuner, haben die groben Fragen gar nicht zu scheuen, wir haben unsere feinsten Antworten gerade auf diese groben Fragen bereit. Denn so ist unser Verhältnis zu jenen andern: sie verstehen, fein und subtil zu fragen, aber die Kanäle ihrer Fragen verschwemmen sie mit der Schlammflut der Antworten, jenem ungefilterten Reichtum, der für wenige fruchtbar und fast allen schädlich ist. Wir dagegen fragen allerdings handfest. Aber von Antworten werden nur die dreimal gesiebten durchgelassen. Präzise und klare Antworten, in denen nicht nur der Sachverhalt, sondern die Haltung des Sprechenden durchsichtig wird. Soweit Herr Keuner.

Dieser Herr Keuner ist, wie gesagt, unter Brechts Figuren die jüngste. Es ist nicht unvermittelt, wenn wir jetzt auf eine seiner ältesten zu sprechen kommen. Vielleicht erinnern Sie sich, daß ich von den Gefahren im Schaffen von Brecht sprach. Sie liegen bei Herrn Keuner. Wenn er schon täglicher Gast bei dem Dichter ist, so muß er doch, wie wir hoffen, auf andere Besucher stoßen, die ihm sehr ungleich sind und die die Gefahren, die er für den Dichter mit sich bringt, bannen. In der Tat, er stößt auf Baal, auf Mackie Messer, auf Fatzer, auf die ganze Horde von Hooligans und Verbrechern, die Brechts Stücke bevölkern und die vor allem die wahren Sänger seiner Songs sind, die in der erstaunlichen »Hauspostille« (Propyläen-Verlag, Berlin) gesammelt vorliegen. Dieses ganze Rowdy- und Songwesen geht auf Brechts Frühzeit, die Augsburger Periode, zurück, in der er in Gesellschaft seines Freundes und Mitarbeiters Caspar Neher und anderer in seltsamen Melodien und rüden, herzzerreißenden Refrains die Motive seiner späteren Stücke aufspürte. Aus dieser Welt stammt der versoffne Mörderdichter Baal und schließlich auch noch der Egoist Fatzer. Man würde aber sehr irren, wenn man annähme, diese Figuren interessierten den Verfasser nur als abschreckende Beispiele. Brechts wahrer Anteil am Baal und Fatzer reicht tiefer. Sie sind ihm zwar das Egoistische, Asoziale. Aber es ist ja Brechts beständiges Streben, diesen Asozialen, den Hooligan, als virtuellen Revolutionär zu zeichnen. Dabei spielt nicht nur sein persönliches Einverständnis mit diesem Typus, sondern ein theoretisches Moment mit. Wenn Marx sich sozusagen das Problem gestellt hat, die Revolution aus ihrem schlechtweg anderen, dem Kapitalismus, hervorgehen zu lassen, ganz ohne Ethos dafür in Anspruch zu nehmen, so versetzt Brecht dieses Problem in die menschliche Sphäre: er will den Revolutionär aus dem schlechten, selbstischen Typus ganz ohne Ethos von selber hervorgehen lassen. Wie Wagner den Homunkulus in der Retorte aus einer magischen Mischung, will Brecht den Revolutionär in der Retorte aus Niedrigkeit und Gemeinheit entwickeln.

Zum dritten greife ich nun Galy Gay heraus. Er ist der Held einer Komödie »Mann ist Mann«. Eben ist er aus der Haustür gegangen, um auf Veranlassung seiner Frau einen Fisch einzukaufen, da stößt er auf Soldaten der anglo-indischen Armee, die bei der Plünderung einer Pagode den vierten, der zu ihrem Zug gehört, verloren haben. Sie haben alles Interesse daran, sich schleunigst einen Stellvertreter zu schaffen. Galy Gay ist ein Mann, der nicht nein sagen kann. Er folgt den dreien, ohne zu wissen, was sie mit ihm vorhaben. Zug um Zug nimmt er Stücke, Gedanken, Haltung, Gewohnheiten an, wie ein Mann im Krieg sie haben muß; er wird vollständig ummontiert, wird seine Frau, die ihn ausfindig gemacht hat, gar nicht mehr anerkennen und zuletzt ein gefürchteter Krieger und Eroberer der Bergfeste Sir El Dchowr werden. Welche Bewandtnis es mit ihm hat, erfahren Sie aus folgendem Spruch:

> Herr Bertolt Brecht behauptet: Mann ist Mann.
> Und das ist etwas, was jeder behaupten kann.
> Aber Herr Bertolt Brecht beweist auch dann,
> Daß man mit einem Menschen beliebig viel machen kann.
> Hier wird heute abend ein Mensch wie ein Auto ummontiert,

Ohne daß er irgend etwas dabei verliert.
Dem Mann wird menschlich nähergetreten,
Er wird mit Nachdruck, ohne Verdruß gebeten,
Sich dem Laufe der Welt schon anzupassen
Und seinen Privatfisch schwimmen zu lassen.
Herr Bertolt Brecht hofft, Sie werden den Boden, auf dem Sie stehen,
Wie einen Schnee unter sich vergehen sehen
Und werden schon merken bei dem Packer Galy Gay,
Daß das Leben auf Erden gefährlich sei.

Die Ummontierung, von der hier die Rede ist – wir hörten schon, wie Brecht sie als literarische Form proklamiert. Das Geschriebene ist ihm nicht Werk, sondern Apparat, Instrument. Es ist, je höher es steht, desto mehr der Umformung, der Demontierung und Verwandlung fähig. Die Betrachtung der großen kanonischen Literaturen, vor allem der chinesischen, hat ihm gezeigt, daß der oberste Anspruch, der dort an Geschriebenes gestellt wird, seine Zitierbarkeit ist. Es sei angedeutet, daß hier eine Theorie des Plagiats gründet, bei der den Witzbolden sehr schnell der Atem ausgehen wird.
Wer in drei Worten über Brecht das Entscheidende sagen müßte, würde klug tun, sich auf den Satz zu beschränken: Sein Gegenstand ist die Armut. Wie der Denkende mit den wenigen zutreffenden Gedanken, welche es gibt, der Schreibende mit den wenigen stichhaltigen Formulierungen, die wir haben, der Staatsmann mit der wenigen Intelligenz und Tatkraft der Menschen auskommen muß, das ist das Thema all seiner Arbeit. »Was sie gemacht haben«, sagen die Lindberghs von ihrem Apparat, »das muß mir reichen«. Knapp an die knappe Wirklichkeit heran – das ist die Losung. Armut, denkt Herr Keuner, ist eine Mimikry, die es erlaubt, so nahe an das Wirkliche heranzukommen, wie kein Reicher es kann. Das ist natürlich nicht die Maeterlincksche Mystik der Armut, noch die Franziskanische, welche Rilke meint, wenn er schreibt: »Denn Armut ist ein großer Glanz von innen« – diese Brechtsche Armut ist vielmehr eine Uniform und ganz geeignet, dem, der sie mit Bewußtsein trägt, eine hohe Charge zu geben. Sie ist, kurz gesagt, die physiologische und ökonomische Armut des Menschen im Zeitalter

der Maschine. »Der Staat soll reich sein, der Mensch soll arm sein, der Staat soll verpflichtet sein vieles zu können, dem Menschen soll es erlaubt sein weniges zu können«: das ist das allgemeine Menschenrecht auf Armut, wie es von Brecht formuliert, in seinen Schriften auf seine Fruchtbarkeit untersucht und in seiner schmächtigen, abgerissenen Erscheinung zur Schau getragen wird.

Wir schließen nicht, sondern brechen ab. Sie können, meine Damen und Herren, diese Betrachtungen mit Hilfe jeder guten Buchhandlung fortsetzen, gründlicher aber ohne diese.

Literaturgeschichte und Literaturwissenschaft

Immer wieder wird man versuchen, die Geschichte der einzelnen Wissenschaften im Zuge einer in sich geschlossenen Entwicklung vorzutragen. Man spricht ja gern von autonomen Wissenschaften. Und wenn mit dieser Formel auch zunächst nur das begriffliche System der einzelnen Disziplinen gemeint ist – die Vorstellung von der Autonomie gleitet doch ins Historische leicht hinüber und führt zu dem Versuch, die Wissenschaftsgeschichte jeweils als einen selbständig abgesonderten Verlauf außerhalb des politisch-geistigen Gesamtgeschehens darzustellen. Das Recht, so vorzugehen, mag hier nicht debattiert werden; unabhängig von der Entscheidung über diese Frage besteht für einen Querschnitt durch den jeweiligen Stand einer Disziplin die Notwendigkeit, den sich ergebenden Befund nicht nur als Glied im autonomen Geschichtsverlaufe dieser Wissenschaft, sondern vor allem als ein Element der gesamten Kulturlage im betreffenden Zeitpunkte aufzuzeigen. Wenn, wie im folgenden dargelegt wird, die Literaturgeschichte mitten in einer Krise steht, so ist diese Krise nur Teilerscheinung einer sehr viel allgemeineren. Die Literaturgeschichte ist nicht nur eine Disziplin, sondern in ihrer Entwicklung selbst ein Moment der allgemeinen Geschichte.

Das zweite ist sie gewiß. Aber ist sie wirklich das erste? Ist Literaturgeschichte eine Disziplin der Geschichte? In welchem Sinn das zu verneinen ist, wird sich im folgenden ergeben; es ist nicht mehr als billig, mit dem Hinweis zu beginnen, daß sie durchaus nicht, wie ihr Name vermuten ließe, von Anfang an im Rahmen der Geschichte aufgetreten ist. Als Zweig der schöngeistigen Ausbildung, eine Art angewandter Geschmackskunde, stand sie im achtzehnten Jahrhundert zwischen einem Lehrbuche der Ästhetik und einem Buchhändlerkatalog.

Als erster pragmatischer Literarhistoriker tritt im Jahre 1835 Gervinus mit dem ersten Bande seiner »Geschichte der poetischen Nationalliteratur der Deutschen« hervor. Er zählte sich der historischen Schule zu; die großen Werke sind ihm »historische Ereignisse, die Dichter Genien der Aktivität und die Urteile über sie weittragende öffentliche Nachwirkungen. Diese Analogie zur

Welthistorie bleibt so innig mit der individuellen Haltung von Gervinus verquickt wie sein Verfahren, die fehlenden kunstphilosophischen Gesichtspunkte durch ›Vergleichung‹ der großen Werke mit ›verwandten‹ zu ersetzen.« Das wahre Verhältnis zwischen Literatur und Geschichte konnte dies glänzende aber methodisch naive Werk sich nicht zum Problem machen, geschweige denn das von Geschichte zu Literaturgeschichte. Überblickt man vielmehr die Versuche bis zur Jahrhundertmitte, so zeigt sich, wie durchaus ungeklärt die Stellung der Literaturgeschichte, sei es in, sei es auch nur zur Historie geblieben war. Unter Männern wie Michael Bernays, Richard Heinzel, Richard Maria Werner trat auf diese erkenntniskritische Ratlosigkeit der Rückschlag ein. Mehr oder weniger vorsätzlich gab man die Orientierung an der Geschichte auf, um sie mit einer Anlehnung an die exakte Naturwissenschaft zu vertauschen. Während vorher selbst bibliographisch gerichtete Kompilationen eine Vorstellung vom Gesamtverlaufe erkennen ließen, ging man nun verbissen auf Einzelarbeit, auf das »Sammeln und Hegen« zurück. Allerdings hat diese Zeit positivistischer Doktrin eine Fülle von Literaturgeschichten für den bürgerlichen Hausgebrauch als Komplement der strengen Forscherarbeit hervorgebracht. Aber das universalhistorische Panorama, das sie entrollen, war nichts als eine Art darstellerischen Komforts für Verfasser und Leserschaft. Die Scherersche Literaturgeschichte mit ihrem Unterbau exakter Tatsachen und ihren großen rhythmischen Periodisierungen von drei zu drei Jahrhunderten läßt sich sehr wohl als Synthese der beiden Grundrichtungen damaliger Forschung verstehen. Mit Recht hat man die kulturpolitischen und organisatorischen Absichten, aus denen dieses Werk hervorging, betont und die Makart-Vision eines kolossalen Triumphzugs idealer deutscher Gestalten, die ihm zugrunde liegt, aufgezeigt. Scherer läßt die tragenden Figuren seiner kühnen Komposition »bald aus der politischen, bald aus der literarischen, religiösen oder philosophischen Atmosphäre entspringen, ohne den Eindruck höherer Notwendigkeit, ja auch nur der äußerlichen Konsequenz zu erwecken, er durchkreuzt ihre Wirkungen mit solchen der Einzelwerke, der verabsolutierten Ideen oder Dichtungsgestalten, wodurch ein farbiger Wirrwarr, aber nichts weniger als eine geschichtliche Ordnung entsteht.«

Was sich hier vorbereitet, ist der falsche Universalismus der kulturhistorischen Methode. Mit dem von Rickert und Windelband geprägten Begriff der Kulturwissenschaften vollendet sich diese Entwicklung; ja der Sieg der kulturgeschichtlichen Anschauungsart war ein so unumschränkter, daß nun sie mit Lamprechts »Deutscher Geschichte« zur erkenntnistheoretischen Grundlage der pragmatischen wurde. Mit der Proklamation der »Werte« war die Geschichte ein für allemal im Sinn des Modernismus umgefälscht, die Forschung nur der Laiendienst an einem Kult geworden, in dem die »ewigen Werte« nach einem synkretistischen Ritus zelebriert werden. Es ist immer denkwürdig, wie kurz von hier der Weg bis zu den rabiatesten Verirrungen der neuesten Literarhistorie gewesen ist; welche Reize die entmannte Methodik den widerwärtigsten Neologismen hinter der goldnen Pforte der »Werte« abzugewinnen verstand: »Wie alle Poesie zuletzt auf eine Welt der ›wortbaren‹ Werte hinzielt, so bedeutet sie in formaler Beziehung eine letzte Steigerung und Verinnerlichung der unmittelbaren Ausdruckskräfte der Rede.« Wohl oder übel wird man nach dieser Mitteilung schon fühllos für den Chock der Erkenntnis geworden sein, daß der Dichter selbst diese »letzte Steigerung und Verinnerlichung« als »Wortungs-Lust« erlebe. Es ist die gleiche Welt, in der das »Wortkunstwerk« zu Hause ist, und selten hat ein provoziertes Wort so großen Adel an den Tag gelegt, wie in dem Falle »Dichtung«. Mit alledem macht jene Wissenschaft sich wichtig, welche immer durch die »Weite« ihrer Gegenstände, durch das »synthetische« Gebaren sich verrät. Der geile Drang aufs große Ganze ist ihr Unglück. Man höre: »Mit überwältigender Kraft und Reinheit treten die geistigen Werte hervor ... ›Ideen‹, welche die Seele des Dichters schwingen lassen und zur symbolischen Gestaltung reizen. Unsystematisch und doch deutlich genug läßt uns der Dichter in jedem Augenblick fühlen, welchem Werte oder welcher Wertschicht er den Vorzug gibt; vielleicht auch, welche Rangordnung er den Werten überhaupt zuerkennt.« In diesem Sumpfe ist die Hydra der Schulästhetik mit ihren sieben Köpfen: Schöpfertum, Einfühlung, Zeitentbundenheit, Nachschöpfung, Miterleben, Illusion und Kunstgenuß zu Hause. Wer sich in der Welt ihrer Anbeter umzutun wünscht, hat nur das neueste repräsentative Sammelbuch[1] zur Hand zu nehmen, in dem die deutschen Literarhistoriker der Gegenwart sich Rechenschaft von ihrer Arbeit zu geben suchen, und dem die obigen Zitate entnommen sind. Womit allerdings nicht gesagt sein soll, daß seine Mitarbeiter solidarisch füreinander haften; gewiß heben sich Autoren wie Gumbel, Cysarz, Muschg, Nadler von dem chaotischen Grunde, auf welchem sie hier erscheinen, ab. Um so bezeichnender aber, daß selbst Männer, die sich auf wissenschaftliche Leistungen von Rang zu berufen vermögen, wenig oder nichts von der Haltung, die die frühe Germanistik geadelt hat, in der Gemeinschaft ihrer Fachgenossen zur Geltung zu bringen vermocht haben. Die ganze Unternehmung ruft für den, der in Dingen der Dichtung zu Hause ist, den unheimlichen Eindruck hervor, es käme in ihr schönes, festes Haus mit dem Vorgeben, seine Schätze und Herrlichkeiten bewundern zu wollen, mit schweren Schritten eine Kompanie von Söldnern hineinmarschiert, und im Augenblick wird es klar: die scheren sich den Teufel um die Ordnung und das Inventar des Hauses; die sind hier eingerückt, weil es so günstig liegt, und sich von ihm aus ein Brückenkopf oder eine Eisenbahnlinie beschießen läßt, deren Verteidigung im Bürgerkriege wichtig ist. So hat die Literaturgeschichte sich's hier im Haus der Dichtung eingerichtet, weil aus der Position des »Schönen«, der »Erlebniswerte«, des »Ideellen« und ähnlicher Ochsenaugen in diesem Hause sich in der besten Deckung Feuer geben läßt.

Man kann nicht sagen, daß die Truppen, die ihnen hier im Kleinkrieg gegenüberliegen, über eine ausreichende Schulung verfügen. Sie stehen unter dem Kommando der materialistischen Literarhistoriker, unter denen der alte Franz Mehring immer noch um Haupteslänge hervorragt. Was dieser Mann bedeutet, belegt jeder Versuch materialistischer Literarhistorie, der seit seinem Tode hervorgetreten ist, von neuem. Am deutlichsten Kleinbergs »Deutsche Dichtung in ihren sozialen, zeit- und geistesgeschichtlichen Bedingungen« – ein Werk, das sklavisch alle Schablonen eines Leixner oder Koenig auspinselt, um sie dann allenfalls mit einigen freidenkerischen Ornamenten einzurahmen; ein rechter Haussegen des kleinen Mannes. Indessen ist

1 Philosophie der Literaturwissenschaft. Hrsg. von Emil Ermatinger. Berlin: Junker und Dünnhaupt Verlag 1930. X, 478 S.

Mehring Materialist weit mehr durch den Umfang seiner allgemein-historischen und wirtschaftsgeschichtlichen Kenntnisse als durch seine Methode. Seine Tendenz geht auf Marx, seine Schulung auf Kant zurück. So ist das Werk dieses Mannes, der ehern an der Überzeugung festhielt, es müßten »die edelsten Güter der Nation« unter allen Umständen ihre Geltung behalten, viel eher ein im besten Sinne konservierendes als umstürzendes.

Aber der Jungbrunnen der Geschichte wird von der Lethe gespeist. Nichts erneuert so wie Vergessenheit. Mit der Krise der Bildung wächst der leere Repräsentationscharakter der Literaturgeschichte, der in den vielen populären Darstellungen am handgreiflichsten zutage tritt. Es ist immer derselbe verwischte Text, der bald in der, bald in jener Anordnung auftritt. Seine Leistung hat mit wissenschaftlicher schon lange nichts mehr zu schaffen, seine Funktion erschöpft sich darin, gewissen Schichten die Illusion einer Teilnahme an den Kulturgütern der schönen Literatur zu geben. Nur eine Wissenschaft, die ihren musealen Charakter aufgibt, kann an die Stelle der Illusion Wirkliches setzen. Das hätte zur Voraussetzung nicht nur die Entschlossenheit, vieles auszulassen, sondern die Fähigkeit, den Betrieb der Literaturgeschichte, bewußt, in einen Zeitraum hineinzustellen, in dem die Zahl der Schreibenden – das sind ja nicht nur die Literaten und Dichter – tagtäglich wächst und das technische Interesse an den Dingen des Schrifttums sich sehr viel dringlicher bemerkbar macht als das erbauliche. Mit Analysen des anonymen Schrifttums – der Kalender- und Kolportageliteratur z. B. – sowie der Soziologie des Publikums, der Schriftstellerbünde, des Buchvertriebs zu verschiedenen Zeiten könnten neuere Forscher dem Rechnung tragen, haben es zum Teil auch begonnen. Aber dabei kommt es vielleicht weniger auf eine Erneuerung des Lehrbetriebs durch die Forschung als der Forschung durch den Lehrbetrieb an. Denn mit der Krise der Bildung steht ja in genauem Zusammenhang, daß die Literaturgeschichte die wichtigste Aufgabe – mit der sie als »Schöne Wissenschaft« ins Leben getreten ist, – die didaktische nämlich, ganz aus den Augen verloren hat.

Soviel von den gesellschaftlichen Umständen. Wie hier der Modernismus die Spannung zwischen Erkenntnis und Praxis im musealen Bildungsbegriff nivelliert hat, so im historischen Be-

reiche die von Gegenwärtigem und Gewesenem, will sagen die von Kritik und Literaturgeschichte. Die Literaturgeschichte des Modernismus denkt nicht daran, vor ihrer Zeit durch eine fruchtbare Durchdringung des Ehemaligen sich zu legitimieren, sie vermeint, das durch Gönnerschaft dem zeitgenössischen Schrifttum gegenüber besser zu können. Es ist erstaunlich, wie die akademische Wissenschaft hier mit allem geht, mitgeht. Wenn frühere Germanistik die Literatur ihrer Zeit aus dem Kreise ihrer Betrachtung ausschied, so war das nicht, wie man es heute versteht, kluge Vorsicht, sondern die asketische Lebensregel von Forschernaturen, die ihrer Epoche unmittelbar in der ihr adäquaten Durchforschung des Gewesenen dienten; Stil und Haltung der Brüder Grimm legen Zeugnis ab, daß die Diätetik, welche solch Werk erforderte, nicht geringer als die großen künstlerischen Schaffens gewesen ist. An Stelle dieser Haltung ist der Ehrgeiz der Wissenschaft getreten, an Informiertheit es mit jedem hauptstädtischen Mittagsblatt aufnehmen zu können.
Die heutige Germanistik ist eklektisch, das will sagen durch und durch unphilologisch, gemessen nicht am positivistischen Philologiebegriff der Scherer-Schule sondern an dem der Brüder Grimm, die die Sachgehalte nie außerhalb des Wortes zu fassen suchten und nur mit Schauder von ›durchscheinender‹, ›über sich hinausweisender‹ literaturwissenschaftlicher Analyse hätten reden hören. Freilich ist die Durchdringung von historischer und kritischer Betrachtung keiner Generation seitdem in annähernd ähnlichem Grade gelungen. Und wenn es einen Aspekt gibt, unter welchem die in vieler Hinsicht isolierte, in einigen wenigen Stücken – Hellingrath, Kommerell – bemerkenswerte Geschichtsschreibung der Literatur aus dem Kreise Georges sich mit der akademischen zusammenschließt, so ist es, daß sie auf ihre Art den gleichen widerphilologischen Geist atmet. Das Aufgebot des alexandrinischen Pantheons, das aus den Werken der Schule bekannt ist, Virtus und Genius, Kairos und Dämon, Fortuna und Psyche, steht geradezu im Dienst des Exorzismus von Geschichte. Und das Ideal dieser Forschungsrichtung wäre die Aufteilung des ganzen deutschen Schrifttums in heilige Haine mit Tempeln zeitloser Dichter im Innern. Der Abfall von der philologischen Forschung führt schließlich – und nicht zum wenigsten im George-Kreise – auf jene Trugfrage, die in wachsendem

Maße die literarhistorische Arbeit verwirrt: wieweit und ob denn überhaupt Vernunft das Kunstwerk erfassen könne. Von der Erkenntnis, daß sein Dasein in der Zeit und sein Verstandenwerden nur zwei Seiten ein und desselben Sachverhalts sind, ist man weit entfernt. Sie zu eröffnen ist der monographischen Behandlung der Werke und der Formen vorbehalten.

»Für die Gegenwart«, heißt es bei Walter Muschg, »darf gesagt werden, daß sie in ihren wesentlichen Arbeiten nahezu ausschließlich auf die Monographie gerichtet ist. Der Glaube an den Sinn einer Gesamtdarstellung ist in dem heutigen Geschlecht in hohem Maß verloren. Statt dessen ringt es mit Gestalten und Problemen, die es in jener Epoche der Universalgeschichten hauptsächlich durch Lücken bezeichnet sieht.« Mit den Gestalten und Problemen ringt es – das mag richtig sein. Wahr ist, daß es vor allem mit den Werken ringen sollte. Deren gesamter Lebens- und Wirkungskreis hat gleichberechtigt, ja vorwiegend neben ihre Entstehungsgeschichte zu treten; also ihr Schicksal, ihre Aufnahme durch die Zeitgenossen, ihre Übersetzungen, ihr Ruhm. Damit gestaltet sich das Werk im Inneren zu einem Mikrokosmos oder viel mehr: zu einem Mikroaeon. Denn es handelt sich ja nicht darum, die Werke des Schrifttums im Zusammenhang ihrer Zeit darzustellen, sondern in der Zeit, da sie entstanden, die Zeit, die sie erkennt – das ist die unsere – zur Darstellung zu bringen. Damit wird die Literatur ein Organon der Geschichte und sie dazu – nicht das Schrifttum zum Stoffgebiet der Historie zu machen, ist die Aufgabe der Literaturgeschichte.

Franz Kafka

Zur zehnten Wiederkehr seines Todestages

Potemkin

Es wird erzählt: Potemkin litt an schweren mehr oder weniger regelmäßig wiederkehrenden Depressionen, während deren sich niemand ihm nähern durfte und der Zugang zu seinem Zimmer aufs strengste verboten war. Am Hofe wurde dieses Leiden nicht erwähnt, insbesondere wußte man, daß jede Anspielung darauf die Ungnade der Kaiserin Katharina nach sich zog. Eine dieser Depressionen des Kanzlers dauerte außergewöhnlich lange. Ernste Mißstände waren die Folgen; in den Registraturen häuften sich Akten, deren Erledigung, die ohne Unterschrift Potemkins unmöglich war, von der Zarin gefordert wurde. Die hohen Beamten wußten sich keinen Rat. In dieser Zeit geriet durch einen Zufall der unbedeutende kleine Kanzlist Schuwalkin in die Vorzimmer des Kanzlerpalais, wo die Staatsräte wie gewöhnlich jammernd und klagend beisammen standen. »Was gibt es, Excellenzen? Womit kann ich Excellenzen dienen?« bemerkte der eilfertige Schuwalkin. Man erklärte ihm den Fall und bedauerte, von seinen Diensten keinen Gebrauch machen zu können. »Wenn es weiter nichts ist, meine Herren,« antwortete Schuwalkin, »überlassen Sie mir die Akten. Ich bitte darum.« Die Staatsräte, die nichts zu verlieren hatten, ließen sich dazu bewegen, und Schuwalkin schlug, das Aktenbündel unterm Arm, durch Galerien und Korridore den Weg zum Schlafzimmer Potemkins ein. Ohne anzuklopfen, ja ohne haltzumachen, drückte er die Türklinke nieder. Das Zimmer war nicht verschlossen. Im Halbdunkel saß Potemkin auf seinem Bett, nägelkauend, in einem verschlissenen Schlafrock. Schuwalkin trat zum Schreibtisch, tauchte die Feder ein und, ohne ein Wort zu verlieren, schob er sie Potemkin in die Hand, den erstbesten Akt auf seine Knie. Nach einem abwesenden Blick auf den Eindringling, wie im Schlaf vollzog Potemkin die Unterschrift, dann eine zweite; weiter die sämtlichen. Als die letzte geborgen war, verließ Schuwalkin ohne Umstände, wie er gekommen war, sein Dossier unterm Arm, das Gemach. Triumphierend die Akten schwenkend trat er in das Vorzimmer. Ihm entgegen stürzten die Staatsräte, rissen die Papiere aus seinen Händen. Atemlos beugten sie sich darüber. Niemand sagte ein Wort; die Gruppe erstarrte. Wieder trat Schuwalkin näher, wieder erkundigte er sich eilfertig nach dem Grund der Bestürzung der Herren. Da fiel auch sein Blick auf die Unterschrift. Ein Akt wie der andere war unterfertigt: Schuwalkin, Schuwalkin, Schuwalkin...

Diese Geschichte ist wie ein Herold, der dem Werke Kafkas zweihundert Jahre vorausstürmt. Die Rätselfrage, die sich in ihr wölkt, ist Kafkas. Die Welt der Kanzleien und Registraturen, der muffigen verwohnten dunklen Zimmer ist Kafkas Welt. Der eilfertige Schuwalkin, der alles so leicht nimmt und zuletzt mit leeren Händen da steht, ist Kafkas K. Potemkin aber, der halb schlafend und verwahrlost, in einem abgelegenen Raum, zu dem der Zugang untersagt ist, dahindämmert, ist ein Ahn jener Gewalthaber, die bei Kafka als Richter in den Dachböden, als Sekretäre im Schloß hausen, und die, so hoch sie stehen mögen, immer Gesunkene oder vielmehr Versinkende sind, dafür aber noch in den Untersten und in den Verkommensten – den Türhütern und den altersschwachen Beamten – auf einmal unvermittelt in ihrer ganzen Machtfülle auftauchen können. Worüber dämmern sie dahin? Vielleicht sind sie Nachkommen der Atlanten, die die Weltkugel in ihrem Nacken tragen? Vielleicht halten sie darum den Kopf »so tief auf die Brust gesenkt, daß man kaum etwas von den Augen« sieht, wie der Schloßkastellan auf seinem Porträt oder Klamm, wenn er mit sich allein ist? Die Weltkugel aber ist es nicht, die sie tragen; nur daß schon das Alltäglichste ihr Gewicht hat: »Sein Ermatten ist das des Gladiators nach dem Kampf, seine Arbeit war das Weißtünchen eines Winkels in einer Beamtenstube.« – Georg Lukács hat einmal gesagt: um heute einen anständigen Tisch zu bauen, muß einer das architektonische Genie von Michelangelo haben. Wie Lukács in Zeitaltern so denkt Kafka in Weltaltern. Weltalter hat der Mann beim Tünchen zu bewegen. Und so noch in der unscheinbarsten Geste. Vielfach und oft aus sonderbarem Anlaß klatschen Kafkas Figuren in die Hände. Einmal jedoch wird beiläufig gesagt, daß diese Hände »eigentlich Dampfhämmer« sind.

In ständiger und langsamer Bewegung – versinkend oder steigend – lernen wir diese Machthaber kennen. Furchtbarer aber sind sie nirgends, als wo sie aus der tiefsten Verkommenheit sich heben: aus den Vätern. Den stumpfen altersschwachen Vater, den er soeben sanft gebettet hat, beruhigt der Sohn: »›Sei nur ruhig, du bist gut zugedeckt.‹ – ›Nein!‹ rief der Vater, daß die Antwort an die Frage stieß, warf die Decke zurück mit einer Kraft, daß sie einen Augenblick im Fluge sich ganz entfaltete, und stand aufrecht im Bett. Nur eine Hand hielt er leicht an den Plafond. ›Du wolltest mich zudecken, das weiß ich, mein Früchtchen, aber zugedeckt bin ich noch nicht. Und ist es auch die letzte Kraft, genug für dich, zuviel für dich! ... Den Vater muß glücklicherweise niemand lehren, den Sohn zu durchschauen.‹ ... – Und er stand vollkommen frei und warf die Beine. Er strahlte vor Einsicht. – ... ›Jetzt weißt du also, was es noch außer dir gab, bisher wußtest du nur von dir! Ein unschuldiges Kind warst du ja eigentlich, aber noch eigentlicher warst du ein teuflischer Mensch!‹« Der Vater, der die Last des Deckbetts abwirft, wirft eine Weltlast mit ihr ab. Weltalter muß er in Bewegung setzen, um das uralte Vater-Sohn-Verhältnis lebendig, folgenreich zu machen. Doch reich an welchen Folgen! Er verurteilt den Sohn zum Tode des Ertrinkens. Der Vater ist der Strafende. Ihn zieht die Schuld wie die Gerichtsbeamten an. Viel deutet darauf hin, daß die Beamtenwelt und die Welt der Väter für Kafka die gleiche ist. Die Ähnlichkeit ist nicht zu ihrer Ehre. Stumpfheit, Verkommenheit, Schmutz macht sie aus. Die Uniform des Vaters ist über und über fleckig; seine Unterwäsche ist unsauber. Schmutz ist das Lebenselement der Beamten. »Es war ihr unverständlich, wozu es überhaupt Parteienverkehr gab. ›Um vorn die Haustreppe schmutzig zu machen‹, hatte ihr einmal ein Beamter auf ihre Frage, wahrscheinlich im Ärger, gesagt, ihr aber war das sehr einleuchtend gewesen«. In dem Grade ist Unsauberkeit das Attribut der Beamten, daß man sie geradezu als riesenhafte Parasiten ansehen könnte. Das betrifft natürlich nicht die wirtschaftlichen Zusammenhänge, sondern die Kräfte der Vernunft und der Menschlichkeit, von denen diese Sippe ihr Leben fristet. So fristet aber auch der Vater in den sonderbaren Familien Kafkas von dem Sohn sein Leben, liegt wie ein ungeheurer Parasit auf ihm. Er zehrt nicht nur an seiner Kraft, er zehrt an seinem Rechte dazusein. Der Vater, der der Strafende ist, ist zugleich auch der Ankläger. Die Sünde, deren er den Sohn bezichtigt, scheint eine Art von Erbsünde zu sein. Denn wen trifft die Bestimmung, welche Kafka von ihr gegeben hat, mehr als den Sohn: »Die Erbsünde, das alte Unrecht, das der Mensch begangen hat, besteht in dem Vorwurf, den der Mensch macht und von dem er nicht abläßt, daß ihm ein Unrecht geschehen ist, daß an ihm die Erbsünde begangen wurde.« Wer aber wird dieser Erbsünde – der Sünde einen Erben gemacht zu haben – bezichtigt wenn nicht der Vater durch den Sohn? Somit wäre der Sündige der Sohn. Nicht aber darf man aus dem Satze Kafkas schließen, daß die Bezichtigung sündig sei, weil falsch. Nirgends steht bei Kafka, daß sie zu Unrecht erfolgt. Es ist ein immerwährender Prozeß, der hier anhängig ist, und es kann auf keine Sache ein schlechteres Licht fallen als auf die, für die der Vater die Solidarität dieser Beamten, dieser Gerichtskanzleien in Anspruch nimmt. An ihnen ist eine grenzenlose Korrumpierbarkeit nicht das Schlechteste. Denn ihr Kern ist von solcher Beschaffenheit, daß ihre Bestechlichkeit die einzige Hoffnung ist, die die Menschlichkeit in ihrem Angesicht hegen kann. Zwar verfügen die Gerichte über Gesetzbücher. Man darf sie aber nicht sehen. »›. . . es gehört zu der Art dieses Gerichtswesens, daß man nicht nur unschuldig, sondern auch unwissend verurteilt wird‹«, mutmaßt K. Gesetze und umschriebene Normen bleiben in der Vorwelt ungeschriebene Gesetze. Der Mensch kann sie ahnungslos überschreiten und so der Sühne verfallen. Aber so unglücklich sie den Ahnungslosen treffen mag, ihr Eintritt ist im Sinne des Rechts nicht Zufall sondern Schicksal, das sich hier in seiner Zweideutigkeit darstellt. Schon Hermann Cohen hat es in einer flüchtigen Betrachtung der alten Schicksalsvorstellung eine »Einsicht, die unausweichlich wird,« genannt, daß es seine »Ordnungen selbst sind, welche dieses Heraustreten, diesen Abfall zu veranlassen und herbeizuführen scheinen.« So steht es auch mit der Gerichtsbarkeit, deren Verfahren sich gegen K. richtet. Es führt weit hinter die Zeit der Zwölf-Tafel-Gesetzgebung in eine Vorwelt zurück, über die einer der ersten Siege geschriebenes Recht war. Hier steht zwar das geschriebene Recht in Gesetzbüchern, jedoch geheim, und auf sie gestützt, übt die Vorwelt ihre Herrschaft nur schrankenloser.

Die Zustände in Amt und Familie berühren sich bei Kafka mannigfaltig. Im Dorf am Schloßberg kennt man eine Wendung, die darein leuchtet. »›Es ist hier die Redensart, vielleicht kennst du sie: Amtliche Entscheidungen sind scheu wie junge Mädchen.‹ ›Das ist eine gute Beobachtung‹, sagte K., ... ›eine gute Beobachtung, die Entscheidungen mögen noch andere Eigenschaften mit Mädchen gemeinsam haben.‹« Deren bemerkenswerteste ist wohl, zu allem sich zu leihen, wie die scheuen Mädchen, die K. im »Schloß« und im »Prozeß« begegnen, und die der Unzucht im Familienschoß sich wie in einem Bette anheimgeben. Er findet sie auf seinem Weg auf Schritt und Tritt; das weitere macht so wenig Umstände wie die Eroberung des Ausschankmädchens. »Sie umfaßten einander, der kleine Körper brannte in K.s Händen, sie rollten in einer Besinnungslosigkeit, aus der sich K. fortwährend, aber vergeblich zu retten suchte, paar Schritte weit, schlugen dumpf an Klamms Tür und lagen dann in den kleinen Pfützen Biers und dem sonstigen Unrat, von dem der Boden bedeckt war. Dort vergingen Stunden, ... in denen K. immerfort das Gefühl hatte, er verirre sich oder er sei so weit in der Fremde, wie vor ihm noch kein Mensch, eine Fremde, in der selbst die Luft keinen Bestandteil der Heimatluft habe, in der man vor Fremdheit ersticken müsse und in deren unsinnigen Verlockungen man doch nichts tun könne als weiter gehen, weiter sich verirren.« Von dieser Fremde werden wir noch hören. Bemerkenswert ist aber, daß diese hurenhaften Frauen nie schön erscheinen. Vielmehr taucht Schönheit in der Welt von Kafka nur an den verstecktesten Stellen auf: bei den Angeklagten zum Beispiel. »›Das allerdings ist eine merkwürdige, gewissermaßen naturwissenschaftliche Erscheinung ... Es kann nicht die Schuld sein, die sie schön macht ... es kann auch nicht die richtige Strafe sein, die sie jetzt schon schön macht ... es kann also nur an dem gegen sie erhobenen Verfahren liegen, das ihnen irgendwie anhaftet.‹«

Aus dem »Prozeß« läßt sich entnehmen, daß dieses Verfahren hoffnungslos für die Angeklagten zu sein pflegt – selbst dann hoffnungslos, wenn ihnen die Hoffnung auf Freispruch bleibt. Diese Hoffnungslosigkeit mag es sein, die an ihnen als den einzigen Kafkaschen Kreaturen Schönheit zum Vorschein bringt. Zumindest würde das sehr gut mit einem Gesprächsfragment übereinstimmen, das durch Max Brod überliefert wurde. »Ich entsinne mich«, schreibt er, »eines Gesprächs mit Kafka, das vom heutigen Europa und dem Verfall der Menschheit ausging. ›Wir sind‹, so sagte er, ›nihilistische Gedanken, Selbstmordgedanken, die in Gottes Kopf aufsteigen.‹ Mich erinnerte das zuerst an das Weltbild der Gnosis: Gott als böser Demiurg, die Welt sein Sündenfall. ›Oh nein‹, meinte er, ›unsere Welt ist nur eine schlechte Laune Gottes, ein schlechter Tag.‹ – ›So gäbe es außerhalb dieser Erscheinungsform Welt, die wir kennen, Hoffnung?‹ – Er lächelte: ›Oh, Hoffnung genug, unendlich viel Hoffnung – nur nicht für uns.‹« Diese Worte schlagen eine Brücke zu jenen sonderbarsten Gestalten Kafkas, die als einzige dem Schoße der Familie entronnen sind und für die es vielleicht Hoffnung gibt. Das sind nicht die Tiere, nicht einmal jene Kreuzungen oder Gespinstwesen, wie das Katzenlamm oder Odradek. Alle diese vielmehr leben noch im Bann der Familie. Nicht umsonst erwacht Gregor Samsa gerade in der elterlichen Wohnung als Ungeziefer, nicht umsonst ist das eigentümliche Tier, halb Kätzchen, halb Lamm, ein Erbstück aus des Vaters Besitz, nicht umsonst Odradek die Sorge des Hausvaters. Die »Gehilfen« aber fallen in der Tat aus diesem Ringe heraus.

Diese Gehilfen gehören einem Gestaltenkreis an, der das ganze Werk Kafkas durchzieht. Von ihrer Sippe ist so gut der Bauernfänger, der in der »Betrachtung« entlarvt wird, wie der Student, der nachts auf dem Balkon als Nachbar Karl Roßmanns zum Vorschein kommt, wie auch die Narren, die in jener Stadt im Süden wohnen und nicht müde werden. Das Zwielicht über ihrem Dasein erinnert an die schwankende Beleuchtung, in der die kleinen Stücke Robert Walsers – Verfasser des Romans »Der Gehülfe«, den Kafka sehr geliebt hat – ihre Figuren erscheinen lassen. Indische Sagen kennen die Gandharwe, unfertige Geschöpfe, Wesen im Nebelstadium. Von ihrer Art sind die Gehilfen Kafkas; keinem der anderen Gestaltenkreise zugehörig, keinem fremd: die Boten, die zwischen ihnen geschäftig sind. Sie sehen, wie Kafka sagt, dem Barnabas ähnlich, und der ist ein Bote. Noch sind sie aus dem Mutterschoße der Natur nicht voll entlassen und haben darum »sich in einer Ecke auf dem Boden auf zwei alten Frauenröcken eingerichtet. Es war ... ihr Ehrgeiz, ... möglichst wenig Raum zu brauchen, sie machten in dieser Hinsicht, immer freilich unter Lispeln und Kichern, verschiedene Versuche, verschränkten Arme und Beine, kauerten sich gemeinsam zusammen, in der Dämmerung sah man in ihrer Ecke nur ein großes Knäuel.« Für sie und ihresgleichen, die Unfertigen und Ungeschickten, ist die Hoffnung da.

Was zart unverbindlicher am Walten dieser Boten erkennbar wird, das ist auf lastende und düstere Art Gesetz für diese ganze Welt von Kreaturen. Keine hat ihre feste Stelle, ihren festen, nicht eintauschbaren Umriß: keine die nicht im Steigen oder Fallen begriffen ist; keine die nicht mit ihrem Feinde oder Nachbarn tauscht; keine welche nicht ihre Zeit vollbracht und dennoch unreif, keine welche nicht tief erschöpft und dennoch erst am Anfang einer langen Dauer wäre. Von Ordnungen und Hierarchien zu sprechen, ist hier nicht möglich. Die Welt des Mythos, die das nahelegt, ist unvergleichlich jünger als Kafkas Welt, der schon der Mythos die Erlösung versprochen hat. Wissen wir aber eins, so ist es dies: daß Kafka seiner Lockung nicht gefolgt ist. Ein anderer Odysseus, ließ er sie »an seinen in die Ferne gerichteten Blicken« abgleiten, »die Sirenen verschwanden förmlich vor seiner Entschlossenheit, und gerade als er ihnen am nächsten war, wußte er nichts mehr von ihnen.« Unter den Ahnen, die Kafka in der Antike hat, den jüdischen und den chinesischen, auf die wir noch stoßen werden, ist dieser griechische nicht zu vergessen. Odysseus steht ja an der Schwelle, die Mythos und Märchen trennt. Vernunft und List hat Finten in den Mythos eingelegt; seine Gewalten hören auf, unbezwinglich zu sein. Das Märchen ist die Überlieferung vom Siege über sie. Und Märchen für Dialektiker schrieb Kafka, wenn er sich Sagen vornahm. Er setzte kleine Tricks in sie hinein; dann las er aus ihnen den Beweis davon, »daß auch unzulängliche, ja kindische Mittel zur Rettung dienen können«. Mit diesen Worten leitet er seine Erzählung von dem »Schweigen der Sirenen« ein. Die Sirenen schweigen nämlich bei ihm; sie haben »eine noch schrecklichere Waffe als den Gesang, . . . ihr Schweigen«. Dieses brachten sie bei Odysseus zur Anwendung. Er aber, überlieferte Kafka, »war so listenreich, war ein solcher Fuchs, daß selbst die Schicksalsgöttin nicht in sein Innerstes dringen konnte. Vielleicht hat er, obwohl das mit Menschenverstand nicht mehr zu begreifen ist, wirklich gemerkt, daß die Sirenen schwiegen, und

hat ihnen und den Göttern den« überlieferten »Scheinvorgang nur gewissermaßen als Schild entgegengehalten.«
Bei Kafka schweigen die Sirenen. Vielleicht auch darum, weil die Musik und der Gesang bei ihm ein Ausdruck oder wenigstens ein Pfand des Entrinnens sind. Ein Pfand der Hoffnung, das wir aus jener kleinen, zugleich unfertigen und alltäglichen, zugleich tröstlichen und albernen Mittelwelt haben, in welcher die Gehilfen zu Hause sind. Kafka ist wie der Bursche, der auszog, das Fürchten zu lernen. Er ist in Potemkins Palast geraten, zuletzt aber, in dessen Kellerlöchern, auf Josefine, jene singende Maus gestoßen, deren Weise er so beschreibt: »Etwas von der armen kurzen Kindheit ist darin, etwas von verlorenem, nie wieder aufzufindendem Glück, aber auch etwas vom tätigen heutigen Leben ist darin, von seiner kleinen, unbegreiflichen und dennoch bestehenden und nicht zu ertötenden Munterkeit.«

Ein Kinderbild

Es gibt ein Kinderbild von Kafka, selten ist die »arme kurze Kindheit« ergreifender Bild geworden. Es stammt wohl aus einem jener Ateliers des neunzehnten Jahrhunderts, die mit ihren Draperien und Palmen, Gobelins und Staffeleien so zweideutig zwischen Folterkammer und Thronsaal standen. Da stellt sich in einem engen, gleichsam demütigenden, mit Posamenten überladenen Kinderanzug der ungefähr sechsjährige Knabe in einer Art von Wintergartenlandschaft dar. Palmenwedel starren im Hintergrund. Und als gelte es, diese gepolsterten Tropen noch stickiger und schwüler zu machen, trägt das Modell in der Linken einen übermäßig großen Hut mit breiter Krempe, wie ihn Spanier haben. Unermeßlich traurige Augen beherrschen die ihnen vorbestimmte Landschaft, in die die Muschel eines großen Ohrs hineinhorcht.
Der inbrünstige »Wunsch, Indianer zu werden« mag einmal diese große Trauer verzehrt haben: »Wenn man doch ein Indianer wäre, gleich bereit, und auf dem rennenden Pferde, schief in der Luft, immer wieder kurz erzitterte über dem zitternden Boden, bis man die Sporen ließ, denn es gab keine Sporen, bis man die Zügel wegwarf, denn es gab keine Zügel, und kaum das

Land vor sich als glatt gemähte Heide sah, schon ohne Pferdehals und Pferdekopf.« Vieles ist in diesem Wunsche enthalten. Die Erfüllung gibt sein Geheimnis preis. Er findet sie in Amerika. Daß es mit »Amerika« eine besondere Bewandtnis hat, geht aus dem Namen des Helden hervor. Während in den früheren Romanen der Autor sich nie anders als mit dem gemurmelten Initial ansprach, erlebt er hier mit vollem Namen auf dem neuen Erdteil seine Neugeburt. Er erlebt sie auf dem Naturtheater von Oklahoma. »Karl sah an einer Straßenecke ein Plakat mit folgender Aufschrift: Auf dem Rennplatz in Clayton wird heute von sechs Uhr früh bis Mitternacht Personal für das Theater in Oklahoma aufgenommen! Das große Theater von Oklahoma ruft euch! Es ruft nur heute, nur einmal! Wer jetzt die Gelegenheit versäumt, versäumt sie für immer! Wer an seine Zukunft denkt, gehört zu uns! Jeder ist willkommen! Wer Künstler werden will, melde sich! Wir sind das Theater, das jeden brauchen kann, jeden an seinem Ort! Wer sich für uns entschieden hat, den beglückwünschen wir gleich hier! Aber beeilt euch, damit ihr bis Mitternacht vorgelassen werdet! Um zwölf Uhr wird alles geschlossen und nicht mehr geöffnet! Verflucht sei, wer uns nicht glaubt! Auf nach Clayton!« Der Leser dieser Ankündigung ist Karl Roßmann, die dritte und glücklichere Inkarnation des K., der der Held von Kafkas Romanen ist. Das Glück erwartet ihn auf dem Naturtheater von Oklahoma, das eine wirkliche Rennbahn ist, wie das »Unglücklichsein« ihn einst auf dem schmalen Teppich seines Zimmers befallen hatte, auf dem er »wie in einer Rennbahn« einherlief. Seitdem Kafka seine Betrachtungen »zum Nachdenken für Herrenreiter« geschrieben hatte, den »neuen Advokaten« »hoch die Schenkel hebend, mit auf dem Marmor aufklingendem Schritt« die Gerichtstreppen hatte hinaufsteigen und seine »Kinder auf der Landstraße« in großen Sätzen mit verschränkten Armen ins Land hatte traben lassen, ist ihm diese Figur vertraut gewesen und in der Tat kann es auch Karl Roßmann geschehen, »zerstreut infolge seiner Verschlafenheit, oft zu hohe zeitraubende und nutzlose Sprünge« zu machen. Darum also kann es nur eine Rennbahn sein, auf der er ans Ziel seiner Wünsche gelangt.

Diese Rennbahn ist zugleich ein Theater, und das gibt ein Rätsel auf. Der rätselhafte Ort und die ganz rätsellose durchsichtige und lautere Figur des Karl Roßmann gehören aber zusammen. Durchsichtig, lauter, geradezu charakterlos ist Karl Roßmann in dem Sinne nämlich, in dem Franz Rosenzweig in seinem »Stern der Erlösung« sagt, in China sei der innere Mensch »geradezu charakterlos; der Begriff des Weisen, wie ihn klassisch ... Kongfutse verkörpert, wischt über alle mögliche Besonderheit des Charakters hinweg; er ist der wahrhaft charakterlose, nämlich der Durchschnittsmensch ... Etwas ganz andres als Charakter ist es, was den chinesischen Menschen auszeichnet: eine ganz elementare Reinheit des Gefühls.« Wie immer man es gedanklich vermitteln mag – vielleicht ist diese Reinheit des Gefühls eine ganz besonders feine Waagschale des gestischen Verhaltens – in jedem Fall weist das Naturtheater von Oklahoma auf das chinesische Theater zurück, welches ein gestisches ist. Eine der bedeutsamsten Funktionen dieses Naturtheaters ist die Auflösung des Geschehens in das Gestische. Ja man darf weitergehen und sagen, eine ganze Anzahl der kleineren Studien und Geschichten Kafkas treten erst in ihr volles Licht, indem man sie gleichsam als Akte auf das Naturtheater von Oklahoma versetzt. Dann erst wird man mit Sicherheit erkennen, daß Kafkas ganzes Werk einen Kodex von Gesten darstellt, die keineswegs von Hause aus für den Verfasser eine sichere symbolische Bedeutung haben, vielmehr in immer wieder anderen Zusammenhängen und Versuchsanordnungen um eine solche angegangen werden. Das Theater ist der gegebene Ort solcher Versuchsanordnungen. In einem unveröffentlichten Kommentar zum »Brudermord« hat Werner Kraft scharfblickend das Geschehen dieser kleinen Geschichte als ein szenisches durchschaut. »Das Spiel kann beginnen, und es wird wirklich durch ein Glockenzeichen angekündigt. Dieses entsteht auf die natürlichste Weise, indem Wese das Haus verläßt, in welchem sein Büro liegt. Aber diese Türglocke, heißt es ausdrücklich, ist ›zu laut für eine Türglocke‹, sie tönt ›über die Stadt hin zum Himmel auf‹.« Wie diese Glocke, für eine Türglocke zu laut, zum Himmel auftönt, so sind die Gesten Kafkascher Figuren zu durchschlagend für die gewohnte Umwelt und brechen in eine geräumigere ein. Je weiter Kafkas Meisterschaft gedieh, desto öfter verzichtete er darauf, diese Gebärden üblichen Situationen anzupassen, sie zu erklären. »›Es ist auch eine sonderbare Art,‹«

heißt es in der »Verwandlung«, »›sich auf das Pult zu setzen und von der Höhe herab mit dem Angestellten zu reden, der überdies wegen der Schwerhörigkeit des Chefs ganz nahe herantreten muß.‹« Solche Begründungen hat schon der »Prozeß« weit hinter sich gelassen. »Bei den ersten Bänken« macht K., im vorletzten Kapitel, »halt, aber dem Geistlichen schien die Entfernung noch zu groß, er streckte die Hand aus und zeigte mit dem scharf gesenkten Zeigefinger auf eine Stelle knapp vor der Kanzel. K. folgte auch darin, er mußte auf diesem Platz den Kopf schon weit zurückbeugen, um den Geistlichen noch zu sehn.«

Wenn Max Brod sagt: »Unabsehbar war die Welt der für ihn wichtigen Tatsachen«, so war für Kafka sicher am unabsehbarsten der Gestus. Jeder ist ein Vorgang, ja man könnte sagen ein Drama, für sich. Die Bühne, auf der dieses Drama sich abspielt, ist das Welttheater, dessen Prospekt der Himmel darstellt. Andererseits ist dieser Himmel nur Hintergrund; nach seinem eigenen Gesetz ihn zu durchforschen, hieße den gemalten Hintergrund der Bühne gerahmt in eine Bildergalerie hängen. Kafka reißt hinter jeder Gebärde – wie Greco – den Himmel auf; aber wie bei Greco – der der Schutzpatron der Expressionisten war – bleibt das Entscheidende, die Mitte des Geschehens die Gebärde. Gebückt vor Schrecken gehen die Leute, die den Schlag ans Hoftor vernommen haben. So würde ein chinesischer Schauspieler den Schreck darstellen, aber niemand zusammenfahren. An anderer Stelle spielt K. selbst Theater. Halb ohne es zu wissen, nahm er »langsam ... mit vorsichtig aufwärts gedrehten Augen ... vom Schreibtisch ohne hinzusehn eines der Papiere, legte es auf die flache Hand und hob es allmählich, während er selbst aufstand, zu den Herren hinauf. Er dachte hiebei an nichts Bestimmtes, sondern handelte nur in dem Gefühl, daß er sich so verhalten müßte, wenn er einmal die große Eingabe fertiggestellt hätte, die ihn gänzlich entlasten sollte.« Die größte Rätselhaftigkeit mit größter Schlichtheit verbindet dieser Gestus als tierischer. Man kann die Tiergeschichten Kafkas auf eine gute Strecke lesen, ohne überhaupt wahrzunehmen, daß es sich gar nicht um Menschen handelt. Stößt man dann auf den Namen des Geschöpfs – des Affen, des Hundes oder des Maulwurfs – so blickt man erschrocken auf und sieht, daß man vom Kontinent des Menschen schon weit entfernt ist. Doch Kafka ist das immer; der Gebärde des Menschen nimmt er die überkommenen Stützen und hat an ihr dann einen Gegenstand zu Überlegungen, die kein Ende nehmen.

Sie nehmen aber sonderbarerweise auch dann kein Ende, wenn sie von Kafkas Sinngeschichten ausgehen. Man denke an die Parabel »Vor dem Gesetz«. Der Leser, der ihr im »Landarzt« begegnete, stieß vielleicht auf die wolkige Stelle in ihrem Innern. Aber hätte er die nichtendenwollende Reihe von Erwägungen angestellt, die diesem Gleichnis dort entspringen, wo Kafka seine Auslegung unternimmt? Das geschieht durch den Geistlichen im »Prozeß« – und zwar an einer so ausgezeichneten Stelle, daß man vermuten könnte, der Roman sei nichts als die entfaltete Parabel. Das Wort »entfaltet« ist aber doppelsinnig. Entfaltet sich die Knospe zur Blüte, so entfaltet sich das aus Papier gekniffte Boot, das man Kindern zu machen beibringt, zum glatten Blatt. Und diese zweite Art »Entfaltung« ist der Parabel eigentlich angemessen, des Lesers Vergnügen, sie zu glätten, so daß ihre Bedeutung auf der flachen Hand liegt. Kafkas Parabeln entfalten sich aber im ersten Sinne; nämlich wie die Knospe zur Blüte wird. Darum ist ihr Produkt der Dichtung ähnlich. Das hindert nicht, daß seine Stücke nicht gänzlich in die Prosaformen des Abendlandes eingehen und zur Lehre ähnlich wie die Haggadah zur Halacha stehen. Sie sind nicht Gleichnisse und wollen doch auch nicht für sich genommen sein; sie sind derart beschaffen, daß man sie zitieren, zur Erläuterung erzählen kann. Besitzen wir die Lehre aber, die von Kafkas Gleichnissen begleitet und in den Gesten K.'s und den Gebärden seiner Tiere erläutert wird? Sie ist nicht da; wir können höchstens sagen, daß dies und jenes auf sie anspielt. Kafka hätte vielleicht gesagt: als ihr Relikt sie überliefert; wir aber können ebensowohl sagen: sie als ihr Vorläufer vorbereitet. In jedem Falle handelt es sich dabei um die Frage der Organisation des Lebens und der Arbeit in der menschlichen Gemeinschaft. Diese hat Kafka umso stetiger beschäftigt, als sie ihm undurchschaubar geworden ist. Wenn im berühmten Erfurter Gespräch mit Goethe Napoleon an die Stelle des Fatums die Politik gesetzt hat, so hätte Kafka – dieses Wort variierend – die Organisation als Schicksal definieren können. Und nicht nur in den ausgebreiteten Beamtenhierarchien des »Prozesses« und des »Schlosses« steht sie ihm vor Augen, sondern greifbarer noch in den schwierigen und unübersehbaren Bauvorhaben, deren ehrwürdiges Modell er im »Bau der Chinesischen Mauer« behandelt hat.

»Die Mauer sollte zum Schutz für die Jahrhunderte werden; sorgfältigster Bau, Benutzung der Bauweisheit aller bekannten Zeiten und Völker, dauerndes Gefühl der persönlichen Verantwortung der Bauenden waren deshalb unumgängliche Voraussetzung für die Arbeit. Zu den niederen Arbeiten konnten zwar unwissende Taglöhner aus dem Volke, Männer, Frauen, Kinder, wer sich für gutes Geld anbot, verwendet werden; aber schon zur Leitung von vier Taglöhnern war ein verständiger, im Baufach gebildeter Mann nötig ... Wir – ich rede hier wohl im Namen vieler – haben eigentlich erst im Nachbuchstabieren der Anordnungen der obersten Führerschaft uns selbst kennengelernt und gefunden, daß ohne die Führerschaft weder unsere Schulweisheit noch unser Menschenverstand für das kleine Amt, das wir innerhalb des großen Ganzen hatten, ausgereicht hätte.«

Diese Organisation ähnelt dem Fatum. Metschnikoff, der in seinem berühmten Buch »Die Zivilisation und die großen historischen Flüsse« ihr Schema gezeichnet hat, tut dies mit Wendungen, die von Kafka sein könnten. »Die Kanäle des Jangtse-Kiang und die Dämme des Hoang-ho«, schreibt er, »sind aller Wahrscheinlichkeit nach ein Resultat kunstvoll organisierter gemeinsamer Arbeit von ... Generationen ... Die kleinste Unachtsamkeit beim Stechen dieses oder jenes Grabens oder beim Stützen irgendeines Dammes, die geringste Nachlässigkeit, ein egoistisches Auftreten seitens eines Menschen oder einer Gruppe von Menschen in der Sache der Erhaltung des gemeinsamen Wasserreichtums, wird unter so ungewöhnlichen Verhältnissen die Quelle sozialer Übel und weitreichenden gesellschaftlichen Unglücks. Demnach fordert ein Fluß-Ernährer mit Todesdrohen eine enge und dauernde Solidarität zwischen jenen Massen der Bevölkerung, welche oft einander fremd, ja feindlich sind; er verurteilt Jedermann zu solchen Arbeiten, deren gemeinsame Nützlichkeit sich erst mit der Zeit offenbart, und deren Plan sehr oft einem gewöhnlichen Menschen ganz unverständlich bleibt.«

Kafka wollte sich zu den gewöhnlichen Menschen gerechnet

wissen. Die Grenze des Verstehens hat sich ihm auf Schritt und Tritt aufgedrängt. Und gern drängt er sie andern auf. Er scheint manchmal nicht weit entfernt, mit Dostojewskis Großinquisitor zu sagen: »So haben wir denn ein Mysterium vor uns, das wir nicht begreifen können. Und eben weil es ein Rätsel ist, so hatten wir das Recht, es zu predigen, den Menschen zu lehren, daß das, woran gelegen ist, weder die Freiheit, noch die Liebe, sondern das Rätsel, das Geheimnis, das Mysterium ist, dem sie sich unterwerfen müssen – ohne Nachdenken und auch gegen ihr Gewissen.« Den Versuchungen des Mystizismus ist Kafka nicht immer aus dem Wege gegangen. Von seiner Begegnung mit Rudolf Steiner haben wir eine Tagebuchnotiz, die mindestens in der Gestalt, in der sie publiziert ist, die Stellungnahme Kafkas nicht enthält. Hat er sich ihr entzogen? Sein Verfahren den eigenen Texten gegenüber läßt das keinesfalls als unmöglich erscheinen. Kafka verfügte über eine seltene Kraft, sich Gleichnisse zu schaffen. Trotzdem erschöpft er sich in dem, was deutbar ist, niemals, hat vielmehr alle erdenklichen Vorkehrungen gegen die Auslegung seiner Texte getroffen. Mit Umsicht, mit Behutsamkeit, mit Mißtrauen muß man in ihrem Innern sich vorwärtstasten. Man muß sich Kafkas Eigenart zu lesen vor Augen halten, wie er sie in der Auslegung der genannten Parabel handhabt. Man darf auch an sein Testament erinnern. Die Vorschrift, mit der er die Vernichtung einer Hinterlassenschaft anbefahl, ist den näheren Umständen nach ebenso schwer ergründlich, ebenso sorgfältig abzuwägen, wie die Antworten des Türhüters vor dem Gesetz. Vielleicht wollte Kafka, den jeder Tag seines Lebens vor unenträtselbare Verhaltungsweisen und undeutliche Verlautbarungen gestellt hat, im Tode wenigstens seiner Mitwelt mit gleicher Münze heimzahlen.

Kafkas Welt ist ein Welttheater. Ihm steht der Mensch von Haus aus auf der Bühne. Und die Probe auf das Exempel ist: Jeder wird auf dem Naturtheater von Oklahoma eingestellt. Nach welchen Maßstäben die Aufnahme erfolgt, ist nicht zu enträtseln. Die schauspielerische Eignung, an die man zuerst denken sollte, spielt scheinbar gar keine Rolle. Man kann das aber auch so ausdrücken: den Bewerbern wird überhaupt nichts anderes zugetraut, als sich zu spielen. Daß sie im Ernstfall *sein* könnten, was sie angeben, schaltet aus dem Bereich der Möglichkeit aus. Mit ihren Rollen suchen die Personen ein Unterkommen im Naturtheater wie die sechs Pirandelloschen einen Autor. Beiden ist dieser Ort die letzte Zuflucht; und das schließt nicht aus, daß er die Erlösung ist. Die Erlösung ist keine Prämie auf das Dasein, sondern die letzte Ausflucht eines Menschen, dem, wie Kafka sagt, »sein eigener Stirnknochen ... den Weg« verlegt. Und das Gesetz dieses Theaters ist in dem versteckten Satz enthalten, den der »Bericht für eine Akademie« enthält: »... ich ahmte nach, weil ich einen Ausweg suchte, aus keinem anderen Grund.« K. scheint vor dem Ende seines Prozesses eine Ahnung von diesen Dingen aufzugehen. Er wendet sich plötzlich den beiden Herren im Zylinder zu, welche ihn abholen und fragt: »›An welchem Theater spielen Sie.‹ ›Theater?‹ fragte der eine Herr mit zuckenden Mundwinkeln den andern um Rat. Der andere gebärdete sich wie ein Stummer, der mit dem widerspenstigen Organismus kämpft.« Sie beantworten die Frage nicht, aber manches deutet darauf hin, daß sie von ihr betroffen werden.

An einer langen Bank, die man mit einem weißen Tuch bedeckt hat, werden alle, welche von nun ab am Naturtheater sind, bewirtet. »Alle waren fröhlich und aufgeregt«. Engel werden zur Feier von den Statisten gestellt. Sie stehen auf hohen Postamenten, die von wallenden Gewändern überdeckt in ihrem Innern eine Treppe haben. Die Zurüstungen einer ländlichen Kirmes, vielleicht auch eines Kinderfests, bei dem der eingeschnürte, aufgeputzte Knabe, von dem wir sprachen, die Traurigkeit seines Blicks verloren hätte. – Hätten sie nicht die umgebundenen Flügel, so wären diese Engel vielleicht echte. Sie haben ihre Vorläufer bei Kafka. Der Impresario gehört zu ihnen, der zu dem vom »ersten Leid« befallenen Trapezkünstler ins Gepäcknetz steigt, ihn streichelt und sein Gesicht an das eigene drückt, »so daß er auch von des Trapezkünstlers Tränen überflossen wurde.« Ein anderer, ein Schutz-Engel oder Schutz-Mann nimmt sich nach dem »Brudermorde« des Mörders Schmar an, der »den Mund an die Schulter des Schutzmannes gedrückt« leichtfüßig von ihm davongeführt wird. – In die ländlichen Zeremonien von Oklahoma klingt der letzte Roman Kafkas aus. »Bei Kafka – hat Soma Morgenstern gesagt – herrscht Dorfluft wie bei allen großen Religionsstiftern.« Hier darf man um so mehr an die

Darstellung der Frömmigkeit durch Laotse erinnern, als Kafka in dem »nächsten Dorfe« ihr die vollkommenste Umschreibung gewidmet hat: »Nachbarländer mögen in Sehweite liegen, | Daß man den Ruf der Hähne und Hunde gegenseitig hören kann: | Und doch sollten die Leute im höchsten Alter sterben, | Ohne hin und her gereist zu sein.« Soweit Laotse. Kafka war auch ein Paraboliker, aber ein Religionsstifter war er nicht.

Betrachten wir das Dorf, das am Fuße des Schloßbergs liegt, von dem aus K.s vorgebliche Berufung als Landvermesser so rätselhaft und unerwartet bestätigt wird. Brod hat, im Nachwort zu diesem Roman, erwähnt, daß Kafka bei diesem Dorf am Fuße des Schloßbergs eine bestimmte Siedlung, Zürau im Erzgebirge, vorgeschwebt habe. Wir dürfen aber noch ein anderes Dorf in ihm erkennen. Es ist das einer talmudischen Legende, die der Rabbi als Antwort auf die Frage erzählt, warum der Jude am Freitagabend ein Festmahl rüstet. Sie berichtet von einer Prinzessin, die in der Verbannung, von ihren Landsleuten fern, und in einem Dorf, dessen Sprache sie nicht verstehe, schmachte. Zu dieser Prinzessin kommt eines Tages ein Brief, ihr Verlobter habe sie nicht vergessen, habe sich aufgemacht und sei unterwegs zu ihr. – Der Verlobte, sagt der Rabbi, ist der Messias, die Prinzessin die Seele, das Dorf aber, in das sie verbannt ist, der Körper. Und weil sie dem Dorf, das ihre Sprache nicht kennt, anders von ihrer Freude nichts mitteilen kann, rüstet sie ihm ein Mahl. – Mit diesem Dorf des Talmud sind wir mitten in Kafkas Welt. Denn so wie K. im Dorf am Schloßberg lebt der heutige Mensch in seinem Körper; er entgleitet ihm, ist ihm feindlich. Es kann geschehen, daß der Mensch eines Morgens erwacht, und er ist in ein Ungeziefer verwandelt. Die Fremde – seine Fremde – ist seiner Herr geworden. Die Luft von diesem Dorf weht bei Kafka, und darum ist er nicht in Versuchung gekommen, Religionsstifter zu werden. Zu diesem Dorf gehört auch der Schweinestall, aus dem die Pferde für den Landarzt hervorkommen, das stickige Hinterzimmer, in welchem Klamm, die Virginia im Munde, vor einem Glas Bier sitzt, und das Hoftor, an das zu schlagen den Untergang mit sich bringt. Die Luft in diesem Dorf ist nicht rein von all dem Ungewordenen und Überreifen, das so verderbt sich ineinandermischt. Kafka hat sie sein Lebtag atmen müssen. Er war kein Mantiker und auch kein Religionsstifter. Wie hat er es in ihr ausgehalten?

Das bucklicht Männlein

Knut Hamsun, so erfuhr man vor längerer Zeit, habe die Gepflogenheit, hin und wieder den Briefkasten des Lokalblatts der kleinen Stadt, in deren Nähe er wohnt, mit seinen Ansichten zu beschicken. Es fand vor Jahren in dieser Stadt ein Schwurgerichtsprozeß gegen eine Magd statt, die ihr neugeborenes Kind umgebracht hatte. Sie wurde zu einer Gefängnisstrafe verurteilt. Bald darauf erschien im Lokalblatt eine Meinungsäußerung von Hamsun. Er sagt an, er werde einer Stadt den Rücken kehren, welche für eine Mutter, die ihr Neugeborenes töte, eine andere Strafe kenne als die schwerste; wenn schon nicht den Galgen, dann das lebenslängliche Zuchthaus. Es vergingen einige Jahre. »Segen der Erde« erschien und darinnen die Geschichte einer Dienstmagd, die das gleiche Verbrechen begeht, die gleiche Strafe erleidet und, wie der Leser deutlich erkennt, gewiß keine schwerere verdient hatte.
Die nachgelassenen Reflexionen Kafkas, die im »Bau der Chinesischen Mauer« enthalten sind, geben Anlaß, sich dieses Hergangs zu erinnern. Denn kaum war dieser Nachlaßband erschienen, als sich, gestützt auf seine Reflexionen, eine Deutung Kafkas hervortat, die sich in deren Auslegung gefiel, um mit seinen eigentlichen Werken desto weniger Umstände zu machen. Zwei Wege gibt es, Kafkas Schriften grundsätzlich zu verfehlen. Die natürliche Auslegung ist der eine, die übernatürliche ist der andere; am Wesentlichen gehen beide – die psychoanalytische wie die theologische – in gleicher Weise vorbei. Die erste ist vertreten von Hellmuth Kaiser; die zweite von nun schon zahlreichen Autoren, wie H. J. Schoeps, Bernhard Rang, Groethuysen. Zu ihnen ist auch Willy Haas zu rechnen, der freilich in ferneren Zusammenhängen, auf die wir noch stoßen werden, Aufschlußreiches über Kafka bemerkt hat. Das hat ihn nicht davor bewahren können, das Gesamtwerk im Sinne einer theologischen Schablone auszudeuten. »Die obere Macht,« so schreibt er über Kafka, »den Bereich der Gnade, hat er dargestellt in seinem großen Roman ›Das Schloß‹, die untere, den Bereich des

Gerichts und der Verdammnis, in seinem ebenso großen Roman ›Der Prozeß‹. Die Erde zwischen beiden, ... das irdische Schicksal und seine schwierigen Forderungen hat er in strenger Stilisierung zu geben versucht in einem dritten Roman ›Amerika‹.« Das erste Drittel dieser Interpretation kann man, seit Brod, wohl als Gemeingut der Kafka-Interpretation betrachten. In diesem Sinne schreibt z. B. Bernhard Rang: »Sofern man das Schloß als den Sitz der Gnade ansehen darf, so bedeutet, theologisch gesprochen, eben dieses vergebliche Bemühen und Versuchen, daß sich die Gnade Gottes nicht willkürlich und willentlich vom Menschen herbeiführen und erzwingen läßt. Die Unruhe und Ungeduld verhindert und verwirrt nur die erhabene Stille des Göttlichen.« Bequem ist diese Deutung; daß sie unhaltbar ist, erscheint, je weiter sie sich vorwagt, desto klarer. Am klarsten daher vielleicht bei Willy Haas, wenn er erklärt: »Kafka kommt ... von Kierkegaard wie von Pascal, man kann ihn wohl den einzigen legitimen Enkel Kierkegaards und Pascals nennen. Alle drei haben das harte, blutig harte religiöse Grundmotiv: daß der Mensch immer im Unrecht ist vor Gott.« Kafkas »Oberwelt, sein sogenanntes ›Schloß‹ mit seinem unabsehbaren, kleinlichen verzwickten und recht lüsternen Beamtenstab, sein merkwürdiger Himmel treibt ein fürchterliches Spiel mit den Menschen ...; und doch ist der Mensch ganz tief im Unrecht sogar vor diesem Gott.« Diese Theologie fällt weit hinter die Rechtfertigungslehre Anselms von Canterbury in barbarische Spekulationen zurück, die im übrigen nicht einmal mit dem Wortlaut des Kafkaschen Textes vereinbar erscheinen. »›Kann denn‹«, heißt es gerade im »Schloß«, »›ein einzelner Beamter verzeihen? Das könnte doch höchstens Sache der Gesamtbehörde sein, aber selbst diese kann wahrscheinlich nicht verzeihen, sondern nur richten.‹« Der Weg, der so beschritten worden ist, hat sich schnell totgelaufen. »Das alles«, sagt Denis de Rougemont, »ist nicht der elende Stand des Menschen, der ohne Gott ist, sondern der Elendsstand des Menschen, der einem Gott verhaftet ist, den er nicht kennt, weil er Christum nicht kennt.«

Es ist leichter, aus der nachgelassenen Notizensammlung Kafkas spekulative Schlüsse zu ziehen, als auch nur eines der Motive zu ergründen, die in seinen Geschichten und Romanen auftreten. Aber nur sie geben einigen Aufschluß über die vorweltlichen

Gewalten, von denen Kafkas Schaffen beansprucht wurde; Gewalten, die man freilich mit gleichem Recht auch als weltliche unserer Tage betrachten kann. Und wer will sagen, unter welchem Namen sie Kafka selbst erschienen sind. Fest steht nur dies: er hat in ihnen sich nicht zurechtgefunden. Er hat sie nicht gekannt. Er hat nur in dem Spiegel, den die Vorwelt ihm in Gestalt der Schuld entgegenhielt, die Zukunft in Gestalt des Gerichtes erscheinen sehen. Wie man sich dieses aber zu denken hat – ist es nicht das Jüngste? macht es nicht aus dem Richter den Angeklagten? ist nicht das Verfahren die Strafe? – darauf hat Kafka keine Antwort gegeben. Versprach er sich etwas von ihr? Oder war es ihm nicht vielmehr darum zu tun, sie hintanzuhalten? In den Geschichten, die wir von ihm haben, gewinnt die Epik die Bedeutung wieder, die sie im Mund Scheherazades hat: das Kommende hinauszuschieben. Aufschub ist im »Prozeß« die Hoffnung des Angeklagten – ginge nur das Verfahren nicht allmählich ins Urteil über. Dem Erzvater selbst soll Aufschub zugute kommen, und müßte er seinen Platz in der Tradition dafür hergeben. »Ich könnte mir einen andern Abraham denken, der – freilich würde er es nicht bis zum Erzvater bringen, nicht einmal bis zum Altkleiderhändler – der die Forderung des Opfers sofort, bereitwillig wie ein Kellner zu erfüllen bereit wäre, der das Opfer aber doch nicht zustandebrächte, weil er von zuhause nicht fort kann, er ist unentbehrlich, die Wirtschaft benötigt ihn, immerfort ist noch etwas anzuordnen, das Haus ist nicht fertig, aber ohne daß sein Haus fertig ist, ohne diesen Rückhalt kann er nicht fort, das sieht auch die Bibel ein, denn sie sagt: ›er bestellte sein Haus‹«.

»Bereitwillig wie ein Kellner« erscheint dieser Abraham. Etwas war immer nur im Gestus für Kafka faßbar. Und dieser Gestus, den er nicht verstand, bildet die wolkige Stelle der Parabeln. Aus ihm geht Kafkas Dichtung hervor. Es ist bekannt, wie er mit ihr zurückhielt. Sein Testament befiehlt sie der Vernichtung an. Dies Testament, das keine Befassung mit Kafka umgehen kann, sagt, daß sie ihren Autor nicht zufrieden stellte; daß er seine Bemühungen als verfehlt ansah; daß er sich selbst zu denen rechnete, die scheitern mußten. Gescheitert ist sein großartiger Versuch, die Dichtung in die Lehre zu überführen und als Parabel ihr die Haltbarkeit und die Unscheinbarkeit zurückzugeben, die im Angesicht der Vernunft ihm als die einzig geziemende erschienen ist. Kein Dichter hat das »Du sollst Dir kein Bildnis machen« so genau befolgt.

»Es war, als sollte die Scham ihn überleben« – das sind die Worte, die den »Prozeß« beschließen. Die Scham, die seiner »elementaren Reinheit des Gefühls« entspricht, ist die stärkste Gebärde Kafkas. Sie hat aber ein doppeltes Gesicht. Die Scham, die eine intime Reaktion des Menschen ist, ist zugleich eine gesellschaftlich anspruchsvolle. Scham ist nicht nur Scham vor den andern, sondern kann auch Scham für sie sein. So ist Kafkas Scham nicht persönlicher, als das Leben und Denken, das sie regiert und von dem er gesagt hat: »Er lebt nicht wegen seines persönlichen Lebens, er denkt nicht wegen seines persönlichen Denkens. Ihm ist, als lebe und denke er unter der Nötigung einer Familie ... Wegen dieser unbekannten Familie ... kann er nicht entlassen werden.« Wir wissen nicht, wie diese unbekannte Familie – aus Menschen und aus Tieren – sich zusammensetzt. Nur soviel ist klar, daß sie es ist, die Kafka zwingt, Weltalter im Schreiben zu bewegen. Dem Geheiß dieser Familie folgend, wälzt er den Block des geschichtlichen Geschehens wie Sisyphos den Stein. Dabei geschieht es, daß dessen untere Seite ans Licht gerät. Sie ist nicht angenehm zu sehen. Doch Kafka ist imstande, ihren Anblick zu ertragen. »An Fortschritt glauben heißt nicht glauben, daß ein Fortschritt schon geschehen ist. Das wäre kein Glauben.« Das Zeitalter, in dem Kafka lebt, bedeutet ihm keinen Fortschritt über die Uranfänge. Seine Romane spielen in einer Sumpfwelt. Die Kreatur erscheint bei ihm auf der Stufe, die Bachofen als die hetärische bezeichnet. Daß diese Stufe vergessen ist, besagt nicht, daß sie in die Gegenwart nicht hineinragt. Vielmehr: gegenwärtig ist sie durch diese Vergessenheit. Eine Erfahrung, die tiefer geht als die des Durchschnittsbürgers, trifft auf sie auf. »Ich habe Erfahrung,« lautet eine der frühesten Aufzeichnungen Kafkas, »und es ist nicht scherzend gemeint, wenn ich sage, daß es eine Seekrankheit auf festem Lande ist.« Nicht umsonst erfolgt die erste »Betrachtung« von einer Schaukel aus. Und unerschöpflich ergeht sich Kafka über die schwankende Natur der Erfahrungen. Jede gibt nach, jede vermischt sich mit der entgegengesetzten. »Es war im Sommer,« so beginnt der »Schlag ans Hoftor«, »ein heißer Tag. Ich kam auf

dem Nachhauseweg mit meiner Schwester an einem Hoftor vorüber. Ich weiß nicht, schlug sie aus Mutwillen ans Tor oder aus Zerstreutheit oder drohte sie nur mit der Faust und schlug gar nicht.« Die bloße Möglichkeit des an der dritten Stelle erwähnten Vorgangs läßt die vorangehenden, die zunächst harmlos erschienen, in ein anderes Licht treten. Es ist der Moorboden solcher Erfahrungen, aus denen die Kafkaschen Frauengestalten aufsteigen. Sie sind Sumpfgeschöpfe wie Leni, die »den Mittel- und Ringfinger ihrer rechten Hand« auseinanderspannt, »zwischen denen das Verbindungshäutchen fast bis zum obersten Gelenk der kurzen Finger« reicht. – »›Schöne Zeiten,‹« erinnert die zweideutige Frieda sich ihres Vorlebens, »›du hast mich niemals nach meiner Vergangenheit gefragt.‹« Diese führt eben in den finsteren Schoß der Tiefe zurück, wo sich jene Paarung vollzieht, »deren regellose Üppigkeit«, um mit Bachofen zu reden, »den reinen Mächten des himmlischen Lichts verhaßt ist und die Bezeichnung luteae voluptates, deren sich Arnobius bedient, rechtfertigt.«
Von hier aus erst läßt sich die Technik, die Kafka als Erzähler hat, begreifen. Wenn andere Romanfiguren dem K. etwas zu sagen haben, so tun sie das – mag es das Wichtigste, mag es das Überraschendste sein – beiläufig und auf eine Weise, als müßte er es im Grunde längst gewußt haben. Es ist als wäre da nichts Neues, als ergehe nur unauffällig an den Helden die Aufforderung, sich doch einfallen zu lassen, was er vergessen habe. In diesem Sinn hat Willy Haas mit Recht den Hergang des »Prozesses« verstehen wollen und ausgesprochen, »daß der Gegenstand dieses Prozesses, ja der eigentliche Held dieses unglaublichen Buches, das Vergessen ist, ... dessen ... Haupteigenschaft ja ist, daß er sich selbst vergißt ... Es ist hier selbst geradezu stumme Gestalt geworden in dieser Figur des Angeklagten, und zwar Gestalt von großartigster Intensität.« Daß »dieses geheimnisvolle Zentrum ... der jüdischen Religion« entstammt, ist wohl nicht von der Hand zu weisen. »Hier spielt das Gedächtnis als Frömmigkeit eine ganz geheimnisvolle Rolle. Es ist ... nicht eine, sondern die tiefste Eigenschaft sogar Jehovas, daß er gedenkt, daß er ein untrügliches Gedächtnis ›bis ins dritte und vierte Geschlecht‹, ja bis ins ›hundertste‹ bewahrt; der heiligste ... Akt des ... Ritus ist die Auslöschung der Sünden aus dem Buch des Gedächtnisses.«

Das Vergessene – mit dieser Erkenntnis stehen wir vor einer weiteren Schwelle von Kafkas Werk – ist niemals ein nur individuelles. Jedes Vergessene mischt sich mit dem Vergessenen der Vorwelt, geht mit ihm zahllose, ungewisse, wechselnde Verbindungen zu immer wieder neuen Ausgeburten ein. Vergessenheit ist das Behältnis, aus dem die unerschöpfliche Zwischenwelt in Kafkas Geschichten ans Licht drängt. »Ihm gilt grade die Fülle der Welt als das allein Wirkliche. Aller Geist muß dinglich, besondert sein, um hier Platz und Daseinsrecht zu bekommen ... Das Geistige, insofern es noch eine Rolle spielt, wird zu Geistern. Die Geister werden zu ganz individuellen Individuen, selber benannt und dem Namen des Verehrers aufs besonderste verbunden ... Unbedenklich wird mit ihrer Fülle die Fülle der Welt noch überfüllt ... Unbekümmert mehrt sich hier das Gedränge der Geister; ... immer neue zu den alten, alle eigennamentlich von einander geschieden.« Es ist nun freilich nicht Kafka, von dem hier die Rede ist – es ist China. So beschreibt Franz Rosenzweig im »Stern der Erlösung« den chinesischen Ahnenkult. Unabsehbar wie die Welt der für ihn wichtigen Tatsachen aber war für Kafka auch die seiner Ahnen und gewiß ist, daß sie, wie die Totembäume der Primitiven, zu den Tieren hinunterführte. Übrigens sind die Tiere nicht allein bei Kafka Behältnisse des Vergessenen. Im tiefsinnigen »Blonden Eckbert« Tiecks steht der vergessene Name eines Hündchens – Strohmian – als Chiffre einer rätselhaften Schuld. So kann man verstehen, daß Kafka nicht müde wurde, den Tieren das Vergessene abzulauschen. Sie sind wohl nicht das Ziel; aber ohne sie geht es nicht. Man denke an den »Hungerkünstler«, der »genau genommen, nur ein Hindernis auf dem Weg zu den Ställen war.« Sieht man das Tier im »Bau« oder den »Riesenmaulwurf« nicht grübeln, wie man sie wühlen sieht? Und doch ist auf der anderen Seite dieses Denken wiederum etwas sehr Zerfahrenes. Unschlüssig schaukelt es von einer Sorge zur anderen, es nippt an allen Ängsten und hat die Flatterhaftigkeit der Verzweiflung. So gibt es denn bei Kafka auch Schmetterlinge; aus dem schuldbeladenen »Jäger Gracchus«, der von seiner Schuld nichts wissen will, »›ist ein Schmetterling geworden‹«. »›Lachen Sie nicht‹, sagt der Jäger Gracchus.« – Soviel ist sicher: unter allen Geschöpfen Kafkas kommen am meisten die Tiere zum Nachdenken. Was die Korruption im Recht ist, das ist in ihrem Denken die Angst. Sie verpfuscht den Vorgang und ist doch das einzig Hoffnungsvolle in ihm. Weil aber die vergessenste Fremde unser Körper – der eigene Körper – ist, versteht man, wie Kafka den Husten, der aus seinem Innern brach, »das Tier« genannt hat. Er war der vorgeschobenste Posten der großen Herde.

Der sonderbarste Bastard, den die Vorwelt bei Kafka mit der Schuld gezeugt hat, ist Odradek. »Es sieht zunächst aus wie eine flache sternartige Zwirnspule, und tatsächlich scheint es auch mit Zwirn bezogen; allerdings dürften es nur abgerissene, alte, aneinander geknotete, aber auch ineinander verfitzte Zwirnstücke von verschiedenster Art und Farbe sein. Es ist aber nicht nur eine Spule, sondern aus der Mitte des Sternes kommt ein kleines Querstäbchen hervor und an dieses Stäbchen fügt sich dann im rechten Winkel noch eines. Mit Hilfe dieses letzteren Stäbchens auf der einen Seite, und einer der Ausstrahlungen des Sternes auf der anderen Seite, kann das Ganze wie auf zwei Beinen aufrecht stehen.« Odradek »hält sich abwechselnd auf dem Dachboden, im Treppenhaus, auf den Gängen, im Flur auf«. Es bevorzugt also die gleichen Orte wie das Gericht, welches der Schuld nachgeht. Die Böden sind der Ort der ausrangierten, vergessenen Effekten. Vielleicht ruft der Zwang, vor dem Gericht sich einzufinden, ein ähnliches Gefühl hervor wie der, an jahrelang verschlossene Truhen auf dem Boden heranzugehen. Gern würde man das Unternehmen bis ans Ende der Tage aufschieben so wie K. seine Verteidigungsschrift geeignet findet, »einmal nach der Pensionierung den kindisch gewordenen Geist zu beschäftigen«.

Odradek ist die Form, die die Dinge in der Vergessenheit annehmen. Sie sind entstellt. Entstellt ist die »Sorge des Hausvaters«, von der niemand weiß, was sie ist, entstellt das Ungeziefer, von dem wir nur allzu gut wissen, daß es den Gregor Samsa darstellt, entstellt das große Tier, halb Lamm halb Kätzchen, für das vielleicht »das Messer des Fleischers eine Erlösung« wäre. Diese Figuren Kafkas aber sind durch eine lange Reihe von Gestalten verbunden mit dem Urbilde der Entstellung, dem Buckligen. Unter den Gebärden Kafkascher Erzählungen begegnet keine häufiger als die des Mannes, der den Kopf tief auf die Brust herunterbeugt. Das ist die Müdigkeit bei den Gerichtsherren, der Lärm bei den Portiers in dem Hotel, die niedere Decke bei den Galeriebesuchern. In der »Strafkolonie« aber bedienen sich die Gewalthaber einer altertümlichen Maschinerie, die verschnörkelte Lettern in den Rücken der Schuldigen eingraviert, die Stiche mehrt, die Ornamente häuft solange, bis der Rücken der Schuldigen hellsehend wird, selber die Schrift entziffern kann, aus deren Lettern er den Namen seiner unbekannten Schuld entnehmen muß. Es ist also der Rücken, dem es aufliegt. Und ihm liegt es bei Kafka seit jeher auf. So in der frühen Tagebuchnotiz: »Um möglichst schwer zu sein, was ich für das Einschlafen für gut halte, hatte ich die Arme gekreuzt und die Hände auf die Schulter gelegt, so daß ich dalag wie ein bepackter Soldat.« Handgreiflich geht hier das Beladensein mit dem Vergessen – des Schlafenden – zusammen. Im »Bucklichen Männlein« hat das Volkslied das Gleiche versinnbildlicht. Dies Männlein ist der Insasse des entstellten Lebens; es wird verschwinden, wenn der Messias kommt, von dem ein großer Rabbi gesagt hat, daß er nicht mit Gewalt die Welt verändern wolle, sondern nur um ein Geringes sie zurechtstellen werde.

»Geh ich in mein Kämmerlein, | Will mein Bettlein machen; | Steht ein bucklicht Männlein da, | Fängt als an zu lachen.« Das ist das Lachen Odradeks, von dem es heißt: »Es klingt etwa so, wie das Rascheln in gefallenen Blättern.« »Wenn ich an mein Bänklein knie, | Will ein bißlein beten; | Steht ein bucklicht Männlein da, | Fängt als an zu reden. | Liebes Kindlein, ach ich bitt, | Bet' für's bucklicht Männlein mit!« So endet das Volkslied. In seiner Tiefe berührt Kafka den Grund, den weder das »mythische Ahnungswissen« noch die »existenzielle Theologie« ihm gibt. Es ist der Grund des deutschen Volkstums so gut wie des jüdischen. Wenn Kafka nicht gebetet hat – was wir nicht wissen – so war ihm doch aufs höchste eigen, was Malebranche »das natürliche Gebet der Seele« nennt – die Aufmerksamkeit. Und in sie hat er, wie die Heiligen in ihre Gebete, alle Kreatur eingeschlossen.

Sancho Pansa

In einem chassidischen Dorf, so erzählt man, saßen eines Abends zu Sabbath-Ausgang in einer ärmlichen Wirtschaft die Juden. Ansässige waren es, bis auf einen, den keiner kannte, einen ganz ärmlichen, zerlumpten, der im Hintergrunde im Dunkeln einer Ecke kauerte. Hin und her waren die Gespräche gegangen. Da brachte einer auf, was sich wohl jeder zu wünschen dächte, wenn er einen Wunsch frei hätte. Der eine wollte Geld, der andere einen Schwiegersohn, der dritte eine neue Hobelbank, und so ging es die Runde herum. Als jeder zu Worte gekommen war, blieb noch der Bettler in der dunklen Ecke. Widerwillig und zögernd gab er den Fragern nach: »Ich wollte, ich wäre ein großmächtiger König und herrschte in einem weiten Lande und läge nachts und schliefe in meinem Palast und von der Grenze bräche der Feind herein und ehe es dämmerte wären die Berittenen bis vor mein Schloß gedrungen und keinen Widerstand gäbe es und aus dem Schlaf geschreckt, nicht Zeit mich auch nur zu bekleiden, und im Hemd, hätte ich meine Flucht antreten müssen und sei durch Berg und Tal und über Wald und Hügel und ohne Ruhe Tag und Nacht gejagt, bis ich hier auf der Bank in eurer Ecke gerettet angekommen wäre. Das wünsche ich mir.« Verständnislos sahen die andern einander an. – »Und was hättest du von diesem Wunsch?« fragte einer. – »Ein Hemd« war die Antwort.

Diese Geschichte führt tief in den Haushalt von Kafkas Welt. Niemand sagt ja, die Entstellungen, die der Messias zurechtzurücken einst erscheinen werde, seien nur solche unseres Raums. Sie sind gewiß auch solche unserer Zeit. Bestimmt hat das Kafka gedacht. Und aus solcher Gewißheit seinen Großvater sagen lassen: »›Das Leben ist erstaunlich kurz. Jetzt in der Erinnerung drängt es sich mir so zusammen, daß ich zum Beispiel kaum begreife, wie ein junger Mensch sich entschließen kann ins nächste Dorf zu reiten, ohne zu fürchten, daß – von unglücklichen Zufällen ganz abgesehen – schon die Zeit des gewöhnlichen, glücklich ablaufenden Lebens für einen solchen Ritt bei weitem nicht hinreicht.‹« Ein Bruder dieses Alten ist der Bettler, der in seinem »gewöhnlichen, glücklich ablaufenden« Leben nicht einmal Zeit zu einem Wunsche findet, dem ungewöhnlichen, unglücklichen der Flucht aber, in die er sich mit seiner Geschichte hineinbegibt, dieses Wunsches überhoben ist und ihn für die Erfüllung eintauscht.

Es gibt nun unter den Geschöpfen Kafkas eine Sippe, die auf eigentümliche Weise mit der Kürze des Lebens rechnet. Sie stammt aus der »Stadt im Süden ..., von der es ... hieß: – ›Dort sind Leute! Denkt Euch, die schlafen nicht!‹ – ›Und warum denn nicht?‹ – ›Weil sie nicht müde werden.‹ – ›Und warum denn nicht?‹ – ›Weil sie Narren sind.‹ – ›Werden denn Narren nicht müde?‹ – ›Wie könnten Narren müde werden!‹« Man sieht, die Narren sind mit den nimmermüden Gehilfen verwandt. Es geht aber mit dieser Sippe noch höher hinaus. Beiläufig hörte man von den Gesichtern der Gehilfen, sie ließen »›auf Erwachsene, ja fast auf Studenten schließen‹«. Und in der Tat sind die Studenten, die bei Kafka an den sonderbarsten Stellen zum Vorschein kommen, die Wortführer und Regenten dieses Geschlechts. »›Aber wann schlafen Sie?‹ fragte Karl und sah den Studenten verwundert an. – ›Ja, schlafen!‹ sagte der Student. ›Schlafen werde ich, wenn ich mit meinem Studium fertig bin.‹« Man muß an die Kinder denken: wie ungern gehen sie zu Bett! während sie schlafen, könnte doch etwas vorkommen, was sie beansprucht. »Vergiß das Beste nicht!« lautet eine Bemerkung, »die uns aus einer unklaren Fülle alter Erzählungen geläufig ist, trotzdem sie vielleicht in keiner vorkommt.« Aber das Vergessen betrifft immer das Beste, denn es betrifft die Möglichkeit der Erlösung. »›Der Gedanke, mir helfen zu wollen,‹« sagt ironisch der ruhelos irrende Geist des Jägers Gracchus, »›ist eine Krankheit und muß im Bett geheilt werden.‹« – Bei ihren Studien wachen die Studenten, und vielleicht ist es die beste Tugend der Studien, sie wachzuhalten. Der Hungerkünstler fastet, der Türhüter schweigt und die Studenten wachen. So versteckt wirken bei Kafka die großen Regeln der Askese.

Das Studium ist ihre Krone. Mit Andacht bringt Kafka sie aus den versunkenen Knabenjahren an den Tag. »Nicht viel anders – jetzt war es schon lange her – war Karl zu Hause am Tisch der Eltern gesessen und hatte seine Aufgaben geschrieben, während der Vater die Zeitung las oder Bucheintragungen und Korrespondenzen für einen Verein erledigte und die Mutter mit einer Näharbeit beschäftigt war und hoch den Faden aus dem

Stoffe zog. Um den Vater nicht zu belästigen, hatte Karl nur das Heft und das Schreibzeug auf den Tisch gelegt, während er die nötigen Bücher rechts und links von sich auf Sesseln angeordnet hatte. Wie still war es dort gewesen! Wie selten waren fremde Leute in jenes Zimmer gekommen!« Vielleicht sind diese Studien ein Nichts gewesen. Sie stehen aber jenem Nichts sehr nahe, das das Etwas erst brauchbar macht – dem Tao nämlich. Ihm ging Kafka mit seinem Wunsch nach, »einen Tisch mit peinlich ordentlicher Handwerksmäßigkeit zusammenzuhämmern und dabei gleichzeitig nichts zu tun und zwar nicht so, daß man sagen könnte: ›Ihm ist das Hämmern ein Nichts‹, sondern ›Ihm ist das Hämmern ein wirkliches Hämmern und gleichzeitig auch ein Nichts‹, wodurch ja das Hämmern noch kühner, noch entschlossener, noch wirklicher und, wenn du willst, noch irrsinniger geworden wäre.« Und eine so entschlossene, so fanatische Gebärde haben die Studierenden beim Studium. Sie kann nicht sonderbarer gedacht werden. Die Schreiber, die Studenten sind außer Atem. Sie jagen nur so dahin. »›Oft diktiert der Beamte so leise, daß der Schreiber es sitzend gar nicht hören kann, dann muß er immer aufspringen, das Diktierte auffangen, schnell sich setzen und es aufschreiben, dann wieder aufspringen und so weiter. Wie merkwürdig das ist! Es ist fast unverständlich.‹« Vielleicht versteht man es aber besser, wenn man an die Schauspieler des Naturtheaters zurückdenkt. Schauspieler müssen blitzschnell auf ihr Stichwort aufpassen. Und sie ähneln diesen Beflissenen auch sonst. Für sie ist in der Tat »›das Hämmern ein wirkliches Hämmern und gleichzeitig auch ein Nichts‹« – wenn es nämlich in ihrer Rolle steht. Diese Rolle studieren sie; der wäre ein schlechter Schauspieler, der ein Wort oder einen Gestus aus ihr vergäße. Für die Glieder der Truppe von Oklahoma aber ist sie ihr früheres Leben. Daher die »Natur« dieses Naturtheaters. Seine Schauspieler sind erlöst. Der Student aber ist es noch nicht, dem Karl nachts auf dem Balkon stumm zusieht, wie er in seinem Buche liest, »die Blätter wendete, hie und da in einem andern Buche, das er immer mit Blitzesschnelle ergriff, irgend etwas nachschlug und öfters Notizen in ein Heft eintrug, wobei er immer überraschend tief das Gesicht zu dem Hefte senkte.«

Den Gestus derart zu vergegenwärtigen ist Kafka unermüdlich. Aber das geschieht nie anders als mit Staunen. Man hat K. mit Recht dem Schweyk verglichen; den einen wundert alles, den andern nichts. Im Zeitalter der aufs Höchste gesteigerten Entfremdung der Menschen voneinander, der unabsehbar vermittelten Beziehungen, die ihre einzigen wurden, sind Film und Grammophon erfunden worden. Im Film erkennt der Mensch den eigenen Gang nicht, im Grammophon nicht die eigene Stimme. Experimente beweisen das. Die Lage der Versuchsperson in diesen Experimenten ist Kafkas Lage. Sie ist es, die ihn auf das Studium anweist. Vielleicht stößt er dabei auf Fragmente des eigenen Daseins, welche noch im Zusammenhang der Rolle stehen. Er würde den verlorenen Gestus zu fassen bekommen wie Peter Schlemihl seinen verkauften Schatten. Er würde sich verstehen, aber wie riesenhaft wäre die Anstrengung! Denn es ist ja ein Sturm, der aus dem Vergessen herweht. Und das Studium ein Ritt, der dagegen angeht. So reitet auf der Ofenbank der Bettler seiner Vergangenheit entgegen, um in der Gestalt des fliehenden Königs seiner selbst habhaft zu werden. Dem Leben, das für einen Ritt zu kurz ist, entspricht dieser Ritt, der lang genug für das Leben ist, »... bis man die Sporen ließ, denn es gab keine Sporen, bis man die Zügel wegwarf, denn es gab keine Zügel, und kaum das Land vor sich als glatt gemähte Heide sah, schon ohne Pferdehals und Pferdekopf.« So geht die Phantasie vom seligen Reiter in Erfüllung, der der Vergangenheit auf leerer, fröhlicher Reise entgegenbraust und seinem Renner keine Last mehr ist. Unselig aber der Reiter, der an seine Mähre gekettet ist, weil er das Zukunftsziel sich vorgesetzt hat – und sei es auch das nächste: der Kohlenkeller. Unselig auch sein Tier, unselig beide: der Kübel und der Reiter. »Als Kübelreiter, die Hand oben am Griff, dem einfachsten Zaumzeug, drehe ich mich beschwerlich die Treppe hinab; unten aber steigt mein Kübel auf, prächtig, prächtig; Kamele, niedrig am Boden hingelagert, steigen, sich schüttelnd unter dem Stock des Führers, nicht schöner auf.« Hoffnungsloser öffnet sich keine Gegend als »die Regionen der Eisgebirge«, in denen der Kübelreiter sich auf Nimmerwiedersehen verliert. Aus »den untersten Regionen des Todes« bläst der Wind, der ihm günstig ist – derselbe, der bei Kafka so oft aus der Vorwelt weht, und von dem auch der Kahn des Jägers Gracchus sich treiben läßt. »Überall«, sagt

Plutarch, »wird bei Mysterien und Opfern, sowohl unter Griechen als unter Barbaren, gelehrt, ... daß es zwei besondere Grundwesen und einander entgegengesetzte Kräfte geben müsse, von denen das eine rechter Hand und geradeaus führt, das andere aber umlenkt und wieder zurücktreibt.« Umkehr ist die Richtung des Studiums, die das Dasein in Schrift verwandelt. Ihr Lehrmeister ist jener Bucephalus, der »neue Advokat«, der ohne den gewaltigen Alexander – und das heißt: des vorwärtsstürmenden Eroberers ledig – den Weg zurück nimmt. »Frei, unbedrückt die Seiten von den Lenden des Reiters, bei stiller Lampe, fern dem Getöse der Alexanderschlacht, liest und wendet er die Blätter unserer alten Bücher.« – Diese Geschichte ist vor einiger Zeit durch Werner Kraft zum Gegenstand der Deutung gemacht worden. Nachdem der Interpret mit Sorgfalt jeder Einzelheit des Textes sich gewidmet hat, bemerkt er: »Nirgendwo in der Literatur gibt es eine so gewaltige, so durchschlagende Kritik des Mythos in seinem ganzen Umfang, wie hier.« Das Wort »Gerechtigkeit« – so meint der Ausleger – braucht Kafka nicht; trotzdem sei es die Gerechtigkeit, von der aus die Kritik am Mythos statt hat. – Sind wir aber so weit einmal gegangen, so geraten wir in Gefahr, Kafka zu verfehlen, indem wir hier haltmachen. Ist es denn wirklich das Recht, das so, im Namen der Gerechtigkeit, gegen den Mythos aufgeboten werden könnte? Nein, als Rechtsgelehrter bleibt der Bucephalus seinem Ursprung treu. Nur scheint er – darin dürfte im Sinne Kafkas das Neue für den Bucephalus und für die Advokatur liegen – nicht zu praktizieren. Das Recht, das nicht mehr praktiziert und nur studiert wird, das ist die Pforte der Gerechtigkeit.

Die Pforte der Gerechtigkeit ist das Studium. Und doch wagt Kafka nicht, an dieses Studium die Verheißungen zu knüpfen, welche die Überlieferung an das der Thora geschlossen hat. Seine Gehilfen sind Gemeindediener, denen das Bethaus, seine Studenten Schüler, denen die Schrift abhanden kam. Nun hält sie nichts mehr auf der »leeren fröhlichen Fahrt«. Kafka aber hat das Gesetz der seinen gefunden; ein einziges Mal zumindest, als es ihm glückte, ihre atemraubende Schnelligkeit einem epischen Paßschritt anzugleichen, wie er ihn wohl sein Lebtag gesucht hat. Er hat es einer Niederschrift anvertraut, die nicht nur darum seine vollendetste wurde, weil sie eine Auslegung ist.

»Sancho Pansa, der sich übrigens dessen nie gerühmt hat, gelang es im Laufe der Jahre, durch Beistellung einer Menge Ritter- und Räuberromane in den Abend- und Nachtstunden seinen Teufel, dem er später den Namen Don Quixote gab, derart von sich abzulenken, daß dieser dann haltlos die verrücktesten Taten aufführte, die aber mangels eines vorbestimmten Gegenstandes, der eben Sancho Pansa hätte sein sollen, niemandem schadeten. Sancho Pansa, ein freier Mann, folgte gleichmütig, vielleicht aus einem gewissen Verantwortlichkeitsgefühl dem Don Quixote auf seinen Zügen und hatte davon eine große und nützliche Unterhaltung bis an sein Ende.«
Gesetzter Narr und unbeholfener Gehilfe, hat Sancho Pansa seinen Reiter vorangeschickt. Bucephalus hat den seinigen überlebt. Ob Mensch, ob Pferd ist nicht mehr so wichtig, wenn nur die Last vom Rücken genommen ist.

Johann Peter Hebel

Wenn Sie, meine Verehrtesten, Zeitung lesen, ist es Ihnen vielleicht schon einmal passiert, über einer besonders eindrücklichen oder abenteuerlichen Notiz, dem Bericht von einer Feuersbrunst etwa, oder von einem Raubmord, zu stutzen. Und wenn Sie dann versuchten, sich die Sache *näher* vorzustellen, dann haben Sie ohne Zweifel, ob Sie es nun gemerkt haben oder nicht, etwas sehr Seltsames vorgenommen. Sie haben nämlich eine Art von Photomontage gemacht, indem Sie unvermerkt in den Schauplatz, der Ihnen vorschwebte – die Sache ist vielleicht in Goldap oder in Tilsit passiert und Sie kennen die Stadt gar nicht – Elemente von einem Ihnen vertrauten Schauplatz – und zwar gleich den bestimmten, also nicht Frankfurt sondern gleich Ihr Haus oder Ihre Stube in Frankfurt – einfließen ließen. Haus oder Stube, die nun auf einmal scheinbar nach Tilsit oder Goldap entrückt waren. In Wirklichkeit aber geschah da das Gegenteil; Tilsit oder Goldap waren in Ihre Stube entrückt. Und Sie sind noch einen Schritt weiter gegangen. Nachdem Sie das »Hier« erwirkt hatten, schritten Sie an die Realisierung des »Jetzt«. Die Nachricht war vielleicht vom 11. September und Sie lasen Sie erst am 15. Wenn Sie die Sache nun aber erfassen, mitmachen wollten, dann versetzten nicht Sie sich um vier Tage zurück sondern Sie stellten, im Gegenteil, sich vor: jetzt tritt das, in diesem Augenblick, ein und in meiner Stube. Sie haben dem abstrakten, beliebigen Sensationsfall mit einem Mal ein »Hier und Jetzt« gegeben. Sie haben ihn konkret werden lassen und es ist unberechenbar, wohin Sie das führen kann.

Noch unberechenbarer aber wäre die Wirkung, wenn es einem gelänge, nicht beliebige Sensationsgeschichten sondern aufschlußreiche und gewichtige Vorfälle mit dieser Evidenz des Hier und Jetzt auszustatten. Und nun gar, wenn dieses Jetzt ein historisch bedeutendes, dieses Hier ein blühendes und erfülltes wäre! Denken wir alle diese Prämissen auf das Vollkommenste erfüllt, so haben wir die Prosadichtung von Johann Peter Hebel. Alle Beschäftigung mit diesem großen und nie genug geschätzten Meister läuft darauf hinaus, ihn als diesen Vergegenwärtiger ohnegleichen uns selber gegenwärtig zu machen. – Vergegenwärtiger nur freilich nicht von Räubergeschichten, Familiendramen, Schiffbrüchen oder Wildwestsachen (obwohl unter anderm auch das) sondern der höchsten Kräfte seiner Landschaft und seiner Zeit. Damit ist nun schon ausgesprochen, daß dieses schlichteste und bescheidenste Werk (das den Philologen noch immer so recht den Typus jener »Volkskunst« darstellt, unter der sie in Wahrheit Armenschriftstellerei verstehen), daß dieses Werk, sage ich, kraft tausend unsichtbarer kleiner Schwingen sich über einem großen Abgrund schwebend hält. Dem Abgrund zwischen Hebels Zeit und seiner Landschaft. Zeitgenosse der großen französischen Revolution, von allen Geisteskräften der Epoche auf das Entschiedenste und Radikalste ergriffen, ist er doch immer der süddeutsche Kleinstädter geblieben, der als eingezogener Junggeselle und als Hofprediger des Großherzogs von Baden in den eingeschränktesten Verhältnissen nicht nur zu leben sondern sie zu vertreten hatte. Daß Hebel nicht imstande war, Großes, Wichtiges anders zu sagen und zu denken als uneigentlich – diese Stärke seiner Geschichten macht in seinem Leben das Planlose, Schwache. Sind doch selbst die Beiträge zum Kalender des Rheinländischen Hausfreundes aus äußerer Nötigung entstanden, über die er viel murrte. Das hat ihn aber nicht gehindert, für Großes und Kleines den rechten Sinn zu behalten, und wenn er auch niemals anders als im Tiefsten verschränkt und verschachtelt beides zugleich hat aussprechen können, so war sein Realismus darin immer stark genug, vor jenem Mystizismus des Kleinen und Kleinlichen ihn zu behüten, der manchmal Stifters Gefahr wurde.

Was ihn vor dem Mystizismus bewahrte, das war eben seine theologische Schulung. Sie bekundet sich in seinem gesamten Werke; es ist erbaulich von Grund auf; dabei von einer Welt- und Geistesweite wie wohl kein zweites der Gattung seit dem Ende des Mittelalters. Denn woran erbaut sich Hebel? An der Aufklärung und der großen Revolution. Nicht an ihren sogenannten Ideen sondern an ihren Situationen und Typen, dem Weltbürger, dem aufgeklärten Abbé, dem Strolch und dem Philanthropen. Wie theologische und weltbürgerliche Haltung sich hier durchdringen, das ist das Geheimnis der unvergleichlichen Konkretion, die der Kern seines Schaffens ist. Die Gegenwart seiner Geschöpfe z. B. sind nicht die Jahre 1760–1826 (in denen sein eignes Leben verfloß), die Zeit, in der sie leben, ist in Jahreszahlen nicht numeriert. Weil nämlich Theologie Geschichte immer in Generationen denkt, so sieht auch Hebel im Tun und Lassen seiner kleinen Leute die Generationen in all den Krisen sich herumschlagen, die mit der Revolution von 89 zum Ausbruch kamen. Das Leben und Sterben ganzer Geschlechter schlägt im Rhythmus der Sätze, welche im »Unverhofften Wiedersehen« den Zeitraum der fünfzig Jahre erfüllen, in denen die Braut um ihren verunglückten Liebsten, den Bergmann, trauert. »Unterdessen wurde die Stadt Lissabon in Portugal durch ein Erdbeben zerstört, und der siebenjährige Krieg ging vorüber, und Kaiser Franz der Erste starb, und der Jesuiten-Orden wurde aufgehoben und Polen geteilt, und die Kaiserin Maria Theresia starb, und der Struensee wurde hingerichtet, Amerika wurde frei, und die vereinigte französische und spanische Macht konnte Gibraltar nicht erobern. Die Türken schlossen den General Stein in der Veteraner Höhle in Ungarn ein, und der Kaiser Joseph starb auch. Der König Gustav von Schweden eroberte russisch Finnland, und die französische Revolution und der lange Krieg fing an, und der Kaiser Leopold der Zweite ging auch ins Grab. Napoleon eroberte Preußen, und die Engländer bombardierten Kopenhagen, und die Ackerleute säeten und schnitten. Der Müller mahlte, und die Schmiede hämmerten, und die Bergleute gruben nach den Metalladern in ihrer unterirdischen Werkstatt. Als aber die Bergleute in Falun im Jahr 1809 ...« – wenn er so den Verlauf von 50 Trauerjahren darstellt, so ist das fast selbst eine Klage, aber über den Weltlauf, wie manchmal mittelalterliche Chronisten sie ihren Büchern voranstellten. Denn das ist in der Tat nicht die Gesinnung des Historikers, die uns aus diesen Sätzen entgegentritt sondern die des Chronisten. Der Historiker hält sich an »Weltgeschichte«, der Chronist an den Weltlauf. Der eine hat es mit dem nach Ursache und Wirkung unabsehbar verknoteten Netz des Geschehens zu tun – und alles was er studierte oder erfuhr, ist in diesem Netz nur ein winziger Knotenpunkt; der andere mit dem kleinen, eng begrenzten Geschehn seiner Stadt oder Landschaft – aber das ist ihm nicht Bruchteil oder Element des

Universalen sondern anderes und mehr. Denn der echte Chronist schreibt mit seiner Chronik zugleich dem Weltlauf sein Gleichnis nieder. Es ist das alte Verhältnis von Mikro- und Makrokosmos, das sich in Stadtgeschichte und Weltlauf spiegelt.

Wenn Hebel eine seiner Geschichten beginnt: »Bekanntlich klagte einst ein alter Schulz von Wasselnheim seiner Frau, daß ihn sein Französisch fast unter den Boden bringe«, so schwingen in diesem einen »bekanntlich« alle Korrespondenzen von Weltlauf und Stadtklatsch ironisch mit. Gleicherweise ironisch, gleich fern von provinzieller Süffisanz ist die Enge seiner badischen Schauplätze, denn von dem Hebelschen Erdkreis, in dessen Mitte Segringen, Brassenheim, Tuttlingen liegen, bilden Moskau und Amsterdam, Jerusalem und Mailand den Horizont. So steht es um alle echte, unreflektierte Volkskunst: sie spricht Exotisches, Monströses mit der gleichen Liebe, in gleicher Zunge aus wie die Angelegenheiten des eigenen Hauswesens. Daher das kräftige »Hier« seiner Schauplätze. Das schauend aufgerissene Auge dieses Geistlichen und Philanthropen bezieht sogar das Weltgebäude selber der dörflichen Ökonomik noch ein und Hebel handelt von Planeten, Monden und Kometen nicht als Magister sondern als Chronist. Da heißt es etwa von dem Mond (der nun auf einmal als Landschaft wie auf einem berühmten Bild von Chagall vor einem steht): »Der Tag dauert dort an einem Ort so lange als ungefähr 2 von unsern Wochen und eben so lang die Nacht, und ein Nachtwächter muß sich schon sehr in Acht nehmen, daß er in den Stunden nicht irre wird, wenn es anfängt 223 zu schlagen oder 309.«

Daß dieses Mannes Lieblingsschriftsteller Jean Paul war, fällt nach solchen Sätzen nicht schwer zu erraten. Versteht sich, daß solche Männer – zarte Empiriker nach Goethes Wort, weil ihnen alles Faktische schon Theorie, zumal jedoch das anekdotische, das kriminelle, das possierliche, das lokale Faktum als solches schon moralisches Theorem war – einen höchst sprunghaften, skurrilen, unableitbaren Kontakt mit der ganzen Breite des Wirklichen hatten. Jean Paul empfiehlt für Säuglinge in der »Levana« Branntwein und verlangt, daß sie Bier kriegen. Viel unanfechtbarer aber stellt Hebel Verbrechen, Gaunereien,

Bubenstreiche in das Anschauungsmaterial seiner Volkskalender ein. Zugleich aber lebt in seinen Halunken und Lumpen Voltaire, Condorcet, Diderot nach und die unsagbar schnöde Verständigkeit seiner Juden hat vom Talmud nicht mehr als von dem Geist des etwas späteren Vorläufers der Sozialisten, Moses Heß. Zahlreiche Spitzbubengeschichten hat Hebel aus älteren Quellen geschöpft; aber das Gauner- und Vagantentemperament des Zundelfrieders und des Heiners und des roten Dieters ist sein eigenes gewesen. Als Junge war er für seine Streiche berüchtigt, und vom erwachsenen Hebel erzählt man, Gall, der berühmte Begründer der Phrenologie, sei einmal ins Badische gekommen. Da habe man auch Hebel ihm präsentiert und ihn um ein Gutachten gebeten. Aber unter undeutlichem Gemurmel habe Gall beim Befühlen nichts als die Worte »ungemein stark ausgebildet« vernehmen lassen. Und Hebel selber, fragend: »Das Diebsorgan?«

Wieviel Dämonisches in diesem Hebelschen Schwankwesen umgeht, hat niemand besser begriffen als Dambacher, der 1842 einer Ausgabe der »Schwänke des rheinischen Hausfreundes« seine Lithographien beigab. Diese ungemein starken Illustrationen sind gleichsam Zinken auf dem Pasch- und Schleichwege, auf dem die sonnigeren Halunken von Hebel Verkehr mit den düsteren schrecklichen Kleinbürgern des Büchnerschen »Wozzeck« treiben. Denn dieser Pastor, der das Handeln zu schildern verstand wie keiner unter den deutschen Schriftstellern sonst und alle Register vom niedrigsten Schacher bis zur schenkenden Großmut zu ziehen wußte, war nicht der Mann, das Dämonische im bürgerlichen Erwerbsleben zu übersehen. Er mag es mit der herrschenden Klasse in ihren besten Vertretern, kaufmännisch solidestem Kleinbürgertum gehalten haben; eben darum wollte er die rechte, die alleinseligmachende Buchführung ihm beibringen. Doppelte Buchführung, und sie stimmt immer: Haben, der bäurische, der bürgerliche Alltag, Besitz der zinstragenden Minuten, das eingezahlte Kapital von Arbeit und Schlauheit. Und das Soll: die Moral. Die geschäftliche, die private, die des Generals und des Hausvaters, des Diebes und des Bestohlnen, des Siegers und des Besiegten. Es ist keine Situation so hoffnungslos und verworfen, daß sich's die Tugend verdrießen ließe, in ihr Fuß zu fassen, aber sie darf um

Verkleidungen nicht verlegen sein. Darum entspringt hier die Moral nie an der Stelle, wo man nach Konventionen sie erwartet. Jeder weiß, wie der Barbierjunge von Segringen es sich getraut, dem »Fremden von der Armee« den Bart zu scheren, weil doch kein anderer den Mut hat. »Wenn Ihr mich aber schneidet, so stech ich Euch tot.« Und der dann am Schluß: »Gnädiger Herr, Ihr hättet mich nicht erstochen, sondern, wenn Ihr gezuckt hättet, und ich hätt' Euch in's Gesicht geschnitten, so wär ich Euch zuvorgekommen, hätt' Euch augenblicklich die Gurgel abgehauen und wäre auf und davon gesprungen.« So sind Hebels Geschichten. Sie haben alle einen doppelten Boden. Ist oben Mord und Totschlag, Stehlen und Fluchen, so liegen Geduld, Klugheit und Menschlichkeit unten.

Auf solche Weise macht Hebel die Moral, die beim durchschnittlichen Geschichtenschreiber ein Fremdkörper ist, zur Fortsetzung der Epik mit andern Mitteln. Und indem er das Ethos in Fragen des Taktes auflöst, wird die Konkretion gerade hier am energischsten. Das Jetzt und Hier der Tugend ist für ihn kein abgezognes Handeln nach Maximen sondern Geistesgegenwart. Moralisch – so hätte Hebel es definiert – ist ein Handeln, dessen Maxime verborgen ist. Nicht verheimlicht oder versteckt wie Diebsgut sondern verborgen wie Gold in der Erde. Seine Moral ist also gebunden an Situationen, in welchen sie die Leute erst entdecken. Und damit gleicht sie der Frömmigkeit, die auch niemals abstrakt werden kann sondern das ganze Leben in Situationen aufteilt, welche ihr dienen. Die Votivbilder bayrischer oder süditalienischer Kirchen sind voll solcher kritischen Situationen, die sich dem Frommen unauslöschlich eingeprägt haben. Unten das irdische Elend und die Gefahr, oben in Wolken thronend die Madonna. So auch bei Hebel. Unten geschieht, wenn man will, das Hausbackene, Regelrechte, das Klare und Richtige. Oben aber schwebt dennoch, auf übernatürliche Art, gleich der Madonna, die französische Revolutionsgottheit von der Decke. Und darum sind seine Geschichten so unvergänglich. Sie sind die Votivgemälde, welche die Aufklärung in den Tempel der Göttin der Vernunft gestiftet hat.

Der Erzähler

Betrachtungen zum Werk Nikolai Lesskows

I.

Der Erzähler – so vertraut uns der Name klingt – ist uns in seiner lebendigen Wirksamkeit keineswegs durchaus gegenwärtig. Er ist uns etwas bereits Entferntes und weiter noch sich Entfernendes. Einen Lesskow[1] als Erzähler darstellen heißt nicht, ihn uns näher bringen, heißt vielmehr den Abstand zu ihm vergrößern. Aus einer gewissen Entfernung betrachtet gewinnen die großen einfachen Züge, die den Erzähler ausmachen, in ihm die Oberhand. Besser gesagt, sie treten an ihm in Erscheinung wie in einem Felsen für den Beschauer, der den rechten Abstand hat und den richtigen Blickwinkel, ein Menschenhaupt oder ein Tierleib erscheinen mag. Diesen Abstand und diesen Blickwinkel schreibt uns eine Erfahrung vor, zu der wir fast täglich Gelegenheit haben. Sie sagt uns, daß es mit der Kunst des Erzählens zu Ende geht. Immer seltener wird die Begegnung mit Leuten, welche rechtschaffen etwas erzählen können. Immer häufiger verbreitet sich Verlegenheit in der Runde, wenn der Wunsch nach einer Geschichte laut wird. Es ist, als wenn ein Vermögen, das uns unveräußerlich schien, das Gesichertste unter dem Sicheren, von uns genommen würde. Nämlich das Vermögen, Erfahrungen auszutauschen.

Eine Ursache dieser Erscheinung liegt auf der Hand: die Erfahrung ist im Kurse gefallen. Und es sieht aus, als fiele sie weiter ins Bodenlose. Jeder Blick in die Zeitung erweist, daß sie einen neuen Tiefstand erreicht hat, daß nicht nur das Bild der äußern,

1 Nikolai Lesskow wurde 1831 im Gouvernement Orjol geboren und starb 1895 in Petersburg. Er hat seinen bäuerlichen Interessen und Sympathien nach gewisse Verwandtschaften mit Tolstoi, seiner religiösen Orientierung nach mit Dostojewski. Aber gerade diejenigen Schriften, die dem grundsätzlich und doktrinär Ausdruck geben, die Romane der Frühzeit haben sich als der vergängliche Teil seines Werkes erwiesen. Lesskows Bedeutung liegt in den Erzählungen, und die gehören einer späteren Schicht seiner Produktion an. Seit Kriegsende sind mehrere Versuche unternommen worden, diese Erzählungen im deutschen Sprachkreis bekannt zu machen. Neben den kleineren Auslesebänden des Musarion-Verlags und des Verlags Georg Müller steht, an erster Stelle, die neunbändige Auswahl des Verlags C. H. Beck.

sondern auch das Bild der sittlichen Welt über Nacht Veränderungen erlitten hat, die man niemals für möglich hielt. Mit dem Weltkrieg begann ein Vorgang offenkundig zu werden, der seither nicht zum Stillstand gekommen ist. Hatte man nicht bei Kriegsende bemerkt, daß die Leute verstummt aus dem Felde kamen? nicht reicher – ärmer an mitteilbarer Erfahrung. Was sich dann zehn Jahre später in der Flut der Kriegsbücher ergossen hatte, war alles andere als Erfahrung gewesen, die von Mund zu Mund geht. Und das war nicht merkwürdig. Denn nie sind Erfahrungen gründlicher Lügen gestraft worden als die strategischen durch den Stellungskrieg, die wirtschaftlichen durch die Inflation, die körperlichen durch die Materialschlacht, die sittlichen durch die Machthaber. Eine Generation, die noch mit der Pferdebahn zur Schule gefahren war, stand unter freiem Himmel in einer Landschaft, in der nichts unverändert geblieben war als die Wolken und unter ihnen, in einem Kraftfeld zerstörender Ströme und Explosionen, der winzige, gebrechliche Menschenkörper.

II.

Erfahrung, die von Mund zu Mund geht, ist die Quelle, aus der alle Erzähler geschöpft haben. Und unter denen, die Geschichten niedergeschrieben haben, sind es die Großen, deren Niederschrift sich am wenigsten von der Rede der vielen namenlosen Erzähler abhebt. Im übrigen gibt es unter den letzteren zwei, freilich vielfach einander durchdringende Gruppen. Auch bekommt die Figur des Erzählers ihre volle Körperlichkeit nur für den, der sie beide vergegenwärtigt. »Wenn einer eine Reise tut, so kann er was erzählen«, sagt der Volksmund und denkt sich den Erzähler als einen, der von weither kommt. Aber nicht weniger gern hört man dem zu, der, redlich sich nährend, im Lande geblieben ist und dessen Geschichten und Überlieferungen kennt. Will man diese beiden Gruppen in ihren archaischen Stellvertretern vergegenwärtigen, so ist die eine im seßhaften Ackerbauer und die andere im handeltreibenden Seemann verkörpert. In der Tat haben beider Lebenskreise gewissermaßen ihren eigenen Stamm von Erzählern hervorgebracht. Jeder von diesen Stämmen wahrt einige seiner Eigenschaften noch in späten Jahrhunderten. So gehen, unter den neueren deutschen Erzählern, die Hebel und Gotthelf aus dem ersten, die Sealsfield und Gerstäcker aus dem zweiten hervor. Im übrigen aber handelt es sich bei jenen Stämmen, wie gesagt, nur um Grundtypen. Die reale Erstreckung des Reiches der Erzählungen in seiner ganzen historischen Breite ist nicht ohne die innigste Durchdringung dieser beiden archaischen Typen denkbar. Eine solche Durchdringung hat ganz besonders das Mittelalter in seiner Handwerksverfassung zustande gebracht. Der seßhafte Meister und die wandernden Burschen werkten in den gleichen Stuben zusammen; und jeder Meister war Wanderbursche gewesen, bevor er in seiner Heimat oder in der Fremde sich niederließ. Wenn Bauern und Seeleute Altmeister des Erzählens gewesen sind, so war der Handwerksstand seine hohe Schule. In ihm verband sich die Kunde von der Ferne, wie der Vielgewanderte sie nach Hause bringt, mit der Kunde aus der Vergangenheit, wie sie am liebsten dem Seßhaften sich anvertraut.

III.

Lesskow ist in der Ferne des Raumes wie der Zeit zu Hause. Er gehörte der griechisch-orthodoxen Kirche an, und zwar als ein Mann mit aufrichtigem religiösen Interesse. Er war aber ein nicht minder aufrichtiger Gegner der kirchlichen Bürokratie. Da er mit dem weltlichen Beamtentum ebensowenig auskommen konnte, sind die offiziellen Positionen, in denen er sich befunden hat, nicht von Dauer gewesen. Für seine Produktion war die Stellung, die er lange als russischer Vertreter einer großen englischen Firma behauptet hat, unter allen vermutlich die nützlichste. Im Auftrag dieser Firma hat er Rußland bereist, und diese Reisen beförderten ebensosehr seine Weltklugheit wie seine Kenntnis der russischen Zustände. Auf diese Weise hatte er Gelegenheit, das Sektenwesen im Lande kennen zu lernen. Das hat in den Erzählungen seine Spur hinterlassen. In den russischen Legenden hat Lesskow Verbündete in dem Kampf gesehen, den er gegen die orthodoxe Bürokratie geführt hat. Es gibt von ihm eine Reihe legendärer Erzählungen, deren Mitte der Gerechte darstellt, selten ein Asket, meist ein schlichter und tätiger Mann, der zum Heiligen anscheinend auf die natürlichste

Art von der Welt wird. Mystische Exaltation ist nicht Lesskows Sache. So gern er dem Wunderbaren bisweilen nachhing, so hält er es auch in der Frömmigkeit am liebsten mit einem handfesten Naturell. Er sieht das Vorbild in dem Mann, der sich auf der Erde zurechtfindet, ohne sich allzutief mit ihr einzulassen. Eine entsprechende Haltung hat er auf weltlichem Gebiet an den Tag gelegt. Es paßt gut zu ihr, daß er mit Schreiben spät, nämlich mit 29 Jahren, begann. Das war nach seinen Handelsreisen. Seine erste gedruckte Arbeit hieß »Warum sind in Kiew die Bücher teuer?«. Eine weitere Reihe von Schriften über die Arbeiterklasse, über Trunksucht, über Polizeiärzte, über stellungslose Kaufleute sind die Vorläufer der Erzählungen.

IV.

Die Ausrichtung auf das praktische Interesse ist ein charakteristischer Zug bei vielen geborenen Erzählern. Nachhaltiger als bei Lesskow kann man ihn zum Beispiel bei einem Gotthelf erkennen, der seinen Bauern landwirtschaftliche Ratschläge gab; man findet ihn bei einem Nodier, der sich mit den Gefahren der Gasbeleuchtung beschäftigte; und ein Hebel, der seinen Lesern kleine naturwissenschaftliche Unterweisungen in das »Schatzkästlein« schob, steht gleichfalls in dieser Reihe. Das alles deutet auf die Bewandtnis, die es mit jeder wahren Erzählung hat. Sie führt, offen oder versteckt, ihren Nutzen mit sich. Dieser Nutzen mag einmal in einer Moral bestehen, ein andermal in einer praktischen Anweisung, ein drittes in einem Sprichwort oder in einer Lebensregel – in jedem Falle ist der Erzähler ein Mann, der dem Hörer Rat weiß. Wenn aber »Rat wissen« heute altmodisch im Ohre zu klingen anfängt, so ist daran der Umstand schuld, daß die Mitteilbarkeit der Erfahrung abnimmt. Infolge davon wissen wir uns und andern keinen Rat. Rat ist ja minder Antwort auf eine Frage als ein Vorschlag, die Fortsetzung einer (eben sich abrollenden) Geschichte angehend. Um ihn einzuholen, müßte man sie zuvörderst einmal erzählen können. (Ganz davon abgesehen, daß ein Mensch einem Rat sich nur soweit öffnet, als er seine Lage zu Wort kommen läßt.) Rat, in den Stoff gelebten Lebens eingewebt, ist Weisheit. Die Kunst des Erzählens neigt ihrem Ende zu, weil die epische

Seite der Wahrheit, die Weisheit, ausstirbt. Das aber ist ein Vorgang, der von weither kommt. Und nichts wäre törichter, als in ihm lediglich eine »Verfallserscheinung«, geschweige denn eine »moderne«, erblicken zu wollen. Vielmehr ist es nur eine Begleiterscheinung säkularer geschichtlicher Produktivkräfte, die die Erzählung ganz allmählich aus dem Bereich der lebendigen Rede entrückt hat und zugleich eine neue Schönheit in dem Entschwindenden fühlbar macht.

V.

Das früheste Anzeichen eines Prozesses, an dessen Abschluß der Niedergang der Erzählung steht, ist das Aufkommen des Romans zu Beginn der Neuzeit. Was den Roman von der Erzählung (und vom Epischen im engeren Sinne) trennt, ist sein wesentliches Angewiesensein auf das Buch. Die Ausbreitung des Romans wird erst mit Erfindung der Buchdruckerkunst möglich. Das mündlich Tradierbare, das Gut der Epik, ist von anderer Beschaffenheit als das, was den Bestand des Romans ausmacht. Es hebt den Roman gegen alle übrigen Formen der Prosadichtung – Märchen, Sage, ja selbst Novelle – ab, daß er aus mündlicher Tradition weder kommt noch in sie eingeht. Vor allem aber gegen das Erzählen. Der Erzähler nimmt, was er erzählt, aus der Erfahrung; aus der eigenen oder berichteten. Und er macht es wiederum zur Erfahrung derer, die seiner Geschichte zuhören. Der Romancier hat sich abgeschieden. Die Geburtskammer des Romans ist das Individuum in seiner Einsamkeit, das sich über seine wichtigsten Anliegen nicht mehr exemplarisch auszusprechen vermag, selbst unberaten ist und keinen Rat geben kann. Einen Roman schreiben heißt, in der Darstellung des menschlichen Lebens das Inkommensurable auf die Spitze treiben. Mitten in der Fülle des Lebens und durch die Darstellung dieser Fülle bekundet der Roman die tiefe Ratlosigkeit des Lebenden. Das erste große Buch der Gattung, der Don Quichote, lehrt sogleich, wie die Seelengröße, die Kühnheit, die Hilfsbereitschaft eines der Edelsten – eben des Don Quichote – von Rat gänzlich verlassen sind und nicht den kleinsten Funken Weisheit enthalten. Wenn im Laufe der Jahrhunderte hin und wieder – am nachhaltigsten vielleicht in

»Wilhelm Meisters Wanderjahre« – versucht wurde, dem Roman Unterweisungen einzusenken, so laufen diese Versuche immer auf eine Abwandlung der Romanform selber hinaus. Der Bildungsroman dagegen weicht von der Grundstruktur des Romans in gar keiner Weise ab. Indem er den gesellschaftlichen Lebensprozeß in der Entwicklung einer Person integriert, läßt er den ihn bestimmenden Ordnungen die denkbar brüchigste Rechtfertigung angedeihen. Ihre Legitimierung steht windschief zu ihrer Wirklichkeit. Das Unzulängliche wird gerade im Bildungsroman Ereignis.

VI.

Man muß sich die Umwandlung von epischen Formen in Rhythmen vollzogen denken, die sich denen der Verwandlung vergleichen lassen, die im Laufe der Jahrhunderttausende die Erdoberfläche erlitten hat. Schwerlich haben sich Formen menschlicher Mitteilung langsamer ausgebildet, langsamer verloren. Der Roman, dessen Anfänge in das Altertum zurückgreifen, hat Hunderte von Jahren gebraucht, ehe er im werdenden Bürgertum auf die Elemente stieß, die ihm zu seiner Blüte taugten. Mit dem Auftreten dieser Elemente begann sodann die Erzählung ganz langsam in das Archaische zurückzutreten; sie bemächtigte sich zwar vielfach des neuen Inhalts, wurde aber nicht eigentlich von ihm bestimmt. Auf der anderen Seite erkennen wir, wie mit der durchgebildeten Herrschaft des Bürgertums, zu deren wichtigsten Instrumenten im Hochkapitalismus die Presse gehört, eine Form der Mitteilung auf den Plan tritt, die, soweit ihr Ursprung auch zurückliegen mag, die epische Form nie vordem auf bestimmende Weise beeinflußt hat. Nun aber tut sie das. Und es zeigt sich, daß sie der Erzählung nicht weniger fremd aber viel bedrohlicher als der Roman gegenübertritt, den sie übrigens ihrerseits einer Krise zuführt. Diese neue Form der Mitteilung ist die Information.

Villemessant, der Begründer des »Figaro«, hat das Wesen der Information in einer berühmten Formel gekennzeichnet. »Meinen Lesern, pflegte er zu sagen, ist ein Dachstuhlbrand im Quartier latin wichtiger als eine Revolution in Madrid.« Das stellt mit einem Schlage klar, daß nun nicht mehr die Kunde, die von fernher kommt, sondern die Information, die einen Anhaltspunkt für das Nächste liefert, am liebsten Gehör findet. Die Kunde, die aus der Ferne kam – sei es die räumliche fremder Länder, sei es die zeitliche der Überlieferung –, verfügte über eine Autorität, die ihr Geltung verschaffte, auch wo sie nicht der Kontrolle zugeführt wurde. Die Information aber macht den Anspruch auf prompte Nachprüfbarkeit. Da ist es das erste, daß sie »an und für sich verständlich« auftritt. Sie ist oft nicht exakter als die Kunde früherer Jahrhunderte es gewesen ist. Aber während diese gern vom Wunder borgte, ist es für die Information unerläßlich, daß sie plausibel klingt. Dadurch erweist sie sich mit dem Geist der Erzählung unvereinbar. Wenn die Kunst des Erzählens selten geworden ist, so hat die Verbreitung der Information einen entscheidenden Anteil an diesem Sachverhalt.

Jeder Morgen unterrichtet uns über die Neuigkeiten des Erdkreises. Und doch sind wir an merkwürdigen Geschichten arm. Das kommt, weil uns keine Begebenheit mehr erreicht, die nicht mit Erklärungen schon durchsetzt wäre. Mit andern Worten: beinah nichts mehr, was geschieht, kommt der Erzählung, beinah alles der Information zugute. Es ist nämlich schon die halbe Kunst des Erzählens, eine Geschichte, indem man sie wiedergibt, von Erklärungen freizuhalten. Darin ist Lesskow Meister (man denke an Stücke wie »Der Betrug«, »Der weiße Adler«). Das Außerordentliche, das Wunderbare wird mit der größten Genauigkeit erzählt, der psychologische Zusammenhang des Geschehens aber wird dem Leser nicht aufgedrängt. Es ist ihm freigestellt, sich die Sache zurechtzulegen, wie er sie versteht, und damit erreicht das Erzählte eine Schwingungsbreite, die der Information fehlt.

VII.

Lesskow ist in die Schule der Alten gegangen. Der erste Erzähler der Griechen war Herodot. Im vierzehnten Kapitel des dritten Buches seiner »Historien« findet sich eine Geschichte, aus der sich viel lernen läßt. Sie handelt von Psammenit. Als der Ägypterkönig Psammenit von dem Perserkönig Kambyses geschlagen und gefangen genommen worden war, sah Kambyses es darauf ab, den Gefangenen zu demütigen. Er gab Befehl, Psammenit an der Straße aufzustellen, durch die sich der persische Triumphzug bewegen sollte. Und weiter richtete er es so ein, daß der Gefangene seine Tochter als Dienstmagd, die mit dem Krug zum Brunnen ging, vorbeikommen sah. Wie alle Ägypter über dieses Schauspiel klagten und jammerten, stand Psammenit allein wortlos und unbeweglich, die Augen auf den Boden geheftet; und als er bald darauf seinen Sohn sah, der zur Hinrichtung im Zuge mitgeführt wurde, blieb er gleichfalls unbewegt. Als er danach aber einen von seinen Dienern, einen alten, verarmten Mann, in den Reihen der Gefangenen erkannte, da schlug er mit den Fäusten an seinen Kopf und gab alle Zeichen der tiefsten Trauer.

Aus dieser Geschichte ist zu ersehen, wie es mit der wahren Erzählung steht. Die Information hat ihren Lohn mit dem Augenblick dahin, in dem sie neu war. Sie lebt nur in diesem Augenblick, sie muß sich gänzlich an ihn ausliefern und ohne Zeit zu verlieren sich ihm erklären. Anders die Erzählung; sie verausgabt sich nicht. Sie bewahrt ihre Kraft gesammelt und ist noch nach langer Zeit der Entfaltung fähig. So ist Montaigne auf die vom Ägypterkönig zurückgekommen und hat sich gefragt: Warum klagt er erst beim Anblick des Dieners? Montaigne antwortet: »Da er von Trauer schon übervoll war, brauchte es nur den kleinsten Zuwachs, und sie brach ihre Dämme nieder.« So Montaigne. Man könnte aber auch sagen: »Den König rührt nicht das Schicksal der Königlichen, denn es ist sein eigenes.« Oder: »Uns rührt auf der Bühne vieles, was uns im Leben nicht rührt; dieser Diener ist nur ein Schauspieler für den König.« Oder: »Großer Schmerz staut sich und kommt erst mit der Entspannung zum Durchbruch. Der Anblick dieses Dieners war die Entspannung.« – Herodot erklärt nichts. Sein Bericht ist der trockenste. Darum ist diese Geschichte aus dem alten Ägypten nach Jahrtausenden noch imstande, Staunen und Nachdenken zu erregen. Sie ähnelt den Samenkörnern, die jahrtausendelang luftdicht verschlossen in den Kammern der Pyramiden gelegen und ihre Keimkraft bis auf den heutigen Tag bewahrt haben.

VIII.

Es gibt nichts, was Geschichten dem Gedächtnis nachhaltiger anempfiehlt als jene keusche Gedrungenheit, welche sie psychologischer Analyse entzieht. Und je natürlicher dem Erzählenden der Verzicht auf psychologische Schattierung vonstatten geht, desto größer wird ihre Anwartschaft auf einen Platz im Gedächtnis des Hörenden, desto vollkommener bilden sie sich seiner eigenen Erfahrung an, desto lieber wird er sie schließlich eines näheren oder ferneren Tages weitererzählen. Dieser Assimilationsprozeß, welcher sich in der Tiefe abspielt, bedarf eines Zustandes der Entspannung, der seltener und seltener wird. Wenn der Schlaf der Höhepunkt der körperlichen Entspannung ist, so die Langeweile der geistigen. Die Langeweile ist der Traumvogel, der das Ei der Erfahrung ausbrütet. Das Rascheln im Blätterwalde vertreibt ihn. Seine Nester – die Tätigkeiten, die sich innig der Langenweile verbinden – sind in den Städten schon ausgestorben, verfallen auch auf dem Lande. Damit verliert sich die Gabe des Lauschens, und es verschwindet die Gemeinschaft der Lauschenden. Geschichten erzählen ist ja immer die Kunst, sie weiter zu erzählen, und die verliert sich, wenn die Geschichten nicht mehr behalten werden. Sie verliert sich, weil nicht mehr gewebt und gesponnen wird, während man ihnen lauscht. Je selbstvergessener der Lauschende, desto tiefer prägt sich ihm das Gehörte ein. Wo ihn der Rhythmus der Arbeit ergriffen hat, da lauscht er den Geschichten auf solche Weise, daß ihm die Gabe, sie zu erzählen, von selber zufällt. So also ist das Netz beschaffen, in das die Gabe zu erzählen gebettet ist. So löst es sich heutzutage an allen Enden, nachdem es vor Jahrtausenden im Umkreis der ältesten Handwerksformen geknüpft worden ist.

IX.

Die Erzählung, wie sie im Kreis des Handwerks – des bäuerlichen, des maritimen und dann des städtischen – lange gedeiht, ist selbst eine gleichsam handwerkliche Form der Mitteilung. Sie legt es nicht darauf an, das pure »an sich« der Sache zu überliefern wie eine Information oder ein Rapport. Sie senkt die Sache in das Leben des Berichtenden ein, um sie wieder aus ihm hervorzuholen. So haftet an der Erzählung die Spur des Erzählenden wie die Spur der Töpferhand an der Tonschale. Es ist die Neigung der Erzähler, ihre Geschichte mit einer Darstellung der Umstände zu beginnen, unter denen sie selber das, was nachfolgt, erfahren haben, wenn sie es nicht schlichtweg als selbsterlebt ausgeben. Lesskow beginnt den »Betrug« mit der Schilderung einer Eisenbahnfahrt, auf der er die Ereignisse, die er sodann nacherzählt, von einem Mitreisenden gehört habe; oder er denkt an Dostojewskis Begräbnis, auf das er die Bekanntschaft mit der Heldin seiner Erzählung »Anläßlich der Kreutzersonate« versetzt; oder er ruft das Beisammensein in einem Lesezirkel herauf, in dem die Begebenheiten zur Sprache kamen, die er uns in den »Interessanten Männern« wiedergibt. So liegt seine Spur im Erzählten vielfach zu Tage, wenn nicht als die des Erlebenden so als die des Berichterstatters.

Diese handwerkliche Kunst, das Erzählen, hat Lesskow im übrigen selbst als ein Handwerk empfunden. »Die Schriftstellerei, heißt es in einem seiner Briefe, ist für mich keine freie Kunst, sondern ein Handwerk.« Es kann nicht überraschen, daß er sich dem Handwerk verbunden gefühlt hat, der industriellen Technik dagegen fremd gegenüberstand. Tolstoi, der dafür Verständnis gehabt haben muß, berührt gelegentlich diesen Nerv der Erzählergabe von Lesskow, wenn er ihn als den Ersten bezeichnet, »der auf das Unzulängliche des ökonomischen Fortschrittes hinwies ... Es ist seltsam, daß man Dostojewski so viel liest ... Hingegen begreife ich einfach nicht, warum Lesskow nicht gelesen wird. Er ist ein wahrheitsgetreuer Schriftsteller.« In seiner verschlagenen und übermütigen Geschichte »Der stählerne Floh«, die zwischen Sage und Schwank die Mitte hält, hat Lesskow das heimische Handwerk an den Silberschmieden von Tula verherrlicht. Ihr Meisterwerk, der stählerne Floh, kommt Peter dem Großen vor Augen und überzeugt ihn, daß die Russen sich vor den Engländern nicht zu schämen brauchen.

Das geistige Bild jener handwerklichen Sphäre, der der Erzähler entstammt, ist vielleicht niemals auf so bedeutungsvolle Weise umschrieben worden wie von Paul Valéry. Er spricht von den vollkommenen Dingen in der Natur, makellosen Perlen, vollen, gereiften Weinen, wirklich durchgebildeten Geschöpfen und nennt sie »das kostbare Werk einer langen Kette einander ähnlicher Ursachen«. Die Anhäufung solcher Ursachen aber habe ihre zeitliche Schranke nur an der Vollkommenheit. »Dieses geduldige Verfahren der Natur, sagt Paul Valéry weiter, wurde vom Menschen einst nachgeahmt. Miniaturen, aufs vollendetste durchgearbeitete Elfenbeinschnitzereien, Steine, die nach Politur und Prägung vollkommen sind, Arbeiten in Lack oder Malereien, in denen eine Reihe dünner, transparenter Schichten sich übereinander legen ... – alle diese Hervorbringungen ausdauernder, entsagungsvoller Bemühung sind im Verschwinden, und die Zeit ist vorbei, in der es auf Zeit nicht ankam. Der heutige Mensch arbeitet nicht mehr an dem, was sich nicht abkürzen läßt.« In der Tat ist ihm geglückt, selbst die Erzählung abzukürzen. Wir haben das Werden der short story erlebt, die sich der mündlichen Tradition entzogen hat und jenes langsame Einander-Überdecken dünner und transparenter Schichten nicht mehr erlaubt, das das treffendste Bild von der Art und Weise abgibt, in der die vollkommene Erzählung aus der Schichtung vielfacher Nacherzählungen an den Tag tritt.

X.

Valéry endet seine Betrachtung mit diesem Satz: »Es ist fast, als fiele der Schwund des Gedankens der Ewigkeit mit der wachsenden Abneigung gegen langdauernde Arbeit zusammen.« Der Gedanke der Ewigkeit hat von jeher seine stärkste Quelle im Tod gehabt. Wenn dieser Gedanke schwindet, so folgern wir, muß das Gesicht des Todes ein anderes geworden sein. Es erweist sich, daß diese Veränderung die gleiche ist, die die Mitteilbarkeit der Erfahrung in dem Grade vermindert hat, als es mit der Kunst des Erzählens zu Ende ging.

Seit einer Reihe von Jahrhunderten läßt sich verfolgen, wie im Gemeinbewußtsein der Todesgedanke an Allgegenwart und an Bildkraft Einbuße leidet. In seinen letzten Etappen spielt sich dieser Vorgang beschleunigt ab. Und im Verlauf des neunzehnten Jahrhunderts hat die bürgerliche Gesellschaft mit hygienischen und sozialen, privaten und öffentlichen Veranstaltungen einen Nebeneffekt verwirklicht, der vielleicht ihr unterbewußter Hauptzweck gewesen ist: den Leuten die Möglichkeit zu verschaffen, sich dem Anblick von Sterbenden zu entziehen. Sterben, einstmals ein öffentlicher Vorgang im Leben des Einzelnen und ein höchst exemplarischer (man denke an die Bilder des Mittelalters, auf denen das Sterbebett sich in einen Thron verwandelt hat, dem durch weitgeöffnete Türen des Sterbehauses das Volk sich entgegen drängt) – sterben wird im Verlauf der Neuzeit aus der Merkwelt der Lebenden immer weiter herausgedrängt. Ehemals kein Haus, kaum ein Zimmer, in dem nicht schon einmal jemand gestorben war. (Das Mittelalter empfand auch räumlich, was als Zeitgefühl jene Inschrift auf einer Sonnenuhr von Ibiza bedeutsam macht: Ultima multis.) Heute sind die Bürger in Räumen, welche rein vom Sterben geblieben sind, Trockenwohner der Ewigkeit, und sie werden, wenn es mit ihnen zu Ende geht, von den Erben in Sanatorien oder in Krankenhäusern verstaut. Nun ist es aber an dem, daß nicht etwa nur das Wissen oder die Weisheit des Menschen sondern vor allem sein gelebtes Leben – und das ist der Stoff, aus dem die Geschichten werden – tradierbare Form am ersten am Sterbenden annimmt. So wie im Innern des Menschen mit dem Ablauf des Lebens eine Folge von Bildern sich in Bewegung setzt – bestehend aus den Ansichten der eigenen Person, unter denen er, ohne es inne zu werden, sich selber begegnet ist –, so geht mit einem Mal in seinen Mienen und Blicken das Unvergeßliche auf und teilt allem, was ihn betraf, die Autorität mit, die auch der ärmste Schächer im Sterben für die Lebenden um ihn her besitzt. Am Ursprung des Erzählten steht diese Autorität.

XI.

Der Tod ist die Sanktion von allem, was der Erzähler berichten kann. Vom Tode hat er seine Autorität geliehen. Mit andern Worten: es ist die Naturgeschichte, auf welche seine Geschichten zurückverweisen. Das ist in exemplarischer Form in einer der schönsten zum Ausdruck gebracht, die wir von dem unvergleichlichen Johann Peter Hebel haben. Sie steht im »Schatzkästlein des rheinischen Hausfreundes«, heißt »Unverhofftes Wiedersehen« und beginnt mit der Verlobung eines jungen Burschen, der in den Bergwerken von Falun arbeitet. Am Vorabend der

Hochzeit ereilt ihn in der Tiefe seines Stollens der Bergmannstod. Seine Braut hält ihm die Treue über den Tod hinaus, und sie lebt lange genug, um als uraltes Mütterchen eines Tages, da aus dem verlorenen Stollen eine Leiche zu Tage gefördert wird, die gesättigt mit Eisenvitriol von der Verwesung verschont geblieben ist, ihren Bräutigam zu erkennen. Nach diesem Wiedersehen wird auch sie vom Tod abberufen. Als nun Hebel im Verlauf dieser Erzählung vor der Notwendigkeit stand, die lange Reihe von Jahren augenfällig zu machen, da hat er das mit den folgenden Sätzen getan: »Unterdessen wurde die Stadt Lissabon in Portugal durch ein Erdbeben zerstört, und der siebenjährige Krieg ging vorüber, und Kaiser Franz der Erste starb, und der Jesuiten-Orden wurde aufgehoben und Polen geteilt, und die Kaiserin Maria Theresia starb, und der Struensee wurde hingerichtet, Amerika wurde frei, und die vereinigte französische und spanische Macht konnte Gibraltar nicht erobern. Die Türken schlossen den General Stein in der Veteraner Höhle in Ungarn ein, und der Kaiser Joseph starb auch. Der König Gustav von Schweden eroberte russisch Finnland, und die französische Revolution und der lange Krieg fing an, und der Kaiser Leopold der Zweite ging auch ins Grab. Napoleon eroberte Preußen, und die Engländer bombardierten Kopenhagen, und die Ackerleute säeten und schnitten. Der Müller mahlte, und die Schmiede hämmerten, und die Bergleute gruben nach den Metalladern in ihrer unterirdischen Werkstatt. Als aber die Bergleute in Falun im Jahr 1809 ...«. Tiefer hat nie ein Erzähler seinen Bericht in die Naturgeschichte gebettet als Hebel es in dieser Chronologie vollzieht. Man lese sie nur genau: Der Tod tritt in ihr in so regelmäßigem Turnus auf wie der Sensenmann in den Prozessionen, die um Mittag um die Münsteruhr ihren Umzug halten.

XII.

Jedwede Untersuchung einer bestimmten epischen Form hat es mit dem Verhältnis zu tun, in dem diese Form zur Geschichtsschreibung steht. Ja, man darf weitergehen und sich die Frage vorlegen, ob die Geschichtsschreibung nicht den Punkt schöpferischer Indifferenz zwischen allen Formen der Epik darstellt.

Dann würde die geschriebene Geschichte sich zu den epischen Formen verhalten wie das weiße Licht zu den Spektralfarben. Wie dem auch sei, unter allen Formen der Epik gibt es nicht eine, deren Vorkommen in dem reinen, farblosen Licht der geschriebenen Geschichte zweifelsfreier ist als die Chronik. Und im breiten Farbband der Chronik stufen die Arten, in denen erzählt werden kann, sich wie Schattierungen ein und derselben Farbe ab. Der Chronist ist der Geschichts-Erzähler. Man denke an die Hebel-Stelle zurück, die durchaus den Tonfall der Chronik hat, und ermesse ohne Mühe den Unterschied zwischen dem, der Geschichte schreibt, dem Historiker, und dem, der sie erzählt, dem Chronisten. Der Historiker ist gehalten, die Vorfälle, mit denen er es zu tun hat, auf die eine oder andere Art zu erklären; er kann sich unter keinen Umständen damit begnügen, sie als Musterstücke des Weltlaufs herzuzeigen. Genau das aber tut der Chronist, und besonders nachdrücklich tut er das in seinen klassischen Repräsentanten, den Chronisten des Mittelalters, die die Vorläufer der neueren Geschichtsschreiber waren. Indem jene ihrer Geschichtserzählung den göttlichen Heilsplan zugrunde legen, der ein unerforschlicher ist, haben sie die Last beweisbarer Erklärung von vornherein von sich abgewälzt. An ihre Stelle tritt die Auslegung, die es nicht mit einer genauen Verkettung von bestimmten Ereignissen, sondern mit der Art ihrer Einbettung in den großen unerforschlichen Weltlauf zu tun hat.

Ob der Weltlauf ein heilsgeschichtlich bedingter oder ein natürlicher ist, das macht keinen Unterschied. Im Erzähler hat der Chronist in verwandelter, gleichsam säkularisierter Gestalt sich erhalten. Lesskow ist unter denen, deren Werk besonders klar von diesem Sachverhalt Zeugnis ablegt. Der Chronist mit seiner heilsgeschichtlichen Ausrichtung, der Erzähler mit seiner profanen haben beide an diesem Werk so sehr Anteil, daß für manche Erzählungen kaum zu entscheiden ist, ob der Webgrund, in dem sie auftreten, der goldene einer religiösen oder der bunte einer weltlichen Anschauung vom Laufe der Dinge ist. Man denke an die Erzählung »Der Alexandrit«, die den Leser »in jene alte Zeit« versetzt, »da noch die Steine im Schoße der Erde und die Planeten in Himmelshöhen sich um das Schicksal der Menschen kümmerten, und nicht etwa heutzutage, da sowohl in den Himmeln als auch unter der Erde alles gegen das Schicksal der Menschensöhne gleichgültig geworden ist und ihnen von nirgendwoher mehr eine Stimme spricht oder gar Gehorsam wird. Alle die neuentdeckten Planeten spielen in den Horoskopen keinerlei Rolle mehr, und es gibt auch eine Menge neuer Steine, alle gemessen und gewogen und auf ihr spezifisches Gewicht und ihre Dichte hin geprüft, aber sie verkünden uns nichts mehr und bringen auch keinerlei Nutzen. Ihre Zeit mit den Menschen zu sprechen ist vorüber«.

Es ist, wie man sieht, kaum möglich, den Weltlauf, wie er an dieser Geschichte Lesskows sich illustriert, eindeutig zu kennzeichnen. Ist er heilsgeschichtlich oder naturgeschichtlich bestimmt? Gewiß ist nur, daß er, eben als Weltlauf, außerhalb aller eigentlich historischen Kategorien steht. Die Epoche, sagt Lesskow, da der Mensch sich im Einklang mit der Natur glauben konnte, ist abgelaufen. Schiller nannte diese Weltzeit die Zeit der naiven Dichtung. Der Erzähler wahrt ihr die Treue und sein Blick weicht nicht von jenem Zifferblatt, vor dem die Prozession der Kreaturen sich hinbewegt, in der, je nachdem, der Tod als Anführer oder als der letzte armselige Nachzügler seine Stelle hat.

XIII.

Man hat sich selten darüber Rechenschaft abgelegt, daß das naive Verhältnis des Hörers zu dem Erzähler von dem Interesse, das Erzählte zu behalten, beherrscht wird. Der Angelpunkt für den unbefangenen Zuhörer ist, der Möglichkeit der Wiedergabe sich zu versichern. Das Gedächtnis ist das epische Vermögen vor allen anderen. Nur dank eines umfassenden Gedächtnisses kann die Epik einerseits den Lauf der Dinge sich zu eigen, andererseits mit deren Hinschwinden, mit der Gewalt des Todes ihren Frieden machen. Es ist nicht verwunderlich, daß für einen einfachen Mann aus dem Volk, wie Lesskow sich ihn eines Tages ausgedacht hat, der Zar, der das Haupt des Weltkreises ist, in dem sich seine Geschichten ereignen, über das umfassendste Gedächtnis verfügt. »Unser Kaiser, so heißt es da, und seine ganze Familie haben in der Tat ein ganz erstaunliches Gedächtnis.«

Mnemosyne, die Erinnernde, war bei den Griechen die Muse des Epischen. Dieser Name geleitet den Betrachter zu einer weltgeschichtlichen Wegscheide zurück. Wenn nämlich das von der Erinnerung Aufgezeichnete – die Geschichtsschreibung – die schöpferische Indifferenz der verschiedenen epischen Formen darstellt (wie die große Prosa die schöpferische Indifferenz zwischen den verschiedenen Maßen des Verses), so schließt deren älteste Form, das Epos, kraft einer Art von Indifferenz die Erzählung und den Roman ein. Als dann im Verlauf der Jahrhunderte der Roman aus dem Schoß des Epos herauszutreten begann, da zeigte sich, daß an ihm das musische Element des Epischen, die Erinnerung also, in ganz anderer Gestalt als in der Erzählung zutage tritt.

Die *Erinnerung* stiftet die Kette der Tradition, welche das Geschehene von Geschlecht zu Geschlecht weiterleitet. Sie ist das Musische der Epik im weiteren Sinne. Sie umgreift die musischen Sonderarten des Epischen. Unter diesen ist an erster Stelle diejenige, welche der Erzähler verkörpert. Sie stiftet das Netz, welches alle Geschichten miteinander am Ende bilden. Eine schließt an die andere an, wie es die großen Erzähler immer und vor allem die orientalischen gern gezeigt haben. In jedem derselben lebt eine Scheherazade, der zu jeder Stelle ihrer Geschichten eine neue Geschichte einfällt. Dieses ist ein episches *Gedächtnis* und das Musische der Erzählung. Ihm aber ist ein anderes, gleichfalls im engeren Sinn musisches Prinzip entgegenzusetzen, das als Musisches des Romans zunächst, das will sagen im Epos, noch ungeschieden von dem Musischen der Erzählung verborgen liegt. Allenfalls läßt es in den Epen gelegentlich sich erahnen. So vor allem an feierlichen Stellen der homerischen, wie die Anrufungen der Muse zu deren Beginn es sind. Was an diesen Stellen sich ankündigt, ist das verewigende Gedächtnis des Romanciers im Gegensatz zu dem kurzweiligen des Erzählers. Das erste ist dem *einen* Helden geweiht, der *einen* Irrfahrt oder dem *einen* Kampf; das zweite den *vielen* zerstreuten Begebenheiten. Es ist, mit anderen Worten, das *Eingedenken*, das als das Musische des Romans dem Gedächtnis, dem Musischen der Erzählung, zur Seite tritt, nachdem sich mit dem Zerfall des Epos die Einheit ihres Ursprungs in der Erinnerung geschieden hatte.

XIV.

»Niemand, sagt Pascal, stirbt so arm, daß er nicht irgend etwas hinterläßt.« Gewiß auch an Erinnerungen – nur daß diese nicht immer einen Erben finden. Der Romancier tritt diese Hinterlassenschaft an, und selten ohne tiefe Melancholie. Denn wie es in einem Roman von Arnold Bennett der Toten nachgesagt wird – »sie hatte überhaupt nichts vom wirklichen Leben gehabt« –, so pflegt es um die Summe aus der Hinterlassenschaft bestellt zu sein, die der Romancier antritt. Über diese Seite der Sache verdanken wir den wichtigsten Aufschluß Georg Lukács, der im Roman »die Form der transzendentalen Heimatlosigkeit« gesehen hat. Zugleich ist der Roman, nach Lukács, die einzige Form, die die Zeit in die Reihe ihrer konstitutiven Prinzipien aufnimmt. »Die Zeit, heißt es in der „Theorie des Romans", kann erst dann konstitutiv werden, wenn die Verbundenheit mit der transzendentalen Heimat aufgehört hat ... Nur im Roman ... trennen sich Sinn und Leben und damit das Wesenhafte und Zeitliche; man kann fast sagen: die ganze innere Handlung des Romans ist nichts als ein Kampf gegen die Macht der Zeit ... Und aus diesem ... entsteigen die episch echtgeborenen ... Zeiterlebnisse: die Hoffnung und die Erinnerung ... Nur in dem Roman ... kommt eine schöpferische, den Gegenstand treffende und ihn umwandelnde Erinnerung vor ... Die Dualität von Innerlichkeit und Außenwelt kann hier für das Subjekt« nur »aufgehoben werden, wenn es die ... Einheit seines ganzen Lebens ... aus dem, in der Erinnerung zusammengedrängten, vergangenen Lebensstrome erblickt ... die Einsicht, die diese Einheit erfaßt, ... wird das ahnend-intuitive Erfassen des unerreichten und darum unaussprechbaren Lebenssinnes«.

Der »Sinn des Lebens« ist in der Tat die Mitte, um welche sich der Roman bewegt. Die Frage nach ihm ist aber nichts anderes als der eingängliche Ausdruck der Ratlosigkeit, mit der sich sein Leser in eben dieses geschriebene Leben hineingestellt sieht. Hie »Sinn des Lebens« – da »Moral von der Geschichte«: mit diesen Losungen stehen Roman und Erzählung einander gegenüber, und an ihnen läßt sich der gänzlich verschiedene geschichtliche Standindex dieser Kunstformen ablesen. – Wenn das früheste vollkommene Muster des Romans der Don Quichote ist, so ist sein spätestes vielleicht die »Education Sentimentale«. In den letzten Worten dieses Romans hat der Sinn, der dem bürgerlichen Zeitalter zu Beginn seines Niedergangs in seinem Tun und Lassen begegnete, sich wie Hefe im Lebensbecher niedergeschlagen. Frédéric und Deslauriers, die Jugendfreunde, denken an ihre Jugendfreundschaft zurück. Da gab es eine kleine Geschichte: wie sie eines Tages verstohlen und bang sich im öffentlichen Hause ihrer Heimatstadt präsentierten, nichts verrichtend als der patronne einen Blumenstrauß darzubringen, den sie bei sich im Garten gepflückt hatten. »Von dieser Geschichte war noch drei Jahre später die Rede. Und nun erzählten sie sie weitläufig einander, jeder des anderen Erinnerungen ergänzend. ›Das war vielleicht‹, sagte Frédéric als sie fertig waren, ›das Schönste in unserm Leben.‹ ›Ja, du kannst recht haben‹, sagte Deslauriers, ›das war vielleicht das Schönste in unserm Leben.‹« Mit solcher Erkenntnis steht der Roman am Ende, das ihm in strengerem Sinne als irgend einer Erzählung eignet. In der Tat gibt es keine Erzählung, an der die Frage: Wie ging es weiter? ihr Recht verlöre. Der Roman dagegen kann nicht erhoffen, den kleinsten Schritt über jene Grenze hinaus zu tun, an der er den Leser, den Lebenssinn ahnend sich zu vergegenwärtigen, dadurch einlädt, daß er ein »Finis« unter die Seiten schreibt.

XV.

Wer einer Geschichte zuhört, der ist in der Gesellschaft des Erzählers; selbst wer liest, hat an dieser Gesellschaft teil. Der Leser eines Romans ist aber einsam. Er ist es mehr als jeder andere Leser. (Denn selbst wer ein Gedicht liest, ist bereit, den Worten, für den Hörenden, Stimme zu leihen.) In dieser seiner Einsamkeit bemächtigt der Leser des Romans sich seines Stoffes eifersüchtiger als jeder andere. Er ist bereit, ihn restlos sich zu eigen zu machen, ihn gewissermaßen zu verschlingen. Ja, er vernichtet, er verschlingt den Stoff wie Feuer Scheiter im Kamin. Die Spannung, welche den Roman durchzieht, gleicht sehr dem Luftzug, der die Flamme im Kamin ermuntert und ihr Spiel belebt.

Es ist ein trockenes Material, an welchem sich das brennende Interesse des Lesers nährt. – Was heißt das? »Ein Mann, der mit fünfunddreißig stirbt, hat Moritz Heimann einmal gesagt, ist auf jedem Punkt seines Lebens ein Mann, der mit fünfunddreißig stirbt.« Nichts ist zweifelhafter als dieser Satz. Aber dies einzig und allein, weil er sich im Tempus vergreift. Ein Mann, so heißt die Wahrheit, die hier gemeint war, der mit fünfunddreißig Jahren gestorben ist, wird *dem Eingedenken* an jedem Punkte seines Lebens als ein Mann erscheinen, der mit fünfunddreißig Jahren stirbt. Mit anderen Worten: der Satz, der für das wirkliche Leben keinen Sinn gibt, wird für das erinnerte unanfechtbar. Man kann das Wesen der Romanfigur besser nicht darstellen als es in ihm geschieht. Er sagt, daß sich der »Sinn« von ihrem Leben nur erst von ihrem Tode her erschließt. Nun aber sucht der Leser des Romans wirklich Menschen, an denen er den »Sinn des Lebens« abliest. Er muß daher, so oder so, im voraus gewiß sein, daß er ihren Tod miterlebt. Zur Not den übertragenen: das Ende des Romans. Doch besser den eigentlichen. Wie geben sie ihm zu erkennen, daß der Tod schon auf sie wartet, und ein ganz bestimmter, und das an einer ganz bestimmten Stelle? Das ist die Frage, welche das verzehrende Interesse des Lesers am Romangeschehen nährt.

Nicht darum also ist der Roman bedeutend, weil er, etwa lehrreich, ein fremdes Schicksal uns darstellt, sondern weil dieses fremde Schicksal kraft der Flamme, von der es verzehrt wird, die Wärme an uns abgibt, die wir aus unserem eigenen nie gewinnen. Das was den Leser zum Roman zieht, ist die Hoffnung, sein fröstelndes Leben an einem Tod, von dem er liest, zu wärmen.

XVI.

»Lesskow, schreibt Gorki, ist der am tiefsten im ... Volke wurzelnde Schriftsteller und von allen fremden Einflüssen unberührt.« Der große Erzähler wird immer im Volk wurzeln, zuvörderst in den handwerklichen Schichten. Wie diese aber das bäuerliche, das maritime und das städtische Element in den vielfältigen Stadien ihres wirtschaftlichen und technischen Entwicklungsgrades umfassen, so stufen sich vielfältig die Begriffe, in denen sich für uns ihr Erfahrungsschatz niederschlägt. (Zu schweigen von dem keineswegs verächtlichen Anteil, den die Handeltreibenden an der Kunst des Erzählens haben; sie mußten weniger deren belehrenden Inhalt mehren, als die Listen, mit denen die Aufmerksamkeit der Lauschenden gebannt wird, verfeinern. Im Geschichtenkreise der »Tausend und Eine Nacht« haben sie eine tiefe Spur hinterlassen.) Kurz, unbeschadet der elementaren Rolle, die das Erzählen im Haushalt der Menschheit spielt, sind die Begriffe, in denen sich der Ertrag der Erzählungen bergen läßt, die mannigfachsten. Was bei Lesskow am handlichsten in religiösen zu fassen ist, scheint bei Hebel sich wie von selber in die pädagogischen Perspektiven der Aufklärung einzufügen, tritt bei Poe als hermetische Überlieferung auf, findet ein letztes Asyl bei Kipling in dem Lebensraum britischer Seeleute und Kolonialsoldaten. Dabei ist allen großen Erzählern die Unbeschwertheit gemein, mit der sie auf den Sprossen ihrer Erfahrung wie auf einer Leiter sich auf und ab bewegen. Eine Leiter, die bis ins Erdinnere reicht und sich in den Wolken verliert, ist das Bild einer Kollektiverfahrung, für die selbst der tiefste Chock jeder individuellen, der Tod, keinerlei Anstoß und Schranke darstellt.

»Und wenn sie nicht gestorben sind, so leben sie heute noch«, sagt das Märchen. Das Märchen, das noch heute der erste Ratgeber der Kinder ist, weil es einst der erste der Menschheit gewesen ist, lebt insgeheim in der Erzählung fort. Der erste wahre Erzähler ist und bleibt der von Märchen. Wo guter Rat teuer war, wußte das Märchen ihn, und wo die Not am höchsten war, da war *seine* Hilfe am nächsten. Diese Not war die Not des Mythos. Das Märchen gibt uns Kunde von den frühesten Veranstaltungen, die die Menschheit getroffen hat, um den Alp, den der Mythos auf ihre Brust gelegt hatte, abzuschütteln. Es zeigt uns in der Gestalt des Dummen, wie die Menschheit sich gegen den Mythos »dumm stellt«; es zeigt uns in der Gestalt des jüngsten Bruders, wie ihre Chancen mit der Entfernung von der mythischen Urzeit wachsen; es zeigt uns in der Gestalt dessen, der auszog das Fürchten zu lernen, daß die Dinge durchschaubar sind, vor denen wir Furcht haben; es zeigt uns in der Gestalt des Klugen, daß die Fragen, die der Mythos stellt, einfältig sind, wie die Frage der Sphinx es ist; es zeigt uns in der Gestalt der Tiere, die dem Märchenkinde zu Hilfe kommen, daß die Natur sich nicht nur dem Mythos pflichtig, sondern viel lieber um den Menschen geschart weiß. Das Ratsamste, so hat das Märchen vor Zeiten die Menschheit gelehrt, und so lehrt es noch heut die Kinder, ist, den Gewalten der mythischen Welt mit List und mit Übermut zu begegnen. (So polarisiert das Märchen den Mut, nämlich dialektisch: in Untermut [d. i. List] und in Übermut.) Der befreiende Zauber, über den das Märchen verfügt, bringt nicht auf mythische Art die Natur ins Spiel, sondern ist die Hindeutung auf ihre Komplizität mit dem befreiten Menschen. Diese Komplizität empfindet der reife Mensch nur bisweilen, nämlich im Glück; dem Kind aber tritt sie zuerst im Märchen entgegen und stimmt es glücklich.

XVII.

Wenige Erzähler haben dem Märchengeist eine so tiefe Verwandtschaft entgegengebracht wie Lesskow. Es handelt sich dabei um Tendenzen, die von der Dogmatik der griechisch-katholischen Kirche befördert wurden. In dieser Dogmatik spielt bekanntlich die von der römischen Kirche verworfene Spekulation des Origenes über die Apokatastasis – das Eingehen sämtlicher Seelen ins Paradies – eine bedeutende Rolle. Lesskow war von Origenes sehr beeinflußt. Er hatte vor, dessen Werk »Über die Urgründe« zu übersetzen. Im Anschluß an den russischen Volksglauben hat er die Auferstehung weniger als eine Verklärung denn (in einem dem Märchen verwandten Sinn) als eine Entzauberung gedeutet. Solche Ausdeutung des Origenes liegt dem »Verzauberten Pilger« zugrunde. Hier wie in vielen anderen Geschichten Lesskows handelt es sich um ein Mischwesen zwischen Märchen und Legende, nicht unähnlich jenem Mischwesen zwischen Märchen und Sage, von dem Ernst Bloch in einem Zusammenhang spricht, in dem er sich unsere Scheidung von Mythos und Märchen auf seine Weise zu eigen macht. Ein »Mischwesen zwischen Märchen und Sage, heißt es da, ist uneigentlich Mythisches in ihr, Mythisches, das durchaus bannend und statisch wirkt und trotzdem nicht außerhalb der Menschen. So ›mythisch‹ in der Sage sind die taohaften Gestalten, vor allem sehr alte, das Paar Philemon und Baucis etwa: märchenhaft entronnen, obwohl naturhaft ruhend. Und gewiß auch ist in dem sehr viel geringeren Tao Gotthelfs ein solches Verhältnis; es entzieht streckenweise der Sage die Lokalität des Banns, rettet das

Lebenslicht, das menschlich eigene Lebenslicht, ruhig brennend drinnen wie draußen«. »Märchenhaft entronnen« sind die Geschöpfe, die den Zug der Lesskowschen Kreaturen anführen: die Gerechten. Pawlin, Figura, der Toupetkünstler, der Bärenwärter, der hilfreiche Wachtposten – sie alle, die die Weisheit, die Güte, den Trost der Welt verkörpern, drängen sich um den Erzählenden. Unverkennbar ist, daß sie von der Imago seiner Mutter durchzogen werden. »Sie war, so schildert sie Lesskow, so seelengut, daß sie keinem Menschen ein Leid zufügen konnte, nicht einmal den Tieren. Sie aß weder Fleisch noch Fische, weil sie mit den lebenden Geschöpfen solches Mitleid hatte. Mein Vater pflegte ihr deswegen zuweilen Vorwürfe zu machen ... Aber sie antwortete: ›... Ich habe die Tierchen selbst aufgezogen, sie sind mir wie meine Kinder. Ich kann doch nicht meine eigenen Kinder essen!‹ Auch bei den Nachbarn aß sie kein Fleisch. ›Ich habe sie‹, sagte sie, ›lebend gesehen; sie sind meine Bekannten. Ich kann doch nicht meine Bekannten essen.‹«

Der Gerechte ist der Fürsprech der Kreatur und zugleich ihre höchste Verkörperung. Er hat bei Lesskow einen mütterlichen Einschlag, der sich zuweilen ins Mythische steigert (und damit freilich die märchenhafte Reinheit gefährdet). Bezeichnend dafür ist die Hauptfigur seiner Erzählung »Kotin, der Nährer und Platonida«. Diese Hauptfigur, ein Bauer, Pisonski, ist zweigeschlechtlich. Zwölf Jahre lang hat ihn seine Mutter als Mädchen aufgezogen. Zugleich mit seinem männlichen reift sein weibliches Teil, und seine Zweigeschlechtlichkeit »wird zum Symbol des Gottmenschen«.

Lesskow sieht hiermit die Höhe der Kreatur erreicht und zugleich auch wohl eine Brücke zwischen irdischer und überirdischer Welt geschlagen. Denn diese erdhaft gewaltigen, mütterlichen Männergestalten, die immer wieder von Lesskows Fabulierkunst Besitz ergreifen, sind der Botmäßigkeit des Geschlechtstriebes in der Blüte ihrer Kraft entrückt worden. Darin verkörpern sie aber nicht eigentlich ein asketisches Ideal; vielmehr hat die Enthaltsamkeit dieser Gerechten so wenig privativen Charakter, daß sie zum elementaren Gegenpol der entfesselten Brunst wird, die der Erzähler in der »Lady Macbeth aus Mzensk« verkörpert hat. Wenn die Spannweite zwischen einem Pawlin und dieser Kaufmannsfrau die Breite der kreatürlichen Welt ermißt, so hat Lesskow in der Hierarchie seiner Kreaturen nicht minder deren Tiefe erlotet.

XVIII.

Die Hierarchie der kreatürlichen Welt, die in dem Gerechten ihre höchste Erhebung hat, reicht in vielfachen Stufungen in den Abgrund des Unbelebten herab. Dabei muß eines besonderen Umstandes gedacht werden. Diese ganze kreatürliche Welt wird für Lesskow nicht sowohl in der menschlichen Stimme laut als in dem, was man mit dem Titel einer seiner bedeutungsvollsten Erzählungen »Die Stimme der Natur« nennen könnte. Diese Erzählung handelt von dem kleinen Beamten Filipp Filippowitsch, der alle Hebel in Bewegung setzt, um einen Feldmarschall, der auf der Durchreise durch sein Städtchen begriffen ist, als Logiergast bei sich empfangen zu dürfen. Das gelingt ihm. Der Gast, den die dringliche Einladung des Beamten zunächst verwundert, glaubt mit der Zeit, jemanden, dem er früher begegnet sein muß, in ihm zu erkennen. Wen aber? darauf kann er sich nicht besinnen. Merkwürdig ist, daß der Gastgeber seinerseits nicht gewillt ist, sich zu erkennen zu geben. Vielmehr vertröstet er die hohe Persönlichkeit Tag für Tag, »die Stimme der Natur« werde nicht verfehlen, eines Tages vernehmlich zu ihm zu sprechen. Das geht so lange, bis schließlich der Gast, kurz vor Fortsetzung seiner Reise, dem Gastgeber die, öffentlich von dem letzteren erbetene, Erlaubnis gewähren muß, die »Stimme der Natur« ertönen zu lassen. Daraufhin entfernt sich die Frau des Gastgebers. Sie »kam mit einem großen, blank polierten kupfernen Waldhorn zurück und gab es ihrem Manne. Er nahm das Horn, setzte es an die Lippen und war im selben Augenblick wie umgewandelt. Kaum hatte er die Backen aufgeblasen und einen Ton, machtvoll wie Donnerrollen hervorgebracht, als der Feldmarschall rief: ›Halt, ich hab's jetzt, Bruder, daran erkenne ich dich gleich wieder! Du bist der Musiker vom Jägerregiment, den ich wegen seiner Ehrenhaftigkeit zur Beaufsichtigung eines spitzbübischen Intendanturbeamten fortgeschickt haben.‹ – ›So ist's, Euer Durchlaucht‹, antwortete der Hausherr. ›Ich wollte Sie nicht selbst daran erinnern, sondern die Stimme der Natur sprechen lassen.‹« Wie sich der Tiefsinn

dieser Geschichte hinter ihrer Albernheit versteckt hält, das gibt einen Begriff von Lesskows großartigem Humor.
Dieser Humor bewährt sich in der gleichen Geschichte auf noch hintergründigere Art. Wir haben gehört, daß der kleine Beamte »wegen seiner Ehrenhaftigkeit zur Beaufsichtigung eines spitzbübischen Intendanturbeamten« delegiert worden sei. So heißt es am Schluß, in der Erkennungsszene. Gleich zu Beginn der Geschichte aber hören wir über den Gastgeber das folgende: »Die Ortseinwohner kannten den Mann alle und wußten, daß er keinen hohen Rang bekleidete, denn er war weder Staatsbeamter noch Militär, sondern nur ein Aufseherchen bei dem kleinen Proviantamt, wo er gemeinsam mit den Ratten die staatlichen Zwiebäcke und Stiefelsohlen benagte und sich ... mit der Zeit ein hübsches Holzhäuschen ... ernagt hatte.« Es kommt, wie man sieht, in dieser Geschichte die traditionelle Sympathie zu ihrem Recht, die der Erzähler den Spitzbuben und Gaunern entgegenbringt. Die ganze Schwankliteratur legt von ihr Zeugnis ab. Sie verleugnet sich auch auf den Höhen der Kunst nicht: einen Hebel haben der Zundelfrieder, der Zundelheiner und der rote Dieter unter allen seinen Gestalten am treusten begleitet. Und doch ist auch für Hebel der Gerechte die Hauptrolle auf dem theatrum mundi. Weil ihr aber eigentlich keiner gewachsen ist, so wandert sie vom einen zum anderen. Bald ist es der Strolch, bald der Schacherjude, bald der Beschränkte, der einspringt, um diesen Part durchzuführen. Immer ist es ein Gastspiel von Fall zu Fall, eine moralische Improvisation. Hebel ist Kasuist. Er solidarisiert sich um keinen Preis mit irgend einem Prinzip, weist aber auch keines ab, denn jedes kann einmal Instrument des Gerechten werden. Man vergleiche die Haltung Lesskows. »Ich bin mir bewußt, schreibt er in der Geschichte „Anläßlich der Kreutzersonate“, daß meinen Gedankengängen viel mehr praktische Lebensauffassung als abstrakte Philosophie oder hohe Moral zugrunde liegt, aber nichtsdestoweniger bin ich geneigt so zu denken, wie ich es tue.« Im übrigen verhalten sich allerdings die moralischen Katastrophen, die in der Lesskowschen Welt auftreten, zu den moralischen Zwischenfällen in der von Hebel wie die große schweigende Strömung der Wolga zu dem plaudernd sich überstürzenden kleinen Mühlbach. Es gibt unter Lesskows historischen Erzählungen mehrere,

in denen Leidenschaften so vernichtend am Werk sind wie der Zorn des Achill oder der Haß des Hagen. Erstaunlich ist, wie furchtbar sich die Welt diesem Autor verdüstern kann und mit welcher Majestät das Böse in ihr sein Szepter zu erheben vermag. Lesskow – das dürfte einer der wenigen Züge sein, in denen er sich mit Dostojewski berührt – hat offenbar Stimmungen gekannt, in denen er einer antinomistischen Ethik nahe war. Die Elementarnaturen seiner »Erzählungen aus der alten Zeit« gehen in ihrer rücksichtslosen Leidenschaft bis ans Ende. Dieses Ende aber ist grade Mystikern gern als der Punkt erschienen, an welchem die ausgemachte Verworfenheit in Heiligkeit umschlägt.

XIX.

Je tiefer Lesskow auf der kreatürlichen Stufenreihe herniedersteigt, desto offenkundiger nähert sich seine Anschauungsweise der mystischen. Im übrigen spricht, wie sich zeigen wird, vieles dafür, daß auch darin ein Zug sich abformt, der in der Natur des Erzählers selbst liegt. Freilich haben nur wenige sich in die Tiefe der unbelebten Natur gewagt, und es gibt in der neueren Erzählungsliteratur nicht vieles, in dem die Stimme des namenlosen Erzählers, der vor allem Schrifttum gewesen ist, so vernehmbar nachklingt, wie in der Lesskowschen Geschichte »Der Alexandrit«. Sie handelt von einem Stein, dem Pyrop. Die steinerne ist die unterste Schicht der Kreatur. Dem Erzähler ist sie jedoch an die oberste unmittelbar angeschlossen. Ihm ist es gegeben, in diesem Halbedelstein, dem Pyrop, eine natürliche Prophezeiung der versteinerten, unbelebten Natur auf die geschichtliche Welt zu erblicken, in der er selber lebt. Diese Welt ist die Welt Alexanders II. Der Erzähler – oder vielmehr der Mann, dem er das eigene Wissen beilegt – ist ein Steinschneider, Wenzel mit Namen, der es in seinem Handwerk zu der erdenklichsten Kunst gebracht hat. Man kann ihn neben die Silberschmiede von Tula stellen und sagen, daß – im Sinn von Lesskow – der vollkommene Handwerker den Zugang zu der innersten Kammer des kreatürlichen Reiches hat. Er ist eine Inkarnation des Frommen. Von diesem Steinschneider heißt es nun: »Er packte plötzlich meine Hand, an der der Ring mit dem Alexandrit war, der bekanntlich bei künstlicher Beleuchtung rot funkelt, und schrie: ›... Schaut her, hier ist er, der prophetische russische Stein ...! Oh, verschlagener Sibirier! immer war er grün wie die Hoffnung und erst gegen Abend überströmte ihn das Blut. Vom Ursprung der Welt ab war er so, aber er versteckte sich lange und lag verborgen in der Erde und erlaubte erst, daß man ihn am Tage der Volljährigkeitserklärung des Zaren Alexander finde, als ein großer Zauberer nach Sibirien gekommen war, ihn, den Stein, zu finden, ein Magier ...‹ ›Was sprechen Sie da für Unsinn‹, unterbrach ich ihn. ›Diesen Stein fand gar kein Zauberer, es war ein Gelehrter namens Nordenskjöld!‹ ›Ein Zauberer! Ich sage es Ihnen – ein Zauberer!‹ schrie Wenzel mit lauter Stimme. ›Schauen Sie doch nur, was für ein Stein! Ein grüner Morgen ist in ihm und ein blutiger Abend ... Dies ist das Schicksal, das Schicksal des edlen Zaren Alexander!‹ Und mit diesen Worten kehrte sich der alte Wenzel zur Wand, stützte seinen Kopf auf die Ellenbogen und ... begann zu schluchzen.«

Man kann der Bedeutung dieser wichtigen Erzählung kaum näher kommen als mit einigen Worten, welche Paul Valéry in weit abliegenden Zusammenhängen geschrieben hat.

»Die künstlerische Beobachtung, sagt er in der Betrachtung eines Künstlers, kann eine beinahe mystische Tiefe erreichen. Die Gegenstände, auf die sie fällt, verlieren ihren Namen: Schatten und Helligkeit bilden ganz besondere Systeme, stellen ganz eigene Fragen dar, die keiner Wissenschaft pflichtig sind, auch von keiner Praxis sich herschreiben, sondern Dasein und Wert ausschließlich von gewissen Akkorden erhalten, die sich zwischen Seele, Auge und Hand bei jemandem einstellen, der im eigenen Innern sie aufzufassen und sie hervorzurufen geboren ist.«

Seele, Auge und Hand sind mit diesen Worten in einen und denselben Zusammenhang eingebracht. Ineinanderwirkend bestimmen sie eine Praxis. Uns ist diese Praxis nicht mehr geläufig. Die Rolle der Hand in der Produktion ist bescheidener geworden und der Platz, den sie beim Erzählen ausgefüllt hat, ist verödet. (Das Erzählen ist ja, seiner sinnlichen Seite nach, keineswegs ein Werk der Stimme allein. In das echte Erzählen wirkt vielmehr die Hand hinein, die mit ihren, in der Arbeit erfahrenen Gebärden, das was laut wird auf hundertfältige Weise stützt.) Jene alte Koordination von Seele, Auge und Hand, die in Valérys Worten auftaucht, ist die handwerkliche, auf die wir stoßen, wo die Kunst des Erzählens zu Hause ist. Ja, man kann weiter gehen und sich fragen, ob die Beziehung, die der Erzähler zu seinem Stoff hat, dem Menschenleben, nicht selbst eine handwerkliche Beziehung ist? Ob seine Aufgabe nicht eben darin besteht, den Rohstoff der Erfahrungen – fremder und eigener – auf eine solide, nützliche und einmalige Art zu bearbeiten? Es handelt sich um eine Verarbeitung, von der vielleicht am ehsten das Sprichwort einen Begriff gibt, wenn man es als Ideogramm einer Erzählung auffaßt. Sprichwörter, so könnte man sagen, sind Trümmer, die am Platz von alten Geschichten stehen und in denen, wie Efeu um ein Gemäuer, eine Moral sich um einen Gestus rankt.

So betrachtet geht der Erzähler unter die Lehrer und Weisen ein. Er weiß Rat – nicht wie das Sprichwort: für manche Fälle, sondern wie der Weise: für viele. Denn es ist ihm gegeben, auf ein ganzes Leben zurückzugreifen. (Ein Leben übrigens, das nicht nur die eigene Erfahrung, sondern nicht wenig von fremder in sich schließt. Dem Erzähler fügt sich auch das, was er vom Hörensagen vernommen hat, seinem Eigensten bei.) Seine Begabung ist: sein Leben, seine Würde: sein *ganzes* Leben erzählen zu können. Der Erzähler – das ist der Mann, der den Docht seines Lebens an der sanften Flamme seiner Erzählung sich vollkommen könnte verzehren lassen. Darauf beruht die unvergleichliche Stimmung, die bei Lesskow so gut wie bei Hauff, bei Poe so gut wie bei Stevenson um den Erzähler ist. Der Erzähler ist die Gestalt, in welcher der Gerechte sich selbst begegnet.

Medien

Kleine Geschichte der Photographie

Der Nebel, der über den Anfängen der Photographie liegt, ist nicht ganz so dicht wie jener, der über den Beginn des Buchdrucks sich lagert; kenntlicher vielleicht als für diesen ist, daß die Stunde für die Erfindung gekommen war und von mehr als einem verspürt wurde; Männern, die unabhängig voneinander dem gleichen Ziele zustrebten: die Bilder in der camera obscura, die spätestens seit Leonardo bekannt waren, festzuhalten. Als das nach ungefähr fünfjährigen Bemühungen Niépce und Daguerre zu gleicher Zeit geglückt war, griff der Staat, begünstigt durch patentrechtliche Schwierigkeiten, auf die die Erfinder stießen, die Sache auf und machte sie unter deren Schadloshaltung zu einer öffentlichen. Damit waren die Bedingungen einer fortdauernd beschleunigten Entwicklung gegeben, die für lange Zeit jeden Rückblick ausschloß. So kommt es, daß die historischen oder, wenn man will, philosophischen Fragen, die Aufstieg und Verfall der Photographie nahelegen, jahrzehntelang unbeachtet geblieben sind. Und wenn sie heute beginnen, ins Bewußtsein zu treten, so hat das einen genauen Grund. Die jüngste Literatur schließt an den auffallenden Tatbestand an, daß die Blüte der Photographie – die Wirksamkeit der Hill und Cameron, der Hugo und Nadar – in ihr erstes Jahrzehnt fällt. Das ist nun aber das Jahrzehnt, welches ihrer Industrialisierung vorausging. Nicht als ob nicht bereits in dieser Frühzeit Marktschreier und Scharlatane der neuen Technik aus Erwerbsgründen sich bemächtigt hätten; sie taten das sogar massenweise. Aber das stand den Künsten des Jahrmarkts, auf dem die Photographie ja bis heute heimisch gewesen ist, näher als der Industrie. Die eroberte sich das Feld erst mit der Visitkarten-Aufnahme, deren erster Hersteller bezeichnenderweise zum Millionär wurde. Es wäre nicht zu verwundern, wenn die photographischen Praktiken, die heut zum erstenmal den Blick auf jene vorindustrielle Blütezeit zurücklenken, in unterirdischem Zusammenhang mit der Erschütterung der kapitalistischen Industrie stünden. Darum jedoch ist es um nichts leichter, den Reiz der Bilder, die in den schönen jüngst erschienenen Publikationen alter Photographie[1] vorliegen, für wirkliche Einsichten in deren Wesen

1 Helmuth Th[eodor] Bossert und Heinrich Guttmann: Aus der Frühzeit der Pho-

nutzbar zu machen. Überaus rudimentär sind die Versuche, der Sache theoretisch Herr zu werden. Und so viele Debatten im vorigen Jahrhundert über sie geführt wurden, im Grunde haben sie sich nicht von dem skurrilen Schema freigemacht, mit dem ein chauvinistisches Blättchen, der »Leipziger Anzeiger«, glaubte, beizeiten der französischen Teufelskunst entgegentreten zu müssen. »Flüchtige Spiegelbilder festhalten zu wollen, heißt es da, dies ist nicht bloß ein Ding der Unmöglichkeit, wie es sich nach gründlicher deutscher Untersuchung herausgestellt hat, sondern schon der Wunsch, dies zu wollen, ist eine Gotteslästerung. Der Mensch ist nach dem Ebenbilde Gottes geschaffen und Gottes Bild kann durch keine menschliche Maschine festgehalten werden. Höchstens der göttliche Künstler darf, begeistert von himmlischer Eingebung, es wagen, die gottmenschlichen Züge, im Augenblick höchster Weihe, auf den höheren Befehl seines Genius, ohne jede Maschinenhilfe wiederzugeben.« Hier tritt mit dem Schwergewicht seiner Plumpheit der Banausenbegriff von der »Kunst« auf, dem jede technische Erwägung fremd ist und welcher mit dem provozierenden Erscheinen der neuen Technik sein Ende gekommen fühlt. Demungeachtet ist es dieser fetischistische, von Grund auf antitechnische Begriff von Kunst, mit dem die Theoretiker der Photographie fast hundert Jahre lang die Auseinandersetzung suchten, natürlich ohne zum geringsten Ergebnis zu kommen. Denn sie unternahmen nichts anderes, als den Photographen vor eben jenem Richterstuhl zu beglaubigen, den er umwarf. Da weht eine ganz andere Luft aus dem Exposé, mit dem der Physiker Arago als Fürsprecher der Daguerreschen Erfindung am 3. Juli 1839 vor die Kammer der Deputierten trat. Es ist das Schöne an dieser Rede, wie sie an alle Seiten menschlicher Tätigkeit den Anschluß findet. Das Panorama, das sie entwirft, ist groß genug, um die zweifelhafte Beglaubigung der Photographie vor der Malerei, die auch in ihm nicht fehlt, belanglos erscheinen, vielmehr die Ahnung von der wirklichen Tragweite der Erfindung sich entfalten zu lassen. »Wenn Erfinder eines neuen Instrumentes, sagt Arago, dieses zur Beobachtung der Natur anwen-

tographie. 1840–70. Ein Bildbuch nach 200 Originalen. Frankfurt am Main 1930. – Heinrich Schwarz: David Octavius Hill. Der Meister der Photographie. Mit 80 Bildtafeln. Leipzig 1931.

den, so ist das, was sie davon gehofft haben, immer eine Kleinigkeit im Vergleich zu der Reihe nachfolgender Entdeckungen, wovon das Instrument der Ursprung war.« In großem Bogen umspannt diese Rede das Gebiet der neuen Technik von der Astrophysik bis zur Philologie: neben dem Ausblick auf die Sternphotographie steht die Idee, ein corpus der ägyptischen Hieroglyphen aufzunehmen.
Daguerres Lichtbilder waren jodierte und in der camera obscura belichtete Silberplatten, die hin- und hergewendet sein wollten, bis man in richtiger Beleuchtung ein zartgraues Bild darauf erkennen konnte. Sie waren unica; im Durchschnitt bezahlte man im Jahre 1839 für eine Platte 25 Goldfrank. Nicht selten wurden sie wie Schmuck in Etuis verwahrt. In der Hand mancher Maler aber verwandelten sie sich in technische Hilfsmittel. Wie siebzig Jahre später Utrillo seine faszinierenden Ansichten von den Häusern der Bannmeile von Paris nicht nach der Natur, sondern nach Ansichtskarten verfertigte, so legte der geschätzte englische Porträtmaler David Octavius Hill seinem Fresko der ersten Generalsynode der schottischen Kirche im Jahre 1843 eine große Reihe von Porträtaufnahmen zugrunde. Diese Aufnahmen aber machte er selbst. Und sie, anspruchslose, zum internen Gebrauch bestimmte Behelfe, sind es, die seinem Namen die historische Stelle geben, während er als Maler verschollen ist. Freilich führen tiefer noch als die Reihen dieser Porträtköpfe in die neue Technik einige Studien ein: namenlose Menschenbilder, nicht Porträts. Solche Köpfe gab es längst auf Gemälden. Blieben sie im Familienbesitz, fragte man hin und wieder noch nach den Dargestellten. Nach zwei, drei Generationen aber ist dies Interesse verstummt: die Bilder, soweit sie dauern, tun es nur als Zeugnis für die Kunst dessen, der sie gemalt hat. Bei der Photographie aber begegnet man etwas Neuem und Sonderbarem: in jenem Fischweib aus New Haven, das mit so lässiger, verführerischer Scham zu Boden blickt, bleibt etwas, was im Zeugnis für die Kunst des Photographen Hill nicht aufgeht, etwas, was nicht zum Schweigen zu bringen ist, ungebärdig nach dem Namen derer verlangend, die da gelebt hat, die auch hier noch wirklich ist und niemals gänzlich in die »Kunst« wird eingehen wollen. »Und ich frage: wie hat dieser haare zier | Und dieses blickes die früheren wesen umzingelt! | Wie

dieser mund hier geküßt zu dem die begier | Sinnlos hinan als rauch ohne flamme sich ringelt!« Oder man schlägt das Bild von Dauthendey, dem Photographen, auf, dem Vater des Dichters, aus der Zeit des Brautstands mit jener Frau, die er dann eines Tages, kurz nach der Geburt ihres sechsten Kindes, im Schlafzimmer seines Moskauer Hauses mit durchschnittenen Pulsadern liegen fand. Sie ist hier neben ihm zu sehen, er scheint sie zu halten; ihr Blick aber geht an ihm vorüber, saugend an eine unheilvolle Ferne geheftet. Hat man sich lange genug in so ein Bild vertieft, erkennt man, wie sehr auch hier die Gegensätze sich berühren: die exakteste Technik kann ihren Hervorbringungen einen magischen Wert geben, wie für uns ihn ein gemaltes Bild nie mehr besitzen kann. Aller Kunstfertigkeit des Photographen und aller Planmäßigkeit in der Haltung seines Modells zum Trotz fühlt der Beschauer unwiderstehlich den Zwang, in solchem Bild das winzige Fünkchen Zufall, Hier und Jetzt, zu suchen, mit dem die Wirklichkeit den Bildcharakter gleichsam durchgesengt hat, die unscheinbare Stelle zu finden, in welcher, im Sosein jener längstvergangenen Minute das Künftige noch heut und so beredt nistet, daß wir, rückblickend, es entdecken können. Es ist ja eine andere Natur, welche zur Kamera als welche zum Auge spricht; anders vor allem so, daß an die Stelle eines vom Menschen mit Bewußtsein durchwirkten Raums ein unbewußt durchwirkter tritt. Ist es schon üblich, daß einer, beispielsweise, vom Gang der Leute, sei es auch nur im groben, sich Rechenschaft gibt, so weiß er bestimmt nichts mehr von ihrer Haltung im Sekundenbruchteil des »Ausschreitens«. Die Photographie mit ihren Hilfsmitteln: Zeitlupen, Vergrößerungen erschließt sie ihm. Von diesem Optisch-Unbewußten erfährt er erst durch sie, wie von dem Triebhaft-Unbewußten durch die Psychoanalyse. Strukturbeschaffenheiten, Zellgewebe, mit denen Technik, Medizin zu rechnen pflegen – all dieses ist der Kamera ursprünglich verwandter als die stimmungsvolle Landschaft oder das seelenvolle Porträt. Zugleich aber eröffnet die Photographie in diesem Material die physiognomischen Aspekte, Bildwelten, welche im Kleinsten wohnen, deutbar und verborgen genug, um in Wachträumen Unterschlupf gefunden zu haben, nun aber, groß und formulierbar wie sie geworden sind, die Differenz von Technik und Magie als durch und durch historische Variable ersichtlich zu machen. So hat Bloßfeldt[2] mit seinen erstaunlichen Pflanzenphotos in Schachtelhalmen älteste Säulenformen, im Straußfarn den Bischofsstab, im zehnfach vergrößerten Kastanien- und Ahornsproß Totembäume, in der Weberkarde gotisches Maßwerk zum Vorschein gebracht. Darum sind wohl auch die Modelle eines Hill nicht weit von der Wahrheit entfernt gewesen, wenn ihnen »das Phänomen der Photographie« noch »ein großes geheimnisvolles Erlebnis« war; mag das für sie auch nichts als das Bewußtsein gewesen sein, »vor einem Apparat zu stehen, der in kürzester Zeit ein Bild der sichtbaren Umwelt erzeugen konnte, das so lebendig und wahrhaft wirkte wie die Natur selbst.« Man hat von der Kamera Hills gesagt, daß sie diskrete Zurückhaltung wahre. Seine Modelle ihrerseits sind aber nicht weniger reserviert; sie behalten eine gewisse Scheu vor dem Apparat, und der Leitsatz eines späteren Photographen aus der Blütezeit: »Sieh nie in die Kamera« könnte aus ihrem Verhalten abgeleitet sein. Doch war damit nicht jenes »sehen *dich* an« von Tieren, Menschen oder Babys gemeint, das den Käufer auf so unsaubere Weise einmengt und dem nichts besseres entgegenzusetzen ist als die Wendung, mit welcher der alte Dauthendey von der Daguerreotypie spricht: »Man getraute sich ... zuerst nicht, so berichtete er, die ersten Bilder, die er anfertigte, lange anzusehen. Man scheute sich vor der Deutlichkeit der Menschen und glaubte, daß die kleinen winzigen Gesichter der Personen, die auf dem Bilde waren, einen selbst sehen könnten, so verblüffend wirkte die ungewohnte Deutlichkeit und die ungewohnte Naturtreue der ersten Daguerreotypbilder auf jeden«.

Diese ersten reproduzierten Menschen traten in den Blickraum der Photographie unbescholten oder besser gesagt unbeschriftet. Noch waren Zeitungen Luxusgegenstände, die man selten käuflich erwarb, eher in Caféhäusern einsah, noch war das photographische Verfahren nicht zu ihrem Werkzeug geworden, noch sahen die wenigsten Menschen ihren Namen gedruckt. Das menschliche Antlitz hatte ein Schweigen um sich, in dem der Blick ruhte. Kurz, alle Möglichkeiten dieser Porträtkunst beruhen darauf, daß noch die Berührung zwischen Aktualität und

2 Karl Bloßfeldt: Urformen der Kunst. Photographische Pflanzenbilder. Hrsg. mit einer Einleitung von Karl Nierendorf. 120 Bildtafeln. Berlin o. J. [1928].

Photo nicht eingetreten ist. Auf dem Edinburgher Friedhof von Greyfriars sind viele Bildnisse Hills entstanden – nichts ist für diese Frühzeit bezeichnender, es sei denn, wie die Modelle auf ihm zu Hause waren. Und wirklich ist dieser Friedhof nach einem Bilde, das Hill gemacht hat, selbst wie ein Interieur, ein abgeschiedener, eingehegter Raum, wo, an Brandmauern gelehnt, aus dem Grasboden Grabmäler aufsteigen, die, ausgehöhlt wie Kamine, in ihrem Innern Schriftzüge statt der Flammenzungen zeigen. Nie aber hätte dies Lokal zu seiner großen Wirkung kommen können, wäre seine Wahl nicht technisch begründet gewesen. Geringere Lichtempfindlichkeit der frühen Platten machte eine lange Belichtung im Freien erforderlich. Diese wiederum ließ es wünschenswert scheinen, den Aufzunehmenden in möglichster Abgeschiedenheit an einem Orte unterzubringen, wo ruhiger Sammlung nichts im Wege stand. »Die Synthese des Ausdruckes, die durch das lange Stillhalten des Modells erzwungen wird, sagt Orlik von der frühen Photographie, ist der Hauptgrund, weshalb diese Lichtbilder neben ihrer Schlichtheit gleich guten gezeichneten oder gemalten Bildnissen eine eindringlichere und länger andauernde Wirkung auf den Beschauer ausüben als neuere Photographien.« Das Verfahren selbst veranlaßte die Modelle, nicht aus dem Augenblick heraus, sondern in ihn hinein zu leben; während der langen Dauer dieser Aufnahmen wuchsen sie gleichsam in das Bild hinein und traten so in den entschiedensten Kontrast zu den Erscheinungen auf einer Momentaufnahme, die jener veränderten Umwelt entspricht, in der es, wie Kracauer treffend bemerkt hat, von demselben Bruchteil einer Sekunde, den die Belichtung dauert, abhängt, »ob ein Sportsmann so berühmt wird, daß ihn im Auftrag der Illustrierten die Photographen belichten«. Alles an diesen frühen Bildern war angelegt zu dauern; nicht nur die unvergleichlichen Gruppen, zu denen die Leute zusammentraten – und deren Verschwinden gewiß eins der präzisesten Symptome dessen war, was in der zweiten Hälfte des Jahrhunderts in der Gesellschaft vorging – selbst die Falten, die ein Gewand auf diesen Bildern wirft, halten länger. Man betrachte nur Schellings Rock; der kann recht zuversichtlich mit in die Unsterblichkeit hinübergehen; die Formen, die er an seinem Träger annahm, sind der Falten in dessen Antlitz nicht unwert.

Kurz, alles spricht dafür, Bernard von Brentano habe mit seiner Vermutung recht, »daß ein Photograph von 1850 auf der gleichen Höhe mit seinem Instrument stand« – zum ersten- und für lange zum letztenmal.

Man muß im übrigen, um sich die gewaltige Wirkung der Daguerreotypie im Zeitalter ihrer Entdeckung ganz gegenwärtig zu machen, bedenken, daß die Pleinairmalerei damals den vorgeschrittensten unter den Malern ganz neue Perspektiven zu entdecken begonnen hatte. Im Bewußtsein, daß gerade in dieser Sache die Photographie von der Malerei die Stafette zu übernehmen habe, heißt es denn auch bei Arago im historischen Rückblick auf die frühen Versuche Giovanni Battista Portas ausdrücklich: »Was die Wirkung betrifft, welche von der unvollkommenen Durchsichtigkeit unserer Atmosphäre abhängt (und welche man durch den uneigentlichen Ausdruck ›Luftperspektive‹ charakterisiert hat), so hoffen selbst die geübten Maler nicht, daß die camera obscura« – will sagen das Kopieren der in ihr erscheinenden Bilder – »ihnen dazu behilflich sein könnte, dieselben mit Genauigkeit hervorzubringen.« Im Augenblick, da es Daguerre geglückt war, die Bilder der camera obscura zu fixieren, waren die Maler an diesem Punkte vom Techniker verabschiedet worden. Das eigentliche Opfer der Photographie aber wurde nicht die Landschaftsmalerei, sondern die Porträtminiatur. Die Dinge entwickelten sich so schnell, daß schon um 1840 die meisten unter den zahllosen Miniaturmalern Berufsphotographen wurden, zunächst nur nebenher, bald aber ausschließlich. Dabei kamen ihnen die Erfahrungen ihrer ursprünglichen Brotarbeit zustatten, und nicht ihre künstlerische, sondern ihre handwerkliche Vorbildung ist es, der man das hohe Niveau ihrer photographischen Leistungen zu verdanken hat. Sehr allmählich verschwand diese Generation des Übergangs; ja es scheint eine Art von biblischem Segen auf jenen ersten Photographen geruht zu haben: die Nadar, Stelzner, Pierson, Bayard sind alle an die Neunzig oder Hundert herangerückt. Schließlich aber drangen von überallher Geschäftsleute in den Stand der Berufsphotographen ein, und als dann späterhin die Negativretusche, mit welcher der schlechte Maler sich an der Photographie rächte, allgemein üblich wurde, setzte ein jäher Verfall des Geschmacks ein. Das war die Zeit, da die Photographiealben sich zu füllen begannen. An den frostigsten Stellen der Wohnung, auf Konsolen oder Gueridons im Besuchszimmer, fanden sie sich am liebsten: Lederschwarten mit abstoßenden Metallbeschlägen und den fingerdicken goldumrandeten Blättern, auf denen närrisch drapierte oder verschnürte Figuren – Onkel Alex und Tante Riekchen, Trudchen wie sie noch klein war, Papa im ersten Semester – verteilt waren und endlich, um die Schande voll zu machen, wir selbst: als Salontiroler, jodelnd, den Hut gegen gepinselte Firnen schwingend, oder als adretter Matrose, Standbein und Spielbein, wie es sich gehört, gegen einen polierten Pfosten gelehnt. Noch erinnert die Staffage solcher Porträts mit ihren Postamenten, Balustraden und ovalen Tischchen an die Zeit, da man der langen Expositionsdauer wegen den Modellen Stützpunkte geben mußte, damit sie fixiert blieben. Hatte man anfangs mit »Kopfhalter« oder »Kniebrille« sich begnügt, so folgte bald »weiteres Beiwerk, wie es in berühmten Gemälden vorkam und darum ›künstlerisch‹ sein mußte. Zunächst war es die Säule und der Vorhang«. Gegen diesen Unfug mußten sich fähigere Männer schon in den sechziger Jahren wenden. So heißt es damals in einem englischen Fachblatt: »In gemalten Bildern hat die Säule einen Schein von Möglichkeit, die Art aber, wie sie in der Photographie angewendet wird, ist absurd; denn sie steht gewöhnlich auf einem Teppich. Nun wird aber jedermann überzeugt sein, daß Marmor- oder Steinsäulen nicht mit einem Teppich als Fundament aufgebaut werden.« Damals sind jene Ateliers mit ihren Draperien und Palmen, Gobelins und Staffeleien entstanden, die so zweideutig zwischen Exekution und Repräsentation, Folterkammer und Thronsaal schwankten und aus denen ein erschütterndes Zeugnis ein frühes Bildnis von Kafka bringt. Da steht in einem engen, gleichsam demütigenden, mit Posamenten überladenen Kinderanzug der ungefähr sechsjährige Knabe in einer Art von Wintergartenlandschaft. Palmenwedel starren im Hintergrund. Und als gelte es, diese gepolsterten Tropen noch stickiger und schwüler zu machen, trägt das Modell in der Linken einen unmäßig großen Hut mit breiter Krempe, wie ihn Spanier haben. Gewiß, daß es in diesem Arrangement verschwände, wenn nicht die unermeßlich traurigen Augen diese ihnen vorbestimmte Landschaft beherrschen würden.

Dies Bild in seiner uferlosen Trauer ist ein Pendant der frühen

Photographie, auf welcher die Menschen noch nicht abgesprengt und gottverloren in die Welt sahen wie hier der Knabe. Es war eine Aura um sie, ein Medium, das ihrem Blick, indem er es durchdringt, die Fülle und die Sicherheit gibt. Und wieder liegt das technische Äquivalent davon auf der Hand; es besteht in dem absoluten Kontinuum von hellstem Licht zu dunkelstem Schatten. Auch hier bewährt sich im übrigen das Gesetz der Vorverkündung neuerer Errungenschaften in älterer Technik, indem die ehemalige Porträtmalerei vor ihrem Niedergange eine einzigartige Blüte der Schabkunst heraufgeführt hatte. Freilich handelte es sich in diesem Schabkunstverfahren um eine Reproduktionstechnik, wie sie sich mit der neuen photographischen erst später vereinigte. Wie auf Schabkunstblättern ringt sich bei einem Hill mühsam das Licht aus dem Dunkel: Orlik spricht von der durch die lange Expositionsdauer veranlaßten »zusammenfassenden Lichtführung«, die »diesen früheren Lichtbildern ihre Größe« gibt. Und unter den Zeitgenossen der Erfindung bemerkte schon Delaroche den früher »nie erreichten, köstlichen, in nichts die Ruhe der Massen störenden« allgemeinen Eindruck. Soviel vom technischen Bedingtsein der auratischen Erscheinung. Besonders manche Gruppenaufnahmen halten ein beschwingtes Miteinander noch einmal fest, wie es hier für eine kurze Spanne auf der Platte erscheint, bevor es an der »Originalaufnahme« zugrunde geht. Es ist dieser Hauchkreis, der schön und sinnvoll bisweilen durch die nunmehr altmodische ovale Form des Bildausschnitts umschrieben wird. Darum heißt es diese Inkunabeln der Photographie mißdeuten, in ihnen die »künstlerische Vollendung« oder den »Geschmack« zu betonen. Diese Bilder sind in Räumen entstanden, in denen jedem Kunden im Photographen vorab ein Techniker nach der neuesten Schule entgegentrat, dem Photographen aber in jedem Kunden der Angehörige einer im Aufstieg befindlichen Klasse mit einer Aura, die bis in die Falten des Bürgerrocks oder der Lavallière sich eingenistet hatte. Denn das bloße Erzeugnis einer primitiven Kamera ist jene Aura ja nicht. Vielmehr entsprechen sich in jener Frühzeit Objekt und Technik genau so scharf, wie sie in der anschließenden Verfallsperiode auseinandertreten. Bald nämlich verfügte eine fortgeschrittene Optik über Instrumente, die das Dunkel ganz überwanden und die Erscheinungen spiegelhaft aufzeichne-

ten. Die Photographen jedoch sahen in der Zeit nach 1880 ihre Aufgabe vielmehr darin, die Aura, die von Hause aus mit der Verdrängung des Dunkels durch lichtstärkere Objektive aus dem Bilde genau so verdrängt wurde wie durch die zunehmende Entartung des imperialistischen Bürgertums aus der Wirklichkeit – sie sahen es als ihre Aufgabe an, diese Aura durch alle Künste der Retusche, insbesondere jedoch durch sogenannte Gummidrucke vorzutäuschen. So wurde, zumal im Jugendstil, ein schummeriger Ton, von künstlichen Reflexen unterbrochen, Mode; dem Zwielicht zum Trotz aber zeichnete immer klarer eine Pose sich ab, deren Starrheit die Ohnmacht jener Generation im Angesicht des technischen Fortschritts verriet.
Und doch ist, was über die Photographie entscheidet, immer wieder das Verhältnis des Photographen zu seiner Technik. Camille Recht hat es in einem hübschen Bilde gekennzeichnet. »Der Geigenspieler, sagt er, muß den Ton erst bilden, muß ihn suchen, blitzschnell finden, der Klavierspieler schlägt die Taste an: der Ton erklingt. Das Instrument steht dem Maler wie dem Photographen zur Verfügung. Zeichnung und Farbengebung des Malers entsprechen der Tonbildung des Geigenspiels, der Photograph hat mit dem Klavierspieler das Maschinelle voraus, das einschränkenden Gesetzen unterworfen ist, die dem Geiger lange nicht den gleichen Zwang auferlegen. Kein Paderewski wird jemals den Ruhm ernten, den beinahe sagenhaften Zauber ausüben, den ein Paganini geerntet, den er ausgeübt hat.« Es gibt aber, um im Bilde zu bleiben, einen Busoni der Photographie, und der ist Atget. Beide waren Virtuosen, zugleich aber Vorläufer. Das beispiellose Aufgehen in der Sache, verbunden mit der höchsten Präzision, ist ihnen gemeinsam. Sogar in ihren Zügen gibt es Verwandtes. Atget war ein Schauspieler, der, angewidert vom Betrieb, die Maske abwischte und dann daran ging, auch die Wirklichkeit abzuschminken. Arm und unbekannt lebte er in Paris, seine Photographien schlug er an Liebhaber los, die kaum weniger exzentrisch sein konnten als er, und vor kurzem ist er, unter Hinterlassung eines œuvre von mehr als viertausend Bildern, gestorben. Berenice Abbot aus New York hat diese Blätter gesammelt, und eine Auswahl von ihnen erscheint soeben in einem hervorragend schönen Bande[3],

3 E[ugène] Atget: Lichtbilder. Eingeleitet von Camille Recht. Paris u. Leipzig 1930.

den Camille Recht herausgegeben hat. Die zeitgenössische Publizistik »wußte nichts von dem Mann, der mit seinen Bildern zumeist in den Ateliers herumzog, sie für wenige Groschen verschleuderte, oft nur für den Preis einer dieser Ansichtskarten, wie sie um 1900 herum die Städtebilder so schön zeigten, in blaue Nacht getaucht, mit retuschiertem Mond. Er hat den Pol höchster Meisterschaft erreicht; aber in der verbissenen Bescheidenheit eines großen Könners, der immer im Schatten lebt, hat er es unterlassen, seine Fahne dort aufzupflanzen. So kann mancher glauben, den Pol entdeckt zu haben, den Atget schon vor ihm betreten hat.« In der Tat: Atgets Pariser Photos sind die Vorläufer der surrealistischen Photographie; Vortrupps der einzigen wirklich breiten Kolonne, die der Surrealismus hat in Bewegung setzen können. Als erster desinfiziert er die stickige Atmosphäre, die die konventionelle Porträtphotographie der Verfallsepoche verbreitet hat. Er reinigt diese Atmosphäre, ja bereinigt sie: er leitet die Befreiung des Objekts von der Aura ein, die das unbezweifelbarste Verdienst der jüngsten Photographenschule ist. Wenn »Bifur« oder »Variété«, Zeitschriften der Avantgarde, unter der Beschriftung »Westminster«, »Lille«, »Antwerpen« oder »Breslau« nur Details bringen, einmal ein Stück von einer Balustrade, dann einen kahlen Wipfel, dessen Äste vielfältig eine Gaslaterne überschneiden, ein andermal eine Brandmauer oder einen Kandelaber mit einem Rettungsring, auf dem der Name der Stadt steht, so sind das nichts als literarische Pointierungen von Motiven, die Atget entdeckte. Er suchte das Verschollene und Verschlagene, und so wenden auch solche Bilder sich gegen den exotischen, prunkenden, romantischen Klang der Stadtnamen; sie saugen die Aura aus der Wirklichkeit wie Wasser aus einem sinkenden Schiff. – Was ist eigentlich Aura? Ein sonderbares Gespinst von Raum und Zeit: einmalige Erscheinung einer Ferne, so nah sie sein mag. An einem Sommermittag ruhend einem Gebirgszug am Horizont oder einem Zweig folgen, der seinen Schatten auf den Betrachter wirft, bis der Augenblick oder die Stunde Teil an ihrer Erscheinung hat – das heißt die Aura dieser Berge, dieses Zweiges atmen. Nun ist, die Dinge sich, vielmehr den Massen »näherzubringen«, eine genau so leidenschaftliche Neigung der Heutigen, wie die Überwindung des Einmaligen in jeder Lage durch deren Reproduzierung. Tagtäglich macht sich unabweisbarer das Bedürfnis geltend, des Gegenstands aus nächster Nähe im Bild, vielmehr im Abbild habhaft zu werden. Und unverkennbar unterscheidet sich das Abbild, wie illustrierte Zeitung und Wochenschau es in Bereitschaft halten, vom Bilde. Einmaligkeit und Dauer sind in diesem so eng verschränkt wie Flüchtigkeit und Wiederholbarkeit in jenem. Die Entschälung des Gegenstands aus seiner Hülle, die Zertrümmerung der Aura ist die Signatur einer Wahrnehmung, deren Sinn für alles Gleichartige auf der Welt so gewachsen ist, daß sie es mittels der Reproduktion auch dem Einmaligen abgewinnt. Atget ist »an den großen Sichten und an den sogenannten Wahrzeichen« fast immer vorübergegangen; nicht aber an einer langen Reihe von Stiefelleisten; nicht an den Pariser Höfen, wo von abends bis morgens die Handwagen in Reih und Glied stehen; nicht an den abgegessenen Tischen und den unaufgeräumten Waschgeschirren, wie sie zu gleicher Zeit zu Hunderttausenden da sind; nicht am Bordell rue ... no 5, dessen Fünf an vier verschiedenen Stellen der Fassade riesengroß erscheint. Merkwürdigerweise sind aber fast alle diese Bilder leer. Leer die Porte d'Arcueil an den fortifs, leer die Prunktreppen, leer die Höfe, leer die Caféhausterrassen, leer, wie es sich gehört, die Place du Tertre. Sie sind nicht einsam, sondern stimmungslos; die Stadt auf diesen Bildern ist ausgeräumt wie eine Wohnung, die noch keinen neuen Mieter gefunden hat. Diese Leistungen sind es, in denen die surrealistische Photographie eine heilsame Entfremdung zwischen Umwelt und Mensch vorbereitet. Sie macht dem politisch geschulten Blick das Feld frei, dem alle Intimitäten zugunsten der Erhellung des Details fallen.

Auf der Hand liegt, daß dieser neue Blick am wenigsten da einzuheimsen hat, wo man sich sonst am läßlichsten erging: in der entgeltlichen, repräsentativen Porträtaufnahme. Andererseits ist der Verzicht auf den Menschen für die Photographie der unvollziehbarste unter allen. Und wer es nicht gewußt hat, den haben die besten Russenfilme es gelehrt, daß auch Milieu und Landschaft unter den Photographen erst dem sich erschließen, der sie in der namenlosen Erscheinung, die sie im Antlitz haben, aufzufassen weiß. Jedoch die Möglichkeit davon ist wieder in hohem Grad bedingt durch den Aufgenommenen. Die Generation, die nicht darauf versessen war, in Aufnahmen auf die Nachwelt zu kommen, eher im Angesicht solcher Veranstaltungen sich etwas scheu in ihren Lebensraum zurückzog – wie Schopenhauer auf dem Frankfurter Bilde um 1850 in die Tiefen des Sessels –, eben darum aber diesen Lebensraum mit auf die Platte gelangen ließ: diese Generation hat ihre Tugenden nicht vererbt. Da gab zum erstenmal seit Jahrzehnten der Spielfilm der Russen Gelegenheit, Menschen vor der Kamera erscheinen zu lassen, die für ihr Photo keine Verwendung haben. Und augenblicklich trat das menschliche Gesicht mit neuer, unermeßlicher Bedeutung auf die Platte. Aber es war kein Porträt mehr. Was war es? Es ist das eminente Verdienst eines deutschen Photographen, diese Frage beantwortet zu haben. August Sander[4] hat eine Reihe von Köpfen zusammengestellt, die der gewaltigen physiognomischen Galerie, die ein Eisenstein oder Pudowkin eröffnet haben, in gar nichts nachsteht, und er tat es unter wissenschaftlichem Gesichtspunkt. »Sein Gesamtwerk ist aufgebaut in sieben Gruppen, die der bestehenden Gesellschaftsordnung entsprechen, und soll in etwa 45 Mappen zu je 12 Lichtbildern veröffentlicht werden.« Bisher liegt davon ein Auswahlband mit 60 Reproduktionen vor, die unerschöpflichen Stoff zur Betrachtung bieten. »Sander geht vom Bauern, dem erdgebundenen Menschen aus, führt den Betrachter durch alle Schichten und Berufsarten bis zu den Repräsentanten der höchsten Zivilisation und abwärts bis zum Idioten.« Der Autor ist an diese ungeheure Aufgabe nicht als Gelehrter herangetreten, nicht von Rassentheoretikern oder Sozialforschern beraten, sondern, wie der Verlag sagt, »aus der unmittelbaren Beobachtung«. Sie ist bestimmt eine sehr vorurteilslose, ja kühne, zugleich aber auch zarte gewesen, nämlich im Sinn des Goethischen Wortes: »Es gibt eine zarte Empirie, die sich mit dem Gegenstand innigst identisch macht und dadurch zur eigentlichen Theorie wird.« Demnach ist es ganz in der Ordnung, daß ein Betrachter wie Döblin gerade auf die wissenschaftlichen Momente in diesem Werk gestoßen ist und bemerkt: »Wie es eine vergleichende Anatomie gibt, aus der man erst zu einer Auffassung der Natur und der Geschichte der Organe kommt, so hat

4 August Sander: Antlitz der Zeit. Sechzig Aufnahmen deutscher Menschen des 20. Jahrhunderts. Mit einer Einleitung von Alfred Döblin. München o. J. [1929].

dieser Photograph vergleichende Photographie getrieben und hat damit einen wissenschaftlichen Standpunkt oberhalb der Detailphotographen gewonnen.« Es wäre ein Jammer, wenn die wirtschaftlichen Verhältnisse die weitere Veröffentlichung dieses außerordentlichen corpus verhinderten. Dem Verlag aber kann man neben dieser grundsätzlichen noch eine genauere Aufmunterung zuteil werden lassen. Über Nacht könnte Werken wie dem von Sander eine unvermutete Aktualität zuwachsen. Machtverschiebungen, wie sie bei uns fällig geworden sind, pflegen die Ausbildung, Schärfung der physiognomischen Auffassung zur vitalen Notwendigkeit werden zu lassen. Man mag von rechts kommen oder von links – man wird sich daran gewöhnen müssen, darauf angesehen zu werden, woher man kommt. Man wird es, seinerseits, den andern anzusehen haben. Sanders Werk ist mehr als ein Bildbuch: ein Übungsatlas.

»Es gibt in unserem Zeitalter kein Kunstwerk, das so aufmerksam betrachtet würde, wie die Bildnisphotographie des eigenen Selbst, der nächsten Verwandten und Freunde, der Geliebten«, hat schon im Jahre 1907 Lichtwark geschrieben und damit die Untersuchung aus dem Bereich ästhetischer Distinktionen in den sozialer Funktionen gerückt. Nur von hier aus kann sie weiter vorstoßen. Es ist ja bezeichnend, daß die Debatte sich da am meisten versteift hat, wo es um die Ästhetik der »Photographie als Kunst« ging, indes man beispielsweise dem soviel fragloseren sozialen Tatbestand der »Kunst als Photographie« kaum einen Blick gönnte. Und doch ist die Wirkung der photographischen Reproduktion von Kunstwerken für die Funktion der Kunst von sehr viel größerer Wichtigkeit als die mehr oder minder künstlerische Gestaltung einer Photographie, der das Erlebnis zur »Kamerabeute« wird. In der Tat ist der heimkehrende Amateur mit seiner Unzahl künstlerischer Originalaufnahmen nicht erfreulicher als ein Jäger, der vom Anstand mit Massen von Wild zurückkommt, die nur für den Händler verwertbar sind. Und wirklich scheint der Tag vor der Tür zu stehen, da es mehr illustrierte Blätter als Wild- und Geflügelhandlungen geben wird. Soviel vom »Knipsen«. Doch die Akzente springen völlig um, wendet man sich von der Photographie als Kunst zur Kunst als Photographie. Jeder wird die Beobachtung haben machen können, wieviel leichter ein Bild, vor allem aber eine

Plastik, und nun gar Architektur, im Photo sich erfassen lassen als in der Wirklichkeit. Die Versuchung liegt nahe genug, das schlechterdings auf den Verfall des Kunstsinns, auf ein Versagen der Zeitgenossen zu schieben. Dem aber stellt sich die Erkenntnis in den Weg, wie ungefähr zu gleicher Zeit mit der Ausbildung reproduktiver Techniken die Auffassung von großen Werken sich gewandelt hat. Man kann sie nicht mehr als Hervorbringungen Einzelner ansehen; sie sind kollektive Gebilde geworden, so mächtig, daß, sie zu assimilieren, geradezu an die Bedingung geknüpft ist, sie zu verkleinern. Im Endeffekt sind die mechanischen Reproduktionsmethoden eine Verkleinerungstechnik und verhelfen dem Menschen zu jenem Grad von Herrschaft über die Werke, ohne welchen sie gar nicht mehr zur Verwendung kommen.

Wenn eins die heutigen Beziehungen zwischen Kunst und Photographie kennzeichnet, so ist es die unausgetragene Spannung, welche durch die Photographie der Kunstwerke zwischen den beiden eintrat. Viele von denen, die als Photographen das heutige Gesicht dieser Technik bestimmen, sind von der Malerei ausgegangen. Sie haben ihr den Rücken gekehrt nach Versuchen, deren Ausdrucksmittel in einen lebendigen, eindeutigen Zusammenhang mit dem heutigen Leben zu rücken. Je wacher ihr Sinn für die Signatur der Zeit war, desto problematischer ist ihnen nach und nach ihr Ausgangspunkt geworden. Denn wieder wie vor achtzig Jahren hat die Photographie von der Malerei die Stafette sich geben lassen. »Die schöpferischen Möglichkeiten des Neuen, sagt Moholy-Nagy, werden meist langsam durch solche alten Formen, alten Instrumente und Gestaltungsgebiete aufgedeckt, welche durch das Erscheinen des Neuen im Grunde schon erledigt sind, aber unter dem Druck des sich vorbereitenden Neuen sich zu einem euphorischen Aufblühen treiben lassen. So lieferte z. B. die futuristische (statische) Malerei die später sie selbst vernichtende, festumrissene Problematik der Bewegungssimultaneität, die Gestaltung des Zeitmomentes; und zwar dies in einer Zeit, da der Film schon bekannt, aber noch lange nicht erfaßt war ... Ebenso kann man – mit Vorsicht – einige von den heute mit darstellerisch-gegenständlichen Mitteln arbeitenden Malern (Neoklassizisten und Veristen) als Vorbereiter einer neuen darstellerischen optischen

Gestaltung, die sich bald nur mechanisch technischer Mittel bedienen wird, betrachten.« Und Tristan Tzara, 1922: »Als alles, was sich Kunst nannte, gichtbrüchig geworden war, entzündete der Photograph seine tausendkerzige Lampe und stufenweise absorbierte das lichtempfindliche Papier die Schwärze einiger Gebrauchsgegenstände. Er hatte die Tragweite eines zarten, unberührten Aufblitzens entdeckt, das wichtiger war als alle Konstellationen, die uns zur Augenweide gestellt werden.« Die Photographen, die nicht aus opportunistischen Erwägungen, nicht zufällig, nicht aus Bequemlichkeit von der bildenden Kunst zum Photo gekommen sind, bilden heute die Avantgarde unter den Fachgenossen, weil sie durch ihren Entwicklungsgang gegen die größte Gefahr der heutigen Photographie, den kunstgewerblichen Einschlag, einigermaßen gesichert sind. »Photographie als Kunst, sagt Sasha Stone, ist ein sehr gefährliches Gebiet.«

Hat die Photographie sich aus Zusammenhängen herausbegeben, wie sie ein Sander, eine Germaine Krull, ein Bloßfeldt geben, vom physiognomischen, politischen, wissenschaftlichen Interesse sich emanzipiert, so wird sie »schöpferisch«. Angelegenheit des Objektivs wird die »Zusammenschau«; der photographische Schmock tritt auf. »Der Geist, überwindend die Mechanik, deutet ihre exakten Ergebnisse zu Gleichnissen des Lebens um.« Je mehr die Krise der heutigen Gesellschaftsordnung um sich greift, je starrer ihre einzelnen Momente einander in toter Gegensätzlichkeit gegenübertreten, desto mehr ist das Schöpferische – dem tiefsten Wesen nach Variante; der Widerspruch sein Vater und die Nachahmung seine Mutter – zum Fetisch geworden, dessen Züge ihr Leben nur dem Wechsel modischer Beleuchtung danken. Das Schöpferische am Photographieren ist dessen Überantwortung an die Mode. »Die Welt ist schön« – genau das ist ihre Devise. In ihr entlarvt sich die Haltung einer Photographie, die jede Konservenbüchse ins All montieren, aber nicht einen der menschlichen Zusammenhänge fassen kann, in denen sie auftritt, und die damit noch in ihren traumverlorensten Sujets mehr ein Vorläufer von deren Verkäuflichkeit als von deren Erkenntnis ist. Weil aber das wahre Gesicht dieses photographischen Schöpfertums die Reklame oder die Assoziation ist, darum ist ihr rechtmäßiger Gegenpart die Entlarvung oder die Konstruktion. Denn die Lage, sagt Brecht, wird »dadurch so kom-

Der Photograph Karl Dauthendey, der Vater des Dichters, und seine Braut
Photo Karl Dauthendey

Abbildung 1

Fischweib aus Newhaven
Photo David Octavius Hill

Abbildung 2

Der Philosoph Schelling
Unbekannter deutscher Photograph, um 1850

Abbildung 3

Bildnis Robert Bryson
Photo David Octavius Hill

Abbildung 4

Photo Germaine Krull

Abbildung 5

Photo Germaine Krull

Abbildung 6

Konditor
Photo August Sander

Abbildung 7

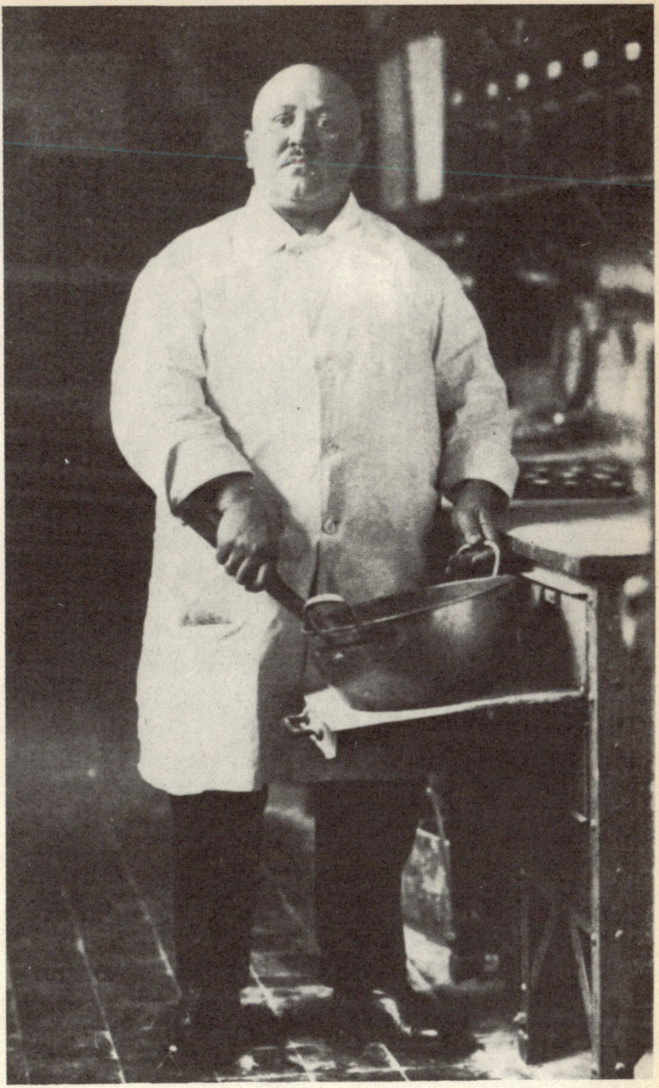

Abgeordneter (Demokrat)
Photo August Sander

Abbildung 8

pliziert, daß weniger denn je eine einfache ›Wiedergabe der Realität‹ etwas über die Realität aussagt. Eine Photographie der Kruppwerke oder der A.E.G. ergibt beinahe nichts über diese Institute. Die eigentliche Realität ist in die Funktionale gerutscht. Die Verdinglichung der menschlichen Beziehungen, also etwa die Fabrik, gibt die letzteren nicht mehr heraus. Es ist also tatsächlich, ›etwas aufzubauen‹, etwas ›Künstliches‹, ›Gestell tes‹.« Wegbereiter einer solchen photographischen Konstruktion herangebildet zu haben, ist das Verdienst der Surrealisten. Eine weitere Etappe in dieser Auseinandersetzung zwischen schöpferischer und konstruktiver Photographie bezeichnet der Russenfilm. Es ist nicht zuviel gesagt: die großen Leistungen seiner Regisseure waren nur möglich in einem Lande, wo die Photographie nicht auf Reiz und Suggestion, sondern auf Experiment und Belehrung ausgeht. In diesem Sinne, und nur in ihm, läßt sich der imposanten Begrüßung, mit der im Jahre 1855 der ungeschlachte Ideenmaler Antoine Wiertz der Photographie entgegenkam, auch heut noch ein Sinn abgewinnen. »Vor einigen Jahren ist uns, der Ruhm unseres Zeitalters, eine Maschine geboren worden, die tagtäglich das Staunen unserer Gedanken und der Schrecken unserer Augen ist. Ehe noch ein Jahrhundert um ist, wird diese Maschine der Pinsel, die Palette, die Farben, die Geschicklichkeit, die Erfahrung, die Geduld, die Behendigkeit, die Treffsicherheit, das Kolorit, die Lasur, das Vorbild, die Vollendung, der Extrakt der Malerei sein ... Glaube man nicht, daß die Daguerreotypie die Kunst töte ... Wenn die Daguerreotypie, dieses Riesenkind, herangewachsen sein wird; wenn all seine Kunst und Stärke sich wird entfaltet haben, dann wird der Genius es plötzlich mit der Hand am Genick packen und laut rufen: Hierher! Mir gehörst du jetzt! Wir werden zusammen arbeiten.« Wie nüchtern, ja pessimistisch dagegen die Worte, in denen vier Jahre später im »Salon von 1859« Baudelaire die neue Technik seinen Lesern ankündigt. Sie lassen sich so wenig wie die eben angeführten heute ohne eine leise Akzentverschiebung mehr lesen. Aber indem sie von jenen das Gegenstück sind, haben sie ihren guten Sinn behalten als schärfste Abwehr aller Usurpationen künstlerischer Photographie. »In diesen kläglichen Tagen ist eine neue Industrie hervorgetreten, die nicht wenig dazu beitrug, die platte Dummheit in ihrem

Glauben zu bestärken ..., daß die Kunst nichts anderes ist und sein kann als die genaue Wiedergabe der Natur ... Ein rächerischer Gott hat die Stimme dieser Menge erhört. Daguerre ward sein Messias.« Und: »Wird es der Photographie erlaubt, die Kunst in einigen ihrer Funktionen zu ergänzen, so wird diese alsbald völlig von ihr verdrängt und verderbt sein, dank der natürlichen Bundesgenossenschaft, die aus der Menge ihr erwachsen wird. Sie muß daher zu ihrer eigentlichen Pflicht zurückkehren, die darin besteht, der Wissenschaften und der Künste Dienerin zu sein«.

Eins aber ist damals von beiden – Wiertz und Baudelaire – nicht erfaßt worden, das sind die Weisungen, die in der Authentizität der Photographie liegen. Nicht immer wird es gelingen, mit einer Reportage sie zu umgehen, deren Klischees nur die Wirkung haben, sprachliche im Betrachter sich zu assoziieren. Immer kleiner wird die Kamera, immer mehr bereit, flüchtige und geheime Bilder festzuhalten, deren Chock im Betrachter den Assoziationsmechanismus zum Stehen bringt. An dieser Stelle hat die Beschriftung einzusetzen, welche die Photographie der Literarisierung aller Lebensverhältnisse einbegreift, und ohne die alle photographische Konstruktion im Ungefähren stecken bleiben muß. Nicht umsonst hat man Aufnahmen von Atget mit denen eines Tatorts verglichen. Aber ist nicht jeder Fleck unserer Städte ein Tatort? nicht jeder ihrer Passanten ein Täter? Hat nicht der Photograph – Nachfahr der Augurn und der Haruspexe – die Schuld auf seinen Bildern aufzudecken und den Schuldigen zu bezeichnen? »Nicht der Schrift-, sondern der Photographieunkundige wird, so hat man gesagt, der Analphabet der Zukunft sein.« Aber muß nicht weniger als ein Analphabet ein Photograph gelten, der seine eigenen Bilder nicht lesen kann? Wird die Beschriftung nicht zum wesentlichsten Bestandteil der Aufnahme werden? Das sind die Fragen, in welchen der Abstand von neunzig Jahren, der die Heutigen von der Daguerreotypie trennt, seiner historischen Spannungen sich entlädt. Im Scheine dieser Funken ist es, daß die ersten Photographien so schön und unnahbar aus dem Dunkel der Großvätertage heraustreten.

Das Kunstwerk im Zeitalter seiner technischen Reproduzierbarkeit
⟨*Zweite Fassung*⟩

Le vrai est ce qu'il peut; le faux est ce qu'il veut.
Madame de Duras

I

Als Marx die Analyse der kapitalistischen Produktionsweise unternahm, war diese Produktionsweise in den Anfängen. Marx richtete seine Untersuchungen so ein, daß sie prognostischen Wert bekamen. Er ging auf die Grundverhältnisse der kapitalistischen Produktion zurück und stellte sie so dar, daß sich aus ihnen ergab, was man künftighin dem Kapitalismus noch zutrauen könne. Es ergab sich, daß man ihm nicht nur eine zunehmend verschärfte Ausbeutung der Proletarier zutrauen könne sondern schließlich auch die Herstellung von Bedingungen, die die Abschaffung seiner selbst möglich machen.
Die Umwälzung des Überbaus, die viel langsamer als die des Unterbaus vor sich geht, hat mehr als ein halbes Jahrhundert gebraucht, um auf allen Kulturgebieten die Veränderung der Produktionsbedingungen zur Geltung zu bringen. In welcher Gestalt das geschah, läßt sich erst heute angeben. An diese Angaben sind gewisse prognostische Anforderungen zu stellen. Es entsprechen diesen Anforderungen aber weniger Thesen über die Kunst des Proletariats nach der Machtergreifung, geschweige die der klassenlosen Gesellschaft, als Thesen über die Entwicklungstendenzen der Kunst unter den gegenwärtigen Produktionsbedingungen. Deren Dialektik macht sich im Überbau nicht weniger bemerkbar als in der Ökonomie. Darum wäre es falsch, den Kampfwert solcher Thesen zu unterschätzen. Sie setzen eine Anzahl überkommener Begriffe – wie Schöpfertum und Genialität, Ewigkeitswert und Geheimnis – beiseite – Begriffe, deren unkontrollierte (und augenblicklich schwer kontrollierbare) Anwendung zur Verarbeitung des Tatsachenmaterials in faschistischem Sinn führt. *Die im folgenden neu in die Kunsttheorie eingeführten Begriffe unterscheiden sich von geläufigeren dadurch, daß sie für die Zwecke des Faschismus vollkommen unbrauchbar sind. Dagegen sind sie zur Formulierung revolutionärer Forderungen in der Kunstpolitik brauchbar.*

II

Das Kunstwerk ist grundsätzlich immer reproduzierbar gewesen. Was Menschen gemacht hatten, das konnte immer von Menschen nachgemacht werden. Solche Nachbildung wurde auch ausgeübt, von Schülern zur Übung in der Kunst, von Meistern zur Verbreitung der Werke, endlich von gewinnlüsternen Dritten. Demgegenüber ist die technische Reproduktion des Kunstwerkes etwas Neues, das sich in der Geschichte intermittierend, in weit auseinanderliegenden Schüben, aber mit wachsender Intensität durchsetzt. Mit dem Holzschnitt wurde zum ersten Male die Graphik technisch reproduzierbar; sie war es lange, ehe durch den Druck auch die Schrift es wurde. Die ungeheuren Veränderungen, die der Druck, die technische Reproduzierung der Schrift, in der Literatur hervorgerufen hat, sind bekannt. Von *der* Erscheinung, die hier in weltgeschichtlichem Maßstab betrachtet wird, sind sie aber nur *ein*, freilich besonders wichtiger Sonderfall. Zum Holzschnitt treten im Laufe des Mittelalters Kupferstich und Radierung, sowie im Anfang des neunzehnten Jahrhunderts die Lithographie.
Mit der Lithographie erreicht die Reproduktionstechnik eine grundsätzlich neue Stufe. Das sehr viel bündigere Verfahren, das die Auftragung der Zeichnung auf einen Stein von ihrer Kerbung in einen Holzblock oder ihrer Ätzung in eine Kupferplatte unterscheidet, gab der Graphik zum ersten Mal die Möglichkeit, ihre Erzeugnisse nicht allein massenweise (wie vordem) sondern in täglich neuen Gestaltungen auf den Markt zu bringen. Die Graphik wurde durch die Lithographie befähigt, den Alltag illustrativ zu begleiten. Sie begann, Schritt mit dem Druck zu halten. In diesem Beginnen wurde sie aber schon wenige Jahrzehnte nach der Erfindung des Steindrucks durch die Photographie überflügelt. Mit der Photographie war die Hand im Prozeß bildlicher Reproduktion zum ersten Mal von den wichtigsten künstlerischen Obliegenheiten entlastet, welche nunmehr dem Auge allein zufielen. Da das Auge schneller erfaßt als die Hand zeichnet, so wurde der Prozeß bildlicher Reproduktion so ungeheuer beschleunigt, daß er mit dem Sprechen Schritt halten konnte. Wenn in der Lithographie virtuell die illustrierte Zeitung verborgen war, so in der Photographie der Tonfilm. Die technische Reproduktion des Tons wurde am Ende des vorigen Jahrhunderts in Angriff genommen. *Um neunzehnhundert*

hatte die technische Reproduktion einen Standard erreicht, auf dem sie nicht nur die Gesamtheit der überkommenen Kunstwerke zu ihrem Objekt zu machen und deren Wirkung den tiefsten Veränderungen zu unterwerfen begann, sondern sich einen eigenen Platz unter den künstlerischen Verfahrungsweisen eroberte. Für das Studium dieses Standards ist nichts aufschlußreicher, als wie seine beiden verschiedenen Manifestationen – Reproduktion des Kunstwerks und Filmkunst – auf die Kunst in ihrer überkommenen Gestalt zurückwirken.

III

Noch bei der höchstvollendeten Reproduktion fällt *eines* aus: das Hier und Jetzt des Kunstwerks – sein einmaliges Dasein an dem Orte, an dem es sich befindet. An diesem einmaligen Dasein aber und an nichts sonst vollzog sich die Geschichte, der es im Laufe seines Bestehens unterworfen gewesen ist. Dahin rechnen sowohl die Veränderungen, die es im Laufe der Zeit in seiner physischen Struktur erlitten hat, wie die wechselnden Besitzverhältnisse, in die es eingetreten sein mag. Die Spur der ersteren ist nur durch Analysen chemischer oder physikalischer Art zu fördern, die sich an der Reproduktion nicht vollziehen lassen; die der zweiten Gegenstand einer Tradition, deren Verfolgung von dem Standort des Originals ausgehen muß.

Das Hier und Jetzt des Originals macht den Begriff seiner Echtheit aus, und auf deren Grund ihrerseits liegt die Vorstellung einer Tradition, welche dieses Objekt bis auf den heutigen Tag als ein Selbes und Identisches weitergeleitet hat. *Der gesamte Bereich der Echtheit entzieht sich der technischen – und natürlich nicht nur der technischen – Reproduzierbarkeit.* Während das Echte aber der manuellen Reproduktion gegenüber, die von ihm im Regelfalle als Fälschung abgestempelt wurde, seine volle Autorität bewahrt, ist das der technischen Reproduktion gegenüber nicht der Fall. Der Grund ist ein doppelter. Erstens erweist sich die technische Reproduktion dem Original gegenüber selbständiger als die manuelle. Sie kann, beispielsweise, in der Photographie Ansichten des Originals hervorheben, die nur der verstellbaren und ihren Blickpunkt willkürlich wählenden Linse, nicht aber dem menschlichen Auge zugänglich sind, oder mit Hilfe gewisser Verfahren wie der Vergrößerung oder der Zeitlupe Bilder festhalten, die sich der natürlichen Optik schlechtweg entziehen. Das ist das Erste. Sie kann zudem zweitens das Abbild des Originals in Situationen bringen, die dem Original selbst nicht erreichbar sind. Vor allem macht sie ihm möglich, dem Aufnehmenden entgegenzukommen, sei es in Gestalt der Photographie, sei es in der der Schallplatte. Die Kathedrale verläßt ihren Platz, um in dem Studio eines Kunstfreundes Aufnahme zu finden; das Chorwerk, das in einem Saal oder unter freiem Himmel exekutiert wurde, läßt sich in einem Zimmer vernehmen.

Diese veränderten Umstände mögen im übrigen den Bestand des Kunstwerks unangetastet lassen – sie entwerten auf alle Fälle sein Hier und Jetzt. Wenn das auch keineswegs vom Kunstwerk allein gilt sondern entsprechend z. B. von einer Landschaft, die im Film am Beschauer vorbeizieht, so wird durch diesen Vorgang am Gegenstande der Kunst ein empfindlichster Kern berührt, den so verletzbar kein natürlicher hat. Das ist seine Echtheit. Die Echtheit einer Sache ist der Inbegriff alles von Usprung her an ihr Tradierbaren, von ihrer materiellen Dauer bis zu ihrer geschichtlichen Zeugenschaft. Da die letztere auf der ersteren fundiert ist, so gerät in der Reproduktion, wo die erstere sich dem Menschen entzogen hat, auch die letztere: die geschichtliche Zeugenschaft der Sache ins Wanken. Freilich nur diese; was aber dergestalt ins Wanken gerät, das ist die Autorität der Sache, ihr traditionelles Gewicht.

Man kann diese Merkmale im Begriff der Aura zusammenfassen und sagen: Was im Zeitalter der technischen Reproduzierbarkeit des Kunstwerks verkümmert, das ist seine Aura. Dieser Vorgang ist symptomatisch; seine Bedeutung weist über den Bereich der Kunst weit hinaus. *Die Reproduktionstechnik, so läßt sich allgemein formulieren, löst das Reproduzierte aus dem Bereich der Tradition ab. Indem sie die Reproduktion vervielfältigt, setzt sie an die Stelle seines einmaligen Vorkommens sein massenweises. Und indem sie der Reproduktion erlaubt, dem Aufnehmenden in seiner jeweiligen Situation entgegenzukommen, aktualisiert sie das Reproduzierte.* Diese beiden Prozesse führen zu einer gewaltigen Erschütterung des Tradierten – einer Erschütterung der Tradition, die die Kehrseite der gegenwärtigen Krise und Erneuerung der Menschheit ist. Sie stehen im engsten Zusammenhang mit den Massenbewegungen unserer Tage. Ihr machtvollster Agent ist der Film. Seine gesellschaftliche Bedeutung ist auch in ihrer positivsten Gestalt, und gerade in ihr, nicht ohne diese seine destruktive, seine kathartische Seite denkbar: die Liquidierung des Traditionswertes am Kulturerbe. Diese Erscheinung ist an den großen historischen Filmen am handgreiflichsten. Sie bezieht immer weitere Positionen in ihr Bereich ein. Und wenn Abel Gance 1927 enthusiastisch ausrief: »Shakespeare, Rembrandt, Beethoven werden filmen ... Alle Legenden, alle Mythologien und alle Mythen, alle Religionsstifter, ja alle Religionen ... warten auf ihre belichtete Auferstehung, und die Heroen drängen sich an den Pforten«[1], so hat er, ohne es wohl zu meinen, zu einer umfassenden Liquidation eingeladen.

IV

Innerhalb großer geschichtlicher Zeiträume verändert sich mit der gesamten Daseinsweise der menschlichen Kollektiva auch die Art und Weise ihrer Wahrnehmung. Die Art und Weise, in der die menschliche Wahrnehmung sich organisiert – das Medium, in dem sie erfolgt – ist nicht nur natürlich sondern auch geschichtlich bedingt. Die Zeit der Völkerwanderung, in der die spätrömische Kunstindustrie und die Wiener Genesis entstanden, hatte nicht nur eine andere Kunst als die Antike sondern auch eine andere Wahrnehmung. Die Gelehrten der wiener Schule, Riegl und Wickhoff, die sich gegen das Gewicht der klassischen Überlieferung stemmten, unter dem jene Kunst begraben gelegen hatte, sind als erste auf den Gedanken gekommen, aus ihr Schlüsse auf die Organisation der Wahrnehmung in der Zeit zu tun, in der sie in Geltung stand. So weittragend ihre Erkenntnisse waren, so hatten sie ihre Grenze darin, daß sich diese Forscher begnügten, die formale Signatur aufzuweisen, die der Wahrnehmung in der spätrömischen Zeit eigen war. Sie haben nicht versucht – und konnten vielleicht auch nicht hoffen –, die gesellschaftlichen Umwälzungen zu zeigen, die in diesen Veränderungen der Wahrnehmung ihren Ausdruck fanden. Für die Gegenwart liegen die Bedingungen einer entsprechenden Einsicht günstiger. Und wenn die Veränderungen im Medium der Wahrnehmung, deren Zeitgenossen wir sind, sich als Verfall der Aura begreifen lassen, so kann man dessen gesellschaftliche Bedingungen aufzeigen.

1 Abel Gance: Le temps de l'image est venu, in: L'art cinématographique II. Paris 1927, p. 94-96.

Was ist eigentlich Aura? Ein sonderbares Gespinst aus Raum und Zeit: einmalige Erscheinung einer Ferne, so nah sie sein mag. An einem Sommernachmittag ruhend einem Gebirgszug am Horizont oder einem Zweig folgen, der seinen Schatten auf den Ruhenden wirft – das heißt die Aura dieser Berge, dieses Zweiges atmen. An der Hand dieser Beschreibung ist es ein Leichtes, die gesellschaftliche Bedingtheit des gegenwärtigen Verfalls der Aura einzusehen. Er beruht auf zwei Umständen, welche beide mit dem zunehmenden Wachstum von Massen und der zunehmenden Intensität ihrer Bewegungen zusammenhängen. Nämlich: *Die Dinge sich »näherzubringen« ist ein genauso leidenschaftliches Anliegen der gegenwärtigen Massen, wie es ihre Tendenz einer Überwindung des Einmaligen jeder Gegebenheit durch die Aufnahme von deren Reproduktion darstellt.* Tagtäglich macht sich unabweisbarer das Bedürfnis geltend, des Gegenstands aus nächster Nähe im Bild, vielmehr im Abbild, in der Reproduktion, habhaft zu werden. Und unverkennbar unterscheidet sich die Reproduktion, wie illustrierte Zeitung und Wochenschau sie in Bereitschaft halten, vom Bilde. Einmaligkeit und Dauer sind in diesem so eng verschränkt wie Flüchtigkeit und Wiederholbarkeit in jener. Die Entschälung des Gegenstandes aus seiner Hülle, die Zertrümmerung der Aura, ist die Signatur einer Wahrnehmung, deren »Sinn für das Gleichartige in der Welt« so gewachsen ist, daß sie es mittels der Reproduktion auch dem Einmaligen abgewinnt. So bekundet sich im anschaulichen Bereich, was sich im Bereiche der Theorie als die zunehmende Bedeutung der Statistik bemerkbar macht. Die Ausrichtung der Realität auf die Massen und der Massen auf sie ist ein Vorgang von unbegrenzter Tragweite sowohl für das Denken wie für die Anschauung.

V

Die Einzigkeit des Kunstwerks ist identisch mit seinem Eingebettetsein in den Zusammenhang der Tradition. Diese Tradition selber ist freilich etwas durchaus Lebendiges, etwas ganz außerordentlich Wandelbares. Eine antike Venusstatue z. B. stand in einem anderen Traditionszusammenhange bei den Griechen, die sie zum Gegenstand des Kultus machten, als bei den mittelalterlichen Klerikern, die einen unheilvollen Abgott in ihr erblickten. Was aber beiden in gleicher Weise entgegentrat, war ihre Einzigkeit, mit einem anderen Wort: ihre Aura. Die ursprüngliche Art der Einbettung des Kunstwerks in den Traditionszusammenhang fand ihren Ausdruck im Kult. Die ältesten Kunstwerke sind, wie wir wissen, im Dienst eines Rituals entstanden, zuerst eines magischen, dann eines religiösen. Es ist nun von entscheidender Bedeutung, daß diese auratische Daseinsweise des Kunstwerks niemals durchaus von seiner Ritualfunktion sich löst. Mit anderen Worten: *Der einzigartige Wert des »echten« Kunstwerks hat seine Fundierung immer im Ritual.* Diese mag so vermittelt sein wie sie will, sie ist auch noch in den profansten Formen des Schönheitsdienstes als säkularisiertes Ritual erkennbar. Der profane Schönheitsdienst, der sich mit der Renaissance herausbildet, um für drei Jahrhunderte in Geltung zu bleiben, läßt nach Ablauf dieser Frist bei der ersten schweren Erschütterung, von der er betroffen wurde, jene Fundamente deutlich erkennen. Als nämlich mit dem Aufkommen des ersten wirklich revolutionären Reproduktionsmittels, der Photographie (gleichzeitig mit dem Anbruch des Sozialismus), die Kunst das Nahen der Krise spürt, die nach weiteren hundert Jahren unverkennbar geworden ist, reagierte sie mit der Lehre vom l'art pour l'art, die eine Theologie der Kunst ist. Aus ihr ist dann weiterhin geradezu eine negative Theologie in Gestalt der Idee einer »reinen« Kunst hervorgegangen, die nicht nur jede soziale Funktion sondern auch jede Bestimmung durch einen gegenständlichen Vorwurf ablehnt. (In der Dichtung hat Mallarmé als erster diesen Standort erreicht.)

Diese Zusammenhänge zu ihrem Recht kommen zu lassen, ist unerläßlich für eine Betrachtung, die es mit dem Kunstwerk im Zeitalter seiner technischen Reproduzierbarkeit zu tun hat. Denn sie bereiten die Erkenntnis, die hier entscheidend ist, vor: die technische Reproduzierbarkeit des Kunstwerks emanzipiert dieses zum ersten Mal in der Weltgeschichte von seinem parasitären Dasein am Ritual. Das reproduzierte Kunstwerk wird in immer steigendem Maße die Reproduktion eines auf Reproduzierbarkeit angelegten Kunstwerks.[2] Von der photographischen Platte z.B. ist eine Vielheit von

2 Bei den Filmwerken ist die technische Reproduzierbarkeit des Produkts nicht, wie z.B. bei den Werken der Literatur oder der Malerei, eine von außen her sich einfindende Bedingung ihrer massenweisen Verbreitung. *Die technische Reproduzierbarkeit der Filmwerke ist unmittelbar in der Technik ihrer Produktion begründet. Diese ermöglicht nicht nur auf die unmittelbarste Art die massenweise Verbreitung der Filmwerke, sie erzwingt sie vielmehr geradezu.* Sie erzwingt sie,

Abzügen möglich; die Frage nach dem echten Abzug hat keinen Sinn. *In dem Augenblick aber, da der Maßstab der Echtheit an der Kunstproduktion versagt, hat sich die gesamte soziale Funktion der Kunst umgewälzt. An die Stelle ihrer Fundierung aufs Ritual hat ihre Fundierung auf eine andere Praxis zu treten: nämlich ihre Fundierung auf Politik.*

VI

Es wäre möglich, die Kunstgeschichte als Auseinandersetzung zweier Polaritäten im Kunstwerk selbst darzustellen und die Geschichte ihres Verlaufs in den wechselnden Verschiebungen des Schwergewichts vom einen Pol des Kunstwerks zum anderen zu erblicken. Diese beiden Pole sind sein Kultwert und sein Ausstellungswert.[3] Die künstlerische Produktion beginnt mit Gebilden,

weil die Produktion eines Films so teuer ist, daß ein Einzelner, der z. B. ein Gemälde sich leisten könnte, sich den Film nicht mehr leisten kann. 1927 hat man errechnet, daß ein größerer Film, um sich zu rentieren, ein Publikum von neun Millionen erreichen müsse. Mit dem Tonfilm ist hier allerdings zunächst eine rückläufige Bewegung eingetreten; sein Publikum schränkte sich auf Sprachgrenzen ein. Und das geschah gleichzeitig mit der Betonung nationaler Interessen durch den Faschismus. Wichtiger aber als diesen Rückschlag zu registrieren, der im übrigen durch die Synchronisierung abgeschwächt wurde, ist es, seinen Zusammenhang mit dem Faschismus ins Auge zu fassen. Die Gleichzeitigkeit beider Erscheinungen beruht auf der Wirtschaftskrise. Die gleichen Störungen, die im Großen gesehen zu dem Versuch geführt haben, die bestehenden Eigentumsverhältnisse mit offener Gewalt festzuhalten, haben das von der Krise bedrohte Filmkapital dazu geführt, die Vorarbeiten zum Tonfilm zu forcieren. Die Einführung des Tonfilms brachte sodann eine zeitweilige Erleichterung. Und zwar nicht nur, weil der Tonfilm von neuem die Massen ins Kino führte, sondern auch, weil der Tonfilm neue Kapitalien aus der Elektrizitätsindustrie mit dem Filmkapital solidarisch machte. So hat er von außen betrachtet nationale Interessen gefördert, von innen betrachtet aber die Filmproduktion noch mehr internationalisiert als vordem.

3 Diese Polarität kann in der Ästhetik des Idealismus, dessen Begriff der Schönheit sie im Grunde als eine ungeschiedene umschließt (demgemäß als eine geschiedene ausschließt) nicht zu ihrem Rechte gelangen. Immerhin meldet sie sich bei Hegel so deutlich an, wie dies in den Schranken des Idealismus denkbar war. »Bilder«, so heißt es in den Vorlesungen zur Philosophie der Geschichte, »hatte man schon lange: die Frömmigkeit bedurfte ihrer schon früh für ihre Andacht, aber sie brauchte keine *schönen* Bilder, ja diese waren ihr sogar störend. Im schönen Bilde ist auch ein Äußerliches vorhanden, aber insofern es schön ist, spricht der Geist desselben den Menschen an; in jener Andacht aber ist das Verhältniß zu einem *Dinge* wesentlich, denn sie ist selbst nur ein geistloses Verdumpfen der Seele ... Die schöne Kunst ist ... in der Kirche selbst entstanden, ... obgleich ... die Kunst schon aus dem Principe der Kirche herausgetreten ist.« (Georg Wilhelm Friedrich Hegel: Werke IX. Berlin 1837, p. 414) Auch eine Stelle in den Vorlesungen über die Ästhetik weist darauf hin, daß Hegel hier ein Problem gespürt hat. »... wir sind«, heißt es in diesen Vorlesungen, »darüber hinaus Werke der Kunst göttlich verehren und

die im Dienste der Magie stehen. Von diesen Gebilden ist einzig wichtig, daß sie vorhanden sind, nicht aber, daß sie gesehen werden. Das Elentier, das der Mensch der Steinzeit an den Wänden seiner Höhle abbildet, ist ein Zauberinstrument, das er nur zufällig vor seinen Mitmenschen ausstellt; wichtig ist höchstens, daß es die Geister sehen. Der Kultwert als solcher drängt geradezu darauf hin, das Kunstwerk im Verborgenen zu halten: gewisse Götterstatuen sind nur dem Priester in der cella zugänglich, gewisse Madonnenbilder bleiben fast das ganze Jahr über verhangen, gewisse Skulpturen an mittelalterlichen Domen sind für den Betrachter zu ebener Erde nicht sichtbar. *Mit der Emanzipation der einzelnen Kunstübungen aus dem Schoße des Rituals wachsen die Gelegenheiten zur Ausstellung ihrer Produkte.* Die Ausstellbarkeit einer Porträtbüste, die dahin und dorthin verschickt werden kann, ist größer als die einer Götterstatue, die ihren festen Ort im Inneren des Tempels hat. Die Ausstellbarkeit des Tafelbildes ist größer als die des Mosaiks oder Freskos, die ihm voranging. Und wenn die Ausstellbarkeit einer Messe von Hause aus vielleicht nicht geringer war als die einer Symphonie, so entstand doch die Symphonie in dem Zeitpunkt, als ihre Ausstellbarkeit größer zu werden versprach als die der Messe.

Mit den verschiedenen Methoden technischer Reproduktion des Kunstwerks ist dessen Ausstellbarkeit in so gewaltigem Maß gewachsen, daß die quantitative Verschiebung zwischen seinen beiden Polen ähnlich wie in der Urzeit in eine qualitative Veränderung seiner Natur umschlägt. Wie nämlich in der Urzeit das Kunstwerk durch das absolute Gewicht, das auf seinem Kultwert lag, in erster Linie zu einem Instrument der Magie wurde, das man als Kunstwerk gewissermaßen erst später erkannte, so wird heute das Kunstwerk durch das absolute Gewicht, das auf seinem Ausstellungswert liegt, zu einem Gebilde mit ganz neuen Funktionen, von denen die uns bewußte, die künstlerische, als diejenige sich abhebt, die man später als eine beiläufige erkennen mag. So viel ist sicher, daß gegenwärtig der Film die brauchbarsten Handhaben zu dieser Erkenntnis gibt. Sicher ist weiter, daß die geschichtliche Tragweite dieses Funktionswandels der Kunst, der im Film am vorgeschrittensten auftritt, deren Konfrontation mit der Urzeit der Kunst nicht nur methodisch, sondern auch materiell erlaubt.

sie anbeten zu können, der Eindruck, den sie machen, ist besonnenerer Art, und was durch sie in uns erregt wird, bedarf noch eines höheren Prüfsteins«. (Hegel, l.c. X, 1. Berlin 1835, p. 14)

Die Kunst der Urzeit hält, im Dienste der Magie, gewisse Notierungen fest, die der Praxis dienen. Und zwar wahrscheinlich als Ausübung magischer Prozeduren (das Schnitzen einer Ahnenfigur ist selbst eine magische Verrichtung), wie auch als Anweisung zu solchen (die Ahnenfigur macht eine rituelle Haltung vor), wie auch endlich als Gegenstände einer magischen Kontemplation (die Betrachtung der Ahnenfigur stärkt die Zauberkraft des Betrachtenden). Gegenstände solcher Notierungen boten der Mensch und seine Umwelt dar, und abgebildet wurden sie nach den Erfordernissen einer Gesellschaft, deren Technik nur erst verschmolzen mit dem Ritual existiert. Diese Technik ist an der maschinellen gemessen natürlich rückständig. Aber nicht das ist für die dialektische Betrachtung das Wichtige. Für sie kommt es auf den tendenziellen Unterschied zwischen jener Technik und der unsrigen an, der darin besteht, daß die erste Technik den Menschen so sehr, daß die zweite ihn so wenig wie möglich einsetzt. Die technische Großtat der ersten Technik ist gewissermaßen das Menschenopfer, die der zweiten liegt auf der Linie der fernlenkbaren Flugzeuge, die keine Bemannung brauchen. Das Ein für allemal gilt für die erste Technik (da geht es um die nie wiedergutzumachende Verfehlung oder den ewig stellvertretenden Opfertod). Das Einmal ist keinmal gilt für die zweite (sie hat es mit dem Experiment und seiner unermüdlichen Variierung der Versuchsanordnung zu tun). Der Ursprung der zweiten Technik ist da zu suchen, wo der Mensch zum ersten Mal und mit unbewußter List daran ging, Abstand von der Natur zu nehmen. Er liegt mit anderen Worten im Spiel.

Ernst und Spiel, Strenge und Unverbindlichkeit treten in jedem Kunstwerk verschränkt auf, wenn auch mit Anteilen sehr wechselnden Grades. Damit ist schon gesagt, daß die Kunst der zweiten wie der ersten Technik verbunden ist. Allerdings ist hierbei anzumerken, daß die »Naturbeherrschung« das Ziel der zweiten Technik nur auf höchst anfechtbare Weise bezeichnet; sie bezeichnet es vom Standpunkt der ersten Technik. Die erste hat es wirklich auf Beherrschung der Natur abgesehen; die zweite viel mehr auf ein Zusammenspiel zwischen der Natur und der Menschheit. Die gesellschaftlich entscheidende Funktion der heutigen Kunst ist Einübung in dieses Zusammenspiel. Insbesondere gilt das vom Film. *Der Film dient, den Menschen in denjenigen Apperzeptionen und Reaktionen zu üben, die der Umgang mit einer Apparatur bedingt, deren Rolle in seinem Leben fast täglich zunimmt.* Der Umgang mit dieser Apparatur belehrt ihn zugleich, daß die Knechtung in ihrem Dienst erst dann der Befreiung durch sie Platz machen wird, wenn die Verfassung der Menschheit sich den neuen Produktivkräften angepaßt haben wird, welche die zweite Technik erschlossen hat.[4]

VII

In der Photographie beginnt der Ausstellungswert den Kultwert auf der ganzen Linie zurückzudrängen. Dieser weicht aber nicht widerstandslos. Er bezieht eine letzte Verschanzung, und die ist das Menschenantlitz. Keineswegs zufällig steht das Porträt im Mittelpunkt der frühen Photographie. Im Kult der Erinnerung an die fernen oder die abgestorbenen Lieben hat der Kultwert des Bildes die letzte Zuflucht. Im flüchtigen Ausdruck eines Menschengesichts winkt aus den frühen Photographien die Aura zum letzten Mal. Das ist es, was deren schwermutvolle und mit nichts zu vergleichende Schönheit ausmacht. Wo aber der Mensch aus der Photographie sich zurückzieht, da tritt erstmals der Ausstellungswert dem Kultwert überlegen entgegen. Diesem Vorgang seine Stätte gegeben zu haben, ist die unvergleichliche Bedeutung von Atget, der die Pariser Straßen um neunzehnhundert in menschenleeren Aspekten festhielt. Sehr mit Recht hat man von ihm gesagt, daß er sie aufnahm

4 Es ist das Ziel der Revolutionen, diese Anpassung zu beschleunigen. Revolutionen sind Innervationen des Kollektivs: genauer Innervationsversuche des neuen, geschichtlich erstmaligen Kollektivs, das in der zweiten Technik seine Organe hat. Diese zweite Technik ist ein System, in welchem die Bewältigung der gesellschaftlichen Elementarkräfte die Voraussetzung für das Spiel mit den natürlichen darstellt. Wie nun ein Kind, wenn es greifen lernt, die Hand so gut nach dem Mond ausstreckt wie nach einem Ball, so faßt die Menschheit in ihren Innervationsversuchen neben den greifbaren solche Ziele ins Auge, welche vorerst utopisch sind. Denn es ist ja nicht nur die zweite Technik, die ihre Forderungen an die Gesellschaft in den Revolutionen anmeldet. Eben weil diese zweite Technik auf die zunehmende Befreiung des Menschen aus der Arbeitsfron überhaupt hinauswill, sieht auf der anderen Seite das Individuum mit einem Mal seinen Spielraum unabsehbar erweitert. In diesem Spielraum weiß es noch nicht Bescheid. Aber es meldet seine Forderungen in ihm an. Denn je mehr sich das Kollektiv seine zweite Technik zu eigen macht, desto fühlbarer wird den ihm angehörenden Individuen, wie wenig ihnen bisher, im Banne der ersten, das Ihre geworden war. Es ist, mit anderen Worten, der durch die Liquidation der ersten Technik emanzipierte Einzelmensch, welcher seinen Anspruch erhebt. Die zweite Technik hat nicht sobald ihre ersten revolutionären Errungenschaften gesichert, als die durch die erste verschütteten Lebensfragen des Individuums – Liebe und Tod – von neuem nach Lösung drängen. Fouriers Werk ist das erste geschichtliche Dokument dieser Forderung.

wie einen Tatort. Auch der Tatort ist menschenleer. Seine Aufnahme erfolgt der Indizien wegen. Die photographischen Aufnahmen beginnen bei Atget Beweisstücke im historischen Prozeß zu werden. Das macht ihre verborgene politische Bedeutung aus. Sie fordern schon eine Rezeption in bestimmtem Sinne. Ihnen ist die freischwebende Kontemplation nicht mehr angemessen. Sie beunruhigen den Betrachter; er fühlt: zu ihnen muß er einen bestimmten Weg suchen. Wegweiser beginnen ihm gleichzeitig die illustrierten Zeitungen aufzustellen. Richtige oder falsche – gleichviel. In ihnen ist die Beschriftung zum ersten Mal obligat geworden. Und es ist klar, daß sie einen ganz anderen Charakter hat als der Titel eines Gemäldes. Die Direktiven, die der Betrachter von Bildern in der illustrierten Zeitschrift durch die Beschriftung erhält, werden bald darauf noch präziser und gebieterischer im Film, wo die Auffassung von jedem einzelnen Bild durch die Folge aller vorangegangenen vorgeschrieben erscheint.

VIII

Die Griechen kannten nur zwei Verfahren technischer Reproduktion von Kunstwerken: den Guß und die Prägung. Bronzen, Terrakotten und Münzen waren die einzigen Kunstwerke, die von ihnen massenweise hergestellt werden konnten. Alle übrigen waren einmalig und technisch nicht zu reproduzieren. *Daher* mußten sie für die Ewigkeit gemacht sein. *Die Griechen waren durch den Stand ihrer Technik darauf angewiesen, in der Kunst Ewigkeitswerte zu produzieren.* Diesem Umstand verdanken sie ihren ausgezeichneten Ort in der Kunstgeschichte, an dem Spätere ihren eigenen Standort bestimmen können. Es ist kein Zweifel, daß der unsrige sich an dem den Griechen entgegengesetzten Pol befindet. Niemals vorher sind Kunstwerke in so hohem Maß und in so weitem Umfang technisch reproduzierbar gewesen wie heute. Im Film haben wir eine Form, deren Kunstcharakter zum ersten Mal durchgehend von ihrer Reproduzierbarkeit bestimmt wird. Diese Form in ihren Einzelheiten mit der griechischen Kunst zu konfrontieren wäre müßig. Wohl aber ist das in einem exakten Punkt aufschlußreich. Mit dem Film nämlich ist für das Kunstwerk eine Qualität ausschlaggebend geworden, die ihm die Griechen wohl zuletzt zugebilligt oder doch als seine unwesentlichste angesehen haben würden. Das ist seine Verbesserungsfähigkeit. Der fertige Film ist nichts weniger als eine Schöpfung aus *einem* Wurf; er ist aus sehr vielen Bildern und Bildfolgen montiert, zwischen denen der Monteur die Wahl hat – Bildern, die im übrigen von vornherein in der Folge der Aufnahmen bis zum endgültigen Gelingen beliebig zu verbessern gewesen waren. Um seine »Opinion publique«, die 3000 m lang ist, herzustellen, hat Chaplin 125 000 m drehen lassen. *Der Film ist also das verbesserungsfähigste Kunstwerk. Und diese seine Verbesserungsfähigkeit hängt mit seinem radikalen Verzicht auf den Ewigkeitswert zusammen.* Das geht aus der Gegenprobe hervor: für die Griechen, deren Kunst auf die Produktion von Ewigkeitswerten angewiesen war, stand an der Spitze der Künste die am allerwenigsten verbesserungsfähige Kunst, nämlich die Plastik, deren Schöpfungen buchstäblich aus *einem* Stück sind. Der Niedergang der Plastik im Zeitalter des montierbaren Kunstwerks ist unvermeidlich.

IX

Der Streit, der im Verlauf des neunzehnten Jahrhunderts zwischen der Malerei und der Photographie um den Kunstwert ihrer Produkte durchgefochten wurde, wirkt heute abwegig und verworren. Das spricht aber nicht gegen seine Bedeutung, könnte sie vielmehr eher unterstreichen. In der Tat war dieser Streit der Ausdruck einer weltgeschichtlichen Umwälzung, die als solche keinem der beiden Partner bewußt war. Indem das Zeitalter ihrer technischen Reproduzierbarkeit die Kunst von ihrem kultischen Fundament löste, erlosch auf immer der Schein ihrer Autonomie. Die Funktionsveränderung der Kunst aber, die damit gegeben war, fiel aus dem Blickfeld des Jahrhunderts heraus. Und auch dem zwanzigsten, das die Entwicklung des Films erlebte, entging sie lange.

Hatte man vordem vielen vergeblichen Scharfsinn an die Entscheidung der Frage gewandt, ob die Photographie eine Kunst sei – ohne die Vorfrage sich gestellt zu haben: ob nicht durch die Erfindung der Photographie der Gesamtcharakter der Kunst sich verändert habe – so übernahmen die Filmtheoretiker bald die entsprechende voreilige Fragestellung. Aber die Schwierigkeiten, welche die Photographie der überkommenen Ästhetik bereitet hatte, waren ein Kinderspiel gegen die, mit denen der Film sie erwartete. Daher die blinde Gewaltsamkeit, die die Anfänge der Filmtheorie kennzeichnet. So vergleicht Abel Gance z. B. den Film mit den Hieroglyphen: »Da sind wir denn, infolge einer höchst merkwürdigen Rückkehr ins Dagewesene, wieder auf der Ausdrucksebene der Ägypter angelangt ... Die Bildersprache ist noch nicht zur Reife gediehen, weil unsere Augen ihr noch nicht gewachsen sind. Noch gibt es nicht genug Achtung, nicht genug *Kult* für das, was sich in ihr ausspricht.«[5] Oder Séverin-Mars schreibt: »Welcher Kunst war ein Traum beschieden, der ... poetischer und realer gleichzeitig gewesen wäre! Von solchem Standpunkt betrachtet würde der Film ein ganz unvergleichliches Ausdrucksmittel darstellen, und es dürften in seiner Atmosphäre sich nur Personen adligster Denkungsart in den vollendetsten und geheimnisvollsten Augenblicken ihrer Lebensbahn bewegen.«[6] Es ist sehr lehrreich zu sehen, wie das Bestreben, den Film der »Kunst« zuzuschlagen, diese Theoretiker nötigt, mit einer Rücksichtslosigkeit ohnegleichen kultische Elemente in ihn hineinzuinterpretieren. Und doch waren zu der Zeit, da diese Spekulationen veröffentlicht wurden, schon Werke vorhanden wie »L'opinion publique« und »La ruée vers l'or«. Das hindert Abel Gance nicht, den Vergleich mit den Hieroglyphen heranzuziehen, und Séverin-Mars spricht vom Film wie man von Bildern des Fra Angelico sprechen könnte. Kennzeichnend ist, daß auch heute noch besonders reaktionäre Autoren die Bedeutung des Films in der gleichen Richtung suchen und wenn nicht geradezu im Sakralen so doch im Übernatürlichen. Anläßlich der Reinhardtschen Verfilmung des Sommernachtstraums stellt Werfel fest, daß es unzweifelhaft die sterile Kopie der Außenwelt mit ihren Straßen, Intérieurs, Bahnhöfen, Restaurants, Autos und Strandplätzen sei, die bisher dem Aufschwung des Films in das Reich der Kunst im Wege gestanden hätte. »Der Film hat seinen wahren Sinn, seine wirklichen Möglichkeiten noch nicht erfaßt ... Sie bestehen in seinem einzigartigen Vermögen, mit natürlichen Mitteln und mit unvergleichlicher Überzeugungskraft das Feenhafte, Wunderbare, Übernatürliche zum Ausdruck zu bringen.«[7]

5 Abel Gance: l.c., p. 101.
6 Séverin-Mars: cit. Abel Gance, l.c., p. 100.
7 Franz Werfel: Ein Sommernachtstraum. Ein Film von Shakespeare und Reinhardt, in: Neues Wiener Journal, cit. LU, 15 novembre 1935.

X

Es ist eine andere Art der Reproduktion, die die Photographie einem Gemälde, und eine andere, die sie einem im Filmatelier gestellten Vorgang zuteilwerden läßt. Im ersten Falle ist das Reproduzierte ein Kunstwerk, und seine Produktion ist es nicht. Denn die Leistung des Kameramanns am Objektiv schafft ebensowenig ein Kunstwerk, wie die eines Dirigenten an einem Symphonieorchester; sie schafft bestenfalls eine Kunstleistung. Anders bei der Aufnahme im Filmatelier. Hier ist schon das Reproduzierte kein Kunstwerk und die Reproduktion ihrerseits ist es ebensowenig wie in dem ersten Fall. Das Kunstwerk entsteht hier erst auf Grund der Montage. Einer Montage, von der jedes einzelne Bestandstück die Reproduktion eines Vorgangs ist, der ein Kunstwerk weder an sich ist, noch in der Photographie ein solches ergibt. Was sind diese im Film reproduzierten Vorgänge, da sie doch keine Kunstwerke sind?

Die Antwort muß von der eigentümlichen Kunstleistung des Filmdarstellers ausgehen. Ihn unterscheidet vom Bühnenschauspieler, daß seine Kunstleistung in ihrer originalen Form, in der sie der Reproduktion zu Grunde liegt, nicht vor einem zufälligen Publikum, sondern vor einem Gremium von Fachleuten vor sich geht, die als Produktionsleiter, Regisseur, Kameramann, Tonmeister, Beleuchter u.s.w. jederzeit in die Lage geraten können, in seine Kunstleistung einzugreifen. Es handelt sich hier um eine gesellschaftlich sehr wichtige Kennmarke. Das Eingreifen eines sachverständigen Gremiums in eine Kunstleistung ist nämlich charakteristisch für die sportliche Leistung und im weiteren Sinn für die Testleistung überhaupt. Ein solches Eingreifen bestimmt in der Tat den Prozeß der Filmproduktion durchgehend. Viele Stellen werden bekanntlich in Varianten gedreht. Ein Hilfeschrei beispielsweise kann in verschiedenen Ausfertigungen registriert werden. Unter diesen nimmt der Cutter dann eine Wahl vor; er statuiert gleichsam den Rekord unter ihnen. Ein im Aufnahmeatelier dargestellter Vorgang unterscheidet sich also von dem entsprechenden wirklichen so, wie das Werfen eines Diskus auf einem Sportplatz in einem Wettbewerb unterschieden ist von dem Werfen der gleichen Scheibe am gleichen Ort auf die gleiche Strecke, wenn es geschähe, um einen Mann zu töten. Das erste wäre eine Testleistung, das zweite nicht.

Nun ist allerdings die Testleistung des Filmdarstellers eine vollkommen einzigartige. Worin besteht sie? Sie besteht in der Überwindung einer gewissen Schranke, welche den gesellschaftlichen Wert von Testleistungen in enge Grenzen schließt. Es ist hier nicht von der sportlichen Leistung die Rede, sondern von der Leistung am mechanisierten Test. Der Sportsmann kennt gewissermaßen nur den natürlichen. Er mißt sich an Aufgaben, wie die Natur sie bietet, nicht an denen einer Apparatur – es sei denn in Ausnahmefällen, wie Nurmi, von dem man sagte, daß er gegen die Uhr lief. Inzwischen ruft der Arbeitsprozeß, besonders seit er durch das laufende Band normiert wurde, täglich unzählige Prüfungen am mechanisierten Test hervor. Diese Prüfungen erfolgen unter der Hand: wer sie nicht besteht, wird aus dem Arbeitsprozeß ausgeschaltet. Sie erfolgen aber auch eingeständlich: in den Instituten für Berufseignungsprüfungen. In beiden Fällen stößt man auf die oben erwähnte Schranke.

Diese Prüfungen sind nämlich, zum Unterschied von den sportlichen, nicht im wünschenswerten Maß ausstellbar. Und genau dies ist die Stelle, an der der Film eingreift. *Der Film macht die Testleistung ausstellbar, indem er aus der Ausstellbarkeit der Leistung selbst einen Test macht.* Der Filmdarsteller spielt ja nicht vor einem Publikum, sondern vor einer Apparatur. Der Aufnahmeleiter steht genau an der Stelle, an der bei der Eignungsprüfung der Versuchsleiter steht. Im Licht der Jupiterlampen zu spielen und gleichzeitig den Bedingungen des Mikrophons zu genügen, ist eine Testleistung ersten Ranges. Sie darstellen heißt, im Angesicht der Apparatur seine Menschlichkeit beibehalten. Das Interesse an dieser Leistung ist riesengroß. Denn eine Apparatur ist es, vor der die überwiegende Anzahl der Städtebewohner in Kontoren und in Fabriken während der Dauer des Arbeitstages ihrer Menschlichkeit sich entäußern muß. Abends füllen dieselben Massen die Kinos, um zu erleben, wie der Filmdarsteller für sie Revanche nimmt, indem *seine* Menschlichkeit (oder was ihnen so erscheint) nicht nur der Apparatur gegenüber sich behauptet, sondern sie dem eigenen Triumph dienstbar macht.

XI

Dem Film kommt es viel weniger darauf an, daß der Darsteller dem Publikum einen anderen, als daß er der Apparatur sich selbst darstellt. Einer der ersten, der diese Umänderung des Darstellers durch die Testleistung gespürt hat, ist Pirandello gewesen. Es beeinträchtigt die Bemerkungen, die er in seinem Roman »Es wird gefilmt« darüber macht, nur wenig, daß sie sich darauf beschränken, die negative Seite der Sache hervorzuheben. Noch weniger, daß sie an den stummen Film anschließen. Denn der Tonfilm hat an dieser Sache nichts Grundsätzliches geändert. Entscheidend bleibt, daß für eine Apparatur – oder, im Fall des Tonfilms, für zwei – gespielt wird. »Der Filmdarsteller, schreibt Pirandello, fühlt sich wie im Exil. Exiliert nicht nur von der Bühne sondern von seiner eigenen Person. Mit einem dunklen Unbehagen spürt er die unerklärliche Leere, die dadurch entsteht, daß sein Körper zur Ausfallserscheinung wird, daß er sich verflüchtigt und seiner Realität, seines Lebens, seiner Stimme und der Geräusche, die er verursacht, indem er sich rührt, beraubt wird, um sich in ein stummes Bild zu verwandeln, das einen Augenblick auf der Leinwand zittert und sodann in der Stille verschwindet ... Die kleine Apparatur wird mit seinem Schatten vor dem Publikum spielen; und er selbst muß sich begnügen, vor ihr zu spielen.«[8] Man kann den gleichen Tatbestand folgendermaßen kennzeichnen: Zum ersten Mal – und das ist das Werk des Films – kommt der Mensch in die Lage, zwar mit seiner gesamten lebendigen Person, aber unter Verzicht auf deren Aura wirken zu müssen. Denn die Aura ist an sein Hier und Jetzt gebunden. Es gibt kein Abbild von ihr. Die Aura, die auf der Bühne um Macbeth ist, kann von der nicht abgelöst werden, die für das lebendige Publikum um den Schauspieler ist, welcher ihn spielt. Das Eigentümliche der Aufnahme im Filmatelier aber besteht darin, daß sie an die Stelle des Publikums die Apparatur setzt. So muß die Aura, die um den Darstellenden ist, fortfallen – und damit zugleich die um den Dargestellten.

Daß gerade ein Dramatiker, wie Pirandello, in der Charakteristik des Filmdarstellers unwillkürlich den Grund der Krise berührt, von der wir das Theater befallen sehen, ist nicht erstaunlich. Zu dem

8 Luigi Pirandello: On tourne, cit. Léon Pierre-Quint: Signification du cinéma, in: L'art cinématographique II, l.c., p. 14-15.

restlos von der technischen Reproduktion erfaßten, ja – wie der Film – aus ihr hervorgehenden Kunstwerk gibt es in der Tat keinen entschiedeneren Gegensatz als das der Schaubühne. Jede eingehendere Betrachtung bestätigt dies. Sachkundige Beobachter haben längst erkannt, daß in der Filmdarstellung »die größten Wirkungen fast immer erzielt werden, indem man so wenig wie möglich ›spielt‹ ... Die letzte Entwicklung« sieht Arnheim 1932 darin, »den Schauspieler wie ein Requisit zu behandeln, das man charakteristisch auswählt und ... an der richtigen Stelle einsetzt.«[9] Damit hängt aufs engste etwas anderes zusammen. *Der Schauspieler, der auf der Bühne agiert, versetzt sich in eine Rolle. Dem Filmdarsteller ist das sehr oft versagt.* Seine Leistung ist durchaus keine einheitliche, sondern aus vielen einzelnen Leistungen zusammengestellt. Neben zufälligen Rücksichten auf Ateliermiete, Verfügbarkeit von Partnern, Dekor u.s.w. sind es elementare Notwendigkeiten der Maschinerie, die das Spiel des Darstellers in eine Reihe montierbarer Episoden zerfällen. Es handelt sich vor allem um die Beleuchtung, deren Installation die Darstellung eines Vorgangs, der auf der Leinwand als einheitlicher geschwinder Ablauf erscheint, in einer Reihe ein-

9 Rudolf Arnheim: Film als Kunst. Berlin 1932, p. 176/177. – Gewisse scheinbar nebensächliche Einzelheiten, mit denen der Filmregisseur sich von den Praktiken der Bühne entfernt, gewinnen in diesem Zusammenhang ein erhöhtes Interesse. So der Versuch, den Darsteller ohne Schminke spielen zu lassen, wie unter anderem Dreyer ihn in der Jeanne d'Arc durchführt. Er verwendete Monate darauf, die einigen vierzig Darsteller ausfindig zu machen, aus denen das Ketzergericht sich zusammensetzt. Die Suche nach diesen Darstellern glich der nach schwer beschaffbaren Requisiten. Dreyer verwandte die größte Mühe darauf, Ähnlichkeiten des Alters, der Statur, der Physiognomie bei diesen Darstellern zu vermeiden. (cf. Maurice Schultz: Le maquillage, in: L'art cinématographique VI. Paris 1929, p. 65/66) Wenn der Schauspieler zum Requisit wird, so fungiert auf der anderen Seite das Requisit nicht selten als Schauspieler. Jedenfalls ist es nichts Ungewöhnliches, daß der Film in die Lage kommt, dem Requisit eine Rolle zu leihen. Anstatt beliebige Beispiele aus einer unendlichen Fülle herauszugreifen, halten wir uns an eines von besonderer Beweiskraft. Eine in Gang befindliche Uhr wird auf der Bühne immer nur störend wirken. Ihre Rolle, die Zeit zu messen, kann ihr auf der Bühne nicht eingeräumt werden. Die astronomische Zeit würde auch in einem naturalistischen Stück mit der szenischen kollidieren. Unter diesen Umständen ist es für den Film höchst bezeichnend, daß er bei Gelegenheit ohne weiteres eine Zeitmessung nach der Uhr verwerten kann. Hieran mag man deutlicher als an manchen anderen Zügen erkennen, wie unter Umständen jedes einzelne Requisit entscheidende Funktionen in ihm übernehmen kann. Von hier ist es nur ein Schritt bis zu Pudowkins Feststellung, daß »das Spiel des Darstellers, das mit einem Gegenstand verbunden und auf ihm aufgebaut ist, ... stets eine der stärksten Methoden filmischer Gestaltung« ist. (W. Pudowkin: Filmregie und Filmmanuskript. Berlin 1928, p. 126) So ist der Film das erste Kunstmittel, das in der Lage ist zu zeigen, wie die Materie dem Menschen mitspielt. Er kann daher ein hervorragendes Instrument materialistischer Darstellung sein.

zelner Aufnahmen zu bewältigen zwingt, die sich im Atelier unter Umständen über Stunden verteilten. Von handgreiflicheren Montagen zu schweigen. So kann ein Sprung aus dem Fenster im Atelier in Gestalt eines Sprungs vom Gerüst gedreht werden, die sich anschließende Flucht aber gegebenenfalls wochenlang später bei einer Außenaufnahme. Im übrigen ist es ein leichtes, noch weit paradoxere Fälle zu konstruieren. Es kann, nach einem Klopfen gegen die Tür, vom Darsteller gefordert werden, daß er zusammenschrickt. Vielleicht ist dieses Zusammenfahren nicht wunschgemäß ausgefallen. Da kann der Regisseur zu der Auskunft greifen, gelegentlich, wenn der Darsteller wieder einmal im Atelier ist, ohne dessen Vorwissen in seinem Rücken einen Schuß abfeuern zu lassen. Das Erschrecken des Darstellers in diesem Augenblick kann aufgenommen und in den Film montiert werden. Nichts zeigt drastischer, daß die Kunst aus dem Reich des »schönen Scheins« entwichen ist, das solange als das einzige galt, in dem sie gedeihen könne.[10]

10 Die Bedeutung des schönen Scheins ist in dem Zeitalter der auratischen Wahrnehmung, das seinem Ende zugeht, begründet. Die hier zuständige ästhetische Theorie hat ihre ausdrücklichste Fassung bei Hegel erhalten, dem Schönheit »Erscheinung des Geistes in seiner unmittelbaren, ... vom Geist als ihm adäquat erschaffenen, sinnlichen Gestalt« ist. (Hegel: Werke X,2. Berlin 1837, p. 121) Freilich trägt diese Fassung schon epigonale Züge. Hegels Formel, derzufolge die Kunst »den Schein und die Täuschung dieser schlechten, vergänglichen Welt« von dem »wahrhaften Gehalt der Erscheinungen« fortnehme (Hegel: l. c. X,1, p. 13), hat sich vom überkommenen Erfahrungsgrund dieser Lehre schon abgelöst. Dieser Erfahrungsgrund ist die Aura. Der schöne Schein als auratische Wirklichkeit erfüllt dagegen noch ganz und gar das goethesche Schaffen. Mignon, Ottilie und Helena haben an dieser Wirklichkeit teil. »Weder die Hülle noch der verhüllte Gegenstand ist das Schöne, sondern dies ist der Gegenstand *in* seiner Hülle« – das ist die Quintessenz der goetheschen wie der antiken Kunstanschauung. Ihr Verfall legt es doppelt nahe, den Blick auf ihren Ursprung zurückzulenken. Dieser liegt in der Mimesis als dem Urphänomen aller künstlerischen Betätigung. Der Nachmachende macht, was er macht, nur scheinbar. Und zwar kennt das älteste Nachmachen nur eine einzige Materie, in der es bildet: das ist der Leib des Nachmachenden selber. Tanz und Sprache, Körper- und Lippengestus sind die frühesten Manifestationen der Mimesis. – Der Nachmachende macht seine Sache scheinbar. Man kann auch sagen: er spielt die Sache. Und damit stößt man auf die Polarität, die in der Mimesis waltet. In der Mimesis schlummern, eng ineinandergefaltet wie Keimblätter, beide Seiten der Kunst: Schein und Spiel. Dieser Polarität kann freilich der Dialektiker nur Interesse entgegenbringen, wenn sie eine geschichtliche Rolle spielt. Das ist aber in der Tat der Fall. Und zwar ist diese Rolle bestimmt durch die weltgeschichtliche Auseinandersetzung zwischen der ersten und zweiten Technik. Der Schein nämlich ist das abgezogenste, damit aber auch beständigste Schema aller magischen Verfahrungsweisen der ersten, das Spiel das unerschöpfliche Reservoir aller experimentierenden Verfahrungsweisen der zweiten Technik. Weder der Begriff des Scheins noch der des Spiels ist der überkommenen Ästhetik fremd; und insofern das Begriffspaar Kultwert und Ausstellungswert in dem erstgenannten Begriffspaar verpuppt ist, sagt es nichts Neues. Das

XII

In der Repräsentation des Menschen durch die Apparatur hat dessen Selbstentfremdung eine höchst produktive Verwertung erfahren. Diese Verwertung kann man daran ermessen, daß das Befremden des Darstellers vor der Apparatur, wie Pirandello es schildert, von Hause aus von der gleichen Art ist, wie das Befremden des Menschen vor seiner Erscheinung im Spiegel, bei der die Romantiker zu verweilen liebten. Nun aber ist dieses Spiegelbild von ihm ablösbar, es ist transportabel geworden. Und wohin wird es transportiert? Vor die Masse.[11] Das Bewußtsein davon verläßt den Filmdarsteller natürlich nicht einen Augenblick. Er weiß, während er vor der Ap-

ändert sich aber mit einem Schlage, sowie diese Begriffe ihre Indifferenz gegen die Geschichte verlieren. Sie führen damit zu einer praktischen Einsicht. Diese besagt: Was mit der Verkümmerung des Scheins, dem Verfall der Aura in den Werken der Kunst einhergeht, ist ein ungeheurer Gewinn an Spiel-Raum. Der weiteste Spielraum hat sich im Film eröffnet. In ihm ist das Scheinmoment ganz und gar zugunsten des Spielmomentes zurückgetreten. Die Positionen, welche die Photographie dem Kultwert gegenüber errungen hatte, sind damit ungeheuer befestigt worden. Im Film hat das Scheinmoment seinen Platz dem Spielmoment abgetreten, das mit der zweiten Technik im Bunde steht. Dieses Bündnis hat kürzlich Ramuz mit einer Formulierung erfaßt, die unter dem Anschein einer Metapher die Sache selbst trifft. Ramuz sagt: »Wir wohnen gegenwärtig einem fascinierenden Vorgang bei. Die verschiedenen Wissenschaften, die bisher jede für sich auf ihrem eigenen Gebiet gearbeitet haben, beginnen in ihrem Objekt zu konvergieren und sich zu einer einzigen zu vereinigen: Chemie, Physik und Mechanik verschränken sich. Es ist als verfolgten wir heute als Augenzeugen die enorm beschleunigte Fertigstellung eines Puzzles, bei dem die Placierung der ersten Stücke mehrere Jahrtausende in Anspruch genommen hat, während die letzten auf Grund ihrer Umrisse, zur Verwunderung der Umstehenden, im Begriff sind, wie von selber zueinanderzufinden.« (Charles Ferdinand Ramuz: Paysan, nature. In: Mesure No 4, octobre 1935) In diesen Worten kommt das Spielmoment der zweiten Technik, an dem das der Kunst erstarkt, unübertrefflich zum Ausdruck.

11 Die hier konstatierbare Veränderung der Ausstellungsweise durch die Reproduktionstechnik macht sich auch in der Politik bemerkbar. *Die Krise der Demokratien läßt sich als eine Krise der Ausstellungsbedingungen des politischen Menschen verstehen.* Die Demokratien stellen den Politiker unmittelbar in eigener Person, und zwar vor Repräsentanten aus. Das Parlament ist sein Publikum. Mit den Neuerungen der Aufnahmeapparatur, die es erlauben, den Redenden während der Rede unbegrenzt vielen vernehmbar und kurz darauf unbegrenzt vielen sichtbar zu machen, tritt die Ausstellung des politischen Menschen vor dieser Aufnahmeapparatur in den Vordergrund. Es veröden die Parlamente gleichzeitig mit den Theatern. Rundfunk und Film verändern nicht nur die Funktion des professionellen Darstellers sondern genauso die Funktion dessen, der, wie es der politische Mensch tut, sich selber vor ihnen darstellt. Die Richtung dieser Veränderung ist, unbeschadet ihrer verschiedenen Spezialaufgaben, die gleiche beim Filmdarsteller und beim Politiker. Sie erstrebt die Ausstellung prüfbarer, ja übernehmbarer Leistungen unter bestimmten gesellschaftlichen Bedingungen, wie der Sport sie zuerst unter gewissen natürlichen Bedingungen gefordert hatte. Das ergibt eine neue Auslese, eine Auslese vor der Apparatur, aus der der Champion, der Star und der Diktator als Sieger hervorgehen.

paratur steht, hat er es in letzter Instanz mit der Masse zu tun. Diese Masse ist's, die ihn kontrollieren wird. Und gerade sie ist nicht sichtbar, noch nicht vorhanden, während er die Kunstleistung absolviert, die sie kontrollieren wird. Die Autorität dieser Kontrolle wird durch jene Unsichtbarkeit gesteigert. Freilich darf nicht vergessen werden, daß die politische Auswertung dieser Kontrolle so lange auf sich wird warten lassen, bis sich der Film aus den Fesseln seiner kapitalistischen Ausbeutung befreit haben wird. Denn durch das Filmkapital werden die revolutionären Chancen dieser Kontrolle in gegenrevolutionäre verwandelt. Der von ihm geförderte Starkultus konserviert nicht allein jenen Zauber der Persönlichkeit, welcher schon längst im fauligen Schimmer ihres Warencharakters besteht, sondern sein Komplement, der Kultus des Publikums, befördert zugleich die korrupte Verfassung der Masse, die der Faschismus an die Stelle ihrer klassenbewußten zu setzen sucht.[12]

12 Das proletarische Klassenbewußtsein, welches das erhellteste ist, verändert, nebenbei gesagt, die Struktur der proletarischen Masse grundlegend. Das klassenbewußte Proletariat bildet eine kompakte Masse nur von außen, in der Vorstellung seiner Unterdrücker. In dem Augenblick, da es seinen Befreiungskampf aufnimmt, hat seine scheinbar kompakte Masse sich in Wahrheit schon aufgelockert. Sie hört auf, unter der Herrschaft bloßer Reaktionen zu stehen; sie geht zur Aktion über. Die Auflockerung der proletarischen Massen ist das Werk der Solidarität. In der Solidarität des proletarischen Klassenkampfs ist der tote, undialektische Gegensatz zwischen Individuum und Masse abgeschafft; er besteht nicht für den Genossen. So entscheidend daher die Masse für den revolutionären Führer auch ist, so besteht dessen größte Leistung nicht darin, die Massen nach sich zu ziehen, sondern immer wieder in die Massen sich einbeziehen zu lassen, um immer wieder einer von Hunderttausenden für sie zu sein. – Der Klassenkampf lockert die kompakte Masse der Proletarier auf; eben derselbe Klassenkampf aber komprimiert die der Kleinbürger. Die Masse als undurchdringliche und kompakte, wie sie Le Bon und andere zum Gegenstand ihrer »Massenpsychologie« gemacht haben, ist die kleinbürgerliche. Das Kleinbürgertum ist keine Klasse; es ist in der Tat nur Masse und zwar eine umso kompaktere, je größer der Druck ist, welchem es zwischen den beiden feindlichen Klassen der Bourgeoisie und des Proletariats ausgesetzt ist. In *dieser* Masse ist in der Tat das emotionale Moment bestimmend, von dem in der Massenpsychologie die Rede ist. Aber gerade dadurch bildet diese kompakte Masse den Gegensatz zu den einer kollektiven Ratio gehorchenden Kaders des Proletariats. In *dieser* Masse ist in der Tat das reaktive Moment bestimmend, von dem in der Massenpsychologie die Rede ist. Aber eben dadurch bildet diese kompakte Masse mit ihren unvermittelten Reaktionen den Gegensatz zu den proletarischen Kaders mit ihren Aktionen, welche durch eine Aufgabe, und sei es die momentanste, vermittelt werden. So tragen die Manifestationen der kompakten Masse durchweg einen panischen Zug – es sei, daß sie der Kriegsbegeisterung, dem Judenhaß oder dem Selbsterhaltungstrieb Ausdruck geben. – Ist der Unterschied zwischen der kompakten, nämlich kleinbürgerlichen, und der klassenbewußten, nämlich proletarischen, Masse einmal geklärt, so ist auch seine operative Bedeutung klar. Anschaulich gesagt erweist diese Unterscheidung ihr Recht nirgends besser als in den keineswegs seltenen Fällen, wo das, was ursprünglich Ausschreitung einer kompakten Masse war, in Folge einer revolutionären Situation vielleicht schon nach dem

XIII

Es hängt mit der Technik des Films genau wie mit der des Sports zusammen, daß jeder den Leistungen, die sie ausstellen, als halber Fachmann beiwohnt. Man braucht nur einmal eine Gruppe von Zeitungsjungen, auf ihre Fahrräder gestützt, die Ergebnisse eines Radrennens diskutieren gehört zu haben, um diesem Zusammenhang auf die Spur zu kommen. Für den Film beweist die Wochenschau klipp und klar, daß jeder einzelne in die Lage kommen kann, gefilmt zu werden. Aber mit dieser Möglichkeit ist es nicht getan. *Jeder heutige Mensch hat einen Anspruch, gefilmt zu werden.* Diesen Anspruch verdeutlicht am besten ein Blick auf die geschichtliche Situation des heutigen Schrifttums.

Jahrhundertelang lagen im Schrifttum die Dinge so, daß einer geringen Zahl von Schreibenden eine vieltausendfache Zahl von Lesenden gegenüber stand. Darin trat gegen Ende des vorigen Jahrhunderts ein Wandel ein. Mit der wachsenden Ausdehnung der Presse, die immer neue politische, religiöse, wissenschaftliche, berufliche, lokale Organe der Leserschaft zur Verfügung stellte, gerieten immer größere Teile der Leserschaft – zunächst fallweise – unter die Schreibenden. Es begann damit, daß die Tagespresse ihnen ihren »Briefkasten« eröffnete, und es liegt heute so, daß es kaum einen im Arbeitsprozeß stehenden Europäer gibt, der nicht grundsätzlich irgendwo Gelegenheit zur Publikation einer Arbeitserfahrung, einer Beschwerde, einer Reportage oder dergleichen finden könnte. Damit ist die Unterscheidung zwischen Autor und Publikum im Begriff, ihren grundsätzlichen Charakter zu verlieren. Sie wird eine

Ablaufe von Sekunden zur revolutionären Aktion einer Klasse geworden ist. Das Eigentümliche solcher wahrhaft historischen Vorgänge besteht darin, daß die Reaktion einer kompakten Masse in ihr selbst eine Erschütterung hervorruft, welche sie auflockert und ihr erlaubt, ihrer selbst als einer Vereinigung klassenbewußter Kaders innezuwerden. Was ein solcher konkreter Vorgang in gedrängtester Frist enthält, ist nichts anderes, als was in der Sprache der kommunistischen Taktiker »die Gewinnung des Kleinbürgertums« heißt. An der Klarstellung dieses Vorgangs sind diese Taktiker selbst noch in anderem Sinn interessiert. Denn unzweifelhaft hat ein zweideutiger Begriff der Masse, der unverbindliche Hinweis auf ihre Stimmung wie er in der revolutionären Presse Deutschlands üblich gewesen ist, Illusionen befördert, die dem deutschen Proletariat zum Verhängnis geworden sind. Dagegen hat sich der Faschismus diese Gesetze – mag er sie durchschaut haben oder nicht – ausgezeichnet zunutze gemacht. Er weiß: je kompakter die Massen sind, die er auf die Beine bringt, desto mehr Chance, daß die konterrevolutionären Instinkte des Kleinbürgertums ihre Reaktionen bestimmen. Das Proletariat seinerseits aber bereitet eine Gesellschaft vor, in der weder die objektiven noch die subjektiven Bedingungen zur Formierung von Massen mehr vorhanden sein werden.

funktionelle, von Fall zu Fall so oder anders verlaufende. Der Lesende ist jederzeit bereit, ein Schreibender zu werden. Als Sachverständiger, der er wohl oder übel in einem äußerst spezialisierten Arbeitsprozeß werden mußte – sei es auch nur als Sachverständiger einer geringen Verrichtung –, gewinnt er einen Zugang zur Autorschaft. Die Arbeit selbst kommt zu Wort. Und ihre Darstellung im Wort macht einen Teil des Könnens, das zu ihrer Ausübung erforderlich ist. Die literarische Befugnis wird nicht mehr in der spezialisierten, sondern in der polytechnischen Ausbildung begründet, und so Gemeingut.

Alles das läßt sich ohne weiteres auf den Film übertragen, wo Verschiebungen, die im Schrifttum Jahrhunderte in Anspruch genommen haben, sich im Laufe eines Jahrzehnts vollzogen. Denn in der Praxis des Films – vor allem des russischen – ist diese Verschiebung stellenweise bereits verwirklicht worden. Ein Teil der im russischen Film begegnenden Darsteller sind nicht Darsteller in unserem Sinn, sondern Leute, die *sich* – und zwar in erster Linie in ihrem Arbeitsprozeß – darstellen. In Westeuropa verbietet die kapitalistische Ausbeutung des Films dem legitimen Anspruch, den der heutige Mensch auf sein Reproduziertwerden hat, die Berücksichtigung. Im übrigen verbietet auch die Arbeitslosigkeit sie, welche große Massen von der Produktion ausschließt, in deren Arbeitsgang sie in erster Linie ihren Anspruch auf das Reproduziertwerden hätten. Unter diesen Umständen hat die Filmindustrie alles Interesse, die Anteilnahme der Massen durch illusionäre Vorstellungen und durch zweideutige Spekulationen zu stacheln. Zu diesem Zweck hat sie einen gewaltigen publizistischen Apparat in Bewegung gesetzt: sie hat die Karriere und das Liebesleben der Stars in ihren Dienst gestellt, sie hat Plebiszite veranstaltet, sie hat Schönheitskonkurrenzen einberufen. Alles das, um das ursprüngliche und berechtigte Interesse der Massen am Film – ein Interesse der Selbst- und somit auch der Klassenerkenntnis – auf korruptivem Weg zu verfälschen. Es gilt daher vom Filmkapital im besonderen, was vom Faschismus im allgemeinen gilt: daß ein unabweisbares Bedürfnis nach neuen sozialen Verfassungen insgeheim im Interesse einer besitzenden Minderheit ausgebeutet wird. Die Enteignung des Filmkapitals ist schon darum eine dringende Forderung des Proletariats.

XIV

Eine Film- und besonders eine Tonfilmaufnahme bietet einen Anblick wie er vorher nie und nirgends denkbar gewesen ist. Sie stellt einen Vorgang dar, dem kein einziger Standpunkt mehr zuzuordnen ist, von dem aus die zu dem Spielvorgang als solchem nicht zugehörige Aufnahmeapparatur, die Beleuchtungsmaschinerie, der Assistentenstab u.s.w. nicht in das Blickfeld des Beschauers fiele. (Es sei denn, die Einstellung seiner Pupille stimme mit der des Aufnahmeapparats überein.) Dieser Umstand, er mehr als jeder andere, macht die etwa bestehenden Ähnlichkeiten zwischen einer Szene im Filmatelier und auf der Bühne zu oberflächlichen und belanglosen. Das Theater kennt prinzipiell die Stelle, von der aus das Geschehen nicht ohne weiteres als illusionär zu durchschauen ist. Der Aufnahmeszene im Film gegenüber gibt es diese Stelle nicht. Dessen illusionäre Natur ist eine Natur zweiten Grades; sie ist ein Ergebnis des Schnitts. Das heißt: *Im Filmatelier ist die Apparatur derart tief in die Wirklichkeit eingedrungen, daß deren reiner, vom Fremdkörper der Apparatur freier Aspekt das Ergebnis einer besonderen Prozedur, nämlich der Aufnahme durch den eigens eingestellten photographischen Apparat und ihrer Montierung mit anderen Aufnahmen von der gleichen Art ist.* Der apparatfreie Aspekt der Realität ist hier zu ihrem künstlichsten geworden und der Anblick der unmittelbaren Wirklichkeit zur blauen Blume im Land der Technik.

Der gleiche Sachverhalt, der sich so gegen den des Theaters abhebt, läßt sich noch aufschlußreicher mit dem konfrontieren, der in der Malerei vorliegt. Hier haben wir die Frage zu stellen: wie verhält sich der Operateur zum Maler? Zu ihrer Beantwortung sei eine Hilfskonstruktion gestattet, die sich auf *den* Begriff des Operateurs stützt, welcher von der Chirurgie her geläufig ist. Der Chirurg stellt den einen Pol einer Ordnung dar, an deren anderm der Magier steht. Die Haltung des Magiers, der einen Kranken durch Auflegen der Hand heilt, ist verschieden von der des Chirurgen, der einen Eingriff in den Kranken vornimmt. Der Magier erhält die natürliche Distanz zwischen sich und dem Behandelten aufrecht; genauer gesagt: er vermindert sie – kraft seiner aufgelegten Hand – nur wenig und steigert sie – kraft seiner Autorität – sehr. Der Chirurg verfährt umgekehrt: er vermindert die Distanz zu dem Behandelten sehr – indem er in dessen Inneres dringt –, und er vermehrt sie nur wenig –

durch die Behutsamkeit, mit der seine Hand sich unter den Organen bewegt. Mit einem Wort: zum Unterschied vom Magier (der auch noch im praktischen Arzt steckt) verzichtet der Chirurg im entscheidenden Augenblick darauf, seinem Kranken von Mensch zu Mensch sich gegenüber zu stellen; er dringt vielmehr operativ in ihn ein. – Magier und Chirurg verhalten sich wie Maler und Kameramann. Der Maler beobachtet in seiner Arbeit eine natürliche Distanz zum Gegebenen, der Kameramann dagegen dringt tief ins Gewebe der Gegebenheit ein. Die Bilder, die beide davontragen, sind ungeheuer verschieden. Das des Malers ist ein totales, das des Kameramanns ein vielfältig zerstückeltes, dessen Teile sich nach einem neuen Gesetz zusammenfinden. *So ist die filmische Darstellung der Realität für den heutigen Menschen darum die unvergleichlich bedeutungsvollere, weil sie den apparatfreien Aspekt der Wirklichkeit, den er vom Kunstwerk zu fordern berechtigt ist, gerade auf Grund ihrer intensivsten Durchdringung mit der Apparatur gewährt.*

XV

Die technische Reproduzierbarkeit des Kunstwerks verändert das Verhältnis der Masse zur Kunst. Aus dem rückständigsten, z. B. einem Picasso gegenüber, schlägt es in das fortschrittlichste, z. B. angesichts eines Chaplin, um. Dabei ist das fortschrittliche Verhalten dadurch gekennzeichnet, daß die Lust am Schauen und am Erleben in ihm eine unmittelbare und innige Verbindung mit der Haltung des fachmännischen Beurteilers eingeht. Solche Verbindung ist ein wichtiges gesellschaftliches Indizium. Je mehr nämlich die gesellschaftliche Bedeutung einer Kunst sich vermindert, desto mehr fallen – wie das deutlich angesichts der Malerei sich erweist – die kritische und die genießende Haltung im Publikum auseinander. Das Konventionelle wird kritiklos genossen, das wirklich Neue kritisiert man mit Widerwillen. Nicht so im Kino. Und zwar ist der entscheidende Umstand dabei: nirgends mehr als im Kino erweisen sich die Reaktionen des Einzelnen, deren Summe die massive Reaktion des Publikums ausmacht, von vornherein durch ihre unmittelbar bevorstehende Massierung bedingt. Und indem sie sich kundgeben, kontrollieren sie sich. Auch weiterhin bleibt der Vergleich mit der Malerei dienlich. Das Gemälde hatte stets ausgezeichneten

Anspruch auf die Betrachtung durch Einen oder durch Wenige. Die simultane Betrachtung von Gemälden durch ein großes Publikum, wie sie im neunzehnten Jahrhundert aufkommt, ist ein frühes Symptom der Krise der Malerei, die keineswegs durch die Photographie allein sondern relativ unabhängig von dieser durch den Anspruch des Kunstwerks auf die Masse ausgelöst wurde.

Es liegt eben so, daß die Malerei nicht imstande ist, den Gegenstand einer simultanen Kollektivrezeption darzubieten, wie es von jeher für die Architektur, wie es einst für das Epos zutraf, wie es heute für den Film zutrifft. Und sowenig aus diesem Umstand von Hause aus Schlüsse auf die gesellschaftliche Rolle der Malerei zu ziehen sind, so fällt er doch in dem Augenblick als eine schwere Beeinträchtigung ins Gewicht, wo die Malerei durch besondere Umstände und gewissermaßen wider ihre Natur mit den Massen unmittelbar konfrontiert wird. In den Kirchen und Klöstern des Mittelalters und an den Fürstenhöfen bis gegen Ende des achtzehnten Jahrhunderts fand die Kollektivrezeption von Gemälden nicht simultan sondern vielfach gestuft und hierarchisch vermittelt statt. Wenn das anders geworden ist, so kommt darin der besondere Konflikt zum Ausdruck, in welchen die Malerei durch die technische Reproduzierbarkeit des Bildes verstrickt worden ist. Aber ob man auch unternahm, sie in Galerien und in Salons vor die Massen zu führen, so gab es doch keinen Weg, auf welchem die Massen in solcher Rezeption sich selbst hätten organisieren und kontrollieren können. So muß eben dasselbe Publikum, das vor einem Groteskfilm fortschrittlich reagiert, vor dem Surrealismus zu einem rückständigen werden.

XVI

Unter den gesellschaftlichen Funktionen des Films ist die wichtigste, das Gleichgewicht zwischen dem Menschen und der Apparatur herzustellen. Diese Aufgabe löst der Film durchaus nicht nur auf die Art, wie der Mensch sich der Aufnahmeapparatur, sondern wie er mit deren Hilfe die Umwelt sich darstellt. Indem der Film durch Großaufnahmen aus ihrem Inventar, durch Betonung versteckter Details an den uns geläufigen Requisiten, durch Erforschung banaler Milieus unter der genialen Führung des Objektivs auf der einen Seite die Einsicht in die Zwangsläufigkeiten vermehrt, von denen unser Dasein regiert wird, kommt er auf der anderen Seite dazu, eines ungeheuren und ungeahnten Spielraums uns zu versichern. Unsere Kneipen und Großstadtstraßen, unsere Büros und möblierten Zimmer, unsere Bahnhöfe und Fabriken schienen uns hoffnungslos einzuschließen. Da kam der Film und hat diese Kerkerwelt mit dem Dynamit der Zehntelsekunden gesprengt, so daß wir nun zwischen ihren weitverstreuten Trümmern gelassen abenteuerliche Reisen unternehmen. Unter der Großaufnahme dehnt sich der Raum, unter der Zeitlupe die Bewegung. Und sowenig es bei der Vergrößerung sich um eine bloße Verdeutlichung dessen handelt, was man »ohnehin« undeutlich sieht, sondern vielmehr völlig neue Strukturbildungen der Materie zum Vorschein kommen, sowenig bringt die Zeitlupe nur bekannte Bewegungsmotive zum Vorschein, sondern sie entdeckt in diesen bekannten ganz unbekannte, »die gar nicht als Verlangsamungen schneller Bewegungen sondern als eigentümlich gleitende, schwebende, überirdische wirken.«[13] So wird handgreiflich, daß es eine andere Natur ist, die zu der Kamera, als die zum Auge spricht. Anders vor allem so, daß an die Stelle eines vom Menschen mit Bewußtsein durchwirkten Raums ein unbewußt durchwirkter tritt. Ist es schon üblich, daß einer vom Gang der Leute, sei es auch nur im groben, sich Rechenschaft ablegt, so weiß er bestimmt nichts von ihrer Haltung im Sekundenbruchteil des Ausschreitens. Ist uns schon im groben der Griff geläufig, den wir nach dem Feuerzeug oder dem Löffel tun, so wissen wir doch kaum von dem, was sich zwischen Hand und Metall dabei eigentlich abspielt, geschweige wie das mit den verschiedenen Verfassungen schwankt, in denen wir uns befinden. Hier greift die Kamera mit ihren Hilfsmitteln, ihrem Stürzen und Steigen, ihrem Unterbrechen und Isolieren, ihrem Dehnen und Raffen des Ablaufs, ihrem Vergrößern und ihrem Verkleinern ein. Vom Optisch-Unbewußten erfahren wir erst durch sie, wie von dem Triebhaft-Unbewußten durch die Psychoanalyse.

Im übrigen bestehen zwischen beiden Arten des Unbewußten die engsten Zusammenhänge. Denn die mannigfachen Aspekte, die die Aufnahmeapparatur der Wirklichkeit abgewinnen kann, liegen zum großen Teil nur außerhalb eines *normalen* Spektrums der Sinneswahrnehmungen. Viele der Deformationen und Stereotypien, der Verwandlungen und Katastrophen, die die Welt der Optik in

13 Rudolf Arnheim: l.c., p. 138.

den Filmen betreffen können, betreffen sie in der Tat in Psychosen, in Halluzinationen, in Träumen. Und so sind jene Verfahrungsweisen der Kamera ebensoviele Prozeduren, dank deren sich die Kollektivwahrnehmung die individuellen Wahrnehmungsweisen des Psychotikers oder des Träumenden zu eigen zu machen vermag. In die alte heraklitische Wahrheit – die Wachenden haben ihre Welt gemeinsam, die Schlafenden jeder eine für sich – hat der Film eine Bresche geschlagen. Und zwar viel weniger mit Darstellungen der Traumwelt als mit der Schöpfung von Figuren des Kollektivtraums wie der erdumkreisenden Micky-Maus.

Wenn man sich davon Rechenschaft gibt, welche gefährlichen Spannungen die Technisierung mit ihren Folgen in den großen Massen erzeugt hat – Spannungen, die in kritischen Stadien einen psychotischen Charakter annehmen – so wird man zu der Erkenntnis kommen, daß diese selbe Technisierung gegen solche Massenpsychosen sich die Möglichkeit psychischer Impfung durch gewisse Filme geschaffen hat, in denen eine forcierte Entwicklung sadistischer Phantasien oder masochistischer Wahnvorstellungen deren natürliches und gefährliches Reifen in den Massen verhindern kann. Den vorzeitigen und heilsamen Ausbruch derartiger Massenpsychosen stellt das kollektive Gelächter dar. Die gewaltigen Mengen grotesken Geschehens, die im Film konsumiert werden, sind ein drastisches Anzeichen der Gefahren, die der Menschheit aus den Verdrängungen drohen, die die Zivilisation mit sich bringt. Die amerikanischen Groteskfilme und die Filme Disneys bewirken eine therapeutische Sprengung des Unbewußten.[14] Ihr Vorgänger ist der Excentrik gewesen. In den neuen Spielräumen, die durch den Film

14 Eine allseitige Analyse dieser Filme dürfte freilich ihren Gegensinn nicht verschweigen. Sie hätte vom Gegensinn jener Tatbestände auszugehen, die sowohl komisch wie grauenhaft wirken. Komik und Grauen liegen, wie es die Reaktionen von Kindern zeigen, eng beieinander. Und warum sollte angesichts von bestimmten Tatbeständen die Frage verboten sein, welche Reaktion in einem gegebenen Fall die menschlichere ist? Einige der neuesten Micky-Maus-Filme stellen einen Tatbestand dar, der diese Frage berechtigt erscheinen läßt. [Ihr düsterer Feuerzauber, für den der Farbenfilm die technischen Voraussetzungen geschaffen hat, unterstreicht einen Zug, der sich bisher nur versteckt geltend machte und zeigt, wie bequem der Faschismus auch auf diesem Gebiet sich »revolutionäre« Neuerungen aneignet.] Was im Licht neuster Disneyscher Filme zu Tage tritt, ist in der Tat in manchen älteren schon angelegt: die Neigung, Bestialität und Gewalttat als Begleiterscheinung des Daseins gemütlich in Kauf zu nehmen. Damit wird eine alte und nichts weniger als vertrauenerweckende Tradition aufgenommen; sie wird von den tanzenden Hooligans angeführt, die wir auf mittelalterlichen Pogrombildern finden, und das »Lumpengesindel« des Grimmschen Märchens bildet ihre undeutliche, fahle Nachhut.

entstanden, war er als erster zu Hause: ihr Trockenwohner. In diesem Zusammenhang hat Chaplin als historische Figur seinen Platz.

XVII

Es ist von jeher eine der wichtigsten Aufgaben der Kunst gewesen, eine Nachfrage zu erzeugen, für deren volle Befriedigung die Stunde noch nicht gekommen ist.[15] Die Geschichte jeder Kunstform hat kritische Zeiten, in denen diese Form auf Effekte hindrängt, die sich zwanglos erst bei einem veränderten technischen Standard, d. h. in einer neuen Kunstform ergeben können. Die derart, zumal in den sogenannten Verfallszeiten, sich ergebenden Extravaganzen und Kruditäten der Kunst gehen in Wirklichkeit aus ihrem reichsten historischen Kräftezentrum hervor. An solchen Barbarismen hat noch zuletzt der Dadaismus seine Freude gehabt. Sein Impuls wird erst jetzt erkennbar: *Der Dadaismus versuchte, die Effekte, die das Publikum heute im Film sucht, mit den Mitteln der Malerei (bzw. der Literatur) zu erzeugen.*

15 »Das Kunstwerk«, sagt André Breton, »hat Wert nur insofern als es von Reflexen der Zukunft durchzittert wird.« In der Tat steht jede ausgebildete Kunstform im Schnittpunkt dreier Entwicklungslinien. Es arbeitet nämlich einmal die Technik auf eine bestimmte Kunstform hin. Ehe der Film auftrat, gab es Photobüchlein, deren Bilder, durch einen Daumendruck schnell am Beschauer vorüberflitzend, einen Boxkampf oder ein Tennismatch vorführten; es gab die Automaten in den Bazaren, deren Bilderablauf durch eine Drehung der Kurbel in Bewegung gehalten wurde. Es arbeiten zweitens die überkommenen Kunstformen in gewissen Stadien ihrer Entwicklung angestrengt auf Effekte hin, welche später zwanglos von der neuen Kunstform erzielt werden. Ehe der Film zur Geltung kam, suchten die Dadaisten durch ihre Veranstaltungen eine Bewegung ins Publikum zu bringen, die ein Chaplin dann auf natürlichere Weise zuwege brachte. Es arbeiten drittens, oft unscheinbare, gesellschaftliche Veränderungen auf eine Veränderung der Rezeption hin, die erst der neuen Kunstform zugute kommt. Ehe der Film sein Publikum zu bilden begonnen hatte, wurden im Kaiserpanorama Bilder (die bereits aufgehört hatten, unbeweglich zu sein) von einem versammelten Publikum rezipiert. Dieses Publikum befand sich vor einem Paravant, in dem Stereoskope angebracht waren, deren auf jeden Teilnehmer eines kam. Vor diesen Stereoskopen erschienen automatisch einzelne Bilder, die kurz verharrten und dann anderen Platz machten. Mit ähnlichen Mitteln mußte noch Edison arbeiten, als er den ersten Filmstreifen – ehe man eine Filmleinwand und das Verfahren der Projektion kannte – einem kleinen Publikum vorführte, das in den Apparat hineinstarrte, in welchem die Bilderfolge sich abrollte. – Übrigens kommt in der Einrichtung des Kaiserpanoramas besonders klar eine Dialektik der Entwicklung zum Ausdruck. Kurz ehe der Film die Bildbetrachtung zu einer kollektiven macht, kommt vor den Stereoskopen dieser schnell veralteten Etablissements die Bildbetrachtung durch einen Einzelnen noch einmal mit derselben Schärfe zur Geltung wie einst in der Betrachtung des Götterbilds durch den Priester in der cella.

Jede von Grund auf neue, bahnbrechende Erzeugung von Nachfrage wird über ihr Ziel hinausschießen. Der Dadaismus tut das in dem Grade, daß er die Marktwerte, die dem Film in so hohem Maße eignen, zugunsten bedeutsamerer Intentionen – die ihm selbstverständlich in der hier beschriebenen Gestalt nicht bewußt sind – opfert. Auf die merkantile Verwertbarkeit ihrer Kunstwerke legten die Dadaisten viel weniger Gewicht als auf ihre Unverwertbarkeit als Gegenstände kontemplativer Versenkung. Diese Unverwertbarkeit suchten sie nicht zum wenigsten durch eine grundsätzliche Entwürdigung ihres Materials zu erreichen. Ihre Gedichte sind »Wortsalat«, sie enthalten obszöne Wendungen und allen nur vorstellbaren Abfall der Sprache. Entsprechend ihre Gemälde, denen sie Knöpfe oder Fahrscheine aufmontierten. Was sie mit solchen Mitteln erreichen, ist eine rücksichtslose Vernichtung der Aura ihrer Hervorbringungen, denen sie mit den Mitteln der Produktion das Brandmal einer Reproduktion aufdrücken. Es ist unmöglich, vor einem Bild von Arp oder einem Gedicht August Stramms sich wie vor einem Bild Derains oder einem Gedicht von Rilke Zeit zur Sammlung und Stellungnahme zu lassen. Der Versenkung, die in der Entartung des Bürgertums eine Schule asozialen Verhaltens wurde, tritt die Ablenkung als eine Spielart sozialen Verhaltens gegenüber. In der Tat gewährleisteten die dadaistischen Kundgebungen eine recht vehemente Ablenkung, indem sie das Kunstwerk zum Mittelpunkt eines Skandals machten. Es hatte vor allem *einer* Forderung Genüge zu leisten: öffentliches Ärgernis zu erregen.

Aus einem lockenden Augenschein oder einem überredenden Klanggebilde wurde das Kunstwerk bei den Dadaisten zu einem Geschoß. Es stieß dem Betrachter zu. Es gewann eine taktische Qualität. Damit hat es die Nachfrage nach dem Film begünstigt, dessen ablenkendes Element ebenfalls in erster Linie ein taktisches ist, nämlich auf dem Wechsel der Schauplätze und Einstellungen beruht, welche stoßweise auf den Beschauer eindringen.[16] *Der Film*

16 Man vergleiche die Leinwand, auf der der Film abrollt, mit der Leinwand, auf der sich das Gemälde befindet. Das Bild auf der einen verändert sich, das Bild auf der andern nicht. Das letztere lädt den Betrachter zur Kontemplation ein; vor ihm kann er sich seinem Assoziationsablauf überlassen. Vor der Filmaufnahme kann er das nicht. Kaum hat er sie ins Auge gefaßt, so hat sie sich schon verändert. Sie kann nicht fixiert werden. Der Assoziationsablauf dessen, der sie betrachtet, wird sofort durch ihre Veränderung unterbrochen. Darauf beruht die Schockwirkung des Films, die wie jede Schockwirkung durch gesteigerte Geistesgegenwart aufgefangen

hat die physische Schockwirkung, welche der Dadaismus gleichsam in der moralischen noch verpackt hielt, aus dieser Emballage befreit.

XVIII

Die Masse ist eine matrix, aus der gegenwärtig alles gewohnte Verhalten Kunstwerken gegenüber neugeboren hervorgeht. Die Quantität ist in Qualität umgeschlagen: *Die sehr viel größeren Massen der Anteilnehmenden haben eine veränderte Art des Anteils hervorgebracht.* Es darf den Betrachter nicht irre machen, daß diese zunächst in verrufener Gestalt in Erscheinung tritt. Man klagt ihm, daß die Massen im Kunstwerk Zerstreuung suchten, während doch der Kunstfreund sich diesem mit Sammlung nahe. Für die Massen sei das Kunstwerk ein Anlaß der Unterhaltung, für den Kunstfreund sei es ein Gegenstand seiner Andacht. – Hier heißt es, näher zusehen. Zerstreuung und Sammlung stehen in einem Gegensatz, der folgende Formulierung erlaubt: Der vor dem Kunstwerk sich Sammelnde versenkt sich darein; er geht in dieses Werk ein, wie die Legende es von einem chinesischen Maler beim Anblick seines vollendeten Bildes erzählt. Dagegen versenkt die zerstreute Masse ihrerseits das Kunstwerk in sich; sie umspielt es mit ihrem Wellenschlag, sie umfängt es in ihrer Flut. So am sinnfälligsten die Bauten. Die Architektur bot von jeher den Prototyp eines Kunstwerks, dessen Rezeption in der Zerstreuung und durch das Kollektivum erfolgt. Die Gesetze ihrer Rezeption sind die lehrreichsten.

Bauten begleiten die Menschheit seit ihrer Urgeschichte. Viele Kunstformen sind entstanden und sind vergangen. Die Tragödie entsteht mit den Griechen, um mit ihnen zu verlöschen und nach Jahrhunderten wieder aufzuleben. Das Epos, dessen Ursprung in der Jugend der Völker liegt, erlischt in Europa mit dem Ausgang der Renaissance. Die Tafelmalerei ist eine Schöpfung des Mittelalters, und nichts gewährleistet ihr eine ununterbrochene Dauer. Das Bedürfnis des Menschen nach Unterkunft aber ist beständig. Die Baukunst hat niemals brach gelegen. Ihre Geschichte ist länger als die jeder anderen Kunst und ihre Wirkung sich zu vergegenwärtigen

sein will. *Der Film ist die der betonten Lebensgefahr, in der die Heutigen leben, entsprechende Kunstform.* Er entspricht tiefgreifenden Veränderungen des Apperzeptionsapparats – Veränderungen wie sie im Maßstab der Privatexistenz jeder Passant im Großstadtverkehr, wie sie im weltgeschichtlichen Maßstab jeder Kämpfer gegen die heutige Gesellschaftsordnung erlebt.

von Bedeutung für jeden Versuch, vom Verhältnis der Massen zum Kunstwerk sich Rechenschaft abzulegen. Bauten werden auf doppelte Art rezipiert: durch Gebrauch und durch Wahrnehmung. Oder besser gesagt: taktisch und optisch. Es gibt von solcher Rezeption keinen Begriff, wenn man sie sich nach Art der gesammelten vorstellt, wie sie z.B. Reisenden vor berühmten Bauten geläufig ist. Es besteht nämlich auf der taktischen Seite keinerlei Gegenstück zu dem, was auf der optischen die Kontemplation ist. Die taktische Rezeption erfolgt nicht sowohl auf dem Wege der Aufmerksamkeit als auf dem der Gewohnheit. Der Architektur gegenüber bestimmt diese letztere weitgehend sogar die optische Rezeption. Auch sie findet von Hause aus viel weniger in einem gespannten Aufmerken als in einem beiläufigen Bemerken statt. Diese an der Architektur gebildete Rezeption hat aber unter gewissen Umständen kanonischen Wert. Denn: *Die Aufgaben, welche in geschichtlichen Wendezeiten dem menschlichen Wahrnehmungsapparat gestellt werden, sind auf dem Wege der bloßen Optik, also der Kontemplation, gar nicht zu lösen. Sie werden allmählich nach Anleitung der taktischen Rezeption, durch Gewöhnung, bewältigt.*

Gewöhnen kann sich auch der Zerstreute. Mehr: gewisse Aufgaben in der Zerstreuung bewältigen zu können, erweist erst, daß sie zu lösen einem zur Gewohnheit geworden ist. Durch die Zerstreuung, wie die Kunst sie zu bieten hat, wird unter der Hand kontrolliert, wieweit neue Aufgaben der Apperzeption lösbar geworden sind. Da im übrigen für den Einzelnen die Versuchung besteht, sich solchen Aufgaben zu entziehen, so wird die Kunst deren schwerste und wichtigste da angreifen, wo sie Massen mobilisieren kann. Sie tut es gegenwärtig im Film. *Die Rezeption in der Zerstreuung, die sich mit wachsendem Nachdruck auf allen Gebieten der Kunst bemerkbar macht und das Symptom von tiefgreifenden Veränderungen der Apperzeption ist, hat am Film ihr eigentliches Übungsinstrument.* In seiner Schockwirkung kommt der Film dieser Rezeptionsform entgegen. So erweist er sich auch von hier aus als der derzeitig wichtigste Gegenstand jener Lehre von der Wahrnehmung, die bei den Griechen Ästhetik hieß.

XIX

Die zunehmende Proletarisierung der heutigen Menschen und die zunehmende Formierung von Massen sind zwei Seiten eines und desselben Geschehens. Der Faschismus versucht, die neu entstandenen proletarisierten Massen zu organisieren, ohne die Eigentumsverhältnisse, auf deren Beseitigung sie hindrängen, anzutasten. Er sieht sein Heil darin, die Massen zu ihrem Ausdruck (beileibe nicht zu ihrem Recht) kommen zu lassen.[17] Die Massen haben ein *Recht* auf Veränderung der Eigentumsverhältnisse; der Faschismus sucht ihnen einen *Ausdruck* in deren Konservierung zu geben. *Der Faschismus läuft folgerecht auf eine Ästhetisierung des politischen Lebens hinaus.* Mit D'Annunzio hat die Dekadence in die Politik ihren Einzug gehalten, mit Marinetti der Futurismus und mit Hitler die Schwabinger-Tradition.

Alle Bemühungen um die Ästhetisierung der Politik gipfeln in Einem Punkt. Dieser eine Punkt ist der Krieg. Der Krieg, und nur der Krieg, macht es möglich, Massenbewegungen größten Maßstabs unter Wahrung der überkommenen Eigentumsverhältnisse ein Ziel zu geben. So formuliert sich der Tatbestand von der Politik her. Von der Technik her formuliert er sich folgendermaßen: Nur der Krieg macht es möglich, die sämtlichen technischen Mittel der Gegenwart unter Wahrung der Eigentumsverhältnisse zu mobilisieren. Es ist selbstverständlich, daß die Apotheose des Krieges durch den Faschismus sich nicht *dieser* Argumente bedient. Trotzdem ist ein Blick auf sie lehrreich. In Marinettis Manifest zum äthiopischen Kolonialkrieg heißt es: »Seit siebenundzwanzig Jahren erheben wir Futuristen uns dagegen, daß der Krieg als antiästhetisch bezeichnet

17 Hier ist, besonders mit Rücksicht auf die Wochenschau, deren propagandistische Bedeutung kaum überschätzt werden kann, ein technischer Umstand von Wichtigkeit. *Der massenweisen Reproduktion kommt die Reproduktion von Massen besonders entgegen.* In den großen Festaufzügen, den Monstreversammlungen, in den Massenveranstaltungen sportlicher Art und im Krieg, die heute sämtlich der Aufnahmeapparatur zugeführt werden, sieht die Masse sich selbst ins Gesicht. Dieser Vorgang, dessen Tragweite keiner Betonung bedarf, hängt aufs engste mit der Entwicklung der Reproduktions- bzw. Aufnahmetechnik zusammen. Massenbewegungen stellen sich im allgemeinen der Apparatur deutlicher dar als dem Blick. Kaders von Hunderttausenden lassen sich von der Vogelperspektive aus am besten erfassen. Und wenn diese Perspektive dem menschlichen Auge ebensowohl zugänglich ist wie der Apparatur, so ist doch an dem Bilde, das das Auge davonträgt, die Vergrößerung nicht möglich, welcher die Aufnahme unterzogen wird. Das heißt, daß Massenbewegungen, und an ihrer Spitze der Krieg, eine der Apparatur besonders entgegenkommende Form des menschlichen Verhaltens darstellen.

wird ... Demgemäß stellen wir fest: ... Der Krieg ist schön, weil er dank der Gasmasken, der schreckenerregenden Megaphone, der Flammenwerfer und der kleinen Tanks die Herrschaft des Menschen über die unterjochte Maschine begründet. Der Krieg ist schön, weil er die erträumte Metallisierung des menschlichen Körpers inauguriert. Der Krieg ist schön, weil er eine blühende Wiese um die feurigen Orchideen der Mitrailleusen bereichert. Der Krieg ist schön, weil er das Gewehrfeuer, die Kanonaden, die Feuerpausen, die Parfums und Verwesungsgerüche zu einer Symphonie vereinigt. Der Krieg ist schön, weil er neue Architekturen, wie die der großen Tanks, der geometrischen Fliegergeschwader, der Rauchspiralen aus brennenden Dörfern und vieles andere schafft ... Dichter und Künstler des Futurismus ... erinnert Euch dieser Grundsätze einer Ästhetik des Krieges, damit Euer Ringen um eine neue Poesie und eine neue Plastik ... von ihnen erleuchtet werde!«[18]

Dieses Manifest hat den Vorzug der Deutlichkeit. Seine Fragestellung verdient von dem Dialektiker übernommen zu werden. Ihm stellt sich die Ästhetik des heutigen Krieges folgendermaßen dar: Wird die natürliche Verwertung der Produktivkräfte durch die Eigentumsordnung hintangehalten, so drängt die Steigerung der technischen Behelfe, der Tempi, der Kraftquellen nach einer unnatürlichen. Sie findet sie im Kriege, der mit seinen Zerstörungen den Beweis dafür antritt, daß die Gesellschaft nicht reif genug war, sich die Technik zu ihrem Organ zu machen, daß die Technik nicht ausgebildet genug war, die gesellschaftlichen Elementarkräfte zu bewältigen. Der imperialistische Krieg ist in seinen grauenhaftesten Zügen bestimmt durch die Diskrepanz zwischen den gewaltigen Produktionsmitteln und ihrer unzulänglichen Verwertung im Produktionsprozeß (mit anderen Worten, durch die Arbeitslosigkeit und den Mangel an Absatzmitteln). *Der imperialistische Krieg ist ein Aufstand der Technik, die am »Menschenmaterial« die Ansprüche eintreibt, denen die Gesellschaft ihr natürliches Material entzogen hat.* An Stelle von Kraftwerken setzt sie die Menschenkraft, in Gestalt von Armeen, ins Land. An Stelle des Luftverkehrs setzt sie den Verkehr von Geschossen, und im Gaskriege hat sie ein Mittel, die Aura auf neue Art abzuschaffen.

»Fiat ars – pereat mundus« sagt der Faschismus und erwartet die

18 cit. La Stampa Torino.

künstlerische Befriedigung der von der Technik veränderten Sinneswahrnehmung, wie Marinetti bekennt, vom Kriege. Das ist offenbar die Vollendung des l'art pour l'art. Die Menschheit, die einst bei Homer ein Schauobjekt für die olympischen Götter war, ist es nun für sich selbst geworden. Ihre Selbstentfremdung hat jenen Grad erreicht, der sie ihre eigene Vernichtung als ästhetischen Genuß ersten Ranges erleben läßt. *So steht es um die Ästhetisierung der Politik, welche der Faschismus betreibt. Der Kommunismus antwortet ihm mit der Politisierung der Kunst.*

Metropolen

Berliner Chronik

Für meinen lieben Stefan

Da will ich mir die zurückrufen, die mich in die Stadt eingeführt haben. Denn gerade das Kind, dem seine einsamen Spiele die nächste Nähe zur Stadt wachsen lassen, braucht und sucht sich Führer in deren weitere⟨m⟩ Umkreis und die ersten sind wohl – für ein wohlgebornes Bürgerkind, wie ich eines war, die Kinderfräulein gewesen. Mit denen ging es in den Zoo – der mir aber erst sehr viel später unter den lärmenden Militärkapellen mit der »Lästerallee« (so nannte der Jugendstil diesen Corso) auftaucht – und wenn nicht in den Zoo, dann in den Tiergarten. Ich glaube, die erste »Straße«, die ich so entdeckte, die mir nichts Wohnliches mehr, keinerlei Heimat war und zwischen Läden Preisgegebensein und an den Übergängen auch Gefahren spüren ließ, war die Schillstraße, von der ich mir gerne einbilde, daß sie sich weniger als andere im Westen verändert hat und eine doch ⟨?⟩ aus dem Nebel auftauchende Szene – Lebensrettung des »Brüderchens« – heute noch aufnehmen könnte. Der Weg in den Tiergarten ging über die Herkulesbrücke und deren sanft abfallende Seiten werden denn wohl die ersten Hügelflanken gewesen sein, mit denen das Kind Bekanntschaft machte – im Zeichen der schönen steinernen Löwenflanken, die über ihm aufstiegen. Am Ende der Bendlerstraße aber tat sich das Labyrinth auf, dem seine Ariadne nicht fehlte: der Irrgarten um Friedrich Wilhelm III und die Königin Luise die auf ihren bebilderten Empiresockeln mitten aus Blumenbeeten wie von den magischen Zügen versteinert strebten, die ein kleiner Kanal in den Sand schrieb. Lieber als an d⟨ie⟩ Gestalten wandten sich meine Augen an den Sockel, weil was sich da abspielte, wenn auch unklarer im Zusammenhang näher im Raum war. Daß es aber mit diesem hohenzollerschen Labyrinth eine besondere Bewandtnis hat, das bestätigt sich mir noch heute, in dem von nichts sich wissend machenden, sehr banalen Aussehen des Vorplatzes an der Tiergartenstraße, wo nichts verriet, daß man nur wenige Meter von der seltsamsten Stelle der Stadt entfernt ist. Damals freilich muß er mehr als genau dem entsprochen haben, was hinter ihm wartete, denn hier oder unweit muß jene Ariadne ihr Lager gehalten haben, in deren Nähe ich zum ersten Male und um es nie mehr ganz zu vergessen, das lernte, was mir das Wort, das ich damals mit kaum drei Jahren wohl schwerlich kannte, sofort begreiflich machte, als es mir aufstieß: Liebe. Hier taucht das »Fräulein« von neuem auf, als kalter Schatten, der das Geliebte verschwinden ließ. Wahrscheinlich wird darin nie einer Meister, worin er nicht die Ohnmacht gekannt hat, und wer dem zustimmt, der wird auch wissen, daß diese Ohnmacht nicht am Anfang oder vor aller Bemühung um die Sache liegt, sondern mitten in ihr. So käme ich denn jetzt zur Mitte meines Lebens mit Berlin, die sich über die ganze spätere Kindheit bis an den Anfang meiner Studienzeit erstreckt: die Ohnmacht vor der Stadt. Die war doppelt gegründet: einmal in einem sehr schlechten Orientierungssinn; wenn es dreißig Jahre gedauert hat, bis mir das Wissen um rechts und links in Fleisch und Blut überging, bis ich herausbekam, wie man einen Stadtplan benutzt, so war mir das Wissen um dies Ungeschick doch lange nicht geläufig und wenn etwas fähig war, meinen Widerwillen, von ihm Kenntnis zu nehmen, zu steigern, so war es die Beharrlichkeit, mit der mich meine Mutter mit der Nase drauf stieß. Ihr gebe ich die Schuld, daß ich noch heute mir keine Tasse Kaffee kochen kann, ihrer Neigung, die kleinsten Handreichungen, Verhaltungsweisen zu Test⟨en⟩ meiner Eignung für das praktische Leben zu machen, verdanke ich die träumerische Resistenz beim gemeinsamen Gang durch die selten von mir betretnen Straßen der City. Dieser Resistenz aber wiederum wer weiß wie viel von dem, was heut meinen Umgang mit den Straßen der Stadt fundiert. Und insbesondere einen Blick, der nicht den dritten Teil von dem, was er auffaßt, zu sehen scheint. Auch erinnere ich mich wie meiner Mutter nichts unausstehlicher war als die Peinlichkeit, mit der ich beim Gang durch die Straßen immer wieder um einen halben Schritt hinter ihr blieb. Langsamer, ungeschickter, blöder zu scheinen als ich es war, diese Gewohnheit nahm ich auf solchen gemeinsamen Gängen an und sie hat die große Gefahr, sich schneller, geschickter, schlauer zu glauben als man es ist.

Lange, jahrelang eigentlich, spiele ich schon mit der Vorstellung, den Raum des Lebens – Bios – graphisch in einer Karte zu gliedern. Erst schwebte mir ein Pharusplan vor, heute wäre ich geneigter zu einer Generalstabskarte zu greifen, wenn es die vom Innern von Städten gäbe. Aber die fehlt wohl, in Verkennung der künftigen Kriegsschauplätze. Ich habe mir ein Zeichensystem ausgedacht und auf dem grauen Grund solcher Karten ginge es bunt zu, wenn die Wohnungen meiner Freunde und Freundinnen, die Versammlungsräume der mancherlei Kollektiva von den »Sprechsälen« der Jugendbewegung bis zu den Versammlungsorten der kommunistischen Jugend, die Hotel- und die Hurenzimmer, die ich für eine Nacht kannte, die entscheidenden Tiergartenbänke, die Schulwege und die Gräber, deren Füllung ich beiwohnte, die Stellen, an denen Cafés prangten, deren Namen heute verschollen sind und uns täglich über die Lippen kamen, die Tennisplätze auf denen heut leere Mietshäuser und die gold- und stuckverzierten Säle, die die Schrekken der Tanzstunden beinah Turnsälen gleichmachten, wenn all das dort deutlich unterscheidbar eingetragen würde. Aber wenn uns schon diese Ermunterung fehlt, so habe ich doch die andere, die ein guter Vorgänger hinterläßt. Und das ist der Franzose Léon Daudet, beispielgebend mindestens in dem Titel seines Werkes, der genau umfaßt, was ich bestenfalls hier geben könnte: Paris vécu. Gelebtes Berlin klingt weniger gut, ist aber gleich wirklich. Und nicht nur um diesen Titel handelt sichs hier, sondern in der Tat ist Paris in der Reihe der freiwilligen oder unfreiwilligen Geleiter, deren Reihe ich hier mit den Kinderfräulein begonnen habe, der vierte. Soll ich es mit einem Wort sagen, was ich Paris für diese Betrachtungen verdanke, so ist es: der Vorbehalt. Kaum wäre es mir möglich, dem Hin und Wieder dieser Erinnerungen an mein frühestes Stadtleben mich zu überlassen, stünden nicht von Paris her streng umschrieben die beiden einzigen Formen vor mir, in denen das auf legitime Art, das heißt mit der Gewähr der Dauer geschehen kann und wäre nicht mein Verzicht, die erste zu erreichen so gründlich wie meine Hoffnung, die zweite einmal zu verwirklichen anhaltend. Die erste Form ist geschaffen im Werke von Marcel Proust und der Verzicht auf jedes Spielen mit verwandten Möglichkeiten wird schwerlich eine bündigere Gestalt finden, als die der Übersetzung, welche ich ihr zu geben vermocht habe. Verwandte Möglichkeiten – gibt es sie überhaupt? Und sicher dulden sie kein Spiel mit sich. Was Proust so spielerisch begann, ist ein atemraubender Ernst geworden. Wer einmal den Fächer der Erinnerung aufzuklappen begonnen hat, der findet immer neue Glieder, neue Stäbe, kein Bild genügt ihm, denn er hat erkannt: es ließe sich entfalten, in den Falten erst sitzt das Eigentliche: jenes Bild, jener Geschmack, jenes Tasten um dessentwillen wir dies alles aufgespalten, entfaltet haben; und nun geht die

Erinnerung vom Kleinen ins Kleinste, von Kleinsten ins Winzigste und immer gewaltiger wird, was ihr in diesen Mikrokosmen entgegentritt. So das tödliche Spiel, mit dem Proust sich einließ, und bei dem er Nachfolger schwerlich mehr finden wird als er Kameraden brauchte.

Das merkwürdigste aber aller Straßenbilder aus meiner frühen Kindheit – merkwürdiger als der Einzug der Bären, den ich mit neun Jahren an der Seite eines Kinderfräuleins – es kann auch meine französische Gouvernante gewesen sein – ansah, merkwürdiger als die Pferdebahn, die die Schillstraße passierte oder dort ihre Endstation hatte, ist – das muß um 1900 gewesen sein – eine vollkommen menschenleere wie ausgestorbene Straße, auf die die schweren polternden Wassermassen ununterbrochen herabströmten. Es war eine lokale Unwetterkatastrophe, in welche ich da hineingeraten war, im übrigen kann ich auch sonst die Vorstellung außerordentlicher Vorgänge an diesem Tage nicht loswerden; ich glaube fast, man hatte uns aus der Schule wieder nach Hause geschickt. Jedenfalls blieb mir von dieser Situation ein Alarmsignal; meine Kräfte müssen am Versagen gewesen sein und mitten in den asphaltierten Straßen der Stadt fühlte ich mich den Naturgewalten preisgegeben⟨,⟩ in einem Urwald wäre ich zwischen den Baumriesen nicht verlaßner gewesen als hier auf der Kurfürstenstraße zwischen den Wassersäulen. Wie ich die beiden bronzenen Löwenmäuler an der Haustür mit ihren Ringen, die nun Rettungsringe waren, erreichte, weiß ich nicht mehr.

Fahrten zum Bahnhof in der ratternden Droschke, die, am Rande des Landwehrkanals entlang, durch die Dunkelheit fuhr und in deren schmutzigen Polstern, kurz ehe es, für ein paar Wochen zumindest, sein Ende fand, das abendliche Beieinander im Salon oder im Wohnzimmer der Elternwohnung beklommen und gewaltsam nochmals sich herstellte. So war es nicht das, was bevorstand, was so schrecklich auf einem lastete, auch eigentlich der Abschied von dem was war sondern das, was noch anhielt, was dauerte; was selbst in dieser ersten Reiseetappe noch sich behauptete. Meist wird das Ziel solcher Fahrten der Anhalter Bahnhof gewesen sein – es ging nach Suderode oder nach Hahnenklee, nach Bad Salzschlirf oder – in den späteren Jahren – nach Freudenstadt. Aber hin und wieder war es auch Arendsee oder Heiligendamm und da ging es vom Stettiner Bahnhof ab. Es ist, glaube ich, seit der Zeit, daß die Dünenlandschaft der Ostsee für mich hier in der Chausseestraße als eine Fata morgana auftaucht, gestützt nur auf die gelben sandigen Farben des Bahnhofsgebäudes und die Vorstellung des hinter seinen Mauern schrankenlos sich öffnenden Horizonts.

Der vierte Führer. Sich in einer Stadt nicht zurechtzufinden – das mag uninteressant und banal sein. Unkenntnis braucht es dazu – sonst nichts. In einer Stadt sich aber zu verirren – wie man in einem Wald sich verirrt – das bedarf schon einer ganz anderen Schulung. Da müssen Schilder und Straßennamen, Passanten, Dächer, Kioske oder Schenken zu dem Umgetriebenen so sprechen wie ein knakkendes Reis im Walde unter seinen Füßen, wie der erschreckende Schrei einer Rohrdommel aus der Ferne, wie die plötzliche Stille einer Lichtung, in deren Mitte eine Lilie aufschießt. Diese Irrkünste hat mich Paris gelehrt; es hat den Traum erfüllt, dessen früheste Spuren die Labyrinthe auf den Löschblättern meiner Schulhefte waren. Es ist auch nicht zu leugnen, daß ich in sein Zentrum, die Kammer mit dem Minotauros geraten bin, nur daß dies mythologische Ungeheuer drei Köpfe hatte; nämlich diejenigen der Insassen des kleinen Bordells in der Rue La Harpe das ich mit Aufbietung meiner letzten Kräfte (und zum Glück nicht ohne den Faden einer Ariadne) betrat. Wenn es aber damit meine beklommensten Erwartungen einlöste, so übertraf es von anderer Seite her meine graphischen Träumereien. Paris, wie es sich mir im Zuge einer hermetischen Tradition erschloß, die ich rückwärts zumindest bis auf Rilke verfolgen kann und deren damaliger Hüter Franz Hessel war, war mehr als ein Irrgarten ein Irrstollen. Unmöglich, die Unterwelt der Metro und der Nord Süd, die sich mit hunderten von Schächten in der ganzen Stadt öffnet, aus meinen endlosen Flanerien fortzudenken.

Und dann der fünfte Führer: Franz Hessel. Ich meine nicht sein Buch »Spazieren in Berlin«, das erst später entstand, sondern jene »Nachfeier«, die unsern gemeinsamen Pariser Gängen nun in der Heimatstadt wie in einem Hafen gegeben war, dessen Mole unter den Tritten der schlendernden Seeleute manchmal sich noch wellenhaft hebt und senkt. Mitte dieser Nachfeier aber war »die grüne

Wiese« – ein Bett das, während ringsum die Couches sich breiten, noch thront und auf dem wir ein kleines gefälliges östlich verblaßtes Nachspiel der großen Schlaffeste gaben, mit denen, ein paar Jahre früher, in Paris, die Surrealisten ihre reaktionäre Laufbahn eröffneten, ohne es zu wissen, so daß an ihnen der Spruch, daß den Seinigen es der Herr im Schlafe gibt, wahr wurde. Auf diese Wiese breiteten wir aus, was wir daheim noch an Frauen mochten, aber es war nicht viel. Der Blick traf unter gesenkten Lidern oft besser als im Zugwind der Treppenhäuser die Palmen, Karyatiden, Glasfenster, Nischen aus denen sich als das erste Kapitel einer Lehre von dieser Stadt die »Tiergartenmythologie« entwickelte. Sie glückte und sie gedieh, denn klug genug waren wir gewesen, Freundinnen aus den Quartieren des Viertels an uns zu ziehen und im ganzen der pariser Gepflogenheit, das quartier zu bewohnen treu zu bleiben. Freilich ist in Berlin das quartier leider Sache der Bessergestellten, weder Wedding noch Reinickendorf noch Tegel ist es so sehr wie Ménilmontant, Auteuil oder Reuilly. Desto schöner waren Raubzüge Sonntag nachmittags, auf denen eine Moabiter Passage, der Stettiner Tunnel oder die Freiheit vor dem Wallnertheater entdeckt wurde. Eine Photographin war unter uns. Und mir scheint, wenn ich an Berlin denke, die Seite der Stadt, der wir damals nachgingen, die einzige, die wirklich der photographischen Aufnahme zugänglich ist. Je näher wir nämlich an ihr heutiges, fließendes, funktionales Dasein herantreten, desto mehr schrumpft der Umkreis des Photographierbaren an ihr; man hat mit recht bemerkt, daß an einer modernen Fabrik z. B. die Photographie kaum mehr irgendetwas Wesentliches auf die Platte bringt. Man kann solche Bilder vielleicht mit Bahnhöfen vergleichen, die in diesem Zeitalter, wo die Eisenbahn zu veralten beginnt, im Allgemeinen auch nicht mehr die echte »Einfahrt« geben, in der die Stadt sich von ihrem Weichbild, ihren Außenvierteln wie in den Zufahrtsstraßen des Automobilisten aufrollt. Der Bahnhof gibt gleichsam die Anweisung auf ein Überraschungsmanöver, aber auf ein veraltetes, das nur auf das alte stößt und nicht anders ist es mit der Photographie, ja noch mit der Momentaufnahme. Erst dem Film eröffnen sich optische Zufahrtsstraßen in das Wesen der Stadt wie sie den Automobilisten in die neue City führen.

Aber dieser Durchblick würde kein Vertrauen verdienen, gäbe er von dem Medium nicht Rechenschaft, in dem diese Bilder allein sich darstellen und eine Transparenz annehmen, in welcher, wenn auch noch so schleierhaft die Linien des Kommenden wie Gipfelzüge sich abzeichnen. Die Gegenwart des Schreibenden ist dieses Medium. Und aus ihr heraus legt er nun einen anderen Schnitt durch die Folge seiner Erfahrung. Er erkennt eine neue und befremdliche Gliederung in ihnen. Die frühe Kindheit zuerst, die ihn in sein Wohnviertel schloß – den alten oder den neuen Westen, welchen die Klasse, die ihn zu ihrem Angehörigen bestimmt hatte, in jener aus Selbstgefühl und Ressentiment gebildeten Haltung bewohnte, die etwas wie ein ihr zum Lehen verliehenes Ghetto aus ihm machte. Jedenfalls war er in dieses Viertel der Wohlhabenden eingeschlossen ohne von einem andern zu wissen. Die Armen – für reiche Kinder seiner Generation lebten sie auf dem Dorfe⟨?⟩. Und wenn er den Armen in dieser Frühzeit sich vorstellen konnte so war es, ohne daß er Name und Herkunft gekannt hätte, unter dem Bilde des Schnorrers, der eigentlich ein Reicher, nur ohne Geld, ist, da er – dem Produktionsprozeß und der von ihm noch nicht zu abstrahierenden Ausbeutung weit entrückt zu seinem Darben sich so kontemplativ verhält wie der Reiche zu seinem Haben. Sein erster Exkurs in die exotische Welt des Elends war bezeichnenderweise ein schriftlicher (nur durch Zufall vielleicht einer seiner ersten) nämlich die Darstellung eines Zettelverteilers und seiner Demütigung durch die Verhaltungsweise des Publikums, das sich der Mühe nicht unterzieht, die angebotenen Zettel auch nur zu nehmen⟨,⟩ so daß dieser Arme – so endete die Geschichte – sich heimlich seines ganzen Packens entledigte. Gewiß eine recht unfruchtbare Bereinigung der Sachlage, in der sich die Ausflucht in Sabotage und Anarchismus schon ankündigt, die späterhin dem Intellektuellen so schwer macht, zur Einsicht in die Dinge zu kommen. Vielleicht, daß man die gleiche Sabotage des wirklichen gesellschaftlichen Daseins noch später, in der geschilderten Verhaltungsweise bei den Gängen durch die City wiederfindet in Gestalt des eigensinnigen Vorbehalts, in keinem Falle eine Front, und sei es mit der eignen Mutter, zu bilden. Kein Zweifel jedenfalls, daß ein Gefühl, die Schwelle der eignen Klasse nun zum erstenmal zu überschreiten an der fast beispiellosen Faszination, auf offener Straße eine Hure anzusprechen, Anteil hatte. Stets aber war am Anfang dieses Überschreiten einer sozialen Schwelle auch das einer topographischen, dergestalt, daß ganze Straßenzüge so im Zeichen der Prostitution entdeckt wurden. Aber war es wirklich ein Überschreiten, ist es nicht vielmehr eher ein eigensinnig-wollüstiges Verharren auf der Schwelle, ein Zögern, das das triftigste Motiv in dem Umstand hat, daß diese Schwelle ins Nichts führt? Unzählig aber sind in den großen Städten die Stellen, wo man auf der Schwelle ins Nichts steht und die Huren sind gleichsam Laren dieses Kultus des Nichts und stehen in den Haustoren der Mietskasernen und auf dem sanfter schallenden Asphalt der Perrons. So wurden mir auf diesen Irrgängen ganz besonders die Bahnhöfe vertraut, die ihre Weichbilder wie die Städte haben: der Schlesische, der Stettiner, der Görlitzer, Bahnhof Friedrichstraße.

Wie es für Kinder Märchen gibt, in denen eine Hexe oder auch eine Fee einen ganzen Wald beherrscht, so kannte ich als Kind eine ganze Straße, die eine Frau unter sich hatte und die sie ausfüllte, obwohl sie immer in ihrem Erker thronte, eine Minute entfernt von dem Hause, in dem ich geboren war: Tante Lehmann. Sie war Statthalterin der Steglitzer Straße. Zu ihrem Zimmer stiegen die Stufen hart hinter der Flurtür steil empor; es war dunkel auf ihnen, bis die Tür zum Zimmer sich auftat und die gebrechliche Stimme gläsern den guten Tag bot und Weisung gab, den gläsernen Rhombus uns auf den Tisch zu stellen, der das Bergwerk umschloß, in dem kleine Männer Karren führten, mit der Spitzhacke schufteten, mit Laternen in die Stollen leuchteten, in den Förderkörben aufwärts und abwärts stets in Bewegung waren. Dieser Tante und ihres Bergwerks wegen konnte die Steglitzer Straße nun nie mehr für mich nach Steglitz heißen. Ein Stieglitz in seinem Käfig hatte mehr Ähnlichkeit mit dieser Straße, in welcher die Tante in ihrem Erker hauste, als der berliner Vorort, der mir nichts sagte. Wo sie an der Genthiner ausläuft, zählt sie zu denen, die vom Wandel der letzten dreißig Jahre am unberührtesten blieben. In den Hinterhäusern und Dachgeschossen haben sich hier, als Hüterinnen des Vergangnen viele Huren niedergelassen, die in der Inflation die Gegend in den Ruf brachten, Schauplatz der niederträchtigsten Zerstreuungen zu sein. Versteht sich, daß man die Etagen niemals erfahren konnte, in denen die Wohnzimmer der Verarmten und der Schoß ihrer Töchter den reichen Amerikanern sich öffnete⟨n⟩.

Wenn ich so, nichts als Stiefel und Waden vor mir, das Gescharr der hunderte von Füßen im Ohr die Treppen emporstieg, packte mich – das glaube ich zu erinnern – oft ein Widerwille, in diese Masse gepfercht zu sein und wieder erschien mir, wie auf jenen Gängen durch die City mit meiner Mutter das Alleinsein als der einzig menschenwürdige Zustand. Sehr begreiflich, denn so eine Schülermasse ist von den gestaltlosesten und unwürdigsten eine und verrät ihre bürgerliche Natur schon darin, daß sie wie jede Ansammlung dieser Klasse in unsern Tagen die rudimentärste Organisationsform darstellt, die ihre einzelnen Glieder ihrem gegenseitigen Verhältnis geben können. Die Gänge mit den Klassenzimmern, die dann endlich vor einem lagen, gehören zu den Schrecknissen, die sich am festesten bei mir eingenistet haben, in meine Träume nämlich, die an der Monotonie, dem kalten Stumpfsinn, der einen beim jedesmaligen Überschreiten der Klassenschwelle erfaßte, Rache genommen haben, indem sie Schauplatz der exzentrischsten Vorgänge werden. Oft dient als Folie die berühmte Angst, man müsse das Abitur noch ein zweites Mal (unter schlechtern Bedingungen) nachholen und nichts als Übermut oder Leichtsinn hatte mich in diese Lage versetzt. Unzweifelhaft eignen sich diese Räume zu traumhafter Vergegenwärtigung, etwas von ihr hat selbst die nüchterne Erinnerung, in der mir die Steinstufen, die ich täglich fünfmal oder öfter noch hinaufhasten mußte, einen feuchten Schweißgeruch absondern. Die Schule, die äußerlich gut instand war, gehörte durch Architektur und Lage zu den trostlosesten. Sie entsprach ihrem Wahrzeichen, einem Gipsstandbild Kaiser Friedrichs, das in einer abgelegnen, von den kriegspielenden Horden freilich bevorzugten Ecke des Hofes klein und kümmerlich vor einer Brandmauer abgestellt war. Eine Schullegende hat es, wenn ich nicht irre, als Stiftung bezeichnet. Dieses Denkmal wurde, zum Unterschied von den Klassenzimmern nie gewaschen und eine ansehnliche Schicht von Schmutz und von Ruß hat sich im Laufe der Jahre darübergelegt. Es steht noch heute an seinem Bestimmungsort. Der Ruß aber regnet darauf tagtäglich aus den passierenden Stadtbahnzügen herab. Garnicht unmöglich, daß meine eingewurzelte Abneigung gegen die Stadtbahn auf diese Zeit zurückgeht, da mir jeder, der an ihren Fenstern saß beneidenswert erschien. Ihm hatte die Schuluhr, die über unsern Köpfen herrschte, nichts zu sagen und ohne es auch nur zu ahnen, durchschnitt er unsern unsichtbar gegitterten Stundenkäfig.

Sehen konnte man ihn übrigens nur in den Pausen, denn die Fenster der Klassenzimmer bestanden in ihrem untern Teile aus Milchglas. »Wandernde Wolken, Segler der Lüfte« hatte für uns die vollendete Präzision, die dieser Vers für Gefangene nun einmal hat. Im übrigen ist mir gerade aus den eigentlichen Klassenzimmern nicht vieles gegenwärtig geblieben außer diesen genauen Gefangnenemblemen: nämlich den Milchglasscheiben und den infamen holzgeschnitzten Supraporten in Zinnenform. Ich würde mich nicht wundern, wenn man mir erzählte, auch die Schränke hätten solche Bekrönungen besessen, ganz von den Kaiserbildern an den Wänden zu schweigen. Heraldischer und ritterlicher Stumpfsinn prunkte wo nur immer möglich. In der Aula aber hatte er sich aufs Festlichste mit dem Jugendstile verbunden. Ein plumpes extravagantes Ornament zog sich mit starren graugrünen Gliedern über der Täfelung ihrer Wände dahin. Gegenständliche Bezüge konnte man ebensowenig wie historische in ihm finden; nirgends bot es dem Auge die mindeste Zuflucht, während das Ohr dem Geschepper der närrischen Ansprachen hilflos ausgesetzt war. Immerhin, unter diesen Aula-Veranstaltungen ist eine wegen der Wirkung vielleicht merkwürdig, die sie Jahre lang auf mich ausübte. Das war die Abschiedsfeier für die Abiturienten. Hier finde ich, wie an einigen andern Stellen, in meinem Gedächtnis streng fixierte Worte, Ausdrücke, Verse, die wie eine bildsame später aber erkaltete Masse den Abdruck des Zusammenstoßes zwischen einem größern Kollektiv und mir in sich bewahrt haben. Wie eine gewisse Art bedeutsamer Träume in Worten das Erwachen überdauert, wenn sonst schon alle übrigen Trauminhalte sich verflüchtigt haben, so sind hier isolierte Worte als Male katastrophaler Begegnungen stehen geblieben. Zu ihnen gehört jenes, mit dem für mich sich ⟨die⟩ gesamte Atmosphäre der Schule verdichtet hat; ich hörte es, als ich zum ersten Male, nachdem ich vorher nur privaten Unterricht bekommen hatte und probehalber eines Vormittags in die spätere Kaiserfriedrichschule – die aber damals noch in der Passauerstraße lag – geschickt worden war. Es haftet dieses Wort noch heute für mich an einer trägen, dicken unschönen Jungensfigur und es lautete: Leithammel. Weiter ist von diesem frühesten Schulerlebnis nichts übrig. Etwas ähnliches wiederholte sich aber ungefähr sechs Jahre später als ich meinen ersten Tag unter befremdlichen und bedrohlichen Verhältnissen in Haubinda verlebte und da von einem mir feindlich und rüde erscheinenden langen Jungen – er spielte keine kleine Rolle in der Klasse – die Frage an mich gerichtet wurde, ob mein Alter schon weg sei. Mir war diese geläufige Vokabel der Schülersprache ganz unbekannt. Ein Abgrund tat sich vor mir auf, den ich mit einem bündigen Protest zu überbrücken trachtete. Hier in der Aula nun waren es die Verse mit denen das vom Schülerchor den Abiturienten gesungene Abschiedslied begann: »Bruder nun zuletzt/geben wir dir jetzt/auf die Wandrung das Geleite« es folgte dann noch etwas mit »treu zur Seite« – diese Verse jedenfalls waren es, die mir alljährlich das Maß meiner Schwäche zu nehmen erlaubten. Denn so greifbar dieser verruchte Schulbetrieb mir täglich vor Augen lag: d⟨ie⟩ Melodie dieses Liedes schien mir den Abschied von dieser Hölle mit unendlicher Wehmut zu umgeben. Als es dann freilich eines Tages an mich und meine Klasse gerichtet wurde, muß es glimpflicher an mir vorübergegangen sein, denn ich weiß nichts mehr davon. Bemerkenswerter ist ein anderer Vers, der als ich ihn einmal im Nebenraum der Turnhalle beim Ankleiden nach der Stunde hörte, mir unvergeßlich blieb. Warum? Vielleicht weil »Schulze« – so hieß der schnoddrige Junge, der ihn wußte, ganz hübsch war, vielleicht weil er mir richtig schien, am wahrscheinlichsten, weil er der Situation in der er fiel, dem überstürzten militärischen Gehaben, so höchst angepaßt war. »Eile nie und haste nie/dann haste nie/Neurasthenie.«

Vor allem denke man nicht, daß da von einer Markt-Halle die Rede war. Nein, man sprach »Mark-Talle« und wie diese beiden Wörter in der Gewohnheit des Sprechens verschlissen waren, daß keines seinen ursprünglichen »Sinn« beibehielt, so waren in der Gewohnheit dieses Ganges verschlissen alle Bilder, die er bot, so daß ihrer keines sich dem ursprünglichen Begriff von Einkauf oder Verkauf darbietet.

Wenn ich ein besseres Deutsch schreibe als die meisten Schriftsteller meiner Generation, so verdanke ich das zum guten Teil der zwanzigjährigen Beobachtung einer einzigen kleinen Regel. Sie lautet: das Wort »ich« nie zu gebrauchen, außer in den Briefen. Die Ausnahmen, die ich mir von dieser Vorschrift gestattet habe, ließen sich zählen. Das hat nun eine sonderbare Folge gehabt, die mit diesen Notizen aufs engste zusammenhängt. Als nämlich eines Tages der

Vorschlag an mich herantrat, für eine Zeitschrift eine Folge von Glossen über alles was mir an Berlin von Tag zu Tag bemerkenswert erscheine in loser, subjektiver Form zu geben – und als ich einschlug – da stellte sich mit einem Mal heraus, daß dies Subjekt, das jahrelang im Hintergrund zu bleiben war gewohnt gewesen, sich nicht so einfach an die Rampe bitten ließ. Aber weit entfernt, Protest einzulegen, hielt es sich vielmehr an die List und so erfolgreich, daß ich einen Rückblick auf das, was Berlin im Laufe der Jahre für mich geworden war, für das gegebne »Vorwort« solcher Glossen hielt. Wenn nun dies Vorwort schon im Umfang weit über jenen Raum hinausgeht, der den Glossen vorgesehen war, so ist es nicht nur das geheimnisvolle Werk der Erinnerung – die eigentlich das Vermögen endloser Interpolationen im Gewesenen ist – sondern zugleich die Vorkehrung des Subjekts, das von seinem »ich« vertreten, nicht verkauft zu werden, fordern darf. Es gibt aber in Berlin eine Gegend, mit der dies Subjekt tiefer als mit jeder andern, die es bewußt in ihr erlebte, verbunden ist. Gewiß hat es Stadtgegenden gegeben, in denen ihm gleich tiefe oder gleich erschütternde Erfahrungen zu machen bestimmt war, aber in ihrer keiner hat sich so unlösbar die Gegend selber ins Geschehen eingemischt. Die Gegend, von der ich hier spreche, ist das Tiergartenviertel. Dort war in einem hinteren Flügel von einem der Häuser die der Stadtbahnüberführung zunächst stehen, das »Heim«. Das war eine kleine Wohnung, die ich in Gemeinschaft mit dem Studenten Ernst Joël gemietet hatte. Wie wir uns dazu vereinigt hatten, kann ich nicht mehr erinnern; ganz einfach wird es schwerlich gewesen sein, denn die Studentengruppe »für soziale Arbeit«, die von Joël geleitet wurde, war während des Semesters, in dem ich den Vorsitz der berliner freien Studentenschaft inne hatte, ein Hauptziel meiner Angriffe und eben als Führer dieser »Sozialen Gruppe« hatte Joël den Mietvertrag unterzeichnet, während mein Beitrag die Rechte des »Sprechsaals« auf das Heim sicherstellte. Die Aufteilung der Räume zwischen den beiden Gruppen – mag sie von räumlichem oder von zeitlichem Charakter gewesen sein – war sehr scharf und in jedem Falle spielte damals für mich nur die Gruppe des Sprechsaals eine Rolle. Meinem Mitkontrahenten Ernst Joël stand ich fremd gegenüber und ich ahnte noch nicht, welchen zauberischen Aspekt der Stadt gerade er mir, fünfzehn Jahre danach, eröffnen sollte. So taucht an dieser Stelle sein Bild nur auf als Antwort auf die

Frage, ob vierzig Jahre nicht ein zu frühes Alter sei, die wichtigsten Erinnerungen des eignen Lebens heraufzurufen. Denn dieses Bild ist nun schon das von einem Toten, und wer weiß, wie er mir den Übergang über diese Schwelle, mit der Erinnerung, sei es auch ans äußerlichste oder oberflächlichste, hätte erleichtern können. Zu dem andern hatte er keinen Zutritt und unter allen die ihn einmal hatten, bin ich als einziger zurückgeblieben. Nie hätte ich gedacht, ich würde ihn auf diesem Wege – dem topographischen – je wieder suchen. Wenn ich mir aber jetzt den ersten Anlauf wieder ins Gedächtnis rufe, den ich – es ist nun länger als zehn Jahre – in dieser Richtung machte, so fällt der Vergleich zu gunsten dieses jüngern und bescheidneren aus. Das war damals in Heidelberg und gewiß in selbstvergeßner Arbeit, daß ich es versuchte, die Gestalt meines Freundes Fritz Heinle, um die all jene Geschehnisse im Heim sich ordnen und mit dem sie verschwinden, in einer Betrachtung über das Wesen der Lyrik zu beschwören. Fritz Heinle war Dichter und unter allen der einzige, dem ich nicht »im Leben« sondern in seiner Dichtung begegnet bin. Er ist mit neunzehn Jahren gestorben und man konnte ihm nicht anders begegnen. Aber dennoch, dieser erste Versuch, den Raum seines Lebens in dem der lyrischen Poesie zu beschwören, war umsonst und das Unmitteilbare der Erfahrung, aus der der Vortrag erwachsen war, in dem ich das unternahm kam im Unverständnis und im Snobismus der Hörer, die ihn im Hause von Marianne Weber hörten, in ihre Rechte unbezwinglich ein. Soviel blasser seitdem die Erinnerung wurde, sowenig ich noch von den Räumen im »Heim« mir deutlich Rechenschaft geben kann, mir scheint heut dennoch der Versuch, dem Toten den äußern Raum, in dem er lebte, ja das Zimmer, in welchem er »gemeldet« war, nachzuzeichnen, befugter als den geistigen zu umfassen, in welchem er dichtete. Vielleicht aber ist das auch nur, weil er in diesem letzten, wichtigsten Jahre seines Lebens den Raum durchschnitt, in dem ich geboren bin. Heinles Berlin war zugleich das Berlin des »Heims«. Er wohnte in diesen letzten Zeiten in dessen nächster Nähe, in einem Zimmer im vierten Stockwerk eines Hauses in der Klopstockstraße. Dort habe ich ihn einmal besucht. Es war nach einer langen Trennung, der ein schweres Zerwürfnis zugrunde lag. Noch heute aber entsinne ich mich des Lächelns, das mir das Ungeheure dieser ganzen Trennungswochen aufwog und mit dem ⟨er⟩ eine, wahrscheinlich fast belanglose Wendung zu einem Zauberspruche machte, welcher den Verletzten heilte. Später – als der Morgen gekommen war, zu dem ein Eilbrief mich mit den Worten geweckt hatte: »Sie werden uns im Heim liegen finden« – als Heinle und seine Freundin gestorben waren, blieb diese Gegend noch eine Weile die Mitte für die Begegnungen der Überlebenden. Heute aber ist sie, wenn ich sie mit ihren altmodischen Etagenhäusern, ihren vielen im Sommer bestaubten Bäumen, den schwerfälligen Eisen- und Steinkonstruktionen der Stadtbahn, die sich durch sie hindurchziehn, den wenigen, in großen Abständen verkehrenden Elektrischen, dem träge bewegten Wasser des Landwehrkanals, der sie von den proletarischen Quartieren Moabits abschloß, den prunkvollen aber nie betretnen Baumgruppen des Schloßparks Bellevue und den unsagbar gemeinen Jagdgruppen, die am großen Stern ihre Zufahrt flankieren, mir in Erinnerung rufe – heut ist mir diese räumliche Stelle, in der wir damals zufällig unser Heim eröffneten, der strengste bildliche Ausdruck für die geschichtliche, die diese letzte wirkliche Elite des bürgerlichen Berlin einnahm. Sie stand dem Abgrund des großen Krieges so nahe wie ihr Heim dem steilen Abfall des Landwehrkanals, sie war scharf von der proletarischen Jugend getrennt wie die Häuser dieser Rentnerviertel von denen Moabits, und sie waren letzte ihres Stammes wie die Bewohner jener Etagenhäuser die letzten gewesen waren, die die fordernden Schatten der Enterbten mit philanthropischen Zeremonien beschwören konnten. Dennoch – oder gerade deswegen – ist soviel sicher, daß zu keiner späteren Zeit die Stadt Berlin selbst in mein Dasein so mächtig eingegangen ist, wie in jener Epoche, da wir sie selber glaubten unberührt lassen zu können, um nur die Schulen in ihr zu verbessern, nur die Unmenschlichkeit der Eltern ihrer Zöglinge zu brechen, nur den Worten Hölderlins oder Georges in ihr ihren Platz zu geben. Es war ein äußerster, heroischer Versuch, die Haltung der Menschen zu verändern ohne ihre Verhältnisse anzugreifen. Wir wußten nicht, daß er scheitern mußte, aber kaum einer war unter uns, den solches Wissen umzustimmen vermocht hätte. Und heute so gut wie damals, wenn auch aus sehr andern Überlegungen heraus, verstehe ich, daß die »Sprache der Jugend« im Mittelpunkt unserer Vereinigungen stehen mußte. Auch weiß ich heute keinen wahreren Ausdruck unserer Ohnmacht als jenen Kampf, der uns damals als der Höhepunkt unserer Kraft und unseres Übermutes erschienen ist, wenn auch selten fühlbarer als an diesem Abend der Schatten des Untergangs war, den das Unverständnis der Beiwohnenden auf uns geworfen hat. Ich denke hier an Heinle und mich, die wir an einem Abend der Aktion zu Worte kamen. Ursprünglich vorgesehen war nur eine Rede von mir und sie war betitelt »Die Jugend«. Es war mir selbstverständlich, daß ihr Text bevor er verlesen wurde, in unserm engsten Kreise bekannt wurde. Kaum war das aber geschehen, so erhob Heinle Einspruch. Sei es, daß er selbst reden, sei es daß ⟨er⟩ mir Änderungen zumuten wollte, welche ich ablehnte – es kam zu einem heftigen Streit und wie immer bei solchen Anlässen war es die ganze Existenz der Streitenden, die eingesetzt wurde – an Heinles Seite die jüngste jener drei Schwestern, um die die wichtigsten Geschehnisse damals gravitierten als stellte das Beisammenleben einer jüdischen Witwe mit ihren drei Töchtern, für eine Gruppe, welcher es mit der Vernichtung der Familie ernst war, den gegebnen Stützpunkt dar. Kurz, jenes Mädchen bestärkte den Freund in seinen Ansprüchen⟨.⟩ Aber auch ich selber wollte nicht zurücktreten. So kam es, daß an jenem Abend der »Aktion« vor einem staunenden, doch wenig gewogenen Publikum zwei Reden gleichen Titels und von fast gleichem Wortlaut verlesen wurden, und in der Tat, der Spielraum jener »Jugendbewegung« war nicht größer als der, den die Nüancen dieser Reden zwischen sich beschlossen. Wenn ich heute an diese beiden Reden zurückdenke, so möchte ich sie den aneinanderschlagenden Inseln der Argonautensage vergleichen, den Symplegaden, zwischen denen kein Schiff heil hindurchkommt und, damals, ein Meer von Liebe und von Haß seine Wogen warf. – Versammlungen der bürgerlichen Intelligenz sind damals sehr viel häufiger gewesen als heutzutage, da sie noch nicht ihre Schranken erkannt hatte. Wir aber dürfen sagen, daß wir diese Schranken fühlten, wenn auch noch lange darüber vergehen sollte, bis die Erkenntnis reif war, daß niemand Schule und Elternhaus verbessern ⟨kann⟩, der den Staat nicht zertrümmert, welcher die schlechten braucht. Wir fühlten diese Schranken, wenn wir unsere Sprechsäle, in denen die Jüngern über die Brutalitäten sprachen, die sie zu Hause zu erdulden hatten, in Salons abhielten, die wir der Freundlichkeit von Eltern dankten, die doch im Grunde garnicht anders als jene dachten, gegen die wir uns wenden wollten. Wir fühlten sie, wenn wir Älteren unsere literarischen Abende in Kneipenzimmern abhielten, die keinen Augenblick vor den bedienenden Kellnern sicher waren, wir fühlten sie, wenn wir unsere Freundinnen in möblierten Zimmern empfangen mußten, die wir nicht wagen durften, abzuschließen, wir fühlten sie in den Verhandlungen mit Saalbesitzern und Portiers, mit Verwandten und Vormündern. Und als dann schließlich, nach dem achten August 1914 die Tage kamen, da die unter uns, die den Toten am engsten verbunden waren, sich nicht mehr von einander trennen wollten, bis sie beerdigt waren, da fühlten wir sie in der Schmach, nur in einem zweideutigen Bahnhofshotel am Stuttgarter Platz eine Zuflucht finden zu können. Selbst der Friedhof bewies uns die Grenze⟨n⟩, die allem, was uns am Herzen lag, von der Stadt gesetzt waren: es war unmöglich, den beiden, die gemeinsam gestorben waren, ein Grab auf einem und demselben Friedhof zu verschaffen. Aber das waren Tage, welche mich für die Einsicht reif machten, der ich später begegnete⟨,⟩ und die mir die Überzeugung gaben, daß auch die Stadt Berlin nicht um die Narben eines Kampfes um die bessere Ordnung herumkommen wird. – Komme ich heute zufällig durch die Straßen des Viertels, so betrete ich sie mit der gleichen Beklommenheit wie eine Bodenkammer, in die man seit Jahren nicht mehr gekommen ist. Es mag da wohl noch Wertvolles drinnen stehen aber niemand kennt sich mehr darin aus. Und wirklich ist dies tote Viertel mit seinen hohen Mietshäusern heute der Abstellraum des Bürgertums aus dem Westen.

Dies war die Zeit, in der die berliner Cafés für uns eine Rolle spielten. Ich entsinne mich noch des ersten, das ich mit Nachdruck in mich aufgenommen habe. Das war viel früher, unmittelbar nach meinem Abiturium. Heute besteht das Viktoriacafé, in dem damals gegen drei Uhr morgens der erste gemeinsame Bummel zu Ende ging, nicht mehr. An seiner Stelle – Ecke Friedrichstraße und Linden – ist eines der lärmenden Luxuscafés von Neu-Berlin getreten, gegen welches dies frühere, so luxuriös es auch zu seiner Zeit gewesen sein mag, sich mir mit allem Zauber der Lüster-Zeit, der Spiegel-Moden und des Plüsch-Comforts abhebt. Dieses alte Café Viktoria war damals unsere letzte Station und wir erreichten sie wohl nur noch als kleiner Zirkel. Es wird schon mehr als halb leer gewesen sein – jedenfalls kann ich unter den Schleiern, die heute vor diesem Bilde liegen, niemanden mehr erkennen als einige Huren, die das weite Café für sich allein zu haben schienen. Wir blieben nicht lange und ich weiß nicht, ob ich das Viktoriacafé, das nicht lange danach verschwunden sein muß, noch einmal betreten habe. Noch war die Zeit nicht gekommen, in der der Cafébesuch mir zum täglichen Lebensbedürfnis wurde und schwerlich ist es Berlin gewesen, das dieses Laster in mir großgezogen hat, so gut es sich auch später den Lokalen dieser Stadt hat anpassen können, welche ein viel zu angestrengtes und bewußtes Genußleben führt, um wirkliche Caféhäuser zu kennen. Unser erstes Café war denn auch vielmehr ein strategisches Quartier als ein Ort der Siesta. Und damit ist es bereits unverwechselbar bezeichnet: Bekanntlich ist das Hauptquartier der Bohème bis in die ersten Jahre des Krieges hinein das alte Café des Westens gewesen. In diesem Café war es, daß wir in den allerersten Augusttagen beieinandersaßen und unter den Kasernen, auf die sich der Ansturm der Freiwilligen richtete, unsere Wahl trafen. Sie fiel auf die der Kavallerie in der Bellealliancestraße und da trat ich dann auch an einem der folgenden Tage an – keinen Funken Kriegsbegeisterung im Herzen, aber so reserviert ich in meinen Gedanken war, denenzufolge es sich einzig darum handeln konnte, bei der unvermeidlichen Einziehung sich seinen Platz unter Freunden zu sichern, in dem Schwall von Leibern, der sich damals vor den Toren der Kasernen staute, war auch meiner. Freilich nur für zwei Tage. Am achten trat dann das Ereignis ein, das diese Stadt und diesen Krieg auf lange Zeit für mich versinken ließ. Oft habe ich Heinle im Café des Westens gesehen. Wir hatten unsere Vereinbarungen dort meistens spät, gegen zwölf Uhr. Ich kann nicht eigentlich sagen, daß wir zur literarischen Bohème, die dort tagte, oder auch nächtigte, enge Beziehungen hatten, wir waren eine Gruppe für uns, die Welt unserer »Bewegung« war eine andere als die der Emanzipierten, welche uns dort umgaben und es gab nur flüchtige Berührungen mit ihnen. Ein Mittelsmann zwischen beiden war eine Zeitlang Franz Pfemfert, der Herausgeber der Aktion; unsere Beziehungen zu ihm waren rein machiavellistischer Art. Auch Else Lasker-Schüler zog mich einmal an ihren Tisch; Wieland Herzfelde, damals ein junger Student war dort zu sehen, Simon Guttmann, von dem noch die Rede sein wird, aber damit ist diese Aufzählung schon bis an die Grenze unserer engeren Welt gekommen. Ich glaube, daß sie dem Café fremd war; die fieberhafte Konzentration, in die uns die Sorge um soviele einander konkurrierende Aktionen versetzte⟨,⟩ die Organisierung der Freien Studentenschaft und die Entwicklung der Sprechsäle, die Ausarbeitung unsrer

Vorträge in größeren Schülerversammlungen, die Hilfe für bedrängte Kameraden, die Sorge um solche, die durch Verwicklungen in Freundschafts- oder Liebessachen gefährdet waren – schied uns von der saturierten, geltungsbewußteren Bohème ab, die uns umgab. Heinle kannte wohl diesen und jenen aus ihr näher, etwa den Maler ⟨Ludwig⟩ Meidner, der ihn gezeichnet hat, aber diese Beziehung blieb für uns unfruchtbar. In der Schweiz las ich dann eines Tages, das Café des Westens sei geschlossen worden. Sehr heimisch war ich darinnen nie. Damals besaß ich noch nicht jene Leidenschaft des Wartens, ohne die man die Annehmlichkeiten eines Cafés nicht gründlich empfinden lernt. Und wenn ich mich eines nachts auf dem Sofa, das um einen der Mittelpfeiler gebaut war, in dem rauchigen Raum warten sehe, so war es wohl eher ein fieberhaftes auf den Ausgang einer Verhandlung im Sprechsaal oder auf einen der Unterhändler, die in Aktion traten, wenn die Spannungen wieder einmal einen unerträglichen Grad erreicht hatten. Sehr viel vertrauter wurde mir das benachbarte Café, dessen Anfänge noch in die Zeit fallen, von der ich hier spreche. Das ist das Prinzeßcafé. Man wird beim Versuch einer »Physiologie der Caféhäuser« die erste, oberflächlichste Gruppierung in Berufs- und Vergnügungslokale vornehmen. Wenn man nun aber von den aufdringlichsten, industriell betriebnen Vergnügungsetablissements absieht, so wird man sehr bemerken, daß in der Geschichte der meisten Lokale die beiden Funktionsarten sich überdecken. Ein besonders greifbares Beispiel bietet dafür die Geschichte des romanischen Cafés gerade vom Zeitpunkt ab, da der Besitzer des Cafés des Westens seine Stammgäste vor die Tür setzte. Sehr bald nahm das romanische Café die Bohème auf und in den unmittelbar auf den Krieg folgenden Jahren konnte sie sich in ihm als Herr des Hauses fühlen. Der legendäre, nun schon tote, Zeitungskellner Richard – ein Buckliger, der wegen seines schlechten Leumunds in diesen Kreisen in Ehren gehalten wurde – war das Emblem ihrer Herrschaft. Als die Konjunktur in Deutschland von neuem anstieg, verlor die Bohème zusehends die bedrohliche Atmosphäre, die sie noch in den Zeiten der expressionistischen Revolutionsmanifeste umwittert hatte. Der Bürger revidierte sein Verhältnis zu den Insassen des Café Größenwahn (so wurde das Romanische Café bald genannt⟨)⟩ und fand alles beim Alten. In diesem Augenblick begann die Physiognomie des Romanischen Cafés sich zu ändern.

Die »Künstler« traten in den Hintergrund, um mehr und mehr ein Teil des Inventars zu werden und die Bourgeoisie – vertreten durch Börsianer, Manager, Film- und Theateragenten, literarisch interessierte Kommis – begannen den Platz – und zwar als ein Vergnügungslokal – zu besetzen. Denn zu den primitivsten und unentbehrlichsten Zerstreuungen des Großstadtbürgers, der tagaus tagein inmitten einer unendlich vielgestaltigen gesellschaftlichen Umwelt in das Sozialgefüge seines Büros und seiner Familie gesperrt ist – gehört in eine andere Umwelt einzutauchen, je exotischer sie ist, umso besser. Daher die Künstler-, die Verbrecherlokale. Der Unterschied der beiden ist in dieser Hinsicht nur gering. Die Geschichte der berliner Lokale ist zum guten Teil die der Publikumsschichten unter denen die, welche das Parkett eroberte allmählich nachrückenden den Platz zu räumen und die Bühne zu betreten haben ⟨sic⟩. Eine solche Bühne war für Heinle und mich das Prinzeßcafé, das wir als Inhaber von Logenplätzen zu betreten pflegten. Das ist beinahe wörtlich zu nehmen: denn dies, von Lucian Bernhard, einem damals sehr gesuchten Innenarchitekten und Plakatzeichner – entworfene Café stellte seinen Besuchern eine Fülle lauschiger Buchten oder Logen zur Verfügung, es stand geschichtlich in der Mitte zwischen den Chambres séparées und den Mokkadielen. Welchem Berufsstand dementsprechend dies Lokal in erster Linie diente, ist damit klar. Und wenn wir es betraten, ja eine Zeitlang zu unserm Stammlokal machten, so war es sicher der Kokotten wegen. Heinle schrieb damals »Prinzeß-Café.« »Türen führen Kühle über durch Gesang«. Wir hatten nicht die Absicht Bekanntschaften in diesem Café ⟨zu⟩ machen. Im Gegenteil – was uns hier anzog, war, in eine Umwelt eingeschlossen zu sein, die uns isolierte. Jede Abgrenzung gegen die literarischen Zirkel der Stadt war uns recht. Diese allerdings mehr als jede andere. Und das hing in der Tat mit den Kokotten zusammen. Aber das führt in eine unterirdische Schicht dieser Jugendbewegung hinein, zu der der Zugang sich in einem Atelier in Halensee befand, dessen wir uns später erinnern werden. Es ist gut möglich, daß S. G⟨uttmann⟩, sein Bewohner, auch hier bisweilen mit uns zusammentraf. Im Gedächtnis geblieben ist mir das nicht, wie überhaupt an dieser Stelle mehr als anderswo die Menschen gegen das Lokal zurücktreten und keiner unter ihnen mir so gegenwärtig ist, wie ein verlaßner, ungefähr kreisförmiger, mit violettem Tuche ausgespannter und violett beleuchteter Raum der oberen Etage, in dem immer eine ganze Anzahl von Plätzen leer war, indessen auf andern Liebespaare sowenig Raum wie nur möglich einnahmen. Ich nannte diesen Zirkel »die Anatomie«. Später, als diese Periode längst abgeschlossen war, saß ich dort lange Abende in der Nähe irgend einer Jazzbandkapelle und schrieb, meine Blätter und Zettel unauffällig zu Rate ziehend, an meinem »Ursprung des deutschen Trauerspiels«. Als eines Tages eine neue »Renovierung« einsetzte, und aus dem Prinzcafé das Café Stenwyk machte, gab ich es auf. Jetzt ist es bis zu einer Bierrestauration herabgesunken.

Nie mehr hat Musik etwas so Entmenschtes, Schamloses besessen, als die der beiden Blechkapellen, die den Strom von Menschen temperierten, der sich zwischen den Kaffeerestaurationen des Zoo die Lästerallee entlangschob. Heute erkenne ich, was die Gewalt dieser Strömung ausmachte. Für den Großstädter gibt es keine höhere Schule des Flirts als diese, die umgeben war von Sandplätzen der Gnus und der Zebras, den kahlen Bäumen und Rissen auf denen die Aasgeier und die Kondore nisteten, den stinkenden Wolfsgattern und den Brutplätzen der Pelikane und Reiher. Die Rufe und die Schreie dieser Tiere mischten sich mit in den Lärm der Pauken und des Schlagzeugs. Das war die Luft, in welcher zum erstenmal der Blick eines Knaben auf eine Vorübergehende fiel, während er um so eifriger zu seinem Freunde sprach. Und so groß war die Mühe, weder in Blick noch Stimme sich zu verraten, daß er nichts von ihr sah.

Damals hatte der Zoologische Garten noch einen Eingang an der Lichtensteinbrücke. Von allen dreien war er der am wenigsten belebte, er führte auch in seinen abgestorbensten Teil: die Allee, auf welche er mündete, ähnelte mit den milchweißen Kugeln ihrer Kandelaber irgend einer verlaßnen Brunnenpromenade von Wiesbaden oder Pyrmont und ehe die Wirtschaftskrise diese Kurorte so verödet hatte, daß sie altertümlicher als römische Thermen erscheinen, hatte dieser tote Winkel des Zoologischen Gartens ein Bild des Bevorstehenden, also ein weissagender Winkel. Man muß es für gewiß halten, daß es solche gibt, ja wie es Pflanzen gibt, von denen die Primitiven behaupten, daß sie ihnen die Kraft geben, in die Ferne zu sehen, so gibt es Orte, die solche Kraft an sich haben:

verlassene Promenaden können es sein, auch Wipfel, besonders städtischer Bäume, die gegen die Mauern stehen, Bahnhofschranken und vor allem die Schwellen, die geheimnisvoll zwischen Bezirken der Stadt sich erheben. Im Grunde war eine solche Schwelle auch das Lichtensteinportal, die zwischen den beiden westlichen Parks. Es war als setzte in beiden, an der Stelle wo sie sich am nächsten waren, das Leben aus. Und noch fühlbarer wurde diese alltägliche Verlassenheit für den, der sich der glänzenden Auffahrt erinnerte, die in den Ballnächten, einige Jahre lang von einem Portal der Adlersäle zu sehen war, aber jetzt ebenso außer Gebrauch geraten ist wie das, längst geschlossene, Portal.

Wie gänzlich hiervon (der Musik des Zoo) unterschieden war eine andere Parkmusik, die mir schon früher zu erklingen begonnen hatte. Sie kam von der Rousseau-Insel und beschwingte die Schlittschuhläufer des Neuen Sees zu ihren Schleifen und Bögen. Ich war unter ihnen, lange ehe ich eine Vorstellung von der Herkunft des Inselnamens, geschweige denn der Schwierigkeiten seiner Schreibart hatte. Durch ihre Lage war diese Eisbahn keiner andern zu vergleichen und mehr noch durch ihr Leben in den Jahreszeiten. Denn was machte der Sommer aus den übrigen? Tennisplätze. Hier aber erstreckte sich unter den weit überhängenden Ästen der Uferbäume ein See, an den labyrinthische Wasserläufe sich schlossen und nun glitt man unter den kleinen geschwungnen Brücken hindurch, auf deren Brüstung oder an deren von Löwenmäulern getragnen Ketten gelehnt man im Sommer dem Gleiten der Boote in dem dunklen Wasser zugesehen hatte. Verschlungne Wege gab es in der Nähe des Sees und vor allem die zärtlichen Asyle einsamer Alter, Bänke »Nur für Erwachsene« am Rande des Sandhaufens mit seinen Kuten und Gräben, an denen die Kleinen buddeln oder vor denen sie sinnend stehen bis einer sie anstößt oder von der gebietenden Bank her die Stimme des Kindermädchens kommt, das hinter dem leeren Wagen streng und gelehrig seinen Roman liest und beinah ohne aufzublikken das Kind in Zucht hält, um nach getaner Arbeit mit dem Fräulein an dem anderen Ende der Bank, die den Kleinen zwischen den Knien hält und strickt, zu tauschen. Dahin finden einsame alte Männer, bringen den Ernst des Lebens mitten unter dem unvernünftigen Weiberhaufen, zwischen den schreienden Kindern zu Ehren: die Zeitung. War die Geliebte endlich nach langem Schlendern in den Wegen des Gartens gegangen, hatte ich keinen liebern Platz ihr nachzuhängen als eine Bank ohne Lehne auf diesen Plätzen und niemals fegte ich den Sand fort, wo ich mich niedersetzte. All diese Bilder habe ich bewahrt. Keines aber würde den Neuen See und ein paar Stunden meiner Kindheit so mir wiedergeben wie noch einmal die Takte zu vernehmen, mit denen meine von den Schlittschuhen beschwerten Füße nach einem einsamen Streifzug über die belebte Fläche wieder den vertrauten Bretterboden erreichten und an den Stollwerckautomaten und dem prächtigern, wo eine Henne ein bonbongefülltes Ei legt, vorüber über die Schwelle stolperten, hinter der der Anthrazitofen glühte und die Bank stand, auf der man nun die Last der Eisenschienen an den Füßen, die noch den Boden nicht erreichten, eine Weile auskostete, bevor man sich entschloß, sie abzuschnallen. Bettete man dann langsam den Schenkel aufs andere Knie, und schraubte den Schlittschuh los, da war es als hätte man anstatt seiner mit einem Mal Flügel an die beiden Füße bekommen und mit Schritten trat man hinaus, die dem gefrorenen Boden zunickten.

Die Sprache hat es unmißverständlich bedeutet, daß das Gedächtnis nicht ein Instrument zur Erkundung der Vergangenheit ist sondern deren Schauplatz. Es ist das Medium des Erlebten wie das Erdreich das Medium ist, in dem die toten Städte verschüttet liegen. Wer sich der eigenen verschütteten Vergangenheit zu nähern trachtet, muß sich verhalten wie ein Mann, der gräbt. Das bestimmt den Ton, die Haltung echter Erinnerungen. Sie dürfen sich nicht scheuen, immer wieder auf einen und denselben Sachverhalt zurückzukommen; ihn auszustreuen wie man Erde ausstreut, ihn umzuwühlen wie man Erdreich umwühlt. Denn Sachverhalte sind nur Lagerungen, Schichten, die erst der sorgsamsten Durchforschung das ausliefern, was die wahren Werte, die im Erdinnern stecken, ausmacht: die Bilder, die aus allen früheren Zusammenhängen losgebrochen als Kostbarkeiten in den nüchternen Gemächern unserer späten Einsicht – wie Trümmer oder Torsi in der Galerie des Sammlers – stehen. Und gewiß bedarf es, Grabungen mit Erfolg zu unternehmen, eines Plans. Doch ebenso ist unerläßlich der behutsame, tastende Spatenstich ins dunkle Erdreich und der betrügt sich selber um das Beste, der nur das Inventar der Funde und nicht auch dies dunkle Glück von Ort und Stelle des Findens selbst in seiner Niederschrift bewahrt. Das vergebliche Suchen gehört dazu so gut wie das glückliche und daher muß die Erinnerung nicht erzählend, noch viel weniger berichtend vorgehn sondern im strengsten Sinne episch und rhapsodisch an immer andern Stellen ihren Spatenstich versuchen, in immer tieferen Schichten an den alten forschend.

Gewiß stehen zahllose Fassaden der Stadt genau wie sie in meiner Kindheit gestanden haben; der eignen Kindheit aber begegne ich in ihrem Anblick nicht. Zu oft sind meine Blicke seitdem an ihnen entlanggestrichen, zu oft sind sie Dekor und Schauplatz meiner Gänge und Besorgungen gewesen. Und die wenigen, die eine Ausnahme von dieser Regel machen – allen voran die Matthäikirche auf dem Matthäikirchplatz – sind vielleicht nur eine scheinbare. Denn habe ich den abgelegenen Winkel, wo sie steht, wirklich in meinen Kinderjahren häufiger gesehen, ja auch nur gekannt? Ich weiß es nicht. Was er mir heute sagt, das dankt er wohl durchaus und ganz allein dem Bauwerk selbst: der Kirche mit den beiden spitze⟨n⟩ Giebeldächern über ihren Seitenschiffen und dem gelben und ocker Backstein, aus dem sie errichtet ist. Es ist eine altmodische Kirche, mit der es steht wie mit manchen altmodischen Bauten; sie wissen obwohl sie garnicht mit uns klein gewesen sind, ja uns vielleicht nicht einmal kannten als wir Kinder waren, dennoch von unsrer Kindheit vieles und wir lieben sie darum. Ganz anders aber würde ich mich selber in diesem Alter gegenwärtig finden, hätte ich den Mut, eine gewisse Haustür zu durchschreiten, an der ich tausend und zehntausendmal vorüberfuhr. Eine Haustür im alten Westen. Sie und die Fassade ihres Hauses freilich sagen meinen Augen nichts mehr. Die Sohlen wären wohl die ersten, die mir, wenn ich die Haustür hinter mir geschlossen hätte, Meldung brächten, daß sie Abstand und Zahl der ausgetretnen Treppenstufen in mir selber aufgefunden hätten⟨,⟩ daß sie auf dieser ausgetretenen Etagentreppe in alte Spuren getreten seien und wenn ich die Schwelle jenes Hauses nicht mehr überschreite ist es die Furcht vor einer Begegnung mit diesem Innern des Treppenflurs, der in der Abgeschiedenheit die Kraft bewahrt hat, mich wiederzuerkennen, welche die Fassade längst verlor. Denn er ist mit seinen bunten Scheiben der gleiche geblieben, wenn auch im Innern, wo man wohnt, nichts mehr beim Alten blieb. Öde Verse erfüllten die Intervalle unseres Herzschlags wenn wir erschöpft auf dem Absatz zwischen den

Stockwerken innehielten. Sie dämmerten oder sie blitzten von einer Scheibe, aus der eine Frau mit nußfarbnem Braun mit einem Pokal schwebend wie die Raffaelsche Madonna aus einer Nische stieg und während die Riemen der Mappe mir in die Schultern schnitten, mußte ich lesen: Arbeit ist des Bürgers Zierde, Segen ist der Mühe Preis. Draußen regnete es vielleicht. Eine der bunten Scheiben stand offen und beim Takte der Tropfen ging es weiter die Treppe herauf.

Motto: O braungebackne Siegessäule
Mit Kinderzucker aus den Wintertagen.

Ich habe in Berlin nie auf der Straße gelegen. Die Abendröte habe ich gesehen und die Morgenröte, zwischen beiden aber war ich unter gekrochen. Nur die wissen von einer Stadt etwas, was ich nicht erfahre, denen das Elend oder das Laster sie zu einer Landschaft machte, die sie durchstreifen von Sonnenuntergang bis Sonnenaufgang. Ich habe immer ein Quartier gefunden, manchmal allerdings war es ein spätes und ein unbekanntes dazu, das ich nicht wieder bezog und in dem ich auch nicht allein war. Wenn ich so spät unter einem Hausbogen innehielt, hatten sich meine Beine in die Bänder der Straße verwickelt, und die saubersten Hände waren es nicht, die mich freimachten.

Erinnerungen, selbst wenn sie ins Breite gehen, stellen nicht immer eine Autobiographie dar. Und dieses hier ist ganz gewiß keine, auch nicht für die berliner Jahre, von denen hier ja einzig die Rede ist. Denn die Autobiographie hat es mit der Zeit, dem Ablauf und mit dem zu tun, was den stetigen Fluß des Lebens ausmacht. Hier aber ist von einem Raum, von Augenblicken und vom Unstetigen die Rede. Denn wenn auch Monate und Jahre hier auftauchen, so ist es in der Gestalt, die sie im Augenblick des Eingedenkens haben. Diese seltsame Gestalt – man mag sie flüchtig oder ewig nennen – in keinem Falle ist der Stoff, aus welchem sie gemacht wird, der des Lebens. Und das verrät sich weniger noch an der Rolle, die hier mein eignes Leben spielen wird, als der der Menschen, die in Berlin – wann immer und wer immer – mir die nächsten waren. Die Luft der Stadt, die hier beschworen wird, gönnt ihnen nur ein kurzes, schattenhaftes Dasein. Sie stehlen sich an ihren Mauern hin wie Bettler, tauchen in ihren Fenstern geisterhaft empor, um zu verschwinden, wittern um Schwellen wie ein Genius loci und wenn sie selbst ganze Viertel mit ihre⟨n⟩ Namen erfüllen so ist es auf die Art, wie der des Toten den Denkstein auf seinem Grabe. Das nüchterne und lärmende Berlin, die Stadt der Arbeit und die Metropole des Betriebs hat doch nicht minder sondern eher mehr als manche andern die Orte und die Augenblicke, da sie von den Toten zeugt, von den Toten sich erfüllt zeigt und d⟨er⟩ dunkle Sinn für diese Augenblicke, diese Orte gibt vielleicht, mehr als alles anderes, den Erinnerungen der Kindheit das, was sie so schwer zu fassen und zugleich so lockend quälend macht wie halb vergeßne Träume. Denn die Kindheit, die keine vorgefaßte Meinung kennt, kennt auch fürs Leben keine. Es kommt dem Totenreich, wo es in das der Lebenden hin⟨ein⟩ragt ebenso preziös verbunden (freilich auch nicht weniger reserviert) entgegen wie dem Leben selbst. Wieweit ein Kind zurückzugreifen vermag, ist schwer zu wissen, hängt von vielem, der Zeit, der Umwelt, der Natur und der Erziehung ab. Daß mein Gefühl für jene Tradition der Stadt Berlin, die nicht in ein paar Daten über Stralauer Fischzug, Fridericus achtzehnhundertachtundvierzig umschrieben ist – für jene topographische Tradition, die die Verbindung mit den Toten dieses Bodens darstellt, begrenzt ist, liegt schon darin beschlossen, daß die Familien meiner beiden Eltern nicht zu den Eingeborenen gehören. Das setzt dem kindlichen Erinnern – und dies ist es mehr als das kindliche Erleben selbst, das sich im folgenden bekundet, seine Grenze. Aber wo immer diese Grenze auch verlaufen mag: die zweite Hälfte des neunzehnten Jahrhunderts liegt gewiß diesseits von ihr und sie ist es, der die folgenden Bilder angehören, nicht in der Art genereller sondern jener, die nach der Lehre des Epikur aus den Dingen ständig sich absondern und unsere Wahrnehmung von ihnen bedingen.

Im Rücken lag der Vorraum mit den gefährlichen schweren in den starken Spiralen elastisch schwingenden Türen und nun hatte man die Fliesen betreten, die schlüpfrig waren von Fischwasser oder von Spülwasser und auf denen man so leicht auf Karotten ausgleiten konnte oder auf Lattichblättern. Hinter Drahtverschlägen, jeder behaftet mit einer Nummer, thronten die schwerbeweglichen Weiber, Priesterinnen der käuflichen Ceres, Marktweiber aller Feld- und Baumfrüchte, aller eßbaren Vögel, Fische und Säuger, Kupplerinnen, unantastbare, strickwollene Kolosse welche von Stand zu Stand zitternd sich mit einem Blitzen der großen Knöpfe aus Perlmutt oder einem Schlag auf die dröhnende schwarze Schürze oder die Katze voll Geld verständigten. Brodelte, quoll und schwoll es nicht unterm Saum ihrer Röcke, war nicht dies der wahrhaft fruchtbare Boden? Warf nicht in ihren Schoß ein Marktgott selber die Ware: Beeren, Schaltiere, Pilze, Klumpen von Fleisch und Kohl, unsichtbar beiwohnend ihnen, die sich ihm gaben, während sie träge und schweigend die Reihen der schwankenden Hausfrauen musterten, die, mit Körben und Taschen beladen, mühsam die Brut vor ihnen durch diese glatten, verrufnen Gassen zu steuern sich mühten. Gingen aber im Winter frühe am Abend die Gaslichter an, glaubte im Nu man zu sinken und im sanften Gleiten nun erst die Tiefe unter dem Meeresspiegel zu spüren, der undurchsichtig träg sich in den gläsernen Wassern ⟨Weihern?⟩ bewegte.

Je öfter ich auf diese Erinnerungen zurückkomme, desto weniger erscheint es mir zufällig, eine wie geringe Rolle in ihnen die Menschen spielen: Ich denke an einen Nachmittag in Paris, dem ich Einsichten in mein Leben verdanke, die blitzartig, mit der Gewalt einer Erleuchtung mich überfielen. Eben an diesem Nachmittag war es, daß meine biographischen Beziehungen zu Menschen, meine Freundschaften und Kameradschaften, meine Leidenschaften und Liebschaften in ihren lebendigsten, verborgensten Verflechtungen sich offenbarten. Ich sage mir: es mußte in Paris sein, wo die Mauern und Quais, der Asphalt, die Sammlungen und der Schutt, die Gatter und Squares, die Passagen und die Kioske uns eine so einzigartige Sprache lehren, daß unsere Beziehungen zu den Menschen in der uns umfangenden Einsamkeit, unserm Versunkensein in jene Dingwelt, die Tiefe eines Schlafs erreichen, in welcher das Traumbild sie erwartet, das ihnen ihr wahres Gesicht offenbart. Ich will von diesem Nachmittag sprechen, weil er so kenntlich machte von welcher Art das Regiment ist, das Städte über die Phantasie führen und warum die Stadt, in der die Menschen am rücksichtslosesten einander beanspruchen, die Verabredungen und Telefongespräche, die Sitzungen und Besuche, der Flirt und der Lebenskampf dem Einzelnen keinen beschaulichen Augenblick gönnen, in der Erinnerung ihre Revanche nimmt und der Schleier, welchen sie im Verborgnen aus unserm Leben gewirkt hat, weniger die Bilder der

Menschen als die der Schauplätze zeigt, an denen wir andern oder uns selber begegneten. An dem Nachmittag nun, von welchem ich reden will, saß ich im Innenraum des Cafés des deux magots bei St Germain des Prés, wo ich – wen habe ich vergessen – erwartete. Da kam mit einem Male und mit zwingender Gewalt der Gedanke über mich, ein graphisches Schema meines Lebens zu zeichnen und ich wußte im gleichen Augenblick auch schon genau wie das zu tun sei. Es war eine ganz einfache Frage, mit der ich meine Vergangenheit durchforschte und die Antworten zeichneten sich wie von selber auf ein Blatt, das ich hervorzog. Ein oder zwei Jahre später als ich dieses Blatt verlor, war ich untröstlich. Nie wieder habe ich es so herstellen können, wie es damals vor mir entstand⟨,⟩ einer Reihe von Stammbäumen ähnlich. Jetzt aber, da ich in Gedanken seinen Aufriß wiederherstellen möchte ohne ihn geradezu wiederzugeben, möchte ich lieber von einem Labyrinth sprechen. Was in der Kammer seiner rätselhaften Mitte haust, Ich oder Schicksal, soll mich hier nicht kümmern, umso mehr aber die vielen Eingänge, die ins Innere führen. Diese Eingänge nenne ich Urbekanntschaften; ihrer jeder ist graphisches Symbol meiner Bekanntschaft mit einem Menschen, den ich nicht durch andere Menschen sondern sei es durch Nachbarschaftsverhältnisse, Verwandtschaft, Schulkameradschaft, Verwechslung, Reisegenossenschaft – es gibt nicht allzu viele solcher Situationen – begegnet war. Soviel Urbekanntschaften, soviele verschiedene Eingänge ins Labyrinth. Da nun aber die meisten jener Urbekanntschaften – zumindest die, welche uns im Gedächtnis bleiben, ihrerseits neue Bekanntschaften erschließen, Beziehungen zu neuen Menschen eröffnen, so zweigen von diesen Gängen nach geraumer Zeit seitliche ab (rechts mag man die männlichen einzeichnen, links die weiblichen). Ob sich zuletzt Verbindungswege von einem dieser Systeme zum andern bahnen, auch das hängt von den Verflechtungen unseres Lebenslaufes ab. Wichtiger aber sind die überraschenden Einsichten, die aus dem Studium dieses Schema⟨s⟩ in die Verschiedenheit der individuellen Lebensläufe sich ergeben. Welche Rolle spielt unter den Urbekanntschaften im Leben der verschiednen Menschen Beruf und Schule, Verwandtschaft und Reise? Und vor allem: gibt es im Einzeldasein etwas wie verborgene Bildungsgesetze jener vielen Einzelgänge? Welche setzen früh und welche spät im Leben ein? Welche setzen sich bis ans Ende unseres Daseins fort und welche sterben ab? »Wenn einer

Charakter hat, sagt Nietzsche, so erfährt er immerfort dasselbe.« Mag das im großen wahr sein oder nicht, so gibt ⟨es⟩ doch im kleinen vielleicht Wege, die immer wieder uns zu solchen führen, die eine und die nämliche Funktion für uns besitzen: Gänge, die immer wieder uns in den verschiednen Lebensaltern zum Freunde, zum Verräter, zur Geliebten, zum Schüler oder zum Meister führen. Das war es, was der Aufriß meines Lebens, wie er an jenem pariser Nachmittag vor mir entstand, mir zeigte. So treten auf dem Hintergrund der Stadt die Menschen, die um mich gewesen waren, zur Figur zusammen. Es war um viele Jahre früher, ich glaube zu Beginn des Krieges, daß in Berlin sich auf dem Hintergrund der Menschen, welche mir damals am nächsten waren, die Welt der Dinge zu einem ähnlich tiefen Sinnbild sich zusammenzog. Zusammen aber zog sie sich in vier Ringe. Das führt mich in eines der alten berliner Häuser am Kupfergraben. Mit ihren schlichten vornehmen Fassaden und ihren breiten Treppenhäusern mögen sie aus de⟨n⟩ Schinkelschen Jahren stammen. In einem von ihnen wohnte zu der Zeit, von der ich spreche, ein bedeutender Antiquitätenhändler. Eine Auslage hatte er nicht. Man mußte sich in seine Etagenwohnung begeben, um in einigen Vitrinen eine Auswahl vorgeschichtlicher Spangen und Fibeln, langobardischer Ohrgehänge, spätrömischer Halsketten, mittelalterlicher Münzen und vieler ähnlicher Kostbarkeiten zu bewundern. Wie mein Schulfreund A⟨lfred⟩ C⟨ohn⟩ ihn aufgespürt hatte, weiß ich nicht. Aber deutlich erinnere ich den Anteil, mit dem ich dort, unter dem Eindruck der kürzlich erst von mir studierten »Spätrömischen Kunstindustrie« von Alois Riegl die Brustschilder von plattiertem Golde und die granatgeschmückten Armbänder betrachtete. Wir waren, wenn ich nicht irre, zu dritt: mein Freund, seine damalige Verlobte oder Frau Dorothea J. und ich. C. ließ sich Ringe zeigen – griechische Gemmen, Kameen der Renaissance, Ringe der Kaiserzeit, meistens in Halbedelsteine geschnittene Arbeiten. Jeder der vier, die er schließlich erstand, hat sich mir unvergeßlich eingeprägt. Bis auf einen, den ich aus den Augen verloren habe, sind sie bis heute noch bei denen, welchen sie an diesem Vormittage zugedacht worden sind. Dieser eine, ein heller gelber Rauchtopas ist es gewesen, den damals Dorothea J. sich wählte. Die Arbeit in ihm war griechisch und stellte auf winzigem Raum die Leda dar, wie sie zwischen ihren geöffneten Schenkeln den Schwan empfängt. Er war sehr anmutig.

Weniger Bewunderung konnte ich dem Amethyst entgegenbringen, den der Schenkende Ernst S⟨choen⟩ unserm gemeinsamen Freunde bestimmte: ein Italiener des 15ten oder 16ten Jahrhunderts hatte ein Profil – ⟨Emil⟩ Lederer behauptete das des Pompejus – in ihn eingeschnitten. Ganz anders aber betrafen mich die beiden letzten Ringe. Der eine war mir zugedacht, doch nur als ganz interimistischem Besitzer; im Grunde war er bestimmt, durch mich als mein Geschenk an meine damalige Verlobte Grete R⟨adt⟩ zu kommen. Es war der faszinierendste Ring, den ich je gesehen habe. In einen dunklen massigen Granat geschnitten, stellte er ein Medusenhaupt dar. Es war eine Arbeit der römischen Kaiserzeit. Die lichte Fassung war nicht mehr die alte. Trug man den Ring am Finger so schien er nur der vollkommenste von allen Siegelringen. In sein Geheimnis trat erst ein, wer ihn abzog und nun das Haupt gegen das Licht gehalten sich betrachtete. Da die verschiednen Schichten des Granats verschieden lichtdurchlässig waren, die dünnste aber so transparent, daß sie wie rosenfarben glühte, so glaubte man die düstern Schlangenleiber des Hauptes über eine Stirne wellen zu sehen, unter der zwei tiefe glühende Augen aus einem Antlitz sahen, das mit den purpurschwarzen Flächen der Wangen wieder in die Nacht zurücktrat. Später habe ich einigemale versucht, mit diesem Stein zu siegeln; es zeigte sich aber, daß er zu Rissen neigte und der äußersten Schonung bedurfte. Kurze Zeit nachdem ich ihn verschenkt hatte, löste ich meine Beziehungen zu seiner neuen Besitzerin. Mein Herz ging schon damals mit dem letzten jener vier Ringe, welchen der Geber seiner Schwester vorbehalten hatte. Und gewiß stellte dieses Mädchen die eigentliche Schicksalsmitte dieses Kreises dar, doch eh wir das erkennen konnten, vergingen Jahre. Denn ungeachtet ihrer Schönheit – die selbst nicht glänzend sondern unscheinbar und stumpf war – hatte sie nichts, was sie zum Mittelpunkte zu bestimmen schien. Und wirklich war sie nie der Mittelpunkt von Menschen sondern, im strengen Sinne, wirklich der von Geschicken, als habe ihre pflanzenhafte Passivität und Trägheit diesen, die ja am meisten von allen menschlichen Dingen pflanzlichen Gesetzen zu unterliegen scheinen, sie zugeordnet. Vieler Jahre bedurfte ⟨es⟩, ehe in seinem Zusammenhange an den Tag trat, was damals teils im Keim sich zu entfalten anfing, teils noch schlummerte: das Schicksal, kraft dessen sie, die zu dem Bruder im innigsten, die Grenzen der Geschwisterliebe bis zum Rande erfüllenden

Verhältnis stand die Freundin der beiden nächsten Freunde ihres Bruders werden sollte – dessen, der den mit dem Pompejushaupt erhielt und meiner – um schließlich ihren Mann im Bruder der Frau zu finden, welche ihr eigner Bruder in zweiter Ehe heiratete – und das war die, die damals, an dem Tag von dem ich spreche, von mir den Ring mit dem Medusenhaupt erhielt. Wenige Tage später wird es gewesen sein, daß ich dem Lapislazuli mit der von Laub umrankten Laute, die in ihn geritzt war – dem vierten Ringe und seiner Trägerin – dieses Sonnett nachsandte: Deinem Finger, dem sie sich vertraute ⟨abgebrochen⟩

Der Schatzhauser im grünen Tannenwald oder die Fee, die einem einen Wunsch freigeben – sie erscheinen jedem mindestens einmal im Leben. Aber nur Sonntagskinder wissen sich der Wünsche zu entsinnen, die sie getan haben und darum erkennen nur die wenigsten im eignen Leben die Erfüllung wieder. Ich weiß so einen Wunsch, welcher mir in Erfüllung ging und will nicht sagen, daß er klüger gewesen ist als der der Märchenkinder. Er geht auf meine frühe Kinderzeit zurück und bildete sich in mir mit der Lampe, die an den dunklen Wintermorgen um halb sieben über meine Schwelle getragen wurde und den Schatten des Kindermädchens an die Decke warf. Im Ofen wurde das Feuer entzündet und bald zeichnete sich inmitten rötlicher Reflexe das Gatter der Kamintüre auf der nackten Diele ab. Wenn dann die Wärme – die nächtliche des Bettes und die morgendliche des Ofenfeuers – mich doppelt schläfrig machten, hieß es aufstehen. Dann hatte ich keinen andern Wunsch als mich ausschlafen zu können. Dieser Wunsch begleitete mich durch die ganze Schulzeit. Sein unzertrennlicher Begleiter aber war die Angst, zu spät zu kommen. Noch heute kann ich, wenn ich den Savignyplatz passiere, die Angst vergegenwärtigen mit welcher ich, von der Carmerstraße, in der ich wohnte, einbiegend, im Bannraum zwischen der zehn und zwölf des abstoßenden Zifferblattes mein Urteil ablas. Der Wunsch, der mich an solchen Wochentagen und noch später, wenn ich todmüde des Nachmittags mich vom Canapee erhob, weil »turnen« war beseelte, ist mir in Erfüllung gegangen. Aber nicht immer habe ich sie darin erkannt, wenn wieder einer meiner Versuche einen Arbeitsplatz, im bürgerlichen Sinn des Worts zu finden, gescheitert war.

Noch einen andren Klang gibt es, der, dank der Jahrzehnte, in denen er mir nicht mehr über die Lippen noch zu Ohren gekommen ist, das Unergründliche behalten hat, mit dem gewisse Worte aus der Sprache Erwachsner dem Kinde entgegentreten. Es ist noch nicht lange her, daß ich es wiederfand, wie denn einige unteilbare Funde, diesem gleichend, viel Anteil an meinem Entschlusse haben, diese Erinnerungen aufzuzeichnen. Da meine Eltern wohlhabend waren, so bezogen wir, unbeschadet gelegentlicher Sommerreisen, ehe ich in die Schule kam, vielleicht auch später, alljährlich Sommerwohnungen in der Umgebung. Erst war es Potsdam, später Neubabelsberg. Während die Babelsberger Zeiten nun mir in mancherlei Bildern gegenwärtig sind, von denen ich vielleicht noch erzählen werde – der Nacht des großen Einbruchs als sich meine Eltern in mein Zimmer schlossen, den Stunden, die ⟨ich⟩ angelnd neben meinem Vater am Ufer des Griebnitzsees stand, dem Besuch auf der Pfaueninsel, der mir die erste große Enttäuschung meines Lebens brachte, weil ich im Grase nicht die Pfauenfeder, die man mir doch versprochen hatte, fand – währenddessen sind mir die Sommermonate in Potsdam ganz entschwunden, es sei denn, daß ich das Spargelstechen – meine erste und einzige landwirtschaftliche Passion – schon in den Garten auf dem Brauhausberge verlegen darf. Und damit habe ich das Wort verraten, in das sich wie hunderte von Rosenblättern in einen Tropfen von rose malmaison hunderte von Sommertagen ihre Gestalt, ihre Farbe und ihre Vielzahl opfernd mit ihrem Dufte erhalten haben. Es heißt Brauhausberg. Dem was es in sich fa⟨ß⟩t sich nähern ist beinah unmöglich. Diese Worte, die auf der Grenze zweier Sprachbereiche, dem der Kinder und der Älteren stehen, sind denen der Gedichte Mallarmés vergleichbar, die der innere Widerstreit zwischen dem dichterischen Wort und dem profanen gleichsam ausgezehrt und zum verschwebenden Hauche hat werden lassen. So hat das Wort Brauhausberg alle Schwere verloren, enthält von einem Brauhaus überhaupt nichts mehr und ist allenfalls ein vom Blauen umwitterter Berg, der im Sommer sich aufbaut mich und meine Eltern zu behausen.

Die ökonomische Basis auf der die Wirtschaft meiner Eltern beruhte, war lange über meine Kindheit und Jugend hinaus von tiefstem Geheimnis um⟨geben⟩. Wahrscheinlich nicht für mich, den ältesten allein, sondern fast genau so für meine Mutter. Und sicher war, daß es sich so verhielt, in einer jüdischen Familie die Regel und in sehr vielen christlichen wohl auch. Seltsamer ist es eigentlich, daß auch der Konsum in etwas von dem Geheimnis umwoben war, das Einkommen und Vermögen so dicht verhüllte. Ich erinnere mich jedenfalls, daß die Erwähnung gewisser Lieferanten-Quellen wie sie genannt wurden – immer mit der Feierlichkeit geschah, die einer Einweihung ansteht. Allerdings, man muß unterscheiden. Die Lieferanten, die den täglichen Wirtschaftsbedarf bestritten, gehörten ebensowenig zu jenem geheimen Zirkel, wie die altangesehenen berliner Firmen, bei denen meine Mutter die Runde machte, wenn sie mit mir und den Geschwistern »in die Stadt« ging. Es stand ebenso fest, daß bei solchen Gelegenheiten unsere Kinderanzüge bei Arnold Müller, Schuhe bei Stiller und Koffer bei Mädler gekauft wie daß am Ende aller dieser Veranstaltungen die Schokolade mit Schlagsahne bei Hillbrich bestellt wurde. Diese Einkaufsstätten waren aufs strengste von der Tradition vorgezeichnet. Ganz anders die Verbindungen mit Lieferanten, die auf meinen Vater zurückgingen. Mein Vater hatte neben manchen Hemmungen, die nicht nur seinem Anstand sondern auch einer gewissen staatsbürgerlichen Bravheit entsprangen, doch im Grunde die unternehmende Natur des großen Kaufmanns. Ungünstige Einflüsse verschuldeten, daß er sich viel zu früh von einem Unternehmen zurückzog, das seinen Fähigkeiten wahrscheinlich garnicht schlecht entsprochen hat: dem Kunstauktionshaus von Lepke, das damals noch in der Kochstraße lag und an dem er Teilhaber war. Als er dann seinen Anteil an der Firma aufgegeben hatte, war er mehr und mehr zu spekulativen Anlagen seiner Gelder gekommen und es würde mich nicht wundern, daß der Anteil, den er an hauswirtschaftlichen Geschäften nahm, von dieser Zeit an ein lebhafterer geworden wäre. Soviel ist sicher, daß ein guter Teil der Lieferanten, die er seither ausfindig machte, mit seinen Kapitalanlagen indirekt zusammenhingen. Wenn also bei den Einkäufen meiner Mutter sich ein traditionelles und gleichsam offizielles Bild der berliner Geschäftswelt entwickelte, so kam bei den Andeutungen und Anweisungen die mein Vater gab ein unbekanntes, wenn nicht abenteuerliches zustande, dessen Prestige bei mir sowohl durch den autoritären Klang, den diese Namen am Familientische hatten wie durch die Tatsache sich bildete, daß diese Firmen, zum Unterschiede von den andern niemals in mein Blickfeld traten. An ihrer

Spitze stand, wenn man so will, das Lepkesche Auktionshaus selber, an dem mein Vater nicht nur beteiligt war sondern aus dem er hin und wieder auch einen Ankauf nach Hause brachte. Daß er dabei im ganzen mit viel Glück verfuhr, glaube ich nicht, ausgenommen vielleicht seine Teppichkäufe. Noch kurz vor seinem Tode hat er mir erzählt, daß er in jenen Zeiten die Qualitäten der Gewebe mit dem Ballen des Fußes auseinanderhalten konnte, wenn er nicht allzu dicke Sohlen trug. In der Kindheit aber machte mir den größten Eindruck die Vorstellung der Hammerschläge, mit welchen mein Vater die Versteigerung begleitete. Später als er von Lepke sich zurückgezogen hatte, lag dieser Hammer immer auf seinem Schreibtisch. Wenn ich das Geräusch seiner Schläge niemals zu hören bekam, so ist es dafür ein anderes Geräusch gewesen, das sich in meiner Kindheit mit dem Bilde der Macht und Größe meines Vaters – oder vielmehr: eines Mannes, der seinen Beruf hat – unauflöslich verbunden hat. Es war, so unglaubhaft es klingt, der Laut, welchen das Messer mit ⟨dem⟩ meine Mutter die Brötchen bestrichen hatte, die mein Vater am morgen mit in sein Geschäft nahm, von sich gab, wenn es ein letztes Mal, um von den Butterresten es zu säubern, die noch an ihm haften mochten, gegen die knusperigen Schnittflächen der Brötchen abgestrichen wurde. Dieser Klang ging dem Tagewerk meines Vaters voran, für mich nicht weniger erregend als, in spätern Jahren, das Klingelzeichen, welches im Theater den Beginn der Vorstellung ankündigt. Im übrigen war das eigentliche Wahrzeichen des väterlichen Berufes in unserer Wohnung ein Mohr, der, beinah lebensgroß, auf einer um ein dreißigstel verkleinerten Gondel stand und mit der einen Hand ein Ruder hielt, das man herausziehen konnte, auf der andern eine goldene Schale erhob. Das Kunstwerk war aus Holz, der Mohr schwarz, Gondel und Ruder leuchteten unter dem Firnis in vielen Farben. Das Ganze aber war so durchaus auf sein Pendant angewiesen, daß ich heute nicht mehr zu sagen weiß, ob ein zweiter Mohr, den ich mir dazu denke, anfänglich wirklich bei uns aufgestellt war oder eine Erfindung meiner Phantasie ist. Soviel von Lepkes Kunstauktionshaus. Im übrigen gab es für Kunstwerke – zumindest sofern es sich um Bronzen handelte – noch einen Lieferanten; das war die Firma Gladenbeck. Ob auch da engere Geschäftsbeziehungen der Wahl zugrunde lagen, weiß ich nicht. Bestimmt aber war das der Fall bei der Beschaffung von Mundwasser, das in riesigen Flaschen voll

Wasserstoffsuperoxyd im »Medizinischen Warenhause« erstanden wurde, dessen Aufsichtsratsmitglied mein Vater war. Etwas undurchsichtiger lagen die Dinge wieder bei der Firma Stabernack, die durch Jahre hindurch das unbestrittene Monopol für alle Installationen in der Wohnung besaß. Hier war vielleicht die Aktiengesellschaft für Bauausführungen das Mittelglied, dessen Vorstandsmitglied, Herr Altgelt in unzähligen Telefongesprächen meines Vaters den Partner abgab und dessen Name mir im Gedächtnis geblieben ist, weil sein Sohn, als einer der unrühmlichsten ihrer Belegschaft, in meiner Klasse saß. Es war, von Tischgesprächen abgesehen, einzig das Telefon, das von jener verborgnen Geschäfts- und Lieferantenwelt uns Kunde gab. Mein Vater telefonierte viel. Er, der nach außen hin fast immer ein verbindliches, lenkbares Wesen scheint gehabt zu haben, hat vielleicht nur am Telefon die Haltung und die Bestimmtheit besessen, die seinem, zeitweise großen, Reichtum mag entsprochen haben. Im Gespräch mit den vermittelnden Instanzen wurde diese Energie nicht selten lärmend und für den »Ernst des Lebens« welcher durch die berufliche Tätigkeit meines Vaters versinnlicht wurde, waren die Streitigkeiten mit dem Telefonfräulein eigentlich das Emblem. In meiner Kindheit ist das Telefon aufgekommen. Ich habe es also noch in irgend einen Winkel des Korridors angenagelt gekannt, wo es durch sein schrilles Geläut aus der Finsternis die Schrecken der berliner Wohnung mit dem endlosen Gang, der aus dem dämmerigen Eßzimmer in die hinteren Schlafräume führte, steigerte. Zu einer wahren Höllenmaschine wurde es, wenn die Schulkameraden in der verbotenen Zeit, zwischen zwei und vier Uhr, anriefen. Aber nicht alle die geheimnisvollen Transaktionen meines Vaters gingen durchs Telefon. Von jeher hatte er – wie viele Männer, die in ihrer Ehe nicht immer einen leichten Stand haben – die Neigung, gewisser Zweige der Wirtschaft sich selbständig anzunehmen. So hatte er Beziehungen in der Provinz, vor allem in der Nähe Hamburgs angeknüpft, wohin er häufige Geschäftsreisen unternahm. Regelmäßig wurde aus dieser Gegend der Haushalt mit Holsteinischer Landbutter und zum Herbste mit Krickenten versorgt. Für den Wein dagegen trat wieder eine berliner Firma ein, von der dazu noch Anteilscheine im Besitze meines Vaters waren: das war die Zentrale für Weinvertrieb, die es mit neuen Kalkulationsmethoden im Weinhandel versuchte. Endlich verflochten sich mit diesen Namen in den Beratungen der

Eltern andere, in denen die Traditionen des damaligen bürgerlichen Berlin von beiden Seiten zusammenflossen: Für notarielle Beurkundungen zog man Oberneck zu Rate, Operationen ließ man von Rinne ausführen, Tanzunterricht bei Quaritsch erteilen, als Hausarzt zog man Renvers zu Rate, zumindest solange man mit ihm im gleichen Hause wohnte, Joseph Goldschmidt war der Bankier. Was aber mich betrifft, so wirkte am nachhaltigsten der tollkühne Versuch, welchen mein Vater eines abends unternahm, um auch die Zerstreuungen der Familie in jene Harmonie zu seinen kommerziellen Unternehmungen zu bringen, die er für ihre sonstigen Bedürfnisse herzustellen gewußt hatte. Als nämlich um 1910 im Westen, in der Lutherstraße, ein Konsortium das Haus, in welchem jetzt die Scala ist, als »Eispalast« erstellte, gehörte ihm, mit einem größeren Betrage, auch mein Vater an. Eines abends nun, ich weiß nicht ob es das Eröffnungsdatum war oder ein späteres, kam meinem Vater der Gedanke, mich dorthin mitzunehmen. Der Eispalast war aber nicht allein die erste künstliche Eisbahn, die es in Berlin zu sehn gab, sondern auch ein recht betriebsames Nachtlokal. Und so fesselten mich die Darbietungen in der Arena weit weniger als die Erscheinungen an der Bar, die ich von irgendeiner Rangloge aus in Ruhe verfolgen konnte. Unter ihnen aber befand sich jene Hure in einem weißen sehr eng anliegenden Matrosenanzug, die ohne daß ich ein Wort mit ihr hätte wechseln können, meine erotischen Phantasien auf viele Jahre bestimmte.

In jenen frühen Jahren lernte ich »die Stadt« nur als den Schauplatz der »Besorgungen« kennen, bei denen zum ersten Mal sich erwies, wie uns das väterliche Geld eine Gasse zwischen den Ladentischen und den Verkäufern und den Spiegeln und den Blicken der Mutter bahnte, deren Muff auf dem Tisch lag. In der Schmach eines »neuen Anzugs« standen wir da, aus den Ärmeln sahen die Hände heraus wie schmutzige Preistafeln und in der Konditorei erst wurde uns besser und wir fühlten dem Götzendienst uns entronnen, der unsere Mutter vor den Idolen erniedrigte, deren Namen Mannheimer waren, Herzog und Israel, Gerson, Adam, Esders und Mädler, Emma Bette, Bud und Lachmann. Eine Reihe unerforschlicher Massive nein Höhlen von Waren – das war »die Stadt«.

Es gibt Menschen, die glauben den Schlüssel ihrer Lebensschicksale in der Heredität, andere im Horoskop, wieder andere in ihrer Erziehung zu finden. Ich selber glaube, daß ich manche Aufklärung über mein späteres Leben in meiner Ansichtspostkartensammlung fände, wenn ich sie heute noch einmal durchblättern könnte. Die große Stifterin dieser Sammlung war meine Großmutter mütterlicherseits, eine entschieden unternehmende Frau, von der ich zweierlei glaube geerbt zu haben: meine Lust am Schenken und meine Reiselust. Wenn es zweifelhaft ist, was für die erste dieser Leidenschaften die Weihnachtsferien – die nicht aus dem Berlin der Kinderjahre weg zu denken sind – bedeutet haben, so hat gewiß kein Abenteuerbuch der Knabenjahre so sehr auf meine Reiselust gewirkt, wie die Ansichtskarten, mit denen sie mich zahlreich auf ihren weiten Reisen bedachte. Und weil die Sehnsucht, welche wir an einem Orte fühlen, ihn so gut wie sein äußeres Bild bestimmt, soll von diesen Karten etwas die Rede sein. Zwar – war das was sie damals in mir weckten Sehnsucht? Zogen sie mich nicht viel zu magnetisch an, um noch dem Wunsch, an jenen Ort zu reisen, den sie zeigten, Spielraum zu gestatten? Ich war ja dort – in Tabarz, Brindisi, Madonna di Campiglio, Westerland, wenn ich die waldigen von glühend roten Beeren besetzten Abhänge von Tabarz, die gelb-weiß hingewischten Quais von Brindisi, die bläulich in Blau gedruckten Kuppen von Madonna di Campiglio und den Bug der »Westerland« der schneidend aus den Wellen sich erhob immer wieder betrachtete, ohne mich von ihnen trennen zu können. Wenn man die alte Dame auf ihrem teppichbelegten mit einer kleinen Ballustrade ausgezierten Erker besuchte, welcher auf den Blumeshof herausging, konnte man sich schwerlich vorstellen wie sie große Schiffsreisen oder gar Spazierritte auf Kamelen unter der Leitung von Stangels Reisebüro unternommen hatte, dem sie sich alle paar Jahre anvertraute. Sie war Witwe: drei ihrer Töchter waren als ich klein war, bereits verheiratet. Von der vierten wüßte ich nichts zu sagen, wohl aber von dem Zimmer, das sie bei ihrer Mutter bewohnte. Aber vielleicht muß ich vorher ein Wort von dieser Wohnung im ganzen sagen. Mit welchen Worten das fast unvordenkliche Gefühl von bürgerlicher Sicherheit umschreiben, das von diesen Räumen ausging? So paradox es klingt, mir will es scheinen als schließe der Begriff jener besondern Geborgenheit, mit der sie mich umfingen, am ehesten an ihre Mängel an. Das Inventar, das diese vielen Zimmer – zwölf bis vierzehn – füllte, würde sicher heute ohne eine Kontrastwirkung zu erregen sich dem schäbigsten Trödelladen einfügen. Und wenn auch jene ephemeren Formen soviel solider waren als der Jugendstil, der sie ablöste – das Vertraute, Beruhigende, Anheimelnde und Tröstliche an ihnen war doch die Trägheit, mit der sie sich dem Schlendergang der Jahre und der Tage anvertrauten und sich, was ihre Zukunft anbetraf allein der Haltbarkeit des Materials und nirgends der Vernunftberechnung anheimgaben. Hier herrschte eine Art von Dingen, welche, bei aller Gefügigkeit, mit denen sie den Impulsen der Moden sich im Kleinen unterwarf, im Ganzen so von sich und ihrer Dauer überzeugt war, daß sie mit keiner Abnutzung, keinem Erbgang, keinem Umzug rechnete und immer gleich nahe und gleich weit von ihrem Ende, das das Ende aller Dinge schien, verharrte. Das Elend konnte in diesen Räumen keine Stelle haben, in welchen ja nicht einmal der Tod sie hatte. Sie hatten keinen Raum zum Sterben – darum starben ihre Besitzer im Sanatorium, die Möbel aber kamen gleich im ersten Erbgang an den Trödler. In ihnen war der Tod nicht vorgesehn – darum waren sie am Tage so gemütlich und des nachts der Schauplatz unserer bedrückendsten Träume. Daher kommts, daß ich dieses Haus – Blumeshof 10 oder 12 ist es gewesen –, in dem so viele der schönsten Kinderstunden mir vergingen, wenn ich beim Klange von Klavieretüden »Herzblättchens Zeitvertreib« in einem Sessel durchblättern durfte – daß an seiner Schwelle mir ein Alp entgegentritt. Mein waches Dasein hat von seinem Treppenaufgang kein Bild bewahrt. Dagegen steht er mir noch heut als Schauplatz von einem Banntraum in Erinnerung, den ich einmal nachts in eben jenen guten Jahren hatte. In diesem Traume erschien das Stiegenhaus als Kraftfeld eines Gespensts, das mich im Aufgang erwartete nicht ohne meinen Weg mir freizugeben und sich erst dann mir bemerkbar zu machen, als nur die letzten Stufen noch vor mir lagen. Auf diesen Stufen bannte es mich fest. – Die Zimmer in dieser Wohnung am Blumeshof waren nicht nur zahlreich sondern zum Teil sehr groß. Um meine Großmutter auf ihrem Erker zu erreichen, mußte ich das riesige Eßzimmer durchschneiden und im Wohnzimmer bis an dessen Ende vordringen. Immerhin gaben erst die Festtage und allen voran der erste Weihnachtsfeiertag einen Begriff von der Fassungskraft dieser Räume. Wenn es an diesem Tage aber schien, als sei er in den Vorderzimmern das ganze Jahr über erwartet worden, so gab es andere Gelegenheiten, die wieder andere Teile der Wohnung ins Leben riefen: der Besuch einer verheirateten Tochter eröffnete ein längst außer Gebrauch gekommenes Spindenzimmer; ein anderes Hinterzimmer tat sich für uns Kinder auf, wenn vorne die Erwachsnen ihre Mittagsruhe halten wollten, und wieder einen andern Teil der Wohnung belebte der Klavierunterricht, den die letzte im Haus verbliebne Tochter erhielt. Der wichtigste von diesen abgelegnen, seltener benützten Räumen aber war die Loggia. Und sie war das, sei es, weil sie am wenigsten installiert war, am wenigsten dem Aufenthalt der Erwachsenen entgegenkam, sei es, weil in sie, gedämpft, der Straßenlärm hereindrang⟨,⟩ sei es endlich, weil hier die Hinterhöfe mit Kindern, Dienstboten, Leierkastenmännern, Portiers sich eröffneten. Von denen aber waren es wiederum öfter die Stimmen als die Gestalten, deren man von der Loggia aus habhaft wurde. Im übrigen sind die Höfe eines so vornehmen Wohnviertels eigentlich belebt nie gewesen; etwas von der Gelassenheit der reichen Leute, für die die Arbeit in ihnen verrichtet wurde, hatte auf diese Verrichtungen selber übergegriffen und alles schien auf den Dornröschenschlaf zu warten, der sich hier an den Sonntagen niederließ. Darum war der Sonntag der eigentliche Tag der Loggia – der Sonntag, den die anderen Räume niemals ganz fassen konnten weil sie wie schadhaft waren. Der Sonntag sickerte durch sie durch, nur die Loggia, die auf den Hof mit den Teppichstangen und die andern Loggien mit ihren kahlen Wänden von pompejanischem Rot hinaus ging, nur die faßte ihn und kein Ton von der Glockenfracht, mit der die Kirchen – die Zwölf-Apostel- und die Mathäi- und die Kaiser Wilhelm Gedächtniskirche – sie uns nachmittags langsam beluden, glitt ihr über die Balustrade, sondern bis Abend blieb sie dort aufgestapelt. Wie ich es schon angedeutet habe, ist meine Großmutter nicht am Blumeshof gestorben, und ebensowenig die andere, die in der gleichen Straße ihr gegenüberwohnte und älter und strenger, die Mutter meines Vaters, gewesen ist. Daher ist der Blumeshof mir zu einem Elysium⟨,⟩ einem unbestimmten Schattenreich abgestorbner aber unsterblicher Großmütter geworden. Und wie die Phantasie, wenn sie einmal ihren Schleier über eine Gegend hat werfen können, gern seine Ränder von unfaßlichen Launen sich kräuseln läßt, so hat sie ein altrenommiertes Kolonialwarengeschäft, das in der Nähe dieses Hauses, aber schon in der Magdeburgerstraße liegt, im Laufe der Jahrzehnte und bis heute dem Vorüberfahrenden, der es niemals betreten hat, zu einem Denkmal seines frühverstorbnen Großvaters werden lassen, nur weil sein Besitzer, wie jener, mit dem Vornamen Georg hieß.

Aber ist nicht auch das die Stadt: der abendliche Lichtstreif unter der Schlafzimmertür wenn drinnen »Gesellschaft« war? Drang nicht Berlin selber so in die Kindernacht voller Erwartung wie später in die Nacht eines Publikums die Welt Wilhelm Tells oder Julius Cäsars. Ich glaube, das Traumschiff, das einen damals abholte ist oft über den Lärm der Gesprächswogen oder die Gischt des Tellergeklappers vor unsere Betten geschwankt und am frühen Morgen hat es uns abgesetzt in der Ebbe des Teppichklopfens, das an den Regentagen mit der feuchten Luft in das Fenster drang und unvergeßlicher dem Kinde sich eingrub als die Stimme der Geliebten dem Manne, das Teppichklopfen, das die Sprache der unteren Welt war, der Dienstmädchen, der wirklich Erwachsnen, eine Sprache, die sich manchmal viel Zeit ließ, träge und abgedämpft unterm grauen Himmel sich zu allem bereit fand, manchmal wieder in einen unerklärlichen Galopp fiel, als seien hinter den Dienstboten Geister, die sie verfolgten. Höfe waren es auch in denen die Stadt sich auftat, um das Kind zu entlassen oder es wieder aufzunehmen. Bahnhöfe – ihre Öffnungen bei der Abfahrt waren ein Panorama, Rahmen einer fata morgana. Keine Ferne war ferner als wo die Gleise im Nebel einander erreichten. Bei der Heimkunft aber war alles anders. Denn noch brannten in uns die düsteren Lampen, die vereinzelt in den Höfen geschienen hatten aus Fenstern, denen oft die Vorhänge fehlten, in schmutzstarrenden Treppenhäusern, aus Kellerfenstern, in dene⟨n⟩ Lappen hingen. Das waren die Höfe, die die Stadt mich sehen ließ wenn ich aus Hahnenklee oder Sylt zurückkam und die sie dann wieder in sich verschloß und die sie nie zu sehen gab, nie zu betreten. Aber diese letzten fünf Angstminuten der Einfahrt eh alles aussteigt, haben sich in Blicke aus meinen Augen verwandelt und es gibt vielleicht Menschen, die in sie sehen wie in Hoffenster, die in schadhaften Mauern stecken und in denen am frühen Abend die Lampe steht.

Unter den Ansichtspostkarten meines Albums gab es einige wenige, deren Schriftseite mir besser im Gedächtnis geblieben ist als ihre

Ansichtsseite. Sie waren alle mit der schönen leserlichen Unterschrift versehen: Helene Pufahl. Das war meine erste Lehrerin. Lange bevor ich eine Schulklasse kennen lernte, trat ich durch sie in nähere Beziehung zu Kindern meiner »Klasse« in dem Sinn des Wortes, den ich erst zwei Jahrzehnte später kennen lernen sollte. Und daß es eine recht gehobne war, kann ich an den beiden Mädchennamen ablesen, die aus denen des kleinen Zirkels im Gedächtnis geblieben sind: Ilse Ullstein und Luise von Landau. Was diese Landaus für ein Adel waren weiß ich nicht. Der Name aber übte eine gewaltige Anziehungskraft auf mich aus und auf meine Eltern – manches gibt mir das Recht, das anzunehmen – wohl keine kleinere. Aber doch ist kaum das ⟨der⟩ Grund, aus dem ihr Name mir bis heute lebendig blieb, vielmehr der Umstand, daß er der erste war, auf den ich mit Bewußtsein den Akzent des Todes fallen hörte. Das war, soviel ich weiß, nicht allzu lange, nachdem ich dem kleinen Privatzirkel entwachsen war. Wenn ich später am Lützowufer vorüberkam suchte ich jedesmal mit den Blicken ihr Haus und als ich gegen Ende meiner Schulzeit unter dem Titel »Gedanken über den Adel« meinen ersten philosophischen Essay schrieb, da stand neben Pindar, von dem ich ausging, unausgesprochen der verführerische Name meiner ersten Mitschülerin. Fräulein Pufahl wurde abgelöst von Herrn Knoche, vor dem ich ganz allein meinen Mann zu stehen hatte. Er war Vorschullehrer der Schule, in welche meine Eltern mich später zu schicken gedachten. Sein Unterricht hat mir wohl nicht unbedingt zugesagt. Jedenfalls brachte ich gegen sein Erscheinen hin und wieder Zauberriten in Anwendung und noch entsinne ich mich des Gefühls von Allmacht, das mich eines Tages auf der Herkulesbrücke bei der Nachricht überkam, Herr Knoche habe für den folgenden Tag abgesagt. Damals wußte ich, welchem Umstand das zuzuschreiben war, heute habe ich die Zauberformel leider vergessen. Mehr als mit seinem privaten Auftreten beeindruckte mich Herr Knoche in den Klassenstunden, die ich später, nach meiner Einschulung, bei ihm hatte. Sie waren durch viele Prügelintermezzi belebt, Herr Knoche wußte den Gebrauch des Rohrstocks zu schätzen. Ihm war auch der Gesangunterricht anvertraut. Und während einer dieser Gesangstunden war es, daß er vor mir eines jener Tore zeigte, das wir alle aus unserer Kindheit ⟨kennen⟩ und vor dessen verschloßnen Flügeln man uns versichert, daß sie den Weg ins spätere, in das wirkliche Leben freigeben. Es wurde das Reiterlied aus Wallensteins Lager geübt. »Frisch auf Kameraden, aufs Pferd aufs Pferd, in das Feld, in die Freiheit gezogen. Im Felde da ist der Mann noch was wert, da wird das Herz noch gewogen.« Herr Knoche wollte von der Klasse wissen, was diese letzten Worte eigentlich bedeuteten. Natürlich konnte keiner ihm Antwort geben. Es war aber eine von jenen kunstvollen Fragen, die Kinder begriffsstutzig machen. Herrn Knoche aber schien diese Hilflosigkeit gerade recht und er sagte mit Nachdruck: ⟨»⟩Das werdet Ihr mal verstehn, wenn Ihr groß seid.« Nun bin ich groß geworden; heute stehe ich auf der Innenseite des Tores, das Herr Knoche uns damals zeigte; seine Flügel aber sind noch immer verschlossen. Ich habe den Einzug durch dies Tor nicht gehalten.

Wie Lichter in der Nebelnacht mit riesenhaften Kreisen sich umgeben so tauchen aus dem Nebel meiner Kindheit mit großen Höfen die frühesten Theatereindrücke. Ganz am Anfang steht ein »Affentheater«, das vielleicht unter den Linden gespielt hat und in dem ich, soviel mir vorschwebt, mit großer Eskorte erschienen bin, weil weder Eltern noch Großmutter sich die Wirkung der ersten Theatervorstellung auf mich wollten entgehen lassen. Den Lichtkern freilich, den eigentlichen Vorgang auf der Bühne, kann ich in soviel Nebelglanz nicht mehr erkennen. Ein rosa-graues Gewölk von Sesseln, Lichtern und Gesichtern hat die Possen armer Äffchen auf der Bühne unter sich begraben. Nun kann ich zwar noch die Abfolge der theatralischen Ereignisse der folgenden sechs oder sieben Jahre wiedergeben: aber nichts mehr von ihnen sagen: weder dem Veilchenfresser, den ich im Kurtheater von Suderode zu sehen bekam, noch dem Wilhelm Tell, der, wie üblich, die berliner Bühne mir einweihte, noch dem Fiesko, den ich im Schauspielhaus mit Matkowsky oder der Carmen, die ich in der Oper mit der Destinn zu sehen bekam. Die beiden letzten Veranstaltungen hatte meine Großmutter unter ihr Protektorat genommen; daher nicht nur das glänzende Programm, sondern auch die ansehnlichen Rangplätze. Und doch ist mir anziehender als an sie an die Wilhelm-Tell-Vorstellung zurückzudenken und zwar des Vorgangs wegen, welcher ihr voranging und dessen höchst hermetische Natur noch unverblaßt ist, indessen von der Vorstellung des gleichen Abends nichts mehr in meiner Erinnerung befindlich ist. Es muß am Nachmittag gewesen sein, daß zwischen mir und meiner Mutter eine Meinungsverschiedenheit entstand. Es sollte irgend etwas vorgenommen werden, das mir zuwider war. Zuletzt nahm meine Mutter zum Zwange Zuflucht. Sie drohte, wenn ich ihr nicht den Willen täte, abends mich zuhause bleiben zu lassen. Ich folgte. Das Gefühl jedoch mit dem ich's tat – vielmehr mit dem ich, kaum daß die Drohung ausgesprochen war, die Schätzung der beiderseitigen Kräfte unternahm und augenblicklich sah, wie ungeheuer die Überlegenheit der Gegenseite war, infolgedessen meine schweigende Empörung über ein so brutales und so plumpes Vorgehen, bei dem der Einsatz in keinerlei Verhältnis zu den Zwecken stand – denn dieser Zweck war ja ein momentaner, der Einsatz aber, wie ich heute weiß und damals ahnte – die dauernde und tiefe Dankbarkeit für jenen Abend, den meine Mutter, mir zu schenken, im Begriff war – dies Gefühl des mißbrauchten und geschändeten Vertrauen⟨s⟩ hat in mir alle folgenden des Tages überdauert. Viele Jahre später erwies sich zum zweitenmal, wieviel bedeutungsvoller und nachhaltiger die Freude auf ein Ereignis sich erweisen kann als alles was ihr folgt. Es war als Knabe meine große Sehnsucht, Kainz zu sehen. Seine berliner Gastspiele fielen aber in die Schulzeit. ⟨Da⟩ nun der Vorverkauf an den Vormittagen die einzige Möglichkeit bot, Plätze zu erstehen, wie ich von meinem Taschengelde sie hätte bestreiten können, so mußte ich mir diesen Wunsch jahrelang versagen. Meine Eltern begünstigten seine Erfüllung jedenfalls nicht. Eines Tages – sei es, daß der erste Vorverkaufstag ein Sonntag war, sei es infolge eines andern Umstands – konnte ich mich doch als einer der ersten an der Billettkasse – es war schon die des Theaters am Nollendorfplatze – einfinden. Ich sehe mich dort an der Kasse stehen und – als wolle die Erinnerung dem kommenden Hauptmotiv präludieren – mich dort zwar warten, nicht aber mich meine Eintrittskarte kaufen. Hier setzt vielmehr die Erinnerung aus um erst da wieder ihren Faden aufzunehmen, wo ich am Abend vor Beginn der Aufführung von »Richard II« die Treppe zum Rang heraufsteige. Was ist es, das nun der Erinnerung von neuem vor der Schwelle des Zuschauerraums ein »Hierher und nicht weiter« auferlegt? Zwar sehe ich noch eine Szene des Dramas vor mir, doch ganz losgelöst und ohne zu wissen, stammt sie eigentlich aus dieser Aufführung oder aus einer andern, und ebenso wenig weiß ich, ob ich Kainz gesehn habe oder nicht. Ob er abgesagt hat oder ob die Enttäuschung, ihn weniger groß zu finden als ich glaubte, mit dem Bilde von seinem Spiele mir den ganzen Abend unterschlagen hat. So treffe ich auf Ungewißheit überall, wo ich den frühesten Erinnerungen an das Schauspiel nachgehe und am Ende kann ich selbst Traum und Wirklichkeit nicht mehr scheiden. Das gilt von einem dunklen Winterabend, an dem ich mich mit meiner Mutter zu einer Aufführung der »lustigen Weiber von Windsor« begab. Ich habe diese Oper wirklich gesehen und zwar in einer Art von Volkstheater. Es war ein lauter, lustiger Abend, desto stiller aber war der Weg dahin, durch ein verschneites, unbekanntes Berlin, das sich im Gaslicht um mich ausbreitete. Es verhielt sich zum mir bekannten wie jenes innigst behütete Stück meiner Postkartensammlung: die Darstellung des Halleschen Tors in hellem B⟨l⟩au auf dunkler blaue⟨m⟩ Grunde: der Belleallianceplatz war darauf mit den Häusern zu sehen, welche ihn einrahmen; der volle Mond stand am Himmel. Der Mond aber und die Fenster in den Fassaden waren von der obersten Kartenschicht befreit; sie stachen weiß aus dem Bild heraus und man mußte es gegen die Lampe oder die Kerze halten, um beim Scheine der in genau gleichem Licht paradierenden Fenster- und Mondflächen alles sich beruhigen zu sehen. Vielleicht war an jenem Abend die Oper, auf die wir uns hinbewegten, jene Lichtquelle vor welcher die Stadt mit einem Mal so sehr verändert strahlte, vielleicht aber ist es auch nur ein Traum, den ich später von diesem Wege gehabt habe und von dem die Erinnerung sich an die Stelle derer gesetzt hat, die vordem Platzhalterin der Wirklichkeit war.

Dem Baumeister, der die Kaiser-Friedrich-Schule gebaut hat, muß etwas wie märkische Backsteingotik vorgeschwebt haben. Jedenfalls ist sie aus roten Ziegeln errichtet und bevorzugt Motive, wie man sie aus Stendal oder Tangermünde kennt. Aber alles ist engbrüstig, hochschulterig ausgefallen. Der ganze Bau, der da hart am Stadtbahngelände aufsteigt ist von altjungferlicher, trauriger Sprödigkeit. Mehr noch ⟨als⟩ den Erlebnissen, die ich in seinem Innern hatte, ist es wahrscheinlich diesem seinen Äußern zuzuschreiben, daß ich keine einzige heitere Erinnerung an ihn bewahre. Auch habe ich, seitdem ich ihn verließ, nicht ein einziges Mal den Gedanken gehabt, ihn wieder zu betreten. Von den Schulwegen habe ich schon gesprochen. Aber wenn das Portal zur rechten Zeit erreicht war oder gar nicht Muße genug blieb – und der Alp vor dem Kommenden nicht zu sehr lastete – um in der anstoßenden Papierhandlung noch einen Knetgummi, einen Transporteur oder, ganz am Anfang, Oblaten und Bändchen zu kaufen, mit denen die Löschblätter a⟨m⟩ Heftdeckel befestigt wurden – wenn dann am Ende das Gitter, das der Pedell erst zehn Minuten vor Beginn der Schule öffnen durfte – wie trist und wie bedrückt muß dies Warten vor dem Tor und unterm Stadtbahnbogen gewesen sein, der an dieser Stelle die Knesebeckstraße überquert, wenn nichts mehr mir davon gegenwärtig ist als der Zwang, ununterbrochen die Mütze abzunehmen, auf sich acht zu geben, wenn wieder einer von den Lehrern vorbeikam, denen der Eintritt selbstverständlich zu beliebiger Zeit erlaubt war. Heut erst vermag ich, wie mir scheint, davon mir Rechenschaft zu geben, was in dem Zwang, die Mütze vor den Lehrern abzunehmen, Verhaßtes und Entwürdigendes lag. Die Zumutung, durch diese Geste in den Bannkreis meiner privaten Existenz sie einzulassen, schien mir ungebührlich. Ich hätte gegen eine weniger intime, gewissermaßen militärische Ehrenbezeugung nichts einzuwenden gehabt. Doch einen Lehrer so zu grüßen wie Verwandte oder einen Freund kam mir so ungeheuer ungebührlich vor, als hätte man in meiner Wohnung Schule halten wollen. Daraus allein kann man ersehn, wie wenig die Schule je mich zu gewinnen wußte. Und wenn ich die altertümlicheren Formen der Schulzucht – Prügel, Platzwechsel oder Arrest – nur in den untern Klassen kennen lernte, so hat sich doch der Schrecken und der Bann, den sie in diesen Jahren um mich legten, nie gehoben. Und das erkenne ich nicht nur an der Bedeutung, die der Versetzung sowie jedem der vier Zeugnisse, die man im Jahr nach Hause brachte, zukam, sondern an kleineren aber bezeichnenderen Einzelheiten. Vor allem an der unausdenkbaren Bestürzung oder vielmehr Ratlosigkeit, in die die Unterbrechungen im Ablauf des Unterrichts – wie Landpartien, die Spiele und vor allem die große jährlich anberaumte Konkurrenz der großberliner Schulen zur Bestimmung der besten Barlaufmannschaft mich versetzten. Unnötig zu sagen, daß ich der Spielmannschaft, die selten Erfolg hatte, niemals angehörte. Aber in die Mobilisierung der ganzen Schule, die bei solcher Gelegenheit stattfand, war auch ich einbegriffen. Die Spiele pflegten im Mai oder Juni und zwar auf irgendwelchen Feldern oder Exerzierplätzen in der Nähe des Lehrter Bahnhofs stattzufinden. Der Tag war in der Regel glühend heiß. Unruhig stieg ich am Lehrter Bahnhof aus, zweifelnd schlug ich die Richtung ein, die mir vage vorschwebte und fand mich endlich mit den widerstreitenden Gefühlen der Erleichterung und des Widerwillens in irgend einem fremden Schülertrupp. Von nun an nahm die Ratlosigkeit kein Ende: ob ich nun meine eigne Schule zu suchen hatte, einen Lagerplatz im Schatten ausfindig zu machen strebte, ohne das Spielfeld zu durchkreuzen, eine Bretterbude erreichen mußte, um dort Obst zum Frühstück einzukaufen, den Anschein der Teilnahmlosigkeit vermeidend mich um einen der Herren, welche die Ergebnisse des Tages bekannt machten, zu scharen oder endlich, obwohl ich diese Resultate nicht verstanden hatte, auf dem Nachhausewege Bemerkungen über den Gang des Spiels mit meinen Kameraden auszutauschen hatte. Doch was mir diese Veranstaltung am allermeisten verhaßt und widerwärtig machte, das war nicht ihr massiger Betrieb sondern ihr Schauplatz. Die breiten abgelegnen Alleen, die auf ihn führten, waren von Kasernen flankiert, Kasernen grenzten an das Spielfeld, das Feld war ein Exerzierplatz. Und mich verließ an jenen Tagen nicht das Gefühl, wenn ich es hier nur einen Augenblick an Wachsamkeit und Obacht fehlen ließe, nur auf eine Weile im Schatten eines Baums oder vor dem Stand eines Wurstverkäufers es mir gemütlich machte, sei ich dem Ort zehn Jahre später rettungslos verfallen: müsse Soldat werden. – Die Kaiser-Friedrich-Schule liegt dicht am Stadtbahngelände des Savignyplatzes. Vom Bahnhof Savignyplatz kann man in ihren Hof hinabsehn. Und weil ich – einmal aus ihr befreit – von Zeit zu Zeit immer wieder die Gelegenheit wahrnahm, steht er jetzt, untauglich nutzlos vor mir, einem jener mexikanischen Tempel ähnlich, die viel zu früh, unsachverständig ausgegraben wurden und deren Fresken unter den Regengüssen längst bis zur Unkenntlichkeit verwaschen waren als endlich ernstlich die Ausgrabung der Kultgeräte und Papyri beginnen konnte, die etwas Licht auf diese Bilder hätten werfen können. So muß ich mich mit dem begnügen, was erst heute wieder auftaucht, vereinzelten herausgebrochnen Stücken des Interieurs, die doch das Ganze in sich enthalten, während das Ganze, das dort draußen vor mir steht, sein Einzelnes so spurlos verloren hat. Da stellt sich ein zuerst nur das was sicherlich durch alle Jahre meines Schulbesuchs die müßigste meiner Wahrnehmungen gewesen ist: die zinnenbekrönte Leiste über den Klassenzimmern. Und vielleicht ist das nicht so unerklärlich. Denn alles, was mir sonst ins Blickfeld kam, hat früher oder später irgendwie für mich von Nutzen sein ⟨können⟩, mit einem

Gedanken, einem Handgriff sich verbunden, die ihn mit sich in das Meer des Vergessens führten. Nur diese schmale Leiste, die der gesunde Wellenschlag des Alltags täglich unzählige Male wieder ausgeworfen, bis sie wie eine Muschel auf dem Sande an dem Strand meiner Träumerei liegen blieb. Und dort ist es, daß ich nun auf sie stoße. Ich nehme sie in die Hand und befrage sie wie Hamlet den Totenschädel. Es ist, wie schon gesagt, eine Leiste, die eine Reihe Zinnen darstellt. Was aber zwischen ihnen zum Vorschein kommt, ist nicht etwa das Leere sondern jeweils wieder das Holz, nur abgeschrägt und eingekerbt. Sicher war es ihre Absicht, an eine Burg zu erinnern. Aber was mit dieser Erinnerung anzufangen sei, war eine andere Frage. Allenfalls verstärkte diese Leiste noch die Ahnung der kompakten Masse, die man vormittags, hinter den geschloßnen Türen vermutete: der Klasse im Unterricht. Über den Türen, die zum Handfertigkeit- und Zeichensaale führten wurde sie zum Emblem einer gewissen zunftgerechten Biederkeit. Am Klassenschrank fand sie sich wieder, aber wieviel größern Nachdruck besaß sie an den genau gleich geformten Schränken, die an der Wand des Lehrerzimmers standen. In Septima, Oktava und Nona kam sie in Nachbarschaft der vielen Mäntelchen und Mützen an den Kleiderrechen nicht zur Geltung; in den obersten Klassen aber enthielt sie eine Anspielung auf das Abiturium welches bald die Mühe ihrer Angehörigen krönen sollte. Doch immer war es von Bedeutung und Vernunft nur mehr ein Schatten, der sie an solchen Orten überflog und nach wie vor blieb sie, vereint mit den unsäglichen grüngrauen Ornamenten, die die Wand der Aula schmückten, mit den absurden Knöpfen und Voluten der gußeiser⟨n⟩en Geländer, das Asyl all meiner Schreckensminuten und Angstträume. Nichts aber konnte es mit der Leiste aufnehmen, es sei denn das Klingelzeichen, das Beginn und Ende der Stunden und der Pausen schrillend bezeichnete. Klang und Dauer dieses Signals blieben sich immer gleich. Wie anders dennoch die Klingel zu Beginn der ersten und am Schluß der letzten Stunde anschlug – dies zu umschreiben hieße den Schleier lüften, den sieben Schuljahre immer dichter über jeden der Tage warfen, die sie bildeten. Im Winter gab es oft noch Licht, wenn sie einsetzte, es hatte aber nichts Heimliches und gab so wenig Zuflucht wie das Licht, mit dem ⟨der⟩ Zahnarzt uns unsern Mund erleuchtet, in dem er einen Eingriff machen muß. Zwischen zwei Klingelzeichen lag die Pause und an die zweite schloß sich das

Getrappel, das Lärmen und Geschwätz mit dem die Masse der Schüler sich durch nur zwei Türen strömend, die engen Treppen durch drei Stockwerke hinaufschob. Diese Treppen sind mir immer verhaßt gewesen: verhaßt, wenn ich sie in der Herde, einen Wald von Waden und von Füßen vor mir, wehrlos den schlechten Ausdünstungen aller Körper, die sich so eng an meinen schoben, ausgeliefert ersteigen mußte – nicht weniger verhaßt wenn ich verspätet, sie ganz allein, die ausgestorbnen Korridore kreuzend, bis nach oben hasten mußte um außer Atem in die Klasse einzutreten. War es dann noch bevor der Lehrer die Klinke in die Hand genommen hatte, so mochte er ganz nahe stehn, man kam nichtsdestoweniger gewisser ungesehn herein. Aber wehe, wenn die Tür schon geschlossen war – mochten auch die benachbarten noch so weit offen stehen, mochte von oben oder unten erst nach einer Weile der Knall von zugeschlagnen Türen den Beginn des Unterrichts verkünden, mochte das Auge eines fremden Lehrers, der den Flur entlang kam, noch so harmlos uns streifen – einem Strafgericht im Innern war garnicht zu entgehen, wenn wir erst einmal den Mut zum öffnen gefunden hatten.

»Näh nicht liebes Mütterlein Am roten Sarafan Nutzlos wird die Arbeit sein Drum strenge dich nicht an« »Abend wird es wieder Über Wald und Feld Sinken Schatten nieder Und es ruht die Welt« »Ich bin der Doktor Eisenbart Juvivallera Juche Kurier die Leut nach meiner Art Juvivallera Juche« »Wohlauf noch getrunken den funkelnden Wein Adee nun Ihr Lieben Geschieden muß sein⟨«⟩ ⟨»⟩Wie die Wolken so wandern am himmlischen Zelt So steht auch der Sinn mir In die weite weite Welt« – dies und viel anderes spielte mir meine Mutter aus dem Erkschen Liederschatz, der in Gestalt zweier dicker grün-gold gebundner Bände in dem Notenständer ruhte. Ich sang nicht mit, aber ich hörte es gern. Diese Melodien gehörten zur Wohnung wie das Scheppern des Schlüsselkorbs, wenn meine Mutter ihn ungeduldig nach der Börse oder dem Notizbuch, die zu unterst lagen, durchsuchte, wie der dumpfe Knall mit dem am Abend der Gasstrumpf der Hängekrone überm großen Tisch im Speisezimmer an dem Streichholz sich entzündete, wie das Kreischen des Aufzugs, welcher Speisen und Geschirr aus der Küche beförderte, wie das Geräusch, mit dem der heimkehrende Vater mittags die Wohnungstür aufschloß und den Stock in den Schirmständer fallen ließ.

In einer der Straßen, die ich auf solch endlosen Wanderungen passierte, überraschte mich, viele Jahre früher, das Erwachen meines Geschlechtstrieb⟨s⟩ unter den sonderbarsten Verhältnissen. Es war am jüdischen Neujahrstage und meine Eltern hatten Anstalten getroffen, mich in irgend einer gottesdienstlichen Feier unterzubringen. Wahrscheinlich handelte es sich um eine Veranstaltung der Reformgemeinde, der meine Mutter aus Gründen einer Tradition in der Familie einige Sympathie entgegen brachte, während mein Vater von Hause aus dem orthodoxen Ritus gewogner war. Er mußte aber nachgeben. Man hatte mich für diesen Synagogenbesuch einem Verwandten anvertraut, den ich abholen sollte. Aber sei es nun, daß ich dessen Adresse vergessen hatte, sei es, daß ich mich in der Gegend nicht zurechtfand, es wurde später und später ohne daß ich meinem Ziel näher kam. Selbständig in die Synagoge mich zu begeben, konnte garnicht in Frage kommen, da ich vom Weg keine Ahnung hatte. An dieser Ratlosigkeit, Vergeßlichkeit, Verlegenheit trug zweifellos die Hauptschuld Abneigung gegen die bevorstehende Veranstaltung und gegen die verwandtschaftliche nicht minder als gegen die gottesdienstliche. Während ich noch so umherirrte, überkam mich plötzlich und genau zu gleicher Zeit einerseits der Gedanke: viel zu spät, die Zeit ist längst verpaßt, du schaffst es nie – andrerseits das Gefühl, wie durchaus gleich das alles sei, wie gut man die Dinge könne laufen lassen wie sie mochten: und diese beiden Bewußtseinsströme flossen unaufhaltsam zu einem großen Lustgefühl zusammen, das mich mit blasphemischer Gleichgültigkeit gegen den Gottesdienst erfüllte, der Straße aber, auf der ich mich befand, so schmeichelte als hätte sie mir damals schon die Kupplerdienste zu verstehn gegeben, welche sie später dem erwachten Triebe leisten sollte.

Die »Sommerwohnungen« hatten wir erst in Potsdam, dann in Babelsberg. Man wohnte damals draußen, nämlich von der Stadt aus gesehen; vom Sommer aus gesehen aber war es innen: man nistete in ihm und die Erinnerungen an ihn muß ich, wie Moose, die man auf gut Glück im Dunkeln sich von den Wänden einer Höhle rauft, aus seiner schwülen feuchten Dämmerung lösen. Es gibt Erinnerungen, die im Gedächtnis besonders gut verwahrt bleiben, weil sie durch einen Chock zwar selber nicht betroffen, von allem folgenden aber sind isoliert worden. Sie haben sich gegen spätere nicht mehr verschleifen können und blieben abgesondert, auf sich selbst verwiesen. Eine solche kommt mir zuerst wenn ich von diesen Sommertagen rede: es ist ein Abend in meinem siebenten oder achten Jahr. Eins unserer Mädchen steht noch eine Weile an dem Gittertor, das auf ich weiß nicht welche Allee heraufführt. Der große Garten, in dessen verwilderten Randgebieten ich mich herumgetrieben hatte, hat sich schon für mich geschlossen. Es ist Zeit zum Zubettgehen geworden. Vielleicht habe ich mich an meinem Lieblingsspiel ersättigt und irgendwo am Drahtzaun im Gestrüpp mit Gummibolzen meiner Heurekapistole nach den hölzernen Vögeln geschossen, die beim Anprall des Bolzens aus dem grünen gemalten Blattwerk nach hinten fielen, wo Bindfäden sie mit der Rückwand des Tableaus verbanden. Den ganzen Tag hatte ich ein Geheimnis für mich behalten: nämlich den Traum der letztvergangnen Nacht. Ein unheimlicher war es gewesen. Mir war ein Gespenst erschienen. Der Ort, an dem es sich zu schaffen machte, existierte zwar eigentlich und genau genommen in unserer Wohnung garnicht, hatte aber doch sehr viel Ähnlichkeit mit einem mir bekannten, aufregenden und unzugänglichen, dem Winkel nämlich im Schlafzimmer der Eltern, der im Bogen gegen das übrige Gemach von einem schweren, verschoßnen violetten Vorhang abgeteilt war, und in dem die Morgenröcke, Hauskleider, Überwürfe meiner Mutter hingen: Das Dunkel hinter der Portiere war unergründlich und dieser Winkel war das verrufne nächtliche Gegenstück zu jenem lichten, beglückenden Bereiche, das mit dem Wäscheschrank der Mutter sich bisweilen öffnete, in dem auf Brettern, von weißen Borten, deren blaugestickter Text der Glocke entnommen war, gesäumt, die Laken, Tischtücher, Servietten und Bezüge gestapelt lagen. Ein süßer Lavendelduft kam aus den kleinen bunten Sachets aus Seide, welche an der Innenwand der Schranktüren niederhingen. Das waren Hölle und Paradies, in die der alte geheimnisvolle Wirk- und Webezauber, der einst im Spinnrad seinen Ort besessen, sich gespalten hatte. Der Traum nun war von unten aus der bösen Welt gekommen: ein Gespenst, das sich in einem Gestell von seidnen Geweben in großer Zahl, einander überdeckend, zu schaffen macht. Diese Seiden stahl das Gespenst. Es raffte sie nicht an sich, trug sie nicht fort, es tat mit ihnen und an ihnen eigentlich nichts Sichtbares, Deutliches und Unterschiednes und dennoch wußte ich es stahl sie, so wie in den Sagen die Leute, die ein Geistermahl entdecken, wissen, daß diese Toten Mahlzeit halten ohne sie dabei essen oder trinken zu sehen. Dieser Traum wars, welchen ich für mich behalten hatte. In der Nacht nun, die auf diese folgte, bemerkte ich im Halbschlaf wie zu ungewohnter Stunde mein Vater und meine Mutter leise zu mir hereinkamen. Daß sie sich bei mir einschlossen, sah ich nicht, als ich am andern Morgen aufstand, gab es nichts zum Frühstück. Die Wohnung war ausgeraubt. Mittags kam meine Großmutter aus Berlin mit dem nötigsten. Eine vielköpfige Einbrecherbande hatte sich nachts über das Haus hergemacht. Zum Glück ließ das Geräusch, das sie im Hause machten, auf ihre Menge einen Schluß zu und so war es meiner Mutter geglückt, den Vater, der sich, nur mit einem Taschenmesser bewaffnet, ihnen hatte stellen wollen, zurückzuhalten. Bis gegen Morgen hatte der gefährliche Besuch gedauert – vergebens hatten die Eltern in der Dämmerung am Fenster gestanden, um nach außen Signale zu geben: die Bande hatte in aller Ruhe mit den Körben abziehen können. Viel später wurde sie gefaßt und da ergab sich, daß ihr Organisator, ein vielfach vorbestrafter Mörder und Zuchthäusler taubstumm war. Es machte mich stolz, daß man mich über die Ereignisse des Vorabends ausfragte – denn man glaubte einer Komplizität des Dienstmädchens, die am Gitter gestanden hatte, mit den Einbrechern auf der Spur zu sein. Noch stolzer aber machte mich die Frage, warum ich meinen Traum, den ich als Prophezeiung, natürlich nun zum besten gab, verschwiegen hätte.

Was mir die ersten Bücher gewesen sind – das zu erinnern muß ich jedes andere Wissen um Bücher allererst vergessen haben. Gewiß ruht all mein heutiges auf der Bereitschaft, mit der ich damals mich dem Buch erschloß; wo aber heute Inhalt und Thema, Gegenstand und Stoff dem Buch als Äußeres gegenübertritt, fand es sich früher ganz allein in ihm, es war sowenig dem Buche ein Äußeres, Unabhängiges wie es ihm heute die Anzahl seiner Seiten wäre oder sein Papier. Die Welt, die sich im Buch eröffnete und dieses selbst, waren um keinen Preis zu trennen und vollkommen eins. So war mit einem Buche auch sein Inhalt, seine Welt handgreiflich da, mit einem Griff zur Stelle. So aber verklärte dieser Inhalt, diese Welt nun auch das Buch an allen seinen Teilen. Sie brannten in ihm, strahlten von ihm aus; sie nisteten nicht nur im Einband oder in den Bildern; Kapitelüberschriften und Anfangsbuchstaben, Absätze und Kolonnen waren ihr Gehäuse. Man las sie nicht aus, nein, man wohnte, hauste zwischen ihre⟨n⟩ Zeilen und wenn ⟨man⟩ nach einer Pause sie wieder aufschlug, so schreckte man sich selber an der Stelle auf, an der man stehen geblieben war. Die Beseligung aber, mit welcher man das neue Buch entgegennahm, kaum wagte, einen flüchtigen Blick hineinzuwerfen, war die des Gastes, der in einem Schloß auf ein paar Wochen eingeladen ist, und es kaum wagt, die langen Fluchten von Prunkgemächern, welche er bis zu seinem Zimmer durchschreiten muß, mit einem Blicke der Bewunderung zu streifen. Um so ungeduldiger ist er sich zurückziehen zu dürfen. Und so hatte ich denn auch kaum alljährlich auf dem Weihnachtstisch den letzten Band des »Neuen deutschen Jugendfreunds« gefunden als ich mich ganz hinter die Brustwehr seines wappengeschmückten Deckels zurückzog und mich in die Spionen- oder Jagdgeschichte vortastete, in welcher ich die erste Nacht zubringen sollte. Es gab nichts schöneres als in dieser ersten Durchmusterung des Geschichtenlabyrinths die unterschiedlichen Luftströme, Düfte, Helligkeiten und Geräusche auszuwittern, die aus seinen verschiednen Kammern und Gängen kamen. Denn wirklich zogen sich die längeren Geschichten, vielfältig unterbrochen, um als Fortsetzungen wieder aufzutauchen als unterirdische Gänge durch das Ganze. Und was tat es, wenn die Aromata, die aus den Stollen in die Höhe stiegen, in der wir Globen oder Wasserräder blitzen sahen, sich mit dem Duft des Pfefferkuchens vermengten oder ein Weihnachtslied die Gloriole um das Haupt von Stephenson wob, das im Halt zweier Seiten wie ein Ahnenbild durch den Türspalt auftauchte oder der Duft des Pfefferkuchens sich mit dem eines sizilischen Schwefelbergwerks verband, das auf einem Vollbild uns plötzlich wie auf einem Fresko entgegenschlug. Hatte man aber eine Weile in sein Buch vertieft gesessen, und trat ich dann wieder an den Tisch mit den Geschenken, so stand er nicht mehr wie beim ersten Schritt ins Weihnachtszimmer fast gebietend über mir, sondern mir war als schritte ich eine kleine Estrade hinab, die mich von meinem Geisterschloß wieder zu ihm herabführte.

Mit diesem Glück, das ich erinnere aber verschmilzt ein andres: dies in der Erinnerung zu besitzen. Ich kann die beiden heute nicht mehr von einander trennen: es ist als sei es von dem Geschenk des Augenblicks, von dem ich hier berichte, nur ein Teil: daß er die Gabe mitbekam, mir nie mehr ganz verloren zu gehen – sollte es auch jahrzehnte zwischen den Sekunden w⟨äh⟩ren, wo ich seiner gedenke.

Jeder kann sich Rechenschaft davon ablegen, daß die Dauer, in der wir Eindrücken ausgesetzt sind, ohne Bedeutung für deren Schicksal in der Erinnerung ist. Nichts hindert, daß wir Räume, wo wir vierundzwanzig Stunden waren, mehr oder weniger deutlich im Gedächtnis halten, und andere, wo wir Monate verbrachten, ganz vergessen. Es ist also durchaus nicht immer Schuld einer allzukurzen Belichtungsdauer, wenn auf der Platte des Erinnerns kein Bild erscheint. Häufiger sind vielleicht die Fälle, wo die Dämmerung der Gewohnheit der Platte jahrelang das nötige Licht versagt, bis dieses eines Tages aus fremden Quellen wie aus entzündetem Magnesiumpulver aufschießt und nun im Bilde einer Momentaufnahme den Raum auf die Platte bannt. Im Mittelpunkte dieser seltnen Bilder aber stehen stets wir selbst. Und das ist nicht so rätselhaft, weil solche Augenblicke plötzlicher Belichtung gleichzeitig Augenblicke des Außer-Uns-Seins sind und während unser waches, gewohntes, taggerechtes Ich sich handelnd oder leidend ins Geschehen mischt, ruht unser tieferes an anderer Stelle und wird vom Chock betroffen wie das Häufchen Magnesiumpulver von der Streichholzflamme. Dies Opfer unseres tiefsten Ichs im Chock ist es, dem unsere Erinnerung ihre unzerstörbarsten Bilder zu danken hat. So wäre das Zimmer, wo ich mit sechs Jahren schlief, für mich vergessen, wenn dort nicht eines Abends – ich lag schon zu Bett – mein Vater mit einer Todesnachricht eingetreten wäre. Im Grunde war es nicht diese Nachricht selbst, die mich so traf; der Tote war ein entfernter Vetter. Aber in der Art, in der mein Vater mir das sagte, war ⟨abgebrochen⟩

Die erste große Enttäuschung meines Lebens erreichte mich eines Nachmittags auf der Pfaueninsel. Man hatte mir unterwegs gesagt, ich werde im Gras dort Pfauenfedern liegen finden. Und kaum hatte ich das erfahren, so muß sich in mir mit der Geschwindigkeit, in der ein Funke zwischen zwei geladenen Systemen überspringt, ein enger Zusammenhang zwischen dem Namen dieser Inseln ⟨sic⟩ und der Pfauenfeder gebildet haben. Nicht etwa, daß dieser Funke nun den Umweg über das Bild des Pfauen genommen hätte. Dies blieb bei dem ganzen Vorgang außer Spiel. Und so richtete sich mein vorwurfsvolles Staunen als ich den Rasen so vergeblich durchforschte, denn auch nicht gegen die Pfauen, die ich auf und ab spazieren sah, vielmehr gegen den Boden dieser Insel selber, die eine Pfaueninsel war, doch keine Pfauenerde trug. Hätte ich die ersehnte Feder im Gras gefunden – ich wäre an dieser Stelle mir erwartet und bewillkommt vorgekommen. Nun schien mir die Insel ein Versprechen gebrochen zu haben. Die Pfauen konnten mich darüber bestimmt nicht trösten. Sie waren ja für jedermann zu sehen. Ich aber hätte das haben müssen, was für mich allein bestimmt, vor allen anderen versteckt und nur von mir im Gras zu finden war. Diese Enttäuschung wäre nicht so schwer gewesen, wenn nicht die mütterliche Erde selber es gewesen wäre, die sie mir zugefügt hatte. So wäre auch die Beseligung, nach langen Mühen das Radfahren erlernt zu haben, nicht so süß gewesen, wenn nicht die mütterliche Erde selber ihr Lob dafür mich hätte spüren lassen. Man lernte damals – in der Blütezeit des Radfahrsports – das radeln in großen, eigens dem bestimmten Hallen. Diese Hallen hatten aber nicht das snobistische Gepräge der späteren Eispaläste oder Tennishallen; sie ähnelten vielmehr den scating-rings, Turnhallen oder Zandersälen und waren Dokumente einer Gesinnung welcher Sport und Freiluft durchaus nicht wie den Heutigen unzertrennlich war. Es war die Zeit der »Sportkostüme« die noch nicht, wie unsere heutige Trainingskleidung sich vor allem dem Körper auf das nächste anzupassen strebt, sondern den einzelnen bestimmten Sport auf das Genaueste abzugrenzen ⟨auszuprägen?⟩ und von allen andern so abzukapseln strebt wie jene Hallen von der Natur und andern Übungen ihn isolierten. Der Sport, wie er in diesen Hallen betrieben wurde, hatte noch alle Exzentrizitäten seiner Frühzeit an sich. Auf dem asphaltierten Boden bewegten sich unter Aufsicht von Trainern neben den gewöhnlichen Rädern für Herren, Damen, Kinder Gestelle, deren Vorderrad zehnmal so groß war als das kleine Hinterrad und deren luftiger Sitz wahrscheinlich von Artisten eingenommen wurde, welche hier irgend eine Nummer einstudierten.

Die Baumgärten von Glienicke, die breiten, feierlichen Promenaden von Schloß Babelsberg, die schmalen versteckten Pfade unseres Sommergartens, die schattigen Laubengänge, welche an den Stellen, wo Landungsbrücken waren, an den Griebnitzsee herunterführten – dies alles schlug ich zu meinem Reiche, in der Phantasie in einem Augenblick vollendend das Werk zahlloser Promenaden, Spiele, Streifereien⟨,⟩ in meiner Vermählung mit der Bodenwelle knieend⟨,⟩ wie ein Dynast durch eine einzige glückliche Verbindung unendliche Territorien sich erobert.

Ich habe von den Höfen gesprochen. Selbst Weihnachten war im Grunde ein Fest der Höfe. In den Höfen begann es mit den Leierkästen, die die Woche vor dem Fest mit Chorälen dehnten und in Höfen endete es mit den Tannenbäumen, die, ihres Fußes beraubt, im Schnee lehnten oder im Regen glänzten. Aber Weihnachten kam und teilte mit einem Mal vor den Augen des Bürgerkindes seine Stadt in zwei gewaltige Lager. Es waren nicht die echten wirklichen, in denen Ausgebeutete und Herren einander unversöhnlich gegenüberliegen. Nein, es war ein gestelltes arrangiertes Heerlager beinah so unwirklich und so künstlich wie die Krippen, die aus Papieren oder hölzernen Figuren gestellt waren, aber auch so alt und so ehrwürdig: Weihnachten kam und teilte in Arm und Reich. Weihnachten kam und teilte die Kinder in solche, die an den Buden des Potsdamer Platzes sich mit ihren Eltern entlangschoben und solche die im Innern, allein, ihre Puppen und ihre Schäfchen für gleichaltrige Kinder zum Verkaufe boten. Weihnachten kam und mit ihm eine ganze unbekannte Welt von Waren, ⟨abgebrochen⟩

Man hat das déjà vu sehr oft beschrieben. Aber ich frage mich, ob die Bezeichnung eigentlich glücklich und die Metapher, welche allein dem Vorgang angemessen ist, nicht viel besser dem Bereiche der Akustik zu entnehmen wäre. Man sollte von Vorfällen reden, welche uns betreffen wie ein Echo, zu dem der Ruf, der Hall der es erweckte, irgendwann im Dunkel des verfloßnen Lebens ergangen scheint. Dem entspricht, wenn wir nicht irren, daß der Chock, mit welchem Augenblicke als schon gelebt uns ins Bewußtsein treten, meist in Gestalt von einem Laut uns zustößt. Es ist ein Wort, ein Klopfen oder Rauschen, welchem die magische Gewalt verliehen ist, mit einem Male uns in die kühle Gruft des Einst zu bannen, von deren Wölbung uns die Gegenwart nur als ein Echo scheint zurückzuhallen. Hat man aber je dem Gegenbilde dieser Entrückung nachgeforscht, dem Chock, mit dem wir auf eine Geste oder auf ein

Wort gestoßen sind, wie man mit einmal einen vergeßnen Handschuh oder Pompadour bei sich entdeckt. Und wie uns die auf eine Fremde schließen lassen, welche da war, so gibt es Worte oder Gesten, die uns auf jene unsichtbare Fremde schließen lassen, die Zukunft, welche sie bei uns vergaß. Ich mochte fünf Jahre alt sein. Eines abends – ich lag bereits im Bett – erschien mein Vater, wahrscheinlich um mir gute Nacht zu sagen. Es war wohl halb gegen seinen Willen, dachte ich, daß er die Neuigkeit vom Tod eines Verwandten mir erzählte. Der Tote war ein Vetter, ein erwachsner Mann, der mich wenig anging. Mein Vater aber gab die Nachricht mit Details, erklärte mir bei der Gelegenheit auf meine Frage was ein Herzschlag sei und war redselig. Von der Erklärung nahm ich nicht viel auf. Wohl aber habe ich an diesem Abend mein Zimmer und mein Bett mir eingeprägt wie man sich einen Ort genauer merkt, von dem man ahnt, man werde eines Tages etwas Vergessenes dort suchen müssen. Viele Jahre später erfuhr ich, was. »Vergessen« hatte hier, in diesem Zimmer mein Vater einen Teil der Todesnachricht: daß die Krankheit Syphilis hieß.

Diabolo / Das Pult, an dem ich meine Schularbeiten machte / Bahnhof Neubabelsberg / Schloß Neubabelsberg

Berliner Kindheit um neunzehnhundert

⟨*Fassung letzter Hand*⟩

O braungebackne Siegessäule
mit Winterzucker aus den Kindertagen.

⟨Vorwort⟩

Im Jahr 1932, als ich im Ausland war, begann mir klar zu werden, daß ich in Bälde einen längeren, vielleicht einen dauernden Abschied von der Stadt, in der ich geboren bin, würde nehmen müssen.

Ich hatte das Verfahren der Impfung mehrmals in meinem inneren Leben als heilsam erfahren; ich hielt mich auch in dieser Lage daran und rief die Bilder, die im Exil das Heimweh am stärksten zu wekken pflegen – die der Kindheit – mit Absicht in mir hervor. Das Gefühl der Sehnsucht durfte dabei über den Geist ebensowenig Herr werden wie der Impfstoff über einen gesunden Körper. Ich suchte es durch die Einsicht, nicht in die zufällige biographische sondern in die notwendige gesellschaftliche Unwiederbringlichkeit des Vergangenen in Schranken zu halten.

Das hat es mit sich gebracht, daß die biographischen Züge, die eher in der Kontinuität als in der Tiefe der Erfahrung sich abzeichnen, in diesen Versuchen ganz zurücktreten. Mit ihnen die Physiognomien – die meiner Familie wie die meiner Kameraden. Dagegen habe ich mich bemüht, der *Bilder* habhaft zu werden, in denen die Erfahrung der Großstadt in einem Kinde der Bürgerklasse sich niederschlägt.

Ich halte es für möglich, daß solchen Bildern ein eignes Schicksal vorbehalten ist. Ihrer harren noch keine geprägten Formen, wie sie im Naturgefühl seit Jahrhunderten den Erinnerungen an eine auf dem Lande verbrachte Kindheit zu Gebote stehen. Dagegen sind die Bilder meiner Großstadtkindheit vielleicht befähigt, in ihrem Innern spätere geschichtliche Erfahrung zu präformieren. In diesen wenigstens, hoffe ich, ist es wohl zu merken, wie sehr der, von dem hier die Rede ist, später der Geborgenheit entriet, die seiner Kindheit beschieden gewesen war.

Loggien

Wie eine Mutter, die das Neugeborene an ihre Brust legt ohne es zu wecken, verfährt das Leben lange Zeit mit der noch zarten Erinnerung an die Kindheit. Nichts kräftigte die meine inniger als der Blick in Höfe, von deren dunklen Loggien eine, die im Sommer von Markisen beschattet wurde, für mich die Wiege war, in die die Stadt den neuen Bürger legte. Die Karyatiden, die die Loggia des nächsten Stockwerks trugen, mochten ihren Platz für einen Augenblick verlassen haben, um an dieser Wiege ein Lied zu singen, das wenig von dem enthielt, was mich für später erwartete, dafür jedoch den Spruch, durch den die Luft der Höfe mir auf immer berauschend blieb. Ich glaube, daß ein Beisatz dieser Luft noch um die Weinberge von Capri war, in denen ich die Geliebte umschlungen hielt; und es ist eben diese Luft, in der die Bilder und Allegorien stehen, die über meinem Denken herrschen wie die Karyatiden auf der Loggienhöhe über die Höfe des Berliner Westens.

Der Takt der Stadtbahn und des Teppichklopfens wiegte mich in Schlaf. Er war die Mulde, in der sich meine Träume bildeten. Zuerst die ungestalten, die vielleicht vom Schwall des Wassers oder dem Geruch der Milch durchzogen waren, dann die langgesponnenen: Reise- und Regenträume. Der Frühling hißte hier die ersten Triebe vor einer grauen Rückfront; und wenn später im Jahr ein staubiges Laubdach tausendmal am Tag die Hauswand streifte, nahm das Schlürfen der Zweige mich in eine Lehre, der ich noch nicht gewachsen war. Denn alles wurde mir im Hof zum Wink. Wieviele Botschaften saßen nicht im Geplänkel grüner Rouleaux, die hochgezogen wurden, und wieviele Hiobsposten ließ ich klug im Poltern der Rolläden uneröffnet, die in der Dämmerung niederdonnerten.

Im Hofe beschäftigte mich die Stelle, wo der Baum stand, am häufigsten. Sie war im Pflaster ausgespart, in das ein breiter Eisenring versenkt war. Stäbe durchzogen ihn so, daß sie das nackte Erdreich vergitterten. Es schien mir nicht umsonst so eingefaßt; manchmal sann ich dem nach, was in der schwarzen Kute, aus der der Stamm kam, vorging. Später dehnte ich diese Grübeleien auf Droschkenhaltestellen aus. Deren Bäume wurzelten ähnlich, und die waren außerdem umzäunt. Kutscher hingen an die Umzäunung ihre Pelerinen, während sie für den Gaul das Pumpenbecken, das in das

Trottoir gesenkt war, mit dem Strahle füllten, der Heu- und Haferreste wegtrieb. Mir waren diese Warteplätze, deren Ruhe nur selten durch den Zuwachs oder Abgang von Wagen unterbrochen wurde, entlegenere Provinzen meines Hofes.
Wäscheleinen liefen von einer Wand der Loggia zur anderen; die Palme sah um so obdachloser aus als längst nicht mehr der dunkle Erdteil sondern der benachbarte Salon als ihre Heimat empfunden wurde. So wollte es das Gesetz des Ortes, um den einst die Träume der Bewohner gespielt hatten. Ehe er der Vergessenheit verfiel, hatte bisweilen die Kunst ihn zu verklären unternommen. Bald stahl sich eine Ampel, bald eine Bronze, bald eine Chinavase in sein Bereich. Und wenn auch diese Altertümer selten dem Orte Ehre machten, so paßten sie zu dem, was er Altertümliches an sich selbst hatte. Das pompejanische Rot, das in breitem Bande an seiner Wand entlang lief, war der gegebene Hintergrund der Stunden, welche in solcher Abgeschiedenheit sich stauten. Die Zeit veraltete in diesen schattenreichen Gelassen, die sich auf die Höfe öffneten. Und eben darum war der Vormittag, wenn ich auf unserer Loggia auf ihn stieß, so lange schon Vormittag, daß er mehr er selbst schien als auf jedem anderen Fleck. Nie konnte ich ihn hier erwarten; immer erwartete er mich bereits. Er war schon lange da, ja gleichsam aus der Mode, wenn ich ihn endlich dort aufstöberte.
Später entdeckte ich vom Bahndamm aus die Höfe neu. Wenn ich an schwülen Sommernachmittagen aus dem Abteil auf sie heruntersah, schien sich der Sommer in sie eingesperrt und von der Landschaft losgesagt zu haben. Und die Geranien, die mit roten Blüten aus ihren Kästen sahen, paßten minder zu ihm als die roten Matratzen, die am Vormittag zum Lüften über den Brüstungen gehangen hatten. Eiserne Gartenstühle, die aus Astwerk oder von Schilf umwunden schienen, waren die Sitzgelegenheit der Loggia. Wir zogen sie heran, wenn sich am Abend das Lesekränzchen auf ihr versammelte. Aus einem rot- und grüngeflammten Kelch schien auf die Reclamhefte das Gaslicht nieder. Romeos letzter Seufzer strich durch unsern Hof auf seiner Suche nach dem Echo, das ihm die Gruft der Julia in Bereitschaft hielt.
Seitdem ich Kind war, haben sich die Loggien weniger verändert als die anderen Räume. Sie sind mir nicht nur darum nahe. Es ist vielmehr des Trostes wegen, der in ihrer Unbewohnbarkeit für den liegt, der selber nicht mehr recht zum Wohnen kommt. An ihnen

hat die Behausung des Berliners ihre Grenze. Berlin – der Stadtgott selber – beginnt in ihnen. Er bleibt sich dort so gegenwärtig, daß nichts Flüchtiges sich neben ihm behauptet. In seinem Schutze finden Ort und Zeit zu sich und zueinander. Beide lagern sich hier zu seinen Füßen. Das Kind jedoch, das einmal mit im Bunde gewesen war, hält sich, von dieser Gruppe eingefaßt, auf seiner Loggia wie in einem längst ihm zugedachten Mausoleum auf.

Kaiserpanorama

Es war ein großer Reiz der Reisebilder, die man im Kaiserpanorama fand, daß es nicht darauf ankam, wo man die Runde anfing. Denn weil die Schauwand mit den Sitzgelegenheiten davor Kreisform hatte, passierte jedes sämtliche Stationen, von denen aus man durch je ein Fensterpaar in seine schwach getönte Ferne sah. Platz fand man immer. Und besonders gegen das Ende meiner Kindheit, als die Mode den Kaiserpanoramen schon den Rücken kehrte, gewöhnte man sich, im halbleeren Zimmer rundzureisen.

Musik, die Reisen mit dem Film so erschlaffend macht, gab es im Kaiserpanorama nicht. Mir schien ein kleiner, eigentlich störender Effekt ihr überlegen. Das war ein Klingeln, welches wenige Sekunden, ehe das Bild ruckweise abzog, um erst eine Lücke und dann das nächste freizugeben, anschlug. Und jedesmal, wenn es erklang, durchtränkten die Berge bis auf ihren Fuß, die Städte in ihren spiegelklaren Fenstern, die Bahnhöfe mit ihrem gelben Qualm, die Rebenhügel bis ins kleinste Blatt, sich mit dem Weh des Abschieds. Ich kam zur Überzeugung, es sei unmöglich, die Herrlichkeit der Gegend für diesmal auszuschöpfen. Und dann entstand der nie befolgte Vorsatz, am nächsten Tage noch einmal vorbeizukommen. Doch ehe ich mir schlüssig war, erbebte der ganze Bau, von dem mich die Holzverschalung trennte; das Bild wankte in seinem kleinen Rahmen, um sich alsbald nach links vor meinen Blicken davonzumachen.

Die Künste, die hier überdauerten, sind mit dem zwanzigsten Jahrhundert ausgestorben. Als es einsetzte, hatten sie in den Kindern ihr letztes Publikum. Die fernen Welten waren denen nicht immer fremd. Es kam vor, daß die Sehnsucht, die sie erweckten, nicht in

das Unbekannte, sondern nach Hause rief. So wollte ich mich eines Nachmittags vorm Transparent des Städtchens Aix bereden, ich hätte auf dem Pflaster, das von den alten Platanen des Cours Mirabeau verwahrt wird, voreinst gespielt.
Regnete es, so hielt ich mich nicht draußen vor dem Verzeichnis der fünfzig Bilder auf. Ich trat ins Innere und fand in Fjorden und unter Kokospalmen dasselbe Licht, das abends bei den Schularbeiten mein Pult erhellte. Es sei denn, ein Defekt in der Beleuchtung bewirkte plötzlich, daß die Landschaft sich entfärbte. Dann lag sie unter ihrem Aschenhimmel verschwiegen da; es war, als hätte ich noch eben Wind und Glocken hören können, wenn ich nur besser achtgegeben hätte.

Die Siegessäule

Sie stand auf dem weiten Platz wie das rote Datum auf dem Abreißkalender. Mit dem letzten Sedantag hätte man sie abreißen sollen. Als ich klein war, konnte man sich ein Jahr ohne Sedantag nicht vorstellen. Nach der Sedanschlacht waren nur Paraden übriggeblieben. Als darum neunzehnhundertzwei Ohm Krüger nach dem verlorenen Burenkrieg die Tauentzienstraße entlang gefahren kam, stand ich mit meiner Gouvernante in der Reihe, um einen Herrn zu bestaunen, der im Zylinder in den Polstern lehnte und »einen Krieg geführt« hatte. So sagte man. Mir schien das großartig aber nicht einwandfrei; wie wenn der Mann ein Nashorn oder Dromedar »geführt« und damit seinen Ruhm erworben hätte. Was konnte im übrigen nach Sedan kommen? Mit der Niederlage der Franzosen schien die Weltgeschichte in ihr glorreiches Grab gesunken, über dem diese Säule die Stele war.
Als Quartaner beschritt ich die breiten Stufen, die zu den Herrschern der Siegesallee heraufführten; dabei bekümmerte ich mich nur um die zwei Vasallen, die beiderseits die Rückwand des marmornen Arrangements bekrönten. Sie waren niedriger als ihre Herrscher und bequem in Augenschein zu nehmen. Ich liebte unter allen am meisten den Bischof mit dem Dom in seiner behandschuhten rechten Hand. Mit dem Ankersteinbaukasten konnte ich schon einen größeren errichten. Seitdem bin ich auf keine heilige Katha-

rina gestoßen, ohne nach ihrem Rad, auf keine heilige Barbara, ohne nach ihrem Turm mich umzusehen.
Man hatte mir erklärt, woher der Schmuck der Siegessäule stammte. Ich hatte aber nicht genau verstanden, was es mit den Kanonenrohren, die ihn bilden, auf sich hatte: ob die Franzosen mit goldenen in den Krieg gezogen waren, oder ob das Gold, welches wir ihnen abgenommen hatten, erst von uns zu Kanonen war gegossen worden. Ein Wandelgang verkleidete rundum die Säulenbasis. Ich habe diesen Raum, den ein gedämpftes, vom Gold der Fresken reflektiertes Licht erfüllte, nie betreten. Ich fürchtete, dort Schilderungen vorzufinden, die mich an Bilder eines Buches hätten erinnern können, auf das ich einmal im Salon einer alten Tante gestoßen war. Es war eine Prachtausgabe von Dantes »Hölle«. Mir schienen die Helden, deren Taten in der Säulenhalle dämmerten, im stillen ebenso verrufen wie die Scharen, die von Wirbelwinden gepeitscht, in blutende Baumstümpfe eingefleischt, in Gletscherblöcken vereist Buße taten. Darum war dieser Umgang das Inferno, das Widerspiel des Gnadenkreises, der oben um die strahlende Viktoria lief. An manchen Tagen standen Leute droben. Vorm Himmel schienen sie mir schwarz umrandet wie die Figurinen der Klebebilderbogen. Nahm ich nicht Schere und Leimtopf zur Hand, um, wenn ich mit dem Bauen fertig war, ähnliche Püppchen auf Portale, Nischen und Fensterbrüstungen zu verteilen? Geschöpfe solcher seligen Willkür waren droben im Licht die Leute. Ewiger Sonntag war um sie. Oder war es ein ewiger Sedantag?

Das Telefon

Es mag am Bau der Apparate oder der Erinnerung liegen – gewiß ist, daß im Nachhall die Geräusche der ersten Telefongespräche mir anders in den Ohren liegen als die heutigen. Es waren Nachtgeräusche. Keine Muse vermeldet sie. Die Nacht, aus der sie kamen, war die gleiche, die jeder wahren Geburt vorhergeht. Und eine neugeborne war die Stimme, die in den Apparaten schlummerte. Auf Tag und Stunde war das Telefon mein Zwillingsbruder. Ich durfte erleben, wie es die Erniedrigungen seiner Erstlingsjahre im Rücken ließ. Denn als Lüster, Ofenschirm und Zimmerpalme, Konsole,

Gueridon und Erkerbrüstung, die damals in den Vorderzimmern prangten, schon längst verdorben und gestorben waren, hielt, einem sagenhaften Helden gleich, der in der Bergschlucht ausgesetzt gewesen, den dunklen Korridor im Rücken lassend, der Apparat den königlichen Einzug in die gelichteten und helleren, nun von einem jüngeren Geschlecht bewohnten Räume. Ihm wurde er der Trost der Einsamkeit. Den Hoffnungslosen, die diese schlechte Welt verlassen wollten, blinkte er mit dem Licht der letzten Hoffnung. Mit den Verlaßnen teilte er ihr Bett. Die schrille Stimme, die ihm im Exil geeignet hatte, klang nun, wo alles auf seinen Anruf wartete, abgedämpft.

Nicht viele, die den Apparat benutzen, wissen, welche Verheerungen einst sein Erscheinen in den Familien verursacht hat. Der Laut, mit dem er zwischen zwei und vier, wenn wieder ein Schulfreund mich zu sprechen wünschte, anschlug, war ein Alarmsignal, das nicht allein die Mittagsruhe meiner Eltern sondern das Zeitalter, in dessen Herzen sie sich ihr ergaben, gefährdete. Meinungsverschiedenheiten mit den Ämtern waren die Regel, zu schweigen von den Drohungen und Donnerworten, die mein Vater gegen die Beschwerdestelle ausstieß. Doch seine eigentlichen Orgien galten der Kurbel, der er sich minutenlang und bis zur Selbstvergessenheit verschrieb. Seine Hand war dabei ein Derwisch, den der Taumel überwältigt. Mir schlug das Herz, ich war gewiß, in solchen Fällen drohe der Beamtin als Strafe ihrer Säumigkeit ein Schlag.

In diesen Zeiten hing das Telefon entstellt und ausgestoßen zwischen der Truhe für die schmutzige Wäsche und dem Gasometer in einem Winkel des Hinterkorridors, von wo sein Läuten die Schrecken der berliner Wohnung vervielfachte. Wenn ich dann, meiner Sinne mit Mühe mächtig, nach langem Tasten durch den finstern Schlauch, anlangte, um den Aufruhr abzustellen, die beiden Hörer, welche das Gewicht von Hanteln hatten, abriß und den Kopf dazwischen preßte, war ich gnadenlos der Stimme ausgeliefert, die da sprach. Nichts war, was die Gewalt, mit der sie auf mich eindrang, milderte. Ohnmächtig litt ich, daß sie mir die Besinnung auf meine Zeit, meinen Vorsatz und meine Pflicht zunichte machte; und wie das Medium der Stimme, die von drüben seiner sich bemächtigt, folgt, ergab ich mich dem ersten besten Vorschlag, der durch das Telefon an mich erging.

Schmetterlingsjagd

Gelegentlicher Sommerreisen unbeschadet, bezogen wir eh ich zur Schule ging alljährlich Sommerwohnungen in der Umgebung. An sie erinnerte noch lange an der Wand meines Knabenzimmers der geräumige Kasten mit den Anfängen einer Schmetterlingssammlung, deren älteste Exemplare in dem Garten am Brauhausberge erbeutet waren. Kohlweißlinge mit abgestoßnen Rändern, Zitronenfalter mit zu blanken Flügeln vergegenwärtigten die heißen Jagden, die mich so oft von den gepflegten Gartenwegen fort in eine Wildnis gelockt hatten, in welcher ich ohnmächtig der Verschwörung von Wind und Düften, Laub und Sonne gegenüberstand, die dem Flug der Schmetterlinge gebieten mochten.
Sie flatterten auf eine Blüte zu, sie standen über ihr. Den Kescher angehoben erwartete ich nur noch, daß der Bann, der von der Blüte auf das Flügelpaar zu wirken schien, sein Werk vollendet habe, da entglitt der zarte Leib mit leisen Stößen seitwärts, um genau so reglos eine andere Blüte zu beschatten und genau so plötzlich, ohne sie berührt zu haben, sie zu lassen. Wenn so ein Fuchs oder Ligusterschwärmer, den ich gemächlich hätte überholen können, durch Zögern, Schwanken und Verweilen mich zum Narren machte, dann hätte ich gewünscht, in Licht und Luft mich aufzulösen, nur um ungemerkt der Beute mich zu nähern und sie überwältigen zu können. Und soweit ging der Wunsch mir in Erfüllung, daß jedes Schwingen oder Wiegen der Flügel, in die ich vergafft war, mich selbst anwehte oder überrieselte. Es begann die alte Jägersatzung zwischen uns zu herrschen: je mehr ich selbst in allen Fibern mich dem Tier anschmiegte, je falterhafter ich im Innern wurde, desto mehr nahm dieser Schmetterling in Tun und Lassen die Farbe menschlicher Entschließung an und endlich war es, als ob sein Fang der Preis sei, um den einzig ich meines Menschendaseins wieder habhaft werden könne. Doch wenn es dann vollbracht war, wurde es ein mühevoller Weg, bis ich vom Schauplatz meines Jagdglücks an das Lager vorgedrungen war, wo Äther, Watte, Nadeln mit bunten Köpfen und Pinzetten in der Botanisiertrommel zum Vorschein kamen. Und wie lag das Revier in meinem Rücken! Gräser waren geknickt, Blumen zertreten worden; der Jagende selber hatte als Dreingabe den eignen Körper seinem Kescher nachgeworfen: und über so viel Zerstörung, Plumpheit und Gewalt hielt zitternd und

dennoch voller Anmut sich in einer Falte des Netzes der erschrockne Schmetterling. Auf diesem mühevollen Wege ging der Geist des Todgeweihten in den Jäger ein. Die fremde Sprache, in welcher dieser Falter und die Blüten vor seinen Augen sich verständigt hatten – nun hatte er einige Gesetze ihr abgewonnen. Seine Mordlust war geringer, seine Zuversicht um soviel größer geworden.
Die Luft, in der sich dieser Falter damals wiegte, ist heute ganz durchtränkt von einem Wort, das seit Jahrzehnten nie mehr mir zu Ohren noch über meine Lippen gekommen ist. Es hat das Unergründliche bewahrt, womit die Namen der Kindheit dem Erwachsenen entgegentreten. Langes Verschwiegenwordensein hat sie verklärt. So zittert durch die schmetterlingserfüllte Luft das Wort »Brauhausberg«. Auf dem Brauhausberge bei Potsdam hatten wir unsere Sommerwohnung. Aber der Name hat alle Schwere verloren, enthält von einem Brauhaus überhaupt nichts mehr und ist allenfalls ein von Bläue umwitterter Berg, der im Sommer sich aufbaute, um mich und meine Eltern zu behausen. Und darum liegt das Potsdam meiner Kindheit in so blauer Luft, als wären seine Trauermäntel oder Admirale, Tagpfauenaugen und Aurorafalter über eine der schimmernden Emaillen von Limoges verstreut, auf denen die Zinnen und Mauern Jerusalems vom dunkelblauen Grunde sich abheben.

Tiergarten

Sich in einer Stadt nicht zurechtfinden heißt nicht viel. In einer Stadt sich aber zu verirren, wie man in einem Walde sich verirrt, braucht Schulung. Da müssen Straßennamen zu dem Irrenden so sprechen wie das Knacken trockner Reiser und kleine Straßen im Stadtinnern ihm die Tageszeiten so deutlich wie eine Bergmulde widerspiegeln. Diese Kunst habe ich spät erlernt; sie hat den Traum erfüllt, von dem die ersten Spuren Labyrinthe auf den Löschblättern meiner Hefte waren. Nein, nicht die ersten, denn vor ihnen war das eine, welches sie überdauert hat. Der Weg in dieses Labyrinth, dem seine Ariadne nicht gefehlt hat, führte über die Bendlerbrücke, deren linde Wölbung die erste Hügelflanke für mich wurde. Unweit von ihrem Fuße lag das Ziel: der Friedrich Wilhelm und die Königin Luise. Auf ihren runden Sockeln ragten sie aus den Beeten wie gebannt von magischen Kurven, die ein Wasserlauf vor ihnen in den Sand schrieb. Lieber als an die Herrscher wandte ich mich aber an ihre Sockel, weil, was darauf vorging, wenn auch undeutlich im Zusammenhange, näher im Raum war. Daß es mit diesem Irrgarten etwas auf sich hat, erkannte ich seit jeher an dem breiten, banalen Vorplatz, der durch nichts verriet, daß hier, wenige Schritte von dem Korso der Droschken und Karossen abgelegen, der sonderbarste Teil des Parkes schläft.

Davon empfing ich früh ein Zeichen. Hier nämlich oder unweit muß ihr Lager jene Ariadne abgehalten haben, an deren Nähe ich zum ersten Male erfuhr, was mir als Wort erst später zufiel: Liebe. Leider taucht das »Fräulein« an seiner Quelle auf, das sich als kalter Schatten darüber legte. Und so war dieser Park, der wie kein anderer den Kindern offen scheint, auch sonst für mich mit Schwierigem, Undurchführbarem verstellt. Wie selten unterschied ich die Fische im Goldfischteich. Wieviel versprach die Hofjägerallee mit ihrem Namen und wie wenig hielt sie. Wie oft suchte ich das Gebüsch umsonst, in dem mit roten, weißen, blauen Türmchen ein Kiosk im Stil der Ankersteinbaukästen stand. Wie hoffnungslos kehrt mit jedem Frühling meine Liebe zum Prinzen Louis Ferdinand zurück, zu dessen Füßen die ersten Krokus und Narzissen standen. Ein Wasserlauf, der mich von ihnen trennte, machte sie mir so unberührbar, als wenn sie unter einem Glassturz gestanden hätten. So kalt im Schönen mußte fußen, was fürstlich ist, und ich begriff, warum Luise von Landau, mit der ich im Zirkel gesessen hatte bis sie gestorben war, am Lützowufer gegenüber von der kleinen Wildnis hatte wohnen müssen, die ihre Blüten von den Wassern des Kanals netzen läßt.

Später entdeckte ich neue Winkel; über andere habe ich zugelernt. Jedoch kein Mädchen, kein Erlebnis und kein Buch konnte mir über dieses Neues sagen. Als darum dreißig Jahre danach ein Landeskundiger, ein Bauer von Berlin, sich meiner annahm, um nach langer gemeinsamer Entfernung aus der Stadt mit mir zurückzukehren, durchfurchten seine Pfade diesen Garten, in welchen er die Saat des Schweigens säte. Er ging die Steige voran, und ein jeder wurde ihm abschüssig. Sie führten hinab, wenn schon nicht zu den Müttern allen Seins, gewiß zu denen dieses Gartens. Im Asphalt,

über den er hinging, weckten seine Schritte ein Echo. Das Gas, welches auf unser Pflaster schien, warf ein zweideutiges Licht auf diesen Boden. Die kleinen Treppen, die säulengetragenen Vorhallen, die Friese und Architrave der Tiergartenvillen – von uns zum ersten Male wurden sie beim Wort genommen. Vor allem aber die Treppenhäuser, die mit ihren Scheiben die alten waren, wenn sich auch im Innern, das man bewohnte, viel geändert hatte. Die Verse weiß ich noch, die nach der Schule die Intervalle meines Herzschlags füllten, wenn ich im Treppensteigen halt machte. Sie dämmerten mir von der Scheibe, wo ein Weib, schwebend wie die Sixtinische Madonna, einen Kranz in Händen haltend, aus der Nische trat. Die Riemen meiner Mappe mit dem Daumen auf meinen Schultern lüftend, las ich ab: »Arbeit ist des Bürgers Zierde / Segen ist der Mühe Preis.« Die Haustür unten sank mit einem Seufzen, wie ein Gespenst ins Grab, zurück ins Schloß. Draußen regnete es vielleicht. Eine der bunten Scheiben stand offen, und beim Takte der Tropfen ging es weiter die Treppe herauf.
Unter den Karyatiden und Atlanten, den Putten und Pomonen, die mich damals angesehen hatten, standen mir nun am nächsten jene angestaubten aus dem Geschlecht der Schwellenkundigen, die den Schritt ins Dasein oder in ein Haus behüten. Denn sie verstehen sich aufs Warten. Und so war es ihnen eins, ob sie auf einen Fremden warteten, die Wiederkehr der alten Götter oder auf das Kind, das sich vor dreißig Jahren mit der Mappe an ihrem Fuß vorbeigeschoben hat. In ihrem Zeichen wurde der alte Westen zum antiken, aus dem die westlichen Winde den Schiffern kommen, die ihren Kahn mit den Äpfeln der Hesperiden langsam den Landwehrkanal heraufflößen, um bei der Brücke des Herakles anzulegen. Und wieder hatten, wie in meiner Kindheit, die Hydra und der Nemeische Löwe Platz in der Wildnis um den Großen Stern.

Zu spät gekommen

Die Uhr im Schulhof sah beschädigt aus durch meine Schuld. Sie stand auf »zu spät«. Und auf den Flur drang aus den Klassentüren, die ich streifte, Murmeln von geheimer Beratung. Lehrer und Schüler dahinter waren Freund. Oder alles schwieg still, als erwarte man einen. Unhörbar rührte ich die Klinke an. Die Sonne tränkte den Flecken, wo ich stand. Da schändete ich meinen grünen Tag, um einzutreten. Niemand schien mich zu kennen, auch nur zu sehen. Wie der Teufel den Schatten des Peter Schlemihl, hatte der Lehrer mir meinen Namen zu Anfang der Unterrichtsstunde einbehalten. Ich sollte nicht mehr an die Reihe kommen. Leise schaffte ich mit bis Glockenschlag. Aber es war kein Segen dabei.

Knabenbücher

Aus der Schülerbibliothek bekam ich die liebsten. In den unteren Klassen wurden sie zugeteilt. Der Klassenlehrer sagte meinen Namen und dann machte das Buch über die Bänke seinen Weg; der eine schob es dem anderen zu oder es schwebte über die Köpfe hin, bis es bei mir, der sich gemeldet hatte, angekommen war. An seinen Blättern haftete die Spur von Fingern, die sie umgeschlagen hatten. Die Kordel, die den Bund abschloß und oben und unten vorstieß, war verschmutzt. Vor allem aber hatte sich der Rücken viel bieten lassen müssen; daher kam es, daß beide Deckelhälften sich von selbst verschoben und der Schnitt des Bandes Treppchen und Terrassen bildete. An seinen Blättern aber hingen, wie Altweibersommer am Geäst der Bäume, bisweilen schwache Fäden eines Netzes, in das ich einst beim Lesenlernen mich verstrickt hatte.

Das Buch lag auf dem viel zu hohen Tisch. Beim Lesen hielt ich mir die Ohren zu. So lautlos hatte ich doch schon einmal erzählen hören? Den Vater freilich nicht. Manchmal jedoch, im Winter, wenn ich in der warmen Stube am Fenster stand, erzählte das Schneegestöber draußen mir so lautlos. Was es erzählte, hatte ich zwar nie genau erfassen können, denn zu dicht und unablässig drängte zwischen dem Altbekannten Neues sich heran. Kaum hatte ich mich einer Flockenschar inniger angeschlossen, erkannte ich, daß sie mich einer anderen hatte überlassen müssen, die plötzlich in sie eingedrungen war. Nun aber war der Augenblick gekommen, im Gestöber der Lettern den Geschichten nachzugehen, die sich am Fenster mir entzogen hatten. Die fernen Länder, welche mir in ihnen begegneten, spielten vertraulich wie die Flocken umeinander. Und weil die Ferne, wenn es schneit, nicht mehr ins Weite sondern ins

Innere führt, so lagen Babylon und Bagdad, Akko und Alaska, Tromsö und Transvaal in meinem Innern. Die linde Schmökerluft, die sie durchdrang, schmeichelte sie mit Blut und Fährnis so unwiderstehlich meinem Herzen ein, daß es auf immer den abgegriffenen Bänden die Treue hielt.

Oder hielt es die Treue älteren, unauffindbaren? Den wundervollen nämlich, die mir nur einmal im Traum wiederzusehen gegeben war? Wie hatten sie geheißen? Ich wußte nichts als daß es diese längst verschwundnen waren, die ich nie wieder hatte finden können. Nun aber lagen sie in einem Schrank, von dem ich im Erwachen einsehen mußte, daß er mir nie vorher begegnet war. Im Traum schien er mir alt und gut bekannt. Die Bücher standen nicht, sie lagen, und zwar in seiner Wetterecke. In ihnen ging es gewittrig zu. Eins aufzuschlagen, hätte mich mitten in den Schoß geführt, in dem ein wechselnder und trüber Text sich wölkte, der von Farben schwanger war. Es waren brodelnde und flüchtige, immer gerieten sie zu einem Violett, das aus dem Innern eines Schlachttiers zu stammen schien. Unnennbar und bedeutungsschwer wie dies verfemte Violett waren die Titel, deren jeder mir sonderbarer und vertrauter vorkam als der vorige. Doch ehe ich des ersten besten mich versichern konnte, war ich erwacht, ohne auch nur im Traum die alten Knabenbücher berührt zu haben.

Wintermorgen

Die Fee, bei der er einen Wunsch frei hat, gibt es für jeden. Allein nur wenige wissen sich des Wunsches zu entsinnen, den sie taten; nur wenige erkennen darum später im eigenen Leben die Erfüllung wieder. Ich weiß den, der mir in Erfüllung ging und will nicht sagen, daß er klüger gewesen ist als der der Märchenkinder. Er bildete sich in mir mit der Lampe, wenn sie am frühen Wintermorgen um halb sieben sich meinem Bette näherte und den Schatten des Kindermädchens an die Decke warf. Im Ofen wurde Feuer angezündet. Bald sah die Flamme wie in ein viel zu kleines Schubfach eingepfercht, wo sie vor Kohlen kaum sich rühren konnte, zu mir hin. Und doch war es ein so Gewaltiges, das dort in nächster Nähe, kleiner als ich selbst, sich einzurichten anfing und zu dem die Magd sich tiefer bücken mußte als zu mir. Wenn es versorgt war, tat sie einen Apfel zum Braten in die Ofenröhre. Bald zeichnete sich das Gatter der Kamintür im roten Flackern auf der Diele ab. Und meiner Müdigkeit kam vor, sie habe an diesem Bilde für den Tag genug. So war es um diese Stunde immer; nur die Stimme des Kindermädchens störte den Vollzug, mit dem der Wintermorgen mich den Dingen in meinem Zimmer anzutrauen pflegte. Noch war die Jalousie nicht hochgezogen, da schob ich schon zum erstenmal den Riegel der Ofentür beiseite, um dem Apfel in seiner Röhre nachzuspüren. Manchmal hatte er sein Aroma noch kaum verändert. Und dann geduldete ich mich, bis ich den schaumigen Duft zu wittern glaubte, der aus einer tieferen und verschwiegeneren Zelle des Wintertages kam als selbst der Duft des Baums am Weihnachtsabend. Da lag die dunkle, warme Frucht, der Apfel, der sich, vertraut und doch verändert wie ein guter Bekannter, der verreist war, bei mir einfand. Es war die Reise durch das dunkle Land der Ofenhitze, der er die Arome von allen Dingen abgewonnen hatte, welche der Tag mir in Bereitschaft hielt. Und darum war es auch nicht sonderbar, daß immer, wenn ich an seinen blanken Wangen meine Hände wärmte, ein Zögern mich beschlich, ihn anzubeißen. Ich spürte, daß die flüchtige Kunde, die er in seinem Dufte brachte, allzu leicht mir auf dem Wege über meine Zunge entkommen könne. Jene Kunde, die mich manchmal so beherzte, daß sie mich noch auf dem Marsch zur Schule tröstete. Dort angelangt, kam freilich bei Berührung mit meiner Bank die ganze Müdigkeit, die erst verflogen schien, verzehnfacht wieder. Und mit ihr jener Wunsch: ausschlafen zu können. Ich habe ihn wohl tausendmal getan und später ging er wirklich in Erfüllung. Doch lange dauerte es, bis ich sie darin erkannte, daß noch jedesmal die Hoffnung, die ich auf Stellung und ein sicheres Brot gehegt hatte, umsonst gewesen war.

Steglitzer Ecke Genthiner

In jede Kindheit ragten damals noch die Tanten, die ihr Haus nicht mehr verließen, die immer, wenn wir mit der Mutter zu Besuch erschienen, auf uns gewartet hatten, immer unter dem gleichen schwarzen Häubchen und im gleichen Seidenkleide, aus dem gleichen Lehnstuhl, vom gleichen Erkerfenster uns willkommen hießen. Wie Feen, die ein ganzes Tal durchwirken, ohne noch je darein hinabzusteigen, durchwalteten sie ganze Straßenzüge, ohne jemals in ihnen zu erscheinen. Zu diesen Wesen zählte Tante Lehmann. Ihr guter norddeutscher Name bürgte für ihr Recht, ein Menschenalter lang den Erker zu behaupten, unter dem die Steglitzer in die Genthiner Straße mündet. Die Ecke zählt zu denen, die der Wandel der letzten dreißig Jahre kaum berührte. Nur daß in dieser Zeit der Schleier, der sie mir als Kind verhüllte, fiel. Denn damals hieß sie mir noch nicht nach Steglitz. Der Vogel Stieglitz schenkte ihr den Namen. Und hauste nicht die Tante wie ein Vogel, der reden konnte, in ihrem Bauer? Stets wenn ich ihn betrat, war er erfüllt vom Zwitschern dieses kleinen, schwarzen Vogels, der über alle Nester und Gehöfte der Mark, wo seine Sippe einst verstreut gesessen hatte, hinweggeflogen war und beider Namen – der Dörfer und der Sippschaft – die so oft genau die gleichen waren, im Gedächtnis hatte. Die Tante wußte die Verschwägerungen, Wohnsitze, Glücks- und Unglücksfälle all der Schönfließ, Rawitschers, Landsbergs, Lindenheims und Stargards, die einst als Vieh- oder Getreidehändler im Märkischen und Mecklenburgischen gesessen hatten. Nun aber waren ihre Söhne und vielleicht schon Enkel hier im alten Westen heimisch, in Straßen, die die Namen preußischer Generäle und manchmal auch der kleinen Städte trugen, aus denen sie hierher gezogen waren. Oft wenn in späteren Jahren mein Expreß an solchen abgeschiedenen Flecken vorüberjagte, sah ich vom Bahndamm aus auf Katen, Höfe, Scheuern und Giebel und ich fragte mich: Sind es vielleicht nicht gerade diese hier gewesen, deren Schatten die Eltern jener alten Mütterchen, bei denen ich als kleiner Junge eintrat, vor Zeiten hinter sich gelassen haben.

Dort bot mir eine brüchige und spröde Stimme gläsern den guten Tag. Doch war sie nirgends so fein gesponnen und auf das gestimmt, was mich erwartete, wie Tante Lehmanns. Kaum war ich nämlich eingetreten, trug sie Sorge, daß man den großen Glaswürfel vor mich stellte, der ein ganzes lebendiges Bergwerk in sich schloß, worin sich kleine Knappen, Hauer, Steiger mit Karren, Hämmern und Laternen pünktlich im Takte eines Uhrwerks regten. Dies Spielzeug – wenn man es so nennen darf – entstammte einer Zeit, die auch dem Kind des reichen Bürgerhauses noch den Blick auf Arbeitsplätze und Maschinen gönnte. Und unter ihnen allen war das

Bergwerk von jeher ausgezeichnet, weil es nicht nur die Schätze wies, die harte Arbeit ihm entwand, sondern auch jenen Silberblick aus seinen Adern, an den das Biedermeier mit Jean Paul, Novalis, Tieck und Werner sich verloren hatte.
Doppelt verwahrt war diese Erkerwohnung, wie es für Räume sich gehörte, die so Kostbares in sich zu bergen hatten. Gleich nach dem Haustor fand sich links im Flur die dunkle Tür zur Wohnung mit der Schelle. Wenn sie sich vor mir auftat, führte, steil und atemraubend, eine Stiege aufwärts, wie ich es später nur noch in Bauernhäusern gefunden habe. Im Schein des trüben Gaslichts, das von oben kam, stand eine alte Dienerin, in deren Schutz ich gleich darauf die zweite Schwelle, die zur Diele dieser düstern Wohnung führte, überschritt. Ich hätte sie mir aber ohne eine von diesen Alten gar nicht denken können. Weil sie mit ihrer Herrschaft einen Schatz, wenn auch verschwiegener Erinnerungen teilten, verstanden sie sie nicht allein aufs Wort, sondern vermochten sie vor jedem Fremden mit allem Anstand zu vertreten. Vor keinem leichter als vor mir, auf den sie sich oft besser verstanden als die Herrschaft. Und dafür hatte ich dann wieder Blicke der Bewunderung für sie. Sie waren meist massiver als die Gebieterinnen, und es kam vor, daß der Salon da drinnen, trotz Bergwerk und Schokolade, mir nicht so viel zu sagen hatte wie das Vestibül, in dem die alte Stütze, wenn ich kam, mir das Mäntelchen wie eine Last abnahm und, wenn ich ging, die Mütze, als wenn sie mich segnen wollte, mir in die Stirn drückte.

Zwei Rätselbilder

Unter den Ansichtskarten meiner Sammlung gab es einige, deren Schriftseite mir deutlicher in der Erinnerung haftet als ihr Bild. Sie trugen die schöne, leserliche Unterschrift: Helene Pufahl. Das war der Name meiner Lehrerin. Das P, mit dem er anhob, war das P von Pflicht, von Pünktlichkeit, von Primus; f hieß folgsam, fleißig, fehlerfrei und was das l am Ende anging, war es die Figur von lammfromm, lobenswert und lernbegierig. So wäre diese Unterschrift, wenn sie wie die semitischen aus Konsonanten allein bestanden hätte, nicht nur Sitz der kalligraphischen Vollkommenheit gewesen, sondern die Wurzel aller Tugenden.

Knaben und Mädchen aus den besten Häusern des bürgerlichen Westens saßen in Fräulein Pufahls Zirkel. Im einzelnen nahm man es nicht genau, sodaß sich in den Kreis der Bürgerlichen auch eine Adlige verirren konnte. Luise von Landau hieß sie, und der Name hatte mich bald in seinen Bann gezogen. Bis heute blieb er mir lebendig, doch nicht darum. Er war vielmehr der erste unter denen Gleichaltriger, auf den ich den Akzent des Todes fallen hörte. Das war nachdem ich, unserm Zirkel schon entwachsen, ein Angehöriger der Sexta war. Wenn ich nun an das Lützowufer kam, suchte ich mit den Blicken stets ihr Haus. Zufällig lag es einem Gärtchen gegenüber, das, am anderen Ufer, in das Wasser hängt. Und das verwob ich mit der Zeit so innig mit dem geliebten Namen, daß ich schließlich zur Überzeugung kam, das Blumenbeet, das drüben unberührbar prange, sei der Kenotaph der kleinen Abgeschiedenen.
Fräulein Pufahl wurde abgelöst von Herrn Knoche. Nun war ich eingeschult. Was sich im Klassenzimmer zutrug, stieß mich meist ab. Doch nicht bei einem seiner Strafgerichte ist es, daß die Erinnerung Herrn Knoche trifft, vielmehr im Amt des Sehers, der das Künftige voraussagt. Wir hatten Singen. Geübt wurde das Reiterlied aus »Wallenstein«: »Wohl auf, Kameraden, aufs Pferd, aufs Pferd! / Ins Feld, in die Freiheit gezogen. / Im Felde, da ist der Mann noch was wert, / Da wird das Herz noch gewogen.« Herr Knoche wollte von der Klasse wissen, was denn der letzte Vers bedeuten soll. Natürlich konnte niemand Antwort geben. Herrn Knoche schien das zu passen, und er erklärte: »Das werdet ihr verstehen, wenn ihr groß seid.«
Damals erschien mir das Ufer des Erwachsenseins durchs Flußband vieler Jahre von den meinen so geschieden wie jenes Ufer des Kanals, von dem das Blumenbeet herübersah und das ich beim Spaziergang an der Hand des Kinderfräuleins nie betreten hatte. Später, als mein Weg von keinem mehr mir vorgeschrieben wurde und ich auch schon das »Reiterlied« verstand, kam ich manchmal dicht in der Nähe des Beetes am Landwehrkanal vorüber. Aber nun schien es seltener zu blühen. Und von dem Namen, den wir einst zusammen festgehalten hatten, wußte es nicht mehr als jener Vers des Reiterlieds, jetzt, da ich ihn verstand, von jenem Sinn enthielt, den uns Herr Knoche in der Gesangsstunde verheißen hatte. Das leere Grab und das gewogene Herz – zwei Rätselbilder, deren Lösung mir das Leben weiter schuldig bleiben wird.

Markthalle

Vor allem denke man nicht, daß es Markt-Halle hieß. Nein, man sprach »Mark-Thalle«, und wie diese beiden Wörter in der Gewohnheit des Sprechens verschliffen waren, daß keines seinen ursprünglichen Sinn behielt, so waren in der Gewohnheit meines Gangs durch diese Halle verschliffen alle Bilder, welche sie gewährte, so daß ihrer keines sich dem ursprünglichen Begriff von Einkauf und Verkauf darbot. Hatte man den Vorraum mit den schweren, in kräftigen Spiralen schwingenden Türen hinter sich gelassen, heftete sich der erste Blick auf Fliesen, die von Fischwasser oder Spülwasser schlüpfrig waren und auf denen man leicht auf Karotten ausgleiten konnte oder auf Lattichblättern. Hinter Drahtverschlägen, jeder behaftet mit einer Nummer, thronten die schwerbeweglichen Weiber, Priesterinnen der käuflichen Ceres, Marktweiber aller Feld- und Baumfrüchte, aller eßbaren Vögel, Fische und Säuger, Kupplerinnen, unantastbare strickwollene Kolosse, welche von Stand zu Stand miteinander, sei es mit einem Blitzen der großen Knöpfe, sei es mit einem Klatschen auf ihre Schürze, sei es mit einem busenschwellenden Seufzen, verkehrten. Brodelte, quoll und schwoll es nicht unterm Saum ihrer Röcke, war nicht dies der wahrhaft fruchtbare Boden? Warf nicht in ihren Schoß ein Marktgott selber die Ware: Beeren, Schaltiere, Pilze, Klumpen von Fleisch und Kohl, unsichtbar beiwohnend ihnen, die sich ihm gaben, während sie träge, gegen Tonnen gelehnt oder die Waage mit schlaffen Ketten zwischen den Knien, schweigend die Reihen der Hausfrauen musterten, die mit Taschen und Netzen beladen mühsam die Brut vor sich durch die glatten, stinkenden Gassen zu steuern suchten.

Das Fieber

Das lehrte stets von neuem der Beginn von jeder Krankheit, mit wie sicherem Takt, wie schonend und gewandt das Mißgeschick sich bei mir einfand. Aufsehn zu erregen, lag ihm fern. Mit ein paar Flecken auf der Haut, mit einer Übelkeit begann es. Es war, als sei die Krankheit gewohnt, sich zu gedulden, bis ihr vom Arzt Quartier bereitet worden sei. Der kam, besah mich und legte Wert darauf, daß ich das Weitere im Bett erwarte. Lesen verbot er mir. Ohnehin hatte ich Wichtigeres zu tun. Denn nun begann ich, was kommen mußte, durchzugehen, solange es noch Zeit und mir im Kopfe nicht zu wirr war. Ich maß den Abstand zwischen Bett und Tür und fragte mich, wie lange noch mein Rufen ihn überbrücken könne. Ich sah im Geist den Löffel, dessen Rand die Bitten meiner Mutter besiedelten, und wie, nachdem er meinen Lippen erst schonend genähert worden war, mit einemmal sein wahres Wesen durchbrach, indem er mir die bittere Medizin gewaltsam in die Kehle schüttete. Wie ein Mann im Rausch bisweilen rechnet und denkt, nur um zu sehen: er kann es noch, so zählte ich die Sonnenkringel, die an meiner Zimmerdecke schwankten, und die Rauten der Tapete ordnete ich zu immer neuen Bündeln.

Ich bin viel krank gewesen. Daher stammt vielleicht, was andere als Geduld an mir bezeichnen, in Wahrheit aber keiner Tugend ähnelt: die Neigung, alles, woran mir liegt, von weitem sich mir nahen zu sehen wie meinem Krankenbett die Stunden. So kommt es, daß an einer Reise mir die beste Freude fehlt, wenn ich den Zug nicht lange auf dem Bahnhof erwarten konnte, und ebenfalls rührt daher, daß Beschenken zur Leidenschaft bei mir geworden ist; denn was den andern überrascht, das sehe ich, der Geber, von langer Hand voraus. Ja, das Bedürfnis, durch die Wartezeit so wie ein Kranker durch die Kissen, die er im Rücken hat, gestützt, dem Kommenden entgegenzusehen, hat bewirkt, daß späterhin mir Frauen um so schöner schienen, je getroster und länger ich auf sie zu warten hatte.

Mein Bett, das sonst der Ort des eingezogensten und stillsten Daseins gewesen war, kam nun zu öffentlichem Rang und Ansehen. Auf lange war es nicht mehr das Revier heimlicher Unternehmungen am Abend: des Schmökerns und meines Kerzenspiels. Unter dem Kissen lag nicht mehr das Buch, das sonst allnächtlich nach verbotenem Brauch mit letzter Kraft dort hingeschoben wurde. Und auch die Lavaströme und die kleinen Brandherde, welche das Stearin zum Schmelzen brachten, fielen in diesen Wochen fort. Ja, vielleicht raubte die Krankheit mir im Grunde nichts als jenes atemlose, schweigsame Spiel, das niemals frei von einer geheimen Angst für mich gewesen war – Vorbotin jener späteren, die ein gleiches Spiel am gleichen Rand der Nacht begleitete. Die Krankheit hatte kommen müssen, um mir ein reinliches Gewissen zu verschaffen. Das war so frisch wie jede Stelle des faltenlosen Lakens, das mich abends, wenn aufgebettet worden war, erwartete. Meist machte meine Mutter mir das Bett. Vom Diwan aus verfolgte ich, wie sie die Kissen und Bezüge schüttelte, und dachte dabei an die Abende, an denen ich gebadet worden war und dann auf meinem Porzellantablett das Abendbrot ans Bett bekommen hatte. Durch ein Gestrüpp von wilden Himbeerranken drang, hinter der Glasur, ein Weib, bemüht, dem Wind ein Banner mit dem Wahlspruch preiszugeben: »Komm nach Osten, komm nach Westen, zu Haus ist's am besten.« Und die Erinnerung an das Abendbrot und an die Himbeerranken war um so viel angenehmer, als der Körper auf immer sich erhaben über das Bedürfnis, etwas zu verzehren, vorkam. Dafür gelüstete ihn nach Geschichten. Die starke Strömung, welche sie erfüllte, ging durch ihn selbst hindurch und schwemmte Krankes wie Treibgut mit sich fort. Schmerz war ein Staudamm, welcher der Erzählung nur anfangs widerstand; er wurde später, wenn sie erstarkt war, unterwühlt und in den Abgrund der Vergessenheit gespült. Das Streicheln bahnte diesem Strom sein Bett. Ich liebte es, denn in der Hand der Mutter rieselten Geschichten, die ich danach von ihr hören durfte. Mit ihnen drang das Wenige ans Licht, was ich von meinen Vorfahren erfuhr. Die Laufbahn eines Ahnen, Lebensregeln des Großvaters beschwor man mir herauf, als wolle man mir so begreiflich machen, es sei übereilt, der großen Trümpfe, die ich dank meiner Abkunft in der Hand hielt, durch einen frühen Tod mich zu entäußern. Wie nah ich ihm gekommen war, das prüfte zweimal am Tage meine Mutter nach. Behutsam ging sie mit dem Thermometer sodann auf Fenster oder Lampe zu und handhabte das schmale Röhrchen so, als sei mein Leben darin eingeschlossen. Später, als ich heranwuchs, war für mich die Gegenwart des Seelischen im Leib nicht schwieriger zu enträtseln als der Stand des Lebensfadens in der kleinen Röhre, in der er immer meinem Blick entglitt.

Gemessen werden strengte an. Danach blieb ich am liebsten ganz allein, um mich mit meinen Kissen abzugeben. Denn mit den Graten meiner Kissen war ich zu einer Zeit vertraut, in der mir Hügel und Berge noch nicht viel zu sagen hatten. Ich steckte ja mit den Gewalten, welche jene erstehen ließen, unter einer Decke. So richtete ich's manchmal ein, daß sich in diesem Bergwall eine Höhle auftat. Ich kroch hinein; ich zog die Decke über den Kopf und hielt mein Ohr dem dunklen Schlunde hin, die Stille ab und zu mit Worten speisend, die als Geschichten aus ihr wiederkehrten. Bisweilen mischten sich die Finger ein und führten selber einen Vorgang auf; oder sie machten »Kaufhaus« miteinander, und hinterm Tisch, der von den Mittelfingern gebildet wurde, nickten die zwei kleinen dem Kunden, der ich selbst war, eifrig zu. Doch immer schwächer wurde meine Lust und auch die Macht, ihr Spiel zu überwachen. Zuletzt verfolgte ich fast ohne Neugier das Treiben meiner Finger, die wie träges, verfängliches Gesindel sich im Weichbilde einer Stadt zu schaffen machten, die ein Brand verzehrte. Nicht möglich, ihnen über den Weg zu trauen. Denn hatten sie in Unschuld sich vereint – nie war man sicher, daß nicht beide Trupps, lautlos, wie sie sich eingefunden hatten, ein jeder wieder seines Weges gingen. Und der war manchmal ein verbotener, an dessen Ende eine süße Rast den Ausblick auf die lockenden Gesichte freigab, die in dem Flammenschleier sich bewegten, der hinter den geschlossenen Lidern stand. Denn aller Sorgfalt oder Liebe glückte nicht, das Zimmer, wo mein Bett stand, lückenlos dem Leben unseres Hausstands anzuschließen. Ich mußte warten, bis der Abend kam. Dann, wenn die Tür sich vor der Lampe auftat und sich die Wölbung ihrer Glocke schwankend über die Schwelle auf mich zu bewegte, war es, als ob die goldene Lebenskugel, die jede Tagesstunde wirbeln ließ, zum ersten Mal den Weg in meine Kammer, wie in ein abgelegenes Fach, gefunden hätte. Und eh der Abend sich's noch selber recht bei mir hatte wohl sein lassen, fing für mich ein neues Leben an; vielmehr das alte des Fiebers blühte unterm Lampenlicht von einem Augenblick zum andern auf. Der bloße Umstand, daß ich lag, erlaubte mir, einen Vorteil aus dem Licht zu ziehen, den andere nicht so schnell gewinnen konnten. Ich nutzte meine Ruhe und die Nähe der Wand, die ich an meinem Bette hatte, das Licht mit Schattenbildern zu begrüßen. Nun kamen alle jene Spiele, welche ich meinen Fingern freigegeben hatte, noch einmal unbestimmter, stattlicher, verschlossener auf der Tapete wieder. »Statt sich vor den Schatten des Abends zu fürchten,« so stand es in meinem Spielbuch, »benutzen ihn lustige Kinder vielmehr, um sich einen Spaß zu machen.« Und bilderreiche Anweisungen folgten, nach denen man Steinbock und Grenadier, Schwan und Kaninchen an die Bettwand hätte werfen können. Mir selbst gedieh es selten über den Rachen eines Wolfes hinaus. Nur war er dann so groß und klaffend, daß er den Fenriswolf bedeuten mußte, den ich als Weltvernichter in dem gleichen Raum sich in Bewegung setzen ließ, in dem man mich selbst der Kinderkrankheit streitig machte. Eines Tages zog sie dann ab. Die nahende Genesung lockerte, wie die Geburt, Bindungen, die das Fieber noch einmal schmerzhaft angezogen hatte. Dienstboten fingen an, in meinem Dasein die Mutter wieder öfter zu vertreten. Und eines Morgens gab ich mich von neuem nach langer Pause und mit schwacher Kraft dem Teppichklopfen hin, das durch die Fenster heraufdrang und dem Kinde tiefer sich ins Herz grub als dem Mann die Stimme der Geliebten, dem Teppichklopfen, welches das Idiom der Unterschicht war, wirklicher Erwachsener, das niemals abbrach, bei der Sache blieb, sich manchmal Zeit ließ, träg und abgedämpft zu allem sich bereitfand, manchmal wieder in einen unerklärlichen Galopp fiel, als spute man sich drunten vor dem Regen.

Unmerklich, wie die Krankheit zu Beginn sich mit mir eingelassen hatte, schied sie auch. Doch wenn ich im Begriff war, sie schon wieder ganz zu vergessen, dann erreichte mich ein letzter Gruß von ihr auf meinem Zeugnis. Die Summe der versäumten Stunden war an seinem Fuß verzeichnet. Keineswegs erschienen sie mir grau, eintönig wie die, denen ich gefolgt war, sondern gleich bunten Streifchen an der Brust der Invaliden standen sie gereiht. Ja eine lange Reihe Ehrenzeichen versinnlichte in meinen Augen der Vermerk: Gefehlt – einhundertdreiundsiebzig Stunden.

Der Fischotter

Wie man aus der Wohnung, wo einer haust, und aus dem Stadtviertel, das er bewohnt, sich ein Bild von seiner Natur und Wesensart macht, hielt ich es mit den Tieren des Zoologischen Gartens. Von den Straußen, welche vor einem Hintergrund von Sphinxen und Pyramiden Spalier bildeten, bis zu dem Nilpferd, das seine Pagode wie ein Zauberpriester bewohnte, der auf dem Wege ist, leibhaftig mit dem Dämon, dem er dient, sich zu verschmelzen, war kaum ein Tier, dessen Behausung ich nicht liebte oder fürchtete. Seltner waren die unter ihnen, die schon durch die Lage des Hauses etwas

Besonderes hatten – meist Insassen des Weichbilds: jener Teile, mit denen der Zoologische Garten an die Kaffeeschenken oder das Ausstellungsgelände anstieß. Vor allen andern Bewohnern solcher Gegenden war aber der Fischotter bemerkenswert. Unter den drei Portalen war ihm das an der Lichtensteinbrücke zunächst gelegen. Es war bei weitem das am wenigsten benutzte, führte auch in die abgestorbenste Region des Gartens. Die Allee, die den Besucher da empfing, ähnelte mit den weißen Kugeln ihrer Kandelaber einer verlassenen Promenade von Eilsen oder Bad Pyrmont, und lange ehe diese Orte so verödet lagen, daß sie antiker als Thermen sind, trug dieser Winkel des Zoologischen Gartens die Züge des Kommenden. Es war ein prophetischer Winkel. Denn wie es Pflanzen gibt, von denen man erzählt, daß sie die Kraft besitzen, in die Zukunft sehen zu lassen, so gibt es Orte, die die gleiche Gabe haben. Verlassene sind es meist, auch Wipfel, die gegen Mauern stehn, Sackgassen oder Vorgärten, wo kein Mensch sich jemals aufhält. An solchen Orten scheint es, als sei alles, was eigentlich uns bevorsteht, ein Vergangenes. In diesem Teile des Zoologischen Gartens also war es, wo immer, wenn ich mich dahin verirrte, ein Blick mir über den Brunnenrand vergönnt war, welcher hier wie in der Mitte eines Kurparks aufstieg. Das war der Zwinger des Fischotters. Ein Zwinger in der Tat; denn starke Stäbe vergitterten die Brüstung des Bassins, in dem das Tier sich aufhielt. Ein kleiner Fels- und Grottenbau umsäumte im Hintergrunde das Oval des Beckens. Er war als Wohnung für das Tier gedacht; doch habe ich es niemals darin angetroffen. Und so blieb ich häufig, endlos wartend, vor dieser unergründlichen und schwarzen Tiefe, um irgendwo den Otter zu entdecken. Gelang es endlich, war es sicher nur für einen Nu, denn augenblicklich war der gleißende Insasse der Zisterne wieder von neuem in der nassen Nacht verschwunden. Gewiß, in Wahrheit war es keine Zisterne, in der man den Otter hielt. Doch wenn ich in sein Wasser blickte, war mir immer, als stürze Regen in alle Gullys der Stadt, nur um in dieses Becken zu münden und sein Tier zu speisen. Denn es war ein verwöhntes Tier, das hier behaust war und dem die leere, feuchte Grotte mehr als Tempel denn als Zufluchtsstätte diente. Es war das heilige Tier des Regenwassers. Ob es aber in diesen Abwässern und Wässern sich gebildet habe oder von seinen Strömen und seinen Rinnseln sich nur speise, hätte ich nicht entscheiden können. Immer war es aufs äußerste beschäftigt, so als wenn es in seiner Tiefe unentbehrlich sei. Aber ich hätte liebe, lange Tage die Stirne an sein Gatter legen können, ohne mich an ihm sattzusehen. Und auch darin bewies es seine heimliche Verwandtschaft mit dem Regen. Denn niemals war der liebe, lange Tag mir lieber, niemals länger, als wenn Regen mit seinen feinen oder groben Zähnen ihm langsam Stunden und Minuten strähnte. So folgsam wie ein kleines Mädchen beugte er den Scheitel unter diesen grauen Kamm. Und unersättlich sah ich ihm dann zu. Ich wartete. Nicht bis es nachließ. Sondern daß es mehr und immer üppiger herunterrausche. Ich hörte es an die Scheiben trommeln, aus den Traufen strömen und gurgelnd in die Abflußrohre niederrauschen. Im guten Regen war ich ganz geborgen. Und meine Zukunft rauschte es mir zu, wie man ein Schlaflied an der Wiege singt. Wie gut begriff ich, daß man in ihm wächst. In solchen Stunden hinterm trüben Fenster war ich bei dem Fischotter zu Hause. Doch eigentlich merkte ich das immer erst, wenn ich das nächstemal vorm Zwinger stand. Dann mußte ich wieder lange warten, bis der schwarze, gleißende Leib heraufschoß, um sogleich zu eiligen Geschäften hinabzuschnellen.

Pfaueninsel und Glienicke

Der Sommer rückte mich an die Hohenzollern heran. In Potsdam waren es das neue Palais und Sanssouci, Wildpark und Charlottenhof, in Babelsberg das Schloß und seine Gärten, die unseren Sommerwohnungen benachbart waren. Die Nähe dieser dynastischen Anlagen störte mich beim Spielen nie, indem ich mir die Gegend, die im Schatten der königlichen Bauten lag, zu eigen machte. Man hätte die Geschichte meiner Herrschaft schreiben können, die von meiner Investitur durch einen Sommertag bis zu dem Rückfall meines Reiches an den Spätherbst sich erstreckte. Auch ging mein Dasein ganz in Kämpfen um dieses Reich dahin. Sie hatten es mit keinem Gegenkaiser, sondern mit dieser Erde selbst und mit Geistern, welche sie gegen mich entbot, zu tun.

Es war an einem Nachmittage auf der Pfaueninsel, daß ich mir meine schwerste Niederlage holte. Man hatte mir gesagt, ich müsse dort im Grase mich nach Pfauenfedern umsehen. Wieviel verlokkender erschien mir nun die Insel als Fundort so bezaubernder Trophäen. Doch als ich dann die Rasenplätze kreuz und quer vergeblich nach dem Versprochenen durchstöbert hatte, beschlich mich, mehr als Groll gegen die Tiere, die mit ihrem unversehrten Federschmuck vor den Volieren hin und her spazierten, Trauer. Funde sind Kindern, was Erwachsenen Siege. Ich hatte etwas gesucht, was mir die Insel ganz zu eigen gegeben, sie ausschließlich mir eröffnet hätte. Mit einer einzigen Feder hätte ich sie in Besitz genommen – nicht nur die Insel, auch den Nachmittag, die Überfahrt von Sakrow mit der Fähre, all dieses wäre erst mit meiner Feder mir ganz und unbestreitbar zugefallen. Die Insel war verloren und mit ihr ein zweites Vaterland: die Pfauenerde. Und nun erst las ich in den blanken Fenstern des Schloßhofs vorm Nachhausegehen die Schilder, welche der Glast der Sonne in sie schob: ich solle heute nicht ins Innere treten.

Wie damals mein Schmerz kein so untröstlicher gewesen wäre, hätte ich nicht mit einer Feder, welche mir entging, ein angestammtes Land verloren, wäre ein andermal die Seligkeit, radeln gelernt zu haben, nicht so groß gewesen, wenn ich nicht damit neue Territorien mir erobert hätte. Das war in einer jener asphaltierten Hallen, wo in der Modezeit des Radfahrsports die Kunst, die heut ein Kind vom andern lernt, so umständlich wie Autofahren unterrichtet wurde. Die Halle lag auf dem Land bei Glienicke; sie stammt aus einer Zeit, der Sport und Freiluft noch nicht unzertrennlich gewesen waren. Auch hatten sich die verschiedenen Arten des Trainings damals noch nicht gefunden. Eifersüchtig war jede einzelne darauf bedacht, durch eigene Räume und ein drastisches Kostüm sich von allen anderen zu unterscheiden. Weiterhin war es dieser Frühzeit eigen, daß im Sport – zumal in dem, der hier getrieben wurde – die Exzentrizitäten tonangebend waren. Daher bewegten sich in dieser Halle neben den Herren-, Damen-, Kinderrädern modernere Gestelle, deren Vorderrad vier-, fünfmal größer als das hintere und deren luftiger Hochsitz das Gestühl von Akrobaten war, die ihre Nummer übten.

Badeanstalten weisen oft getrennte Bassins für Nichtschwimmer und Schwimmer auf; so konnte auch hier von einer Scheidung die Rede sein. Und zwar verlief sie zwischen denen, die auf dem Asphalt sich üben mußten, und den andern, die die Halle verlassen und im Garten radeln durften. Es dauerte eine Weile, bis ich in diese zweite Gruppe rückte. An einem schönen Sommertage aber entließ man mich ins Freie. Ich war betäubt. Der Weg ging über Kies; die Steinchen knirschten; zum ersten Male gab es keinen Schutz vor einer Sonne, die mich blendete. Der Asphalt war schattig, weglos und bequem gewesen. Hier aber lauerten Gefahren in jeder Kurve. Das Rad, obwohl es keinen Freilauf hatte und der Weg noch eben war, ging wie von selbst. Mir aber war, als hätte ich noch nie auf ihm gesessen. Ein eigener Wille begann in seiner Lenkstange sich anzumelden. Jeder Buckel war im Begriffe, mir mein Gleichgewicht zu rauben. Ich hatte längst verlernt zu fallen, aber nun geschah es, daß die Schwerkraft einen Anspruch, auf den sie jahrelang verzichtet hatte, geltend machte. Mit einmal sank, nach einer kleinen Steigung, der Weg unversehens ab, die Bodenwelle, die mich von ihrem Kamme gleiten ließ, zerstob vor meinem Gummireif zu einer Wolke von Staub und Kieseln, Zweige sausten mir im Vorübereilen ins Gesicht, und als ich alle Hoffnung, mich zu halten, schon fahren lassen wollte, winkte plötzlich die sanfte Schwelle vor der Einfahrt mir. Herzklopfend, aber mit dem ganzen Schwunge, den der eben zurückgelassene Abhang mir noch mitgegeben hatte, tauchte ich auf dem Rade in dem Schatten der Halle ein. Als ich absprang, war es mit der Gewißheit, daß für diesen Sommer Kohlhasenbrück mit seiner Bahnstation, der Griebnitzsee mit den gewölbten Lauben, die zu den Landungsstegen niedergleiten, Schloß Babelsberg mit seinen ernsten Zinnen und die duftenden Bauerngärten von Glienicke durch die Vermählung mit der Hügelwelle so mühelos in meinen Schoß gefallen seien wie Herzogtümer oder Königreiche durch Heirat an die kaiserliche Hausmacht.

Eine Todesnachricht

Ich mag fünf Jahre alt gewesen sein. An einem Abend, als ich schon im Bett lag, erschien mein Vater. Er kam, um mir gute Nacht zu sagen. Es war vielleicht halb gegen seinen Willen, daß er mir Nachricht vom Tode eines Vetters gab. Das war ein älterer Mann gewesen, der mich wenig anging. Mein Vater bedachte die Nachricht mit Einzelheiten. Ich nahm von seiner Erzählung nicht alles auf. Dagegen habe ich mir an diesem Abend mein Zimmer eingeprägt, als wenn ich gewußt hätte, eines Tages würde ich nochmals darin zu tun bekommen. Ich war schon längst erwachsen, da hörte ich, der Vetter sei an Syphilis gestorben. Mein Vater war hereingekommen, um nicht allein zu sein. Er suchte aber mein Zimmer auf und nicht mich. Die Beiden konnten keinen Vertrauten brauchen.

Blumeshof 12

Keine Klingel schlug freundlicher an. Hinter der Schwelle dieser Wohnung war ich geborgner als selbst in der elterlichen. Übrigens hieß es nicht Blumes-Hof, sondern Blume-zof, und es war eine riesige Plüschblume, die so, aus krauser Hülle, mir ins Gesicht fuhr. In ihrem Innern saß die Großmutter; die Mutter meiner Mutter. Sie war Witwe. Wenn man die alte Dame auf ihrem teppichbelegten und mit einer kleinen Balustrade verzierten Erker, welcher auf den Blumeshof hinausging, besuchte, konnte man sich schwerlich denken, wie sie große Seefahrten oder gar Ausflüge in die Wüste unter Leitung von »Stangens Reisen« unternommen hatte, an die sie sich alle paar Jahre anschloß. Unter sämtlichen hochherrschaftlichen Wohnungen, in denen ich herumkam, war dies die einzige weltbürgerliche. Nicht, daß man das ihr selber hätte ansehen können. Aber Madonna di Campiglio und Brindisi, Westerland und Athen und von wo sonst sie auf ihren Reisen Ansichtskarten schickte – in ihnen allen stand die Luft von Blumeshof. Und die große, bequeme Handschrift, die den Fuß der Bilder umspielte, oder sich in ihrem Himmel wölkte, zeigte sie so ganz und gar von meiner Großmutter bewohnt, daß sie zu Kolonien des Blumeshof wurden. Wenn dann ihr Mutterland sich wieder auftat, betrat ich dessen Dielen so voll Scheu, als hätten sie mit ihrer Herrin auf den Wellen des Bosporus getanzt und als verberge sich in den Persern noch der Staub von Samarkand.

Mit welchen Worten das fast unvordenkliche Gefühl von bürgerlicher Sicherheit umschreiben, das von dieser Wohnung ausging? Das Inventar in ihren vielen Zimmern würde heut keinem Trödler Ehre machen. Denn wenn auch die Erzeugnisse der siebenziger Jahre so viel solider waren als die späteren des Jugendstils – das Unverwechselbare an ihnen war der Schlendrian, mit dem sie dem

Lauf der Zeit die Dinge überließen und sich was ihre Zukunft anbetraf allein der Haltbarkeit des Materials und nirgends der Vernunftberechnung anvertrauten. Hier herrschte eine Art von Möbeln, die auf Grund des Eigensinns, mit dem sie Ornamente vieler Jahrhunderte auf sich vereinten, von sich und ihrer Dauer durchdrungen waren. Das Elend konnte in diesen Räumen keine Stelle haben, in denen nicht einmal der Tod sie hatte. Es gab in ihnen keinen Platz zum Sterben; so starben ihre Bewohner in den Sanatorien, die Möbel aber kamen gleich im ersten Erbgang an den Händler. In ihnen war der Tod nicht vorgesehen. Darum erschienen sie bei Tage so gemütlich und wurden nachts der Schauplatz böser Träume. Das Stiegenhaus, das ich betrat, erwies sich als Wohnsitz eines Alps, der mich zuerst an allen Gliedern schwer und kraftlos machte, um schließlich, als mich nur noch wenige Schritte von der ersehnten Schwelle trennten, mich in Bann zu schlagen. Dergleichen Träume sind der Preis gewesen, mit dem ich die Geborgenheit erkaufte.

Die Großmutter starb nicht im Blumeshof. Ihr gegenüber wohnte lange Zeit die Mutter meines Vaters, die schon älter war. Auch sie starb anderswo. So ist die Straße mir zum Elysium, zum Schattenreich unsterblicher, doch abgeschiedener Großmütter geworden. Und weil die Phantasie, wenn sie einmal den Schleier über eine Gegend geworfen hat, gern seine Ränder von unfaßlichen Launen sich kräuseln läßt, hat sie ein Kolonialwarengeschäft, das in der Nähe liegt, zu einem Denkmal des Großvaters gemacht, der Kaufmann war, nur weil sein Inhaber auch Georg hieß. Das Brustbild dieses Frühverstorbenen hing lebensgroß und als Pendant zu jenem seiner Frau im Flur, der zu den abgelegnern Teilen der Wohnung führte. Wechselnde Gelegenheiten riefen sie ins Leben. Der Besuch einer verheirateten Tochter eröffnete ein längst außer Gebrauch gekommenes Spindenzimmer; ein anderes Hinterzimmer nahm mich auf, wenn die Erwachsenen Mittagsruhe hielten; ein drittes war es, aus dem das Scheppern der Nähmaschine an den Tagen drang, an denen eine Schneiderin ins Haus kam. Der wichtigste von diesen abgelegenen Räumen war für mich die Loggia, sei es, weil sie, bescheidener möbliert, von den Erwachsenen weniger geschätzt war, sei es, weil gedämpft der Straßenlärm heraufdrang, sei es, weil sie mir den Blick auf fremde Höfe mit Portiers, Kindern und Leierkastenmännern freigab. Es waren übrigens mehr Stimmen als Gestalten, die von der Loggia sich eröffneten. Auch war das Viertel vornehm und das

Treiben auf seinen Höfen niemals sehr bewegt; etwas von der Gelassenheit der Reichen, für die die Arbeit hier verrichtet wurde, hatte sich dieser selbst mitgeteilt und etwas Sonntag blieb auf dem Grund der Woche. Darum war der Sonntag der Tag der Loggia. Der Sonntag, den die andern Räume, die wie schadhaft waren, nie ganz fassen konnten, denn er sickerte durch sie hindurch – allein die Loggia, die auf den Hof mit seinen Teppichstangen und den andern Loggien hinausging, faßte ihn, und keine Schwingung der Glockenfracht, mit der die Zwölf-Apostel- und die Matthäi-Kirche sie beluden, glitt von ihr herab, sondern bis Abend blieben sie in ihr aufgestapelt.

Die Zimmer dieser Wohnung waren nicht nur zahlreich sondern zum Teil sehr ausgedehnt. Der Großmutter auf ihrem Erker guten Tag zu sagen, wo neben ihrem Nähkorb bald Obst oder Schokolade vor mir stand, mußte ich durch das riesige Speisezimmer, um dann das Erkerzimmer zu durchwandern. Der erste Weihnachtsfeiertag erst zeigte, wozu denn eigentlich diese Räume geschaffen waren. Die langen Tafeln, welche der Bescherung dienten, waren der Menge der Beschenkten wegen dicht bestellt. Platz stieß an Platz und man war nie vor Gebietsverlusten gesichert, wenn nachmittags, nach Schluß des großen Essens, noch einem alten Faktotum oder dem Portierkind aufzudecken war. Aber nicht darin lag die Schwierigkeit des Tages, sondern zu Anfang, wenn die Flügeltür sich auftat. Im Hintergrunde des großen Zimmers glitzerte der Baum. An den langen Tafeln war keine Stelle, von der nicht zumindest ein bunter Teller mit dem Marzipan und seinen Tannenzweigen lockte; dazu winkten von vielen Spielsachen und Bücher. Besser, nicht zu genau sich auf sie einzulassen. Ich hätte mir den Tag verderben können, wenn ich mich vorschnell auf Geschenke stimmte, die dann rechtmäßiger Besitz von andern wurden. Dem zu entgehen, blieb ich auf der Schwelle wie angewurzelt stehen, auf den Lippen ein Lächeln, von dem keiner hätte sagen können, ob der Glanz des Baumes es in mir erweckte oder der der mir bestimmten Gaben, denen ich mich, überwältigt, nicht zu nahen wagte. Aber am Ende war es etwas Drittes, was tiefer als die vorgetäuschten Gründe und sogar als mein echter mich bestimmte. Denn noch gehörten die Geschenke mehr dem Geber als mir selbst. Sie waren spröde; ich hatte Angst, sie vor aller Augen ungeschickt anzufassen. Erst draußen auf der Diele, wo das Mädchen sie uns mit Packpapier umwickelte und

ihre Form in Bündeln und Kartons verschwunden war, um uns an ihrer Statt als Bürgschaft ein Gewicht zu hinterlassen, waren wir ganz der neuen Habe sicher.
Das war nach vielen Stunden. Wenn wir dann, die Sachen fest eingeschlagen und verschnürt im Arm, in die Dämmerung hinaustraten, die Droschke vor der Haustür wartete, der Schnee unangetastet auf Gesimsen und Staketen, getrübter auf dem Pflaster lag, vom Lützowufer her Geklingel eines Schlittens anging, und die Gaslaternen, die eine nach der andern sich erhellten, den Gang des Laternenanzünders verrieten, der auch an diesem süßen Abend die Stange hatte schultern müssen – dann war die Stadt so in sich selbst versunken wie ein Sack, der schwer von mir und meinem Glück war.

Winterabend

Manchmal nahm mich an Winterabenden meine Mutter zum Kaufmann mit. Es war ein dunkles, unbekanntes Berlin, das sich im Gaslicht vor mir ausbreitete. Wir blieben im alten Westen, dessen Straßenzüge einträchtiger und anspruchsloser waren als die später bevorzugten. Die Erker und Säulen gewahrte man nicht mehr deutlich, und in die Fassaden war Licht getreten. Lag es an den Mullgardinen, den Stores oder dem Gasstrumpf unter der Hängelampe – dies Licht verriet von den erleuchteten Zimmern wenig. Es hatte es nur mit sich selbst zu tun. Es zog mich an und machte mich nachdenklich. Das tut es in der Erinnerung heute noch. Dabei geleitet es mich am liebsten zu einer von meinen Ansichtskarten. Sie stellte einen berliner Platz dar. Die Häuser, die ihn umgaben, waren von zartem Blau, der nächtliche Himmel, an dem der Mond stand, von dunklerem. Der Mond und die sämtlichen Fenster waren in der blauen Kartonschicht ausgespart. Sie wollten gegen die Lampe gehalten werden, dann brach ein gelber Schein aus den Wolken und Fensterreihen. Ich kannte die abgebildete Gegend nicht. »Hallesches Tor« stand darunter. Tor und Halle traten in ihr zusammen und bildeten die erhellte Grotte, in welcher ich die Erinnerung an das winterliche Berlin vorfinde.

Krumme Strasse

Das Märchen redet manchmal von Passagen und Galerien, die beiderseits mit Buden voller Lockung und Gefahr bestellt sind. Als Knabe war mir so ein Gang geläufig; er hieß die Krumme Straße. Wo sie den schärfsten Knick hat, lag ihr finsterstes Gelaß: das Schwimmbad mit seinen rotglasierten Ziegelmauern. Mehrmals die Woche wurde das Wasser im Bassin erneuert. Dann hieß es am Portal »Vorübergehend geschlossen« und ich genoß eine Galgenfrist. Ich tat mich vor den Ladenfenstern um und nährte mein Geblüt aus einer Fülle von abgelebten Dingen in ihrer Hut. Dem Schwimmbad gegenüber lag eine Pfandleihe. Den Bürgersteig bedrängten Trödler mit ihrem Hausrat. Es war der Strich, auf dem auch die Monatsgarderoben zu Hause waren.

Wo die Krumme Straße im Westen auslief, gab es einen Laden für Schreibbedarf. Uneingeweihte Blicke in sein Fenster fingen sich an den billigen Nick-Carter-Heften. Ich wußte aber, wo ich im Hintergrund die anstößigen Schriften zu suchen hatte. An dieser Stelle war kein Verkehr. Ich konnte lange durch die Scheibe starren, um erst bei Kontobüchern, Zirkeln und Oblaten mir ein Alibi zu schaffen, dann aber unvermittelt in den Schoß dieser papierenen Schöpfung vorzustoßen. Der Trieb errät, was sich am zähesten in uns erweisen wird; mit dem verschmilzt er. Rosetten und Lampions im Ladenfenster feierten das verfängliche Ereignis.

Nicht weit vom Schwimmbad lag der städtische Lesesaal. Mit seinen eisernen Emporen war er mir nicht zu hoch und nicht zu frostig. Ich witterte mein eigentliches Revier. Denn sein Geruch ging ihm voraus. Er wartete wie unter einer dünnen, bergenden Schicht unter dem feuchten, kalten, der mich im Stiegenhaus empfing. Ich stieß die Eisentür nur schüchtern auf. Doch kaum im Saal, begann die Stille meiner Kräfte sich anzunehmen.

Im Schwimmbad widerte mich der Stimmenlärm, der sich in das Brausen der Leitung mischte, am meisten an. Er drang schon aus der Vorhalle, wo ein jeder die beinernen Bademarken erstehen mußte. Den Fuß über die Schwelle setzen bedeutete, von der Oberwelt Abschied nehmen. Danach bewahrte einen nichts mehr vor der überwölbten Wassermasse im Innern. Sie war der Sitz einer scheelen Göttin, die darauf aus war, uns an die Brust zu legen und aus den

kalten Kammern uns zu tränken, bis dort oben nichts mehr an uns erinnern werde.
Im Winter brannte schon das Gas, wenn ich aus der Badeanstalt nach Hause ging. Das konnte mich nicht hindern, einen Umweg zu machen, der mich hinterrücks, als wollte ich sie auf frischer Tat ertappen, wieder auf meine Ecke führte. Auch in dem Laden brannte Licht. Ein Teil davon fiel auf die ausgestellte Ware und vermischte sich mit jenem der Laternen. In solchem Zwielicht verhieß das Schaufenster noch mehr als sonst. Denn nun verstärkte sich der Bann, den die auf Scherzpostkarten und Broschüren faßlich dargestellte Unzucht um mich legte, durch das Bewußtsein, mit der Tagesarbeit für heute Schluß gemacht zu haben. Was in mir vorging, konnte ich behutsam nach Hause unter meine Lampe tragen. Ja, noch das Bett geleitete mich oft zum Laden und zum Menschenstrom zurück, der durch die Krumme Straße geflutet war. Burschen begegneten mir, die mich stießen. Aber der Hochmut, den sie unterwegs in mir hervorgerufen hatten, kam nicht mehr auf. Der Schlaf gewann der Stille meines Zimmers ein Rauschen ab, das mich für das verhaßte der Badeanstalt in einem Augenblick entschädigt hatte.

Der Strumpf

Der erste Schrank, der aufging, wann ich wollte, war die Kommode. Ich hatte nur am Knopf zu ziehen, so schnappte die Tür aus ihrem Schlosse mir entgegen. Unter den Hemden, Schürzen, Leibchen, die dahinter verwahrt gelegen haben, fand sich das, was mir ein Abenteuer aus der Kommode machte. Ich mußte mir Bahn bis in ihren hintersten Winkel schaffen; dann stieß ich auf meine Strümpfe, die da gehäuft und in althergebrachter Art gerollt und eingeschlagen ruhten. Jedes Paar hatte das Aussehen einer kleinen Tasche. Nichts ging mir über das Vergnügen, die Hand so tief wie möglich in ihr Inneres zu versenken. Ich tat das nicht um ihrer Wärme willen. Es war »Das Mitgebrachte«, das ich immer im eingerollten Innern in der Hand hielt, was mich in ihre Tiefe zog. Wenn ich es mit der Faust umspannt und mich nach Kräften in dem Besitz der weichen, wollenen Masse bestätigt hatte, begann der zweite Teil des Spieles, der die Enthüllung brachte. Denn nun machte ich mich daran, »Das Mitgebrachte« aus seiner wollenen Tasche auszuwikkeln. Ich zog es immer näher an mich heran, bis das Bestürzende sich ereignete: ich hatte »Das Mitgebrachte« herausgeholt, aber »Die Tasche«, in der es gelegen hatte, war nicht mehr da. Nicht oft genug konnte ich die Probe auf diesen Vorgang machen. Er lehrte mich, daß Form und Inhalt, Hülle und Verhülltes dasselbe sind. Er leitete mich an, die Wahrheit so behutsam aus der Dichtung hervorzuziehen wie die Kinderhand den Strumpf aus »Der Tasche« holte.

Die Mummerehlen

In einem alten Kinderverse kommt die Muhme Rehlen vor. Weil mir nun »Muhme« nichts sagte, wurde dieses Geschöpf für mich zu einem Geist: der Mummerehlen.
Beizeiten lernte ich es, in die Worte, die eigentlich Wolken waren, mich zu mummen. Die Gabe, Ähnlichkeiten zu erkennen, ist ja nichts als ein schwaches Überbleibsel des alten Zwanges, ähnlich zu werden und sich zu verhalten. Den übten Worte auf mich aus. Nicht solche, die mich musterhaften Kindern sondern Wohnungen, Möbeln, Kleidern ähnlich machten. Ich war entstellt von Ähnlichkeit mit allem, was um mich war. Ich hauste wie ein Weichtier in der Muschel im neunzehnten Jahrhundert, das nun hohl wie eine leere Muschel vor mir liegt. Ich halte sie ans Ohr. Was höre ich? Ich höre nicht den Lärm von Feldgeschützen oder von Offenbachscher Ballmusik, nicht einmal Pferdetrappeln auf dem Pflaster oder die Fanfaren der Wachtparade. Nein, was ich höre, ist das kurze Rasseln des Anthrazits, das aus dem Blechbehälter in einen Eisenofen fällt, es ist der dumpfe Knall, mit dem die Flamme des Gasstrumpfs sich entzündet, und das Klirren der Lampenglocke auf dem Messingreifen, wenn auf der Straße ein Gefährt vorbeikommt. Noch andere Geräusche, wie das Scheppern des Schlüsselkorbs, die beiden Klingeln an der Vorder- und Hintertreppe; endlich ist auch ein kleiner Kindervers dabei.
»Ich will dir was erzählen von der Mummerehlen.« Das Verschen ist entstellt; doch hat die ganze entstellte Welt der Kindheit darin Platz. Die Muhme Rehlen, die einst in ihm saß, war schon verschollen als ich es zuerst gesagt bekam. Die Mummerehlen war noch

schwerer aufzutreiben. Lange stand mir das Rautenmuster für sie ein, das auf dem Teller in einem Dunst von Graupen oder von Sago schwamm. Ich löffelte mich langsam darauf zu. Was man von ihr erzählt hat – oder mir wohl nur erzählen wollte – weiß ich nicht. Sie selber vertraute mir nichts an. Sie hatte vielleicht fast keine Stimme. Ihr Blick fiel aus den unentschlossenen Flocken des ersten Schnees. Hätte er mich ein einziges Mal getroffen, so wäre ich mein Lebtag getrost geblieben.

Verstecke

Ich kannte in der Wohnung schon alle Verstecke und kam in sie wie in ein Haus zurück, in dem man sicher ist, alles beim alten zu finden. Mir schlug das Herz. Ich hielt den Atem an. Hier war ich in die Stoffwelt eingeschlossen. Sie ward mir ungeheuer deutlich, kam mir sprachlos nah. So wird erst einer, den man aufhängt, inne, was Strick und Holz sind. Das Kind, das hinter der Portiere steht, wird selbst zu etwas Wehendem und Weißem, zum Gespenst. Der Eßtisch, unter den es sich gekauert hat, läßt es zum hölzernen Idol des Tempels werden, wo die geschnitzten Beine die vier Säulen sind. Und hinter einer Türe ist es selber Tür, ist mit ihr angetan als schwerer Maske und wird als Zauberpriester alle behexen, die ahnungslos eintreten. Um keinen Preis darf es gefunden werden. Wenn es Gesichter schneidet, sagt man ihm, braucht nur die Uhr zu schlagen, und es muß so bleiben. Was Wahres daran ist, erfuhr ich im Versteck. Wer mich entdeckte, konnte mich als Götzen unterm Tisch erstarren machen, für immer als Gespenst in die Gardine mich verweben, auf Lebenszeit mich in die schwere Tür bannen. Ich ließ darum mit einem lauten Schrei den Dämon, der mich so verwandelte, ausfahren, wenn der Suchende mich packte – ja, wartete den Augenblick nicht ab und griff ihm mit einem Schrei der Selbstbefreiung vor. Darum wurde ich den Kampf mit dem Dämon nicht müde. Die Wohnung war dabei das Arsenal der Masken. Doch einmal jährlich lagen an geheimnisvollen Stellen, in ihren leeren Augenhöhlen, ihrem starren Mund, Geschenke. Die magische Erfahrung wurde Wissenschaft. Ich entzauberte die düstere Elternwohnung als ihr Ingenieur und suchte nach Ostereiern.

Ein Gespenst

Es war ein Abend meines siebenten oder achten Jahres vor unserer babelsberger Sommerwohnung. Eins unserer Mädchen steht noch eine Weile am Gittertor, das auf ich weiß nicht welche Allee herausführt. Der große Garten, in dessen verwilderten Randgebieten ich mich herumgetrieben habe, hat sich schon für mich geschlossen. Es ist Zeit zum Zubettgehn geworden. Vielleicht habe ich mich an meinem Lieblingsspiel ersättigt und irgendwo am Drahtzaun im Gestrüpp mit Gummibolzen meiner Heurekapistole nach den hölzernen Vögeln gezielt, die von dem Anprall des Geschosses aus der Scheibe fielen, wo sie, in das gemalte Blattwerk eingelassen, saßen.

Den ganzen Tag hatte ich ein Geheimnis für mich behalten – nämlich den Traum der letztvergangnen Nacht. Mir war darinnen ein Gespenst erschienen. Den Ort, an dem es sich zu schaffen machte, hätte ich schwerlich schildern können. Doch hatte er mit einem Ähnlichkeit, der mir bekannt war, wenn auch unzugänglich. Das war im Zimmer, wo die Eltern schliefen, eine Ecke, die ein verschoßner violetter Vorhang von Plüsch verkleidete, und hinter ihm hingen die Morgenröcke meiner Mutter. Das Dunkel hinter der Portiere war unergründlich: der Winkel das verrufene Pendant des Paradieses, das sich mit dem Wäscheschrank der Mutter eröffnete. Dessen Bretter, an denen, blaugestickt auf weißen Borten, ein Text aus Schillers »Glocke« sich entlangzog, trugen gestapelt Bett- und Wirtschaftswäsche, Laken, Bezüge, Tischtücher, Servietten. Lavendelduft kam aus den prallen, seidnen Sachets, die über dem gefältelten Bezug der Innenwand der beiden Spindentüren baumelten. Derart war der alte, geheimnisvolle Wirk- und Webezauber, der einst im Spinnrad seinen Ort besessen, in Hölle und Himmelreich aufgeteilt. Der Traum nun war aus jener: ein Gespenst, das sich an einem hölzernen Gestell zu schaffen machte, von dem Seiden hingen. Diese Seiden stahl das Gespenst. Es raffte sie nicht an sich, trug sie auch nicht fort; es tat mit ihnen und an ihnen eigentlich nichts. Und dennoch wußte ich: es stahl sie; wie in Sagen die Leute, die von einem Geistermahl Zeuge werden, von diesen Geistern, ohne sie doch essend oder trinkend zu gewahren, erkennen, daß sie eine Mahlzeit halten. Dieser Traum war es, den ich für mich behalten hatte.

In der Nacht, welche auf ihn folgte, bemerkte ich zu ungewohnter Stunde – und es war als schiebe sich in den vorigen Traum ein zweiter ein – die Eltern in mein Zimmer treten. Daß sie sich bei mir einschlossen, sah ich bereits nicht mehr. Am andern Morgen, als ich erwachte, gab es nichts zum Frühstück. Die Wohnung, soviel begriff ich, war ausgeraubt worden. Mittags kamen Verwandte mit dem Nötigsten. Eine vielköpfige Verbrecherbande habe bei Nacht sich eingeschlichen. Und ein Glück, erklärte man, daß das Geräusch im Haus auf ihre Stärke hätte schließen lassen. Bis gegen Morgen habe der gefährliche Besuch gedauert. Vergebens hätten die Eltern hinter meinem Fenster die Dämmerung erwartet, in der Hoffnung, Signale nach der Straße tun zu können. Ich sollte in der Sache zu Worte kommen. Aber über das Verhalten des Dienstmädchens, das abends vor dem Gittertor gestanden hatte, wußte ich nichts. Und was ich Besseres zu wissen glaubte – meinen Traum – verschwieg ich.

Ein Weihnachtsengel

Mit den Tannenbäumen begann es. Eines Morgens, als wir zur Schule gingen, hafteten an den Straßenecken die grünen Siegel, die die Stadt wie ein großes Weihnachtspaket an hundert Ecken und Kanten zu sichern schienen. Dann barst sie eines schönen Tages und Spielzeug, Nüsse, Stroh und Baumschmuck quollen aus ihrem Innern: der Weihnachtsmarkt. Mit ihnen quoll noch etwas anderes hervor: die Armut. Wie Äpfel und Nüsse mit ein wenig Schaumgold neben dem Marzipan sich auf dem Weihnachtsteller zeigen durften, so auch die armen Leute mit Lametta und bunten Kerzen in den bessern Vierteln. Die Reichen schickten ihre Kinder vor, um jenen der Armen wollene Schäfchen abzukaufen oder Almosen auszuteilen, die sie selbst vor Scham nicht über ihre Hände brachten. Inzwischen stand bereits auf der Veranda der Baum, den meine Mutter insgeheim gekauft und über die Hintertreppe in die Wohnung hatte bringen lassen. Und wunderbarer als alles, was das Kerzenlicht ihm gab, war, wie das nahe Fest sich mit jedem Tage dichter in seine Zweige verspann. In den Höfen begannen die Leierkasten die letzte Frist mit Chorälen zu dehnen. Endlich war sie dennoch verstrichen und einer jener Tage wieder da, an deren frühesten ich mich hier erinnere.

In meinem Zimmer wartete ich, bis es sechs werden wollte. Kein Fest des späteren Lebens kennt diese Stunde, die wie ein Pfeil im Herzen des Tages zittert. Es war schon dunkel, trotzdem entzündete ich nicht die Lampe, um den Blick nicht von den Fenstern überm Hof zu wenden, hinter denen nun die ersten Kerzen zu sehen waren. Es war von allen Augenblicken, die das Dasein des Weihnachtsbaumes hat, der bänglichste, in dem er Nadeln und Geäst dem Dunkel opfert, um nichts zu sein als ein unnahbares, doch nahes Sternbild im trüben Fenster einer Hinterwohnung. Und wie ein solches Sternbild hin und wieder eins der verlaßnen Fenster begnadete, indessen viele weiter dunkel blieben und andere, noch trauriger, im Gaslicht der frühen Abende verkümmerten, schien mir, daß diese weihnachtlichen Fenster die Einsamkeit, das Alter und das Darben – all das, wovon die armen Leute schwiegen – in sich faßten. Dann fiel mir wieder die Bescherung ein, die meine Eltern eben rüsteten. Kaum aber hatte ich so schweren Herzens wie nur die Nähe eines sichern Glücks es macht, mich von dem Fenster abgewandt, so spürte ich eine fremde Gegenwart im Raum. Es war nichts als ein Wind, so daß die Worte, die sich auf meinen Lippen bildeten, wie Falten waren, die ein träges Segel plötzlich vor einer frischen Brise wirft: »Alle Jahre wieder / kommt das Christuskind / auf die Erde nieder / wo wir Menschen sind« – mit diesen Worten hatte sich der Engel, der in ihnen begonnen hatte, sich zu bilden, auch verflüchtigt. Nicht mehr lange blieb ich im leeren Zimmer. Man rief mich in das gegenüberliegende, in dem der Baum nun in die Glorie eingegangen war, welche ihn mir entfremdete, bis er, des Untersatzes beraubt, im Schnee verschüttet oder im Regen glänzend, das Fest da endete, wo es ein Leierkasten begonnen hatte.

Unglücksfälle und Verbrechen

Die Stadt versprach sie mir mit jedem Tag aufs neue und am Abend war sie sie schuldig geblieben. Tauchten sie auf, so waren sie, wenn ich an Ort und Stelle kam, schon wieder fort wie Götter, die nur Augenblicke für die Sterblichen übrig haben. Ein ausgeraubtes

Schaufenster, das Haus, aus dem man einen Toten getragen hatte, die Stelle auf dem Fahrdamm, wo ein Pferd gestürzt war – ich faßte vor ihnen Fuß, um an dem flüchtigen Hauch, den dies Geschehn zurückgelassen hatte, mich zu sättigen. Da war er auch schon wieder hin – zerstreut und fortgetragen von dem Haufen Neugieriger, die sich in alle Winde verlaufen hatten. Wer konnte es mit der Feuerwehr aufnehmen, die von ihren Rennern zu unbekannten Brandstätten befördert wurde, wer durch die Milchglasscheiben in das Innere der Krankenwagen blicken? Auf diesen Wagen glitt und stürzte Unglück, dessen Fährte ich nicht erhaschen konnte, durch die Straßen. Doch hatte es noch seltsamere Vehikel, die freilich ihr Geheimnis eigensinnig wie die Zigeunerwagen hüteten. Und auch an ihnen waren es die Fenster, in denen es mir nicht geheuer schien. Eiserne Stäbchen hielten sie verwahrt. Und wenn ihr Abstand auch so winzig war, daß keinesfalls ein Mensch sich durch sie hätte zwängen können, hing ich doch immer den Missetätern nach, die drinnen, wie ich mir erzählte, gefangen saßen. Ich wußte damals nicht, daß das nur Wagen für die Beförderung von Akten waren, begriff sie aber darum nur noch besser als stickige Behältnisse des Unheils. Auch der Kanal, in dem das Wasser doch so dunkel und so langsam trieb, als sei es mit allem Traurigen auf Du und Du, hielt mich von einem Mal zum andern hin. Umsonst war jede seiner vielen Brükken mit einem Rettungsring dem Tod verlobt. So oft ich sie passierte, fand ich sie jungfräulich. Und am Ende lernte ich, mich mit den Tafeln zu begnügen, die Wiederbelebungsversuche an Ertrunkenen zeigen. Doch diese Akte blieben mir so fern wie die steinernen Krieger des Pergamon-Museums.

Für das Unglück war überall vorgesorgt; die Stadt und ich hätten es weich gebettet, aber nirgends ließ es sich sehn. Ja, wenn ich durch die festgeschlossenen Laden in das Elisabeth-Krankenhaus hätte blicken können! Es war mir, wenn ich durch die Lützowstraße kam, aufgefallen, daß manche Laden hier am hellen Tag geschlossen waren. Auf meine Frage hatte ich erfahren, in solchen Zimmern lägen »die Schwerkranken«. Die Juden, wenn sie von dem Todesengel erzählen hörten, der mit seinem Finger die Häuser der Ägypter bezeichnete, deren Erstgeburt sterben sollte, mögen sich diese Häuser so mit Grauen vergegenwärtigt haben wie ich mir die Fenster, deren Laden geschlossen blieben. Aber tat er wirklich sein Werk – der Todesengel? Oder gingen dann eines Tages doch die

Laden auf, und legte sich der Schwerkranke als Genesender ins Fenster? Hätte man ihm nicht nachhelfen mögen – dem Tod, dem Feuer oder auch nur dem Hagel, der gegen meine Scheiben trommelte, ohne jemals sie zu durchschlagen? Und ist es wunderbar, daß, als nun endlich Unglück und Verbrechen zur Stelle waren, dieses Erlebnis alles um sich her – ja auch die Schwelle zwischen Traum und Wirklichkeit – zunichte machte? So weiß ich nicht mehr, ob es einem Traum entstammt oder nur vielfach in ihm wiederkehrte. In jedem Fall war es im Augenblick bei der Berührung mit der »Kette« gegenwärtig.

»Vergiß nicht, erst die Kette vorzumachen« hieß es, wenn mir gestattet worden war, die Tür zu öffnen. Die Angst vor einem Fuße, der sich in die Tür stemmt, ist mir durch meine Kindheit treu geblieben. Und in der Mitte dieser Ängste dehnt sich endlos wie die Höllenqual das Schrecknis, das offenbar nur eingetreten war, weil nicht die Kette vorlag. Im Arbeitszimmer meines Vaters steht ein Herr. Er ist nicht schlecht gekleidet, und er scheint die Gegenwart der Mutter gar nicht zu bemerken, spricht über sie hinweg, als ob sie Luft wäre. Erst recht ist meine Gegenwart im Nebenzimmer für ihn unbeträchtlich. Der Ton, in dem er spricht, ist vielleicht höflich und wohl kaum sehr drohend. Gefährlicher ist eine Stille, wenn er schweigt. In dieser Wohnung ist kein Telefon. Das Leben meines Vaters hängt an einem Haar. Vielleicht wird er das nicht erkennen und indem er vom Sekretär, den zu verlassen er noch gar nicht Zeit fand, aufsteht, um den Herrn, der eindrang und längst Fuß gefaßt hat, hinauszuweisen, wird dieser ihm zuvorgekommen sein, abschließen und den Schlüssel an sich nehmen. Dem Vater ist der Rückzug abgeschnitten, und mit der Mutter hat der andre es auch weiter nicht zu tun. Ja das Entsetzlichste an ihm ist seine Weise, sie zu übersehen, als wenn sie mit ihm, dem Mörder und Erpresser, im Bunde wäre.

Weil auch diese finsterste Heimsuchung ging, ohne mir ihr Rätselwort zu hinterlassen, habe ich immer den verstanden, der zum ersten besten Feuermelder flüchtet. Sie stehen als Altäre an der Straße, vor denen man zur Unglücksgöttin fleht. Dann stellte ich mir, noch erregender als das Erscheinen des Wagens, die Minute vor, in der man als einziger Passant sein noch entferntes Sturmsignal erlauscht. Fast immer aber hatte man an ihm den besten Teil des Unheils schon dahin. Denn selbst im Falle, daß es brannte, war vom Feuer nichts zu sehn. Es schien, als ob die Stadt die seltne Flamme mit Eifersucht betreue, tief im Innern des Hofes oder Dachgestühls sie nähre und jedermann den Anblick dieses hitzigen, prächtigen Geflügels, das sie sich da gezogen hatte, neide. Feuerwehrleute kamen ab und zu von drinnen, doch sie sahen nicht aus als seien sie den Anblick wert, von dem sie voll sein mußten. Wenn dann ein zweiter Zug mit Schläuchen, Leitern und Boilern vorgefahren kam, so schien er nach den ersten eiligen Manövern sich in den gleichen Schlendrian hineinzufinden und der robuste und behelmte Nachschub mehr Hüter eines unsichtbaren Feuers als sein Feind. Meist aber kamen keine Wagen nach, sondern auf einmal merkte man, daß auch die Polizei verschwunden und das Feuer abgelöscht war. Keiner wollte einem bestätigen, es sei angelegt gewesen.

Die Farben

In unserem Garten gab es einen verlassenen, morschen Pavillon. Ich liebte ihn der bunten Fenster wegen. Wenn ich in seinem Innern von Scheibe zu Scheibe strich, verwandelte ich mich; ich färbte mich wie die Landschaft, die bald lohend und bald verstaubt, bald schwelend und bald üppig im Fenster lag. Es ging mir wie beim Tuschen, wo die Dinge mir ihren Schoß auftaten, sobald ich sie in einer feuchten Wolke überkam. Ähnliches begab sich mit Seifenblasen. Ich reiste in ihnen durch die Stube und mischte mich ins Farbenspiel der Kuppel bis sie zersprang. Am Himmel, mit einem Schmuckstück, in einem Buch verlor ich mich an Farben. Kinder sind ihre Beute auf allen Wegen. Man konnte damals Schokolade in zierlichen kreuzweis gebündelten Päckchen kaufen, in denen jedes Täfelchen für sich in farbiges Stanniolpapier verpackt war. Das kleine Bauwerk, dem ein rauher Goldfaden seinen Halt gab, prunkte mit grün und gold, blau und orange, rot und silber; nirgends stießen zwei gleich verpackte Stücke aneinander. Aus diesem funkelnden Verhau brachen die Farben eines Tages auf mich herein, und ich spüre die Süßigkeit noch, an der mein Auge sich damals vollsog. Es war die Süßigkeit der Schokolade, mit der sie mir mehr im Herzen als auf der Zunge zergehen wollten. Denn ehe ich den Lockungen des Naschwerks erlegen war, hatte der höhere Sinn mit einem Schlage den niederen in mir überflügelt und mich entrückt.

Der Nähkasten

Die Spindel kannten wir nicht mehr, die das Dornröschen stach und es in hundertjährigen Schlaf versenkte. Aber wie Schneewittchens Mutter, die Königin, am Fenster, wenn es schneite, saß, so hat auch unsere Mutter mit dem Nähzeug am Fenster gesessen, und nur darum fielen keine drei Tropfen Blut, weil sie einen Fingerhut bei der Arbeit trug. Dafür war dessen Kuppe selbst von blassem Rot, und kleine Vertiefungen wie Spuren früherer Stiche verzierten sie. Hielt man ihn gegens Licht, so glühte er am Ende seiner finstern Höhlung, in der unser Zeigefinger so gut Bescheid wußte. Denn gern bemächtigten wir uns der kleinen Krone, die uns im Verborgenen bekrönen konnte. Wenn ich sie auf den Finger schob, begriff ich, wie meine Mutter für die Mädchen hieß. Sie meinten »gnädige Frau«, verstümmelten jedoch das erste Wort; lange glaubte ich, daß sie Näh-Frau sagten. Man hätte keinen Titel finden können, in welchem sich die Machtvollkommenheit der Mutter einleuchtender für mich bekundet hätte.

Wie alle Herrschersitze hatte auch der ihre am Nähtisch seinen Bannkreis. Bisweilen bekam ich ihn zu spüren. Unbeweglich, mit angehaltenem Atem stand ich darin. Die Mutter hatte entdeckt, es sei, eh ich sie auf Besuch oder zu Einkäufen begleiten dürfe, an meinem Anzug etwas auszubessern. Und nun hielt sie den Ärmel meiner Kieler Bluse, in welchem ich den Arm schon stecken hatte, in der Hand, um den blauweißen Aufschlag festzunähen, oder sie gab mit ein paar schnellen Stichen dem seidnen Schifferknoten seinen »Pli«. Ich aber stand dabei und kaute an dem schweißigen Gummibande meiner Mütze, das mir sauer schmeckte. In solchen Augenblicken, da das Nähzeug am strengsten über mich gebot, begann Trotz und Empörung sich in mir zu melden. Nicht nur weil diese Sorge für den Anzug, den ich doch schon am Körper hatte, die Geduld auf eine harte Probe stellte, – nein, mehr noch weil, was mit mir vorgenommen wurde, in keinem rechten Verhältnis zu dem vielfarbigen Aufgebot der Seiden stand, den feinen Nadeln und den Scheren in verschiedenen Größen, die vor mir lagen. Ein Zweifel überkam mich, ob der Kasten von Haus aus überhaupt zum Nähen sei. Daß mich die Zwirn- und Garnrollen darinnen mit einer verrufenen Lockung quälten, bestärkte ihn. Sie ging von deren Hohlraum aus, der für die Achse bestimmt gewesen war, deren Drehung

den Faden auf die Rolle gewickelt hatte. Nunmehr war dieses Loch auf beiden Seiten von der Oblate überdeckt, die schwarz war und mit goldnem Aufdruck Firmennamen und Nummer trug. Zu groß war die Versuchung, meine Fingerspitzen gegen die Mitte der Oblate anzustemmen, zu innig die Befriedigung, wenn sie riß und ich das Loch darunter tastete.
Neben der oberen Region des Kastens, wo diese Rollen beieinander lagen, die schwarzen Nadelbücher blinkten, und die Scheren jede in ihrer Lederscheide steckten, gab es den finstern Untergrund, den Wust, in dem der aufgelöste Knäuel regierte, Reste von Gummibändern, Haken, Ösen und Seidenfetzen beieinander lagen. Auch Knöpfe waren unter diesem Ausschuß; manche von solcher Form wie man sie nie an irgendeinem Kleid gesehen hat. Ähnliche fand ich sehr viel später wieder: da waren es die Räder an dem Wagen des Donnergottes Thor, wie ihn ein kleiner Magister um die Mitte des Jahrhunderts in einem Schulbuch abgebildet hat. So viele Jahre brauchte es, bis sich mein Argwohn, dieser ganze Kasten sei anderem vorbestimmt als Näharbeiten, vor einem blassen Bildchen bestätigt hat.
Schneewittchens Mutter näht und draußen schneit es. Je stiller es im Land wird, desto mehr kommt dieses stillste Hausgeschäft zu Ehren. Je früher am Tag es dunkel wurde, desto öfter erbaten wir die Schere. Eine Stunde verbrachten nun auch wir mit unsern Augen der Nadel folgend, von der ein dicker, wollner Faden herunterhing. Ohne davon zu reden hatte jedes sich seine Ausnähsachen vorgenommen – Pappteller, Tintenwischer, Futterale –, in die es nach der Zeichnung Blumen nähte. Und während das Papier mit leisem Knacken der Nadel ihre Bahn freimachte, gab ich hin und wieder der Versuchung nach, mich in das Netzwerk auf der Hinterseite zu vergaffen, das mit jedem Stich, mit dem ich vorn dem Ziele näherkam, verworrner wurde.

Der Mond

Das Licht, welches vom Mond herunterfließt, gilt nicht dem Schauplatz unseres Tagesdaseins. Der Umkreis, der beirrend von ihm erhellt wird, scheint einer Gegen- oder Nebenerde zu gehören. Sie ist nicht die, welcher der Mond als Satellit folgt, sondern die selbst in einen Mondtrabanten verwandelte. Ihr breiter Busen, dessen Atemzug die Zeit war, rührt sich nicht mehr; endlich ist die Schöpfung heimgekehrt und darf nun wieder den Witwenschleier antun, den der Tag ihr fortgerissen hatte. Der blasse Strahl, der durch die Bretterjalousie zu mir hereindrang, gab mir das zu verstehen. Mein Schlaf fiel unruhig aus; der Mond zerschnitt ihn mit seinem Kommen und mit seinem Gehen. Wenn er im Zimmer stand und ich erwachte, so war ich ausquartiert, denn es schien niemanden als ihn bei sich beherbergen zu wollen. Das erste, worauf dann mein Blick fiel, waren die beiden cremefarbenen Becken des Waschgeschirrs. Bei Tage kam ich nie darauf, mich über sie aufzuhalten. Im Mondschein aber war das blaue Band, das sich durch den oberen Teil der Becken hindurchzog, ein Ärgernis. Es täuschte ein gewebtes vor, das sich durch einen Saum hindurchschlang. Und in der Tat – der Rand der Becken war gefältelt wie eine Krause. Behäbige Kannen standen in der Mitte der beiden, aus dem gleichen Porzellan, das gleiche Blumenmuster tragend. Wenn ich aus meinem Bett stieg, klirrten sie, und dieses Klirren pflanzte sich auf dem marmornen Belag des Waschtisches zu seinen Schalen und Näpfen fort. So froh ich war, ein Lebenszeichen – sei es auch nur das Echo meines eignen – der nächtlichen Umgebung abzulauschen, so war es doch ein unverläßliches und wartete darauf, mich als ein falscher Freund zu überlisten. Das geschah, wenn ich die Hand mit der Karaffe erhoben hatte, um Wasser in ein Glas zu schenken. Das Glucksen dieses Wassers, das Geräusch, mit dem ich erst die Karaffe, dann das Glas abstellte – alles schlug an mein Ohr als Wiederholung. Denn alle Stellen jener Nebenerde, auf welche ich entrückt war, schien das Einst bereits besetzt zu halten. Ich mußte mich darein ergeben. Trat ich dann ans Bett, so war es immer mit der Angst, mich selbst schon darin ausgestreckt zu finden.

Ganz legte sich die Angst erst, wenn ich wieder im Rücken die Matratze fühlte. Dann schlief ich ein. Das Mondlicht rückte langsam aus meiner Stube. Und oft lag sie bereits im Dunkeln, wenn ich ein zweites oder drittes Mal erwachte. Die Hand mußte als erste sich beherzen, über den Grabenrand des Schlafes zu tauchen, in dem sie Deckung vor dem Traum gefunden hatte. Wenn dann das Nachtlicht, flackernd, sie und mich beschwichtigt hatte, stellte sich heraus, daß von der Welt nichts mehr vorhanden war als eine einzige verstockte Frage. Sie lautete: warum denn etwas auf der Welt, warum die Welt sei? Mit Staunen stieß ich darauf, nichts in ihr könne mich nötigen, die Welt zu denken. Ihr Nichtsein wäre mir um keinen Deut fragwürdiger vorgekommen als ihr Sein, welches dem Nichtsein zuzublinzeln schien. Das Meer und seine Kontinente hatten wenig vor meinem Waschgeschirr vorausgehabt als der Mond noch schien. Von meinem eignen Dasein war nichts mehr übrig als der Bodensatz seiner Verlassenheit.

Zwei Blechkapellen

Nie mehr hat Musik etwas derart Entmenschtes, Schamloses besessen wie die des Militärorchesters, das den Strom von Menschen temperierte, der sich zwischen den Kaffeerestaurationen des Zoo die Lästerallee entlangschob. Heute erkenne ich, was die Gewalt dieser Strömung ausmachte. Für den Berliner gab es keine höhere Schule der Liebe als diese, die umgeben war von den Sandplätzen der Gnus und Zebras, den kahlen Bäumen und Riffen, wo die Aasgeier und die Kondore nisteten, den stinkenden Wolfsgattern und den Brutplätzen der Pelikane und Reiher. Die Rufe und die Schreie dieser Tiere mischten sich mit dem Lärm der Pauken und des Schlagzeugs. Das war die Luft, in der zum ersten Mal der Blick des Knaben einer Vorübergehenden sich anzudrängen suchte, während er um so eifriger zu seinem Freund sprach. Und derart angestrengt war sein Bestreben, weder im Tonfall noch im Blick sich zu verraten, daß er von der Vorübergehenden nichts sah.

Viel früher hat er eine andre Blechmusik gekannt. Und wie verschieden waren beide: diese, die sich schwül und lockend im Laub- und Zeltdach wiegte, und jene ältere, die blank und schmetternd in der kalten Luft wie unter einem dünnen Glassturz stand. Sie lockte von der Rousseau-Insel und beschwingte die Schlittschuhläufer auf dem Neuen See zu ihren Schleifen und zu ihren Bögen. Auch ich war unter ihnen lange eh ich die Herkunft dieses Inselnamens, von den Schwierigkeiten seiner Schreibart zu schweigen, mir träumen ließ. Durch ihre Lage war diese Eisbahn keiner andern zu vergleichen und mehr noch durch ihr Leben in den Jahreszeiten. Denn was machte der Sommer aus den andern? Tennisplätze. Hier jedoch er-

streckte unter den weit überhängenden Ästen der Uferbäume sich derselbe See, der mich, gerahmt, im dunklen Speisezimmer bei meiner Großmutter erwartete. Denn man malte ihn damals gern mit seinen labyrinthischen Wasserläufen. Und nun glitt man beim Klang eines wiener Walzers unter den gleichen Brücken hin, an deren Brüstung gelehnt im Sommer man der trägen Fahrt der Boote durch das dunkle Wasser zusah. Verschlungne Wege gab es in der Nähe und vor allem die abgelegnen Asyle – Bänke »nur für Erwachsene«. Das Rondell der Buddelplätze war damit bestellt, in deren Mitte die Kleinen wühlten oder sinnend standen, bis eins sie anstieß oder von der Bank das Kindermädchen rief, das hinterm Wagen gelehrig seinen Schmöker las und beinah ohne emporzusehen das Kind in Zucht hielt.
Soviel von diesen Ufern. Doch der See lebt mir noch in dem Takte der von Schlittschuhn plumpen Füße, die nach einem Streifzuge übers Eis von neuem den Bretterboden fühlten und in eine Bude polterten, in der ein Eisenofen glühte. Nahebei die Bank, wo man die Last an seinen Füßen noch einmal wog, bevor man sich entschloß, sie abzuschnallen. Ruhte dann der Schenkel schräg auf dem Knie und lockerte der Schlittschuh sich, so war's als wüchsen Flügel uns an beiden Sohlen und mit Schritten, die dem gefrorenen Boden zunickten, traten wir ins Freie. Von der Insel brachte Musik mich noch ein Stück nach Haus.

Das bucklichte Männlein

Solange ich klein war, sah ich beim Spazierengehen gern durch waagerechte Gatter, die erlaubten, vor einem Schaufenster auch dann sich aufzustellen, wenn gerade unter ihm ein Schacht sich auftat. Er diente dazu, die Kellerluken in der Tiefe mit etwas Licht und Lüftung zu versorgen. Die Luken gingen kaum ins Freie, sondern eher ins Unterirdische. Daher die Neugier, mit der ich durch die Stäbe jedes Gatters, auf dem ich gerade fußte, heruntersah, um aus dem Souterrain den Anblick eines Kanarienvogels, einer Lampe oder eines Bewohners davonzutragen. Wenn ich dem bei Tage vergebens nachgetrachtet hatte, drehte die nächste Nacht den Spieß zuweilen um und im Traume zielten Blicke, die mich dingfest machten, aus solchen Kellerlöchern. Gnomen mit spitzen Mützen warfen sie. Kaum hatten sie mich bis ins Mark erschreckt, so waren sie schon wieder fort. Ich wußte darum gut, woran ich war, als ich eines Tages im »Deutschen Kinderbuch« den Versen begegnete: »Will ich in mein Keller gehn, / Will mein Weinlein zapfen; / Steht ein bucklicht Männlein da, / Thut mir'n Krug wegschnappen.« Ich kannte diese Sippe, die auf Schaden und Schabernack versessen war, und daß sie sich im Keller zu Hause fühlte, war selbstverständlich. »Lumpengesindel« war es. Die Nachtgesellen, die sich auf dem Nußberge an das Hähnchen und das Hühnchen heranmachen – die Nähnadel und die Stecknadel, die da rufen, es würde gleich stichdunkel werden – waren vom gleichen Schlag. Sie wußten wahrscheinlich mehr von dem Buckligen. Mir selbst kam er nicht näher. Erst heute weiß ich, wie er geheißen hat. Meine Mutter verriet mir das. »Ungeschickt läßt grüßen«, sagte sie, wenn ich etwas zerbrochen hatte oder gefallen war. Und nun verstehe ich, wovon sie sprach. Sie sprach vom bucklichten Männlein, welches mich angesehen hatte. Wen dieses Männlein ansieht, gibt nicht acht. Nicht auf sich selbst und auf das Männlein auch nicht. Er steht verstört vor einem Scherbenhaufen: »Will ich in mein Küchel gehn, / Will mein Süpplein kochen; / Steht ein bucklicht Männlein da, / Hat mein Töpflein brochen.« Wo es erschien, da hatte ich das Nachsehn. Ein Nachsehn, dem die Dinge sich entzogen, bis aus dem Garten übers Jahr ein Gärtlein, ein Kämmerlein aus meiner Kammer und ein Bänklein aus der Bank geworden war. Sie schrumpften, und es war, als wüchse ihnen ein Buckel, der sie dem Männlein zu eigen machte. Das Männlein kam mir überall zuvor. Zuvorkommend stellte sich's in den Weg. Doch sonst tat er mir nichts, der graue Vogt, als von jedwedem Ding, an das ich kam, den Halbpart des Vergessens einzutreiben: »Will ich in mein Stüblein gehn, / Will mein Müslein essen; / Steht ein bucklicht Männlein da, / Hats schon halber gessen.« So stand das Männlein oft. Allein ich habe es nie gesehn. Es sah nur immer mich. Es sah mich im Versteck und vor dem Zwinger des Fischotters, am Wintermorgen und vor dem Telefon im Küchenflur, am Brauhausberge mit den Faltern und auf meiner Eisbahn bei Blechmusik. Es hat längst abgedankt. Doch seine Stimme, die wie das Summen des Gasstrumpfs ist, wispert mir über die Jahrhundertschwelle die Worte nach: »Liebes Kindlein, ach ich bitt, / Bet' für's bucklicht Männlein mit!«

Jahrmarkt des Essens

Epilog zur Berliner Ernährungsausstellung

Wenn die Neapolitaner Piedigrotta gefeiert haben, so zieht an einem der Tage, die dem 8. September folgen, ein Herold durch die Stadt, der in allen großen Straßen verkündet, wieviel Schweine, Kälber, Ziegen, Hühner, wieviel Eier und wieviel Tonnen Wein dies Jahr von den Bewohnern in der Festnacht bewältigt wurden. Mit Spannung wartet das Volk auf den Augenblick, wo es erfahren soll, ob es den früheren Rekord gebrochen hat oder nicht. Wie ein weit aufgerissenes Heroldsmaul, eine herrliche, unverschämte, schallende Schnauze war diese Ausstellung. Wir haben mit rätselhaftem Vergnügen erfahren, was von der Menschheit bis zur Stunde in Sachen der Fresserei ist geleistet worden. Und zwar wie jener Piedigrottaherold so hielt auch dieser Riesenmund hinter der Schallmaske Berlin sich an die Volksmassen. Es ist ihm hoch anzurechnen, daß vom ausgefallenen privaten Tafelluxus fast nirgend die Rede war und diese ganze reiche, witzige, tönende Proklamation zu Ehren der Hausmannskost aller Länder, Zeiten und Völker erging.

Popularisierung war noch vor wenigen Jahren ein bedenkliches Grenzland der Wissenschaft, ein Tätigkeitsgebiet freudloser Missionare. Seit kurzem hat sie mit Hilfe der großen Ausstellungen, das heißt aber mit Hilfe der Industrie, sich emanzipiert. In der Tat: die außerordentlichen Verbesserungen, die in die Technik der Veranschaulichung eingeführt wurden, sind nur die Kehrseite derer in der Reklame.

Ausstellungen wie diese sind die vorgeschobensten Posten auf dem Terrain der Veranschaulichungsmethoden. Und da der Golem Industrie sie erobert hat, so ist nicht zu verwundern, daß er an Ort und Stelle allerlei Unschönes zurückließ. In diesem Fall vor allem leere Malzbier-Flaschen. Er hat daraus einen fragwürdigen Riesenbaum gemacht, der im Spalier an einer Hallenwand sich hochrankt. Anderswo zeugt ein buddhistischer Reistempel, ausgeführt im besten Kolonialwarenstil, von seinem Wirken. Auch sonst stößt man ununterbrochen auf Riesenspuren; mannshohe Opferbrote auf dem Altar der Statistik oder ein ungeheurer geöffneter Schlund, angeblich Modell eines gähnenden Mundes, in Wahrheit den pantagruelischen Schaugerichten geöffnet: der »Walfischpastet mit Schuppen und Flossen« und der »Hohen Turm Dorten«, die Aschinger nach mittelalterlichen Rezepten erstehen ließ. Was diese Dinge für die Wissenschaft bedeuten, weiß ich nicht. Wohl aber, was sie den Kindern sagen. Es gibt in diesen Hallen kaum einen Stand, vor den man nicht mit ihnen hintreten könnte. Hier huldigt die Doppelmonarchie der Riesen und der Zwerge, die von dem Kind in Personalunion regiert wird, ihrem Fürsten. Neben der Riesenmitgift stehen, unzweideutiger und versöhnlich, die Spielmodelle: kleine Pasteten- und Fleischküchen, winzige Kabinette, in denen die großen Physiologen Sanctorius, Lavoisier, Liebig, Pettenkofer im Puppenstande ihres Amtes walten, transparente Nordlandsküsten mit ihren Dorschfängern und nimmermüde Arbeitspuppen, die aus den verspielten mechanischen Bergwerken in der Flasche in ein didaktisches Jenseits versetzt scheinen.

Die Masse will nicht »belehrt« werden. Sie kann Wissen nur mit dem kleinen Chock in sich aufnehmen, der das Erlebte im Innern festnagelt. Ihre Bildung ist eine Folge von Katastrophen, die sie auf Rummelplätzen und Jahrmärkten in verdunkelten Zelten ereilen, wo ihnen Anatomie in die Glieder fährt, oder in der Manege, wo mit dem ersten Löwen, den sie zu sehen bekommen, sich unauslöschlich das Bild des Dompteurs verbindet, der ihm die Faust in den Rachen steckt. Es braucht Genie, die traumatische Energie, den kleinen spezifischen Schrecken derart aus den Dingen herauszuholen. Unaufhörlich müssen unsere Ausstellungsleiter vom fahrenden Volk, dem unerreichten Meister dieser tausendfältigen Kunstgriffe, lernen.
Hier hatten sie es getan. Hier gab es ein Gemüseorakel, ein vegetarisches Delphi, dessen Hebel man nur auf einen bestimmten Monat zu stellen hatte, um in farbigen Transparenten den kommenden Küchenzettel gewahrsagt zu sehen. Hier konnte man in eine schwüle Finsternis tauchen, in die vom Weltall nichts mehr hereinschien als ein Vorgang, der »Vom Atlantischen Ozean bis zum Spickaal« führt. Daneben öffnete sich der Schlund eines Hades, dessen Lethe »Vom Urwald bis zum Kaffeetisch« als ein brauner Strom sich dahinzog. Hölzerne Landkarten sah man

prangen, auf denen aufglühende und erlöschende Lämpchen die Flurbestellung im Wechsel der Jahreszeiten und den Stoffwechsel im menschlichen Körper markierten. Ihr Rot war das der Liebesthermometer, in denen Weingeistsäulen auf und nieder steigen und ihr überstürzter Takt derselbe, mit dem in Schießbuden die Jäger, Teufel, Schwiegermütter im Augenblick des tödlichen Schusses ins Leben treten.

Erscheinungen des kulinarischen Jenseits: Die Tafelfreuden der Abgeschiedenen. Ägypter, Griechen, Römer, Germanen der Frankenzeit, Italiener der Renaissance speisen in erleuchteten Nischen und nehmen wie Geister, wenn sie sich um Mitternacht zum Mahl versammeln, nichts zu sich. Oder das christliche Jenseits der Säuglingspflege: Im Vordergrunde die guten Schwestern. Sie prüfen die Wärme der Flaschen, verkosten einen Tropfen auf ihrer Hand, halten das Kind auf die rechte Art und reinigen die Flasche. Ihre ungezählten Tugenden ließen nur in einem Lehrgedicht sich beim Namen nennen. Im Hintergrunde, von schwülem Schwefelrot, sie und die armen Kinder, die sie warten, übergossen, die schlechten Pflegerinnen. Sie setzen die Flasche an den eigenen Mund, halten das trinkende Kind nach unten, schwatzen dabei mit einer anderen Verdammten und gewähren ein Bild, bei dem dem Satan das Herz im Leibe lacht.

Auf einem Sockel eine herrliche Alpenlandschaft. Die Unterschrift aber lautet: Das Verschwinden des Sommergipfels der Säuglingssterblichkeit. Ganz im Hintergrunde die steile Julihöhe der Todesfälle aus irgendeinem grauen Vorkriegsjahr. Dagegen abgesetzt, in Schichten, immer neue Gebirgsketten mit absinkenden Gipfeln, ein Höhenzug, der sich gegen die Ebene des platten Staunens verliert, die im Beschauer ihn aufnimmt. Wenn er langsam zu sich selber kommt, wundert ihn nur noch, nirgends den medizinischen Hochtouristen, die dieses Matterhorn der Statistik bezwungen haben, als kletternden Püppchen auf dem Massiv zu begegnen. Und unmittelbar daneben ein neues, gleich unerhörtes topographisches Gebilde: die Beförderungslandschaft. Ein Milchtransport ist unterwegs vom Produzenten zum Verbraucher. In der oberen Hälfte des Schreins mit endlosen Zwischenstationen. Daher mußte die Milch für den Transport sterilisiert werden. Wertvolle Vitamine gingen verloren. Über dem reizlosen Flachland schweres Gewölk und ein Regenbogen. In der unteren Hälfte der Vitrine jedoch durchschneidet ein schnelles Auto ohne Zwischenstationen eine fruchtbare Ebene, über der ein wolkenloser Himmel sich ausspannt. Wie weit liegen die trockenen Aufrisse der älteren Statistik mit ihrer unschönen Linienwirrnis hinter uns. Die ganze Erde mit Busch und Baum und Feld und Haus und Hof und Mensch und Tier ist gerade gut genug, in den Sprachschatz dieser wundervoll neuen und unverbrauchten Zeichensprache einzugehen. Wir selber, alles was uns eignet oder freund ist, können jederzeit uns in ihr wiederfinden und von unserer verborgensten Seite, der vierten oder fünften Dimension, von der wir gar nichts wußten, zu Ehren kommen: als Maßstabwesen. So muß das Brandenburger Tor hier immer wieder in die Arena steigen, um in heroischen Konkurrenzen von Kohlköpfen, Äpfeln, Broten, Kartoffeln und anderen Konsumgütern sich schlagen zu lassen.

Dies alles ist Jahrmarkt. Daß es aber das ist, daß hier in jeder Ecke und unter tausenderlei Gestalten das Essen seine Purzelbäume schlagen und seine Kunststücke zeigen kann und daß wir uns vom Hundertsten ins Tausendste verlieren, von einem Schnullerkabinett zu den mittelalterlichen Saugflaschen und von den mittelalterlichen Saugflaschen zu den Inkunabeln der Medizin, wo sie zum ersten Male abgebildet sind, kurz daß uns jeden Augenblick so viel »dazwischen kommt« und dieser Rummelplatz mit Gratiskino, Gratisführung, Gratisausschank auf einen Vergnügungspark verzichten durfte, weil er selbst einer war, das ist doch nur die Kehrseite einer straffen und glücklichen Organisation, die überall locker lassen konnte, weil sie das Ziel fest im Auge hatte: für vernünftiges, sauberes, freudiges Essen zu werben.

Der politische Wetterwinkel der Schau: die Kammer der Kriegsernährung. Ich glaube, sie hat erschütternde, klassische Szenen des Wiedererkennens gesehen wie nur ein attisches Amphitheater. »Ach, das ist ja die wunderbare Wurst, die wir hatten.« Und: »Ich weiß noch den Abend, wie Onkel Oskar das ›Lausitzer Kindel‹ aufmacht, und wir alle...« Oder eine andere, beim Anblick der »Fischblutwurst«: »Na, das habe ich ja nun nicht gemacht.« Aber auch sie wird den »Deutschen Reichs-Kaffee-Ersatz ›Gloria‹«

ausgeschenkt oder den Gästen, die »nach dem Abendbrot« kommen durften, ein Schälchen »Kakaotee« vielleicht mit »Bomben und Granaten Rum-Ersatz«, den Kindern aber ihr Gläschen »Alkolos« und sich selbst früher oder später einen »Kriegsbitter« gegönnt haben. Und wenn der Gatte seine Kollegen beim Skat sah, konnte er ihnen getrost bei einem schäumenden Becher »Kampfperle« die Mindestforderung Deutschlands entwickeln. – Man hat diese große, unschätzbare Kollektion vom Dresdner Hygienemuseum bezogen und würdig zur Schau gestellt. Sie ist es wert, die Runde bei allen Hausfrauenvereinen Deutschlands zu machen. Es wäre eine schöne Aufgabe für das Rote Kreuz oder für die Vaterländischen Frauenvereine, diese Sammlung auf Reisen zu schicken. Nur müßte sie vervollständigt werden um all die Gutachten ärztlicher Autoritäten, mit denen diese Höllentränke und Schmutzpasteten ins Volk gebracht wurden. Im übrigen gibt die Sammlung das Wesentliche. Nicht zu vergessen die wohlerhaltenen Etiketten der Flaschen und Tüten. Da stehen sie, die sadistische Trockenmilch »Trinknur«, die Marmelade »Fruchtogen«, oder die apokalyptische Kriegstorte »Astro« – eingetragene Fabrikmarken, in welche damals die heimatlose Wahrheit als in ihr letztes sprachliches Asyl sich geflüchtet hatte. Wann wird das alles wieder aktuell werden? Und welches Geschlecht wird, wenn von unserm schon nichts mehr übrigblieb, auf die Überreste der ersten »garantiert unvergasbaren« Nährmittel stoßen?

Man kennt Riepenhausens berühmten Stich nach Hogarths Bild »Das Ende aller Dinge«. Es ist jenes bedeutende Werk, das bestimmt war, gegen den Geist der allegorischen Malerei sich zu wenden, und ihn doch nur großartig ausspricht. Auf einer Trümmerstätte von Emblemen ruht Saturn, und in der Hand hält er ein Testament, in welchem er verfügt: »Alles und jedes Atom hievon (d. h. der Welt) vermache ich dem Chaos, das ich als meinen einzigen Testamentsvollzieher ernenne. Zeugen: Klotho, Lachesis, Atropos, die drei Parzen.« Man kann sich das Ende der Welt auch weniger dramatisch, räumlicher, friedevoller und provinzieller denken. Und in solchem Sinne wäre das Ende der Ernährungsausstellung kein schlechtes Modell des Ortes, wo die Welt mit Brettern vernagelt ist. Am äußersten Rande der Schau, abseits von allen Hallen und am Ausgang eines Gartenpfades, erhebt sich ein Schuppen. Im Vordergrunde rechts eine riesige Batterie blecherner Milchkannen: 3000 Liter. Links und im Hintergrunde läßt man uns sehen, was an die Kuh verfüttert werden mußte, um so viel Milch zu erhalten. Da liegen in 12 Säcken $6^{1}/_{2}$ Doppelzentner Kraftfutter, 9 Doppelzentner Stroh, 27 Doppelzentner Heu in 2 Fudern und 110 Doppelzentner Rüben in 5 schweren Fuhren. Wem wäre der Gedanke nicht tröstlich, hier, wo alles zu Ende geht, hier, wo er es am wenigsten noch erhoffte, die Lösung des Welträtsels, beiläufig, wie man einem Kinde ein Liebigbild zusteckt, mit in den Kauf zu bekommen und das in Gestalt einiger Ziffern, die geruhig über dem stillen Leben, dem Unbekannten, das zwischen Futter und Milch liegt, dem ausgesparten Geheimnis des Wiederkäuens, im Winde schwanken?

Wir alle haben, als wir klein waren, im »Robinson« immer wieder auf die gefährliche Art geblättert und mit klopfendem Herzen das Angstglück gesucht, das uns beim Anblick des Bildes befiel, wo Robinson vor den Spuren der Menschenfresser zurückschrickt. Das war nicht nur eine Episode aus seinem Leben, es war die ultima Thule der Ernährung, die mit dem knochenübersäten Stückchen Strand vor uns aufstieg. Warum mußten wir sie auf dieser Schau, die auch das Fernste eingebracht hatte, vermissen? Und warum entzog sie denen, die sie in wenigen Stunden zu wahren Kunstkennern des Essens gebildet hatte, die höchste künstlerische Befriedigung: zu sehen, wie der Ring sich schließt und die geheimnisvolle Schlange des Nahrungstriebes sich in den Schwanz beißt?

Die Mietskaserne

Wie das mit Berlin zusammenhängt, wovon ich heute erzähle, das brauche ich euch nicht zu erklären. Und die Mietskaserne, die, fürchte ich, brauche ich euch auch nicht zu beschreiben. Die kennt ihr ja alle. Und die meisten kennen sie auch von innen. Von innen, damit meine ich nicht einfach die Wohnungen und Stuben, sondern ich meine die Höfe, die drei, vier, fünf, ja sechs Hinterhöfe, die die Berliner Mietskasernen haben. Berlin ist die größte Mietskasernenstadt der Erde. Und wie es das langsam zu unserem Unglück in Jahrhunderten geworden ist – das werde ich euch heute zu erklären versuchen. Macht die Ohren auf, ihr könnt jetzt hören, was ihr so leicht nicht im deutschen Unterricht und nicht in der Erdkunde und nicht in der Staatsbürgerkunde zu hören bekommt und das für euch doch einmal wichtig sein kann. Denn ihr sollt alle verstehen, worum es sich bei dem großen Kampf gegen die Mietskaserne handelt, den Groß-Berlin seit dem Jahre 1925 zu führen begonnen hat.

Man sagt immer, die Berliner wären so kritisch. Das stimmt schon. Sie sind schlagfertig, sie lassen sich nicht leicht etwas vormachen, sie sind helle. Aber was die Häuser und was die Wohnungen angeht, in denen sie leben, da muß man schon sagen, daß sie jahrhundertelang auf jeden Leim gekrochen sind. Und wenn sie anfangs sich auf die Obrigkeit, auf den absoluten König herausreden konnten, der befahl, so und so muß gebaut werden, so ist es später, als sie die Selbstverwaltung ihrer Stadt hatten, kein bißchen besser sondern schlimmer geworden. Und vielleicht haben sie manchmal nur darum so viel Spielraum für ihren kritischen Witz und Verstand gehabt, weil sie allzuselten daran gedacht haben, in der Praxis ihn anzuwenden. Und was das Schlimmste ist, während man sonst die Berliner im Reich doch ziemlich kritisch betrachtet und längst nicht alles für mustergültig hält, was es da gibt – ihre Mietskasernen, die haben sie den Berlinern in ganz Deutschland nachgebaut.

Mietskaserne – das klingt so militärisch. Und das Wort ist nicht etwa nur aus dem Militärwesen übertragen, sondern die Entstehung der Mietskaserne hängt wirklich mit dem Militärwesen eng zusammen. Berlin ist seit den Hohenzollern immer eine Militärstadt gewesen, und es hat Zeiten gegeben, in denen das Militär, d.h. die

Soldaten mit ihren Familien, bis zu einem Drittel der ganzen Stadtbevölkerung ausmachten. Solange das preußische Heer noch nicht so groß war, brachte man die Soldaten mit ihren Familien bei den Bürgern unter. Als ich euch vor 14 Tagen etwas aus der Baugeschichte Berlins unter Friedrich Wilhelm I. erzählt habe, da habt ihr ja gehört, wie jeder Bürger verpflichtet war, so und soviel Soldaten je nach der Größe seines Hauses oder seiner Wohnung sich in Quartier legen zu lassen. Das ging unter Friedrich Wilhelm I. noch an. Es war zwar für die Bürger sehr drückend, aber das Heer war noch klein, und es wurde soviel gebaut, daß von einer Wohnungsnot keine Rede sein konnte. Als Friedrich Wilhelm I. starb, hatte Berlin eine Besatzung von ungefähr 19000 Mann. Als aber Friedrich der Große 1786 starb, da gab es in Berlin schon 36000 Mann Besatzung. Diese Truppenmasse war auf die alte Art und Weise nicht mehr unterzubringen, und deshalb baute Friedrich der Große eine ganze Anzahl Kasernen, allein acht Stück in den letzten vier Jahren seiner Regierungszeit. In diesen Kasernen wohnten aber nicht etwa nur die Soldaten, sondern auch deren Familien. Uns kommt das sehr komisch vor, daß Soldaten mit Frauen und Kindern in Kasernen untergebracht werden sollen. Die Gründe dafür sind aber gar nicht komisch gewesen. Sie bestanden ganz einfach in der furchtbaren Grausamkeit der preußischen Heereszucht, die machte, daß viele bei der ersten besten Gelegenheit desertierten. Wenn man sie nun alle Abende oder auch nur ein paar mal die Woche zu ihren Familien hätte nach Hause gehen lassen, so hätte dann möglicherweise am anderen Morgen die Hälfte gefehlt. Darum hielt man sie mit ihren Familien in den Kasernen, die sie nur selten mit einem Erlaubnisschein verlassen durften. Diese Abhilfe der Wohnungsnot durch Kasernierung führte Friedrich der Große dann auch für die Berliner Zivilbevölkerung ein. Statt nämlich, wie sein Vater, die Hauptstadt in waagerechter Richtung zu vergrößern, erweiterte er sie senkrecht nach oben in die Luft statt in die Ebene. Er nahm sich dabei Paris zum Vorbild. Das war aber unberechtigt. Paris war eine Festung, die Stadt konnte sich über die Zone der Forts und Bastione nicht ausdehnen, und da sie als größte Europas damals schon 150000 Einwohner hatte, konnten sich die Pariser nicht anders helfen als durch den Bau vielstöckiger Gebäude. Berlin war aber unter Friedrich dem Großen ebensowenig eine Festung wie jetzt. Man hätte also ruhig weiter die Stadt in der Ebene sich ausdehnen lassen können.

Als damals dem Kaiser von China zum ersten Mal Bilder mit Häusern in so ungewöhnlicher Höhe gezeigt wurden, sagte er ganz verächtlich: »Europa muß ein sehr kleines Land sein, daß die Menschen dort nicht genug Platz haben, auf der Erde zu wohnen, sondern in der Luft wohnen müssen.« Für die Gesundheit der Berliner wäre es natürlich viel besser gewesen, bei der alten Bauweise zu bleiben, anstatt, wie es damals geschah, möglichst viel Menschen in möglichst hohe Häuser zu pferchen. Noch viel folgenschwerer als der gesundheitliche Schaden war aber bei dieser Bauart der wirtschaftliche. Man kümmerte sich seit Friedrich dem Großen nicht mehr darum, an den damaligen Stadtgrenzen neues billiges Bauland zu erschließen, sondern begann wieder, auf dem alten bebauten Terrain hohe Häuser, Mietskasernen, statt der früheren ein- oder zweistöckigen Einfamilienhäuser zu bauen. Weil nun diese Mietskasernen durch die vielen Parteien, die darin wohnten, dem Besitzer viel mehr einbrachten als die früheren kleinen Häuser, wurde der Grund und Boden, auf dem sie standen, immer teurer. Das beeinflußte sehr bald natürlich auch die Preise für unbebaute Terrains, die es ja noch massenhaft in der Stadt gab. Wenn so ein Bauplatz verkauft wurde, so verlangten die Besitzer Preise dafür, die der Käufer nur dann zahlen konnte, wenn er nach dem Muster der Mietskasernen viele übereinandergeschichtete Wohnungen baute, damit durch die Mieten die hohen Bodenpreise verzinst würden.
In einer Beschreibung Berlins aus dem Todesjahr Friedrichs des Großen sieht man, wie böse es damals schon aussah. Aber natürlich durchschaute man in diesen Zeiten die Folgen und die Schädlichkeit dieser Bauweise nur in den seltensten Fällen, so daß der Mann, von dem diese Beschreibung stammt, der Schriftsteller Nicolai, ein geborener Berliner, ganz stolz darauf ist, daß fast die Hälfte der Häuser ansehnliche Seiten- und Hinterhäuser haben, welche in manchen Gegenden der Stadt beinah stärker bewohnt sind als die Vorderhäuser. Es gibt Häuser, in denen gegen 16 Familien wohnen. Sehr wenige Städte werden in noch nicht 6500 Häusern 145 000 Einwohner haben. Das macht einen Durchschnitt von 22 Bewohnern pro Haus. Wie harmlos kommt uns das heute vor, wo wir in Berlin Häuser haben, in denen weit über 500 Menschen wohnen. Hundertzwanzig Jahre nach Nicolais Bericht gab es ein Haus, in der Ackerstraße, in dem über 1000 Menschen gezählt wurden. Es ist die Nr. 132. Ihr könnt es euch ansehen. Wenn man von außen in die

Flucht der Höfe hineinschaut, ist es als wenn man in einen Tunnel sähe. Als Nicolai seine Beschreibung von Berlin machte, war die Industrialisierung der Stadt ja erst in den allerbescheidensten Anfängen. Das wirkliche Unglück ist viel später eingetreten, als alle Versuche des Freiherrn vom Stein, den Berlinern durch die preußische Städteordnung zu helfen, fehlgeschlagen waren und im Jahre 1858 der schreckliche Bebauungsplan von Berlin gemacht wurde, mit dem die Mietskaserne zur Herrschaft kam. Diesen Bebauungsplan müssen wir uns ansehen, um das heutige Berlin zu verstehen. Nach ihm hatte die durchschnittliche Mietskaserne drei Höfe. Jeder dieser Höfe brauchte – es klingt ganz unvorstellbar, aber so ist es – nur etwas über 5 qm groß zu sein. So ging die Mietskaserne mit einer Straßenfront von 20 Metern 56 Meter in die Tiefe. Wenn ein solches Haus seine üblichen sieben Stockwerke, das Belgeschoß nämlich eingerechnet, besaß, dann konnten darinnen bis zu 650 Menschen hineingestopft werden. Jeder Mensch muß sich wundern, wie so schlechte und schädliche Verordnungen möglich waren. Und wirklich, die Gründe dafür sind ebenso verschachtelt und ungesund wie die Häuser, zu denen sie geführt haben. Der Ausgangspunkt war ganz harmlos. Es sollte endlich mit einem großen Bebauungsplan für ganz Berlin auf viele Jahrzehnte hinaus ernst gemacht werden. Der Plan wurde im Polizeipräsidium ausgearbeitet. Dabei ergab sich nun, daß viele von den geplanten Straßen über Gelände gingen, die in der Hand privater Besitzer waren. Diese privaten Besitzer hätte der Staat, von dem der Bebauungsplan ausging, entschädigen müssen. Das hätte eine Menge Geld gekostet, um so mehr als es damals noch kein Gesetz gab, nach dem Grundstücke im öffentlichen Interesse gegen eine Entschädigung enteignet werden konnten. Wollte der Staat also seine Straßen bauen und doch kein Geld ausgeben, so mußte er versuchen, die Grundstücksbesitzer freundlich zu stimmen. Da haben nun in ihrer Bauernschlauheit ein paar Beamte sich gesagt: wir wollen den Leuten erlauben, ihre Grundstücke so zu bebauen, daß sie daraus an Mieten viel mehr Geld herauskriegen können, als wenn sie ihre Bodenstückchen, die wir für unseren Straßenbau nötig haben, noch so teuer an uns verkaufen. Dieser schlaue Gedanke hatte schon das größte Unglück gestiftet. Aber damit war es noch nicht genug. Der Plan nämlich war so, wie er später durchgeführt wurde, gar nicht gedacht. Er enthielt eigentlich nur die Hauptverkehrsstraßen und sollte durch eine große Anzahl von Nebenstraßen, die Luft und Licht gegeben hätten, ergänzt werden. Später aber überlegte man es sich anders, gedachte das Geld für die neuen Straßen zu sparen und bepackte nun diese massiven, nur ganz spärlich von Straßen durchschnittenen Baugründe mit den riesigen Mietskasernen. Am schlimmsten wurde es nach zwanzig Jahren, als 1871 mit dem Sieg über Frankreich die sogenannte Gründerzeit begann, in der man überall in Deutschland den Kopf verlor und ins Blaue hinein spekulierte. Damals ergriff der Größenwahn die Berliner Behörden. Man machte einen ungeheuren Bebauungsplan, der für Jahrhunderte gelten sollte, und bezog in ihn im Laufe der Jahre ein Terrain ein, auf dem nicht weniger als 21 Millionen Menschen hätten Platz finden können. Das wilde Spekulationsfieber, das Berlin in den Gründerjahren erschütterte und dann bekanntlich mit dem berühmten großen Krach von 1873 endete, war zum guten Teil eine Folge dieser aufgeblasenen Erweiterungspläne. Plötzlich sah man Äcker, die noch mit Getreide oder Kartoffeln bestellt waren, als Bauterrains vor sich liegen, und in wenigen Monaten hatte sich der märkische Sandboden für seine Besitzer in kalifornische Goldfelder verwandelt. Bauern, die zum Teil noch in der Leibeigenschaft geboren waren, wurden zu Anfang der siebziger Jahre über Nacht ohne die leiseste Anstrengung und ohne alles Verdienst zu reichen Leuten, manchmal zu Millionären. Daher entstand in den Gründerjahren der Ausdruck Millionenbauer. Überall wurden Gesellschaften gegründet, Terrains gekauft, verschoben, aber fast nie bebaut. Nichts war den Leuten damals teuer und gut genug. Wo etwa gebaut wurde, kümmerte man sich überhaupt nur um zweierlei: erstens, daß möglichst viel Wohnungen unter ein Dach zusammengestapelt wurden, und zweitens, daß die Sache von außen recht prächtig aussehe. Vor allen Dingen in den Vororten baute man von einem Ende der Gemeinde zum andern sogenannte Prachtstraßen, die dann ganz einfach im Sande oder in einer Nebenstraße verliefen. Auch die Villen, die dort errichtet wurden, waren dann meistens nur maskierte Mietskasernen mit Kellerwohnungen, mit engen Schlafkammern und verkrüppelten Wirtschaftsräumen. Dafür wurden dann die Wohnzimmer breit und pompös nach der Straße zu angelegt, ganz gleich, ob diese Straße auch etwa nach Norden ging und auf die Art niemals ein Sonnenstrahl in die Zimmer kam.

Bis zum Weltkrieg ist der Egoismus, die Kurzsichtigkeit und die Anmaßung, aus der die Mietskaserne, wie ihr nun gesehen habt, entstanden ist, fast überall in Berlin an der Tagesordnung gewesen. Daß sich aber seitdem die Dinge sehr verändert haben, das wißt ihr alle, wenn ihr euch an den Grenzen im Weichbild Berlins ein wenig umgetan habt. Und zwar nicht etwa nur in den vornehmen Villenvororten des Westens, in Dahlem oder in Lichterfelde, sondern genauso in Frohnau an der Stettiner Bahn oder in Rüdersdorf oder näher an Berlin in Britz oder Tempelhof. Besonders Tempelhof ist lehrreich für das, was seit der Revolution in Berlin sich gebessert hat. Ihr braucht nur die Häuser, die von 1912 bis 1914 dort auf dem alten Exerzierplatz errichtet sind, mit denen zu vergleichen, die heute in der Gartenstadt auf dem Tempelhofer Felde jedes in seinem kleinen Stück Grün liegen. Deutlicher als für den, der davorsteht, aber wird das vielleicht für einen, der auf Photos, die aus der Vogelperspektive aufgenommen sind, auf das Gelände gleichsam herunterschaut. Der sieht dann erst, wie verbissen, hart, finster und kriegerisch die Mietskaserne im Vergleich zu den friedlichen, freundschaftlich zueinander gesellten Häusern des Gartenfelds aussieht. Und er versteht, warum Adolf Behne, der sehr viel für dieses neue Berlin getan hat, die Mietskaserne die letzte Ritterburg nannte. Denn, sagt er, sie ist entstanden aus dem egoistischen, brutalen Kampf einzelner Bodenbesitzer um den Boden, der bei diesem Kampfe zerstückelt und zerfetzt wurde. Und darum hat sie auch die Form der wehrhaften und kriegerischen Burg in ihren rings ummauerten Höfen. Feindlich schließt sich Besitzer gegen Besitzer ab. Und so abgeschlossen wie diese Besitzer leben denn auch gewöhnlich die Bewohner in den Hunderten von Etagenwohnungen dieser Baublöcke. – Laßt euch einmal das Aprilheft des »Uhu« geben. Da seht ihr eine ganze neue Form von amerikanischen Wolkenkratzern abgebildet. Lange Wohnblöcke sozusagen, die man entweder auf der Schmalseite aufstellt, dann ragen sie in die Höhe, oder aber man legt sie auf die Breitseite, dann sind sie eine einzige lange Hausreihe. Ich denke mir so im stillen, daß das ein Aprilscherz des »Uhu« ist. Aber aus diesem Scherz könnt ihr deutlich sehen, auf welche Weise heute die Mietskaserne unterbunden wird. Nämlich durch Abschaffung des feierlichen, monumentalen steinernen Baus, der für Jahrhunderte unverrückbar und unveränderlich in sich am Platz steht. Anstelle des Steins tritt ein schmales Gerüst von Beton oder

Stahl, anstelle der kompakten, undurchdringlichen Wände treten riesige Glasplatten, anstelle der gleichförmigen vier Wände treten tief eingeschnittene, freiliegende Treppen, Plattformen, Dachgärten. Die immer zahlreicheren Menschen, die in solchen Häusern wohnen werden, werden allmählich durch sie verändert werden. Sie werden freier, weniger ängstlich, aber auch weniger kriegerisch sein. Sie werden sich für das zukünftige Bild einer Stadt mindestens so begeistern können, wie sich heute schon die Menschen für Luftschiffe, Autos oder Ozeandampfer begeistern. Und sie werden dann den Leuten dankbar sein, die den Befreiungskampf gegen die alte festungsartige, finstere Kasernenstadt geführt haben. Von denen ist für Berlin einer von den wichtigsten Werner Hegemann, der zugunsten dieses neuen Berlin die Geschichte des bisherigen geschrieben hat, welche »Das steinerne Berlin« heißt und aus der ihr und ich das gelernt haben, was wir nun von der Mietskaserne uns merken werden.

Ein Jakobiner von heute

Zu Werner Hegemanns »Das steinerne Berlin«[1]

Seit zwei Jahrhunderten hat Berlin seine ausgedehnte Spezialliteratur, in der es, wie die andern großen Städte auch, seine Lokalgeschichte aufzeichnet und seinen Überlieferungen nachgeht. Es ist aber ein Schrifttum, das im Bereich der Berolinensien bleibt, in dem die Stadt sich mehr zu spiegeln als zu begreifen sucht. Selbst die sprichwörtliche Kritiklust ihrer Bewohner machte vor der Erscheinung der Heimat mit Rührung Halt, nahm Einzelnes zur Zielscheibe ihrer Satire, bewitzelte die Denkmäler, aber behelligte nicht die Mietskasernen. Nun beginnt im Maße, wie die Liebe des Berliners zu seiner Stadt freier wird und ihre provinzielle Sentimentalität verliert, auch die Kritik an ihr zu erstarken. Das Schrifttum über die Weltstadt will öffentlichen, ja europäischen Charakter annehmen. Diese Entwicklung in der Stille einer langjährigen redaktionellen Arbeit unermüdlich gefördert zu haben, ist das Verdienst Werner Hegemanns, des Herausgebers der Wasmuthschen Monatshefte für Baukunst und Städtebau. Hegemann, der jetzt mit einer monumentalen Baugeschichte Berlins hervortritt, ist einer der ganz wenigen entscheidenden Köpfe, die ihr immenses Fachwissen nicht sowohl nach außen in immer umfassenderen Kreisen erweitert als von innen durch immer strengere Konzentration gesprengt haben. Wie er sich heute darstellt, ist er ein Mann von ausgeprägtester staatsbürgerlicher Bildung, ein Mann, der an jeder Angelegenheit, mit der er befaßt ist, die kulturellen und politischen Funktionen in engster Wechselwirkung erlebt, ein Mann, der an die Planung öffentlicher Anlagen in amerikanischen Städten mit der gleichen Exaktheit und Phantasie herantrat wie an die historischen Studien über die preußischen Könige.

Es ist freilich eine seltsame Phantasie, die im Bannkreis eines strengen Rationalismus seit jeher seine Arbeiten inspiriert. Sie ist nämlich eine rebellische. »Phantasie«, sagt Chesterton, »hat ihren höchsten Zweck in rückschauender Verwirklichung. Die Posaune der Phantasie wie die Posaune der Auferstehung ruft die Toten aus ihren Gräbern. Phantasie sieht Delphi mit den

1 Werner Hegemann, Das steinerne Berlin. Geschichte der größten Mietskasernenstadt der Welt. Berlin: Verlag Gustav Kiepenheuer (1930). 505 S.

Augen eines Griechen, Jerusalem mit den Augen eines Kreuzfahrers.« Es ist wunderbar, wie sehr diese interessante, wenn auch fragwürdige Definition auf den Historiker Hegemann zutrifft. Er sieht wirklich die Dinge mit den Augen des jeweiligen Zeitgenossen und zwar eines grundsätzlich mißvergnügten. Man kann sein Mißvergnügen verstehen. Denn er hat die Quellen so unvergleichlich studiert, sein Wissen ist in allen Details so stichfest, daß er bis auf den Grund der tausend Schwächen, der tausend Unzulänglichkeiten der Menschen dringt, die ehemals – jemals – an der Spitze standen. Er schreibt die ewig aktuelle Geschichte, mit anderen Worten, die Skandal-Geschichte. Nur darf er sich's ausbitten, daß dies Wort im vollsten Sinne verstanden werde: nach dem lateinischen scandalum, als das Ärgernis. So begriffen, springt die Rolle dieses Aufklärers um, bekommt einen Einschlag ins Theologische. Und unwillkürlich sieht man sich in den moral plays nach ihm um, vermißt ihn; da scheint noch eine Stelle auf ihn zu warten: die Rolle des Querulanten beim Weltgericht.

So verklagt er nun die Stadt Berlin vor dem Weltgericht. Wir, die geschundenen Steuerzahler, haben, weiß Gott, das Recht, diese Stadt, deren Verwaltung von einer Blamage in die andere taumelt, vor allen möglichen Gerichten zu belangen. Wie weit wir aber vor dem Weltgericht sie belasten möchten, werden wir, trotz allem, noch überlegen. »Die größte Mietskasernenstadt der Welt« nennt sie Hegemann. Wer muß es nicht mit Schrecken innewerden, was dieser Name bedeutet? Und wen muß nicht beim Aufmarsch der Entlastungszeugen Zorn und Ekel packen, dieses Treitschke, der die unvergeßlichen Worte für sie gefunden hat: »So elend ist keiner, daß er im engen Kämmerlein die Stimme seines Gottes nicht vernehmen könnte«, und dieses Hobrecht, der im Jahre 1868 schon die ganze schlummernde Courths-Mahler-Poesie aus der Mietskaserne herausholte, wenn er schrieb: »In der Mietskaserne gehen die Kinder aus den Kellerwohnungen in die Freischule über denselben Hausflur wie diejenigen des Rats oder Kaufmanns auf dem Wege nach dem Gymnasium. Schusters Wilhelm aus der Mansarde und die alte bettlägerige Frau Schulz im Hinterhause ... werden in dem 1. Stockwerk bekannte Persönlichkeiten. Hier ist ein Teller Suppe zur Stärkung bei Krankheit, da ein Kleidungsstück, dort die

wirksame Hilfe zur Erlangung freien Unterrichtes oder dergleichen, und alles das, was sich als das *Resultat* der gemütlichen Beziehungen zwischen den gleichgearteten und wenn auch noch so verschieden *situierten* Bewohnern herausstellt, eine Hilfe, welche ihren veredelnden Einfluß auf den Geber ausübt.« Wer möchte nicht atemlos einer Verhandlung folgen, bei der sie alle aufmarschieren, von den Hohenzollernkönigen an, die das Kasernenwesen auf die Zivilbevölkerung ausdehnten und durch unsinnig hohe Bauten den Berliner Bodenwucher begründeten, über die superklugen Polizeiassessoren, die als erste auf den Gedanken gekommen sind, um der Stadt die Enteignungskosten für ihr Straßenland zu sparen, den Eignern für die ihnen bleibenden Terrains die unbeschränkte Ausbeutung durch eine Bauordnung zu gestatten, derzufolge jeder von den drei Höfen in den durchschnittlichen Mietskasernen nur etwas über 5 Quadratmeter zu umfassen brauchte, bis zu jenen »Millionenbauern«, deren spekulativ verteuerte Terrains die Stadt bis in die achtziger Jahre des vorigen Jahrhunderts mit einem Eisengürtel umgaben. Wer könnte sich der aufwühlenden Gewalt der corpora delicti entziehen, die in vollendeter Wiedergabe bei den Akten befindlich sind: »der Spittelkolonaden als Rahmen für Litfaßsäulen«, der Nummer 62b der Schönhauser Allee, deren stattlich muntere Fassade dem sehenden Auge die stinkende Öde der drei Höfe verrät, die sich hinter ihr aneinanderreihen, der Gegenüberstellung des Großen Sterns in der edlen Schinkelschen Planung und der tierischen wilhelminischen Ausführung? Hier, wo der Verfasser von der dialogischen Form seines »Fridericus«, seines »Napoleon« und »Christus« abging, ist er zur allerhöchsten dialogischen, ja forensischen Spannung durchgedrungen. Der Anteil, den diese weit angelegte, aber niemals weitschweifige Darstellung dem Leser abgewinnt, ist für dessen Kultur in öffentlichen, ja politischen Dingen ein Maßstab.
Hegemann hat dieses Monumentalwerk dem Andenken an Hugo Preuß gewidmet. Nach Wermuths Worten war dieser es, »der den Berliner Gedanken zum Aufbau der neuen Großstadt die Form gab«. Dasselbe gilt bekanntlich von den Gedanken zum Aufbau des neuen Reiches: Preuß ist einer der Urheber der Weimarer Verfassung. Der Schluß ist nicht zu kühn, daß auch Hegemann ein demokratischer Kopf ist. Wer hinter seinem

fanatischen Negativismus linksradikale Tendenzen im heutigen Sinne vermuten würde, ginge sehr fehl. Dieses Faktum – man mag zu ihm stehen, wie man wolle – ist unbestreitbar. Und es ist im Grunde der Schlüssel zu der höchst fesselnden, ja inkommensurablen Erscheinung des Mannes. Gewiß hat es einen demokratischen Fanatismus gegeben – das Jakobinertum von 1792. Heute aber gilt nicht umsonst das demokratische Credo als das des in jedem Sinne Gesetzten, Gemäßigten. Der demokratische Geist ist der unserer herrschenden Ordnung. Härte und Grausamkeit können einer herrschenden Sache dienen, Fanatismus niemals. Hegemann stellt diesen Anachronismus: den fanatischen Demokraten, den Jakobiner von heute, dar. Das ewig wache Mißtrauen Robespierres, seine unbestechliche Witterung für Korruption, seine weltfremde Lauterkeit – all' das ist in Hegemann auferstanden. Dem entspricht der methodische Ort seines Werkes. Es ist ein politisches im Sinne der Aufklärung, will sagen ein kritisches durch und durch. Aber in keinem Sinn ein entlarvendes. Was immer Hegemann entdeckt, – und sein Werk ist voller Entdeckungen – es sind Zufälligkeiten. Ärgerliche, anstößige, empörende Abweichungen von der Norm des Graden, Vernünftigen, niemals jedoch Auswirkungen der besonderen, konkreten, verborgenen Konstellationen des geschichtlichen Augenblicks. Seine Darstellung ist eine einzige imposante, in ihren Grundzügen gewiß unwiderlegliche Korrektur an der pragmatischen Geschichtsschreibung, niemals aber deren Umwälzung wie der historische Materialismus sie erstrebt, wenn er in den Produktionsverhältnissen der Epoche die konkreten, wechselnden Kräfte aufspürt, die das Verhalten der Machthaber so gut wie der Massen ohne deren Wissen bestimmen. Lässigkeit und Korruption der Herrschenden, wo immer der Verfasser ihnen begegnet, stellt er fest. Aber noch der unbestechlichste kritische Geist bleibt im Pragmatischen. Das Innere der Geschichte ist dem dialektischen Blick vorbehalten. Daher das Problematische, ja hin und wieder Querköpfige des Werkes. Oder sollte der vollkommene Demokrat unserer Tage ein Querkopf sein müssen?

Unbestreitbar ist Hegemanns Buch ein Standardwerk. Man legt es aber schwerlich aus der Hand, ohne sich zu fragen, woran es liegt, daß es die schmale Spanne nicht überschreiten konnte, die es von jener letzten Vollkommenheit trennt, welche das Schicksal seines Buchs unabhängig von dem seines Gegenstands, ja, ein Schicksal dieses Gegenstands werden läßt. Wenn in dieser Weltgerichtsverhandlung über die Stadt Berlin irgend etwas zu wünschen übrig läßt, ist es die Ventilation. Im eigentlichen Sinne so gut wie im übertragenen. Der Verhandlungsraum ist nicht ventiliert, und auch die Fragen sind es nicht allseitig. Gewiß, wir leben in diesen Mietskasernen. Nostra res agitur. Aber hier ist ja nicht die Rede von dem, was ist, sondern dem, was war. Und da dürfte schon hin und wieder der kühle Wind des Gewesenen lindernd durch die überhitzte Aktualität der Verhandlung streichen. Selbst beim Weltgericht müßte es einen mildernden Umstand abgeben, daß alles schon so lange zurückliegt. Denn der Zeitlauf selber ist ein moralischer Vollzug, nicht im Vorrücken des Heute zum Morgen aber dem Umschlag des Heute ins Gestern. Chronos hält in der Hand ein Leporello-Bilderbuch, in dem die Tage einer aus dem andern ins Gewesene zurückfallen und dabei ihre verborgene Rückseite, das unbewußt Gelebte enthüllen. Mit ihr hat der Historiker es zu tun. Und von ihr gilt das Goethesche: »Es sei, wie es wolle, es war doch so schön.« Sie ist versöhnend.

Gewiß ist das Leben, das Hunderttausende Jahrhunderte lang in diesen Berliner Gelassen geführt haben, ungesund, unwürdig gewesen. Gewiß drückt sich das diabolische Wesen der Mietskaserne heute wie damals im Ehe- und Familienleben, in den Qualen der Frauen und Kinder, in der Borniertheit des Gemeinwesens, der Häßlichkeit seines Alltags aus. Aber ebenso gewiß ist es, daß Boden, Landschaft, Klima und vor allem Menschen – nicht nur Hohenzollern und Polizeipräsidenten – diese Stadt geschaffen und ihrerseits im Bilde der Mietskaserne einen Abdruck des ihrigen hinterlassen haben. Noch die planlose Rohheit dieser Siedlung, so gewiß ihr Kampf bis aufs Messer zu liefern ist, hat ihre Schönheit, nicht nur für den flanierenden Snob aus dem Westen, sondern für den Berliner, den Zille-Berliner selbst, eine Schönheit, die innigst seiner Sprache, seinen Sitten verwandt ist. Hegemann wäre freilich kein Jakobiner, wenn er vom Genius der Geschichte sich leiten, von seiner Hand den Zugang zu dem begnadeten Dasein – dem physiognomischen – sich weisen ließe. Dieser Aufklärer mit den scharf geschnittenen

Gesichtszügen besitzt für historische Physiognomie keinen Sinn. Sein Stammbaum hat seine Wurzeln in den knorrigsten, originalsten, aber auch blicklosesten Subjekten, die um die zweite Hälfte des achtzehnten Jahrhunderts den norddeutschen Boden bevölkerten. Das ist ihm fremd, daß die Mietskaserne, so fürchterlich sie als Behausung ist, Straßen geschaffen hat, in deren Fenstern nicht nur Leid und Verbrechen, sondern auch Morgen- und Abendsonne sich in einer traurigen Größe gespiegelt haben, wie nirgend sonst, und daß aus Treppenhaus und Asphalt die Kindheit des Städters seit jeher so unverlierbare Substanzen gezogen hat wie der Bauernjunge aus Stall und Acker. Eine historische Darstellung aber hat all dies zu umfassen. Wäre es nicht um der Wahrheit, dann um der Wirkung willen. Nicht als abstraktes Negativum, als Gegenbeispiel darf vor uns stehen, was wir vernichten wollen. So kann es nur auf Augenblicke unterm erleuchtenden Blitze des Hasses erscheinen. Was man vernichten will, das muß man nicht nur kennen, man muß es, um ganze Arbeit zu leisten, gefühlt haben. Oder wie der dialektische Materialismus es sagt: These und Antithese zu zeigen, ist gut, eingreifen kann aber nur, wer den Punkt erkennt, an dem die eine in die andere umschlägt, da das Positive im Negativen und das Negative im Positiven zusammenfallen. Der Aufklärer denkt in Gegensätzen. Ihm Dialektik zuzumuten, ist vielleicht unbillig. Ist es aber unbillig, dem Historiker jenen Blick in das Antlitz der Dinge zuzumuten, der Schönheit noch in der tiefsten Entstellung sieht? Verneinende Geschichtserkenntnis ist ein Widersinn. Nichts zeugt mehr für die Kraft, die Leidenschaft und Begabung des Autors, als daß ihm im Herzen des Unmöglichen ein Werk von dieser Fülle und Gediegenheit geglückt ist. Nichts beglaubigt unwiderleglicher seinen Rang.

Die Wiederkehr des Flaneurs[1]

Wenn man alle Städteschilderungen, die es gibt, nach dem Geburtsorte der Verfasser in zwei Gruppen teilen wollte, dann würde sich bestimmt herausstellen, daß die von Einheimischen verfaßten sehr in der Minderzahl sind. Der oberflächliche Anlaß, das Exotische, Pittoreske wirkt nur auf Fremde. Als Einheimischer zum Bild einer Stadt zu kommen, erfordert andere, tiefere Motive. Motive dessen, der ins Vergangene statt ins Ferne reist. Immer wird das Stadtbuch des Einheimischen Verwandtschaft mit Memoiren haben, der Schreiber hat nicht umsonst seine Kindheit am Ort verlebt. So in Berlin Franz Hessel die seine. Und wenn er sich nun aufmacht und durch die Stadt geht, so kennt er nicht den aufgeregten Impressionismus, mit dem so oft der Beschreibende seinen Gegenstand antritt. Denn Hessel beschreibt nicht, er erzählt. Mehr, er erzählt wieder, was er gehört hat. »Spazieren in Berlin« ist ein Echo von dem, was die Stadt dem Kinde von früh auf erzählte. Ein ganz und gar episches Buch, ein Memorieren im Schlendern, ein Buch, für das Erinnerung nicht die Quelle, sondern die Muse war. Sie geht die Straßen voran, und eine jede ist ihr abschüssig. Sie führt hinab, wenn nicht zu den Müttern, so doch in eine Vergangenheit, die um so bannender sein kann, als sie nicht nur des Autors eigne, private ist. Im Asphalt, über den er hingeht, wecken seine Schritte eine erstaunliche Resonanz. Das Gaslicht, das auf das Pflaster herunterscheint, wirft ein zweideutiges Licht über diesen doppelten Boden. Die Stadt als mnemotechnischer Behelf des einsam Spazierenden, sie ruft mehr herauf als dessen Kindheit und Jugend, mehr als ihre eigene Geschichte.

Was sie eröffnet, ist das unabsehbare Schauspiel der Flanerie, das wir endgültig abgesetzt glaubten. Und nun sollte es hier, in Berlin, wo es niemals in hoher Blüte stand, sich erneuern? Dazu muß man wissen, daß die Berliner andre geworden sind. Langsam beginnt ihr problematischer Gründerstolz auf die Hauptstadt der Neigung zu Berlin als Heimat Platz zu machen. Und zugleich hat in Europa der Wirklichkeitssinn, der Sinn für Chronik, Dokument, Detail sich geschärft. In diese Situation

1 Franz Hessel, Spazieren in Berlin. Leipzig und Wien: Verlag Dr. Hans Epstein 1929. 300 S.

tritt nun einer, der gerade jung genug ist, um diesen Wandel mitzuerfahren, und gerade alt genug, um den letzten Klassikern der Flanerie, einem Apollinaire, einem Léautaud persönlich nahegestanden zu haben. Den Typus des Flaneurs schuf ja Paris. Daß nicht Rom es war, ist das Wunderbare. Aber zieht nicht in Rom selbst das Träumen schon allzu gebahnte Straßen? Und ist die Stadt nicht zu voll von Tempeln, umfriedeten Plätzen, nationalen Heiligtümern, um ungeteilt mit jedem Pflasterstein, jedem Ladenschild, jeder Stufe und jeder Torfahrt in den Traum des Passanten eingehen zu können? Die großen Reminiszenzen, die historischen Schauer – sie sind dem wahren Flaneur ja ein Bettel, den er gerne dem Reisenden überläßt. Und all sein Wissen von Künstlerklausen, Geburtsstätten oder fürstlichen Domizilen gibt er für die Witterung einer einzigen Schwelle oder das Tastgefühl einer einzigen Fliese dahin, wie der erstbeste Haushund sie mit davonträgt. Auch mag manches am Charakter der Römer liegen. Denn Paris haben nicht die Fremden, sondern sie selbst, die Pariser, zum gelobten Land des Flaneurs, zu der »Landschaft aus lauter Leben gebaut«, wie Hofmannsthal sie einmal nannte, gemacht. Landschaft – das wird sie in der Tat dem Flanierenden. Oder genauer: ihm tritt die Stadt in ihre dialektischen Pole auseinander. Sie eröffnet sich ihm als Landschaft, sie umschließt ihn als Stube.

»Gebt der Stadt ein bißchen ab von eurer Liebe zur Landschaft«, sagt Franz Hessel zu den Berlinern. Wollten sie nur die Landschaft in ihrer Stadt sehen. Hätten sie auch nicht den Tiergarten, diesen heiligen Hain der Flanerie mit seinen Blicken auf die sakralen Fassaden der Tiergartenvillen, die Zelte, in denen man während des Jazz das Laub schwermütiger als sonst zu Boden sinken sehen kann, den Neuen See, von dem hier die Buchten und Bauminseln in Gedanken gezeichnet sind, »wo wir im Winter kunstvoll holländernd große Achter ins Eis schrieben und im Herbst von der Holzbrücke am Bootshaus in den Kahn stiegen mit der Herzensdame, die unser Ruder steuerte« – wäre dies alles nicht, die Stadt wäre noch immer voll Landschaft. Spürten sie nur den Himmel über Hochbahnbögen so blau wie über Engadiner Ketten sich spannen, aus dem Getöse die Stille wie aus einer Brandung sich heben und kleine Straßen im Stadtinnern die Tageszeiten so deutlich wie eine Bergmulde widerspiegeln. Freilich das wahre, die Stadt randvoll erfüllende Dasein des Städters in ihr, ohne das es dieses Wissen nicht gibt, ist nichts Billiges. »Wir Berliner«, sagt Hessel, »müssen unsere Stadt noch viel mehr – bewohnen.« Bestimmt will er das wörtlich verstanden wissen, weniger von den Häusern als von den Straßen. Denn sie sind ja die Wohnung des ewig unruhigen, ewig bewegten Wesens, das zwischen Hausmauern soviel erlebt, erfährt, erkennt und ersinnt, wie das Individuum im Schutze seiner vier Wände. Der Masse – und mit ihr lebt der Flaneur – sind die glänzenden, emaillierten Firmenschilder so gut und besser ein Wandschmuck wie im Salon dem Bürger ein Ölgemälde, Brandmauern ihr Schreibpult, Zeitungskioske ihre Bibliotheken, Briefkästen ihre Bronzen, Bänke ihr Boudoir und die Caféterrasse der Erker, von wo sie auf ihr Hauswesen herabsieht. Wo am Gitter Asphaltarbeiter den Rock hängen haben, ist ihr Vestibül und die Torfahrt, die aus der Flucht der Höfe ins Freie leitet, der Zugang in die Kammern der Stadt.

Schon in der meisterhaften »Vorschule des Journalismus«[2] war die Erforschung dessen, was Wohnen ist, als unterirdisches Motiv erkennbar. Wie jede stichhaltige und erprobte Erfahrung ihr Gegenteil mit umfaßt, so hier die vollendete Kunst des Flaneurs das Wissen vom Wohnen. Urbild des Wohnens aber ist die matrix oder das Gehäuse. Das also, von dem man genau die Figur dessen abliest, der es bewohnt. Will man sich nun erinnern, daß nicht nur Menschen und Tiere, sondern auch Geister, und vor allem die Bilder wohnen, so liegt greifbar vor Augen, was den Flaneur beschäftigt und was er sucht. Nämlich die Bilder wo immer sie hausen. Der Flaneur ist der Priester des genius loci. Dieser unscheinbare Passant mit der Priesterwürde und dem Spürsinn eines Detektivs – es ist um seine leise Allwissenheit etwas wie um Chestertons Pater Brown, diesen Meister der Kriminalistik. Man muß dem Autor in den »Alten Westen« folgen, um ihn von dieser Seite kennen zu lernen: wie er die Laren unter der Schwelle aufspürt, wie er die letzten Denkmale einer alten Wohnkultur feiert. Die letzten: denn in der Signatur dieser Zeitenwende steht, daß dem Wohnen im alten Sinne, dem die Geborgenheit an erster Stelle stand, die Stunde geschlagen hat. Giedion, Mendelssohn, Corbusier machen den Aufenthaltsort

2 s. Franz Hessel, Nachfeier. Berlin: Ernst Rowohlt 1929.

von Menschen vor allem zum Durchgangsraum aller erdenklichen Kräfte und Wellen von Licht und Luft. Was kommt, steht im Zeichen der Transparenz: nicht nur der Räume, sondern, wenn wir den Russen glauben, die jetzt die Abschaffung des Sonntags zugunsten von beweglichen Feierschichten vorhaben, sogar der Wochen. Man meine aber nicht, ein pietätvoll, am Musealen haftender Blick sei genug, um die ganze Antike des »Alten Westens«, in den Hessel seine Leser führt, zu entdecken. Nur ein Mann, in dem das Neue sich, wenn auch still, so sehr deutlich ankündigt, kann einen so originalen, so frühen Blick auf dies eben erst Alte tun.

Unter der plebs deorum der Kariatyden und Atlanten, der Pomonen und Putten, mit deren Entdeckung er den Leser hier aufnimmt, sind ihm die liebsten doch jene einst herrschenden, nun zu Penaten, unscheinbaren Schwellengöttern gewordenen Figuren, die angestaubt auf Treppenabsätzen, namenlos in Flurnischen einquartiert, die Hüterinnen der rites de passage sind, die ehemals jeden Schritt über eine hölzerne oder metaphorische Schwelle begleiteten. Von ihnen kommt er nicht los und ihr Walten weht ihn noch an, wo ihre Abbilder längst nicht mehr oder unkenntlich stehen. Berlin hat wenig Tore, aber dieser große Schwellenkundige kennt die geringeren Übergänge, die Stadt von Flachland, Stadtteil von Stadtteil abheben: Baustellen, Brücken, Stadtbahnbögen und Squares, und sie alle sind hier geehrt und beachtet, ganz zu schweigen von den schwelligen Stunden, den heiligen zwölf Minuten oder Sekunden des kleinen Lebens, die den makrokosmischen twelf-nights entsprechen und auf den ersten Blick so unheilig aussehen können. »Die Tanztees der Friedrichstadt«, weiß der Autor, »haben auch ihre lehrreichste Stunde, bevor der Betrieb losgeht, wenn im Dämmer nah bei den noch eingehüllten Instrumenten die Ballettdame einen Imbiß einnimmt und sich dabei mit der Garderobefrau oder dem Kellner unterhält.«

Baudelaire hat das grausame Wort von der Stadt, die schneller als ein Menschenherz sich wandle, gesprochen. Hessels Buch ist voll tröstlicher Abschiedsformeln für ihre Bewohner. Ein wahrer Briefsteller des Scheidens ist es, und wer bekäme nicht Lust, Abschied zu nehmen, könnte er mit seinen Worten Berlin so ins Herz dringen wie Hessel seinen Musen aus der Magdeburger Straße.

»Sie sind inzwischen verschwunden. Bruchsteinern standen sie da und hielten artig, soweit sie noch Hände hatten, ihre Kugel oder ihren Stift. Sie verfolgten mit ihren weißen Steinaugen unsern Weg, und es ist ein Teil von uns geworden, daß diese Heidenmädchen uns angesehen haben.« »Nur was uns anschaut sehen wir. Wir können nur –, wofür wir nichts können.« Man hat die Philosophie des Flaneurs niemals tiefer erfaßt als es Hessel mit diesen Worten getan hat. Er geht einmal durch Paris und da sind die Conciergefrauen, die nachmittags in kühlen Hausgängen sitzen und nähen, von denen fühlt er sich angesehen wie von seiner Amme. Und nichts ist für das Verhältnis der beiden Städte – Paris, seiner späten und reifen Heimat, und Berlins, seiner frühen und strengen – bezeichnender, als daß den Berlinern dieser große Spaziergänger baldigst auffallend und suspect wird. »Der Verdächtige« heißt darum der erste Abschnitt in diesem Buche. In ihm ermessen wir die atmosphärischen Widerstände, die sich in dieser Stadt der Flanerie in den Weg stellen und wie bitter der nachschauende Blick aus Dingen und Menschen in ihr auf den Träumer zu fallen droht. Hier und nicht in Paris versteht man, wie der Flaneur vom philosophischen Spaziergänger sich entfernen und die Züge des unstet in der sozialen Wildnis schweifenden Werwolfs bekommen konnte, den Poe in seinem »Mann der Menge« für immer fixiert hat.

So viel vom »Verdächtigen«. Der zweite Abschnitt aber ist überschrieben »Ich lerne«. Das ist nun wieder ein Lieblingswort des Verfassers. Schriftsteller nennen es meist »studieren«, wie sie sich einer Stadt nähern. Zwischen diesen Worten liegt eine Welt. Studieren kann jeder, lernen nur, wer aufs Dauernde aus ist. Eine souveräne Neigung zum Dauernden, ein aristokratischer Widerwille gegen Nuancen hat bei Hessel das Wort. Erlebnis will das Einmalige und die Sensation, Erfahrung das Immergleiche. »Paris«, so hieß es vor Jahren, »das ist der schmale Gitterbalkon vor tausend Fenstern, die rote Blechzigarre vor tausend Tabakverschleißen, die Zinkplatte der kleinen Bar, die Katze der Concierge.« So memoriert der Flaneur wie ein Kind, so besteht er hart wie das Alter auf seiner Weisheit. Nun ist auch für Berlin ein solches Register, solch ägyptisches Traumbuch des Wachenden zusammengetragen. Und wenn erst der Berliner in seiner Stadt nach andren Verheißungen forscht als denen der Lichtreklamen, dann wird es ihm sehr ans Herz wachsen.

Paris als Göttin

Phantasie über den neuen Roman der Fürstin Bibesco[1]

Eine bibliographische Allegorie: Die Göttin der Hauptstadt von Frankreich, in ihrem Boudoir, träumerisch ruhend. Ein Marmorkamin, Gesimse, schwellende Polster, Tierfelle über Diwan und Estrich. Und Nippes, Nippes überall. Modelle vom Pont des Arts und von der Tour Eiffel. Auf Sockeln, um die Erinnerung an so viel Verschollenes wachzurufen, in winzigem Maßstab Tuilerien, Temple und Château d'Eau. In einer Vase die zehn Lilien des städtischen Wappens. Doch all dies malerische bric-à-brac gesteigert, übertrumpft, begraben durch die unübersehbare Menge tausendgestaltiger Bücher – Sedeze, Duodeze, Oktavos, Quartos und Folios aller Größe und Farbe – von unbelesenen Amoretten aus den Lüften dargeboten, von Faunen aus dem Füllhorn der Portieren ausgeschüttet, von Genien kniend vor ihr ausgebreitet: Die Huldigungen des dichtenden Erdballs. Keusche, mit Schließen versicherte, in geschrumpftes Leder gewandete Straßenverzeichnisse aus der Jugend der Stadt, dem wahren Kenner weit verführender als die schwelgerisch sich entblätternden Bilderatlanten; schamlos in aller schwarzen Pracht der Kupferdrucke erschlossene »Mystères de Paris«; eitle Bände, die dieser Stadt einzig von ihrem Verfasser reden, von seinem Scharfblick, seiner Distinktion, wenn nicht gar von den glücklichen Augenblicken, die er bei ihr genossen, und Bücher von der adligen Demut kristallener Spiegel, in denen die hohe Gefeierte sich in allen Gestalten zugleich erblickt, die sie im Lauf der Jahrhunderte annahm. Das wichtigste Kennzeichen des barocken Emblems, das wir hier post festum entwerfen, nicht zu vergessen: wie im Vordergrund die Bücherflut, über die wölbige Rampe des Boudoirs sich ergießend, zu Füßen eines Rezensentenkollegiums aufschlägt, das alle Hände voll zu tun hat, sie zu teilen und abzufangen.

Von allem, was hier angespült werden mag, hat das Buch der Fürstin Bibesco die Grundsubstanzen. Dieser Roman hat Geschichte, Statistik, Topographie von Paris auf gute Art in sich

1 Marthe Bibesco, Catherine-Paris. Roman. (Deutsch von Käthe Illich.) Wien, Leipzig: F. G. Speidel'sche Verlagsbuchhandlung (1928). 365 S. (Die Übersetzung ist gut.)

integriert. Spröder und phantasievoller ist der Stadt selten gehuldigt worden. Eine Leidenschaft bricht hindurch, wie nur die Fremden sie kennen. Denn die Fürstin Bibesco ist Rumänin. Ihre Heldin übrigens auch. Legt das schon nahe, Geständnisse hier zu sehen und den Schlüssel für die Personen zu suchen, so sind die inneren Gründe dafür noch besser. Die göttliche Impertinenz der Heldin könnte sie wohl, wenn sie sich einmal zum Schreiben entschlösse – und wer sagt, daß sie es hier nicht getan hat? – zur Verfasserin eines Schlüsselromanes machen. Und vielleicht käme man sogar dem Charme und Wert des Buches genauer auf die Spur, entschlösse man sich einmal, hypothetisch, den Schlüsselroman als Kunstform zu sehen. Man brauchte dann nicht, wie der erste Gatte der Verfasserin, ein hochgeborener polnischer Magnat zu sein, um gestehen zu müssen, daß er geglückt ist. In Polen hat man sich denn aber bei kunsttheoretischen Subtilitäten nicht aufgehalten, und die Moral der Erzählung, im Einklang mit einer Lebenserfahrung der Verfasserin, in den schlichten Worten gesehen: On n' épouse pas un Polonais. Gegenstück zu der resignierten Überschrift des vierten Kapitels: On n' épouse pas une ville – nämlich Paris, das sie denn schließlich doch in Gestalt eines Fliegerleutnants sich antraut.

Wie dem nun sei, der Schlüsselroman ist eine echt romantische Variante der Romanform. Es stimmt dazu vorzüglich, daß die Fürstin ganz offenbar bei dem romantischsten Romancier unter den Heutigen sich geschult hat. Wenn man ihr Werk sich vornimmt, sieht man erst, was dieser Giraudoux für ein großer literarischer Prinzenerzieher ist. Von rechtswegen. Niemand praktiziert den romantischen Absolutismus virtuoser als er. Von Giraudoux stammt jener merkwürdige Facettenreichtum, der vorher im Roman ganz unbekannt war. Es lohnt die Mühe, ihn zu betrachten. Er hat nichts mit der Geschliffenheit der Redeweise Wildescher Figuren zu tun; ist vielmehr die geschliffene Kantigkeit und die tausendflächige Transparenz der Figuren selbst. Der Verfasser hat es in ihnen mit Prismen zu tun, an denen seine Gefühle in den feurigsten Farben sich brechen. So weit der Lyrismus dieser neuen Romanform. In welchem Glanze er sich geltend macht, zeigt eins seiner letzten, exzentrischsten Bücher, die »Eglantine«. In anderem Sinne aber ist hier »Bella« heranzuziehen. Nicht umsonst auch sie ein Schlüsselroman oder, wie Horatio sagen würde, »ein Stück von ihm«. Denn das ist das andere Element: die Aktualität, die Präsenz des Sportlichen, des Politischen, des Mondänen. Von hier droht diesen Büchern die Gefahr des Snobismus wie vom Lyrischen die des Preziösen. Zwischen diesen beiden Polen sind die Romane dieses neuen Typs der fulminante Ausgleich. Oder, weil in diesem Bild die Autoren zu kurz kommen: Leitartikel und Liebeslied sind die beiden Pfosten, zwischen denen das Seil gespannt ist, und welchem die Verfasser mit der Balancierstange ihrer Gescheitheit sich hin und her zu bewegen haben. Und die Fürstin Bibesco ist wirklich klug. Die Weisheit des Herzens und die Erfahrungen des Hoflebens durchdringen sich ihr in einem barocken Ensemble, das von fern an die großen schreibenden Praktiker, Krieger und Kirchenfürsten, des siebzehnten Jahrhunderts erinnert. »Er wußte vielleicht, was alle Ehrgeizigen, wenn sie ihr Ziel erst erreicht haben, wissen, daß der Besitz der Macht nur eine einzige Wollust kennt: die Macht zu verachten« – ist das nicht eines Vauvenargues würdig?

So mag sich denn die Verfasserin auch eine barocke Apotheose gefallen lassen: Gegenbild eines beliebten Vorwurfs der alten Meister. Wie oft zeigen sie uns nicht den siegreichen Feldherrn, wenn er mit repräsentativer Gebärde die Schlüssel einer eroberten Stadt in Empfang nimmt? Hier überreicht mit gleich großer Geste ein erobertes Herz der Stadtgöttin seine Schlüssel.

Pariser Passagen II

»Wir haben«, sagt der illustrierte Pariser Führer, ein vollständiges Gemälde der Seine-Stadt und ihrer Umgebungen vom Jahre 1852, »bei den inneren Boulevards wiederholt der Passagen gedacht, die dahin ausmünden. Diese Passagen, eine neuere Erfindung des industriellen Luxus, sind glasgedeckte marmorgetäfelte Gänge durch ganze Häusermassen, deren Besitzer sich zu solchen Spekulationen vereinigt haben. Zu beiden Seiten dieser Gänge, die ihr Licht von oben erhalten, laufen die elegantesten Warenläden hin, so daß eine solche Passage eine Stadt, eine Welt im kleinen ist, in der der Kauflustige alles finden wird, dessen er benötigt. Sie sind bei plötzlichen Regengüssen der Zufluchtsort aller Überraschten, denen sie eine gesicherte, wenn auch beengte Promenade gewähren, bei der die Verkäufer auch ihren Vorteil finden.« Die Kauflustigen sind dahin und die Überraschten. Regen wirbt ihnen nur die powere Klientel ohne den imprägnierten Covercoat oder Gummimantel. Das waren Räume für ein Geschlecht, das vom Wetter zu wenig wußte und sonntags, wenn es schneite, statt auf Skiern in den Wintergärten sich wärmte. Zu früh gekommenes Glas, zu frühes Eisen: das war ein und dieselbe Sippe, Passagen, Wintergärten mit der herrschaftlichen Palme und Bahnhofshallen, wo die falsche Orchidee »Abschied« mit ihren winkenden Blütenblättern gezüchtet wurde. Längst hat der Hangar sie eingelöst. Und heute steht es mit dem Menschenmaterial im Innern wie mit dem Baumaterial der Passagen. Zuhälter sind die eisernen Naturen dieser Straße und ihre gläsernen Spröden sind Huren. Hier war die letzte Unterkunft der Wunderkinder, die als Patentkoffer mit Innenbeleuchtung, als meterlanges Taschenmesser oder gesetzlich geschützter Schirmgriff mit Uhr und Revolver auf Weltausstellungen das Tageslicht erblickten. Und neben den entarteten Riesengeschöpfen, die halbe, steckengebliebene Materie. Wir sind den schmalen dunklen Gang gegangen, bis zwischen einer librairie en solde, wo farbige verschnürte Konvolute von allen Formen des Konkurses reden, und einem Laden mit lauter Knöpfen (Perlmutt und solchen, die man in Paris de fantaisie nennt) eine Art Wohnzimmer stand. Auf eine blaßbunte Tapete voll Bildern und Büsten schien eine Gaslampe. Bei der las eine Alte. Die ist da wie seit Jahren allein und will Gebisse »in Gold, in Wachs und zerbrochen«. Seit diesem Tage wissen wir auch, woher der Doktor Mirakel das Wachs nahm, aus dem er die Olympia verfertigt hat. Sie sind die wahren Feen dieser Passagen – käuflicher und gebrauchter als die lebensgroßen – die einst weltberühmten pariser Puppen, die auf dem singenden Sockel sich drehten und auf den Armen ein Körbchen hatten, aus dem in den werdenden Mollakkord ein Schäfchen die witternde Schnauze streckte. ⟨a°, 1⟩

Das alles ist die Passage in unsern Augen. Und nichts von alledem ist sie gewesen. Sie ⟨scil. die Passagen⟩ strahlten ins Paris der Empirezeit als Grotten. Wer 1817 die Passage des Panoramas betrat, dem sangen auf der einen Seite die Sirenen des Gaslichts, und gegenüber lockten als Ölflammen Odalisken. Mit dem Aufblitzen der elektrischen Lichter verlosch das unbescholtene Leuchten in diesen Gängen, die plötzlich schwieriger zu finden waren, eine schwarze Magie der Tore betrieben, aus blinden Fenstern in ihr Inneres schauten. Das war kein Niedergang sondern der Umschlag. Mit einem Schlage waren sie die Hohlform, aus der das Bild der »Moderne« gegossen wurde. Hier spiegelte mit Süffisanz das Jahrhundert seine allerneueste Vergangenheit. Hier war das Altersheim der Wunderkinder... ⟨a°, 2⟩

Wenn wir als Kinder jene großen Sammelwerke »Weltall und Menschheit«, »Neues Universum«, »Die Erde« bekamen, fiel dann der Blick nicht immer zuerst auf die farbige »Steinkohlenlandschaft« oder auf »Seen und Gletscher zur ersten Eiszeit«? Solch ideales Panorama einer kaum verflossenen Urzeit tut mit dem Blick durch die in alle Städte verteilten Passagen sich auf. Hier haust der letzte Dinosaurus Europas, der Konsument. An diesen Höhlenwänden wuchert als unvordenkliche Flora die Ware und geht, wie die Gewebe in Geschwüren, die regellosesten Verbindungen ein. Eine Welt geheimer Affinitäten: Palme und Staubwedel, Föhnapparat und die Venus von Milo, Prothese und Briefsteller finden sich hier, wie nach langer Trennung, zusammen. Lauernd lagert die Odaliske neben dem Tintenfaß, Adorantinnen heben Aschbecher wie Opferschalen. Diese Auslagen sind ein Rebus und es liegt einem auf der Zunge, ⟨wie⟩ hier das Vogelfutter in der Fixierschale einer Dunkelkammer verwahrt wird, Blumensamen neben dem Feldstecher, die abgebrochnen Schrauben auf dem Notenheft und der

Revolver überm Goldfischglas zu lesen sind. Übrigens sieht nichts von alledem neu aus. Die Goldfische stammen vielleicht aus einem inzwischen lange versiegten Bassin, der Revolver wird corpus delicti gewesen sein, und schwerlich haben diese Noten ihre frühere Besitzerin vorm Hungertode bewahren können, als die letzten Eleven fortblieben. ⟨a°, 3⟩

Dem, was die Dichter selbst von ihren Schriften sagen, soll man niemals trauen. Als Zola seine Thérèse Raquin gegen feindselige Kritiken verteidigen wollte, hat er erklärt, sein Buch sei eine wissenschaftliche Studie über die Temperamente. Es sei ihm nämlich darum zu tun gewesen, exakt an einem Beispiel zu entwickeln, wie das sanguinische und das nervöse Temperament – zu beider Unheil – auf einander wirken. Bei dieser Mitteilung konnte niemandem wohlwerden. Sie erklärt auch nicht den beispiellosen Einschlag von Kolportage, die Blutrünstigkeit, die filmgerechte Gräßlichkeit der Handlung. Sie spielt nicht umsonst in einer Passage. Wenn dieses Buch denn wirklich wissenschaftlich etwas entwickelt, so ist es das Sterben der pariser Passagen, der Verwesungsprozeß einer Architektur. Von seinen Giften ist die Atmosphäre dieses Buches schwanger und an ihnen gehen seine Menschen zugrunde. ⟨a°, 4⟩

Man zeigte im alten Griechenland Stellen, an denen es in die Unterwelt hinabging. Auch unser waches Dasein ist ein Land, an dem es an verborgnen Stellen in die Unterwelt hinabgeht, voll unscheinbarer Örter, wo die Träume münden. Am Tage gehen wir nichtsahnend an ihnen vorüber, kaum aber kommt der Schlaf, so tasten wir mit geschwinden Griffen zu ihnen zurück und verlieren uns in den dunklen Gängen. Das Häuserlabyrinth der Stadt gleicht am hellen Tage dem Bewußtsein; die Passagen (das sind die Galerien, die in ihr vergangnes Dasein führen) münden tagsüber unbemerkt in die Straßen. Nachts unter den dunklen Häusermassen aber springt ihr kompakteres Dunkel erschreckend heraus; und der späte Passant hastet an ihnen vorüber, es sei denn, daß wir ihn zur Reise durch die schmale Gasse ermuntert haben. ⟨a°, 5⟩

Falschere Farben sind in Passagen möglich; daß Kämme rot und grün sind, wundert kaum. Schneewittchens Stiefmutter hatte solche, und als der Kamm sein Werk nicht getan hatte, da war der schöne Apfel, der nachhalf, halb rot, halb giftgrün wie die wohlfeilen Kämme. Überall geben Strümpfe ihre Gastrollen, einmal liegen sie unter Phonographen, gegenüber in einer Briefmarkenhandlung, ein andermal am Nebentisch eines Ausschanks, wo sie von einem Mädchen bewacht werden. Auch gegenüber vor der Briefmarkenhandlung, wo zwischen den Kuverts mit raffiniert gemischten Marken Handbücher einer überholten Lebenskunst, »Etreintes secrètes« und »Illusions affolantes«, Einführungen in ausrangierte Laster und Passionen lieblos verteilt sind. Die Scheiben sind mit bunten Epinaldrucken verhängt, auf denen Arlequin seine Tochter verlobt, Napoleon durch Marengo reitet und zwischen allen Geschützgattungen der Artillerie schmächtige englische Bürger die breite Straße zur Hölle und die verlassene des Evangeliums wandeln. Kein Käufer sollte in diesen Laden mit vorgefaßten Meinungen treten, froh, beim Verlassen einen Band mit nachhause zu nehmen: Malebranches »Recherche de la vérité« oder »Miss Daisy, un journal d'une écuyère anglaise«. ⟨b°, 1⟩

Auf die Einwohner dieser Passagen deuten mitunter Schilder und Inschriften, die sich innen zwischen den Läden, wo hie und da eine Wendeltreppe ins Dunkel hinaufführt, an der Wand wiederholen. Sie haben wenig gemein mit denen, die an ehrlichen Flurtüren hängen und erinnern eher an Tafeln, die an Gittern zoologischer Gärten weniger den Wohnort als Herkunft und Gattung von gefangnen Tieren verzeichnen. In den Lettern auf den metallnen oder auch emaillierten Schildern hat ein Bodensatz aller Schriftformen, die je im Abendlande im Gebrauch gewesen sind, sich niedergeschlagen. Albert au 83 wird ein Friseur sein und maillots de théâtre werden wohl rosa und hellblaue Seidentrikots für junge Sängerinnen und Tänzerinnen sein, aber diese eindringlichen Buchstaben wollen noch mehr und anderes besagen. Sammler kulturhistorischer Kuriosa haben in ihrem Geheimfach Flugblätter einer hochbezahlten Literatur, Firmenprospekte oder Theateranzeigen, die beides nur auf den ersten Blick sind und Dutzende verschiedener Alphabete an die Einkleidung einer naheliegenden Aufforderung verschwenden. An die romantische Letterngarderobe der Zote erinnern diese finstern Emailleschilder. – Erinnern an den Ursprung des neueren Plakats. Im Jahre 1861 tauchte an den

Londoner Häusermauern das erste lithographische Plakat auf: man sah den Rücken einer weißen Frau, die dicht in einen Shawl gehüllt soeben in aller Hast den oberen Absatz einer Stiege erreicht hatte, den Kopf halb abwendet und den Finger auf den Lippen eine schwere Tür einen Spalt weit öffnet, in dem man den gestirnten Himmel erkennt. So affichierte Wilkie Collins sein neues Buch, einen der größten Kriminalromane: Die weiße Frau. Noch farb-⟨los⟩ rannen an den Häuserwänden die ersten Tropfen eines Letternregens nieder, der heute ohne Unterlaß bei Tag und Nacht sich über die großen Städte ergießt und begrüßt wurde wie die ägyptischen Plagen. – Darum wird uns so bange, wenn wir, gedrängt von denen, welche wirklich kaufen, zwischen die dichtbehängten Kleiderstöcke geklemmt, auf der unteren Schnecke der Wendeltreppe »Institut de beauté du professeur Alfred Bitterlin« lesen. Und die »Fabrique de cravates au 2me« – ob es da tatsächlich Halsbinden gibt? (Das »getupfte Land« aus dem Sherlock Holmes?) Ach, es wird wohl ganz harmlos genäht werden, und alle die erdachten Schrecken werden sich sachlich in die Statistik der Tuberkulose rangieren. Zum Troste fehlen an diesen Stellen nur selten hygienische Institute. Da tragen Gladiatoren Bauchbinden, und Bandagen sind um weiße Mannequinbäuche. Irgend etwas veranlaßt den Ladenbesitzer, so oft wie möglich unter sie zu treten. – Viel Adel, der vom Gotha nichts weiß: »Mme de Consolis, Maîtresse de Ballet, Leçons, Cours, Numéros«. »Mme de Zahna, Cartomancienne«, und wenn ⟨man⟩ Mitte der neunziger Jahre ⟨uns⟩ aus ihm geweissagt ⟨hätte,⟩ sicher den Untergang einer Kultur. ⟨b°, 2⟩

Oft beherbergen diese Binnenräume veraltende Gewerbe und auch die durchaus aktuellen bekommen in ihnen etwas Verschollenes. Es ist der Ort der Auskunfteien und Ermittlungsinstitute, die da im trüben Licht der oberen Galerien der Vergangenheit auf der Spur sind. In den Auslagen der Friseurläden sieht man die letzten Frauen mit langen Haaren. Sie haben reich ondulierte Haarmassen, die »indéfrisables« sind, versteinerte Haartouren. Kleine Votivtafeln sollten sie denen weihen, die eine eigene Welt aus diesen Bauten machten, Baudelaire und Odilon Redon, dessen Name selbst wie eine allzugut gedrehte Locke fällt. Statt dessen hat man sie verraten und verkauft und das Haupt der Salome selber zum Einsatz

gemacht, wenn das, was dort in der Konsole trauert, nicht das einbalsamierte der Anna Czillag ist. Und während diese versteinern, ist oben das Mauerwerk der Wände brüchig geworden. Brüchig sind auch die Mosaikschwellen, die im Stile der alten Restaurants des Palais Royal zu einem »Dîner de Paris« für fünf Franken führen; sie steigen breit an zu einer Glastür, aber man mag nicht glauben, es komme dahinter wirklich ein Restaurant. Die nächste Glastür verheißt ein »Petit Casino« und läßt eine Kasse sehen und Preise der Plätze, aber öffnete man sie – ginge es da hinein? würde man statt in einem Theaterraum nicht drüben auf die Straße hinaustreten? Da Tür und Wände von Spiegeln durchbrochen sind, so weiß man weder ein noch aus vor zweifelhafter Helle. Paris ist eine Spiegelstadt. Spiegelglatter Asphalt seiner Autostraßen, vor allen bistros gläserne Verschläge. Ein Überfluß von Scheiben und Spiegeln in den Cafés, um sie innen heller zu machen und all den winzigen Gehegen und Abteilen, in die pariser Lokale zerfallen, eine erfreuliche Weite zu geben. Die Frauen sehen sich hier mehr als anderswo, daraus ist die bestimmte Schönheit der Pariserinnen entsprungen. Ehe ein Mann sie anblickt, sahen sie sich schon zehnmal gespiegelt. Aber auch der Mann sieht sich physiognomisch aufblitzen. Er gewinnt schneller sein Bild als anderswo und sieht sich auch mit diesem seinem Bilde schneller einig werden. Sogar die Augen der Passanten sind verhängte Spiegel. Und über dem großen Bette der Seine, Paris, breitet der Himmel sich wie der kristallene Spiegel über den niedrigen Betten in Freudenhäusern.
⟨c°, 1⟩

Blicken zwei Spiegel einander an, so spielt der Satan seinen liebsten Trick und öffnet hier auf seine Weise (wie sein Partner in den Blicken der Liebenden tut) die Perspektive ins Unendliche. Sei es nun göttlich, sei es satanisch: Paris hat die Passion der spiegelgleichen Perspektiven. Der Arc de Triomphe, Sacré Cœur, selbst das Panthéon erscheinen von weitem wie Bilder, die niedrig schweben, öffnen die Fata Morgana architektonisch. Baron von Haussmann hat sich, als er Paris zur Zeit des dritten ⟨recte: zweiten⟩ Kaiserreiches neu gestaltet hat, an diesen Perspektiven berauscht und wo nur immer möglich sie vermehren wollen. In den Passagen ist die Perspektive dauerhaft konserviert wie in Kirchenschiffen. Und die Fenster im oberen Stockwerke sind Emporen, in denen Engel nisten, die man »Schwalben« nannte. – »Hirondelles⟨-femmes⟩ qui font la fenêtre.« ⟨c°, 2⟩

Zweideutigkeit der Passagen als eine Zweideutigkeit des *Raumes*. Zu diesem Phänomen dürfte der Zugang am ehesten von der vielfältigen Verwendung der Figuren in Wachsfigurenkabinetten herzustellen sein. Wie auf der andern Seite entsprechend die in den Passagen gewonnene intentionale Einstellung auf die Zweideutigkeit des Raumes der Theorie der pariser Straßen zugute kommen muß. Den äußerlichsten nur ganz peripheren Aspekt der Zweideutigkeit der Passagen gibt ihr Reichtum an Spiegeln, der die Räume märchenhaft ausweitet und die Orientierung erschwert. Vielleicht sagt das nur wenig. Dennoch: mag sie auch mehrdeutig, ja unendlich vieldeutig sein, zweideutig bleibt sie – im Sinne der Spiegelwelt – doch. Sie blinzelt, ist immer dieses Eine und nie Nichts, aus dem ein anderes sogleich heraussteigt. Der Raum, der sich verwandelt, tut das im Schoße des Nichts. In seinen trüben beschmutzten Spiegeln tauschen die Dinge den Kaspar Hauser-Blick mit dem Nichts: es ist ein so zweideutiges Zwinkern von Nirvana herüber. Und wieder streift uns hier mit kaltem Hauch der Geckenname Odilon Redons, der diesen Blick der Dinge in den Spiegel des Nichts so wie kein anderer auffing und wie kein anderer sonst ins Einverständnis der Dinge mit dem Nichtsein sich zu mischen wußte. Blickwispern füllt die Passagen. Da ist kein Ding, das nicht ein kurzes Auge, wo man es am wenigsten vermutet, aufschlägt, blinzelnd schließt, siehst du näher hin so ist es verschwunden. Dem Wispern dieser Blicke leiht der Raum sein Echo: »Was mag, in mir, so blinzelt er, sich wohl ereignet haben?« Wir stutzen. »Ja was mag in dir sich wohl alles ereignet haben?« So fragen wir ihn leise zurück. Hier könnte so gut die Kaiserkrönung von Karl dem Großen wie die Ermordung Heinrichs IV, der Tod der Söhne Richards im Tower und die ... sich ereignet haben. Darum sind hier die Wachsfigurenkabinette. Diese optische Fürstengalerie ist ihr Hauptkapital. Sie ist Ludwig XI der Thronsaal, York⟨?⟩ der Tower, ist Abd el Krim die Wüste und Nero Rom. ⟨c°, 3⟩

Die innersten glühenden Zellen der ville lumière, die alten Dioramen, nisteten in diesen Passagen, von denen eine nach ihnen noch heute Passage des Panoramas genannt wird. Es war im allerersten

Augenblick, als beträte man ein Aquarium. An der Wand des großen verdunkelten Saales zog es von schmalen Gelenken durchbrochen wie ein Land hinter Glas erleuchteten Wassers entlang. Das Farbenspiel der Tiefseefauna kann nicht brennender sein. Aber was sich hier zeigte, waren oberirdische, atmosphärische Wunder. In monderhellten Wassern spiegeln sich Serails, weiße Nächte in verlassenen Parks tun sich auf. Man erkennt im Mondlicht das Schloß von Saint Leu, in dem man vor hundert Jahren den letzten Condé erhängt an einem Fenster aufgefunden hat. Es brennt noch Licht in einem Fenster des Schlosses. Dazwischen fällt ein paar mal breit die Sonne ein: Im lauteren Lichte eines Sommermorgens sieht man die Stanzen des Vatikans, wie sie den Nazarenern erschienen sein werden; unweit baut sich das ganze Baden-Baden auf, und schrieben wir nicht 1860, könnte man unter seinen Puppen vielleicht im Maßstab 1:10000 Dostojewski auf der Casinoterrasse erkennen. Aber auch Kerzenlicht kommt zu Ehren. Wachslichter umstellen im dämmernden Dom als chapelle ardente den ermordeten Herzog von Berry und Ampeln in den Seitenhimmeln beschämen beinahe die rundliche Luna. Es war ein Experiment ohne gleichen auf die mondbeglänzte Zaubernacht der Romantik und siegreich ging ihre edle Substanz aus jeder sinnreichen Prüfung hervor. Wer gar die Zeit nahm, vor dem Transparent des alten Bades Contrexéville zu verweilen, dem war als sei er schon in früheren Leben diesen sonnigen Weg zwischen Pappeln entlanggekommen, habe die steinerne Mauer dabei gestreift – bescheidene magische Effekte zum Hausgebrauch, wie man sie sonst nur in seltnen Fällen, vor chinesischen Specksteingruppen oder russischer Lackmalerei erfuhr. ⟨c°, 4⟩

Straßen sind die Wohnung des Kollektivs. Das Kollektivum ist ein ewig waches, ewig bewegtes Wesen, das zwischen Häuserwänden soviel erlebt, erfährt, erkennt und ersinnt wie Individuen im Schutze ihrer vier Wände. Diesem Kollektivum sind die glänzenden emaillierten Firmenschilder so gut und besser ein Wandschmuck wie im Salon dem Bürger ein Ölgemälde, Mauern mit der »Défense d'Afficher« sind sein Schreibpult, Zeitungskioske seine Bibliotheken, Briefkästen seine Bronzen, Bänke sein Schlafzimmermobiliar und die Café-Terrasse der Erker, von dem er auf sein Hauswesen heruntersieht. Wo am Gitter Asphaltarbeiter den Rock hängen haben, da ist das Vestibül, und die Torfahrt, die aus der Flucht von Höfen ins Freie leitet, der lange Korridor, der den Bürger schreckt, ihnen der Zugang in die Kammern der Stadt. Von denen war die Passage der Salon. Mehr als an jeder andern Stelle gibt die Straße sich in ihr als das möblierte, ausgewohnte Interieur der Massen zu erkennen. ⟨d°, 1⟩

Der Bürger, der mit Louis-Philippe heraufkam, legt Wert darauf, die Nähe und die Ferne sich zum Interieur zu machen. Er kennt nur einen einzigen Schauplatz, den Salon. Im Jahre 1839 ist ein Ball auf der englischen Botschaft. Zweihundert Rosenstöcke werden bestellt. »Der Garten – so erzählt eine Augenzeugin – trug ein Zeltdach und wirkte wie ein Konversationssalon. Aber welch ein Salon! Die duftigen, mit Blumen überhäuften Beete hatten sich in enorme Jardinieren verwandelt, der Sand der Alleen verschwand unter blendenden Läufern, anstelle der gußeisernen Bänke fand man damast- und seidenüberzogene Kanapees; ein runder Tisch trug Bücher und Alben; von weitem drang der Lärm des Orchesters in dieses ungeheuere Boudoir hinein und in der dreifachen Blumengalerie des Umgangs erging sich ausgelassene Jugend. Es war eine Wonne!« Die staubige Fata Morgana des Wintergartens, die trübe Perspektive des Bahnhofs mit dem kleinen Altar des Glücks im Schnittpunkt der Gleise, das alles modert unter falschen Konstruktionen, zu früh gekommenem Glas, zu frühem Eisen noch heute. ⟨Um die⟩ Mitte des vorigen Jahrhunderts ahnte noch keiner, wie mit Glas und Eisen gebaut werden muß. Aber längst hat der Hangar sie eingelöst. Nur steht es mit dem Menschenmaterial im Innern wie mit dem Baumaterial der Passagen. Zuhälter sind die eisernen Naturen dieser Straße und ihre gläsernen Spröden sind Huren. ⟨d°, 2⟩

Für den Flanierenden geht folgende Verwandlung mit der Straße vor sich: sie leitet ihn durch eine entschwundene Zeit. Er schlendert die Straße entlang; ihm ist eine jede abschüssig. Sie führt hinab, wenn nicht zu den Müttern so doch in eine Vergangenheit, die um so tiefer sein kann, als sie nicht seine eigene, private ist. Dennoch bleibt sie immer Vergangenheit einer Jugend. Warum aber die seines gelebten Lebens? Der Boden, über den er hingeht, der Asphalt ist hohl. Seine Schritte wecken eine erstaunliche Resonanz, das Gas, das auf die Fliesen herunterstrahlt, wirft ein zweideutiges Licht auf diesen doppelten Boden. Die Figur des Flaneurs rückt wie von einem Uhrwerk getrieben über die steinerne Straße mit dem doppelten Boden dahin. Und im Innern, wo dieses Triebwerk steckt, pocht⟨?⟩ wie bei altem Spielzeug eine Spieluhr. Die spielt das Lied: »Aus der Jugendzeit / aus der Jugendzeit / folgt ein Lied mir immerdar.« Bei dieser Melodie erkennt er wieder, was um ihn ist; nicht als Vergangenheit aus der eigenen, der letzten Jugend, sondern eine vordem gelebte Kindheit spricht ihn an und es gilt ihm gleich: ist ⟨es⟩ die eines Ahnen, ist es die eigene. – Ein Rausch kommt über den, der lange ohne Ziel durch Straßen marschierte. Das Gehen gewinnt mit jedem Schritte wachsende Gewalt; immer geringer werden die Verführungen der bistros, der Läden, der lächelnden Frauen, immer unwiderstehlicher der Magnetismus der nächsten Straßenecke, eines fernen Platzes im Nebel, des Rückens einer vor ihm schreitenden Frau. Dann kommt der Hunger. Er aber will nichts wissen von den hundert Möglichkeiten, ihn zu stillen; sondern wie ein Tier streicht er durch unbekannte Viertel auf der Suche nach Nahrung, nach einer Frau, bis er in tiefster Erschöpfung auf seinem Zimmer, das ihn entfremdet, kalt zu sich einläßt, zusammensinkt. Diesen Typus erschuf Paris. Daß nicht Rom es war, ist das Sonderbare. Und der Grund? Dieser: Zieht nicht in Rom selbst das Träumen gebahntere Straßen? Und ist die Stadt nicht zu voll von Themen, von Monumenten, umfriedeten Plätzen, Nationalheiligtümern, um ungeteilt, mit jedem Pflasterstein, jedem Ladenschild, jeder Stufe und jeder Torfahrt in den Traum des Passanten eingehen zu können. Auch mag manches im Nationalcharakter der Italiener liegen. Denn Paris haben nicht die Fremden sondern sie selbst: die Pariser zu der gelobten Stadt des Flaneurs, der »Landschaft aus lauter Leben gebaut«, wie Hofmannsthal sie einmal nannte, gemacht. Landschaft, das wird sie in der Tat dem Flanierenden. Oder genauer, ihm tritt die Stadt in ihren dialektischen Polen scharf auseinander: sie eröffnet sich ihm als Landschaft, sie umschließt ihn als Stube. – Noch eines: jener anamnestische Rausch, in dem der Flaneur durch die Stadt zieht, zieht nicht nur Nahrung aus dem, was ihm sinnlich vor Augen kommt, sondern vermag des bloßen Wissens, ja toter Daten wie eines Erfahrenen und Gelebten sich zu bemächtigen. Dieses gefühlte Wissen geht, wie sich von selbst versteht, vor allem als mündliche

Kunde vom einen zum andern. Aber es hat sich im Laufe des 19ten Jahrhunderts doch auch in einer fast unübersehbaren Literatur niedergeschlagen. Schon vor Lefeuve, der die folgende Formel prägnant zum Titel seines fünfbändigen Werkes gemacht hat, ist »Paris rue par rue, maison par maison« mit aller Liebe als die landschaftliche Staffage des träumenden Müßiggängers gemalt worden. Das Studium dieser Bücher war dem Pariser wie ein zweites, schon ganz aufs Träumen präpariertes Dasein, das Wissen, das ihm diese Bücher gaben, nahm auf dem nachmittäglichen Spaziergang vorm Apéritif Bildergestalt ⟨an⟩. Und mußte er nicht wirklich den sanften Anstieg hinter der Kirche Notre Dame de Lorette eindringlicher unter den Sohlen fühlen, wenn er wußte: hier wurde einmal, als Paris seine ersten Omnibusse bekam, das cheval de renfort als drittes vor den Wagen gespannt? ⟨e°, 1⟩

Langeweile ist ein warmes graues Tuch, das innen mit dem glühendsten, farbigsten Seidenfutter ausgeschlagen ist. In dieses Tuch wickeln wir uns, wenn wir träumen. Dann sind wir in den Arabesken seines Futters zuhause. Aber der Schläfer sieht grau und gelangweilt darunter aus. Und wenn er dann erwacht und erzählen will, was er träumte, so teilt er meist nur diese Langeweile mit. Denn wer vermöchte mit einem Griff das Futter der Zeit nach außen zu kehren? Und doch heißt Träumeerzählen nichts anderes. Und nicht anders kann man von den Passagen handeln, Architekturen in denen wir traumhaft das Leben unserer Eltern, Großeltern nochmals leben wie der Embryo in der Mutter das Leben der Tiere. Das Dasein in diesen Räumen verfließt denn auch akzentlos wie das Geschehen in Träumen. Flanieren ist die Rhythmik dieses Schlummers. 1839 kam über Paris eine Schildkrötenmode. Man kann sich gut vorstellen, wie die Elegants in den Passagen leichter noch als auf den Boulevards das Tempo dieser Geschöpfe annahmen. Langeweile ist immer die Außenseite des unbewußten Geschehens. Darum ist sie den großen Dandys als vornehm erschienen. ⟨e°, 2⟩

Hier hat die Mode den dialektischen Umschlageplatz zwischen Weib und Ware eröffnet. Ihr langer flegelhafter Kommis, der Tod, mißt das Jahrhundert nach der Elle, macht wegen der Ersparnis selbst den Mannequin und leitet eigenhändig den Ausverkauf, der auf französisch »Revolution« heißt. Denn nie war Mode anderes als die Parodie der bunten Leiche, die Provokation des Todes durch das Weib, und zwischen lauten, memorierten Jauchzern bittere geflüsterte Zwiesprache mit der Verwesung. Darum wechselt sie so geschwinde: kitzelt den Tod und ist schon wieder eine andere, neue, wenn er sich nach ihr umsieht, um sie zu schlagen. Sie ist ihm hundert Jahre lang nichts schuldig geblieben. Nun endlich ist sie im Begriff, das Feld zu räumen. Er aber stiftet an die Ufer einer neuen Lethe, die den Asphaltstrom durch Passagen rollt, die Armatur der Huren als Trophäe. ⟨f°, 1⟩

Als Hackländer für eines seiner Märchen diese »neueste Erfindung des industriellen Luxus« sich nutzbar machte, da hat er auch die wunderbaren Puppen in der gefährlichen Passage angesiedelt, die Schwester Tinchen auf Geheiß der Fee Concordia zu durchwandeln hat, um ihre armen Brüder zu erlösen. »Tinchen schritt getrost über die Grenze ins Zauberland, sie dachte nur an ihre Brüder. Anfangs sah sie nichts Besonderes, bald aber führte der Weg sie durch ein weites Zimmer, welches ganz mit Spielsachen angefüllt war. Hier standen kleine Buden mit allem Möglichen ausgestattet, Carroussels mit Pferdchen und Wagen, Schaukeln und Wiegepferde, vor allem aber die herrlichsten Puppenstübchen. An einem kleinen gedeckten Tisch saßen große Puppen auf Lehnstühlen, und die größte und schönste unter ihnen stand bei Tinchens Anblick auf, machte ihr eine zierliche Verbeugung und redete sie mit einem wunderfeinen Stimmchen an.« Das Kind mag vom Geisterspielzeug nichts wissen, aber der böse Zauber dieser glatten Bahn nimmt gerne bis auf den heutigen Tag die Form von großen beweglichen Puppen an. Aber wer weiß denn heute noch, wo im letzten Jahrzehnt des vergangnen Jahrhunderts Frauen ihre verführerischste Gestalt, das intimste Versprechen ihrer Figur an den Mann brachten? In den gedeckten asphaltierten Hallen, in denen man Radeln lernte. Als Radlerin macht sie der Chansonette auf Chérets Plakaten (den Affichen) die Herrschaft streitig und gibt der Mode ihre gewagtesten Linien ein. ⟨f°, 2⟩

Es gibt weniges in der Geschichte der Menschheit, wovon wir soviel wissen wie von der Geschichte der Stadt Paris. Tausende und Zehntausende von Bänden sind einzig der Erforschung dieses winzigen Fleckens Erde gewidmet. In manchen Straßen kennt man durch Jahrhunderte hindurch das Schicksal fast jedes einzelnen Hauses. Mit einem schönen Worte nannte Hofmannsthal diese Stadt »eine Landschaft aus lauter Leben gebaut«. Und in der Attraktion, die sie über Menschen ausübt, wirkt eine Art von Schönheit, wie sie großer Landschaft eignet, genauer gesagt: der vulkanischen. Paris ist in der sozialen Ordnung ein Gegenbild von dem, was in der geographischen der Vesuv ist. Ein drohendes gefährliches Massiv, ein immer tätiger Juni der Revolution. Wie aber die Abhänge des Vesuvs dank der sie deckenden Lavaschichten zu paradiesischen Fruchtgärten wurden, so blühen aus der Lava der Revolution Kunst, das festliche Leben, die Mode wie nirgends sonst. ⟨f°, 3⟩

Ist er's von seinen standhaften Irrgängen her nicht gewohnt, das Bild der Stadt sich allerorten umzudeuten? Verwandelt er nicht die Passage in ein Casino, in einen Spielsaal, wo er die roten, blauen, gelben Jetons der Gefühle auf Frauen setzt, auf ein Gesicht, das auftaucht – wird es seinen Blick erwidern? – auf einen stummen Mund – wird er reden? Was auf dem grünen Tuch aus jeder Nummer den Spieler ansieht – das Glück – blinzelt ihm hier aus allen Frauenkörpern als die Chimäre der Geschlechtlichkeit entgegen: als sein Typ. Der ist nichts anderes als die Nummer, als die Chiffre, in welcher gerad in diesem Augenblick das Glück beim Namen will gerufen sein, um gleich darauf in eine andere umzuspringen. Der Typ – das ist das Fach des sechsunddreißigfachen Segens, in das das Auge des Lüstlings ohne sein Zutun fällt wie die elfenbeinerne Kugel in die rote oder schwarze Kassette. Er tritt mit prallen Taschen aus dem Palais Royal, ruft eine Hure heran und findet noch einmal in ihren Armen den Akt mit der Nummer, in welchem Geld und Gut, sonst das Beschwerteste, Massivste, vom Schicksal wie die Erwiderung einer völlig geglückten Umarmung ihm kommen. Denn in Bordell und Spielsaal ist es die gleiche, die sündigste, die sträflichste Wonne: In der Lust das Schicksal zu stellen. Daß Sinnenlust, von welcher Art immer, den theologischen Begriff der Sünde bestimmen könnte, kann nur der ahnungslose Idealismus glauben. Den Begriff der Unzucht im Sinne der Theologie bestimmt nichts andres als gerade diese Entwindung der Lust aus dem Verlaufe des Lebens mit Gott, dessen Bindung an ihn im Namen wohnt. Der Name selber ist der Schrei der nackten Lust.

Dies Heilige, Nüchterne, Schicksalslose an sich – der Name – kennt keinen größeren Gegner als das Schicksal, welcher in der Hurerei an seine Stelle tritt und sich im Aberglauben sein Arsenal schafft. Daher im Spieler und in der Hure der Aberglaube, der die Figuren des Schicksals stellt, der alle buhlerische Unterhaltung mit Schicksalsvorwitz, Schicksalslüsternheit erfüllt und selbst die Lust zu dessen Thron erniedrigt. ⟨g°, 1⟩

Der Vater des Surrealismus war Dada; seine Mutter war eine Passage. Dada war, als er ihre Bekanntschaft machte, schon alt. Ende 1919 verlegten Aragon und Breton aus Abneigung gegen Montparnasse und Montmartre ihre Zusammenkünfte mit Freunden in ein Café der Passage de l'Opéra. Der Durchbruch des Boulevard Haussmann hat ihr ein Ende gemacht. Louis Aragon hat über sie 135 Seiten geschrieben, in deren Quersumme die Neunzahl der Musen ⟨sich⟩ versteckt hält, die an dem kleinen Surrealismus Wehmutterdienste geleistet haben. Diese handfesten Musen heißen: Ballhorn, Lenin, Luna, Freud, Mors, Marlitt und Citroen. Ein vorsichtiger Leser wird ihnen allen, wo er im Laufe dieser Zeilen auf sie stößt, so unauffällig wie möglich ausweichen. Auf diese Passage hält im »Paysan de Paris« Aragon den bewegtesten Nachruf, der je von einem Mann der Mutter seines Sohnes ist gehalten worden. Dort soll man ihn nachlesen, hier aber nicht mehr als eine Physiologie, und, um es rund heraus zu sagen, einen Sektionsbefund dieser geheimnisvollsten abgestorbensten Partien der Hauptstadt Europas erwarten. ⟨h°, 1⟩

Die kopernikanische Wendung in der geschichtlichen Anschauung ist dies: man hielt für den fixen Punkt das »Gewesene« und sah die Gegenwart bemüht, an dieses Feste die Erkenntnis tastend heranzuführen. Nun soll sich dieses Verhältnis umkehren und das Gewesene seine dialektische Fixierung von der Synthesis erhalten, die das Erwachen mit den gegensätzlichen Traumbildern vollzieht. Politik erhält den Primat über die Geschichte. Und zwar werden die historischen »Fakten« zu einem uns soeben Zugestoßenen: sie festzustellen ist die Sache der Erinnerung. Und Erwachen ist der exemplarische Fall des Erinnerns. Jener Fall, in dem es uns gelingt, des Nächsten, Naheliegendsten (des Ich) uns zu erinnern. Was Proust mit dem experimentierenden Umstellen der Möbel meint,

Bloch als das Dunkel des gelebten Augenblicks erkennt, ist nichts anderes als was hier in der Ebene des Geschichtlichen und kollektiv gesichert wird. Es gibt »noch nicht bewußtes Wissen« vom *Gewesenen*, dessen Förderung die Struktur des Erwachens hat. ⟨h°, 2⟩

In diesem historischen und kollektiven Fixierungsprozeß spielt das Sammeln eine gewisse Rolle. Sammeln ist eine Form des praktischen Erinnerns und unter den profanen Manifestationen der Durchdringung des »Gewesenen« (unter den profanen Manifestationen der »Nähe«) die bündigste. Und jeder kleinste Akt der politischen Besinnung macht also gewissermaßen im Antiquitätenhandel Epoche. Wir konstruieren hier einen Wecker, der den Kitsch des vorigen Jahrhunderts zur »Versammlung« aufstört. Diese echte Ablösung von einer Epoche hat die Struktur des Erwachens auch darin, daß sie durchaus von der List regiert wird. Denn das Erwachen operiert mit der List. Mit List, nicht ohne sie, lösen wir uns vom Traumbereich los. Es gibt aber auch eine falsche Ablösung, deren Zeichen ist die Gewaltsamkeit. Auch hier gilt das Gesetz von der das Gegenteil bewirkenden Anstrengung. Diese fruchtlose Anstrengung repräsentiert für die Zeit, die hier in Frage steht, der Jugendstil. ⟨h°, 3⟩

Dialektische Struktur des Erwachens: Erinnerung und Erwachen sind aufs engste verwandt. Erwachen ist nämlich die dialektische, kopernikanische Wendung des Eingedenkens. Es ist ein eminent durchkomponierter Umschlag der Welt des Träumers in die Welt der Wachen. Für den dialektischen Schematismus, der diesem physiologischen Vorgang zugrunde liegt, haben die Chinesen in ihrer Märchen- und Novellenliteratur den radikalsten Ausdruck gefunden. Die neue dialektische Methode der Historik lehrt mit der Schnelligkeit und Intensität von Träumen im Geiste das Gewesene durchzumachen, um so die Gegenwart als Wachwelt zu erfahren, auf die zuletzt sich jeder Traum bezieht. ⟨h°, 4⟩

Diese Niederschrift, die von den pariser Passagen handelt, ist unter einem freien Himmel begonnen worden, wolkenloser Bläue, die über Laube sich wölbte und doch von den Millionen Blättern bestaubt war, vor denen die frische Brise des Fleißes, der schwerfällige Atem des Forschens, der Sturm des jungen Eifers und das träge

Lüftchen der Neugier ⟨mit⟩ vielhundertjährigem Staube bedeckt ward. Der gemalte Sommerhimmel, der aus Arkaden in den Arbeitssaal der pariser Nationalbibliothek hinuntersieht, hat seine träumerische, lichtlose Decke über die Erstgeburt ihrer Einsicht geworfen. Und wenn er vor den Augen dieser jungen Einsicht sich öffnete, standen darinnen nicht die Gottheiten des Olymp, nicht Zeus, Hephaistos, Hermes oder Hera, Artemis und Athen sondern im Vordergrunde die Dioskuren. ⟨h°, 5⟩

Paris, die Stadt im Spiegel

Liebeserklärungen der Dichter und Künstler an die »Hauptstadt der Welt«

Unter allen Städten ist keine, die sich inniger mit dem Buche verband als Paris. Wenn Giraudoux recht hat und es das höchste menschlicher Freiheitsgefühle ist, schlendernd dem Lauf eines Flusses zu folgen, führt hier noch der vollendetste Müßiggang, die beglückteste Freiheit also, zum Buch und ins Buch hinein. Denn über die kahlen Seine-Quais hat sich seit Jahrhunderten der Efeu gelehrter Blätter gelegt: Paris ist ein großer Bibliotheksaal, der von der Seine durchströmt wird.

Kein Monument in dieser Stadt, an dem sich nicht ein Meisterwerk der Dichtung inspiriert hätte. Notre Dame – wir denken an den Roman von Victor Hugo. Eiffelturm – Cocteaus »Vermählte auf dem Eiffelturme«, mit Giraudoux' »Gebet auf dem Eiffelturm« sind wir schon auf den schwindelnden Höhen der neuesten Literatur. Die Oper: Mit Leroux' berühmtem Kriminalroman »Das Phantom der Oper« sind wir in den Souterrains dieses Baues und der Literatur zugleich. Der Triumphbogen spannt sich mit Raynals »Grab des unbekannten Soldaten« um die Erde. So unauslöschlich hat sich diese Stadt ins Schrifttum eingezeichnet, weil in ihr selbst ein Geist wirkt, der den Büchern verwandt ist. Hat sie nicht, wie ein routinierter Romancier, von langer Hand die fesselndsten Motive ihres Aufbaues vorbereitet? Da sind die großen Heerstraßen, die von der Porte Maillot, der Porte de Vincennes, der Porte de Versailles den Truppen ehemals den Zugang auf Paris zu sichern hatten. Und eines Morgens, über Nacht, besaß Paris die besten Autostraßen unter allen Städten Europas. Da ist der Eiffelturm – ein reines freies Monument der Technik in sportlichem Geiste – und eines Tages über Nacht, eine europäische Radiostation. Und die unabsehbaren leeren Plätze: sind sie nicht feierliche Seiten, Vollbilder in den Bänden der Weltgeschichte? In roten Ziffern leuchtet das Jahr 1789 auf der Place de Grèves. Von dem Gewinkel der Dächer umgeben auf jener Place des Vosges, wo er den Tod fand: Henri II. Mit verwischten Zügen eine unentzifferbare Schrift auf jener Place Maubert, ehemals der

Zugang zum finsteren Paris. Bei der Wechselwirkung zwischen Stadt und Buch ist einer dieser Plätze in die Bibliotheken hineingewandert: auf den berühmten Didot-Drucken des vorigen Jahrhunderts steht als Signet die Place du Panthéon.

Wenn das literarische Spektrum der Stadt von dem geschliffenen prismatischen Verstande auseinandergefaltet wird, so sehen, je weiter wir uns von der Mitte den Rändern nähern, die Bücher um so seltsamer aus. Es gibt ein ultraviolettes und ein ultrarotes Wissen um diese Stadt, die sich beide nicht mehr in die Form des Buches zwängen lassen: Photo und Stadtplan, – das genaueste Wissen vom Einzelnen und vom Ganzen. Wir haben von diesen äußersten Rändern des Blickfeldes die schönsten Proben. Wer je in einer fremden Stadt an einer Straßenecke bei schlechtem Wetter mit einem der großen papierenen Pläne hantieren mußte, die bei jedem Windzuge wie Segel schwellen, an jeder Kante reißen und bald nur noch ein Häufchen schmutziger Blätter sind, mit denen man sich quält, erfährt aus dem Studium des Plan Taride, was ein Stadtplan sein kann. Und was die Stadt ist. Denn ganze Viertel erschließen ihr Geheimnis in ihren Straßennamen. An dem großen Platz vor der Gare St. Lazare hat man halb Frankreich und halb Europa um sich. Namen wie Havre, Anjou, Provence, Rouen, Londres, Amsterdam, Constantinople ziehen sich durch die grauen Straßen wie durch graue Seide changierende Bänder. Das ist das sogenannte Viertel Europe. So kann man Stück für Stück die Straßen auf der Karte, kann freilich auch »Straße für Straße, Haus für Haus« die Stadt in dem riesigen Werke durchgehen, in dem um die Mitte des neunzehnten Jahrhunderts Lefeuve, der Hofhistoriograph Napoleons III., alles Wissenswerte gesammelt hat. Das Werk gibt schon im Titel einen Begriff von dem, was einer zu gewärtigen hat, der dieser Literatur sich nähert, der auch nur versuchen würde, die hundert Seiten unter dem Stichwort »Paris« durchzustudieren, die der Katalog der Kaiserlichen Bibliothek enthält. Der aber wurde schon im Jahre 1867 abgeschlossen. Der irrt, der hier nur wissenschaftliches Schrifttum, Archivarisches, Topographisches oder Geschichtliches anzutreffen erwartet. Nicht der kleinste Teil dieser Büchermasse sind Liebeserklärungen an die »Hauptstadt der Welt«. Und daß sie meist von Fremden stammen, ist nichts Neues. Fast immer sind die leidenschaftlichsten Galane dieser Stadt von draußen gekommen. Und ihre Kette spannt sich um die ganze Erde. Da ist Nguyen-Trong-Hiêp, der 1897 in Hanoi sein Preisgedicht auf die französische Hauptstadt erscheinen ließ. Da ist, um nur die jüngste zu nennen, die rumänische Prinzessin Bibesco, deren reizende »Catherine-Paris« den galizischen Schlössern, der polnischen Hocharistokratie, ihrem Gatten, dem Grafen Leopolski, entflieht, um die Heimat ihrer Wahl zurückzugewinnen. In Wahrheit scheint es sich in diesem Leopolski um den Fürsten Adam Chartoryski zu handeln. Und in Polen hat das Buch nicht viel Liebe gefunden... Nicht alle Anbeter aber haben der Stadt ihre Verehrung als Roman oder als Gedicht zu Füßen gelegt: Erst kürzlich hat Mario von Bucovich in der Photographie seiner Neigung einen schönen, glaubhaften Ausdruck gegeben, und Morand hat ihm in einem Vorwort zu diesem Album das Recht auf seine Liebe bestätigt.

In tausend Augen, tausend Objektiven spiegelt sich die Stadt. Denn nicht nur Himmel und Atmosphäre, nicht nur Lichtreklamen auf den abendlichen Boulevards haben aus Paris die »Ville Lumière« gemacht. – Paris ist die Spiegelstadt: Spiegelglatt der Asphalt seiner Autostraßen. Vor allen Bistros gläserne Verschläge: die Frauen sehen sich hier noch mehr als anderswo. Aus diesen Spiegeln ist die Schönheit der Pariserin getreten. Bevor der Mann sie erblickt, haben sie schon zehn Spiegel geprüft. Ein Überfluß von Spiegeln umfängt auch den Mann, zumal im Café (um es innen heller zu machen und all den winzigen Gehegen und Ställchen, in die Pariser Lokale zerfallen, eine erfreuliche Weite zu geben). Spiegel sind das geistige Element dieser Stadt, ihr Wappenschild, in das sich noch immer die Embleme sämtlicher Dichterschulen eingezeichnet haben.

Wie Spiegel jeden Reflex prompt, nur symmetrisch verschoben, zurückgeben, tut dies auch die Schlagworttechnik der Komödien von Marivaux: Spiegel werfen das bewegte Draußen, die Straße, in das Intérieur eines Caféhauses, wie ein Hugo, ein Vigny es liebten, Milieus einzufangen und ihre Erzählungen vor einen »historischen Hintergrund« zu stellen.

Die Spiegel, die trüb und ungepflegt in den Kneipen hängen, sind das Sinnbild von Zolas Naturalismus; wie sie einander in unabsehbarer Reihe spiegeln, ein Gegenstück zu der unendlichen

Erinnerung der Erinnerung, in die sich unter der Feder von Marcel Proust sein eigenes Leben verwandelt hat. Jene neueste Photosammlung »Paris« schließt mit dem Bilde der Seine. Sie ist der große, immer wache Spiegel von Paris. Tagtäglich wirft es seine festen Bauten und seine Wolkenträume als Bilder in diesen Fluß. Er nimmt die Opfergaben gnädig an, und er bricht sie zum Zeichen seiner Gunst in tausend Stücke.

Das Paris des Second Empire bei Baudelaire

Une capitale n'est pas absolument nécessaire à l'homme.
Senancour

I

Die Bohème

In aufschlußreichem Zusammenhang kommt die Bohème bei Marx vor. Er rechnet ihr die Verschwörer von Beruf zu, mit denen er sich in der ausführlichen Anzeige der Memoiren des Polizeiagenten de la Hodde beschäftigt, die 1850 in der »Neuen Rheinischen Zeitung« erschienen ist. Die Physiognomie Baudelaires vergegenwärtigen, heißt von der Ähnlichkeit sprechen, die er mit diesem politischen Typus aufweist. Ihn umreißt Marx wie folgt: »Mit der Ausbildung der proletarischen Konspirationen trat das Bedürfniß der Theilung der Arbeit ein; die Mitglieder theilten sich in Gelegenheitsverschwörer, conspirateurs d'occasion, d. h. Arbeiter, die die Verschwörung nur neben ihrer sonstigen Beschäftigung betrieben, nur die Zusammenkünfte besuchten und sich bereit hielten, auf den Befehl der Chefs am Sammelplatz zu erscheinen, und in Konspirateure von Profession, die ihre ganze Thätigkeit der Verschwörung widmeten und von ihr lebten ... Die Lebensstellung dieser Klasse bedingt schon von vornherein ihren ganzen Karakter ... Ihre schwankende, im Einzelnen mehr vom Zufall als von ihrer Thätigkeit abhängige Existenz, ihr regelloses Leben, dessen einzig fixe Stationen die Kneipen der Weinhändler sind – die Rendezvoushäuser der Verschworenen – ihre unvermeidlichen Bekanntschaften mit allerlei zweideutigen Leuten rangiren sie in jenen Lebenskreis, den man in Paris la bohème nennt.«[1] *

* Proudhon, der sich von den Berufsverschwörern distanzieren will, nennt sich gelegentlich einen »neuen Mann – einen Mann, dessen Sache nicht die Barrikade ist, sondern die Auseinandersetzung; einen Mann, der jeden Abend mit dem Polizeipräsidenten zu Tische sitzen und alle de la Hoddes der Welt in sein Vertrauen ziehen könnte« (cit. Gustave Geffroy: L'enfermé. Paris 1897, p. 180/181).

1 Karl Marx und Friedrich Engels: Bespr. von Adolphe Chenu, »Les conspirateurs«, Paris 1850, und Lucien de la Hodde, »La naissance de la République en février 1848«, Paris 1850; cit. nach: Die Neue Zeit 4 (1886), p. 555.

Im Vorbeigehen ist anzumerken, daß Napoleon III. selbst seinen Aufstieg in einem Milieu begonnen hatte, das mit dem geschilderten kommuniziert. Bekanntlich ist eines der Werkzeuge seiner Präsidialzeit die Gesellschaft vom 10. Dezember gewesen, deren Kaders nach Marx »die ganze unbestimmte, aufgelöste, hin und her geworfene Masse, die die Franzosen la Bohème nennen«[2], gestellt hatte. Während seines Kaisertums hat Napoleon konspirative Gepflogenheiten fortgebildet. Überraschende Proklamationen und Geheimniskrämerei, sprunghafte Ausfälle und undurchdringliche Ironie gehören zur Staatsraison des Second Empire. Dieselben Züge findet man in Baudelaires theoretischen Schriften wieder. Er trägt seine Ansichten meist apodiktisch vor. Diskussion ist seine Sache nicht. Er geht ihr auch dann aus dem Wege, wenn die schroffen Widersprüche in Thesen, die er sich nacheinander zu eigen macht, eine Auseinandersetzung erfordern würden. Den »Salon von 1846« hat er »den Bourgeois« gewidmet; er tritt als ihr Fürsprecher auf, und seine Geste ist nicht die des advocatus diaboli. Späterhin, zum Beispiel in seiner Invektive gegen die Schule des bon sens findet er für die »›honnête‹ bourgeoise« und den Notar, ihre Respektsperson, die Akzente des rabiatesten Bohémien[3]. Um 1850 proklamiert er, Kunst sei von Nützlichkeit nicht zu trennen; wenige Jahre später vertritt er das l'art pour l'art. In alledem bemüht er sich vor seinem Publikum so wenig um eine Vermittlung wie Napoleon III., wenn er fast über Nacht und hinter dem Rücken des französischen Parlaments vom Schutzzoll zum Freihandel übergeht. Diese Züge machen es immerhin verständlich, daß die offizielle Kritik – Jules Lemaître voran – von den theoretischen Energien, die in Baudelaires Prosa stecken, so wenig spürte.

Marx fährt in seiner Schilderung der conspirateurs de profession folgendermaßen fort: »Die einzige Bedingung der Revolution ist für sie die hinreichende Organisation ihrer Verschwörung ... Sie werfen sich auf Erfindungen, die revolutionäre Wunder

2 Marx: Der achtzehnte Brumaire des Louis Bonaparte. Neue ergänzte Ausgabe mit einem Vorwort von F. Engels. Hrsg. und eingeleitet von D[avid] Rjazanov. Wien, Berlin 1927, p. 73.

3 Charles Baudelaire: Œuvres. Texte établi et annoté par Yves-Gérard Le Dantec. 2 Bde. Paris 1931/1932. (Bibliothèque de la Pléiade. 1. u. 7.) II, p. 415. 〈Im folgenden nur noch nach Band und Seitenzahl zitiert.〉

verrichten sollen; Brandbomben, Zerstörungsmaschinen von magischer Wirkung, Emeuten, die um so wunderthätiger und überraschender wirken sollen, je weniger sie einen rationellen Grund haben. Mit solcher Projektenmacherei beschäftigt, haben sie keinen andern Zweck als den nächsten des Umsturzes der bestehenden Regierung und verachten auf's tiefste die mehr theoretische Aufklärung der Arbeiter über ihre Klasseninteressen. Daher ihr nicht proletarischer, sondern plebejischer Ärger über die habits noirs (schwarzen Röcke), die mehr oder minder gebildeten Leute, die diese Seite der Bewegung vertreten, von denen sie aber, als von den offiziellen Repräsentanten der Partei, sich nie ganz unabhängig machen können.«[4] Die politischen Einsichten Baudelaires gehen grundsätzlich nicht über die dieser Berufsverschwörer hinaus. Ob er seine Sympathien dem klerikalen Rückschritt zuwendet oder sie dem Aufstand von 48 schenkt – ihr Ausdruck bleibt unvermittelt und ihr Fundament brüchig. Das Bild, das er in den Februartagen geboten hat – an irgendeiner pariser Straßenecke ein Gewehr mit den Worten schwingend »Nieder mit General Aupick!«* – ist beweiskräftig. Allenfalls hätte er Flauberts Wort »Von der ganzen Politik verstehe ich nur ein Ding: die Revolte« zu seinem eigenen machen können. Das wäre dann so zu verstehen gewesen wie es der Schlußpassus einer mit seinen Entwürfen über Belgien überlieferten Notiz ergibt: »Ich sage ›es lebe die Revolution!‹ wie ich sagen würde ›es lebe die Zerstörung! es lebe die Buße! es lebe die Züchtigung! es lebe der Tod!‹ Ich würde nicht nur als Opfer glücklich sein; auch den Henker zu spielen, würde mir nicht mißfallen – um die Revolution von beiden Seiten zu fühlen! Wir haben alle republikanischen Geist im Blut wie wir die Syphilis in den Knochen haben; wir sind demokratisch infiziert und syphilitisch.«[5]
Was Baudelaire so niederlegt, könnte man als die Metaphysik des Provokateurs bezeichnen. In Belgien, wo diese Notiz geschrieben ist, hat er eine Weile als Spitzel der französischen Polizei gegolten. An sich hatten derartige Arrangements so wenig Befremdendes, daß Baudelaire am 20. Dezember 1854 seiner Mutter mit Bezug auf die literarischen Stipendiaten der Polizei

* Der General Aupick war Baudelaires Stiefvater.

4 Marx und Engels, Bespr. von Chenu und de la Hodde, l. c. ⟨S. 513⟩ p. 556.

5 II, p. 728.

schreiben konnte: »Niemals wird mein Name in ihren Schandregistern erscheinen.«[6] Was Baudelaire in Belgien den Ruf eintrug, war schwerlich allein die Feindschaft, die er gegen den dort gefeierten proskribierten Hugo an den Tag legte. Anteil an der Entstehung dieses Gerüchts hat seine verwüstende Ironie gehabt; er könnte sich leicht darin gefallen haben, es zu verbreiten. Der culte de la blague, den man bei Georges Sorel wiederfindet und der ein unveräußerliches Bestandstück der faschistischen Propaganda geworden ist, bildet bei Baudelaire seine ersten Fruchtknoten. Der Titel unter, der Geist in dem Céline seine »Bagatelles pour un massacre« geschrieben hat, führt unmittelbar auf eine Baudelairesche Tagebucheintragung zurück: »Eine schöne Konspiration ließe sich zwecks Ausrottung der jüdischen Rasse organisieren.«[7] Der Blanquist Rigault, der seine konspirative Laufbahn als Polizeipräsident der pariser Kommune beschloß, scheint den gleichen makabren Humor gehabt zu haben, von dem in Zeugnissen über Baudelaire viel die Rede ist. »Rigault«, heißt es in den »Hommes de la révolution de 1871« von Ch. Prolès, »hatte in allen Dingen bei großer Kaltblütigkeit etwas von einem wüsten Witzbold. Das war ihm unveräußerlich, bis in seinen Fanatismus hinein.«[8] Selbst der terroristische Wunschtraum, dem Marx bei den conspirateurs begegnet, hat bei Baudelaire sein Gegenstück. »Wenn ich je«, schreibt er am 23. Dezember 1865 an seine Mutter, »die Spannkraft und die Energie wiederfinde, die ich einige Male besessen habe, so werde ich meinem Zorn durch entsetzenerregende Bücher Luft machen. Ich will die ganze Menschenrasse gegen mich aufbringen. Das wäre mir eine Wollust, die mich für alles entschädigen würde.«[9] Diese verbissene Wut – la rogne – war die Verfassung, die ein halbes Jahrhundert von Barrikadenkämpfen in pariser Berufsverschwörern genährt hatte.

6 Baudelaire: Lettres à sa mère. Paris 1932, p. 83.
7 II, p. 666.
8 Charles Prolès: Raoul Rigault. La préfecture de police sous la Commune. Les otages. (Les hommes de la révolution de 1871.) Paris 1898, p. 9.
9 Baudelaire: Lettres à sa mère, l. c. ⟨S. 515⟩ p. 278.

»Sie sind es«, sagt Marx von diesen Verschwörern, »die die ersten Barrikaden aufwerfen und kommandiren.«[10] In der Tat steht im Fixpunkt der konspirativen Bewegung die Barrikade. Sie hat die revolutionäre Tradition für sich. Über viertausend Barrikaden hatten in der Julirevolution die Stadt durchzogen[11]. Als Fourier nach einem Beispiel für den »travail non salarié mais passionné« Ausschau hält, findet er keines, das näher liegt als der Barrikadenbau. Eindrucksvoll hat Hugo in den »Misérables« das Netz jener Barrikaden festgehalten, indem er ihre Besatzung im Schatten ließ. »Überall wachte die unsichtbare Polizei der Revolte. Sie hielt die Ordnung aufrecht, daß heißt die Nacht ... Ein Auge, das von oben her auf diese aufgetürmten Schatten herabgeblickt hätte, wäre vielleicht an verstreuten Stellen auf einen undeutlichen Schein gestoßen, der gebrochene, willkürlich verlaufende Umrisse zu erkennen gab, Profile merkwürdiger Konstruktionen. In diesen Ruinen bewegte sich etwas, das Lichtern ähnelte. An diesen Stellen waren die Barrikaden.«[12] In der Bruchstück verbliebenen Anrede an Paris, die die »Fleurs du mal« abschließen sollte, nimmt Baudelaire von der Stadt nicht Abschied, ohne ihre Barrikaden heraufzurufen; er gedenkt ihrer »magischen Pflastersteine, welche sich zu Festungen in die Höhe türmen«[13]. ›Magisch‹ sind diese Steine freilich, indem Baudelaires Gedicht die Hände nicht kennt, die sie in Bewegung gesetzt haben. Aber eben dieses Pathos dürfte dem Blanquismus verpflichtet sein. Denn ähnlich ruft der Blanquist Tridon: »O force, reine des barricades, ... toi qui brilles dans l'éclair et dans l'émeute ... c'est vers toi que les prisonniers tendent leurs mains enchaînées.«[14] Am Ende der Kommune tastete sich das Proletariat, wie ein zu Tode getroffenes Tier in seinen Bau, hinter die Barrikade zurück. Daß die Arbeiter, im Barrikadenkampfe geschult, der offenen Schlacht, die Thiers den Weg hätte

10 Marx und Engels, Bespr. von Chenu und de la Hodde, l. c. ⟨S. 513⟩ p. 556.

11 vgl. Ajasson de Grandsagne und Maurice Plaut: Révolution de 1830. Plan des combats de Paris aux 27, 28 et 29 juillet. Paris [o. J.].

12 Victor Hugo: Œuvres complètes. Edition définitive d'après les manuscrits originaux. Roman. Bd. 8: Les misérables. IV. Paris 1881, p. 522/523.

13 I, p. 229.

14 cit. Charles Benoist: La crise de l'état moderne. Le »mythe« de »la classe ouvrière«, in: Revue des deux mondes, 84e année, 6e période, tome 20, 1er mars 1914, p. 105.

verlegen müssen, nicht gewogen waren, hat mit Schuld an der Niederlage getragen. Diese Arbeiter zogen, wie einer der jüngsten Historiker der Kommune schreibt, »dem Treffen im freien Felde die Schlacht im eigenen Quartier ... und, wenn es sein mußte, den Tod hinter dem zur Barrikade getürmten Pflaster einer Straße von Paris vor«[15].

Der bedeutendste der pariser Barrikadenchefs, Blanqui, saß damals in seinem letzten Gefängnis, dem Fort du Taureau. In ihm und seinen Genossen sah Marx in seinem Rückblick auf die Junirevolution »die wirklichen Führer der proletarischen Partei«[16]. Man kann sich von dem revolutionären Prestige, das Blanqui damals besessen und bis zu seinem Tode bewahrt hat, schwerlich einen zu hohen Begriff machen. Vor Lenin gab es keinen, der im Proletariat deutlichere Züge gehabt hätte. Sie haben sich auch Baudelaire eingeprägt. Es gibt ein Blatt von ihm, das neben andern improvisierten Zeichnungen den Kopf von Blanqui aufweist. – Die Begriffe, die Marx in seiner Darstellung der konspirativen Milieus in Paris heranzieht, lassen die Zwitterstellung, die Blanqui darin einnahm, erst recht erkennen. Es hat einerseits seine guten Gründe, wenn Blanqui als Putschist in die Überlieferung einging. Ihr stellt er den Typus des Politikers dar, der es, wie Marx sagt, als seine Aufgabe ansieht, »dem revolutionären Entwicklungsprozeß vorzugreifen, ihn künstlich zur Krise zu treiben, eine Revolution aus dem Stegreif, ohne die Bedingungen einer Revolution zu machen«[17]. Hält man, auf der andern Seite, Beschreibungen, die man über Blanqui besitzt, dagegen, so scheint er vielmehr einem der habits noirs zu gleichen, an denen jene Berufsverschwörer ihre mißliebigen Konkurrenten hatten. Folgendermaßen beschreibt ein Augenzeuge den Blanquischen Klub der Hallen: »Will man einen genauen Begriff von dem Eindruck bekommen, den man vom ersten Augenblick an von Blanquis revolutionärem Klub im Vergleich zu den beiden Klubs hatte, die die Ordnungspartei damals ... besaß, so denkt man sich am besten das Publikum der Comédie Française an einem Tage, wo Racine und Corneille

15 Georges Laronze: Histoire de la Commune de 1871 d'après des documents et des souvenirs inédits. La justice. Paris 1928, p. 532.

16 Marx: Der achtzehnte Brumaire des Louis Bonaparte, l. c. ⟨S. 514⟩ p. 28.

17 Marx und Engels, Bespr. von Chenu und de la Hodde, l. c. ⟨S. 513⟩ p. 556.

gespielt wird, neben der Volksmenge, die einen Zirkus füllt, in dem Akrobaten halsbrecherische Kunststücke vorführen. Man befand sich gleichsam in einer Kapelle, die dem orthodoxen Ritus der Konspiration geweiht war. Die Türen standen jedermann offen, aber man kam nur wieder, wenn man Adept war. Nach dem verdrießlichen Defilee der Unterdrückten ... erhob sich der Priester dieser Stätte. Sein Vorwand war, die Beschwerden seines Klienten zu resümieren, des Volks, das von dem halben Dutzend anmaßender und gereizter Dummköpfe, die man eben gehört hatte, repräsentiert wurde. In Wirklichkeit setzte er die Lage auseinander. Sein Äußeres war distinguiert, seine Kleidung tadellos; sein Kopf war feingebildet; sein Ausdruck still; nur ein unheilverkündender, wilder Blitz fuhr manchmal durch seine Augen. Sie waren schmal, klein und durchdringend; für gewöhnlich sahen sie eher wohlwollend darein als hart. Seine Redeweise war maßvoll, väterlich und deutlich; die wenigst deklamatorische Redeweise, die ich neben der von Thiers je gehört habe.«[18] Blanqui erscheint hier als Doktrinär. Das Signalement des habit noir bestätigt sich bis in kleine Dinge. Es war bekannt, daß ›der Alte‹ in schwarzen Handschuhen zu dozieren pflegte*. Aber der gemessene Ernst, die Undurchdringlichkeit, welche Blanqui eignen, sehen anders in der Beleuchtung aus, in welche eine Bemerkung von Marx sie stellt. »Sie sind«, schreibt er von diesen Berufsverschwörern, »die Alchymisten der Revolution und theilen ganz die Ideenzerrüttung und die Bornirtheit in fixen Vorstellungen der früheren Alchymisten.«[19] Damit stellt sich Baudelaires Bild wie von selber ein: der Rätselkram der Allegorie beim einen, die Geheimniskrämerei des Verschwörers beim anderen.

Abschätzig, wie es sich nicht anders erwarten läßt, redet Marx von den Kneipwirtschaften, in denen der niedere Konspirateur sich zuhause fühlte. Der Dunst, der sich dort niederschlug, war auch Baudelaire vertraut. In ihm hat sich das große Gedicht entfaltet, das »Le vin des chiffonniers« überschrieben ist. Seine Ent-

* Baudelaire wußte solche Details zu schätzen. »Warum«, schreibt er, »legen die Armen zum Betteln nicht Handschuhe an? Sie würden ein Vermögen machen.« (II, p. 424.) Er schiebt das Wort einem Ungenannten zu; es hat die Prägung von Baudelaire.

18 Bericht von J.-J. Weiss; cit. Gustave Geffroy: L'enfermé, l. c. ⟨S. 513⟩ p. 346–348.

19 Marx und Engels, Bespr. von Chenu und de la Hodde, l. c. ⟨S. 513⟩ p. 556.

stehung wird man in die Jahrhundertmitte verlegen dürfen. Damals wurden Motive, die in diesem Stück anklingen, in der Öffentlichkeit erörtert. Es ging, einmal, um die Weinsteuer. Die konstituierende Versammlung der Republik hatte ihre Abschaffung zugesagt, so wie sie schon 1830 zugesagt worden war. In den »Klassenkämpfen in Frankreich« hat Marx gezeigt, wie sich in der Beseitigung dieser Steuer eine Forderung des städtischen Proletariats mit der Forderung der Bauern begegnete. Die Steuer, die den Konsumwein in gleicher Höhe belastete wie den gepflegtesten, verminderte den Verbrauch, »indem sie an den Thoren aller Städte über 4000 Einwohner Oktrois errichtet und jede Stadt in ein fremdes Land mit Schutzzöllen gegen den französischen Wein verwandelt«[20] hatte. »An der Weinsteuer«, sagt Marx, »erprobt der Bauer das Bouquet der Regierung.« Sie schädigte aber den Städter auch und zwang ihn, um billigen Wein zu finden, in die Wirtschaften vor der Stadt zu ziehen. Dort wurde der steuerfreie Wein ausgeschenkt, den man den vin de la barrière nannte. Der Arbeiter stellte seinen Genuß daran, wenn man dem Sektionschef im Polizeipräsidium H.-A. Frégier glauben darf, als den einzig ihm vergönnten, voller Stolz und voll Trotz zur Schau. »Es gibt Frauen, die keinen Anstand nehmen, mit ihren Kindern, die schon arbeiten könnten, ihrem Mann zur barrière zu folgen ... Man macht sich danach halb berauscht auf den Heimweg und stellt sich betrunkener als man ist, damit es in aller Augen deutlich sei, daß man getrunken hat, und nicht wenig. Manchmal tun es dabei die Kinder den Eltern nach.«[21] »So viel steht fest«, schreibt ein zeitgenössischer Beobachter, »daß der Wein der barrières dem Regierungsgerüst nicht wenige Stöße erspart hat.«[22] Der Wein eröffnet den Enterbten Träume von künftiger Rache und künftiger Herrlichkeit. So im »Wein der Lumpensammler«:

20 Marx: Die Klassenkämpfe in Frankreich 1848 bis 1850. Abdruck aus der »Neuen Rheinischen Zeitung«, Politisch-ökonomische Revue, Hamburg 1850. Mit Einleitung von Friedrich Engels. Berlin 1895, p. 87.

21 H.-A. Frégier: Des classes dangereuses de la population dans les grandes villes, et des moyens de les rendre meilleures. Paris 1840. Bd. 1, p. 86.

22 Edouard Foucaud: Paris inventeur. Physiologie de l'industrie française. Paris 1844, p. 10.

On voit un chiffonnier qui vient, hochant la tête,
Buttant, et se cognant aux murs comme un poëte,
Et, sans prendre souci des mouchards, ses sujets,
Epanche tout son cœur en glorieux projets.

Il prête des serments, dicte des lois sublimes,
Terrasse les méchants, relève les victimes,
Et sous le firmament comme un dais suspendu
S'enivre des splendeurs de sa propre vertu.[23]

Lumpensammler traten in größerer Zahl in den Städten auf, seitdem durch die neuen industriellen Verfahren der Abfall einen gewissen Wert bekommen hatte. Sie arbeiteten für Zwischenmeister und stellten eine Art Heimindustrie dar, die auf der Straße lag. Der Lumpensammler faszinierte seine Epoche. Die Blicke der ersten Erforscher des Pauperismus hingen an ihm wie gebannt mit der stummen Frage, wo die Grenze des menschlichen Elends erreicht sei. Frégier widmet ihm in seinem Buche »Des classes dangereuses de la population« sechs Seiten. Le Play gibt für die Zeit zwischen 1849 und 1850, mutmaßlich die, in der Baudelaires Gedicht entstanden ist, das Budget eines pariser Lumpensammlers und seiner Angehörigen*.

23 I, p. 120.

* Das Budget ist ein soziales Dokument nicht sowohl durch seine an einer bestimmten Familie veranstalteten Erhebungen als durch den Versuch, tiefstes Elend minder anstößig dadurch erscheinen zu lassen, daß es säuberlich rubriziert wird. Mit dem Ehrgeiz, keine ihrer Unmenschlichkeiten ohne den Paragraphen zu lassen, dessen Beachtung in ihr zu erblicken ist, haben die totalitären Staaten einen Keim zur Blüte gebracht, der, wie man hiernach vermuten darf, in einem früheren Stadium des Kapitalismus bereits geschlummert hat. Die vierte Sektion dieses Budgets eines Lumpensammlers – kulturelle Bedürfnisse, Vergnügungen und Hygiene – nimmt sich folgendermaßen aus: »Unterricht der Kinder: das Schulgeld wird vom Arbeitgeber der Familie bezahlt — 48 fr. 00; – Bücheranschaffungen – 1 fr. 45. Hilfeleistungen und Almosen (die Arbeiter dieser Schicht geben für gewöhnlich keine Almosen); Feste und Feierlichkeiten: Mahlzeiten, die von der gesamten Familie an einer der barrières von Paris eingenommen werden (8 Ausflüge jährlich): Wein, Brot und Bratkartoffeln – 8 fr. 00; – Mahlzeiten bestehend aus Makkaroni – mit Butter und Käse angerichtet – und Wein dazu, am Weihnachtstag, Faschingsdienstag, Ostern und Pfingsten: diese Ausgaben sind in der ersten Sektion verzeichnet; – Kautabak für den Mann (vom Arbeiter selbst gesammelte Zigarrenstummel) ... 5 fr. 00 bis 34 fr. 00 repräsentierend; – Schnupftabak für die Frau (wird gekauft) ... 18 fr. 66; – Spielzeug und

Der Lumpensammler kann natürlich nicht zur Bohème zählen. Aber vom Literaten bis zum Berufsverschwörer konnte jeder, der zur Bohème gehörte, im Lumpensammler ein Stück von sich wiederfinden. Jeder stand, in mehr oder minder dumpfem Aufbegehren gegen die Gesellschaft, vor einem mehr oder minder prekären Morgen. Er konnte zu seiner Stunde mit denen fühlen, die an den Grundfesten dieser Gesellschaft rüttelten. Der Lumpensammler ist in seinem Traum nicht allein. Es begleiten ihn Kameraden; auch um sie ist der Duft von Fässern, und auch sie sind ergraut in Schlachten. Sein Schnurrbart hängt herunter wie eine alte Fahne. Auf seiner Runde begegnen ihm die mouchards, die Spitzel, über die ihm seine Träume die Herrschaft geben*. Soziale Motive aus dem pariser Alltag begegnen schon bei Sainte-Beuve. Sie waren dort eine Eroberung der lyrischen Poesie; eine der Einsicht aber darum noch nicht. Elend und Alkohol gehen im Geiste des gebildeten Privatiers eine wesentlich andere Verbindung ein als in dem eines Baudelaire.

andere Geschenke für das Kind – 1 fr. 00 ... Korrespondenz mit den Verwandten: Briefe der Brüder des Arbeiters, die in Italien wohnen: durchschnittlich einer im Jahr ... Zusatz. Die wichtigste Auskunft der Familie bei Unglücksfällen besteht in der privaten Wohltätigkeit ... Jährliche Ersparnisse (der Arbeiter besitzt keinerlei Voraussicht; ihm liegt vor allem daran, seiner Frau und seiner kleinen Tochter alles Behagen zu verschaffen, das mit ihrer Lage vereinbar ist; er macht keine Ersparnisse, sondern gibt Tag für Tag alles aus, was er verdient).« (Frédéric Le Play: Les ouvriers européens. Paris 1855, p. 274/275.) – Den Geist einer solchen Erhebung illustriert eine sarkastische Bemerkung von Buret: »Da die Menschlichkeit, ja schon der Anstand verbietet, Menschen wie Tiere sterben zu lassen, so kann man ihnen das Almosen eines Sarges nicht verweigern.« (Eugène Buret: De la misère des classes laborieuses en Angleterre et en France; de la nature de la misère, de son existence, de ses effets, de ses causes, et de l'insuffisance des remèdes qu'on lui a opposés jusqu'ici; avec l'indication des moyens propres à en affranchir les sociétés. Paris 1840. Bd. 1, p. 266.)

* Es ist fesselnd zu verfolgen, wie die Rebellion sich in den verschiedenen Versionen der Schlußverse des Gedichts langsam Bahn bricht. Diese hießen in der ersten Fassung:

C'est ainsi que le vin règne par ses bienfaits,
Et chante ses exploits par le gosier de l'homme.
Grandeur de la bonté de Celui que tout nomme,
Qui nous avait déjà donné le doux sommeil,
Et voulut ajouter le Vin, fils du Soleil,
Pour réchauffer le cœur et calmer la souffrance
De tous ces malheureux qui meurent en silence. (I, p. 605.)

Dans ce cabriolet de place j'examine
L'homme qui me conduit, qui n'est plus que machine,
Hideux, à barbe épaisse, à longs cheveux collés:
Vice et vin et sommeil chargent ses yeux soûlés.
Comment l'homme peut-il ainsi tomber? pensais-je,
Et je me reculais à l'autre coin du siége.[24]

Soweit der Anfang des Stücks; was folgt, ist die erbauliche Auslegung. Sainte-Beuve stellt sich die Frage, ob seine Seele nicht ähnlich verwahrlost sei wie die des Mietkutschers.
Auf welchem Untergrunde der freiere und verständigere Begriff beruht, welchen Baudelaire von den Enterbten hatte, zeigt die »Abel et Caïn« überschriebene Litanei. Sie macht aus dem Widerstreit der biblischen Brüder den zweier auf ewig unversöhnlicher Rassen.

Race d'Abel, dors, bois et mange;
Dieu te sourit complaisamment.

Race de Caïn, dans la fange
Rampe et meurs misérablement.[25]

Sie hießen 1852:

Pour apaiser le cœur et calmer la souffrance
De tous ces innocents qui meurent en silence,
Dieu leur avait déjà donné le doux sommeil;
Il ajouta le vin, fils sacré du Soleil. (I, p. 606.)

Sie lauten endlich, mit eingreifender Veränderung des Sinnes, 1857:

Pour noyer la rancœur et bercer l'indolence
De tous ces vieux maudits qui meurent en silence,
Dieu, touché de remords, avait fait le sommeil;
L'Homme ajouta le Vin, fils sacré du Soleil! (I, p. 121.)

Deutlich ist zu verfolgen, wie die Strophe ihre sichere Form erst mit dem blasphemischen Inhalt findet.

24 C[harles] A[ugustin] Sainte-Beuve: Les consolations. Pensées d'août. Notes et sonnets – un dernier rêve. (Poésies de Sainte-Beuve. 2e partie.) Paris 1863, p. 193.
25 I, p. 136.

Das Gedicht besteht aus sechzehn Zweizeilern, deren Beginn, alternierend, der gleiche ist wie der der vorstehenden. Kain, der Ahnherr der Enterbten, erscheint darin als Begründer einer Rasse, und diese kann keine andere sein als die proletarische. Im Jahre 1838 veröffentlichte Granier de Cassagnac seine »Histoire des classes ouvrières et des classes bourgeoises«. Dieses Werk wußte den Ursprung der Proletarier bekanntzugeben; sie formieren eine Klasse von Untermenschen, die aus einer Kreuzung von Räubern und Prostituierten entstanden ist. Hat Baudelaire diese Spekulationen gekannt? Es ist leicht möglich. Gewiß ist, daß sie Marx, der in Granier de Cassagnac »den Denker« der bonapartistischen Reaktion grüßte, begegnet waren. Dessen Rassentheorie parierte das »Kapital« im Begriff einer »Rasse eigentümlicher Warenbesitzer«[26], unter der es das Proletariat versteht. Genau in diesem Sinne erscheint die Rasse, die von Kain herkommt, bei Baudelaire. Er hätte ihn freilich nicht definieren können. Es ist die Rasse derer, die keine andere Ware besitzen als ihre Arbeitskraft.

Baudelaires Gedicht steht in dem »Révolte« überschriebenen Zyklus*. Die drei Stücke, die ihn zusammensetzen, halten einen blasphemischen Grundton fest. Der Satanismus von Baudelaire darf nicht allzu schwer genommen werden. Wenn er von einiger Bedeutung ist, so als die einzige Attitude, in der Baudelaire

26 Marx: Das Kapital. Kritik der politischen Ökonomie. Ungekürzte Ausgabe nach der zweiten Auflage von 1872. [Geleitwort von Karl Korsch.] Bd. 1. Berlin 1932, p. 173.

* Dem Titel folgt eine Vorbemerkung, die in den späteren Ausgaben unterdrückt wurde. Sie gibt die Gedichte der Gruppe für eine hochliterarische Nachbildung »der Sophismen der Unwissenheit und der Wut« aus. In Wahrheit kann von Nachbildung keine Rede sein. Die Staatsanwaltschaft des Second Empire hat das begriffen, und auch ihre Nachfahren begreifen es. Mit viel Nonchalance verrät das der Baron Seillière in seiner Auslegung des Gedichts, das die Folge »Révolte« einleitet. Es heißt »Le reniement de Saint Pierre« und enthält die Verse:

> Rêvais-tu de ces jours ...
> Où, le cœur tout gonflé d'espoir et de vaillance,
> Tu fouettais tous ces vils marchands à tour de bras,
> Où tu fus maître enfin? Le remords n'a-t-il pas
> Pénétré dans ton flanc plus avant que la lance? (I, p. 136.)

In diesen remords erblickt der ironische Ausleger die Selbstvorwürfe, »eine so gute Gelegenheit, die Diktatur des Proletariats einzuführen, versäumt zu haben« (Ernest Seillière: Baudelaire. Paris 1931, p. 193).

eine nonkonformistische Position auf die Dauer zu halten imstande war. Das letzte Stück des Zyklus, »Les litanies de Satan«, ist, seinem theologischen Inhalt nach, das miserere einer ophitischen Liturgie. Satan erscheint in seinem luziferischen Strahlenkranz: als Verwahrer des tiefen Wissens, als Unterweiser in den prometheischen Fertigkeiten, als Schutzpatron der Verstockten und Unbeugsamen. Zwischen den Zeilen blitzt das finstere Haupt Blanquis auf.

> Toi qui fais au proscrit ce regard calme et haut
> Qui damne tout un peuple autour d'un échafaud.[27]

Dieser Satan, den die Kette der Anrufungen auch als den »Beichtvater ... der Verschwörer« kennt, ist ein anderer als der höllische Intrigant, den die Gedichte mit dem Namen des Satan trismegistos, des Dämon, die Prosastücke mit dem Ihrer Hoheit nennen, die ihre unterirdische Wohnung in der Nähe des Boulevards hat. Lemaître hat auf den Zwiespalt hingewiesen, der aus dem Teufel hier »einmal den Urheber alles Bösen, dann wieder den großen Besiegten, das große Opfer«[28] macht. Es heißt das Problem nur anders wenden, wenn man die Frage aufwirft, was Baudelaire nötigte, der radikalen Absage an die Herrschenden eine radikal-theologische Form zu geben.

Der Protest gegen die bürgerlichen Begriffe von Ordnung und Ehrbarkeit war nach der Niederlage des Proletariats im Junikampf bei den Herrschenden besser aufgehoben als bei den Unterdrückten. Die, welche sich zu Freiheit und Recht bekannten, erblickten in Napoleon III. nicht den Soldatenkaiser, der er in Nachfolge seines Oheims sein wollte, sondern den vom Glück begünstigten Hochstapler. So haben die »Châtiments« seine Figur festgehalten. Die Bohème dorée ihrerseits sah in seinen rauschenden Festlichkeiten, in dem Hofstaat, mit welchem er sich umgab, ihre Träume von einem ›freien‹ Leben in der Wirklichkeit angesiedelt. Die Memoiren, in denen der Graf Viel-Castel die Umgebung des Kaisers schildert, lassen eine Mimi und einen Schaunard als recht ehrbar und spießbürgerlich erscheinen.

27 I, p. 138.
28 Jules Lemaître: Les contemporains. Etudes et portraits littéraires. 4e série. ⟨14e éd., Paris 1897,⟩ p. 30.

In der oberen Schicht gehörte der Zynismus zum guten Ton, das rebellische Räsonnement in der unteren. Vigny hatte in seinem »Eloa« dem gefallenen Engel, dem Luzifer, auf Byrons Spur im gnostischen Sinn gehuldigt. Barthélemy, auf der anderen Seite, hatte in seiner »Némésis« den Satanismus den Herrschenden zugesellt; er ließ eine Messe des agios sagen und einen Psalm von der Rente absingen[29]. Dieses Doppelgesicht des Satans ist Baudelaire durch und durch vertraut. Ihm spricht der Satan nicht nur für die Unteren sondern auch für die Oberen. Marx hätte sich kaum einen besseren Leser für die folgenden Zeilen wünschen können. »Als die Puritaner«, so heißt es im »Achtzehnten Brumaire«, »auf dem Konzil von Konstanz über das lasterhafte Leben der Päpste klagten . . ., donnerte der Kardinal Pierre d'Ailly ihnen zu: ›Nur noch der Teufel in eigener Person kann die katholische Kirche retten, und ihr verlangt Engel.‹ So rief die französische Bourgeoisie nach dem Staatsstreich: Nur noch der Chef der Gesellschaft vom 10. Dezember kann die bürgerliche Gesellschaft retten! Nur noch der Diebstahl das Eigentum, der Meineid die Religion, das Bastardtum die Familie, die Unordnung die Ordnung.«[30] Baudelaire, der Bewunderer der Jesuiten, wollte, auch in seinen rebellischen Stunden, diesem Retter nicht ganz aufsagen und nicht für immer. Seine Verse behielten sich vor, was seine Prosa sich nicht verboten hatte. Darum stellt sich der Satan in ihnen ein. Ihm danken sie die subtile Kraft, noch im verzweifelten Aufbegehren *dem* die Gefolgschaft nicht ganz zu kündigen, wogegen Einsicht und Menschlichkeit sich empörten. Fast immer dringt das Bekenntnis der Frömmigkeit wie ein Streitruf aus Baudelaire. Er will sich seinen Satan nicht nehmen lassen. Der ist der wahre Einsatz in dem Konflikt, den Baudelaire mit seinem Unglauben zu bestehen hatte. Es geht nicht um Sakramente und um Gebet; es geht um den luziferischen Vorbehalt, den Satan zu lästern, dem man verfallen ist.

Mit seiner Freundschaft zu Pierre Dupont hat sich Baudelaire als sozialer Dichter bekennen wollen. Die kritischen Schriften von d'Aurevilly geben von diesem Autor eine Skizze: »In die-

29 vgl. [Auguste-Marseille] Barthélemy: Némésis. Satire hebdomadaire. Paris 1834. Bd. 1, p. 225 (»L'archevêché et la bourse«).

30 Marx: Der achtzehnte Brumaire des Louis Bonaparte, l. c. ⟨S. 514⟩ p. 124.

sem Talent und in diesem Kopfe hat Kain über den sanften Abel die Oberhand – der rohe, ausgehungerte, neiderfüllte und wilde Kain, der in die Städte gegangen ist, um die Hefe des Grolls zu schlürfen, die sich dort ansammelt, und Teil an den falschen Ideen zu haben, die dort ihren Triumph erleben.«[31] Diese Charakteristik sagt recht genau, was Baudelaire mit Dupont solidarisch machte. Wie Kain ist Dupont »in die Städte gegangen« und hat sich von der Idylle abgewandt. »Das Lied, wie es von unsern Vätern verstanden wurde . . ., ja selbst die schlichte Romanze liegt ihm ganz fern.«[32] Dupont hat die Krise der lyrischen Dichtung mit dem fortschreitenden Zerfall zwischen Stadt und Land kommen fühlen. Einer seiner Verse gesteht das, unbeholfen; er sagt, daß der Dichter »abwechselnd den Wäldern sein Ohr leihe und der Masse«. Die Massen haben ihm seine Aufmerksamkeit entgolten; Dupont war um 1848 in aller Munde. Als die Errungenschaften der Revolution eine nach der andern verloren gingen, dichtete Dupont sein »Chant du vote«. In der politischen Dichtung dieser Zeit gibt es Weniges, was sich mit dessen Refrain messen kann. Er ist ein Blatt von dem Lorbeer, den Karl Marx damals für die »drohend finstere Stirn«[33] der Junikämpfer in Anspruch nahm.

Fais voir, en déjouant la ruse,
O République! à ces pervers,
Ta grande face de Méduse
Au milieu de rouges éclairs![34]

Ein Akt literarischer Strategie war die Einleitung, die Baudelaire 1851 zu einer Lieferung Dupontscher Gedichte beisteuerte. Man findet darin die folgenden merkwürdigen Aussprüche: »Die lächerliche Theorie der Schule des l'art pour l'art schloß die Moral aus und oft selbst die Leidenschaft; sie wurde dadurch

31 J[ules-Amédée] Barbey d'Aurevilly: Les œuvres et les hommes. (XIXe siècle.) 3e partie: Les poètes. Paris 1862, p. 242.

32 Pierre Larousse: Grand dictionaire universel du XIXe siècle. Bd. 6. Paris 1870, p. 1413 (Article »Dupont«).

33 Marx: Dem Andenken der Juni-Kämpfer; cit. nach: Karl Marx als Denker, Mensch und Revolutionär. Ein Sammelbuch. Hrsg. von D. Rjazanov. Wien, Berlin 1928, p. 40.

34 Pierre Dupont: Le chant du vote. Paris 1850 [unpaginiert].

notwendig unfruchtbar.« Und weiter, mit offenbarer Beziehung auf Auguste Barbier: »Als ein Dichter, der trotz manchem gelegentlichen Ungeschick sich fast immer groß bewährte, auftrat und die Heiligkeit der Julirevolution proklamierte, dann in ebenso flammenden Versen Gedichte auf das Elend in England und Irland schrieb, ... war die Frage ein für allemal abgetan und fortan die Kunst untrennbar von der Moral wie von der Nützlichkeit.«[35] Das hat nichts von der tiefen Duplizität, von der Baudelaires eigene Dichtung beflügelt wird. Sie nahm sich der Unterdrückten an, aber ebenso ihrer Illusionen wie ihrer Sache. Sie hatte ein Ohr für die Gesänge der Revolution, aber auch ein Ohr für die ›höhere Stimme‹, die aus dem Trommelwirbel der Exekutionen spricht. Als Bonaparte durch den Staatsstreich zur Herrschaft kommt, ist Baudelaire einen Augenblick aufgebracht. »Dann faßt er die Ereignisse vom ›providentiellen Gesichtspunkt‹ her ins Auge und unterwirft sich wie ein Mönch.«[36] »Theokratie und Kommunismus«[37] waren ihm nicht Überzeugungen sondern Einflüsterungen, die sich sein Ohr streitig machten: die eine nicht so seraphisch, die andere nicht so luziferisch wie er wohl meinte. Nicht lange, so hatte Baudelaire sein revolutionäres Manifest preisgegeben und nach einer Reihe von Jahren schreibt er: »Der Grazie und der weiblichen Zartheit seiner Natur verdankt Dupont seine ersten Lieder. Zum Glück hat die revolutionäre Aktivität, welche damals fast alle mit sich riß, ihn nicht ganz von seinem natürlichen Weg abgelenkt.«[38] Der schroffe Bruch mit dem l'art pour l'art hatte nur als Haltung für Baudelaire seinen Wert. Er erlaubte ihm, den Spielraum bekanntzugeben, der ihm als Literat zur Verfügung stand. Ihn hatte er vor den Schriftstellern seiner Zeit voraus – die größten unter ihnen nicht ausgenommen. Damit wird ersichtlich, worin er über dem literarischen Betrieb stand, der ihn umgab.

35 II, p. 403–405.

36 Paul Desjardins: Poètes contemporains. Charles Baudelaire, in: Revue bleue. Revue politique et littéraire (Paris), 3e série, tome 14, 24me année, 2e semestre, No. 1, 2 juillet 1887, p. 19.

37 II, p. 659.

38 II, p. 555.

Der literarische Tagesbetrieb hatte sich hundertundfünfzig Jahre lang um Zeitschriften bewegt. Gegen Ende des ersten Jahrhundertdrittels begann das sich zu ändern. Die schöne Literatur bekam durch das Feuilleton einen Absatzmarkt in der Tageszeitung. In der Einführung des Feuilletons resümieren sich die Veränderungen, die die Julirevolution der Presse gebracht hatte. Einzelnummern von Zeitungen durften unter der Restauration nicht verkauft werden; man konnte ein Blatt nur als Abonnent beziehen. Wer den hohen Betrag von 80 Francs für das Jahresabonnement nicht bestreiten konnte, war auf Cafés angewiesen, in denen man oft zu mehreren um eine Nummer stand. 1824 gab es in Paris 47 000 Bezieher von Zeitungen, 1836 waren es 70 und 1846 200 Tausend. Eine entscheidende Rolle hatte bei diesem Aufstieg Girardins Zeitung »La Presse« gespielt. Sie hatte drei wichtige Neuerungen gebracht: die Herabsetzung des Abonnementspreises auf 40 Francs, das Inserat sowie den Feuilletonroman. Gleichzeitig begann die kurze, abrupte Information dem gesetzten Bericht Konkurrenz zu machen. Sie empfahl sich durch ihre merkantile Verwertbarkeit. Die sogenannte ›réclame‹ brach ihr freie Bahn: Darunter verstand man eine dem Ansehen nach unabhängige, in Wahrheit vom Verleger bezahlte Notiz, mit der im redaktionellen Teil auf ein Buch hingewiesen wurde, dem am Vortage oder auch in der gleichen Nummer ein Inserat vorbehalten war. Sainte-Beuve klagte schon 1839 über ihre demoralisierenden Wirkungen. »Wie konnte man« im kritischen Teil »ein Erzeugnis verdammen ..., von dem zwei Fingerbreit tiefer zu lesen stand, daß es ein Wunderwerk der Epoche sei. Die Anziehungskraft der immer größer werdenden Lettern des Inserats bekam die Oberhand: es stellte einen Magnetberg dar, der den Kompaß ablenkte.«[39] Die ›réclame‹ steht am Anfang einer Entwicklung, deren Ende die von den Interessenten bezahlte Börsennotiz der Journale ist. Schwerlich kann die Geschichte der Information von der der Pressekorruption getrennt geschrieben werden.

Die Information brauchte wenig Platz; sie, nicht der politische Leitartikel noch der Roman im Feuilleton, verhalf dem Blatt

39 Sainte-Beuve: De la littérature industrielle, in: Revue des deux mondes, 4e série, 1839, p. 682/683.

zu dem tagtäglich neuen, im Umbruch klug variierten Aussehen, in dem ein Teil seines Reizes lag. Sie mußte ständig erneuert werden: Stadtklatsch, Theaterintrigen, auch ›Wissenswertes‹ gaben ihre beliebtesten Quellen ab. Die ihr eigene billige Eleganz, die für das Feuilleton so bezeichnend wird, ist ihr von Anfang an abzusehen. Mme de Girardin begrüßt in ihren »Pariser Briefen« die Photographie wie folgt: »Man beschäftigt sich derzeit viel mit der Erfindung des Herrn Daguerre, und nichts ist possierlicher als die seriösen Erläuterungen, die unsere Salongelehrten von ihr zu geben wissen. Herr Daguerre darf unbesorgt sein, man wird ihm sein Geheimnis nicht rauben ... Wirklich, seine Entdeckung ist wundervoll; aber man versteht nichts von ihr; sie ist zu viel erklärt worden.«[40] Nicht so bald und nicht überall fand man sich mit dem Feuilletonstil ab. 1860 und 68 erschienen in Marseille und Paris die beiden Bände der »Revues parisiennes« von dem Baron Gaston de Flotte. Sie machten es sich zur Aufgabe, gegen die Leichtfertigkeit der historischen Angaben, ganz besonders im Feuilleton der pariser Presse, anzukämpfen. – Im Café, beim Aperitif kam das Füllwerk der Information zustande. »Die Gepflogenheit des Aperitifs ... stellte sich mit dem Aufkommen der Boulevardpresse ein. Früher, als es nur die großen, seriösen Blätter gab ... kannte man keine Stunde des Aperitifs. Sie ist die logische Folge der ›Pariser Chronik‹ und des Stadtklatsches.«[41] Der Kaffeehausbetrieb spielte die Redakteure auf das Tempo des Nachrichtendienstes ein, ehe noch dessen Apparatur entwickelt war. Als der elektrische Telegraph gegen Ende des Second Empire in Gebrauch kam, hatte der Boulevard sein Monopol verloren. Die Unglücksfälle und die Verbrechen konnten nunmehr aus aller Welt bezogen werden.

Die Assimilierung des Literaten an die Gesellschaft, in der er stand, vollzog sich dergestalt auf dem Boulevard. Auf dem Boulevard hielt er sich dem nächstbesten Zwischenfall, Witzwort oder Gerücht zur Verfügung. Auf dem Boulevard entfal-

40 Mme Emile de Girardin née Delphine Gay: Œuvres complètes. Bd. 4: Lettres parisiennes 1836–1840. Paris 1860, p. 289/290.

41 Gabriël Guillemot: Le bohème. Physionomies parisiennes. Dessins par Hadol. Paris 1868, p. 72.

tete er die Draperie seiner Beziehungen zu Kollegen und Lebeleuten; und er war auf deren Effekte so angewiesen wie die Kokotten auf ihre Verkleidungskunst*. Auf dem Boulevard bringt er seine müßigen Stunden zu, die er als einen Teil seiner Arbeitszeit vor den Leuten ausstellt. Er verhält sich als ob er von Marx gelernt hätte, daß der Wert jeder Ware durch die zu ihrer Produktion gesellschaftlich notwendige Arbeitszeit bestimmt ist. Der Wert seiner eigenen Arbeitskraft bekommt dergestalt angesichts des ausgedehnten Nichtstuns, das in den Augen des Publikums für ihre Vervollkommnung nötig ist, etwas beinahe Phantastisches. Mit solcher Schätzung stand das Publikum nicht allein. Das hohe Entgelt des damaligen Feuilletons zeigt, daß sie in gesellschaftlichen Verhältnissen begründet war. In der Tat bestand ein Zusammenhang zwischen der Senkung der Abonnementsgebühren, dem Aufschwung des Inseratenwesens und der wachsenden Bedeutung des Feuilletons.

»Auf Grund des neuen Arrangements« – der Herabsetzung der Abonnementsgebühren – »muß das Blatt von der Annonce leben...; um viele Annoncen zu erhalten, mußte die viertel Seite, die zur Affiche geworden war, einer möglichst großen Anzahl von Abonnenten zu Gesicht kommen. Es wurde ein Köder nötig, der sich an alle ohne Ansehen ihrer Privatmeinung richtete, und der seinen Wert darin hatte, die Neugier an die Stelle der Politik zu setzen ... War der Ausgangspunkt, der Abonnementspreis von 40 Francs, einmal gegeben, so gelangte man über das Inserat fast mit absoluter Notwendigkeit zum Feuilletonroman.«[42] Eben das erklärt die hohe Dotierung dieser Beiträge. 1845 schloß Dumas mit dem »Constitutionnel« und der »Presse« einen Vertrag, in dem ihm für fünf Jahre ein jährliches Mindesthonorar von 63 000 Francs bei einer jährlichen Mindestproduktion von achtzehn Bänden ausgesetzt wurde[43]. Eugène

* »Mit ein wenig Scharfblick erkennt man leicht, daß ein Mädchen, das sich um acht Uhr reich gekleidet in einem eleganten Kostüm sehen läßt, dieselbe ist, die um neun Uhr als Grisette auftritt und sich um zehn als Bäuerin zeigt.« (F.-F.-A. Béraud: Les filles publiques de Paris, et la police qui les régit. Paris, Leipzig 1839. Bd. 1, p. 51.)

42 Alfred Nettement: Histoire de la littérature française sous le Gouvernement de Juillet. 2e éd., Paris 1859. Bd. 1, p. 301/302.

43 vgl. Ernest Lavisse: Histoire de France contemporaine. Depuis la révolution jusqu'à la paix de 1919. Bd. 5: S. Charléty: La monarchie de juillet (1830–1848). Paris 1921, p. 352.

Sue erhielt für die »Mystères de Paris« eine Anzahlung von 100 000 Francs. Die Honorare von Lamartine hat man für den Zeitraum von 1838 bis 1851 auf 5 Millionen Francs berechnet. Für die »Histoire des Girondins«, welche zuerst als Feuilleton erschienen war, hatte er 600 000 Francs bezogen. Die üppige Honorierung von literarischer Tagesware führte notwendig zu Übelständen. Es kam vor, daß Verleger sich beim Erwerb von Manuskripten das Recht vorbehielten, sie von einem Verfasser ihrer Wahl zeichnen zu lassen. Das setzte voraus, daß einige erfolgreiche Romanciers mit ihrer Unterschrift nicht heikel waren. Näheres darüber berichtet ein Pamphlet »Fabrique de romans, Maison Alexandre Dumas et Cie«[44]. Die »Revue des deux mondes« schrieb damals: »Wer kennt die Titel aller Bücher, die Herr Dumas gezeichnet hat? Kennt er sie selber? Wenn er nicht ein Journal mit ›Soll‹ und ›Haben‹ führt, so hat er bestimmt ... mehr als eines der Kinder vergessen, von denen er der legitime, der natürliche oder der Adoptivvater ist.«[45] Es ging die Sage, Dumas beschäftige in seinen Kellern eine ganze Kompagnie armer Literaten. Noch zehn Jahre nach den Feststellungen der großen Revue – 1855 – findet man in einem kleinen Organ der Bohème die folgende pittoreske Darstellung aus dem Leben eines erfolgreichen Romanciers, den der Autor de Santis nennt: »Zuhause angekommen, schließt Herr de Santis sorgfältig ab ... und öffnet eine kleine hinter seiner Bibliothek verborgene Tür. – Er befindet sich damit in einem ziemlich schmutzigen, schlecht beleuchteten Kabinett. Da sitzt, einen langen Gänsekiel in der Hand, mit verwirrtem Haar ein düster doch unterwürfig blickender Mann. In ihm erkennt man auf eine Meile den wahren Romancier von Geblüt, wenn es auch nur ein ehemaliger Ministerialangestellter ist, der die Kunst Balzacs bei der Lektüre des ›Constitutionnel‹ erlernt hat. Der wahre Verfasser der ›Schädelkammer‹ ist er; er ist der Romancier.«[46]* Unter der zweiten Republik versuchte das Parlament

* Der Gebrauch der ›Neger‹ war nicht auf das Feuilleton beschränkt. Scribe beschäftigte für den Dialog seiner Stücke eine Reihe von anonymen Mitarbeitern.

44 vgl. Eugène de [Jacquot] Mirecourt: Fabrique de romans. Maison Alexandre Dumas et Compagnie. Paris 1845.

45 Paulin Limayrac: Du roman actuel et de nos romanciers, in: Revue des deux mondes, tome 11, 14e année, nouvelle série, 1845, p. 953/954.

46 Paul Saulnier: Du roman en général et du romancier moderne en particulier, in: Le bohème. Journal non politique. 1re année, No. 5, 29 avril 1855, p. 2.

gegen das Überhandnehmen des Feuilletons anzukämpfen. Man belegte die Romanfortsetzungen Stück für Stück mit einer Steuer von einem Centime. Mit den reaktionären Pressgesetzen, die durch Beschränkung der Meinungsfreiheit dem Feuilleton erhöhten Wert gaben, trat die Vorschrift nach kurzer Frist außer Kraft.

Die hohe Dotierung des Feuilletons verbunden mit seinem großen Absatz verhalf den Schriftstellern, die es belieferten, zu einem großen Namen im Publikum. Es lag für den Einzelnen nicht fern, seinen Ruf und seine Mittel kombiniert einzusetzen: die politische Karriere erschloß sich ihm fast von selbst. Damit ergaben sich neue Formen der Korruption, und sie waren folgenreicher als der Mißbrauch bekannter Autorennamen. War der politische Ehrgeiz des Literaten einmal erwacht, so lag es für das Regime nahe, ihm den richtigen Weg zu weisen. 1846 bot Salvandy, der Kolonialminister, Alexandre Dumas an, auf Regierungskosten – das Unternehmen war mit 10 000 Francs bedacht – eine Reise nach Tunis zu unternehmen, um die Kolonien zu propagieren. Die Expedition mißriet, verschlang viel Geld und endete mit einer kleinen Anfrage in der Kammer. Glücklicher war Sue, der auf Grund des Erfolges seiner »Mystères de Paris« nicht nur die Abonnentenzahl des »Constitutionnel« von 3600 auf 20 000 brachte, sondern 1850 mit 130 000 Stimmen der Arbeiter von Paris zum Deputierten gewählt wurde. Die proletarischen Wähler gewannen damit nicht viel; Marx nennt die Wahl einen »sentimental abschwächenden Kommentar«[47] der vorangegangenen Mandatsgewinne. Wenn so die Literatur den Bevorzugten eine politische Laufbahn eröffnen konnte, so ist diese Laufbahn ihrerseits für die kritische Betrachtung ihrer Schriften verwertbar. Lamartine bietet dafür ein Beispiel dar.

Lamartines entscheidende Erfolge, die »Méditations« und die »Harmonies«, reichen in die Zeit zurück, in der das französische Bauerntum noch im Genuß des eroberten Ackers stand. In einem naiven Vers an Alphonse Karr hat der Dichter sein Schaffen dem eines Weinbauern gleichgestellt:

47 Marx: Der achtzehnte Brumaire des Louis Bonaparte, l. c. ⟨S. 514⟩ p. 68.

Tout homme avec fierté peut vendre sa sueur!
Je vends ma grappe en fruit comme tu vends ta fleur,
Heureux quand son nectar, sous mon pied qui la foule,
Dans mes tonneaux nombreux en ruisseaux d'ambre coule,
Produisant à son maître, ivre de sa cherté,
Beaucoup d'or pour payer beaucoup de liberté![48]

Diese Zeilen, in denen Lamartine seine Prosperität als eine bäuerliche lobt und der Honorare sich rühmt, die ihm sein Produkt auf dem Markt verschafft, sind aufschlußreich, wenn man sie minder von der moralischen Seite* denn als einen Ausdruck von Lamartines Klassengefühl betrachtet. Es war das des Parzellenbauern. Darin liegt ein Stück Geschichte von Lamartines Poesie. Die Lage des Parzellenbauern war in den vierziger Jahren kritisch geworden. Er war verschuldet. Seine Parzelle lag »nicht mehr im sogenannten Vaterland, sondern im Hypothekenbuch«[49]. Damit war der bäuerliche Optimismus, die Grundlage der verklärenden Anschauung der Natur, die Lamartines Lyrik eigen ist, in Verfall geraten. »Wenn die neu entstandene Parzelle in ihrem Einklang mit der Gesellschaft, in ihrer Abhängigkeit von den Naturgewalten und ihrer Unterwerfung unter die Autorität, die sie von oben beschützte, natürlich religiös war, wird die schuldzerrüttete, mit der Gesellschaft und der Autorität zerfallene, über ihre eigene Beschränktheit hinausgetriebene Parzelle natürlich irreligiös. Der Himmel war eine ganz schöne Zugabe zu dem eben gewonnenen schmalen Erdstrich, zumal da er das Wetter macht; er wird zum Insult, sobald er als Ersatz für die Parzelle aufgedrängt wird.«[50] An eben diesem Himmel waren die Gedichte Lamartines Wolkengebilde gewesen, wie denn Sainte-Beuve schon 1830 geschrieben hatte: »Die Dichtung

48 Alphonse de Lamartine: ⟨Œuvres poétiques complètes. Ed. Guyard. Paris 1963, p. 1506 (»Lettre à Alphonse Karr«).⟩

49 Marx: Der achtzehnte Brumaire des Louis Bonaparte, l. c. ⟨S. 514⟩ p. 122/123.

50 Marx, l. c. p. 122.

* In einem offenen Briefe an Lamartine schreibt der ultramontane Louis Veuillot: »Sollten Sie wirklich nicht wissen, daß ›frei sein‹ vielmehr besagen will: Gold verachten! Und um sich die Art Freiheit zu verschaffen, die man mit Gold erkauft, produzieren Sie Ihre Bücher auf ebenso kommerzielle Art wie Ihr Gemüse oder wie Ihren Wein!« (Louis Veuillot: Pages choisies avec une introduction critique par Antoine Albalat. Lyon, Paris 1906, p. 31.

von André Chénier ... ist gewissermaßen die Landschaft, über der Lamartine den Himmel ausgespannt hat.«[51] Dieser Himmel stürzte für immer ein, als die französischen Bauern 1849 für die Präsidentschaft von Bonaparte stimmten. Lamartine hatte ihr Votum mit vorbereitet*. »Er hätte wohl nicht gedacht«, schreibt über seine Rolle in der Revolution Sainte-Beuve, »daß er bestimmt war, der Orpheus zu werden, welcher mit seinem güldenen Bogen jenen Einfall der Barbaren lenken und mäßigen sollte.«[52] Baudelaire nennt ihn trocken »ein bißchen hurig, ein bißchen prostituiert«[53].

Für die problematischen Seiten dieser glanzvollen Erscheinung hat schwerlich einer einen schärferen Blick besessen als Baudelaire. Das mag damit zusammenhängen, daß er selber seit jeher wenig Glanz auf sich hatte ruhen fühlen. Porché meint, es sehe ganz danach aus, als habe Baudelaire nicht die Wahl gehabt, wo er seine Manuskripte placieren könne[54]. »Baudelaire«, schreibt Ernest Raynaud, »hatte mit ... Gaunersitten zu rechnen; er hatte es mit Herausgebern zu tun, die auf die Eitelkeit der Leute von Welt, der Amateure und der Anfänger spekulierten und welche Manuskripte nur annahmen, wenn man Abonnements zeichnete.«[55] Baudelaires eigenes Verhalten entspricht dieser Sachlage. Er stellt das gleiche Manuskript mehreren Redaktionen zur Verfügung, vergibt Zweitdrucke, ohne sie als solche zu kennzeichnen. Er hat den literarischen Markt schon früh völlig illusionslos betrachtet. 1846 schreibt er: »So schön

* Aus Berichten des damaligen russischen Botschafters in Paris, Kisseljow, hat Pokrowski nachgewiesen, daß die Ereignisse so verlaufen sind, wie schon Marx sie sich in den »Klassenkämpfen in Frankreich« zurechtgelegt hatte. Am 6. April 1849 hatte Lamartine dem Botschafter zugesichert, Truppen in der Hauptstadt zusammenzuziehen – eine Maßnahme, die das Bürgertum später mit den Arbeiterdemonstrationen vom 16. April zu rechtfertigen suchte. Lamartines Bemerkung, er werde für die Truppenkonzentration ungefähr zehn Tage benötigen, läßt in der Tat ein zweideutiges Licht auf jene Demonstrationen fallen. (Vgl. M[ichail] N. Pokrowski: Historische Aufsätze. Ein Sammelband. Wien, Berlin 1928, p. 108/109.)

51 Vie, poésies et pensées de Joseph Delorme. Nouvelle édition. (Poésies de Sainte-Beuve. 1re partie.) Paris 1863, p. 159/160.

52 Sainte-Beuve: Les consolations, l. c. ⟨S. 523⟩ p. 118.

53 cit. François Porché: La vie douloureuse de Charles Baudelaire. Paris 1926, p. 248.

54 vgl. Porché, l. c. p. 156.

55 Ernest Raynaud: Ch. Baudelaire. Etude biographique et critique suivi d'un essai de bibliographie et d'iconographie baudelairiennes. Paris 1922, p. 319.

ein Haus sein mag, es hat vor allem einmal – und ehe man sich bei seiner Schönheit aufhält – soundsoviel Meter Höhe und soundsoviel Meter Länge. – Ebenso ist die Literatur, welche die unschätzbarste Substanz darstellt, vor allem Zeilenfüllung; und der literarische Architekt, dem nicht schon sein bloßer Name einen Gewinn verspricht, muß zu jedem Preise verkaufen.«[56] Bis an sein Ende blieb Baudelaire auf dem literarischen Markt schlecht placiert. Man hat berechnet, daß er mit seinem gesamten Werk nicht mehr als 15 000 Francs verdient hat.

»Balzac richtet sich mit Kaffee zu Grunde, Musset stumpft sich durch Absinthgenuß ab ..., Murger stirbt ... in einer Heilanstalt wie eben jetzt Baudelaire. Und nicht einer dieser Schriftsteller ist Sozialist gewesen!«[57] schreibt der Privatsekretär von Sainte-Beuve, Jules Troubat. Baudelaire hat die Anerkennung, die der letzte Satz ihm zollen wollte, gewiß verdient. Aber er war darum nicht ohne Einsicht in die wirkliche Lage des Literaten. Ihn – und sich selber an erster Stelle – mit der Hure zu konfrontieren, war ihm geläufig. Das Sonett an die käufliche Muse – »La muse vénale« – spricht davon. Das große Einleitungsgedicht »Au lecteur« stellt den Dichter in der unvorteilhaften Positur dessen dar, der für seine Geständnisse klingende Münze nimmt. Eines der frühsten Gedichte, die in die »Fleurs du mal« keinen Eingang fanden, ist an ein Straßenmädchen gerichtet. Seine zweite Strophe lautet:

> Pour avoir des souliers, elle a vendu son âme;
> Mais le bon Dieu rirait si, près de cette infâme,
> Je tranchais du tartufe et singeais la hauteur,
> Moi qui vends ma pensée et qui veux être auteur.[58]

Die letzte Strophe »Cette bohême-là, c'est mon tout« schließt dieses Geschöpf unbekümmert in die Bruderschaft der Bohème ein. Baudelaire wußte, wie es um den Literaten in Wahrheit stand: als Flaneur begibt er sich auf den Markt; wie er meint, um ihn anzusehen, und in Wahrheit doch schon, um einen Käufer zu finden.

56 II, p. 385.
57 cit. Eugène Crépet: Charles Baudelaire. Etude biographique, revue et mise à jour par Jacque Crépet. Paris 1906, p. 196/197.
58 I, p. 209.

II

Der Flaneur

Der Schriftsteller, der den Markt einmal betreten hatte, sah sich dort um wie in einem Panorama. Eine eigene Literaturgattung hat seine ersten Orientierungsversuche aufbehalten. Es ist eine panoramatische Literatur. »Le livre des Cent-et-un«, »Les Français peints par eux-mêmes«, »Le diable à Paris«, »La grande ville« genossen nicht zufällig um die gleiche Zeit wie die Panoramen die Gunst der Hauptstadt. Diese Bücher bestehen aus einzelnen Skizzen, die mit ihrer anekdotischen Einkleidung den plastischen Vordergrund jener Panoramen und mit ihrem informatorischen Fundus deren weitgespannten Hintergrund gleichsam nachbilden. Zahlreiche Autoren leisteten Beisteuer zu ihnen. So sind diese Sammelwerke ein Niederschlag der gleichen belletristischen Kollektivarbeit, der Girardin im Feuilleton eine Stätte eröffnet hatte. Sie waren das Salongewand eines Schrifttums, das von Hause aus dem Straßenverschleiß bestimmt war. In diesem Schrifttum nahmen die unscheinbaren Hefte in Taschenformat, die sich ›physiologies‹ nannten, einen bevorzugten Platz ein. Sie gingen Typen nach, wie sie dem, der den Markt in Augenschein nimmt, begegnen. Vom fliegenden Straßenhändler der Boulevards bis zu den Elegants im Foyer der Oper gab es keine Figur des pariser Lebens, die der physiologue nicht umrissen hätte. Der große Augenblick der Gattung fällt in den Anfang der vierziger Jahre. Sie ist die hohe Schule des Feuilletons; Baudelaires Generation hat sie durchgemacht. Daß sie ihm selber wenig zu sagen hatte, zeigt, wie früh er den eigenen Weg ging.
Man zählte 1841 sechsundsiebenzig neue Physiologien[1]. Von diesem Jahre an sank die Gattung ab; mit dem Bürgerkönigtum war auch sie verschwunden. Sie war eine von Grund auf kleinbürgerliche. Monnier, der Meister des Genres, war ein mit ungewöhnlicher Fähigkeit zur Selbstbeobachtung ausgestatteter Spießer. Nirgends durchbrachen diese Physiologien den beschränktesten Horizont. Nachdem sie sich den Typen gewidmet

1 vgl. Charles Louandre: Statistique littéraire. De la production intellectuelle en France depuis quinze ans. Dernière partie, in: Revue des deux mondes, tome 20, 17e année, nouvelle série, 15 novembre 1847, p. 686/687.

hatten, kam die Reihe an die Physiologie der Stadt. Es erschienen »Paris la nuit«, »Paris à table«, »Paris dans l'eau«, »Paris à cheval«, »Paris pittoresque«, »Paris marié«. Als auch diese Ader erschöpft war, wagte man sich an eine ›Physiologie‹ der Völker. Man vergaß nicht die ›Physiologie‹ der Tiere, die sich seit jeher als harmloser Vorwurf empfohlen haben. Auf die Harmlosigkeit kam es an. In seinen Studien zur Geschichte der Karikatur macht Eduard Fuchs darauf aufmerksam, daß im Anfang der Physiologien die sogenannten Septembergesetze stehen – das sind die verschärften Zensurmaßnahmen von 1836. Durch sie wurde eine Mannschaft von fähigen und in der Satire geschulten Künstlern mit einem Schlage von der Politik abgedrängt. Wenn das in der Graphik gelang, so mußte das Regierungsmanöver erst recht in der Literatur glücken. Denn in ihr gab es keine politische Energie, die sich mit der eines Daumier hätte vergleichen lassen. Die Reaktion ist also die Voraussetzung, »aus der sich die kolossale Revue des bürgerlichen Lebens erklärt, die ... in Frankreich einsetzte ... Alles defilierte vorüber ... Freudentage und Trauertage, Arbeit und Erholung, Eheliche Sitten und Junggesellengebräuche, Familie, Haus, Kind, Schule, Gesellschaft, Theater, Typen, Berufe.«[2]

Die Gemächlichkeit dieser Schildereien paßt zu dem Habitus des Flaneurs, der auf dem Asphalt botanisieren geht. Aber schon damals konnte man nicht überall in der Stadt umherschlendern. Breite Bürgersteige waren vor Haussmann selten; die schmalen boten wenig Schutz vor den Fuhrwerken. Die Flanerie hätte sich zu ihrer Bedeutung schwerlich ohne die Passagen entwickeln können. »Die Passagen, eine neuere Erfindung des industriellen Luxus«, sagt ein illustrierter pariser Führer von 1852, »sind glasgedeckte, marmorgetäfelte Gänge durch ganze Häusermassen, deren Besitzer sich zu solchen Spekulationen vereinigt haben. Zu beiden Seiten dieser Gänge, die ihr Licht von oben erhalten, laufen die elegantesten Warenläden hin, so daß eine solche Passage eine Stadt, eine Welt im Kleinen ist.« In dieser Welt ist der Flaneur zuhause; er verhilft »dem Lieblingsaufenthalte der Spaziergänger und der Raucher, dem Tummelplatze

2 Eduard Fuchs: Die Karikatur der europäischen Völker. Erster Teil: Vom Altertum bis zum Jahre 1848. 4. Aufl., München 1921, p. 362.

aller möglichen kleinen Metiers«[3] zu seinem Chronisten und seinem Philosophen. Sich selber aber verhilft er dort zu dem unfehlbaren Heilmittel gegen die Langeweile, wie sie unter dem Basiliskenblick einer saturierten Reaktion leicht gedeiht. »Wer imstande wäre«, so lautet ein durch Baudelaire überliefertes Wort von Guys, »sich in einer Menschenmenge zu langweilen, ist ein Dummkopf. Ein Dummkopf, wiederhole ich, und ein verächtlicher.«[4] Die Passagen sind ein Mittelding zwischen Straße und Interieur. Will man von einem Kunstgriff der Physiologien reden, so ist es der bewährte des Feuilletons: nämlich den Boulevard zum Interieur zu machen. Die Straße wird zur Wohnung für den Flaneur, der zwischen Häuserfronten so wie der Bürger in seinen vier Wänden zuhause ist. Ihm sind die glänzenden emaillierten Firmenschilder so gut und besser ein Wandschmuck wie im Salon dem Bürger ein Ölgemälde; Mauern sind das Schreibpult, gegen das er seinen Notizblock stemmt; Zeitungskioske sind seine Bibliotheken und die Caféterrassen Erker, von denen aus er nach getaner Arbeit auf sein Hauswesen heruntersieht. Daß das Leben in seiner ganzen Vielfalt, in seinem unerschöpflichen Reichtum an Variationen erst zwischen den grauen Pflastersteinen und vor dem grauen Hintergrunde der Despotie gedeiht – das war der politische Hintergedanke des Schrifttums, dem die Physiologien angehörten.

Dieses Schrifttum war auch gesellschaftlich nicht geheuer. Der langen Reihe von kauzigen oder simplen, gewinnenden oder strengen Charakterköpfen, die die Physiologien dem Leser vorstellen, ist eines gemeinsam: sie sind harmlos, von vollendeter Bonhomie. Eine solche Ansicht vom Nebenmenschen lag zu weit von der Erfahrung ab, um sich nicht von ungewöhnlich triftigen Ursachen herzuschreiben. Sie kam aus einer Beunruhigung von besonderer Art. Die Leute hatten mit einem neuen, ziemlich befremdenden Umstand sich abzufinden, der den Großstädten eigentümlich ist. In einer glücklichen Formulierung hat Simmel festgehalten, was hier in Frage steht. »Wer sieht, ohne zu hören, ist viel ... beunruhigter als wer hört, ohne zu sehen. Hier liegt etwas für die Soziologie der Großstadt Charakteri-

3 Ferdinand von Gall: Paris und seine Salons. Bd. 2. Oldenburg 1845, p. 22.
4 II, p. 333.

stisches. Die wechselseitigen Beziehungen der Menschen in den Großstädten ... zeichnen sich durch ein ausgesprochenes Übergewicht der Aktivität des Auges über die des Gehörs aus. Die Hauptursachen davon sind die öffentlichen Verkehrsmittel. Vor der Entwicklung der Omnibusse, der Eisenbahnen, der Tramways im neunzehnten Jahrhundert waren die Leute nicht in die Lage gekommen, lange Minuten oder gar Stunden sich gegenseitig ansehen zu müssen, ohne aneinander das Wort zu richten.«[5] Der neue Zustand war, wie Simmel erkennt, kein anheimelnder. Schon Bulwer instrumentierte seine Schilderung der großstädtischen Menschen im »Eugen Aram« mit dem Hinweis auf die Goethische Bemerkung, jeder Mensch, der beste wie der elendeste, trage ein Geheimnis mit sich herum, das ihn allen andern verhaßt machen würde, sollte es bekannt werden[6]. Ähnliche beunruhigende Vorstellungen als geringfügig beiseite zu schieben, waren die Physiologien gerade gut. Sie stellten, wenn man so sagen darf, die Scheuklappen des ›bornierten Stadttiers‹[7] vor, von dem bei Marx einmal die Rede ist. Wie gründlich sie, wo es nottat, den Blick beschränkten, zeigt eine Schilderung des Proletariers in Foucauds »Physiologie de l'industrie française«: »Ruhiger Genuß ist für den Arbeiter geradezu erschöpfend. Sei das Haus, das er bewohnt, unter wolkenlosem Himmel noch so begrünt, von Blumen durchduftet und vom Gezwitscher der Vögel belebt – ist er müßig, so bleibt er den Reizen der Einsamkeit unzugänglich. Trifft aber zufällig ein scharfer Ton oder Pfiff aus einer entfernten Fabrik sein Ohr, hört er auch nur das einförmige Geklapper, das vom Mühlwerk einer Manufaktur herrührt, gleich heitert sich seine Stirne auf ... Er spürt nicht mehr den erlesenen Blumenduft. Der Rauch aus dem hohen Fabrikschornstein, die dröhnenden Schläge vom Amboß her lassen ihn vor Freude erzittern. Er erinnert sich der seligen Tage seiner durch den Geist des Erfinders gelenkten

5 G[eorg] Simmel: Mélanges de philosophie rélativiste. Contribution à la culture philosophique. Traduit par A. Guillain. Paris 1912, p. 26/27.

6 vgl. [Edward George Bulwer Lytton:] Eugene Aram. A Tale. By the Author of »Pelham«, »Devereux«, &c. Paris 1832, p. 314.

7 Marx und Engels über Feuerbach. Der erste Teil der »Deutschen Ideologie«, in: Marx-Engels-Archiv (Zeitschrift des Marx-Engels-Instituts in Moskau, hrsg. von D. Rjazanov, Frankfurt a. M.), Bd. 1, 1926, p. 272.

Arbeit.«[8] Der Unternehmer, der diese Beschreibung las, ging vielleicht gelassener als sonst zur Ruhe.

Das Nächstliegende war in der Tat, den Leuten voneinander ein freundliches Bild zu geben. Damit webten die Physiologien auf ihre Art an der Phantasmagorie des pariser Lebens. Aber ihr Verfahren konnte nicht sehr weit führen. Die Leute kannten einander als Schuldner und Gläubiger, als Verkäufer und Kunde, als Arbeitgeber und Angestellter – vor allem kannten sie einander als Konkurrenten. Ihnen von ihren Partnern die Vorstellung eines harmlosen Originals zu erwecken, erschien auf die Dauer nicht aussichtsreich. Daher bildete sich in diesem Schrifttum früh eine andere Ansicht der Sache aus, die sehr viel tonischer wirken konnte. Sie geht auf die Physiognomiker des achtzehnten Jahrhunderts zurück. Mit deren solideren Bemühungen hat sie allerdings wenig zu tun. Bei Lavater oder bei Gall war neben der Spekulation und Schwärmerei echte Empirie mit im Spiel. Die Physiologien zehrten von deren Kredit, ohne aus Eigenem dazuzugeben. Sie versicherten, jedermann sei, von Sachkenntnis ungetrübt, imstande, Beruf, Charakter, Herkunft und Lebensweise der Passanten abzulesen. Bei ihnen erscheint diese Gabe als eine Fähigkeit, die die Feen dem Großstädter in die Wiege legen. Mit solchen Gewißheiten war vor allen andern Balzac in seinem Element. Seine Vorliebe für uneingeschränkte Aussagen fuhr gut mit ihnen. »Das Genie«, schreibt er beispielsweise, »ist im Menschen so sichtbar, daß der Ungebildetste, wenn er sich in Paris ergeht und dabei einen großen Künstler kreuzt, sofort wissen wird, woran er ist.«[9] Delvau, Baudelaires Freund und der interessanteste unter den kleinen Meistern des Feuilletons, will das Publikum von Paris nach seinen verschiedenen Schichten so leicht auseinanderhalten wie ein Geologe die Schichtungen im Gestein. Ließ sich dergleichen tun, dann war allerdings das Leben in der Großstadt nicht entfernt so beunruhigend, wie es den Menschen wahrscheinlich vorkam. Dann war es nur eine Floskel, wenn Baudelaire fragt, »was sind die Gefahren des Waldes und der Prärie mit den täglichen Chocks und Konflikten in der zivilisierten Welt verglichen? Ob der Mensch auf dem Boulevard sein Opfer unterfaßt oder in unbe-

8 Foucaud, l. c. 〈S. 520〉 p. 222/223.

9 Honoré de Balzac: Le cousin Pons. Ed. Conard. Paris 1914, p. 130.

kannten Wäldern seine Beute durchbohrt – bleibt er nicht hier und dort das vollkommenste aller Raubtiere?«[10]
Baudelaire gebraucht für dieses Opfer den Audruck ›dupe‹; das Wort bezeichnet den Betrogenen, Genasführten; zu ihm steht der Menschenkenner im Gegensatz. Je weniger geheuer die Großstadt wird, desto mehr Menschenkenntnis, so dachte man, gehört dazu, in ihr zu operieren. In Wahrheit führt der verschärfte Konkurrenzkampf den Einzelnen vor allem dahin, seine Interessen gebieterisch anzumelden. Deren präzise Kenntnis wird, wenn es gilt, das Verhalten eines Menschen abzuschätzen, oft viel dienlicher als die seines Wesens sein. Die Gabe, deren der Flaneur sich so gerne rühmt, ist darum eher eines der Idole, die schon Baco auf dem Markte ansiedelt. Baudelaire hat diesem Idol kaum gehuldigt. Der Glaube an die Erbsünde feite ihn gegen den Glauben an Menschenkenntnis. Er hielt es mit de Maistre, der seinerseits das Studium des Dogmas mit dem des Baco vereinigt hatte.

Die beruhigenden Mittelchen, welche die Physiologisten feilhielten, waren bald abgetan. Der Literatur dagegen, die sich an die beunruhigenden und bedrohlichen Seiten des städtischen Lebens gehalten hat, sollte eine große Zukunft beschieden sein. Auch diese Literatur hat es mit der Masse zu tun. Sie verfährt aber anders als die Physiologien. Ihr liegt an der Bestimmung von Typen wenig; sie geht vielmehr den Funktionen nach, welche der Masse in der großen Stadt eigen sind. Unter ihnen drängte eine sich auf, die schon ein Polizeibericht um die Wende des neunzehnten Jahrhunderts hervorhebt. »Es ist fast unmöglich«, schreibt ein pariser Geheimagent im Jahre 1798, »gute Lebensart in einer dicht massierten Bevölkerung aufrecht zu erhalten, wo jeder einzelne allen andern sozusagen unbekannt ist und daher vor niemandem zu erröten braucht.«[11] Hier erscheint die Masse als das Asyl, das den Asozialen vor seinen Verfolgern schützt. Unter ihren bedrohlichen Seiten hat sich diese am zeitigsten angekündigt. Sie steht im Ursprung der Detektivgeschichte.

In Zeiten des Terrors, wo jedermann etwas vom Konspirateur

10 II, p. 637.

11 cit. Adolphe Schmidt: Tableaux de la révolution française. Publiés sur les papiers inédits du département et de la police secrète de Paris. Bd. 3. Leipzig 1870, p. 337.

an sich hat, wird auch jedermann in die Lage kommen, den Detektiv zu spielen. Die Flanerie gibt ihm darauf die beste Anwartschaft. »Der Beobachter«, sagt Baudelaire, »ist ein Fürst, der überall im Besitze seines Inkognitos ist.«[12] Wenn der Flaneur dergestalt zu einem Detektiv wider Willen wird, so kommt ihm das gesellschaftlich sehr zupaß. Es legitimiert seinen Müßiggang. Seine Indolenz ist eine nur scheinbare. Hinter ihr verbirgt sich die Wachsamkeit eines Beobachters, der den Missetäter nicht aus den Augen läßt. So sieht der Detektiv ziemlich weite Gefilde seinem Selbstgefühl aufgetan. Er bildet Formen des Reagierens aus, wie sie dem Tempo der Großstadt anstehen. Er erhascht die Dinge im Flug; er kann sich damit in die Nähe des Künstlers träumen. Den geschwinden Stift des Zeichners lobt jedermann. Balzac will Künstlerschaft überhaupt an geschwindes Erfassen gebunden wissen*. – Kriminalistischer Spürsinn mit der gefälligen Nonchalance des Flaneurs vereinigt gibt den Aufriß von Dumas' »Mohicans de Paris«. Ihr Held entschließt sich, auf Abenteuer auszuziehen, indem er einem Fetzen Papier nachgeht, den er den Winden zum Spiel überlassen hat. Welche Spur der Flaneur auch verfolgen mag, jede wird ihn auf ein Verbrechen führen. Damit ist angedeutet, wie auch die Detektivgeschichte, ihres nüchternen Kalküls ungeachtet, an der Phantasmagorie des pariser Lebens mitwirkt. Noch verklärt sie nicht den Verbrecher; aber sie verklärt seine Gegenspieler und vor allem die Jagdgründe, in denen sie ihn verfolgen. Messac hat gezeigt, wie man sich bemüht, dabei Reminiszenzen an Cooper heranzuziehen[13]. Das Interessante an Coopers Einfluß ist: man verbirgt ihn nicht, man stellt ihn vielmehr zur Schau. In den erwähnten »Mohicans de Paris« liegt die Schaustellung schon im Titel; der Autor macht dem Leser die Aussicht, ihm in Paris einen Urwald und eine Prärie zu öffnen. Das holzgeschnittene Frontispice zum dritten Band zeigt eine bebuschte, damals wenig begangene Straße; die Beschriftung der Ansicht lautet: »Der

* In »Seraphita« spricht Balzac von einer »schnellen Schau, deren Perzeptionen der Phantasie in raschem Wechsel die gegensätzlichsten Landschaften der Erde zur Verfügung stellen«.

12 II, p. 333.

13 vgl. Régis Messac: Le »Detective Novel« et l'influence de la pensée scientifique. Paris 1929.

Urwald in der d'Enfer-Straße«. Der Verlagsprospekt dieses Werkes umreißt den Zusammenhang mit einer großartigen Floskel, in der man die Hand des von sich begeisterten Verfassers vermuten darf: »Paris – die Mohikaner ... diese beiden Namen prallen aufeinander wie das Qui vive zweier gigantischer Unbekannter. Es trennt die beiden ein Abgrund; er ist von den Funken jenes elektrischen Lichtes durchzuckt, das seinen Herd in Alexandre Dumas hat.« Féval versetzte schon früher eine Rothaut in weltstädtische Abenteuer. Sie heißt Tovah und bringt es fertig, auf einer Ausfahrt in einem Fiaker ihre vier weißen Begleiter so zu skalpieren, daß der Kutscher nichts davon merkt. Die »Mystères de Paris« weisen gleich zu Beginn auf Cooper, um zu versprechen, daß ihre Helden aus der pariser Unterwelt »nicht minder der Zivilisation entrückt sind als die Wilden, die Cooper so trefflich darstellt«. Besonders ist aber Balzac nicht müde geworden, auf Cooper als auf sein Vorbild hinzuweisen. »Die Poesie des Schreckens, von der die amerikanischen Wälder, in denen feindliche Stämme auf dem Kriegspfad einander begegnen, voll sind – diese Poesie, die Cooper so zustatten gekommen ist, eignet genau so den kleinsten Details des pariser Lebens. Die Passanten, die Läden, die Mietkutschen oder ein Mann, der gegen ein Fenster lehnt, all das interessierte die Leute von Peyrades Leibwache ebenso brennend wie ein Baumstumpf, ein Biberbau, ein Felsen, eine Büffelhaut, ein unbewegliches Canoe oder ein treibendes Blatt den Leser eines Romans von Cooper.« Balzacs Intrige ist reich an Spielformen zwischen Indianer- und Detektivgeschichte. Früh hat man seine »Mohicaner im spencer« und »Huronen im Gehrock« beanstandet[14]. Andererseits schreibt Hippolyte Babou, der Baudelaire nahestand, rückblickend im Jahre 1857: »Wenn Balzac ... die Mauern durchbricht, um der Beobachtung freie Bahn zu geben ..., so horcht man an den Türen ..., man verhält sich mit einem Wort ... wie unsre Nachbarn, die Engländer, in ihrer Prüderie sagen, als police detective.«[15]

Die Detektivgeschichte, deren Interesse in einer logischen Konstruktion liegt, die als solche der Kriminalnovelle nicht eignen muß, erscheint für Frankreich zum ersten Male mit den Über-

14 vgl. André Le Breton: Balzac. L'homme et l'œuvre. Paris 1905, p. 83.

15 Hippolyte Babou: La vérité sur le cas de M. Champfleury. Paris 1857, p. 30.

setzungen der Poeschen Erzählungen: »Das Geheimnis der Marie Roget«, »Der Doppelmord in der rue Morgue«, »Der entwendete Brief«. Mit der Übertragung dieser Modelle hat Baudelaire die Gattung adoptiert. Poes Werk ging durchaus in sein eigenes ein; und Baudelaire betont diesen Sachverhalt, indem er sich solidarisch mit der Methode macht, in der die einzelnen Gattungen, denen Poe sich zuwandte, übereinkommen. Poe ist einer der größten Techniker der neueren Literatur gewesen. Er als erster hat es, wie Valéry bemerkt[16], mit der wissenschaftlichen Erzählung, mit der modernen Kosmogonie, mit der Darstellung pathologischer Erscheinungen versucht. Diese Gattungen galten ihm als exakte Hervorbringungen einer Methode, für die er allgemeine Geltung beanspruchte. Genau darin trat ihm Baudelaire zur Seite und im Sinne von Poe schreibt er: »Die Zeit ist nicht fern, da man verstehen wird, daß eine Literatur, die sich weigert, brüderlich vereint mit der Wissenschaft und mit der Philosophie ihren Weg zu machen, eine mörderische und selbstmörderische Literatur ist.«[17] Die Detektivgeschichte, die folgenreichste unter den technischen Errungenschaften von Poe, gehörte einem Schrifttum an, das dem Baudelaireschen Postulat Genüge tat. Ihre Analyse macht einen Teil der Analyse von Baudelaires eigenem Werk, unbeschadet der Tatsache, daß von ihm keine solchen Geschichten verfaßt worden sind. Als disiecta membra kennen die »Fleurs du mal« drei von ihren entscheidenden Elementen: das Opfer und den Tatort (»Une martyre«), den Mörder (»Le vin de l'assassin«), die Masse (»Le crépuscule du soir«). Es fehlt das vierte, das dem Verstand erlaubt, diese affektschwangere Atmosphäre zu durchdringen. Baudelaire hat keine Detektivgeschichte verfaßt, weil die Identifikation mit dem Detektiv ihm nach seiner Triebstruktur unmöglich gewesen ist. Der Kalkül, das konstruktive Moment stand bei ihm auf der Seite des Asozialen. Es ist ganz und gar in die Grausamkeit eingebracht. Baudelaire ist ein zu guter Leser von Sade gewesen, um mit Poe konkurrieren zu können*.

* »Man muß immer auf Sade ... zurückgreifen, um das Böse zu erklären.« (II, p. 694).

16 vgl. Baudelaire: Les fleurs du mal. Ed. Crès. Paris 1928. – Introduction de Paul Valéry.

17 II, p. 424.

Der ursprüngliche gesellschaftliche Inhalt der Detektivgeschichte ist die Verwischung der Spuren des Einzelnen in der Großstadtmenge. Eingehend widmet Poe sich diesem Motiv im »Geheimnis der Marie Roget«, der umfangreichsten von seinen Kriminalnovellen. Gleichzeitig ist diese Novelle der Prototyp der Verwertung journalistischer Informationen bei der Aufdekkung von Verbrechen. Poes Detektiv, der Chevalier Dupin arbeitet hier nicht auf Grund des Augenscheins sondern der Berichte der Tagespresse. Die kritische Analyse ihrer Berichte gibt das Gerüst der Erzählung ab. Unter anderm muß der Zeitpunkt des Verbrechens ermittelt werden. Ein Blatt, der »Commerciel«, vertritt die Ansicht, Marie Roget, die Ermordete, sei unmittelbar nachdem sie die mütterliche Wohnung verlassen habe, beseitigt worden. »›Es ist unmöglich – schreibt er–, daß eine junge Frau, die mehreren tausend Personen bekannt war, auch nur drei Straßenecken weit gekommen wäre, ohne auf einen Passanten zu stoßen, dem ihr Gesicht bekannt war ...‹ Das ist nun die Vorstellungsweise eines Mannes, der im öffentlichen Leben steht und seit langem in Paris ansässig ist, der sich im übrigen in dieser Stadt fast immer in der Gegend der öffentlichen Verwaltungsgebäude bewegt. Sein Kommen und Gehen spielt sich in regelmäßigen Fristen in einem beschränkten Sektor ab und in ihm bewegen sich Leute, die Beschäftigungen nachgehen, welche der seinen ähneln; diese Leute interessieren sich daher für ihn, und sie nehmen von seiner Person Notiz. Demgegenüber darf man sich die Wege, wie sie gewöhnlich von Marie in der Stadt beschrieben wurden als unregelmäßig vorstellen. In dem besondern Falle, mit dem wir es zu tun haben, muß für wahrscheinlich gelten, daß ihr Weg von dem üblicherweise von ihr beschriebenen abwich. Die Parallele, von der der ›Commerciel‹ offenbar ausging, wäre nur dann statthaft, wenn die beiden in Frage stehenden Personen den Weg durch die ganze Stadt gemacht hätten. Für diesen Fall wären unter der Voraussetzung, daß sie gleich viel Bekannte hätten, die Chancen auf die gleiche Menge von Bekannten zu stoßen, für sie die gleichen. Ich meinesteils halte es nicht nur für möglich sondern für unendlich wahrscheinlich, daß Marie zu jeder beliebigen Zeit von ihrer Wohnung zu der ihrer Tante einen beliebigen Weg einschlagen konnte, ohne auf einen einzigen Passanten zu stoßen, den sie gekannt hätte oder dem sie bekannt gewesen wäre. Um in dieser Frage zu einem richtigen Urteil zu kommen und sie sachgerecht zu beantworten, muß man sich das ungeheure Mißverhältnis vor Augen halten, das zwischen der Anzahl von Bekannten selbst des überlaufensten Individuums und der Gesamtbevölkerung von Paris besteht.«[18] Läßt man den Zusammenhang außer acht, der diese Reflexionen bei Poe heraufführt, so verliert der Detektiv seine Kompetenz, aber nicht das Problem seine Gültigkeit. Es liegt abgewandelt einem von den berühmtesten Gedichten der »Fleurs du mal«, dem Sonett »A une passante« zugrunde.

La rue assourdissante autour de moi hurlait.
Longue, mince, en grand deuil, douleur majestueuse,
Une femme passa, d'une main fastueuse
Soulevant, balançant le feston et l'ourlet;

Agile et noble, avec sa jambe de statue.
Moi, je buvais, crispé comme un extravagant,
Dans son œil, ciel livide où germe l'ouragan,
La douceur qui fascine et le plaisir qui tue.

Un éclair ... puis la nuit! – Fugitive beauté
Dont le regard m'a fait soudainement renaître,
Ne te verrai-je plus que dans l'éternité?

Ailleurs, bien loin d'ici! trop tard! *jamais* peut-être!
Car j'ignore où tu fuis, tu ne sais où je vais,
O toi que j'eusse aimée, ô toi qui le savais![19]

Das Sonett »A une passante« stellt die Menge nicht als das Asyl des Verbrechers sondern als das der den Dichter fliehenden Liebe dar. Man darf sagen, es handelt von der Funktion der Menge nicht im Dasein des Bürgers sondern in dem des Erotikers. Auf den ersten Blick scheint diese Funktion negativ; aber sie ist es nicht. Die Erscheinung, welche ihn fasziniert – weit entfernt, sich dem Erotiker in der Menge nur zu entziehen, wird ihm durch diese Menge erst zugetragen. Die Entzückung des Städters

18 Edgar Poe: Histoires extraordinaires. Traduction de Charles Baudelaire. (Charles Baudelaire: Œuvres complètes. Bd. 5; Traductions I. Ed. Calmann Lévy.) Paris 1885, p. 484-486.
19 I, p. 106.

ist eine Liebe nicht sowohl auf den ersten als auf den letzten Blick. Das »jamais« ist der Höhepunkt der Begegnung, an dem die Leidenschaft, scheinbar vereitelt, in Wahrheit erst als Flamme aus dem Poeten schlägt. In ihr verbrennt er; doch aus ihr steigt kein Phönix. Die Neugeburt der ersten Terzine eröffnet eine Ansicht von dem Geschehen, die im Lichte der vorangehenden Strophe sehr problematisch erscheint. Was den Körper im Krampf zusammenzieht, das ist nicht die Betroffenheit dessen, von dem ein Bild in allen Kammern seines Wesens Besitz ergreift; es hat mehr von dem Chock, mit dem ein gebieterisches Gelüst unvermittelt den Einsamen überkommt. Der Zusatz »comme un extravagant« spricht das beinahe aus; der Ton, der vom Dichter darauf gelegt wird, daß die Frauenerscheinung in Trauer ist, ist nicht danach angetan, es geheim zu halten. Es besteht in Wahrheit ein tiefer Bruch zwischen den Vierzeilern, die den Vorgang dartun, und den Terzinen, die ihn verklären. Wenn Thibaudet von diesen Versen gesagt hat, »daß sie nur in einer Großstadt entstehen konnten«[20], so bleibt er an ihrer Oberfläche. Ihre innere Figur prägt sich darin aus, daß in ihnen die Liebe selbst von der Großstadt stigmatisiert erkannt wird*.

Seit Louis Philippe findet man im Bürgertum das Bestreben, sich für die Spurlosigkeit des Privatlebens in der großen Stadt zu entschädigen. Das versucht es innerhalb seiner vier Wände. Es ist als habe es seine Ehre darein gesetzt, die Spur, wenn schon nicht seiner Erdentage so doch seiner Gebrauchsartikel und Requisiten in Äonen nicht untergehen zu lassen. Unverdrossen nimmt es den Abdruck von einer Fülle von Gegenständen; für Pantoffeln und Taschenuhren, für Thermometer und Eierbecher, für Bestecke und Regenschirme bemüht es sich um Futterale und Etuis. Es bevorzugt Sammet- und Plüschbezüge, die den Abdruck jeder Berührung aufbewahren. Dem Makartstil – dem Stil des ausgehenden Second Empire – wird die Wohnung zu

* Das Motiv der Liebe zu der Passantin wird von einem Gedicht des frühen George aufgenommen. Das Entscheidende ist ihm entgangen – die Strömung, mit der die Frau von der Menge getragen an dem Dichter vorübertreibt. So kommt es zu einer befangenen Elegie. Die Blicke des Sprechenden sind, wie er seiner Dame gestehen muß, »feucht vor sehnen fortgezogen | eh sie in deine sich zu tauchen trauten« (Stefan George: Hymnen Pilgerfahrten Algabal. 7. Aufl., Berlin 1922, p. 23). Baudelaire läßt darüber keinen Zweifel, daß *er* der Passantin tief in die Augen gesehen hat.

20 Albert Thibaudet: Intérieurs. Baudelaire, Fromentin, Amiel. Paris 1924, p. 22.

einer Art Gehäuse. Er begreift sie als Futteral des Menschen und bettet ihn mit all seinem Zubehör in sie ein, seine Spur so betreuend wie im Granit die Natur eine tote Fauna. Es braucht dabei nicht verkannt zu werden, daß der Vorgang seine zwei Seiten hat. Der reale oder sentimentale Wert der derart aufbewahrten Gegenstände wird unterstrichen. Sie werden dem profanen Blick des Nichteigentümers entzogen, und insbesondere wird ihr Umriß auf bezeichnende Art verwischt. Es hat nichts Befremdendes, daß die Abwehr der Kontrolle, wie sie den Asozialen zur zweiten Natur wird, im besitzenden Bürgertum wiederkehrt. – Man kann in diesen Gepflogenheiten die dialektische Illustration eines Textes erblicken, der im »Journal officiel« in vielen Fortsetzungen erschienen ist. Bereits 1836 hatte Balzac in der »Modeste Mignon« geschrieben: »Arme Frauen Frankreichs! ihr möchtet wohl gerne unbekannt bleiben, um euren kleinen Liebesroman zu spinnen. Aber wie soll euch das in einer Zivilisation glücken, die auf den öffentlichen Plätzen Abgang und Ankunft der Kutschen verzeichnen läßt, die die Briefe zählt und sie bei der Aufgabe einmal und bei der Auslieferung nochmals abstempelt, die die Häuser mit Nummern versieht und bald das ganze Land bis auf die kleinste Parzelle ... in ihren Katastern wird stehen haben.«[21] Ein ausgedehntes Kontrollnetz hatte seit der französischen Revolution das bürgerliche Leben immer fester in seine Maschen eingeschnürt. Für das Fortschreiten der Normierung gibt in der Großstadt die Häuserzählung einen brauchbaren Anhalt ab. Die Verwaltung Napoleons hatte sie 1805 für Paris verbindlich gemacht. In proletarischen Vierteln war diese einfache Polizeimaßnahme allerdings auf Widerstände gestoßen; von dem Quartier der Schreiner, Saint-Antoine, heißt es noch 1864: »Wenn man einen der Bewohner dieser Vorstadt nach seiner Adresse fragt, wird er stets den Namen geben, den sein Haus trägt, und nicht die kalte, officielle Nummer.«[22] Solche Widerstände vermochten natürlich auf die Dauer nichts gegen das Bestreben, durch ein vielfältiges Gewebe von Registrierungen den Ausfall von Spuren zu kompensieren, den das Verschwinden der Menschen in den Massen der großen

21 Balzac: Modeste Mignon. Ed. du Siècle. Paris 1850, p. 99.

22 Sigmund Engländer: Geschichte der französischen Arbeiter-Associationen. Dritter Theil. Hamburg 1864, p. 126.

Städte mit sich bringt. Baudelaire fand sich durch dieses Bestreben ebenso beeinträchtigt wie irgendein Krimineller. Auf der Flucht vor den Gläubigern schlug er sich in Cafés oder in Lesezirkel. Es traf sich, daß er zwei Domizile zugleich bewohnte – aber an Tagen, an denen die Miete fällig wurde, nächtigte er oft bei Freunden in einem dritten. So trieb er sich in der Stadt herum, welche dem Flaneur längst nicht mehr Heimat war. Jedes Bett, in das er sich legte, war für ihn zu einem »lit hasardeux«[23] geworden. Crépet zählt zwischen 1842 und 1858 vierzehn pariser Adressen von Baudelaire.

Technische Maßnahmen mußten dem administrativen Kontrollprozeß zu Hilfe kommen. Am Anfang des Identifikationsverfahrens, dessen derzeitiger Standard durch die Bertillonsche Methode gegeben ist, steht die Personalbestimmung durch Unterschrift. In der Geschichte dieses Verfahrens stellt die Erfindung der Photographie einen Einschnitt dar. Sie bedeutet für die Kriminalistik nicht weniger als die des Buchdrucks für das Schrifttum bedeutet hat. Die Photographie ermöglicht zum ersten Mal, für die Dauer und eindeutig Spuren von einem Menschen festzuhalten. Die Detektivgeschichte entsteht in dem Augenblick, da diese einschneidendste aller Eroberungen über das Inkognito des Menschen gesichert war. Seither ist kein Ende der Bemühungen abzusehen, ihn dingfest im Reden und Tun zu machen.

Poes berühmte Novelle »Der Mann der Menge« ist etwas wie das Röntgenbild einer Detektivgeschichte. Der umkleidende Stoff, den das Verbrechen darstellt, ist in ihr weggefallen. Die bloße Armatur ist geblieben: der Verfolger, die Menge, ein Unbekannter, der seinen Weg durch London so einrichtet, daß er immer in deren Mitte bleibt. Dieser Unbekannte ist *der* Flaneur. So ist er von Baudelaire auch verstanden worden, als er in seinem Guys-Essay den Flaneur »l'homme des foules« genannt hat. Aber Poes Beschreibung dieser Figur ist frei von der Konnivenz, die Baudelaire ihr entgegenbrachte. Der Flaneur ist für Poe vor allem einer, dem es in seiner eigenen Gesellschaft nicht geheuer ist. Darum sucht er die Menge; nicht weit davon wird der Grund, aus dem er sich in ihr verbirgt, zu suchen sein. Den Unterschied zwischen dem Asozialen und dem Flaneur verwischt Poe vorsätzlich. Ein Mann wird in dem Maße verdächtiger als

23 I, p. 115.

er schwerer aufzutreiben ist. Von längerer Verfolgung abstehend, faßt im stillen der Erzähler seine Erkenntnis so zusammen: »›Dieser alte Mann ist die Verkörperung, ist der Geist des Verbrechens‹, sagte ich zu mir. ›Er kann nicht allein sein; er ist der Mann der Menge.‹«[24]

Das Interesse des Lesers wird vom Verfasser nicht für diesen Mann allein beansprucht; es wird sich mindestens gleich sehr an die Schilderung der Menge heften. Dies aus dokumentarischen Gründen ebenso wie aus künstlerischen. In beiden Hinsichten ragt sie hervor. Was zuerst frappiert, ist, wie hingerissen der Erzähler dem Schauspiel der Menge folgt. Dem folgt auch, in einer bekannten Erzählung E. T. A. Hoffmanns, der Vetter an seinem Eckfenster. Aber wie befangen geht der Blick dessen über die Menge hin, der in seinem Hauswesen installiert ist. Und wie durchdringend ist der des Mannes, der durch die Scheiben des Kaffeehauses starrt. In dem Unterschied der Beobachtungsposten steckt der Unterschied zwischen Berlin und London. Auf der einen Seite der Privatier; er sitzt im Erker wie in einer Rangloge; wenn er auf dem Markt sich deutlicher umsehen will, so hat er einen Operngucker zur Hand. Auf der andern Seite der Konsument, der namenlose, der ins Kaffeehaus eintritt und es in kurzem, angezogen von dem Magneten der Masse, von dem er unablässig bestrichen wird, wieder verlassen wird. Auf der einen Seite ein Vielerlei kleiner Genrebilder, die insgesamt ein Album von kolorierten Stichen bilden; auf der andern Seite ein Aufriß, der einen großen Radierer zu inspirieren imstande wäre; eine unabsehbare Menge, in welcher keiner dem andern ganz deutlich und keiner dem andern ganz undurchschaubar ist. Dem deutschen Kleinbürger sind seine Grenzen eng gesteckt. Und doch war Hoffmann nach seiner Veranlagung von der Familie der Poe und der Baudelaire. In den biographischen Bemerkungen zu der Originalausgabe seiner letzten Schriften wird angemerkt: »Von der freien Natur war Hoffmann nie ein besonderer Freund. Der Mensch, Mittheilung mit, Beobachtungen über, das blose Sehen von Menschen, galt ihm mehr als Alles. Ging er im Sommer spazieren, was bei schönem Wetter täglich gegen

24 Poe: Nouvelles histoires extraordinaires. Traduction de Charles Baudelaire. (Charles Baudelaire: Œuvres complètes. Bd. 6; Traductions II. Ed. Calmann Lévy.) Paris 1887, p. 102.

Abend geschah, so ... fand sich nicht leicht ein Weinhaus, ein Conditorladen, wo er nicht eingesprochen, um zu sehen, ob und welche Menschen da seyen.«[25] Später klagte ein Dickens, wenn er auf Reisen war, immer wieder über den Mangel an Straßenlärm, der ihm für seine Produktion unerläßlich sei. »Ich kann nicht sagen, wie sehr die Straßen mir fehlen«, schrieb er 1846 aus Lausanne, in der Arbeit an »Dombey und Sohn« begriffen. »Es ist, als ob sie meinem Gehirn etwas gäben, dessen es, wenn es arbeiten soll, nicht entbehren kann. Eine Woche, vierzehn Tage kann ich wunderbar schreiben an einem entlegenen Orte; ein Tag in London genügt dann, mich wieder aufzuziehen ... Aber die Mühe und Arbeit, zu schreiben, Tag für Tag, ohne diese magische Laterne, ist ungeheuer ... Meine Figuren scheinen stillstehen zu wollen, wenn sie keine Menge um sich haben.«[26] Unter dem vielen, was Baudelaire an dem verhaßten Brüssel aussetzt, erfüllt eines ihn mit besonderem Groll: »Keine Schaufenster. Die Flanerie, die von Völkern mit Phantasie geliebt wird, ist in Brüssel nicht möglich. Es gibt nichts zu sehen, und die Straßen sind unbenutzbar.«[27] Baudelaire liebte die Einsamkeit; aber er wollte sie in der Menge.

Im Verlaufe seiner Erzählung läßt Poe es dunkel werden. Er verweilt bei der Stadt im Gaslicht. Die Erscheinung der Straße als Interieur, in der die Phantasmagorie des Flaneurs sich zusammenfaßt, ist von der Gasbeleuchtung nur schwer zu trennen. Das erste Gaslicht brannte in den Passagen. In Baudelaires Kindheit fällt der Versuch, unter freiem Himmel es zu verwerten; man stellte auf der Place Vendôme Kandelaber auf. Unter Napoleon III. wächst die Zahl der pariser Gaslaternen in schneller Folge[28]. Das erhöhte die Sicherheit in der Stadt; es machte die Menge auf offener Straße auch des Nachts bei sich selber heimisch; es verdrängte den Sternenhimmel aus dem Bilde der großen Stadt zuverlässiger als das durch ihre hohen Häuser ge-

25 Ernst Theodor Amadeus Hoffmann: Ausgewählte Schriften. Bd. 15: Leben und Nachlaß. Von Julius Eduard Hitzig. Bd. 3. 3. Aufl., Stuttgart 1839, p. 32–34.

26 cit. anon. [Franz Mehring]: Charles Dickens, in: Die Neue Zeit 30 (1911/12), Bd. I, p. 622.

27 II, p. 710.

28 vgl. (Marcel Poëte [u. a.]:) La transformation de Paris sous le Second Empire. Exposition de la Bibliothèque et des travaux historique de la ville de Paris. Organisée avec le concours des collections de P. Blondel [u. a.]. Paris 1910, p. 65.

schah. »Ich ziehe den Vorhang hinter der Sonne zu; nun ist sie zu Bett gebracht wie es sich gehört; ich sehe fortan kein anderes Licht als das der Gasflamme.«[29]* Mond und Sterne sind nicht mehr erwähnenswert.
In der Blütezeit des Second Empire schlossen die Läden in den Hauptstraßen nicht vor zehn Uhr abends. Es war die große Zeit des noctambulisme. »Der Mensch«, schrieb damals Delvau in dem der zweiten Stunde nach Mitternacht gewidmeten Kapitel seiner »Heures parisiennes«, »darf sich von Zeit zu Zeit ausruhen; Haltepunkte und Stationen sind ihm erlaubt; aber er hat nicht das Recht zu schlafen.«[30] Am genfer See gedenkt Dikkens wehmütig Genuas, wo er zwei Meilen Straße hatte, in deren Beleuchtung er in den Nächten herumirren konnte. Später als mit dem Aussterben der Passagen die Flanerie aus der Mode kam und auch Gaslicht nicht mehr für vornehm galt, schien einem letzten Flaneur, der traurig durch die leere Passage Colbert schlenderte, das Flackern der Kandelaber nur noch die Angst ihrer Flamme zur Schau zu tragen, am Monatsende nicht mehr bezahlt zu werden[31]. Damals schrieb Stevenson seine Klage auf das Verschwinden der Gaslaternen. Sie hängt vor allem dem Rhythmus nach, in dem Laternenanzünder durch die Straßen hin eine nach der andern die Laternen entzünden. Erst hebt sich dieser Rhythmus vom Gleichmaß der Dämmerung ab, nun aber von einem brutalen Chock, mit dem ganze Städte auf einen Schlag im Schein des elektrischen Lichts daliegen. »Dieses Licht sollte nur auf Mörder oder auf Staatsverbrecher fallen oder in Irrenanstalten den Gang erleuchten – Grauen, Grauen zu steigern angetan.«[32] Manches spricht dafür, daß Gaslicht erst spät so idyllisch empfunden wurde wie von Stevenson, der ihm den Nachruf schreibt. Vor allem bezeugt das der fragliche Poesche Text. Unheimlicher ist die Wirkung dieses Lichts kaum zu schildern: »Die Strahlen der Gaslaternen waren zuerst

* Das gleiche Bild im »Crépuscule du soir«: der Himmel schließt sich langsam wie ein großer Alkoven; vgl. I, p. 108.

29 Julien Lemer: Paris au gaz. Paris 1861, p. 10.

30 Alfred Delvau: Les heures parisiennes. Paris 1866, p. 206.

31 vgl. Louis Veuillot: Les odeurs de Paris. Paris 1914, p. 182.

32 Robert Louis Stevenson: Virginibus Puerisque and Other Papers. London ⟨?⟩, p. 192 (»A Plea for Gas Lamps«).

schwach gewesen als sie noch mit der Abenddämmerung in Streit gelegen hatten. Nun hatten sie gesiegt und warfen ein flackerndes und grelles Licht ringsumher. Alles sah schwarz aus, funkelte aber wie das Ebenholz, mit dem man den Stil Tertullians verglichen hat.«[33] »Im Innern des Hauses«, heißt es bei Poe an anderer Stelle, »ist Gas durchaus unstatthaft. Sein flackerndes, hartes Licht beleidigt das Auge.«[34]

Düster und zerfahren wie das Licht, in welchem sie sich bewegt, erscheint die londoner Menge selbst. Das gilt nicht nur von dem Gesindel, das mit der Nacht »aus den Höhlen«[35] kriecht. Die Klasse der höheren Angestellten wird von Poe folgendermaßen beschrieben: »Ihr Haar war zumeist bereits ziemlich gelichtet, ihr rechtes Ohr stand infolge seiner Verwendung als Träger des Federhalters gewöhnlich etwas vom Kopfe ab. Alle rückten gewohnheitsmäßig mit beiden Händen an ihren Hüten und alle trugen kurze goldene Uhrketten von altmodischer Form.«[36] Auf den unmittelbaren Augenschein ist Poe in seiner Schilderung nicht aus gewesen. Die Gleichförmigkeiten, denen die Kleinbürger durch ihr Dasein in der Menge unterworfen werden, sind übertrieben; ihr Aufzug ist nicht weit davon entfernt, uniform zu sein. Noch erstaunlicher ist die Beschreibung der Menge nach der Art, wie sie sich bewegt. »Die meisten, die vorbeikamen, sahen aus wie Leute, die mit sich zufrieden sind und mit beiden Füßen im Leben stehen. Sie schienen nur daran zu denken, sich durch die Menge ihren Weg zu bahnen. Sie runzelten die Brauen und warfen Blicke nach allen Seiten. Wenn sie von benachbarten Passanten einen Stoß bekamen, zeigten sie sich nicht weiter ungehalten; sie brachten ihre Kleider wieder in Ordnung und hasteten weiter. Andere, und auch diese Gruppe war groß, hatten ungeordnete Bewegungen, ein rot angelaufenes Gesicht, sprachen mit sich selbst und gestikulierten, so als ob sie sich gerade infolge der unzähligen Menge, von der sie umgeben waren, allein vorgekommen wären. Wenn sie unterwegs innehalten mußten, dann hörten diese Leute plötzlich auf zu murmeln; aber

33 Poe: Nouvelles histoires extraordinaires, l. c. ⟨S. 551⟩ p. 94.

34 Poe: Histoires grotesques et sérieuses. (Charles Baudelaire: Œuvres complètes. Ed. Crépet-Pichois. [Bd. 10.]) Paris 1937, p. 207.

35 Poe: Nouvelles histoires extraordinaires, l. c. p. 94.

36 Poe, l. c. p. 90/91.

ihre Gestikulation wurde heftiger und sie warteten mit abwesendem, forciertem Lächeln bis die Leute, die ihnen im Wege standen, vorbeiwaren. Wenn man sie anstieß, so grüßten sie diejenigen tief, von denen sie ihren Stoß bekommen hatten, und sie schienen dann höchst befangen.«[37]* Man sollte denken, die Rede sei von halbtrunkenen, verelendeten Individuen. In Wahrheit handelt es sich um »Leute von gutem Stande, Kaufleute, Advokaten und Börsenspekulanten«[38]. Anderes als eine Psychologie der Klassen ist hier im Spiel**.

Es gibt eine Lithographie von Senefelder, die einen Spielklub darstellt. Nicht einer der auf ihr Abgebildeten geht in der üblichen Weise dem Spiele nach. Jeder ist von seinem Affekt besessen; einer von ausgelassener Freude, ein anderer von Mißtrauen gegen den Partner, ein dritter von dumpfer Verzweiflung, ein vierter von Streitsucht; einer macht Anstalten, um aus der Welt zu gehen. Dies Blatt erinnert in seiner Extravaganz an Poe. Allerdings ist Poes Vorwurf größer, und dem entsprechen auch seine Mittel. Sein Meisterzug in dieser Schilderung besteht darin, daß er die hoffnungslose Isoliertheit der Menschen in ihrem Privatinteresse nicht, wie Senefelder, in der Verschiedenheit ihres Gebarens sondern in ungereimten Gleichförmigkeiten, sei es

* Zu dieser Stelle findet sich eine Parallele in »Un jour de pluie«. Das Gedicht ist, wenn auch von anderer Hand signiert, Baudelaire zuzuschreiben (vgl. Charles Baudelaire: Vers retrouvés. Ed. Jules Mouquet. Paris 1929). Die Analogie des letzten Verses zu Poes Erwähnung von Tertullian ist um so bemerkenswerter als das Stück spätestens 1843 geschrieben ist – zu einer Zeit, da Baudelaire von Poe nicht wußte.

Chacun, nous coudoyant sur le trottoir glissant,
Egoïste et brutal, passe et nous éclabousse,
Ou, pour courir plus vite, en s'éloignant nous pousse.
Partout fange, déluge, obscurité du ciel:
Noir tableau qu'eût rêvé le noir Ezéchiel! (I, p. 211.)

** Das Bild von Amerika, das Marx in sich trug, scheint aus dem gleichen Stoff wie Poes Schilderung. Er hebt die »fieberhaft jugendliche Bewegung der materiellen Produktion« in den Staaten hervor und macht grade sie dafür haftbar, daß »weder Zeit noch Gelegenheit« war, »die alte Geisterwelt abzuschaffen« (Marx: Der achtzehnte Brumaire des Louis Bonaparte, l. c. ⟨S. 514⟩ p. 30). Die Physiognomie selbst der Geschäftsleute hat bei Poe etwas Dämonisches. Baudelaire schildert wie bei Einbruch der Dunkelheit »träg wie ein Kaufmannspack die schädlichen Dämonen« (I, p. 108) in der Luft erwachen. Vielleicht ist die Stelle im »Crépuscule du soir« von dem Poeschen Text mitbestimmt.

37 Poe: Nouvelles histoires extraordinaires, l. c. ⟨S. 551⟩ p. 89.

38 Poe, l. c. p. 89/90.

ihrer Kleidung, sei es ihres Benehmens zum Ausdruck bringt. Die Servilität, mit der sich die, die Püffe einstecken, obendrein noch entschuldigen, läßt erkennen, woher die Mittel, welche Poe an dieser Stelle einsetzt, stammen. Sie stammen aus dem Repertoire der Klowns. Und er verwendet sie ähnlich wie das später durch die Exzentriks geschehen ist. Bei den Leistungen des Exzentriks ist eine Beziehung auf die Ökonomie offenkundig. In seinen abrupten Bewegungen imitiert er ebensogut die Maschinerie, welche der Materie, wie die Konjunktur, welche der Ware ihre Stöße versetzt. Eine ähnliche Mimesis der »fieberhaften ... Bewegung der materiellen Produktion« nebst der ihr zugehörigen Geschäftsformen vollziehen die Teilchen der bei Poe geschilderten Menge. Was der Luna-Park, der den kleinen Mann zum Exzentrik macht, später in seinen Wackeltöpfen und verwandten Amüsements zustande brachte, das ist in der Beschreibung von Poe vorgebildet. Die Leute verhalten sich bei ihm so als wenn sie nur noch reflektorisch sich äußern könnten. Dies Treiben wirkt noch entmenschter dadurch, daß bei Poe nur Menschen in Rede stehen. Wenn die Menge sich staut, so ist es nicht, weil der Wagenverkehr sie aufhält – er ist nirgends mit einem Wort erwähnt – sondern weil sie durch andere Mengen blockiert wird. In einer Masse von solcher Beschaffenheit konnte die Flanerie keine Blüten treiben.

In Baudelaires Paris war es noch nicht an dem. Noch gab es Fähren, die dort wo später Brücken sich befanden, die Seine querten. Noch konnte, in Baudelaires Todesjahr, ein Unternehmer auf den Gedanken kommen, zur Bequemlichkeit bemittelter Einwohner fünfhundert Sänften zirkulieren zu lassen. Noch waren die Passagen beliebt, in denen der Flaneur dem Anblick des Fuhrwerks enthoben war, das den Fußgänger als Konkurrenten nicht gelten läßt. Es gab den Passanten, welcher sich in die Menge einkeilt; doch gab es auch noch den Flaneur, welcher Spielraum braucht und sein Privatisieren nicht missen will. Müßig geht er als eine Persönlichkeit; so protestiert er gegen die Arbeitsteilung, die die Leute zu Spezialisten macht. Ebenso protestiert er gegen deren Betriebsamkeit. Um 1840 gehörte es vorübergehend zum guten Ton, Schildkröten in den Passagen spazieren zu führen. Der Flaneur ließ sich gern sein Tempo von ihnen vorschreiben. Wäre es nach ihm gegangen, so hätte der

Fortschritt diesen pas lernen müssen. Aber nicht er behielt das letzte Wort sondern Taylor, der das ›Nieder mit der Flanerie‹ zur Parole machte[39]. Mancher suchte sich beizeiten ein Bild von dem zu machen, was kommen sollte. »Der Flaneur«, schreibt Rattier 1857 in seiner Utopie »Paris n'existe pas«, »den man auf dem Pflaster und vor den Auslagen angetroffen hat, dieser nichtige, unbedeutende, ewig schaulustige Typ, der immer auf Sechser-Emotionen aus war und von nichts wußte als von Steinen, Fiakern und Gaslaternen ... der ist nun Ackerbauer, Winzer, Leinenfabrikant, Zuckerraffineur, Eisenindustrieller geworden.«[40]

Auf seinen Irrfahrten landet der Mann der Menge spät in einem noch viel besuchten Kaufhaus. Er bewegt sich darin wie ein Kundiger. Gab es vielstöckige Warenhäuser zur Zeit von Poe? Wie dem auch sei, Poe läßt den Ruhelosen »etwa anderthalb Stunden« in diesem Kaufhause zubringen. »Er ging von einem Rayon zum andern, ohne etwas zu kaufen noch auch zu sprechen; wie abwesend starrte er auf die Waren.«[41] Wenn die Passage die klassische Form des Interieurs ist, als das die Straße sich dem Flaneur darstellt, so ist dessen Verfallsform das Warenhaus. Das Warenhaus ist der letzte Strich des Flaneurs. War ihm anfangs die Straße zum Interieur geworden, so wurde ihm dieses Interieur nun zur Straße, und er irrte durchs Labyrinth der Ware wie vordem durch das städtische. Es ist ein großartiger Zug in Poes Erzählung, daß sie der frühesten Schilderung des Flaneurs die Figur seines Endes einbeschreibt.

Jules Laforgue hat von Baudelaire gesagt, als erster habe von Paris er »als ein tagtäglich zur hauptstädtischen Existenz Verdammter«[42] gesprochen. Er hätte sagen können, als erster er habe auch von dem Opiat gesprochen, das diesen – und nur diesen – Verdammten zur Erleichterung gegeben ist. Die Menge ist nicht nur das neueste Asyl des Geächteten; sie ist auch das neueste Rauschmittel des Preisgegebenen. Der Flaneur ist ein Preisgegebener in der Menge. Damit teilt er die Situation der Ware.

39 vgl. Georges Friedmann: La crise du progrès. Esquisse d'histoire des idées 1895-1935. 2e éd., Paris 1936, p. 76.

40 Paul-Ernest de Rattier: Paris n'existe pas. Paris 1857, p. 74/75.

41 Poe: Nouvelles histoires extraordinaires, l. c. ⟨S. 551⟩ p. 98.

42 Jules Laforgue: Mélanges posthumes. Paris 1903, p. 111.

Diese Besonderheit ist ihm nicht bewußt. Sie wirkt aber darum auf ihn nicht weniger. Sie durchdringt ihn beseligend wie ein Rauschgift, das ihn für viele Demütigungen entschädigen kann. Der Rausch, dem sich der Flanierende überläßt, ist der der vom Strom der Kunden umbrausten Ware.

Gäbe es jene Warenseele, von welcher Marx gelegentlich im Scherz spricht[43], so wäre sie die einfühlsamste, die im Seelenreiche je begegnet ist. Denn sie müßte in jedem den Käufer sehen, in dessen Hand und Haus sie sich schmiegen will. Einfühlung ist aber die Natur des Rausches, dem der Flaneur in der Menge sich überläßt. »Der Dichter genießt das unvergleichliche Privileg, daß er nach Gutdünken er selbst und ein anderer sein kann. Wie irrende Seelen, die einen Körper suchen, so tritt er, wann er will, in die Person eines anderen ein. Ihm steht die eines jeglichen frei und offen; wenn ihm gewisse Plätze verschlossen scheinen, so ist es, weil sie in seinen Augen der Mühe wert nicht sind, inspiziert zu werden.«[44] Was hier spricht, ist die Ware selbst. Ja, die letzten Worte geben einen ziemlich genauen Begriff von dem, was sie dem armen Schlucker zumurmelt, der an einer Auslage mit schönen und teuren Sachen vorbeikommt. Sie wollen nichts von ihm wissen; in ihn fühlen sie sich nicht ein. In den Sätzen des bedeutsamen Stücks »Les foules« spricht mit andern Worten der Fetisch selbst, mit dem Baudelaires sensitive Anlage so gewaltig mitschwingt, daß die Einfühlung in das Anorganische eine der Quellen seiner Inspiration gewesen ist*.

* Zu den Belegen, die im ersten Teil hierfür versammelt wurden, kommt als ein gewichtigster das zweite der »Spleen«-Gedichte. Schwerlich hat ein Dichter vor Baudelaire einen Vers geschrieben, der dem »Je suis un vieux boudoir plein de roses fanées« (I, p. 86) entspräche. Das Gedicht ist durch und durch auf die Einfühlung in eine Materie gestellt, welche eine im doppelten Sinne tote ist. Es ist die anorganische, weiter die aus dem Zirkulationsprozeß ausgeschiedene.

> Désormais tu n'es plus, ô matière vivante!
> Qu'un granit entouré d'une vague épouvante,
> Assoupi dans le fond d'un Saharah brumeux;
> Un vieux sphinx ignoré du monde insoucieux,
> Oublié sur la carte, et dont l'humeur farouche
> Ne chante qu'aux rayons du soleil qui se couche. (I, p. 86).

Das Bild der Sphinx, mit dem das Gedicht schließt, hat die düstere Schönheit von Ladenhütern, wie man sie noch in Passagen antrifft.

43 vgl. Marx: Das Kapital, l. c. ⟨S. 523⟩ p. 95.

44 I, p. 420/421.

Baudelaire war ein Kenner der Rauschmittel. Dennoch ist ihm eine ihrer sozial erheblichsten Wirkungen wohl entgangen. Sie besteht in dem Charme, den die Süchtigen unterm Einfluß der Droge an den Tag legen. Den gleichen Effekt gewinnt ihrerseits die Ware der sie berauschenden, sie umrauschenden Menge ab. Die Massierung der Kunden, die den Markt, der die Ware zur Ware macht, eigentlich bildet, steigert deren Charme für den Durchschnittskäufer. Wenn Baudelaire von einem »religiösen Rauschzustand der Großstädte«[45] spricht, so dürfte dessen ungenannt gebliebenes Subjekt die Ware sein. Und die »heilige Prostitution der Seele«, mit der verglichen »das, was die Menschen Liebe nennen, recht klein, recht beschränkt und recht schwächlich«[46] sein soll, kann, wenn die Konfrontation mit der Liebe ihren Sinn behält, wirklich nichts anderes sein als die Prostitution der Warenseele. »Cette sainte prostitution de l'âme qui se donne tout entière, poésie et charité, à l'imprévu qui se montre, à l'inconnu qui passe«[47], sagt Baudelaire. Genau diese poésie und genau diese charité ist es, welche die Prostituierten für sich in Anspruch nehmen. Sie hatten die Geheimnisse des offenen Markts ausprobiert; die Ware hatte da nichts vor ihnen voraus. Auf dem Markte beruhten einige ihrer Reize, und es wurden ebenso viele Machtmittel. Als solche registriert Baudelaire sie im »Crépuscule du Soir«:

> A travers les lueurs que tourmente le vent
> La Prostitution s'allume dans les rues;
> Comme une fourmilière elle ouvre ses issues;
> Partout elle se fraye un occulte chemin,
> Ainsi que l'ennemi qui tente un coup de main;
> Elle remue au sein de la cité de fange
> Comme un ver qui dérobe à l'Homme ce qu'il mange.[48]

Erst die Masse der Einwohner erlaubt der Prostitution diese Streuung über weite Teile der Stadt. Und erst die Masse macht es dem Sexualobjekt möglich, sich an den hundert Reizwirkungen zu berauschen, die es zugleich ausübt.

45 II, p. 627.
46 I, p. 421.
47 I, p. 421.
48 I, p. 108.

Nicht auf jeden wirkte das Schauspiel berauschend, das das Straßenpublikum einer Großstadt bot. Lange ehe Baudelaire sein Prosagedicht »Les foules« verfaßte, hatte Friedrich Engels es unternommen, das Treiben in den londoner Straßen abzuschildern. »So eine Stadt wie London, wo man stundenlang wandern kann, ohne auch nur an den Anfang des Endes zu kommen, ohne dem geringsten Zeichen zu begegnen, das auf die Nähe des platten Landes schließen ließe, ist doch ein eigen Ding. Diese kolossale Centralisation, diese Anhäufung von dritthalb Millionen Menschen auf Einem Punkt hat die Kraft dieser dritthalb Millionen verhundertfacht ... Aber die Opfer, die ... das gekostet hat, entdeckt man erst später. Wenn man sich ein paar Tage lang auf dem Pflaster der Hauptstraßen herumgetrieben ... hat, dann merkt man erst, daß diese Londoner das beste Theil ihrer Menschheit aufopfern mußten, um alle die Wunder der Civilisation zu vollbringen, von denen ihre Stadt wimmelt, daß hundert Kräfte, die in ihnen schlummerten, unthätig blieben und unterdrückt wurden ... Schon das Straßengewühl hat etwas Widerliches, etwas, wogegen sich die menschliche Natur empört. Diese Hunderttausende von allen Klassen und aus allen Ständen, die sich da aneinander vorbeidrängen, sind sie nicht Alle Menschen, mit denselben Eigenschaften und Fähigkeiten, und mit demselben Interesse, glücklich zu werden? ... Und doch rennen sie an einander vorüber, als ob sie gar Nichts gemein, gar Nichts mit einander zu thun hätten, und doch ist die einzige Übereinkunft zwischen ihnen die stillschweigende, daß Jeder sich auf der Seite des Trottoirs hält, die ihm rechts liegt, damit die beiden an einander vorbeischießenden Strömungen des Gedränges sich nicht gegenseitig aufhalten; und doch fällt es Keinem ein, die Andern auch nur eines Blickes zu würdigen. Die brutale Gleichgültigkeit, die gefühllose Isolirung jedes Einzelnen auf seine Privatinteressen tritt um so widerwärtiger und verletzender hervor, je mehr dieser Einzelnen auf den kleinen Raum zusammengedrängt sind.«[49]

Diese ›gefühllose Isolierung jedes Einzelnen auf seine Privatinteressen‹ durchbricht der Flaneur nur scheinbar, indem er den Hohlraum, welchen die seinige in ihm geschaffen hat, mit den

49 Engels: Die Lage der arbeitenden Klasse in England. Nach eigner Anschauung und authentischen Quellen. 2. Ausg., Leipzig 1848, p. 36/37.

erborgten, zudem erdichteten von Fremden ausfüllt. Es klingt neben der klaren Beschreibung, die Engels gibt, dunkel, wenn Baudelaire schreibt: »Das Vergnügen, in einer Menge sich zu befinden, ist ein geheimnisvoller Ausdruck für den Genuß an der Vervielfältigung der Zahl«[50]; aber der Satz klärt sich, wenn man ihn nicht sowohl vom Standpunkt des Menschen als der Ware gesprochen denkt. Sofern der Mensch, als Arbeitskraft, Ware ist, hat er es allerdings nicht nötig, eigens in die Ware sich zu versetzen. Je mehr diese Seinsweise seiner selbst als die von der Produktionsordnung über ihn verhängte ihm zum Bewußtsein kommt – je mehr er sich proletarisiert –, desto mehr durchdringt ihn der Frosthauch der Warenwirtschaft, desto weniger wird es sein Fall sein, in die Ware sich einzufühlen. Aber so weit war es mit der Klasse der kleinen Bürger, der Baudelaire angehörte, noch nicht gekommen. Auf der Stufenleiter, von der hier die Rede ist, befand sie sich erst im Beginn des Abstiegs. Unausweichlich mußte vielen in ihr die Warennatur ihrer Arbeitskraft eines Tages aufstoßen. Aber dieser Tag war noch nicht gekommen. Bis zu ihm durften sie, wenn man so sagen darf, ihre Zeit hinbringen. Daß unterdessen ihr Teil im besten Fall der Genuß sein konnte, doch nie die Herrschaft, das eben machte die Frist, die ihr von der Geschichte gegeben war, zu einem Gegenstande des Zeitvertreibs. Wer auf Zeitvertreib ausgeht, der sucht Genuß. Es verstand sich jedoch von selber, daß dem Genuß dieser Klasse um so engere Grenzen gezogen waren, je mehr sie ihm *in* dieser Gesellschaft frönen wollte. Weniger beschränkt ließ dieser Genuß sich an, sofern sie ihn *an* ihr zu finden imstande war. Wollte sie es in dieser Art zu genießen bis zur Virtuosität bringen, so durfte sie die Einfühlung in die Ware nicht verschmähen. Sie mußte diese Einfühlung mit der Lust und der Bangigkeit auskosten, die ihr aus dem Vorgefühl von ihrer eigenen Bestimmung als Klasse kam. Sie mußte ihr schließlich ein Sensorium entgegenbringen, das auch Bestoßenem und Faulendem noch die Reize abmerkt. Baudelaire, der im Gedicht an eine Kurtisane »ihr Herz, bestoßen wie einen Pfirsich, reif für weises Lieben« nennt »wie ihren Leib«, besaß dieses Sensorium. Ihm verdankte er den Genuß an dieser Gesellschaft als ein halb bereits von ihr Ausgeschiedener.

50 II, p. 626.

In der Haltung des so Genießenden ließ er das Schauspiel der Menge auf sich einwirken. Dessen tiefste Faszination lag aber darin, ihm im Rausch, in welchen es ihn versetzte, die schreckliche gesellschaftliche Wirklichkeit nicht zu entrücken. Er hielt sie sich bewußt; so zwar wie Berauschte wirklicher Umstände ›noch‹ bewußt bleiben. Darum kommt die Großstadt bei Baudelaire beinahe nie in der unmittelbaren Darstellung ihrer Bewohner zum Ausdruck. Die Direktheit und Härte, mit der ein Shelley London im Bild seiner Menschen festhielt, konnte dem Paris von Baudelaire nicht zugute kommen.

> Die Hölle ist eine Stadt, sehr ähnlich London –
> Eine volkreiche und eine rauchige Stadt.
> Dort gibt es alle Arten von ruinierten Leuten
> Und dort ist wenig oder gar kein Spaß
> Wenig Gerechtigkeit und noch weniger Mitleid.[51]

Dem Flaneur liegt ein Schleier auf diesem Bild. Die Masse ist dieser Schleier; sie wogt in »den faltigen Mäandern der alten Metropolen«[52]. Sie macht, daß das Grauenhafte auf ihn bezaubernd wirkt[53]. Erst wenn dieser Schleier zerreißt und dem Blick des Flaneurs »einen der volkreichen Plätze« freigibt, »die im Straßenkampfe menschenleer daliegen«[54], sieht auch er die große Stadt unverstellt.

Bedürfte es eines Zeugnisses für die Gewalt, mit der die Erfahrung der Menge Baudelaire bewegt hat, so wäre es die Tatsache, daß er es unternahm, im Zeichen dieser Erfahrung mit Hugo zu wetteifern. Daß in ihr wenn irgendwo Hugos Stärke lag, war für Baudelaire offenkundig. Er rühmt einen »caractère poétique ..., interrogatif«[55] an Hugo und sagt ihm nach, er verstehe nicht nur das Klare scharf und klar wiederzugeben, sondern gebe auch mit der unerläßlichen Dunkelheit wieder, was nur dunkel und undeutlich sei offenbart worden. Von den drei Gedichten der »Tableaux parisiens«, die Hugo gewidmet sind,

51 Percy Bysshe Shelley: The Complete Poetical Works. London 1932, p. 346. (»Peter Bell the Third Part«; Übertragung von Brecht.)

52 I, p. 102.

53 vgl. I, p. 102.

54 II, p. 193.

55 II, p. 522.

beginnt eines mit einer Anrufung der menschenerfüllten Stadt – »Wimmelnde Stadt, Stadt, von Träumen erfüllte«[56] – ein anderes verfolgt im »wimmelnden Tableau«[57] der Stadt, durch die Menge hindurch, alte Frauen*. Die Menge ist in der Lyrik ein neuer Gegenstand. Noch dem Neuerer Sainte-Beuve rühmte man es, als dem Dichter geziemend und angemessen, nach, daß »die Menge ihm unerträglich«[58] sei. Hugo hat während seines Exils in Jersey diesen Gegenstand der Poesie erschlossen. In seinen einsamen Spaziergängen an der Küste gliederte er sich ihm dank einer von den riesigen Antithesen, die seiner Inspiration unerläßlich waren. Die Menge tritt bei Hugo als ein Gegenstand der Kontemplation in die Dichtung ein. Der brandende Ozean ist ihr Modell und der Denker, der diesem ewigen Schauspiel nachsinnt, ist der wahre Ergründer der Menge, in die er sich verliert wie ins Meeresrauschen. »Wie er von der einsamen Klippe hinüberblickt, der Verbannte, nach den großen schicksalvollen Ländern, so blickt er hinab in die Vergangenheiten der Völker ... Er trägt sich und seine Geschicke hinein in die Fülle der Geschehnisse und sie werden ihm lebendig und verfließen mit dem Dasein der natürlichen Mächte, mit dem Meere, den verwitternden Felsen, den treibenden Wolken und den anderen Erhabenheiten, die ein einsames und ruhiges Leben im Verkehr mit der Natur enthält.«[59] »L'océan même s'est ennuyé de lui«, hat Baudelaire von Hugo gesagt, mit dem Lichtbündel seiner Ironie den brütend auf den Klippen Postierten streifend. Dem Schauspiel der Natur nachzuhängen, fühlte sich Baudelaire nicht bewogen. Seine Erfahrung der Menge trug die Spuren ›der Unbill und der tausend Stöße‹, die der Passant im Gewühl einer Stadt erleidet und die sein Ichbewußtsein nur um so wacher halten. (Es ist im Grunde eben dies Ichbewußtsein, das er der flanierenden Ware leiht.) Ein Anreiz, das Senkblei

* In dem Zyklus »Les petites vieilles« unterstreicht das dritte Gedicht die Rivalität durch wörtliche Anlehnung an das dritte Gedicht der Hugoschen Folge »Fantômes«. Es entsprechen sich so eines der vollendetsten Gedichte von Baudelaire und eines von den schwächsten, die Hugo geschrieben hat.

56 I, p. 100.

57 I, p. 103.

58 Sainte-Beuve: Les consolations, l. c. ⟨S. 523⟩ p. 125. (Die von Sainte-Beuve aus dem Manuskript veröffentlichte Äußerung stammt von [George] Farcy.)

59 Hugo von Hofmannsthal: Versuch über Victor Hugo. München 1925, p. 49.

des Gedankens in die Tiefe der Welt auszuwerfen, ist die Menge für Baudelaire nie gewesen. Hugo dagegen schreibt: ›les profondeurs sont des multitudes‹[60] und gibt damit seinem Sinnen einen unermeßlichen Spielraum frei. Das Natürlich-Übernatürliche, von dem Hugo als von der Menge betroffen wurde, stellt sich ebensogut im Walde wie im Tierreich wie in der Brandung dar; in jedem von ihnen kann für Augenblicke die Physiognomie einer großen Stadt aufblitzen. Die »Pente de la rêverie« gibt von der zwischen der Vielzahl alles Lebendigen waltenden Promiskuität einen großartigen Begriff.

La nuit avec la foule, en ce rêve hideux,
Venait, s'épaississant ensemble toutes deux,
Et, dans ces régions que nul regard ne sonde,
Plus l'homme était nombreux, plus l'ombre était profonde.[61]

Und

Foule sans nom! chaos! des voix, des yeux, des pas.
Ceux qu'on n'a jamais vus, ceux qu'on ne connaît pas.
Tous les vivants! – cités bourdonnant aux oreilles
Plus qu'un bois d'Amérique ou des ruches d'abeilles.[62]

Mit der Menge übt die Natur ihr elementares Recht an der Stadt. Aber es ist nicht die Natur allein, die so ihre Rechte wahrnimmt. Es gibt eine erstaunliche Stelle in den »Misérables«, an der das Waldweben als Archetypus des Massendaseins erscheint. »Was in dieser Straße vor sich gegangen war, hätte einen Wald nicht erstaunt; die Schäfte und das Unterholz, die Kräuter, die unentwirrbar ineinander verschlungenen Zweige und die hohen Gräser führen ein Dasein von dunkler Art; durchs unabsehbare Gewimmel huscht Unsichtbares; was unter dem Menschen steht, nimmt durch Nebel das wahr, was über dem Menschen steht.« In diese Darstellung ist eingesenkt, was Hugos Erfahrung mit der Menge eigentümlich gewesen ist. In der Menge tritt, was unter dem Menschen steht, in Verkehr mit dem, was über ihm

60 cit. Gabriel Bounoure: Abîmes de Victor Hugo, in: Mesures, 15 juillet 1936, p. 39.
61 Hugo: Œuvres complètes, l. c. ⟨S. 517⟩ Poésie. Bd. 2: Les orientales, Les feuilles d'automne. Paris 1880, p. 365.
62 Hugo, l. c. p. 363.

waltet. Diese Promiskuität ist es, die alle andern einschließt. Die Menge erscheint bei Hugo als Zwitterbalg, den ungestalte, übermenschliche Mächte denen ausgebären, die unter dem Menschen sind. Im visionären Einschlag, der in Hugos Konzept von der Menge vorliegt, kommt das gesellschaftliche Sein besser zu seinem Recht als in der ›realistischen‹ Behandlung, die er ihr in der Politik angedeihen ließ. Denn die Menge ist in der Tat ein Naturspiel, wenn man den Ausdruck auf gesellschaftliche Verhältnisse übertragen darf. Eine Straße, eine Feuersbrunst, ein Verkehrsunglück versammeln Leute, die als solche von klassenmäßiger Bestimmtheit frei sind. Sie präsentieren sich als konkrete Ansammlungen; aber gesellschaftlich verbleiben sie doch abstrakt, nämlich in ihren isolierten Privatinteressen. Ihr Modell sind die Kunden, die sich – jeder in seinem Privatinteresse – auf dem Markte um ›die gemeinsame Sache‹ sammeln. Diese Ansammlungen haben vielfach nur statistische Existenz. In ihr bleibt verhüllt, was an ihnen das eigentlich Monströse ausmacht: nämlich die Massierung privater Personen als solcher durch den Zufall ihrer Privatinteressen. Fallen diese Ansammlungen jedoch ins Auge – und dafür sorgen die totalitären Staaten, indem sie die Massierung ihrer Klienten permanent und verbindlich für alle Vorhaben machen –, so tritt ihr Zwittercharakter klar zu Tage. Er tut das vor allem für die Betroffenen selbst. Sie rationalisieren den Zufall der Marktwirtschaft, der sie derart zusammenführt, als ›Schicksal‹, in dem sich ›die Rasse‹ wiederfindet. Sie geben damit zugleich dem Herdentrieb und dem reflektorischen Handeln freies Spiel. Die Völker, die im Vordergrunde der westeuropäischen Bühne stehen, machen Bekanntschaft mit dem Übernatürlichen, das Hugo in der Menge entgegentrat. Das historische Vorzeichen dieser Größe hat Hugo allerdings nicht lesen können. Doch hat es sich in seinem Werk als eine sonderbare Entstellung abgedrückt: in Gestalt der spiritistischen Protokolle.

Der Kontakt mit der Geisterwelt, der bekanntlich in Jersey gleich tief auf sein Dasein wie auf seine Produktion wirkte, war, so befremdend das erscheinen mag, vor allem ein Kontakt mit den Massen, wie er dem Dichter in der Verbannung von Hause aus abging. Denn die Menge ist die Daseinsweise der Geisterwelt. So sah Hugo zuvörderst sich selbst als Genius in einer großen Versammlung der Genien, die seine Ahnen waren. Der »William Shakespeare« geht seitenweise, in großen Rhapsodien die Reihe dieser Geistesfürsten durch, die mit Moses beginnt und mit Hugo endet. Sie macht aber nur eine kleine Schar in der gewaltigen Menge der Abgeschiedenen. Das ad plures ire der Römer war Hugos chthonischem Ingenium kein leeres Wort. – Die Spirits der Toten kamen spät, als Boten der Nacht, in der letzten Sitzung. Die Aufzeichnungen von Jersey haben ihre Botschaften aufbewahrt: »Jeder Große wirkt an zwei Werken. An dem Werk, das er als Lebender schafft, und an seinem Geister-Werke ... Der Lebende weiht sich dem ersten Werke. Des Nachts jedoch in der tiefen Stille erwacht, oh Schrecken! der Geister-Schöpfer in diesem Lebenden. Wie? ruft die Kreatur, ist das nicht alles? – Nein, erwidert der Geist, auf und erhebe dich; der Sturm ist los, die Hunde und Füchse heulen, Finsternis allerorten, die Natur schauert; unter der Peitsche Gottes zuckt sie zusammen ... Der Geister-Schöpfer sieht die Phantom-Idee. Die Worte sträuben sich und der Satz erschauert ..., fahl läuft die Scheibe an, Furcht packt die Lampe ... Hüte dich, Lebender, hüte dich, Mensch eines Säkulums, du Vasall eines Gedankens, der von der Erde stammt. Denn das hier ist der Wahnsinn, das hier ist das Grab, das hier ist das Unendliche, das hier ist eine Phantom-Idee.«[63] Der kosmische Schauer im Erlebnis des Unsichtbaren, welchen Hugo an dieser Stelle festhält, hat keine Ähnlichkeit mit dem nackten Schrecken, von dem Baudelaire im spleen überwältigt wurde. Auch brachte Baudelaire für das Hugosche Unternehmen nur wenig Verständnis auf. »Die wahre Zivilisation«, sagte er, »liegt nicht im Tischrücken.« Hugo ging es aber nicht um die Zivilisation. Er fühlte sich in der Geisterwelt eigentlich heimisch. Sie war, könnte man sagen, das kosmische Komplement eines Hauswesens, in dem es auch nicht ohne Grauen abging. Seine Intimität mit den Erscheinungen nimmt ihnen viel von ihrem Erschreckenden. Sie ist auch nicht frei von Betriebsamkeit und verrät an ihnen das Fadenscheinige. Das Pendant zu den Nachtgespenstern sind nichtssagende Abstraktionen, mehr oder minder sinnige Verkörperungen, wie sie auf Denkmälern damals zu Hause waren. ›Das Drama‹, ›die

63 Gustave Simon: Chez Victor Hugo. Les tables tournantes de Jersey. Procès-verbaux des séances. Paris 1923, p. 306-308, 314.

Lyrik‹, ›die Poesie‹, ›der Gedanke‹ und viele ähnliche lassen sich in den jerseyer Protokollen unbefangen neben den Stimmen des Chaos hören.

Die unübersehbaren Scharen der Geisterwelt – das dürfte das Rätsel der Lösung näherbringen – sind für Hugo vor allem Publikum. Es ist weniger sonderbar, daß sein Werk Motive des redenden Tisches aufnimmt als daß er es vor ihm zu produzieren pflegte. Der Beifall, mit dem das Jenseits ihm nicht gekargt hat, gab ihm im Exil einen Vorbegriff von dem unermeßlichen, welcher ihn im Alter, in der Heimat erwarten sollte. Als an seinem siebenzigsten Geburtstag das Volk der Hauptstadt gegen sein Haus in der Avenue d'Eylau drängte, war das Bild der Woge, die an die Klippe brandet, aber auch die Botschaft der Geisterwelt eingelöst.

Das unergründliche Dunkel des Massendaseins ist zuletzt auch die Quelle von Victor Hugos revolutionären Spekulationen gewesen. In den »Châtiments« ist der befreiende Tag umschrieben als

> Le jour où nos pillards, où nos tyrans sans nombre
> Comprendront que quelqu'un remue au fond de l'ombre.[64]

Konnte der im Zeichen der Menge stehenden Vorstellung von der unterdrückten Masse ein zuverlässiges revolutionäres Urteil entsprechen? War sie nicht vielmehr die deutliche Form für dessen wo immer sich herschreibende Beschränktheit? In der Kammerdebatte vom 25. November 1848 hatte Hugo gegen Cavaignacs barbarische Unterdrückung der Junirevolte geschimpft. Aber am 20. Juni hatte er in der Verhandlung über die ateliers nationaux das Wort geprägt: »Die Monarchie hatte ihre Müßiggänger, die Republik hat ihre Tagediebe.«* Der Re-

* Pélin, ein kennzeichnender Vertreter der niederen Bohème, schrieb in seinem Blatt »Les boulets rouges. Feuille du club pacifique des droits de l'homme« über diese Rede: »Der citoyen Hugo hat in der Nationalversammlung debutiert. Er erwies sich, wie man erwartet hatte, als Deklamator, Gebärdenmacher und Phrasenheld; im Sinne seines letzten durchtriebenen und verleumderischen Maueranschlags hat er von den Müßiggängern, dem Elend, den Nichtstuern, den Lazzaroni, den Prätorianern der Revolte, den condottieri gesprochen – mit einem Wort, er hat die Metapher strapaziert, um mit einem Angriff auf die ateliers nationaux zu enden.« (anon., Faits divers,

64 Hugo: Œuvres complètes. l. c. ⟨S. 517⟩ Poésie. Bd. 4: Les châtiments. Paris 1882, p. 397 (»Le caravane IV«).

flex im Sinne der oberflächlichen Ansicht des Tages und der vertrauensseligsten von der Zukunft wird bei Hugo neben der tiefen Ahnung des im Schoße der Natur und des Volkes sich bildenden Lebens angetroffen. Eine Vermittlung ist Hugo nie gelungen; daß er ihre Notwendigkeit nicht empfunden hat, war die Bedingung des gewaltigen Anspruchs, des gewaltigen Umfangs und wohl auch der gewaltigen Wirkung seines Lebenswerkes bei den Zeitgenossen. In dem »L'argot« überschriebenen Kapitel der »Misérables« treten die beiden widerstreitenden Seiten seiner Natur mit imponierender Schroffheit einander gegenüber. Nach kühnen Blicken in die sprachliche Werkstatt des niederen Volkes schließt der Dichter: »Seit 89 entfaltet sich das gesamte Volk im geläuterten Individuum: es gibt keinen Armen, er hätte denn sein Recht und damit auch den Strahl, der auf ihn fällt; der arme Schlucker trägt in seinem Innern die Ehre Frankreichs; die Würde des Staatsbürgers ist eine innere Wehr; wer frei ist, der ist gewissenhaft; und wer Stimmrecht hat, der regiert.«[65] Victor Hugo sah die Dinge, wie die Erfahrungen der erfolgreichsten literarischen und einer glänzenden politischen Laufbahn sie vor ihn hinstellten. Er war der erste große Schriftsteller, der Kollektivtitel in seinem Werke hat – »Les misérables«, »Les travailleurs de la mer«. Menge hieß ihm, fast im antiken Sinne, die Menge der Klienten – das war seiner Leser- und seiner Wählermassen. Hugo war, mit einem Wort, kein Flaneur.

Für die Menge, die mit Hugo und mit der er ging, gab es keinen Baudelaire. Wohl aber existierte sie, diese Menge, für ihn. Ihr Anblick veranlaßte ihn tagtäglich, die Tiefe seines Mißerfolgs auszuloten. Und das war unter den Gründen, aus denen er diesen Anblick suchte, wohl nicht der letzte. Den verzweifelten Hochmut, der ihn so, gewissermaßen in Schüben, heimsuchte, nährte er am Ruhme von Victor Hugo. Noch heftiger stachelte

in: Les boulets rouges. Feuille du club pacifique des droits de l'homme [Rédacteur: Le Cen Pélin], 1re année, No. 1, Du 22 au 25 juin 1848, p. 1.) – In seiner »Histoire parlementaire de la Seconde République« schreibt Eugène Spuller: »Victor Hugo war mit den Stimmen der Reaktion gewählt worden.« »Er hatte immer mit der Rechten gestimmt, von zwei oder drei Anlässen abgesehen, bei denen die Politik keine Rolle spielte.« (Eugène Spuller: Histoire parlementaire de la Seconde République suivi d'une petite histoire du Second Empire. Paris 1891, p. 111 und p. 266.)

65 Hugo: Œuvres complètes, l. c. ⟨S. 517⟩ Roman. Bd. 8: Les misérables. IV. Paris 1881, p. 306.

ihn wahrscheinlich dessen politisches Glaubensbekenntnis an. Es war das Glaubensbekenntnis des citoyen. Die Masse der großen Stadt konnte ihn nicht beirren. Er erkannte die Volksmenge in ihr wieder. Er wollte Stoff sein von ihrem Stoff. Laizismus, Fortschritt und Demokratie waren das Banner, das er über den Häuptern schwang. Dieses Banner verklärte das Massendasein. Es verschattete eine Schwelle, die den Einzelnen von der Menge trennt. Diese Schwelle hütete Baudelaire; das unterschied ihn von Victor Hugo. Er ähnelte ihm jedoch darin, daß auch er den gesellschaftlichen Schein nicht durchschaute, welcher sich in der Menge niederschlägt. Er setzte ihr darum ein Leitbild entgegen, so unkritisch wie die Hugosche Konzeption von ihr. Der Heros ist dieses Leitbild. Im Augenblick, da Victor Hugo die Masse als den Helden in einem modernen Epos feiert, hält Baudelaire nach einem Zufluchtsort des Helden in der Masse der Großstadt Ausschau. Als citoyen versetzt Hugo sich in die Menge, als Heros sondert sich Baudelaire von ihr ab.

III

Die Moderne

Baudelaire hat sein Bild vom Künstler einem Bilde vom Helden angeformt. Beide treten von Anfang an füreinander ein. »Die Willenskraft«, so heißt es im »Salon de 1845«, »muß eine wirklich kostbare Gabe sein und wird offenbar nie vergebens eingesetzt, denn sie genügt, um selbst ... Werken ... zweiten Ranges etwas Unverwechselbares zu geben ... Der Beschauer genießt die Mühe; er schlürft den Schweiß.«[1] In den »Conseils aux jeunes littérateurs« vom nächsten Jahr steht die schöne Formel, in der die »contemplation opiniâtre de l'œuvre de demain«[2] als die Gewähr der Inspiration erscheint. Baudelaire kennt die »indolence naturelle des inspirés«[3]; wieviel Arbeit dazu gehört, »aus einer Träumerei ein Kunstwerk hervorgehen zu lassen«[4], habe ein Musset nie begriffen. Er dagegen tritt vom ersten Augenblick an mit einem eigenen Kodex, eigenen Satzungen und Tabus vor das Publikum. Barrès will »in jeder geringsten Vokabel von Baudelaire die Spur der Mühen erkennen, die ihm zu so Großem verholfen haben«[5]. »Bis in seine nervöse Krise hinein«, schreibt Gourmont, »behält Baudelaire etwas Gesundes.«[6] Am glücklichsten formuliert der Symbolist Gustave Kahn, wenn er sagt, daß »die dichterische Arbeit bei Baudelaire einer körperlichen Anstrengung ähnlich sah«[7]. Dafür ist der Beweis im Werk zu finden – in einer Metapher, die nähere Betrachtung lohnt.

Diese Metapher ist die des Fechters. Baudelaire liebte es, unter ihr die Züge des Martialischen als artistische vorzustellen. Wenn er Constantin Guys, an dem er hing, beschreibt, so sucht er ihn um die Zeit, da die andern schlafen, auf: »wie er dasteht, über

1 II, p. 26.
2 II, p. 388.
3 II, p. 531.
4 cit. Albert Thibaudet: Intérieurs. Paris 1924, p. 15.
5 cit. André Gide: Baudelaire et M. Faguet, in: Nouvelle revue française, tome 4, 1er novembre 1910, p. 513.
6 Rémy de Gourmont: Promenades littéraires. Deuxième série. Paris 1906, p. 86.
7 Baudelaire: Mon cœur mis à nu et fusées. Journaux intimes. Edition conforme au manuscrit. Préface de Gustave Kahn. Paris 1909, p. 5.

den Tisch gebeugt, mit der gleichen Schärfe das Blatt Papier visiert wie am Tag die Dinge um ihn herum; wie er mit seinem Stift, seiner Feder, dem Pinsel ficht; Wasser aus seinem Glas zur Decke spritzen und die Feder an seinem Hemd sich versuchen läßt; wie geschwind und heftig er hinter der Arbeit her ist, als fürchte er, die Bilder entwischten ihm. So ist er streitbar, wenn auch allein und pariert seine eigenen Stöße.«[8] In solch »phantastischem Gefecht« begriffen hat Baudelaire sich selbst in der Anfangsstrophe des »Soleil« porträtiert, und das ist wohl die einzige Stelle der »Fleurs du mal«, die ihn bei der poetischen Arbeit zeigt. Das Duell, in dem jeder Künstler begriffen ist und in dem er, »ehe er besiegt wird, vor Schrecken aufschreit«[9], ist in den Rahmen einer Idylle gefaßt; seine Gewaltsamkeiten treten in den Hintergrund, und es läßt seinen Charme erkennen.

Le long du vieux faubourg, où pendent aux masures
Les persiennes, abri des secrètes luxures,
Quand le soleil cruel frappe à traits redoublés
Sur la ville et les champs, sur les toits et les blés,
Je vais m'exercer seul à ma fantasque escrime,
Flairant dans tous les coins les hasards de la rime,
Trébuchant sur les mots comme sur les pavés,
Heurtant parfois des vers depuis longtemps rêvés.[10]

Diesen prosodischen Erfahrungen auch in der Prosa ihr Recht werden zu lassen, war eine der Absichten, denen Baudelaire im »Spleen de Paris« – seinen Gedichten in Prosa – nachgegangen war. In seiner Widmung der Sammlung an den Chefredakteur der »Presse« Arsène Houssaye kommt neben dieser Absicht zum Ausdruck, was jenen Erfahrungen eigentlich zu Grunde lag. »Wer unter uns hätte nicht schon in den Tagen des Ehrgeizes das Wunderwerk einer poetischen Prosa erträumt? Sie müßte musikalisch ohne Rhythmus und ohne Reim sein; sie müßte geschmeidig und spröd genug sein, um sich den lyrischen Regungen der Seele, den Wellenbewegungen der Träumerei, den Chocks des Bewußtseins anzupassen. Dieses Ideal, das zur fixen

8 II, p. 334.
9 cit. Raynaud, l. c. ⟨S. 535⟩ p. 318.
10 I, p. 96.

Idee werden kann, wird vor allem von dem Besitz ergreifen, der in den Riesenstädten mit dem Geflecht ihrer zahllosen einander durchkreuzenden Beziehungen zuhause ist.«[11]
Will man diesen Rhythmus vergegenwärtigen und dieser Arbeitsweise nachgehen, so zeigt es sich, daß Baudelaires Flaneur nicht in dem Grade ein Selbstporträt des Dichters ist, wie man es meinen könnte. Ein bedeutender Zug des wirklichen Baudelaire – nämlich des seinem Werk verschriebenen – ist in dieses Bildnis nicht eingegangen. Das ist die Geistesabwesenheit. – Im Flaneur feiert die Schaulust ihren Triumph. Sie kann sich in der Beobachtung konzentrieren – das ergibt den Amateurdetektiv; sie kann im Gaffer stagnieren – dann ist aus dem Flaneur ein badaud geworden*. Die aufschlußreichen Darstellungen der Großstadt stammen weder von dem einen noch von dem andern. Sie stammen von denen, die die Stadt gleichsam abwesend, an ihre Gedanken oder Sorgen verloren, durchquert haben. Ihnen wird das Bild der fantasque escrime gerecht; auf deren Verfassung, die alles andere als die des Beobachters ist, hat Baudelaire es abgesehen. In seinem Buch über Dickens hat Chesterton meisterhaft den gedankenverloren die Großstadt Durchstreifenden festgehalten. Die standhaften Irrgänge von Charles Dickens hatten in seinen Kinderjahren begonnen. »Wenn er mit seiner Arbeit fertig war, blieb ihm nichts übrig als herumzustrolchen, und er strolchte durch halb London. Er war als Kind träumerisch; sein trauriges Schicksal beschäftigte ihn mehr als anderes ... In der Dunkelheit stand er unter den Laternen von Holborne und in Charing Cross litt er das Martyrium.« »Er legte es nicht auf Beobachtung an, wie das die Pedanten tun; er guckte nicht, um sich zu bilden, Charing Cross an; er zählte nicht die Laternen von Holborne, um Arithmetik zu lernen ... Dickens nahm nicht den Abdruck der Dinge in seinen

* »Man darf den flaneur nicht mit dem badaud verwechseln; es ist da eine Nuance zu berücksichtigen ... Der schlichte flaneur ist immer im vollen Besitz seiner Individualität; die des badaud dagegen verschwindet. Sie wird von der Außenwelt aufgesogen ...; diese berauscht ihn bis zur Selbstvergessenheit. Unter dem Einfluß des Schauspiels, das sich ihm bietet, wird der badaud zu einem unpersönlichen Wesen; er ist kein Mensch mehr: er ist Publikum, er ist Menge.« (Victor Fournel: Ce qu'on voit dans les rues de Paris. Paris 1858, p. 263.)

11 I, p. 405/406.

Geist auf; es war viel eher so, daß er seinen Geist den Dingen eindrückte.«[12]

Nicht oft konnte sich Baudelaire in den späteren Jahren als Promeneur durch die pariser Straßen bewegen. Seine Gläubiger verfolgten ihn, die Krankheit meldete sich und Zerwürfnisse zwischen ihm und seiner Mätresse traten hinzu. Die Chocks, mit denen seine Sorgen ihm zusetzten und die hundert Einfälle, mit denen er sie parierte, bildet der dichtende Baudelaire in den Finten seiner Prosodie nach. Die Arbeit, die Baudelaire seinen Gedichten zuwandte, unterm Bild des Gefechts erkennen, heißt, sie als eine ununterbrochene Folge kleinster Improvisationen begreifen lernen. Die Varianten seiner Gedichte bezeugen, wie beständig er an der Arbeit war und wie sehr das geringste ihn dabei bekümmerte. Diese Streifzüge, auf denen er seinen poetischen Sorgenkindern an den Ecken von Paris in die Arme lief, waren nicht immer freiwillige. In den ersten Jahren seines Daseins als Literat, da er das Hotel Pimodan bewohnte, konnten seine Freunde die Diskretion bewundern, mit der er alle Spuren der Arbeit – den Schreibtisch voran – aus seinem Zimmer verbannt hatte*. Damals war er, sinnbildlich, auf die Eroberung der Straße ausgegangen. Später, als er ein Stück seines bürgerlichen Daseins nach dem andern preisgab, wurde sie ihm mehr und mehr zu einem Zufluchtsort. Ein Bewußtsein von der Brüchigkeit dieses Daseins lag aber in der Flanerie von Anfang an. Sie macht aus der Not eine Tugend und zeigt darin die Struktur, die für die Konzeption des Heros bei Baudelaire in allen Teilen charakteristisch ist.

Die Not, die hier verkleidet wird, ist nicht nur eine materielle;

* Baudelaires Jugendfreund Prarond schreibt im Andenken an die Zeit um 1845: »Arbeitstische, an denen wir nachdachten oder etwas niederschrieben, waren bei uns wenig in Gebrauch ... Ich für meinen Teil«, fährt er nach einer Erwähnung von Baudelaire fort, »sah ihn eher vor mir, wie er im Flug, straßauf straßab, seine Verse stellte; ich sah ihn nicht vor einem Ries Papier sitzen.« (cit. Alphonse Séché: La vie des »Fleurs du mal«. Amiens 1928, p. 84.) Ähnlich berichtet Banville über das Hotel Pimodan: »Als ich zum ersten Mal hinkam, fand ich da weder Lexika, noch ein Arbeitszimmer, noch einen Schreibtisch; ebensowenig gab es ein Buffet oder ein Speisezimmer und nichts, was an die Einrichtung einer bürgerlichen Wohnung erinnerte.« (Théodore de Banville: Mes souvenirs. Paris 1882, p. 81/82.)

12 G[ilbert] K[eith] Chesterton: Charles Dickens. Traduit de Archille Laurent et L. Martin-Dupont. Paris o. J. [1927], p. 31.

sie betrifft die poetische Produktion. Die Stereotypien in Baudelaires Erfahrungen, der Mangel an Vermittlung zwischen seinen Ideen, die erstarrte Unruhe in seinen Zügen deuten darauf hin, daß die Reserven, die großes Wissen und umfassender geschichtlicher Überblick dem Menschen eröffnen, ihm nicht zu Gebote standen. »Baudelaire hatte für einen Schriftsteller einen großen Fehler, von dem er selbst nichts ahnte: er war unwissend. Was er wußte, das wußte er gründlich; aber er wußte Weniges. Geschichte, Physiologie, Archäologie, Philosophie blieben ihm fremd ... Die Außenwelt interessierte ihn wenig; er bemerkte sie vielleicht, aber jedenfalls studierte er sie nicht.«[13] Es ist zwar naheliegend und auch berechtigt, solchen und ähnlichen Kritiken[14] gegenüber auf die notwendige und nützliche Unzugänglichkeit des Arbeitenden, die in aller Produktion unerläßlichen idiosynkratischen Einschläge hinzuweisen; aber der Sachverhalt hat eine andere Seite. Er begünstigt die Überforderung des Produzierenden im Namen eines Prinzips, des ›Schöpferischen‹. Diese ist um so gefährlicher als sie, dem Selbstgefühl des Produzierenden schmeichelnd, die Interessen einer ihm feindseligen Gesellschaftsordnung vorzüglich wahrt. Die Lebensweise der Bohémiens hat dazu beigetragen, einen Aberglauben an das Schöpferische in Kurs zu setzen, dem Marx mit einer Feststellung begegnet, die für geistige genau wie für manuelle Arbeit gilt. Zum ersten Satz des Gothaer Programmentwurfs, »Die Arbeit ist die Quelle alles Reichtums und aller Kultur«, vermerkt er kritisch: »Die Bürger haben sehr gute Gründe, der Arbeit übernatürliche Schöpfungskraft anzudichten; denn gerade aus der Naturbedingtheit der Arbeit folgt, daß der Mensch, der kein anderes Eigentum besitzt als seine Arbeitskraft, in allen Gesellschafts- und Kulturzuständen der Sklave der andern Menschen sein muß, die sich zu Eigentümern der gegenständlichen Arbeitsbedingungen gemacht haben.«[15] Wenig von dem, was zu den gegenständlichen Bedingungen geistiger Arbeit gehört, hat Baudelaire besessen: von einer Bibliothek bis zu einer Wohnung gab

13 Maxime Du Camp: Souvenirs littéraires. Bd. 2: 1850-1880. Paris 1906, p. 65.

14 vgl. Georges Rency: Physionomies littéraires. Bruxelles 1907, p. 288.

15 Marx: Randglossen zum Programm der Deutschen Arbeiterpartei. Mit einer ausführlichen Einleitung und sechs Anhängen hrsg. von Karl Korsch. Berlin, Leipzig 1922, p. 22.

es nichts, worauf er im Laufe seines Daseins, das gleich unstet in wie außerhalb von Paris verlief, nicht hätte verzichten müssen. »Physische Leiden«, schreibt er am 26. Dezember 1853 an seine Mutter, »bin ich in dem Grade gewohnt, ich verstehe so gut, mir unter einer zerrissenen Hose und einer Jacke, durch die der Wind streicht, mit zwei Hemden auszuhelfen, und ich bin so geübt, mich bei durchlöcherten Schuhen mit Stroh oder selbst Papier einzurichten, daß ich fast nur noch moralische Leiden als solche fühle. Immerhin muß ich offen sagen, daß ich nun soweit bin, aus Furcht, meine Sachen noch mehr zu zerreißen, keine sehr plötzlichen Bewegungen mehr zu machen und nicht mehr viel zu gehen.«[16] Von der Art waren unter den Erfahrungen, die Baudelaire im Bilde des Heros verklärt hat, die unzweideutigsten.

Der Depossedierte taucht unter dem Bild des Heros um diese Zeit noch an anderer Stelle auf; und zwar ironisch. Das ist der Fall bei Marx. Er spricht von den Ideen des ersten Napoleons und sagt: »Der Kulminierpunkt der ›idées napoléoniennes‹ ... ist das Übergewicht der Armee. Die Armee war der point d'honneur der Parzellenbauern, sie selbst in Heroen verwandelt.« Nun aber, unter dem dritten Napoleon, ist die Armee »nicht mehr die Blüte der Bauernjugend, sie ist die Sumpfblume des bäuerlichen Lumpenproletariats. Sie besteht großenteils aus Remplaçants ..., wie der zweite Bonaparte selbst nur Remplaçant, der Ersatzmann für Napoleon ist.«[17] Der Blick, der sich von dieser Ansicht zum Bilde des fechtenden Dichters zurückwendet, findet es sekundenlang von dem des Marodeurs überblendet, des anders ›fechtenden‹ Söldners, der durch die Gegend irrt*. Vor allem aber klingen zwei berühmte Zeilen Baudelaires

* vgl. »Pour toi, vieux maraudeur, | L'amour n'a plus de goût, non plus que la dispute.« (I, p. 89.) – Eine der wenigen abstoßenden Erscheinungen in der ausgebreiteten, meist farblosen Literatur über Baudelaire ist das Buch eines Peter Klassen. Es ist für dieses in der depravierenden Terminologie des Georgekreises verfaßte Buch, das Baudelaire gleichsam unter dem Stahlhelm darstellt, bezeichnend, daß es in dessen Lebenszentrum die ultramontane Restauration stellt, nämlich den Augenblick, »wo im Sinne des wiederhergestellten Gottesgnadenkönigtums das Allerheiligste in der Umstarrung blanker Waffen durch die Straßen von Paris geführt wird. Dies mag ein

16 Baudelaire: Dernières lettres inédites à sa mère. Avertissement et notes de Jacques Crépet. Paris 1926, p. 44/45.

17 Marx: Der achtzehnte Brumaire des Louis Bonaparte, l. c. ⟨S. 514⟩ p. 122/123.

mit ihrer unauffälligen Synkope deutlicher über dem gesellschaftlichen Hohlraum wider, von dem Marx spricht. Sie beschließen die zweite Strophe des dritten Gedichtes der »Petites vieilles«. Proust begleitet sie mit den Worten, »il semble impossible d'aller au delà«[18].

Ah! que j'en ai suivi, de ces petites vieilles!
Une, entre autres, à l'heure où le soleil tombant
Ensanglante le ciel de blessures vermeilles,
Pensive, s'asseyait à l'écart sur un banc,

Pour entendre un de ces concerts, riches de cuivre,
Dont les soldats parfois inondent nos jardins,
Et qui, dans ces soirs d'or où l'on se sent revivre,
Versent quelque héroïsme au cœur des citadins.[19]

Die mit den Söhnen verarmter Bauern besetzten Blechkapellen, die ihre Weisen für die arme Stadtbevölkerung ertönen lassen – sie geben den Heroismus ab, der in dem Wort quelque seine Fadenscheinigkeit scheu verbirgt und eben in dieser Geberde echt und der einzige ist, der von dieser Gesellschaft noch hervorgebracht wird. In der Brust ihrer Heroen wohnt kein Gefühl, das in der der kleinen Leute nicht Platz hätte, die sich um eine Militärmusik ansammeln.

Die Gärten, von denen in dem Gedicht als von ›den unsrigen‹ die Rede ist, sind die dem Städter geöffneten, dessen Sehnsucht vergebens um die großen verschlossenen Parks streift. Das Publikum, das sich in ihnen einfindet, ist nicht ganz das den Flaneur umwogende. »Zu welcher Partei man immer gehören mag«, schrieb Baudelaire 1851, »es ist unmöglich, nicht von dem Schauspiel dieser kränklichen Bevölkerung ergriffen zu werden, die den Staub der Fabriken schluckt, Baumwollpartikeln einatmet, ihre Gewebe von Bleiweiß und Quecksilber und von allen Giften durchdringen läßt, die zur Herstellung von Meisterwerken gebraucht werden ... Diese Bevölkerung verzehrt sich nach den

entscheidendes, weil wesenhaftes Erlebnis seines gesamten Daseins gewesen sein.« (Peter Klassen: Baudelaire. Welt und Gegenwelt. Weimar 1931, p. 9.) Baudelaire war damals sechs Jahre alt.

18 Marcel Proust: A propos de Baudelaire, in: Nouvelle revue française, tome 16, 1er juin 1921, p. 646.

19 I, p. 104.

Wundern, auf die ihr doch die Erde ein Anrecht gibt; sie fühlt purpurnes Blut in ihren Adern wallen, und sie wirft einen langen von Trauer beschwerten Blick auf das Sonnenlicht und die Schatten in den großen Parks.«[20] Diese Bevölkerung ist der Hintergrund, von dem sich der Umriß des Heros abhebt. Das Bild, welches sich so darstellt, beschriftete Baudelaire auf seine eigene Weise. Er setzte das Wort la modernité darunter.

Der Heros ist das wahre Subjekt der modernité. Das will besagen – um die Moderne zu leben, bedarf es einer heroischen Verfassung. Das war auch die Meinung Balzacs gewesen. Balzac und Baudelaire stehen mit ihr zur Romantik in Gegensatz. Sie verklären die Leidenschaften und die Entschlußkraft; die Romantik den Verzicht und die Hingabe. Aber die neue Anschauungsweise ist ungleich vielmaschiger, ungleich reicher an Vorbehalten bei dem Lyriker als bei dem Romancier. Zwei Redefiguren zeigen, auf welche Art. Beide stellen den Heros in seiner modernen Erscheinung dem Leser vor. Bei Balzac wird der Gladiator zum commis voyageur. Der große Geschäftsreisende Gaudissart bereitet sich darauf vor, die Touraine zu bearbeiten. Balzac schildert seine Veranstaltungen und unterbricht sich, um auszurufen: »Welch ein Athlet! welche Arena! und was für Waffen: er, die Welt und sein Mundwerk!«[21] Baudelaire dagegen erkennt den Fechtersklaven im Proletarier wieder; unter den Versprechungen, die der Wein dem Enterbten zu vergeben hat, nennt die fünfte Strophe des Gedichts »L'âme du vin«:

> J'allumerai les yeux de ta femme ravie;
> A ton fils je rendrai sa force et ses couleurs
> Et serai pour ce frêle athlète de la vie
> L'huile qui raffermit les muscles des lutteurs.[22]

Was der Lohnarbeiter in täglicher Arbeit leistet, ist nichts Geringeres als was im Altertum dem Gladiator zu Beifall und Ruhm verhalf. Dieses Bild ist Stoff vom Stoffe der besten Erkenntnisse, die Baudelaire geworden sind; es stammt aus dem Nachdenken über seine eigene Lage. Eine Stelle aus dem »Salon

20 II, p. 408.
21 Balzac: L'illustre Gaudissart. (Œuvres complètes [Ed. Calmann Lévy], Bd. 13: Scènes de la vie de province. Les Parisiens en Province.) Paris 1901, p. 5.
22 I, p. 119.

de 1859« ergibt, wie er sie angesehen wissen wollte. »Wenn ich höre, wie ein Raphael oder Veronese mit der verschleierten Absicht glorifiziert werden, was nach ihnen gekommen ist zu entwerten ..., so frage ich mich, ob eine Leistung, die als solche der ihrigen mindestens gleichzusetzen ist ..., nicht unendlich viel verdienstlicher als die ihre ist, da sie sich in einer Atmosphäre und in einem Landstrich hervorgetan hat, die ihr feindlich gesinnt waren.«[23] – Baudelaire liebte es, seine Thesen kraß, in gleichsam barocker Beleuchtung in den Kontext hineinzusetzen. Es gehörte zu seiner theoretischen Staatsraison, ihren Zusammenhang untereinander – wo einer vorhanden war – zu beschatten. Derartige Schattenpartien sind durch die Briefe fast immer aufzuhellen. Ohne ein solches Verfahren notwendig zu machen, läßt die angezogene Stelle von 1859 ihren unzweifelhaften Zusammenhang mit einer mehr als zehn Jahre früheren und besonders befremdlichen klar erkennen. Die folgende Kette von Überlegungen rekonstruiert diesen.

Die Widerstände, die die Moderne dem natürlichen produktiven Elan des Menschen entgegensetzt, stehen im Mißverhältnis zu seinen Kräften. Es ist verständlich, wenn er erlahmt und in den Tod flüchtet. Die Moderne muß im Zeichen des Selbstmords stehen, der das Siegel unter ein heroisches Wollen setzt, das der ihm feindseligen Gesinnung nichts zugesteht. Dieser Selbstmord ist nicht Verzicht sondern heroische Passion. Er ist *die* Eroberung der Moderne im Bereiche der Leidenschaften*. So, nämlich als die passion particulière de la vie moderne, tritt der Selbstmord an der klassischen Stelle auf, die der Theorie der Moderne gewidmet ist. Der Freitod antiker Helden ist eine Ausnahme. »Wo findet man, abgesehen von Herakles auf dem Berge Oeta, von Cato von Utica und von Kleopatra, ... Selbstmorde in den antiken Darstellungen?«[24] Nicht als ob Baudelaire sie in den modernen fände; der Hinweis auf Rousseau und Bal-

* Unter ähnlichem Blickwinkel erscheint der Selbstmord später bei Nietzsche. »Man kann das Christentum nicht genug verurteilen, weil es den Wert einer ... reinigenden großen Nihilismus-Bewegung, wie sie vielleicht im Gange war, ... entwertet hat: ... immer durch ein Abhalten von der Tat des Nihilismus, dem Selbstmord.« (cit. Karl Löwith: Nietzsches Philosophie der ewigen Wiederkunft des Gleichen. Berlin 1935, p. 108.)

23 II, p. 239.

24 II, p. 133/134.

zac, der diesem Satze folgt, ist ein dürftiger. Aber den Rohstoff solcher Darstellungen hält die Moderne bereit; und sie wartet auf seinen Meister. Dieser Rohstoff hat sich in eben den Schichten abgesetzt, die sich durchweg als Fundament der Moderne herausstellen. Die ersten Aufzeichnungen zu deren Theorie sind von 1845. Um die gleiche Zeit ist die Vorstellung des Selbstmords in den arbeitenden Massen heimisch geworden. »Man reißt sich um die Abzüge einer Lithographie, die einen englischen Arbeiter darstellt, wie er sich in der Verzweiflung, sein Brot nicht mehr verdienen zu können, das Leben nimmt. Ein Arbeiter geht sogar in die Wohnung von Eugène Sue und hängt sich dort auf; in der Hand hat er einen Zettel: › ... Ich dachte, der Tod möchte mir leichter werden, wenn ich ihn unter dem Dach des Mannes sterbe, der für uns eintritt und der uns liebt.‹«[25] Adolphe Boyer, ein Buchdrucker, publizierte 1841 die kleine Schrift »De l'état des ouvriers et de son amélioration par l'organisation du travail«. Es war eine gemäßigte Darlegung, die die alten in Zunftgebräuchen befangenen Korporationen der wandernden Handwerksburschen für die Arbeiterassoziation zu gewinnen suchte. Sie hatte keinen Erfolg; der Verfasser nahm sich das Leben und forderte in einem offenen Brief seine Leidensgenossen auf, ihm nachzufolgen. Der Selbstmord konnte sehr wohl einem Baudelaire als die einzig heroische Handlung vor Augen stehen, die den multitudes maladives der Städte in den Zeiten der Reaktion verblieben war. Vielleicht sah er den Rethelschen Tod, den er sehr bewunderte, als gelenkigen Zeichner vor einer Staffelei, die Todesarten der Selbstmörder auf die Leinwand werfend. Was die Farben des Bildes angeht, so bot die Mode ihre Palette dar.

Seit der Julimonarchie begann in der Männerkleidung das Schwarze und Graue vorzuwalten. Diese Neuerung beschäftigte Baudelaire im »Salon von 1845«. Im Schlußwort seiner Erstlingsschrift führt er aus: »Vor allen anderen wird derjenige *der* Maler heißen, der dem gegenwärtigen Leben seine epische Seite abgewinnt und uns in Linien und Farben verstehen lehrt, wie groß und poetisch wir in unseren Lackschuhen und Krawatten

25 Charles Benoist: L'homme de 1848. II: Comment il s'est développé le communisme, l'organisation du travail, la réforme, in: Revue des deux mondes, 84e année, 6e période, tome 19, 1er février 1914, p. 667.

sind. – Mögen die wirklichen Pioniere uns nächstes Jahr die erlesene Freude machen, die Heraufkunft des wahrhaft *Neuen* feiern zu dürfen.«[26] Ein Jahr darauf: »Um auf den Anzug, die Hülle des modernen Heros zu kommen – . . . sollte der nicht seine Schönheit und seinen ihm eigenen Charme haben . . .? Ist das nicht der Anzug wie ihn unsere Epoche braucht; denn sie leidet und trägt noch auf ihren schwarzen, mageren Schultern das Symbol einer ewigen Traurigkeit. Der schwarze Anzug und der Gehrock haben ja nicht nur als Ausdruck der allgemeinen Gleichheit ihre politische Schönheit – sie haben auch eine poetische, und zwar als Ausdruck der öffentlichen Geistesverfassung, dargestellt in einer unabsehbaren Prozession von Leichenbittern – politischen Leichenbittern, erotischen Leichenbittern, privaten Leichenbittern. Irgendeine Beisetzung feiern wir alle. – Die durchgehend gleiche Livree der Trostlosigkeit beweist die Gleichheit . . . Und haben die Falten im Stoff, die Grimassen schneiden und sich wie Schlangen um erstorbenes Fleisch legen, nicht ihren verborgenen Reiz?«[27] Diese Vorstellungen haben an der tiefen Faszination Anteil, die die in Trauer gekleidete Passantin des Sonetts auf den Dichter ausübt. Der Text von 1846 schließt dann: »Denn die Heroen der Ilias reichen euch nicht das Wasser, Vautrin, Rastignac, Birotteau – und dir Fontanarès, der du nicht gewagt hast, dem Publikum zu gestehen, was du unter dem makabren, wie im Krampfe zusammengezogenen Frack durchmachtest, welchen wir alle tragen; – und dir Honoré de Balzac, die sonderbarste, die romantischste und die poetischste unter allen Figuren, die deine Phantasie erschaffen hat.«[28]

Fünfzehn Jahre später kommt der süddeutsche Demokrat Friedrich Theodor Vischer in einer Kritik der Herrenmode zu Erkenntnissen, die denen von Baudelaire ähnlich sind. Nur ändert sich ihr Akzent; was bei Baudelaire als Farbton in den dämmernden Prospekt der Moderne eingeht, liegt bei Vischer als blankes Argument im politischen Kampf zur Hand. »Farbe bekennen«, schreibt Vischer mit dem Blick auf die seit 1850 herrschende Reaktion, »gilt für lächerlich, straff sein für kindisch; wie sollte da die Tracht nicht auch farblos, schlaff und

26 II, p. 54/55.
27 II, p. 134.
28 II, p. 136.

eng zugleich werden?«[29] Die Extreme berühren einander; Vischers politische Kritik überschneidet, wo sie sich metaphorisch ausprägt, ein frühes Phantasiebild von Baudelaire. In einem Sonett, dem »Albatros« – es stammt von der überseeischen Reise, durch die man den jungen Dichter zu bessern hoffte – erkennt Baudelaire sich in diesen Vögeln, deren Unbeholfenheit auf dem Schiffsdeck, wo die Mannschaft sie ausgesetzt hat, er so beschreibt:

> A peine les ont-ils déposés sur les planches,
> Que ces rois de l'azur, maladroits et honteux,
> Laissent piteusement leurs grandes ailes blanches
> Comme des avirons traîner à côté d'eux.
>
> Ce voyageur ailé, comme il est gauche et veule![30]

Von den weiten, übers Gelenk fallenden Ärmeln des Jackettanzuges sagt Vischer: »Das sind nicht mehr Arme, sondern Flügelrudimente, Pinguinsflügelstümpfe, Fischflossen und die Bewegung der formlosen Anhängsel im Gang sieht einem thörichten, simpelhaften Fuchteln, Schieben, Nachjücken, Rudern gleich.«[31] Die gleiche Ansicht der Sache – das gleiche Bild.

Folgendermaßen bestimmt Baudelaire das Angesicht der Moderne deutlicher – das Kainszeichen auf ihrer Stirn nicht verleugnend: »Die Mehrzahl der Dichter, die sich mit wirklich modernen Sujets befaßten, hat sich mit den abgestempelten, offiziellen begnügt – diese Dichter beschäftigten sich mit unseren Siegen und mit unserem politischen Heroismus. Auch das tun sie widerwillig, nur weil die Regierung sie dazu kommandiert und sie honoriert. Und doch gibt es Sujets aus dem Privatleben, die bedeutend heroischer sind. Das Schauspiel des mondänen Lebens und der Tausende ungeregelter Existenzen, die in den Souterrains einer großen Stadt zuhause sind – der Verbrecher und der ausgehaltenen Frauen – die Gazette des tribunaux und der Moniteur beweisen, daß wir nur die Augen zu öffnen brauchen, um den Heroismus zu erkennen, den wir zu eigen haben.«[32]

29 Friedr[ich] Theod[or] Vischer: Kritische Gänge. Neue Folge. Drittes Heft. Stuttgart 1861, p. 117 (»Vernünftige Gedanken über die jetzige Mode«).
30 I, p. 22.
31 Vischer, l. c. p. 111.
32 II, p. 134/135.

Ins Bild des Heros tritt hier der Apache. An ihm kommen die Charaktere nachhause, die Bounoure an der Einsamkeit Baudelaires verzeichnet – »ein noli me tangere, eine Verkapslung des Individuums in seine Differenz«[33]. Der Apache schwört den Tugenden und den Gesetzen ab. Er kündigt ein für alle Mal den contrat social. So glaubt er sich vom Bürger durch eine Welt geschieden. Er erkennt in ihm nicht die Züge des Spießgesellen, die sehr bald von Hugo in den »Châtiments« mit so mächtiger Wirkung gezeichnet wurden. Den Illusionen von Baudelaire sollte freilich ein sehr längerer Atem beschieden sein. Sie begründen die Poesie des Apachentums. Sie gelten einer Gattung, die in mehr als achtzig Jahren nicht abgebaut worden ist. Diese Ader hat Baudelaire als erster angeschlagen. Poes Held ist nicht der Verbrecher sondern der Detektiv. Balzac seinerseits kennt nur den großen Außenseiter der Gesellschaft. Vautrin erfährt Aufstieg und Absturz; er hat eine Karriere wie alle Balzacschen Helden. Die Verbrecherlaufbahn ist eine wie die andern. Auch Ferragus sinnt auf Großes und plant ins Weite; er ist vom Schlage der carbonari. Der Apache, welcher sein Leben lang auf die Bannmeile der Gesellschaft wie der großen Stadt angewiesen bleibt, hat vor Baudelaire in der Literatur keine Stelle. Die schärfste Prägung dieses Sujets in den »Fleurs du mal«, der »Vin de l'assassin« ist zum Ausgangspunkt eines pariser Genres geworden. Seine ›Kunststätte‹ wurde das Chat noir. »Passant sois moderne« hieß die Inschrift, die es in den ersten, heroischen Zeiten führte.

Die Dichter finden den Kehricht der Gesellschaft auf ihrer Straße und ihren heroischen Vorwurf an eben ihm. Damit scheint in ihren erlauchten Typus ein gemeiner gleichsam hineinkopiert. Ihn durchdringen die Züge des Lumpensammlers, welcher Baudelaire so beständig beschäftigt hat. Ein Jahr vor dem »Vin des chiffonniers« erschien eine prosaische Darstellung der Figur: »Hier haben wir einen Mann – er hat die Abfälle des vergangenen Tages in der Hauptstadt aufzusammeln. Alles, was die große Stadt fortwarf, alles, was sie verlor, alles, was sie verachtete, alles, was sie zertrat – er legt davon das Register an und er sammelt es. Er kollationiert die Annalen der Ausschwei-

33 Bounoure, l. c. ⟨S. 564⟩ p. 40.

fung, das Capharnaum des Abhubs; er sondert die Dinge, er trifft eine kluge Wahl; er verfährt wie ein Geizhals mit einem Schatz und hält sich an den Schutt, der zwischen den Kinnladen der Göttin der Industrie die Form nützlicher oder erfreulicher Sachen annehmen wird.«[34] Diese Beschreibung ist eine einzige ausgedehnte Metapher für das Verfahren des Dichters nach dem Herzen von Baudelaire. Lumpensammler oder Poet – der Abhub geht beide an; beide gehen einsam ihrem Gewerbe nach, zu Stunden, wo die Bürger dem Schlafe frönen; selbst der Gestus ist der gleiche bei ihnen beiden. Nadar spricht von Baudelaires »pas saccadé«[35]; das ist der Schritt des Dichters, der nach Reimbeute die Stadt durchirrt; es muß auch der Schritt des Lumpensammlers sein, der alle Augenblick auf seinem Wege innehält, um den Abfall, auf den er stößt, aufzulesen. Vieles spricht dafür, daß Baudelaire verhohlen diese Verwandtschaft zur Geltung hat bringen wollen. Eine Wahrsagung birgt sie auf jeden Fall. Sechzig Jahre später erscheint ein Bruder des zum Lumpensammler herabgesunkenen Dichters bei Apollinaire. Es ist Croniamantal, der poète assassiné – erstes Opfer des Pogroms, der auf der ganzen Erde dem Geschlecht der Lyriker ein Ende bereiten soll.

Über der Poesie des Apachentums liegt ein Zwielicht. Stellt der Auswurf die Helden der großen Stadt? oder ist Held nicht vielmehr der Dichter, der aus solchem Stoffe sein Werk erbaut*? – Die Theorie der Moderne räumt beides ein. Aber der alternde Baudelaire deutet in einem späten Gedicht »Les plaintes d'un Icare« an, daß er nicht mehr mit dem Schlage von Menschen fühlt, unter dem er in der Jugend Heroen suchte.

Les amants des prostituées
Sont heureux, dispos et repus;
Quant à moi, mes bras sont rompus
Pour avoir étreint des nuées.[36]

* Baudelaire hegte lange die Absicht, mit Romanen aus diesem Milieu aufzuwarten. Im Nachlaß haben sich in Gestalt von Titeln Spuren davon gefunden: »Les enseignements d'un monstre«, »L'entreteneur«, »La femme malhonnête«.

34 I, p. 249/250.

35 cit. Firmin Maillard: La cité des intellectuels. Scènes cruelles et plaisantes de la vie littéraire des gens de lettres au XIXe siècle. 3e éd., Paris o. J. [1905], p. 362.

36 I, p. 193.

Der Dichter, der Platzhalter des antiken Helden, wie der Titel des Stücks es sagt, hat dem modernen Helden, von dessen Taten die »Gazette des tribunaux« berichtet, weichen müssen*. In Wahrheit ist im Begriff des modernen Heros dieser Verzicht bereits angelegt. Er ist zum Untergang vorbestimmt und um dessen Notwendigkeit darzustellen, braucht kein Tragiker aufzustehen. Ist ihr aber ihr Recht geworden, so ist die Moderne abgelaufen. Dann wird die Probe auf sie gemacht werden. Nach ihrem Ende wird sich erweisen, ob sie selber je Antike wird werden können.

Diese Frage blieb Baudelaire stets vernehmbar. Den alten Anspruch auf die Unsterblichkeit erfuhr er als seinen Anspruch, einmal wie ein antiker Schriftsteller gelesen zu werden. Daß »alle Moderne es wirklich wert sei, dereinst Antike zu werden«[37] – das ist ihm die Umschreibung der künstlerischen Aufgabe überhaupt. An Baudelaire bemerkt Gustave Kahn sehr treffend einen »refus de l'occasion, tendue par la nature du prétexte lyrique«[38]. Was ihn gegen Gelegenheiten und Anlässe spröde machte, war das Bewußtsein von jener Aufgabe. Nichts kommt für ihn in der Epoche, welcher er selber zufiel, der ›Aufgabe‹ des antiken Heros, den ›Arbeiten‹ eines Herakles näher als die ihm selber als die eigenste auferlegte: der Moderne Gestalt zu geben.

Unter allen Verhältnissen, in die die Moderne tritt, ist das zur Antike ein ausgezeichnetes. Für Baudelaire stellt sich das an Victor Hugo dar. »Das Geschick führte ihn dazu, ... die antike Ode und die antike Tragödie bis zu ... den Gedichten und Dramen umzubilden, die wir von ihm kennen.«[39] Die Moderne bezeichnet eine Epoche; sie bezeichnet zugleich die Kraft, die in dieser Epoche am Werke ist, der Antike sie anverwandelnd. Widerwillig und in gezählten Fällen wurde sie Hugo von Baudelaire zugestanden. Wagner dagegen erschien ihm als schrankenlose, unverfälschte Ausströmung dieser Kraft. »Wenn Wagner

* Ein dreiviertel Jahrhundert später kam neues Leben in die Konfrontation des Zuhälters mit dem Literaten. Als die Schriftsteller aus Deutschland vertrieben wurden, hat in das deutsche Schrifttum eine Horst-Wessel-Legende ihren Einzug gehalten.

37 II, p. 336.

38 Kahn, l. c. ⟨S. 570⟩ p. 15.

39 II, p. 580.

in der Wahl seiner Sujets und in seinem dramatischen Verfahren der Antike nahekommt, so ist er dank seiner leidenschaftlichen Ausdruckskraft gegenwärtig der wichtigste Repräsentant der Moderne.«[40] Der Satz enthält in nuce Baudelaires Theorie der modernen Kunst. Die Vorbildlichkeit der Antike beschränkt sich nach ihr auf die Konstruktion; die Substanz und Inspiration des Werkes ist die Sache der modernité. »Wehe dem, der anderes am Altertum studiert als die reine Kunst, die Logik, die allgemeine Methode. Vertieft er sich in die Antike allzu sehr, ... so entäußert er sich ... der Privilegien, die die Gelegenheit ihm bietet.«[41] Und in den Schlußsätzen des Essays über Guys heißt es: »Allerorten hat er die transitorische, flüchtige Schönheit unseres gegenwärtigen Lebens gesucht. Der Leser hat uns erlaubt, sie die Modernität zu nennen.«[42] Zusammengefaßt nimmt sich die Doktrin folgendermaßen aus: »Am Schönen wirken ein ewiges, unveränderliches ... und ein relatives, bedingtes Element zusammen. Dieses letzte ... wird von der Epoche, der Mode, der Moral, den Leidenschaften gestellt. Ohne dieses zweite Element ... wäre das erste nicht assimilierbar.«[43] Man kann nicht sagen, daß das in die Tiefe geht.

Die Theorie der modernen Kunst ist in Baudelaires Ansicht von der Moderne der schwächste Punkt. Die letztere zeigt die modernen Motive auf; Sache der ersten wäre wohl eine Auseinandersetzung mit der antiken Kunst gewesen. Dergleichen hat Baudelaire nie versucht. Den Verzicht, der in seinem Werk als Ausfall der Natur und der Naivität erscheint, hat seine Theorie nicht bewältigt. Ihre Abhängigkeit von Poe, die bis in die Formulierung geht, ist ein Ausdruck ihrer Befangenheit. Ihre polemische Ausrichtung ist ein anderer; sie hebt sich von dem grauen Fond des Historizismus ab, von dem akademischen Alexandrinertum, das mit Villemain und Cousin im Schwange ging. Keine ihrer ästhetischen Reflexionen hat die Moderne in ihrer Durchdringung mit der Antike dargestellt, wie das in gewissen Stücken der »Fleurs du mal« geschieht.

Unter ihnen steht das Gedicht »Le cygne« voran. Nicht umsonst ist es ein allegorisches. Diese Stadt, die in steter Bewegung begriffen ist, erstarrt. Sie wird spröde wie Glas, aber auch wie

40 II, p. 508.
41 II, p. 337.
42 II, p. 363.
43 II, p. 326.

Glas durchsichtig – nämlich auf ihre Bedeutung hin. »(La forme d'une ville | Change plus vite, hélas! que le cœur d'un mortel.)«[44] Die Statur von Paris ist gebrechlich; es ist umstellt von Sinnbildern der Gebrechlichkeit. Kreatürlichen – der Negerin und dem Schwan; und historischen – der Andromache, »Hektors Witwe und Weib des Helenus«. Trauer über das was war und Hoffnungslosigkeit in das Kommende ist der gemeinsame Zug an ihnen. Worin zuletzt und am innigsten die Moderne der Antike sich anverlobt, das ist diese Hinfälligkeit. Paris, wo immer es in den »Fleurs du mal« vorkommt, trägt deren Male. Der »Crépuscule du matin« ist das im Stoff einer Stadt nachgebildete Aufschluchzen eines Erwachenden; »Le soleil« zeigt die Stadt fadenscheinig wie ein altes Gewebe im Sonnenlicht; der Greis, der tagtäglich von neuem resigniert nach seinem Handwerkszeug greift, weil die Sorgen im Alter nicht von ihm gelassen haben, ist die Allegorie der Stadt, und Greisinnen – »Les petites vieilles« – sind unter ihren Einwohnern die einzig vergeistigten. Daß diese Gedichte unangefochten die Jahrzehnte durchdrungen haben, danken sie einem sie wappnenden Vorbehalt. Es ist der Vorbehalt gegen die große Stadt. Er unterscheidet sie von fast aller Großstadtdichtung, die nach ihnen gekommen ist. Eine Strophe von Verhaeren genügt, zu erfassen, um was es hierbei geht.

Et qu'importent les maux et les heures démentes
Et les cuves de vice où la cité fermente
Si quelque jour, du fond des brouillards et des voiles
Surgit un nouveau Christ, en lumière sculpté
Qui soulève vers lui l'humanité
Et la baptise au feu de nouvelles étoiles.[45]

Baudelaire kennt solche Perspektiven nicht. Sein Begriff von der Hinfälligkeit der großen Stadt steht im Ursprung der Dauer der Gedichte, welche er auf Paris geschrieben hat.

Auch das Gedicht »Le cygne« ist Hugo gewidmet; vielleicht als einem der Wenigen, deren Werk, wie es Baudelaire schien, eine neue Antike zum Vorschein brachte. Soweit bei Hugo davon

44 I, p. 99.
45 Emile Verhaeren: Les villes tentaculaires. Paris 1904, p. 119 (»L'âme de la ville«).

die Rede sein kann, ist die Quelle seiner Inspiration von der Baudelaires grundverschieden. Hugo ist das Erstarrungsvermögen fremd, das – wenn ein biologischer Begriff statthaft ist – als eine Art Mimesis des Todes sich hundertfach in Baudelaires Dichtung kundtut. Dagegen kann von einer chthonischen Veranlagung Hugos die Rede sein. Ohne daß ihrer gerade Erwähnung geschähe, kommt sie in den folgenden Sätzen von Charles Péguy zur Geltung. Aus ihnen ergibt sich, wo die Verschiedenheit in Hugos und Baudelaires Konzeption der Antike zu suchen ist. »Dessen soll man versichert sein: wenn Hugo den Bettler an der Landstraße sah, ... so sah er ihn wie er ist, wirklich so, wie er wirklich ist ..., auf der antiken Landstraße ihn, den antiken Bettler, den antiken Flehenden. Wenn er die Marmorverkleidung eines unserer Kamine sah oder die zementierten Ziegel an einem unserer modernen Kamine, so sah er sie als das, was sie sind: nämlich den Stein vom Herd. Den Stein vom antiken Herd. Wenn er die Tür des Hauses und die Schwelle sah, die für gewöhnlich ein behauener Stein ist, so erkannte er auf diesem behauenen Stein die antike Linie: die Linie der heiligen Schwelle, welche dieselbe ist.«[46] Kein besserer Kommentar zu der folgenden Stelle der »Misérables«: »Die Kneipen des Faubourg Saint-Antoine ähnelten den Tavernen des Aventin, die über der Höhle der Sibylle errichtet sind und in Verbindung mit den heiligen Eingebungen stehen; die Tische dieser Tavernen waren beinahe Dreifüße und Ennius spricht von dem sibyllinischen Wein, der da getrunken wurde.«[47] Aus der gleichen Anschauungsweise stammt das Werk, in dem das erste Bild einer ›pariser Antike‹ erscheint, Hugos Gedichtzyklus »A l'arc de triomphe«. Die Verherrlichung dieses Baudenkmals geht von der Vision einer pariser Campagna aus, einer »immense campagne«, in der nur drei Monumente der untergegangenen Stadt überdauern: die Sainte-Chapelle, die Vendôme-Säule und der Triumphbogen. Die hohe Bedeutung, die dieser Zyklus im Werk von Victor Hugo hat, entspricht der Stelle, die er in der Entstehung eines der Antike angeformten Bildes vom Paris des

46 Charles Péguy: Œuvres complètes. [1.] Œuvres de prose. Bd. 4: Notre jeunesse. Victor-Marie, comte Hugo. Introduction par André Suarès. Paris 1916, p. 388/389.
47 Hugo: Œuvres complètes, l. c. ⟨S. 517⟩. Roman. Bd. 8: Les misérables. IV. Paris 1881, p. 55/56.

neunzehnten Jahrhunderts einnimmt. Baudelaire hat ihn unzweifelhaft gekannt. Er stammt aus dem Jahre 1837.
Bereits sieben Jahre früher notiert der Historiker Friedrich von Raumer in seinen »Briefen aus Paris und Frankreich im Jahre 1830«: »Vom Thurme Notre Dame herab übersah ich gestern die ungeheure Stadt; wer hat das erste Haus gebaut, wann wird das letzte zusammenstürzen und der Boden von Paris aussehen wie der von Theben und Babylon?«[48] Diesen Boden wie er sein wird, wenn dereinst »dies Ufer, wo das Wasser an tönenden Brückenbogen sich bricht, den murmelnden Binsen, die sich neigen, wird wiedergegeben sein«[49], hat Hugo beschrieben:

> Mais non, tout sera mort. Plus rien dans cette plaine
> Qu'un peuple évanoui dont elle est encor pleine.[50]

Hundert Jahre nach Raumer wirft von Sacré-Cœur, einem anderen erhobenen Orte der Stadt, Léon Daudet auf Paris einen Blick. In seinem Auge spiegelt die Geschichte der ›Moderne‹ bis auf den gegenwärtigen Augenblick sich in schreckenerregender Kontraktion: »Man sieht von oben her auf diese Ansammlung von Palais, Monumenten, Häusern und Baracken und bekommt das Gefühl, sie seien einer Katastrophe oder mehreren vorbestimmt – meteorologischen oder gesellschaftlichen ... Ich habe Stunden auf Fourvières mit dem Blick auf Lyon, auf Notre-Dame de la Garde mit dem Blick auf Marseille, auf Sacré-Cœur mit dem Blick auf Paris zugebracht ... Was von diesen Anhöhen aus am deutlichsten erkennbar wird, ist die Drohung. Die Menschenansammlungen sind bedrohlich; ... der Mensch hat Arbeit nötig, das ist richtig, aber er hat auch andere Bedürfnisse ... Er hat unter anderen Bedürfnissen das des Selbstmords, das in ihm und in der Gesellschaft, welche ihn bildet, steckt; und es ist stärker als sein Selbsterhaltungstrieb. So wundert man sich, wenn man oben von Sacré-Cœur, Fourvières und Notre-Dame de la Garde heruntersieht, daß Paris, Lyon, Marseille

48 Friedrich von Raumer: Briefe aus Paris und Frankreich im Jahre 1830. Zweiter Theil. Leipzig 1831, p. 127.
49 Hugo: Œuvres complètes, l. c. ⟨S. 517⟩. Poésie. Bd. 3: Les chants du crépuscule, Les voix intérieures, Les rayons et les ombres. Paris 1880, p. 234 (»A l'arc de triomphe III«).
50 Hugo, l. c. p. 244 (»A l'arc de triomphe VIII«).

noch vorhanden sind.«[51] Dies ist das Gesicht, das die passion moderne, die Baudelaire im Selbstmord erkannte, im gegenwärtigen Jahrhundert bekommen hat.
Die Stadt Paris trat in dies Jahrhundert in der Gestalt ein, die ihr Haussmann gegeben hat. Seine Umwälzung des Stadtbildes hatte er mit den denkbar bescheidensten Mitteln ins Werk gesetzt: Spaten, Hacken, Brecheisen und dergleichen. Welches Maß von Zerstörung hatten nicht schon diese beschränkten hervorgerufen! Und wie wuchsen seither mit den großen Städten die Mittel, sie dem Erdboden gleichzumachen! Welche Bilder vom Kommenden rufen sie nicht hervor! – Die Arbeiten Haussmanns standen auf ihrem Höhepunkt, ganze Quartiers wurden abgerissen, da befand sich an einem Nachmittag des Jahres 1862 Maxime Du Camp auf dem Pont neuf. Er wartete unweit vom Laden eines Optikers auf seine Augengläser. »Der Autor, der an der Schwelle des Alters stand, erfuhr einen jener Augenblicke, in denen der Mann, sein verflossenes Leben überdenkend, in allem seine eigene Melancholie gespiegelt sieht. Das geringe Nachlassen seiner Sehschärfe, dessen der Besuch beim Optiker ihn überführt hatte, rief ihm das Gesetz der unvermeidlichen Hinfälligkeit aller menschlichen Dinge ... in die Erinnerung ... Ihm, dem weit im Orient Herumgekommenen, dem in den Einöden Bewanderten, deren Sand Staub von Toten ist, kam plötzlich der Gedanke, auch diese Stadt, die ihn umbrauste, würde einst sterben müssen wie so viele Kapitalen ... gestorben sind. Ihm fiel ein, wie außerordentlich uns heute eine genaue Darstellung von Athen zur Zeit des Perikles, von Kathargo zur Zeit des Barca, von Alexandrien zur Zeit der Ptolemäer, von Rom zur Zeit der Caesaren interessieren würde ... Dank einer blitzartigen Eingebung, wie sie einem bisweilen zu einem außerordentlichen Sujet verhilft, faßte er den Plan, das Buch über Paris zu schreiben, das die Geschichtsschreiber des Altertums über ihre Stadt nicht geschrieben haben ... Das Werk seines reifen Alters erschien vor seinem geistigen Auge.«[52] In Hugos Gedicht »An den Triumphbogen«, in Du Camps großer verwaltungstech-

51 Léon Daudet: Paris vécu. Rive droite. Illustré de 46 compositions et d'une eau-forte originale par P.-J. Poitevin. Paris 1930, p. 243/244.

52 Paul Bourget: Discours académique du 13 juin 1895. Succession à Maxime Du Camp. L'anthologie de l'Académie française. Paris 1921. Bd. 2, p. 191-193.

nischer Darstellung seiner Stadt ist die gleiche Inspiration zu erkennen, die für Baudelaires Idee der Moderne entscheidend wurde.

Haussmann ging 1859 ans Werk. Es war durch Gesetzesvorlagen angebahnt, in seiner Notwendigkeit längst empfunden worden. »Nach 1848«, schreibt Du Camp in dem eben genannten Werk, »stand Paris im Begriff, unbewohnbar zu werden. Die ständige Ausdehnung des Eisenbahnnetzes ... beschleunigte den Verkehr und den Bevölkerungszuwachs der Stadt. Die Leute erstickten in den engen, unsauberen, verschachtelten alten Gassen, in die sie gepfercht blieben, weil es nicht anders ging.«[53] Zu Beginn der fünfziger Jahre fing man in der pariser Bevölkerung an, in die Vorstellung von einer unausweichlichen großen Bereinigung des Stadtbildes sich zu schicken. Man darf annehmen, daß diese Bereinigung in ihrer Inkubationszeit auf eine bedeutende Phantasie ebenso stark wirken konnte, wenn nicht stärker, als der Anblick der urbanistischen Arbeiten selbst. »Les poëtes sont plus inspirés par les images que par la présence même des objets«[54], sagt Joubert. Von den Künstlern darf Gleiches gelten. Das, wovon man weiß, daß man es bald nicht mehr vor sich haben wird, das wird Bild. So wurden es wohl die pariser Straßen zu jener Zeit. Jedenfalls lag das Werk, dessen unterirdischer Zusammenhang mit der großen Umwälzung von Paris am wenigsten zu bezweifeln ist, einige Jahre ehe sie unternommen wurde vollendet vor. Es waren Meryons radierte Ansichten von Paris. Niemand ist mehr von ihnen beeindruckt worden als Baudelaire. Ihm war die archäologische Ansicht der Katastrophe, wie sie den Träumen Hugos zugrunde lag, nicht die eigentlich bewegende. Ihm sollte die Antike mit einem Schlag, eine Athene aus dem Haupte des unversehrten Zeus, aus der unversehrten Moderne steigen. Meryon trieb das antike Antlitz der Stadt heraus, ohne einen Pflasterstein von ihr preiszugeben. Diese Ansicht der Sache war es, welcher Baudelaire unablässig im Gedanken der modernité nachgehangen hatte. Er bewunderte Meryon leidenschaftlich.

53 Maxime Du Camp: Paris, ses organes, ses fonctions et sa vie dans la seconde moitié du XIXe siècle. Bd. 6. Paris 1886, p. 253.

54 J[oseph] Joubert: Pensées. Précédées de sa correspondance. D'une notice sur sa vie, son caractère et ses travaux par Paul de Raynal. 5e éd., Paris 1869. Bd. 2, p. 267.

Beide waren einander wahlverwandt. Ihr Geburtsjahr ist das gleiche; ihr Tod liegt nur um Monate auseinander. Beide starben vereinsamt und schwer gestört; Meryon als Dementer in Charenton, Baudelaire, ohne Sprache, in einer Privatklinik. Beider Ruhm hat sich spät auf den Weg gemacht. Für Meryon ist zu Lebzeiten Baudelaire fast als der einzige eingetreten*. Weniges in seinen Prosastücken läßt sich mit dem kurzen Text über Meryon messen. Von Meryon handelnd, huldigt er der Moderne; er huldigt aber dem antiken Gesicht in ihr. Denn auch bei Meryon durchdringen einander die Antike und die Moderne; auch bei Meryon tritt die Form dieser Überblendung, die Allegorie, unverkennbar auf. Die Beschriftung ist auf seinen Blättern von Wichtigkeit. Spielt der Wahnsinn in ihren Text hinein, so unterstreicht sein Dunkel nur die ›Bedeutung‹. Die Meryonschen Verse unter der Ansicht des Pont neuf stehen als Auslegung, unbeschadet ihrer Spitzfindigkeit, in nächster Nachbarschaft des »Squelette laboureur«:

Ci-gît du vieux Pont-Neuf
L'exacte ressemblance
Tout radoubé de neuf
Par récente ordonnance.
O savants médecins,
Habiles chirugiens,
De nous pourquoi ne faire
Comme du pont de pierre.[55]**

Geffroy trifft in das Zentrum von Meryons Werk, er trifft auch

* Im zwanzigsten Jahrhundert fand Meryon einen Biographen in Gustave Geffroy. Es ist kein Zufall, daß das Meisterwerk dieses Autors eine Biographie von Blanqui ist.

** Meryon hatte als Marineoffizier begonnen. Seine letzte Radierung stellt das Marineministerium auf der Place de la Concorde dar. In den Wolken stürmt ein Gefolge von Pferden, Wagen und Delphinen auf das Ministerium zu. Schiffe und Seeschlangen fehlen nicht; einige menschenförmige Geschöpfe sind in der Schar zu sehen. Geffroy findet die ›Bedeutung‹ zwanglos, ohne sich bei der Form der Allegorie aufzuhalten: »Seine Träume stürmten auf dieses Haus ein, das so hart wie eine Festung war. Dort waren in seiner Jugend, als er sich noch auf großer Fahrt befand, die Daten seiner dienstlichen Laufbahn eingetragen worden. Und nun nimmt er von dieser Stadt, diesem Hause Abschied, von denen er so viel gelitten hatte.« (Gustave Geffroy: Charles Meryon. Paris 1926, p. 161.)

55 cit. Geffroy: Charles Meryon, l. c. p. 59.

dessen Verwandtschaft mit Baudelaire, vor allem aber trifft er die Treue in der Wiedergabe der Stadt Paris, die bald von Trümmerfeldern durchsetzt werden sollte, wenn er die Einzigartigkeit dieser Blätter darin sucht, »daß sie, wiewohl unmittelbar nach dem Leben verfertigt, den Eindruck von abgelaufenem Leben machen, das erstorben ist oder das sterben wird«[56]*. Baudelaires Meryon-Text gibt unter der Hand die Bedeutsamkeit dieser pariser Antike zu verstehen. »Selten haben wir mit mehr dichterischer Kraft die natürliche Feierlichkeit einer großen Stadt dargestellt gesehen: die Majestät der aufgehäuften Steinmassen, die Kirchtürme, deren erhobener Finger auf den Himmel deutet, die Obelisken der Industrie, welche Heerscharen Rauches gegen das Firmament entbieten**, die Gerüste, die ihr durchbrochenes, spinnwebhaftes Gefüge so paradox über den massiven Block der Bauten, an denen man bessert, legen, den dunstigen von Zorn geschwängerten und von Groll schweren Himmel und die tiefen Durchblicke, deren Poesie in den Dramen wohnt, mit denen man sie im Geist ausstattet – keines der komplexen Elemente, aus denen der teuer erkaufte und ruhmreiche Dekor der Zivilisation sich zusammensetzt, ist vergessen worden.«[57] Unter den Plänen, deren Scheitern man wie einen Verlust beklagen kann, ist der des Verlegers Delâtre zu rechnen, der die Meryonsche Folge mit Texten von Baudelaire veröffentlichen wollte. Daß diese Texte nicht geschrieben wurden, geht auf den Graphiker zurück; er vermochte nicht, sich die Aufgabe Baudelaires anders vorzustellen denn als ein Inventar der von ihm wiedergegebenen Häuser und Straßenzüge. Wäre Baudelaire an diese Aufgabe herangetreten, so würde das Wort von Proust über »die Rolle der antiken Städte im Werke von Baudelaire und die Scharlachfarbe, die sie ihm stellenweise mitteilen«[58], sinnfälli-

* Der Wille, ›die Spur‹ zu bewahren, hat den entschiedensten Anteil an dieser Kunst. Meryons Titel zu der Folge der Radierungen zeigt einen zersprengten Stein mit den abgedrückten Spuren von alten Pflanzenformen.

** vgl. Pierre Hamps vorwurfsvolle Bemerkung: »Der Künstler ... bewundert die Säule des babylonischen Tempels und verachtet den Fabrikschornstein.« (Pierre Hamp: La littérature, image de la société, in: Encyclopédie française, Bd. 16: Arts et littératures dans la société contemporaine I. Paris 1935, fasc. 16.64-1.)

56 Geffroy: Charles Meryon, l. c. ⟨S. 591⟩ p. 3.

57 II, p. 293.

58 Proust, l. c. ⟨S. 576⟩ p. 656.

ger geworden sein als es sich heute liest. Unter diesen Städten stand für ihn Rom voran. In einem Brief an Leconte de Lisle gesteht er seine »natürliche Vorliebe« für diese Stadt. Wahrscheinlich ist er zu ihr durch die Veduten von Piranesi gekommen, auf denen die nicht restaurierten Ruinen noch als eins mit der neuen Stadt erscheinen.

Das Sonett, das als neununddreißigstes Gedicht der »Fleurs du mal« figuriert, beginnt:

> Je te donne ces vers afin que si mon nom
> Aborde heureusement aux époques lointaines,
> Et fait rêver un soir les cervelles humaines,
> Vaisseau favorisé par un grand aquilon,
>
> Ta mémoire, pareille aux fables incertaines,
> Fatigue le lecteur ainsi qu'un tympanon.[59]

Baudelaire will gelesen werden wie ein Antiker. Erstaunlich schnell wurde die Forderung fällig. Denn die ferne Zukunft, die époques lointaines, von denen das Sonett spricht, sind gekommen; soviel Jahrzehnte nach seinem Tode als sich Baudelaire Jahrhunderte gedacht mag haben. Zwar steht Paris noch; und die großen Tendenzen der gesellschaftlichen Entwicklung sind noch die gleichen. Aber je beständiger sie geblieben sind, desto hinfälliger wurde an der Erfahrung von ihnen alles, was im Zeichen des ›wahrhaft Neuen‹ gestanden hatte. Die Moderne ist sich am wenigsten gleich geblieben; und die Antike, die in ihr stecken sollte, stellt in Wahrheit das Bild des Veralteten. »Man findet Herculanum unter der Asche wieder; aber einige Jahre verschütten die Sitten einer Gesellschaft besser als aller Staub der Vulkane.«[60]

Die Antike von Baudelaire ist die römische. Nur an einer Stelle ragt die griechische Antike in seine Welt hinein. Griechenland stellt ihm das Bild von der Heroine, welches ihm würdig und fähig schien, in die Moderne übertragen zu werden. Griechische Namen – Delphine und Hippolyte – tragen die Frauenbilder in einem der größten und berühmtesten Stücke der »Fleurs du

59 I, p. 53.
60 Barbey d'Aurevilly: Du dandysme et de G. Brummel. Memoranda. Paris 1887, p. 30.

mal«. Es ist der lesbischen Liebe gewidmet. Die Lesbierin ist die Heroine der modernité. In ihr ist ein erotisches Leitbild von Baudelaire – die Frau, die von Härte und Mannheit sagt – von einem geschichtlichen Leitbild durchdrungen worden – dem der Größe in der antiken Welt. Das macht die Stellung der lesbischen Frau in den »Fleurs du mal« unverwechselbar. Es erklärt, warum ihnen von Baudelaire lange Zeit der Titel »Les lesbiennes« zugedacht worden ist. Im übrigen ist Baudelaire weit entfernt, die Lesbierin für die Kunst entdeckt zu haben. Balzac in seiner »Fille aux yeux d'or« hat sie schon gekannt; Gautier in »Mademoiselle de Maupin«, Delatouche in der »Fragoletta«. Auch bei Delacroix trat sie Baudelaire entgegen; etwas umwunden spricht er in der Kritik seiner Bilder von einer »heroischen Manifestation der modernen Frau in der Richtung des Infernalischen«[61].

Das Motiv ist im Saintsimonismus beheimatet, der in seinen kultischen Velleitäten oft die Idee der Androgyne verwertet hat. Zu ihnen zählt der Tempel, der in Duveyriers ›Neuer Stadt‹ prangen sollte. Ein Adept der Schule bemerkt von ihm: »Der Tempel muß eine Androgyne darstellen, einen Mann und eine Frau ... Die gleiche Teilung muß für die ganze Stadt vorgesehen werden, ja für das ganze Königreich und die gesamte Erde: es wird die Hemisphäre des Mannes und die der Frau geben.«[62] Faßlicher als in dieser Architektur, die nicht gebaut wurde, ist die saintsimonistische Utopie ihrem anthropologischen Inhalt nach in den Gedankengängen von Claire Demar. Über den großspurigen Phantasien von Enfantin ist Claire Demar vergessen worden. Dem Kern der saintsimonistischen Theorie – nämlich der Hypostasierung der Industrie als der Kraft, die die Welt bewegt – steht das Manifest, das sie hinterließ, näher als der Mutter-Mythos von Enfantin. Um die Mutter geht es auch diesem Text, aber in wesentlich anderer Meinung als denen, die von Frankreich aufbrachen, um im Morgenlande nach ihr zu suchen. In der weit verzweigten Literatur der Zeit, die es mit der Zukunft der Frau zu tun hat, steht er vereinzelt durch Kraft und durch Leidenschaft. Er erschien mit dem Titel »Ma loi

61 II, p. 162.
62 Henry-René d'Allemagne: Les Saint-Simoniens 1827–1837. Préface de Sébastien Charléty. Paris 1930, p. 310.

d'avenir«. In seinem Schlußabschnitt heißt es: »Keine Mutterschaft mehr! kein Gesetz des Blutes. Ich sage: keine Mutterschaft mehr. Ist die Frau erst einmal ... von Männern, die ihr den Preis ihres Körpers zahlen, befreit ..., so wird sie ihr Dasein ... nur ihrem eigenen Schaffen zu danken haben. Dazu muß sie sich einem Werke widmen und eine Funktion ausfüllen ... So müßt ihr euch denn entschließen, das Neugeborene von der Brust der natürlichen Mutter dem Arm der sozialen Mutter zu übergeben, dem Arm der staatlich bestellten Amme. So wird das Kind besser erzogen werden ... Dann erst, und früher nicht, werden Mann, Frau und Kind vom Gesetz des Bluts, dem Gesetze der Ausbeutung der Menschheit durch sie selber entbunden werden.«[63]

Hier prägt sich das Bild der heldischen Frau, welches Baudelaire in sich aufnahm, in ursprünglicher Fassung aus. Seine lesbische Abwandlung wurde nicht erst von den Schriftstellern vorgenommen, sondern im saintsimonistischen Zirkel selbst. Was an Zeugnissen hier in Frage kommt, lag bei den Chronisten der Schule selbst gewiß nicht in den besten Händen. Immerhin besitzt man von einer Frau, die sich zur Lehre von Saint-Simon bekannte, folgende merkwürdige Konfession: »Ich begann, meinen Nächsten die Frau ebensosehr zu lieben wie meinen Nächsten den Mann ... Ich ließ dem Manne seine physische Kraft und die ihm eigene Art von Intelligenz, setzte aber neben ihm als gleichwertig die körperliche Schönheit der Frau und die ihr eigene Art geistiger Gaben ein.«[64] Wie ein Echo dieses Bekenntnisses klingt eine kritische Reflexion von Baudelaire, deren man sich nicht leicht versehen hätte. Sie gilt Flauberts erster Heldin. »Madame Bovary ist ihrer besten Spannkraft und ihren ehrgeizigsten Zielen nach, aber auch in ihrem tiefsten Träumen ... ein Mann geblieben. Wie die dem Haupte des Zeus entstiegene Pallas Athene hat diese sonderbare Androgyne alle verführerische Gewalt erhalten, die einem männlichen Geist in einem bezaubernden Frauenkörper zu eigen ist.«[65] Und weiter,

63 Claire Demar: Ma loi d'avenir. Ouvrage posthume publié par Suzanne. Paris 1834, p. 58/59.

64 cit. Firmin Maillard: La légende de la femme émancipée. Histoire de femmes pour servir à l'histoire contemporaine. Paris [o. J.], p. 65.

65 II, p. 445.

über den Dichter selbst: »Alle intellektuellen Frauen werden ihm Dank wissen, das ›Weibchen‹ zu einer Höhe erhoben zu haben ..., auf der sie an der Doppelnatur teilhat, die den vollendeten Menschen ausmacht: ebenso der Berechnung fähig zu sein wie der Träumerei.«[66] Mit einem Handstreich, wie er ihm immer gelegen hat, erhebt Baudelaire Flauberts Kleinbürgergattin zur Heroine.

Es gibt in Baudelaires Dichtung eine Anzahl von wichtigen, auch offenkundigen Tatsachen, die unbeachtet geblieben sind. Zu ihnen gehört die gegensätzliche Ausrichtung der beiden lesbischen Gedichte, die in den »Epaves« aufeinander folgen. »Lesbos« ist eine Hymne auf die lesbische Liebe; »Delphine et Hippolyte« dagegen ist eine von welchem Mitleid immer vibrierende Verdammung dieser Passion.

> Que nous veulent les lois du juste et de l'injuste?
> Vierges au cœur sublime, honneur de l'archipel,
> Votre religion comme une autre est auguste,
> Et l'amour se rira de l'Enfer et du Ciel![67]

So heißt es im ersten dieser Gedichte; im zweiten:

> – Descendez, descendez, lamentables victimes,
> Descendez le chemin de l'enfer éternel![68]

Der auffallende Zwiespalt erklärt sich so: wie Baudelaire die lesbische Frau nicht als Problem sah – weder als ein gesellschaftliches noch als eines der Veranlagung – so hatte er, als Prosaiker könnte man sagen, auch keine Stellung zu ihr. Im Bilde der Moderne hatte er für sie Platz; in der Wirklichkeit erkannte er sie nicht wieder. Darum schreibt er unbekümmert: »Wir haben die schriftstellernde Philanthropin gekannt, ... die republikanische Dichterin, die Dichterin der Zukunft, sie sei Fourieristin oder Saintsimonistin* – niemals haben wir unser Auge ... an all dies getragene und abstoßende Gehaben ..., diese Imitationen männlichen Geistes gewöhnen können.«[69] Es wäre abwegig

* Vielleicht ist dies eine Anspielung auf die »Loi d'avenir« von Claire Demar.

66 II, p. 448.

67 I, p. 157.

68 I, p. 161.

69 II, p. 534.

anzunehmen, Baudelaire wäre je beigefallen, mit seinem Dichten in der Öffentlichkeit für die lesbische Frau sich einzusetzen. Die Vorschläge, die er seinem Anwalt für das Plädoyer im Prozeß gegen die »Fleurs du mal« machte, beweisen das. Die bürgerliche Ächtung ist für ihn von der heroischen Natur dieser Leidenschaft nicht zu trennen. Das »descendez, descendez, lamentables victimes« ist das letzte Wort, das Baudelaire der lesbischen Frau nachruft. Er gibt sie dem Untergang preis. Sie ist unrettbar, weil die Verworrenheit in Baudelaires Konzeption von ihr unauflöslich ist.

Das neunzehnte Jahrhundert begann die Frau im Produktionsprozeß rückhaltlos außerhalb des Hauswesens zu verwerten. Es tat das vorwiegend auf primitive Art; es stellte sie in Fabriken ein. Männliche Züge mußten damit im Laufe der Zeit an ihr in Erscheinung treten. Da Fabrikarbeit sie bedingte, offenbar vor allem entstellende. Höhere Formen der Produktion, auch der politische Kampf als solcher konnten männliche Züge in einer edleren Form begünstigen. Vielleicht kann die Bewegung der Vésuviennes in einem solchen Sinne verstanden werden. Sie stellte der Februarrevolution ein Corps, das sich aus Frauen zusammensetzte. »Vésuviennes«, so heißt es in den Statuten, »nennen wir uns, um damit auszusagen, daß in jeder Frau, die uns angehört, ein revolutionärer Vulkan am Werke ist.«[70] In solcher Veränderung des weiblichen Habitus kamen Tendenzen zur Geltung, die Baudelaires Phantasie beschäftigen konnten. Es wäre nicht erstaunlich, wenn seine tiefe Idiosynkrasie gegen die Schwangerschaft mit im Spiele gewesen wäre*. Die Vermännlichung der Frau sprach zu ihr. Baudelaire bejahte also den Vorgang. Gleichzeitig aber kam es ihm darauf an, ihn aus der ökonomischen Botmäßigkeit zu lösen. So gelangte er dazu, dieser Entwicklungsrichtung einen rein sexuellen Akzent zu geben. Was er George Sand nicht verzeihen konnte, war vielleicht, die Züge einer lesbischen Frau durch ihr Abenteuer mit Musset entweiht zu haben.

* Ein Fragment von 1844 (I, p. 213) erscheint hier schlüssig. – Baudelaires bekannte Federzeichnung seiner Mätresse zeigt eine Gangart, die der von Schwangeren frappierend ähnelt. Das zeugt nicht gegen die Idiosynkrasie.

70 Paris sous la République de 1848. Exposition de la Bibliothèque et des travaux historiques de la ville de Paris. Paris 1909, p. 28.

Die Verkümmerung des ›prosaischen‹ Elements, die in Baudelaires Stellung zur lesbischen Frau sich ausprägt, ist auch in anderen Stücken für ihn bezeichnend. Sie befremdete aufmerksame Betrachter. 1895 schreibt Jules Lemaître: »Man steht vor einem Werk voller Kunstgriffe und beabsichtigter Widersprüche ... Im Augenblick, da es sich in der krassesten Beschreibung der trostlosesten Details der Realität gefällt, ergeht es sich in einem Spiritualismus, der weit von dem unmittelbaren Eindruck abführt, welchen die Dinge auf uns machen ... Die Frau gilt Baudelaire als Sklavin oder als Tier, ... aber die gleichen ... Huldigungen ergehen an sie, die der heiligen Jungfrau erwiesen werden ... Er verflucht den ›Fortschritt‹, er verabscheut die Industrie des Jahrhunderts, ... und doch genießt er die besondere Note, die diese Industrie in unser heutiges Leben getragen hat ... Ich glaube, das spezifisch Baudelairesche besteht darin, immer zwei entgegengesetzte Arten der Reaktion zu vereinigen ..., man könnte sagen, eine vergangene und eine gegenwärtige. Ein Meisterstück des Willens ...; die letzte Neuheit auf dem Gebiete des Gefühlslebens.«[71] Diese Haltung als Großtat des Willens vorzustellen, lag im Sinne von Baudelaire. Aber ihr Revers ist ein Mangel an Überzeugung, an Einsicht, an Stetigkeit. Einem jähen, chockartigen Wechsel war Baudelaire in allen seinen Regungen ausgesetzt. Desto lockender schwebte ihm eine andere Art, in den Extremen zu leben vor. Sie formt sich in den Inkantationen, die von vielen seiner vollkommenen Verse ausgehen; sie benennt sich in einigen von ihnen selbst.

Vois sur ces canaux
Dormir ces vaisseaux
Dont l'humeur est vagabonde;
C'est pour assouvir
Ton moindre désir
Qu'ils viennent du bout du monde.[72]

Ein wiegender Rhythmus eignet dieser berühmten Strophe; ihre Bewegung ergreift die Schiffe, welche festgemacht auf dem Kanale liegen. Zwischen den Extremen gewiegt zu werden, wie

71 Lemaître, l. c. ⟨S. 525⟩ p. 28–31.
72 I, p. 67.

es das Vorrecht der Schiffe ist, danach sehnte sich Baudelaire. Deren Bild taucht auf, wo es um sein tiefes, verschwiegenes und paradoxes Leitbild geht: das Getragensein von, das Geborgensein in der Größe. »Diese schönen, großen Schiffe, wie sie unmerklich gewiegt ... auf dem stillen Wasser liegen, diese starken Schiffe, die so sehnsüchtig und so müßig ausschauen – fragen sie uns nicht in einer stummen Sprache: wann fahren wir aus ins Glück?«[73] In den Schiffen vereint sich die Nonchalance mit der Bereitschaft zum äußersten Krafteinsatz. Das legt ihnen eine geheime Bedeutung bei. Es gibt eine besondere Konstellation, in der sich Größe und Lässigkeit auch im Menschen zusammenfinden. Sie waltet über dem Dasein von Baudelaire. Er hat sie entziffert und nannte sie ›die Moderne‹. Wenn er sich an das Schauspiel der Schiffe auf der Reede verliert, so geschieht es, um ein Gleichnis an ihnen abzulesen. So stark, so sinnreich, so harmonisch, so gut gebaut ist der Heros wie jene Segelschiffe. Aber ihm winkt vergebens die hohe See. Denn ein Unstern steht über seinem Leben. Die Moderne erweist sich als sein Verhängnis. Der Heros ist nicht in ihr vorgesehen; sie hat keine Verwendung für diesen Typ. Sie macht ihn für immer im sichern Hafen fest; sie liefert ihn einem ewigen Nichtstun aus. In dieser seiner letzten Verkörperung tritt der Heros als Dandy auf. Stößt man auf eine dieser Erscheinungen, die dank ihrer Kraft und Gelassenheit in jeder ihrer Geberden vollendet sind, so sagt man sich, »der da vorbeigeht, ist vielleicht begütert; doch ganz gewiß steckt in diesem Passanten ein Herakles, für den keine Arbeit vorhanden ist«[74]. Er wirkt als wenn er von seiner Größe getragen werde. Daher ist es verständlich, daß Baudelaire seine Flanerie zu gewissen Stunden mit der gleichen Würde bekleidet glaubte wie die Anspannung seiner Dichterkraft.

Für Baudelaire stellte der Dandy sich als ein Nachfahre großer Ahnen dar. Der Dandysmus ist ihm »der letzte Schimmer des Heroischen in Zeiten der Dekadenz«[75]. Es gefällt ihm, bei Chateaubriand einen Hinweis auf indianische Dandys zu entdecken – Zeugnis der einstigen Blütezeit jener Stämme. In Wahrheit ist unmöglich zu verkennen, daß die Züge, welche im

73 II, p. 630.
74 II, p. 352.
75 II, p. 351.

Dandy versammelt sind, eine ganz bestimmte geschichtliche Signatur tragen. Der Dandy ist eine Prägung der Engländer, die im Welthandel führend waren. In den Händen der londoner Börsenleute lag das Handelsnetz, das über den Erdball läuft; seine Maschen verspürten die mannigfachsten, häufigsten, unvermutbarsten Zuckungen. Der Kaufmann hatte auf diese zu reagieren, nicht aber seine Reaktionen zur Schau zu tragen. Den dadurch in ihm erzeugten Widerstreit übernahmen die Dandys in eigene Regie. Sie bildeten das sinnreiche Training aus, welches zu seiner Bewältigung nötig war. Sie verbanden die blitzschnelle Reaktion mit entspanntem, ja schlaffem Gebaren und Mienenspiel. Der Tick, der eine Zeitlang für vornehm galt, ist gewissermaßen die unbeholfene, subalterne Darstellung des Problems. Sehr bezeichnend dafür ist das folgende: »Das Gesicht eines eleganten Mannes muß immer ... etwas Konvulsivisches und Verzerrtes haben. Man kann solche Grimasse, wenn man will, einem natürlichen Satanismus zuschreiben.«[76] So malte sich die Erscheinung des londoner Dandys im Kopfe eines pariser Boulevardiers. So spiegelte sie sich physiognomisch in Baudelaire. Seine Liebe zum Dandysmus war keine glückliche. Er besaß die Gabe nicht, zu gefallen, welche ein so wichtiges Element in der Kunst des Dandys, nicht zu gefallen, ist. Was von Natur aus an ihm befremden mußte zur Manier erhebend, geriet er so, da mit seiner wachsenden Isolierung seine Unzugänglichkeit größer wurde, in die tiefste Verlassenheit.

Baudelaire hat nicht wie Gautier Gefallen an seiner Zeit gefunden, noch sich wie Leconte de Lisle um sie betrügen können. Ihm stand der humanitäre Idealismus eines Lamartine oder Hugo nicht zu Gebote, und es war ihm nicht wie Verlaine gegeben, sich in die Devotion zu flüchten. Weil er keine Überzeugung zu eigen hatte, nahm er selbst immer neue Gestalten an. Flaneur, Apache, Dandy und Lumpensammler waren für ihn ebenso viele Rollen. Denn der moderne Heros ist nicht Held – er ist Heldendarsteller. Die heroische Moderne erweist sich als ein Trauerspiel, in dem die Heldenrolle verfügbar ist. Das hat Baudelaire selbst, versteckt wie in einer remarque, am Rande seiner »Sept vieillards« angedeutet.

76 Les Petits-Paris. Par les auteurs des Mémoires de Bilboquet. [Par Taxile Delord u. a.] Paris 1854. Bd. 10: Paris-viveur, p. 26.

Un matin, cependant que dans la triste rue
Les maisons, dont la brume allongeait la hauteur,
Simulaient les deux quais d'une rivière accrue,
Et que, décor semblable à l'âme de l'acteur,

Un brouillard sale et jaune inondait tout l'espace,
Je suivais, roidissant mes nerfs comme un héros
Et discutant avec mon âme déjà lasse,
Le faubourg secoué par les lourds tombereaux.[77]

Dekor, Akteur und Heros treten in diesen Strophen auf eine nicht mißzuverstehende Art zusammen. Die Zeitgenossen brauchten den Hinweis nicht. Courbet klagt als er ihn malt darüber, Baudelaire sehe jeden Tag anders aus. Und Champfleury sagt ihm die Gabe nach, seinen Gesichtsausdruck zu verstellen wie ein entlaufener Galeerensträfling[78]. Vallès hat in seinem bösen Nachruf, der von ziemlich viel Scharfblick zeugt, Baudelaire einen cabotin genannt[79].

Hinter den Masken, die er verbrauchte, wahrte der Dichter in Baudelaire das Inkognito. So herausfordernd er im Umgang erscheinen konnte, so umsichtig verfuhr er in seinem Werk. Das Inkognito ist das Gesetz seiner Poesie. Sein Versbau ist dem Plan einer großen Stadt vergleichbar, in der man sich unauffällig bewegen kann, gedeckt durch Häuserblocks, Torfahrten oder Höfe. Auf diesem Plan sind den Worten, wie Verschworenen vor dem Ausbruch einer Revolte, ihre Plätze genau bezeichnet. Baudelaire konspiriert mit der Sprache selbst. Er berechnet ihre Effekte auf Schritt und Tritt. Daß er es immer vermieden hat, sich dem Leser gegenüber zu decouvrieren, ist gerade den Berufensten nachgegangen. Gide vermerkt eine Unstimmigkeit zwischen Bild und Sache, die sehr berechnet ist[80]. Rivière hat hervorgehoben, wie Baudelaire vom entlegenen Worte ausgeht, wie er es lehrt, leise aufzutreten indem er es behutsam der Sache nähert[81]. Lemaître spricht von Formen, die so geartet sind,

77 I, p. 101.

78 vgl. Champfleury [Jules Husson]: Souvenirs et portraits de jeunesse. Paris 1872, p. 135.

79 Abgedruckt aus »La situation« bei André Billy: Les écrivains de combat. Paris 1931, p. 189.

80 vgl. Gide, l. c. 〈S. 570〉 p. 512.

81 vgl. Jacques Rivière: Etudes. 〈18e éd., Paris 1948, p. 15.〉

daß sie den Ausbruch der Leidenschaft unterbinden[82], und Laforgue hebt den Baudelaireschen Vergleich hervor, der die lyrische Person gleichsam Lügen straft und als Störenfried in den Text gerät. »La nuit s'épaississait ainsi qu'une cloison« – »andere Beispiele ließen sich in Fülle finden«[83], setzt Laforgue hinzu*. Die Sonderung der Wörter in solche, die zum gehobenen Gebrauche geeignet schienen, und solche, die von ihm auszuschließen waren, wirkte in die gesamte poetische Produktion hinein und galt von Hause aus für die Tragödie nicht minder als für die lyrische Poesie. In den ersten Dezennien des neunzehnten Jahrhunderts stand diese Konvention unangefochten in Kraft. Bei der Aufführung des »Cid« von Lebrun erregte das Wort chambre ein mißfälliges Gemurmel. »Othello«, in einer Übersetzung von Alfred de Vigny, fiel wegen des Wortes mouchoir, dessen Erwähnung in der Tragödie unerträglich berührte. Victor Hugo hatte damit begonnen, in der Dichtung den Unterschied zwischen den Worten der Umgangssprache und denen einer gehobenen einzuebnen. Sainte-Beuve war in ähnlichem Sinne vorgegangen. Er erklärt im »Leben Joseph Delormes«: »Ich habe versucht ..., original auf meine Weise zu sein, auf eine bescheidene, gutbürgerliche ... Ich nannte die Dinge des intimen Lebens mit ihrem Namen; aber die Hütte hat mir dabei näher als das Boudoir gelegen.«[84] Baudelaire ging ebenso über das sprachliche Jakobinertum von Victor Hugo hinaus wie über die bukolischen Freiheiten von Sainte-Beuve. Seine Bilder sind original durch die Niedrigkeit der Vergleichsobjekte. Er hält Ausschau nach dem banalen Vorgang, um ihm den poetischen anzunähern. Er spricht von den »vagues terreurs de ces affreuses nuits |

* Aus dieser Fülle:

Nous volons au passage un plaisir clandestin
Que nous pressons bien fort comme une vieille orange. (I, p. 17.)

Ta gorge triomphante est une belle armoire. (I, p. 65.)

Comme un sanglot coupé par un sang écumeux
Le chant du coq au loin déchirait l'air brumeux. (I, p. 118.)

La tête, avec l'amas de sa crinière sombre
Et de ses bijoux précieux,
Sur la table de nuit, comme une renoncule,
Repose. (I, p. 126.)

82 vgl. Lemaître, l. c. ⟨S. 525⟩ p. 29.

83 Jules Laforgue: Mélanges posthumes. Paris 1903, p. 113.

84 Sainte-Beuve: Vie, poésies et pensées de Joseph Delorme, l. c. ⟨S. 534⟩ p. 170.

Qui compriment le cœur comme un papier qu'on froisse«[85]. Diese Sprachgeberde, kennzeichnend für den Artisten in Baudelaire, wird wahrhaft bedeutsam erst an dem Allegoriker. Sie gibt seiner Allegorie das Beirrende, das sie von den landläufigen unterscheidet. Mit ihnen hatte zuletzt Lemercier den Parnaß des Empire bevölkert; der Tiefpunkt der klassizistischen Dichtung war so erreicht worden. Baudelaire ließ sich das nicht bekümmern. Er greift Allegorien in Fülle auf: durch die sprachliche Umwelt, in welche er sie versetzt, ändert er ihren Charakter grundsätzlich. Die »Fleurs du mal« sind das erste Buch, das Worte nicht allein prosaischer Provenienz sondern städtischer in der Lyrik verwertet hat. Dabei vermeiden sie keineswegs Prägungen, die, frei von poetischer Patina, durch ihren Stempelglanz in die Augen fallen. Sie kennen quinquet, wagon oder omnibus; sie schrecken vor bilan, réverbère, voirie nicht zurück. So ist das lyrische Vokabular beschaffen, in dem plötzlich und durch nichts vorbereitet eine Allegorie erscheint. Wenn der Sprachgeist von Baudelaire irgendwo dingfest zu machen ist, so in dieser brüsken Koinzidenz. Claudel hat sie endgültig formuliert. Baudelaire, so hat er einmal gesagt, habe die Schreibweise von Racine mit der eines Journalisten des Second Empire verbunden. Kein Wort seines Vokabulars ist von vornherein zur Allegorie bestimmt. Es empfängt diese Charge von Fall zu Fall; je nachdem, worum die Sache geht, welches Sujet an der Reihe ist, ausgespäht, zerniert und besetzt zu werden. Für den Handstreich, der bei Baudelaire Dichten heißt, zieht er Allegorien in sein Vertrauen. Sie sind die einzigen, die im Geheimnis sind. Wo la Mort oder le Souvenir, le Repentir oder le Mal sich zeigen, da sind Zentren der poetischen Strategie. Das blitzhafte Auftauchen dieser Chargen, die, an ihrer Majuskel erkennbar, sich mitten in einem Text befinden, der die banalste Vokabel nicht von sich weist, zeigt, daß Baudelaires Hand im Spiele ist. Seine Technik ist die putschistische.

Wenige Jahre nach Baudelaires Ende krönte Blanqui seine Laufbahn als Konspirateur durch ein denkwürdiges Meisterstück. Es war nach der Ermordung von Victor Noir. Blanqui wollte sich einen Überblick über seinen Truppenbestand verschaffen. Von Angesicht zu Angesicht kannte er im wesentlichen nur seine

85 I, p. 57.

Unterführer. Wie weit alle in seiner Mannschaft ihn gekannt haben, steht dahin. Er verständigte sich mit Granger, seinem Adjutanten, der die Anordnungen für eine Revue der Blanquisten traf. Sie wird bei Geffroy so beschrieben: »Blanqui ... ging bewaffnet von Hause fort, sagte seinen Schwestern Adieu und bezog seinen Posten in den Champs-Elysées. Dort sollte nach der Vereinbarung mit Granger das Defilee der Truppen stattfinden, deren geheimnisvoller General Blanqui war. Er kannte die Chefs, er sollte nun hinter ihrer jedem im Gleichschritt, in regelmäßigen Formationen deren Leute an sich vorbeiziehen sehen. Es geschah wie beschlossen war. Blanqui hielt seine Revue ab, ohne daß irgendwer etwas von dem merkwürdigen Schauspiel ahnte. In der Menge und unter den Leuten, die zuschauten wie auch er selber schaute, stand der Alte an einen Baum gelehnt und sah aufmerksam in Kolonnen seine Freunde herankommen, wie sie stumm unter einem Gemurmel sich näherten, das durch Zurufe immerfort unterbrochen wurde.«[86] – Die Kraft, die so etwas möglich machte, ist mit Baudelaires Dichtung im Wort verwahrt.

Baudelaire hat bei Gelegenheit das Bild des modernen Heros auch im Konspirateur erkennen wollen. »Keine Tragödien mehr!« schrieb er während der Februartage im »Salut public«. »Schluß mit der Geschichte des alten Rom! Stehen wir heute nicht größer als Brutus da?«[87] Größer als Brutus war freilich weniger groß. Denn als Napoleon III. zur Herrschaft kam, erkannte Baudelaire in ihm den Caesar nicht. Darin war Blanqui ihm überlegen. Aber tiefer als beider Verschiedenheit reicht, was ihnen gemeinsam gewesen ist, reicht der Trotz und die Ungeduld, reicht die Kraft der Empörung und die des Hasses – reicht auch die Ohnmacht, die ihrer beider Teil war. Baudelaire nimmt in einer berühmten Zeile leichten Herzens Abschied von einer Welt, »in der die Tat nicht die Schwester des Traumes ist«[88]. Seiner war nicht so verlassen als es ihm schien. Blanquis Tat ist die Schwester von Baudelaires Traum gewesen. Beide sind ineinander verschlungen. Es sind die ineinander verschlungenen Hände auf einem Stein, unter dem Napoleon III. die Hoffnungen der Junikämpfer begraben hatte.

86 Geffroy: L'enfermé, l. c. ⟨S. 513⟩ p. 276/277.

87 cit. Crépet, l. c. ⟨S. 535⟩ p. 81.

88 I, p. 136.

Utopie

Das Leben der Studenten

Es gibt eine Geschichtsauffassung, die im Vertrauen auf die Unendlichkeit der Zeit nur das Tempo der Menschen und Epochen unterscheidet, die schnell oder langsam auf der Bahn des Fortschrittes dahinrollen. Dem entspricht die Zuammmenhanglosigkeit, der Mangel an Präzision und Strenge der Forderung, die sie an die Gegenwart stellt. Die folgende Betrachtung geht dagegen auf einen bestimmten Zustand, in dem die Historie als in einem Brennpunkt gesammelt ruht, wie von jeher in den utopischen Bildern der Denker. Die Elemente des Endzustandes liegen nicht als gestaltlose Fortschrittstendenz zutage, sondern sind als gefährdetste, verrufenste und verlachte Schöpfungen und Gedanken tief in jeder Gegenwart eingebettet. Den immanenten Zustand der Vollkommenheit rein zum absoluten zu gestalten, ihn sichtbar und herrschend in der Gegenwart zu machen, ist die geschichtliche Aufgabe. Dieser Zustand ist aber nicht mit pragmatischer Schilderung von Einzelheiten (Institutionen, Sitten usw.) zu umschreiben, welcher er sich vielmehr entzieht, sondern er ist nur in seiner metaphysischen Struktur zu erfassen, wie das messianische Reich oder die französische Revolutionsidee. Die jetzige historische Bedeutung der Studenten und der Hochschule, die Form ihres Daseins in der Gegenwart, verlohnt also nur als Gleichnis, als Abbild eines höchsten, metaphysischen, Standes der Geschichte beschrieben zu werden. Nur so ist sie verständlich und möglich. Solche Schilderung ist kein Aufruf oder Manifest, die eines wie das andere wirkungslos geblieben sind, aber sie zeigt die Krisis auf, die im Wesen der Dinge liegend zur Entscheidung führt, der die Feigen unterliegen und die Mutigen sich unterordnen. Der einzige Weg, von der historischen Stelle des Studententums und der Hochschule zu handeln, ist das System. Solange mancherlei Bedingungen hierzu versagt sind, bleibt nur das Künftige aus seiner verbildeten Form im Gegenwärtigen erkennend zu befreien. Dem allein dient die Kritik.

An das Leben der Studenten tritt die Frage nach seiner bewußten Einheit heran. Sie steht am Anfang, denn es fördert nicht, im Studentenleben Probleme zu unterscheiden – Wissenschaft, Staat, Tugend –, wenn ihm der Mut fehlt, sich überhaupt zu unterwerfen. Das Auszeichnende im Studentenleben ist in der Tat der Gegenwille, sich einem Prinzip zu unterwerfen, mit der Idee sich zu durchdringen. Der Name der Wissenschaft dient vorzüglich, eine tiefeingesessene, verbürgerte Indifferenz zu verbergen. Das studentische Leben an der Idee der Wissenschaft messen, bedeutet keineswegs Panlogismus, Intellektualismus – wie man zu fürchten geneigt ist –, sondern das ist rechtskräftige Kritik, da zuallermeist die Wissenschaft als der eherne Wall der Studenten gegen »fremde« Ansprüche aufgeführt wird. Also es handelt sich um innere Einheit, nicht um Kritik von außen. Hier ist die Antwort gegeben mit dem Hinweis, daß für die allermeisten Studenten die Wissenschaft Berufsschule ist. Weil »Wissenschaft mit dem Leben nichts zu tun hat«, darum muß sie ausschließlich das Leben dessen gestalten, der ihr folgt. Zu den unschuldig-verlogensten Reservaten vor ihr gehört die Erwartung, sie müsse X und Y zum Berufe verhelfen. Der Beruf folgt so wenig aus der Wissenschaft, daß sie ihn sogar ausschließen kann. Denn die Wissenschaft duldet ihrem Wesen nach keine Lösung von sich, sie verpflichtet den Forschenden, in gewisser Weise immer als Lehrer, niemals zu den staatlichen Berufsformen des Arztes, Juristen, Hochschullehrers. Es führt zu nichts Gutem, wenn Institute, wo Titel, Berechtigungen, Lebens- und Berufsmöglichkeiten erworben werden dürfen, sich Stätten der Wissenschaft nennen. Der Einwand, wie der heutige Staat zu seinen Ärzten, Juristen und Lehrern kommen soll, beweist hiergegen nichts. Er zeigt nur die umwälzende Größe der Aufgabe: eine Gemeinschaft von Erkennenden zu gründen an Stelle der Korporation von Beamteten und Studierten. Er zeigt nur, bis zu welchem Grade die heutigen Wissenschaften in der Entwicklung ihres Berufsapparates (durch Wissen und Fertigkeiten) von ihrem einheitlichen Ursprung in der Idee des Wissens abgedrängt sind, der ihnen ein Geheimnis, wenn nicht eine Fiktion geworden ist. Wem der heutige Staat das Gegebene ist und alles in der Linie seiner Entwicklung beschlossen, der muß das verwerfen; wenn er nur nicht Protektion und Unterstützung der »Wissenschaft« vom Staate zu fordern wagt. Denn nicht die Übereinkunft der Hochschule mit dem Staate, die sich mit ehrlicher Barbarei nicht schlecht verstünde, zeugt von Verderbnis, sondern die Gewährleistung und Lehre von der Freiheit einer Wissenschaft, von der doch mit brutaler Selbstverständlichkeit erwartet wird, daß sie ihre Jünger zu sozialer Individualität und Staatsdienst führe. Keine Duldung freiester Anschauungen und Lehren fördert, solange das Leben, das diese – nicht minder als die strengsten – mit sich führen, nicht gewährt ist und diese ungeheure Kluft naiv durch die Verbindung der Hochschule mit dem Staate geleugnet wird. Es ist mißverständlich, im einzelnen Forderungen zu entwickeln, solange der einzelnen in der Erfüllung doch der Geist ihrer Gesamtheit versagt bliebe, und nur dies soll als bemerkenswert und erstaunlich hervorgehoben werden: wie in der Institution des Kollegs als in einem ungeheuren Versteckspiel die Gesamtheiten der Lehrer und Schüler sich aneinander vorüberschieben und nie erblicken. Immer bleibt hier die Schülerschaft als unbeamtet hinter der Lehrerschaft zurück, und der rechtliche Grundbau der Universität, verkörpert im Kultusminister, den der Souverän, nicht die Universität ernennt, ist eine halb verhüllte Korrespondenz der akademischen Behörde über die Häupter der Schüler (und in seltenen und glücklichen Fällen auch der Lehrer) mit den staatlichen Organen.

Die unkritische und widerstandslose Ergebung in diesen Zustand ist ein wesentlicher Zug im Studentenleben. Zwar haben die sogenannten freistudentischen Organisationen und andere sozial gerichtete einen scheinbaren Lösungsversuch unternommen. Dieser geht zuletzt auf völlige Verbürgerung der Institution, und nirgends hat sich deutlicher als an dieser Stelle gezeigt, daß die heutigen Studenten als Gemeinschaft nicht fähig sind, die Frage des wissenschaftlichen Lebens überhaupt zu stellen und seinen unlösbaren Protest gegen das Berufsleben der Zeit zu erfassen. Weil sie überaus scharf die chaotische Vorstellung der Studenten von wissenschaftlichem Leben erklärt, darum ist die Kritik der »freistudentischen« und der ihr nahestehenden Ideen notwendig und soll mit Worten aus einer Rede geschehen, die vom Verfasser vor Studenten gehalten wurde, als er für die Erneuerung zu wirken gedachte. »Es besteht ein sehr einfaches und sicheres Kriterium, den geistigen Wert einer Gemeinschaft zu prüfen. Die Frage: findet die Totalität des Leistenden in ihr einen Ausdruck, ist der ganze Mensch ihr verpflichtet, ist der ganze Mensch ihr unentbehrlich? Oder ist jedem in gleichem

Maße die Gemeinschaft entbehrlich als er ihr? Es ist so einfach, diese Frage zu stellen, so einfach, sie für die jetzigen Typen sozialer Gemeinschaft zu beantworten, und diese Antwort ist entscheidend. Jeder Leistende strebt nach Totalität, und der Wert einer Leistung liegt eben in ihr, also darin, daß das ganze und ungeteilte Wesen eines Menschen zum Ausdruck komme. Die sozial begründete Leistung aber enthält, wie wir sie heute vorfinden, nicht die Totalität, sie ist etwas völlig Bruchstückhaftes und Abgeleitetes. Nicht selten ist die soziale Gemeinschaft der Platz, wo heimlich und in gleicher Gesellschaft gekämpft wird gegen höhere Wünsche, eigenere Ziele, tiefer eingeborene Entwicklung aber verdeckt wird. Die soziale Leistung des Durchschnittsmenschen dient in den allermeisten Fällen zur Verdrängung der ursprünglichen und unabgeleiteten Strebungen des inneren Menschen. Hier ist von Akademikern die Rede, Menschen, die von Berufs wegen jedenfalls in irgendeiner inneren Verbindung mit geistigen Kämpfen, mit Skeptizismus und Kritizismus des Studierenden stehen. Diese Menschen bemächtigen sich eines völlig fremden, dem ihrigen weltweit abgelegenen Milieus als ihres Arbeitsplatzes, sie schaffen sich dort an entlegener Stelle eine begrenzte Tätigkeit, und die ganze Totalität solchen Tuns ist, daß es einer oft abstrakten Allgemeinheit zugute kommt. Keine innere und ursprüngliche Verbindung besteht zwischen dem geistigen Dasein eines Studierenden und seinem fürsorglichen Interesse für Arbeiterkinder, ja selbst für Studierende. Keine Verbindung als ein mit seiner eigenen und eigensten Arbeit unverbundener Pflichtbegriff, der ein mechanisiertes Gegenüber: ›hie Stipendiat des Volkes – da soziale Leistung‹ setzt. Hier ist das Pflichtgefühl errechnet, abgeleitet und umgebogen, nicht aus der Arbeit selbst geflossen. Und jener Pflicht wird genügt: nicht im Leiden für erdachte Wahrheit, nicht im Ertragen aller Skrupel eines Forschenden, überhaupt nicht in irgendwie mit dem eigenen geistigen Leben verbundener Gesinnung. Sondern in einem krassen und zugleich höchst oberflächlichen Gegensatz, vergleichbar dem: ideell-materiell / theoretisch-praktisch. Jene soziale Arbeit, mit einem Wort, ist nicht die ethische Steigerung, sondern die ängstliche Reaktion eines geistigen Lebens. Nicht dies aber ist der eigentlichste und tiefste Einwand, daß die soziale Arbeit im wesentlichen unverbunden, abstrakt der eigentlich studentischen Arbeit gegenübersteht, darin ein höchster und verwerflichster Ausdruck des Relativismus, der jedes Geistige vom Physischen, jede Setzung von ihrem Gegenteil ängstlich und sorgsam begleitet sehen will – unvermögend synthetischen Lebens – nicht dies ist das Entscheidende, daß ihre ganze Totalität in Wirklichkeit leere allgemeine Nützlichkeit ist, sondern: daß sie trotz alledem die Geste und Haltung der Liebe fordert, wo nur mechanische Pflicht, ja oft nur ein Abbiegen stattfindet, um den Konsequenzen geistigen kritischen Daseins, dem der Student verpflichtet ist, auszuweichen. Denn wirklich ist er zu dem Zwecke Student, daß ihm das Problem des geistigen Lebens mehr am Herzen liegt als die Praxis der sozialen Fürsorge. Endlich – und dies ist ein untrügliches Zeichen: es ist aus jener studentisch sozialen Arbeit keine Erneuerung des Begriffs und der Schätzung sozialer Arbeit überhaupt erwachsen. Noch immer ist der Öffentlichkeit soziale Arbeit jenes eigentümliche Gemenge von Pflicht- und Gnadenakt des einzelnen geblieben. Studenten haben ihre geistige Notwendigkeit nicht ausprägen und daher nie eine wahrhaft ernst gesinnte Gemeinschaft in ihr gründen können, vielmehr nur eine pflichteifrige und interessierte. Jener Tolstoische Geist, der die ungeheuere Kluft zwischen dem Bürger- und Proletarierdasein aufriß, der Begriff, daß den Armen dienen eine Menschheitsaufgabe, nicht Sache des Studenten im Nebenamt sei, der hier, gerade *hier* alles oder nichts forderte, jener Geist, der in den Ideen der tiefsten Anarchisten und in christlichen Klostergemeinschaften erwuchs, dieser wahrlich ernste Geist einer sozialen Arbeit, der aber der kindlichen Versuche der Einfühlung in Arbeiter- und Volkspsyche nicht bedurfte, ist in studentischen Gemeinschaften nicht erwachsen. An der Abstraktheit und Beziehungslosigkeit des Objektes scheiterte der Versuch, den Willen einer akademischen Gemeinschaft zu einer sozialen Arbeitsgemeinschaft zu organisieren. Die Totalität des Wollenden fand keinen Ausdruck, weil sein Wille in dieser Gemeinschaft nicht auf die Totalität gerichtet sein konnte.« Die symptomatische Bedeutung der freistudentischen Versuche, der christlich-sozialen und vieler andern ist, daß sie den Zwiespalt, den die Universität mit dem Staatsganzen bildet, mikrokosmisch innerhalb der Universität wiederholen, im Interesse ihrer Staats- und Lebenstüchtigkeit.

Sie haben nahezu allen Ego- und Altruismen, jedweder Selbstverständlichkeit des großen Lebens eine Freistatt in der Universität erobert; nur dem radikalen Zweifel, der grundlegenden Kritik und dem Notwendigsten: dem Leben, das dem völligen Neuaufbau sich widmet, ist sie versagt. Es steht in diesen Dingen nicht der Fortschrittswille der freien Studenten gegen die reaktionäre Macht der Korps. Wie es zu zeigen versucht wurde und wie es zudem aus der Uniformität und Friedfertigkeit des gesamten Zustandes der Universität hervorgeht, sind die freistudentischen Organisationen selbst weit entfernt, einen durchdachten geistigen Willen auf den Plan zu führen. In keiner der Fragen, die in dem vorliegenden Versuch zur Sprache kommen, hat sich bisher ihre Stimme entscheidend bemerkbar gemacht. Aus Unentschiedenheit bleibt sie unvernehmlich. Ihre Opposition verläuft in den geebneten Bahnen der liberalen Politik, die Entwicklung ihrer sozialen Prinzipien ist auf dem Niveau der liberalen Presse stehengeblieben. Die eigentliche Frage der Universität hat das freie Studententum nicht durchdacht, insofern ist es bittres historisches Recht, daß bei den offiziellen Gelegenheiten die Korps, die einst das Problem der akademischen Gemeinschaft durchlebten und durchkämpften, als unwürdige Repräsentanten der studentischen Tradition erscheinen. In den letzten Fragen bringt der Freistudent gar keinen ernsteren Willen, keinen höheren Mut auf als das Korps, und seine Wirksamkeit ist fast gefährlicher als die des Korps, weil täuschender und irreführender: indem diese bourgeoise, disziplinlose und kleinliche Richtung den Ruf des Kämpfers und Befreiers im Leben der Universität beansprucht. Das heutige Studententum ist keineswegs an den Stellen zu finden, wo um den geistigen Aufstieg der Nation gerungen wird, keineswegs auf dem Felde seines neuen Kampfes um die Kunst, keineswegs an der Seite seiner Schriftsteller und Dichter, keineswegs an den Quellen religiösen Lebens. Nämlich das deutsche Studententum als solches – das existiert nicht. Und dies nicht etwa, weil es nicht jeweils die neuesten, »modernsten« Strömungen mitmacht, sondern indem es als Studentenschaft all diese Bewegungen in ihrer Tiefe überhaupt ignoriert, indem diese Studentenschaft ständig und ständig im Schlepptau der öffentlichen Meinung, in ihrem breitesten Fahrwasser dahinzieht, indem sie das von allen Parteien und

Bünden umschmeichelte und verdorbene Kind ist, von jedem gelobt, weil jedem irgendwie gehörig, aber ganz und gar ohne den Adel, der bis vor hundert Jahren deutsches Studententum sichtbar machte und es an sichtbare Stellen als Verteidiger des besten Lebens treten ließ.

Jene Verfälschung des Schöpfergeistes in Berufsgeist, die wir überall am Werke sehen, hat die Hochschule ganz ergriffen und sie vom unbeamteten schöpferischen Geistesleben isoliert. Die kastenhafte Verachtung des staatsfremden, oft staatsfeindlichen freien Gelehrten- und Künstlertums ist hiervon ein schmerzhaft deutliches Symptom. Einer der berühmtesten deutschen Hochschullehrer sprach vom Katheder über »die Caféhausliteraten, nach denen das Christentum schon lange abgewirtschaftet habe«. Ton und Richtigkeit dieser Worte halten sich die Waage. Deutlicher als gegen die Wissenschaft, die durch »Anwendbarkeit« unmittelbar staatliche Tendenzen vortäuscht, muß eine so organisierte Hochschule ganz und gar mit baren Händen den Musen gegenüberstehen. Sie muß, indem sie auf den Beruf hinlenkt, notwendig das unmittelbare Schaffen als Form der Gemeinschaft verfehlen. Wirklich ist die feindselige Fremdheit, die Verständnislosigkeit der Schule gegen das Leben, welches die Kunst verlangt, deutbar als Ablehnung des unmittelbaren, nicht aufs Amt bezognen Schaffens. Ganz von innen heraus erscheint dies in der Unmündigkeit und Schülerhaftigkeit des Studenten. Vom ästhetischen Gefühl aus ist vielleicht das Auffallendste und Peinigendste an der Erscheinung der Hochschule: die mechanische Reaktion, mit der die Hörerschaft dem Vortragenden folgt. Dies Maß von Rezeptivität könnte nur durch eine wahrhaft akademische oder sophistische Kultur des Gesprächs aufgewogen werden. Davon sind auch die Seminarien durchaus entfernt, die sich hauptsächlich ebenso der Vortragsform bedienen, wobei es wenig verschlägt, ob Lehrer oder Schüler sprechen. Die Organisation der Hochschule beruht nicht mehr auf der Produktivität der Studenten, wie es im Geiste ihrer Gründer lag. Sie dachten den Studenten wesentlich als Lehrer und Schüler zugleich; als Lehrer, weil Produktivität gänzliche Unabhängigkeit bedeutet, Hinblick auf die Wissenschaft, nicht mehr auf den Lehrenden. Wo die beherrschende Idee des Studentenlebens Amt und Beruf ist, kann sie nicht Wissenschaft sein. Sie kann nicht mehr in der Widmung an eine Erkenntnis bestehen, von der zu fürchten ist, daß sie vom Wege der bürgerlichen Sicherheit abführt. Sie kann sowenig in der Widmung an die Wissenschaft bestehen, wie in Hingabe des Lebens an eine jüngere Generation. Und doch ist dieser Beruf: zu lehren – wenn auch unter ganz anderen Formen als den heutigen – mit jeder eigensten Erfassung der Wissenschaft geboten. Solche gefahrvolle Hingabe an Wisenschaft und Jugend muß als Fähigkeit zu lieben schon im Studenten leben und die Wurzel seines Schaffens sein. Dagegen steht sein Leben im Gefolge der Alten, er lernt dem Lehrer seine Wissenschaft ab, ohne ihm im Beruf zu folgen. Er verzichtet leichten Mutes auf die Gemeinschaft, die ihn mit den Schaffenden verbindet und die ihre allgemeine Form allein von der Philosophie her erhalten kann. An einem Teil soll er zugleich Schaffender, Philosoph und Lehrer sein und dies in seiner wesentlichen und bestimmenden Natur. Von hier aus ergibt sich Form des Berufes und Lebens. Die Gemeinschaft schöpferischer Menschen erhebt jedes Studium zur Universalität: unter der Form der Philosophie. Solche Universalität gewinnt man nicht, indem man dem Juristen literarische, dem Mediziner juristische Fragen vorträgt (wie manche Gruppe von Studenten versucht), sondern indem die Gemeinschaft sorgt und von selbst es bewirkt, daß vor aller Besonderung des Fachstudiums (die sich doch nur mit Hinsicht auf den Beruf erhalten kann), über allem Betriebe der Fachschulen, sie selbst, die Gemeinschaft der Universität als solche, Erzeugerin und Hüterin der philosophischen Gemeinschaftsform sei, wiederum nicht mit den Fragestellungen der begrenzten wissenschaftlichen Fachphilosophie, sondern mit den metaphysischen Fragen des Platon und des Spinoza, der Romantiker und Nietzsches. Dies nämlich, nicht aber Führungen durch Fürsorgeinstitute, würde tiefste Verbindung des Berufes mit dem Leben, allerdings einem tieferen Leben bedeuten. Würde die Erstarrung des Studiums zu einem Haufen von Wissen verhüten. Es hätte diese Studentenschaft die Universität, die den methodischen Bestand des Wissens samt den vorsichtigen kühnen und doch exakten Versuchen neuer Methoden mitteilt, zu umgeben, gleichwie das undeutliche Wogen des Volkes den Palast eines Fürsten, als die Stätte der beständigen geistigen Revolution, wo zuerst die neuen Fragestellungen weitausgreifender, unklarer, unexakter, aber manchmal vielleicht auch aus tieferer Ahnung, als die wissenschaftlichen Fragen, sich vorbereiten. Die Studentenschaft wäre in ihrer schöpferischen Funktion als der große Transformator zu betrachten, der die neuen Ideen, die früher in der Kunst, früher im sozialen Leben zu erwachen pflegen als in der Wissenschaft, überzuleiten hätte in wissenschaftliche Fragen durch philosophische Einstellung.

Die heimliche Herrschaft der Berufsidee ist nicht die innerlichste jener Verfälschungen, deren Furchtbarkeit es ist, daß sie alle das Zentrum schöpferischen Lebens treffen. Eine banale Lebenseinstellung handelt Surrogate gegen den Geist ein. Es gelingt ihr, immer dichter die Gefährlichkeit des geistigen Lebens zu verschleiern und den Rest der Sehenden als Phantasten zu verlachen. Tiefer verbildet die erotische Konvention das unbewußte Leben der Studenten. Mit der gleichen Selbstverständlichkeit, mit der die Berufsideologie das intellektuelle Gewissen fesselt, lastet die Vorstellung der Heirat, die Idee der Familie als eine dunkle Konvention auf dem Eros. Er scheint verschwunden aus einer Epoche, die zwischen dem Dasein des Familiensohnes und Familienvaters sich leer und unbestimmt erstreckt. Wo die Einheit im Dasein des Schaffenden und des Zeugenden liegt und ob diese Einheit in der Form der Familie gegeben ist, diese Frage durfte nicht gestellt werden, solange es die heimliche Erwartung der Heirat galt, eine illegitime Zwischenzeit, in der man höchstens Widerstandsfähigkeit gegen Versuchungen trefflich bewähren könne. Der Eros der Schaffenden – wenn überhaupt eine Gemeinschaft ihn zu erblicken und um ihn zu ringen vermöchte, so wäre es die studentische. Aber noch dort, wo alle äußeren Bedingungen der Bürgerlichkeit fehlten, wo bürgerliche Zustände, das heißt Familien, zu gründen aussichtslos war, wo in vielen Städten Europas eine tausendköpfige Menge von Frauen ihre ökonomische Existenz nur auf die Studierenden gründet – die Prostituierten –, noch da hat der Student sich nach dem Eros, der ihm ursprünglich eignet, nicht gefragt. Ihm mußte es fraglich werden, ob Zeugung und Schöpfung in ihm getrennt bleiben sollten, ob die eine der Familie, die andere dem Amte zukomme und, in ihrer Trennung beide verbildet, keines aus seinem eigentümlichen Dasein entspringen sollte. Denn so hohnvoll und schmerzhaft es ist, eine solche Frage an das Leben heutiger Studenten heranzuführen, so muß es geschehen, weil in ihnen – dem Wesen nach – diese beiden Pole menschlichen Daseins zeitlich beieinander liegen. Es handelt sich um die Frage, die keine Gemeinschaft ungelöst lassen kann und die doch seit den Griechen und frühen Christen kein Volk mehr in der Idee gemeistert hat; immer lastete sie auf den großen Schaffenden: wie sie dem Bilde der Menschheit genügen sollten und Gemeinschaft mit Frauen und Kindern ermöglichten, deren Produktivität anders gerichtet ist. Die Griechen, wie wir wissen, übten Gewalt, indem sie den zeugenden Eros dem schaffenden nachstellten, so daß endlich ihr Staat, aus dessen Inbegriff Frauen und Kinder verbannt waren, zerfiel. Die Christen gaben die mögliche Lösung für die civitas dei: sie verwarfen die Einzelheit in beiden. Die Studentenschaft hat es in ihren fortgeschrittensten Teilen immer bei unendlich ästhetisierenden Betrachtungen über Kameradschaftlichkeit und Studiengenossinnen gelassen; man scheute sich nicht, eine »gesunde« erotische Neutralisierung der Schüler und Schülerinnen zu erhoffen. In der Tat ist mit Hilfe der Dirnen die Neutralisierung des Eros in der Hochschule gelungen. Und wo sie ausblieb, ist jene so ganz haltlose Harmlosigkeit, jene schwüle Heiterkeit ausgebrochen, und die burschikose Studentin wird als Nachfolgerin der häßlichen alten Lehrerin jubelnd begrüßt. Hier drängt sich die allgemeine Bemerkung auf, wieviel mehr furchtsamen Instinkt die katholische Kirche für die Macht und Notwendigkeit des Eros hat, als das Bürgertum. Es liegt an den Hochschulen eine ungeheure Aufgabe verschüttet, ungelöst, verleugnet: größer als die zahllosen, an denen die soziale Geschäftigkeit sich reibt. Es ist diese: aus dem geistigen Leben heraus zur Einheit zu bilden, was an geistiger Unabhängigkeit des Schaffenden (im Korpsstudententum) und als ungemeisterte Naturmacht (in der Prostitution) verzerrt und zerstückelt als Torso des einen geistigen Eros uns traurig ansieht. Die notwendige Unabhängigkeit des Schaffenden und die notwendige Einbeziehung der Frau, welche nicht produktiv im Sinne des Mannes ist, in eine einzige Gemeinschaft Schaffender – durch Liebe – diese Gestaltung muß allerdings vom Studenten verlangt werden, weil sie Form seines Lebens ist. Hier aber herrscht so mörderische Konvention, daß noch nicht einmal das Studententum sein Bekenntnis der Schuld vor der Prostitution abgelegt hat; daß man diese ungeheure blasphemische Verwüstung mit Keuschheitsempfehlungen einzudämmen denkt, weil man wiederum nicht den Mut hat, dem eigenen schöneren Eros ins Auge zu blicken. Diese Verstümmelung der Jugend trifft ihr Wesen zu tief, als daß mit vielen Worten auf sie gewiesen werden könnte. Sie ist dem Bewußtsein der Denkenden zu überliefern und der Entschlossenheit der Mutigen. Der Polemik ist sie nicht erreichbar.

Wie sieht eine Jugend sich selbst an, welches Bild trägt sie von sich im Innern, die solche Verfinsterung ihrer eignen Idee, solche Beugung ihrer Lebensinhalte zuläßt? Dieses Bild ist im Korpsgeist ausgeprägt, und er ist noch immer der sichtbarste Träger des studentischen Jugendbegriffes, dem die andern, voran freistudentische Organisationen, ihre sozialen Schlagworte entgegenschleudern. Das deutsche Studententum ist, bald mehr bald minder, von der Idee besessen, es müsse seine Jugend genießen. Jene ganz irrationale Wartezeit auf Amt und Ehe mußte irgendeinen Inhalt aus sich herausgebären, und das mußte ein spielerischer, pseudo-romantischer, zeitvertreibender sein. Es ist ein furchtbares Stigma auf aller gerühmten Heiterkeit der Kommerslieder, auf der neuen Burschenherrlichkeit. Es ist Angst vor dem Kommenden und zugleich ein gemütsruhiges Paktieren mit dem unvermeidlichen Philistertum, das man sich als »alten Herrn« sehr gerne vor Augen hält. Weil man dem Bürgertum die Seele verkauft hat, samt Beruf und Ehe, hält man streng auf jene paar Jahre bürgerlicher Freiheiten. Dieser Tausch wird im Namen der Jugend eingegangen. Offen oder heimlich – auf der Kneipe oder in betäubenden Versammlungsreden wird der teuer erkaufte Rausch erzeugt, der ungestört bleiben soll. Es ist das Bewußtsein verspielter Jugend und verkauften Alters, das nach Ruhe dürstet, und an ihm sind die Versuche der Beseelung des Studententums zuletzt gescheitert. Aber wie diese Lebensform jeder Gegebenheit spottet und von allen geistigen und natürlichen Mächten gestraft wird, von der Wissenschaft durch den Staat, vom Eros durch die Hure, also vernichtend von der Natur. Denn die Studenten sind nicht die jüngste Generation, sondern die Alternden. Es ist ein heroischer Entschluß, das Alter zu erkennen, für solche, die ihre Jünglingsjahre auf deutschen Schulen verloren, und denen das Studium endlich das Leben des Jünglings zu eröffnen schien, das sich von Jahr zu Jahr ihnen versagte. Dennoch gilt es zu erkennen, daß sie Schaffende, also Einsame und Alternde sein müssen, daß ein reicheres Geschlecht von Jünglingen und Kindern schon lebt, dem sie sich nur als Lehrende weihen können. Von allen Gefühlen ist dies ihnen das fremdeste. Eben darum finden sie sich nicht in ihr Dasein und sind nicht bereit, von Anfang an mit den Kindern zu leben – denn das ist lehren –, weil sie nirgends in die Sphäre der Einsamkeit hineinragen. Weil sie ihr Alter nicht erkennen, gehen sie müßig. Nur die eingestandene Sehnsucht nach einer schönen Kindheit und würdigen Jugend ist die Bedingung des Schaffens. Ohne dies wird keine Erneuerung ihres Lebens möglich sein: ohne die Klage um versäumte Größe. Die Furcht vor Einsamkeit ist es, die ihre erotische Ungebundenheit verschuldet, Furcht vor Hingabe. Sie messen sich an den Vätern, nicht an den Nachgeborenen und retten den Schein ihrer Jugend. Ihre Freundschaft ist ohne Größe und Einsamkeit. Jene expansive, auf das Unendliche gerichtete Freundschaft der Schaffenden, die auch dann noch auf die Menschheit geht, wenn sie zu zweien oder ihre Sehnsucht allein bleibt, hat keine Stelle in der Jugend der Hochschulen. Ihre Statt hat die persönlich zugleich beschränkte und zügellose Verbrüderung, die sich gleich bleibt auf der Kneipe und bei der Vereinsgründung im Café. Diese Lebensinstitutionen alle sind ein Markt von Vorläufigem, wie das Treiben in Kollegien und Cafés, Ausfüllungen leerer Wartezeit, Ablenkung vom Ruf der Stimme, ihr Leben aus dem einigen Geiste von Schaffen, Eros, Jugend aufzubauen. Es gilt eine keusche und verzichtende Jugend, die von der Ehrfurcht vor den Nachfolgenden erfüllt ist, von der Georges Verse zeugen:

> Erfinder rollenden gesangs und sprühend
> Gewandter zwiegespräche: frist und trennung
> Erlaubt dass ich auf meine dächtnistafel
> Den frühern gegner grabe – tu desgleichen!
> Denn auf des rausches und der regung leiter
> Sind beide wir im sinken· nie mehr werden
> Der knaben preis und jubel so mir schmeicheln·
> Nie wieder strofen so im ohr dir donnern.

Aus Mutlosigkeit ist das Leben der Studenten solcher Erkenntnis ferngerückt. Es folgt aber jede Lebensform und ihr Rhythmus aus den Geboten, die das Leben Schaffender bestimmen. Solange sie sich dem entziehen, wird ihr Dasein sie mit Häßlichkeit strafen, und noch den Stumpfen wird Hoffnungslosigkeit ins Herz treffen.

Noch geht es um die äußerste gefährdete Notwendigkeit, es bedarf der strengen Richtung. Jeder wird seine eignen Gebote finden, der die oberste Forderung an sein Leben heranträgt. Er wird das Künftige aus seiner verbildeten Form im Gegenwärtigen erkennend befreien.

Schicksal und Charakter

Schicksal und Charakter werden gemeinhin als kausal verbunden angesehen und der Charakter wird als eine Ursache des Schicksals bezeichnet. Der Gedanke, welcher dabei zugrunde liegt, ist folgender: wäre einerseits der Charakter eines Menschen, d. h. also auch seine Art und Weise zu reagieren, in allen Einzelheiten bekannt und wäre andrerseits das Weltgeschehen bekannt in den Bezirken, in denen es an jenen Charakter heranträte, so ließe sich genau sagen, was jenem Charakter sowohl widerfahren als von ihm vollzogen werden würde. Das heißt, sein Schicksal wäre bekannt. Einen unmittelbaren gedanklichen Zugang zum Schicksalsbegriff ermöglichen die zeitgenössischen Vorstellungen nicht, daher moderne Menschen sich auch auf den Gedanken, den Charakter etwa aus den leiblichen Zügen eines Menschen zu lesen, einlassen, weil sie das Wissen um Charakter überhaupt irgendwie in sich vorfinden, während die Vorstellung, analog etwa das Schicksal eines Menschen aus den Linien seiner Hand zu lesen, ihnen unannehmbar erscheint. Dies scheint so unmöglich wie es unmöglich scheint, »die Zukunft vorauszusagen«; unter diese Kategorie wird nämlich die Voraussage des Schicksals ohne weiteres subsumiert, und der Charakter erscheint demgegenüber als etwas in Gegenwart und Vergangenheit Vorliegendes, was also erkennbar sei. Nun aber ist es gerade die Behauptung solcher, die sich anheischig machen, den Menschen aus welchen Zeichen auch immer ihr Schicksal vorherzusagen, daß dieses für denjenigen, der darauf zu merken wisse (der ein unmittelbares Wissen um Schicksal überhaupt in sich vorfindet) in irgendeiner Weise gegenwärtig, oder vorsichtiger gesagt zur Stelle sei. Die Annahme, irgendein »zur Stelle sein« des zukünftigen Schicksals widerspräche weder dem Begriff desselben, noch den menschlichen Erkenntniskräften dessen Voraussagung, ist, wie sich zeigen läßt, nicht widersinnig. Und zwar kann ebenso wie der Charakter auch das Schicksal nur in Zeichen, nicht an sich selbst überschaut werden, denn – mag auch dieser oder jener Charakterzug, diese oder jene Verkettung des Schicksals unmittelbar vor Augen liegen – es ist doch der Zusammenhang, den jene Begriffe meinen, niemals anders als in Zeichen zur

Stelle, weil er über dem unmittelbar Sichtbaren gelegen ist. Das System charakterologischer Zeichen wird im allgemeinen auf den Leib beschränkt, wenn man von der charakterologischen Bedeutung derjenigen Zeichen absieht, die das Horoskop untersucht, während zum Zeichen des Schicksals der überlieferten Anschauung gemäß neben den leiblichen alle Erscheinungen des äußern Lebens werden können. Der Zusammenhang zwischen Zeichen und Bezeichnetem aber bildet in beiden Sphären ein gleich verschlossenes und schweres, wenn auch im übrigen ein verschiedenes Problem, weil, aller oberflächlichen Betrachtung und falschen Hypostasierung der Zeichen zum Trotz, sie in beiden Systemen Charakter oder Schicksal nicht auf Grund kausaler Zusammenhänge bedeuten. Ein Bedeutungszusammenhang ist nie kausal zu begründen, mögen auch etwa im vorliegenden Falle jene Zeichen in ihrem Dasein kausal durch Schicksal und Charakter hervorgerufen sein. Im folgenden wird nicht untersucht, wie ein solches Zeichensystem für Charakter und Schicksal aussehe, sondern lediglich auf die Bezeichneten selbst richtet sich die Betrachtung.

Es zeigt sich, daß die herkömmliche Auffassung ihres Wesens und ihres Verhältnisses nicht allein problematisch bleibt, insofern sie nicht imstande ist, die Möglichkeit einer Vorhersagung des Schicksals rationell begreiflich zu machen, sondern daß sie falsch ist, weil die Trennung, auf der sie beruht, theoretisch unvollziehbar ist. Denn es ist unmöglich, einen widerspruchslosen Begriff vom Außen eines wirkenden Menschen, als dessen Kern doch der Charakter in jener Anschauung angesprochen wird, zu bilden. Kein Begriff einer Außenwelt läßt sich gegen die Grenze des Begriffs des wirkenden Menschen definieren. Zwischen dem wirkenden Menschen und der Außenwelt vielmehr ist alles Wechselwirkung, ihre Aktionskreise gehen ineinander über; ihre Vorstellungen mögen noch so verschieden sein, ihre Begriffe sind nicht trennbar. Es ist nicht nur in keinem Falle anzugeben, was letzten Endes als Funktion des Charakters, was als Funktion des Schicksals in einem Menschenleben zu gelten hat (dies würde hier nichts besagen, wenn etwa beide nur in der Erfahrung ineinander übergingen), sondern das Außen, das der handelnde Mensch vorfindet, kann in beliebig hohem Maße auf sein Innen, sein Innen in beliebig hohem Maße auf sein Außen prinzipiell zurückgeführt, ja als dieses prinzipiell angesehen werden. Charakter und Schicksal werden in dieser Betrachtung, weit entfernt theoretisch geschieden zu werden, zusammenfallen. So bei Nietzsche, wenn er sagt: »Wenn einer Charakter hat, so hat er auch ein Erlebnis, das immer wiederkehrt.« Das besagt: wenn einer Charakter hat, so ist sein Schicksal wesentlich konstant. Dies heißt freilich auch wieder: so hat er kein Schicksal – und diese Konsequenz haben die Stoiker gezogen.

Soll also der Begriff des Schicksals gewonnen werden, so muß dieser reinlich von dem des Charakters geschieden werden, was wiederum eher nicht gelingen kann, als der letzte eine genauere Bestimmung erfahren hat. Auf Grund dieser Bestimmung werden die beiden Begriffe durchaus divergent werden; wo Charakter ist, da wird mit Sicherheit Schicksal nicht sein und im Zusammenhang des Schicksals Charakter nicht angetroffen werden. Dazu ist darauf Bedacht zu nehmen, jene beiden Begriffe solchen Sphären zuzuweisen, in denen sie nicht, wie es im gemeinen Sprachgebrauch geschieht, die Hoheit oberer Sphären und Begriffe usurpieren. Der Charakter nämlich wird gewöhnlich in einen ethischen, wie das Schicksal in einen religiösen Zusammenhang eingestellt. Aus beiden Bezirken sind sie durch die Aufdeckung des Irrtums, der sie dorthin versetzen konnte, zu verbannen. Dieser Irrtum ist mit Beziehung auf den Begriff des Schicksals durch dessen Verbindung mit dem Begriff der Schuld veranlaßt. So wird, um den typischen Fall zu nennen, das schicksalhafte Unglück als die Antwort Gottes oder der Götter auf religiöse Verschuldung angesehen. Dabei aber sollte es nachdenklich machen, daß eine entsprechende Beziehung des Schicksalsbegriffes auf den Begriff, welcher mit dem Schuldbegriff durch die Moral mitgegeben ist, auf den Begriff der Unschuld nämlich, fehlt. In der griechischen klassischen Ausgestaltung des Schicksalsgedankens wird das Glück, das einem Menschen zuteil wird, ganz und gar nicht als die Bestätigung seines unschuldigen Lebenswandels aufgefaßt, sondern als die Versuchung zu schwerster Verschuldung, zur Hybris. Beziehung auf die Unschuld kommt also im Schicksal nicht vor. Und – diese Frage trifft noch tiefer – gibt es denn im Schicksal eine Beziehung auf das Glück? Ist das Glück, so wie ohne Zweifel das Unglück, eine konstitutive Kategorie für das Schicksal? Das

Glück ist es vielmehr, welches den Glücklichen aus der Verkettung der Schicksale und aus dem Netz des eignen herauslöst. »Schicksallos« nennt nicht umsonst die seligen Götter Hölderlin. Glück und Seligkeit führen also ebenso aus der Sphäre des Schicksals heraus wie die Unschuld. Eine Ordnung aber, deren einzig konstitutive Begriffe Unglück und Schuld sind und innerhalb deren es keine denkbare Straße der Befreiung gibt (denn soweit etwas Schicksal ist, ist es Unglück und Schuld) – eine solche Ordnung kann nicht religiös sein, so sehr auch der mißverstandene Schuldbegriff darauf zu verweisen scheint. Es gilt also ein anderes Gebiet zu suchen, in welchem einzig und allein Unglück und Schuld gelten, eine Waage, auf der Seligkeit und Unschuld zu leicht befunden werden und nach oben schweben. Diese Waage ist die Waage des Rechts. Die Gesetze des Schicksals, Unglück und Schuld, erhebt das Recht zu Maßen der Person; es wäre falsch anzunehmen, daß nur die Schuld allein im Rechtszusammenhang sich fände; nachweisbar ist vielmehr, daß jede rechtliche Verschuldung nichts ist als ein Unglück. Mißverständlich, auf Grund ihrer Verwechslung mit dem Reiche der Gerechtigkeit, hat die Ordnung des Rechts, die nur ein Überrest der dämonischen Existenzstufe der Menschen ist, in der Rechtssatzungen nicht deren Beziehungen allein, sondern auch ihr Verhältnis zu den Göttern bestimmten, sich über die Zeit hinaus erhalten, welche den Sieg über die Dämonen inaugurierte. Nicht das Recht, sondern die Tragödie war es, in der das Haupt des Genius aus dem Nebel der Schuld sich zum ersten Male erhob, denn in der Tragödie wird das dämonische Schicksal durchbrochen. Nicht aber, indem die heidnisch unabsehbare Verkettung von Schuld und Sühne durch die Reinheit des entsühnten und mit dem reinen Gott versöhnten Menschen abgelöst würde. Sondern in der Tragödie besinnt sich der heidnische Mensch, daß er besser ist als seine Götter, aber diese Erkenntnis verschlägt ihm die Sprache, sie bleibt dumpf. Ohne sich zu bekennen sucht sie heimlich ihre Gewalt zu sammeln. Schuld und Sühne legt sie nicht abgemessen in die Waagschalen, sondern rüttelt sie durcheinander. Es ist gar keine Rede davon, daß die »sittliche Weltordnung« wieder hergestellt werde, sondern es will der moralische Mensch noch stumm, noch unmündig – als solcher heißt er der Held – im Erbeben jener qualvollen Welt sich aufrichten. Das Paradoxon der Geburt des Genius in moralischer Sprachlosigkeit, moralischer Infantilität ist das Erhabene der Tragödie. Es ist wahrscheinlich der Grund des Erhabenen überhaupt, in dem weit eher der Genius erscheint als Gott. – Das Schicksal zeigt sich also in der Betrachtung eines Lebens als eines Verurteilten, im Grunde als eines, das erst verurteilt und darauf schuldig wurde. Wie denn Goethe diese beiden Phasen in den Worten zusammenfaßt: »Ihr laßt den Armen schuldig werden«. Das Recht verurteilt nicht zur Strafe, sondern zur Schuld. Schicksal ist der Schuldzusammenhang des Lebendigen. Dieser entspricht der natürlichen Verfassung des Lebendigen, jenem noch nicht restlos aufgelösten Schein, dem der Mensch so entrückt ist, daß er niemals ganz in ihn eintauchen, sondern unter seiner Herrschaft nur in seinem besten Teil unsichtbar bleiben konnte. Der Mensch also ist es im Grunde nicht, der ein Schicksal hat, sondern das Subjekt des Schicksals ist unbestimmbar. Der Richter kann Schicksal erblicken wo immer er will; in jeder Strafe muß er blindlings Schicksal mitdiktieren. Der Mensch wird niemals hiervon getroffen, wohl aber das bloße Leben in ihm, das an natürlicher Schuld und dem Unglück Anteil kraft des Scheins hat. Schicksalsmäßig kann dieses Lebendige so den Karten wie den Planeten verkuppelt werden, und die weise Frau bedient sich der einfachen Technik, mit den nächst berechenbaren, nächst gewissen Dingen (mit Dingen, welche unkeusch mit Gewißheit geschwängert sind) dieses in den Schuldzusammenhang zu rücken. Dadurch erfährt sie in Zeichen etwas über ein natürliches Leben im Menschen, das sie an Stelle des benannten Hauptes zu setzen sucht; wie andrerseits der Mensch, der zu ihr geht, zugunsten des verschuldeten Lebens in sich abdankt. Der Schuldzusammenhang ist ganz uneigentlich zeitlich, nach Art und Maß ganz verschieden von der Zeit der Erlösung oder der Musik oder der Wahrheit. An der Fixierung der besondern Art der Zeit des Schicksals hängt die vollendete Durchleuchtung dieser Dinge. Der Kartenleger und der Chiromant lehrt jedenfalls, daß diese Zeit jederzeit gleichzeitig mit einer andern (nicht gegenwärtig) gemacht werden kann. Sie ist eine unselbständige Zeit, die auf die Zeit eines höhern, weniger naturhaften Lebens parasitär angewiesen ist. Sie hat keine Gegenwart, denn schicksalhafte Augenblicke gibt es nur in schlechten Romanen, und auch

Vergangenheit und Zukunft kennt sie nur in eigentümlichen Abwandlungen.
Es gibt also einen Begriff des Schicksals – und es ist der echte, der einzige, der das Schicksal in der Tragödie in gleicher Weise trifft, wie die Absichten der Kartenlegerin – welcher vollkommen unabhängig von dem des Charakters ist und seine Begründung in einer ganz andern Sphäre sucht. In den entsprechenden Stand muß auch der Begriff des Charakters gesetzt werden. Es ist kein Zufall, daß beide Ordnungen mit deutenden Praktiken zusammenhängen und in der Chiromantie Charakter und Schicksal ganz eigentlich zusammentreffen. Beide betreffen den natürlichen Menschen, besser: die Natur im Menschen, und eben diese kündigt in den, sei es an sich selbst, sei es experimentell gegebenen Zeichen der Natur sich an. Die Begründung des Begriffs des Charakters wird sich also ebenfalls auf eine Natursphäre zu beziehen haben und mit der Ethik oder der Moral genau so wenig zu tun haben, wie das Schicksal mit der Religion. Andrerseits wird der Begriff des Charakters sich auch derjenigen Züge zu entschlagen haben, welche seine irrige Verbindung mit dem Schicksalsbegriff konstituieren. Diese Verbindung wird durch die Vorstellung eines durch Erkenntnis beliebig, bis zum festesten Gewebe, zu verdichtenden Netzes geleistet, als welches oberflächlicher Betrachtung der Charakter erscheint. Neben den großen grundlegenden Zügen soll nämlich der geschärfte Blick des Menschenkenners feinere und enger zusammenhängende angeblich gewahren, bis das scheinbare Netz zu einem Tuch gedichtet sei. In den Fäden dieses Gewebes hat endlich ein schwacher Verstand das moralische Wesen des betreffenden Charakters zu besitzen geglaubt und die guten und schlechten Eigenschaften an ihm unterschieden. Wie aber der Moral zu erweisen obliegt, können Eigenschaften niemals, sondern allein Handlungen moralisch erheblich sein. Der Augenschein will es freilich anders. Nicht nur »diebisch« »verschwenderisch« »mutig« scheinen moralische Wertungen mitzubedeuten (hier läßt sich noch von der scheinbar moralischen Färbung der Begriffe absehen), sondern vor allem Worte wie »aufopfernd« »tückisch« »rachsüchtig« »neidisch« scheinen Charakterzüge anzuzeigen, bei denen sich von moralischer Wertung nicht mehr abstrahieren läßt. Dennoch ist solche Abstraktion in jedem Fall nicht allein

vollziehbar, sondern notwendig, um den Sinn der Begriffe zu erfassen. Und zwar ist sie so zu denken, daß die Wertung an sich durchaus erhalten bleibt und nur ihr moralischer Akzent ihr entzogen wird, um jeweilen im positiven oder negativen Sinn so bedingten Schätzungen Platz zu machen, wie etwa die moralisch zweifellos indifferenten Bezeichnungen von Eigenschaften des Intellekts (als da sind »klug« oder »dumm«) sie ansprechen. Wo dabei jenen pseudomoralischen Eigenschaftsbenennungen ihre wahre Sphäre angewiesen werden muß, lehrt die Komödie. In ihrer Mitte steht, als Hauptperson der Charakterkomödie, oft genug ein Mensch, den wir, wenn wir im Leben seinen Handlungen statt auf der Bühne ihm selber gegenüber stehen müßten, einen Schurken nennen würden. Auf der Bühne der Komödie aber gewinnen seine Handlungen nur dasjenige Interesse, das mit dem Lichte des Charakters auf sie fällt, und dieser ist in den klassischen Fällen der Gegenstand nicht moralischer Verurteilung sondern hoher Heiterkeit. Niemals an sich, niemals moralisch betreffen die Handlungen des komischen Helden sein Publikum; nur soweit sie das Licht des Charakters zurückwerfen, interessieren seine Taten. Dabei gewahrt man, daß der große Komödiendichter, etwa Molière, nicht in der Vielfalt der Charakterzüge seine Person zu determinieren sucht. Vielmehr fehlt der psychologischen Analysis jeder Zugang zu seinem Werke. Mit deren Interesse hat es gar nichts zu schaffen wenn Geiz oder Hypochondrie im »Avare« oder im »Malade imaginaire« hypostasiert und allem Handeln zugrunde gelegt werden. Über Hypochondrie und Geiz lehren diese Dramen nichts, weit entfernt sie verständlich zu machen, stellen sie sie mit steigender Kraßheit dar; wenn der Gegenstand der Psychologie das Innenleben des empirisch vermeinten Menschen ist, so sind Molièresche Personen nicht einmal als Demonstrationsmittel für sie brauchbar. Der Charakter entfaltet sich in ihnen sonnenhaft im Glanz seines einzigen Zuges, der keinen andern in seiner Nähe sichtbar bleiben läßt, sondern ihn überblendet. Die Erhabenheit der Charakterkomödie beruht auf dieser Anonymität des Menschen und seiner Moralität mitten in der höchsten Entfaltung des Individuums in der Einzigkeit seines Charakterzuges. Während das Schicksal die ungeheure Komplikation der verschuldeten Person, die Komplikation und Bindung ihrer Schuld

aufrollt, gibt auf jene mythische Verknechtung der Person im Schuldzusammenhang der Charakter die Antwort des Genius. Die Komplikation wird Einfachheit, das Fatum Freiheit. Denn der Charakter der komischen Person ist nicht der Popanz der Deterministen, er ist der Leuchter, unter dessen Strahl die Freiheit ihrer Taten sichtbar wird. – Dem Dogma von der natürlichen Schuld des Menschenlebens, von der Urschuld, deren prinzipielle Unlösbarkeit die Lehre, und deren gelegentliche Lösung den Kultus des Heidentums bildet, stellt der Genius die Vision von der natürlichen Unschuld des Menschen entgegen. Diese Vision verharrt ihrerseits ebenfalls im Bezirk der Natur, dennoch steht sie moralischen Einsichten ihrem Wesen nach so nahe, wie die gegenteilige Idee allein in der Form der Tragödie, die nicht ihre einzige ist. Die Vision des Charakters aber ist befreiend unter allen Formen: mit der Freiheit hängt sie, wie hier nicht gezeigt werden kann, auf dem Wege ihrer Affinität mit der Logik zusammen. – Der Charakterzug ist also nicht der Knoten im Netz. Er ist die Sonne des Individuums am farblosen (anonymen) Himmel des Menschen, welche den Schatten der komischen Handlung wirft. (Dies führt Cohens tiefes Wort, daß jede tragische Handlung, so erhaben sie auch auf ihrem Kothurn schreite, einen komischen Schatten werfe, seinem eigensten Zusammenhang zu.)
Die physiognomischen Zeichen mußten, wie die übrigen mantischen, bei den Alten vornehmlich der Ergründung des Schicksals dienen, gemäß der Herrschaft des heidnischen Schuldglaubens. Die Physiognomik wie die Komödie sind Erscheinungen des neuen Weltalters des Genius gewesen. Ihren Zusammenhang mit der alten Wahrsagekunst zeigt die moderne Physiognomik noch in dem unfruchtbaren moralischen Wertakzent ihrer Begriffe, wie auch in dem Streben nach analytischer Komplikation. Gerade in dieser Hinsicht haben alte und mittelalterliche Physiognomiker richtiger gesehen, welche erkannten, daß der Charakter nur unter einigen wenigen moralisch indifferenten Grundbegriffen erfaßt werden kann, wie z. B. die Lehre von den Temperamenten sie festzustellen suchte.

Theologisch-politisches Fragment

Erst der Messias selbst vollendet alles historische Geschehen, und zwar in dem Sinne, daß er dessen Beziehung auf das Messianische selbst erst erlöst, vollendet, schafft. Darum kann nichts Historisches von sich aus sich auf Messianisches beziehen wollen. Darum ist das Reich Gottes nicht das Telos der historischen Dynamis; es kann nicht zum Ziel gesetzt werden. Historisch gesehen ist es nicht Ziel, sondern Ende. Darum kann die Ordnung des Profanen nicht am Gedanken des Gottesreiches aufgebaut werden, darum hat die Theokratie keinen politischen sondern allein einen religiösen Sinn. Die politische Bedeutung der Theokratie mit aller Intensität geleugnet zu haben ist das größte Verdienst von Blochs »Geist der Utopie«.

Die Ordnung des Profanen hat sich aufzurichten an der Idee des Glücks. Die Beziehung dieser Ordnung auf das Messianische ist eines der wesentlichen Lehrstücke der Geschichtsphilosophie. Und zwar ist von ihr aus eine mystische Geschichtsauffassung bedingt, deren Problem in einem Bilde sich darlegen läßt. Wenn eine Pfeilrichtung das Ziel, in welchem die Dynamis des Profanen wirkt, bezeichnet, eine andere die Richtung der messianischen Intensität, so strebt freilich das Glückssuchen der freien Menschheit von jener messianischen Richtung fort, aber wie eine Kraft durch ihren Weg eine andere auf entgegengesetzt gerichtetem Wege zu befördern vermag, so auch die profane Ordnung des Profanen das Kommen des messianischen Reiches. Das Profane also ist zwar keine Kategorie des Reichs, aber eine Kategorie, und zwar der zutreffendsten eine, seines leisesten Nahens. Denn im Glück erstrebt alles Irdische seinen Untergang, nur im Glück aber ist ihm der Untergang zu finden bestimmt. – Während freilich die unmittelbare messianische Intensität des Herzens, des innern einzelnen Menschen durch Unglück, im Sinne des Leidens hindurchgeht. Der geistlichen restitutio in integrum, welche in die Unsterblichkeit einführt, entspricht eine weltliche, die in die Ewigkeit eines Unterganges führt und der Rhythmus dieses ewig vergehenden, in seiner Totalität vergehenden, in seiner räumlichen, aber auch zeitlichen Totalität vergehenden Weltlichen, der Rhythmus der messianischen Natur, ist Glück.

Denn messianisch ist die Natur aus ihrer ewigen und totalen Vergängnis.
Diese zu erstreben, auch für diejenigen Stufen des Menschen, welche Natur sind, ist die Aufgabe der Weltpolitik, deren Methode Nihilismus zu heißen hat.

Erfahrung und Armut

In unseren Lesebüchern stand die Fabel vom alten Mann, der auf dem Sterbebette den Söhnen weismacht, in seinem Weinberg sei ein Schatz verborgen. Sie sollten nur nachgraben. Sie gruben, aber keine Spur von Schatz. Als jedoch der Herbst kommt, trägt der Weinberg wie kein anderer im ganzen Land. Da merken sie, der Vater gab ihnen eine Erfahrung mit: Nicht im Golde steckt der Segen sondern im Fleiß. Solche Erfahrungen hat man uns, drohend oder begütigend, so lange wir heranwuchsen entgegengehalten: »Grüner Junge, er will schon mitreden.« »Du wirst's schon noch erfahren.« Man wußte auch genau, was Erfahrung war: immer hatten die älteren Leute sie an die jüngeren gegeben. In Kürze, mit der Autorität des Alters, in Sprichwörtern; weitschweifig mit seiner Redseligkeit, in Geschichten; manchmal als Erzählung aus fremden Ländern, am Kamin, vor Söhnen und Enkeln. – Wo ist das alles hin? Wer trifft noch auf Leute, die rechtschaffen etwas erzählen können? Wo kommen von Sterbenden heute noch so haltbare Worte, die wie ein Ring von Geschlecht zu Geschlecht wandern? Wem springt heute noch ein Sprichwort hilfreich zur Seite? Wer wird auch nur versuchen, mit der Jugend unter Hinweis auf seine Erfahrung fertig zu werden?

Nein, soviel ist klar: die Erfahrung ist im Kurse gefallen und das in einer Generation, die 1914–1918 eine der ungeheuersten Erfahrungen der Weltgeschichte gemacht hat. Vielleicht ist das nicht so merkwürdig wie das scheint. Konnte man damals nicht die Feststellung machen: die Leute kamen verstummt aus dem Felde? Nicht reicher, ärmer an mitteilbarer Erfahrung. Was sich dann zehn Jahre danach in der Flut der Kriegsbücher ergossen hat, war alles andere als Erfahrung, die vom Mund zum Ohr strömt. Nein, merkwürdig war das nicht. Denn nie sind Erfahrungen gründlicher Lügen gestraft worden als die strategischen durch den Stellungskrieg, die wirtschaftlichen durch die Inflation, die körperlichen durch den Hunger, die sittlichen durch die Machthaber. Eine Generation, die noch mit der Pferdebahn zur Schule gefahren war, stand unter freiem Himmel in einer Landschaft, in der nichts unverändert geblieben war als die

Wolken, und in der Mitte, in einem Kraftfeld zerstörender Ströme und Explosionen, der winzige gebrechliche Menschenkörper.
Eine ganz neue Armseligkeit ist mit dieser ungeheuren Entfaltung der Technik über die Menschen gekommen. Und von dieser Armseligkeit ist der beklemmende Ideenreichtum, der mit der Wiederbelebung von Astrologie und Yogaweisheit, Christian Science und Chiromantie, Vegetarianismus und Gnosis, Scholastik und Spiritismus unter – oder vielmehr über – die Leute kam, die Kehrseite. Denn nicht echte Wiederbelebung findet hier statt, sondern eine Galvanisierung. Man muß an die großartigen Gemälde von Ensor denken, auf denen ein Spuk die Straßen großer Städte erfüllt: karnevalistisch vermummte Spießbürger, mehlbestäubte verzerrte Masken, Flitterkronen über der Stirne, wälzen sich unabsehbar die Gassen entlang. Diese Gemälde sind vielleicht nichts so sehr als Abbild der schauerlichen und chaotischen Renaissance, auf die so viele ihre Hoffnungen stellen. Aber hier zeigt sich am deutlichsten: unsere Erfahrungsarmut ist nur ein Teil der großen Armut, die wieder ein Gesicht – von solcher Schärfe und Genauigkeit wie das der Bettler im Mittelalter – bekommen hat. Denn was ist das ganze Bildungsgut wert, wenn uns nicht eben Erfahrung mit ihm verbindet? Wohin es führt, wenn sie geheuchelt oder erschlichen wird, das hat das grauenhafte Mischmasch der Stile und der Weltanschauungen im vorigen Jahrhundert uns zu deutlich gemacht, als daß wir unsere Armut zu bekennen nicht für ehrenwert halten müßten. Ja, gestehen wir es ein: Diese Erfahrungsarmut ist Armut nicht nur an privaten sondern an Menschheitserfahrungen überhaupt. Und damit eine Art von neuem Barbarentum.
Barbarentum? In der Tat. Wir sagen es, um einen neuen, positiven Begriff des Barbarentums einzuführen. Denn wohin bringt die Armut an Erfahrung den Barbaren? Sie bringt ihn dahin, von vorn zu beginnen; von Neuem anzufangen; mit Wenigem auszukommen; aus Wenigem heraus zu konstruieren und dabei weder rechts noch links zu blicken. Unter den großen Schöpfern hat es immer die Unerbittlichen gegeben, die erst einmal reinen Tisch machten. Sie wollten nämlich einen Zeichentisch haben, sie sind Konstrukteure gewesen. So ein Konstrukteur war Descartes, der zunächst einmal für seine ganze Philosophie nichts haben

wollte als die eine einzige Gewißheit: »Ich denke, also bin ich« und von der ging er aus. Auch Einstein war ein solcher Konstrukteur, den plötzlich von der ganzen weiten Welt der Physik gar nichts mehr interessierte, als eine einzige kleine Unstimmigkeit zwischen den Gleichungen Newtons und den Erfahrungen der Astronomie. Und dieses selbe Vonvornbeginnen hatten die Künstler im Auge, als sie sich an die Mathematiker hielten und die Welt wie die Kubisten aus stereometrischen Formen aufbauten, oder als sie wie Klee sich an Ingenieure anlehnten. Denn Klees Figuren sind gleichsam auf dem Reißbrett entworfen und gehorchen, wie ein gutes Auto auch in der Karosserie vor allem den Notwendigkeiten des Motors, so im Ausdruck ihrer Mienen vor allem dem Innern. Dem Innern mehr als der Innerlichkeit: das macht sie barbarisch.

Hie und da haben längst die besten Köpfe begonnen, sich ihren Vers auf diese Dinge zu machen. Gänzliche Illusionslosigkeit über das Zeitalter und dennoch ein rückhaltloses Bekenntnis zu ihm ist ihr Kennzeichen. Es ist das Gleiche, ob der Dichter Bert Brecht feststellt, Kommunismus sei nicht die gerechte Verteilung des Reichtums sondern der Armut oder ob der Vorläufer der modernen Architektur Adolf Loos erklärt: »Ich schreibe nur für Menschen, die modernes Empfinden besitzen ... Für Menschen, die sich in Sehnsucht nach der Renaissance oder dem Rokoko verzehren, schreibe ich nicht.« Ein so verschachtelter Künstler wie der Maler Paul Klee und ein so programmatischer wie Loos – beide stoßen vom hergebrachten, feierlichen, edlen, mit allen Opfergaben der Vergangenheit geschmückten Menschenbilde ab, um sich dem nackten Zeitgenossen zuzuwenden, der schreiend wie ein Neugeborenes in den schmutzigen Windeln dieser Epoche liegt. Niemand hat ihn froher und lachender begrüßt als Paul Scheerbart. Von ihm gibt es Romane, die von weitem wie ein Jules Verne aussehen, aber sehr zum Unterschied von Verne, bei dem in den tollsten Vehikeln doch immer nur kleine französische oder englische Rentner im Weltraum herumsausen, hat Scheerbart sich für die Frage interessiert, was unsere Teleskope, unsere Flugzeuge und Luftraketen aus den ehemaligen Menschen für gänzlich neue sehens- und liebenswerte Geschöpfe machen. Übrigens reden auch diese Geschöpfe bereits in einer gänzlich neuen Sprache. Und zwar ist das Ent-

scheidende an ihr der Zug zum willkürlichen Konstruktiven; im Gegensatz zum Organischen nämlich. Der ist das Unverwechselbare in der Sprache von Scheerbarts Menschen oder vielmehr Leuten; denn die Menschenähnlichkeit – diesen Grundsatz des Humanismus – lehnen sie ab. Sogar in ihren Eigennamen: Peka, Labu, Sofanti und ähnlich heißen die Leute in dem Buch, das den Namen nach seinem Helden hat: »Lesabéndio«. Auch die Russen geben ihren Kindern gerne »entmenschte« Namen: sie nennen sie Oktober nach dem Revolutionsmonat oder »Pjatiletka«, nach dem Fünfjahrplan, oder »Awiachim« nach einer Gesellschaft für Luftfahrt. Keine technische Erneuerung der Sprache, sondern ihre Mobilisierung im Dienste des Kampfes oder der Arbeit; jedenfalls der Veränderung der Wirklichkeit, nicht ihrer Beschreibung.
Scheerbart aber, um wieder auf ihn zurückzukommen, legt darauf den größten Wert, seine Leute – und nach deren Vorbilde seine Mitbürger – in standesgemäßen Quartieren unterzubringen: in verschiebbaren beweglichen Glashäusern wie Loos und Le Corbusier sie inzwischen aufführten. Glas ist nicht umsonst ein so hartes und glattes Material, an dem sich nichts festsetzt. Auch ein kaltes und nüchternes. Die Dinge aus Glas haben keine »Aura«. Das Glas ist überhaupt der Feind des Geheimnisses. Es ist auch der Feind des Besitzes. Der große Dichter André Gide hat einmal gesagt: Jedes Ding, das ich besitzen will, wird mir undurchsichtig. Träumen Leute wie Scheerbart etwa darum von Glasbauten, weil sie Bekenner einer neuen Armut sind? Aber vielleicht sagt hier ein Vergleich mehr als die Theorie. Betritt einer das bürgerliche Zimmer der 80er Jahre, so ist bei aller »Gemütlichkeit«, die es vielleicht ausstrahlt, der Eindruck »hier hast du nichts zu suchen« der stärkste. Hier hast du nichts zu suchen – denn hier ist kein Fleck, auf dem nicht der Bewohner seine Spur schon hinterlassen hätte: auf den Gesimsen durch Nippessachen, auf dem Polstersessel durch Deckchen, auf den Fenstern durch Transparente, vor dem Kamin durch den Ofenschirm. Ein schönes Wort von Brecht hilft hier fort, weit fort: »Verwisch die Spuren!« heißt der Refrain im ersten Gedicht des »Lesebuch für Städtebewohner«. Hier im bürgerlichen Zimmer ist das entgegengesetzte Verhalten zur Gewohnheit geworden. Und umgekehrt nötigt das »Intérieur«

den Bewohner, das Höchstmaß von Gewohnheiten anzunehmen, Gewohnheiten, die mehr dem Intérieur, in welchem er lebt, als ihm selber gerecht werden. Das versteht jeder, der die absurde Verfassung noch kennt, in welche die Bewohner solcher Plüschgelasse gerieten, wenn im Haushalt etwas entzweigegangen war. Selbst ihre Art sich zu ärgern – und diesen Affekt, der allmählich auszusterben beginnt, konnten sie virtuos spielen lassen – war vor allem die Reaktion eines Menschen, dem man »die Spur von seinen Erdetagen« verwischt hat. Das haben nun Scheerbart mit seinem Glas und das Bauhaus mit seinem Stahl zuwege gebracht: sie haben Räume geschaffen, in denen es schwer ist, Spuren zu hinterlassen. »Nach dem Gesagten«, erklärt Scheerbart vor nun zwanzig Jahren, »können wir wohl von einer ›Glaskultur‹ sprechen. Das neue Glas-Milieu wird den Menschen vollkommen umwandeln. Und es ist nun nur zu wünschen, daß die neue Glaskultur nicht allzu viele Gegner findet.«
Erfahrungsarmut: das muß man nicht so verstehen, als ob die Menschen sich nach neuer Erfahrung sehnten. Nein, sie sehnen sich von Erfahrungen freizukommen, sie sehnen sich nach einer Umwelt, in der sie ihre Armut, die äußere und schließlich auch die innere, so rein und deutlich zur Geltung bringen können, daß etwas Anständiges dabei herauskommt. Sie sind auch nicht immer unwissend oder unerfahren. Oft kann man das Umgekehrte sagen: Sie haben das alles »gefressen«, »die Kultur« und den »Menschen« und sie sind übersatt daran geworden und müde. Niemand fühlt sich mehr als sie von Scheerbarts Worten betroffen: »Ihr seid alle so müde – und zwar nur deshalb, weil Ihr nicht alle Eure Gedanken um einen ganz einfachen aber ganz großartigen Plan konzentriert.« Auf Müdigkeit folgt Schlaf, und da ist es denn gar nichts Seltenes, daß der Traum für die Traurigkeit und Mutlosigkeit des Tages entschädigt und das ganz einfache aber ganz großartige Dasein, zu dem im Wachen die Kraft fehlt, verwirklicht zeigt. Das Dasein von Micky-Maus ist ein solcher Traum der heutigen Menschen. Dieses Dasein ist voller Wunder, die nicht nur die technischen überbieten, sondern sich über sie lustig machen. Denn das Merkwürdigste an ihnen ist ja, daß sie allesamt ohne Maschinerie, improvisiert, aus dem Körper der Micky-Maus, ihrer Partisanen und ihrer Verfolger,

aus den alltäglichsten Möbeln genau so wie aus Baum, Wolken oder See hervorgehen. Natur und Technik, Primitivität und Komfort sind hier vollkommen eins geworden und vor den Augen der Leute, die an den endlosen Komplikationen des Alltags müde geworden sind und denen der Zweck des Lebens nur als fernster Fluchtpunkt in einer unendlichen Perspektive von Mitteln auftaucht, erscheint erlösend ein Dasein, das in jeder Wendung auf die einfachste und zugleich komfortabelste Art sich selbst genügt, in dem ein Auto nicht schwerer wiegt als ein Strohhut und die Frucht am Baum so schnell sich rundet wie die Gondel eines Luftballons. Und nun wollen wir einmal Abstand halten, zurücktreten.

Arm sind wir geworden. Ein Stück des Menschheitserbes nach dem anderen haben wir dahingegeben, oft um ein Hundertstel des Wertes im Leihhaus hinterlegen müssen, um die kleine Münze des »Aktuellen« dafür vorgestreckt zu bekommen. In der Tür steht die Wirtschaftskrise, hinter ihr ein Schatten, der kommende Krieg. Festhalten ist heut Sache der wenigen Mächtigen geworden, die weiß Gott nicht menschlicher sind als die vielen; meist barbarischer, aber nicht auf die gute Art. Die anderen aber haben sich einzurichten, neu und mit Wenigem. Sie halten es mit den Männern, die das von Grund auf Neue zu ihrer Sache gemacht und es auf Einsicht und Verzicht begründet haben. In deren Bauten, Bildern und Geschichten bereitet die Menschheit sich darauf vor, die Kultur, wenn es sein muß, zu überleben. Und was die Hauptsache ist, sie tut es lachend. Vielleicht klingt dieses Lachen hie und da barbarisch. Gut. Mag doch der Einzelne bisweilen ein wenig Menschlichkeit an jene Masse abgeben, die sie eines Tages ihm mit Zins und Zinseszinsen wiedergibt.

Eduard Fuchs, der Sammler und der Historiker

I

Das Lebenswerk von Eduard Fuchs gehört der jüngsten Vergangenheit an. Ein Rückblick auf dieses Werk beinhaltet alle Schwierigkeiten, die der Versuch mit sich bringt, von der jüngsten Vergangenheit Rechenschaft abzulegen. Es ist zugleich die jüngste Vergangenheit der marxistischen Kunsttheorie, die hier in Rede steht. Und das erleichtert die Sache nicht. Denn im Gegensatz zur marxistischen Ökonomik hat diese Theorie noch keine Geschichte. Die Lehrer, Marx und Engels, haben nicht mehr getan, als der materialistischen Dialektik ein weites Feld in ihr anzuweisen. Und die ersten, die es in Angriff genommen haben, ein Plechanow, ein Mehring, haben den Unterricht der Meister nur mittelbar oder zumindest erst spät empfangen. Die Tradition, die von Marx über Wilhelm Liebknecht zu Bebel führt, ist weit mehr der politischen als der wissenschaftlichen Seite des Marxismus zugute gekommen. Mehring ist durch den Nationalismus und sodann durch die Schule Lassalles gegangen; und als er zum ersten Male zur Partei kam, da herrschte, nach dem Geständnis Kautskys, »theoretisch noch ein mehr oder weniger vulgärer Lassalleanismus. Von einem konsequenten marxistischen Denken war, außer bei einigen vereinzelten Persönlichkeiten, keine Rede.«[1] Erst spät, am Lebensabend von Engels, ist Mehring mit diesem in Berührung getreten. Fuchs seinerseits ist auf Mehring schon früh gestoßen. In dem Verhältnis der beiden zeichnet sich zum ersten Mal eine Tradition in den geistesgeschichtlichen Forschungen des historischen Materialismus ab. Aber das Arbeitsgebiet von Mehring, die Literaturgeschichte, hatte, im Geiste der beiden Forscher, mit dem Fuchsschen nur wenig Berührungspunkte. Und noch mehr fällt die Verschiedenheit ihrer Anlagen ins Gewicht. Mehring war eine Gelehrtennatur, Fuchs ein Sammler.

Es gibt viele Arten von Sammlern; zudem sind in jeglichem eine Fülle von Impulsen am Werk. Fuchs ist als Sammler vor allem

1 Karl Kautsky, Franz Mehring. In: Die Neue Zeit. XXII. Stuttgart 1904, I, S. 103 bis 104.

ein Pionier: der Begründer eines einzig dastehenden Archivs zur Geschichte der Karikatur, der erotischen Kunst und des Sittenbildes. Wichtiger ist aber ein anderer und zwar komplementärer Umstand: als Pionier wurde Fuchs zum Sammler. Nämlich als Pionier der materialistischen Kunstbetrachtung. Was jedoch diesen Materialisten zum Sammler machte, war das mehr oder minder klare Gefühl für eine geschichtliche Lage, in die er sich hineingestellt sah. Es war die Lage des historischen Materialismus selbst.

Sie kommt in einem Briefe zum Ausdruck, den Friedrich Engels an Mehring zur gleichen Zeit richtete, da in einem sozialistischen Redaktionsbureau Fuchs seine ersten publizistischen Siege erfocht. Der Brief stammt vom 14. Juli 1893 und führt unter anderem aus: »Es ist dieser Schein einer selbständigen Geschichte der Staatsverfassungen, der Rechtssysteme, der ideologischen Vorstellungen auf jedem Sondergebiete, der die meisten Leute vor allem blendet. Wenn Luther und Calvin die offizielle katholische Religion, wenn Hegel den Fichte und Kant, Rousseau indirekt mit seinem Contrat Social den konstitutionellen Montesquieu ›überwindet‹, so ist das ein Vorgang, der innerhalb der Theologie, der Philosophie, der Staatswissenschaft bleibt, eine Etappe in der Geschichte dieser Denkgebiete darstellt und gar nicht aus dem Denkgebiete herauskommt. Und seitdem die bürgerliche Illusion von der Ewigkeit und Letztinstanzlichkeit der kapitalistischen Produktion dazugekommen ist, gilt ja sogar die Überwindung der Merkantilisten durch die Physiokraten und Adam Smith als ein bloßer Sieg des Gedankens, nicht als der Gedankenreflex veränderter ökonomischer Tatsachen, sondern als die endlich errungene richtige Einsicht in stets und überall bestehende tatsächliche Bedingungen.«[2]

Engels wendet sich gegen zweierlei: einmal gegen die Gepflogenheit, in der Geistesgeschichte ein neues Dogma als ›Entwicklung‹ eines früheren, eine neue Dichterschule als ›Reaktion‹ auf eine vorangegangene, einen neuen Stil als ›Überwindung‹ eines älteren darzustellen; er wendet sich aber offenbar implizit zugleich gegen den Brauch, solche neuen Gebilde losgelöst von ihrer Wirkung auf die Menschen und deren sowohl geistigen

2 Zitiert von Gustav Mayer, Friedrich Engels. Eine Biographie. Bd. II: Friedrich Engels und der Aufstieg der Arbeiterbewegung in Europa. Berlin, S. 450/451.

wie ökonomischen Produktionsprozeß darzustellen. Damit ist die Geisteswissenschaft als Geschichte der Staatsverfassungen oder der Naturwissenschaften, der Religion oder der Kunst zerschlagen. Aber die Sprengkraft dieses Gedankens, den Engels ein halbes Jahrhundert mit sich getragen hat[3], reicht tiefer. Sie stellt die Geschlossenheit der Gebiete und ihrer Gebilde in Frage. So, was die Kunst betrifft, deren eigene und die der Werke, welche ihr Begriff zu umfassen beansprucht. Diese Werke integrieren für den, der sich als historischer Dialektiker mit ihnen befaßt, ihre Vor- wie ihre Nachgeschichte – eine Nachgeschichte, kraft deren auch ihre Vorgeschichte als in ständigem Wandel begriffen erkennbar wird. Sie lehren ihn, wie ihre Funktion ihren Schöpfer zu überdauern, seine Intentionen hinter sich zu lassen vermag; wie die Aufnahme durch seine Zeitgenossen ein Bestandteil der Wirkung ist, die das Kunstwerk heute auf uns selber hat, und wie die letztere auf der Begegnung nicht allein mit ihm, sondern mit der Geschichte beruht, die es bis auf unsere Tage hat kommen lassen. Goethe hat dies, verschleiernd wie oft, bedeutet, als er im Gespräch über Shakespeare zu dem Kanzler von Müller äußerte: »Alles, was eine große Wirkung getan hat, kann eigentlich gar nicht mehr beurteilt werden«. Kein Wort ist gemäßer, die Beunruhigung hervorzurufen, die den Anfang jeder Geschichtsbetrachtung macht, welche das Recht hat, dialektisch genannt zu werden. Beunruhigung über die Zumutung an den Forschenden, die gelassene, kontemplative Haltung dem Gegenstand gegenüber aufzugeben, um der kritischen Konstellation sich bewußt zu werden, in der gerade dieses Fragment der Vergangenheit mit gerade dieser Gegenwart sich befindet. »Die Wahrheit wird uns nicht davon laufen« – dieses Wort, das bei Gottfried Keller steht, bezeichnet im Geschichtsbild des Historismus genau die Stelle, an welcher es vom historischen Materialismus durchschlagen wird. Denn es ist ein unwiederbringliches Bild der Vergangenheit, das mit jeder Gegenwart zu verschwinden droht, welche sich nicht als in ihm gemeint erkannte.

3 Er taucht in den ersten Feuerbachstudien auf und findet dabei durch Marx diese Prägung: »Es gibt keine Geschichte der Politik, des Rechts, der Wissenschaft ..., der Kunst, der Religion.« (Marx-Engels Archiv. Zeitschrift des Marx-Engels-Instituts in Moskau. Hrsg. von D. Rjazanov. Bd. I. Frankfurt a. M. 1928, S. 301.)

Je besser man die Sätze von Engels bedenkt, desto klarer wird, daß jede dialektische Darstellung der Geschichte erkauft wird durch den Verzicht auf eine Beschaulichkeit, die für den Historismus bezeichnend ist. Der historische Materialist muß das epische Element der Geschichte preisgeben. Sie wird ihm Gegenstand einer Konstruktion, deren Ort nicht die leere Zeit, sondern die bestimmte Epoche, das bestimmte Leben, das bestimmte Werk bildet. Er sprengt die Epoche aus der dinghaften ›geschichtlichen Kontinuität‹ heraus, so auch das Leben aus der Epoche, so das Werk aus dem Lebenswerk. Doch der Ertrag dieser Konstruktion ist der, daß *im* Werke das Lebenswerk, *im* Lebenswerk die Epoche und *in* der Epoche der Geschichtsverlauf aufbewahrt ist und aufgehoben.[4]
Der Historismus stellt das ewige Bild der Vergangenheit dar; der historische Materialismus eine jeweilige Erfahrung mit ihr, die einzig dasteht. Der Entsatz des epischen Moments durch das konstruktive erweist sich als Bedingung dieser Erfahrung. In ihr werden die gewaltigen Kräfte frei, die im ›Es-war-einmal‹ des Historismus gebunden liegen. Die Erfahrung mit der Geschichte ins Werk zu setzen, die für jede Gegenwart eine ursprüngliche ist – das ist die Aufgabe des historischen Materialismus. Er wendet sich an ein Bewußtsein der Gegenwart, welches das Kontinuum der Geschichte aufsprengt.
Geschichtliches Verstehen faßt der historische Materialismus als ein Nachleben des Verstandenen auf, dessen Pulse bis in die Gegenwart spürbar sind. Dieses Verstehen hat bei Fuchs seine Stelle; jedoch keine unangefochtene. Eine alte, dogmatische und naive Vorstellung von der Rezeption steht bei ihm neben ihrer neuen und kritischen. Die erste resümiert sich in der Behauptung, maßgebend für unsere Rezeption eines Werkes müsse die Rezeption sein, welche es bei seinen Zeitgenossen gefunden habe. Es ist die genaue Analogie zu Rankes »Wie es denn wirklich gewesen sei«, auf die es »doch einzig und allein« an-

4 Es ist die dialektische Konstruktion, die das in der geschichtlichen Erfahrung ursprünglich uns Betreffende gegen die zusammengestoppelten Befunde des Tatsächlichen abhebt. »Im nackten offenkundigen Bestand des Faktischen gibt das Ursprüngliche sich niemals zu erkennen, und einzig einer Doppeleinsicht steht seine Rhythmik offen. Sie ... betrifft dessen Vor- und Nachgeschichte.« (Walter Benjamin, Ursprung des deutschen Trauerspiels. Berlin 1928, S. 32.)

komme.[5] Daneben aber steht unvermittelt die dialektische und den weitesten Horizont eröffnende Einsicht in die Bedeutung einer Geschichte der Rezeption. Fuchs bemängelt, daß in der Kunstgeschichte die Frage nach dem Erfolg außer acht bleibe. »Diese Unterlassung ist ... ein Defizit unserer gesamten ... Kunstbetrachtung ... Und doch dünkt mich die Aufdekkung der wirklichen Ursachen für den größeren oder geringeren Erfolg eines Künstlers, für die Dauer seines Erfolges und ebensosehr für das Gegenteil, eines der wichtigsten Probleme, die sich ... an die Kunst knüpfen.«[6] Nicht anders hatte Mehring die Sache verstanden, dessen »Lessing-Legende« die Rezeption des Dichters, so wie sie sich bei Heine und bei Gervinus, bei Stahr und bei Danzel, schließlich bei Erich Schmidt vollzogen hatte, zum Ausgangspunkt ihrer Analysen macht. Und nicht umsonst tauchte wenig später die, wenn nicht methodisch so doch ihrem Inhalt nach, schätzbare Untersuchung »Die Genesis des Ruhmes« von Julian Hirsch auf. Es ist die gleiche Frage, die Fuchs visiert hat. Ihre Lösung gibt ein Kriterium für den Standard des historischen Materialismus ab. Dieser Umstand aber berechtigt nicht, den anderen: daß sie noch aussteht, zu unterschlagen. Vielmehr ist rücksichtslos einzuräumen, daß es nur in vereinzelten Fällen gelungen ist, den geschichtlichen Gehalt eines Kunstwerks so zu erfassen, daß es als *Kunstwerk* für uns transparenter wurde. Alles Werben um ein Kunstwerk muß eitel bleiben, wo nicht sein nüchterner geschichtlicher Gehalt vom dialektischen Erkennen betroffen wird. Das ist nur die erste der Wahrheiten, an denen das Werk des Sammlers Eduard Fuchs sich orientiert. Seine Sammlungen sind die Antwort des Praktikers auf die Aporien der Theorie.

II

Fuchs ist im Jahre 1870 geboren. Er war von Hause aus nicht zum Gelehrten bestimmt worden. Und bei aller Gelehrsamkeit, zu der er im späteren Leben gekommen ist, hat er nie den Ge-

5 Erotische Kunst, Bd. I, S. 70. 〈Die Auflösung der in den Fußnoten benutzten Abkürzungen für die Schriften von Fuchs findet sich u. S. 471 f. D. Hg.〉
6 Gavarni, S. 13.

lehrtentyp angenommen. Seine Wirksamkeit ist stets über die Ränder hinausgeschossen, die das Blickfeld des Forschers umgrenzen. So ist es um seine Leistung als Sammler bestellt, so um seine Aktivität als Politiker. Mitte der achtziger Jahre ist Fuchs ins Erwerbsleben eingetreten. Es war unter der Herrschaft des Sozialistengesetzes. Die Lehrstelle führte Fuchs mit politisch interessierten Proletariern zusammen, und bald war er durch sie in den heute idyllisch anmutenden Kampf der damaligen Illegalen hineinbezogen. Diese Lehrjahre endeten 1887. Einige Jahre darauf forderte das bayrische Organ der Sozialdemokraten, die »Münchener Post«, den jungen Buchhalter Fuchs von einer Stuttgarter Druckerei an; es glaubte, in ihm den Mann gefunden zu haben, der die administrativen Mängel beheben könne, die sich bei dem Blatte ergeben hatten. Fuchs ging nach München, um dort neben Richard Calver zu arbeiten.
Im Hause der »Münchener Post« erschien ein politisches Witzblatt der Sozialisten, der »Süddeutsche Postillon«. Ein Zufall gab, daß Fuchs aushilfsweise den Umbruch einer Nummer des »Postillon« in die Hand nehmen, und ein weiterer, daß er Lükken mit einigen eigenen Beiträgen füllen mußte. Der Erfolg dieser Nummer war ungewöhnlich. Im gleichen Jahre erschien sodann, bunt bebildert – die farbig illustrierte Presse stand eben in ihren Anfängen –, von Fuchs zusammengestellt, die Mainummer dieses Blattes. Sechzigtausend Exemplare wurden verkauft gegen zweieinhalbtausend im Jahresdurchschnitt. Damit war Fuchs Redakteur einer Zeitschrift geworden, die der politischen Satire gewidmet war. Er wandte sich zugleich der Geschichte seines Tätigkeitsfeldes zu, und es entstanden so, neben der Tagesarbeit, die illustrierten Studien über das Jahr 1848 in der Karikatur und über die Staatsaffäre der Lola Montez. Das waren, im Gegensatz zu den von lebenden Zeichnern illustrierten Historienbüchern (z. B. den von Jentsch bebilderten volkstümlichen Revolutionsbüchern von Wilhelm Blos), die ersten durch dokumentarische Bilder illustrierten Geschichtswerke. Auf Hardens Aufforderung zeigte Fuchs das zweite dieser Werke selbst in der »Zukunft« an, nicht ohne zu bemerken, daß es nur einen Ausschnitt aus dem umfassenden Werk darstelle, das er der Karikatur der europäischen Völker zu widmen vorhabe. Ein Gefängnisaufenthalt von zehn Monaten, den eine Majestäts-

beleidigung durch die Presse ihm eintrug, kam den Studien zu diesem Werk zugute. Daß die Idee glücklich sei, erschien einleuchtend. Ein gewisser Hans Kraemer, der sich in der Herstellung illustrierter Hausbücher bereits einige Erfahrung gesichert hatte, trat an Fuchs mit der Nachricht heran, er habe die Geschichte der Karikatur schon in Arbeit; er schlug vor, seine Studien einem gemeinschaftlichen Werk zuzuführen. Seine Beiträge ließen jedoch auf sich warten. Und bald ergab sich, daß die gesamte sehr beträchtliche Arbeitsleistung Fuchs allein zu bewältigen blieb. Der Name des präsumptiven Mitarbeiters, der noch auf dem Titel der ersten Auflage des Karikaturenwerks zu finden war, ist in der zweiten fortgefallen. Fuchs aber hatte von seiner Arbeitskraft wie auch von seiner Materialbeherrschung die erste überzeugende Probe abgelegt. Die lange Reihe der Hauptwerke war eröffnet.[7]

7 Hauptwerke (bei Albert Langen in München):

Illustrierte Sittengeschichte vom Mittelalter bis zur Gegenwart. Bd. I: Renaissance, [1909]; Bd. II: Die galante Zeit, [1910]; Bd. III: Das bürgerliche Zeitalter, [1911/12]. Dazu »Ergänzungsbände« I-III [1909; 1911; 1912]; neue Aufl. aller Bde. 1926 (zitiert »Sittengeschichte«).

Geschichte der erotischen Kunst. Bd. I: Das zeitgeschichtliche Problem, [1908], neue Aufl. 1922; Bd. II: Das individuelle Problem, [Erster Teil,] 1923; Bd. III: Das individuelle Problem, Zweiter Teil, 1926 (zitiert »Erotische Kunst«).

Die Karikatur der europäischen Völker. Bd. I: Vom Altertum bis zum Jahre 1848, [1. Aufl., 1901,] 4. Aufl., 1921; Bd. II: Vom Jahre 1848 bis zum Vorabend des Weltkrieges, [1. Aufl., 1903,] 4. Aufl., 1921 (zitiert »Karikatur«).

Honoré Daumier, Holzschnitte und Lithographien, hrsg. von Eduard Fuchs. Bd. I: Holzschnitte 1833-1870, 1918; Bd. II: Lithographien 1828-1851, 1920; Bd. III: Lithographien 1852-1860, 1921; Bd. IV: Lithographien 1861-1872, 1922 (zitiert »Daumier«).

Der Maler Daumier, hrsg. von Eduard Fuchs, 1927 (zitiert ebenso).

Gavarni, Lithographien, hrsg. von Eduard Fuchs, 1925 (zitiert »Gavarni«).

Die großen Meister der Erotik. Ein Beitrag zum Problem des Schöpferischen in der Kunst. Malerei und Plastik, 1931 (zitiert ebenso).

Tang-Plastik. Chinesische Grabkeramik des 7. bis 10. Jahrhunderts. (Kultur- und Kunstdokumente. 1), 1924 (zitiert ebenso).

Dachreiter und verwandte chinesische Keramik des 15. bis 18. Jahrhunderts. (Kultur- und Kunstdokumente. 2), 1924 (zitiert ebenso).

Fuchs hat außerdem der Frau, den Juden und dem Weltkrieg als Sujets der Karikatur Sonderwerke gewidmet.

Die Anfänge von Fuchs fallen in die Epoche, da, wie es in der »Neuen Zeit« einmal heißt, »der Stamm der sozialdemokratischen Partei allerorten im organischen Wachstum Ring um Ring« ansetzte.[8] Damit machten sich neue Aufgaben in der Bildungsarbeit der Partei geltend. Je größere Arbeitermassen ihr zuströmten, desto weniger konnte sie sich mit deren bloß politischer und naturwissenschaftlicher Aufklärung, mit einer Vulgarisierung der Mehrwert- und Deszendenztheorie begnügen. Sie mußte ihr Augenmerk darauf richten, auch den historischen Bildungsstoff in ihr Vortragswesen und in das Feuilleton der Parteipresse einzubeziehen. Auf diese Weise stellte sich das Problem der ›Popularisierung der Wissenschaft‹ in seiner ganzen Breite. Es ist nicht gelöst worden. Man konnte auch der Lösung nicht näherkommen, solange man sich das Objekt dieser Bildungsarbeit als ›Publikum‹ statt als Klasse dachte.[9] Wäre die Klasse visiert worden, so hätte die Bildungsarbeit der Partei niemals die enge Fühlung mit den wissenschaftlichen Aufgaben des historischen Materialismus verlieren können. Der historische Stoff wäre, umgepflügt von der marxistischen Dialektik, ein Boden geworden, in dem der Same, den die Gegenwart in ihn warf, hätte aufgehen können. Das geschah nicht. Der Parole ›Arbeit und Bildung‹, unter der die staatsfrommen Vereine von Schultze-Delitzsch die Arbeiterbildung betrieben hatten, stellte die Sozialdemokratie die Parole ›Wissen ist Macht‹ entgegen. Aber sie durchschaute nicht deren Doppelsinn. Sie meinte, das gleiche Wissen, das die Herrschaft der Bourgeoisie über das Proletariat befestige, werde das Proletariat befähigen, von dieser Herrschaft sich zu befreien. In Wirklichkeit war ein Wissen, das

8 A. Max, Zur Frage der Organisation des Proletariats der Intelligenz. In: Die Neue Zeit. XIII. Stuttgart 1895, I, S. 645.

9 Nietzsche schrieb, und zwar schon 1874: »Als letztes ... Resultat ergiebt sich das allgemein beliebte ›Popularisieren‹ ... der Wissenschaft, das heißt das berüchtigte Zuschneiden des Rockes der Wissenschaft auf den Leib des ›gemischten Publikums‹: um uns hier einmal für eine schneidermäßige Thätigkeit auch eines schneidermäßigen Deutschen (sic!) zu befleißigen.« (Friedrich Nietzsche, Unzeitgemäße Betrachtungen. Bd. I. Leipzig 1893, S. 168 [»Vom Nutzen und Nachtheil der Historie für das Leben«].)

ohne Zugang zur Praxis war und das das Proletariat als Klasse über seine Lage nichts lehren konnte, ungefährlich für dessen Unterdrücker. Das galt von dem geisteswissenschaftlichen ganz besonders. Es lag weit von der Ökonomik ab; es blieb von deren Umwälzung unberührt. Man begnügte sich, in seiner Behandlung ›anzuregen‹, ›Abwechslung zu bieten‹, ›zu interessieren‹. Man lockerte die Geschichte auf und erhielt die ›Kulturgeschichte‹. Hier hat das Werk von Fuchs seinen Ort: in der Reaktion auf diese Sachlage hat es seine Größe, in der Teilhabe an ihr seine Problematik. Die Ausrichtung auf die Lesermassen hat sich Fuchs von Anfang an zum Prinzip gemacht.[10]

Nur wenige haben damals erkannt, wieviel von der materialistischen Bildungsarbeit in Wahrheit abhing. Es sind die Hoffnungen und noch mehr die Befürchtungen dieser wenigen, die in einer Debatte zum Ausdruck kommen, deren Spuren sich in der »Neuen Zeit« finden. Die wichtigste unter ihnen ist ein Aufsatz von Korn, betitelt »Proletariat und Klassik«. Er befaßt sich mit dem Begriff des Erbes, der auch heute wieder seine Bedeutung hat. Lassalle sah im deutschen Idealismus, sagt Korn, ein Erbe, das die Arbeiterklasse antrat. Anders als Lassalle aber faßten Marx und Engels die Sache auf. »Nicht ... als ein Erbe leiteten sie den sozialen Vorrang der Arbeiterklasse her, sondern aus ihrer ausschlaggebenden Stellung im Produktionsprozeß selber. Wie braucht auch von Besitz, und sei es vom geistigen Besitz, ... geredet zu werden bei einem Klassenparvenü, wie dem modernen Proletariat, das jeden Tag und jede Stunde durch ... seine den gesamten Kulturapparat immer aufs neue reproduzierende Arbeit sein ›Recht‹ dartut ... So ist für Marx und Engels das Prunkstück des Lassalleschen Bildungsideals, die spekulative Philosophie, kein Tabernakel, ... und immer stärker haben sich beide ... zur Naturwissenschaft hingezogen gefühlt ..., die in der Tat für eine Klasse, deren Idee in ihrem Funktionieren besteht, ebenso die Wissenschaft schlechtweg heißen darf, wie für die herrschende und besitzende Klasse alles Historische die gegebene Form ihrer Ideologie ausmacht ... Tatsächlich vertritt die Historik für das Bewußtsein ebenso die Besitzkategorie,

10 »Der Kulturgeschichtsschreiber, der es mit seiner Aufgabe ernst nimmt, muß stets für die Massen schreiben.« (Erotische Kunst, Bd. II, S. V.)

wie im Ökonomischen das Kapital die Herrschaft über vergangene Arbeit bedeutet.«[11]
Diese Kritik des Historismus hat ihr Gewicht. Ihr Hinweis auf die Naturwissenschaft jedoch – »die Wissenschaft schlechtweg« – gibt den Blick auf die gefährliche Problematik der Bildungsfrage erst gänzlich frei. Das Prestige der Naturwissenschaften hatte seit Bebel die Debatte beherrscht. Sein Hauptwerk, »Die Frau und der Sozialismus«, hat in den dreißig Jahren, die zwischen seinem Erscheinen und dem der Arbeit von Korn vergingen, eine Auflage von 200 000 Exemplaren erreicht. Die Einschätzung der Naturwissenschaften bei Bebel beruht nicht allein auf der rechnerischen Genauigkeit ihrer Ergebnisse, sondern vor allem auf ihrer praktischen Anwendbarkeit.[12] Ähnlich fungieren sie später bei Engels, wenn er den Phänomenalismus von Kant durch den Hinweis auf die Technik zu widerlegen meint, die ja doch durch ihre Erfolge zeige, daß wir die ›Dinge an sich‹ erkennen. Die Naturwissenschaft, die bei Korn als die Wissenschaft schlechtweg auftritt, tut dies also vor allem als Fundament der Technik. Die Technik aber ist offenbar kein rein naturwissenschaftlicher Tatbestand. Sie ist zugleich ein geschichtlicher. Als solcher zwingt sie, die positivistische, undialektische Trennung zu überprüfen, die man zwischen Natur- und Geisteswissenschaften zu etablieren suchte. Die Fragen, die die Menschheit der Natur vorlegt, sind vom Stande ihrer Produktion mitbedingt. Das ist der Punkt, an dem der Positivismus scheitert. Er konnte in der Entwicklung der Technik nur die Fortschritte der Naturwissenschaft, nicht die Rückschritte der Gesellschaft erkennen. Daß diese Entwicklung durch den Kapitalismus entscheidend mitbedingt wurde, übersah er. Und ebenso entging den Positivisten unter den sozialdemokratischen Theoretikern, daß diese Entwicklung den immer dringlicher sich erweisenden Akt, mit dem das Proletariat sich in den Besitz dieser Technik bringen sollte, zu einem immer prekäreren werden ließ. Die

11 Carl Korn, Proletariat und Klassik. In: Die Neue Zeit. XXVI. Stuttgart 1908, II, S. 414/415.

12 Vgl. August Bebel, Die Frau und der Sozialismus. (Die Frau in der Vergangenheit, Gegenwart und Zukunft.) 10. Aufl., Stuttgart 1891, S. 177-79 und S. 333-36 über die Umwälzung der Hauswirtschaft durch die Technik, S. 200/201 über die Frau als Erfinderin.

destruktive Seite dieser Entwicklung verkannten sie, weil sie der destruktiven Seite der Dialektik entfremdet waren.
Eine Prognose war fällig, und sie blieb aus. Das besiegelte einen Verlauf, der für das vergangene Jahrhundert kennzeichnend ist: nämlich die verunglückte Rezeption der Technik. Sie besteht in einer Folge schwungvoller, immer erneuter Anläufe, die samt und sonders den Umstand zu überspringen suchen, daß dieser Gesellschaft die Technik nur zur Erzeugung von Waren dient. Die Saint-Simonisten mit ihrer Industrie-Dichtung stehen am Anfang; es folgt der Realismus eines Du Camp, der in der Lokomotive die Heilige der Zukunft sieht; den Beschluß macht ein Ludwig Pfau: »Es ist ganz unnötig«, schrieb er, »ein Engel zu werden, und die Eisenbahn ist mehr werth als das schönste Paar Flügel!«[13] Dieser Blick auf die Technik fiel aus der »Gartenlaube«. Und man mag sich aus solchem Anlaß fragen, ob die ›Gemütlichkeit‹, deren sich das Bürgertum des Jahrhunderts freute, nicht aus dem dumpfen Behagen stammt, niemals erfahren zu müssen, wie sich die Produktivkräfte unter seinen Händen entwickeln mußten. Diese Erfahrung blieb denn auch wirklich dem Jahrhundert, das folgte, vorbehalten. Es erlebt, wie die Schnelligkeit der Verkehrswerkzeuge, wie die Kapazität der Apparaturen, mit denen man Wort und Schrift vervielfältigt, die Bedürfnisse überflügelt. Die Energien, die die Technik jenseits dieser Schwelle entwickelt, sind zerstörende. Sie fördern in erster Linie die Technik des Kriegs und die seiner publizistischen Vorbereitung. Von dieser Entwicklung, die durchaus eine klassenbedingte gewesen ist, darf man sagen, daß sie sich im Rücken des vorigen Jahrhunderts vollzogen hat. Ihm sind die zerstörenden Energien der Technik noch nicht bewußt gewesen. Das gilt zumal von der Sozialdemokratie der Jahrhundertwende. Wenn sie den Illusionen des Positivismus an dieser oder jener Stelle entgegentrat, so blieb sie im ganzen in ihnen befangen. Die Vergangenheit erschien ihr ein für allemal in die Scheuern der Gegenwart eingebracht; mochte die Zukunft Arbeit in Aussicht stellen, so doch die Gewißheit des Erntesegens.

13 Zitiert von David Bach, John Ruskin. In: Die Neue Zeit. XVIII. Stuttgart 1900, I, S. 728.

III

In dieser Epoche hat sich Eduard Fuchs gebildet, und entscheidende Züge seines Werkes entstammen ihr. Es nimmt, um das formelhaft auszusprechen, an der Problematik teil, die von der Kulturgeschichte untrennbar ist. Diese Problematik verweist auf den zitierten Engelsschen Text zurück. Man könnte glauben, den locus classicus in ihm zu haben, der den historischen Materialismus als Geschichte der Kultur definiert. Muß nicht das der wahre Sinn dieser Stelle sein? Muß nicht das Studium der einzelnen Disziplinen, denen der Schein ihrer Geschlossenheit nun genommen ist, in dem der Kulturgeschichte als demjenigen des Inventars zusammenfließen, das die Menschheit sich bis heute gesichert hat? In Wahrheit würde der dergestalt Fragende an die Stelle der vielen und problematischen Einheiten, die die Geistesgeschichte (als Geschichte der Literatur und Kunst, des Rechts oder der Religion) umfaßt, nur eine neue, problematischste setzen. Die Abgehobenheit, in der die Kulturgeschichte ihre Inhalte präsentiert, ist für den historischen Materialisten eine scheinhafte und von einem falschen Bewußtsein gestiftete.[14] Er steht ihr zurückhaltend gegenüber. Berechtigen zu solcher Zurückhaltung würde ihn die bloße Inspektion des Gewesenen selbst: was er an Kunst und an Wissenschaft überblickt, ist samt und sonders von einer Abkunft, die er nicht ohne Grauen betrachten kann. Es dankt sein Dasein nicht nur der Mühe der großen Genien, die es geschaffen haben, sondern in mehr oder minderem Grade auch der namenlosen Fron ihrer Zeitgenossen.

14 Charakteristischen Ausdruck hat dieses scheinhafte Moment in Alfred Webers Begrüßungsansprache auf dem deutschen Soziologentage von 1912 gefunden. »Erst ... wenn das Leben von seinen Notwendigkeiten und Nützlichkeiten zu einem über diesen stehenden Gebilde geworden ist, erst dann gibt es Kultur.« In diesem Kulturbegriff schlummerten Keime der Barbarei, die sich inzwischen entfaltet haben. Kultur erscheint als etwas »für die Fortexistenz des Lebens Überflüssiges, was wir doch gerade als ... dasjenige, wofür es da ist, fühlen«. Kurz, die Kultur existiert nach Art eines Kunstwerks, »das vielleicht ganze Lebensformen und Lebensgrundsätze in Verwirrung bringt, das zersetzend und zerbrechend wirken kann, und dessen Existenz wir doch als höher fühlen als alles Gesunde und Lebendige, was dadurch zerstört wird«. (Alfred Weber, Der soziologische Kulturbegriff. In: Verhandlungen des Zweiten Deutschen Soziologentages. Schriften der Deutschen Gesellschaft für Soziologie. I. Serie, II. Band. Tübingen 1913, S. 11/12.) Fünfundzwanzig Jahre, nachdem das gesagt wurde, haben Kulturstaaten es als ihre Ehre in Anspruch genommen, solchen Kunstwerken zu gleichen, solche zu sein.

Es ist niemals ein Dokument der Kultur, ohne zugleich ein solches der Barbarei zu sein. Dem Grundsätzlichen dieses Tatbestandes ist noch keine Kulturgeschichte gerecht geworden, und sie kann das auch schwerlich hoffen.
Dennoch liegt nicht hier das Entscheidende. Ist der Begriff der Kultur für den historischen Materialismus ein problematischer, so ist ihr Zerfall in Güter, die der Menschheit ein Objekt des Besitzes würden, ihm eine unvollziehbare Vorstellung. Das Werk der Vergangenheit ist ihm nicht abgeschlossen. Keiner Epoche sieht er es dinghaft, handlich in den Schoß fallen, und an keinem Teil. Als ein Inbegriff von Gebilden, die unabhängig, wenn nicht von dem Produktionsprozeß, in dem sie entstanden, so doch von dem, in welchem sie überdauern, betrachtet werden, trägt der Begriff der Kultur ihm einen fetischistischen Zug. Sie erscheint verdinglicht. Ihre Geschichte wäre nichts als der Bodensatz, den die durch keinerlei echte, d. i. politische Erfahrung im Bewußtsein der Menschen aufgestöberten Denkwürdigkeiten gebildet haben.
Im übrigen kann man nicht außer acht lassen, daß noch keine Geschichtsdarstellung, die auf kulturhistorischer Grundlage unternommen wurde, dieser Problematik entronnen ist. Sie ist handgreiflich in der groß angelegten »Deutschen Geschichte« von Lamprecht, welche die Kritik der »Neuen Zeit« aus begreiflichen Gründen mehr als einmal beschäftigt hat. »Lamprecht«, schreibt Mehring, »ist bekanntlich unter den bürgerlichen Historikern derjenige, der sich am meisten dem historischen Materialismus genähert hat.« Jedoch »Lamprecht ist auf halbem Weg stehen geblieben ... Jeder Begriff einer historischen Methode hört ... auf, wenn Lamprecht die ökonomische und kulturelle Entwicklung nach einer bestimmten Methode behandeln will, die politische Entwicklung derselben Zeit aber aus einigen anderen Historikern kompilirt.«[15] Gewiß ist die Darstellung der Kulturgeschichte auf Basis der pragmatischen Historie ein Widersinn. Tiefer liegt aber der Widersinn einer dialektischen Kulturgeschichte an sich, da das Kontinuum der Geschichte, von der Dialektik gesprengt, an keinem Teil eine weitere Streuung erleidet, als an dem, welchen man Kultur nennt.

15 Franz Mehring, Akademisches. In: Die Neue Zeit. XVI. Stuttgart 1898, I, S. 195/196.

Kurz, nur scheinbar stellt die Kulturgeschichte einen Vorstoß der Einsicht dar, nicht einmal scheinbar einen der Dialektik. Denn es fehlt ihr das destruktive Moment, das das dialektische Denken wie die Erfahrung des Dialektikers als authentische sicherstellt. Sie vermehrt wohl die Last der Schätze, die sich auf dem Rücken der Menschheit häufen. Aber sie gibt ihr die Kraft nicht, diese abzuschütteln, um sie dergestalt in die Hand zu bekommen. Das gleiche gilt von der sozialistischen Bildungsarbeit um die Jahrhundertwende, welche die Kulturgeschichte zum Leitstern hatte.

IV

Der geschichtliche Umriß des Werkes von Fuchs profiliert sich vor diesem Hintergrund. Wo es Bestand und Dauer hat, da ist es einer geistigen Konstellation abgerungen, wie sie widriger selten erschienen ist. Und hier ist es der Sammler Fuchs, der den Theoretiker vieles erfassen lehrte, wozu seine Zeit ihm den Zugang sperrte. Es war der Sammler, der auf Grenzgebiete geriet – das Zerrbild, die pornographische Darstellung –, an denen eine Reihe Schablonen aus der überkommenen Kunstgeschichte früher oder später zuschanden werden. Es ist zunächst zu bemerken, daß Fuchs mit der klassizistischen Kunstauffassung, deren Spur auch bei Marx noch erkennbar ist, auf der ganzen Linie gebrochen hat. Die Begriffe, in denen das Bürgertum diese Kunstauffassung entwickelt hatte, sind bei Fuchs nicht mehr im Spiele: nicht der schöne Schein, nicht die Harmonie, nicht die Einheit des Mannigfaltigen. Und die gleiche robuste Selbstbehauptung des Sammlers, die den Autor den klassizistischen Theorien entfremdet hat, macht sich bisweilen, drastisch und brüsk, der Antike selbst gegenüber geltend. Im Jahre 1908 prophezeit er, gestützt auf das Werk der Rodin und Slevogt, eine neue Schönheit, »die in ihren schließlichen Resultaten noch unendlich größer zu werden verspricht als die der Antike. Denn wo diese nur höchste animalische Form war, wird die neue Schönheit ausgefüllt sein mit einem grandiosen geistig-seelischen Inhalt.«[16]

16 Erotische Kunst, Bd. I, S. 125. – Die stete Bezugnahme auf die zeitgenössische Kunst gehört zu den wichtigsten Impulsen des Sammlers Fuchs. Auch sie kommt

Kurz, die Wertordnung, die bei Winckelmann oder Goethe einst die Kunstbetrachtung bestimmte, hat bei Fuchs jeden Einfluß verloren. Freilich wäre es irrig, darum zu meinen, daß so die idealistische Kunstbetrachtung selber aus den Angeln gehoben sei. Das kann früher der Fall nicht sein als die disiecta membra, welche der Idealismus als ›geschichtliche Darstellung‹ einerseits und als ›Würdigung‹ andererseits in der Hand hält, eines geworden und als solche überholt worden sind. Das zu leisten, bleibt einer Geschichtswissenschaft vorbehalten, deren Gegenstand nicht von einem Knäuel purer Tatsächlichkeiten, sondern von der gezählten Gruppe von Fäden gebildet wird, die den Einschuß einer Vergangenheit in die Textur der Gegenwart darstellen. (Man würde fehlgehen, diesen Einschuß mit dem bloßen Kausalnexus gleichzusetzen. Er ist vielmehr ein durchaus dialektischer, und jahrhundertelang können Fäden verloren gewesen sein, die der aktuale Geschichtsverlauf sprunghaft und unscheinbar wieder aufgreift.) Der geschichtliche Gegenstand, der der puren Faktizität enthoben ist, bedarf keiner ›Würdigung‹. Denn er bietet nicht vage Analogien zur Aktualität, sondern konstituiert sich in der präzisen dialektischen Aufgabe, die ihr zu lösen obliegt. Darauf ist es in der Tat abgesehen. Wenn an nichts anderem, so wäre dies an dem pathetischen Zuge fühlbar, der den Text oft dem Vortrag nähert. Doch ist andererseits daran kenntlich, daß nicht weniges in der Absicht und im Anlauf befangen blieb. Das grundsätzlich Neue der Intention kommt zu ungebrochenem Ausdruck vor allem da, wo ihr der stoffliche Vorwurf entgegenkommt. Das geschieht in der Deutung des Ikonographischen, in der Betrachtung der Massenkunst, in dem Studium der Reproduktionstechnik. Diese Teile des Fuchsschen Werkes sind bahnbrechend. Sie sind Bestandteile einer

ihm teilweise von den großen Schöpfungen der Vergangenheit. Seine unvergleichliche Kenntnis der älteren Karikatur erschließt Fuchs früh die Arbeiten eines Toulouse-Lautrec, eines Heartfield und eines George Grosz. Seine Passion für Daumier führt ihn zu Slevogts Werk, dessen Don Quichote-Konzeption ihm als die einzige vor Augen schwebt, die sich neben Daumier halten kann. Seine Studien über Keramik geben ihm alle Autorität, einen Emil Pottner zu fördern. Sein Leben lang hat Fuchs mit bildenden Künstlern in freundschaftlichem Verkehr gestanden. Es ist daher nicht verwunderlich, daß seine Art, Kunstwerke anzusprechen, oft mehr die des Künstlers als des Historikers ist.

jeden künftigen materialistischen Betrachtung von Kunstwerken.

Den drei genannten Motiven ist eines gemeinsam: sie enthalten eine Anweisung auf Erkenntnisse, die sich an der hergebrachten Kunstauffassung nicht anders erweisen können als destruktiv. Die Befassung mit der Reproduktionstechnik erschließt, wie kaum eine andere Forschungsrichtung, die entscheidende Bedeutung der Rezeption; sie gestattet damit, den Prozeß der Verdinglichung, der am Kunstwerk statthat, in gewissen Grenzen zu korrigieren. Die Betrachtung der Massenkunst führt zur Revision des Geniebegriffs; sie legt nahe, über der Inspiration, die am Werden des Kunstwerks teilhat, die Faktur nicht zu übersehen, die allein ihr gestattet, fruchtbar zu werden. Endlich erweist sich die ikonographische Auslegung nicht allein unentbehrlich für das Studium der Rezeption und der Massenkunst; sie verwehrt vor allem die Übergriffe, zu denen jeder Formalismus alsbald verführt.[17]

Fuchs hat sich mit dem Formalismus befassen müssen. Wölfflins Lehre war im Aufstieg zur gleichen Zeit als Fuchs die Fundamente seines Werks gründete. In seinem »Individuellen Problem« knüpft er an einen Grundsatz aus der »Klassischen Kunst« Wölfflins an. Dieser Grundsatz lautet: »So sind Quattrocento und Cinquecento als Stilbegriffe mit einer stofflichen Charakteristik nicht zu erledigen. Das Phänomen ... weist auf eine Entwicklung des künstlerischen Sehens, die von einer besonderen Gesinnung und von einem besonderen Schönheitsideal im wesentlichen unabhängig ist.«[18] Gewiß kann diese Formulierung dem historischen Materialisten Anstoß bieten. Aber sie enthält doch auch Förderliches; denn gerade er ist nicht so sehr daran interessiert, die Veränderung des künstlerischen Sehens auf ein gewandeltes Schönheitsideal als auf elementarere Prozesse zurückzuführen – Prozesse, wie sie durch ökonomische und technische Wandlungen in der Produktion angebahnt werden. Was den gegebenen Fall betrifft, so würde der schwerlich leer ausgehen,

17 Der Meister ikonographischer Interpretation dürfte Emile Mâle sein. Seine Untersuchungen beschränken sich auf die Plastik der französischen Kathedralen des 12. bis 15. Jahrhunderts und überschneiden sich demnach nicht mit denen von Fuchs.

18 Heinrich Wölfflin, Die klassische Kunst. Eine Einführung in die italienische Renaissance. München 1899, S. 275.

der sich mit der Frage befassen wollte, welche wirtschaftlich bedingten Veränderungen im Wohnbau die Renaissance mit sich brachte und welche Rolle die Renaissancemalerei als Prospekt der neuen Architektur und als Illustration des durch sie ermöglichten Auftretens denn gespielt habe.[19] Freilich streift Wölfflin diese Frage nur flüchtig. Wenn aber Fuchs gegen ihn geltend macht: »Gerade diese formalen Momente ... sind es, die sich nirgends anders her erklären lassen als aus der veränderten Stimmung der Zeit«[20], so weist das doch in erster Linie auf die erwähnte Bedenklichkeit von kulturhistorischen Kategorien hin.
Es ergibt sich an mehr als einer Stelle, daß Polemik, auch Diskussion, auf dem Wege des Schriftstellers Fuchs nicht liegt. Die eristische Dialektik, die nach Hegels Definition »in die Kraft des Gegners eingeht, um ihn von innen her zu vernichten«, ist, so streitbar Fuchs erscheint, in seinem Arsenal nicht zu finden. Bei den Forschern, die auf Marx und Engels folgten, ließ die destruktive Kraft des Gedankens nach, der nun nicht mehr das Jahrhundert in die Schranken zu fordern wagte. Schon bei Mehring hat sich ihr Tonus in der Fülle der Scharmützel herabgestimmt. Immerhin leistete er mit der »Lessing-Legende« Erhebliches. Er zeigte, welcher Heerbann politischer, aber auch wissenschaftlicher und theoretischer Energien in den großen Werken der Klassik aufgebracht worden war. Er bekräftigte so seine Abneigung gegen den belletristischen Schlendrian seiner Zeitgenossen. Er kam zu der männlichen Erkenntnis, die Kunst habe ihre Wiedergeburt erst von dem ökonomisch-politischen Siege des Proletariats zu erwarten. Und zu der unbestechlichen: »In seinen Befreiungskampf vermag sie nicht tief einzu-

19 Die ältere Tafelmalerei gab dem Menschen als Quartier nicht mehr als ein Schilderhäuschen. Die Maler der Frührenaissance haben zum ersten Mal Innenräume ins Bild gesetzt, in denen die dargestellten Figuren Spielraum haben. Das machte die Erfindung der Perspektive durch Uccello den Zeitgenossen und ihm selber so überwältigend. Die Malerei, die von nun ab ihre Schöpfungen mehr als vordem den Wohnenden (statt wie einstmals den Betenden) widmete, gab ihnen Vorlagen ihres Wohnens, wurde nicht müde, Perspektiven der Villa vor ihnen aufzustellen. Die Hochrenaissance, sehr viel sparsamer in der Darstellung des eigentlichen Interieurs, baute doch auf diesen Grund auf. »Das Cinquecento hat ein besonders starkes Gefühl für die Relation zwischen Mensch und Bauwerk, für die Resonanz eines schönen Raumes. Es kann sich fast keine Existenz denken ohne architektonische Fassung und Fundamentierung.« (Wölfflin, a. a. O., S. 227.)
20 Erotische Kunst, Bd. II, S. 20.

greifen.«[21] Die Entwicklung der Kunst hat ihm Recht gegeben. Seine Erkenntnisse verwiesen Mehring mit verdoppeltem Nachdruck auf das Studium der Wissenschaft. Er erwarb in ihm die Solidität und Strenge, die ihn gegen den Revisionismus gefeit machten. So formten sich in seinem Charakterbild Züge, die im besten Sinn bürgerliche zu nennen, doch weit entfernt sind, den Dialektiker zu gewährleisten. Sie begegnen bei Fuchs nicht minder. Und vielleicht stechen sie bei ihm mehr hervor, weil sie einer expansiveren und sensualistischer gearteten Veranlagung einverleibt sind. Wie dem auch sei – man könnte sich sein Portrait wohl in eine Galerie bürgerlicher Gelehrtenköpfe versetzt denken. Als Nachbarn mag man ihm Georg Brandes geben, mit dem er den rationalistischen Furor, die Leidenschaft teilt, über weite geschichtliche Räume mit der Fackel des Ideals (des Fortschritts, der Wissenschaft, der Vernunft) Licht zu verbreiten. Auf der anderen Seite mag man sich Adolf Bastian, den Ethnologen denken. An ihn erinnert Fuchs vor allem in seinem unersättlichen Materialhunger. Und wie Bastian zu legendärem Ruf durch seine Bereitschaft gekommen war, jederzeit, wenn es eine Frage zu klären galt, mit dem Handköfferchen aufzubrechen und eine Expedition anzutreten, die ihn monatelang von der Heimat fernhielt, so war auch Fuchs jederzeit den Impulsen hörig, die ihn auf die Suche nach neuen Belegen trieben. Beider Werke werden unerschöpfliche Fundgruben für die Forschung bleiben.

V

Es muß für den Psychologen eine bedeutsame Frage sein, wie ein Enthusiast, eine dem Positiven zugekehrte Natur, zur Passion für die Karikatur gelangen kann. Er beantworte sie nach Gefallen – der Tatbestand läßt, was Fuchs angeht, keinen Zweifel zu. Von vornherein unterscheidet sein Kunstinteresse sich von dem, was man wohl ›Freude am Schönen‹ nennt. Von vornherein ist die Wahrheit ins Spiel gemischt. Fuchs wird nicht müde, den Quellenwert, die Autorität der Karikatur zu be-

21 Franz Mehring, Geschichte der deutschen Sozialdemokratie, Zweiter Teil: Von Lassalles Offenem Antwortschreiben bis zum Erfurter Programm. (Geschichte des Sozialismus in Einzeldarstellungen. III, 2.) Stuttgart 1898, S. 546.

tonen. »Die Wahrheit liegt im Extrem«, formuliert er gelegentlich. Er geht weiter: die Karikatur ist ihm »gewissermaßen die Form ..., von der alle objektive Kunst ausgeht. Ein einziger Blick in die ethnographischen Museen belegt diesen Satz.«[22] Wenn Fuchs die prähistorischen Völker, die Kinderzeichnung heranzieht, so tritt vielleicht der Begriff der Karikatur in einen problematischen Zusammenhang – desto ursprünglicher bekundet sich das vehemente Interesse, das er den drastischen Gehalten des Kunstwerks, mögen sie inhaltlicher[23] oder formaler Art sein, entgegenbringt. Dieses Interesse durchzieht sein Werk in der ganzen Breite. Noch in der späten »Tang-Plastik« lesen wir: »Das Groteske ist die höchste Steigerung des Sinnlich-Vorstellbaren ... In diesem Sinne sind die grotesken Gebilde zugleich der Ausdruck der strotzenden Gesundheit einer Zeit ... Gewiß darf nicht bestritten werden, daß es hinsichtlich der Triebkräfte des Grotesken auch einen krassen Gegenpol gibt. Auch dekadente Zeiten und kranke Gehirne neigen zu grotesken Gestaltungen. In solchen Fällen ist das Groteske das erschütternde Widerspiel der Tatsache, daß den betreffenden Zeiten und Individuen die Welt- und Daseinsprobleme unlösbar erscheinen ... Welche von diesen beiden Tendenzen hinter einer grotesken Phantasie als schöpferische Antriebskraft steht, ist auf den ersten Blick erkenntlich.«[24]

Die Stelle ist instruktiv. Es kommt in ihr besonders deutlich zum Vorschein, worauf die Wirkung ins Breite, die besondere Popularität der Werke von Fuchs beruht. Das ist die Gabe, die Grundbegriffe, in denen seine Darstellung sich bewegt, alsbald mit Wertungen zu legieren. Das geschieht oft auf massive Art.[25] Zudem sind diese Wertungen stets extrem. Sie treten polar auf

22 Karikatur, Bd. I, S. 4.

23 Vgl. die schöne Bemerkung zu den Daumierschen Figuren von Proletarierinnen: »Wer solche Stoffe als bloße Bewegungsmotive ansieht, beweist, daß ihm die letzten Triebkräfte, die wirksam werden müssen, um erschütternde Kunst zu gestalten, ein versiegeltes Buch sind ... Gerade deshalb, ... weil es sich in diesen Bildern um etwas ganz anderes als um ... ›Bewegungsmotive‹ handelt, werden diese Werke ewig leben als ... erschütternde Denkmäler der Knechtung des mütterlichen Weibes im neunzehnten Jahrhundert.« (Der Maler Daumier, S. 28.)

24 Tang-Plastik, S. 44.

25 Vgl. die These über die erotische Wirkung des Kunstwerks: »Je intensiver diese Wirkung ist, um so größer ist die künstlerische Qualität.« (Erotische Kunst, Bd. I, S. 68.)

und polarisieren derart den Begriff, mit dem sie verschmolzen sind. So in der Darstellung des Grotesken, so in der der erotischen Karikatur. In den Zeiten des Niederganges ist sie »Schmutz« und »kitzelnde Pikanterie«, in den Zeiten des Aufstiegs »Ausdruck überschäumender Lust und strotzender Kraft«[26]. Bald sind es die Wertbegriffe der Blütezeit und des Niederganges, bald die des Gesunden und Kranken, die Fuchs heranzieht. Grenzfällen, an denen sich ihre Problematik erweisen könnte, geht er aus dem Wege. Mit Vorliebe hält er sich an das »ganz Große«, das das Vorrecht hat, »dem Hinreißenden im Einfachsten« Raum zu geben.[27] Gebrochene Kunstepochen, wie das Barock, würdigt er wenig. Die große Zeit ist auch ihm noch die Renaissance. Hier behält sein Kultus des Schöpfertums über seine Abneigung gegen die Klassik die Oberhand.

Der Begriff des Schöpferischen hat bei Fuchs einen starken Einschlag ins Biologische. Und während das Genie mit Attributen auftritt, die bisweilen das Priapische streifen, erscheinen Künstler, von denen der Autor sich distanziert, gern geschmälert in ihrer Männlichkeit. Es trägt den Stempel solcher biologistischen Anschauungsweise, wenn Fuchs sein Urteil über die Greco, Murillo, Ribera in der Konstatierung zusammenfaßt: »Alle drei wurden speziell deshalb die klassischen Vertreter des Barockgeistes, weil jeder in seiner Art zugleich ein ›verkorkster‹ Erotiker ist.«[28] Man darf nicht aus dem Auge verlieren, daß Fuchs seine Grundbegriffe in einer Epoche entwickelte, der die ›Pathographie‹ den letzten Standard der Kunstpsychologie, Lombroso und Möbius Autoritäten vorstellten. Und der Geniebegriff, der durch die einflußreiche »Kultur der Renaissance« von Burckhardt zur gleichen Zeit mit reichem Anschauungsmaterial erfüllt wurde, nährte aus anderen Quellen die gleiche weitverbreitete Überzeugung, Schöpfertum sei vor allem anderen eine Manifestation überschäumender Kraft. Verwandte Tendenzen waren es, die Fuchs später zu Konzeptionen führten, die der Psychoanalyse verwandt sind; er hat sie als erster für die Kunstwissenschaft fruchtbar gemacht.

Das Eruptive, Unmittelbare, das dem künstlerischen Schaffen

26 Karikatur, Bd. I, S. 23.

27 Dachreiter, S. 39.

28 Die großen Meister der Erotik, S. 115.

nach dieser Anschauung das Gepräge gibt, beherrscht für Fuchs nicht minder das Auffassen von Werken der Kunst. So ist es oft nicht mehr als ein Sprung, der bei ihm zwischen Apperzeption und Urteil liegt. In der Tat ist der ›Eindruck‹ ihm nicht nur der selbstverständliche Anstoß, den der Betrachter vom Werk erfährt, sondern Kategorie der Betrachtung selbst. Wenn Fuchs beispielsweise seine kritische Reserve gegen den artistischen Formalismus der Ming-Epoche zu erkennen gibt, so faßt er das dahin zusammen, daß deren Werke »schließlich und endlich ... nicht mehr, sondern sehr oft nicht einmal dasselbe an Eindruck ... erreichen, was z. B. die Tang-Periode mit ... ihrer großen Linie erreicht hat«[29]. Derart kommt der Schriftsteller Fuchs zu dem besonderen und apodiktischen, um nicht zu sagen dem rustikalen Stil, dessen Prägung er meisterhaft formuliert, wenn er in der »Geschichte der Erotischen Kunst« erklärt: »Vom richtigen Erfühlen bis zum richtigen und restlosen Entziffern der in einem Kunstwerk wirkenden Kräfte ist immer nur ein einziger Schritt.«[30] Nicht jedem ist dieser Stil erreichbar; Fuchs hat seinen Preis für ihn zahlen müssen. Um den Preis mit einem Wort anzudeuten: die Gabe, Staunen zu erregen, ist dem Schriftsteller versagt geblieben. Kein Zweifel, daß dieser Ausfall ihm fühlbar gewesen ist. Er sucht ihn aufs mannigfachste zu kompensieren und spricht von nichts lieber als von Geheimnissen, denen er in der Psychologie des Schaffens nachgeht, als von Rätseln des Geschichtsverlaufes, die ihre Lösung im Materialismus finden. Aber der Drang nach unmittelbarster Bewältigung der Tatbestände, der schon seine Konzeption des Schaffens bestimmt und die der Rezeption ebenso, setzt sich schließlich auch in der Analyse durch. ›Notwendig‹ erscheint der Verlauf der Kunstgeschichte, ›organisch‹ erscheinen die Stilcharaktere, ›logisch‹ erscheinen noch die befremdlichsten Kunstgebilde. Sie werden es seltener im Laufe der Analyse als sie es, dem Eindruck nach, schon zuvor waren, wie jene Fabelwesen der Tang-Epoche, die mit ihren Flammenflügeln und Hörnern »absolut logisch«, »organisch« wirken. »Logisch wirken selbst die riesigen Elefantenohren; logisch ist auch stets die Haltung ... Es handelt sich nie

29 Dachreiter, S. 40.
30 Erotische Kunst, Bd. II, S. 186.

bloß um konstruierte Begriffe, sondern stets um die zur lebenatmenden Form gewordene Idee.«[31]

31 Tang-Plastik, S. 30/31. – Problematisch wird diese intuitive, unmittelbare Anschauungsweise dann, wenn sie den Tatbestand einer materialistischen Analyse erfüllen will. Es ist bekannt, daß Marx sich nirgends eingehender darüber ausgelassen hat, wie man sich das Verhältnis des Überbaus zum Unterbau im einzelnen zu denken habe. Feststeht nur, daß er eine Folge von Vermittlungen, gleichsam Transmissionen, im Auge hatte, die sich zwischen die materiellen Produktionsverhältnisse und die entfernteren Domänen des Überbaus, zu denen die Kunst zählt, einschalten. So auch Plechanow: »Wenn die Kunst, die von den höheren Klassen geschaffen wird, in keiner direkten Beziehung zu dem Produktionsprozeß steht, so ist dies in letzter Linie ... aus ökonomischen Ursachen zu erklären. Die materialistische Geschichtserklärung ist ... auch für diesen Fall anwendbar; es ist jedoch selbstverständlich, daß der unzweifelhafte kausale Zusammenhang zwischen Sein und Bewußtsein, zwischen sozialen Verhältnissen, welche die ›Arbeit‹ als Grundlage haben, einerseits und der Kunst andererseits in diesem Falle nicht so leicht zutage tritt. Hier entstehen ... einige Zwischenstationen.« (Georgi Plechanow, Das französische Drama und die französische Malerei im achtzehnten Jahrhundert vom Standpunkt der materialistischen Geschichtsauffassung. In: Die Neue Zeit. XXIX. Stuttgart 1911, I, S. 543/544.) Soviel ist deutlich, daß die klassische Geschichtsdialektik von Marx hier kausale Abhängigkeiten für gegeben erachtet. In der späteren Praxis ist man laxer vorgegangen und hat sich oft mit Analogien begnügt. Möglich, daß das mit dem Anspruch zusammenhing, die bürgerlichen Literatur- und Kunstgeschichten durch nicht minder großangelegte materialistische zu ersetzen. Dieser Anspruch gehört zur Signatur der Epoche; er ist von wilhelminischem Geist getragen. Er hat auch von Fuchs seinen Tribut gefordert. Ein Lieblingsgedanke des Autors, der in vielen Varianten zum Ausdruck kommt, statuiert realistische Kunstepochen für Handelsstaaten. So für das Holland des siebzehnten wie für das China des achten und neunten Jahrhunderts. Ausgehend von der Analyse der chinesischen Gartenwirtschaft, an der viele Züge des Kaiserreiches erläutert werden, wendet sich Fuchs der neuen Plastik zu, die unter der Herrschaft der Tang entsteht. Die monumentale Erstarrung des Han-Stiles lockert sich; das Interesse der anonymen Meister, die die Töpferarbeiten bildeten, gilt von nun an der Bewegung bei Mensch und Tier. »Die Zeit«, führt Fuchs aus, »ist in jenen Jahrhunderten in China aus ihrer großen Ruhe erwacht ..., denn Handel bedeutet stets gesteigertes Leben und Bewegung. Also mußte in erster Linie Leben und Bewegung in die Kunst der Tang-Zeit kommen ... Und dieses Merkmal ist auch das erste, das einem in die Augen springt. Während zum Beispiel die Tiere der Han-Periode immer noch schwer und wuchtig in ihrem ganzen Habitus sind ..., ist bei denen der Tang-Zeit ... alles Lebendigkeit, jedes Glied in Bewegung.« (Tang-Plastik, S. 41/42.) Diese Betrachtungsweise beruht auf bloßer Analogie – Bewegung im Handel wie in der Plastik – und man könnte sie geradezu nominalistisch nennen. In der Analogie bleibt ebenfalls der Versuch, die Aufnahme der Antike in der Renaissance durchsichtig zu machen, befangen. »Die wirtschaftliche Basis war in beiden Epochen dieselbe, nur daß sie sich in der Renaissance auf einer höheren Stufenleiter der Entwicklung befand. Beide basierten auf dem Warenhandel.« (Erotische Kunst, Bd. I, S. 42.) Am Ende erscheint der Handel selbst als Subjekt der Kunstübung, und es heißt: »Der Handel muß mit den gegebenen Größen rechnen, und er kann nur kon-

Hier kommen Vorstellungsreihen zur Geltung, die mit den sozialdemokratischen Lehren der Epoche aufs engste zusammenhängen. Es ist bekannt, wie tief die Wirkung des Darwinismus auf die Entwicklung der sozialistischen Geschichtsauffassung gewesen ist. In der Zeit der Verfolgung durch Bismarck kam diese Wirkung der ungebrochenen Zuversicht der Partei und der Entschiedenheit ihres Kampfes zugute. Später, im Revisionismus, bürdete die evolutionistische Geschichtsbetrachtung um so mehr der ›Entwicklung‹ auf, je weniger die Partei das Errungene im Einsatz gegen den Kapitalismus aufs Spiel setzen wollte. Die Geschichte nahm deterministische Züge an; der Sieg der Partei ›konnte nicht ausbleiben‹. Fuchs hat dem Revisionismus stets ferngestanden; sein politischer Instinkt, sein martialisches Naturell führten ihn auf den linken Flügel. Als Theoretiker aber hat er sich jenen Einflüssen nicht entziehen können. Man spürt sie überall am Werk. Damals führte ein Mann wie Ferri nicht nur die Prinzipien, sondern auch die Taktik der Sozialdemokratie auf Naturgesetze zurück. Für die anarchistischen Abweichungen machte er mangelnde Kenntnisse in der Geologie und Biologie haftbar. Gewiß haben Führer wie Kautsky sich mit solchen Abweichungen auseinandergesetzt.[32] Dennoch fanden viele ihr Genüge an Thesen, die die geschichtlichen Vorgänge nach ›physiologischen‹ und ›pathologischen‹ sonderten oder aber den naturwissenschaftlichen Materialismus in den Händen des Proletariats ›selbsttätig‹ zum historischen erhoben zu sehen

krete, nachprüfbare Größen in Rechnung stellen. So muß er der Welt und den Dingen gegenübertreten, wenn er sie wirtschaftlich bewältigen will. Also ist auch seine künstlerische Anschauung von den Dingen eine in jeder Hinsicht reale.« (Tang-Plastik, S. 42.) Man mag davon absehen, daß in der Kunst eine ›in jeder Hinsicht reale‹ Darstellung nicht zu finden ist. Grundsätzlich wäre zu sagen, daß ein Zusammenhang, der in genau gleicher Weise für die Kunst von Altchina und von Altholland Geltung beansprucht, problematisch erscheint. Er besteht in der Tat so nicht; es genügt ein Blick auf die Republik Venedig. Sie blühte durch ihren Handel; die Kunst Palma Vecchios, Tizians oder Veroneses war dennoch schwerlich eine ›in jeder Hinsicht‹ realistische. Der Aspekt des Lebens, der uns in ihr entgegentritt, ist allein der repräsentative und festliche. Auf der andern Seite erfordert das Erwerbsleben auf allen seinen Entwicklungsstufen einen beträchtlichen Sinn für die Realität. Der Materialist kann daraus auf die Stilgebarung keinerlei Schlüsse ziehen.

32 Karl Kautsky, Darwinismus und Marxismus. In: Die Neue Zeit. XIII. Stuttgart 1895, I, S. 709/710.

meinten.[33] Ähnlich stellt sich für Fuchs der Fortschritt der menschlichen Gesellschaft als ein Prozeß dar, der sich »ebensowenig eindämmen läßt, wie man einen Gletscher in seinem steten Vorwärtsdrängen aufhalten kann«[34]. Die deterministische Auffassung paart sich demnach mit einem handfesten Optimismus. Nun wird auf die Dauer ohne Zuversicht keine Klasse mit Erfolg politisch eingreifen können. Aber es macht einen Unterschied, ob der Optimismus der Aktionskraft der Klasse gilt oder den Verhältnissen, unter denen sie operiert. Die Sozialdemokratie neigte dem zweiten, fragwürdigen Optimismus zu. Die Perspektive auf die beginnende Barbarei, die einem Engels in der »Lage der arbeitenden Klasse in England«, einem Marx in der Prognose der kapitalistischen Entwicklung aufgeblitzt war und heute selbst dem mittelmäßigen Staatsmann geläufig ist, war den Epigonen der Jahrhundertwende verbaut. Als Condorcet die Lehre vom Fortschritt verbreitet hatte, da hatte das Bürgertum vor dem Machtantritt gestanden; anders stand ein Jahrhundert später das Proletariat. Ihm konnte sie Illusionen erwecken. Diese bilden in der Tat noch den Hintergrund, in den die Geschichte der Kunst bei Fuchs hin und wieder den Ausblick freigibt: »Die Kunst von heute«, so meint er, »hat uns hundert Erfüllungen gebracht, die in den verschiedensten Richtungen weit über das hinausführen, was die Renaissancekunst erreicht hat, und die Kunst der Zukunft muß wiederum unbedingt das Höhere bedeuten.«[35]

VI

Das Pathos, das die Geschichtsauffassung von Fuchs durchzieht, ist das demokratische Pathos von 1830. Dessen Echo ist der Redner Victor Hugo gewesen. Das Echo des Echos sind jene Bücher, in denen Hugo als Redner zur Nachwelt spricht. Die Geschichtsauffassung von Fuchs ist die von Hugo im »William Shakespeare« gefeierte: »Der Fortschritt ist der Schritt Gottes

33 H. Laufenberg, Dogma und Klassenkampf. In: Die Neue Zeit. XXVII. Stuttgart 1909, I, S. 574. – Der Begriff der Selbsttätigkeit ist hier traurig herabgekommen. Seine große Zeit liegt im achtzehnten Jahrhundert, als der Ausgleich der Märkte begann. Damals feierte er seinen Triumph ebensowohl bei Kant, in Gestalt der Spontaneität, wie in der Technik, in Gestalt der Automaten.

34 Karikatur, Bd. I, S. 312.

35 Erotische Kunst, Bd. I, S. 3.

selbst.« Und das allgemeine Stimmrecht erscheint als die Weltenuhr, nach der das Tempo dieser Schritte bemessen wird. »Qui vote règne«, hat Victor Hugo geschrieben, und er hat damit die Tafeln des demokratischen Optimismus aufgerichtet. Dieser Optimismus hat noch spät sonderbare Träumereien gezeitigt. Eine von ihnen gaukelte vor, daß »alle geistigen Arbeiter, somit auch materiell wie sozial sehr hoch gestellte Personen als Proletarier« zu betrachten seien. Denn es sei »eine nicht zu leugnende Thatsache, daß von dem in goldstrotzender Uniform sich blähenden Hofrath bis herab zum abgehetzten Lohnarbeiter, alle, die für Geld ihre Dienste anbieten, ... wehrlose Opfer des Kapitalismus sind«[36]. Die Tafeln, die Victor Hugo aufgerichtet hatte, stehen noch über dem Werk von Fuchs. Übrigens bleibt Fuchs in der demokratischen Tradition, wenn er mit besonderer Liebe an Frankreich hängt: an dem Boden dreier großer Revolutionen, an der Heimat der Exilierten, an dem Ursprung des utopischen Sozialismus, an dem Vaterland der Tyrannenhasser Quinet und Michelet, an der Erde, in der die Kommunarden liegen. So lebte das Bild von Frankreich in Marx und Engels, so ist es auf Mehring gekommen, und so, als »die Avantgarde der Kultur und der Freiheit«[37], ist das Land auch noch Fuchs erschienen. Er vergleicht den geflügelten Spott der Franzosen mit dem schwerfälligen der Deutschen; er vergleicht Heine mit den daheim Verbliebenen; er vergleicht den deutschen Naturalismus mit den satirischen Romanen von France. Und er ist auf diese Weise, wie Mehring, zu stichhaltigen Prognosen geleitet worden, ganz besonders im Falle von Gerhart Hauptmann.[38]

Frankreich ist eine Heimat auch für den Sammler Fuchs. Der Figur des Sammlers, die dem Betrachtenden je länger desto

36 A. Max, Zur Frage der Organisation des Proletariats der Intelligenz, a. a. O., S. 652.

37 Karikatur, Bd. II, S. 238.

38 Mehring hat den Prozeß, den »Die Weber« zur Folge hatten, in der »Neuen Zeit« kommentiert. Teile des Plädoyers des Verteidigers haben die Aktualität zurückgewonnen, die sie 1893 besessen haben. »Er müsse«, so führte der Anwalt aus, »geltend machen, daß den angezogenen, scheinbar revolutionären Stellen andere von abwiegelndem, besänftigendem Charakter entgegenständen. Der Dichter stehe auch gar nicht auf Seiten des Aufruhrs, er lasse vielmehr die Ordnung durch das Eingreifen einer handvoll Soldaten siegen.« (Franz Mehring, Entweder-Oder. In: Die Neue Zeit. XI. Stuttgart 1893, I, S. 780.)

anziehender erscheint, ist bisher das ihre nicht oft geworden. Man sollte meinen, den romantischen Geschichtenerzählern hätte niemand verlockender sich bieten können als sie. Aber man sucht diesen von gefährlichen, wenn auch domestizierten Passionen bewegten Typ umsonst unter den Figurinen eines Hoffmann, Quincey oder Nerval. Romantisch sind die Figuren des Reisenden, des Flaneurs, des Spielers, des Virtuosen. Die des Sammlers findet sich nicht. Und man sucht sie vergeblich in den »Physiologien«, die sonst vom Camelot zum Salonlöwen keine Figur des Pariser Panoptikums unter Louis Philippe sich haben entgehen lassen. Desto bedeutsamer ist die Stelle, die der Sammler bei Balzac einnimmt. Balzac hat ihm ein Denkmal gesetzt, das ganz und gar nicht im romantischen Sinne behandelt ist. Er ist der Romantik von jeher fremd gewesen. Auch gibt es wenige Stücke in seinem Werk, in denen die antiromantische Position sich so überraschend ihr Recht verschafft wie in der Skizze des »Cousin Pons«. Dies ist vor allem kennzeichnend: so genau wir mit den Beständen der Sammlung, für die Pons lebt, bekannt werden, so wenig erfahren wir von der Geschichte ihres Erwerbs. Es gibt keine Stelle im »Cousin Pons«, die man mit den Seiten vergleichen könnte, auf denen die Goncourts in ihren Tagebüchern die Bergung eines seltenen Fundes mit atemraubender Spannung schildern. Balzac stellt nicht den Jäger in den Jagdgründen des Inventars dar, als den man jeden Sammler betrachten kann. Das Hochgefühl, von dem alle Fibern seines Pons, seines Elie Magus zittern, ist der Stolz – Stolz auf die unvergleichlichen Schätze, die sie mit nimmermüder Besorgnis hüten. Balzac legt allen Akzent auf die Darstellung des ›Besitzenden‹, und das Wort ›Millionär‹ läuft ihm als Synonym für das Wort ›Sammler‹ unter. Er spricht von Paris. »Man kann da oft«, heißt es, »einem Pons, einem Elie Magus begegnen, die sehr dürftig gekleidet sind ... Sie sehen aus, als wenn sie auf nichts hielten und sich um nichts kümmerten; sie achten weder auf die Frauen noch auf die Auslagen. Sie gehen wie im Traum vor sich hin, ihre Taschen sind leer, ihr Blick ist gedankenlos, und man fragt sich, zu welcher Sorte von Parisern sie eigentlich gehören. – Diese Leute sind Millionäre. Sammler sind es; die leidenschaftlichsten Menschen, die es auf der Welt gibt.«[39]

39 Honoré de Balzac, Le Cousin Pons. Paris 1925, S. 162.

Der Gestalt von Fuchs, ihrer Aktivität und Fülle, kommt das Bild, das Balzac vom Sammler entworfen hat, näher als das, welches man von einem Romantiker zu gewärtigen gehabt hätte. Ja man darf, auf den Lebensnerv des Mannes verweisend, sagen: Fuchs als Sammler ist echt balzacisch; er ist eine Balzacsche Figur, die über die Konzeption des Dichters hinausgewachsen ist. Was läge mehr in der Linie dieser Konzeption als ein Sammler, dessen Stolz, dessen Expansivität ihn dahin führt, daß er, um nur vor aller Augen mit seinen Sammlungen zu erscheinen, diese in Reproduktionswerken auf den Markt bringt und – eine nicht minder Balzacische Wendung – auf diese Weise ein reicher Mann wird. Es ist nicht nur die Gewissenhaftigkeit eines Mannes, der sich einen Konservator von Schätzen weiß, es ist auch der Exhibitionismus des großen Sammlers, der Fuchs veranlaßt hat, in jedem seiner Werke ausschließlich unveröffentlichtes Bildmaterial, fast ausschließlich seinem eigenen Besitz entstammendes zu veröffentlichen. Allein für den ersten Band der »Karikatur der europäischen Völker« hat er nicht weniger als 68 000 Blätter kollationiert, um rund fünfhundert davon auszuwählen. Kein Blatt hat er jemals öfter als an einer einzigen Stelle reproduzieren lassen. Die Fülle seiner Dokumentation und die Breite seiner Wirkung gehören zusammen. Beide beglaubigen seine Abkunft von dem bürgerlichen Riesengeschlecht um 1830, wie Drumont es kennzeichnet. »Beinahe alle Führer der Schule von 1830«, schreibt Drumont, »hatten die gleiche außergewöhnliche Konstitution, die gleiche Fruchtbarkeit und den gleichen Hang zum Grandiosen. Delacroix wirft Epen auf die Leinwand, Balzac schildert eine ganze Gesellschaft ab, Dumas umfaßt in seinen Romanen eine viertausendjährige Geschichte des Menschengeschlechts. Sie verfügen allesamt über einen Rücken, dem keine Last zu schwer ist.«[40] Als 1848 die Revolution kam, da veröffentlichte Dumas einen Appell an die Arbeiter von Paris, in dem er sich ihnen als ihresgleichen vorstellt. In zwanzig Jahren habe er vierhundert Romane und fünfunddreißig Dramen gemacht; 8 160 Leute habe er in Brot gesetzt: Korrektoren und Setzer, Maschinisten und Garderobieren; er vergißt auch die Claque nicht. Das Gefühl, mit dem der Universalhistoriker Fuchs den ökonomischen Unterbau seiner großartigen Samm-

40 Edouard Drumont, Les héros et les pitres. Paris, S. 107/108.

lungen sich geschaffen hat, ist dem Dumasschen Selbstgefühl vielleicht nicht ganz unähnlich. Später erlaubt ihm dieser Unterbau, auf dem Pariser Markt fast ebenso souverän wie in seinen eigenen Beständen zu schalten. Der Senior der Kunsthändler von Paris pflegte um die Jahrhundertwende von ihm zu sagen: »C'est le Monsieur qui mange tout Paris.« Fuchs gehört dem Typus des ramasseur an; er hat eine Rabelaisische Freude an Quantitäten, die sich bis in die üppigen Wiederholungen seiner Texte bemerkbar macht.

VII

Die französische Ahnentafel von Fuchs ist die des Sammlers, die deutsche die des Historikers. Die Sittenstrenge, die für den Geschichtsschreiber Fuchs bezeichnend ist, gibt ihm die deutsche Prägung. Sie gab sie bereits Gervinus, dessen »Geschichte der poetischen Nationalliteratur« man einen der ersten Versuche zur deutschen Geistesgeschichte nennen könnte. Es ist für Gervinus wie später für Fuchs kennzeichnend, daß die großen Schöpfer in sozusagen martialischer Gestalt auftreten und das Aktive, Männliche, Spontane ihrer Natur auf Kosten des Kontemplativen, Weiblichen, Rezeptiven sich geltend macht. Freilich geht das Gervinus leichter vonstatten. Als er sein Buch verfaßte, befand die Bourgeoisie sich im Aufstieg; ihre Kunst war von politischen Energien erfüllt. Fuchs schreibt im Zeitalter des Imperialismus; er stellt die politischen Energien der Kunst polemisch einer Epoche dar, in deren Schaffen sie sich von Tag zu Tag minderten. Aber die Maßstäbe von Gervinus sind noch die seinen. Ja, man kann sie weiter, bis ins achtzehnte Jahrhundert zurückverfolgen. Und zwar an Hand von Gervinus selbst, dessen Gedenkrede auf F. C. Schlosser dem bewehrten Moralismus aus der revolutionären Zeit des Bürgertums großartigen Ausdruck gegeben hat. Man hat Schlosser »grämliche Sittenstrenge« vorgeworfen. »Was Schlosser«, so wendet Gervinus ein, »gegen jene Vorwürfe sagen könnte und sagen würde, wäre dieß: daß man in dem Leben im Großen, in der Geschichte, anders als in Roman und Novelle, eine oberflächliche Freude am Leben bei aller Heiterkeit der Sinne und des Geistes nicht lerne; daß man aus ihrer Betrachtung zwar nicht menschenfeindliche Verachtung, wohl aber eine strenge Ansicht von der Welt und ernste Grundsätze über das Leben einsauge; daß wenigstens auf die größten aller Beurtheiler von Welt und Menschen, die an einem eigenen inneren Leben das äußere zu messen verstanden, auf einen Shakespear, Dante, Machiavelli das Weltwesen stets einen solchen zu Ernst und Strenge bildenden Eindruck gemacht habe.«[41] Das ist der Ursprung des Moralismus von Fuchs: ein deutsches Jakobinertum, dessen Denkstein die Weltgeschichte von Schlosser ist, mit der Fuchs in seiner Jugend bekannt wurde.[42]

Dieser bürgerliche Moralismus enthält, wie das nicht überraschen kann, Bestandteile, die mit den materialistischen bei Fuchs kollidieren. Wäre sich Fuchs darüber klar, so könnte es ihm vielleicht gelingen, diesen Zusammenstoß abzudämpfen. Er ist jedoch davon überzeugt, daß seine moralistische Geschichtsbetrachtung und der historische Materialismus miteinander vollkommen harmonieren. Hier waltet eine Illusion. Ihr Substrat ist die weitverbreitete, sehr revisionsbedürftige Anschauung, die bürgerlichen Revolutionen stellten, so wie sie vom Bürgertum selbst gefeiert werden, den Stammbaum einer proletarischen dar.[43] Demgegenüber ist es entscheidend, den Blick auf den Spiritualismus zu lenken, der in diese Revolutionen eingewirkt ist. Seine Goldfäden hat die Moral gesponnen. Die Moral des

41 Georg Gottfried Gervinus, Friedrich Christoph Schlosser. Ein Nekrolog. Leipzig 1861, S. 30/31.

42 Diese Ausrichtung seines Œuvres hat sich für Fuchs nützlich erwiesen, als die Anklagen wegen ›Verbreitung unzüchtiger Schriften‹ durch die kaiserlichen Staatsanwälte einsetzten. Wir finden den Moralismus von Fuchs naturgemäß besonders nachdrücklich in einem Sachverständigenvotum dargestellt, das im Zuge eines der sämtlich mit Freispruch endenden Strafverfahren erstattet wurde. Es stammt von Fedor von Zobeltitz und lautet an seiner wichtigsten Stelle: »Fuchs fühlt sich ernsthaft als Moralprediger, als Erzieher, und diese tiefernste Lebensauffassung, dies innige Begreifen, daß seine Arbeit im Dienst der Menschheitsgeschichte von höchster Sittlichkeit getragen sein muß, schützt allein ihn schon vor dem Verdacht geschäftseifriger Spekulation, über den jeder lächeln müßte, der den Menschen kennt und seinen leuchtenden Idealismus.«

43 Diese Revision ist von Max Horkheimer in dem Essay »Egoismus und Freiheitsbewegung« (Zeitschrift für Sozialforschung, Jahrgang V [1936], S. 161 ff.) inauguriert worden. Zu den von Horkheimer versammelten Zeugnissen stimmen eine Reihe von interessanten Belegen, mit denen der Ultra Abel Bonnard seine Anklage gegen jene bürgerlichen Historiker der Revolution belegt, die von Chateaubriand als »l'ècole admirative de la terreur« zusammengefaßt werden. (Vgl. Abel Bonnard, Les Modérés. Paris, S. 179 ff.)

Bürgertums – davon trägt die ersten Anzeichen schon die Schreckensherrschaft – steht im Zeichen der Innerlichkeit. Ihr Angelpunkt ist das Gewissen – sei es das des Robespierreschen citoyens, sei es das des Kantischen Weltbürgers. Das Verhalten der Bourgeoisie, das ihren eigenen Interessen zuträglich, aber angewiesen auf ein ihm komplementäres des Proletariats war, das den eigenen Interessen des letzteren nicht entsprach, proklamierte als moralische Instanz das Gewissen. Das Gewissen steht im Zeichen des Altruismus. Es rät dem Eigentümer, so zu handeln, wie es Begriffen entspricht, deren Geltung mittelbar seinen Mit-Eigentümern zugute kommt, und es rät den Nicht-Eigentümern leicht das gleiche an. Wenn die letzteren sich diesem Rat anbequemen, ist der Nutzen ihres Verhaltens für die Eigentümer um so unmittelbarer ersichtlich, je fragwürdiger er für die so sich Verhaltenden und ihre Klasse ist. Darum steht auf diesem Verhalten der Preis der Tugend. – So setzt die Klassenmoral sich durch. Aber sie tut es unbewußt. Nicht so sehr hatte das Bürgertum Bewußtsein nötig, um diese Klassenmoral aufzurichten, als das Proletariat Bewußtsein braucht, um sie zu stürzen. Diesem Tatbestand wird Fuchs nicht gerecht, weil er glaubt, seine Angriffe gegen das Gewissen der Bourgeoisie richten zu müssen. Ihre Ideologie erscheint ihm als Ränkespiel. »Das salbadernde Geschwätz«, sagt er, »das auch angesichts der schamlosesten Klassenurteile von der subjektiven Ehrlichkeit der betreffenden Richter faselt, beweist nur die eigene Charakterlosigkeit derer, die so reden oder schreiben, im besten Fall deren Borniertheit.«[44] Auf den Gedanken, dem Begriff der bona fides (des guten Gewissens) selbst den Prozeß zu machen, kommt Fuchs nicht. Und doch wird das dem historischen Materialisten naheliegen. Nicht nur, weil er in diesem Begriff einen Träger der bürgerlichen Klassenmoral erkennt, sondern auch weil ihm nicht entgehen wird, daß dieser Begriff die Solidarität der moralischen Unordnung mit der ökonomischen Planlosigkeit befördert. Jüngere Marxisten haben den Sachverhalt wenigstens andeutungsweise berührt. So bemerkte man zur Politik Lamartines, der einen exzessiven Gebrauch von der bona fides machte: »Die bürgerliche ... Demokratie ... braucht diesen Wert. Der Demokrat ... ist gewerbemäßig aufrichtig.

44 Der Maler Daumier, S. 30.

Damit fühlt er sich der Notwendigkeit überhoben, dem wirklichen Tatbestand nachzugehen.«[45]
Die Betrachtung, die ihr Augenmerk mehr auf die bewußten Interessen der Individuen lenkt als auf die Verhaltungsweise, zu der ihre Klasse oft unbewußt und durch ihre Stellung im Produktionsprozeß veranlaßt wird, führt zu einer Überschätzung des bewußten Moments in der Ideologiebildung. Sie ist bei Fuchs handgreiflich, wenn er erklärt: »Kunst ist in allen ihren wesentlichen Teilen die idealisierte Verkleidung des jeweiligen gesellschaftlichen Zustandes. Denn es ist ein ewiges Gesetz ..., daß jeder herrschende politische oder gesellschaftliche Zustand dazu drängt, sich zu idealisieren, um auf diese Weise seine Existenz sittlich zu rechtfertigen.«[46] Wir nähern uns hier dem Kern des Mißverständnisses. Es besteht in der Auffassung, die Ausbeutung bedinge ein falsches Bewußtsein, zumindest auf der Seite der Ausbeutenden, vor allem deswegen, weil ein richtiges ihnen moralisch lästig sei. Dieser Satz mag für die Gegenwart, in der der Klassenkampf das gesamte bürgerliche Leben in stärkste Mitleidenschaft gezogen hat, eine eingeschränkte Geltung besitzen. Keinesfalls ist das ›schlechte Gewissen‹ der Bevorrechteten für die früheren Formen der Ausbeutung selbstverständlich. Durch die Verdinglichung werden ja nicht nur die Beziehungen zwischen den Menschen unsichtig; es werden darüber hinaus die wirklichen Subjekte der Relationen selbst in Nebel gehüllt. Zwischen die Machthaber des Wirtschaftslebens und die Ausgebeuteten schiebt sich eine Apparatur von Rechts- und Verwaltungsbürokratien, deren Mitglieder nicht mehr als voll verantwortliche moralische Subjekte fungieren; ihr ›Verantwortungsbewußtsein‹ ist gar nichts anderes als der unbewußte Ausdruck dieser Verkrüppelung.

VIII

Den Moralismus, von dem Fuchs' historischer Materialismus die Spuren trägt, hat auch die Psychoanalyse nicht erschüttert. »Berechtigt«, so urteilt er von der Sexualität, »sind alle Formen des sinnlichen Gebarens, in denen das Schöpferische dieses

45 Norbert Guterman et H. Lefebvre, La conscience mystifiée. Paris 1936, S. 151.
46 Erotische Kunst, Bd. II, Erster Teil, S. 11.

Lebensgesetzes sich offenbart ... Verwerflich sind dagegen jene Formen, die diesen obersten Trieb zum bloßen Mittel raffinierter Genußsucht herabwürdigen.«[47] Ersichtlich ist die Signatur dieses Moralismus die bürgerliche. Das rechte Mißtrauen gegen die bürgerliche Ächtung der rein sexuellen Lust und der mehr oder minder phantastischen Wege ihrer Erzeugung ist Fuchs fremd geblieben. Grundsätzlich erklärt er freilich, daß man »stets nur relativ von Sittlichkeit und Unsittlichkeit« reden könne. Aber er statuiert sogleich an derselben Stelle eine Ausnahme für die »absolute Unsittlichkeit«, bei der »es sich um Verstöße gegen die sozialen Triebe der Gesellschaft, also um Verstöße handelt, die sozusagen wider die Natur sind«. Kennzeichnend für diese Anschauung ist der nach Fuchs historisch gesetzmäßige Sieg der »immer entwicklungsfähigen Masse über die entartete Individualität«[48]. Kurz, von Fuchs gilt, daß er »nicht etwa die Berechtigung eines Verdammungsurteils gegen die angeblich korrupten Triebe, sondern die Ansicht über ihre Geschichte und ihr Ausmaß angreift«[49].

Dadurch wird die Klärung des sexualpsychologischen Problems beeinträchtigt. Es ist seit der Herrschaft der Bourgeoisie besonders wichtig geworden. Die Tabuierung mehr oder minder weiter Bezirke der sexuellen Lust hat hier ihren Ort. Die durch sie in den Massen erzeugten Verdrängungen fördern masochistische und sadistische Komplexe zutage, denen von den Machthabern diejenigen Objekte geliefert werden, die sich ihrer Politik als die gelegensten darstellen. Ein Altersgenosse von Fuchs, Wedekind, hat in diese Zusammenhänge hineingeblickt. Ihre gesellschaftliche Kritik hat Fuchs versäumt. Desto bedeutender ist die Stelle, an welcher er sie auf einem Umwege über die Naturgeschichte nachholt. Es handelt sich um sein glänzendes Plädoyer der Orgie. Nach Fuchs »gehört die ... Lust am Orgiastischen zu den wertvollsten Tendenzen der Kultur ... Man muß sich darüber klar sein, daß die Orgie zu dem ... ge-

47 Erotische Kunst, Bd. I, S. 43. – Die sittengeschichtliche Darstellung des Direktoriums trägt geradezu die Züge der Moritat. »Das entsetzliche Buch des Marquis de Sade mit seinen ebenso schlechten wie infamen Kupfern lag aufgeschlagen in allen Schaufenstern.« Und »die verwüstete Phantasie des schamentwöhnten Wüstlings« spricht aus Barras. (Karikatur, Bd. I, S. 202 u. 201.)

48 Karikatur, Bd. I, S. 188.

49 Max Horkheimer, Egoismus und Freiheitsbewegung, a. a. O., S. 166.

hört, was uns vom Tier unterscheidet. Das Tier kennt im Gegensatze zum Menschen die Orgie nicht ... Das Tier wendet sich vom saftigsten Futter und von der klarsten Quelle ab, wenn sein Hunger und Durst gestillt sind, und sein Geschlechtsdrang ist meist auf ganz bestimmte kurze Perioden des Jahres beschränkt. Ganz anders der Mensch, vor allem der schöpferische Mensch. Dieser kennt den Begriff des Genug überhaupt nicht.«[50]
In den Gedankengängen, in denen Fuchs sich kritisch mit den überkommenen Normen befaßt, liegt die Stärke seiner sexualpsychologischen Feststellungen. Sie sind es, die ihn befähigen, gewisse kleinbürgerliche Illusionen zu zerstreuen. So die der Nacktkultur, in der er »eine Revolution der Beschränktheit« mit Recht erkennt. »Der Mensch ist erfreulicherweise kein Waldtier mehr, und wir ... wollen, daß die Phantasie, auch die erotische, eine Rolle in der Kleidung spielt ... Was wir dagegen nicht wollen, das ist einzig jene soziale Organisation der Menschheit, die alles dies zum gemeinen Schachergeschäft degradiert.«[51]
Die psychologische und historische Anschauungsweise von Fuchs ist vielfach für die Geschichte der Kleidung fruchtbar geworden. In der Tat gibt es kaum einen Gegenstand, der dem dreifachen Interesse des Autors – dem geschichtlichen, dem gesellschaftlichen und dem erotischen – mehr entgegenkäme als die Mode. Das erweist sich bereits an ihrer Definition, die eine an

50 Erotische Kunst, Bd. II, S. 283. – Fuchs ist hier auf der Spur eines bedeutsamen Tatbestandes. Sollte es übereilt sein, die tiermenschliche Schwelle, die Fuchs in der Orgie sieht, in unmittelbaren Zusammenhang mit jener anderen Schwelle zu setzen, die der aufrechte Gang darstellt? Mit ihm tritt in die Naturgeschichte die vordem unerhörte Erscheinung ein, daß die Partner im Orgasmus einander ins Auge sehen können. Damit erst wird die Orgie möglich. Und nicht sowohl durch den Zuwachs an Reizen, auf die der Blick trifft. Entscheidend ist vielmehr, daß der Ausdruck der Übersättigung, ja des Unvermögens nun selbst zu einem erotischen Stimulans werden kann.

51 Sittengeschichte, Bd. III, S. 234. – Wenige Seiten später findet sich dieses sichere Urteil nicht mehr – ein Beweis, mit welcher Kraft es der Konvention abgerungen sein wollte. Dort heißt es vielmehr: »Die Tatsache, daß Tausende von Menschen sich am Anblick einer weiblichen oder männlichen Aktphotographie geschlechtlich erregen ..., beweist, daß das Auge nicht mehr das harmonische Ganze, sondern nur das pikante Detail zu sehen vermag.« (a. a. O., S. 269) Wenn hier etwas geschlechtlich erregend wirkt, so ist es viel mehr die Vorstellung von der Ausstellung des nackten Körpers vor der Kamera als der Anblick der Nacktheit selbst. Auf diese Vorstellung dürfte es denn auch wohl mit den meisten dieser Photographien abgesehen sein.

Karl Kraus gemahnende sprachliche Prägung hat. Die Mode, so heißt es in der Sittengeschichte, gibt an, »wie man das Geschäft der öffentlichen Sittlichkeit ... zu betreiben gedenkt«[52]. Fuchs ist im übrigen dem landläufigen Fehler der Darsteller (man denke an einen Max von Boehn) nicht verfallen, die Mode lediglich nach ästhetischen und erotischen Gesichtspunkten zu durchforschen. Seinem Auge ist ihre Rolle als Herrschaftsinstrument nicht entgangen. Wie sie die feineren Unterschiede der Stände zum Ausdruck bringt, so wacht sie vor allem über die groben der Klassen. Im dritten Band seiner Sittengeschichte hat Fuchs ihr einen großen Essay gewidmet, dessen Gedankengang der Ergänzungsband mit der Aufstellung der für die Mode entscheidenden Elemente zusammenfaßt. Das erste wird von den »Interessen der Klassenscheidung« gebildet; das zweite stellt die »privatkapitalistische Produktionsweise«, die ihre Absatzmöglichkeiten durch vielfachen Wechsel der Mode zu steigern sucht; an dritter Stelle sind »die erotisch stimulierenden Zwecke der Mode« nicht zu vergessen.[53]

Der Kultus des Schöpferischen, der das Gesamtwerk von Fuchs durchzieht, hat aus seinen psychoanalytischen Studien neue Nahrung gezogen. Sie haben seine ursprünglich biologisch bestimmte Konzeption bereichert, freilich nicht darum auch schon berichtigt. Die Lehre von dem erotischen Ursprung der schöpferischen Impulse nahm Fuchs begeistert auf. Seine Vorstellung der Erotik aber haftete weiter eng an der drastischen, biologisch determinierten der Sinnlichkeit. Der Theorie der Verdrängung und der Komplexe, welche seine moralistische Auffassung der gesellschaftlichen und sexuellen Verhältnisse vielleicht modifiziert hätte, ist er, soweit angängig, ausgewichen. Wie der historische Materialismus bei Fuchs eine Herleitung der Dinge mehr aus dem bewußten ökonomischen Interesse des einzelnen als aus dem in dem letzteren unbewußt wirkenden Interesse der Klasse gibt, so ist auch der schöpferische Impuls mehr der bewußten sinnlichen Intention als dem bildschaffenden Unbewußten von ihm genähert worden.[54] Die erotische Bilderwelt

52 Sittengeschichte, Bd. III, S. 189.

53 Sittengeschichte, Ergänzungsband III, S. 53/54.

54 Kunst ist für Fuchs unmittelbare Sinnlichkeit wie die Ideologie unmittelbares Erzeugnis von Interessen. »Das Wesen der Kunst ist: die Sinnlichkeit. Kunst ist Sinn-

als eine symbolische, wie Freuds »Traumdeutung« sie erschlossen hat, kommt bei Fuchs da, und nur da, zur Geltung, wo seine innere Beteiligung die höchste ist. In diesem Fall erfüllt sie seine Darstellung sogar dann, wenn jeder Hinweis auf sie vermieden ist. So in der meisterhaften Charakteristik von der Graphik des Revolutionszeitalters: »Alles ist starr, straff, militärisch. Die Menschen liegen nicht, denn der Exerzierplatz duldet kein ›Rührt Euch‹. Selbst wenn sie sitzen, ist es, als ob sie aufspringen wollten. Ihr ganzer Körper ist in Spannung wie der Pfeil auf der Bogensehne ... Wie die Linie, so die Farbe. Wohl wirken die Bilder kalt, blechern ... gegenüber denen des Rokoko ... Die Farbe ... mußte hart sein ..., metallisch, sollte sie zum Inhalt der Bilder passen.«[55] Expliziter ist eine aufschlußreiche Bemerkung zum Fetischismus. Sie geht seinen historischen Äquivalenten nach. Es ergibt sich, daß die »Zunahme des Schuh- und Beinfetischismus auf die Ablösung des Priapkultus durch den Vulvakultus« hinzuweisen scheint, die Zunahme des Busenfetischismus dagegen auf eine rückläufige Tendenz. »Der Kultus des bekleideten Fußes und Beines spiegelt die Herrschaft des Weibes über den Mann; der Busenkultus spiegelt die Stellung des Weibes als Objekt der Lust des Mannes.«[56] Die tiefsten Blicke in den Symbolbereich tat Fuchs an Daumiers Hand. Was er über die Bäume bei Daumier sagt, ist einer der glücklichsten Funde des ganzen Werks. Er erkennt in ihnen »eine ganz eigenartige symbolische Form ..., in der das soziale Verantwortlichkeitsgefühl Daumiers zum Ausdruck kommt und seine Überzeugung, daß es Pflicht der Gesellschaft sei, den Einzelnen zu schützen ... Die für ihn typische Gestaltung der Bäume ... stellt sie stets mit weitausgreifenden Ästen dar, und zwar vor allem dann, wenn jemand darunter steht oder sich lagert. Die Äste recken sich besonders bei solchen Bäumen wie die Arme eines Riesen, sie scheinen förmlich ins Unendliche greifen zu wollen, sie formen sich zum undurchdringlichen Dach, das jede Gefahr von allen denen fernhält, die

lichkeit. Und zwar Sinnlichkeit in potenziertester Form. Kunst ist Form gewordene, sichtbar gewordene Sinnlichkeit, und sie ist zugleich die höchste und edelste Form der Sinnlichkeit.« (Erotische Kunst, Bd. I, S. 61.)

55 Karikatur, Bd. I, S. 223.

56 Erotische Kunst, Bd. II, S. 390.

sich in ihren Schutz begeben haben.«[57] Diese schöne Betrachtung geleitet Fuchs auf die mütterliche Dominante in Daumiers Schaffen.

IX

Keine Gestalt wurde für Fuchs lebendiger als Daumier. Sie hat ihn durch sein Arbeitsleben begleitet. Fast könnte man sagen, an ihr sei Fuchs zum Dialektiker geworden. Zumindest hat er sie in ihrer Fülle und in ihrem lebendigen Widerspruch konzipiert. Wenn er das Mütterliche in seiner Kunst erfaßt und in eindrucksvoller Weise umschrieben hat, so ist ihm nicht minder der andere Pol, das Männliche, Streitbare der Gestalt vertraut gewesen. Mit Recht hat er darauf hingewiesen, daß in Daumiers Werk der idyllische Einschlag fehlt; nicht allein die Landschaft, das Tierstück und das Stilleben sondern auch das erotische Motiv und das Selbstportrait. Was Fuchs bei Daumier eigentlich mitriß, das ist das agonale Moment gewesen. Oder wäre es zu gewagt, der großen Karikatur von Daumier ihren Ursprung in einer Frage zu suchen? Wie nähmen, so scheint Daumier zu fragen, die bürgerlichen Menschen meiner Zeit sich aus, wollte man sich ihren Kampf ums Dasein gleichsam in einer Palästra denken? Daumier hat das private und öffentliche Leben der Pariser in die Sprache des Agon übersetzt. Seine höchste Begeisterung gilt der athletischen Spannung des ganzen Körpers, seinen muskulären Erregungen. Dem widerspricht es in keiner Weise, daß vielleicht niemand packender als Daumier die tiefste Erschlaffung des Körpers gezeichnet hat. Daumiers Konzeption hat, wie Fuchs bemerkt, tiefe Verwandtschaft mit einer plastischen. Und so entführt er die Typen, die seine Zeit ihm bietet, um sie, verzerrte Olympioniken, auf einem Sockel zur Schau zu stellen. Es sind vor allem die Richter- und Advokatenstudien, welche sich so betrachten lassen. Unmittelbarer deutet der elegische Humor, mit dem Daumier das griechische Pantheon zu umspielen liebt, auf diese Inspiration hin. Vielleicht stellt sie die Lösung des Rätsels dar, das schon Baudelaire in dem

57 Der Maler Daumier, S. 30.

Meister entgegentrat: wie seine Karikatur bei all ihrer Wucht und Durchschlagskraft von Ranküne so frei sein könne.
Spricht er von Daumier, so beleben sich bei Fuchs alle Kräfte. Es gibt keinen anderen Gegenstand, der seiner Kennerschaft derart divinatorische Blitze entlockt hätte. Der kleinste Anstoß wird hier bedeutsam. Ein Blatt, so flüchtig, daß es unvollendet zu nennen ein Euphemismus wäre, reicht Fuchs hin, einen tiefen Einblick in Daumiers produktive Manie zu geben. Es stellt nur die obere Hälfte von einem Kopfe dar, an dem allein sprechend Nase und Auge sind. Daß die Skizze sich auf diese Partie beschränkt, einzig den Schauenden zum Objekt hat, das wird für Fuchs zum Fingerzeig, daß hier das zentrale Interesse des Malers im Spiele ist. Denn bei der Ausführung seiner Bilder setze jeder Maler an eben der Stelle an, an der er triebhaft am meisten beteiligt sei.[58] »Unzählige von Daumiers Gestalten«, so heißt es im Werke über den Maler, »sind mit dem konzentriertesten Schauen beschäftigt, sei es ein Schauen in die Weite, sei es ein Betrachten bestimmter Dinge, sei es ein ebenso konzentrierter Blick in das eigene Innere. Die Daumierschen Menschen schauen ... förmlich mit der Nasenspitze.«[59]

58 Hierzu ist folgende Reflexion zu vergleichen: »Nach meinen ... Beobachtungen dünkt es mich, daß die jeweiligen Dominanten der Palette eines Künstlers in seinen pointiert erotischen Bildern immer besonders klar auftreten und daß sie in diesen ... ihre ... höchste Leuchtkraft erleben.« (Die großen Meister der Erotik, S. 14.)

59 Der Maler Daumier, S. 18. – Zu den in Rede stehenden Gestalten zählt auch der berühmte »Kunstkenner« – ein Aquarell, das in mehreren Versionen vorkommt. Eine bisher nicht bekannte Fassung des Blattes wurde Fuchs eines Tages vorgelegt: ob eine echte, war zu ermitteln. Fuchs nahm die Hauptdarstellung dieses Motivs in einer guten Reproduktion zur Hand, und nun ging es an den überaus instruktiven Vergleich. Keine Abweichung, nicht die kleinste, blieb unbeachtet, und von jeder galt es, Rechenschaft abzulegen, ob sie unter einer Meisterhand entsprungen oder ein Erzeugnis der Ohnmacht sei. Immer wieder ging Fuchs auf das Original zurück. Aber die Art und Weise, wie er das tat, schien zu zeigen, daß er wohl davon hätte absehen können; sein Blick erwies sich in ihm so heimisch, wie das nur bei einem Blatte der Fall sein kann, das man jahrelang im Geist vor sich hatte. Unzweifelhaft war das für Fuchs so gewesen. Und nur darum war er imstande, die verborgensten Unsicherheiten des Konturs, die unscheinbarsten Fehlfarben in den Schatten, die kleinsten Entgleisungen in der Strichführung aufzudecken, die das fragliche Blatt an seinen Platz stellten – übrigens nicht den einer Fälschung, sondern einer guten alten Kopie, die von einem Amateur stammen mochte.

X

Daumier ist der glücklichste Gegenstand für den Forscher gewesen. Nicht minder war er der glücklichste Griff des Sammlers. Mit berechtigtem Stolz bemerkt Fuchs, daß nicht staatliche Initiative, sondern seine eigene die ersten Mappen von Daumier (und Gavarni) in Deutschland angelegt habe. Er steht mit seiner Abneigung gegen Museen nicht allein unter den großen Sammlern. Die Goncourts sind ihm darin vorangegangen; sie überbieten ihn darin an Heftigkeit. Wenn öffentliche Sammlungen sozial minder problematisch, wissenschaftlich nützlicher sein könnten als private, so entgeht ihnen doch deren größte Chance. Der Sammler hat in seiner Leidenschaft eine Wünschelrute, die ihn zum Finder von neuen Quellen macht. Das gilt von Fuchs, und darum mußte er sich im Gegensatz zu dem Geiste fühlen, der unter Wilhelm II. in den Museen herrschte. Sie hatten es auf die sogenannten Glanzstücke abgesehen. »Gewiß«, sagt Fuchs, »ist diese Art des Sammelns für das heutige Museum schon durch räumliche Gründe bedingt. Aber diese ... Bedingtheit vermag an der Tatsache nichts zu ändern, daß wir dadurch ganz unvollständige ... Vorstellungen von der Kultur der Vergangenheit bekommen. Wir sehen diese ... im prunkvollen Festtagsgewand und nur sehr selten in ihrem meist dürftigen Werkeltagskleid.«[60]

Die großen Sammler sind meist durch die Originalität ihrer Objektwahl ausgezeichnet. Es gibt Ausnahmen: die Goncourts gingen weniger von den Objekten aus als von dem Ensemble, das diese zu bergen hatte; sie unternahmen die Verklärung des Interieurs, als es gerade eben verschieden war. In der Regel sind aber die Sammler vom Objekt selber geleitet worden. Ein großes Beispiel sind an der Schwelle der Neuzeit die Humanisten, deren griechische Erwerbungen und Reisen von der Zielstrebigkeit Zeugnis geben, mit der sie sammelten. Mit Marolles, dem Vorbild des Damocède, ist der Sammler, von La Bruyère geleitet, in die Literatur eingeführt worden (und zwar sogleich auf unvorteilhafte Art). Marolles hat als erster die Bedeutung der Graphik erkannt; seine Sammlung von 125 000 Blättern bildet den Grundstock des Cabinet des Estampes. Der sieben-

60 Dachreiter, S. 5/6.

bändige Katalog, den im folgenden Jahrhundert der Graf Caylus von seinen Sammlungen herausgebracht hat, ist die erste große Leistung der Archäologie. Die Gemmensammlung von Stosch ist im Auftrage des Sammlers von Winckelmann katalogisiert worden. Selbst dort, wo der wissenschaftlichen Konzeption, die in solchen Sammlungen sich verkörpern wollte, keine Dauer beschieden war, war sie es doch bisweilen der Sammlung selbst. So der von Wallraf und Boisserée, deren Begründer, von der romantisch-nazarenischen Theorie ausgehend, die Kölnische Kunst sei die Erbin der alten römischen, mit ihren deutschen Gemälden des Mittelalters den Fond des Kölner Museums geschaffen haben. In die Reihe dieser großen und planvollen, unablenkbar der *einen* Sache zugewandten Sammler ist Fuchs zu stellen. Sein Gedanke ist, dem Kunstwerk das Dasein in der Gesellschaft zurückzugeben, von der es so sehr abgeschnürt worden war, daß der Ort, an dem er es auffand, der Kunstmarkt war, auf dem es, gleich weit von seinen Verfertigern wie von denen, die es verstehen konnten, entfernt, zur Ware eingeschrumpft, überdauerte. Der Fetisch des Kunstmarktes ist der Meistername. Geschichtlich wird es vielleicht als das größte Verdienst von Fuchs erscheinen, die Befreiung der Kunsthistorie von dem Fetisch des Meisternamens in die Wege geleitet zu haben. »Deshalb ist«, heißt es bei Fuchs von der Plastik der Tang-Periode, »die vollständige Namenlosigkeit dieser Grab-Beigaben, die Tatsache, daß man auch nicht in einem einzigen Falle den individuellen Schöpfer eines solchen Werkes kennt, ein so wichtiger Beweis dafür, daß es sich in dem allen niemals um einzelne künstlerische Ergebnisse handelte, sondern um die Art und Weise, wie die Welt und die Dinge damals von der Gesamtheit angeschaut wurden.«[61] Als einer der ersten entwickelte Fuchs den besonderen Charakter der Massenkunst und damit Impulse, die er vom historischen Materialismus erhalten hatte.

Das Studium der Massenkunst führt notwendig auf die Frage der technischen Reproduktion des Kunstwerks. »Jeder Zeit entsprechen ganz bestimmte Reproduktionstechniken. Sie repräsentieren die jeweilige technische Entwicklungsmöglichkeit und sind ... Resultat des betreffenden Zeitbedürfnisses. Aus diesem

61 Tang-Plastik, S. 44.

Grunde ist es eine gar nicht verwunderliche Erscheinung, daß jede größere historische Umwälzung, die andere Klassen als die seither herrschenden ... zur Herrschaft ... bringt, regelmäßig auch eine Veränderung der bildlichen Vervielfältigungstechnik bedingt. Auf diese Tatsache muß mit ganz besonderer Deutlichkeit hingewiesen werden.«[62] Mit solchen Einsichten ist Fuchs bahnbrechend gewesen. In ihnen hat er Gegenstände gewiesen, an deren Studium der historische Materialismus sich schulen kann. Der technische Standard der Künste ist einer von deren wichtigsten. Ihm nachzugehen macht manche Schädigung wieder gut, die der vage Kulturbegriff in der landläufigen Geistesgeschichte (und bisweilen auch bei Fuchs selbst) anrichtet. Daß »Tausende der simpelsten Töpfer imstande gewesen sind, ... technisch und künstlerisch gleich kühne ... Gebilde förmlich aus dem Handgelenk zu formen«[63], das erscheint Fuchs mit Recht als eine konkrete Bewährung der altchinesischen Kunst. Technische Erwägungen führen ihn hin und wieder zu lichtvollen, seiner Epoche vorauseilenden Aperçus. Nicht anders ist die Erklärung des Umstandes einzuschätzen, daß das Altertum keine Karikaturen kennt. Welche idealistische Geschichtsdarstellung sähe darin nicht eine Stütze des klassizistischen Griechen-Bildes: seiner edlen Einfalt und stillen Größe? Und wie erklärt Fuchs sich die Sache? Die Karikatur, meint er, ist eine Massenkunst. Keine Karikatur ohne massenweise Verbreitung ihrer Erzeugnisse. Massenweise Verbreitung heißt billige. Nun aber hatte »das Altertum ... außer der Münze keine billige Reproduktionsform«[64]. Die Münzfläche ist zu klein, um einer Karikatur Raum zu geben. Daher kannte das Altertum keine.

Die Karikatur war Massenkunst, auch das Sittenbild. Dieser

62 Honoré Daumier, Bd. I, S. 13. – Man vergleiche mit diesen Gedanken die allegorische Auslegung der Hochzeit von Kana durch Victor Hugo: »Das Wunder der Brote bedeutet die Vermehrung der Leser um ein Vielfaches. An dem Tage, da der Christ auf dieses Symbol geraten war, hatte er die Erfindung der Buchdruckerkunst geahnt.« (Victor Hugo, William Shakespeare. Zitiert von Georges Batault, Le pontife de la démagogie: Victor Hugo. Paris 1934, S. 142.)

63 Dachreiter, S. 46.

64 Karikatur, Bd. I, S. 19. – Die Ausnahme bestätigt die Regel. Ein mechanisches Reproduktionsverfahren diente bei Herstellung der Terrakotta-Figuren. Unter ihnen finden sich viele Karikaturen.

Charakter trat, diffamierend, für die übliche Kunstgeschichte zu ihrem sonst schon bedenklichen. Anders für Fuchs; der Blick auf die verachteten, apokryphen Dinge macht seine eigentliche Stärke aus. Und den Weg zu ihnen, von welchem ihm der Marxismus kaum mehr als den Anfang gezeigt hatte, bahnte er sich als Sammler auf eigene Faust. Dazu bedurfte es einer an das Maniakalische grenzenden Leidenschaft. Sie hat die Züge von Fuchs geprägt, und in welchem Sinne erfährt am besten, wer in Daumiers Lithographien die lange Reihe von Kunstfreunden und von Händlern, von Bewunderern der Malerei und von Kennern der Plastik durchgeht. Sie gleichen Fuchs bis in den Körperbau. Es sind hochaufgeschossene, hagere Figuren, und die Blicke schießen aus ihnen wie Flammenzungen. Nicht mit Unrecht hat man gesagt, in ihnen habe Daumier die Nachkömmlinge jener Goldsucher, Nekromanten und Geizhälse konzipiert, die auf den Bildern der alten Meister zu finden sind.[65] Ihrem Geschlecht gehört Fuchs als Sammler an. Und wie der Alchimist mit seinem ›niederen‹ Wunsch, Gold zu machen, die Durchforschung der Chemikalien verbindet, in denen die Planeten und Elemente zu Bildern des spiritualen Menschen zusammentreten, so unternahm dieser Sammler, indem er den ›niederen‹ Wunsch des Besitzes befriedigte, die Durchforschung einer Kunst, in deren Schöpfungen die Produktivkräfte und die Massen zu Bildern des geschichtlichen Menschen zusammentreten. Bis in die späten Bücher ist der leidenschaftliche Anteil spürbar, mit dem Fuchs diesen Bildern sich zugewandt hat. »Nicht der letzte Ruhm«, schreibt er, »der chinesischen Dachreiter ist es, daß es sich in ihnen um eine ... namenlose Volkskunst handelt. Es gibt kein Heldenbuch, das von ihren Schöpfern zeugt.«[66] Ob aber solche den Namenlosen und dem, was die Spur ihrer Hände bewahrte, zugewandte Betrachtung nicht mehr zur Humanisierung der Menschheit beiträgt als der Führerkult, den man von neuem über sie verhängen zu wollen scheint, das muß wie so manches, worüber die Vergangenheit vergeblich belehrte, immer wieder die Zukunft lehren.

65 Vgl. Erich Klossowski, Honoré Daumier. München 1908, S. 113.
66 Dachreiter, S. 45.

Über den Begriff der Geschichte

I

Bekanntlich soll es einen Automaten gegeben haben, der so konstruiert gewesen sei, daß er jeden Zug eines Schachspielers mit einem Gegenzuge erwidert habe, der ihm den Gewinn der Partie sicherte. Eine Puppe in türkischer Tracht, eine Wasserpfeife im Munde, saß vor dem Brett, das auf einem geräumigen Tisch aufruhte. Durch ein System von Spiegeln wurde die Illusion erweckt, dieser Tisch sei von allen Seiten durchsichtig. In Wahrheit saß ein buckliger Zwerg darin, der ein Meister im Schachspiel war und die Hand der Puppe an Schnüren lenkte. Zu dieser Apparatur kann man sich ein Gegenstück in der Philosophie vorstellen. Gewinnen soll immer die Puppe, die man ›historischen Materialismus‹ nennt. Sie kann es ohne weiteres mit jedem aufnehmen, wenn sie die Theologie in ihren Dienst nimmt, die heute bekanntlich klein und häßlich ist und sich ohnehin nicht darf blicken lassen.

II

»Zu den bemerkenswerthesten Eigenthümlichkeiten des menschlichen Gemüths«, sagt Lotze, »gehört ... neben so vieler Selbstsucht im Einzelnen die allgemeine Neidlosigkeit jeder Gegenwart gegen ihre Zukunft.« Diese Reflexion führt darauf, daß das Bild von Glück, das wir hegen, durch und durch von der Zeit tingiert ist, in welche der Verlauf unseres eigenen Daseins uns nun einmal verwiesen hat. Glück, das Neid in uns erwecken könnte, gibt es nur in der Luft, die wir geatmet haben, mit Menschen, zu denen wir hätten reden, mit Frauen, die sich uns hätten geben können. Es schwingt, mit andern Worten, in der Vorstellung des Glücks unveräußerlich die der Erlösung mit. Mit der Vorstellung von Vergangenheit, welche die Geschichte zu ihrer Sache macht, verhält es sich ebenso. Die Vergangenheit führt einen heimlichen Index mit, durch den sie auf die Erlösung verwiesen wird. Streift denn nicht uns selber ein Hauch der Luft, die um die Früheren gewesen ist? ist nicht in Stimmen, denen wir unser Ohr schenken, ein Echo von nun verstummten? haben die Frauen, die wir umwerben, nicht Schwestern, die sie nicht mehr gekannt haben? Ist dem so, dann besteht eine geheime Verabredung zwischen den gewesenen Geschlechtern und unserem. Dann sind wir auf der Erde erwartet worden. Dann ist uns wie jedem Geschlecht, das vor uns war, eine *schwache* messianische Kraft mitgegeben, an welche die Vergangenheit Anspruch hat. Billig ist dieser Anspruch nicht abzufertigen. Der historische Materialist weiß darum.

III

Der Chronist, welcher die Ereignisse hererzählt, ohne große und kleine zu unterscheiden, trägt damit der Wahrheit Rechnung, daß nichts was sich jemals ereignet hat, für die Geschichte verloren zu geben ist. Freilich fällt erst der erlösten Menschheit ihre Vergangenheit vollauf zu. Das will sagen: erst der erlösten Menschheit ist ihre Vergangenheit in jedem ihrer Momente zitierbar geworden. Jeder ihrer gelebten Augenblicke wird zu einer citation à l'ordre du jour – welcher Tag eben der jüngste ist.

IV

> Trachtet am ersten nach Nahrung und Kleidung, so wird euch das Reich Gottes von selbst zufallen.
>
> *Hegel, 1807*

Der Klassenkampf, der einem Historiker, der an Marx geschult ist, immer vor Augen steht, ist ein Kampf um die rohen und materiellen Dinge, ohne die es keine feinen und spirituellen gibt. Trotzdem sind diese letztern im Klassenkampf anders zugegen denn als die Vorstellung einer Beute, die an den Sieger fällt. Sie sind als Zuversicht, als Mut, als Humor, als List, als Unentwegtheit in diesem Kampf lebendig und sie wirken in die Ferne der Zeit zurück. Sie werden immer von neuem jeden Sieg, der den Herrschenden jemals zugefallen ist, in Frage stellen. Wie Blumen ihr Haupt nach der Sonne wenden, so strebt kraft eines Heliotropismus geheimer Art, das Gewesene *der* Sonne sich zuzuwenden, die am Himmel der Geschichte im Aufgehen ist. Auf diese unscheinbarste von allen Veränderungen muß sich der historische Materialist verstehen.

V

Das wahre Bild der Vergangenheit *huscht* vorbei. Nur als Bild, das auf Nimmerwiedersehen im Augenblick seiner Erkennbarkeit eben aufblitzt, ist die Vergangenheit festzuhalten. »Die Wahrheit wird uns nicht davonlaufen« – dieses Wort, das von Gottfried Keller stammt, bezeichnet im Geschichtsbild des Historismus genau die Stelle, an der es vom historischen Materialismus durchschlagen wird. Denn es ist ein unwiederbringliches Bild der Vergangenheit, das mit jeder Gegenwart zu verschwinden droht, die sich nicht als in ihm gemeint erkannte.

VI

Vergangenes historisch artikulieren heißt nicht, es erkennen ›wie es denn eigentlich gewesen ist‹. Es heißt, sich einer Erinnerung bemächtigen, wie sie im Augenblick einer Gefahr aufblitzt. Dem historischen Materialismus geht es darum, ein Bild der Vergangenheit festzuhalten, wie es sich im Augenblick der Gefahr dem historischen Subjekt unversehens einstellt. Die Gefahr droht sowohl dem Bestand der Tradition wie ihren Empfängern. Für beide ist sie ein und dieselbe: sich zum Werkzeug der herrschenden Klasse herzugeben. In jeder Epoche muß versucht werden, die Überlieferung von neuem dem Konformismus abzugewinnen, der im Begriff steht, sie zu überwältigen. Der Messias kommt ja nicht nur als der Erlöser; er kommt als der Überwinder des Antichrist. Nur *dem* Geschichtsschreiber wohnt die Gabe bei, im Vergangenen den Funken der Hoffnung anzufachen, der davon durchdrungen ist: auch die Toten werden vor dem Feind, wenn er siegt, nicht sicher sein. Und dieser Feind hat zu siegen nicht aufgehört.

VII

Bedenkt das Dunkel und die große Kälte
In diesem Tale, das von Jammer schallt.
Brecht, Die Dreigroschenoper

Fustel de Coulanges empfiehlt dem Historiker, wolle er eine Epoche nacherleben, so solle er alles, was er vom spätern Verlauf der Geschichte wisse, sich aus dem Kopf schlagen. Besser ist das Verfahren nicht zu kennzeichnen, mit dem der historische Materialismus gebrochen hat. Es ist ein Verfahren der Einfühlung. Sein Ursprung ist die Trägheit des Herzens, die acedia, welche daran verzagt, des echten historischen Bildes sich zu bemächtigen, das flüchtig aufblitzt. Sie galt bei den Theologen des Mittelalters als der Urgrund der Traurigkeit. Flaubert, der Bekanntschaft mit ihr gemacht hatte, schreibt: »Peu de gens devineront combien il a fallu être triste pour ressusciter Carthage.« Die Natur dieser Traurigkeit wird deutlicher, wenn man die Frage aufwirft, in wen sich denn der Geschichtsschreiber des Historismus eigentlich einfühlt. Die Antwort lautet unweigerlich in den Sieger. Die jeweils Herrschenden sind aber die Erben aller, die je gesiegt haben. Die Einfühlung in den Sieger kommt demnach den jeweils Herrschenden allemal zugut. Damit ist dem historischen Materialisten genug gesagt. Wer immer bis zu diesem Tage den Sieg davontrug, der marschiert mit in dem Triumphzug, der die heute Herrschenden über die dahinführt, die heute am Boden liegen. Die Beute wird, wie das immer so üblich war, im Triumphzug mitgeführt. Man bezeichnet sie als die Kulturgüter. Sie werden im historischen Materialisten mit einem distanzierten Betrachter zu rechnen haben. Denn was er an Kulturgütern überblickt, das ist ihm samt und sonders von einer Abkunft, die er nicht ohne Grauen bedenken kann. Es dankt sein Dasein nicht nur der Mühe der großen Genien, die es geschaffen haben, sondern auch der namenlosen Fron ihrer Zeitgenossen. Es ist niemals ein Dokument der Kultur, ohne zugleich ein solches der Barbarei zu sein. Und wie es selbst nicht frei ist von Barbarei, so ist es auch der Prozeß der Überlieferung nicht, in der es von dem einen an den andern gefallen ist. Der historische Materialist rückt daher nach Maßgabe des Möglichen von ihr ab. Er betrachtet es als seine Aufgabe, die Geschichte gegen den Strich zu bürsten.

VIII

Die Tradition der Unterdrückten belehrt uns darüber, daß der ›Ausnahmezustand‹, in dem wir leben, die Regel ist. Wir müssen zu einem Begriff der Geschichte kommen, der dem entspricht. Dann wird uns als unsere Aufgabe die Herbeiführung des wirklichen Ausnahmezustands vor Augen stehen; und dadurch wird unsere Position im Kampf gegen den Faschismus sich verbessern. Dessen Chance besteht nicht zuletzt darin, daß die Gegner ihm im Namen des Fortschritts als einer historischen Norm begegnen. – Das Staunen darüber, daß die Dinge, die wir erleben, im zwanzigsten Jahrhundert ›noch‹ möglich sind, ist *kein* philosophisches. Es steht nicht am Anfang einer Erkenntnis, es sei denn der, daß die Vorstellung von Geschichte, aus der es stammt, nicht zu halten ist.

IX

> Mein Flügel ist zum Schwung bereit
> *ich kehrte gern zurück*
> denn blieb' ich auch lebendige Zeit
> ich hätte wenig Glück.
>
> *Gerhard Scholem, Gruß vom Angelus*

Es gibt ein Bild von Klee, das Angelus Novus heißt. Ein Engel ist darauf dargestellt, der aussieht, als wäre er im Begriff, sich von etwas zu entfernen, worauf er starrt. Seine Augen sind aufgerissen, sein Mund steht offen und seine Flügel sind ausgespannt. Der Engel der Geschichte muß so aussehen. Er hat das Antlitz der Vergangenheit zugewendet. Wo eine Kette von Begebenheiten vor *uns* erscheint, da sieht *er* eine einzige Katastrophe, die unablässig Trümmer auf Trümmer häuft und sie ihm vor die Füße schleudert. Er möchte wohl verweilen, die Toten wecken und das Zerschlagene zusammenfügen. Aber ein Sturm weht vom Paradiese her, der sich in seinen Flügeln verfangen hat und so stark ist, daß der Engel sie nicht mehr schließen kann. Dieser Sturm treibt ihn unaufhaltsam in die Zukunft, der er den Rücken kehrt, während der Trümmerhaufen vor ihm zum Himmel wächst. Das, was wir den Fortschritt nennen, ist *dieser* Sturm.

X

Die Gegenstände, die die Klosterregel den Brüdern zur Meditation anwies, hatten die Aufgabe, sie der Welt und ihrem Treiben abhold zu machen. Der Gedankengang, den wir hier verfolgen, ist aus einer ähnlichen Bestimmung hervorgegangen. Er beabsichtigt in einem Augenblick, da die Politiker, auf die die Gegner des Faschismus gehofft hatten, am Boden liegen und ihre Niederlage mit dem Verrat an der eigenen Sache bekräftigen, das politische Weltkind aus den Netzen zu lösen, mit denen sie es umgarnt hatten. Die Betrachtung geht davon aus, daß der sture Fortschrittsglaube dieser Politiker, ihr Vertrauen in ihre ›Massenbasis‹ und schließlich ihre servile Einordnung in einen unkontrollierbaren Apparat drei Seiten derselben Sache gewesen sind. Sie sucht einen Begriff davon zu geben, wie *teuer* unser gewohntes Denken eine Vorstellung von Geschichte zu stehen kommt, die jede Komplizität mit der vermeidet, an der diese Politiker weiter festhalten.

XI

Der Konformismus, der von Anfang an in der Sozialdemokratie heimisch gewesen ist, haftet nicht nur an ihrer politischen Taktik, sondern auch an ihren ökonomischen Vorstellungen. Er ist eine Ursache des späteren Zusammenbruchs. Es gibt nichts, was die deutsche Arbeiterschaft in dem Grade korrumpiert hat wie die Meinung, *sie* schwimme mit dem Strom. Die technische Entwicklung galt ihr als das Gefälle des Stromes, mit dem sie zu schwimmen meinte. Von da war es nur ein Schritt zu der Illusion, die Fabrikarbeit, die im Zuge des technischen Fortschritts gelegen sei, stelle eine politische Leistung dar. Die alte protestantische Werkmoral feierte in säkularisierter Gestalt bei den deutschen Arbeitern ihre Auferstehung. Das Gothaer Programm trägt bereits Spuren dieser Verwirrung an sich. Es definiert die Arbeit als »die Quelle alles Reichtums und aller Kultur«. Böses ahnend, entgegnete Marx darauf, daß der Mensch, der kein anderes Eigentum besitze als seine Arbeitskraft, »der Sklave der andern Menschen sein muß, die sich zu Eigentümern ... gemacht haben«. Unbeschadet dessen greift die Konfusion weiter um sich, und bald darauf verkündet Josef Dietzgen: »Arbeit heißt der Heiland der neueren Zeit ... In der ... Verbesserung ... der Arbeit ... besteht der Reichtum, der jetzt vollbringen kann, was bisher kein Erlöser vollbracht hat.« Dieser vulgärmarxistische Begriff von dem, was die Arbeit ist, hält sich bei der Frage nicht lange auf, wie ihr Produkt den Arbeitern selber anschlägt, solange sie nicht darüber verfügen können. Er will nur die Fortschritte der Naturbeherrschung, nicht die Rückschritte der Gesellschaft wahr haben. Er weist schon die technokratischen Züge auf, die später im Faschismus begegnen werden. Zu diesen gehört ein Begriff der Natur, der sich auf unheilverkündende Art von dem in den sozialistischen Utopien des Vormärz abhebt. Die Arbeit, wie sie nunmehr verstanden wird, läuft auf die Ausbeutung der Natur hinaus, welche man mit naiver Genugtuung der Ausbeutung des Proletariats gegenüber stellt. Mit dieser positivistischen Konzeption verglichen erweisen die Phantastereien, die so viel Stoff zur Verspottung eines Fourier gegeben haben, ihren überraschend gesunden Sinn. Nach Fourier sollte die wohlbeschaffene gesellschaftliche Arbeit zur Folge haben, daß vier Monde die irdische Nacht erleuchteten, daß das Eis sich von den Polen zurückziehen, daß das Meerwasser nicht mehr salzig schmecke und die Raubtiere in den Dienst des Menschen träten. Das alles illustriert eine Arbeit, die, weit entfernt die Natur auszubeuten, von den Schöpfungen sie zu entbinden imstande ist, die als mögliche in ihrem Schoße schlummern. Zu dem korrumpierten Begriff von Arbeit gehört als sein Komplement *die* Natur, welche, wie Dietzgen sich ausgedrückt hat, »gratis da ist«.

XII

> Wir brauchen Historie, aber wir brauchen sie anders, als sie der verwöhnte Müßiggänger im Garten des Wissens braucht.
>
> *Nietzsche, Vom Nutzen und Nachteil der Historie für das Leben*

Das Subjekt historischer Erkenntnis ist die kämpfende, unterdrückte Klasse selbst. Bei Marx tritt sie als die letzte geknechtete, als die rächende Klasse auf, die das Werk der Befreiung im Namen von Generationen Geschlagener zu Ende führt. Dieses Bewußtsein, das für kurze Zeit im ›Spartacus‹ noch einmal zur Geltung gekommen ist, war der Sozialdemokratie von jeher anstößig. Im Lauf von drei Jahrzehnten gelang es ihr, den Namen eines Blanqui fast auszulöschen, dessen Erzklang das vorige Jahrhundert erschüttert hat. Sie gefiel sich darin, der Arbeiterklasse die Rolle einer Erlöserin *künftiger* Generationen zuzuspielen. Sie durchschnitt ihr damit die Sehne der besten Kraft. Die Klasse verlernte in dieser Schule gleich sehr den Haß wie den Opferwillen. Denn beide nähren sich an dem Bild der geknechteten Vorfahren, nicht am Ideal der befreiten Enkel.

XIII

> Wird doch unsere Sache alle Tage klarer und das Volk alle Tage klüger.
>
> *Josef Dietzgen, Sozialdemokratische Philosophie*

Die sozialdemokratische Theorie, und noch mehr die Praxis, wurde von einem Fortschrittsbegriff bestimmt, der sich nicht an die Wirklichkeit hielt, sondern einen dogmatischen Anspruch hatte. Der Fortschritt, wie er sich in den Köpfen der Sozialdemokraten malte, war, einmal, ein Fortschritt der Menschheit selbst (nicht nur ihrer Fertigkeiten und Kenntnisse). Er war, zweitens, ein unabschließbarer (einer unendlichen Perfektibilität der Menschheit entsprechender). Er galt, drittens, als ein wesentlich unaufhaltsamer (als ein selbsttätig eine grade oder spiralförmige Bahn durchlaufender). Jedes dieser Prädikate ist kontrovers, und an jedem könnte die Kritik ansetzen. Sie muß aber, wenn es hart auf hart kommt, hinter all diese Prädikate zurückgehen und sich auf etwas richten, was ihnen gemeinsam ist. Die Vorstellung eines Fortschritts des Menschengeschlechts in der Geschichte ist von der Vorstellung ihres eine homogene und leere Zeit durchlaufenden Fortgangs nicht abzulösen. Die Kritik an der Vorstellung dieses Fortgangs muß die Grundlage der Kritik an der Vorstellung des Fortschritts überhaupt bilden.

XIV

Ursprung ist das Ziel.
Karl Kraus, Worte in Versen I

Die Geschichte ist Gegenstand einer Konstruktion, deren Ort nicht die homogene und leere Zeit sondern die von Jetztzeit erfüllte bildet. So war für Robespierre das antike Rom eine mit Jetztzeit geladene Vergangenheit, die er aus dem Kontinuum der Geschichte heraussprengte. Die französische Revolution verstand sich als ein wiedergekehrtes Rom. Sie zitierte das alte Rom genau so wie die Mode eine vergangene Tracht zitiert. Die Mode hat die Witterung für das Aktuelle, wo immer es sich im Dickicht des Einst bewegt. Sie ist der Tigersprung ins Vergangene. Nur findet er in einer Arena statt, in der die herrschende Klasse kommandiert. Derselbe Sprung unter dem freien Himmel der Geschichte ist der dialektische als den Marx die Revolution begriffen hat.

XV

Das Bewußtsein, das Kontinuum der Geschichte aufzusprengen, ist den revolutionären Klassen im Augenblick ihrer Aktion eigentümlich. Die Große Revolution führte einen neuen Kalender ein. Der Tag, mit dem ein Kalender einsetzt, fungiert als ein historischer Zeitraffer. Und es ist im Grunde genommen derselbe Tag, der in Gestalt der Feiertage, die Tage des Eingedenkens sind, immer wiederkehrt. Die Kalender zählen die Zeit also nicht wie Uhren. Sie sind Monumente eines Geschichtsbewußtseins, von dem es in Europa seit hundert Jahren nicht mehr die leisesten Spuren zu geben scheint. Noch in der Juli-Revolution hatte sich ein Zwischenfall zugetragen, in dem dieses Bewußtsein zu seinem Recht gelangte. Als der Abend des ersten Kampftages gekommen war, ergab es sich, daß an mehreren Stellen von Paris unabhängig von einander und gleichzeitig nach den Turmuhren geschossen wurde. Ein Augenzeuge, der seine Divination vielleicht dem Reim zu verdanken hat, schrieb damals:

> Qui le croirait! on dit qu'irrités contre l'heure
> De nouveaux Josués, au pied de chaque tour,
> Tiraient sur les cadrans pour arrêter le jour.

XVI

Auf den Begriff einer Gegenwart, die nicht Übergang ist sondern in der die Zeit einsteht und zum Stillstand gekommen ist, kann der historische Materialist nicht verzichten. Denn dieser Begriff definiert eben *die* Gegenwart, in der er für seine Person Geschichte schreibt. Der Historismus stellt das ›ewige‹ Bild der Vergangenheit, der historische Materialist eine Erfahrung mit ihr, die einzig dasteht. Er überläßt es andern, bei der Hure ›Es war einmal‹ im Bordell des Historismus sich auszugeben. Er bleibt seiner Kräfte Herr: Manns genug, das Kontinuum der Geschichte aufzusprengen.

XVII

Der Historismus gipfelt von rechtswegen in der Universalgeschichte. Von ihr hebt die materialistische Geschichtsschreibung sich methodisch vielleicht deutlicher als von jeder andern ab. Die erstere hat keine theoretische Armatur. Ihr Verfahren ist additiv: sie bietet die Masse der Fakten auf, um die homogene und leere Zeit auszufüllen. Der materialistischen Geschichtsschreibung ihrerseits liegt ein konstruktives Prinzip zugrunde. Zum Denken gehört nicht nur die Bewegung der Gedanken sondern ebenso ihre Stillstellung. Wo das Denken in einer von Spannungen gesättigten Konstellation plötzlich einhält, da erteilt es derselben einen Chock, durch den es sich als Monade kristallisiert. Der historische Materialist geht an einen geschichtlichen Gegenstand einzig und allein da heran, wo er ihm als Monade entgegentritt. In dieser Struktur erkennt er das Zeichen einer messianischen Stillstellung des Geschehens, anders gesagt, einer revolutionären Chance im Kampfe für die unterdrückte Vergangenheit. Er nimmt sie wahr, um eine bestimmte Epoche aus dem homogenen Verlauf der Geschichte herauszusprengen; so sprengt er ein bestimmtes Leben aus der Epoche, so ein bestimmtes Werk aus dem Lebenswerk. Der Ertrag seines Verfahrens besteht darin, daß *im* Werk das Lebenswerk, *im* Lebenswerk die Epoche und *in* der Epoche der gesamte Geschichtsverlauf aufbewahrt ist und aufgehoben. Die nahrhafte Frucht des historisch Begriffenen hat die Zeit als den kostbaren, aber des Geschmacks entratenden Samen in ihrem *Innern*.

XVIII

»Die kümmerlichen fünf Jahrzehntausende des homo sapiens«, sagt ein neuerer Biologe, »stellen im Verhältnis zur Geschichte des organischen Lebens auf der Erde etwas wie zwei Sekunden am Schluß eines Tages von vierundzwanzig Stunden dar. Die Geschichte der zivilisierten Menschheit vollends würde, in diesen Maßstab eingetragen, ein Fünftel der letzten Sekunde der letzten Stunde füllen.« Die Jetztzeit, die als Modell der messianischen in einer ungeheueren Abbreviatur die Geschichte der ganzen Menschheit zusammenfaßt, fällt haarscharf mit *der* Figur zusammen, die die Geschichte der Menschheit im Universum macht.

⟨Anhang⟩

A

Der Historismus begnügt sich damit, einen Kausalnexus von verschiedenen Momenten der Geschichte zu etablieren. Aber kein Tatbestand ist als Ursache eben darum bereits ein historischer. Er ward das, posthum, durch Begebenheiten, die durch Jahrtausende von ihm getrennt sein mögen. Der Historiker, der davon ausgeht, hört auf, sich die Abfolge von Begebenheiten durch die Finger laufen zu lassen wie einen Rosenkranz. Er erfaßt die Konstellation, in die seine eigene Epoche mit einer ganz bestimmten früheren getreten ist. Er begründet so einen Begriff der Gegenwart als der ›Jetztzeit‹, in welcher Splitter der messianischen eingesprengt sind.

B

Sicher wurde die Zeit von den Wahrsagern, die ihr abfragten, was sie in ihrem Schoße birgt, weder als homogen noch als leer erfahren. Wer sich das vor Augen hält, kommt vielleicht zu einem Begriff davon, wie im Eingedenken die vergangene Zeit ist erfahren worden: nämlich ebenso. Bekanntlich war es den Juden untersagt, der Zukunft nachzuforschen. Die Thora und das Gebet unterweisen sie dagegen im Eingedenken. Dieses entzauberte ihnen die Zukunft, der die verfallen sind, die sich bei den Wahrsagern Auskunft holen. Den Juden wurde die Zukunft aber darum doch nicht zur homogenen und leeren Zeit. Denn in ihr war jede Sekunde die kleine Pforte, durch die der Messias treten konnte.

Der Wunsch

In einem chassidischen Dorf saßen eines Abends zu Sabbat-Ausgang in einer ärmlichen Wirtschaft die Juden. Ansässige waren es, bis auf einen, den keiner kannte, einen ganz ärmlichen, zerlumpten, der im Hintergrunde im Schatten des Ofens kauerte. Hin und her waren die Gespräche gegangen. Da brachte einer auf, was sich wohl jeder zu wünschen dächte, wenn er einen Wunsch frei hätte. Der eine wollte Geld, der andere einen Schwiegersohn, der dritte eine neue Hobelbank, und so ging es die Runde herum.

Als jeder zu Worte gekommen war, blieb noch der Bettler in der Ofenecke. Widerwillig und zögernd gab er den Fragern nach: »Ich wollte, ich wäre ein großmächtiger König und herrschte in einem weiten Lande und läge nachts und schliefe in meinem Palast und von der Grenze bräche der Feind herein und ehe es dämmerte wären die Berittenen bis vor mein Schloß gedrungen und keinen Widerstand gäbe es, und aus dem Schlaf geschreckt, nicht Zeit mich auch nur zu bekleiden, und im Hemd, hätte ich meine Flucht antreten müssen und sei durch Berg und Tal und über Wald und Hügel und ohne Ruhe Tag und Nacht gejagt, bis ich hier auf der Bank in eurer Ecke gerettet angekommen wäre. Das wünsche ich mir.«

Verständnislos sahen die andern einander an. – »Und was hättest du von all dem?« fragte einer. – »Ein Hemd«, war die Antwort.

Michael Opitz
Nachwort
Eingezeichnete Spuren

»Jetzt muß man Benjamin erst mal neu lesen, glaube ich. Eigentlich ist das doch eine Chance, daß man Benjamin jetzt neu lesen kann.«
Heiner Müller, November 1991

I. Netzwerk

Lebenslinien sind verzweigt wie Stadtpläne. Auf den ersten Blick haben beide etwas Unübersichtliches, machen es dem nicht leicht, der sich zurechtfinden möchte. Das Gewirr von Jahreszahlen, Lebensabschnitten und Zusammenhängen einer Biographie ist ebenso verworren wie das Verkehrsnetz einer Stadt, in der sich Alleen, Einbahnstraßen und Hauptstraßen an Kreuzungen berühren und wieder verlieren. Der Entschluß, sich zu nähern, ins Innere sich vorzutasten, läßt verschiedene Wege zu. Doch welche Richtung bleibt einzuschlagen, wenn sich möglichst viel erschließen soll? Ob gefunden wird, was einen interessiert, ist nicht immer davon abhängig, ob man treu vorgezeichneten Wegen folgt. Besteht Interesse an Verborgenem, dann ist Zeit für Abzweigungen einzuplanen, denn das Geheimnisvolle präsentiert sich selten direkt. »Was für die anderen Abweichungen sind, das sind für mich die Daten, die meinen Kurs bestimmen«, heißt es bei Benjamin. (GS V/1, S. 570) In Städten kann ein Stadtplan Fremden Orientierungshilfe sein. Wer sich bereits besser auskennt, bedarf einer solchen Handreichung nur bedingt. Da genügt der flüchtige Blick, die Zwiesprache mit einem vertrauten Erscheinungsbild, um ganze Kapitel von Erinnerungen hervorstürzen zu lassen.
Aber solche Art Wiederbegegnung braucht Vergangenheit. Sie aufleben zu lassen will gelernt sein. Ist es da wichtig, nach einem geheimen Zentrum, einem Mittelpunkt zu fragen, oder sind nicht

vielmehr dem aufmerksam Suchenden selbst »Abwege« von Entdeckungen gesäumt? Bedarf es überhaupt einer solchen hier versuchten nachgereichten Wegweisung, um etwas über das Leben eines Autors und seines Werks in Erfahrung zu bringen? Inzwischen liegen drei Walter Benjamin-Biographien vor, wobei jede für sich ein besserer »Baedeker« ist, mit ausfürlichen Kommentaren da aufwarten kann, wo hier im günstigsten Fall nur ein Verweis möglich ist.[1] Aus dieser Tatsache ergibt sich das Bemühen, dem Werk Walter Benjamins und der Person tatsächlich nur nachzu*gehen*. Das Lesebuch bietet die Möglichkeit, dem Autor zunächst kommentarlos in seinen Texten begegnen zu können, Entdeckungen in den Schriften zu machen. Nach der Notwendigkeit und auch nach der Aktualität Benjamins in den neunziger Jahren bleibt dennoch zu fragen. Weshalb der Versuch, über ein Lesebuch eine Begegnung herzustellen, wenn es doch eine Ausgabe der Gesammelten Schriften[2] gibt? Heiner Müller sah darin eine Chance, daß Benjamins Werk jetzt neu gelesen werden kann. Neu meint: unter veränderten gesellschaftlichen Bedingungen, und dies schließt ein, daß Aspekte seines Werkes nunmehr Aufmerksamkeit beanspruchen können, die bislang weniger beachtet wurden. Ein solcher Eindruck kann sich durch Beziehungen herstellen, über die Nähe, die Texte zueinander besitzen. Auf solche Konstellationen zwischen Texten und Begriffen sollte innerhalb dieses Bandes durch die Zuordnung von Texten aufmerksam gemacht werden. Doch die Frage nach der Aktualität ergibt sich daraus nicht zwingend, sie bleibt zu erweitern im Hinblick auf die Gegenwärtigkeit Benjamins am Ende dieses Jahrhunderts.

Walter Benjamin ist einer der meistrezipierten Autoren des zwanzigsten Jahrhunderts. Das werkerschließende Material wächst ins Uferlose. Dazu gedacht, den Blick auf das Benjaminsche Schrifttum freizulegen, verstellt es ihn mehr und mehr. Innerhalb von nur zwei Jahren wurde 1990 des fünfzigsten Todestages und 1992 des

1 Vgl. Werner Fuld, *Walter Benjamin. Zwischen den Stühlen. Eine Biographie*, München und Wien 1979; Bernd Witte, *Walter Benjamin*, Reinbek bei Hamburg 1985; Momme Brodersen, *Spinne im eigenen Netz. Walter Benjamin. Leben und Werk*, Bühl-Moos 1990.

2 Walter Benjamin, Gesammelte Schriften. Unter Mitwirkung von Theodor W. Adorno und Gershom Scholem herausgegeben von Rolf Tiedemann und Hermann Schweppenhäuser, Band I-VII, Frankfurt am Main 1972ff.

100. Geburtstages von Walter Benjamin gedacht. Es gab Kongresse in aller Welt. Einen auch in Brasilien, wohin es Walter Benjamin beinahe verschlagen hätte. Ein Angebot der Universität in São Paulo nahm er jedoch nach gründlichen Überlegungen nicht an. Von den Veranstaltungen, die in Europa stattfanden, seien nur die Kongresse in Prag, London, Osnabrück und Berlin genannt. Ein Werk stand zur Diskussion, das verschiedene Deutungen erfährt, auch, weil es dort mit einer Metapher aufwartet, wo eine Definition die Regel wäre. Aber Regelhaftigkeit strebte Benjamin nicht an. Doch erklärt dies allein, weshalb zumindest Teile des Benjaminschen Werkes beinahe in alle europäischen Sprachen übersetzt wurden? Das Werk und Leben des jüdischen Philosophen, Kunst-, Kultur- und Literaturwissenschaftlers ist als Phänomen zu betrachten. Man kann nicht eindeutig, schon gar nicht in wenigen Sätzen ergründen, worauf es beruht. Allein in Deutschland ist die Sekundärliteratur zu Walter Benjamins Werk kaum noch zu verfolgen. Wer heute eine wissenschaftliche Qualifizierungsarbeit zum Thema Benjamin beginnt, taucht in ein Schriftenmeer von Sekundärliteratur ab. Was findet er? Eine kürzlich erschienene Bibliographie verzeichnet für die Jahre von 1983 bis 1992 an die 181 Monographien und Sammelbände und über 1000 Aufsätze.[3] Der Zugang zu Benjamins Werk wird dadurch nicht unbedingt erleichtert, eher droht es, dahinter zu verschwinden, im schlimmsten Falle nebensächlich zu werden. Teilt Benjamin darin das Schicksal so manches Klassikers, auf den verwiesen, der aber nicht mehr zur Kenntnis genommen wird? Auch aus diesem Grunde scheint es mehr als sinnvoll zu sein, dazu einzuladen, Benjamins Texte erneut zu lesen. Diese Erfahrung im Umgang mit den Texten kann dann so manchen interpretatorischen Versuch sekundär in jeglicher Hinsicht werden lassen.

Walter Benjamin erschien das Lesen als »telepathischer Vorgang«. »Der Leser«, heißt es im Surrealismus-Aufsatz, »der Denkende, der Wartende, der Flaneur sind ebensowohl Typen des Erleuchteten wie der Opiumesser, der Träumer, der Berauschte.« (GS II/1, S. 308) Damit spricht Benjamin dem Lesenden die Fähigkeit zu, sich beim Lesen in Zustände zu versetzen, die ihn vom geschriebe-

3 Reinhard Markner/Thomas Weber (Hg.), *Literatur über Walter Benjamin. Kommentierte Bibliographie 1983–1992*, Hamburg 1993.

nen Wort wegführen zu dem geheimen Untertext, der sich zwischen den Zeilen findet. Denn ihre »virtuelle Übersetzung« finden die Texte, so formuliert es Benjamin im Übersetzer-Aufsatz, »zwischen den Zeilen«. Den wirklichen Texten ist eine solche Dimension der »Mitteilung« mitgegeben, sie wahrzunehmen heißt: »Was nie geschrieben wurde, lesen«. (GS II/1, S. 213) Benjamin greift dieses Zitat von Hofmannsthal auf, weil es schlüssig erklärt, was seiner Theorie des Lesens als Einsicht zugrunde liegt. Zunächst laden sie in der profanen Bedeutung des Wortes dazu ein, gelesen zu werden, wobei die Texte »mitteilsamer« werden, wenn der Lesende bereit ist, sich vom geschriebenen Text leiten zu lassen, den magischen Bedeutungsebenen nachspürt, die in den Benjaminschen Texten mitschwingen. Mit der Bereitschaft, sich auf die Texte einzulassen, könnte eine Richtung der Näherung innerhalb vielfältiger Möglichkeiten anvisiert sein: die des Be- und Hinterfragens. Auf diese Weise wäre nicht unbedingt eine eindeutige Richtung eingeschlagen, etwa der Art, wie sie eine Einbahnstraße für den Straßenverkehr vorgibt. Wer auf dem Bürgersteig wandelt, kann sich den Luxus erlauben, solche Anweisungen zu unterlaufen, sich in entgegengesetzter Richtung zu bewegen, wann immer es ihm gefällt, sich umzuwenden, eventuell zurückzugehen, um sich Zusammenhänge zu erschließen.

Die in einem Stadtplan markierten Straßen ähneln biographischen Lebenslinien. Walter Benjamin verweist in der *Berliner Chronik* auf ein Vorhaben: »Lange, jahrelang eigentlich, spiele ich schon mit der Vorstellung, den Raum des Lebens – Bios – graphisch in einer Karte zu gliedern. Erst schwebt mir ein Pharusplan vor, heute wäre ich geneigter zu einer Generalstabskarte zu greifen, wenn es die vom Innern von Städten gäbe.« (GS VI/ S. 466) In diese Karte sollten Lebensspuren eingetragen werden, die eigenen ebenso wie die der Freunde.

Ein Stadtplan ist auf den *ersten Blick* von geringem Aussagewert, nur Schema für den, der die Stadt nicht kennt. Erst im Erfahren der Stadtrealität wird das Verzeichnis mehr als ein Hilfsmittel. Von ähnlich geringem Aussagewert bleibt Lesern eine Biographie, wenn das Werk des Autors unbekannt ist, von dem sie handelt. Es fehlen Erinnerungen und Begegnungen. So wie die am Straßenrand stehenden Gebäude, die Denkmäler und Parkanlagen sich als Geschichte präsentieren, die neben der äußeren Seite ein Inneres hat, so kann das Werk Walter Benjamins als ein Labyrinth betrachtet werden, in dem sich zu bewegen auf unterschiedlichen Wegen möglich ist. Es gibt keinen gültigen Plan, nach dem vorgegangen werden muß; weder um eine Stadt noch um eine Biographie zu erschließen. Es existiert kein Entwurf, der nur auszubreiten wäre, um Verborgenes erscheinen zu lassen. Städte nicht anders als Personen wollen gesucht und dabei gefunden werden. Nicht jeder Straße sieht man es an, ob sie wichtig ist, nicht jeder Lebensabschnitt scheint bedeutsam. Allerdings sollte nichts unbedacht von vornherein für bedeutungslos erklärt werden. Bevor es beiseite gelegt wird, ist jedes Terrain abzuschreiten. Nicht unbedingt sind die häufig frequentierten auch die bedeutsamen Wege. In manch abgelegener Gasse lassen sich entscheidende Spuren finden, die in den Avenuen schon längst von der Zeit verweht wurden. Straßen können mit der Richtung zugleich einen Vorschlag unterbreiten, sie sind Möglichkeiten, die mit Bedacht ausgewählt und begangen werden wollen.

Walter Benjamin, den es zu entdecken gilt, hatte ein untrügliches Auge für die vergessenen Gegenstände. Für die Betrachtung von Geschichte fand Benjamin in der Figur des Lumpensammlers eine historische Gestalt, die in der Personifizierung seinem methodischen Verfahren entsprach. Er sammelte den Abfall ein, ohne sich nach Vorgaben zu richten, was wichtig und was unbedeutend sei. Alle von ihm aufgespürten Gegenstände waren in diesem Zustand gleich nebensächlich, aber auch gleich bedeutend geworden. Jedwedes Ding beanspruchte in dem Moment, da es unbrauchbar, überflüssig geworden war, das gleiche Recht auf Aufmerksamkeit. Ohne auszuwählen, hob der Lumpensammler alles auf und trug es in einer großen Kiepe fort. Doch auch für die Umsetzung eines solchen methodischen Vorgehens wird hier nicht der Raum sein. Den Spuren wird nicht in einem Stadtplan nachgegangen, sondern in einer Landkarte werden Orte verzeichnet. Es werden Punkte markiert, von denen aus Exkurse versucht werden. Die Bewegungslinie führt über Ländergrenzen und kreist Städte und Haltepunkte ein. Tiefer ins Innere vermag dieser Weg nicht vorzudringen. Benjamins Texte allerdings begleiten diesen Weg, wobei sich das Nachwort als eine Art Wegweiser versteht. Ein solches Vorgehen ist dem rastlos Reisenden, der Benjamin war, angemessen. Er war erfüllt von der Sehnsucht nach fernen Ländern, vermochte sich der Faszination von Städten nicht zu entziehen und fühlte sich angesprochen und inspiriert von Stadtlandschaften.

Der Name Walter Benjamin ist inzwischen selbst zum Symbol mit magischer Bedeutung geworden und ruft unterschiedlichste Assoziationen hervor. Signalworten gleich, verbinden sich die von Benjamin geprägten Begriffe mit seiner Person, da er ihnen in seiner Deutung eine eigenständige Bedeutung zuteil werden ließ. Für exemplarisch dürften mehrere gelten: Aura ebenso wie Jetztzeit, Katastrophe nicht anders als Allegorie. Benjamin hat wie kaum ein anderer den Kulturbetrieb des bürgerlichen Zeitalters in seiner Struktur erfaßt, ihn analysiert und darauf gründende Prognosen möglicher historischer Veränderungen formuliert. Der etwas schwierige Titel eines Aufsatzes könnte da erinnert werden: *Das Kunstwerk im Zeitalter seiner technischen Reproduzierbarkeit.* Innerhalb des Kulturbetriebes der zwanziger Jahre war Benjamin als Kritiker für zwei führende Zeitungen tätig. Für die *Literarische Welt* hatte er von 1925 bis 1933 mehr als hundert Artikel und Rezensionen verfaßt. In der *Frankfurter Zeitung* erschienen Aufsätze und Vorabdrucke.

Heute sieht man in Benjamin auch einen Begründer der Medientheorie, und seit längerer Zeit muß er als Zitatenlieferant nicht nur für postmoderne Theorieansätze herhalten. In den Anfangsjahren des Rundfunks hatte Benjamin Hörspiele und Jugendsendungen für das Radio verfaßt und selbst gesprochen. Leider ist kein Originaltondokument mit seiner Stimme erhalten. Verschiedentlich stößt man in Artikeln über Benjamin auf den Engel der Geschichte, der beinahe zwangsläufig dort erwähnt wird, wo über den katastrophalen Geschichtsverlauf nachgedacht wird. Benjamins IX. der Thesen *Über den Begriff der Geschichte* geht auf ein Bild von Paul Klee zurück. Die sich an das Bild vom »Angelus Novus« knüpfenden geschichtsphilosophischen Überlegungen sind inzwischen selbst zum vielfach aufgegriffenen und weitergeschriebenen Topos geworden.

Benjamin kann als einer der bedeutenden wissenschaftlichen Außenseiter der deutschen Geisteswissenschaft angesehen werden. In Erinnerungen, Tagebüchern oder Briefen ganz verschiedener Charaktere wird er nicht nur beiläufig erwähnt. Die Begegnung mit ihm hatte sich den meisten Zeitgenossen tief eingeprägt. Benjamin war befreundet mit Gershom Scholem und Bertolt Brecht, Ernst

Bloch und Theodor W. Adorno, Werner Kraft und Franz Hessel, Siegfried Kracauer und vielen anderen. Ihre Erinnerungen an Benjamin halten die Bekanntschaft als ein außergewöhnliches Ereignis fest, über das sie aber durchaus auch in seiner Kompliziertheit sprechen. Nicht minder erstaunlich ist Benjamins Korrespondenz mit Frauen. Als Liebender folgte er Asja Lacis – der die *Einbahnstraße* gewidmet ist – bis nach Moskau, was bei der verheirateten Frau nicht nur auf Verständnis stieß. Gertrud Kolmar, Benjamins Cousine, bat ihn um die Besprechung ihres Gedichtbandes *Preußische Wappen*, obwohl sie nur zu gut wußte, daß er als Kritiker unerbittlich sein konnte. Die Erfüllung dieses Wunsches mußte Benjamin Gertrud Kolmar schuldig bleiben. Post verkehrte auch zwischen Margarete Steffin und Walter Benjamin, als sich die Steffin an der Seite von Bertolt Brecht in Dänemark aufhielt. Nicht minder intensiv war der Brief- und Gedankenaustausch zwischen Benjamin und Gretel Karplus, der späteren Frau Theodor W. Adornos. Der Briefwechsel Benjamins kann als beredtes Zeitzeugnis angesehen werden, der in seiner Vielfalt noch zu entdecken bleibt.[4]

Nicht von ungefähr wurde der Vergleich zwischen Biographie und topographischen Karten hergestellt, denn Benjamins Vorliebe Städten gegenüber war eine Seh(n)-sucht. Dabei verschränkte sich oft die Aufmerksamkeit für das Detail mit einer überraschenden Abwegigkeit von Gedankenassoziationen, die durch das Sichtbare ausgelöst wurden. Neben dem Vordergründigen war er bemüht, das weniger Beachtete zu entdecken, etwas von dem Unverwechselbaren festzuhalten, das die Begegnung ihm eröffnet hatte. Eine solche Vorgehensweise war mit Zwang nicht zu vereinen. Benjamin ließ sich leiten, ließ sich von den Städten führen und am liebsten verführen. Er sog ihr Leben ein, besonders dort, wo es im Abseits lag. Begegnungen dieser Art hat er in verschiedenen Aufzeichnungen, in Reisebildern, Tagebüchern und Städtebildern festgehalten. Den umfangreichsten Teil solcher Städten geschuldeten Beschreibungen machen Impressionen über Berlin und Paris aus.

4 Vgl. dazu: Walter Benjamin, *Briefe*. Herausgegeben und mit Anmerkungen versehen von Gershom Scholem und Theodor W. Adorno, 2 Bände, Frankfurt am Main 1966. Walter Benjamin/Gershom Scholem, *Briefwechsel 1933-1940*. Hrsg. v. Gershom Scholem, Frankfurt am Main 1980. Theodor W. Adorno/Walter Benjamin, *Briefwechsel 1928-1940*. Hrsg. v. Henri Lonitz, Frankfurt am Main 1994.

Begegnungen, in denen die eigene Kindheit und das Erinnern bedeutend werden.

In dem Städtebild von Marseille beschreibt Benjamin, wonach er auf der Suche ist. Obwohl sein Vorgehen Methode hat, bedarf es dennoch des Zufalls: »Denn die Kindheit«, heißt es dort, »ist der Quellenfinder der Trübsal, und um die Trauer so ruhmreich strahlender Städte zu kennen, muß man in ihnen Kind gewesen sein. Dem Reisenden werden die grauen Häuser des Boulevard de Longchamps, die Fenstergatter der Cours Puget und die Bäume der Allée de Meilhan nichts verraten, wenn ihn nicht ein Zufall in die Totenkammer der Stadt, den Passage de Lorette führt, den schmalen Hof, wo im schläfrigen Beisein einiger Frauen und Männer die ganze Welt zu einem einzigen Sonntagnachmittag zusammenschrumpft. Eine Immobiliengesellschaft hat ihren Namen in das Portal gemeißelt. Entspricht nicht dieser Binnenraum genau dem weiß angepflockten Rätselschiff im Hafen – ›Nautique‹, die nie ins Meer sticht, um dafür alltäglich an weißen Tischen Fremde mit Gerichten, die viel zu sauber und zu ausgewaschen sind, zu speisen?« (GS IV/1, S. 362) Der Fremde gelangt häufig nur zufällig an die Orte, wo sich die Städte abseits der touristischen Geschäftigkeit etwas von ihrer eigenen Geschichte bewahren. Benjamin sucht die Plätze, an denen die Vergangenheit in die Gegenwart hineinreicht und als Zitat einen Erinnerungsraum entwirft. Der Innenraum einer »Passage« hält den Eindruck eines Geschichtsraumes ebenso fest, wie der Name des im Hafen liegenden Schiffes Vergangenes und Sagenhaftes assoziiert, das im Widerspruch zur Gegenwärtigkeit der aktuellen Nutzung steht.

Geschichte und Jetztzeit leiten auch Benjamins Interesse, sich immer wieder Paris und Berlin zuzuwenden. Über weite Strecken seines Lebens war Benjamin von beiden Kulturmetropolen angezogen. Die Texte, die Benjamin diesen Städten widmete, verliehen seiner spezifischen Beziehung Ausdruck. Es fällt schwer, da rubrizieren zu wollen, und vielleicht ragen doch zwei ganz unterschiedliche Werke heraus, von denen jedes für sich in ganz besonderer Weise als exemplarisch für Benjamins Verhältnis zu Berlin und Paris angesehen werden kann. In dem Berlin-Buch *Berliner Kindheit um neunzehnhundert* hielt Benjamin die Erinnerungen an das Berlin der Jahrhundertwende fest. Es sind Eindrücke, die er mit einer Generation von Kindern aus wohlbehüteten Verhältnissen teilte. Handelt es sich bei dem Erinnerungsbuch aus Berliner Kindheitstagen um ein schmales Bändchen, so steht dem die monumentale Passagenarbeit gegenüber, die als ein Steinbruch von Gedankensplittern, gewichtigen Ideenaufrissen, bedeutungsschweren methodischen Exkursen und vielschichtigen Verweisungen angesehen werden kann. Auf mehr als tausend Seiten hat Benjamin hier den Plan einer Kulturgeschichte des neunzehnten Jahrhunderts entworfen. Ebenso wie an dem Berlin-Buch arbeitete er auch an diesem Projekt mehrere Jahren unter schwierigsten existentiellen Bedingungen. Zu Benjamins Lebzeiten blieben beide Buchprojekte unveröffentlicht.

Der Geschichte – auch der Benjamins – läßt sich in den Metropolen Paris und Berlin nachgehen. Gebäude, in denen er wohnte, existieren noch. Hotels sind auffindbar, in denen er einst Unterkunft fand. Doch wenn eine Verbindungslinie zwischen diesen beiden Hauptstädten in eine topographische Karte übertragen werden soll, dann muß die gezogene Verbindungslinie verlängert werden bis zu einem kleinen spanischen Grenzort. In mehrfacher Hinsicht wurde der Küstenort Port Bou zum Symbol für Exil und Flucht. Für Heinrich Mann, Alfred Döblin, Lion Feuchtwanger, Franz Werfel war Port Bou eine Durchgangsstation auf dem Wege ins amerikanische Exil. Benjamins Fluchtweg brach dort ab. Der Grenzort wurde für den Schwellenkundigen zum Scheideweg.

Diese drei Orte markieren Stationen des Lebensweges von Walter Benjamin. Seine Geschichte kann an diesen gänzlich verschiedenen Plätzen aufgesucht werden. Wie präsent erscheint Benjamin in diesen kulturellen Räumen? Drei Orte, drei Stationen, Spurensuche innerhalb der dazwischen erfolgten Bewegung. Aber nicht allein Re-konstruktion und Re-interpretation, gefragt werden soll vielmehr auch nach der Aktualität des Benjaminschen Werkes. Die Beschreibung von Benjamins Lebensweg beginnt in Port Bou und führt zurück nach Berlin. Damit wird die Richtung nachgezeichnet, die Benjamin zu gehen nicht vergönnt war. Vergleichbar mit der hebräischen Schrift, war in Benjamins eigenem Verständnis das Leben nur rückwärts zu lesen. »Ich für meinen Teil«, heißt es mit Bezug auf Kafkas Geschichte *Das nächste Dorf* in den Svendborger Notizen aus dem Sommer 1934, »gebe folgende Auslegung: das wahre Maß des Lebens ist die Erinnerung. Sie durchläuft, rückschauend, das Leben blitzartig. So schnell wie man ein paar Seiten zurückblättert [...]. Wem sich das Leben in Schrift verwandelt hat, wie den Alten, die mögen diese Schrift nur rückwärts lesen.« (GS VI, S. 529f.)

Das Werk, das Benjamin hinterlassen hat, scheint geeignet, sich ihm nicht ausschließlich auf dem Wege schriftlich fixierter Interpretation in wissenschaftlichen Büchern und Artikeln zu nähern. Andere Formen und Wege des Zwiegesprächs wurden unternommen. Dichter greifen auf Benjaminsche Theoreme zurück und schreiben sie weiter. Wohl als folgenreichstes Beispiel kann die Aufnahme des Bildes vom Angelus Novus in der Lyrik gelten. Aber auch Maler, Bildhauer, Filmemacher und Theaterregisseure fühlen sich durch Benjamins Leben und sein Werk angesprochen und zum Dialog herausgefordert. In jüngster Zeit finden solche Formen von Zwiegesprächen in unterschiedlichsten Bereichen statt. Eine vergleichbare Aufmerksamkeit dieser Art wird selbst verwandten Philosophen nicht zuteil. Drei solcher »Näherungen« sollen zum Anlaß genommen werden, um der Präsenz Benjamins innerhalb der aktuellen Geschichte an den Orten seiner Lebensgeschichte nachzugehen: der Weg führt von Port Bou über Paris zurück nach Berlin.

II. Port Bou

Im Mai 1994 wurde in Port Bou ein Denkmal für Walter Benjamin eingeweiht. Der Ort des Eingedenkens ist nicht der jüdische Friedhof in Weißensee. Vergeblich sucht man dort nach einem Grabstein, der Benjamins Namenszug trägt. »Ein Grab fehlt: Walter... Frag am Mittelmeer nach...«[5] Die aus Deutschland vertriebenen Juden liegen in der Fremde begraben. Unzählige sind an keinem Ort des Gedenkens aufzusuchen. An sie zu erinnern ist der Überlieferung, dem Erinnern vorbehalten. Die Sprache der Überlebenden spricht von den »Wohnungen des Todes«, »Wohnungen«, die in Deutschland erdacht wurden. An das Unglaubliche zu erinnern erscheint immer notwendiger und wird doch immer schwieriger. Die unmittelbare Gegenwart scheint Geschichte auf fatale Weise

5 Marta Pessarrodona, *Weissensee*. In: *Katalonien zu Walter Benjamin*, Generalitat de Catalunya 1994, S. 28.

zu aktualisieren. Geschichte und der Umgang mit ihr sind zentrale Themen Benjamins. Der von ihm beschriebene Engel der Geschichte, der »Angelus Novus«, kann die Augen nicht verschließen. Als seien ihm die Augenlider weggeschnitten worden, ist er dazu verurteilt, den Geschichtsverlauf in der Summe einer katastrophalen Ereigniskette zu sehen. Doch der Engel kann nicht eingreifen, vermag die Toten nicht zu erwecken. Ein Sturm treibt ihn in die Zukunft, die er nicht sieht. Er schaut auf die Stätten des Unheils und ist weder in der Lage zu verweilen, noch vor Schmerz und Trauer die Augen zu verschließen. Er ist dazu verdammt, das Unglück wahrzunehmen. Die Trümmer und die Toten, die er sieht, sind Zeugnisse einer Vergangenheit, von der er sich nicht abwenden kann. »Welch eine abstruse Hoffnung macht uns Benjamins Engel. Es ist nicht einmal eine Aussicht, da er ihr den Rücken kehrt. Es ist allein die Gewißheit, daß die Zukunft, in die der Sturm des Fortschritts ihn treibt, unter seinen Füßen zur Geschichte wird, auf der sich die Trümmer bis zum Himmel häufen.«[6]
Walter Benjamin hatte im September 1940 versucht, von Frankreich über Spanien in die USA zu fliehen. In Frankreich war er nach der Besetzung des Landes durch die deutschen Truppen nicht mehr sicher. Die Flucht wurde unumgänglich. »Eine Flucht ist eine übersteigerte Reise, ein Paroxysmus der Gefühle. Aus dem Flaneur wird der Gejagte. Aus dem Geographen ein Wahnsinniger, dem sich die Steine in Gespenster verwandeln. Die Gespenster nisten auch im Wort, im Namen. Cerbère: was für ein merkwürdiger Name für eine Grenzstadt. Der Hund, der hier nächtlich heult, vor dem ärmlichen Hotel, kann nur der Cerberus sein. Eine Stadt der Höllenhunde ...«[7] Als sich der Achtundvierzigjährige zur Flucht über die Pyrenäen entschließt, ist er bereits schwer herzkrank. Um die Strapazen des Anstiegs überhaupt bewältigen zu können, hatte er eine eigene Technik des Gehens entwickelt, bei der er immer wieder Pausen einlegte, um nicht, vor Erreichen des Ziels, erschöpft aufgeben zu müssen. Die Flüchtlinge wurden von Lisa Fittko geführt. Als sie sich von der Gruppe trennte, weil der

6 Peter Härtling, *Der Wanderer*. In: *Glückloser Engel. Dichtungen zu Walter Benjamin*. Hrsg. v. Erdmut Wizisla und Michael Opitz, Frankfurt am Main und Leipzig 1992, S. 75.
7 Fritz Rudolf Fries, *Cerberus*. In: *Aber ein Sturm weht vom Paradiese her. Texte zu Walter Benjamin*. Hrsg. v. Michael Opitz und Erdmut Wizisla, Leipzig 1992, S. 344f.

schwierigste Teil des Weges geschafft schien, glaubte sie den alten Benjamin in Sicherheit. Doch an diesem Tag verlangte man an der spanischen Grenze ein französisches Ausreisevisum, das Benjamin nicht vorweisen konnte. Einen zweiten Versuch hätte Benjamin nicht bewältigt. In der Nacht vom 25. zum 26. September stirbt er.

Als Max Horkheimer von Benjamins Tod erfuhr, erkundigte er sich bei der spanischen Sicherheitspolizei nach den Umständen des Todes und erhält folgende Antwort: »Wie Sie aus dem ärztlichen Zeugnis ersehen können, handelt es sich nicht um Selbstmord sondern um natürlichen Tod.« (GS V/2, S. 1198) Diese Aussage widerspricht dem Augenzeugenbericht von Henny Gurland, die Benjamin auf dem Weg über die Grenze begleitet hatte. Ihrem Bericht zufolge beging Benjamin Selbstmord, als ihm der Grenzübertritt verwehrt wurde und er damit rechnen mußte, erneut interniert und an die Gestapo ausgeliefert zu werden. Der Totenschein der spanischen Behörde spricht von dem verstorbenen Dr. Benjamin Walter. Fataler als diese Namensverwechselung wiegt allerdings die Tatsache, daß der Jude Benjamin die letzte Ölung empfangen hatte, bevor er auf dem Friedhof in Port Bou in der zunächst für fünf Jahre gemieteten Grabkammer 563 beigesetzt worden war.

Benjamin muß auf dem Weg über die Pyrenäen eine Aktentasche mit sich geführt haben. Diese Aktentasche, von der er sagte, sie sei wichtiger als sein Leben, verschwand in einer Amtsstube, in der Benjamins letzte Habseligkeiten aufbewahrt werden sollten. Wir werden wohl nicht mehr erfahren, welches Manuskript Benjamin tatsächlich in seiner Tasche bei sich trug. Anzunehmen ist, daß es sich um eine Abschrift der erst im Mai 1940 fertiggestellten Thesen *Über den Begriff der Geschichte* handelte.

Selbst wenn die Angaben in den Dokumenten stimmen sollten und Benjamin nicht – wie es Henny Gurland nach Benjamins eigener Aussage festhielt – eine Überdosis Morphium eingenommen hatte: Es war Mord und niemals ein natürlicher Tod, an dem Walter Benjamin starb. In Deutschland arbeitete mit perfider Gewissenhaftigkeit die faschistische Vernichtungsmaschinerie, der Benjamin zu entkommen versuchte. Weil er annehmen mußte, daß dieser Versuch endgültig mißglückt war, hatte er den Leidensprozeß abgebrochen.

In Port Bou sollte ein Ort des Gedenkens an Walter Benjamin erinnern. Nicht nur das Projekt, sondern auch Benjamins Name kam 1992 in die Schlagzeilen. Von Verschwendung war die Rede, von Skandal angesichts der Kosten. Geschichte wurde in Zahlen aufgerechnet, ihr Verkehrswert in Geld umgesetzt. Zunächst mit Erfolg. Die bereits zugesicherten Mittel wurden gestoppt und die ursprünglich aus Anlaß des hundertsten Geburtstages gedachte Einweihung fand 1992 nicht statt. Erst der gegen diese Entscheidung artikulierte Protest führte dazu, daß der Finanzierungsstopp aufgehoben und das Denkmal zwei Jahre später am 15. Mai 1994 eingeweiht werden konnte. Es paßt zu Benjamins Lebensgeschichte, daß die Dinge, die mit seinem Namen verbunden sind, nicht ohne Widersprüche und Komplikationen verlaufen.
Der israelische Künstler Dani Karavan hat in Port Bou ein Denkmal geschaffen, bei dem es sich – wie er ausdrücklich betont – nicht um ein Monument handelt, sondern um eine »Hommage an Benjamin«, der er den für Benjamins Leben und Werk einstehenden Titel »Passage« gab. Er begreift die Gedenkstätte als einen Ort des Erinnerns. Mit dem Titel der Arbeit thematisiert Karavan zwei zentrale Momente, die für Benjamin von entscheidender Bedeutung waren. Die Schiffspassage nach Amerika sollte eine Flucht beenden, die den jüdischen Intellektuellen aus Deutschland vertrieben hatte. Allein das amerikanische Exil hätte die Weiterführung eines unglaublichen Arbeitsvorhabens garantieren können, das Benjamin vollenden wollte. Auch seine Skepsis, ob er in den USA würde heimisch werden können, ändert daran nichts. Nicht erst im Pariser Exil hatte Benjamin den Passagen intensive Aufmerksamkeit geschenkt. Die Passagen, Durchgänge aus Eisen und Glas, sollten das Zentrum seiner Kulturgeschichte des 19. Jahrhunderts bilden und gaben dem Vorhaben den Titel: »Pariser Passagen«. Die Passagen waren die Vorläufer des Warenhauses, aus Glas überdachte Straßen. Die dort handeltreibenden Gewerbe luden die Kunden, die ohne nähere Absicht gekommen waren, zum Verweilen ein. Eine Chance zu überleben hatten die Passagen nur, wenn der Durchgang nicht ins Abseits, sondern wieder auf eine geschäftige Straße führte. Die Arbeit an dem monumentalen Projekt ist Torso geblieben. Dennoch hält das Werk, das einer Schatztruhe gleicht, wunderbare Überraschungen bereit, wann immer man es aufschlägt.

Dani Karavan nimmt mit der von ihm geschaffenen Hommage die für Benjamin entscheidenden Bedeutungen des Wortes Passage auf. Sie verschränken sich zu einer Konstellation, eröffnen Zusammenhänge und lassen Raum für Assoziationen. Von Karavan werden drei Punkte der unmittelbaren Umgebung des Friedhofs von Port Bou in die Gestaltung einbezogen. Eine Eisenplatte auf dem Vorplatz, ein Olivenbaum in unmittelbarer Nähe und schließlich ein in den Fels getriebener Tunnel. Die Eisenplatte ist nicht leicht zu erreichen. Über nacktes Felsengestein führt der Weg bis zu einem Platz, der zum Verweilen gedacht ist. Von dort aus kann der Blick frei und unbegrenzt über das Meer schweifen. Ein zweiter Fixpunkt ist der Olivenbaum an der Friedhofsmauer. Er verkörpert Kraft, sucht und findet aber zugleich auch Schutz für den eigenen Lebensraum. »Olivenbäume sollten unsere Grenzen sein, schreibt Dani Karavan 1976 während der Biennale in Venedig als inhaltliches Motto zu seinem Environment für den Frieden an die Wand des israelischen Pavillons. Ein Olivenbaum gibt ihm 1989 die letzte Gewißheit, den richtigen Platz für den Gedenkort für Walter Benjamin gewählt zu haben.«[8] Im Tunnel selbst führt eine Treppe von den Klippen hinunter zum Meer. Scheinbar ohne jede Begrenzung, am Ende nur von einer Glasplatte gesichert, bricht der Weg plötzlich ab. Der Blick fällt auf die Brandung, die das Meer aufschäumen läßt, ruhelos jeden Augenblick. Eben diesen Anblick wollte Karavan »einrahmen«. Für ihn erzählt dieses Naturschauspiel, auf das er den Besucher aufmerksam machen will, die Geschichte Walter Benjamins. Das Wasser, das zunächst völlig ruhig ist, dreht sich wenige Sekunden später, stürzt nach unten und springt unmittelbar darauf hoch. Karavan, der den Ort so beschreibt, erinnert dieses Naturschauspiel an einen Strudel. Im Rückgriff auf das Bild des Strudels greift er ein Benjaminsches Motiv auf, das dem Ort des Erinnerns eine zusätzliche Bedeutungsebene unterlegt. Für Benjamin wird im Bild des Strudels das Historische festgehalten. »In solchem Strudel kreist das Früher und Später – die Vor- und Nachgeschichte eines Geschehens oder besser noch eines status um diesen.« (GS VI, S. 443) Die Kreisbe-

8 Konrad Scheurmann, *Grenzen, Schwellen, Passagen. Zu Dani Karavans Entwurf eines Gedenkortes für Walter Benjamin*. In: *Für Walter Benjamin. Dokumente, Essays und ein Entwurf*. Hrsg. v. Ingrid und Konrad Scheurmann, Frankfurt am Main 1992, S. 260.

wegung, von der Benjamin spricht, erinnert an einen methodischen Grundsatz, dem er sich selbst verpflichtet fühlte: Methode ist Umweg. Zu denken ist dabei an das Umgehen eines Zentrums. Während es im Zentrum des Strudels ruhig ist, herrscht an den Rändern Bewegung. Den Blick auf das pulsierende Meer, den Karavan an diesem Ort der Küstenlandschaft eröffnet, vergleicht er mit einem offenen Herz. Ein Bild, das mit einer Zeile eines Benjamin gewidmeten Gedichtes von Volker Braun korrespondiert: »Schwer atmend, das Herz...«[9]

Am Ende des Weges, der einen über vierzig Meter in die Tiefe geleitet, findet sich ein Zitat Benjamins: »Schwerer ist es, das Gedächtnis der Namenlosen zu ehren, als das der Berühmten. Dem Gedächtnis der Namenlosen ist die historische Konstruktion geweiht.« (GS I/3, S. 1241). Die Treppe, die ins Nichts zu gehen scheint, nimmt assoziativ den gescheiterten Versuch auf, erinnert an eine Flucht, die mißglückte. Der Weg zurück, den es für Benjamin nicht gab, führt den Berg wieder hinauf, nun nur den Himmel vor Augen. »Walter Benjamins Denken beschäftigt sich mit Durchgängen, Übergängen, Fortgängen, Passagen. Was bedeutet ihm die Grenze? Er müsse seine Gedanken über die Grenze bringen, mes pensées, schrieb er in einem letzten Brief am Tag vor seinem Tode. Die Grenze, Benjamins Hoffnung, war ihm nicht zur Passage geworden.«[10]

III. Paris

Das Pariser Centre Pompidou zeigte 1994 eine Ausstellung zum Thema »Die Stadt. Kunst und Architektur in Europa 1870–1993«. Dabei präsentierten sich die beiden Ausstellungsräume als zwei Labyrinthe ganz unterschiedlicher Art. Im ersten begegneten dem Besucher 700 Architekturzeichnungen. Bis unter die Decke gehängt war der Raum angefüllt mit Stadtplänen und -entwürfen, daß ein die Sinne verwirrender chaotischer Eindruck entstand. Im Widerspruch zu dieser bewußt unübersichtlichen Gestaltung

9 Volker Braun, *Benjamin in den Pyrenäen*. In: ders., *Lustgarten Preußen. Ausgewählte Gedichte*, Frankfurt am Main 1996, S. 113.
10 Ludwig Harig, *Grenzgänge. Eine Spurensuche in den Pyrenäen*. In: *Glückloser Engel*, a.a.O., S. 82.

stand das Ordnungsprinzip, das sich auf den Grundrissen fand. Dort waren Zentren zu sehen, boten Straßen, geometrisch zu Längs- und Querachsen angeordnet, Orientierungshilfen. Doch diese Idee einer übersichtlichen Stadt ist Geschichte. Mit der Expandierung der großen Städte »hörte [der Platz] auf, Zentrum zu sein; er bildete nicht mehr den Bezugspunkt für die Erschließung von neuem städtischen Raum«.[11] Die moderne Großstadt gleicht immer mehr einem Irrgarten; verwinkelt und unübersichtlich, wirkt sie schockierend und beängstigend.

Im zweiten Ausstellungsteil, der nach thematischen Gesichtspunkten gegliedert wurde, war für Themen- und Motivkomplexe, die in Beziehung zum Thema Stadt standen, jeweils ein Raum vorgesehen. Die dort wieder anzutreffende gewohnte Hängung der Bilder erlaubte ein Abschreiten der Exponate. Die sinnliche Orientierung erschien zunächst einfacher, was sie nicht war, denn nun wurde der Raum selber bedeutsam und in die Orientierung einbezogen. Dadurch standen die einzelnen Objekte in einer zusätzlichen Bedeutungskonstellation. Wie in einer Stadt, wo hinter jeder Ecke mit Unvorhergesehenem gerechnet werden muß, bot hier der jeweils nächste Raum Überraschendes.

Im gleichen Haus wurde parallel dazu eine Walter Benjamin gewidmete Ausstellung gezeigt. Offensichtlich mehr als ein Zufall. Die im unteren Teil des Gebäudes arrangierte Benjamin-Ausstellung konnte als eine Art »theoretisch fundierter Untergrund« angesehen werden. In Anlehnung an die Exposition »Bucklicht Männlein und Engel der Geschichte. Walter Benjamin Theoretiker der Moderne«, die 1990/91 vom Werkbund-Archiv gezeigt wurde, unternahm man auch in Paris den Versuch, Benjaminsche Texte in Raumkonstruktionen zu übersetzen. Eine Präsentation von Apparaten, Fotos, Kinderspielzeug, auf die Benjamin in der »Berliner Kindheit« eingeht, war ebenso anzutreffen wie Gegenstände, die zum Erscheinungsbild der Stadt um 1900 gehörten. Das Ganze lud zur Rekonstruktion Benjaminscher Texte ein, ermöglichte eine Zwiesprache mit Gegenständen, die in der Lage waren, Erinnerungen zu aktivieren und Beziehungen herzustellen. Es war ein Anspruch der Ausstellung, Texte Benjamins, in denen er sich Städten

11 Richard Sennett, *Civitas. Die Großstadt und die Kultur des Unterschieds*, Frankfurt am Main 1991, S. 73.

auf unterschiedlichste Weise nähert, mit Bildern, Motiven und Zeugnissen der Zeit in Beziehung zu bringen. Alltägliches war zu sehen, neben Reklameschildern auch Filme aus den 20er Jahren. Auf diese Weise wurde Zeitgeschehen illustriert. Daneben fanden sich Automaten, Feuermelder, Abbildungen vom bucklicht Männlein, die dem Benjamin-Interessierten aus seinen Texten bekannt waren. Bezug genommen wurde in der Ausstellung sowohl auf Paris als auch auf Berlin. Beide Städte traten durch die Person Benjamins zueinander in Beziehung. Berlin, die Stadt der Kindheit, taucht in der Metropolenbeschreibung von Paris wieder auf. Als geheimer Untergrund war der Theoretiker der Moderne und der Großstadtwahrnehmung auf diese Weise doppelt vertreten bei dieser monumentalen Schau zur Stadtgeschichte.

Seit seiner Jugend gehörte Benjamins Zuneigung Paris, doch die Stadt machte es ihm nicht leicht, in ihr heimisch zu werden, als er dazu gezwungen war. Die politischen Umstände trugen zum Gefühl der Unbehaustheit unmittelbar bei. Nach Kriegsausbruch wurde Benjamin am 4. September 1939 interniert. Zunächst im Stade Colombes, danach im Lager Vernuches bei Nevers, aus dem er am 21. November des gleichen Jahres auf Drängen von Freunden freikam. Benjamin hatte im Lager die Idee, eine Lagerzeitung herauszugeben. Hans Sahl erinnert sich, daß Benjamin einen philosophischen Kursus im Freien abhielt. »›Für Fortgeschrittene‹ drei *Gauloises* oder einen Hosenknopf. [...] Die *Gauloises,* die man ihm bereitwillig als Vortragshonorar zahlte, waren nicht die einzige Währungseinheit im Lager.«[12] Neben dieser Bildungsveranstaltung entwickelte Benjamin »andere Initiativen zur Überwindung der Ohnmacht«.[13] Wahrscheinlich ist, daß er den Mitgefangenen Brechts »Laotse«-Gedicht vortrug. Jedenfalls erreichten ihn nach seiner Freilassung Zeilen des Dankes auch dafür, daß er die Inhaftierten mit dem Gedicht bekanntgemacht hatte. Es war keine unbeschwerte Zeit, die Benjamin im Lager verbrachte. In den Anfangswochen der Internierung war er zu keiner Arbeit fähig.

12 Hans Sahl, *Walter Benjamin im Lager*. In: *Zur Aktualität Walter Benjamins*. Aus Anlaß des 80. Geburtstages von Walter Benjamin. Hrsg. v. Siegfried Unseld, Frankfurt am Main 1972, S. 78.

13 Chryssoula Kambas, *Bulletin de Vernuches. Neue Quellen zur Internierung Walter Benjamins*. In: *Exil 1933–1945. Forschung, Erkenntnisse, Ergebnisse*, H. 2 (1990), S. 16.

Die Idee einer Lagerzeitung, die Projekt blieb, erwuchs sicherlich auch aus dem Bedürfnis, einen Zustand der Lähmung zu überwinden. Es war in erster Linie das Verdienst von Adrienne Monnier, die sich zusammen mit Helen Grund und Gisèle Freund für Benjamins Freilassung einsetzte. »Wenn die Internierung Benjamins auch vergleichsweise kurz war, so war sie jedoch keineswegs mit der Befreiung abgeschlossene Vergangenheit. Vielmehr mußte sich die Zukunft beständig in ihrem Licht zeigen.«[14] Die Zeit in Frankreich endete für Benjamin mit erneuter Flucht.
Während der Exilzeit in Paris war ihm die Bibliothèque Nationale zum entscheidenden Zufluchtsort geworden. Doch zog er sich nicht in den Lesesaal zurück, um der Gegenwart auszuweichen, sondern er suchte diesen Ort auf, um sich in der Arbeit eben dieser Gegenwart zu stellen. Nicht durch vordergründige Aktualität, sondern durch Aktualisierung. Es war oft genug ein hastiges Anschreiben gegen eine sich über Europa ausbreitende Kriegsmaschinerie, vor der es tatsächliche Sicherheit nur außerhalb der europäischen Grenzen gab. Nicht genug damit, daß die alten Freunde aus der Zeit vor dem Exil in alle Welt verstreut waren. Nachdem Brecht Ende 1933 die Seine-Metropole verlassen hatte, erschien Benjamin die Stadt wie ausgestorben. Nunmehr besaß allein noch Dänemark eine besondere Anziehungskraft, weil dort das Schachbrett auf ihn wartete, an dem Platz zu nehmen Brecht den »Widersprecher« immer wieder einlud. Im Juni 1934 unterbrach Benjamin zum erstenmal die Einsamkeit seines Pariser Daseins, um nach Skovsbostrand zu fahren und trat erst im Oktober die Rückfahrt an. Im Juni des folgenden Jahres trafen Brecht und Benjamin in Paris zusammen. Im August 1936 fuhr Benjamin erneut zu Brecht und blieb bis Mitte September. Die letzte Reise nach Dänemark unternahm er vom Juni bis zum Oktober 1938. Für beide waren diese Begegnungen von unschätzbarer Bedeutung. Interesse an der Arbeit des anderen führte sie zusammen, und es war weniger entscheidend, daß dabei – wie Hannah Arendt meinte – der bedeutendste Kritiker der Zeit dem größten Dichter begegnete. Diese Freundschaft war als eine »günstige Konstellation«[15] anzusehen.

14 Ebenda, S. 23.
15 Erdmut Wizisla, *Walter Benjamin und Bertolt Brecht. Eine Bestandsaufnahme. Mit einer Chronik der Beziehung*, Dissertation. Berlin 1993, S. 9.

Sie schloß Kritik an der Arbeit des anderen ebenso ein wie das Respektieren divergierender Anschauungen. Als Brecht vom Tod Benjamins hörte, sprach er davon, daß dies der erste wirkliche Verlust sei, den Hitler der deutschen Literatur zugefügt habe.

Bereits 1932 erwog Benjamin in einer Lebenskrise den Freitod. Die Situation, in der sich der Vierzigjährige damals befand, wurde im Exil zur permanenten Krise. Eine von Benjamin erstellte Liste von unvollendet gebliebenen Projekten hätte sich mühelos bis in die Pariser Exiljahre fortschreiben lassen. Als gescheitert mußte er ansehen: ein Goethe-Buch für den Insel-Verlag, das Passagen-Werk, die gesammelten Essays zur Literatur, der Briefband *Deutsche Menschen* und das Haschisch-Buch. Genügend Gründe, die Benjamin später von einer »Krypto-Emigration« sprechen ließen, der Vorform der eigentlichen Emigration. Die Fragment gebliebenen Buchprojekte waren für Benjamin nur die Anzeichen für einen tiefgreifenden gesellschaftspolitischen und kulturellen Wandel. Von den für gescheitert erklärten Buchprojekten erschien zu Benjamins Lebzeiten allein die Anthologie *Deutsche Menschen*. Das Buch betrachtete Benjamin – wie es in der Widmung für den Freund Gershom Scholem heißt – als eine »Arche«, die er gebaut hatte, als »die faschistische Sintflut zu steigen begann«. Trotz der hoffnungslosen Lage – den Siegen »im Kleinen [...] entsprechen die Niederlagen im Großen« – (Br. 2, S. 556) und einer tiefen Müdigkeit, verwarf Benjamin den in Nizza gefaßten Entschluß, aus dem Leben zu scheiden.

So tief die Zäsur von 1932 gewesen sein mag, mit dem ganz anderen Einschnitt des Jahres 1933 war sie nicht zu vergleichen. Fortan unterteilte er sein Leben in ein Davor und ein Danach. Angesichts der faschistischen Gefahr, die von Deutschland ausging, dachte er daran, »mit der geschliffenen Axt der Vernunft« in Gebiete vorzudringen, in denen bislang der »Wahnsinn wucherte«.

Seine individuelle Geschichte, nicht anders als die epochale, setzt sich zusammen aus Jahreszahlen. Diese Jahreszahlen markieren Einschnitte. Sie stehen für Veränderungen, dokumentieren Hoffnungen, erinnern an Bekanntschaften, signalisieren den Beginn oder den Abschluß der Arbeit an Texten, und sie halten nicht zuletzt Begegnungen fest. Nach Benjamins eigener Maxime verbirgt sich hinter den schmucklosen Jahreszahlen geronnene Geschichte.

Noch auf Ibiza hatte Benjamin mit der Arbeit an der *Berliner Chronik* begonnen, aus der bis zum Herbst 1932 nach seiner Rückkehr nach Berlin die *Berliner Kindheit um neunzehnhundert* hervorging. Zu diesem Zeitpunkt war ein Großteil der »Expeditionen in die Erinnerung« bereits fertiggestellt, und Benjamin hegte berechtigte Hoffnungen, das Buch bald bei Rowohlt erscheinen zu sehen. Doch auch dieser Wunsch blieb unerfüllt, denn im März 1933 sah er sich gezwungen, Deutschland zu verlassen. Zunächst fuhr er von Paris aus für ein halbes Jahr nach Ibiza. Vom Oktober 1933 an richtete er sich in Paris ein, lebte überwiegend in Hotels oder kleinen Wohnungen, ständig mit materieller Not konfrontiert. In Sicherheit zwar, aber fern der Heimat und abgeschnitten von den Publikationsmöglichkeiten, blieb er ein Außenseiter in der Pariser literarischen Szene. Entscheidendes hatte sich seit seinem ersten Paris-Aufenthalt verändert. Von einer anderen Zeit berichtet die Erinnerungsnotiz von Kurt Tuchler, der Benjamin auf der 1913 unternommenen Reise begleitet hatte. In den Aufzeichnungen des Freundes ist nachzulesen, welch faszinierenden Eindruck die Stadt damals auf ihn ausgeübt hatte, und dies nicht allein, weil Benjamin von der Architektur der Seine-Metropole fasziniert war. »Wir hatten ein jeder die für Paris und unser jugendliches Lebensalter nicht verwunderlichen Erlebnisse. Walter Benjamin war davon fasziniert. Er befand sich eigentlich die ganze Zeit in Paris in dem Zustand einer Ekstase ...«[16]

Jahrzehnte später werden für Benjamin diese besonderen »Erlebnisse« zu bedeutenden Erinnerungen. In der *Berliner Chronik* spricht er von den Huren als den »Laren« »auf der Schwelle ins Nichts«. (GS VI, S. 472) Mehrmals weilte er in den zwanziger Jahren für längere Zeit in der französischen Hauptstadt. Die häufigen Besuche ließen ihn von einer elliptischen Lebensweise zwischen Berlin und Paris sprechen. In ähnlicher Weise wie Benjamin von der Stadt und dem Pariser Flair nicht loskam, fühlte er sich bereits sehr früh zur französischen Literatur hingezogen. Verschiedene Autoren übersetzte er aus dem Französischen. Den Übertragungen von Baudelaires Gedichten stellte er den Aufsatz

16 Kurt Tuchler an Gershom Scholem, Brief vom 26. 2. 1963. Zitiert nach: Hans Puttnies/Gary Smith, *Benjaminiana. Eine bibliographische Recherche*, Gießen 1991, S. 135.

Die Aufgabe des Übersetzers voran. Von Balzac übertrug er *Ursule Mirouet*, und zusammen mit Franz Hessel übersetzte er Teile von Prousts *Auf der Suche nach der verlorenen Zeit*. Von nachhaltiger Wirkung auf Benjamin waren die Texte der Surrealisten, einen ganz besonderen Eindruck hinterließ neben Bretons *Nadja* Aragons *Le paysan de Paris*.

Die Unbeschwertheit des Pendeldaseins zwischen Paris und Berlin war 1933 unwiederbringlich vorbei. Durch die Exilsituation veränderte sich Benjamins Leben in der französischen Hauptstadt grundlegend. Seine Einschätzung der Situation war nüchtern: »Daß ich hier vor soviel Fragezeichen stehe wie Paris Straßenecken hat, wird dich nicht überraschen.«[17] Sorgen bereitete ihm der Verlust engster Freunde und eine damit einhergehende Vereinsamung. An Scholem schrieb er: »Ich bin kaum je so vereinsamt gewesen wie hier.«[18] Prekär war seine materielle Lage. Er besaß nur noch wenige Wertgegenstände. Der wohl wichtigste Besitz und sein ständiger Begleiter blieb ein Bild von Paul Klee. In der Erinnerung von Stephan Lackner an Benjamins Wohnung in der Rue Dombasle, in der er seit 1938 wohnte, heißt es: »Das neue, ziemlich geräumige Zimmer war genau wie das vorige mit Papierstößen, Büchern, Zeitschriften überfüllt, und an der Wand hing wieder das hypnotisch bezaubernde Bild von Paul Klee ›Angelus Novus‹, Benjamins liebster Besitz.«[19] Trotz der von Anbeginn schwierigen Lebenssituation arbeitete Benjamin im Exil intensiv an verschiedenen Projekten. Viel mehr als die Hoffnung, seine theoretische und schriftstellerische Arbeit fortsetzen zu wollen, war ihm nicht geblieben. Die Emigration muß als ein Einschnitt begriffen werden, »der untrennbar ist von seinem Werk«.[20] Im Pariser Exil entstanden eine Reihe von Schriften, in denen Benjamin seiner Auffassung einer materialistischen Kunsttheorie Ausdruck verlieh. Für diese

17 Benjamin an Scholem, Brief vom 16. 10. 1933. In: Walter Benjamin/Gershom Scholem, *Briefwechsel 1933-1940*. Hrsg. v. Gershom Scholem, Frankfurt am Main 1985, S. 106.

18 Benjamin an Scholem, Brief vom 18. 1. 1934. Ebenda, S. 122.

19 Stephan Lackner, *Von einer langen schwierigen Irrfahrt*. Zitiert nach Puttnies/Smith, a. a. O., S. 191.

20 Helmut Heißenbüttel, *Schriftsteller in der Emigration: Walter Benjamin*. In: ders., *Zur Tradition der Moderne. Aufsätze und Anmerkungen 1964-1971*, Neuwied/Berlin 1972, S. 293.

stärker politisch intendierte Orientierung seiner Arbeit gab es Gründe, die sich jedoch bereits vor der Emigration angedeutet hatten. Benjamin sah die Anzeichen eines intellektuellen Faschismus bereits in den zwanziger Jahren. Die marxistische Ausrichtung seiner Texte war nicht allein eine Folge des Exils, sondern bestätigte nur gewisse Einsichten und Ahnungen. Dazu zählte die Gewißheit, daß dem bürgerlichen Wissenschaftsbetrieb nichts mehr zuzutrauen war. Von den akademischen Institutionen und deren Gelehrten erwartete Benjamin nicht mehr, daß die entscheidenden Fragen gestellt würden, ganz zu schweigen von notwendigen Analysen und möglichen Antworten.

Zu den in der Exilzeit entstandenen Werken zählt auch der unmittelbar nach der Flucht aus Deutschland geschriebene Aufsatz *Erfahrung und Armut*. Benjamin konstatiert in diesem Text eine Armut an »Menschheitserfahrung« und kommt zu der Einsicht, daß aus diesem Mangel die Notwendigkeit eines Neubeginns mit Wenigem erwächst. Der Schluß, den er angesichts der aktuellen Entwicklung im Zeichen des heraufziehenden Faschismus zieht, ist nüchtern und frei von jeglicher Verblendung. Es ist von keinem Staunen die Rede, keiner Verwunderung wird Ausdruck verliehen, und er ist weit davon entfernt, politische Appelle zu formulieren. Er verweist nicht allein auf Versäumnisse, sondern sieht, was sich ereignen wird. Die Armut, von der er spricht, ist auch Ausdruck einer Krise der Intellektuellen: »Arm sind wir geworden. Ein Stück des Menschheitserbes nach dem anderen haben wir dahingegeben, oft um ein Hundertstel des Wertes im Leihhaus hinterlegen müssen, um die kleine Münze des ›Aktuellen‹ dafür vorgestreckt zu bekommen. In der Tür steht die Wirtschaftskrise, hinter ihr ein Schatten, der kommende Krieg.« (GS II/1, S. 219)

Die drohende Kriegsgefahr bewahrte Benjamin vor der Illusion, im Faschismus nur ein kurzes Intermezzo auf der wechselvollen deutschen politischen Bühne zu sehen, sie war aber gewiß mitentscheidend für eine stärker marxistische Ausrichtung seiner Schriften. Das rief bei Freunden ebensolches Unverständnis hervor wie die Freundschaft zu Brecht, den er seit 1924 kannte. Daran änderte auch die Tatsache nichts, daß sich Benjamin einen Umgang mit der marxistischen Theorie gestattete, die ihn bei den orthodoxen Vertretern der Parteilinie ebenfalls keinen Zuspruch finden ließ. Es ist schon eigenartig, daß sich Benjamin mit der Arbeit *Das Kunst-*

werk im Zeitalter seiner technischen Reproduzierbarkeit, von der er in Anlehnung an die »Erkenntniskritische Vorrede« aus dem Trauerspielbuch als einer materialistischen Erkenntnistheorie spricht, zwischen alle Stühle setzte. Das in diesem Aufsatz zur Anwendung gebrachte methodische Verfahren entwickelte er in einem Brief an Werner Kraft: »Was mich betrifft, so bemühe ich mich, mein Teleskop durch den Blutnebel hindurch auf eine Luftspiegelung des neunzehnten Jahrhunderts zu richten, welches ich nach den Zügen mich abzumalen bemühe, die es in einem künftigen, von Magie befreiten Weltzustand zeigen wird. Natürlich muß ich mir zunächst einmal diese Teleskop selber bauen und bei dieser Bemühung habe ich nun als Erster einige Fundamentalsätze der materialistischen Kunsttheorie gefunden.«[21] Die Arbeit thematisiert den Funktionswechsel innerhalb der Kunst, der durch eine technische Entwicklung hervorgerufen wurde, an deren Ende der Film und das Kino stehen. Parallel zu dieser die technischen Medien betreffenden Entwicklung beobachtete Benjamin auf dem Gebiet der erzählenden Literatur, daß es mit der »Kunst des Erzählens zu Ende geht«.

Die Entwicklung des Films führt zu veränderten Wahrnehmungen innerhalb der Kunst und geht für Benjamin mit dem »Verfall der Aura« einher. Die Aura eines Kunstwerkes garantiert seine Einmaligkeit, die jedoch durch die Reproduktionstechniken verlorengeht. Benjamin sah in dieser Entwicklung durchaus positive Tendenzen, da die Kunst dadurch auch ihren elitären Charakter verliert. Kunst wird so nicht nur massenhaft reproduzierbar, sondern auch durch die Massen rezipierbar, die dabei – nach Benjamins Ansicht – mit dem höchsten technischen Standard umgehen lernen. Diese optimistische Sichtweise stand bereits damals im Widerspruch zu Adornos etwa gleichzeitig entstandener, sehr viel skeptischeren Sicht auf die Massenmedien. Die Kunstwerk-Thesen sollten sich durch einen Kampfwert gegen den Faschismus auszeichnen. Diese Arbeit sorgte im Institut für Sozialforschung, von dem Benjamin seit 1936 ein Stipendium erhielt, für Diskussionen und konnte erst nach mehrfachen Überarbeitungen in der vom Institut herausgegebenen Zeitschrift erscheinen. Auf der anderen Seite erfuhr Benjamin von der in der Sowjetunion herausgegeben

21 Benjamin an Werner Kraft, Brief vom 28. 10. 1935. In: Br. 2, S. 698 f.

Exilzeitschrift *Das Wort*, wo der Aufsatz seinen Platz hätte finden müssen, eine von Willi Bredel vorgebrachte grundsätzliche Ablehnung. Damit bestätigte sich, was Benjamin 1931 in einem Brief an seinen Freund Scholem, der Benjamins Hinwendung zum Marxismus mit Sorge beobachtete, ahnend formuliert hatte. Benjamin wußte, daß die fehlende Übereinkunft seines Marxismusverständnisses mit der offiziellen Parteilinie verwirrend, ja störend wirken würde. Sicher jedoch wollte er nur in einer Hinsicht gehen und seine Schriften für eine faschistische Inanspruchnahme unbrauchbar machen. Diese Überzeugung und den dahinter stehenden Einsichten hoffte er Gershom Scholem erklären zu können und äußert sich mit Bezug auf seine Schriften gegenüber dem Freund: »Soll man sie nicht vielmehr denaturieren, wie Spiritus, sie – auf die Gefahr hin, daß sie ungenießbar für jeden werden – bestimmt und ungenießbar für jene machen?«[22] Offensichtlich geklärt wird eine gewisse Sorge Scholems erst sieben Jahre später. Das Ergebnis einer »philosophischen Auseinandersetzung« zwischen beiden hielt Benjamin in einem Bild fest: »Irre ich mich nicht, so hat sie ihm von mir ungefähr das Bild eines Mannes gegeben, der sich in einem Krokodilsrachen, den er mittels eiserner Verstrebungen geöffnet hält, häuslich niedergelassen hat.«[23]

Für Benjamin waren die Kunstwerk-Thesen eine Art methodische Vorverständigung zum Passagen-Projekt, an dem er nach jahrelanger Unterbrechung seit 1934 wieder intensiv arbeitete. Die ersten Überlegungen zu dieser Arbeit datierten aus dem Jahr 1927, als Benjamin zusammen mit Franz Hessel einen Zeitschriftenartikel über die Pariser Passagen schreiben wollte. Benjamin nahm die Arbeit im Exil wieder auf, und es entstanden 1935 und 1939 zwei Exposés, die nur zum »äußerlichen Gebrauch« gedacht waren und als die einzigen abgeschlossenen Ausarbeitungen des Projektes gelten können. Das »Passagen-Werk« beschrieb Benjamin liebevoll als die »kleine Bestie«, die »durch [m]eine Nächte heult«. Die Arbeit an dem Projekt ließ ihn in der Exilzeit nicht mehr los. Doch allein ein Blick in das chronologische Verzeichnis der von ihm verfaßten Schriften zeigt, was sozusagen »daneben« noch entstan-

22 Walter Benjamin an Gershom Scholem, Brief vom 17. 4. 1931. In: Br. 2, S. 531.
23 Walter Benjamin an Kitty Marx-Steinschneider, Brief vom 20. 7. 1938. In: Br. 2, S. 767.

den war. Erwähnt seien nur der Kafka-Aufsatz, Studien zu Brecht, die Pariser Briefe I und II. Viele der im Umfeld der Passagenarbeit fertiggestellten Schriften entstanden in Korrespondenz zum »Passagen-Werk«, von dem Adorno behauptete, daß durch Benjamins Tod »die Philosophie um das Beste gebracht worden [sei], was sie überhaupt hätte erhoffen können«.[24] Dem Passagen-Projekt wurde, so weit es ging, alles untergeordnet, es machte sich breit in seinen Nächten, und Benjamin hielt es für den »eigentlichen, wenn nicht den einzigen Grund, den Mut im Existenzkampf nicht aufzugeben«.[25] In den Aufzeichnungen finden sich eine Vielzahl von Um- und Beschreibungen darüber, was denn eine Passage sei. Wie die Surrealisten nach Benjamins Ansicht zur Passage standen, beschreibt Benjamin im Exposé »Pariser Passagen II« wie folgt: »Der Vater des Surrealismus war Dada; seine Mutter eine Passage. Dada war, als er ihre Bekanntschaft machte, schon alt« (GS V/2, S. 1057) Von dem »Vater« des ungleichen Paares erhielt Benjamin zuerst Kenntnis. Der Abriß der Passage de l'Opéra, in dem sich die Surrealisten trafen, war eine Folge der »Haussmannisierung«. Diese Liquidation eines einzigartigen Ortes veranlaßte Louis Aragon in seinem Roman *Le paysan de Paris* zu einer letzten, über hundert Seiten langen Liebeserklärung, der sich zugleich wie ein Nachruf liest. Für Aragon ist die Passage ein »Labyrinth der Wollust«, er beschreibt sie als »Menschen-Aquarium«, vergleicht sie mit einem »Asyl für mehrere moderne Mythen«, sieht in ihr die »geweihte Stätte eines Kults der Vergänglichkeit« und stellt sie als »gespenstische Kulisse für verruchte Vergnügen und Gewerbe« dar.[26] Von Aragons Buch konnte Benjamin abends im Bett nicht mehr als zwei bis drei Seiten lesen, weil dann sein Herzklopfen so stark wurde, daß er die Lektüre unterbrechen mußte.

Passagen stellen eine Welt für sich dar. Besucher verlassen eine vertrauten Umgebung und betreten einen bedeutungsträchtigen Geschichtsraum. Offenbar weil es sich bei einem solchen Gang um ein Wagnis handelt, finden sich vor den Eingängen von Passagen Briefkästen. Letzte Chance für einen postalischen Gruß, bevor Schaulustige in einer im Dunkeln liegenden Welt verschwinden.

24 Theodor W. Adorno, *Über Walter Benjamin*. Hrsg. v. Rolf Tiedemann, Frankfurt am Main 1990, S. 84.

25 Walter Benjamin an Theodor W. Adorno, Brief vom 31. 5. 1935. In: Br. 2, S. 664

26 Vgl. Louis Aragon, *Pariser Landleben*, München 1969, S. 19ff.

Benjamin sah in der Passage einen Verbindungsgang, durch den er in das 19. Jahrhundert vorzudringen gedachte. Eine letzte Nachricht von dieser Expedition hinterließ er in Form von Bruchstükken und Aufzeichnungen zum Passagenkomplex, die zu einem Mosaik zusammengefügt werden wollen. Nicht um das historische Erscheinungsbild der Passagen nachzuzeichnen, unternahm Benjamin diese Exkursion, vielmehr sah er in diesen Bauwerken die Urgeschichte des 19. Jahrhunderts aufbewahrt. Die wollte er zum Vorschein bringen. Als die Passagen aufkamen, waren sie – nüchtern betracht – zwielichtige Stätten der Warenzirkulation, in denen das Besondere, Verbotene und Extravagante neben dem Alltäglichsten sich fand. Der Übergang vom Modischen zum Veralteten vollzog sich in diesen überdachten Gängen langsam und ohne Aufsehen, bis die massenhafte Konsumgüterproduktion die geheimen Orte entzauberte. In den Passagen erlebten die Waren ihre Kinderzeit. Als die Verkaufsprodukte in den Warenhäusern einen neuen Raum fanden, verödeten die Passagen. Doch sich auszustellen, sich zu schmücken, um wahrgenommen, um gekauft zu werden, hatten die Waren in den Passagen gelernt. Dort buhlten sie um Käufer mit allen nur denkbaren Versprechungen. Doch es ist den Versprechungen, die von Waren ausgehen, eigen, daß sie nicht alles halten, was sie versprechen. Letztendlich wird jedes Ding im Warenverkehr reduziert auf seinen Preis, entscheidend ist allein das Wieviel. Am Warencharakter eröffnen sich Benjamin Parallelen zu seiner Bestimmung der Allegorie. »Die Entwertung der Dingwelt in der Allegorie wird innerhalb der Dingwelt selbst durch die Ware überboten.« (GS I/2, S. 660) Die vollendete Personifizierung der Ware entdeckt Benjamin in der Hure. Sie ist käufliches Objekt der Begierde, die sich durch Schminke ein professionelles Aussehen verleiht, um dahinter das individuelle Antlitz zu verbergen. Sie bedient die Lust, indem sie ein Versprechen weckt, ohne darin aufzugehen. »Man kann sagen: die Prostitution wäre die Überwindung der versachlichten Beziehungen der Menschen, wenn sie nicht deren einfachster Ausdruck wäre.« (GS II/3, S. 1093) Der Kunde erhält für den Preis nur das, was sich für Geld veräußern läßt. Der Tausch vollzieht sich im Gebrauch. Dabei ereignet sich ein vieldeutiger Wechsel von Empfangen und Nehmen, von Erfüllung und Lust. Benjamin begreift die Passagen auch als Straßen der Lust und des Handels. »Sie ist nur geile Straße des Handels, nur angetan, die Begierden zu wecken. Weil in dieser Straße die Säfte stocken, wuchert die Ware an ihren Rändern und geht phantastische Verbindungen wie die Gewebe in Geschwüren ein.« (GS V/1, S. 93)

In den Passagen verging die Zeit anders. Die Passagen waren ein Wandelrefugium, und unter den Müßiggängern fand sich der Flaneur, der gegen eine immer hektischer werdende Welt des Verkehrs rebellierte, indem er sich dem Tempo der Schildkröte anpaßte, die er in der Passage spazieren führte. Dem zwecklos dahinschlendernden Flaneur übertrug Benjamin die Hauptrolle innerhalb seines Geschichte, Gegenwart und Zukunft in den verschiedensten Schattierungen reflektierenden Historienstückes. An der Seite des Flaneurs, mit seinen Augen gesehen, sollte das 19. Jahrhundert bis in die letzten Winkel einer Betrachtung unterzogen werden. Kein anderer schien Benjamin für diese Vorhaben besser geeignet als der Flaneur, der Genießender war, der sich Zeit für den Müßiggang nahm und ausgiebig beobachtete, wenn er – wie es Baudelaire formulierte – ein »Bad in der Menge« zu nehmen pflegte. Der Flaneur hatte einen Blick für das mit der großstädtischen Wirklichkeit entzauberte Dasein. Das Unheimliche ereignete sich in den dunklen Winkeln der Stadt. Die Metropolen entwickelten sich zu Orten der Fremde, in denen der Schrecken in unmittelbarer Nachbarschaft des Alltäglichen zu finden war. Wer wie der Flaneur das Abenteuer suchte, konnte es in der großen Stadt finden. Die Stadt erschien ihm als Magazin, das angefüllt war mit Detektivgeschichten, die darauf warten, aufgerufen zu werden.

Aus dem Schutzraum Passage wurde der Flaneur in die Unbehaustheit des zwanzigsten Jahrhunderts entlassen. Benjamin schickt ihn und mit ihm die Leser in die dunklen Durchgangsräume des 19. Jahrhunderts zurück. Er läßt ihn in den Passagen nach all dem fahnden, was das 19. Jahrhundert auszeichnete, was es hervorgebracht hat und was in den Passagen eine letzte Heimstatt gefunden hatte. Nicht um daraus ein Bild des Einstigen entstehen zu lassen, sondern um aus dem zutage beförderten Material ein Bild der Geschichte zu entwerfen. Dazu schien es Benjamin erforderlich, ein neues methodisches Verfahren in die Geschichtsbetrachtung einzuführen. »Die erste Etappe dieses Weges wird sein, das Prinzip der Montage in die Geschichte zu übernehmen. Also die großen Konstruktionen aus kleinsten, scharf und schneidend

konfektionierten Baugliedern zu errichten. Ja in der Analyse des kleinen Einzelmoments den Kristall des Totalgeschehens zu entdecken.« (GS V/1, 575) Auf dem Gang durch die Passagen durfte nichts unbeachtet bleiben, nichts verlorengehen. Die Koordinaten der Aufmerksamkeit konnten nicht groß und weiträumig genug angegeben werden, und es war detektivisches Gespür notwendig, um scheinbar Nebensächliches wahrzunehmen. Die Passage war »Straße und Wohnung« und zugleich »Landschaft und Stube«. Benjamin interessierte neben dem Vergehen gerade die Funktion von Passagen als einer Art Durchgangsraum vom 19. ins 20. Jahrhundert. Sie waren ihm »Denkmäler eines Nicht-mehr Seins« und dennoch angefüllt mit Geschichte. (GS V/2, S. 1001)
Von Paris geht ein Reiz aus, dem sich Benjamin nicht entziehen konnte und wollte. Die Stadt erschien ihm von solch bezaubernder Schönheit, dabei auch von vulkanischer Kraft und Unberechenbarkeit, daß man ihr erliegen mußte. Er hatte, was die Wirkung anbelangte, keinerlei Illusionen: »Kaum hat man die Stadt betreten, so ist man beschenkt. Vergeblich der Vorsatz, nichts über sie niederzuschreiben.« (GS IV/1, S. 567) Das für das »Passagen-Werk« gesammelte Material wurde immer umfangreicher. Gliederungen und Unterteilungen waren notwendig. Einzelne Teilaspekte verselbständigten sich. So auch ein Kapitel über Baudelaire. Dieser Ausschnitt entwickelte sich zunächst zu einem Aufsatz, später sollte daraus ein Buch werden. Von diesem Projekt sprach Benjamin als von »einem Modell der Passagenarbeit«, ihrem »Miniaturmodell«. Ihm schwebte eine dreiteilige Gliederung des Buches («Idee und Bild, Antike und Moderne, Das Neue und das Immergleiche«) vor. Das Buch sollte unter dem Titel »Charles Baudelaire – ein Lyriker im Zeitalter des Hochkapitalismus« veröffentlicht werden. An Baudelaires Dichtung wollte Benjamin zeigen, »wie er ins neunzehnte Jahrhundert eingebettet liegt« und welchen »Abdruck« er in dieser Zeit hinterlassen hatte. Im Sommer 1938 beendete er den mittleren des auf drei Teile hin konzipierten Buches »Das Paris des Second Empire bei Baudelaire«. »In diesem Aufbau (des Buches, M. O.) bringt der erste Teil – Baudelaire als Allegoriker – die Fragestellung, der dritte Teil die Auflösung. Der zweite bringt die für diese Auflösung erforderlichen Daten. Die Funktion diese zweiten Teils ist allgemein gesprochen die der Antithesis. Er kehrt der kunsttheoretischen Fragestellung

des ersten Teils entschlossen den Rücken und unternimmt die gesellschaftskritische Interpretation des Dichters.«[27] Der Baudelaire-Aufsatz kann seine Nähe zum Passagen-Werk nicht verleugnen. Doch die erste zur Veröffentlichung in der *Zeitschrift für Sozialforschung* vorgesehene Fassung rief bei den Mitgliedern des Instituts Kritik hervor. Benjamin sah sich zu einer Umarbeitung veranlaßt. Die überarbeitete Fassung erschien 1940 unter dem Titel *Über einige Motive bei Baudelaire* in der Zeitschrift des Instituts. Die umfangreichen Materialstudien für das Passagenwerk beanspruchten Benjamins ganze Aufmerksamkeit. Alle anderen Arbeiten wurden, wenn sie nicht im unmittelbaren Zusammenhang mit diesem Projekt standen, als leidige Unterbrechungen, als »Verdienstschreiberei« angesehen. Doch darunter waren auch Verpflichtungen, denen Benjamin schon aus rein materiellen Erwägungen nachkommen mußte. Als er 1938 die erste Baudelaire-Studie abschloß, hatte er auch die Arbeit an der *Berliner Kindheit* beendet. Im Vorwort dieses Erinnerungsbuches spricht Benjamin davon, wie er die vergangenen Bilder der Stadt seiner Kindheit absichtlich hervorruft, damit ihn nicht unkontrollierte Sehnsucht ergreift. Berlin war für den Juden Benjamin seit 1933 unerreichbar. Daß es sich um eine längerere Trennung handeln würde, war ihm bewußt: »Im Jahr 1932, als ich im Ausland war, begann mir klar zu werden, daß ich in Bälde einen längeren Abschied von der Stadt, in der ich geboren bin, würde nehmen müssen.« (GS VII/1, S. 385)[28]

IV. Berlin

Berlin im Juli/August 1994. An drei zentralen Plätzen sind von Joseph Kosuth Schriftbänder mit Benjamin-Zitaten in der Hauptstadt angebracht worden. Dabei handelt es sich um seine *Berliner Chronik*, wobei er durch die Zitierung von Benjamin-Sätzen Konstellationen sowie Zeit- und Denkbezüge herstellen will. Die von Kosuth in das Stadtbild montierten Zitate greifen auf die Schrift zurück und verwenden den städtischen Raum als Medium einer

27 Walter Benjamin an Max Horkheimer, Brief vom 28. 9. 1938. In: Br. 2, S. 774.
28 Die Fassung letzter Hand erschien zuerst 1987 im Suhrkamp Verlag.

Inszenierung. Die Schriftbänder mit Zitaten aus Benjamins Werk wollen den eher passiven, weil gewöhnlich gewordenen Schrift- und Bildkonsum unterlaufen. Damit wird eine Beziehung zum Werk Benjamins hergestellt, aber zugleich greift der Künstler durch die verwendeten Zitate in aktuelle Diskussionen zur Stadtarchitektur ein. An einem bis auf die Stahlträger abgerissenen Haus am Schönhauser Tor ließ Kosuth das Benjamin-Zitat anbringen: »Die Architektur bot von jeher den Prototyp eines Kunstwerks, dessen Rezeption in der Zerstreuung und durch das Kollektivum erfolgt. Die Gesetze ihrer Rezeption sind die lehrreichsten.« Vor der Volksbühne und auf dem Hof der Kunst-Werke in der Auguststraße waren weitere Spruchbänder mit Auszügen aus Benjamins Werk zu finden. Ebenfalls in das Projekt einbezogen war die *taz*, die Kosuth die Möglichkeit eingeräumt hatte, das Layout von neun Ausgaben mitzugestalten. Ein schwarzer, schrifttragender Balken, mit einem Benjamin-Zitat, durchzog einzelne Zeitungsseiten und störte Lesegewohnheiten. In einem mit Schrift arbeitenden Medium sollte der Lesefluß unterbrochen und die Aufmerksamkeit in eine ungewohnte Richtung geleitet werden. Weiterhin gelang es Kosuth, mit Benjamin-Zitaten in andere Medienbereiche vorzudringen. So wurden Auszüge aus Benjamins Schriften in die Werbeprogramme von Berliner Kinos eingeblendet, Benjamin-Zitate unterbrachen das Fernsehprogramm und wurden auch in das Computer-Internet eingespeist.

Benjamin selber kam innerhalb seines Werkes an verschiedenen Stellen auf die Funktion von Zitaten zu sprechen. In der *Einbahnstraße* vergleicht er sie mit Wegelagerern: »Zitate in meiner Arbeit sind wie Räuber am Weg, die bewaffnet hervorbrechen und dem Müßiggänger die Überzeugung abnehmen.« (GS IV, S. 138) Längst haben sich Benjamins Sätze auf den Weg gemacht, sind nicht länger gebunden an das Buch. Eine Vielzahl von Dialogen findet in anderen Medien statt. Offensichtlich sind seine Überlegungen zu Fragen der Architektur, der Kunst und Kultur weiterhin von solch aktueller Bedeutung, daß allein Zitate sich als Botschaften besser eignen als umfangreiche Abhandlungen zum Thema. Zitaten fehlt der Zusammenhang. Der Raum, aus dem sie kommen, bleibt zerstört zurück, und der, in den sie versetzt werden, ist neu auszumessen. Sie werfen nicht schlechthin Fragen auf. Die für sich stehenden Sätze bleiben nicht für sich, sondern entfalten einen neuen Denkraum durch das Umfeld, in dem sie anzutreffen sind, und laden so zum Dialog ein.

Berlin, die Stadt, in der Benjamin am 15. Juli 1892 geboren wurde, ist zu einem städtebaulichen Experimentierfeld geworden und gleicht einer riesigen Baustelle. Reste einer Stadtlandschaft existieren noch, einzelne Bauwerke ragen wie historische Zeugnisse in die Gegenwart. Nicht mehr existierende Gebäude und nie ausgeführte Entwürfe können in die existierende Stadttopographie nur gedanklich hineinkonstruiert werden. Dieser sich verändernde Raum bleibt in der Entwicklung nach seinem Woher und Wohin zu befragen. Er unterliegt nicht anders als Straßennamen einer permanenten Veränderung. Auch dabei kommt es zu Überlagerungen von Geschichte. »Es ist eine eigentümliche Wollust im Benennen von Straßen« vermerkt Benjamin in der Passagenarbeit und stellt wenige Seiten später eine Beziehung zwischen den Straßennamen und der Sprache her: »Die Stadt ist durch die Straßennamen ein sprachlicher Kosmos.«(GS V/1, S. 644 und S. 650) Es handelt sich um einen Bedeutungsraum, der in der Neustrukturierung seine Geschichtlichkeit offenbart.

Benjamin war ein Bewohner des alten Westens, der mehr in den vornehmen Gegenden zu Hause war. Seine Flaniermeile war der Kurfürstendamm. Doch der Sohn aus einem vermögenden jüdischen Elternhaus entwickelte sehr früh ein Gespür für soziale Ungerechtigkeiten. Die Stadt selber erschien ihm gerade an jenen Punkten von Interesse, die dem bürgerlichen Verdikt unterlagen. Die Berlin-Aufzeichnungen, die er in einer Art Chronik zu sammeln gedachte, sind nicht biographischer Art, sondern als Erfahrungsmuster anzusehen. Die *Berliner Chronik* nannte Scholem die Keimzelle der *Berliner Kindheit um neunzehnhundert*. Für die *Literarische Welt* sollte Benjamin bis zum März 1932 in regelmäßigen Abständen eine »Folge von Glossen« darüber verfassen, was ihm in Berlin bemerkenswert erschien. Die Niederschrift des Fragment gebliebenen Textes erfolgte 1932 während Benjamins Aufenthalt auf Ibiza. So wie auch die später fertiggestellte Endfassung der *Berliner Kindheit* entstand keines von Benjamins Berlinbüchern in der Reichshauptstadt, sondern in der Fremde.

Die Erinnerungen an das Berlin der Jahrhundertwende wollten ein Zeitalter vor dem Vergessen bewahren. Die Generation, an der Benjamin lag, an deren Lebensläufe er zu erinnern gedachte, war noch mit der Pferdebahn zur Schule gefahren und mußte alle Vorstellungen von einem geeinten Europa in den Materialschlachten und dem Geschützfeuer des Ersten Weltkriegs begraben. So sehr die einzelnen Skizzen der *Berliner Chronik* auch subjektiv gefärbt sind, so handelt es sich dennoch nicht um eine Autobiographie. »Denn die Autobiographie hat es mit der Zeit, dem Ablauf und mit dem zu tun, was den stetigen Fluß des Lebens ausmacht. Hier aber ist von einem Raum, von Augenblicken und von Unstetigem die Rede. Denn wenn auch Monate und Jahre hier auftauchen, so ist es in der Gestalt, die sie im Augenblick des Eingedenkens haben.« (GS VI, S. 488)

Es gab Kundige, Führer – wie sie Benjamin in der *Berliner Chronik* nannte –, die ihn vertraut machten mit Berlin, ihm die Seiten eröffneten, die ihm verschlossen waren. Dabei lernte er, aufmerksam hinzusehen, wurde er zum Sammler von Eindrücken und Erinnerungen. Neben dem Kinderfräulein, an deren Seite er die erste Straße entdeckte, die nichts Wohnliches mehr hatte, gehört dazu die Kinderliebe, die ihm ein Gefühl von etwas vermittelte, wofür er noch keinen sprachlichen Ausdruck kannte: früh erfährt er so von der Liebe. Ganze Straßenzüge entdeckt er aber auch im Zeichen der Prostitution. Als er sich auf den Weg zur verbotenen Liebe machte, hatte er die Illusion, er würde in der Begegnung mit dem Laster auch die Grenzen seiner Klasse überschreiten. Als fünfter und letzter Führer trat in den Entwürfen des Buches Franz Hessel in Erscheinung. Der begleitete ihn nicht nur bei seinen Spaziergängen durch Berlin, sondern an der Seite von Hessel erfuhr Benjamin auch etwas über den vierten Führer, über die Stadt Paris. Die Stadt, von der Benjamin berichten sollte, war die Stadt seiner Kindheit und Jugend. Sie präsentierte sich angesichts der Aufgabe als geheimer Ort, der neu zu entdecken blieb. Es kann nicht als ein Scheitern vor der Aufgabe angesehen werden, daß Benjamin im Herbst 1932 die Arbeiten an der *Berliner Chronik* abbrach, denn kurze Zeit später begann er mit der Niederschrift der *Berliner Kindheit um neunzehnhundert*. Darin schrieb Benjamin fort, was er in der *Berliner Chronik* begonnen hatte. Die Arbeit führte er während seines Pariser Exils mit unterschiedlicher Intensität über den Zeitraum von sechs Jahren weiter. Dabei war er bemüht, »der Bilder habhaft zu werden, in denen die Erfahrung der Großstadt in einem Kinde der Bürgerklasse sich niederschlägt«. (GS VII/1, S. 385)

Benjamin hatte sich etwas von der kindlichen Art, zu staunen, sich zu wundern, überrascht zu sein, bis ins gereifte Mannesalter erhalten. Er besaß die Fähigkeit, Konstellation aus scheinbar nicht zu vereinbarenden Phänomenen herzustellen. Darin korrespondierte sein kindliches Vermögen mit der Haltung der Surrealisten, denen er sich verbunden fühlte. Von Benjamin ist eine Geschichte überliefert, die dies unterstreicht. Selbst wenn sie erfunden ist, ist sie doch so gut erfunden, daß sie wahr sein könnte. Es handelt sich um eine Episode, die nicht allein eine Alltagsszene beschreibt, sondern Charakteristisches über Benjamin aussagt. Benjamin soll bei einem Spaziergang mit Karola und Ernst Bloch auf dem Kurfürstendamm Karola Bloch gefragt haben, ob ihr schon einmal das kränkliche Aussehen der Marzipanfiguren aufgefallen sei. Benjamin hatte die Eleganz, diese Frage mit der Anrede »Gnädigste« einzuleiten. Vielleicht mutet die besondere Aufmerksamkeit für Marzipanfiguren etwas merkwürdig an, doch diese Episode scheint mehr zu sein, als eine kurios anmutende Geschichte aus dem Raritätenkabinett der deutschen Gelehrtenrepublik. Es ist von vielen bezeugt, daß Benjamin einen Blick für das Detail hatte. Er war ein aufmerksamer Beobachter, der im Gegenwärtigen und Überlieferten sich behutsam gerade der Dinge annahm, die kaum oder gar nicht beachtet wurden. Für ihn gab es weder Verfallszeiten, wie er im Trauerspielbuch anmerkte, noch einsichtige Gründe, historisch Tradiertes dem Verfall zu überantworten. Die Dinge hatten für Benjamin Verweisungscharakter, sie waren bedeutend, weil sie in ihrem Da-sein auch auf etwas hindeuteten, was bei nur oberflächlicher Betrachtung verborgen blieb. Die eben noch meistgelesensten Werke interessierten Benjamin in dem Moment, in dem sie aus der Mode kamen. Benjamin sammelte den Abfall der Geschichte ein, interessierte sich für das Ausgesonderte, für das nicht mehr Benötigte, Verworfene, Mißlungene. Die Figur des Lumpensammlers, auf die er auch in einer Besprechung von Siegfried Kracauers Studie *Die Angestellten* zu sprechen kommt, ist ihm mehr als eine vergangene historische Figur. »Ein Lumpensammler frühe im Morgengrauen, der mit seinem Stock die Redelumpen und Sprachfetzen aufsticht, um sie murrend und störrisch, ein wenig versoffen in seinen Karren zu werfen, nicht ohne ab und zu einen oder den anderen dieser ausgeblichenen Kattune Menschentum, Innerlichkeit, Vertiefung spöttisch im Morgenwinde flattern zu lassen.« (GS

III, S. 225) In dieser Figur entdeckt sich der passionierte Sammler wieder. Im Passagenwerk heißt es: »Ich habe nichts zu sagen. Nur zu zeigen. Ich werde nichts Wertvolles entwenden und mir keine geistvollen Formulierungen aneignen. Aber die Lumpen, den Abfall: die will ich nicht inventarisieren sondern sie auf die einzig mögliche Weise zu ihrem Rechte kommen lassen: sie verwenden.« (GS V/1, S. 574) Selbst nur noch bruchstückhaft Vorhandenes rief Benjamins Interesse hervor und gerade aus der Anschauung der kleinsten Gegenstände erschlossen sich ihm größere Zusammenhänge, weil nach seiner Ansicht in den Einzelmomenten der Entwurf des Gesamtgeschehens angelegt war. Verwerflich schien ihm der »geile Drang aufs große Ganze«, die Mißachtung des Details, des Ausschnittes. Die Vertiefung in den Gegenstand selber war Voraussetzung, um das Wesen der Dinge erfassen zu können. So gelangte innerhalb seiner ästhetisch-philosophischen Exkurse das zur Erscheinung, was in den Werken selber angelegt war und nur darauf wartete, entfaltet zu werden.

Theodor W. Adorno, mit dem Benjamin seit 1928 in intensivem Briefkontakt stand, hat auf diese Haltung des Freundes verwiesen. Man konnte, so erinnert sich Adorno, »kaum mit ihm reden, auch nicht scheinbar über die banalsten und gleichgültigsten Dinge, ohne das diese Produktivität alles, was er berührte, verwandelte und ergriffen hätte«.[29]

Benjamin erschienen die banalen und gleichgültigen Dinge nicht unbedeutend, denn zu Nebensächlichkeiten wurden sie erst innerhalb des Distributionsprozesses, in dem nur Verwertbarkeit zählte. Was innerhalb der schnell wechselnden Moden nicht mithalten konnte, hatte keine Chance zu überdauern und veraltete in nur wenigen Augenblicken. Die Zeit ging darüber hinweg und mit ihr diejenigen, die sich auf der Höhe der Zeit wähnten. Benjamin sah eine ihm wichtige Aufgabe darin, die Dinge aus diesem Netzwerk, das durch die Nützlichkeit hielt, zu erlösen. Sein Zugang war unorthodox, seine Argumentation originell, weil er am scheinbar Unspektakulären das Unbekannte und Überraschende aufzuzeigen wußte. Gershom Scholem beschrieb diese Fähigkeit wie folgt: »Unerwarteten Anschauungen gegenüber war er von völliger Vorurteilslosigkeit und suchte in deren Sinn oder Zusammen-

29 Theodor W. Adorno. In: *Über Walter Benjamin*, Frankfurt am Main 1968, S. 11.

hänge von nicht weniger unerwarteten Gesichtspunkten her einzudringen.«[30]
Als sich Benjamin veranlaßt sah, auf Drängen von Gretel Karplus, Deutschland zu verlassen, war er gezwungen, eine Existenz aufzugeben, die ihm nicht Wohlstand, aber zumindest Ansehen im Literaturbetrieb der Weimarer Republik eingebracht hatte. Es kann schon als ein besonderes Kapitel der deutschen Universitätsgeschichte angesehen werden, daß Benjamin eine akademische Laufbahn an der Universität nicht vergönnt war. Mit einem Fiasko endete sein Versuch, sich mit der 1924 fertiggestellten Arbeit »Ursprung des deutschen Trauerspiels« an der Frankfurter Universität zu habilitieren. Ein Jahr später zog Benjamin den Antrag zurück, um einer offiziellen Ablehnung zuvorzukommen. In der »Erkenntniskritischen Vorrede« des bis heute in der Barockforschung umstrittenen Buches versucht Benjamin die Rettung der Phänomene durch eine Extremtheorie theoretisch zu begründen, die dann am Materialteil der Arbeit entwickelt wird. In diese Vorrede werden bereits frühere sprachtheoretische Überlegungen einbezogen. Sie erscheinen jetzt als »Ideenlehre frisiert«. Besondere Bedeutung erlangen die sprachtheoretischen Überlegungen im Zusammenhang mit Benjamins Untersuchungen zum Begriff der Allegorie und zur Funktion der Kritik. Die Rettung der Allegorie als Ausdrucksform war ein zentrales Anliegen von Benjamins Untersuchung. Wesensmerkmal der Allegorie ist für Benjamin, daß sie etwas anderes bedeutet, als sie darstellt. Die Überlegungen aus dem Trauerspielbuch blieben für Benjamin zentral. In den Zentralpark-Fragmenten und den Baudelaire-Studien taucht der Begriff der Allegorie wieder auf. Dort steht er im Zusammenhang einer Theorie der Moderne. Als Buch erschien das Trauerspielbuch 1928 im Rowohlt Verlag. Im gleichen Jahr wurde, ebenfalls von Rowohlt verlegt, Benjamins *Einbahnstraße* publiziert. Während das Trauerspielbuch als Abschluß eines stärker ideengeschichtlich ausgerichteten Produktionskreises angesehen werden kann, leitete die *Einbahnstraße* – die ersten Texte wurden ab 1926 in der *Frankfurter Zeitung* veröffentlicht – den materialistisch ausgerichteten Schaffensabschnitt ein, ohne daß dadurch frühere Ansichten gänzlich aufgegeben wurden. Neben weniger auffälligen Gemeinsam-

30 Gershom Scholem, *Walter Benjamin*. In: Ebenda, S. 135.

keiten zwischen beiden Büchern sind offensichtliche Unterschiede evident. Die *Einbahnstraße*, ein literarisches Werk von Rang, kann als Schlüsseltext der Literatur der Avantgarde angesehen werden. Benjamin wollte »ins Politische voran«, wie er im Februar 1925 an seinen Freund Gershom Scholem schrieb. Die in der Folgezeit entstandenen Texte der *Einbahnstraße* bestätigten diesen Vorsatz. Ein Grund für den »Umschmelzungsprozeß« der Benjaminschen Gedankenmassen war ein Aufenthalt auf Capri, der ihn mit Asja Lacis zusammenführte und ihm die »politische Praxis des Kommunismus« in anderem Licht erscheinen ließ als je zuvor.

Eine Vermittlung zum dialektischen Materialismus sah Benjamin von seinem besonderen sprachphilosophischen Standort aus gegeben. In einem Brief an Max Rychner aus dem Jahre 1931 schrieb er: »Was ich aber zur Zeit seiner Abfassung (des Trauerspielbuches, M. O.) nicht wußte, das ist mir bald nachher klarer und klarer geworden: daß von meinem sehr besonderen sprachphilosophischen Standort aus es zur Betrachtungsweise des dialektischen Materialismus eine wenn auch noch gespannte und problematische Vermittlung gibt. Zur Saturiertheit der bürgerlichen Wissenschaft aber gar keine.« (Br. 2, S. 523). Indirekt bezieht sich Benjamin mit dieser Äußerung auf einen Aufsatz über sprachtheoretische Probleme aus dem Jahre 1916, der während des Ersten Weltkrieges entstanden war.

Dieser Krieg stellte für Benjamin eine entscheidende Zäsur dar. Der Beginn des Infernos verband sich für Benjamin mit dem Selbstmord seines Freundes Fritz Heinle, der sich zusammen mit seiner Verlobten Rika Seligson aus Protest gegen den Krieg das Leben genommen hatte. Nur zu gut wußte Benjamin, daß dies keine Tat aus Liebeskummer war, wie die Presse den Freitod darzustellen versuchte. Er selbst stellte sich, »keinen Funken Kriegsbegeisterung im Herzen«, 1914 der Musterungskommission, die den Zweiundzwanzigjährigen wehruntauglich schrieb. (GS VI, S. 481) Im Unterschied zu vielen anderen deutschen Intellektuellen, die den Krieg euphorisch begrüßten, war Benjamin erschüttert über die kriegsverherrlichenden Appelle und Aufrufe. Seine Haltung gegen Militarismus und Krieg ließ es an Konsequenz nicht fehlen. Benjamin gehörte in seiner Jugendzeit zu den begeisterten Anhängern seines Lehrers Gustav Wyneken. Durch Wyneken hatte Benjamin Anleitungen im Umgang mit Literatur und mit philosophischen Texten erhalten. Zum unwiderruflichen Bruch mit seinem Lehrer kam es, als dieser im November 1914 in einer in München gehaltenen Rede die deutsche Jugend zum Krieg aufrief. Diese Haltung erschien Benjamin als grundsätzlicher Verrat an all den Ideen, für die Wyneken einst einstand, weshalb er sich von seinem Lehrer lossagte. Die Erfahrung des Ersten Weltkrieges, der Tod seines Freundes Fritz Heinle, die Abkehr von einstigen Jugendidealen, die sich mit dem Namen Gustav Wyneken verbanden, wurden für Benjamin prägend.

Es waren Erfahrungen, die er mit dem um einige Jahre älteren Ernst Bloch und mit Georg Lukács teilte, die in ihren Frühschriften *Geist der Utopie* und *Theorie des Romans* auf die geistesgeschichtlichen Wirkungen einer gesellschaftlichen Entwicklung verwiesen, die mit dem Kriegsausbruch nur einen vorläufigen Höhepunkt erreichte. Besonders Lukács machte in seinem Buch deutlich, wie sich die Menschen gegenüber dem eigenen Selbst und gegenüber einer aus den Fugen geratenen Zeit entfremdet haben. Was in der Vorkriegszeit bereits gespürt wurde, bedurfte nur noch eines letzten Anstoßes, um es schriftlich zu fixieren. In den beiden Büchern von Bloch und Lukács ist die Rede vom Ungenügen an der Zeit und zugleich vom Wunsch nach Veränderung. Kritisch wird von Lukács Zeitgeschichte mit der Welt der Griechen konfrontiert und das dort noch im Epos anzutreffende harmonische Ideal ins Verhältnis zur Unbehaustheit der Romanfiguren in der Epik der Moderne gesetzt. Nicht anders ist auch für Bloch der Verlust einstiger Harmonie der Ausgangspunkt für die Suche nach einer Utopie, für die er im Gegenwärtigen nicht einmal Ansätze entdeckte.

In dem 1915 entstandenen Aufsatz *Das Leben der Studenten* formuliert Benjamin im Eingangspassus einen theoretischen Ansatz, der dem von Lukács und Bloch verwandt ist. Bereits in dieser Frühschrift finden sich Überzeugungen, auf die er Jahre später zurückkommen wird. Benjamin beschreibt den entscheidenden Unterschied seiner Geschichtsauffassung gegenüber einem Geschichtsbild, das im Tempo des industriellen Fortschritts Kriterien für die Bewertung geschichtlicher Epochen findet. Gegen eine solche Sicht macht er geltend, daß die utopischen Momente eines »Endzustandes« gerade nicht in den Zeugnissen zu finden sind, die in der Geschichte als Zeichen der Zeit bestimmt werden, sondern in den unscheinbaren, unfertigen und unvollkommenen Gedanken und Erscheinungen. Im Unvollendeten – so argumentiert Benjamin – sei ein »utopisches Bild« gegeben, das zu entschlüsseln bleibt. Seine Aufmerksamkeit galt den Phänomenen, die sich im historischen Verlauf nicht durchzusetzen vermochten, verlacht und vergessen wurden. Doch gerade sie enthalten mehr Momente utopischen Denkens, als die Elemente, die scheinbar für den Fortschritt in der Historie einstehen. Angesichts immer problematisch verlaufender Überlieferungsgeschichten bleibt ein kritischer Umgang mit den Kommentaren angemessen. Da sich solche Interpretationen der alltäglichen Sprache bedienen, die Sprache selbst zum Schauplatz von ideologischen Grabenkämpfen geworden ist. Gerade im Wissen um den Zusammenhang von Sprache und Gesellschaft hatte Benjamin seine Äußerungen, unabhängig davon, ob sie geschichtsphilosophisch, literaturhistorisch oder kulturwissenschaftlich intendiert waren, immer auch als Aussagen verstanden, die diesen Zusammenhang reflektieren sollten. Benjamins früher Sprachaufsatz *Über Sprache überhaupt und über die Sprache des Menschen* ebenso wie die *Die Aufgabe des Übersetzers* und die später entstandenen Arbeiten *Über das mimetische Vermögen* und die *Lehre vom Ähnlichen* sind in der Tradition sprachkritischen Denkens zu sehen.

Als der vierundzwanzigjährige Walter Benjamin 1916 seinem Freund Gershom Scholem den Aufsatz *Über Sprache überhaupt und über die Sprache des Menschen* zusandte, verstand er diese Schrift als eine Art Selbstverständigung. Es war der Versuch, sich über den Ursprung der Sprache Rechenschaft abzulegen, ein Versuch, der noch tastend und suchend ausfiel. Doch wie kaum eine andere Frühschrift Benjamins führt diese Aufzeichnung in das Zentrum seines Denkens. Benjamin entwirft darin die Dimension einer Fragestellung, auf die er später an verschiedenen Stellen zurückgreift. Einige Abschnitte des frühen Sprachaufsatzes werden in das »Trauerspiel«-Buch aufgenommen. Grundeinsichten seiner Überlegungen finden sich aber auch in den Denkbildern wieder und als Benjamin 1933 eine »Lehre vom Ähnlichen« entwirft, bittet er Scholem, ihm den frühen Sprachaufsatz zuzusenden, weil er Parallelen entdeckt hat, denen er nachgehen wollte. Zur gleichen Zeit, als er über eine Mimesistheorie nachdenkt, entsteht der Text *Mummerehlen* aus der *Berliner Kindheit*.

Der frühe Sprachaufsatz von 1916 vermittelt einen Eindruck von dem Fragehorizont, den Benjamin abzustecken gedachte. Daß er seine Gedanken in Anlehnung an das erste Kapitel der Genesis entwickelte, macht den Text nicht eben leicht lesbar, verweist aber mit Nachdruck auf die grundlegende Bedeutung seiner Überlegungen, die gerade die Nähe zur Schöpfungsgeschichte suchen, weil darin nicht anders als in der Schöpfung sprachlichen Ausdrucks das schaffende Moment prägend ist. Benjamin geht davon aus, daß die Sprache eine magische Seite hat. Diese magische Seite der Sprache hat nichts mit dem Austausch von sprachlichen Inhalten in der allgemeinen Form der Mitteilung zu tun, sondern ist definiert als ein Sprachbereich, der in der Sprache selbst verschlossen ist. Die magische Seite der Sprache erscheint Benjamin als eine »Sprache der Sprache«, ohne daß dadurch einsichtig wird, was ihm mit dieser Formulierung vorschwebt. Doch der kompliziert anmutende theoretische Ansatz seiner sprachphilosophischen Überlegung wird leichter zugänglich, folgt man Benjamin in der Annahme, daß Sprache, indem sie etwas mitteilt, eine mit der Mitteilung gegebene, in ihr allerdings nicht aufgehende weitere sprachliche Ausdrucksdimension enthält. Diese verborgene Seite der Sprache begreift Benjamin als ihre magische Seite, die als das »Urproblem« der Sprachtheorie verstanden werden kann. In einem Brief an Hofmannsthal kommt Benjamin im Januar 1924 erneut auf dieses Urproblem zu sprechen. Mit Hofmannsthal wußte er sich in Übereinstimmung darin, »daß jede Wahrheit ihr Haus, ihren angestammten Palast, in der Sprache hat, daß er aus den ältesten logoi errichtet ist und daß der so gegründeten Wahrheit gegenüber die Einsichten der Einzelwissenschaften subaltern bleiben, solange sie gleichsam nomadisierend, bald hier bald da im Sprachbereiche sich behelfen, befangen in jener Anschauung vom Zeichencharakter der Sprache [...].« (Br. 1, S. 329) Aus dieser, bloßer Mitteilung gehorchenden Sprachverwendung ist die Sprache zu erlösen. Im Unterschied dazu will Benjamin zu jenem sprachlichen Kern vordringen, nämlich dem magischen Bereich, der verschüttet ist. Dabei macht er geltend, daß philosophische Einsichten ganz bestimmten Worten zustreben, die in sich Formen sprachlichen Lebens aufbewahren, die durch die begriffliche Verwendung verdeckt sind. Erst im philosophischen, auf Wahrheit ausgerichteten Diskurs wird das Wort von seiner begrifflichen

Verwendung befreit, fällt die »verkrustete Oberfläche« von ihm ab, wodurch Bedeutungsbereiche freigelegt werden, die Benjamin in dem frühen Aufsatz durch den Terminus »magisch« charakterisiert. So geht für Benjamin Sprache nicht auf in der Mitteilung des Mitteilbaren, denn zugleich ist in der Sprache etwas Nicht-Mitteilbares aufgehoben. »Die sprachlichen Gebilde, so auch das Wort, teilen eine Mitteilbarkeit mit und symbolisieren eine Nicht-Mitteilbarkeit. Ein Wort teilt also nicht die Sache mit, die es scheinbar bezeichnet; sondern dasjenige, was es in Wahrheit bedeutet.« (GS VI, S. 15) Aus diesem Grunde scheint es Benjamin naheliegend, von einer »Sprache der Sprache« zu reden. Wenn aber diese Sprache gebunden ist an das, was sich durch Sprache mitteilt, ohne dem Mitteilungscharakter zu entsprechen, dann bleibt diese verborgene Seite der Sprache dem Unkundigen fremd wie eine Fremdsprache. Um auf diesen verborgenen Kern zu stoßen, bedarf es der Übersetzung.

Benjamin findet für seine theoretischen Auffassungen nicht zufällig sprachliche Ausdrucksformen, die sich als Bemühungen verstehen, in die Bereiche vorzudringen, die dem Begriff versagt sind. Das Nachdenken über Sprache beschäftigte Benjamin sehr früh und ließ ihn in seiner weiteren theoretischen und literarischen Arbeit nicht mehr los. Seinen Texten ist etwas Unverwechselbares eigen, was auch mit der metaphorischen Bildlichkeit seiner Sprache zusammenhängt. Dies allein macht allerdings nicht die Faszination aus, die von seinen Schriften ausgeht. Die politischen Intentionen seiner Arbeiten werden dem aufmerksamen Leser gewiß nicht verborgen geblieben sein. Benjamin sah keinen Grund, diese Dimension seines Schreibens zu verbergen, aber sie ist auch nie plakativ.

Aus dem Verständnis seines besonderen sprachphilosophischen Standpunktes, der wie eine Klammer die frühen metaphysisch intendierten Anfänge mit den späteren materialistischen Schriften umfaßt, ließe sich Benjamins Werk wahrnehmen. Ein solcher Ansatz könnte als Basis betrachtet werden, um von da aus andere Themen zu erschließen. Sein Werk ist ein Fundus und viel zu breit, als daß man es auf einen thematischen Bereich oder erschöpfende Begriffe festlegen könnte. Benjamin neu lesen könnte auch heißen, die »infernalischen Aspekte« in seinen Texten neu zu entdecken, Momente, die Heiner Müller interessant erschienen. Benjamin selbst verweist in seinem letzten Text nachdrücklich auf eine Form von Vermittlung und Gleichzeitigkeit: »Der Klassenkampf«, heißt es in den Thesen *Über den Begriff der Geschichte*, »der einem Historiker, der an Marx geschult ist, immer vor Augen steht, ist ein Kampf um die rohen und materiellen Dinge, ohne die es keine feinen und spirituellen gibt. Trotzdem sind diese letztern im Klassenkampf anders zugegen denn als die Vorstellung einer Beute, die an den Sieger fällt. Sie sind als Zuversicht, als Mut, als Humor, als List, als Unentwegtheit in diesem Kampf lebendig und sie wirken in die Ferne zurück. Sie werden immer von neuem jeden Sieg, der den Herrschenden jemals zugefallen ist, in Frage stellen.« (GS I/2, S. 694) Das Gespür für das Verlorengegebene und Vergessene liegt Benjamins Arbeiten zugrunde. Auch wegen dieser Aufmerksamkeit, die in einer sprachlichen Behutsamkeit sich artikuliert und den festen Zugriff trotzdem kennt, veralten Benjamins Texte nicht.

Editorische Anmerkungen

Die in dieser Auswahl versammelten Texte und Briefe Walter Benjamins werden nach folgenden Ausgaben zitiert:
Walter Benjamin, Gesammelte Schriften. Unter Mitwirkung von Theodor W. Adorno und Gershom Scholem herausgegeben von Rolf Tiedemann und Hermann Schweppenhäuser, Band I-VII, Frankfurt am Main 1972–1989. Nachgewiesen mit den Angaben: GS für Gesammelte Schriften. Bandnummer in römischen / Teilbandnummer [wenn vorhanden] in arabischen Ziffern, Seitenzahl; Bsp. (GS I/1, S. 125).
Walter Benjamin, Briefe. Herausgegeben und mit Anmerkungen versehen von Gershom Scholem und Theodor W. Adorno, 2 Bände, Frankfurt am Main 1966. Im Text nachgewiesen mit den Angaben: Br. Band, Seitenzahl.
Die editorischen Anmerkungen basieren auf den in den Gesammelten Schriften enthaltenen Anmerkungen. Die für das Lesebuch verwendeten Kurzkommentare sollen das Werkverständnis erleichtern und Zusammenhänge herstellen. Für weitergehendere Informationen sollte der ausführliche Kommentarteil in den Gesammelten Schriften genutzt werden. Der Erscheinungsort und das -jahr wird bei den Arbeiten angegeben, die zu Benjamins Lebzeiten publiziert wurden.

Ankündigung der Zeitschrift Angelus Novus: GS II/1, S. 241-246. Programmatische Arbeit zu einem Zeitschriftenprojekt. Das erste Heft sollte am 25. Januar 1923 erscheinen und »höchstwahrscheinlich enthalten Oden und Gedichte C. F. Heinle [/] Dramatische Gedichte von Wolf Heinle [/] Die [alte] Synagoge [/] Aufstieg und Abstieg von J. S. Agnon [/] Historische Psychologie des Karnevals von F. C. Rang [/] Über das Klagelied von Gerhard Scholem [/] Die Aufgabe des Übersetzers von mir [Walter Benjamin, M. O.]«. Der geplante Druck der Zeitschrift verzögerte sich wieder und wieder, so daß sich Benjamin im Februar 1923 gezwungen sah, die Manuskripte wieder an sich zu nehmen. Ebenfalls unrealisiert blieb die 1930 geplante Zeitschrift »Krise und Kritik«.

Aus einer kleinen Rede über Proust, an meinem vierzigsten Geburtstag: GS II/3, S. 1064. Fragmentarischer Text, wahrscheinlich von 1932.

Ausgraben und Erinnern. GS IV/1, S. 400. Eine sehr ähnlich lautende Passage findet sich in der *Berliner Chronik* (GS VI, S. 486f.).

Berliner Chronik. GS. VI, S. 465–519. Die »Keimzelle« (Scholem) der *Berliner Kindheit um neunzehnhundert.* Bei der *Berliner Chronik* handelt es sich um eine Fragment gebliebene Niederschrift. Die Aufzeichnungen entstanden im Frühjahr (wahrscheinlich April) 1932 auf Ibiza. Die Arbeit an dem Projekt geht auf einen Vorschlag der *Literarischen Welt* zurück, dem zufolge sollte Benjamin in Form von Glossen festhalten, was ihm »an Berlin von Tag zu Tag bemerkenswert erscheine«.
Berliner Kindheit um neunzehnhundert (Fassung letzter Hand). GS VII/1, S. 385–430. Teile der *Berliner Chronik* wurden von Benjamin in die *Berliner Kindheit* eingearbeitet. Das Motto stammt von Benjamin und ist bei Haschisch-Experimenten gefunden worden, die er unter ärztlicher Kontrolle durchgeführt hatte. Benjamin begann im Herbst 1932 mit den Aufzeichnungen zur *Berliner Kindheit.* Die hier wiedergegebene Fassung letzter Hand von 1938 wurde 1981 in Paris aufgefunden und ist gekennzeichnet mit: »Handexemplar komplett«.

Bert Brecht. GS II/2, S. 660–667. Rundfunkvortrag, am 24. Juni 1930 im Frankfurter Rundfunk gesendet.

Brezel, Feder, Pause, Klage, Firlefanz. GS IV/1, S. 432f. Erschien unter dem Pseudonym Detlef Holz am 15. November 1933 in der *Frankfurter Zeitung.*

Curriculum vitae Dr. W. Benjamin. GS VI, S. 225–228. Wahrscheinlich Ende 1939, Anfang 1940 entstanden. Vermutlich auf Horkheimers Bemühen zurückzuführen, für Benjamin ein amerikanisches Stipendium zu vermitteln.

Das Kunstwerk im Zeitalter seiner technischen Reproduzierbarkeit. GS VII/1, S. 350–384. Bei der hier abgedruckten Fassung, dem »Urtext« von 1935/36, handelt sich um die erste definitive, aus der handschriftlichen Vorlage hervorgegangene Typoskriptfassung. Es ist die Fassung, die Benjamin veröffentlicht sehen wollte.

Das Leben der Studenten. GS II/1, S. 75–87. Im September 1915 gedruckt in der Zeitschrift *Der Neue Merkur. Monatsschrift für geistiges Leben.* Geht auf zwei Vorträge zurück, die Benjamin im Mai und im Juni 1914 in Berlin und Weimar gehalten hatte. Benjamin trat am 4. Mai 1914 den Vorsitz der Berliner »Freien Studentenschaft« an. Es existieren keine Vortragsmanuskripte, offensichtlich hat Benjamin in Weimar frei gesprochen.

Das Paris des Second Empire bei Baudelaire. GS I/2, S. 513–604. Im Sommer und Herbst 1938 geschrieben. Teil des geplanten Buches »Charles Baudelaire. Ein Lyriker im Zeitalter des Hochkapitalismus«, das Fragment blieb. Später umgearbeitet zu *Über einige Motive bei Baudelaire.* Die überarbeitete Fassung wurde 1940 in der *Zeitschrift für Sozialforschung* gedruckt. Benjamin hatte sich 1937 entschlossen, den Baudelaire-Teil aus dem Passagen-Werk auszugliedern.

Der Baum und die Sprache. GS. IV/1, S. 425 f. Teil einer Sammlung von Texten, die am 25. Februar 1933 unter dem Titel *Kurze Schatten* in der *Kölnischen Zeitung* erschienen sind. Unter dem gleichen Titel hatte Benjamin 1929 in der *Neuen Schweizer Rundschau* eine Folge von Denkbildern veröffentlicht.

Der enthüllte Osterhase. GS. IV/1, S. 398–400. Erschien im April 1932 in *Der Uhu.*

Der Erzähler. Betrachtungen zum Werk Nikolai Lesskows. GS II/2, S. 438–465. Wahrscheinlich im Juli/August 1936 entstanden. Erschienen im Oktoberheft 1936 der Zeitschrift *Orient und Occident*, das erst im Juni 1937 ausgeliefert wurde.

Der Sürrealismus. Die letzte Momentaufnahme der europäischen Intelligenz. GS II/1, S. 295–310. Erschien am 1. Februar; 8. Februar und 15. Februar 1929 in drei Fortsetzungen in der *Literarischen Welt.* Benjamin selbst begriff den Aufsatz als eine Art

»Schirm«, hinter dem sich die Passagenarbeit verborgen hielt, an der er seit 1927 arbeitete.

Der Wunsch. GS IV/2, S. 759f. Eine der vier Geschichten, die am 5. August 1934 im *Prager Tageblatt* mit redaktionellen Eingriffen erschien. Eine ähnliche Geschichte findet sich bei Ernst Bloch (Vgl.: »Fall ins Jetzt«. In: Ernst Bloch, *Spuren.* In: ders.: Gesamtausgabe in 16 Bänden. Band 1. Frankfurt am Main 1977, S. 98f.)

Die Aufgabe des Übersetzers. GS IV/1, S. 9–21. Erschien 1923 im Verlag von Richard Weißbach unter dem Titel *Charles Baudelaire, Tableaux parisiens.* Deutsche Übertragung mit einem Vorwort über die Aufgabe des Übersetzers. Während der Arbeit an der Vorrede teilte Benjamin Scholem mit: »[...] daß es sich um einen Gegenstand [handelt], der so zentral für mich ist, daß ich noch nicht weiß, ob ich ihn, im jetzigen Stadium meines Denkens, mit der ausreichenden Freiheit entwickeln kann.«

Die Mietskaserne. GS VII/1, S. 117–124. Wahrscheinlich im Frühjahr oder Sommer 1930 entstanden und als Rundfunkvortrag für Kinder gedacht. Benjamin hatte zwischen 1929 und 1932 verschiedene Arbeiten für den Rundfunk geschrieben.

Die Wiederkehr des Flaneurs. GS III, S. 194–199. Kritik zu Franz Hessels Buch *Spazieren in Berlin*, Leipzig, Wien 1929, die am 4. Oktober 1929 von der *Literarischen Welt* gedruckt wurde.

Eduard Fuchs, der Sammler und der Historiker. GS. II/.2, S. 465–505. Auftragsarbeit für die *Zeitschrift für Sozialforschung.* Mit Unterbrechungen arbeitete Benjamin zwischen 1935 und 1937 an dem Manuskript. Es erschien 1937 im zweiten Heft der *Zeitschrift für Sozialforschung.* Einzelne Formulierungen wurden in die Arbeit *Über den Begriff der Geschichte* übernommen. Während Benjamin die Passagenarbeit als »Wetterdach« empfindet, unter dem er Schutz findet, gehörte der *Fuchs* 1935 noch zu den »Unbilden des draußen«. (Br. 2, S. 695)

Ein Jakobiner von heute. Zu Werner Hegemanns »Das steinerne Berlin«. GS III, S. 260–265. Veröffentlicht am 14. September 1930 in der *Frankfurter Zeitung.*

Einbahnstraße. GS IV/1, S. 85–148. Verschiedene Texte des 1928 im Ernst Rowohlt Verlag erschienen Buches wurden zuvor in Zeitungen veröffentlicht. Den Bucheinband gestaltete Sasha Stone. »Gerade in seinen exzentrischen Elementen ist das Buch (*Einbahnstraße*, M. O.) wenn nicht Trophäe so doch Dokument eines inneren Kampfes, von dem der Gegenstand sich in die Worte fassen ließe: Die Aktualität als den Revers des Ewigen in der Geschichte zu erfassen und von dieser verdeckten Seite der Medaille den Abdruck zu nehmen. Im übrigen ist das Buch in vielem Paris verpflichtet, der erste Versuch meiner Auseinandersetzung mit dieser Stadt. Ich setze ihn in einer zweiten Arbeit fort, die ›Pariser Passagen‹ heißt.« (Br. 1, S. 459)

Erfahrung und Armut. GS II/1, S. 213–219. Ein genaues Entstehungsdatum ist nicht sicher. Niedergeschrieben entweder zwischen April und Oktober 1933 auf Ibiza oder kurz darauf nach der Rückkehr nach Paris. Erschienen ist die Arbeit am 7. Dezember 1933 in *Die Welt im Wort* (Prag).

Franz Kafka. GS II/2, S. 409–438. Der Text wurde wahrscheinlich im Mai/Juni 1934 auf der Basis von Exzerpten und Aufzeichnungen fertiggestellt. In zwei Teilabdrucken erschien der Kafka-Aufsatz am 21. Dezember und 28. Dezember 1934 in der *Jüdischen Rundschau*. Benjamins erste Beschäftigung mit Kafka geht auf das Jahr 1925 zurück.

Frische Feigen. GS IV/1, S. 374–375. Teil einer Textsammlung, die unter dem Titel *Essen* am 29. Mai 1930 in der *Frankfurter Zeitung* gedruckt wurde.

In der Sonne. GS IV/1, S. 417–420. Wahrscheinlich im Sommer 1932 auf Ibiza entstanden und am 27. Dezember 1932 in der *Kölnischen Zeitung* veröffentlicht.

Jahrmarkt des Essens. GS. IV/1, S. 527–532. Erschien am 2. September 1928 in der *Frankfurter Zeitung*.

Johann Peter Hebel. GS. II/2, 635–640. Vortrag, den Benjamin im September oder Oktober 1929 gehalten hatte. In den Anmerkungen zu diesem Text heißt es: »Hebel hat mich gerufen. Ich habe ihn nicht gesucht. Niemals habe ich mir träumen lassen (und am wenigsten wenn ich ihn las) daß ich über ihn ›arbeiten‹ würde.« (II/3, S. 1002) Benjamin hatte daran gedacht, ein Buch über Hebel zu schreiben, zu dem es nicht kam.

Kleine Geschichte der Photographie. GS. II/1, S. 368–385. Der 1931 entstandene Aufsatz erschien in drei Teilen am 18. September; 25. September und 2. Oktober 1931 in der *Literarischen Welt.* Auch diese Arbeit ist aus Prolegomena der Passagenarbeit hervorgegangen. Thematisch im Zusammenhang mit *Das Kunstwerk im Zeitalter seiner technischen Reproduzierbarkeit*, dem zweiten *Pariser Brief* sowie einer Rezension zu Gisèle Freunds Untersuchungen über Photographie.

Krisis des Romans. Zu Döblins »Berlin Alexanderplatz«. GS III, S. 230–236. Kritik, die 1930 von der Zeitschrift *Die Gesellschaft* publiziert wurde.

Lehre vom Ähnlichen. GS II/1, S. 204–210. Wohl im Februar 1933 entstanden. Parallel zu dieser späten Spracharbeit entsteht *Mummerehlen*, ein Text aus der *Berliner Kindheit um neunzehnhundert.* Im Sommer 1933 begann Benjamin auf Ibiza mit der Niederschrift einer stark differierenden Neufassung von *Über das mimetische Vermögen*, die im September fertiggestellt wurde. Benjamin verweist gegenüber Scholem auf die Nähe dieser Texte zu seiner frühen Spracharbeit *Über Sprache überhaupt und über die Sprache des Menschen.*

Literaturgeschichte und Literaturwissenschaft. GS III, S. 283–290. Am 17. April 1931 in der *Literarischen Welt* erschienen.

Metaphysik der Jugend (Das Gespräch). GS II/1, S. 91–96. Der Zyklus von Texten, der aus drei Teilen besteht (Das Gespräch, Das Tagebuch, Der Ball), ist in der Zeit zwischen 1913 und 1914 entstanden. Datiert ist *Der Ball* Januar 1914. Das Gespräch dürfte im zweiten Halbjahr 1913 entstanden sein.

Paris als Göttin. GS. III, S. 139–142. Kritik zu Marthe Bibescos Roman »Catherine-Paris«, Wien, Leipzig 1928, die am 7. September 1928 die *Literarische Welt* veröffentlichte.

Paris, die Stadt im Spiegel. GS IV/1, S. 356–359. Erschien am 30. Januar 1929 in der Zeitschrift *Vogue*. Eine – wie Benjamin meint – »entstellte« Wiedergabe des Originals, das verschollen ist.

Pariser Passagen II. GS V.2, S. 1044–1059. Wahrscheinlich eine in Teilen ausgearbeitete Fassung des Essays *Pariser Passagen. Eine dialektische Feerie*. Bei *Pariser Passagen II* handelt es sich um einen nicht von Benjamin, sondern von den Herausgebern der »Gesammelten Schriften« betitelten Text, den Benjamin 1929 Horkheimer und Adorno vorlas. Kurz danach kam es zum vorläufigen Abbruch der Arbeit. Im Dezember 1934 nahm sich Benjamin das Manuskript noch einmal vor, offensichtlich um zu prüfen, ob alle ihm wichtigen Gedanken in die Aufzeichnungen und Materialien des »Passagen-Werkes« Aufnahme gefunden hatten.

San Gimignano. GS IV/1, S. 364–366. Erschien am 23. August 1929 in der *Frankfurter Zeitung*.

Schicksal und Charakter. GS II/1, S. 171–179. Ende September 1919 in Lugano entstanden und 1921 in der Zeitschrift *Die Argonauten* publiziert.

Staatsmonopol für Pornographie. GS IV/1, S. 456–458. Am 9. Dezember 1929 in der *Literarischen Welt* veröffentlicht.

Theologisch-politisches Fragment. GS II/1, S. 203–204. Der Titel stammt nicht von Benjamin. Wahrscheinlich 1920/21 entstanden.

Theorien des deutschen Faschismus. GS III, S. 238–250. Erschien 1930 in der Zeitschrift *Die Gesellschaft*.

Über das mimetische Vermögen. GS II/1, S. 210–213. Der Untertitel: »Zur Sprachtheorie« wurde von Benjamin gestrichen. Neue Fassung der *Lehre vom Ähnlichen* (siehe dort), die im August/September 1933 entstand.

Über den Begriff der Geschichte. GS I/2, S. 693–704. Zuerst 1942 nach Benjamins Tod veröffentlicht. Frühestens Ende 1939, wahrscheinlich aber erst Anfang 1940 begonnen. Der Text enthält nach Benjamins eigener Aussage Auffassungen, die ihn seit längerer Zeit beschäftigten. »Der Krieg und die Konstellation, die ihn mit sich brachte, hat mich dazu geführt, einige Gedanken niederzulegen, von denen ich sagen kann, daß ich sie an die zwanzig Jahre bei mir verwahrt, ja, verwahrt vor mir selber gehalten habe.« (GS. I/3, S. 1226) Es handelt sich um Benjamins letzte Arbeit. Wahrscheinlich befand sich eine Abschrift der Geschichtsthesen in seiner Aktentasche, als er über die Pyrenäen zu fliehen versuchte. Teile aus dem »Fuchs-Aufsatz« wurden wörtlich in die Thesen *Über den Begriff der Geschichte* übernommen.

Über Sprache überhaupt und über die Sprache des Menschen. GS II/1, S. 140–157. Die Arbeit entstand innerhalb einer Woche vom 4. bis 11. November 1916. Es ist der Versuch, sich über das Wesen der Sprache in bezug auf das Judentum und das erste Kapitel der Genesis zu verständigen. Benjamin ist an verschiedenen Stellen auf Gedanken dieser Spracharbeit zurückgekommen. So im Trauerspielbuch und bei der Arbeit an der *Lehre vom Ähnlichen*.

Zum Bilde Prousts. GS II/1, S. 310–324. Der Text erschien in drei Folgen am 21. Juni, 28. Juni und 5. Juli 1929 in der *Literarischen Welt*. Benjamin hatte *Sodome et Gomorrhe* (Manuskript verschollen) und zusammen mit Franz Hessel *Im Schatten junger Mädchen* (1927) und *Die Herzogin von Guermantes* (1930) übersetzt. Im Januar 1926 hatte Benjamin die Absicht, einen Aufsatz über Proust zu schreiben. Erst drei Jahre später, im März 1929, verwirklichte er diesen Plan.

Zeittafel

1892	Walter Benjamin wird am 15. Juli als erstes von drei Kindern in Berlin geboren
1902-1905	Besuch der Kaiser-Friedrich-Schule (gymnasialer Zweig) in Berlin Charlottenburg
1905-1906	Aufenthalt im Landerziehungsheim in Haubinda, Schüler Gustav Wynekens
1912	Abitur an der Kaiser-Friedrich-Schule
1912-1913	Studiert in Freiburg im Breisgau, München und Berlin Philosophie, daneben deutsche Literatur und Psychologie, 1913 erste Paris-Reise
1914	Selbstmord des Freundes Fritz Heinle
1915	Bruch mit seinem Lehrer Gustav Wyneken, Bekanntschaft mit Gershom Scholem und Werner Kraft
1916	Arbeit an dem Aufsatz *Über Sprache überhaupt und über die Sprache des Menschen*
1917	Heirat mit Dora Sophie Kellner, Studium in Bern
1918	Geburt des Sohnes Stefan, Bekanntschaft mit Ernst Bloch
1919	Promotion in Bern bei Richard Herbertz mit einer Arbeit über den »Begriff der Kunstkritik in der deutschen Romantik«, Rückkehr nach Berlin
1921	Zeitschriftenprojekt »Angelus Novus«
1923	Bekanntschaft mit Siegfried Kracauer und Theodor W. Adorno

1924	Der Essay über *Goethes Wahlverwandtschaften* erscheint in den von Hugo von Hofmannsthal herausgegebenen *Neuen Deutschen Blättern*, mehrmonatige Reise nach Capri, lernt Asja Lacis kennen, Bekanntschaft mit Bertolt Brecht
1925	Der Versuch, sich mit der Arbeit »Ursprung des deutschen Trauerspiels« an der Frankfurter Universität zu habilitieren, scheitert, Benjamin wird nahegelegt, sein Gesuch zurückzuziehen
1925-1926	Mehrmonatige Reise nach Moskau
1926	Zusammen mit Franz Hessel Übersetzung Prousts, Beginn der journalistischen Tätigkeit für die *Frankfurter Zeitung* und *Die literarische Welt*
1927	Rundfunkdebüt, Beginn der Arbeit am »Passagen-Werk«
1928	Im Berliner Verlag Ernst Rowohlt erscheinen die *Einbahnstraße* und *Ursprung des deutschen Trauerspiels*
1930	Scheidung, Plan der Zeitschrift »Krise und Kritik«
1932	Selbstmordabsichten, Aufenthalt auf Ibiza, Arbeit an der *Berliner Chronik* und der *Berliner Kindheit um neunzehnhundert*
1933	Verläßt im März Deutschland, Beginn des Exils
1934	Längere Aufenthalte bei Brecht in Svendborg/Dänemark, Wiederaufnahme der Passagenarbeit
1936	Die Briefanthologie *Deutsche Menschen* erscheint unter dem Pseudonym Detlef Holz in der Schweiz
1938	Letzter Aufenthalt bei Brecht in Dänemark, Ab-

schluß von *Das Paris des Second Empire bei Baudelaire*

1939 Ausbürgerung, Internierung im Lager in der Nähe von Nevers

1940 Thesen *Über den Begriff der Geschichte*, Versuch, über die Pyrenäen zu fliehen, scheitert, Selbstmord am 26. 9. 1940 in Port Bou.

Walter Benjamin
im Suhrkamp Verlag

Gesammelte Schriften. Band I-VII, 14 Bände in Kassette. Unter Mitwirkung von Theodor W. Adorno und Gershom Scholem herausgegeben von Rolf Tiedemann und Hermann Schweppenhäuser. Leinen und stw 871-877 (die Bände sind auch einzeln lieferbar)

Band I: Abhandlungen. 3 Teilbände
Band II: Aufsätze, Essays, Vorträge. 3 Teilbände
Band III: Kritiken und Rezensionen
Band IV: Kleine Prosa. Baudelaire-Übertragungen. 2 Teilbände
Band V: Das Passagen-Werk. 2 Teilbände
Band VI: Fragmente vermischten Inhalts. Autobiographische Schriften
Band VII: Nachträge. 2 Teilbände
Supplemente I: (in Vorbereitung)
Supplemente II: Marcel Proust »Im Schatten der jungen Mädchen«. Übersetzt von Walter Benjamin und Franz Hessel. Herausgegeben von Hella Tiedemann-Bartels
Supplemente III: Marcel Proust »Guermantes«. Übersetzt von Walter Benjamin und Franz Hessel. Herausgegeben von Hella Tiedemann-Bartels

Einzelausgaben

Angelus Novus. Ausgewählte Schriften 2. st 1512

Aufklärung für Kinder. Rundfunkvorträge. Herausgegeben von Rolf Tiedemann. es 1317

Charles Baudelaire. Ein Lyriker im Zeitalter des Hochkapitalismus. Herausgegeben und mit einem Nachwort versehen von Rolf Tiedemann. stw 47

Der Begriff der Kunstkritik in der deutschen Romantik. Herausgegeben von Hermann Schweppenhäuser. stw 4

Benjamin über Kafka. Texte, Briefzeugnisse, Aufzeichnungen. Herausgegeben von Hermann Schweppenhäuser. stw 341

Berliner Chronik. Mit einem Nachwort herausgegeben von Gershom Scholem. BS 251

Berliner Kindheit um Neunzehnhundert. Fassung letzter Hand. Herausgegeben und mit einem Nachwort versehen von Rolf Tiedemann. BS 966

Deutsche Menschen. Eine Folge von Briefen. Auswahl und Einleitung von Walter Benjamin. Mit einem Nachwort von Theodor W. Adorno. Mit 51 Porträts. Leinen, Leder und st 970

Einbahnstraße. Aphorismen. BS 27

28/1/5.91

Walter Benjamin
im Suhrkamp Verlag

Illuminationen. Ausgewählte Schriften. Herausgegeben von Siegfried Unseld. st 345

Das Kunstwerk im Zeitalter seiner technischen Reproduzierbarkeit. Drei Studien zur Kunstsoziologie. es 28

Moskauer Tagebuch. Aus der Handschrift herausgegeben und mit Anmerkungen versehen von Gary Smith. Mit einem Vorwort von Gershom Scholem. es 1020

Sonette. Herausgegeben und mit einem Nachwort versehen von Rolf Tiedemann. BS 876

Über Haschisch. Novellistisches. Berichte. Materialien. Herausgegeben von Tillman Rexroth. Einleitung von Hermann Schweppenhäuser. st 21

Über Kinder, Jugend und Erziehung. es 391

Ursprung des deutschen Trauerspiels. Herausgegeben von Rolf Tiedemann. stw 225

Versuche über Brecht. Herausgegeben und mit einem Nachwort versehen von Rolf Tiedemann. es 172

Zur Kritik der Gewalt und andere Aufsätze. Mit einem Nachwort von Herbert Marcuse. es 103

Walter Benjamin / Gershom Scholem: Briefwechsel 1933-1940. Herausgegeben von Gershom Scholem. Leinen und st 1211

Zu Walter Benjamin

Theodor W. Adorno: Über Walter Benjamin. Herausgegeben und mit Anmerkungen versehen von Rolf Tiedemann. Revidierte Nachauflage. BS 260

Winfried Menninghaus: Walter Benjamins Theorie der Sprachmagie. Kartoniert

Winfried Menninghaus: Schwellenkunde. Walter Benjamins Passage des Mythos. es 1349

Pierre Missac: Walter Benjamins Passage. Übersetzt von Ulrike Bischoff. Gebunden

Gershom Scholem: Walter Benjamin – die Geschichte einer Freundschaft. BS 467

Gershom Scholem: Walter Benjamin und sein Engel. Vierzehn Aufsätze und kleine Beiträge. Herausgegeben von Rolf Tiedemann. Kartoniert

Rolf Tiedemann: Dialektik im Stillstand. Versuche zum Spätwerk Walter Benjamins. stw 445

28/2/5.91